C·A·L·C·U·L·U·S

미분적분학

대학교재연구회 지음

경문사

머리말

현대 과학기술 문명의 급속한 발전에 따라 수학의 응용도 날이 갈수록 그 범위가 넓어지고 심화되고 있다. 그 이유는 모든 과학적 내용의 표현과 분석 등에서 수학이 가장 믿을 수 있는 도구로써의 역학을 하기 때문이다.

수학 중에서도 미분적분학은 뉴턴 이래로 모든 과학, 공학과 기술 분야에서 가장 널리 사용되고 있는 중요한 수학적 도구이다. 그래서 모든 과학과 공학의 교육에서 그 기초 소양으로 미분적분학의 충실한 학습을 권장하고 있다.

이러한 관점에서 본 미분적분학 교재를 쓰게 되었는데, 대학의 이공계열 교양과정에서 주당 3~4시간의 강의로 두 학기에 다룰 수 있기를 예상하면서 만들었다. 1장, 2장, 3장은 일변수 함수의 극한, 연속, 미분에 대한 내용을 주로 다루며, 4장, 5장에서는 기본적인 적분과 응용, 6장에서는 다양한 함수에 대한 적분, 7장에서는 무한급수, 8장, 9장에서는 매개변수방정식, 벡터함수, 10장, 11장, 12장에서는 다변수 함수의 미분, 적분을 다룬다. 가급적 많은 예제를 넣어 이론의 이해를 돕도록 했으며, 각 절마다 관련된 연습문제를 넣어 연습문제 풀이를 통하여 학생 스스로 학습내용의 이해를 확인할 수 있도록 했으며, 각 장의 끝에 종합문제를 넣어 응용력을 넓히도록 하였다. 복잡한 이론이나 문제는 가능한 한 참고문헌으로 돌려 교수와 학생 모두에게 편리하도록 하였다.

강의와 연구에 바쁜 와중에도 이 책을 만들기 위해 정성을 다하신 여러 교수님들과, 출판에 많은 수고를 하신 도서출판 경문사 편집부 여러분께 감사를 드린다.

저자 일동

차례

1장 함수와 극한

2장 미분과 도함수

3장 미분의 응용

4장 적분

5장 적분의 응용

6장 적분의 기법

7장 무한급수와 멱급수

8장 매개변수방정식과 극좌표

9장 벡터함수

10장 *n*차원 공간에서의 도함수

11장 *n*차원 공간에서의 적분

12장 벡터 해석

1 CHAPTER

함수와 극한

1.1 함수와 그래프

함수; 정의역과 치역

수학은 인간이 자연과 대화할 수 있는 언어이며, 자연을 가장 잘 표현할 수 있는 문자이다. 예를 들면,

> 해 질 녘 잔잔한 호수 면에 떨어진 작은 돌이 일으키는 파문은 노을이 깃든 호수 면에 무수한 동심원들을 만들어내고, 그 동심원들은 높이가 점점 작아지면서 호수 면에 넓게 퍼져 나갈 것이다.

화가가 붓으로 이 멋진 장면을 표현할 수 있지만 수식을 사용하면 좀더 정확하게 표현할 수 있다.

호수 면을 xy평면으로, 높이를 z축으로 생각하고, 돌이 떨어진 곳을 원점으로 생각하자. 그러면 위의 현상은 다음과 같은 두 개의 방정식으로 표현된다.

$$\begin{cases} x(t)^2 + y(t)^2 = c(t)^2 \\ z(t) = h(t) \end{cases}$$

여기서, $c(t)$는 시간 t에 대한 증가함수이고, $|h(t)|$는 시간 t에 대한 감소함수이다.

여러분은 이미 자연과학분야, 공학분야, 인문사회학분야 등에서 나타나는 여러 가지 현상이 수식(또는 함수)으로 표현됨을 알고 있을 것이다. 또 이를 이용하여 여러 가지 예측도 가능함을 알고 있다.

미분적분학은 함수들의 구체적인 성질을 분석하는 데 매우 유용하게 쓰이는 수학의 한 분야이다. 따라서 미분적분학을 공부하고 나면 여러 가지 함수들의 성질을 분석하고 알아내는 능력이 배양될 것이며, 이러한 분석의 내용은 각자의 전공분야에서 발생하는 여러 가지 현상들을 규명하는 데 많은 도움을 줄 것이다.

정의 1.1.1 함수, 정의역, 치역

함수 f는 어떤 집합 X에서 어떤 집합 Y로의 대응으로서, X의 각 원소에 대하여 오직 하나의 Y의 원소 $f(x)$를 대응시키는 것이다. 이것을 $f: X \to Y$로 표기하고, X를 f의 **정의역**, Y를 f의 **공역**이라 부른다. 또 $f(x)$를 f에 의한 x의 **상** 또는 **값**이라 부르며, 이러한 상들의 모임 $f(X)$는 Y의 부분집합을 이루고, 이 부분집합을 f의 **치역** 또는 f에 의한 X의 **상**이라 부른다. 함수 f를 $y=f(x)$로 표기하기

도 한다. 이때 x를 **독립변수**라 부르고, x에 의해 결정되는 y를 **종속변수**라 부른다.

지금부터 특별한 언급이 없는 한 모든 함수의 정의역과 공역을 실수의 집합 또는 실수의 부분집합으로 생각한다. 주어진 함수의 정의역이 별도로 언급되어 있지 않은 경우에는, 일반적으로 함숫값이 정의될 수 있는 모든 수들의 집합을 정의역으로 한다. 일례로, 유리함수의 경우에는 분모의 값이 0이 되지 않는 모든 실수에서 함숫값이 정의되므로, 정의역에 대한 별다른 언급이 없을 경우 분모의 값이 0이 되지 않는 모든 실수의 집합을 정의역으로 한다.

예제 1.1.2 (1) $y=x^2$의 정의역과 공역은 모든 실수의 집합이고, 치역은 음이 아닌 실수의 집합이다.

(2) $y=\sqrt{1-2x^2}$의 정의역은 $\left\{x \,\middle|\, -\frac{\sqrt{2}}{2} \le x \le \frac{\sqrt{2}}{2}\right\}$이고, 치역은 $\{y \mid 0 \le y \le 1\}$이다.

(3) $y=\frac{2x+1}{x-1}$의 정의역은 $\{x \mid x \ne 1\}$이고, 치역은 $\{y \mid y \ne 2\}$이다. ■

이제 $x^2+y^2=1$을 생각하자. 이 경우 종속변수와 독립변수가 분명하지 않으나, 두 변수 중 하나의 값이 결정되면 위 식을 만족하는 나머지 하나의 값들이 결정된다. 이러한 것들의 일반적인 형태는 $F(x, y)=0$이며, 이것을 음함수라 부른다. 음함수들 중에는 엄밀한 의미에서는 함수가 아닌 것도 있다. 그러나 함수(음함수와 구분하여 양함수라 부르기도 함) $y=f(x)$는 $F(x, y)=y-f(x)=0$의 음함수 표현을 가진다.

함수의 그래프

함수의 특성을 쉽게 이해하기 위해 그 함수의 그래프를 보는 것이 유용하다. 우리는 지금까지 간단한 함수의 그래프를 xy좌표평면에 그려 보았다.

정의 1.1.3 그래프

함수 $y=f(x)$에 대하여 $G_f=\{(x, y): y=f(x)\}$를 함수 f의 **그래프**라 정의한다. 따라서 함수의 그래프는 평면 $\mathbb{R}^2$의 부분집합이 된다. 이를 xy좌표평면에 도식한 것도 함수의 그래프라고 부른다.

함수의 그래프를 좀더 엄밀하게 그리기 위해서는 미분법을 배우고 난 뒤에 할 수 있다. 그러나 여기서는 몇 개의 함숫값을 좌표평면에 찍고 이들을 연결하여 그래프 개형을 그리는 몇 가지 방법을 소개한다.

예제 1.1.4 함수 $y=2x+1$의 그래프 개형을 그려라.

풀이 다음 표와 같이 주어진 x값에 대응하는 함숫값 y를 구하여 이 점들을 좌표평면에 찍는다. 그리고 이 점들을 연결한다.

x	y
−2	−3
−1	−1
0	1
1	3
2	5

따라서 점 $(-2, -3)$, $(-1, -1)$, $(0, 1)$, $(1, 3)$, $(2, 5)$가 함수 $y=2x+1$의 그래프에 속하는 점이다. 그러므로 그래프 개형은 이 점들을 연결하여 그림 1.1.1을 얻는다. ■

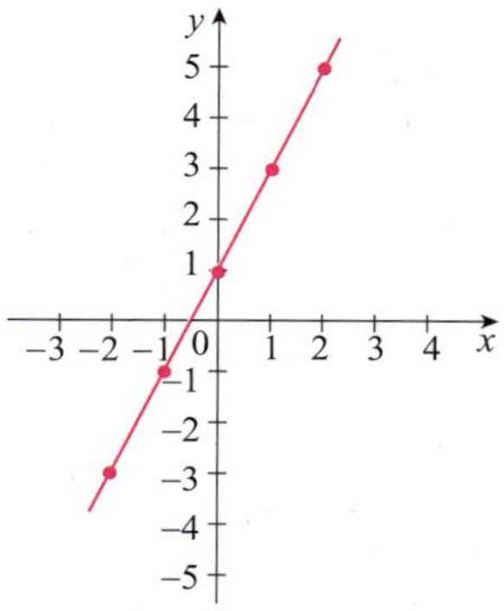

그림 1.1.1

함수의 그래프 특성을 알 수 있는 또 다른 정보들을 알아보자.

정의 1.1.5 우함수, 기함수

주어진 함수 $y=f(x)$가 정의역에 속하는 모든 x에 대하여 $f(-x)=f(x)$를 만족하면 **우함수**라 부르고 $f(-x)=-f(x)$를 만족하면 **기함수**라 부른다.

만약 함수 $y=f(x)$가 우함수이고 점 $(x, y)\in G_f$라면 $(-x, y)\in G_f$이다. 따라서 이 함수의 그래프는 y축에 관해 대칭이다. 반면 함수 $y=f(x)$가 기함수이고 점 $(x, y)\in G_f$라면 $(-x, -y)\in G_f$이다. 따라서 이 함수의 그래프는 원점에 관해 대칭이다.

예제 1.1.6 함수 $y=x^n\,(n\geq 1)$은 n이 짝수이면 우함수이고 n이 홀수이면 기함수이다. ■

함수의 수학적 모델

여기서는 우리가 흔히 사용하는 대표적인 함수들에 관해 간략하게 소개한다. 이러한 함수가 갖는 좀더 구체적인 성질은 다시 한번 더 다룰 기회가 있다.

멱함수 $f(x)=x^a$, a는 상수인 형태의 함수를 멱함수라 부른다. 몇 가지 중요한 예를 들어본다.

(1) a가 양의 정수

함수 $f(x)=x^n(n=1, 2, 3, 4, 5, \cdots)$ 형태의 함수는 우리가 가장 자주 접하는 함수이다. 이들 중 몇 가지 경우의 그래프를 살펴보면 그림 1.1.2와 같다.

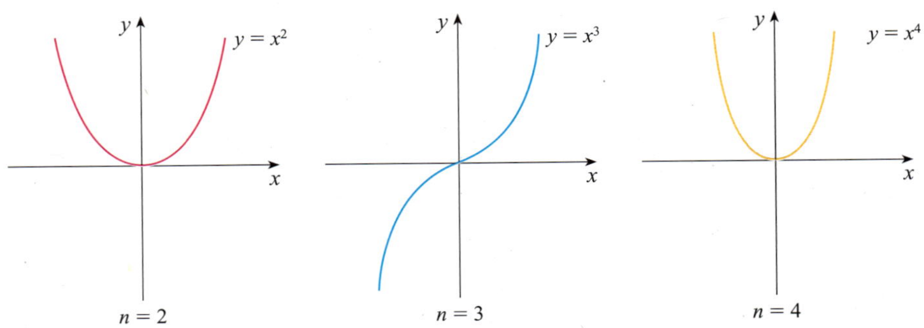

그림 1.1.2

(2) $a=-1$ 또는 $a=-2$

함수 $f(x)=x^{-1}=\frac{1}{x}$ 또는 $f(x)=x^{-2}=\frac{1}{x^2}$의 정의역은 0을 제외한 모든 실수이다. 이들의 그래프는 그림 1.1.3과 같다.

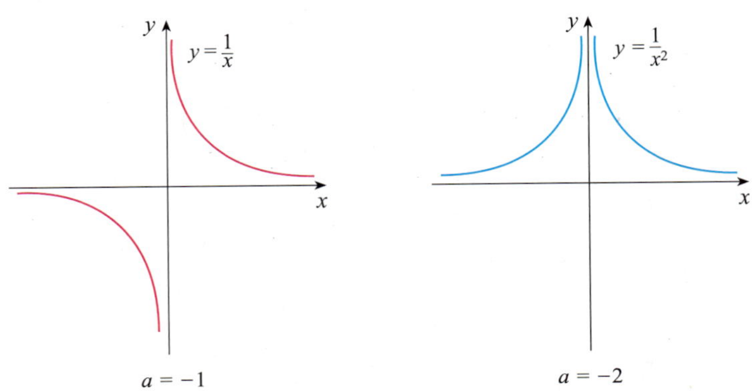

그림 1.1.3

(3) a가 양의 유리수

함수 $f(x) = x^{1/2} = \sqrt{x}$를 제곱근 함수, 그리고 함수 $f(x) = x^{1/3} = \sqrt[3]{x}$를 세제곱근 함수라 부른다. 일반적으로 양의 정수 n에 대하여 함수 $f(x) = x^{1/n} = \sqrt[n]{x}$를 n제곱근 함수라 부른다. 몇 가지의 그래프를 살펴보면 그림 1.1.4와 같다.

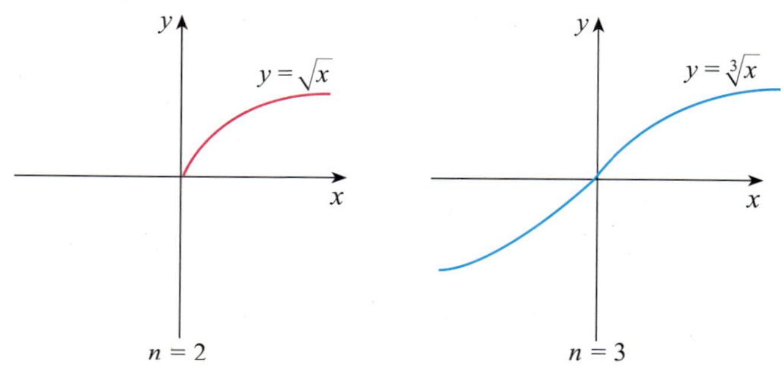

그림 1.1.4

다항함수 함숫값이 실수를 계수로 갖는 다항식으로 표현되는 함수를 다항함수 또는 정함수라 부른다. 우리가 고등학교 때까지 많이 다루어 온 대표적인 함수이다. 즉

$$f(x) = a_0 + a_1 x + \cdots + a_n x^n, \quad a_i\text{는 실수}$$

로 표현된 함수이다. 따라서 이러한 함수의 정의역은 모든 실수이다.

유리함수 함숫값이 다항함수들의 나눗셈으로 표현되는 함수를 유리함수라 부른다. 즉

$$f(x) = \frac{h(x)}{g(x)}, \quad h(x), g(x)\text{는 다항함수}$$

의 꼴의 함수가 유리함수이다. 따라서 유리함수의 정의역은 분모가 0이 아닌 모든 실수이다.

대수함수 다항함수들에 대수적 연산을 적용하여 얻어지는 함수가 대수함수이다. 여기서 대수적 연산이라 함은 함수의 덧셈, 뺄셈, 곱셈, 나눗셈, 거듭제곱근을 취하는 것을 의미한다. 이들 연산에 대해서는 다음에 소개한다.

지수함수 함숫값이 적당한 고정된 양수의 멱으로 표현되는 함수를 지수함수라 한다. 즉

$$f(x) = a^x, \quad a > 0,\ a \neq 1\text{인 실수}$$

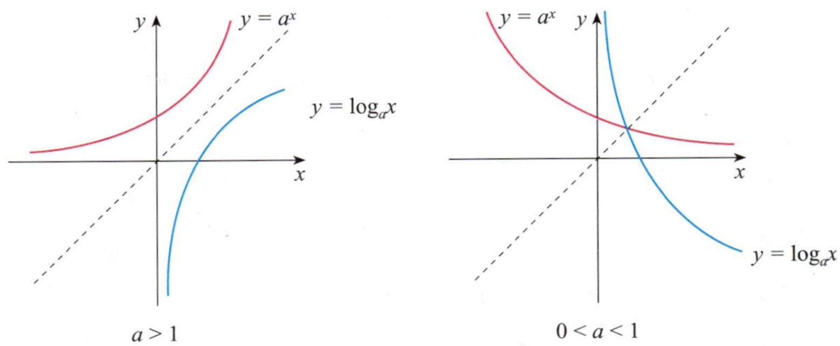

그림 1.1.5

로 표현되는 함수가 지수함수이다. 이 함수의 정의역은 모든 실수이고 치역은 양의 실수이다(그림 1.1.5 참조).

로그함수 $f(x) = \log_a x$, $a\,(\neq 1) > 0$, $x > 0$으로 표현되는 함수를 로그함수라 부른다. 로그함수는 앞서 언급한 지수함수의 역함수이다. 이 함수의 정의역은 $(0, \infty)$이고 치역은 $(-\infty, \infty)$이다.

삼각함수 반지름이 1인 원과 중심각이 θ인 반직선이 만나는 원주상의 점의 좌표를 $(x(\theta), y(\theta))$라 두자(그림 1.1.6 참조). 여기서 θ에 관한 함수 $x(\theta)$를 코사인으로, $y(\theta)$를 사인으로 정의한 함수가 대표적 삼각함수이다. 나머지 삼각함수는 이들의 대수적 연산에 의해 얻어진다. 다음 1.3절에서 더 구체적으로 삼각함수를 공부해본다. 여기서는 코사인과 사인함수의 그래프를 소개한다.

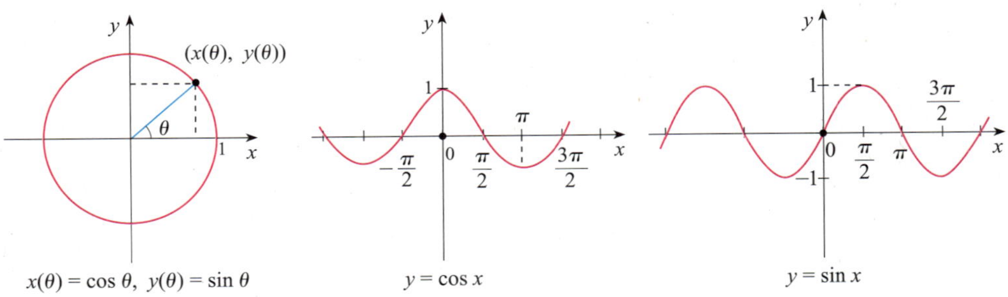

그림 1.1.6

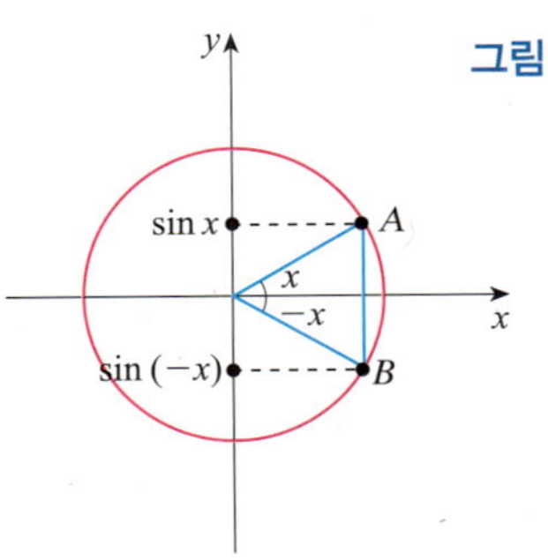

그림 1.1.7

초월함수 대수함수가 아닌 모든 함수를 초월함수라 부른다. 따라서 위에서 주어진 지수함수, 로그함수, 삼각함수 등이 초월함수의 대표적인 예이다. 이외에도 다양한 초월함수가 존재한다.

예제 1.1.7 $y = \sin x$는 기함수임을 보여라.

풀이 편의상 x가 제1사분면의 각일 때 조사한다. 나머지 경우도 같은 방법으로 보일 수 있다. 그림 1.1.7을 참고하면 점 A의 y좌표가 $\sin x$이고 점 B의 y좌표가 $\sin(-x)$이다. 따라서 $\sin(-x) = -\sin x$임을 알 수 있다. ■

1.1 연습문제

1. 예제 1.1.7의 방법을 이용하여 $y = \cos x$는 우함수임을 보여라.

2. 다음 함수들이 우함수인지 기함수인지를 결정하여라.

(1) $y = x + 2x^3$ (2) $y = x^2 + \cos x^3$

(3) $y = \dfrac{x + 3x^5}{x^2 - 4x^4 + 2}$ (4) $y = xe^{x^2}$

3. 다음 함수의 그래프 개형을 그려라.

(1) $y = \sin 2x$ (2) $y = 2^x$

(3) $y = 2^{-x}$ (4) $y = \log_2 x$

(5) $y = \sqrt[3]{x}$ (6) $y = |x|$

4. 다음 함수들의 정의역을 구하여라.

(1) $y = \sqrt{(1/x) - 1}$ (2) $y = \sqrt{3 - \sqrt{x}}$

(3) $y = \dfrac{1}{\sqrt{3 - x^2}}$

5. 다음 함수들의 정의역과 치역을 구하여라.

(1) $y = \dfrac{1}{1 - 2x}$ (2) $y = \dfrac{x - 3}{1 - 2x}$

(3) $y = \dfrac{x^2}{1 - 2x}$

1.2 함수의 결합

함수의 합, 차, 곱, 나눗셈

주어진 함수는 사칙연산으로 새로운 함수를 만들 수 있다. 이러한 연산을 정의해본다.

주어진 두 함수 $f(x), g(x)$에 대하여

$$(f + g)(x) = f(x) + g(x)$$
$$(f - g)(x) = f(x) - g(x)$$
$$(fg)(x) = f(x)g(x)$$
$$\left(\frac{f}{g}\right)(x) = \frac{f(x)}{g(x)},\ g(x) \neq 0$$

으로 정의한다. $f+g$, $f-g$, fg의 정의역은 각 함수의 정의역의 공통부분이다. 그러나 $\dfrac{f}{g}$의 정의역은 각 함수의 정의역의 공통부분 중에서 분모가 0이 아닌 실수이다. 이러한 함수의 사칙연산을 통하여 다양한 형태의 새로운 함수를 구성할 수 있다.

합성함수

주어진 두 함수 $f(x), g(x)$에 대하여 합성함수 $(f \circ g)(x)$를 $f(g(x))$로 정의한다. 따라서 합성함수는 g의 치역이 f의 정의역에 속해야 한다. 우리가 다루는 대다수의 함수는 두 함수 이상의 합성함수이다.

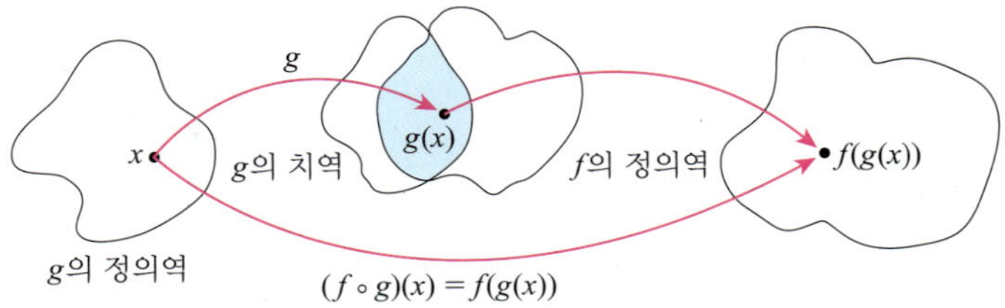

그림 1.2.1

예제 1.2.1 $f(x) = 1 - 2x$, $g(x) = \sqrt{x}$ 라 둘 때 함수 $(f \circ g)(x)$와 $(g \circ f)(x)$를 구하고 이들의 정의역과 치역을 구하여라.

풀이 먼저

$$(f \circ g)(x) = f(\sqrt{x}) = 1 - 2\sqrt{x},$$
$$(g \circ f)(x) = g(1 - 2x) = \sqrt{1 - 2x}$$

임을 알 수 있다. 그러므로 $(f \circ g)(x)$의 정의역은 $[0, \infty)$이고 치역은 $(-\infty, 1]$이다. 그리고 $(g \circ f)(x)$의 정의역은 $(-\infty, \frac{1}{2}]$이고 치역은 $[0, \infty)$이다. ■

일대일 대응함수와 역함수

일대일 대응함수란 공역과 치역의 원소의 개수가 같으면서 치역에 속하는 원소 하나에 대하여 정의역의 원소 하나만 대응되는 함수라 말할 수 있는데, 간단히 말하면 정의역과 공역의 원소가 하나씩 대응되는 함수이다. 좀더 엄밀하게는 전사이고 단사함수를 뜻한다.

정의 1.2.2 전사, 단사함수

함수 $f: X \to Y$에 대하여 Y에 속하는 모든 원소 y에 대하여 $f(x) = y$를 만족하는 $x \in X$가 존재할 때 이 함수를 **전사함수**라 부른다. 그리고 X에 속하는 서로 다른 두 원소 x_1, x_2에 대하여 $f(x_1) \neq f(x_2)$를 만족할 때 이 함수를 **단사함수**라 부른다. 이것을 대우로 적으면

$$f(x_1) = f(x_2) \Rightarrow x_1 = x_2$$

이다. 전사이고 단사인 함수를 일대일 대응함수라 부른다.

단사함수의 그래프상의 특징은 x축과 나란한 직선과 그래프는 단 한 점에서 만나든지 만나지 않는다. 따라서 만약 그래프가 연결된 경우에는 증가하든지 감소해야 한다.

예제 1.2.3 다음에 주어진 함수의 전사, 단사에 관해 논하여라.

(1) $f : \mathbb{R} \to \mathbb{R},\ f(x) = x^2$

(2) $f : \mathbb{R} \to \mathbb{R},\ f(x) = \sin x$

(3) $f : \mathbb{R} \to \mathbb{R},\ f(x) = x^3$

풀이 (1) 모든 실수 x에 대하여 $f(x) \geq 0$이므로 $f(x) = x^2 = -1$을 만족하는 실수 x는 존재하지 않는다. 그러므로 이 함수는 전사함수가 아니다. 그리고 $f(-2) = f(2) = 4$이므로 단사함수도 아니다.

(2) $-1 \leq \sin x \leq 1$이므로 $f(x) = \sin x = 2$를 만족하는 실수 x는 존재하지 않는다. 그러므로 이 함수는 전사함수가 아니다. 그리고 $f(0) = f(\pi) = 0$이므로 단사함수도 아니다.

(3) 모든 실수 a는 실수인 세제곱근 $\sqrt[3]{a}$를 갖는다. 그러므로 $f(\sqrt[3]{a}) = a$를 만족한다. 따라서 이 함수는 전사함수이다. 그리고 만약 $f(x_1) = f(x_2)$이면 $x_1^3 = x_2^3$이다. 따라서 $x_1 = x_2$임을 알 수 있다. 따라서 전단사함수이다. ■

정의 1.2.4 역함수

함수 $f : X \to Y$에 대하여 모든 $x \in X, y \in Y$에 대하여

$$(f \circ g)(y) = y,\ (g \circ f)(x) = x$$

를 만족하는 함수 $g : Y \to X$를 f의 역함수라 부르고 기호로 $g = f^{-1}$으로 적는다.

기호 $f^{-1}(x)$를 $\dfrac{1}{f(x)}$과 혼돈하면 안 된다. 만약 함수 $f : X \to Y$가 역함수 $f^{-1} : Y \to X$를 가지면 역함수의 정의역은 Y이다. 그리고 만약 $f(x) = y$이면 양변에 역함수를 취하여 $f^{-1}(f(x)) = f^{-1}(y)$를 얻게 된다. 그러므로 $f^{-1}(y) = x$이다. 우리가 일반적으로 독립변수를 x로, 종속변수를 y로 쓴다. 이러한 이유에서 주어진 함수의 역함수를 구할 때 주어진 함수의 독립변수 x를 y로 바꾸고 주어진 함수의 종속변수 y를 x로 바꾼다.

그래프 특성을 보면, 만약 $(x, y) \in G_f$이면 $(y, x) \in G_{f^{-1}}$이며 그 역도 성립한다.

(x, y)와 (y, x)는 직선 $y = x$에 관해 대칭의 위치에 있다. 따라서 주어진 함수의 그래프와 그 역함수의 그래프는 직선 $y = x$에 관해 대칭의 위치에 있다(그림 1.2.2 참조).

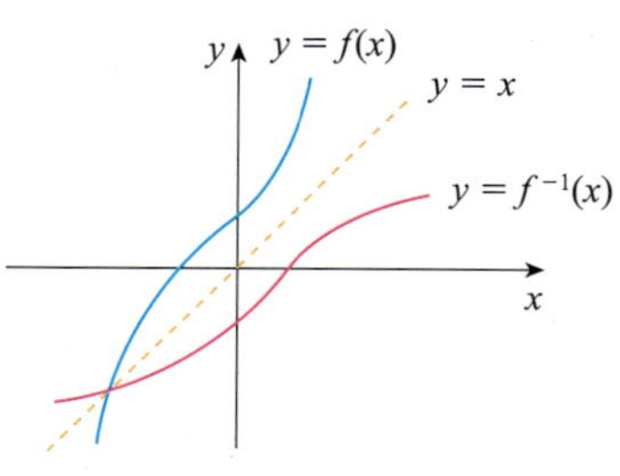

그림 1.2.2

예제 1.2.5 함수 $y = 2x + 1$의 역함수를 구하고 두 함수의 그래프를 그려라.

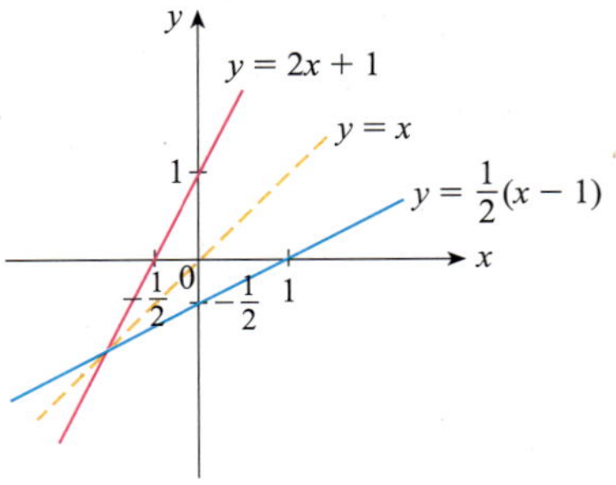

그림 1.2.3

풀이 먼저 독립변수와 종속변수를 바꾸어 얻는 함수

$$x = 2y + 1,\ 즉\ \ y = \frac{1}{2}(x - 1)$$

이 주어진 함수의 역함수이다. ■

다음 정리에서 역함수를 갖기 위한 조건을 알아본다. 증명은 자명하므로 여기서는 생략한다.

정리 1.2.6
함수 $f: X \to Y$가 역함수를 갖기 위한 필요충분조건은 함수 $f: X \to Y$가 일대일 대응함수이다.

이러한 이유에서 우리가 알고 있는 일반적인 함수는 역함수를 갖지 않는다. 따라서 주어진 함수가 역함수를 갖도록 하기 위해 그 함수의 정의역과 치역을 축소하여 국소적 의미에서 역함수를 갖도록 할 수 있다. 정의역과 치역을 축소하는 것은 그 함수가 일대일 대응함수가 되도록 하기 위함이다. 다음 예제에서 이 과정을 살펴본다.

예제 1.2.7 함수 $f: \mathbb{R} \to \mathbb{R}$, $f(x) = x^2$이 역함수를 갖도록 정의역과 치역을 축소하고 그 역함수를 구하여라.

풀이 모든 실수 x에 대하여 $f(x) \geq 0$이므로 공역을 $[0, \infty)$로 축소하면 전사함수이다. 그러나 모든 실수 x에 대하여 $f(-x) = f(x)$이므로 단사함수가 아니다. 그러므로 단사함수가 되도록 하기 위해 정의역을 $[0, \infty)$로 축소하면 단사함수임을 쉽게 알 수 있다. 물론 이보다 적은 영역으로 축소할 수도 있으나 그러면 공역도 전사함수가 되도록 축소해야 한다. 또는 $(-\infty, 0]$으로 축소해도 단사함수이다. 여기서 정의역을 $[0, \infty)$로 축소한 함수를 생각하자. 그러면

$$f: [0, \infty) \to [0, \infty),\ f(x) = x^2$$

인 함수는 일대일 대응함수이다. 그리고 그 역함수는

$$x = y^2,\ 즉\ \ y = \sqrt{x}$$

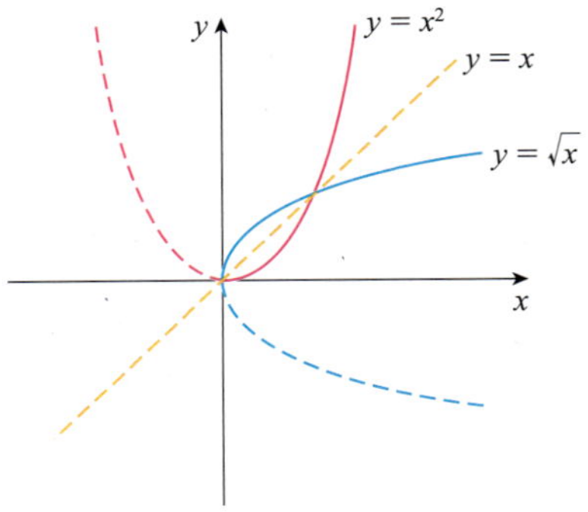

그림 1.2.4

이다(그림 1.2.4 참조). ■

1.2 연습문제

1. 우함수의 합과 곱은 우함수임을 보여라.
2. 두 기함수의 곱은 우함수임을 보여라.
3. $f(x)=\sqrt[3]{x}$, $g(x)=1-\sqrt{x}$일 때 다음에 주어진 값을 구하여라.
   (1) $f(f(8))$ (2) $f(g(4))$
   (3) $f(g(x))$ (4) $g(f(x))$
4. 다음 함수들은 단사함수임을 보여라.
   (1) $y=x^3$ (2) $y=2^x$
   (3) $y=\sqrt{x-1}$
5. 증가(감소)함수의 역함수는 증가(감소)함수임을 보여라.
6. $y=f(x)$, $g(x)=x-a$라 둘 때 $y=f(x)$와 $y=f(g(x))$의 그래프 관계를 설명하여라.
7. $y=f(x)$, $g(x)=x-a$라 둘 때 $y=f(x)$와 $y=g(f(x))$의 그래프 관계를 설명하여라.
8. 다음 함수들에 대하여 역함수가 존재하면 그 역함수를 구하고, 역함수가 존재하지 않으면 정의역과 치역을 조정하여 그 역함수를 구하여라.
   (1) $y=x^3$ (2) $y=\dfrac{1}{x-1}$
   (3) $y=\dfrac{1}{x^2}$ (4) $y=4x^2-1$

1.3 삼각함수와 삼각함수의 역함수

삼각함수

삼각함수의 기본은 사인함수와 코사인함수이다. 사인, 코사인함수의 정의는 이미 고등학교에서도 배웠고 앞에 1.1절에서도 소개하였다. 여기서는 이들 함수가 갖는 성질을 소개한다.

반지름이 1인 원과 편각이 θ인 반직선이 만나는 원주상의 점의 좌표를 $(x(\theta), y(\theta))$라 두면

$$\sin\theta = y(\theta),\ \ \cos\theta = x(\theta)$$

이다. 따라서 θ의 변화에 따른 두 함수의 부호와 증감상태를 조사하면 다음 표와 같다.

θ	0		$\frac{\pi}{2}$		π		$\frac{3\pi}{2}$		2π
$\sin\theta$	0	증가(+)	1	감소(+)	0	감소(−)	−1	증가(−)	0
$\cos\theta$	1	감소(+)	0	감소(−)	−1	증가(−)	0	증가(+)	1

이들 함수는 주기가 2π인 주기함수이다. 그러므로 모든 정수 n에 대하여

$$\sin(\theta+2n\pi)=\sin\theta,\ \ \cos(\theta+2n\pi)=\cos\theta$$

이다. 그리고 피타고라스 정리에 의해

$$\sin^2\theta+\cos^2\theta=1$$

이다.

$\cos\theta \neq 0$인 모든 θ에 대하여 $\tan\theta = \frac{\sin\theta}{\cos\theta}$로 정의한다. 그러므로 $\tan\theta$의 정의역은 $\theta \neq \frac{(2n+1)}{2}\pi$($n$: 정수)인 모든 실수이다. 그래프는 그림 1.3.1과 같다.

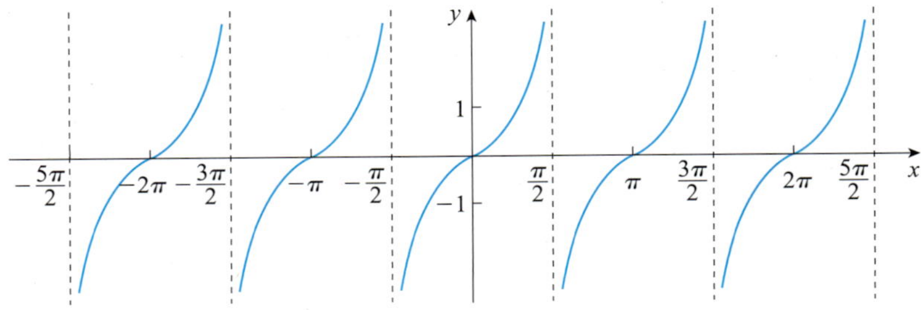

그림 1.3.1

이들 삼각함수와 평면기하적인 관계를 조사해보자. 만약 그림 1.3.2와 같은 직각삼각형을 생각한다. 직교좌표 평면상의 점 $P(x, y)$에서 x축에 수선을 내리고 그 교점을 $A(x, 0)$이라 두자. 그러면 선분 $\overline{OP}$의 길이를 r이라 두면 $r = \sqrt{x^2 + y^2}$이다. 그리고 선분 $\overline{OP}$를 포함하는 반직선과 반지름이 1인 원과의 교점을 Q라 두면 선분 $\overline{OQ}$는 선분 $\overline{OP}$를 단위화한 선분이다. 점 Q에서 x축에 수선을 내리고 그 교점을 B라 두면 B의 좌표는

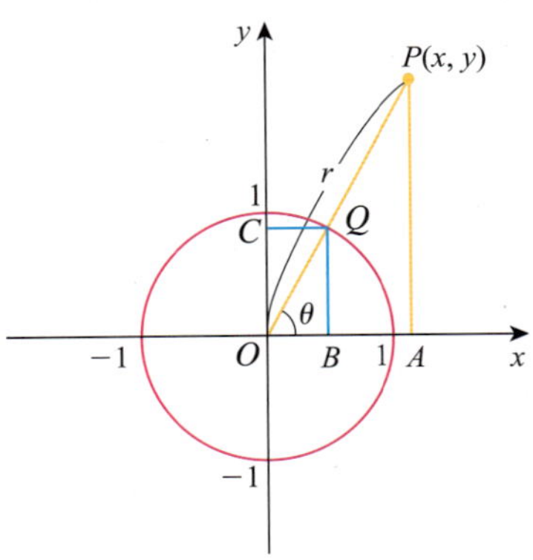

그림 1.3.2

$$\left(\frac{x}{\sqrt{x^2 + y^2}}, 0\right)$$

이다. 마찬가지로 점 Q에서 y축에 수선을 내리고 그 교점을 C라 두면 C의 좌표는

$$\left(0, \frac{y}{\sqrt{x^2 + y^2}}\right)$$

이다. 그리고 선분 $\overline{OP}$와 x축의 양의 방향과 이루는 사잇각을 θ라 두면

$$\cos\theta = \frac{x}{\sqrt{x^2 + y^2}}, \quad \sin\theta = \frac{y}{\sqrt{x^2 + y^2}}$$

이다(그림 1.3.2 참조). 따라서 $\tan\theta = \frac{y}{x}$이다. 기하적으로 $\tan\theta$는 선분 $\overline{OP}$를 포함하는 직선의 기울기이다.

삼각함수의 역수로 정의된 함수

사인, 코사인, 그리고 탄젠트함수의 역수로 정의된 함수가 있다. 이들 함수를 삼각함수의 역함수와 혼돈해서는 안 된다.

> **정의 1.3.1 시컨트, 코시컨트, 코탄젠트함수**
> 위에서 주어진 삼각함수들의 역수를 함숫값으로 갖는 함수를 다음과 같이 정의하고 차례로 **시컨트**, **코시컨트**, **코탄젠트**함수라 부른다.
>
> $$\sec\theta = \frac{1}{\cos\theta},\quad \csc\theta = \frac{1}{\sin\theta},\quad \cot\theta = \frac{\cos\theta}{\sin\theta}$$

위에서 정의된 시컨트, 코시컨트, 코탄젠트함수의 정의역은 물론 분모가 0이 아닌 θ에 대하여 정의된다. 예를 들어 코시컨트함수는 $\sin\theta$가 0이 아닌 모든 실수 θ에 대하여 정의된다. 따라서 $\csc\theta$의 정의역은 $n\pi$(n: 정수)를 제외한 모든 실수이다(그림 1.3.3 참조).

$\sin^2\theta + \cos^2\theta = 1$을 이용하면

$$1+\tan^2\theta = \sec^2\theta,\ 1+\cot^2\theta = \csc^2\theta$$

임을 보일 수 있다.

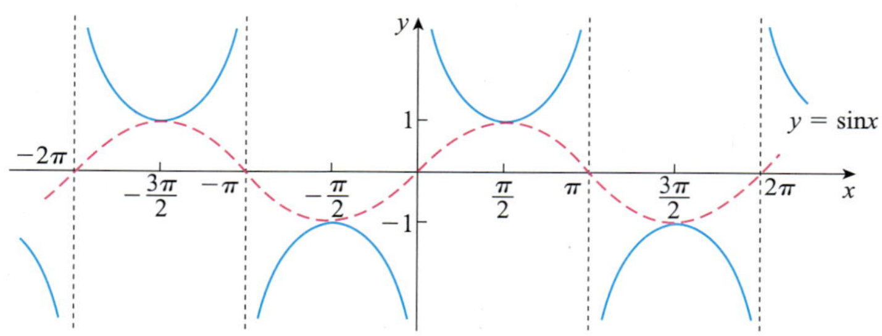

$-\infty < x < \infty$에서 π의 정수배가 되는 점 제외, $|y| \geq 1$

그림 1.3.3 $y = \csc x$

이제 이러한 삼각함수의 값을 계산하기 위한 유용한 공식들을 소개한다.

> **정리 1.3.2**
> 특수각에 대한 삼각함수의 값

$\boldsymbol{\theta}$	0	$\frac{\pi}{6}$	$\frac{\pi}{4}$	$\frac{\pi}{3}$	$\frac{\pi}{2}$
$\mathbf{sin}\,\boldsymbol{\theta}$	0	$\frac{1}{2}$	$\frac{\sqrt{2}}{2}$	$\frac{\sqrt{3}}{2}$	1
$\mathbf{cos}\,\boldsymbol{\theta}$	1	$\frac{\sqrt{3}}{2}$	$\frac{\sqrt{2}}{2}$	$\frac{1}{2}$	0
$\mathbf{tan}\,\boldsymbol{\theta}$	0	$\frac{1}{\sqrt{3}}$	1	$\sqrt{3}$	∞

$$\sin(-\theta) = -\sin\theta,\ \cos(-\theta) = \cos\theta,\ \tan(-\theta) = -\tan\theta$$

$$\sin\left(\theta + \frac{\pi}{2}\right) = \cos\theta,\ \sin\left(\theta + \frac{2\pi}{2}\right) = -\sin\theta,\ \sin\left(\theta + \frac{3\pi}{2}\right) = -\cos\theta$$

$$\cos\left(\theta + \frac{\pi}{2}\right) = -\sin\theta,\ \cos\left(\theta + \frac{2\pi}{2}\right) = -\cos\theta,\ \cos\left(\theta + \frac{3\pi}{2}\right) = \sin\theta$$

$$\tan\left(\theta + \frac{\pi}{2}\right) = -\cot\theta,\ \tan\left(\theta + \frac{2\pi}{2}\right) = \tan\theta,\ \tan\left(\theta + \frac{3\pi}{2}\right) = -\cot\theta$$

합차를 곱으로 고치는 공식

$$\sin(\alpha \pm \beta) = \sin\alpha\cos\beta \pm \sin\beta\cos\alpha,$$

$$\cos(\alpha \pm \beta) = \cos\alpha\cos\beta \mp \sin\alpha\sin\beta,$$

$$\tan(\alpha \pm \beta) = \frac{\tan\alpha \pm \tan\beta}{1 \mp \tan\alpha\tan\beta}$$

곱을 합차로 고치는 공식

$$\sin\alpha\sin\beta = \frac{1}{2}\{\cos(\alpha - \beta) - \cos(\alpha + \beta)\},$$

$$\cos\alpha\cos\beta = \frac{1}{2}\{\cos(\alpha - \beta) + \cos(\alpha + \beta)\},$$

$$\sin\alpha\cos\beta = \frac{1}{2}\{\sin(\alpha + \beta) + \sin(\alpha - \beta)\}$$

배각 공식

$$\sin 2\alpha = 2\sin\alpha\cos\alpha,$$

$$\cos 2\alpha = \cos^2\alpha - \sin^2\alpha = 1 - 2\sin^2\alpha = 2\cos^2\alpha - 1$$

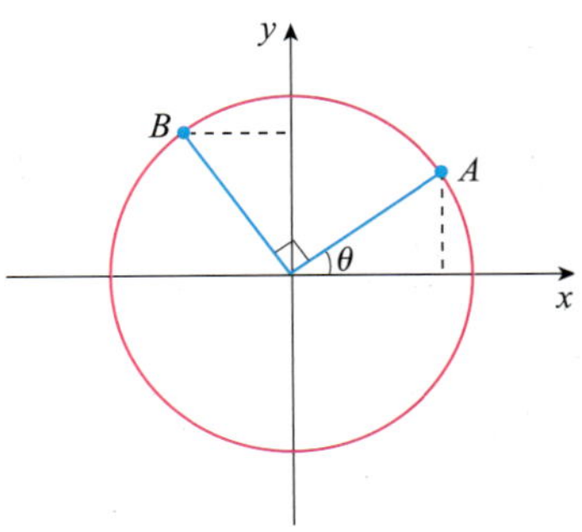

그림 1.3.4

예제 1.3.3 그림 1.3.4를 이용하여 $\sin\left(\theta + \frac{\pi}{2}\right) = \cos\theta$, $\cos\left(\theta + \frac{\pi}{2}\right) = -\sin\theta$임을 보여라.

풀이 편의상 $0 < \theta < \frac{\pi}{2}$라 가정하자. 그림 1.3.4에서 편각 θ인 반직선과 단위원과의 교점을 A라 두고 편각 $\theta + \frac{\pi}{2}$인 반직선과 단위원과의 교점을 B라 두자. 그러면

$$A = (\cos\theta, \sin\theta), \quad B = \left(\cos\left(\theta + \frac{\pi}{2}\right), \sin\left(\theta + \frac{\pi}{2}\right)\right)$$

이다. 그림에 의해 $B = (-\sin\theta, \cos\theta)$임을 알 수 있다. 그러므로

$$\sin\left(\theta + \frac{\pi}{2}\right) = \cos\theta, \quad \cos\left(\theta + \frac{\pi}{2}\right) = -\sin\theta$$

이다. ■

삼각함수의 역함수

1.2절에서 주어진 함수가 역함수를 갖기 위한 필요충분조건은 그 함수가 일대일 대응함수라야 함을 알았다. 따라서 예제 1.2.7에서 일대일 대응함수가 아닌 함수는 그 정의역과 공역을 적절히 조절함으로써 일대일 대응함수를 만들고 다음에 그 함수의 역함수를 구할 수 있다. 여기서는 삼각함수가 일대일 대응함수가 아니므로 정의역과 공역을 조절하여 그 역함수를 구해본다.

앞에서 공부한 사인함수는 $\sin: \mathbb{R} \to \mathbb{R}$로 간주하였다. 이 함수는 전사함수도 아니고 단사함수도 아니다. 따라서 일대일 대응함수가 되도록 사인함수의 정의역과 공역을 다음과 같이 축소한다.

$$\sin: \left[-\frac{\pi}{2}, \frac{\pi}{2}\right] \to [-1, 1]$$

그러면 이 함수는 일대일 대응함수이고 역함수를 갖는다. 이 역함수를 사인함수의 역함수라 부르고, 기호로 $\sin^{-1}$으로 적고 **아크사인**이라 부른다. 즉

$$\sin^{-1}: [-1, 1] \to \left[-\frac{\pi}{2}, \frac{\pi}{2}\right]$$

이다. 이때 $\left[-\frac{\pi}{2}, \frac{\pi}{2}\right]$를 아크사인의 **주치**라 부른다. 따라서

$$\sin^{-1}x = \theta \Leftrightarrow x = \sin\theta \text{ 그리고 } -\frac{\pi}{2} \le \theta \le \frac{\pi}{2}$$

를 뜻한다. 같은 방법으로 아크코사인과 아크탄젠트도 정의한다. 코사인함수의 정의역을 $[0, \pi]$로 축소하고 탄젠트함수는 정의역을 $\left(-\frac{\pi}{2}, \frac{\pi}{2}\right)$로 축소한다. 따라서

$$\cos^{-1}: [-1, 1] \to [0, \pi], \quad \tan^{-1}: \mathbb{R} \to \left(-\frac{\pi}{2}, \frac{\pi}{2}\right)$$

이며, 아크코사인의 주치는 $[0, \pi]$이고 아크탄젠트의 주치는 $\left(-\frac{\pi}{2}, \frac{\pi}{2}\right)$이다. 그러므로

$$\cos^{-1}x = \theta \Leftrightarrow x = \cos\theta \text{ 그리고 } 0 \le \theta \le \pi$$

$$\tan^{-1}x = \theta \Leftrightarrow x = \tan\theta \text{ 그리고 } -\frac{\pi}{2} < \theta < \frac{\pi}{2}$$

이다. 이들 함수의 그래프를 그리면 아래 그림과 같다.

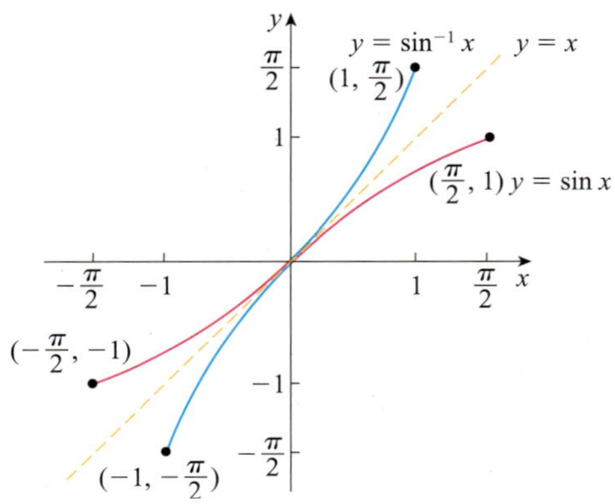

그림 1.3.5 $y = \sin x,\ -\frac{\pi}{2} \le x \le \frac{\pi}{2}$
$y = \sin^{-1}x,\ -1 \le x \le 1$

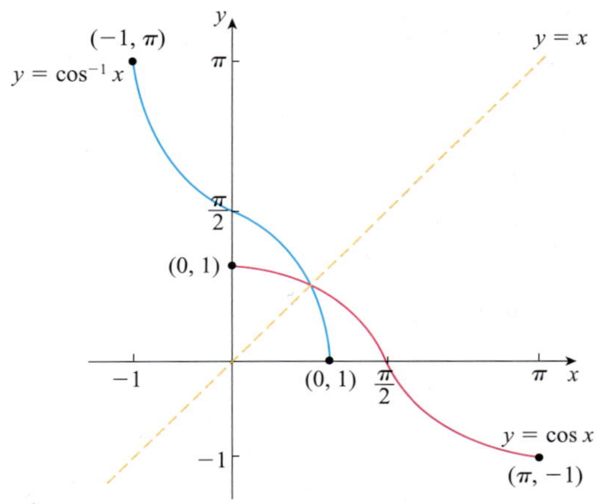

그림 1.3.6 $y = \cos x,\ 0 \le x \le \pi$
$y = \cos^{-1}x,\ -1 \le x \le 1$

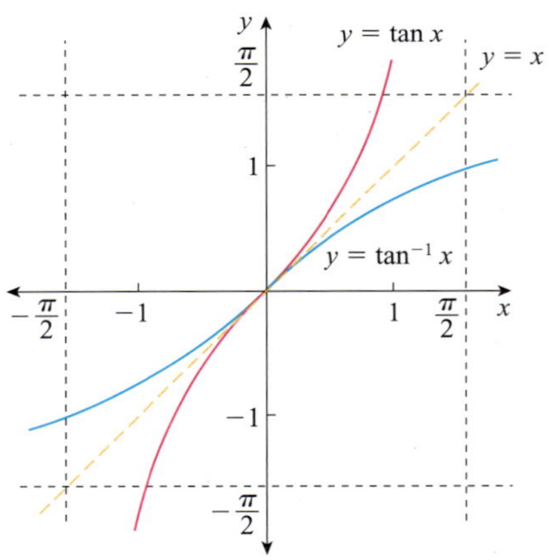

그림 1.3.7

참고 다음 기호를 반드시 주의해야 한다.

$$\sin^2 x = (\sin x)^2,\quad \sin^{-1}x \ne (\sin x)^{-1} = \frac{1}{\sin x} = \csc x,$$
$$(\sin x)(\sin^{-1}x) \ne 1,\quad (\sin x)(\csc x) = 1,$$
$$\sin(\sin^{-1}x) = x,\quad \sin^{-1}(\sin x) = x,$$
$$\cos(\cos^{-1}x) = x,\quad \cos^{-1}(\cos x) = x,$$
$$\tan(\tan^{-1}x) = x,\quad \tan^{-1}(\tan x) = x$$

예제 1.3.4 다음에 주어진 값을 구하라.

(1) $\sin^{-1}\frac{1}{2}$ (2) $\cos^{-1}\left(-\frac{1}{2}\right)$ (3) $\tan^{-1}(-1)$

풀이 (1) $\sin^{-1}\frac{1}{2} = x$라 두면 $\sin x = \frac{1}{2}$이고 $-\frac{\pi}{2} \le x \le \frac{\pi}{2}$를 만족하는 x를 구하면 된다. 그러므로 $x = \frac{\pi}{6}$이다.

(2) (1)과 마찬가지로 $\cos^{-1}\left(-\frac{1}{2}\right) = x$라 두면 $\cos x = -\frac{1}{2}$이고 $0 \le x \le \pi$를 만족하는 x를 구하면 된다. 그러므로 $x = \frac{2\pi}{3}$이다.

(3) (1)과 마찬가지로 $\tan^{-1}(-1) = x$라 두면 $\tan x = -1$이고 $-\frac{\pi}{2} < x < \frac{\pi}{2}$를 만족하는 x를 구하면 된다. 그러므로 $x = -\frac{\pi}{4}$이다. ■

예제 1.3.5 $\cos(\sin^{-1}x) = \sqrt{1 - x^2}$임을 증명하여라.

증명 $\sin^{-1}x = y$라 두자. 그러면 $-\frac{\pi}{2} \le y \le \frac{\pi}{2}$이고 $x = \sin y$이다. 따라서

$$\cos(\sin^{-1}x) = \cos y = \sqrt{1-\sin^2 y} = \sqrt{1-x^2}$$

이다. ■

1.3 연습문제

1. 그림을 이용하여 $\sin(\pi-\theta) = \sin\theta$, $\cos(\pi-\theta) = -\cos\theta$ 임을 보여라.

2. 다음 값을 구하여라.

(1) $\sin\left(\cos^{-1}\frac{\sqrt{3}}{2}\right)$ (2) $\cos\left(\sin^{-1}\left(-\frac{1}{3}\right)\right)$

(3) $\tan\left(\cos^{-1}\frac{1}{3}\right)$

3. 세 각이 각각 α, β, γ이고 마주보는 변의 길이가 각각 a, b, c인 삼각형에서

$$\frac{\sin\alpha}{a} = \frac{\sin\beta}{b} = \frac{\sin\gamma}{c}$$

임을 보여라(사인법칙).

4. 세 각이 각각 α, β, γ이고 마주보는 변의 길이가 각각 a, b, c인 삼각형에서

$$c^2 = a^2 + b^2 - 2ab\cos\gamma$$

임을 보여라(코사인법칙).

1.4 함수의 극한

어떤 현상이 시간 x에 대한 함수 $y = f(x)$로 표현되었다고 생각하자. 만약 시간 $x = a$에서의 현상을 알고자 한다면 $f(a)$를 계산하면 될 것이다. 그러나 불행하게도 $x = a$에서 함수가 정의되지 않아 그 값을 알 수 없다면, $x = a$ 근방에서의 함숫값의 변화를 알아봄으로써 $f(a)$를 추정할 수 있다. 예를 들면 $f(x) = \frac{x^2-1}{x-1}$의 $x = 1$인 경우의 값을 어떻게 추정할 것인가? 또는 $f(a)$가 정의되어도 그 값을 신뢰할 수 없는 경우, 신뢰할 수 있는 $x = a$에서의 값을 어떻게 추정할 것인가라는 문제에 봉착하게 된다.

만약 $x = a$의 좌측과 우측의 적당한 구간에서 함수가 정의되고, x가 a에 접근할수록 $f(x)$의 값이 어떤 유한 확정한 값에 접근한다면, 우리는 $x = a$에서 $f(x)$의 값을 추정할 수 있을 것이다. 이와 관련된 내용인 함수의 극한을 다음과 같이 정의한다.

정의 1.4.1 극한

a를 포함하는 적당한 구간에서 정의된 함수 $f(x)$(a에서 정의될 필요는 없음)에 대하여, 어떤 수 L이 있어서, $0 < |x-a|$가 0에 충분히 가까운 x에 대하여 $|f(x)-L|$도 0에 원하는 만큼 충분히 가까

워질 때, '$x=a$에서 함수 f의 극한이 L이다' 라고 하고 $\lim_{x \to a} f(x) = L$로 표기한다.

위의 정의 1.4.1에서 '원하는 만큼 충분히 가까워진다' 라는 표현은 수학적으로 엄밀한 표현이 아니다. 함수의 극한에 대한 엄밀한 정의는 이 절의 마지막에서 다룬다.

예제 1.4.2 $f(x) = \frac{x^2-1}{x-1}$의 $x=1$에서 함숫값의 변화를 보고 극한값을 추정하라.

풀이 주어진 함수는 $x \neq 1$인 모든 실수 x에 대하여 정의되어 있다. 그리고 $x \neq 1$인 모든 실수 x에 대하여

$$f(x) = \frac{x^2-1}{x-1} = x+1$$

이다. 따라서 x가 1에 가까워지면 $f(x)$는 2에 가까워짐을 알 수 있다. 그러므로

$$\lim_{x \to 1} \frac{x^2-1}{x-1} = 2$$

임을 추정할 수 있다. ■

a의 적당한 근방에서 정의된 함수 $f(x)$에 대하여 x가 a에 접근할 때 $f(x)$의 극한값은 $f(a)$값에 영향을 받지 않는다. 흔히 우리가 극한값을 계산할 때 함숫값을 구해서 그 값으로 극한값을 구하는 경우가 자주 있으나 이는 주어진 함수가 연속함수일 때만 가능하다. 지금까지 우리는 흔히 연속함수를 많이 다루어 왔기 때문에 이러한 습관에 젖어 있다. 이제 간단한 몇 개의 함수의 극한값을 구해보자.

예제 1.4.3 상수함수 $f(x)=c$는 모든 실수 a에 대하여 $\lim_{x \to a} f(x) = c$이다.

증명 모든 x에 대하여 $f(x)=c$이므로 x가 a에 접근할 때 $|f(x)-c|=|c-c|=0$이다. 그러므로 $\lim_{x \to a} f(x) = c$임을 알 수 있다. ■

예제 1.4.4 모든 실수 a에 대하여 $\lim_{x \to a} x = a$를 증명하여라.

증명 $0<|x-a|$가 0에 충분히 가까워지면 $|f(x)-a|=|x-a|$도 0에 원하는 만큼 충분히 가까워진다. 따라서 $\lim_{x \to a} x = a$이다. ■

예제 1.4.5 각 실수 a에 대하여 $\lim_{x \to a} |x| = |a|$임을 증명하여라.

증명 (i) $a=0$: $0<|x-0|=|x|$가 0에 충분히 가까워지면 $||x|-0|=|x|$도 0에 원하는 만큼 충분히 가까워진다.

(ii) $a \neq 0$: x가 a와 같은 부호를 가지고 $0<|x-a|$가 0에 충분히 가까워지면 $||x|-|a||=|x-a|$도 0에 원하는 만큼 충분히 가까워진다. ■

예제 1.4.6 모든 양의 실수 a에 대하여 $\lim_{x \to a} \sqrt{x} = \sqrt{a}$임을 증명하여라.

증명 $|\sqrt{x}-\sqrt{a}| = \left|\frac{x-a}{\sqrt{x}+\sqrt{a}}\right| \le |x-a|\frac{1}{\sqrt{a}}$을 만족하고 $\frac{1}{\sqrt{a}}$이 유한한 양수이므로, $0<|x-a|$가 0에 충분히 가까워지면 $|\sqrt{x}-\sqrt{a}|$가 0에 원하는 만큼 충분히 가까워진다. 따라서 $\lim_{x \to a} \sqrt{x} = \sqrt{a}$이다. ■

예제 1.4.7 $\lim_{x \to 0} \sin x = 0$, $\lim_{x \to 0} \cos x = 1$임을 증명하여라.

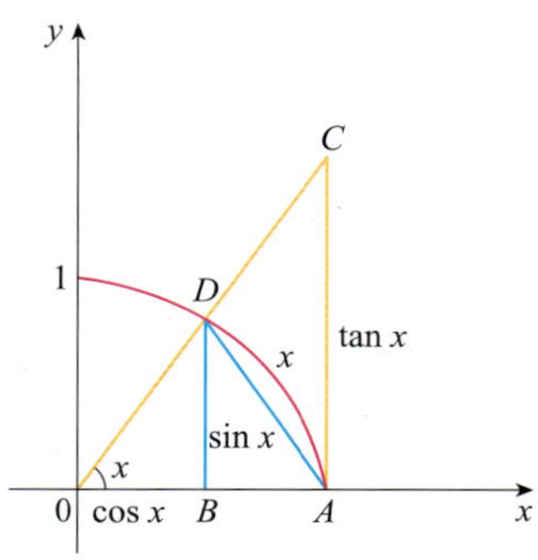

그림 1.4.1

증명 먼저 $|\sin x|<|x|$ $(-\frac{\pi}{2}<x<\frac{\pi}{2})$ 임을 보이자. 이를 위하여 그림 1.4.1을 생각하자.

그림에서 $0 \le \sin x \le |\overline{AD}| \le x$ $(0 \le x < \frac{\pi}{2})$이다. 한편 $\sin(-x) = -\sin x$이므로 $-x \le \sin(-x) \le 0$ $(0 \le x < \frac{\pi}{2})$이다. 이는 $x \le \sin x < 0$ $(-\frac{\pi}{2}<x \le 0)$를 의미한다. 따라서 $|\sin x| \le |x|(-\frac{\pi}{2}<x<\frac{\pi}{2})$이다. $0<|x-0|=|x|$가 0에 충분히 가까워지면, $|\sin x-0|<|\sin x| \le |x|$도 0에 원하는 만큼 충분히 가까워짐을 알 수 있다. 따라서 $\lim_{x \to 0} \sin x = 0$이다.

또 $\cos(-x)=\cos x$이고, 그림에서

$$|\cos x - 1| \le |\overline{AB}| \le |\overline{AD}| \le x \ (0 \le x < \frac{\pi}{2})$$

이므로, $|\cos x-1| \le |x|$ $(-\frac{\pi}{2}<x<\frac{\pi}{2})$이다. 따라서 $0<|x-0|=|x|$가 0에 충분히 가까워지면, $|\cos x-1| \le |x|$도 0에 원하는 만큼 충분히 가까워진다. 따라서 $\lim_{x \to 0} \cos x = 1$이다. ■

극한법칙

이제 함수의 극한과 사칙연산과의 관계를 알아보자. 여기서 주의할 것은 각각의 함수의 극한값이 존재할 때 이 정리를 사용할 수 있다. 이들의 증명은 극한값의 엄밀한 정의를 이용하여 할 수 있다.

정리 1.4.8

$\lim_{x \to a} f(x) = L_1$, $\lim_{x \to a} g(x) = L_2$일 때 다음이 성립한다.

(1) $\lim_{x \to a} (f(x) \pm g(x)) = L_1 \pm L_2$ (복호동순)

(2) $\lim_{x \to a} (f(x)g(x)) = L_1 L_2$

(3) $\lim_{x \to a} \dfrac{f(x)}{g(x)} = \dfrac{L_1}{L_2}$ (단, $L_2 \neq 0$이다.)

(4) $\lim_{x \to a} (f(x))^{r/s} = L_1^{r/s}$ (단, r, $s(\neq 0)$는 서로소인 정수, $L_1^{r/s}$는 실수, 즉 s가 짝수이면 $L_1 > 0$으로 가정한다.)

참고 1. 정리 1.4.8(2)의 특수한 경우로 $f(x) = c$인 상수함수이면, $\lim_{x \to a} (cg(x)) = cL_2$를 만족한다.
2. 어떤 함수가 극한이 알려진 함수들의 사칙연산으로 표현되면, 그 함수의 극한을 정리 1.4.8을 이용하여 구할 수 있다.

예제 1.4.9 실수를 계수로 하는 정함수

$$f(x) = a_0 + a_1 x + a_2 x^2 + \cdots + a_n x^n$$

에 대하여 $\lim_{x \to a} f(x) = f(a)$임을 증명하여라.

증명 예제 1.4.4와 정리 1.4.8의 (1)과 (2)를 반복해서 사용하면

$$\begin{aligned} \lim_{x \to a} f(x) &= \lim_{x \to a} \sum_{i=0}^{n} a_i x^i = \sum_{i=0}^{n} \lim_{x \to a} a_i x^i = \sum_{i=0}^{n} a_i \lim_{x \to a} x^i \\ &= \sum_{i=0}^{n} a_i \left(\lim_{x \to a} x \right)^i = \sum_{i=0}^{n} a_i a^i = f(a) \end{aligned}$$

임을 알 수 있다. ■

예제 1.4.10 극한 $\lim_{x \to 0} (x^2 + \cos x)$를 구하여라.

풀이 예제 1.4.7과 정리 1.4.8의 (1)과 (2)를 사용하면 다음과 같이 계산된다.

$$\lim_{x \to 0} (x^2 + \cos x) = \left(\lim_{x \to 0} x \right)^2 + \lim_{x \to 0} \cos x = 0 + 1 = 1$$ ■

예제 1.4.11 극한 $\lim_{x \to 1} \dfrac{x^2 - 1}{x - 1}$을 구하여라.

풀이 $\dfrac{x^2 - 1}{x - 1} = \dfrac{(x+1)(x-1)}{x-1} = x + 1$ $(x \neq 1)$이므로

$$\lim_{x \to 1} \frac{x^2 - 1}{x - 1} = \lim_{x \to 1} (x + 1) = 1 + 1 = 2$$

를 만족한다. 예제 1.4.2와 비교해보라. ■

정리 1.4.12

(1) (샌드위치 정리) 실수 a의 근방 $(a-\delta, a) \cup (a, a+\delta)$에서 $f(x) \le g(x) \le h(x)$, $\lim_{x \to a} f(x) = L = \lim_{x \to a} h(x)$이면 $\lim_{x \to a} g(x) = L$이다. 특히 $\lim_{x \to a} |g(x)| = 0$이면 $\lim_{x \to a} g(x) = 0$이다.

(2) $\lim_{x \to a} f(x) = b$, $\lim_{x \to b} g(x) = g(b)$이면
$\lim_{x \to a} g(f(x)) = g(b) = g\left(\lim_{x \to a} f(x)\right)$이다.

증명 (1) $\lim_{x \to a} f(x) = L = \lim_{x \to a} h(x)$ 이므로, $0 < |x-a|$가 0에 충분히 가까워지면 $|f(x)-L|$과 $|h(x)-L|$도 0에 충분히 가까워진다. a를 포함하는 조그마한 구간 $(a-\delta, a) \cup (a, a+\delta)$에서 $|g(x)-L| \le \max\{|f(x)-L|, |h(x)-L|\}$을 만족하므로, $0 < |x-a|$가 0에 충분히 가까워지면 $|g(x)-L|$도 0에 원하는 만큼 충분히 가까워진다. 따라서 $\lim_{x \to a} g(x) = L$이다.

한편 $-|g(x)| \le g(x) \le |g(x)|$이므로, $\lim_{x \to a} |g(x)| = 0$이면 $\lim_{x \to a} g(x) = 0$이다.

(2) $0 < |x-a|$가 0에 충분히 가까워지면 $|f(x)-b|$도 0에 원하는 만큼 충분히 가까워진다. $\lim_{x \to b} g(x) = g(b)$이므로, $|f(x)-b|$가 0에 충분히 가까워지면 $|g(f(x))-g(b)|$도 0에 원하는 만큼 충분히 가까워진다. 따라서 $0 < |x-a|$가 0에 충분히 가까워지면 $|g(f(x))-g(b)|$도 0에 원하는 만큼 충분히 가까워지기 때문에, $\lim_{x \to a} g(f(x)) = g(b) = g\left(\lim_{x \to a} f(x)\right)$이다. ■

예제 1.4.13 $\lim_{x \to 0} \frac{\sin x}{x} = 1$임을 증명하여라.

증명 먼저 x가 양수인 경우에 대해 살펴보자. 예제 1.4.7의 그림 1.4.1에서 $\triangle AOD$의 넓이 $\le$ 부채꼴 AOD의 넓이 $\le \triangle AOC$의 넓이이므로 $\frac{1}{2}\sin x \le \frac{1}{2}x \le \frac{1}{2}\tan x$이다. 이 부등식에서 $\cos x \le \frac{\sin x}{x} \le 1$ $(0 < x < \frac{\pi}{2})$을 얻는다. x가 음수인 경우에는 같은 방법으로 $\cos(-x) \le \frac{\sin(-x)}{-x} \le 1$, 즉 $\cos x \le \frac{\sin x}{x} \le 1$ $(-\frac{\pi}{2} < x < 0)$을 얻는다. 예제 1.4.7과 샌드위치 정리(정리 1.4.12의 (1))에 의해서 $\lim_{x \to 0} \frac{\sin x}{x} = 1$이다. ■

예제 1.4.14 다음 극한을 구하여라.

(1) $\lim_{x \to 0} \sin \frac{1}{x}$ (2) $\lim_{x \to 0} x \sin \frac{1}{x}$ (3) $\lim_{x \to 0} x^2 \sin \frac{1}{x}$

풀이 (1) 0에 수렴하는 두 수열 $a_n = \frac{1}{n\pi}$과 $b_n = \frac{2}{(4n+1)\pi}$를 생각하자. 그러면 $f(a_n) = 0$이고, $f(b_n) = 1$이다. $n \to \infty$이면 $a_n \to 0$, $b_n \to 0$이다. 그러므로 $0 < |a_n|$과 $0 < |b_n|$이 0에 충분히 가까워지더라도 $\left|\sin \frac{1}{x} - L\right|$도 0에 원하는 만큼 충분히 가까워지는 실수 L을 잡을 수 없다. 그러므로 $\lim_{x \to 0} \sin \frac{1}{x}$은 존재하지 않는다(그림 1.4.2 참조).

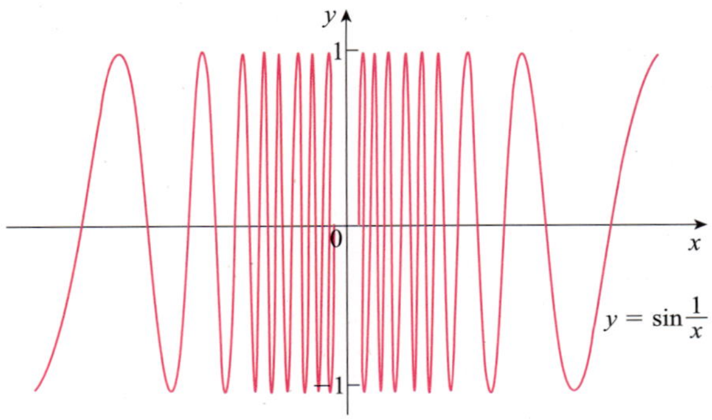

그림 1.4.2

(2) 0이 아닌 모든 x에 대해서 $-|x| \le \left|x \sin \frac{1}{x}\right| \le |x|$이다. 예제 1.4.5와 샌드위치 정리에 의해서 $\lim_{x \to 0} x \sin \frac{1}{x} = 0$이다(그림 1.4.3 참조).

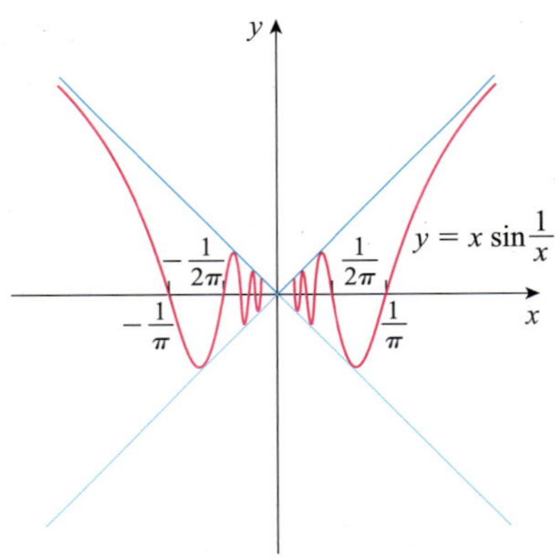

그림 1.4.3

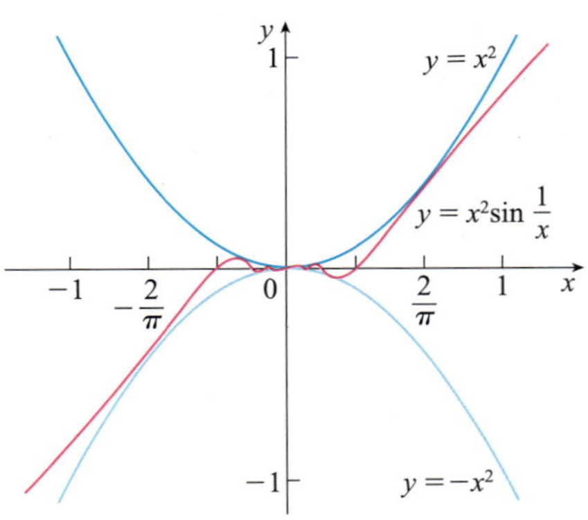

그림 1.4.4

(3) 0이 아닌 모든 x에 대해서 $-x^2 \le \left|x^2 \sin \frac{1}{x}\right| \le x^2$이므로, (2)와 같은 이유에 의해서 $\lim_{x \to 0} x^2 \sin \frac{1}{x} = 0$이다(그림 1.4.4 참조). ■

예제 1.4.15 극한 $\lim_{x \to 0} \sqrt{1-x^2}$을 계산하여라.

풀이 $f(x)=1-x^2$, $g(x)=\sqrt{x}$ 라 두자. 그러면 $g(f(x))=\sqrt{1-x^2}$ 이 되며 $\lim_{x \to 0} f(x) = f(0) = 1$(예제 1.4.9), $\lim_{x \to 1} g(x) = g(1) = 1$(예제 1.4.6)이다. 이제 정리 1.4.8의 (4) 또는 정리 1.4.12의 (2)에 의해서 $\lim_{x \to 0} \sqrt{1-x^2} = \sqrt{\lim_{x \to 0}(1-x^2)} = 1$을 만족한다. ■

극한의 엄밀한 정의

정의 1.4.1에서 "$x=a$에서 $f(x)$의 극한이 L이다"의 직관적인 정의를 하였다. 여기서 "x가 a에 충분히 가까워질 때 $f(x)$가 L에 원하는 만큼 가까워 질 수 있다"고 정의하였으나 충분히 또는 원하는 만큼이라는 용어는 수학적으로 엄밀하지 못하다. 이를 수학적으로 정의하면 다음과 같다.

정의 1.4.16 함수의 극한의 엄밀한 정의

a를 포함하는 적당한 구간에서 정의된 함수 $f(x)$(a에서 정의될 필요는 없음)에 대하여 다음 성질을 만족하는 실수 L이 존재하면 "$x=a$에서 $f(x)$의 극한이 L이다"라고 한다.

임의의 양수 ε에 대하여 만약 $x \in (a-\delta, a) \cup (a, a+\delta)$이면 $f(x) \in (L-\varepsilon, L+\varepsilon)$을 만족하는 양수 δ가 존재한다. 즉

$$0 < |x-a| < \delta \Rightarrow |f(x)-L| < \varepsilon$$

을 만족한다.

정리 1.4.17

정의 1.4.16의 함수의 극한의 엄밀한 정의를 만족하는 실수 L이 존재한다면 유일하다.

증명 만약 L_1, L_2가 둘 다 정의 1.4.16을 만족한다고 가정하자. 그러면 임의의 양수 ε에 대하여

$$0 < |x-a| < \delta_1 \Rightarrow |f(x)-L_1| < \frac{\varepsilon}{2}$$

$$0 < |x-a| < \delta_2 \Rightarrow |f(x)-L_2| < \frac{\varepsilon}{2}$$

을 만족하는 δ_1과 δ_2가 존재한다. 그리고 $\delta=\min\{\delta_1, \delta_2\}$라 두면 모든 $x \in (a-\delta, a) \cup (a, a+\delta)$에 대하여

$$|L_1 - L_2| = |L_1 - f(x) + f(x) - L_2| \le |L_1 - f(x)| + |f(x) - L_2| < \varepsilon$$

이다. 따라서 임의의 양수 ε에 대하여 $|L_1 - L_2| < \varepsilon$ 이다. 그러므로 $L_1 = L_2$이다. ■

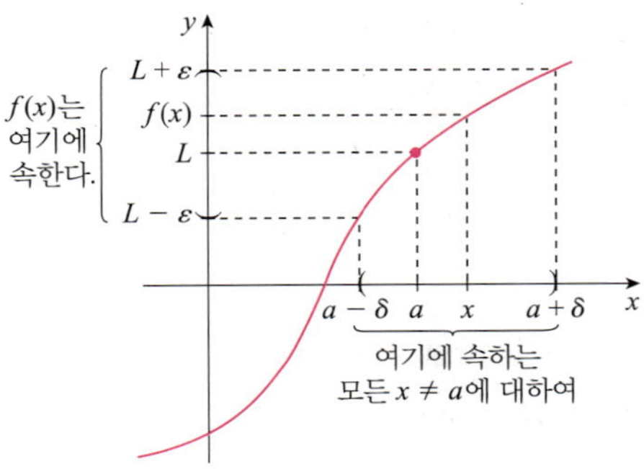

그림 1.4.5

위의 정의에서 양수 ε을 우리가 원하는 만큼 작게 잡으면 a의 δ근방에 속하는 a를 제외한 모든 x에 대하여 $|f(x) - L| < \varepsilon$이 되게 할 수 있다는 뜻이다. 즉 "x가 a에 충분히 가까워질 때 $f(x)$가 L에 원하는 만큼 가깝게 할 수 있다"는 뜻이다(그림 1.4.5 참조).

예제 1.4.18 함수 $f(x) = 2x$에 대하여 $\lim_{x \to 1} f(x) = 2$임을 알고 있다. 위의 엄밀한 정의에 $\varepsilon = 0.1, \varepsilon = 0.01$에 해당하는 각 δ를 구하여라. 이를 일반화하여 임의의 양수 ε에 해당하는 δ를 구하여라.

풀이 $|f(x) - 2| = |2x - 2| = 2|x - 1| < 0.1 \Leftrightarrow |x - 1| < \frac{0.1}{2} = 0.05$임을 알 수 있다. 그러므로 $\delta = 0.05$로 잡으면 $|x - 1| < 0.05 \Rightarrow |f(x) - 2| < 0.1$ 이다. 마찬가지로 $\delta = 0.005$로 잡으면 $|x - 1| < 0.005 \Rightarrow |f(x) - 2| < 0.01$이다. 또한 임의의 양수 ε에 대하여

$$|f(x) - 2| = |2x - 2| = 2|x - 1| < \varepsilon \Leftrightarrow |x - 1| < \frac{\varepsilon}{2} = \delta$$

가 성립한다. 따라서 임의의 양수 ε에 대하여 $\delta = \frac{\varepsilon}{2}$으로 선택하면 된다(그림 1.4.6, 1.4.7 참조). ■

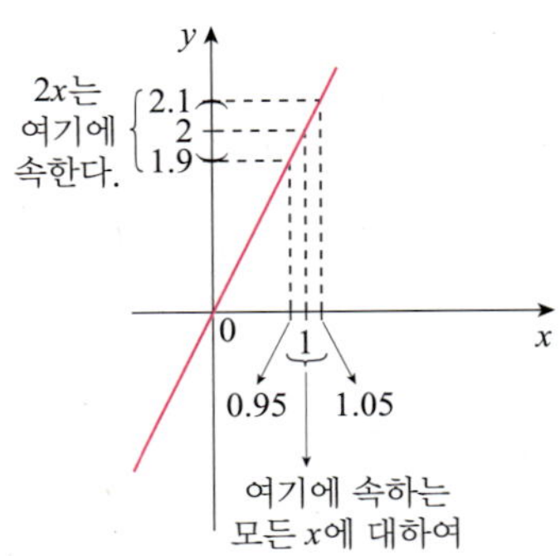

그림 1.4.6

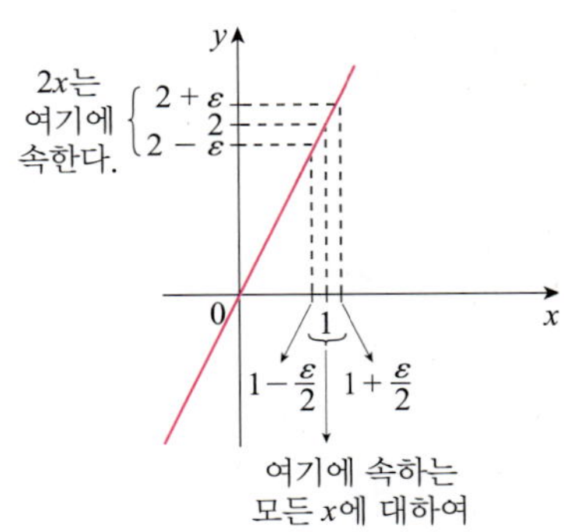

그림 1.4.7

예제 1.4.19 다음과 같이 정의된 함수

$$f(x) = \begin{cases} 0 \ (x < 0) \\ 1 \ (x \ge 0) \end{cases}$$

에 대해서 $\lim_{x \to 0} f(x)$가 존재하지 않음을 밝혀라.

풀이 만약 $x > 0$이면 $f(x) = 1$이다. 만약 $x < 0$이면 $f(x) = 0$이다. 만약 정

의 1.4.16을 만족하는 실수 L이 존재한다고 가정하고 $\varepsilon = \max\{|L-1|, |L-0|\}$으로 잡으면 $0<|x-0|=|x|<\delta$인 모든 x에 대하여 $|f(x)-L|<\varepsilon$을 만족하는 양수 δ를 잡을 수 없다. 그러므로 $\lim_{x \to 0} f(x)$가 존재하지 않는다. ■

위에서 소개한 극한법칙들은 극한의 엄밀한 정의를 이용하여 증명할 수 있다. 그 예로 하나만 증명하고 나머지는 생략한다.

예제 1.4.20 $\lim_{x \to a} f(x) = L_1$, $\lim_{x \to a} g(x) = L_2$이면

$$\lim_{x \to a} (f(x) + g(x)) = L_1 + L_2$$

임을 엄밀한 정의를 이용하여 증명하여라.

증명 $\lim_{x \to a} f(x) = L_1$이므로 임의로 주어진 양수 ε에 대하여

$$0 < |x - a| < \delta_1 \Rightarrow |f(x) - L_1| < \frac{\varepsilon}{2}$$

을 만족하는 δ_1이 존재한다. 마찬가지로 $\lim_{x \to a} g(x) = L_2$이므로 같은 양수 ε에 대하여

$$0 < |x - a| < \delta_2 \Rightarrow |g(x) - L_2| < \frac{\varepsilon}{2}$$

을 만족하는 δ_2가 존재한다. 그리고 $\delta = \min\{\delta_1, \delta_2\}$라 두면 모든 $x \in (a-\delta, a) \cup (a, a+\delta)$에 대하여

$$|f(x) + g(x) - L_1 - L_2| \le |f(x) - L_1| + |g(x) - L_2| < \frac{\varepsilon}{2} + \frac{\varepsilon}{2} = \varepsilon$$

이다. 그러므로

$$\lim_{x \to a} (f(x) + g(x)) = L_1 + L_2$$

이다. ■

예제 1.4.21 $\lim_{x \to a} f(x) = L_1$, $\lim_{x \to a} g(x) = L_2$이고 모든 $x \in (a-\delta, a) \cup (a, a+\delta)$에 대하여 $f(x) \le g(x)$이면 $L_1 \le L_2$임을 보여라.

증명 $L_1 > L_2$라 가정하고 모순을 찾는다. 정리 1.4.8의 극한의 차에 대한 법칙에 의하면

$$\lim_{x \to a} (g(x) - f(x)) = L_2 - L_1$$

이다. 그러므로 임의의 양수 ε에 대하여, 모든 $x \in (a-\delta, a) \cup (a, a+\delta)$에 대하여

$$|g(x) - f(x) - L_2 + L_1| < \varepsilon$$

을 만족하는 양수 δ가 존재한다. 이제 $\varepsilon = L_1 - L_2 > 0$이라 두면 모든 $x \in (a-\delta, a) \cup (a, a+\delta)$에 대하여

$$|g(x) - f(x) - L_2 + L_1| < \varepsilon = L_1 - L_2$$

를 만족하는 양수 δ가 존재한다. 모든 실수 a에 대하여 $a \le |a|$이므로

$$(g(x) - f(x) - L_2 + L_1) < \varepsilon = L_1 - L_2$$

이다. 그러므로

$$g(x) - f(x) < 0$$

을 얻는다. 이것은 $f(x) \le g(x)$에 모순이다. 그러므로 $L_1 \le L_2$이다. ■

1.4 연습문제

1. 다음의 각 극한값을 구하여라.

(1) $\lim_{x \to 1}(2x + 1)$ (2) $\lim_{x \to 1} \frac{x^3 - 1}{x - 1}$

(3) $\lim_{x \to -2} \frac{100}{(x + 2)^2}$ (4) $\lim_{x \to 1} \frac{x^3 - x^2 - x + 1}{x(x - 1)}$

2. 다음의 각 극한값을 구하여라. $(a \ne 0)$

(1) $\lim_{x \to 0} \frac{a - \sqrt{a^2 - x^2}}{x^2}$ (2) $\lim_{x \to 0} \frac{1}{a - \sqrt{a^2 - x^2}}$

3. 다음의 각 극한값을 구하여라.

(1) $\lim_{x \to 0} \frac{\sin mx}{\sin nx}\ (n \ne 0,\ m \ne 0)$

(2) $\lim_{x \to 0} \frac{\tan x}{x}$ (3) $\lim_{x \to 0} \frac{\sin^{-1} x}{x}$

(4) $\lim_{x \to 0} \frac{\tan^{-1} x}{x}$

4. 다음의 극한값을 구하여라.

(1) $\lim_{x \to 0} \frac{\sin ax - \sin bx}{x}$ (2) $\lim_{x \to 0} \frac{\sin x}{2x}$

(3) $\lim_{x \to 0} \frac{x}{\tan 2x}$

1.5 다양한 극한

한쪽 방향으로의 극한

실수 상에서 주어진 점 a에 접근하는 방법은 무수히 많으나, a의 왼쪽에서(즉 a보다 작은 값으로), a의 오른쪽에서(즉 a보다 큰 값으로), a의 왼쪽과 오른쪽(즉 a보다 작은 값, 큰 값)을 번갈아 가면서 a에 접근하는 방법 등을 생각해볼 수 있다. 이들 가운데 처음 두 가지 경우에 대한 함수의 극한을 생각해보고, 이들과 앞에서 학습한 극한에 대한 결과와 비교해보자.

정의 1.5.1 우극한, 좌극한

(1) $0 < x-a$를 만족하면서 $x-a$가 0에 충분히 가까워지면 $|f(x)-L|$이 0에 원하는 만큼 충분히 가까워질 때, '$x=a$에서 함수 f의 우극한이 L이다' 라고 하고 $\lim_{x \to a^+} f(x) = L$로 표기한다.

(2) $x-a < 0$을 만족하면서 $x-a$가 0에 충분히 가까워지면 $|f(x)-L|$이 0에 원하는 만큼 충분히 가까워질 때, '$x=a$에서 함수 f의 좌극한이 L이다' 라고 하고 $\lim_{x \to a^-} f(x) = L$로 표기한다.

좌극한과 우극한에 대해서도 앞서 배운 함수의 극한과 마찬가지로 엄밀한 정의가 있다. 여기서 간략하게 소개한다.

정의 1.5.2 좌극한, 우극한의 엄밀한 정의

(1) a의 오른쪽 구간에서 정의된 함수 $f(x)$(a에서 정의될 필요는 없음)에 대하여 다음 성질을 만족하는 실수 L이 존재하면 "$x=a$에서 $f(x)$의 우극한이 L이다"라고 한다.

임의의 양수 ε에 대하여 만약 $x \in (a, a+\delta)$이면 $f(x) \in (L-\varepsilon, L+\varepsilon)$을 만족하는 양수 δ가 존재한다. 즉

$$0 < x-a < \delta \Rightarrow |f(x)-L| < \varepsilon$$

을 만족한다.

(2) a의 왼쪽 구간에서 정의된 함수 $f(x)$(a에서 정의될 필요는 없음)에 대하여 다음 성질을 만족하는 실수 L이 존재하면 "$x=a$에서 $f(x)$의 좌극한이 L이다"라고 한다.

임의의 양수 ε에 대하여 만약 $x \in (a-\delta, a)$이면 $f(x) \in (L-\varepsilon, L+\varepsilon)$을 만족하는 양수 δ가 존재한다. 즉

$$-\delta < x-a < 0 \Rightarrow |f(x)-L| < \varepsilon$$

을 만족한다.

참고 1. 함수 f가 $x=a$에서 정의되어 있지 않아도 (a, c) 또는 (b, a)에서 정의되어 있으면 $x=a$에서의 f의 우극한 또는 좌극한을 생각할 수 있다.

2. 정리 1.4.8과 1.4.12에서 a 대신 a^+, a^-로 바꾸어 놓아도 이들 정리가 성립한다.

3. 함수의 극한에서와 마찬가지로 좌극한이나 우극한이 존재하면 단 하나 존재한다.

예제 1.5.3 $\lim_{x \to 0^+} \sqrt{x} = 0$을 증명하여라.

증명 주어진 양수 ε에 대하여

$$0 < x - 0 < \delta \Rightarrow |\sqrt{x} - 0| < \varepsilon$$

을 만족하는 δ를 구하고자 한다. $\delta = \varepsilon^2$을 택하면

$$0 < x - 0 < \delta = \varepsilon^2 \Rightarrow \sqrt{x} < \varepsilon$$

이다. 따라서 $\lim_{x \to 0^+} \sqrt{x} = 0$이다. ■

다음 정리는 극한, 우극한, 좌극한 사이의 관계를 밝혀주는 것이다.

정리 1.5.4

다음 (1)과 (2)는 동치이다.

(1) $\lim_{x \to a} f(x) = L$　　　(2) $\lim_{x \to a^+} f(x) = L = \lim_{x \to a^-} f(x)$

증명 $\lim_{x \to a} f(x) = L$의 정의에 의해서 $\lim_{x \to a^+} f(x) = L = \lim_{x \to a^-} f(x)$가 되는 것은 당연하다.

역으로, $\lim_{x \to a^+} f(x) = L = \lim_{x \to a^-} f(x)$를 가정하자. 그러면 직관적으로 $0 < x - a$를 만족하면서 $x - a$가 0에 충분히 가까워지면 $|f(x) - L|$이 0에 원하는 만큼 충분히 가까워지고, $x - a < 0$을 만족하면서 $x - a$가 0에 충분히 가까워지면 $|f(x) - L|$이 0에 원하는 만큼 충분히 가까워진다. 따라서 $0 < |x - a|$가 0에 충분히 가까워지면 $|f(x) - L|$이 0에 원하는 만큼 충분히 가까워진다. 그러므로 $\lim_{x \to a} f(x) = L$이다.

그러나 위의 엄밀한 정의를 이용하면 좀더 명확하게 알 수 있다.

주어진 양수 ε에 대하여 모든 $x \in (a, a + \delta_1)$에 대하여 $f(x) \in (L - \varepsilon, L + \varepsilon)$을 만족하는 양수 δ_1이 존재한다. 또 모든 $x \in (a - \delta_2, a)$에 대하여 $f(x) \in (L - \varepsilon, L + \varepsilon)$을 만족하는 양수 δ_2가 존재한다. 이제 $\delta = \min\{\delta_1, \delta_2\}$라 두면 모든 $x \in (a - \delta, a) \cup (a, a + \delta)$에 대하여 $f(x) \in (L - \varepsilon, L + \varepsilon)$이다. 그러므로 $\lim_{x \to a} f(x) = L$이다. ■

예제 1.5.5 함수 $f(x)=\begin{cases} 2x+1 & (x<2) \\ x+3 & (x>2) \end{cases}$에 대하여 $\lim_{x\to 2} f(x)$를 구하여라.

풀이 $\lim_{x\to 2^+} f(x)=5$이고 $\lim_{x\to 2^-} f(x)=5$이므로, 정리 1.5.4에 의해 $\lim_{x\to 2} f(x) = 5$이다. ■

$x \to \pm\infty$일 때 유한극한

이제 x가 한없이 커질 때(음수로서 작아질 때) 함수의 극한을 생각해 보자. 이를 다음과 같이 정의한다.

정의 1.5.6

(1) 양수 x를 충분히 크게 잡음으로써 $|f(x)-L|$의 값이 원하는 만큼 충분히 0에 가까워지도록 할 수 있을 때, 'x가 무한대로 접근할 때 $f(x)$의 극한이 L이다' 라고 정의하고 $\lim_{x\to\infty} f(x) = L$로 표기한다.

(2) 음수 x를 충분히 작게 잡음으로써 $|f(x)-L|$의 값이 원하는 만큼 충분히 0에 가까워지도록 할 수 있을 때, 'x가 음의 무한대로 접근할 때 $f(x)$의 극한이 L이다' 라고 정의하고 $\lim_{x\to-\infty} f(x) = L$로 표기한다.

정의 1.5.7 $x\to\pm\infty$일 때 유한극한의 엄밀한 정의

(1) 적당한 실수 a의 오른쪽 구간 (a, ∞)에서 정의된 함수 $f(x)$에 대하여 다음 성질을 만족하는 실수 L이 존재하면 "x가 무한대로 접근할 때 $f(x)$의 극한이 L이다"라고 한다. 여기서 a의 역할은 $f(x)$의 정의역을 나타낼 뿐이다.

임의의 양수 ε에 대하여 만약 $x\in(M,\infty)$이면 $f(x)\in(L-\varepsilon, L+\varepsilon)$을 만족하는 양수 M이 존재한다. 즉

$$M < x \Rightarrow |f(x) - L| < \varepsilon$$

을 만족한다.

(2) $(-\infty, a)$에서 정의된 함수 $f(x)$에 대하여 다음 성질을 만족하는 실수 L이 존재하면 "x가 음의 무한대로 접근할 때 $f(x)$의 극한이 L이다"라고 한다.

임의의 양수 ε에 대하여 만약 $x\in(-\infty, N)$이면 $f(x)\in(L-\varepsilon, L+\varepsilon)$을 만족하는 수 N이 존재한다. 즉

$$x < N \Rightarrow |f(x) - L| < \varepsilon$$

을 만족한다.

참고 정리 1.4.7과 마찬가지로 이 극한도 존재한다면 극한값은 하나뿐이다.

정리 1.5.8

$\lim_{x \to \pm\infty} f(x) = L_1$, $\lim_{x \to \pm\infty} g(x) = L_2$일 때 다음이 성립한다.

(1) $\lim_{x \to \pm\infty} (f(x) \pm g(x)) = L_1 \pm L_2$ (복호동순)

(2) $\lim_{x \to \pm\infty} (f(x)g(x)) = L_1 L_2$

(3) $\lim_{x \to \pm\infty} \dfrac{f(x)}{g(x)} = \dfrac{L_1}{L_2}$ (단, $L_2 \neq 0$이다.)

(4) $\lim_{x \to \pm\infty} (f(x))^{r/s} = L_1^{r/s}$ (단, r, s는 서로소, $L_1^{r/s}$은 실수)

예제 1.5.9 $\lim_{x \to \infty} \frac{1}{x} = 0$과 $\lim_{x \to -\infty} \frac{1}{x} = 0$을 증명하여라.

증명 직관적으로 x를 충분히 크게 잡음으로써 $\left|\frac{1}{x} - 0\right| = \frac{1}{|x|} = \frac{1}{x}$이 원하는 만큼 0에 가깝도록 할 수 있다. 따라서 $\lim_{x \to \infty} \frac{1}{x} = 0$이다.

그러나 엄밀한 정의로 증명하기 위해 주어진 양수 ε에 대하여 $x > M$이면 $\left|\frac{1}{x} - 0\right| = \frac{1}{|x|} = \frac{1}{x} < \varepsilon$을 만족하는 M을 구해야 한다. 만약 $M = \frac{1}{\varepsilon}$로 두자. 그러면 $x > \frac{1}{\varepsilon}$이면 $\frac{1}{x} < \varepsilon$을 만족한다. 그러므로 $\lim_{x \to \infty} \frac{1}{x} = 0$이다.

같은 방법으로, $\lim_{x \to -\infty} \frac{1}{x} = 0$을 보일 수 있다. ■

예제 1.5.10 극한 $\lim_{x \to \infty} \dfrac{5x^2 - 8x + 6}{3x^2 + 4}$을 계산하여라.

풀이 $f(x) = 5x^2 - 8x + 6$이라 두면 $\lim_{x \to \infty} f(x) = \infty$로서 정리 1.5.8을 이용할 수 없다. 따라서 x가 무한대로 접근할 때 주어진 함수의 극한을 구하므로 $x \neq 0$이라 가정해도 좋다. 따라서 분모, 분자를 x^2로 나누어서 극한을 구해도 된다. 그러므로

$$\lim_{x \to \infty} \frac{5x^2 - 8x + 6}{3x^2 + 4} = \lim_{x \to \infty} \frac{5 - \frac{8}{x} + \frac{6}{x^2}}{3 + \frac{4}{x^2}}$$

이다. 이제 정리 1.5.8(3)을 이용하면 구하는 극한은 $\frac{5}{3}$이다. ■

예제 1.5.11 극한 $\lim_{x \to \infty} (\sqrt{x^2 - a^2} - x)$를 계산하여라.

풀이 정리 1.5.8(3), (4)에 의해

$$\lim_{x \to \infty} (\sqrt{x^2 - a^2} - x) = \lim_{x \to \infty} \frac{-a^2}{\sqrt{x^2 - a^2} + x} = \lim_{x \to \infty} \frac{-\dfrac{a^2}{x}}{\sqrt{1 - \dfrac{a^2}{x^2}} + 1}$$

$$= \frac{-a^2 \lim_{x \to \infty} \dfrac{1}{x}}{\sqrt{1 - a^2 \left(\lim_{x \to \infty} \dfrac{1}{x}\right)^2} + 1} = \frac{0}{2} = 0$$

이다. ■

예제 1.5.12 $\lim_{x \to \infty} \left(1 + \frac{1}{x}\right)^x = e$임을 알고 $\lim_{x \to -\infty} \left(1 + \frac{1}{x}\right)^x = e$임을 증명하여라.

증명 $y = -x$로 치환하면 x가 음의 무한대로 접근할 때 y는 무한대로 접근한다. 그러므로

$$\lim_{x \to -\infty} \left(1 + \frac{1}{x}\right)^x = \lim_{y \to \infty} \left(1 - \frac{1}{y}\right)^{-y} = \lim_{y \to \infty} \left(\frac{y}{y-1}\right)^y$$

$$= \lim_{y \to \infty} \left(1 + \frac{1}{y-1}\right)^{y-1} \left(1 + \frac{1}{y-1}\right) = e \cdot 1 = e$$

이다. ■

무한극한

지금까지 우리는 다섯 종류의 함수의 극한을 생각해보았고, 각 경우에 함수의 극한이 유한 확정한 값 L인 경우에 한하여 다루었다. 지금부터는 극한의 각 경우에 대하여 함숫값이 양으로 무한히 커지거나 음으로 무한히 작아지는 경우를 생각해보자. 함숫값 $f(x)$가 한없이 커지는 경우에는 L 대신 ∞를, 함숫값 $f(x)$가 음으로 한없이 작아지는 경우에는 L 대신 $-\infty$를 사용하여 표기하자.

정의 1.5.13

(1) $0 < |x - a|$가 0에 충분히 가까워지면 $f(x)$의 값이 원하는 만큼 충분히 큰 값이 될 때, '$x = a$에서 $f(x)$의 **극한이** ∞이다' 라고 하고 $\lim_{x \to a} f(x) = \infty$로 표기한다.

(2) $0 < |x - a|$가 0에 충분히 가까워지면 $f(x)$의 값이 원하는 만큼 음으로 충분히 작은 값이 될 때, '$x = a$에서 $f(x)$의 **극한이** $-\infty$이다' 라고 하고 $\lim_{x \to a} f(x) = -\infty$로 표기한다.

같은 방법으로, $\lim_{x \to a^+} f(x) = \pm\infty$, $\lim_{x \to a^-} f(x) = \pm\infty$, $\lim_{x \to \infty} f(x) = \pm\infty$, $\lim_{x \to -\infty} f(x) = \pm\infty$ 등을 정의할 수 있다.

정의 1.5.14 무한극한의 엄밀한 정의

(1) a를 포함하는 적당한 구간에서 정의된 함수 $f(x)$(a에서 정의될 필요가 없음)에 대하여 다음 성질을 만족할 때, "x가 a에 접근할 때 $f(x)$의 극한이 ∞이다"라고 하고 기호로 $\lim_{x \to a} f(x) = \infty$로 표기한다.

임의의 양수 B에 대하여 만약 $x \in (a, a+\delta) \cup (a-\delta, a)$이면 $f(x) > B$를 만족하는 양수 δ가 존재한다. 즉

$$0 < |x - a| < \delta \Rightarrow f(x) > B$$

를 만족한다.

(2) a를 포함하는 적당한 구간에서 정의된 함수 $f(x)$(a에서 정의되지 않음)에 대하여 다음 성질을 만족할 때, "x가 a에 접근할 때 $f(x)$의 극한이 $-\infty$이다"라고 하고 기호로 $\lim_{x \to a} f(x) = -\infty$로 표기한다.

임의의 양수 B에 대하여 만약 $x \in (a, a+\delta) \cup (a-\delta, a)$이면 $f(x) < -B$를 만족하는 양수 δ가 존재한다. 즉

$$0 < |x - a| < \delta \Rightarrow f(x) < -B$$

를 만족한다.

(3) a의 오른쪽 구간에서 정의된 함수 $f(x)$에 대하여 다음 성질을 만족할 때 "x가 a의 오른쪽에서 a에 접근할 때 $f(x)$의 극한이 ∞이다"라고 하고 기호로 $\lim_{x \to a^+} f(x) = \infty$로 표기한다.

임의의 양수 B에 대하여 만약 $x \in (a, a+\delta)$이면 $f(x) > B$를 만족하는 양수 δ가 존재한다. 즉

$$0 < x - a < \delta \Rightarrow f(x) > B$$

를 만족한다.

(4) 적당한 실수 a의 오른쪽 구간 (a, ∞)에서 정의된 함수 $f(x)$에 대하여 다음 성질을 만족하면 "x가 무한대로 접근할 때 $f(x)$의 극한이 ∞이다"라고 한다. 여기서 a의 역할은 $f(x)$의 정의역을 나타낼 뿐이다. 기호로 $\lim_{x \to \infty} f(x) = \infty$로 표기한다.

임의의 양수 N에 대하여 만약 $x \in (M, \infty)$이면 $f(x) > N$을 만족하는 양수 M이 존재한다. 즉

$$M < x \Rightarrow f(x) > N$$

을 만족한다.

참고 정의 1.5.13에서 $\lim_{x \to a} f(x) = \pm\infty$ 등은 편의상의 표기일 뿐이고, $\pm\infty$는 수가 아니므로 $x = a$에서 $f(x)$의 극한은 존재하지 않는다.

예제 1.5.15 $\lim_{x \to 0^+} \frac{1}{x} = \infty$와 $\lim_{x \to 0^-} \frac{1}{x} = -\infty$를 증명하여라.

증명 주어진 양수 B에 대하여 $\delta = \frac{1}{B}$로 잡자. 그러면

$$0 < x - 0 = x < \delta = \frac{1}{B} \Rightarrow \frac{1}{x} > B$$

이다. 따라서 $\lim_{x \to 0^+} \frac{1}{x} = \infty$이다. 마찬가지로 주어진 양수 B에 대하여 $\delta = \frac{1}{B}$로 잡자. 그러면

$$0 < 0 - x = -x < \delta = \frac{1}{B} \Rightarrow \frac{1}{x} < -B$$

이다. 따라서 $\lim_{x \to 0^-} \frac{1}{x} = -\infty$이다. ■

예제 1.5.16 각 자연수 n에 대하여 $\lim_{x \to \infty} x^n = \infty$를 증명하여라.

증명 임의의 양수 N에 대하여

$$M < x \Rightarrow x^n > N$$

을 만족하는 M을 잡을 수 있으면 된다. 만약 $M = \sqrt[n]{N}$으로 잡으면

$$M = \sqrt[n]{N} < x \Rightarrow x^n > N$$

이다. 그러므로 $\lim_{x \to \infty} x^n = \infty$이다. ■

이러한 극한의 계산은 수평점근선, 수직점근선 또는 사선점근선을 구하는 데 유용하게 이용될 수 있다.

정의 1.5.17 점근선

(1) 만약 $\lim_{x \to \infty} f(x) = L$ 또는 $\lim_{x \to -\infty} f(x) = L$이면 직선 $y = L$은 함수 $y = f(x)$ 그래프의 **수평점근선**이라 부른다.

(2) 만약 $\lim_{x \to a^+} f(x) = \pm\infty$ 또는 $\lim_{x \to a^-} f(x) = \pm\infty$이면 직선 $x = a$는 함수 $y = f(x)$ 그래프의 수직점근선이라 부른다.

(3) 만약 정함수가 아닌 유리함수 $\frac{f(x)}{g(x)}$에서 $f(x)$의 차수가 $g(x)$의 차수보다 1만큼 크고

$$\frac{f(x)}{g(x)} = ax + b + \frac{f_1(x)}{g(x)} \quad (a, b\text{는 실수})$$

으로 표현되면 직선 $y = ax + b$는 함수 $y = \frac{f(x)}{g(x)}$ 그래프의 사선점근선이라 부른다. 이때 x가 무한대 또는 음의 무한대로 접근하면 $\frac{f(x)}{g(x)}$는 직선 $y = ax + b$로 접근함을 알 수 있다.

예제 1.5.18 다음에 주어진 함수의 점근선을 모두 구하여라.

(1) $f(x) = \frac{1}{x-2}$ (2) $f(x) = \frac{x+3}{x+2}$

(3) $f(x) = \frac{x^2+1}{x-1}$ (4) $f(x) = \frac{\sin x}{x}$

풀이 (1) $\lim_{x \to 2^+} f(x) = \infty$, $\lim_{x \to 2^-} f(x) = -\infty$이다. 선 $x = 2$는 함수 $y = f(x)$ 그래프의 수직점근선이다. 그리고 $\lim_{x \to \infty} f(x) = 0$, $\lim_{x \to -\infty} f(x) = 0$이다. 따라서 직선 $y = 0$은 함수 $y = f(x)$ 그래프의 수평점근선이다.

(2) $f(x) = \frac{x+3}{x+2} = 1 + \frac{1}{x+2}$이다. 그러므로 $\lim_{x \to \infty} f(x) = \lim_{x \to -\infty} f(x) = 1$이다. 따라서 직선 $y = 1$은 함수 $y = f(x)$ 그래프의 수평점근선이다. 또한 $\lim_{x \to -2^+} f(x) = \infty$, $\lim_{x \to -2^-} f(x) = -\infty$이다. 선 $x = -2$는 함수 $y = f(x)$ 그래프의 수직점근선이다.

(3) $f(x) = \frac{x^2+1}{x-1} = x + 1 + \frac{2}{x-1}$이다. 그러므로 직선 $y = x + 1$은 함수 $y = f(x)$ 그래프의 사선점근선이다. $\lim_{x \to 1^+} f(x) = \infty$, $\lim_{x \to 1^-} f(x) = -\infty$이다. 선 $x = 1$은 함수 $y = f(x)$ 그래프의 수직점근선이다.

(4) 0이 아닌 모든 실수 x에 대하여 $\frac{-1}{x} \le f(x) = \frac{\sin x}{x} \le \frac{1}{x}$이고 $\lim_{x \to \pm\infty} \frac{1}{x} = \lim_{x \to \pm\infty} \frac{-1}{x} = 0$이므로 샌드위치 정리에 의해 $\lim_{x \to \infty} f(x) = 0$, $\lim_{x \to -\infty} f(x) = 0$이다. 따라서 직선 $y = 0$은 함수 $y = f(x)$ 그래프의 수평점근선이다. ■

1.5 연습문제

1. 다음 극한을 구하여라.

(1) $\lim_{x \to 1^+} \dfrac{1}{1-x}$ (2) $\lim_{x \to 1^-} \dfrac{1}{1-x}$

(3) $\lim_{x \to -\infty} \dfrac{x^2+2}{x+1}$ (4) $\lim_{x \to \infty} \dfrac{3-x}{1+x}$

(5) $\lim_{x \to -\infty} \dfrac{x^2}{x-1}$ (6) $\lim_{x \to \infty} \dfrac{x}{x^2+1}$

(7) $\lim_{x \to \infty} (2x+5-\sqrt{x^2+3})$

(8) $\lim_{x \to \infty} \left(\dfrac{2x^2+1}{2x-3} - \dfrac{4+3x-x^2}{1-x} \right)$

(9) $\lim_{x \to \infty} (\sqrt{x^2+x+1} - \sqrt{x^2+1})$

2. (1) $\lim_{x \to 0} \dfrac{|x|}{x}$ (2) $\lim_{x \to n} [x]$ (n은 정수)

3. 다음에 주어진 함수의 점근선을 모두 구하여라.

(1) $y = \dfrac{1}{1-2x}$ (2) $y = \dfrac{x-3}{1-2x}$

(3) $y = \dfrac{x^2}{1-2x}$

1.6 함수의 연속

연속함수

이 절에서는 함수의 연속성에 대하여 알아보자. 연속이라는 말의 일상적 정의는 중단이나 단절 없이 이어나가는 것이다. 함수의 연속성의 수학적 정의는 일상용어로 사용하고 있는 연속이라는 말과 밀접한 관계가 있다. 직관적으로는, 함수 $y=f(x)$가 $x=a$에서 연속이라는 것을 '함수 $y=f(x)$의 그래프가 $(a, f(a))$ 근방에서 이어져 있는 것'으로 이해할 수 있다. 이를 수학적으로 어떻게 정의할 수 있을까? $(a, f(a))$에서 이어져 있다면, x가 a에 충분히 가까운 수이면 $f(x)$도 $f(a)$에 충분히 가까운 수가 됨을 알 수 있다. 따라서 함수의 연속성을 다음과 같이 정의할 수 있다.

정의 1.6.1 연속

함수 f가 점 $x=a$에서 극한값 $\lim_{x \to a} f(x)$와 함숫값 $f(a)$를 가지고 있고 이 두 값이 일치할 때, 즉 $\lim_{x \to a} f(x) = f(a)$를 만족할 때, '함수 f가 주어진 점 $x=a$에서 **연속**이다' 라고 정의한다. 또한 f가 집합 A상의 모든 점에서 연속일 때, f가 A에서 **연속**이라고 정의한다. 연속이 아닌 경우 **불연속**이라고 한다.

참고 1. '함수 f가 $x=a$에서 연속이다'를 엄밀하게 정의하면 다음과 같다.

$x=a$를 포함하는 작은 개구간에서 함수 f가 정의되고, '임의의 양수 ε에 대하여 적당한 양수 δ가 존재하여, $|x-a|<\delta$인

모든 x에 대하여 $|f(x)-f(a)|<\varepsilon$이다.'를 만족할 때, '함수 f가 $x=a$에서 연속이다.'라고 한다.

2. 함수 f가 a에서 연속이면, 함수기호 f와 극한기호 lim의 순서를 바꿀 수 있다. 즉 $\lim_{x\to a} f(x) = f\left(\lim_{x\to a} x\right) = f(a)$.
3. (연속성 조사) 함수 f가 a에서 연속인지 불연속인지를 조사하기 위해 다음 세 가지를 조사해야 한다.

   i) $f(a)$가 정의되어 있는가? ii) $\lim_{x\to a} f(x)$가 존재하는가?

   iii) $\lim_{x\to a} f(x) = f(a)$인가?

   이들 i), ii), iii) 가운데 어느 하나라도 만족하지 않으면 f는 a에서 연속이 아니다. 따라서 극한이 존재한다는 사실만으로는 함수의 연속성을 보장할 수 없다.

예제 1.6.2 (1) 상수함수는 실수 전체에서 연속이다.

(2) $f(x)=|x|$는 실수 전체에서 연속이다.

(3) $f(x)=\sqrt{x}$는 0 이상의 실수 전체에서 연속이다(정의 1.6.10의 참고 2).

(4) 모든 정함수는 실수 전체에서 연속이다. 따라서 유리함수(분모와 분자가 정함수인 함수)는 분모가 0이 아닌 모든 점에서 연속이다. ■

참고 비록 함수 f가 주어진 점 a에서 연속이 아니라도, 만약 극한 $\lim_{x\to a} f(x)$가 존재하면 a를 제외한 모든 점에서 f와 일치하고, a에서 연속인 함수를 구성할 수 있다. 이러한 점 a를 f의 '제거 가능한 불연속점'이라고 한다. 예를 들면 $f(x)=\frac{\sin x}{x}$는 $x=0$에서 함수가 정의되지 않으므로 연속함수가 아니다. 그러나 다음과 같이 정의한 함수

$$g(x) = \begin{cases} \dfrac{\sin x}{x} & (x \neq 0) \\ 1 & (x = 0) \end{cases}$$

는 0에서 연속이고, 0을 제외한 모든 점에서 f와 일치하므로 0은 f의 제거 가능한 불연속점이다.

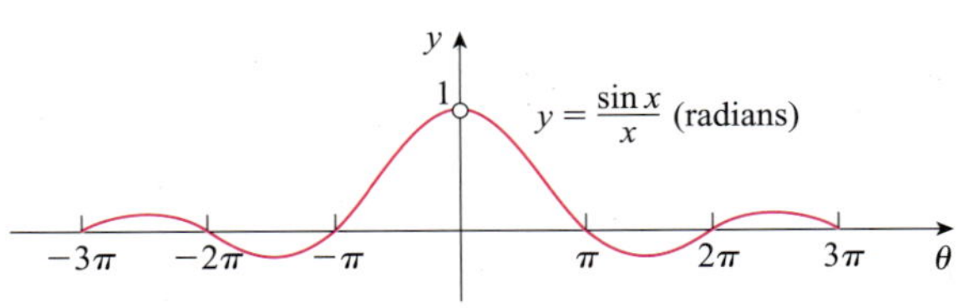

그림 1.6.1

예제 1.6.3 다음과 같이 정의된 함수 f는 $x=0$에서 연속이 아니다.

$$f(x) = x^2 + \frac{x^2}{1+x^2} + \frac{x^2}{(1+x^2)^2} + \cdots$$

풀이 $f(0)=0$이다. 만약 $x \neq 0$이면 $1+x^2>1$이므로, 무한등비급수의 합에 의하여

$$f(x) = \frac{x^2}{1-\frac{1}{1+x^2}} = 1+x^2$$

이다. 한편 $\lim_{x \to 0} f(x) = \lim_{x \to 0}(1+x^2) = 1$이고, $f(0)=0$이므로 $x=0$에서 f는 연속이 아니다. ■

예제 1.6.4 다음과 같이 정의된 함수 f는 0에서만 연속임을 보여라.

$$f(x) = \begin{cases} x & (x\text{는 유리수}) \\ 0 & (x\text{는 무리수}) \end{cases}$$

풀이 먼저 $a \neq 0$이면 $x=a$에서 함수 f의 극한이 존재하지 않음을 보이자. a가 유리수라 가정하고 $\lim_{x \to a} f(x) = L$이라 두자. 만약 $L=0$이면, $\varepsilon = |a|$라 두면 a의 모든 근방은 유리수와 무리수를 동시에 포함한다. 따라서 $x>a$인 유리수 x에 대하여

$$|x-a|<\delta \Rightarrow |f(x)-L| = |f(x)| < \varepsilon = |a|$$

를 만족하는 양수 δ는 존재하지 않는다. 그러므로 $L \neq 0$이다. 만약 $L \neq 0$이면 $\varepsilon = \min\{|a|, |L|\}$이라 두자. 역시 a의 모든 근방은 유리수와 무리수를 동시에 포함하므로 무리수 x에 대하여

$$|x-a|<\delta \Rightarrow |f(x)-L| = |L| < \varepsilon = \min\{|a|, |L|\}$$

을 만족하는 양수 δ는 존재하지 않는다. 그러므로 $\lim_{x \to a} f(x)$는 존재하지 않는다. a가 무리수인 경우도 같은 방법으로 증명할 수 있다. $a \neq 0$이면 $x=a$에서 함수 f는 연속이 아니다.

이제 $x=0$에서 함수 f가 연속임을 보이자. $f(0)=0$이므로 $\lim_{x \to 0} f(x) = 0$임을 보이면 된다.

주어진 양수 ε에 대하여 $\delta=\varepsilon$으로 잡으면 유리수 x에 대하여

$$|x-0| = |x| < \delta \Rightarrow |f(x)-f(0)| = |x-0| = |x| < \varepsilon = \delta$$

이고 무리수 x에 대하여

$$|x-0| = |x| < \delta \Rightarrow |f(x)-f(0)| = |0-0| = 0 < \varepsilon = \delta$$

이다. 그러므로 $\lim_{x \to 0} f(x) = 0$이며, 따라서 $x=0$에서 함수 f가 연속이다. ■

함수의 연속성과 사칙연산과의 관계는 다음과 같다.

정리 1.6.5

점 a에서 연속인 함수 f, g와 상수 c에 대하여 $f+g$, cf, fg, $\frac{f}{g}$ $(g(a) \neq 0)$는 모두 a에서 연속이다.

예제 1.6.6 함수 $f(x)=x\sin x+1$은 실수 전체에서 연속임을 증명하여라.

증명 함수 x, $\sin x$, 1은 모두 실수 전체에서 연속이므로, 정리 1.6.5에 의해 함수 $f(x)$는 실수 전체에서 연속이다. ■

지금까지 배운 극한의 성질을 이용하면 두 연속함수의 합성도 연속함수임을 알 수 있다.

정리 1.6.7

함수 f가 a에서 연속이고, 함수 g가 $f(a)$에서 연속이면, 두 함수의 합성 $g \circ f$는 a에서 연속이다.

예제 1.6.8 함수 $h(x) = \sqrt{x^2+1}$은 모든 실수에서 연속이다.

증명 $f(x)=x^2+1$, $g(x)=\sqrt{x}$ 라 두자. 그러면 f는 실수 전체에서 연속이고, g는 음이 아닌 실수에서 연속이다. 한편 $h(x)=(g \circ f)(x)$이므로, 정리 1.6.7에 의해서 h는 실수 전체에서 연속이다. ■

예제 1.6.9 $\sin x$는 $x=0$에서 연속임을 보이고, 이를 이용하여 $\sin x$와 $\cos x$는 모든 실수에서 연속임을 보여라. 한편 $\tan x = \frac{\sin x}{\cos x}$이므로, $\tan x$는 $x \neq \frac{\pi}{2} + n\pi$인 모든 실수 x에서 연속이다(단 n은 정수).

증명 예제 1.4.7에서 $\lim_{x \to 0} \sin x = 0$임을 보였다. 그리고 $\sin 0 = 0$이므로 $\sin x$는 $x=0$에서 연속이다. 그리고 1.3절의 삼각함수 공식

$$\sin(a+b) = \sin a \cos b + \cos a \sin b,$$
$$\cos(a+b) = \cos a \cos b - \sin a \sin b$$

를 이용하여 다음 극한을 계산한다. 그러면

$$\lim_{x \to a} \sin x = \lim_{h \to 0} \sin(a+h) = \sin a \lim_{h \to 0} \cos h + \cos a \lim_{h \to 0} \sin h$$
$$= \sin a \cdot 1 + \cos a \cdot 0 = \sin a$$

를 얻는다. a는 임의의 실수이므로 $\sin x$는 모든 실수에서 연속이다.

$$f(x) = \sin x,\ g(x) = x + \frac{\pi}{2}$$

라 두면 $f(x)$와 $g(x)$는 연속함수이다. 그리고 $\cos x = \sin\left(x + \frac{\pi}{2}\right)$이므로 $\cos x = f(g(x))$이다. 따라서 $\cos x$는 모든 실수에서 연속이다. ■

정의 1.6.10 우연속

함수 f에 대하여 $\lim_{x \to a^+} f(x) = f(a)$ ($\lim_{x \to a^-} f(x) = f(a)$)를 만족할 때, f는 점 a에서 **우연속(좌연속)**이라고 한다.

참고 1. 함수 f가 a에서 연속이라는 것은 a에서 우연속인 동시에 좌연속이라는 것과 동치이다.

2. 함수 f가 구간 $[a, b)$에서 연속이라는 것은 f가 (a, b)에 속하는 모든 점에서는 연속이고, a에서는 우연속이라는 것이다. 즉

$$\lim_{x \to c} f(x) = f(c),\ c \in (a, b)\text{이고,}$$
$$\lim_{x \to a^+} f(x) = f(a)$$

를 의미한다.

예제 1.6.11 $f(x) = [x]$ ($[x]$는 x를 넘지 않는 최대정수를 의미한다.)의 정수 a에서 좌우 연속성을 조사하여라.

풀이 정수 a에 대하여 $f(a) = [a] = a$이다. 그리고

$$\lim_{x \to a^+} f(x) = a = f(a), \quad \lim_{x \to a^-} f(x) = a - 1$$

이다. 따라서 주어진 함수는 정수 a에서 우연속이지만 좌연속은 아니다. ■

예제 1.6.12 다음과 같이 정의된 함수

$$f(x) = \begin{cases} x^2\ (x \le 1) \\ x\ \ (x > 1) \end{cases}$$

는 $x = 1$에서 연속임을 밝혀라.

풀이 $\lim_{x \to 1^-} f(x) = \lim_{x \to 1^-} x^2 = 1 = f(1)$이고, $\lim_{x \to 1^+} f(x) = \lim_{x \to 1^+} x = 1 = f(1)$이므로 f는 1에서 연속이다. ■

중간값 정리

보조정리 1.6.13

함수 f가 점 a에서 연속이고, $f(a)>c$ (또는 $f(a)<c$)이면, a를 포함하는 적당한 개구간의 모든 점 x에서 $f(x)>c$ (또는 $f(x)<c$)이다.

증명 $f(a)<c$인 경우는 $f(a)>c$인 경우와 증명 방법이 같으므로, $f(a)>c$인 경우만 증명하자. 함수 f가 점 a에서 연속이므로, $\varepsilon=f(a)-c>0$에 대하여

$$|x-a|<\delta \Rightarrow |f(x)-f(a)|<\varepsilon$$

을 만족하는 양수 δ가 존재한다. 그러므로 $x\in(a-\delta, a+\delta)$인 모든 x에 대하여

$$|f(x)-f(a)|<f(a)-c$$

이다. 즉

$$-f(a)+c<f(x)-f(a)<f(a)-c$$

이다. 그러므로 모든 $x\in(a-\delta, a+\delta)$에 대하여 $f(x)>c$이다(그림 1.6.2 참조). ■

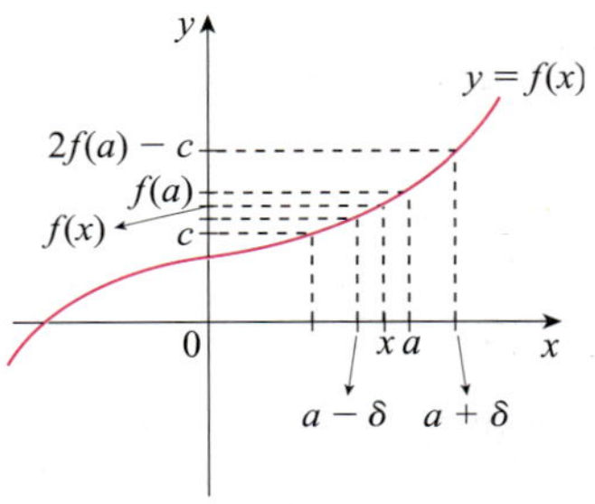

그림 1.6.2

지금부터 연속함수의 특성을 살펴보자.

정의 1.6.14

실수의 부분집합 A를 생각하자. 만약 A 내의 임의의 두 점 a, b $(a<b)$에 대하여 이 두 점 사이의 모든 실수가 다시 A의 원소가 될 때, A를 연결집합이라 한다.

참고 다음의 형태들만이 실수에서의 연결집합이다(단 a, b는 실수).

유한폐구간: $[a, b]$, 무한폐구간: $(-\infty, b]$, $[a, \infty)$, $(-\infty, \infty)$,
유한개구간: (a, b), 무한개구간: $(-\infty, b)$, (a, ∞), $(-\infty, \infty)$,
반개구간(반폐구간): $[a, b)$, $(a, b]$

정리 1.6.15

실수의 연결집합 A에 대하여 연속함수 f에 의한 상 $f(A)$는 연결집합이다. 즉 구간 A의 연속함수에 의한 상 $f(A)$는 구간이다.

정리 1.6.15의 증명은 본 교재의 범위를 넘는 내용이므로 생략한다.

따름정리 1.6.16 중간값정리

함수 f가 폐구간 $[a, b]$에서 연속이고 μ가 $f(a)<\mu<f(b)$ 또는 $f(a)>\mu>f(b)$인 실수이면, $f(c)=\mu$가 되는 c가 a와 b 사이에 적어도 한 개 있다. 특별한 경우로, $f(a) \cdot f(b) \leq 0$이면, $f(c)=0$이 되는 $c \in [a, b]$가 적어도 한 개 있다.

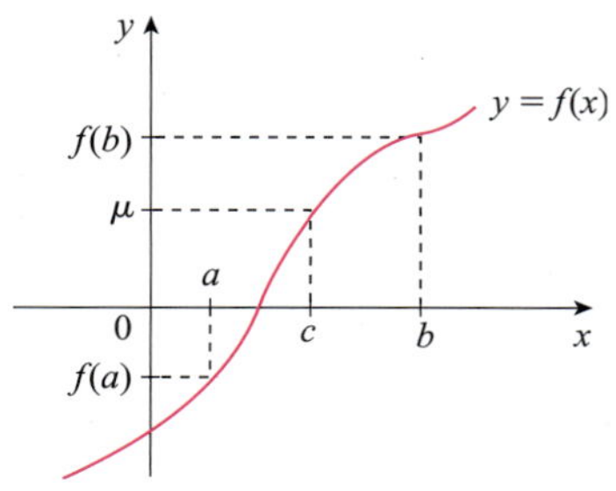

그림 1.6.3

증명 폐구간 $[a, b]$는 연결집합이고 함수 f가 폐구간 $[a, b]$에서 연속이므로, 정리 1.6.15에 의해서 $f([a, b])$는 연결집합이다. 그리고 $f(a)$와 $f(b)$가 연결집합 $f([a, b])$의 원소이므로, $f(c)=\mu$가 되는 c가 a와 b 사이에 적어도 한 개 있다(그림 1.6.3 참조). ■

예제 1.6.17 방정식 $(x^2-1)\cos x+\sqrt{2}\sin x=0$은 구간 $\left(0, \frac{\pi}{2}\right)$에서 적어도 한 개의 실근을 가진다.

풀이 $f(x)=(x^2-1)\cos x+\sqrt{2}\sin x$라고 하자. 그러면 각 함수 x^2-1, $\cos x$, $\sin x$가 실수 전체에서 연속이므로 f는 실수 전체에서 연속이다. 한편

$$f(0)f\left(\frac{\pi}{2}\right)=-1 \cdot \sqrt{2}=-\sqrt{2}<0$$

이므로, 따름정리 1.6.16에 의하여 구간 $\left(0, \frac{\pi}{2}\right)$에서 적어도 한 개의 실근을 가진다. ■

유계인 폐구간 $[a, b]$와 유계인 개구간 (a, b)는 수학적으로 큰 차이가 있다. 예를 들면 폐구간 내의 수열 가운데 수렴하는 것은 그 극한이 폐구간 내에 있으나, 개구간 내의 수열 가운데 수렴하는 것은 그 극한이 개구간 내에 있지 않은 경우도 있다. 그 외에도 여러 가지 서로 다른 성질이 많이 있으나 그것들을 일일이 다 나열할 수는 없다. 여기서는 연속함수의 몇 가지 성질을 증명 없이 정리로 소개한다.

정리 1.6.18

연속함수에 의한 폐구간의 상은 폐구간이다. 결과적으로, 폐구간에서 연속인 함수 f는 항상 최댓값과 최솟값을 가진다.

참고 정리 1.6.18은 폐구간의 특성과 연속함수의 특성이 동시에 어우러져 만들어내는 아주 중요한 것이다. 여기서 폐구간이라는 조건과 연속함수라는 조건 가운데 하나라도 없으면 정리가 성립하지 않는다. 예를 들어 보자.

(1) 폐구간 $[-1, 1]$과 함수 $f(x) = \begin{cases} \frac{1}{x} & (x \neq 0) \\ 0 & (x = 0) \end{cases}$을 생각하자. 그러면 f는 0에서 연속이 아니어서, 폐구간 $[-1, 1]$에서 연속이 아니다. 그리고 f는 폐구간 $[-1, 1]$에서 최댓값, 최솟값 그 어느 것도 가지지 않는다.

(2) 개구간 $(-1, 1)$과 함수 $f(x) = x$를 생각하자. 그러면 f는 개구간 $(-1, 1)$에서 연속이나, 개구간 $(-1, 1)$에서 최댓값, 최솟값 그 어느 것도 가지지 않는다.

(3) 특별한 경우에, 정리 1.6.18의 조건 가운데 그 어느 것을 만족하지 않아도 함수가 정의된 영역에서 최댓값과 최솟값을 동시에 가지는 것이 있다. 예를 들면, 상수함수는 어느 영역에서도 최댓값과 최솟값을 가진다.

정리 1.6.19

구간 I에서 연속인 함수 f가 역함수를 가지면, f는 증가함수이거나 감소함수이다. 단, 증가함수란 $x < y$일 때 $f(x) < f(y)$를 의미하고, 감소함수란 $x < y$일 때 $f(x) > f(y)$임을 의미한다.

정리 1.6.20

구간 I에서 연속인 함수 f가 역함수를 가지면, f^{-1}는 구간 $J = f(I)$에서 연속함수이다.

1.6 연습문제

1. 다음 각 함수의 연속성을 조사하여라.

(1) $c_0 x^n + c_1 x^{n-1} + \cdots + c_{n-1} x + c_n$

(2) $\dfrac{x^2-4}{x-2}$ (3) $\dfrac{x}{x^2-2}$

(4) $[2x]$ (5) $x \sin \dfrac{1}{x}$

(6) $\dfrac{2x^2-1}{x}$ (7) $\dfrac{x^2-3x+2}{x-1}$

(8) $\sec x$ (9) $|\sin x|$

(10) $f(x) = \begin{cases} \dfrac{|x|}{x} & (x \neq 0) \\ 1 & (x = 0) \end{cases}$

2. 다음 각 함수의 연속성을 조사하여라.

(1) $e^{1/x}$ (2) $\cos \dfrac{1}{x}$

(3) $\dfrac{\sin x}{x}$ (4) $\begin{cases} \dfrac{\sin^{-1} x}{x} & (x \neq 0) \\ 1 & (x = 0) \end{cases}$

(5) $f(x) = \lim\limits_{n \to \infty} \sqrt[n]{|x|^n + |x|^{-n}}$

3. $x - \cos x = 0$은 적어도 하나의 실근을 가짐을 증명하여라.

4. 기함수인 다항함수는 적어도 하나의 실근을 가짐을 증명하여라.

1.7 초월함수

지수함수

일반적으로 양의 실수 a에 대하여 $y = a^x$ 형태의 함수의 정의를 실수 범위 내에서 아래와 같이 확장한다.

임의의 양의 실수 a와 지수 x가 양의 정수 n이면

$$a^n = a \cdot a \cdot \cdots \cdot a$$

로 정의한다. $x = 0$이면 $a^0 = 1$이고, $x = -n$ (n은 양의 정수)이면

$$a^{-n} = \frac{1}{a^n}$$

로 정의한다. x가 유리수($x = p/q$, p, q는 정수, $q > 0$)이면

$$a^x = a^{p/q} = (\sqrt[q]{a})^p$$

로 정의한다. x가 무리수이면 유리수의 조밀성에 의해 유리수로 무리수를 근사시킬 수 있다는 사실로부터

$$a^x = \lim_{r \to x} a^r, \ r\text{은 유리수}$$

로 정의한다.

정의 1.7.1 지수함수

함수 $y = a^x (a > 0, a \neq 1)$를 **지수함수**(exponential function)라고 한다. 이때 a를 **밑**(base), x를 **지수**(exponential)라고 한다.

참고 (1) 지수함수 $y=a^x$의 정의역은 실수 전체 집합 $\mathbb{R}$이다.

(2) 밑 $a=1$인 경우에는 $y=1^x=1$이 되어 상수함수이기 때문에 $a=1$은 제외시킨다.

(3) $a<0$인 경우에도 제외시킨다. 예를 들어, $(-1)^{1/2}$은 실수 범위에서는 정의되지 않는다.

유리수일 때의 지수법칙들이 실수에서도 똑같이 성립함을 알 수 있다.

정리 1.7.2 지수법칙

양의 실수 a, b와 임의의 실수 p, q에 대해

(1) $a^{p+q}=a^p a^q$ (2) $a^{p-q}=\dfrac{a^p}{a^q}$

(3) $(a^p)^q=a^{pq}$ (4) $(ab)^p=a^p b^p$

예제 1.7.3 다음을 지수함수 형태로 나타내어라.

(1) $\sqrt{x^3}$ (2) $\dfrac{1}{\sqrt[3]{x^2}}$ (3) $2^x \cdot 2^{3x+2}$ (4) $(2^x)^{2x+1}$

풀이 (1) $\sqrt{x^3}=x^{3/2}$

(2) $\dfrac{1}{\sqrt[3]{x^2}}=x^{-2/3}$

(3) $2^x \cdot 2^{3x+2}=2^{4x+2}$

(4) $(2^x)^{2x+1}=2^{2x^2+x}$ ■

예제 1.7.4 (지수함수의 그래프)

지수함수 $y=2^x, y=\left(\dfrac{1}{2}\right)^x$ 의 그래프를 각각 그려라.

풀이 지수함수 $y=2^x$의 정의역은 실수 전체 집합 $\mathbb{R}$이다. 모든 x에 대하여 $2^x>0$이기 때문에 $y=2^x$의 그래프는 x축과 만나지 않는다. 따라서 이 그래프는 x축 윗부분에 놓이게 된다. $y=2^x$의 그래프상의 몇 개의 점을 통해 $x\to-\infty$로 접근하면 $y=2^x$의 값은 0에 가까이 가고 $x\to\infty$로 접근하면 $y=2^x$의 값은 매우 빠르게 증가한다는 것을 알 수 있다. 이러한 정보로부터 $y=2^x$의 그래프는 그림 1.7.1과 같다.

지수함수 $y=\left(\dfrac{1}{2}\right)^x$ 는 $\left(\dfrac{1}{2}\right)^x=2^{-x}$이므로 $y=2^x$의 그래프를 y축에 대칭이동을 하여 얻을 수 있다. 따라서 $y=\left(\dfrac{1}{2}\right)^x$ 의 그래프는 그림 1.7.2와 같다. ■

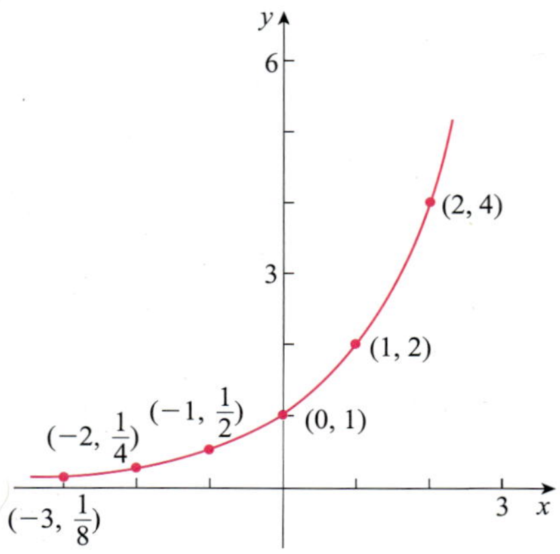

그림 1.7.1

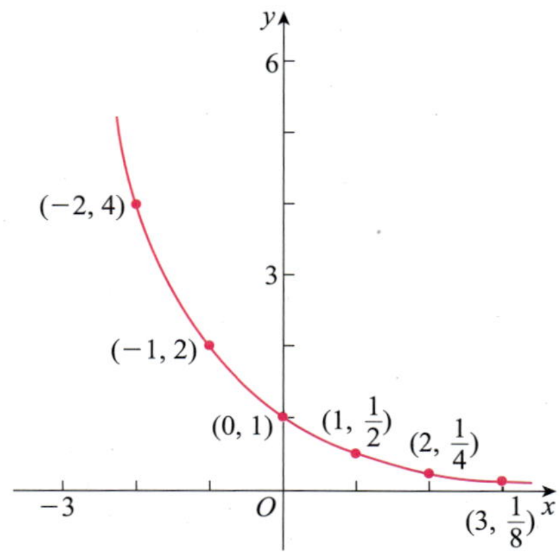

그림 1.7.2

로그함수

지수함수의 정의와 그래프로부터 지수함수 $y=a^x$는 정의역이 실수 전체 $(-\infty, \infty)$이고 공역이 $(0, \infty)$인 일대일 대응함수임을 알 수 있다. 따라서 역함수가 존재하고 이러한 역함수를 로그함수라 정의한다.

> **정의 1.7.5 로그함수**
>
> 지수함수 $y=a^x\,(a>0, a\neq 1)$의 역함수 $y=\log_a x$를 로그함수(logarithmic function)라고 한다. 이때 a를 밑(base)이라고 한다.

역함수의 성질로부터 지수함수와 로그함수의 관계를 다음과 같이 얻을 수 있다.

$$y=\log_a x\,(a>0,\ a\neq 1,\ x>0) \iff x=a^y\,(a>0,\ a\neq 1)$$

$$\text{로그함수의 정의역} = \text{지수함수의 치역} = (0, \infty)$$

$$\text{로그함수의 치역} = \text{지수함수의 정의역} = (-\infty, \infty)$$

자연현상에 일어나는 많은 문제들이 밑이 무리수 e인 지수함수와 로그함수를 사용하는 경우가 많다.

> **정의 1.7.6**
>
> $$e=\lim_{x\to\infty}\left(1+\frac{1}{x}\right)^x$$

표 1.7.1에서 $x=n$이 증가함에 따라 $\left(1+\frac{1}{n}\right)^n$의 값이 어떻게 변하는지를 보여주고 있다.

표 1.7.1

n	1	2	5	10	1,000	1,000,000	1,000,000,000
$\left(1+\frac{1}{n}\right)^n$	2	2.25	2.48832	2.59374246	2.716923932	2.718280469	2.718281828

밑이 10과 e인 로그함수를 각각 다음과 같이 정의한다.

정의 1.7.7 상용로그함수, 자연로그함수

밑이 10인 로그함수를 **상용로그함수**(common logarithm function)라 하고 $y=\log x$로 표기한다. 그리고 밑이 e인 로그함수를 **자연로그함수**(natural logarithm function)라 하고 $y=\ln x$로 표기한다. 따라서 e를 **자연로그함수의 밑**이라고 한다.

지수함수와 로그함수는 서로 역함수 관계이기 때문에 $y=\log_a x$와 $y=a^x$의 그래프는 $y=x$에 대해 대칭이 된다.

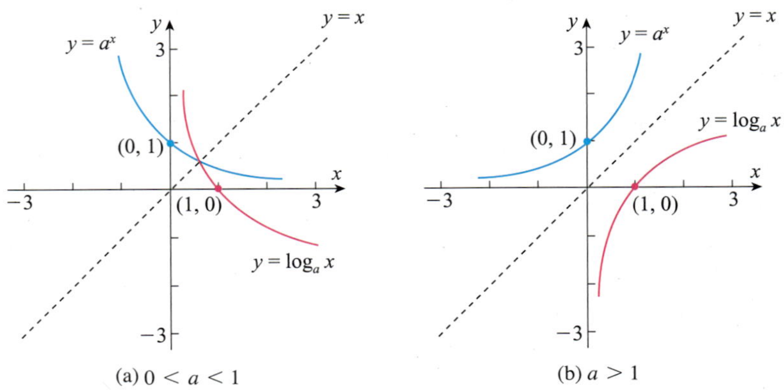

그림 1.7.3

로그함수는 지수법칙과 정의로부터 유도되는 유용한 성질을 가지고 있다.

정리 1.7.8

$x, a > 0,\ a \neq 1,\ r \in \mathbb{R}$이면

(1) $a^{\log_a x} = x$ (2) $\log_a a^r = r$

증명 (1) $y = \log_a x$라 하면 $x = a^y$이다. 따라서 $a^{\log_a x} = x$이다.

(2) $x = a^r$이라 하면 $r = \log_a x$이다. 따라서 $\log_a a^r = r$이다. ■

정리 1.7.9

$x, y, a > 0,\ a \neq 1,\ r \in \mathbb{R}$이면

(1) $\log_a xy = \log_a x + \log_a y$ (2) $\log_a \left(\frac{x}{y}\right) = \log_a x - \log_a y$

(3) $\log_a x^r = r \log_a x$

증명 $A = \log_a x,\ B = \log_a y$라 하면 $a^A = x,\ a^B = y$이다.

(1) $\log_a xy = \log_a a^A a^B = \log_a a^{A+B} = A + B = \log_a x + \log_a y$

(2) $\log_a \left(\frac{x}{y}\right) = \log_a \frac{a^A}{a^B} = \log_a a^{A-B} = A - B = \log_a x - \log_a y$

(3) $\log_a x^r = \log_a (a^A)^r = \log_a a^{rA} = rA = r \log_a x$ ■

예제 1.7.10 다음 식을 로그를 한 번만 사용하여 나타내어라.

(1) $\log 5 + 2\log 3$ (2) $\frac{3}{2}\log 4 - \log(2^3 - 3)$

(3) $\ln x - \ln(x^2 + 4) + \ln 4$ (4) $\ln 16^x - 2\ln 2^x$

풀이 (1) $\log 5 + 2\log 3 = \log 5 + \log 3^2 = \log(5 \cdot 3^2) = \log 45$

(2) $\frac{3}{2}\log 4 - \log(2^3 - 3) = \log 4^{3/2} - \log(2^3 - 3)$

$$= \log \frac{4^{3/2}}{2^3 - 3} = \log \frac{8}{5}$$

(3) $\ln x - \ln(x^2 + 4) + \ln 4 = \ln\left(\frac{4x}{x^2 + 4}\right)$

(4) $\ln 16^x - 2\ln 2^x = \ln 16^x - \ln(2^x)^2 = \ln 2^{4x} - \ln 2^{2x}$

$$= \ln \frac{2^{4x}}{2^{2x}} = \ln 2^{2x}$$ ■

쌍곡선함수

지수함수 e^x와 e^{-x}를 적당히 결합하여 만든 함수들은 수학이나 응용 분야에서 자주 이용된다. 여기서는 이러한 함수들 가운데 삼각함수와 유사한 성질을 가지는 함수들에 대해서 살펴본다.

정의 1.7.11

다음과 같이 정의된 함수들을 **쌍곡선함수**(hyperbolic function)라 부른다.

(1) $\sinh x = \frac{e^x - e^{-x}}{2}$ (2) $\cosh x = \frac{e^x + e^{-x}}{2}$

(3) $\tanh x = \frac{\sinh x}{\cosh x} = \frac{e^x - e^{-x}}{e^x + e^{-x}}$ (4) $\operatorname{csch} x = \frac{1}{\sinh x} = \frac{2}{e^x - e^{-x}}$

(5) $\operatorname{sech} x = \dfrac{1}{\cosh x} = \dfrac{2}{e^x + e^{-x}}$ (6) $\coth x = \dfrac{\cosh x}{\sinh x} = \dfrac{e^x + e^{-x}}{e^x - e^{-x}}$

지수함수 e^x의 개형으로부터 다음과 같이 쌍곡선 함수들의 개형을 얻을 수 있다.

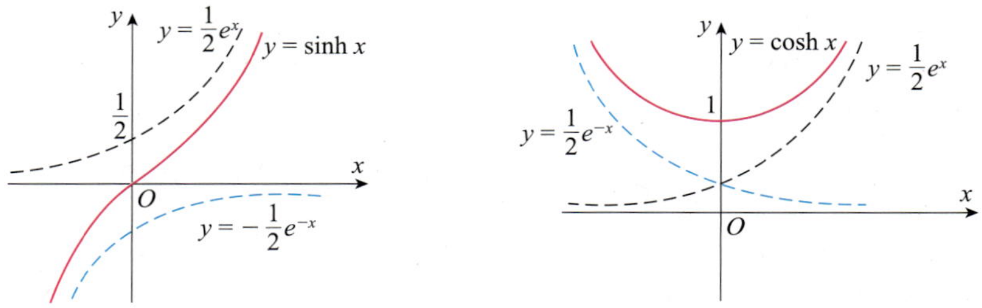

그림 1.7.4

정리 1.7.12

(1) $\sinh 2x = 2\sinh x \cosh x$ (2) $\cosh 2x = \cosh^2 x + \sinh^2 x$

(3) $\sinh^2 x = \dfrac{\cosh 2x - 1}{2}$ (4) $\cosh^2 x = \dfrac{\cosh 2x + 1}{2}$

(5) $\cosh^2 x - \sinh^2 x = 1$ (6) $\tanh^2 x = 1 - \operatorname{sech}^2 x$

(7) $\coth^2 x = 1 + \operatorname{csch}^2 x$

증명 쌍곡선함수는 삼각함수와 비슷한 관계식을 만족하는데 이에 대한 증명은 간단하기 때문에 (5)만 증명하고 나머지는 생략하도록 한다.

$$(5)\ \cosh^2 x - \sinh^2 x = \left(\frac{e^x + e^{-x}}{2}\right)^2 - \left(\frac{e^x - e^{-x}}{2}\right)^2$$
$$= \frac{e^{2x} + 2 + e^{-2x}}{4} - \frac{e^{2x} - 2 + e^{-2x}}{4} = 1$$ ■

참고 우리는 위에서 $\cosh^2 x - \sinh^2 x = 1$임을 증명하였고, 이로부터 $X = \cosh x$, $Y = \sinh x$로 두면 $X^2 - Y^2 = 1$을 만족함을 알 수 있고, 이는 점 $(\cosh x, \sinh x)$가 쌍곡선 $X^2 - Y^2 = 1$ 위에 놓여 있음을 의미한다. 그래서 이들을 쌍곡선함수라고 부른다.

역쌍곡선함수

이제 쌍곡선함수들의 역함수에 대하여 알아보자. 우선 $y = \sinh x = \dfrac{e^x - e^{-x}}{2}$는 정의역과 치역이 실수 전체인 일대일 대응함수이다. 따라서 $\sinh x$는 실수 전체에서 정의된 역함수 $\sinh^{-1} x$를 가진다. 이를

hyperbolic sine 함수의 역함수라 부른다. $\sinh x$가 지수함수로 표현되었으므로 $\sinh^{-1}x$는 로그함수로 표현됨을 예상할 수 있다. $\sinh^{-1}x$의 구체적인 표현을 위하여 $y=\sinh^{-1}x$로 두자. 그러면 $x=\sinh y=\frac{1}{2}(e^{y}-e^{-y})$이고, $(e^{y})^2-2xe^{y}-1=0$을 만족한다. 이제 e^{y}에 대한 2차식에서 근의 공식을 사용하여 e^{y}를 구하면, e^{y}는 양수이므로 $e^{y}=x+\sqrt{x^2+1}$을 얻고, 이로부터 $y=\sinh^{-1}x=\ln\left(x+\sqrt{x^2+1}\right)$을 얻는다. 이는 우리가 예상한 결과와 일치한다.

다른 쌍곡선함수들의 역함수를 생각하기 위해서는 정의역과 공역을 결정해야 한다. 우리가 사용하기에 편리한 역함수를 얻기 위해서는, 삼각함수의 역함수를 구할 때와 마찬가지로 정의역과 공역을 잘 택해야 한다. 또한 정의역과 공역이 정해지면 $\sinh^{-1}x$를 구할 때 사용한 방법과 유사한 방법을 사용하여 역함수의 구체적인 표현을 알 수 있다.

다음은 쌍곡선함수에 대한 역함수를 정리한 것이다. 정의역과 치역에 주의하기 바란다.

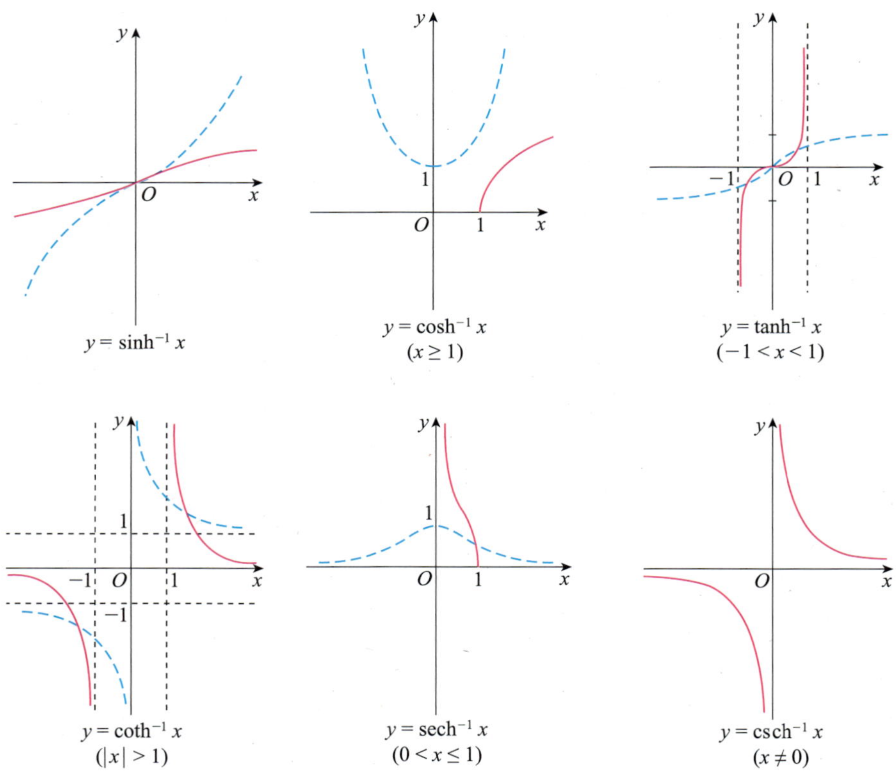

그림 1.7.5

정의 1.7.13 역쌍곡선함수

$$\sinh^{-1} x = \ln\left(x + \sqrt{x^2+1}\right) : (-\infty, \infty) \to (-\infty, \infty)$$

$$\cosh^{-1} x = \ln\left(x + \sqrt{x^2-1}\right) : [1, \infty) \to [0, \infty)$$

$$\tanh^{-1} x = \frac{1}{2}\ln\left(\frac{1+x}{1-x}\right) : (-1, 1) \to (-\infty, \infty)$$

$$\coth^{-1} x = \frac{1}{2}\ln\left(\frac{x+1}{x-1}\right) = \tanh^{-1}\frac{1}{x} : (-\infty, -1) \cup (1, \infty) \to (-\infty, 0) \cup (0, \infty)$$

$$\operatorname{sech}^{-1} x = \ln\left(\frac{1+\sqrt{1-x^2}}{x}\right) = \cosh^{-1}\frac{1}{x} : (0, 1] \to [1, \infty)$$

$$\operatorname{csch}^{-1} x = \ln\left(\frac{1}{x} + \frac{\sqrt{1+x^2}}{|x|}\right) : (-\infty, 0) \cup (0, \infty) \to (-\infty, 0) \cup (0, \infty)$$

1.7 연습문제

1. 다음 함수의 극한을 구하여라.

(1) $\lim_{x\to\infty} \frac{e^{2x}-1}{e^{2x}+1}$　(2) $\lim_{x\to 0} \frac{e^{2x}-1}{e^{2x}+1}$

(3) $\lim_{x\to 1^+} e^{\frac{2}{1-x}}$　(4) $\lim_{x\to 1^-} e^{\frac{2}{1-x}}$

(5) $\lim_{x\to\infty} \frac{10^{x-1}}{10^x+1}$　(6) $\lim_{x\to 0} (1+x)^{\frac{2}{x}}$

2. 다음 함수의 극한을 구하여라.

(1) $\lim_{x\to 2^+} \ln\frac{x^3-8}{x-2}$　(2) $\lim_{x\to\infty} \ln\frac{2e^x}{1+e^x}$

(3) $\lim_{x\to\infty} \ln\frac{2}{1+e^{-x^2}}$　(4) $\lim_{x\to 0} \frac{\ln(1+x)}{x}$

3. 다음 함수의 정의역과 역함수를 구하여라.

(1) $y=\ln(x+3)$　(2) $y=\ln\left(\frac{x+3}{x}\right)$

(3) $y=\ln\sqrt{x-1}$　(4) $y=\ln(x+\sqrt{x^2+1})$

4. 다음 역쌍곡선함숫값을 자연로그를 이용하여 나타내어라.

(1) $\sinh^{-1}\left(\frac{1}{2}\right)$　(2) $\cosh^{-1}\left(\frac{5}{4}\right)$

(3) $\tanh^{-1}\left(-\frac{1}{2}\right)$　(4) $\operatorname{sech}^{-1}\left(\frac{1}{2}\right)$

(5) $\sinh^{-1}(4) + \operatorname{csch}^2 x$

(6) $\tanh^{-1}\left(\frac{1}{2}\right) + \tanh^{-1}\left(-\frac{1}{2}\right)$

5. 다음 쌍곡선함수의 성질들이 성립함을 증명하여라.

(1) $1 - \tanh^2 x = \operatorname{sech}^2 x$

(2) $\coth^2 x - 1 = \operatorname{cosech}^2 x$

(3) $\sinh(x+y) = \sinh x \cosh y + \cosh x \sinh y$

(4) $\cosh(x+y) = \cosh x \cosh y + \sinh x \sinh y$

(5) $\tanh(x+y) = \frac{\tanh x + \tanh y}{1 + \tanh x \tanh y}$

(6) $\sinh 2x = 2\sinh x \cosh y$

(7) $\cosh 2x = \cosh^2 x + \sinh^2 x$

(8) $\tanh 2x = \frac{2\tanh x}{1+\tanh^2 x}$

(9) $\sinh^2\frac{x}{2} = \frac{1}{2}(\cosh x - 1)$

(10) $\cosh^2\frac{x}{2} = \frac{1}{2}(\cosh x + 1)$

(11) $\tanh\frac{x}{2} = \frac{\cosh x - 1}{\sinh x} = \frac{\sinh x}{\cosh x + 1}$

종 | 합 | 문 | 제

1. 다음 식으로 정의되는 함수의 정의역을 찾아라.

(1) $y = \lim_{n \to \infty} \dfrac{x+1}{x^{2n}+1}$

(2) $y = \lim_{n \to \infty} \dfrac{x^{n+1}+x^{-n-1}}{x^n+x^{-n}}$

(3) $y = \lim_{n \to \infty} \dfrac{|x|^n-1}{|x|^n+1}$

2. 다음의 극한값을 구하여라.

(1) $y = \lim_{\theta \to 0} \dfrac{\tan\theta}{\tan 3\theta}$　　(2) $y = \lim_{x \to +\infty} \dfrac{x^2}{x-\sin x}$

(3) $y = \lim_{x \to 1} x^{1/(1-x)}$　　(4) $y = \lim_{x \to 0} \dfrac{e^x-1}{\log(1+x)}$

(5) $y = \lim_{x \to 0} \dfrac{\log_a(1+x)}{x}$　　(6) $y = \lim_{x \to 1} \left(\dfrac{1}{\log x} - \dfrac{x}{\log x}\right)$

(7) $y = \lim_{x \to 0} \dfrac{a^x-b^x}{x}$　$(a>0,\ b>0)$

(8) $y = \lim_{x \to 0} \dfrac{\sqrt{1+\sin x}-\sqrt{1-2\sin x}}{x}$

(9) $y = \lim_{x \to \pi/2} (\pi-2x)\tan x$

(10) $y = \lim_{x \to 0} (1+\sin x)^{\cot x}$

3. $x>0$일 때 $y = \lim_{n \to \infty} n(\sqrt[n]{x}-1) = \ln x$ 임을 증명하여라.

4. 다음 함수의 연속성을 조사하여라.

(1) $x^2 \sin\dfrac{1}{x}$　　(2) $x\cos\dfrac{1}{x}$

(3) $\dfrac{e^{1/x}+e^{1/x}}{e^{1/x}-e^{-1/x}}$

(4) $x^2 + \dfrac{x^2}{1+x} + \dfrac{x^2}{(1+x)^2} + \cdots + \dfrac{x^2}{(1+x)^n} + \cdots$

5. 다음 극한값으로서 결정되는 함수의 연속성을 조사하여라.

(1) $f(x) = y = x\lim_{n \to \infty} \dfrac{n-x^n}{n+x^n}$

(2) $f(x) = y = \lim_{n \to \infty} \dfrac{n\sin x}{n\sin x + a}$　$(a \neq 0)$

6. $f(x)$가 모든 실수 x에 대하여 정의된 연속함수이고, 모든 실수 x, y에 대하여 $f(x)+f(y)=f(x+y)$를 만족하면 $f(x)=ax$임을 보여라. 단, a는 상수이다.

2 CHAPTER

미분과 도함수

2.1 미분계수와 도함수

평균변화율

다양한 현실적 대상들, 즉 어떤 화학적 반응에서의 반응률, 어떤 입자의 속도, 한계비용이나 한계수입 등 많은 현실적인 대상들이 함수의 독립변수와 그 종속변수의 변화량 사이의 비율에 대한 극한으로 나타난다는 사실은 이미 알려져 있다. 이와 같은 문제들의 해결을 위하여 이 절에서는 함수 $y=f(x)$가 주어졌을 때 그 정의역 내에서 독립변수 x가 어느 한 점에 가까이 갈 때 그 대응값인 종속변수 y가 치역 내에서 어떻게 변하는지와 관계되는 미분의 계산법을 다루고자 한다.

정의 2.1.1 평균변화율

개구간 (a, b)에서 정의된 함수 $y=f(x)$가 주어졌을 때 x가 x_1에서 x_2까지 변하면 **x의 변화량**(또는 **x의 증분**(the increment of x at x_1)이라 하고 **Δx**로 나타낸다)은 $\Delta x = x_2 - x_1$이며, 대응하는 **y의 변화량**(또는 **y의 증분**(the increment of y with respect to Δx)이라 하고 **Δy** 또는 **$\Delta f(x)$**로 나타낸다)은 $\Delta y = f(x_2) - f(x_1)$이다. 두 변화량의 비

$$\frac{\Delta y}{\Delta x} = \frac{f(x_2) - f(x_1)}{x_2 - x_1}$$

을 x가 x_1에서 x_2로 변할 때의 함수 **$y=f(x)$의 평균변화율**(the average rate of change)이라 한다.

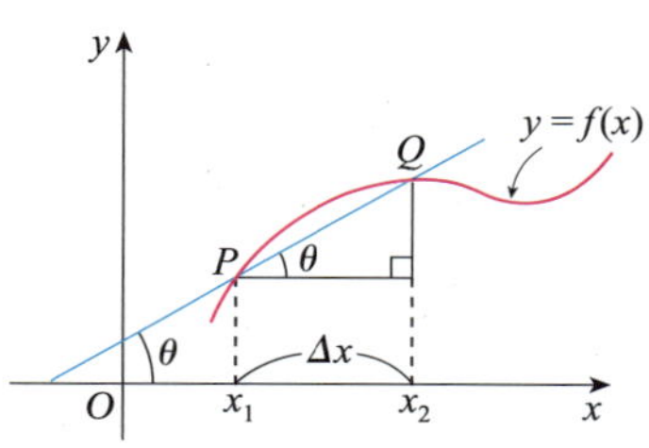

그림 2.1.1

그림 2.1.1에서 평균변화율 $\dfrac{\Delta y}{\Delta x} = \dfrac{f(x_2) - f(x_1)}{x_2 - x_1}$은 두 점 $\boldsymbol{P}, \boldsymbol{Q}$를 지나는 직선의 기울기임을 알 수 있다.

예제 2.1.2 주어진 구간에서 다음 함수의 평균변화율을 구하여라.

(1) $y = 2x - 3,\ [-1, 2]$ (2) $y = 2x^2 + 5,\ [-2, 3]$

(3) $y = x^3 - 2x^2 - 5,\ [-2, 2]$ (4) $y = \sin x,\ \left[\frac{\pi}{3}, \frac{\pi}{2}\right]$

(5) $y = \cos x,\ \left[\frac{\pi}{6}, \frac{\pi}{4}\right]$ (6) $y = \tan x,\ \left[\frac{\pi}{4}, \frac{\pi}{3}\right]$

풀이 (1) $\dfrac{\Delta y}{\Delta x} = \dfrac{f(2) - f(-1)}{2 - (-1)} = \dfrac{1 - (-5)}{3} = 2$

(2) $\dfrac{\Delta y}{\Delta x} = \dfrac{f(3) - f(-2)}{3 - (-2)} = \dfrac{23 - 13}{5} = 2$

(3) $\dfrac{\Delta y}{\Delta x} = \dfrac{f(2) - f(-2)}{2 - (-2)} = \dfrac{-5 - (-21)}{4} = \dfrac{16}{4} = 4$

$$(4)\ \frac{\Delta y}{\Delta x}=\frac{f\left(\frac{\pi}{2}\right)-f\left(\frac{\pi}{3}\right)}{\frac{\pi}{2}-\frac{\pi}{3}}=\frac{6}{\pi}\left(\sin\frac{\pi}{2}-\sin\frac{\pi}{3}\right)=\frac{6}{\pi}\left(1-\frac{\sqrt{3}}{2}\right)$$

$$(5)\ \frac{\Delta y}{\Delta x}=\frac{f\left(\frac{\pi}{4}\right)-f\left(\frac{\pi}{6}\right)}{\frac{\pi}{4}-\frac{\pi}{6}}=\frac{12}{\pi}\left(\cos\frac{\pi}{4}-\cos\frac{\pi}{6}\right)=\frac{12}{\pi}\left(\frac{\sqrt{2}}{2}-\frac{\sqrt{3}}{2}\right)$$

$$=\frac{6}{\pi}(\sqrt{2}-\sqrt{3})$$

$$(6)\ \frac{\Delta y}{\Delta x}=\frac{f\left(\frac{\pi}{3}\right)-f\left(\frac{\pi}{4}\right)}{\frac{\pi}{3}-\frac{\pi}{4}}=\frac{12}{\pi}\left(\tan\frac{\pi}{3}-\tan\frac{\pi}{4}\right)=\frac{12}{\pi}(\sqrt{3}-1)$$ ■

예제 2.1.3 직선 위를 움직이는 물체의 위치함수가 $s=t^3-3t^2+9$일 때 시간구간 $[1, 3]$에서의 **평균속도**(average velocity)를 구하여라.

풀이 시간구간 $[1, 3]$에서의 평균속도는

$$\text{평균속도}=\frac{\text{거리}}{\text{시간}}=\frac{s(3)-s(1)}{3-1}$$
$$=\frac{(3^3-3\cdot 3^2+9)-(1^3-3\cdot 1^2+9)}{2}=1.$$ ■

예제 2.1.4 $f(x)=x^2+2x$의 구간 $[a, a+2]$에서의 평균변화율이 6일 때 a의 값을 구하여라.

풀이 $$\frac{\Delta f}{\Delta x}=\frac{f(a+2)-f(a)}{(a+2)-a}=\frac{[(a+2)^2+2(a+2)]-(a^2+2a)}{2}$$
$$=2a+4$$

따라서 $2a+4=6$으로부터 $a=1$이다. ■

순간변화율, 미분계수, 도함수

정의 2.1.5 미분가능, 순간변화율, 미분계수, 도함수

(1) x_0를 포함하는 개구간 (a, b)에서 정의된 함수 $y=f(x)$가 주어졌을 때 $\lim_{x\to x_0}\frac{f(x)-f(x_0)}{x-x_0}$가 존재하면 $y=f(x)$는 **$x=x_0$에서 미분가능**(differentiable)이라 한다. 이 극한값을 **x_0에서 f의 미분계수**(differential coefficient) 또는 **순간변화율**(instantaneous rate of change)이라 부르고, 이 극한값을 $f'(x_0)$, $\frac{d}{dx}f(x_0)$, $Df(x_0)$, $\left.\frac{dy}{dx}\right|_{x=x_0}$ 등으로 표시한다.

(2) $y=f(x)$가 정의역 (a, b)의 각 점에서 미분가능할 때 $y=f(x)$는 **(a, b)에서 미분가능**(differentiable on (a, b))이라 한다. 극한의 유

일성에 의해 (a, b)의 각 점에서 미분계수를 함숫값으로 하는 함수 $y = f'(x)$는 정의역을 (a, b)로 하는 함수이다. 이때 함수 $f'(x)$를 **$f(x)$의 도함수**(derivative)라 하고, y', $f'(x)$, $\frac{dy}{dx}$, $\frac{d}{dx}f(x)$, $Df(x)$ 등으로 표시한다.

참고 "**도함수를 구하여라**"는 말과 "**미분하여라**"는 말은 같은 뜻이다.

$x = x_0 + \Delta x$로 놓으면 $\Delta x = x - x_0$이고 $\Delta y = f(x) - f(x_0) = f(x_0 + \Delta x) - f(x_0)$로 두면 $f'(x_0)$는 다음과 같이 나타낼 수 있다.

$$f'(x_0) = \lim_{\Delta x \to 0} \frac{\Delta y}{\Delta x} = \lim_{\Delta x \to 0} \frac{f(x_0 + \Delta x) - f(x_0)}{\Delta x}$$

또는 $\Delta x = h$로 놓으면 $f'(x_0)$를 다음과 같이 나타낼 수도 있다.

$$f'(x_0) = \lim_{h \to 0} \frac{f(x_0 + h) - f(x_0)}{h}$$

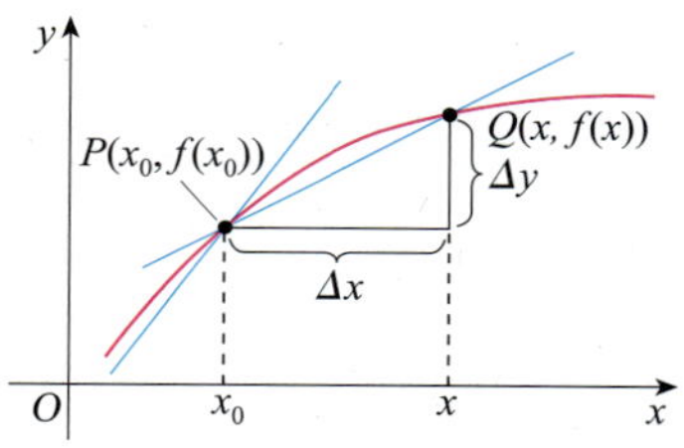

평균변화율: $\overline{PQ}$의 기울기, 즉 $\frac{\Delta y}{\Delta x}$.
미분계수(또는 순간변화율): P에서의 접선의 기울기

그림 2.1.2

$f'(x_0)$의 기하학적 의미는 그림 2.1.2와 같이 x가 x_0에 접근할 때 Q가 P에 접근하므로 $f'(x_0) = \lim_{x \to x_0} \frac{f(x) - f(x_0)}{x - x_0}$는 $P(x_0, f(x_0))$에서 $y = f(x)$의 접선의 기울기를 나타낸다. 따라서 $P(x_0, f(x_0))$에서 $y = f(x)$의 **접선의 방정식**은 다음과 같이 쓸 수 있다.

$$y - f(x_0) = f'(x_0)(x - x_0)$$

특히 $s = f(t)$가 직선을 따라 움직이는 물체의 위치함수라 하면 $f'(t_0)$는 시각 t에 대한 변위 s의 (순간)변화율이 되어 $t = t_0$에서 물체의 **속도**(velocity)가 된다. 그리고 물체의 **속력**(speed)은 $|f'(t_0)|$이다.

예제 2.1.6 $f(x) = x^2 + x$에 대하여 다음을 구하여라.

(1) 구간 $[1, 3]$에서 $f(x)$의 평균변화율

(2) $x = 2$에서 $f(x)$의 순간변화율(미분계수)

(3) $f(x)$의 도함수 $f'(x)$

풀이 (1) $\frac{\Delta y}{\Delta x} = \frac{f(3) - f(1)}{3 - 1} = \frac{(3^2 + 3) - (1^2 + 1)}{3 - 1} = 5$

(2) $$f'(2) = \lim_{h \to 0} \frac{f(2 + h) - f(2)}{h} = \lim_{h \to 0} \frac{[(2 + h)^2 + (2 + h)] - (2^2 + 2)}{h} = \lim_{h \to 0} \frac{5h + h^2}{h} = \lim_{h \to 0} (5 + h) = 5$$

$$(3)\ f'(x) = \lim_{h \to 0} \frac{f(x+h) - f(x)}{h}$$
$$= \lim_{h \to 0} \frac{[(x+h)^2 + (x+h)] - (x^2 + x)}{h}$$
$$= \lim_{h \to 0} \frac{h^2 + 2hx + h}{h} = \lim_{h \to 0} (h + 2x + 1) = 2x + 1 \quad ■$$

예제 2.1.7 $y = 2x^2 - 5x$의 도함수를 구하고, 이 함수의 그래프 상의 점 $(2, -2)$에서 접선의 방정식을 구하여라.

풀이 $f(x) = 2x^2 - 5x$이므로

$$f'(x) = \lim_{h \to 0} \frac{f(x+h) - f(x)}{h}$$
$$= \lim_{h \to 0} \frac{[2(x+h)^2 - 5(x+h)] - (2x^2 - 5x)}{h}$$
$$= \lim_{h \to 0} \frac{(2x^2 + 4xh + 2h^2 - 5x - 5h) - (2x^2 - 5x)}{h}$$
$$= \lim_{h \to 0} (4x + 2h - 5)$$
$$= 4x - 5$$

이다. 따라서 $(2, -2)$에서 접선의 기울기는 $f'(2) = 4 \cdot 2 - 5 = 3$이므로 $y - f(2) = f'(2)(x-2)$이다. 즉 $y = 3x - 8$이 된다. ■

예제 2.1.8 다음 함수들의 도함수를 구하여라.

(1) $y = \dfrac{1}{x+2} \quad (x \neq -2)$ (2) $y = \sqrt{x} \quad (x \geq 0)$

(3) $y = \sqrt[3]{x}$ (4) $y = \sqrt{x^3} \quad (x \geq 0)$

풀이 (1)
$$f'(x) = \lim_{h \to 0} \frac{f(x+h) - f(x)}{h} = \lim_{h \to 0} \frac{\dfrac{1}{(x+h)+2} - \dfrac{1}{x+2}}{h}$$
$$= \lim_{h \to 0} \frac{\dfrac{(x+2) - (x+h+2)}{(x+2)(x+h+2)}}{h}$$
$$= \lim_{h \to 0} \frac{-1}{(x+2)(x+2+h)} = -\frac{1}{(x+2)^2}$$

(2)
$$f'(x) = \lim_{h \to 0} \frac{f(x+h) - f(x)}{h} = \lim_{h \to 0} \frac{\sqrt{(x+h)} - \sqrt{x}}{h}$$
$$= \lim_{h \to 0} \frac{\left(\sqrt{x+h} - \sqrt{x}\right)\left(\sqrt{x+h} + \sqrt{x}\right)}{h\left(\sqrt{x+h} + \sqrt{x}\right)}$$
$$= \lim_{h \to 0} \frac{h}{h\left(\sqrt{x+h} + \sqrt{x}\right)} = \lim_{h \to 0} \frac{1}{\left(\sqrt{x+h} + \sqrt{x}\right)} = \frac{1}{2\sqrt{x}}$$

(3)
$$f'(x) = \lim_{h \to 0} \frac{f(x+h) - f(x)}{h} = \lim_{h \to 0} \frac{\sqrt[3]{x+h} - \sqrt[3]{x}}{h}$$
$$= \lim_{h \to 0} \frac{\left(\sqrt[3]{x+h} - \sqrt[3]{x}\right)\left(\sqrt[3]{(x+h)^2} + \sqrt[3]{x}\sqrt[3]{x+h} + \sqrt[3]{x^2}\right)}{h\left(\sqrt[3]{(x+h)^2} + \sqrt[3]{x}\sqrt[3]{x+h} + \sqrt[3]{x^2}\right)}$$
$$= \lim_{h \to 0} \frac{x + h - x}{h\left(\sqrt[3]{(x+h)^2} + \sqrt[3]{x}\sqrt[3]{x+h} + \sqrt[3]{x^2}\right)}$$
$$= \lim_{h \to 0} \frac{1}{\left(\sqrt[3]{(x+h)^2} + \sqrt[3]{x}\sqrt[3]{x+h} + \sqrt[3]{x^2}\right)} = \frac{1}{3\sqrt[3]{x^2}}$$

$$
\begin{aligned}
(4)\ f'(x) &= \lim_{h\to 0}\frac{f(x+h)-f(x)}{h} = \lim_{h\to 0}\frac{\sqrt{(x+h)^3}-\sqrt{x^3}}{h} \\
&= \lim_{h\to 0}\frac{\left(\sqrt{(x+h)^3}-\sqrt{x^3}\right)\left(\sqrt{(x+h)^3}+\sqrt{x^3}\right)}{h\left(\sqrt{(x+h)^3}+\sqrt{x^3}\right)} \\
&= \lim_{h\to 0}\frac{(x+h)^3-x^3}{h\left(\sqrt{(x+h)^3}+\sqrt{x^3}\right)} \\
&= \lim_{h\to 0}\frac{(x^3+3x^2h+3xh^2+h^3)-x^3}{h\left(\sqrt{(x+h)^3}+\sqrt{x^3}\right)} \\
&= \lim_{h\to 0}\frac{3x^2+3xh+h^2}{\sqrt{(x+h)^3}+\sqrt{x^3}} = \frac{3x^2}{2x^{3/2}} = \frac{3}{2}\sqrt{x}
\end{aligned}
$$
■

예제 2.1.9 $f'(1)=2$일 때 $\lim_{h\to 0}\frac{f(1+3h)-f(1+h^2)}{h}$을 구하여라.

풀이

$$
\begin{aligned}
&\lim_{h\to 0}\frac{f(1+3h)-f(1+h^2)}{h} \\
&= \lim_{h\to 0}\frac{f(1+3h)-f(1)+f(1)-f(1+h^2)}{h} \\
&= \lim_{h\to 0}\left[\frac{f(1+3h)-f(1)}{h}-\frac{f(1+h^2)-f(1)}{h}\right] \\
&= \lim_{h\to 0}\left[\frac{f(1+3h)-f(1)}{3h}\cdot 3-\frac{f(1+h^2)-f(1)}{h^2}\cdot h\right] \\
&= f'(1)\cdot 3 - f'(1)\cdot 0 = 2\cdot 3 = 6
\end{aligned}
$$
■

예제 2.1.10 직선 위를 움직이는 물체의 위치함수가 $s=f(t)=2t^2-5t$이다. $t=1.2$일 때 이 물체의 속도와 속력을 구하여라. (여기서 t의 단위는 초이고 s의 단위는 m이다.)

풀이 $t=1.2$일 때, 속도는 $f'(1.2)=4\cdot 1.2-5=-0.2$ m/s이고,

속력은 $|f'(1.2)|=|-0.2|=0.2$ m/s이다. ■

다음 정리는 연속함수와 미분가능한 함수 사이의 관계를 보여주는 정리이다.

정리 2.1.11

$y=f(x)$가 $x=x_0$에서 미분가능하면 $y=f(x)$는 $x=x_0$에서 연속이다. 그러나 그 역은 일반적으로 성립하지 않는다.

증명 가정에서 $y=f(x)$가 $x=x_0$에서 미분가능하므로

$$\lim_{x\to x_0}\frac{f(x)-f(x_0)}{x-x_0}$$

가 존재한다. 따라서

$$\begin{aligned}\lim_{x \to x_0} \{f(x) - f(x_0)\} &= \lim_{x \to x_0} \frac{f(x) - f(x_0)}{x - x_0}(x - x_0) \\ &= \lim_{x \to x_0} \frac{f(x) - f(x_0)}{x - x_0} \cdot \lim_{x \to x_0}(x - x_0) \\ &= f'(x_0) \cdot 0 = 0\end{aligned}$$

이다. 따라서 $\lim_{x \to x_0} f(x) = f(x_0)$가 되어 $x = x_0$에서 $y = f(x)$는 연속이 된다. ■

다음은 이 정리의 역이 성립하지 않는 예이다.

예제 2.1.12 다음 함수들은 $x=0$에서 연속이지만 미분가능이 아닌 반례들이다.

(1) $f(x) = |x|$ (2) $f(x) = \begin{cases} x \sin \frac{1}{x} & (x \neq 0) \\ 0 & (x = 0) \end{cases}$

풀이 1장에서 위의 함수들은 $x=0$에서 연속이라는 사실을 보았으므로 $x=0$에서 미분가능이 아님을 보이고자 한다.

(1) $\lim_{h \to 0} \frac{f(0+h) - f(0)}{h} = \lim_{h \to 0} \frac{|0+h| - |0|}{h} = \lim_{h \to 0} \frac{|h|}{h}$이다.

여기서 $\lim_{h \to 0^+} \frac{|h|}{h} = \lim_{h \to 0^+}(1) = 1$이고

$$\lim_{h \to 0^-} \frac{|h|}{h} = \lim_{h \to 0^-}(-1) = -1$$

이 되어 $f'(0)$은 존재하지 않으므로 $x=0$에서 미분가능이 아니다.

(2) $\lim_{h \to 0} \frac{f(0+h) - f(0)}{h} = \lim_{h \to 0} \frac{h \sin\left(\frac{1}{h}\right) - 0}{h} = \lim_{h \to 0} \sin\left(\frac{1}{h}\right)$이다.

그러나 $\lim_{h \to 0} \sin\left(\frac{1}{h}\right)$의 값이 존재하지 않으므로 $x=0$에서 미분가능이 아니다. ■

일반적으로 함수 $f(x)$가 첨점이나 비틀린 점을 갖는다면 그 점에서는 미분가능하지 않다. 한편 어떤 구간에서 미분가능하면 함수 $f(x)$는 그 구간에서 매끄러운 곡선이 된다.

2.1 연습문제

1. 다음 함수들의 지정된 구간에서의 평균변화율을 구하여라.

(1) $f(x) = 2x + 1$, $[3, 5]$ (2) $f(x) = \sqrt{x}$, $[4, 9]$

(3) $f(x) = x^2 - 5x + 4$, $[1, 3]$

2. 다음 함수들의 도함수를 구하고 $x=1$에서의 미분계수를 구하여라.

(1) $y = 2x + 1$ (2) $y = x^2 + 1$

(3) $y = \frac{1}{x+1}$ $(x \neq -1)$

3. 다음 함수의 지정된 점에서 접선의 방정식을 구하여라.

(1) $y = 9 - 2x^2$, $(2, 1)$ (2) $y = \frac{3}{x}$, $(3, 1)$

(3) $y = \sqrt{x-1}$, $(2, 1)$

4. 어떤 직선 위를 움직이는 물체의 위치함수가

$$s = 1 + 2t + \frac{t^2}{4} \text{ (}t\text{의 단위는 초)}$$

일 때 다음 시간구간에서의 평균속도를 구하여라.

(1) $[1, 3]$ (2) $[1, 1.5]$

(3) $[1, 1.2]$

2.2 미분공식

도함수의 정의를 이용하여 어떤 함수의 도함수를 구하는 것이 매우 복잡하다는 것을 2.1절에서 보았다(예제 2.1.8 참조). 이 절에서는 함수의 사칙연산($+, -, \times, \div$) 및 합성과 도함수와의 관계를 조사하고, 이를 이용하여 도함수를 구하는 방법에 대해 알아본다.

미분공식

정리 2.2.1

함수 f, g가 미분가능이라고 하면 다음이 성립한다.

(1) $f(x) = c$이면 $f'(x) = 0$ (c는 상수)

(2) $(f \pm g)'(x) = f'(x) \pm g'(x)$

(3) $(cf)'(x) = cf'(x)$ (c는 상수)

(4) $(fg)'(x) = f'(x)g(x) + f(x)g'(x)$

(5) $\left(\frac{f}{g}\right)'(x) = \frac{f'(x)g(x) - f(x)g'(x)}{g^2(x)}$ $(g \neq 0)$

증명 공식 (1), (2), (3)은 예제로 남겨 놓고 (4), (5)를 증명하고자 한다.

(4) $F(x) = f(x)g(x)$라 할 때

$$\begin{aligned} F'(x) &= \lim_{h \to 0} \frac{F(x+h) - F(x)}{h} \\ &= \lim_{h \to 0} \frac{f(x+h)g(x+h) - f(x)g(x)}{h} \\ &= \lim_{h \to 0} \frac{f(x+h)g(x+h) - f(x+h)g(x) + f(x+h)g(x) - f(x)g(x)}{h} \\ &= \lim_{h \to 0} f(x+h) \cdot \lim_{h \to 0} \frac{g(x+h) - g(x)}{h} + \lim_{h \to 0} g(x) \cdot \lim_{h \to 0} \frac{f(x+h) - f(x)}{h} \\ &= f(x)g'(x) + f'(x)g(x) \end{aligned}$$

이다.

(5) $F(x) = \frac{f(x)}{g(x)}$라 할 때

$$
\begin{aligned}
F'(x) &= \lim_{h \to 0} \frac{F(x+h) - F(x)}{h} \\
&= \lim_{h \to 0} \frac{1}{h}\left[\frac{f(x+h)}{g(x+h)} - \frac{f(x)}{g(x)}\right] \\
&= \lim_{h \to 0} \frac{1}{h} \frac{f(x+h)g(x) - f(x)g(x+h)}{g(x+h)g(x)} \\
&= \frac{1}{g^2(x)}\left[\lim_{h \to 0} \frac{f(x+h)-f(x)}{h} \cdot g(x) - \lim_{h \to 0} f(x) \cdot \frac{g(x+h)-g(x)}{h}\right] \\
&= \frac{f'(x)g(x) - f(x)g'(x)}{g^2(x)}
\end{aligned}
$$

이다. ■

정리 2.2.2

$f(x)=x^n$이면 $f'(x)=nx^{n-1}$ (n은 실수)이다.

증명 (1) $f(x)=x^n$ (n은 양의 정수)인 경우:

n에 대한 수학적 귀납법으로 증명한다.

$n=1$이면 $f'(x)=1=1 \cdot x^{1-1}$이므로 정리가 성립한다.

이에 $n=k$일 때 $f'(x)=kx^{k-1}$이라고 가정하자.

한편 $f(x)=x^{k+1}=x^k \cdot x$이다.

정리 2.2.1(4)와 귀납법 가정을 사용하면 $f'(x)=(k+1)x^k$를 얻는다.

따라서 $f'(x)=nx^{n-1}$이다.

별해

$$
\begin{aligned}
f'(x) &= \lim_{h \to 0} \frac{f(x+h) - f(x)}{h} = \lim_{h \to 0} \frac{(x+h)^n - x^n}{h} \\
&= \lim_{h \to 0} \frac{\left[x^n + nx^{n-1}h + \frac{n(n-1)}{2}x^{n-2}h^2 + \cdots + nxh^{n-1} + h^n\right] - x^n}{h} \\
&= \lim_{h \to 0} \frac{nx^{n-1}h + \frac{n(n-1)}{2}x^{n-2}h^2 + \cdots + nxh^{n-1} + h^n}{h} \\
&= \lim_{h \to 0}\left[nx^{n-1} + \frac{n(n-1)}{2}x^{n-2}h + \cdots + nxh^{n-2} + h^{n-1}\right] \\
&= nx^{n-1}
\end{aligned}
$$

(2) $f(x)=x^{-n}$ (n은 양의 정수)인 경우:

$f(x) = x^{-n} = \frac{1}{x^n}$이므로 정리 2.2.1의 공식 (1)과 (5)를 사용하면

$$f'(x) = \left(\frac{1}{x}\right)' = \frac{x^n(1)' - 1 \cdot (x^n)'}{(x^n)^2} = \frac{-nx^{n-1}}{x^{2n}} = -nx^{-n-1}.$$

(3) n이 임의의 실수인 경우는 6.1절 지수함수와 로그함수의 미분법을 이용하면 쉽게 증명할 수 있다. ■

예제 2.2.3 미분공식을 이용하여 다음 함수들의 도함수를 구하여라.

(1) $y = 3x^5 - 2x^{-3} + 5$ (2) $y = \dfrac{-x^5}{x^3+2} \quad (x \neq -\sqrt[3]{2})$

(3) $y = \sqrt{x^3} \quad (x \geq 0)$ (4) $y = \dfrac{2x^3-8}{-5x^2+4x-7}$

풀이 (1) $y' = (3x^5 - 2x^{-3} + 5)'$
$= (3x^5)' - (2x^{-3})' + (5)' = 3 \cdot 5x^4 - 2 \cdot (-3)x^{-4} + 0$
$= 15x^4 + 6x^{-4}$

(2) $y' = \left(\dfrac{-x^5}{x^3+2}\right)' = \dfrac{(-x^5)'(x^3+2) - (-x^5)(x^3+2)'}{(x^3+2)^2}$
$= \dfrac{-5x^4(x^3+2) + x^5 \cdot 3x^2}{(x^3+2)^2} = \dfrac{-2x^7 - 10x^4}{(x^3+2)^2}$

(3) $y' = (\sqrt{x^3})' = \left(x^{3/2}\right)' = \dfrac{3}{2}x^{3/2-1} = \dfrac{3}{2}\sqrt{x}$

(4) $y' = \left(\dfrac{2x^3-8}{-5x^2+4x-7}\right)'$
$= \dfrac{(2x^3-8)'(-5x^2+4x-7) - (2x^3-8)(-5x^2+4x-7)'}{(-5x^2+4x-7)^2}$
$= \dfrac{6x^2(-5x^2+4x-7) - (2x^3-8)(-10x+4)}{(-5x^2+4x-7)^2}$
$= \dfrac{-10x^4 + 16x^3 - 42x^2 - 80x + 32}{(-5x^2+4x-7)^2}$ ■

예제 2.2.4 다음 각 함수의 도함수를 구하고 $x=1$에서의 미분계수를 구하여라.

(1) $y = \dfrac{x}{x^2+1}$ (2) $y = (x^2+1)(2x+1)(3x-4)$

풀이 (1) $y' = \dfrac{(x)'(x^2+1) - x(x^2+1)'}{(x^2+1)^2} = \dfrac{x^2+1-2x^2}{(x^2+1)^2} = \dfrac{1-x^2}{(x^2+1)^2}$

따라서 $x=1$에서의 미분계수는 $\left.\dfrac{dy}{dx}\right|_{x=1} = 0$.

(2) $y' = (x^2+1)'(2x+1)(3x-4) + (x^2+1)(2x+1)'(3x-4)$
$+ (x^2+1)(2x+1)(3x-4)'$
$= 2x(2x+1)(3x-4) + (x^2+1) \cdot 2 \cdot (3x-4)$
$+ (x^2+1)(2x+1) \cdot 3$
$= 24x^3 - 15x^2 + 4x - 5$

따라서 $x=1$에서의 미분계수는 $\left.\dfrac{dy}{dx}\right|_{x=1} = 24-15+4-5=8$. ■

예제 2.2.5 $y = \dfrac{\sqrt{x}}{1+x^2}$ 위의 점 $\left(1, \dfrac{1}{2}\right)$에서 접선의 방정식을 구하여라.

풀이 $y' = \dfrac{\dfrac{1}{2\sqrt{x}} \cdot (1+x^2) - \sqrt{x} \cdot 2x}{(1+x^2)^2} = \dfrac{(1+x^2)-4x^2}{2\sqrt{x}(1+x^2)^2} = \dfrac{1-3x^2}{2\sqrt{x}(1+x^2)^2}$

따라서 $\left(1, \dfrac{1}{2}\right)$에서 접선의 기울기는 $y'|_{x=1} = \dfrac{1-3\cdot 1^2}{2\sqrt{1}(1+1^2)^2} = -\dfrac{1}{4}$이며,

$\left(1, \frac{1}{2}\right)$에서 접선의 방정식은

$$y - \frac{1}{2} = -\frac{1}{4}(x-1) \text{ 또는 } y = -\frac{1}{4}x + \frac{3}{4}$$

이다. ■

$y = \sqrt{5x^2+12}$의 도함수 y'은 앞에서 배운 미분공식으로는 구할 수 없다. 이와 같은 문제를 해결하기 위해 합성함수의 미분법(연쇄법칙)을 공부하고자 한다. $y = (4x^3 - 2x^2 + 5)^2$의 도함수를 구하기 위해서 우변을 전개하지 않고 쉽게 구하는 방법이다.

연쇄법칙

정리 2.2.6 연쇄법칙(The Chain Rule)

f와 g가 미분가능한 함수이고 $F = g \circ f$는 $F(x) = g(f(x))$로 정의된 합성함수라고 하자. 그러면 $F'(x)$는 존재하고 $F'(x) = g'(f(x)) \cdot f'(x)$이다. 즉 $y = g(u), u = f(x)$라 하면 $\frac{dy}{dx} = \frac{dy}{du}\frac{du}{dx}$이다.

증명 $h(y) = \begin{cases} \dfrac{g(y) - g(f(a))}{y - f(a)} & (y \neq f(a)) \\ g'(f(a)) & (y = f(a)) \end{cases}$

로 정의하면

$$\lim_{y \to f(a)} h(y) = g'(f(a)) = h(f(a))$$

이므로 h는 $f(a)$에서 연속이다. 따라서

$$\lim_{x \to a} h(f(x)) = h\left(\lim_{x \to a} f(x)\right) = h(f(a)) = g'(f(a))$$

이다. h의 정의에 의하여

$$\frac{g(f(x)) - g(f(a))}{x - a} = h(f(x)) \cdot \frac{f(x) - f(a)}{x - a}$$

이므로

$$\begin{aligned}(g \circ f)'(a) = \lim_{x \to a} \frac{g(f(x)) - g(f(a))}{x - a} &= \lim_{x \to a}\left[h(f(x)) \cdot \frac{f(x) - f(a)}{x - a}\right] \\ &= \lim_{x \to a} h(f(x)) \cdot \lim_{x \to a} \frac{f(x) - f(a)}{x - a} \\ &= g'(f(a)) \cdot f'(a)\end{aligned}$$

이다. $y=g(u)$, $u=f(x)$라 하면

$$\frac{dy}{dx}=F'(x)=(g\circ f)'=g'(f(x))\cdot f'(x)=\frac{dy}{du}\frac{du}{dx}$$

이다. ■

예제 2.2.7 함수 $F(x)=\sqrt{5x^2+12}$에 대하여 $F'(x)$를 구하여라.

풀이 $u=5x^2+12$, $y=\sqrt{u}$ 라고 하면

$$\begin{aligned}F'(x)&=\frac{dy}{du}\frac{du}{dx}=\frac{1}{2\sqrt{u}}\cdot 10x\\&=\frac{1}{2\sqrt{5x^2+12}}\cdot 10x=\frac{5x}{\sqrt{5x^2+12}}\end{aligned}$$

이다. ■

참고 연쇄법칙을 적용할 때, 바깥쪽 함수를 먼저 미분하고 안쪽 함수를 나중에 미분한다. y를 u의 함수로 생각한다면 $\frac{dy}{du}$는 **u에 대한 y의 도함수**이다. 반면 $\frac{du}{dx}$는 u를 x의 함수라 할 때, **x에 대한 u의 도함수**이다. 예를 들어, 예제 2.2.7에서 y는 u의 함수($y=\sqrt{u}$)이고, u는 x의 함수($u=5x^2+12$)이다. 이 경우 $\frac{dy}{du}=\frac{1}{2\sqrt{u}}=\frac{1}{2\sqrt{5x^2+12}}$이고, $\frac{du}{dx}=10x$이다.

예제 2.2.8 $u=2x^2-1$일 때 $y=u^3+u^2+1$이라고 하자. $\left.\frac{dy}{dx}\right|_{x=2}$를 구하여라.

풀이 1. 연쇄법칙을 이용하면

$$\frac{dy}{dx}=\frac{dy}{du}\frac{du}{dx}=(3u^2+2u)\cdot(4x)$$

이고, $x=2$이면 $u=2\cdot(2)^2-1=7$이므로

$$\left.\frac{dy}{dx}\right|_{x=2}=(3\cdot 7^2+2\cdot 7)\times(4\cdot 2)=161\cdot 8=1288$$

이다.

2. y를 x만의 함수로 나타내면 연쇄법칙을 이용하지 않고도 이 문제를 풀 수 있다.

$$\begin{aligned}y&=u^3+u^2+1\\&=(2x^2-1)^3+(2x^2-1)^2+1\\&=(8x^6-12x^4+6x^2-1)+(4x^4-4x^2+1)+1\\&=8x^6-8x^4+2x^2+1\end{aligned}$$

이고 $\frac{dy}{dx} = 48x^5 - 32x^3 + 4x$이므로

$$\left.\frac{dy}{dx}\right|_{x=2} = 48 \cdot 2^5 - 32 \cdot 2^3 + 4 \cdot 2 = 1288$$

이다. ■

참고 위에서 본 바와 같이 구체적인 미분계수를 구할 때는 풀이 1이 더 바람직하다는 것을 알 수 있다.

예제 2.2.9 다음 함수를 미분하여라.

(1) $y = (x^5 - 3)^{2011}$　　(2) $y = \sqrt[7]{x^5 - 6x^3 + 2x}$

풀이 (1) $u = x^5 - 3,\ y = u^{2011}$이라고 하면,

$$\begin{aligned} y' &= \frac{dy}{dx} = \frac{dy}{du}\frac{du}{dx} = 2011u^{2010} \cdot 5x^4 \\ &= 2011\,(x^5 - 3)^{2010} \cdot 5x^4 = 10055x^4(x^5 - 3)^{2010}. \end{aligned}$$

(2) $u = x^5 - 6x^3 + 2x,\ y = \sqrt[7]{u}$라고 하면,

$$\begin{aligned} y' &= \frac{dy}{dx} = \frac{dy}{du}\frac{du}{dx} = \frac{1}{7}u^{-6/7} \cdot (5x^4 - 18x^2 + 2) \\ &= \frac{1}{7}(x^5 - 6x^3 + 2x)^{-6/7}(5x^4 - 18x^2 + 2). \end{aligned}$$

■

예제 2.2.10 함수 $g(t) = \left(\frac{t-2}{2t+1}\right)^9$을 미분하여라.

풀이 $u = \frac{t-2}{2t+1},\ g(u) = u^9$이라고 하면,

$$\begin{aligned} g'(t) &= \frac{dg}{dt} = \frac{dg}{du}\frac{du}{dt} \\ &= 9u^8 \cdot \frac{d}{dt}\left(\frac{t-2}{2t+1}\right) = 9\left(\frac{t-2}{2t+1}\right)^8 \cdot \frac{1 \cdot (2t+1) - (t-2) \cdot 2}{(2t+1)^2} \\ &= \frac{45\,(t-2)^8}{(2t+1)^{10}}. \end{aligned}$$

■

예제 2.2.11 $y = (2x+1)^5(x^3 - x + 1)^4$을 미분하여라.

풀이 이 예제는 연쇄법칙을 이용하기 전에 먼저 곱셈공식을 이용해야 한다.

$$\begin{aligned} \frac{dy}{dx} &= \left[\frac{d}{dx}(2x+1)^5\right](x^3 - x + 1)^4 + (2x+1)^5 \frac{d}{dx}(x^3 - x + 1)^4 \\ &= \left[5\,(2x+1)^4 \frac{d}{dx}(2x+1)\right](x^3 - x + 1)^4 \\ &\quad + (2x+1)^5\left[4\,(x^3 - x + 1)^3 \frac{d}{dx}(x^3 - x + 1)\right] \\ &= 5\,(x^3 - x + 1)^4(2x+1)^4 \cdot 2 + 4\,(2x+1)^5(x^3 - x + 1)^3 \cdot (3x^2 - 1) \end{aligned}$$

따라서

$$\frac{dy}{dx} = 2(2x+1)^4(x^3-x+1)^3(17x^3+6x^2-9x+3)$$

이다. ■

예제 2.2.12 $y = \left(x^4 + \sqrt{x + \sqrt[3]{x-1}}\right)^{\sqrt{2}}$ 을 미분하여라.

풀이

$$\begin{aligned}
\frac{dy}{dx} &= \sqrt{2}\left(x^4 + \sqrt{x + \sqrt[3]{x-1}}\right)^{\sqrt{2}-1} \frac{d}{dx}\left(x^4 + \sqrt{x + \sqrt[3]{x-1}}\right) \\
&= \sqrt{2}\left(x^4 + \sqrt{x + \sqrt[3]{x-1}}\right)^{\sqrt{2}-1} \\
&\quad \cdot \left[4x^3 + \frac{1}{2}\left(x + \sqrt[3]{x-1}\right)^{-1/2} \frac{d}{dx}\left(x + \sqrt[3]{x-1}\right)\right]\Bigg\} \\
&= \sqrt{2}\left(x^4 + \sqrt{x + \sqrt[3]{x-1}}\right)^{\sqrt{2}-1} \\
&\quad \cdot \left[4x^3 + \frac{1}{2\sqrt{x + \sqrt[3]{x-1}}}\left\{1 + \frac{1}{3}(x-1)^{-2/3}\frac{d}{dx}(x-1)\right\}\right] \\
&= \sqrt{2}\left(x^4 + \sqrt{x + \sqrt[3]{x-1}}\right)^{\sqrt{2}-1} \\
&\quad \cdot \left[4x^3 + \frac{1}{2\sqrt{x + \sqrt[3]{x-1}}}\left(1 + \frac{1}{3(x-1)^{2/3}}\right)\right]
\end{aligned}$$

■

정리 2.2.13

$y=f(x)$가 미분가능하고 $\frac{dy}{dx} \neq 0$이면, $y=f(x)$의 역함수 표시 $x=f^{-1}(y)$도 (y에 관하여) 미분가능하고 $\frac{dx}{dy} = \frac{1}{\frac{dy}{dx}}$이다.

즉 $(f^{-1})'(c) = \frac{1}{f'(a)}$ (단, $f(a)=c$, $f'(a) \neq 0$)이다.

증명 $x=a$에서 $f(a)=c$라 하면

$$\begin{aligned}
(f^{-1})'(c) &= \lim_{y \to c} \frac{f^{-1}(y) - f^{-1}(c)}{y-c} = \lim_{x \to a} \frac{f^{-1}(f(x)) - f^{-1}(f(a))}{f(x)-f(a)} \\
&= \lim_{x \to a} \frac{x-a}{f(x)-f(a)} = \lim_{x \to a} \frac{1}{\frac{f(x)-f(a)}{x-a}} = \frac{1}{\lim_{x \to a} \frac{f(x)-f(a)}{x-a}} \\
&= \frac{1}{f'(a)}
\end{aligned}$$

이다. 그러므로

$$\frac{dx}{dy} = \frac{1}{\frac{dy}{dx}}$$

이다. ■

예제 2.2.14 (1) $x=2y^5-3y^3+7$에서 $\frac{dy}{dx}$를 구하여라.

(2) $f(x)=(x-2)\sqrt{x}$, $(x\geq 1)$에서 $(f^{-1})'(0)$을 구하여라.

(3) $f(x)=x^5-8x^2-5x+2$에서 $(f^{-1})'(-2)$를 구하여라.

풀이 (1) $x=2y^5-3y^3+7$에서 $\frac{dx}{dy}=10y^4-9y^2$이다.

따라서 $\frac{dx}{dy}=\frac{1}{\frac{dy}{dx}}$로부터

$$\frac{dy}{dx}=\frac{1}{\frac{dx}{dy}}=\frac{1}{10y^4-9y^2}$$

이다.

(2) $f(2)=0$이고

$$f'(x)=\sqrt{x}+(x-2)\frac{1}{2\sqrt{x}}$$
$$=\frac{3x-2}{2\sqrt{x}}$$

이므로

$$(f^{-1})'(0)=\frac{1}{f'(2)}=\frac{1}{\frac{4}{2\sqrt{2}}}=\frac{\sqrt{2}}{2}=\frac{1}{\sqrt{2}}$$

이다.

(3) $f(-1)=-2$이고 $f'(x)=5x^4-16x-5$이므로

$$(f^{-1})'(-2)=\frac{1}{f'(-1)}=\frac{1}{16}$$

이다. ■

2.2 연습문제

1. 다음 함수를 미분하여라.

(1) $y=\sqrt{x+3}$ (2) $y=4x^3-8x+9$

(3) $y=2x^3+2x^{3/2}-x^{-1/2}$ (4) $y=(x^2-1)(2x^2+3)$

(5) $y=x(x+1)(x+2)$

2. 다음 함수를 미분하여라.

(1) $y=\frac{1}{x}$ (2) $y=\frac{3}{x}-\frac{2}{x^2}$

(3) $y=\frac{x^2}{x^4-3x^2+1}$

3. 다음 함수들의 도함수를 구하여라.

(1) $f(x)=(2x^2-x+1)^5$ (2) $f(x)=(x^2+1)^{2/3}$

(3) $f(x)=\sqrt{x}(1-x)$

4. 쌍곡선 $xy=12$ 위의 어떤 점에서 그 접선이 직선 $3x+y=0$과 평행한가?

2.3 삼각함수의 미분법

이 절에서는 삼각함수와 역삼각함수의 도함수를 구하고자 한다.

삼각함수의 미분법

삼각함수의 도함수를 구하는 데 다음 정리가 필요하다.

정리 2.3.1

(1) $\lim_{\theta \to 0} \frac{\sin\theta}{\theta} = 1$ (2) $\lim_{\theta \to 0} \frac{\cos\theta - 1}{\theta} = 0$

증명 (1) $\lim_{\theta \to 0} \frac{\sin\theta}{\theta} = 1$의 증명은 예제 1.4.13을 참조하기 바란다.

(2)
$$\begin{aligned}\lim_{\theta \to 0} \frac{\cos\theta - 1}{\theta} &= \lim_{\theta \to 0}\left[\frac{(\cos\theta - 1)(\cos\theta + 1)}{\theta(\cos\theta + 1)}\right] \\ &= \lim_{\theta \to 0}\left[\frac{\cos^2\theta - 1}{\theta(\cos\theta + 1)}\right] \\ &= \lim_{\theta \to 0}\frac{-\sin^2\theta}{\theta(\cos\theta + 1)} = \lim_{\theta \to 0}\frac{-\sin\theta}{\theta}\frac{\sin\theta}{(\cos\theta + 1)} \\ &= -\lim_{\theta \to 0}\frac{\sin\theta}{\theta}\lim_{\theta \to 0}\frac{\sin\theta}{\cos\theta + 1} \\ &= -1 \cdot \left(\frac{0}{1+1}\right) = 0\end{aligned}$$
■

정리 2.3.2 삼각함수의 도함수

$(\sin x)' = \cos x$ $(\csc x)' = -\csc x \cot x$

$(\cos x)' = -\sin x$ $(\sec x)' = \sec x \tan x$

$(\tan x)' = \sec^2 x$ $(\cot x)' = -\csc^2 x$

증명 $\sin x$와 $\cos x$에 대한 도함수를 구한다. 나머지 삼각함수들은 미분공식(정리 2.2.1)을 이용하면 쉽게 구할 수 있다. $f(x) = \sin x$라 두면,

$$\begin{aligned}f'(x) &= \lim_{h \to 0}\frac{f(x+h) - f(x)}{h} \\ &= \lim_{h \to 0}\frac{\sin(x+h) - \sin(x)}{h} \\ &= \lim_{h \to 0}\frac{\sin x\cos h + \cos x\sin h - \sin x}{h} \\ &= \lim_{h \to 0}\left[\sin x\left(\frac{\cos h - 1}{h}\right) + \cos x\left(\frac{\sin h}{h}\right)\right] \\ &= \lim_{h \to 0}\sin x \lim_{h \to 0}\frac{\cos h - 1}{h} + \lim_{h \to 0}\cos x \cdot \lim_{h \to 0}\frac{\sin h}{h} \\ &= \sin x \cdot 0 + \cos x \cdot 1 = \cos x\end{aligned}$$

이다. $\cos x = \sin\left(x + \frac{\pi}{2}\right)$이므로

$$\cos'(x) = \cos\left(x + \frac{\pi}{2}\right) = -\sin x$$

이다. ■

예제 2.3.3 다음을 미분하여라.

(1) $y = \sin^2 x$ (2) $y = \cos x^2$ (3) $y = \sin(x^5 - 4x^3 + 2)$

풀이 (1) $y = \sin^2 x = (\sin x)^2$이므로 $u = \sin x$, $y = u^2$으로 두면, 연쇄법칙에 의하여

$$\frac{dy}{dx} = \frac{dy}{du}\frac{du}{dx} = 2u \cdot \cos x = 2\sin x \cos x$$

이므로

$$\frac{dy}{dx} = \sin 2x$$

이다.

(2) $u = x^2$이라고 하면 $y = \cos u$이므로 연쇄법칙에 의하여

$$\frac{dy}{dx} = \frac{dy}{du}\frac{du}{dx} = -\sin u \cdot (2x) = -2x\sin x^2$$

이다.

(3) $u = x^5 - 4x^3 + 2$라고 하면 $y = \sin u$이므로 연쇄법칙에 의하여

$$\begin{aligned}\frac{dy}{dx} &= \frac{dy}{du}\frac{du}{dx} = \cos u \cdot (5x^4 - 12x^2) \\ &= \cos(x^5 - 4x^3 + 2) \cdot (5x^4 - 12x^2)\end{aligned}$$

이다. ■

일반적으로 $y = \sin u$이고 u가 x의 미분가능한 함수이면, 연쇄법칙에 의하여

$$\frac{dy}{dx} = \frac{dy}{du}\frac{du}{dx} = \cos u \cdot \frac{du}{dx}$$

이므로

$$\frac{d}{dx}(\sin u) = \cos u \cdot \frac{du}{dx}$$

이다. 같은 방법으로 다른 삼각함수의 미분에 관한 모든 공식들을 연쇄법칙과 관련지을 수 있다. 여러 개의 함수로 이루어진 합성함수를

미분하는 경우에 연쇄법칙이 마치 고리 모양으로 적용되게 되는데, 이러한 이유로 이 법칙을 연쇄법칙이라고 부르게 된 것이다. 이를테면, 미분가능한 함수 $y=f(u)$, $u=g(x)$, 그리고 $x=h(t)$라고 하자. t에 대한 y의 미분을 구하기 위하여 연쇄법칙을 두 번 사용하면

$$\frac{dy}{dt}=\frac{dy}{dx}\frac{dx}{dt}=\frac{dy}{du}\frac{du}{dx}\frac{dx}{dt}$$

가 된다.

예제 2.3.4 $f(x)=\sin(\cos(\tan x))$를 미분하여라.

풀이

$$\begin{aligned} f'(x) &= \cos(\cos(\tan x))\frac{d}{dx}\cos(\tan x) \\ &= \cos(\cos(\tan x))[-\sin(\tan x)]\frac{d}{dx}(\tan x) \\ &= -\cos(\cos(\tan x))\sin(\tan x)\sec^2 x \end{aligned}$$

■

예제 2.3.5 $\sin(x+y)=y^2\cos x$에 대하여 y'을 구하여라.

풀이 y를 x에 관한 함수로 보고 x에 대하여 미분하면,

$$\cos(x+y)\cdot(1+y')=2yy'\cos x+y^2(-\sin x)$$

이다. 따라서

$$y'=\frac{y^2\sin x+\cos(x+y)}{2y\cos x-\cos(x+y)}$$

이다. ■

예제 2.3.6 $x=3\cos^2 t, y=3\sin^2 t$에서 $\frac{dy}{dx}$를 구하여라.

풀이 $x=3\cos^2 t, y=3\sin^2 t$에서 $x+y=3$이 된다. 따라서

$$y=-x+3,\ \frac{dy}{dx}=-1$$

이다. ■

역삼각함수의 미분법

역삼각함수의 정의는 1장을 참조하기 바란다.

예제 2.3.7 $y=\sin^{-1}x$에서 $y'=\frac{1}{\sqrt{1-x^2}}\ (|x|<1)$임을 보여라.

증명 $y=\sin^{-1}x$이므로 $x=\sin y$이다. 이것을 x에 대하여 미분하면

$$1 = \cos y \cdot y'$$

이다. 따라서 $y' = \frac{1}{\cos y}$이다. 그런데 $\sin^2 y + \cos^2 y = 1$을 이용하면 $\cos y = \sqrt{1-x^2}$이다. 즉

$$y' = \frac{1}{\sqrt{1-x^2}}$$

이다. ■

예제 2.3.8 $y = \sin^{-1}(\sqrt{1-2x})$를 미분하여라.

풀이 $(\sin^{-1}x)' = \frac{1}{\sqrt{1-x^2}}$이므로 연쇄법칙을 이용하면,

$$y' = \left(\sin^{-1}\left(\sqrt{1-2x}\right)\right)' = \frac{1}{\sqrt{1-\left(\sqrt{1-2x}\right)^2}}\left(\sqrt{1-2x}\right)'$$
$$= \frac{1}{\sqrt{2x}}\frac{1}{2}\frac{1}{\sqrt{1-2x}}(-2) = -\frac{1}{\sqrt{2x(1-2x)}}$$

이다. ■

같은 방법으로 아래 정리를 얻을 수 있다.

정리 2.3.9 역삼각함수의 도함수

$$(\sin^{-1}x)' = \frac{1}{\sqrt{1-x^2}} \qquad (\csc^{-1}x)' = -\frac{1}{x\sqrt{x^2-1}}$$
$$(\cos^{-1}x)' = -\frac{1}{\sqrt{1-x^2}} \qquad (\sec^{-1}x)' = \frac{1}{x\sqrt{x^2-1}}$$
$$(\tan^{-1}x)' = \frac{1}{1+x^2} \qquad (\cot^{-1}x)' = -\frac{1}{1+x^2}$$

2.3 연습문제

1. 다음 함수를 미분하여라.

(1) $y = \sin(x^2 - x + 1)$ (2) $y = \sin^2(x^2)$

(3) $y = x - x\cos\left(\frac{4}{3}x\right)$ (4) $y = \sec 2x$

(5) $y = \cot 6x$ (6) $y = \sin 2x \cos 3x$

2. 다음 함수를 미분하여라.

(1) $y = \csc(-2x)$ (2) $y = \sqrt{\cot x}$

(3) $y = \cos^{-1}(2x+3)$ (4) $y = \tan^{-1}(1+x)$

(5) $y = \cos^{-1}(\sin x)$

3. 다음에서 $\frac{dy}{dx}$를 구하여라.

(1) $x = \sin y$ (2) $\sin x + \sin y = 1$

4. 지면으로부터 각 α의 방향으로 처음속도 s_0로써 던져올린 물체 p의 t초 후의 위치는

$$x = s_0 t\cos\alpha,\ y = s_0 t\sin\alpha - \frac{1}{2}gt^2$$

으로 주어진다. p가 지면에 떨어지는 순간에 있어서의 속도를 구하여라.

2.4 초월함수의 도함수

로그함수의 도함수

자연로그함수의 밑 e의 정의와 합성함수의 미분법을 이용하여 자연로그함수의 도함수를 구할 수 있다.

정리 2.4.1

(1) $(\ln|x|)' = \dfrac{1}{x}$ (2) $(\ln|f(x)|)' = \dfrac{f'(x)}{f(x)}$

증명 (1) (i) $x > 0$인 경우 : $f(x) = \ln|x| = \ln x$, $f(x+\Delta x) = \ln(x+\Delta x)$로부터

$$\begin{aligned}\frac{\Delta y}{\Delta x} &= \frac{1}{\Delta x}[\ln(x+\Delta x) - \ln x] = \frac{1}{\Delta x}\ln\frac{x+\Delta x}{x} \\ &= \frac{1}{x}\cdot\frac{x}{\Delta x}\ln\left(1+\frac{\Delta x}{x}\right) = \frac{1}{x}\ln\left(1+\frac{\Delta x}{x}\right)^{x/\Delta x},\end{aligned}$$

$$\begin{aligned}\lim_{\Delta x\to 0}\frac{\Delta y}{\Delta x} &= \lim_{\Delta x\to 0}\frac{1}{x}\ln\left(1+\frac{\Delta x}{x}\right)^{x/\Delta x} \\ &= \frac{1}{x}\left[\ln\lim_{\Delta x\to 0}\left(1+\frac{\Delta x}{x}\right)^{x/\Delta x}\right]\end{aligned}$$

이다. 그런데 $\lim_{\Delta x\to 0}\left(1+\frac{\Delta x}{x}\right)^{x/\Delta x} = \lim_{x/\Delta x\to\infty}\left(1+\frac{\Delta x}{x}\right)^{x/\Delta x} = e$이므로

$$y' = \lim_{\Delta x\to 0}\frac{\Delta y}{\Delta x} = \frac{1}{x}\ln e = \frac{1}{x}$$

이다.

(ii) $x < 0$인 경우: $y = \ln|x| = \ln(-x)$이므로

$$y' = \frac{1}{-x}\cdot(-x)' = \frac{1}{x}$$

이다.

(i), (ii)에 의하여 $(\ln|x|)' = \frac{1}{x}$이다.

(2) 합성함수의 미분법과 (1)을 이용하면 쉽게 증명할 수 있다. ■

예제 2.4.2 다음 함수를 미분하여라.

(1) $y = \ln 5x$ (2) $y = \ln(x^2+5)$

(3) $y = \ln(x + \sin x)$ (4) $y = x\ln x - x$

(5) $y = \ln \cos x$ (6) $y = \ln \frac{1}{x}$

풀이 (1) $[\ln 5x]' = \frac{5}{5x} = \frac{1}{x}$

(2) $[\ln (x^2 + 5)]' = \frac{2x}{x^2 + 5}$

(3) $[\ln (x + \sin x)]' = \frac{(x + \sin x)'}{(x + \sin x)} = \frac{1 + \cos x}{(x + \sin x)}$

(4) $[x \ln x - x]' = (x \ln x)' - (x)' = \ln x + x \cdot \frac{1}{x} - 1 = \ln x$

(5) $(\ln \cos x)' = \frac{(\cos x)'}{\cos x} = -\frac{\sin x}{\cos x}$

(6) $\left(\ln \frac{1}{x}\right)' = \frac{\left(\frac{1}{x}\right)'}{\frac{1}{x}} = x \cdot \left(-\frac{1}{x^2}\right) = -\frac{1}{x}$

별해 $\left(\ln \frac{1}{x}\right)' = (\ln x^{-1}) = (-\ln x)' = -\frac{1}{x}$ ■

지수함수의 도함수

지수함수의 도함수는 로그함수의 미분법을 이용하여 쉽게 구할 수 있다.

정리 2.4.3

(1) $(a^x)' = a^x \ln a$ (2) $(e^x)' = e^x$

(3) $[a^{f(x)}]' = a^{f(x)} f'(x) \ln a$ (4) $[e^{f(x)}]' = e^{f(x)} f'(x)$

증명 (1) $y = a^x$의 양변에 자연로그를 취하면 $\ln y = x \ln a$이므로 x에 관하여 미분하면 $\frac{y'}{y} = \ln a$이므로 $y' = y \ln a = a^x \ln a$이다.

(2) a를 e로 바꾸면 $(e^x)' = e^x$이다.

합성함수의 미분법을 이용하면 (3), (4)를 쉽게 증명할 수 있다. ■

예제 2.4.4 다음 함수를 미분하여라.

(1) $y = e^{\sqrt{x}}$ (2) $y = e^{3x} + 3^{4x}$

(3) $y = 3^{\cos x}$ (4) $y = 3^{\ln x}$

풀이 (1) $y = (e^{\sqrt{x}})' = (\sqrt{x})' e^{\sqrt{x}} = \frac{e^{\sqrt{x}}}{2\sqrt{x}}$

(2) $y' = (e^{3x})' + (3^{4x})' = 3 \cdot e^{3x} + 3^{4x} \cdot 4 \cdot \ln 3$
$= 3 \cdot e^{3x} + 4 \ln 3 \cdot 3^{4x}$

(3) $y' = 3^{\cos x}(\cos x)' \ln 3 = -\sin x \, 3^{\cos x} \ln 3$

(4) $y' = 3^{\ln x}(\ln x)' \ln 3 = 3^{\ln x} \frac{\ln 3}{x}$ ■

예제 2.4.5 $y = x^x\ (x>0)$를 미분하여라.

풀이 $y = x^x$의 양변에 자연로그를 취하면 $\ln y = x\ln x$가 된다. 따라서 음함수 미분법을 이용하면

$$\frac{1}{y}\cdot y' = \ln x + x\cdot\frac{1}{x}$$

이므로

$$y' = y(\ln x + 1) = x^x(1 + \ln x)$$

이다. ■

예제 2.4.6 $y = x^\alpha$(α는 실수)이면 $y' = \alpha x^{\alpha-1}$임을 증명하여라.

풀이 $y = x^\alpha$의 양변에 자연로그를 취하면 $\ln y = \alpha\ln x$가 된다. 따라서 음함수 미분법을 이용하면 $\frac{1}{y}\cdot y' = \frac{\alpha}{x}$이므로 $y' = \alpha x^{\alpha-1}$이다. ■

예제 2.4.7 $y = \dfrac{(x^2+1)(x+4)^{1/2}}{x-1}$, $x \neq 1$일 때 도함수를 구하여라.

풀이 $|y| = \dfrac{|x^2+1|\cdot|x+4|^{1/2}}{|x-1|}$의 양변에 자연로그를 취하면,

$$\ln|y| = \ln|x^2+1| + \frac{1}{2}\ln|x+4| - \ln|x-1|$$

이다. 따라서

$$\frac{y'}{y} = \frac{2x}{x^2+1} + \frac{1}{2}\cdot\frac{1}{x+4} - \frac{1}{x-1}$$

이므로

$$y' = \frac{(x^2+1)(x+4)^{1/2}}{x-1}\left(\frac{2x}{x^2+1} + \frac{1}{2x+8} - \frac{1}{x-1}\right)$$

이다. ■

정리 2.4.8 쌍곡선함수의 도함수

(1) $(\sinh x)' = \cosh x$　　(2) $(\cosh x)' = \sinh x$

(3) $(\tanh x)' = \operatorname{sech}^2 x$　　(4) $(\coth x)' = -\operatorname{csch}^2 x$

(5) $(\operatorname{sech} x)' = -\operatorname{sech} x\tanh x$　　(6) $(\operatorname{csch} x)' = -\operatorname{csch} x\coth x$

증명 $\sinh x$와 $\cosh x$에 대한 도함수를 구한다. 나머지 쌍곡선함수들은 미분공식(정리 2.2.1)을 이용하면 쉽게 구할 수 있다.

$$(1)\ (\sinh x)' = \left(\frac{e^x - e^{-x}}{2}\right)' = \frac{e^x + e^{-x}}{2} = \cosh x$$

$$(2)\ (\cosh x)' = \left(\frac{e^x + e^{-x}}{2}\right)' = \frac{e^x - e^{-x}}{2} = \sinh x$$ ■

예제 2.4.9 다음 함수의 도함수를 구하여라.

(1) $\sinh(x^2+1)$ (2) $\operatorname{sech} x^3$

(3) $\ln|\tanh x|$ (4) $x^2 \sinh x$

풀이 (1) $(\sinh(x^2+1))' = \cosh(x^2+1)\cdot(x^2+1)' = \cosh(x^2+1)\cdot 2x$

(2) $(\operatorname{sech} x^3)' = -\operatorname{sech} x^3 \tanh x^3 \cdot (x^3)' = -\operatorname{sech} x^3 \cdot \tanh x^3 \cdot 3x^2$

(3) $(\ln|\tanh x|)' = \dfrac{1}{\tanh x}\cdot(\tanh x)' = \dfrac{1}{\tanh x}\operatorname{sech}^2 x$

(4) $(x^2 \sinh x)' = 2x\sinh x + x^2\cosh x$ ■

역쌍곡선함수가 로그함수로 표시되므로 로그함수의 도함수를 이용하여 이들의 도함수를 구할 수 있다.

예제 2.4.10 $y = \sinh^{-1}x$의 도함수를 구하여라.

증명 $y' = \dfrac{\left(x+\sqrt{x^2+1}\right)'}{x+\sqrt{x^2+1}} = \dfrac{1}{x+\sqrt{x^2+1}}\cdot\left(1+\dfrac{2x}{2\sqrt{x^2+1}}\right) = \dfrac{1}{\sqrt{x^2+1}}$ ■

같은 방법으로 다음 공식을 얻을 수 있다.

정리 2.4.11 역쌍곡선함수의 도함수

(1) $(\sinh^{-1}x)' = \dfrac{1}{\sqrt{x^2+1}}$

(2) $(\cosh^{-1}x)' = \dfrac{1}{\sqrt{x^2-1}}$, $x > 1$

(3) $(\tanh^{-1}x)' = \dfrac{1}{1-x^2}$, $-1 < x < 1$

(4) $(\operatorname{sech}^{-1}x)' = -\dfrac{1}{x\sqrt{1-x^2}}$, $0 < x < 1$

(5) $(\coth^{-1}x)' = \dfrac{-1}{x^2-1}$, $|x| > 1$

(6) $(\operatorname{csch}^{-1}x)' = \dfrac{-1}{|x|\sqrt{1+x^2}}$, $x \neq 0$

2.4 연습문제

1. 다음 함수의 도함수를 구하여라.

(1) $y = e^{3x}$ (2) $y = e^{x^2+1}$ (3) $y = x^2 e^x$ (4) $y = e^{\cos x + \sin x}$

(5) $y = \ln 3x$　(6) $y = \ln \frac{3}{x^2}$

(7) $y = (x^2+1)\ln x$　(8) $y = 3^{x^2+1}$

(9) $y = (\ln x)^3$　(10) $y = 2^{\sin x}$

2. 다음 함수의 도함수를 구하여라.

(1) $y = x^{\sin x}$　(2) $y = (\sin x)^x$

(3) $y = (\ln x)^x$　(4) $y = x^{\ln x}$

(5) $y = x^{x+4}$　(6) $y = (x+4)^x$

(7) $y = \frac{\sqrt[3]{x^2+1}\sqrt[5]{x+1}}{(x+3)^3}$　(8) $y = \frac{(x^2+1)^9 \cdot \sqrt[3]{2x+1}}{(x+1)^7(x-5)}$

(9) $y = x^{\sqrt[3]{x}}$　(10) $y = \left(\sqrt[3]{x}\right)^x$

3. 다음 함수의 도함수를 구하여라.

(1) $y = \sinh^2 x$　(2) $y = \cosh 2x$

(3) $y = \ln(\cosh 2x)$　(4) $y = \cosh(x^2+1)$

4. 다음 함수의 도함수를 구하여라.

(1) $y = \sinh^{-1} 3x$　(2) $y = \cosh^{-1}(x^2+2)$

(3) $y = x^2 \sinh^{-1} x$　(4) $y = \ln x \cdot \cosh^{-1} x$

5. 다음 함수의 도함수를 구하여라.

(1) $y = xe^{-x}$　(2) $y = \sin(e^x)$

(3) $y = \ln x^{6/5}$　(4) $y = \sqrt{\ln(x+1)}$

(5) $y = 2^{x+1}$　(6) $y = 3^{-\cos x}$

(7) $y = \frac{1-\ln x}{1+\ln x}$　(8) $y = \frac{\ln x}{x^2}$

6. 다음 함수들의 $\frac{dy}{dx}$를 구하여라.

(1) $\ln x = e^x \sin y$　(2) $\ln xy = e^{x+y}$

(3) $e^{2y} = \sin(x+3y)$　(4) $e^x = \sin y$

(5) $xe^y = x^2 + y$　(6) $x + y = \log_3 x + \ln y$

(7) $2^x = \sin(x+y)$　(8) $y + \sqrt{x}\ln x = x^2 + y^2$

2.5 음함수의 미분법

지금까지는 $y = f(x)$ 등과 같이 하나의 변수가 다른 한 변수로 명료하게 나타내어진 경우에 대하여 $\frac{dy}{dx}$를 구하는 방법을 공부하였다. 이 절에서는 x와 y의 관계식이 $x^3 + y^3 = 6x^2y$와 같이 어느 한 변수를 다른 변수로 표현하기가 어려운 경우에 대하여 $\frac{dy}{dx}$를 구하는 방법에 대해 공부하려고 한다. 즉 관계식이 $f(x, y) = 0$ 형태일 때(이러한 형태를 음함수(implicit function)라 한다) $\frac{dy}{dx}$를 구하는 방법을 알아보려고 한다. 음함수의 미분법은 y를 x의 함수로 보고 $y' = \frac{dy}{dx}$를 구하는 것이다. 이 방법을 다음의 예제에서 구체적으로 알아본다.

예제 2.5.1 (1) $x^2 + y^2 = 25$일 때 $\frac{dy}{dx}$를 구하여라.

(2) 원의 방정식 $x^2 + y^2 = 25$ 위의 점 $(3, 4)$에서 접선의 방정식을 구하여라.

풀이 1. (1) 방정식 $x^2 + y^2 = 25$의 양변을 x에 관하여 미분한다.

$$\frac{d}{dx}(x^2 + y^2) = \frac{d}{dx}(25),$$
$$\frac{d}{dx}(x^2) + \frac{d}{dx}(y^2) = 0$$

y는 x의 함수로 가정하고, 연쇄법칙을 적용하면

$$\frac{d}{dx}(y^2) = 2y\frac{dy}{dx}$$

이다. 따라서 $2x+2y\frac{dy}{dx}=0$을 얻는다. 이제 이것을 $\frac{dy}{dx}$에 관하여 풀면

$$\frac{dy}{dx}=-\frac{x}{y} \quad (y\neq 0)$$

이다.

(2) (3, 4)에서 $x=3, y=4$이므로

$$\left.\frac{dy}{dx}\right|_{x=3,\, y=4}=-\frac{3}{4}$$

이다. 따라서 (3, 4)에서 원에 대한 접선의 방정식은

$$y-4=-\frac{3}{4}(x-3) \quad \text{또는} \quad 3x+4y=25$$

이다.

2. (1) 방정식 $x^2+y^2=25$를 풀면 $y=\pm\sqrt{25-x^2}$을 얻는다. 한편 점 (3, 4)는 상반원 $y=\sqrt{25-x^2}$ 위에 있으므로 함수 $f(x)=\sqrt{25-x^2}$을 생각하자. 연쇄법칙을 이용하여 f를 미분하면,

$$\begin{aligned} f'(x) &= \frac{1}{2}(25-x^2)^{-1/2}\frac{d}{dx}(25-x^2) \\ &= \frac{1}{2}(25-x^2)^{-1/2}(-2x) \\ &= -\frac{x}{\sqrt{25-x^2}}. \end{aligned}$$

(2) $f'(3)=-\frac{3}{\sqrt{25-3^2}}=-\frac{3}{4}$을 얻는다. 그러므로 풀이 1의 (2)에서와 같이 접선의 방정식은 $3x+4y=25$이다. ■

예제 2.5.2 다음 각 방정식이 변수 x에 대하여 미분가능인 함수를 정의한다고 가정하고, 음함수 미분법을 이용하여 $\frac{dy}{dx}$를 구하여라.

(1) $xy=7$ (2) $xy^2=3-y$ (3) $x^2y=2-xy^3$

(4) $xy+\cos(xy)=1$ (5) $\sin(xy^2)=x^2+y$

풀이 (1) 방정식 $xy=7$의 양변을 x에 관해 미분하여 다음을 얻는다.

$$\begin{aligned} \frac{d}{dx}(xy) &= \frac{d}{dx}(7) \\ \frac{d}{dx}(x)\cdot y+x\cdot\frac{d}{dx}(y) &= 0 \\ y+x\cdot y' &= 0 \end{aligned}$$

이므로 $y'=-\frac{y}{x}=-\frac{7}{x^2}$이다.

(2) 방정식 $xy^2=3-y$의 양변을 x에 관하여 미분한다.

$$\frac{d}{dx}(xy^2)=\frac{d}{dx}(3-y)$$

$$\frac{d}{dx}(x) \cdot y^2 + x \cdot \frac{d}{dx}(y^2) = -y'$$
$$y^2 + x \cdot 2yy' = -y'$$

이므로 $y' = -\dfrac{y^2}{1+2xy}$이다.

(3) 방정식 $x^2y = 2 - xy^3$의 양변을 x에 관하여 미분한다.

$$\frac{d}{dx}(x^2 y) = \frac{d}{dx}(2 - xy^3)$$
$$\frac{d}{dx}(x^2) \cdot y + x^2 \cdot \frac{d}{dx}(y) = -\left[\frac{d}{dx}(x) \cdot y^3 + x \cdot \frac{d}{dx}(y^3)\right]$$
$$2xy + x^2 \cdot y' = -[y^3 + x \cdot 3y^2 y']$$

이므로 $y' = -\dfrac{y^3 + 2xy}{x^2 + 3xy^2}$이다.

(4) 방정식 $xy + \cos(xy) = 1$의 양변을 x에 관하여 미분한다.

$$\frac{d}{dx}(xy + \cos(xy)) = \frac{d}{dx}(1)$$
$$\frac{d}{dx}(x) \cdot y + x \cdot \frac{d}{dx}(y) - \sin(xy) \cdot (y + xy') = 0$$
$$y + x \cdot y' - \sin(xy) \cdot (y + xy') = 0$$

이므로 $y' = \dfrac{y\sin(xy) - y}{x - x\sin(xy)} = \dfrac{y(\sin(xy) - 1)}{x(1 - \sin(xy))} = -\dfrac{y}{x}$이다.

(5) 방정식 $\sin(xy^2) = x^2 + y$의 양변을 x에 관하여 미분한다.

$$\frac{d}{dx}(\sin(xy^2)) = \frac{d}{dx}(x^2 + y)$$
$$\cos(xy^2) \cdot (y^2 + x2yy') = 2x + y'$$
$$\cos(xy^2) \cdot (2xyy') - y' = 2x - \cos(xy^2) \cdot y^2$$

이므로 $y' = \dfrac{2x - y^2\cos(xy^2)}{2xy\cos(xy^2) - 1}$이다. ■

참고 y를 x에 관하여 명확히 정리할 수 있지만, 음함수 미분법을 이용하여 도함수를 구하는 것이 쉬운 경우도 있다.

예제 2.5.3 (1) $x^2 + y^2 = 4$에 대하여 y'을 구하여라.
(2) $x^2 + y^2 = 4$ 위의 점 $(1, \sqrt{3})$에서의 접선의 방정식을 구하여라.

풀이 (1) $x^2 + y^2 = 4$에서 y를 x에 관한 함수로 보고 양변을 미분한다. 이때 y^2에 연쇄법칙을 적용하면

$$2x + 2yy' = 0$$

이 된다. 이제 y'에 관하여 정리하면

$$y' = -\frac{x}{y}$$

이다.

(2) $x=1, y=\sqrt{3}$ 일 때

$$y'|_{x=1,\, y=\sqrt{3}} = -\frac{1}{\sqrt{3}}$$

이므로 $(1, \sqrt{3})$에서의 접선의 방정식은

$$y-\sqrt{3} = -\frac{1}{\sqrt{3}}(x-1) \quad \text{또는} \quad x+\sqrt{3}\,y=4$$

이다. ■

예제 2.5.4 (1) 데카르트의 엽선(the folium of Descartes) $x^3+y^3=6xy$ 에 대하여 y'을 구하여라.
(2) $x^3+y^3=6xy$ 위의 점 $(3, 3)$에서의 접선의 방정식을 구하여라.

풀이 (1) $x^3+y^3=6xy$에서 y를 x에 관한 함수로 보고 양변을 미분한다. 이때 $6xy$에 곱셈공식을 적용하고, y^3에 연쇄법칙을 적용하면

$$3x^2+3y^2y'=6y+6xy' \quad \text{또는} \quad x^2+y^2y'=2y+2xy'$$

이 된다. 이제 y'에 관하여 정리하면

$$(y^2-2x)\,y' = 2y-x^2 \quad \text{또는} \quad y' = \frac{2y-x^2}{y^2-2x} \; (y^2-2x \neq 0)$$

이다.

(2) $x=y=3$일 때

$$y'|_{x=3,\, y=3} = \frac{2\cdot 3-3^2}{3^2-2\cdot 3} = -1$$

이므로 $(3, 3)$에서 엽선에 대한 접선의 방정식은

$$y-3=-1(x-3) \quad \text{또는} \quad x+y=6$$

이다. ■

2.5 연습문제

1. 다음 함수에서 $\dfrac{dy}{dx}$를 구하여라.

(1) $x^4+y^4=18xy$ (2) $2xy=(x^2+y^2)^{2/3}$

(3) $y^2+y=\dfrac{1+x}{1-x}$ (4) $x^2+xy+y^2=4$

(5) $xy+y^2-2=0$

2. $x^2+y^2=4$ 위의 점 $(-1, \sqrt{3})$에서 접선의 방정식을 구하여라.

3. $\sqrt{xy}+\sqrt{x+2y}=4$에서 $\dfrac{dy}{dx}$를 구하여라.

4. 공모양의 풍선의 겉넓이가 매초 $4\pi\text{cm}^2$의 속도로 증가할 때, 풍선의 반지름이 10cm가 되는 순간에 있어서 부피가 증가하는 속도를 구하여라.

5. 다음 함수의 n차 도함수를 구하여라.

(1) $y=\ln(1+x)$ (2) $y=e^{3x}$

2.6 고차 도함수

$f(x)$가 미분가능한 함수이면 도함수 $f'(x)$도 역시 x에 관한 함수이고, 이 도함수 f'이 미분가능할 때 f'의 도함수 $(f')' = f''$을 f의 **2차 도함수**(the second derivative of f)라고 한다. 그러므로

$$f''(x) = \frac{d}{dx}(f'(x)) = \frac{d}{dx}\left(\frac{d}{dx}f(x)\right)$$

이다. 예를 들면, $f(x) = x^7$일 때 $f'(x) = 7x^6$이고, 따라서

$$f''(x) = \frac{d}{dx}(f'(x)) = \frac{d}{dx}(7x^6) = 42x^5$$

이다. $y = f(x)$이면

$$y'' = f''(x) = \frac{d}{dx}\left(\frac{dy}{dx}\right) = \frac{d^2y}{dx^2} = D^2 f(x)$$

등으로 표시한다.

이때 기호 D^2은 미분연산을 두 번 반복함을 의미한다. 마찬가지로 **3차 도함수**(the third derivative of f) f'''은 2차 도함수의 도함수이다. $y = f(x)$일 때 2차 도함수와 같은 표기법을 이용하여

$$y''' = f'''(x) = \frac{d}{dx}\left(\frac{d^2y}{dx^2}\right) = \frac{d^3y}{dx^3} = D^3 f(x)$$

등을 사용한다.

이러한 미분과정은 계속 반복할 수 있으며, 4차 도함수 f''''은 보통 $f^{(4)}$로 나타낸다. 일반적으로 **n차 도함수**(the n-th derivative of f)는 $f^{(n)}$으로 나타내고, 이것은 $y = f(x)$를 n번 반복 미분함을 의미한다. $y = f(x)$일 때 n차 도함수를 다음과 같이 표시한다.

$$y^{(n)} = f^{(n)}(x) = \frac{d^ny}{dx^n} = D^n f(x)$$

예제 2.6.1 $y = x^5 - 9x^3 - 5x + 7$의 $y^{(4)}$를 구하여라.

풀이 $y' = 5x^4 - 27x^2 - 5,$

$y'' = 20x^3 - 54x,$

$y''' = 60x^2 - 54,$

$y^{(4)} = 120x.$ ■

예제 2.6.2 다음의 $f^{(n)}(x)$를 구하여라.

(1) $f(x) = \frac{1}{x}$ (2) $f(x) = \frac{1}{x-1}$ (3) $f(x) = \frac{1}{1-x}$

풀이 (1) $f(x) = \frac{1}{x} = x^{-1}$,

$f'(x) = -x^{-2} = (-1) \cdot \frac{1}{x^2}$,

$f''(x) = 2 \cdot x^{-3} = (-2)(-1) \cdot \frac{1}{x^3}$,

$f'''(x) = -6 \cdot x^{-4} = (-3)(-2)(-1) \cdot \frac{1}{x^4}$,

$f^{(4)}(x) = 24 \cdot x^{-5} = (-4) \cdot (-3) \cdot (-2) \cdot (-1) \cdot \frac{1}{x^5}$,

$f^{(5)}(x) = -120x^{-6} = (-5) \cdot (-4) \cdot (-3) \cdot (-2) \cdot (-1) \cdot \frac{1}{x^6}$,

$\vdots$

$f^{(n)}(x) = (-1)^n \cdot n(n-1)(n-2) \cdot \cdots \cdot 2 \cdot 1 \cdot \frac{1}{x^{n+1}}$,

또는 $f^{(n)}(x) = (-1)^n \frac{n!}{x^{n+1}}$이다.

(2) $f(x) = \frac{1}{x-1}$, $f'(x) = -(x-1)^{-2} \cdot (x-1)' = \frac{-1}{(x-1)^2}$이다. 또한 $f''(x) = (-1) \cdot (-2) \cdot (x-1)^{-3} = \frac{(-1)(-2)}{(x-1)^3}$이므로, 위와 같이 $f^{(n)}(x) = (-1)^n \frac{n!}{(x-1)^{n+1}}$이다.

(3) $f(x) = \frac{1}{1-x}$, $f'(x) = -(1-x)^{-2} \cdot (1-x)' = (-1) \cdot \frac{1}{(1-x)^2} \cdot (-1)$,

$f''(x) = (-1) \cdot (-2) \cdot (1-x)^{-3} \cdot (-1)^2 = \frac{1 \cdot 2}{(1-x)^3}$이므로,

$f^{(n)}(x) = (-1)^n \frac{n!}{(1-x)^{n+1}} (-1)^n = \frac{n!}{(1-x)^{n+1}}$이다. ■

예제 2.6.3 $y = \frac{1}{1-x^2}$ 일 때 $y^{(n)}$을 구하여라.

풀이 $y = \frac{1}{1-x^2} = \frac{1}{2}\left(\frac{1}{1+x} + \frac{1}{1-x}\right)$이란 사실과 예제 2.5.2를 이용하면

$$\begin{aligned}\left(\frac{1}{1-x^2}\right)^{(n)} &= \frac{1}{2}\left[\left(\frac{1}{1+x}\right)^{(n)} + \left(\frac{1}{1-x}\right)^{(n)}\right] \\ &= \frac{1}{2}\left[(-1)^n \frac{n!}{(1+x)^{n+1}} + (-1)^n(-1)^n \frac{n!}{(1-x)^{n+1}}\right] \\ &= \frac{n!}{2}\left[(-1)^n \frac{1}{(1+x)^{n+1}} + \frac{1}{(1-x)^{n+1}}\right]\end{aligned}$$

이다. ■

예제 2.6.4 $f(x) = \begin{cases} x^2 \sin \frac{1}{x} & (x \neq 0) \\ 0 & (x = 0) \end{cases}$의 고차 미분가능성을 조사하여라.

풀이 $x \neq 0$일 때 $f^{(n)}(x)$는 모든 n에 대하여 존재한다. 이제 $x = 0$일 때 조사해보자.

$$\begin{aligned}f'(0) &= \lim_{x \to 0} \frac{f(x) - f(0)}{x} \\ &= \lim_{x \to 0} \frac{x^2 \sin \frac{1}{x} - 0}{x} = \lim_{x \to 0} x \sin \frac{1}{x} = 0\end{aligned}$$

이므로 f는 정의역인 실수집합 $\mathbb{R}$에서 1차 미분가능하다. 그러나 2차 미분가능성을 조사하기 위해 f의 도함수를 구하면

$$f'(x) = \begin{cases} 2x\sin\frac{1}{x} - \cos\frac{1}{x} & (x \neq 0) \\ 0 & (x = 0) \end{cases}$$

이고, 이 함수 $f'(x)$는 $x=0$에서 연속이 아니므로 이 점에서 2차 미분가능하지 않다. ■

예제 2.6.5 $y=\sin x$ 및 $y=\cos x$의 n차 도함수를 구하여라.

풀이

$$y' = \cos x = \sin\left(x + \frac{\pi}{2}\right) = \sin\left(x + 1 \cdot \frac{\pi}{2}\right),$$

$$y'' = \cos\left(x + \frac{\pi}{2}\right)\left(x + \frac{\pi}{2}\right)' = \cos\left(x + \frac{\pi}{2}\right),$$

$$= \sin\left[\left(x + \frac{\pi}{2}\right) + \frac{\pi}{2}\right] = \sin\left(x + 2 \cdot \frac{\pi}{2}\right),$$

$$\vdots$$

$$y^{(n)} = \sin\left(x + n \cdot \frac{\pi}{2}\right).$$

같은 방법으로, $(\cos x)^{(n)} = \cos\left(x + n \cdot \frac{\pi}{2}\right)$를 얻는다. ■

정리 2.6.6 라이프니츠 정리(Leibniz Theorem)

함수 f, g가 n차 미분가능일 때

$$(fg)^{(n)} = f^{(n)}g + {}_nC_1 f^{(n-1)}g^{(1)} + {}_nC_2 f^{(n-2)}g^{(2)} + \cdots + {}_nC_r f^{(n-r)}g^{(r)} + \cdots + fg^{(n)}$$

이다.

증명 $n=1$일 때 정리의 성립은 명백하다. 수학적 귀납법에 의해서 정리를 증명하기 위하여, $n=k$일 때 정리의 성립을 가정하자. 즉

$$(fg)^{(k)} = f^{(k)}g + {}_kC_1 f^{(k-1)}g^{(1)} + {}_kC_2 f^{(k-2)}g^{(2)} + \cdots + {}_kC_r f^{(k-r)}g^{(r)} + \cdots + fg^{(k)}$$

이다. 양변을 미분하면

$$\begin{aligned}(fg)^{(k+1)} &= f^{(k+1)}g + ({}_kC_0 + {}_kC_1)f^{(k)}g^{(1)} \\ &\quad + ({}_kC_1 + {}_kC_2)f^{(k-1)}g^{(2)} + \cdots \\ &\quad + ({}_kC_{r-1} + {}_kC_r)f^{(k-r+1)}g^{(r)} + \cdots + fg^{(k+1)} \\ &= f^{(k+1)}g + {}_{k+1}C_1 f^{(k)}g^{(1)} + {}_{k+1}C_2 f^{(k-1)}g^{(2)} \\ &\quad + \cdots + {}_{k+1}C_r f^{[(k+1)-r]}g^{(r)} + \cdots + fg^{(k+1)}\end{aligned}$$

이다. 이것은 정리에 $n=k+1$을 대입한 것과 같으므로 라이프니츠 정리가 성립한다. ■

예제 2.6.7 $y=x^2\cos x$의 n차 도함수를 구하여라.

풀이 $g(x)=x^2$, $f(x)=\cos x$라 하면 $r>2$일 때 $g^{(r)}(x)=0$이므로, 라이프니츠 정리에 의해서

$$\begin{aligned} y^{(n)} &= f^{(n)}g + nf^{(n-1)}g^{(1)} + \frac{n(n-1)}{2}f^{(n-2)}g^{(2)} + 0 + 0 + \cdots + 0 \\ &= x^2\cos\left(x+\frac{n\pi}{2}\right) + 2nx\cos\left(x+\frac{n-1}{2}\pi\right) \\ &\qquad + n(n-1)\cos\left(x+\frac{n-2}{2}\pi\right) \\ &= (x^2-n^2+n)\cos\left(x+\frac{n\pi}{2}\right) + 2nx\sin\left(x+\frac{n\pi}{2}\right) \end{aligned}$$

이다. ■

수직선 위에서 움직이는 물체의 위치함수를 $s=s(t)$라 하면, 이것의 1차 도함수는 시간의 함수로써 물체의 속도 $v(t)$를 나타낸다.

$$v(t)=s'(t)$$

시간에 대한 속도의 순간변화율을 물체의 가속도(acceleration) $a(t)$라고 한다. 따라서 가속도함수는 속도함수의 도함수이고, 위치함수의 2차 도함수이다.

$$a(t)=v'(t)=s''(t)$$

예제 2.6.8 물체의 운동방정식이 $s=4t^3-t^2+2t-7$이라고 하자(t의 단위는 초(sec)이고, s의 단위는 cm이다). $t=5$에서의 가속도를 구하여라.

풀이 속도와 가속도는 $v(t)=s'(t)=12t^2-2t+2$, $a(t)=v'(t)=24t-2$이고, $t=5$에서의 가속도는 $a(5)=24\cdot 5-2=118\text{cm/s}^2$이다. ■

예제 2.6.9 $x^4-2y^2=1$에 대하여 y''을 구하여라.

풀이 위의 방정식을 x에 관하여 미분하면 $4x^3-4yy'=0$이고, 이것을 y'에 관하여 풀면

$$y'=\frac{x^3}{y}$$

이다. 이제 y''을 구하기 위해 나눗셈 공식을 이용하여 y'에 관한 식을 미분한다. 이때 y는 x에 관한 함수임을 유의하여라.

$$y'' = \frac{d}{dx}\left(\frac{x^3}{y}\right) = \frac{3x^2y - x^3y'}{y^2} = \frac{3x^2y - x^3\left(\frac{x^3}{y}\right)}{y^2} = \frac{3x^2y^2 - x^6}{y^3}$$

이다. 그러나 x와 y는 본래 방정식 $x^4 - 2y^2 = 1$을 만족해야 하므로, 위 식을 간단히 나타내면

$$y'' = \frac{x^2(y^2 - 1)}{y^3}$$

이다. ■

참고 매개변수함수 $\begin{cases} x = f(t) \\ y = g(t) \end{cases}$의 1차 도함수 및 2차 도함수는

$$\frac{dy}{dx} = \frac{\frac{dy}{dt}}{\frac{dx}{dt}},$$

$$\frac{d^2y}{dx^2} = \frac{d}{dt}\left(\frac{\frac{dy}{dt}}{\frac{dx}{dt}}\right) \cdot \frac{dt}{dx} = \frac{\frac{dx}{dt}\frac{d^2y}{dt^2} - \frac{d^2x}{dt^2}\frac{dy}{dt}}{\left(\frac{dx}{dt}\right)^3}$$

이다. 매개변수함수에 대한 미분법은 8.2절에서 자세히 다룬다.

2.6 연습문제

1. $f(x) = x^4 + x^3 + 1$의 3차 도함수를 구하여라.

2. 다음을 구하여라.

(1) $D^{27}\cos x$　　(2) $D^{50}\cos 2x$

3. 함수 $x^2 - 3xy + y^3 = 0$의 2차 도함수를 구하여라.

4. 다음 함수들의 n차 도함수를 구하여라.

(1) $y = \cos 2x$　　(2) $y = \sin\left(x + \frac{\pi}{4}\right)$

(3) $y = \sin x \cos^3 x$　　(4) $y = x^3 \sin x$

종 | 합 | 문 | 제

1. 다음 함수들의 도함수를 구하여라.

(1) $f(x) = k$ (k는 상수)　　(2) $f(x) = x^9$

(3) $f(x) = 2x^5$　　(4) $f(x) = x^2(x+1)$

2. $y = \sin^{-1}\dfrac{x+1}{2}$을 미분하여라.

3. $x^2 - 3xy + y^2 = 0$에서 2차 도함수 y''을 구하여라.

4. 다음의 함수들을 미분하여라.

(1) $y = \sin 3x$　　(2) $y = \cos 6x$

(3) $y = \tan 7x$　　(4) $y = \sin 12x \cos 8x$

(5) $y = \sec(3x+2)$　　(6) $y = \cot(6x-5)$

(7) $y = \csc(7-2x)$　　(8) $y = \cos^{-1}(2x+3)$

(9) $y = \sin^{-1}(7-5x)$

5. $y = \dfrac{\sqrt{x}}{1-x}$에서 $y^{(n)}$을 구하여라.

3 CHAPTER

미분의 응용

3.1 최적화 문제

일상생활에서 나타나는 많은 문제들이 최적화 문제(optimization problems)와 관련된다. 그런데 많은 경우, 이 문제들은 함수의 최댓값 혹은 최솟값을 찾는 문제로 귀착된다. 먼저 최댓값과 최솟값의 의미를 정확하게 설명하기로 하자.

최대 · 최소, 극대 · 극소

정의 3.1.1 최댓값, 최솟값

(1) c가 구간 I에 속하고, 구간 I의 모든 원소 x에 대하여 $f(c) \geq f(x)$가 성립할 때 함수 $f(x)$는 c에서 최댓값을 가진다(f has an absolute maximum or global maximum at c)고 하고, $f(c)$를 I에서 f의 최댓값(maximum value of f on I)이라고 한다.

(2) c가 구간 I에 속하고, 구간 I의 모든 원소 x에 대해서 $f(c) \leq f(x)$가 성립할 때 $f(x)$는 c에서 최솟값을 갖는다(f has an absolute minimum or global minimum at c)고 하고, $f(c)$를 I에서 f의 최솟값(minimum value of f on I)이라고 한다.

정의 3.1.2 극댓값, 극솟값, 극값

(1) c를 포함하는 어떤 개구간 $D \subset I$가 존재하여 D의 모든 원소 x에 대하여 $f(c) \geq f(x)$를 만족할 때 함수 $f(x)$는 c에서 극댓값을 갖는다(f has a local maximum or relative maximum at c)고 한다.

(2) 마찬가지로 c를 포함하는 어떤 개구간 $D \subset I$가 존재하여 D의 모든 원소 x에 대하여 $f(c) \leq f(x)$를 만족할 때 $f(x)$는 c에서 극솟값을 갖는다(f has a local minimum or relative minimum at c) 고 한다.

극댓값과 극솟값을 동시에 극값(extremal value)이라고도 한다.

정의 3.1.3 정류점, 특이점, 임계점

구간 I에서 정의된 함수 $f(x)$에서 구간의 내부점 c의 미분계수, 즉 $f'(c) = 0$이면 c를 $f(x)$의 정류점(stationary point)이라고 부른다. 만약 내부점 c에서 $f(x)$가 미분가능하지 않으면 c를 $f(x)$의 특이점

(singular point)이라고 부른다. 이러한 점들(정류점, 특이점)을 $f(x)$의 **임계점**(critical point)이라고 부른다.

1장에서 폐구간에서 연속인 함수는 최댓값과 최솟값을 가진다는 것을 배웠다. 그러나 이러한 값들을 어떻게 구할 것인지를 설명하고 있는 것은 아니다. 이 절에서는 구체적으로 최댓값, 최솟값을 구하는 방법에 대하여 공부하고자 한다.

정리 3.1.4 페르마 정리(Fermat Theorem)

구간 I 내의 한 점 c에서 $f(c)$가 극값(극댓값 혹은 극솟값)일 때 $f'(c)$가 존재하면 $f'(c)=0$이다. (단, 이 정리의 역은 성립되지 않는다. 예제 3.1.5 참조)

증명 대우를 써서 증명하고자 한다. 만약 $f'(c) \neq 0$이면 $f'(c) > 0$ 혹은 $f'(c) < 0$이다.

(1) $f'(c) > 0$인 경우를 증명하자.

$$f'(c) = \lim_{x \to c} \frac{f(x) - f(c)}{x - c} > 0$$

이므로 극한의 성질에 의하여 c를 포함하는 어떤 개구간 I 내의 한 점 x에 대하여

$$\frac{f(x) - f(c)}{x - c} > 0$$

이다. 그런 x에 대하여 만약 $x>c$이면

$$f(x) - f(c) = (x - c)\left(\frac{f(x) - f(c)}{x - c}\right) > 0$$

이므로 $f(x)>f(c)$가 된다. 즉 $f(x)$는 c에서 극댓값을 갖지 못한다. 만약 $x<c$이면

$$f(x) - f(c) = (x - c)\left(\frac{f(x) - f(c)}{x - c}\right) < 0$$

이므로 $f(x)<f(c)$가 된다. 즉 $f(x)$는 c에서 극솟값을 갖지 못한다. 그러므로 $f(c)$는 극값이 될 수 없다.

(2) $f'(c)<0$인 경우도 위와 같은 방법으로 증명할 수 있다. ■

예제 3.1.5 (1) $f(x)=x^3$일 때 $f'(x)=0$인 점 x를 찾으라.

(2) $f(x)=|x|$일 때 어느 점에서 극값을 갖는가?

풀이 (1) 이 그래프는 우리가 이미 알고 있는 함수이며 $f'(0)=0$이나 주어진 함수 $f(x)=x^3$은 $x=0$에서 극값을 갖지 않는다. 그러므로 페르마 정리의 역이 성립되지 않는 예이다.

(2) $f(x)=|x|$는 $x=0$에서 극솟값을 가지나 $f'(0)$은 정의되지 않는다. ■

최댓값과 최솟값을 찾는 방법

$f:[a, b] \to \mathbb{R}$가 연속함수일 때

(1) (a, b) 내에 f의 임계값을 모두 찾는다.
(2) 임계값에서의 f값을 구한다.
(3) $f(a)$와 $f(b)$의 값을 구한다.
(4) (2), (3)단계에서 가장 큰 값이 최댓값이고 가장 작은 값이 최솟값이다.

예제 3.1.6 (1) $f(x)=-2x+3x^3$일 때 구간 $[-1, 2]$에서 모든 임계점을 구하고, 최댓값과 최솟값을 구하여라.

(2) $f(x)=x^{2/3}$일 때 구간 $[-1, 2]$에서 모든 임계점을 구하고, 최댓값과 최솟값을 구하여라.

풀이 (1) 주어진 함수는 연속이므로 최대 · 최솟값 정리(정리 1.6.18)에 의하여 최댓값과 최솟값을 가진다. 또한 모든 점에서 미분가능하므로 특이점은 없다. 정류점을 구하기 위하여 $f'(x)=-2+9x^2=0$이므로 $x=\pm\frac{\sqrt{2}}{3}$는 정류점이다. 그러므로 임계점은 $x=\pm\frac{\sqrt{2}}{3}$이다. 최댓값과 최솟값을 구하기 위하여 양 끝점과 임계점에서의 함숫값을 구하면

$$\begin{aligned} f(-1) &= 2-3=-1, \\ f(2) &= -4+24=20, \\ f\left(\frac{\sqrt{2}}{3}\right) &= \frac{-2\sqrt{2}}{3}+3\left(\frac{\sqrt{2}}{3}\right)^3=\frac{-4\sqrt{2}}{9}, \\ f\left(-\frac{\sqrt{2}}{3}\right) &= \frac{2\sqrt{2}}{3}+3\left(\frac{-\sqrt{2}}{3}\right)^3=\frac{4\sqrt{2}}{9} \end{aligned}$$

이므로 최댓값은 $f(2)=20$이고, 최솟값은 $f(-1)=-1$이다.

(2) $f(x)=x^{2/3}$는 연속이다. 임계점을 구하기 위하여 도함수를 구하면

$$f'(x) = \frac{2}{3x^{1/3}}$$

이므로 $f'(x)=0$이 되는 점은 없다. 따라서 정류점은 없다. 그러나 $f'(0)$은 정의되지 않으므로 특이점은 $x=0$이다. 그러므로 임계점은 $x=0$이다. 최댓값과 최솟값을 구하기 위하여 양 끝점과 임계점에서의 함숫값을 구하면

$$f(-1) = (-1)^{2/3} = 1,$$
$$f(2) = 2^{(2/3)} \approx 1.5874,$$
$$f(0) = 0$$

이므로 최댓값은 $f(2)=2^{(2/3)}$이고, 최솟값은 $f(0)=0$이다. ■

예제 3.1.7 농부가 80m 길이의 울타리 재료를 갖고 있으며, 이 재료를 가지고 100m 길이의 도로 한쪽 면을 따라 직사각형 모양의 울타리를 만들려고 한다. 그림 3.1.1에서 보는 바와 같이 도로 방향에는 담장을 치지 않는다. 울타리의 넓이가 최대가 되는 울타리의 치수를 구하여라.

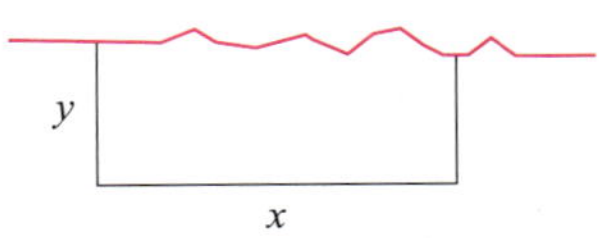

그림 3.1.1

풀이 울타리 재료의 길이가 80m이므로 $x+2y=80$이다. 따라서 $x=80-2y$이며, 넓이는

$$A(y) = x \times y = (80 - 2y) \times y = -2y^2 + 80y$$

이다. 먼저 임계점을 구하기 위하여 도함수를 구하면

$$A'(y) = -4y + 80 = 0$$

이므로 $y=20$이 유일한 임계점이고, y의 범위는 0에서 40까지이므로 최댓값을 구하기 위하여 각 점에서의 함숫값을 구하면

$$f(0) = 0,$$
$$f(40) = -2 \times 40^2 + 80 \times 40 = 0,$$
$$f(20) = -2 \times 20^2 + 80 \times 20 = 800$$

이므로 $y=20$일 때 최댓값을 가진다. 그러므로 최대의 넓이를 가질 수 있는 울타리의 치수는 $y=20, x=40$이다. ■

예제 3.1.8 반지름이 a인 구에 내접하는 직원뿔 중에서 최대의 부피를 구하여라.

풀이 구에 내접하는 직원뿔의 높이를 x라 하면 밑면의 반지름 r은

$$r = \sqrt{a^2 - (x - a)^2} = \sqrt{2ax - x^2}$$

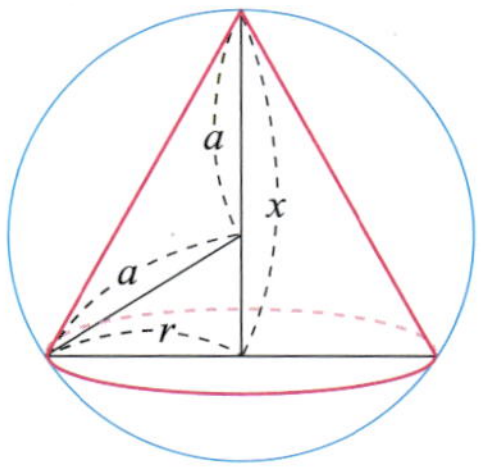

그림 3.1.2

이다. 직원뿔의 부피를 $V(x)$라 하면

$$V(x) = \frac{1}{3}\pi r^2 x = \frac{1}{3}\pi x^2(2a - x)$$

이고 $[0, 2a]$에서 정의되는 연속함수이다.

$$V'(x) = \frac{1}{3}\pi x(4a - 3x) = 0$$

으로부터 임계점은 $x = 0, x = \frac{4}{3}a$이다.

$$V(0) = 0,$$
$$V(2a) = 0,$$
$$V\left(\frac{4}{3}a\right) = \frac{32}{81}\pi a^3$$

이므로 직원뿔의 최대 부피는 $\frac{32}{81}\pi a^3$이다. ■

3.1 연습문제

1. 다음 함수들의 임계점을 구하여라.

(1) $y = x^2 + 2x + 3$ (2) $y = 2x^3 + 3x^2 - 12x + 1$

2. 다음 함수들의 주어진 구간 내에서의 최댓값과 최솟값을 구하여라.

(1) $y = x^2 - 4x - 1,\ [1, 3]$

(2) $y = 3 - x - x^2,\ [-2, 0]$

(3) $y = \frac{2}{3}x^3 - 8x + 1,\ [0, 3]$

3. 직각삼각형 빗변의 길이가 10일 때 그 넓이를 최대로 하는 다른 두 변의 길이를 구하여라.

3.2 평균값 정리, 로피탈 정리

이 절에서는 미분적분학의 중요한 결과 중 하나인 평균값 정리를 소개하고자 한다. 평균값 정리를 소개하기 전에 우리는 다음의 정리를 필요로 한다.

평균값 정리

정리 3.2.1 롤의 정리(The Rolle's Theorem)

f는 폐구간 $[a, b]$에서 연속이고, 개구간 (a, b)에서 미분가능하다. 만약 $f(a) = f(b)$이면 $f'(c) = 0$인 c가 (a, b) 사이에 적어도 하나 존재한다.

증명 (1) $f(x)=k$인 상수함수인 경우:

$f'(x)=0$이므로 c를 구간 (a, b) 내에 임의의 점으로 선택하면 된다.

(2) $f(x)>f(a)$가 되는 x가 (a, b) 안에 존재하는 경우:

f는 폐구간 $[a, b]$에서 연속이므로 (a, b) 내의 어떤 점에서 f는 최댓값을 가진다.

$f(a)=f(b)$이므로 개구간 (a, b) 내의 적당한 점 c에서 최댓값을 가져야 한다. 그리고 $f(c)$는 극댓값이 되므로 $f'(c)=0$이다.

(3) $f(x)<f(a)$가 되는 (a, b) 안에 x가 존재하는 경우:

(a, b) 내의 어떤 점에서 f는 최솟값을 갖는다.

그리고 $f(a)=f(b)$이므로 (a, b) 내의 적당한 점 c에서 최솟값을 갖는다.

다시 정리 3.1.4(페르마 정리)에 의해 $f'(c)=0$이다. ■

예제 3.2.2 방정식 $x^3+x-1=0$이 오직 하나의 실근을 가짐을 보여라.

풀이 $f(x)=x^3+x-1$로 놓으면 $f(0)=-1<0$이고 $f(1)=1>0$이다. f는 연속이므로 따름정리 1.6.16(중간값 정리)에 의해서 0과 1 사이에 $f(c)=0$을 만족하는 c가 존재함을 보장한다. 또 다른 실근을 갖지 않는다는 것을 보이고자 한다. 만약 방정식이 두 개의 실근 a와 b를 갖는다고 가정하면 $f(a)=f(b)(=0)$이다. f는 다항식이기 때문에 (a, b)에서 미분가능하고 $[a, b]$에서 연속이다. 따라서 정리 3.2.1(롤의 정리)에 의해 $f'(c)=0$을 만족하는 c가 구간 (a, b) 사이에 존재한다. 그러나 모든 x에 대해 $f'(x)=3x^2+1\geq 1$이므로 $f'(c)=0$은 모순이다. 그러므로 방정식 $x^3+x-1=0$은 두 개의 실근을 갖지 않는다. ■

정리 3.2.3 평균값 정리(The Mean Value Theorem)

f는 폐구간 $[a, b]$에서 연속이고, 개구간 (a, b)에서 미분가능하면 $f'(c)=\dfrac{f(b)-f(a)}{b-a}$를 만족하는 c가 (a, b)에 적어도 하나 존재한다.

증명 $g(x)=f(x)-f(a)-\dfrac{f(b)-f(a)}{b-a}(x-a)$라 정의하면 $g(x)$는 $[a, b]$에서 연속이고 (a, b)에서 미분가능이다. 즉 $g(x)$는 롤의 정리의 조건을 만족한다. 또한

$$g(a)=f(a)-f(a)-\frac{f(b)-f(a)}{b-a}(a-a)=0,$$

$$g(b) = f(b) - f(a) - \frac{f(b) - f(a)}{b - a}(b - a)$$
$$= f(b) - f(a) - [f(b) - f(a)] = 0$$

이다. 즉 $g(a) = g(b)$이다. 따라서 정리 3.2.1(롤의 정리)에 의하여 $g'(c) = 0$인 c가 (a, b)에 적어도 하나 존재한다. $g(x)$의 정의에 의해서

$$g'(c) = f'(c) - \frac{f(b) - f(a)}{b - a} = 0$$

이므로 $f'(c) = \frac{f(b) - f(a)}{b - a}$ 이다. ■

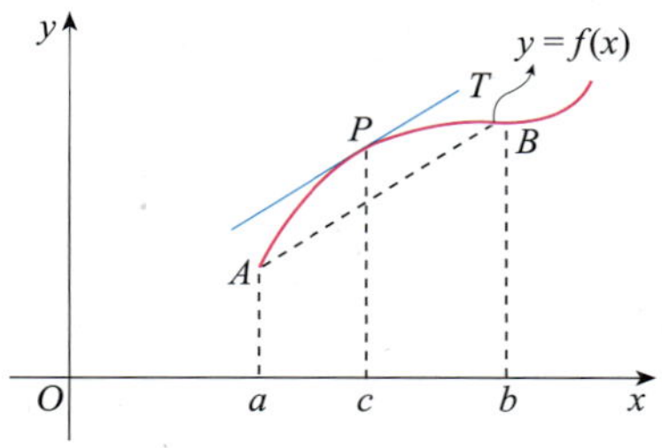

그림 3.2.1

참고 평균값 정리의 기하학적인 뜻은 '$f(x)$가 a에서 b까지 변하는 평균 변화율과 같은 기울기를 갖는 접선의 접점이 구간 (a, b) 사이에 존재한다'는 뜻이다.

예제 3.2.4 $f(x) = x^3 - x$의 $[0, 2]$에서 평균변화율과 같은 미분계수를 갖는 점 c를 $(0, 2)$ 내에서 찾으라.

풀이 f는 다항식이므로 모든 x에 대하여 연속이고 미분가능하다. 따라서 평균값 정리에 의하여

$$f(2) - f(0) = f'(c)(2 - 0)$$

을 만족하는 c가 $(0, 2)$에 적어도 하나 존재한다. 따라서

$$6 = (3c^2 - 1) \cdot 2 = 6c^2 - 2$$

로부터 $c = \pm \frac{2}{\sqrt{3}}$이다. 그러나 c는 $(0, 2)$ 내의 점이어야 하므로 $c = \frac{2}{\sqrt{3}}$이다. ■

따름정리 3.2.5

(a, b) 내의 모든 x에 대하여 $f'(x) = 0$이면 f는 (a, b)에서 상수이다.

증명 x_1, x_2를 $x_1 < x_2$인 (a, b) 내의 점이라 하자. 정리 3.2.3(평균값 정리)을 적용하면

$$f(x_2) - f(x_1) = f'(c)(x_2 - x_1)$$

을 만족하는 c가 구간 (x_1, x_2) 내에 존재한다. 모든 x에 대하여 $f'(x) = 0$이므로 $f(x_2) - f(x_1) = 0$ 또는 $f(x_2) = f(x_1)$이다. 그러므로 $f(x)$는 (a, b) 내의 임의의 두 점에서 같은 값을 갖는다. 따라서 $f(x)$는 (a, b) 내에서 상수이다. ■

참고

$$f(x) = \frac{x}{|x|} = \begin{cases} 1 & (x > 0) \\ -1 & (x < 0) \end{cases}$$

은 모든 $x \neq 0$에서 $f'(x) = 0$이지만 f는 상수함수가 아니다. 왜냐하면 f의 정의역 $\{x | x \neq 0\}$은 구간이 아님을 주의하여라.

보조정리 3.2.6 코시의 평균값 정리(Cauchy's Mean Value Theorem)

함수 f, g가 $[a, b]$에서 연속이고 (a, b)에서 미분가능이며, $g' \neq 0$이면 $\frac{f(b) - f(a)}{g(b) - g(a)} = \frac{f'(c)}{g'(c)}$인 c가 (a, b) 내에 적어도 하나 존재한다.

증명 $F(x) = f(b) - f(x) - \frac{f(b) - f(a)}{g(b) - g(a)}[g(b) - g(x)]$라 하면, F는 $[a, b]$에서 연속이고 (a, b)에서 미분가능이며, $F(a) = 0 = F(b)$이다.

곧 F는 롤의 정리(정리 3.2.1)의 조건을 만족한다. 그러므로 $F'(c) = 0$인 c가 (a, b) 사이에 존재한다. 따라서

$$F'(c) = -f'(c) + \frac{f(b) - f(a)}{g(b) - g(a)} g'(c) = 0$$

이다. $g'(c) \neq 0$이므로

$$\frac{f(b) - f(a)}{g(b) - g(a)} = \frac{f'(c)}{g'(c)}$$

인 c가 (a, b) 사이에 존재한다. ■

$x \to a$일 때 $f(x) \to 0$, $g(x) \to 0$ 또는 $f(x) \to \infty$, $g(x) \to \pm\infty$가 되는 경우에는,

$$f(x) \pm g(x),\ f(x) \cdot g(x),\ \frac{f(x)}{g(x)},\ [f(x)]^{g(x)}$$

들의 $x \to a$일 때의 극한값은

$$\infty - \infty,\ \infty \cdot 0,\ \frac{0}{0},\ \frac{\infty}{\infty},\ 1^{\infty},\ 0^0,\ \infty^0$$

따위의 형이 되는 경우가 있다. 이들을 부정형(indefinite(or indeterminate) form)이라 부른다.

로피탈 정리

정리 3.2.7 로피탈 정리(L'Hopital Theorem)

함수 f, g가 $x=a$ 근방에서(a는 제외되어도 좋음) 미분가능이고, $g' \neq 0$이라 하자. 만약 $\lim_{x \to a} f(x)=0=\lim_{x \to a} g(x)$이고 $\lim_{x \to a} \frac{f'(x)}{g'(x)}$가 존재하면, $\lim_{x \to a} \frac{f(x)}{g(x)} = \lim_{x \to a} \frac{f'(x)}{g'(x)}$이다.

증명 주어진 함수의 정의역 내에서

$$F(x) = \begin{cases} f(x) & (x \neq a) \\ 0 & (x = a) \end{cases}, \quad G(x) = \begin{cases} g(x) & (x \neq a) \\ 0 & (x = a) \end{cases}$$

라 하면, $x \neq a$일 때 $F(x), G(x)$는 $[a, x]$(혹은 $[x, a]$)에서 연속이고 (a, x)(혹은 (x, a))에서 미분가능하다. 보조정리 3.2.6에 의해서

$$\frac{F(x)}{G(x)} = \frac{F(x) - F(a)}{G(x) - G(a)} = \frac{F'(c)}{G'(c)}$$

인 c가 (a, x) 내에 존재한다. $c \to a\,(x \to a)$이므로 다음이 성립한다.

$$\lim_{x \to a} \frac{f(x)}{g(x)} = \lim_{x \to a} \frac{F(x)}{G(x)} = \lim_{c \to a} \frac{F'(c)}{G'(c)} = \lim_{x \to a} \frac{F'(x)}{G'(x)} = \lim_{x \to a} \frac{f'(x)}{g'(x)} \quad ■$$

따름정리 3.2.8

f, g가 $x=a$ 근방(a는 제외되어도 좋음)에서 미분가능이고 $g'(x) \neq 0$이며, $x \to a$일 때 $f, g \to \pm\infty$이고 $\lim_{x \to a} \frac{f'(x)}{g'(x)}$가 존재하면 $\lim_{x \to a} \frac{f(x)}{g(x)} = \lim_{x \to a} \frac{f'(x)}{g'(x)}$이다.

증명 $\frac{f(x)}{g(x)} = \frac{\frac{1}{g(x)}}{\frac{1}{f(x)}}$로부터 정리 3.2.7(로피탈 정리)을 적용하면

$$\lim_{x \to a} \frac{f(x)}{g(x)} = \lim_{x \to a} \frac{\frac{1}{g(x)}}{\frac{1}{f(x)}} = \lim_{x \to a} \frac{\left(\frac{1}{g(x)}\right)'}{\left(\frac{1}{f(x)}\right)'} = \lim_{x \to a} \frac{[f(x)]^2 g'(x)}{[g(x)]^2 f'(x)}$$

$$= \lim_{x \to a} \left[\frac{f(x)}{g(x)}\right]^2 \cdot \lim_{x \to a} \frac{g'(x)}{f'(x)} = \left[\lim_{x \to a} \frac{f(x)}{g(x)}\right]^2 \cdot \lim_{x \to a} \frac{g'(x)}{f'(x)}$$

이다.

$\lim\limits_{x \to a} \dfrac{f(x)}{g(x)} = L_1$, $\lim\limits_{x \to a} \dfrac{f'(x)}{g'(x)} = L_2$라 하면

(i) $\lim\limits_{x \to a} \dfrac{f(x)}{g(x)} \neq 0$인 경우:

$L_1 = (L_1)^2 \cdot \dfrac{1}{L_2}$이므로 $L_1 = L_2$가 성립한다.

(ii) $\lim\limits_{x \to a} \dfrac{f(x)}{g(x)} = 0$인 경우:

① $f(x), g(x) \to \infty \, (x \to a)$이면 $[f(x) + g(x)] \to \infty \, (x \to a)$이고,

$\lim\limits_{x \to a} \dfrac{f(x)+g(x)}{g(x)} = \lim\limits_{x \to a} \left[1 + \dfrac{f(x)}{g(x)}\right] = 1 \neq 0$이므로

$\lim\limits_{x \to a} \dfrac{f(x)+g(x)}{g(x)} = \lim\limits_{x \to a} \dfrac{[f(x)+g(x)]'}{[g(x)]'} \lim\limits_{x \to a} \dfrac{f'(x)+g'(x)}{g'(x)}$이다.

따라서 $\lim\limits_{x \to a} \dfrac{f(x)}{g(x)} = \lim\limits_{x \to a} \dfrac{f'(x)}{g'(x)}$이다.

② $f(x) \to \infty$, $g(x) \to -\infty \, (x \to a)$인 경우:

$[f(x) - g(x)] \to \infty \, (x \to a)$이므로 ①과 같은 방법으로 결과를 얻는다. ■

참고 $x \to a$일 때,

(1) $f(x) \to 0, g(x) \to \infty$일 때에,

$f(x) \cdot g(x)$의 극한값을 구하기 위하여,

$f(x) \cdot g(x) = \dfrac{f(x)}{\dfrac{1}{g(x)}}$로 변형하여 정리 3.2.7을 적용하면 된다.

(2) $f(x) \to \infty, g(x) \to \infty$일 때에,

$f(x) - g(x)$의 극한값을 구하기 위하여,

$f(x) - g(x) = \dfrac{\dfrac{1}{g(x)} - \dfrac{1}{f(x)}}{\dfrac{1}{f(x) \cdot g(x)}}$로 변형하든가 또는

$f(x) - g(x) = \ln \dfrac{e^{-g(x)}}{e^{-f(x)}}$로 변형하여 정리 3.2.7을 $\dfrac{e^{-g(x)}}{e^{-f(x)}}$에 적용하면 된다.

(3) $f(x) \to 1, g(x) \to \infty$일 때에,

$[f(x)]^{g(x)}$의 극한값을 구하기 위하여,

$[f(x)]^{g(x)} = e^{g(x) \ln f(x)}$로 변형하여 $g(x) \ln f(x)$에 위의 (1)을 적용하면 된다. 단, (2)와 (3)에서의 지수함수와 로그함수에 대한 미분은 6.1절에서 자세히 다룬다.

(4) 그 밖에 0^0, ∞^0 따위의 극한값도 적당히 변형하여 정리 3.2.7에 귀착시킨다.

예제 3.2.9 다음의 극한을 구하여라.

(1) $\lim\limits_{x \to 1} \dfrac{x^3 - 1}{x - 1}$ (2) $\lim\limits_{x \to 0} \dfrac{\sin x}{x}$

(3) $\lim_{x \to 0} \frac{1 - \cos x}{x^2}$ (4) $\lim_{x \to 1} (1 - x) \tan \frac{\pi}{2} x$

(5) $\lim_{x \to \pi/2} \frac{\sec x - 1}{\tan x}$

풀이 (1) $f(x) = x^3 - 1$, $g(x) = x - 1$이라 두면

$$f(1) = 0,\ g(1) = 0,\ f'(x) = 3x^2,\ g'(x) = 1$$

이고, $f'(1) = 3$, $g'(1) = 1$이므로, 로피탈 정리에 의하여

$$\lim_{x \to 1} \frac{x^3 - 1}{x - 1} = \frac{f'(1)}{g'(1)} = 3$$

이다.

(2) 예제 1.4.13에서 $\lim_{x \to 0} \frac{\sin x}{x} = 1$임을 이미 알고 있으나, 로피탈 정리를 이용하면 좀더 쉽게 구할 수 있다. 즉 $f(x) = \sin x$, $g(x) = x$라 두면

$$f(0) = 0,\ g(0) = 0,\ f'(x) = \cos x,\ g'(x) = 1$$

이고, $f'(0) = 1$, $g'(0) = 1$이므로, 로피탈 정리에 의하여

$$\lim_{x \to 0} \frac{\sin x}{x} = \frac{f'(0)}{g'(0)} = 1$$

이다.

(3) $$\lim_{x \to 0} \frac{1 - \cos x}{x^2} = \lim_{x \to 0} \frac{(1 - \cos x)'}{(x^2)'} = \lim_{x \to 0} \frac{\sin x}{2x} = \lim_{x \to 0} \frac{(\sin x)'}{(2x)'} = \lim_{x \to 0} \frac{\cos x}{2} = \frac{1}{2}$$

(4) $$\begin{aligned}\lim_{x \to 1} (1 - x) \tan \frac{\pi}{2} x &= \lim_{x \to 1} \frac{(1 - x) \cdot \sin \frac{\pi}{2} x}{\cos \frac{\pi}{2} x} \\ &= \lim_{x \to 1} \frac{\left((1 - x) \cdot \sin \frac{\pi}{2} x\right)'}{\left(\cos \frac{\pi}{2} x\right)'} \\ &= \lim_{x \to 1} \frac{-\sin \frac{\pi}{2} x + (1 - x) \cdot \frac{\pi}{2} \cdot \cos \frac{\pi}{2} x}{-\frac{\pi}{2} \cdot \sin \frac{\pi}{2} x} \\ &= \frac{-1}{-\frac{\pi}{2}} = \frac{2}{\pi}\end{aligned}$$

(5) $$\lim_{x \to \pi/2} \frac{\sec x - 1}{\tan x} = \lim_{x \to \pi/2} \frac{\frac{1}{\cos x} - 1}{\frac{\sin x}{\cos x}} = \lim_{x \to \pi/2} \frac{1 - \cos x}{\sin x} = 1$$ ■

테일러 정리

이제 평균값 정리의 확장 정리인 테일러 정리를 소개한다. 1712년 영

국의 테일러(B. Taylor)가 발표하였는데 현재 테일러 공식으로 알려져 있다.

정리 3.2.10 테일러 정리(Taylor Theorem)

함수 $f, f', f'', \cdots, f^{(n-1)}$이 $[a, b]$에서 연속이고 $f^{(n-1)}$이 (a, b)에서 미분가능이면

$$f(b) = f(a) + \frac{1}{1!}f'(a)(b-a) + \frac{1}{2!}f''(a)(b-a)^2 + \cdots + \frac{1}{(n-1)!}f^{(n-1)}(a)(b-a)^{n-1} + \frac{1}{n!}f^{(n)}(c)(b-a)^n$$

을 만족하는 점 c가 (a, b) 내에 존재한다.

증명

$$F(x) = f(b) - \left[f(x) + \frac{1}{1!}f'(x)(b-x) + \frac{1}{2!}f''(x)(b-x)^2 + \cdots + \frac{1}{(n-1)!}f^{(n-1)}(x)(b-x)^{n-1} + \frac{1}{n!}M(b-x)^n \right]$$

이라 정의하고 M을 구해보자. $F(b)=0$이고, $F(a)=0$이 되도록 M을 정할 수 있다. 그러면 정리 3.2.1(롤의 정리)에 의해서 $F'(c)=0$인 점 c가 (a, b) 내에 존재한다. 실제로 $F'(x)$를 계산하여 $F'(c)=0$으로부터 $M=f^{(n)}(c)$를 얻을 수 있다. 따라서 $F(a)=0$으로부터 원하는 식을 구할 수 있다. ■

정리 3.2.11 매클로린 정리(Maclaurin Theorem)

함수 f가 0을 포함하는 구간 I에서 n차 미분가능하면, $0 \neq x \in I$에 대하여

$$f(x) = f(0) + \frac{1}{1!}f'(0)x + \frac{1}{2!}f''(0)x^2 + \cdots + \frac{1}{(n-1)!}f^{(n-1)}(0)x^{n-1} + \frac{1}{n!}f^{(n)}(c)x^n$$

을 만족하는 점 c가 $0<|c|<|x|$에서 존재한다.

증명 테일러 정리에서 $a=0, b=|x|$라 하면 얻어진다. ■

함수 f가 a 근방 I에서 모든 차수의 도함수를 가지고, $x \in I$일 때 정리 3.2.10(테일러 정리)에 의해서

$$f(x) = f(a) + \frac{1}{1!}f'(a)(x-a) + \frac{1}{2!}f''(a)(x-a)^2 + \cdots$$
$$+ \frac{1}{(n-1)!}f^{(n-1)}(a)(x-a)^{n-1} + R_n(x),$$
$$R_n = \frac{1}{n!}f^{(n)}(c)(x-a)^n \ (\text{단}, |c-a|<|x-a|)$$

이다. 여기서 R_n을 **나머지**(remainder or Lagrange remainder formula)라 하고, $f(x)-R_n(x)$를 f의 **테일러 다항식**(Taylor polynomial)이라 부르며, $\lim_{n\to\infty} R_n(x) = 0$인 x에 대하여

$$f(x) = f(a) + \frac{1}{1!}f'(a)(x-a) + \frac{1}{2!}f''(a)(x-a)^2 + \cdots$$
$$+ \frac{1}{n!}f^{(n)}(a)(x-a)^n + \cdots$$
$$= \sum_{n=0}^{\infty} \frac{f^{(n)}(a)}{n!}(x-a)^n$$

이다. 특히 $a=0$일 때 $f(x)-R_n(x)$를 **매클로린 다항식**(Maclaurin polynomial)이라 부른다.

정의 3.2.12

$f(x) = \sum_{n=0}^{\infty} \frac{f^{(n)}(a)}{n!}(x-a)^n$을 f의 **테일러 급수**(Taylor series)라고 부르며, 특히 $a=0$일 때 **매클로린 급수**(Maclaurin series)라고 한다.

테일러 급수와 매클로린 급수에 대해서는 7장 무한급수와 멱급수에서 자세히 다룬다.

예제 3.2.13 $f(x) = 49 - 62x + 27x^2 - 4x^3$을 $x-2$의 다항식으로 나타내어라.

풀이

$$\begin{aligned} f(x) &= 49 - 62x + 27x^2 - 4x^3, & f(2) &= 1 \\ f'(x) &= -62 + 54x - 12x^2, & f'(2) &= -2 \\ f''(x) &= 54 - 24x, & f''(2) &= 6 \\ f'''(x) &= -24, & f'''(2) &= -24 \\ f^{(n)}(x) &= 0, \quad n \ge 4 & f^{(n)}(2) &= 0, \quad n \ge 4 \end{aligned}$$

이므로

$$f(x) = 1 + (-2)(x-2) + \frac{6}{2!}(x-2)^2 + \frac{-24}{3!}(x-2)^3$$
$$= 1 - 2(x-2) + 3(x-2)^2 - 4(x-2)^3.$$ ■

예제 3.2.14 $f(x) = x^5$을 $x-1$의 다항식으로 나타내어라.

풀이

$$
\begin{aligned}
&f(x) = x^5, && \\
&f'(x) = 5x^4, && f'(1) = 5 \\
&f''(x) = 20x^3, && f''(1) = 20 \\
&f'''(x) = 60x^2, && f'''(1) = 60 \\
&f^{(4)}(x) = 120x, && f^{(4)}(1) = 120 \\
&f^{(5)}(x) = 120, && f^{(5)}(1) = 120 \\
&f^{(n)}(x) = 0, \quad n \geq 6 && f^{(n)}(1) = 0, \quad n \geq 6
\end{aligned}
$$

이므로

$$
\begin{aligned}
f(x) &= 1 + 5(x-1) + \frac{20}{2!}(x-1)^2 + \frac{60}{3!}(x-1)^3 \\
&\quad + \frac{120}{4!}(x-1)^4 + \frac{120}{5!}(x-1)^5 \\
&= 1 + 5(x-1) + 10(x-1)^2 + 10(x-1)^3 \\
&\quad + 5(x-1)^4 + (x-1)^5.
\end{aligned}
$$

■

예제 3.2.15 $f(x)=\sin x$를 $x=0$ 근방에서 $2n-1$차 매클로린 다항식을 구하고, 3차 매클로린 다항식을 이용하여 $\sin\frac{1}{3}$의 근삿값을 구하여라.

풀이 $\sin^{(n)}(x) = \sin\left(x + \frac{n\pi}{2}\right)$이므로

$$
f^{(n)}(0) = \sin\frac{n\pi}{2} = \begin{cases} 0 & (n\text{: 짝수}) \\ 1 & (n = 1, 5, 9, \cdots) \\ -1 & (n = 3, 7, 11, \cdots) \end{cases}
$$

이다. 그러므로

$$
\sin x \approx x - \frac{1}{3!}x^3 + \frac{1}{5!}x^5 - \frac{1}{7!}x^7 + \cdots + (-1)^{n+1}\frac{x^{2n-1}}{(2n-1)!}
$$

이다. 3차 매클로린 다항식 $x - \frac{x^3}{3!}$을 이용하면 $\sin \approx \frac{1}{3} - \frac{1}{3!}\left(\frac{1}{3}\right)^3 = \frac{53}{162}$을 얻을 수 있다. ■

3.2 연습문제

1. $x^{101}+x^{51}+x-1=0$이 정확하게 하나의 실근만을 가짐을 보여라.

2. $f(x)$가 $[0, 4]$에서 연속이고 $f(0)=1$, $(0, 4)$에서 $2 \leq f'(x) \leq 5$이면 $9 \leq f(4) \leq 21$임을 보여라.

3. $\cos x$의 $2n$차 매클로린 다항식을 구하여라.

4. 다음 부등식을 증명하여라.

$$\sin x < x, \quad 0 < x < \frac{\pi}{2}$$

5. $f(x)=x^4+4x^3+2x^2-x+1$을 $x-1$에 관한 다항식으로 고쳐라.

6. 다음 극한값을 계산하여라.

(1) $\displaystyle\lim_{x \to 0}\frac{1-\cos x}{x^2}$ (2) $\displaystyle\lim_{x \to \pi/2}\frac{\sec x - 1}{\tan x}$

(3) $\displaystyle\lim_{x \to 0}(\csc x - \cot x)$

3.3 근삿값

지금까지 x에 관한 y의 도함수를 나타내기 위하여 라이프니츠의 기호 $\frac{dy}{dx}$를 사용해왔다. 그러나 이것은 하나의 전체적인 기호일 뿐 비의 값은 아니다. 이 절에서는 도함수가 dy와 dx의 비로 표현되도록 dy와 dx를 정의하고, 그 응용에 대하여 공부한다.

정의 3.3.1 미분

$y=f(x)$가 미분가능이면 **x의 미분**(the differential of x) dx는 독립변수이다. 즉 dx는 임의의 실수값으로 주어질 수 있다. 그리고 **y의 미분**(the differential of y at x) dy는 dx에 관하여 $dy=f'(x)dx$로 정의된다.

참고 (1) 미분 dx와 dy는 모두 변수이고, 이때 dx는 독립변수, dy는 종속변수이다. 즉 dy는 dx에 의존한다. dx가 특정한 값으로 주어지고, x를 f의 정의역 안에 있는 어떤 값으로 두면, 이에 따라 dy값이 정해진다.

(2) $dy=f'(x)dx$에서 $dx \neq 0$이면 $\frac{dy}{dx}=f'(x)$를 얻게 되는데, 이것은 앞에서와는 달리 "미분들의 비의 값"이 된다.

예제 3.3.2 (1) $y=x^4-3x^2+5$일 때 dy를 구하여라.
(2) $x=3$, $dx=0.4$일 때 dy값을 구하여라.

풀이 (1) $f(x)=x^4-3x^2+5$이면 $f'(x)=4x^3-6x$이고,
따라서 $dy=(4x^3-6x)dx$이다.

(2) $x=3$, $dx=0.4$를 (1)에 대입하면 $dy=(4\cdot 3^3-6\cdot 3)\cdot 0.4=36$이다. ■

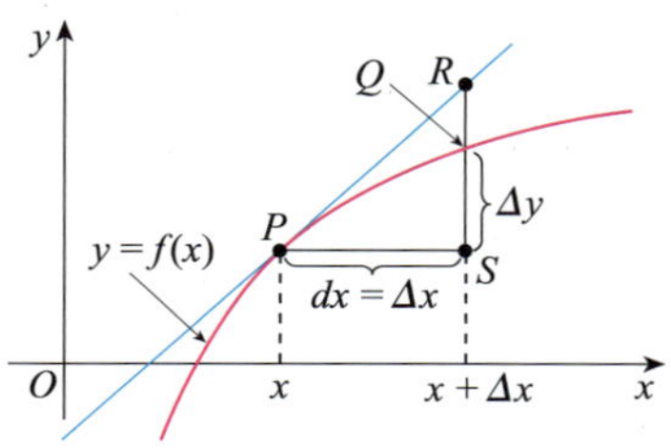

그림 3.3.1

미분에 대한 기하학적인 의미는 그림 3.3.1에서와 같다.

이제 $P(x, f(x))$와 $Q(x+\Delta x, f(x+\Delta x))$를 f의 그래프 위에 있는 점이라 하고 $dx=\Delta x$라 두자. 이때 y에 대한 변화량은

$$|QS| = \Delta y = f(x+\Delta x) - f(x)$$

이고, 접선 $\overline{PR}$의 기울기는 도함수 $f'(x)$이다. 한편 삼각형 ΔPRS가 직각삼각형이므로 접선 $\overline{PR}$의 기울기는 $f'(x)=\frac{|RS|}{|PS|}$로 쓸 수 있다. 따라서

$$|RS| = f'(x)|PS| = f'(x)\,dx = dy$$

이다. 이 경우에 dy는 접선이 올라서거나 내려앉은 정도를 나타낸다. 한편 Δy는 x가 Δx의 크기에 따라 변할 때 곡선 $y=f(x)$가 올라서거나 내려앉은 정도를 나타내게 된다. $\frac{dy}{dx}=\lim_{\Delta x \to 0}\frac{\Delta y}{\Delta x}$이므로 Δx가 충분히 작을 때

$$\frac{\Delta y}{\Delta x} \approx \frac{dy}{dx}$$

이다. 만일 $dx=\Delta x$로 $\Delta y \approx dy$가 되고, 이것은 Δx가 충분히 작을 때 y에 대한 실제의 변화는 미분 dy에 근사함을 말한다. $\frac{\Delta y}{\Delta x} \approx \frac{dy}{dx}$에서 주어진 근사식은 함수의 근삿값을 계산할 때 사용될 수 있다. $f(x_1)$이 알고 있는 수일 때 작은 수 Δx에 대하여 $f(x_1+\Delta x)$의 근삿값을 계산하면,

$$f(x_1+\Delta x)=f(x_1)+\Delta y$$

이므로

$$f(x_1+\Delta x) \approx f(x_1)+dy$$

와 같은 근사식이 된다.

예제 3.3.3 $y=f(x)=3x^2-2x+1$이고 x가

(1) 1에서 1.02로 변할 때 Δy와 dy를 비교하여라.

(2) 2에서 2.01로 변할 때 Δy와 dy를 비교하여라.

풀이 (1) $f(1)=3-2+1=2$,

$f(1.02)=3(1.02)^2-2(1.02)+1=2.0812$,

$\Delta y=f(1.02)-f(1)=0.0812$.

일반적으로 $dy=f'(x)dx=(6x-2)dx$이다.

따라서 $x=1$이고 $dx=\Delta x=1.02-1=0.02$일 때

$dy=(6\cdot 1-2)\cdot 0.02=0.08$이 된다.

(2) $f(2)=3\cdot 2^2-2\cdot 2+1=9$,

$f(2.01)=3(2.01)^2-2(2.01)+1=9.1003$,

$\Delta y=f(2.01)-f(2)=0.1003$이므로 $dx=\Delta x=0.01$이면

$dy=f'(x)dx=(6x-2)dx=(6\cdot 2-2)\cdot 0.01=0.1$이다. ■

참고 근사식 $\Delta y \approx dy$는 위 예제에서 Δx가 작을수록 오차가 작다는 것을 알 수 있다. 그리고 dy는 Δy보다 계산하기 쉽다는 것도 알 수 있다. 더욱 복잡한 식에 대하여 Δy를 정확하게 계산한다는 것은 불가능할 것이므로 이러한 경우 미분에 의한 근사식이 매우 유용하다.

예제 3.3.4 다음의 근삿값을 미분을 이용하여 구하여라.

(1) $\sqrt{102}$ (2) $\sqrt{99}$ (3) $\sqrt[3]{65}$

풀이 (1) $y = f(x) = \sqrt{x}$라 하면 $dy = \frac{1}{2\sqrt{x}}dx$이다.

이제 $f(100) = 10$이므로 $x_1 = 100, dx = \Delta x = 2$를 취하면

$$dy = \frac{1}{2\sqrt{100}} \cdot 2 = \frac{1}{20} \cdot 2 = \frac{1}{10}$$

이다. 그러므로 $\sqrt{102} = f(100+2) \approx f(100) + dy = 10 + \frac{1}{10} = 10.1$이 된다. 실제로 $\sqrt{102} \approx 10.09950493836208$이다.

(2) $y = f(x) = \sqrt{x}$라 하면 $dy = \frac{1}{2\sqrt{x}}dx$이다.

이제 $f(100) = 10$이므로 $x_1 = 100, dx = \Delta x = -1$을 취하면

$$dy = \frac{1}{2\sqrt{100}} \cdot (-1) = \frac{-1}{20}$$

이다. 그러므로 $\sqrt{99} = f(100-1) \approx f(100) + dy = 10 - \frac{1}{20} = 9.95$가 된다. 실제로 $\sqrt{99} \approx 9.94987437106620$이다.

(3) $y = f(x) = \sqrt[3]{x} = x^{1/3}$이라 하면 $dy = \frac{1}{3}x^{-2/3}$이다.

이제 $f(64) = 4$이므로 $x_1 = 64, dx = \Delta x = 1$을 취하면

$$dy = \frac{1}{3}(64)^{-2/3}(1) = \frac{1}{3} \cdot \frac{1}{16} \cdot 1 = \frac{1}{48}$$

이다. 그러므로 $\sqrt[3]{65} = f(64+1) \approx f(64) + dy = 4 + \frac{1}{48} \approx 4.021$이 된다. 실제로 $\sqrt[3]{65} \approx 4.02072575858906$이다. ■

뉴턴의 방법

과학, 공학, 그리고 수학에서 많은 문제들은 미분가능한 함수 f에 대하여 $f(x) = 0$인 형태의 방정식에 대한 해를 구하는 문제로 귀결된다. 2차방정식 $ax^2 + bx + c = 0$에 대한 근을 구하는 공식은 이미 잘 알려져 있다. 3차 또는 4차방정식에 대한 근을 구하는 공식이 있기는 하지만 매우 복잡하다.

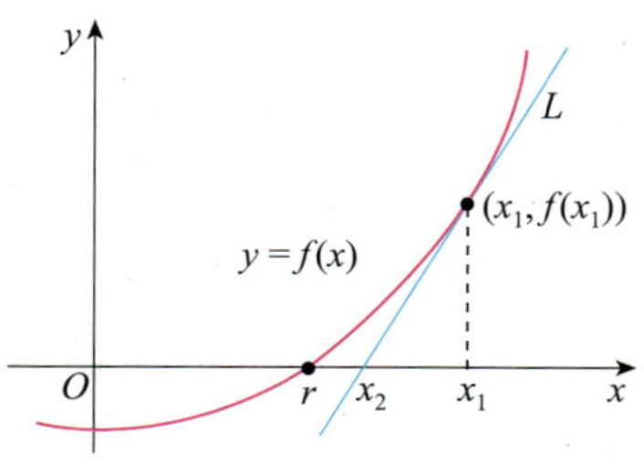

그림 3.3.2

f가 5차 이상의 다항식이면 근을 구하는 공식조차 없다. 이러한 방정식의 근을 구하는 방법 중 뉴턴(Newton)의 방법 또는 뉴턴-랩슨(Newton-Raphson)의 방법에 대하여 알아보자. 구하고자 하는 근이 r인 경우 그림 3.3.2에서와 같이, 먼저 첫 번째 근삿값 x_1을 선택한다. 이 x_1은 추측에 의하여 또는 f의 그래프에서 대략적으로 얻는다. 그리고 $(x_1, f(x_1))$에서 곡선 $y = f(x)$의 접선 L을 구한다. L의 x축 절편을 x_2라고 하자. 이때 x_1이 r에 가까우면 x_2는 r에 좀더 가까울 것이다. 따

라서 이 x_2를 r에 대한 두 번째 근삿값으로 사용한다. x_1에 의한 x_2의 식을 얻기 위하여 L의 기울기가 $f'(x_1)$인 것을 이용한다. 그러면 다음 방정식을 얻는다.

$$y - f(x_1) = f'(x_1)(x - x_1)$$

L의 x축 절편이 x_2이므로 $y=0$으로 놓으면 $0-f(x_1)=f'(x_1)(x-x_1)$이고, $f'(x_1) \neq 0$이면 다음과 같이 x_2에 대한 식이 구해진다.

$$x_2 = x_1 - \frac{f(x_1)}{f'(x_1)}$$

다음에 x_1을 x_2로 대치하여 같은 과정을 반복한다. 이때 $(x_2, f(x_2))$에서의 접선을 이용하면 세 번째 근삿값을 얻는다.

$$x_3 = x_2 - \frac{f(x_2)}{f'(x_2)}$$

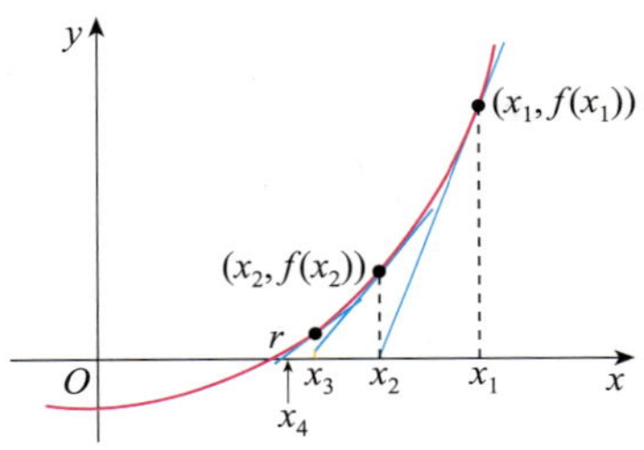

그림 3.3.3

이러한 과정을 계속적으로 반복하면, 그림 3.3.3에서 보는 것과 같이 근삿값들의 수열 $x_1, x_2, x_3, \cdots$을 얻는다. 일반적으로 n번째 근삿값이 x_n이고 $f'(x_n) \neq 0$이면, 그 다음 근삿값은

$$x_{n+1} = x_n - \frac{f(x_n)}{f'(x_n)}$$

이 된다. 특히 n이 커짐에 따라 x_n이 r에 점점 더 가까워지면 r은 $f(x)=0$의 근이 된다.

참고 그림 3.3.3에 주어진 형태의 함수에 대하여는 계속적으로 구한 근삿값들의 수열이 원하는 근으로 수렴하고 있지만, 다른 어떤 경우에는 그 수열이 수렴하지 않을 수도 있다. 예를 들어, 그림 3.3.4를 살펴보자. 그림에서 x_2는 x_1보다 더 부적합한 근삿값임을

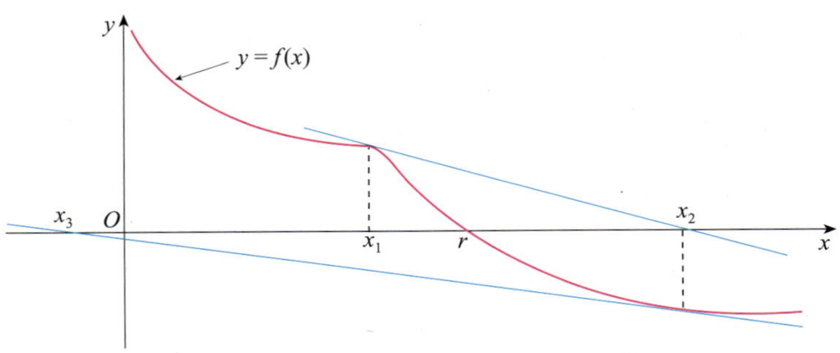

그림 3.3.4

알 수 있는데 이것은 대개 $f'(x)$가 0에 가까운 경우에 해당된다. 그리고 그림 3.3.4의 x_3와 같이 근삿값이 f의 정의역 밖에 놓이게 되는 경우도 발생한다. 그러면 뉴턴의 방법은 실패하고, 더 좋은 초기근삿값 x_1을 선택해야만 한다.

예제 3.3.5 $x_1 = 3$에서 시작하여 방정식 $x^3 - 2x - 5 = 0$의 근에 대한 네 번째 근삿값을 구하여라.

풀이 주어진 방정식에서 도함수를 이용하여 뉴턴 방법의 근사식

$$x_{n+1} = x_n - \frac{x_n^3 - 2x_n - 5n}{3x_n^2 - 2}$$

을 얻고, $n = 1$이면

$$x_2 = x_1 - \frac{x_1^3 - 2x_1 - 5}{3x_1^2 - 2} = 3 - \frac{3^3 - 2 \cdot 3 - 5}{3 \cdot 3^2 - 2} = 2.36$$

이고, $n = 2$이면 아래의 세 번째 근삿값

$$x_3 = x_2 - \frac{x_2^3 - 2x_2 - 5}{3x_2^2 - 2} \approx 2.09513603693363$$

을 얻는다. $n = 3$이면 네 번째 근삿값

$$x_4 = x_3 - \frac{x_3^3 - 2x_3 - 5}{3x_3^2 - 2} \approx 2.09455167382427$$

을 얻는다. 그러므로 네 번째 근삿값 x_4를 소수점 이하 다섯 자리에서 반올림하면 $x_4 \approx 2.0946$이며, 실제의 근 2.09455148154233에 충분히 가까운 값임을 알 수 있다. ■

예제 3.3.6 뉴턴의 방법을 이용하여 $\sqrt[6]{2}$를 소수점 이하 여덟 자리까지 구하여라.

풀이 $\sqrt[6]{2}$를 구하는 것은 방정식 $x^6 - 2 = 0$의 양의 근을 구하는 것과 같다. 이제 $f(x) = x^6 - 2$로 놓으면 $f'(x) = 6x^5$이므로

$$x_{n+1} = x_n - \frac{x_n^6 - 2}{6x_n^5}$$

를 얻는다. 따라서 처음 근삿값으로 $x_1 = 1$로 놓으면

$$x_2 \approx 1.166666667,$$
$$x_3 \approx 1.126443678,$$
$$x_4 \approx 1.122497067,$$

$$x_5 \approx 1.122462051,$$
$$x_6 \approx 1.122462048.$$

한편 x_5와 x_6가 소수점 이하 여덟 자리에서 일치하므로, 소수점 이하 아홉 번째 자리에서 반올림하여 $\sqrt[6]{2} \approx 1.12246205$라고 할 수 있다. ■

3.3 연습문제

1. 미분을 이용하여 다음의 근삿값을 구하여라.
(1) $\sqrt{9999}$ (2) $\sin 46°$

2. 다음 각 방정식의 근의 근삿값을 구하여라.
(1) $x^3 + 7x - 1 = 0$ (2) $x - \sin x = 2$

3. (1) $y = x^3 + 2x^2$일 때 dy를 구하여라.
(2) $x = 2,\ dx = 0.1$일 때 dy의 값을 구하여라.

4. $y = (4 - x^2)^{3/2}$에 대해 dy를 구하여라.

5. 뉴턴의 방법을 이용하여 $[0, 1]$에서 $x^4 + x - 1 = 0$의 근을 소수점 이하 여섯 자리에서 정확히 구하여라.

3.4 도함수의 판정법, 그래프 그리기

정의 3.4.1 증가함수, 감소함수, 단조함수

(1) 구간 I에서 $x_1 < x_2$일 때, $f(x_1) < f(x_2)$이면 함수 f는 구간 I에서 **증가함수**(increasing function)라고 한다.
(2) 구간 I에서 $x_1 < x_2$일 때, $f(x_1) > f(x_2)$이면 함수 f는 구간 I에서 **감소함수**(decreasing function)라고 한다.
(3) 구간 I에서 증가함수이거나 감소함수일 때 함수 f는 구간 I에서 **단조함수**(monotone function)라고 한다.

정리 3.4.2 단조함수의 판정법

(1) 구간 (a, b) 내의 모든 x에 대하여, $f'(x) > 0$이면 f는 $[a, b]$에서 증가함수이다.
(2) 구간 (a, b) 내의 모든 x에 대하여, $f'(x) < 0$이면 f는 $[a, b]$에서 감소함수이다.

증명 (1) $x_1 < x_2$인 $[a, b]$ 내의 임의의 두 점이라 하면 정리 3.2.3(평균값 정리)에 의해

$$f(x_2) - f(x_1) = f'(c)(x_2 - x_1)$$

을 만족하는 c가 x_1과 x_2 사이에 존재한다.

가정에 의해 $f(x_2) - f(x_1) > 0$ 또는 $f(x_1) < f(x_2)$이다. 따라서 f는 $[a, b]$에서 증가함수임을 보인다.

(2) (1)과 유사한 방법으로 증명할 수 있다. ■

예제 3.4.3 함수 $f(x) = 3x^4 - 4x^3 - 12x^2 + 5$가 증가하는 구간과 감소하는 구간을 구하여라.

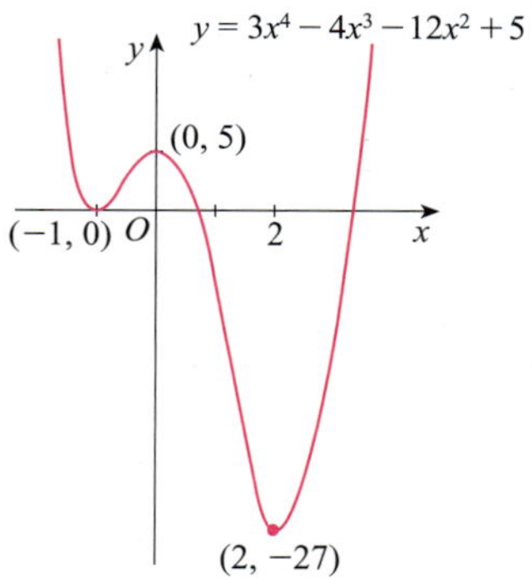

그림 3.4.1

풀이 $f'(x) = 12x^3 - 12x^2 - 24x = 12x(x-2)(x+1)$이므로 임계값 -1, 0, 그리고 2를 가진다. 따라서

$(-\infty, -1)$에서 $f'(x) < 0$, 즉 $f(x)$는 감소함수,
$(-1, 0)$에서 $f'(x) > 0$, 즉 $f(x)$는 증가함수,
$(0, 2)$에서 $f'(x) < 0$, 즉 $f(x)$는 감소함수,
$(2, \infty)$에서 $f'(x) > 0$, 즉 $f(x)$는 증가함수

이다. 이러한 정보와 임계값에서의 f값으로부터 f의 그래프는 그림 3.4.1과 같이 그려진다. ■

정리 3.4.4 1차 도함수 판정법

$f'(c) = 0$이라고 하자.

(1) $a < x < c$에 대해 $f'(x) > 0$이고 $c < x < b$에 대해 $f'(x) < 0$이면 f는 c에서 극댓값을 갖는다.
(2) $a < x < c$에 대해 $f'(x) < 0$이고 $c < x < b$에 대해 $f'(x) > 0$이면 f는 c에서 극솟값을 갖는다.
(3) c에서 f'의 부호가 변하지 않으면 f는 c에서 극값을 갖지 않는다.

증명 생략 ■

예제 3.4.5 함수 $f(x) = x^3(x-2)^2 \ (-1 \le x \le 3)$의 극댓값과 극솟값, 최댓값과 최솟값을 구하고 그래프를 그려라.

풀이 $f'(x) = 3x^2(x-2)^2 + x^3 \cdot 2(x-2) = x^2(x-2)(5x-6)$이므로 임계값은 $x = 0, 2, \frac{6}{5}$을 얻는다.

0에서 $f'(x)$의 부호가 변하지 않으므로 1차 도함수 판정법 (3)에 의해 f는 0에서 극댓값 및 극솟값를 갖지 않는다.

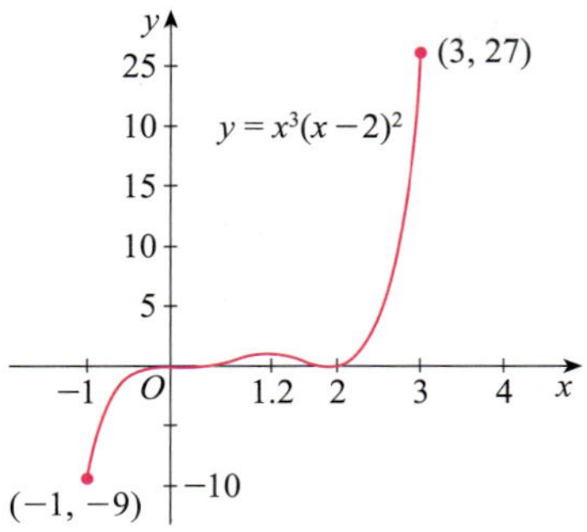

그림 3.4.2

$\frac{6}{5}$에서 f'이 양에서 음으로 변하기 때문에 $f\left(\frac{6}{5}\right) = (1.2)^3 \cdot (-0.8)^2 = 1.10592$는 극댓값이다.

한편 2에서는 f'이 음에서 양으로 변하기 때문에 $f(2) = 0$은 극솟값이다.

최댓값, 최솟값을 구하기 위해 구간의 끝점에서의 f값을 구하면 $f(-1) = -9$, $f(3) = 27$이다.

따라서 임계점과 비교하면 최댓값은 $f(3) = 27$이고 최솟값은 $f(-1) = -9$이다.

f의 그래프는 그림 3.4.2와 같다. ■

예제 3.4.6 $x > 0$이고 $n > 1$일 때 부등식 $(1+x)^n > 1 + nx$를 증명하여라.

증명 $f(x) = (1+x)^n - (1+nx)$로 생각하자.

$f'(x) = n(1+x)^{n-1} - n = n[(1+x)^{n-1} - 1]$이다.

$x > 0$이고 $n - 1 > 0$이므로 $(1+x)^{n-1} > 1$이다.

따라서 $f'(x) > 0$이므로 f는 $[0, \infty)$에서 증가한다.

특히 $0 < x$일 때 $f(0) < f(x)$이고 $f(0) = 0$이므로

$0 < (1+x)^n - (1+nx)$이다.

따라서 $x > 0$일 때 $(1+x)^n > 1 + nx$가 된다. ■

정의 3.4.7 위로 오목, 아래로 오목

(1) 함수 f의 그래프가 구간 I에서 항상 접선보다 위에 놓여 있을 때 함수 f는 **위로 오목**(concave upward)이라고 한다.

(2) 함수 f의 그래프가 구간 I에서 항상 접선보다 아래에 놓여 있을 때 함수 f는 **아래로 오목**(concave downward)이라고 한다.

정리 3.4.8 오목성의 판정법

(1) 모든 $x \in I$에 대해 $f''(x) > 0$이면 f의 그래프는 I에서 위로 오목(아래로 볼록)하다.

(2) 모든 $x \in I$에 대해 $f''(x) < 0$이면 f의 그래프는 I에서 아래로 오목(위로 볼록)하다.

정리 3.4.9 2차 도함수 판정법

(1) $f'(c) = 0$이고 $f''(c) > 0$이면 f는 c에서 극솟값을 갖는다.

(2) $f'(c) = 0$이고 $f''(c) < 0$이면 f는 c에서 극댓값을 갖는다.

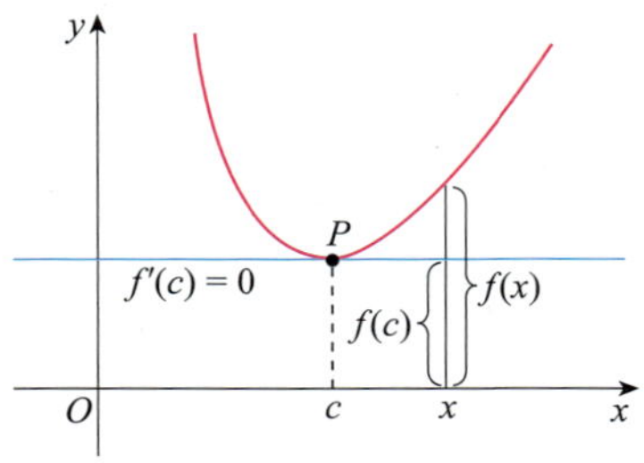

그림 3.4.3

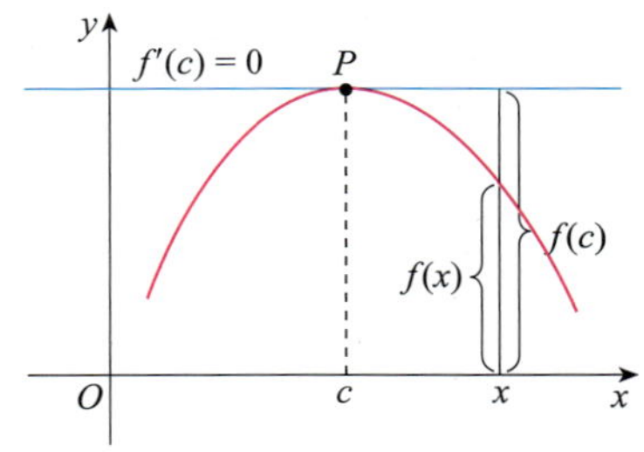

그림 3.4.4

증명 (1) $f''(c)>0$이면 f''이 연속이기 때문에 c를 포함하는 어떤 개구간 I에서 $f''(x)>0$이다.

따라서 f는 I에서 위로 오목이다. 그러므로 f의 그래프는 점 $P(c, f(c))$에서의 접선보다 위쪽에 놓여 있다. 그러나 $f'(c)=0$이므로 P에서의 접선은 수평이다. 이것은 $x \in I$일 때 $f(x) \geq f(c)$임을 보인다. 따라서 f는 c에서 극솟값을 갖는다.

(2) (1)과 유사하게 증명할 수 있다. ■

정의 3.4.10 변곡점

곡선 위의 점 P에서 곡선이 아래로 오목에서 위로 오목 또는 위로 오목에서 아래로 오목으로 변할 때, 점 P를 **변곡점**(point of inflection)이라고 한다.

예제 3.4.11 곡선 $f(x)=x^4-4x^3$의 오목성, 변곡점, 극값을 구하고 곡선을 그려라.

풀이 $f(x)=x^4-4x^3$으로 놓으면

$$f'(x) = 4x^3 - 12x^2 = 4x^2(x-3),$$
$$f''(x) = 12x^2 - 24x = 12x(x-2).$$

임계점은 $x=0$과 $x=3$을 얻는다. 2차 도함수 판정법을 이용하기 위하여 이들 임계값에 대하여 f''을 계산하면,

$$f''(0) = 0, \quad f''(3) = 36 > 0.$$

$f'(3)=0$이고 $f''(3)>0$이므로 $f(3)=-27$은 극솟값이다. $f''(0)=0$이므로 2차 도함수 판정법으로는 임계점 0에 대해서 판단할 수 없다. 그러나 $x<0$이고 $0<x<3$인 모든 x에 대하여 $f'(x)<0$이므로 1차 도함수 판정법에 의하여 f는 0에서 극값을 가지지 않는다.

$x=0$ 혹은 $x=2$일 때 $f''(x)=0$이므로 이들 점을 끝점으로 하는 구간으로 수직선을 구분하면 다음의 도표를 얻는다.

구간	$f''(x)=12x(x-2)$	오목성
$(-\infty, 0)$	$+$	위로
$(0, 2)$	$-$	아래로
$(2, \infty)$	$+$	위로

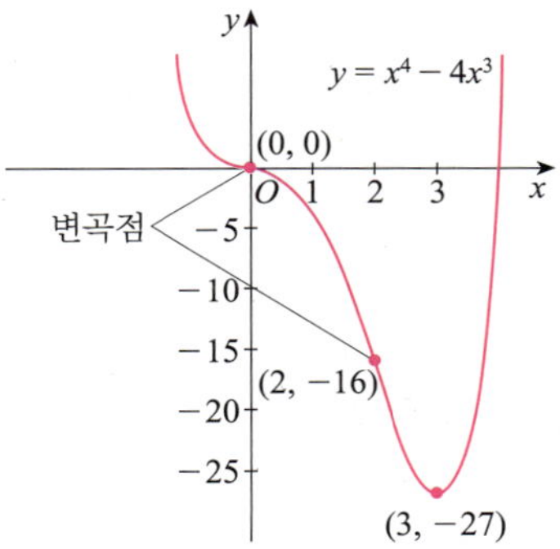

그림 3.4.5

점 $(0, 0)$에서 곡선은 위로 오목에서 아래로 오목으로 변하므로 $(0, 0)$은 변곡점이다. 역시 점 $(2, -16)$에서 곡선이 아래로 오목에서 위로 오목으로 변하기 때문에 점 $(2, -16)$은 변곡점이다. 극솟값, 오목구간들, 그리고 변곡점을 이용하여 함수의 그래프를 그리면 그림 3.4.5와 같다. ■

참고 $f''(c)=0$일 때 2차 도함수 판정법은 아무 정보도 주지 못하며 $f''(c)$가 존재하지 않을 때도 역시 이용할 수 없다. 이러한 경우에는 1차 도함수 판정법을 이용해야 한다.

3.4 연습문제

1. 다음 함수가 증가하는 범위와 감소하는 x의 범위를 구하여라.

(1) $y=x^2+2x+3$ (2) $y=2x^3+3x^2-12x+1$

2. 다음 함수의 증감하는 범위와 오목 · 볼록한 모양을 나타내는 x의 범위를 구하여라.

(1) $y=3-x-x^2$ (2) $y=3x^3-12x+1$

(3) $y=x^3+3x^2-9x+7$

3. 다음 함수의 극대, 극소를 조사하여라.

(1) $y=x^2-4x-1$ (2) $y=x^3-9x^2+15x-15$

(3) $y=x^5-5x^3-20x-2$

4. $0<t<2$일 때 $x=t-\sin t$, $y=1-\cos t$의 (오목, 볼록) 관계를 조사하고 극값을 구하여라.

5. $y=x^4+4x$의 극점을 구하여라.

종 | 합 | 문 | 제

1. 함수 $f(x)=x^3-x^2$에서 $f'(c)=0$인 c를 구간 $(0, 1)$ 내에서 구하여라.

2. 다음 함수에서 같이 주어진 구간 $[a, b]$에서의 평균변화율과 같은 미분계수를 가지는 점 c를 구간 (a, b) 내에서 구하여라.

(1) $f(x) = x^3 - 2x + 1,\ [1, 2]$

(2) $f(x) = \sin x,\ \left[0, \dfrac{\pi}{2}\right]$

3. 다음의 극한값을 계산하여라.

(1) $\displaystyle\lim_{x \to \pi/2} \frac{\sin x - 1}{\cos x}$　　(2) $\displaystyle\lim_{x \to 0^+} \frac{\sin 2\sqrt{x}}{\sin 5\sqrt{x}}$

(3) $\displaystyle\lim_{x \to 0^+} \left(\frac{1}{x} - \frac{1}{\sin x}\right)$

4. 다음 부등식을 증명하여라.

$$\cos x > 1 - \frac{1}{2}x^2 \ (x \neq 0)$$

5. 다음 함수의 $x=a$에서 테일러 급수를 구하여라.

(1) $y = \dfrac{1}{x+2},\ a = 2$　　(2) $y = \sin \pi x,\ a = \dfrac{1}{2}$

6. 다음 함수들의 그래프 개형을 그려라.

(1) $y = x^3(3 - x)$

(2) $y = x^4 + 8x^3 + 36x^2 - 3$

(3) $y = (1 - x^2)^{3/2}$

(4) $y = \dfrac{x^2}{\sqrt{1 - x^2}}$

7. 다음 함수들을 매클로린 전개하여라.

(1) $y = \ln(2 + x)$　　(2) $y = \dfrac{\sin^{-1} x}{\sqrt{1 - x^2}}$

4 CHAPTER

적분

4.1 부정적분

움직이는 물체의 현재 위치와 그 물체가 움직이는 속도함수를 알 경우 그 물체의 미래 위치를 예측하는 것이 가능한가? 우리는 어떤 물체의 위치함수의 시간에 대한 미분이 속도함수가 된다는 것을 알았다. 따라서 속도함수를 알 때에 위치함수를 구하는 문제는 도함수를 알 때에 원래 함수를 구하는 문제로 귀결됨을 알 수 있다. 이 절에서는 이러한 문제에 대해 다루고자 한다.

정의 4.1.1

함수 $f(x)$의 정의역에 속하는 모든 점에서 $F'(x) = f(x)$이면, 함수 $F(x)$를 함수 $f(x)$의 **원시함수**(primitive function)라고 한다. 함수 $f(x)$의 모든 원시함수들의 집합을 x에 관한 $f(x)$의 **부정적분**(indefinite integral)이라 하고

$$F(x) = \int f(x)\,dx$$

로 나타낸다. 이때 함수 $f(x)$를 적분의 **피적분함수**라 하고 x를 적분변수라 한다.

위의 정의에서 살펴보았듯이 부정적분은 미분의 역연산이다. 그러나 한 가지 주의할 점이 있다. 어떤 함수의 도함수는 유일하게 결정되지만, 어떤 함수의 원시함수는 유일하게 결정되지 않는다. 예를 들면 서로 다른 두 함수 x^2, x^2+100은 같은 도함수 $2x$를 가진다. 그러면 같은 도함수를 가지는 함수들 사이에 어떤 관계가 있는지 살펴보자.

정리 4.1.2

구간 I에 있는 모든 점에서 $F'(x) = G'(x)$이면, 구간 I에 있는 모든 점 x에 대하여

$$F(x) = G(x) + C$$

를 만족시키는 적당한 상수 C가 존재한다.

증명 $H(x) = F(x) - G(x)$라고 하자. 그러면 $H(x)$는 구간 I에서 미분가능하고 임의의 $x \in I$에 대하여

$$H'(x) = F'(x) - G'(x) = 0$$

이다. 따름정리 3.2.5에 의하여 $H(x) = C$ (C는 상수)이다. 따라서 $F(x) = G(x) + C$를 만족시키는 적당한 상수 C가 존재한다. ■

정리 4.1.2에 의해 두 함수의 미분이 같으면 두 함수는 상수 차이만큼 나는 함수라는 것을 알 수 있다. 따라서 주어진 함수 $f(x)$의 부정적분 $\int f(x)\,dx$를 구하는 방법은 다음과 같다.

(1) $f(x)$의 원시함수 $F(x)$를 하나 구한다.
(2) $\int f(x)\,dx = F(x) + C$ (C는 상수)

이때 C를 적분상수(integral constant)라고 부른다. 앞으로 꼭 필요한 경우를 제외하고 부정적분을 표현할 때 적분상수는 생략하기로 한다.

정리 4.1.3

(1) 모든 실수 $\alpha(\neq -1)$에 대하여

$$\int x^{\alpha}\,dx = \frac{1}{\alpha+1}x^{\alpha+1}$$

이다.

(2) $\int \sin x\,dx = -\cos x$, $\quad \int \cos x\,dx = \sin x$,

$\int \sec^2 x\,dx = \tan x$, $\quad \int \csc^2 x\,dx = -\cot x$,

$\int \sec x \tan x\,dx = \sec x$, $\quad \int \csc x \cot x\,dx = -\csc x$.

정리 4.1.3의 증명은 오른쪽 함수를 미분하면 왼쪽 적분기호 안의 피적분함수가 나온다는 것을 보임으로써 쉽게 구할 수 있다(미분법 참조).

예제 4.1.4 다음 부정적분을 구하여라.

(1) $\int x^3\,dx$ (2) $\int \frac{1}{x^4}\,dx$ (3) $\int x^{\sqrt{2}}\,dx$

(4) $\int \frac{1}{\sqrt[3]{x^2}}\,dx$ (5) $\int \cos 2x\,dx$

풀이 (1) $\int x^3\,dx = \frac{x^{3+1}}{3+1} = \frac{x^4}{4}$

(2) $\int \frac{1}{x^4}\,dx = \frac{x^{-4+1}}{-4+1} = -\frac{1}{3x^3}$

(3) $\int x^{\sqrt{2}}\,dx = \frac{x^{\sqrt{2}+1}}{\sqrt{2}+1}$

(4) $\int \frac{1}{\sqrt[3]{x^2}}\,dx = \int x^{-2/3}\,dx = \frac{x^{-2/3+1}}{-\frac{2}{3}+1} = 3\sqrt[3]{x}$

(5) $(\sin 2x)' = 2\cos 2x$이므로 $\left(\frac{\sin 2x}{2}\right)' = \cos 2x$이다. 따라서

$$\int \cos 2x\,dx = \frac{\sin 2x}{2}$$

이다. ■

미분가능한 두 함수 $y = F(x)$, $y = G(x)$와 임의의 상수 k에 대하여

$$(F(x) \pm G(x))' = F'(x) \pm G'(x),$$
$$(kF(x))' = kF'(x)$$

라는 사실을 이용하면 다음 정리를 얻는다.

정리 4.1.5

(1) $\int [f(x) \pm g(x)]\,dx = \int f(x)\,dx \pm \int g(x)\,dx$

(2) $\int kf(x)\,dx = k\int f(x)\,dx$ (k: 상수)

정리 4.1.5를 이용하여 다음 부정적분을 계산할 수 있다.

예제 4.1.6 함수 $x - 3x^3 - \frac{2}{x^2} + \sin x - 3\cos x$의 부정적분 $\int\left(x - 3x^3 - \frac{2}{x^2} + \sin x - 3\cos x\right)dx$를 구하여라.

풀이 $\int\left(x - 3x^3 - \frac{2}{x^2} + \sin x - 3\cos x\right)dx$

$$= \int x\,dx - 3\int x^3\,dx - 2\int \frac{1}{x^2}\,dx + \int \sin x\,dx - 3\int \cos x\,dx$$

$$= \frac{x^2}{2} - \frac{3}{4}x^4 + \frac{2}{x} - \cos x - 3\sin x$$ ■

로그함수 $\ln|x|$와 $\ln|f(x)|$를 각각 미분함으로써 다음 공식을 얻을 수 있다.

정리 4.1.7

(1) $\int \frac{1}{x}\,dx = \ln|x|$ (2) $\int \frac{f'(x)}{f(x)}\,dx = \ln|f(x)|$

예제 4.1.8 다음 부정적분을 구하여라.

(1) $\int \tan x\,dx$ (2) $\int \cot x\,dx$

(3) $\int \sec x\,dx$ (4) $\int \csc x\,dx$

풀이 (1) $\tan x = \frac{\sin x}{\cos x}$이므로 $t = \cos x$로 치환하면 $dt = -\sin x\,dx$를 얻는다. 따라서

$$\int \tan x\,dx = \int \frac{\sin x}{\cos x}\,dx = -\int \frac{1}{t}\,dt = -\ln|t| = -\ln|\cos x|$$

이다.

(2) $\cot x = \frac{\cos x}{\sin x}$이므로 $t = \sin x$로 치환하면 $dt = \cos x\,dx$를 얻는다. 따라서

$$\int \cot x\,dx = \int \frac{\cos x}{\sin x}\,dx = \int \frac{1}{t}\,dt = \ln|t| = \ln|\sin x|$$

이다.

(3) $\int \sec x\,dx = \int \sec x\,\frac{\tan x + \sec x}{\tan x + \sec x}\,dx = \int \frac{\sec x \tan x + \sec^2 x}{\tan x + \sec x}\,dx$에서 $t = \tan x + \sec x$로 치환하면 $dt = (\sec^2 x + \sec x \tan x)\,dx$이므로

$$\int \sec x\,dx = \int \frac{1}{t}\,dt = \ln|t| = \ln|\tan x + \sec x|$$

이다.

(4) $\int \csc x\,dx = \int \csc x\,\frac{\cot x + \csc x}{\cot x + \csc x}\,dx = \int \frac{\csc x \cot x + \csc^2 x}{\cot x + \csc x}\,dx$에서 $t = \cot x + \csc x$로 치환하면 $dt = -(\csc^2 x + \csc x \cot x)\,dx$이므로

$$\int \csc x\,dx = \int \frac{-1}{t}\,dt = -\ln|t| = -\ln|\operatorname{cosec} x + \cot x|$$

이다. ■

정리 4.1.9

(1) $\int e^x\,dx = e^x$ (2) $\int a^x\,dx = \frac{a^x}{\ln a}$

정리 4.1.10

(1) $\int \sinh x\,dx = \cosh x$ (2) $\int \cosh x\,dx = \sinh x$

(3) $\int \operatorname{sech}^2 x\,dx = \tanh x$ (4) $\int \operatorname{csch}^2 x\,dx = -\coth x$

(5) $\int \operatorname{sech} x \tanh x\,dx = -\operatorname{sech} x$ (6) $\int \operatorname{csch} x \coth x\,dx = -\operatorname{csch} x$

정리 4.1.11

(1) $\int \frac{1}{\sqrt{x^2+1}}\,dx = \sinh^{-1} x$

(2) $\int \frac{1}{\sqrt{x^2-1}}\,dx = \cosh^{-1} x$

(3) $\int \frac{1}{1-x^2}\,dx = \begin{cases} \tanh^{-1} x, & |x|<1 \text{ 일 때} \\ \coth^{-1} x, & |x|>1 \text{ 일 때} \end{cases}$

(4) $\int \frac{1}{x\sqrt{1-x^2}}\,dx = -\operatorname{sech}^{-1}|x|$

(5) $\int \frac{1}{x\sqrt{1+x^2}}\,dx = -\operatorname{csch}^{-1}|x|$

4.1 연습문제

1. 다음을 계산하여라.

(1) $\int (x^2-3x+5)\,dx$ (2) $\int \frac{1}{x^6}\,dx$

(3) $\int \sin 2x\,dx$ (4) $\int \sqrt[3]{x^4}\,dx$

(5) $\int \csc^2 x\,dx$ (6) $\int (x+1)(2x^2-1)\,dx$

(7) $\int \sin x \cos x\,dx$ (8) $\int \left(x-4+3\cos\frac{x}{2}\right)dx$

(9) $\int \left(\frac{1}{\sqrt{x}}+\frac{2}{\sqrt[3]{x^2}}\right)dx$ (10) $\int \sin 3x \cos 2x\,dx$

(11) $\int \sqrt{1-\cos 2x}\,dx$ (12) $\int \left(\frac{x+x^3-x^4\sqrt{x}}{3x^3}\right)dx$

2. 우측 함수의 미분이 피적분함수가 됨을 보임으로써 다음 적분식이 참임을 보여라.

(1) $\int x\cos x\,dx = x\sin x + \cos x$

(2) $\int (x+1)(x^2+2x-1)^{12}\,dx = \frac{(x^2+2x-1)^{13}}{26}$

(3) $\int (\sec x + \tan x)^2\,dx = 2\tan x + 2\sec x - x$

3. x축 위를 움직이는 어떤 입자의 $t=0$에서의 위치가 3이다. 이 입자의 시간 $t\,(t \ge 0)$에서의 속도가 $v(t) = t\sqrt{t}+t$일 때, $t=4$일 때의 위치는 어떻게 되겠는가?

4. 다음 부정적분을 구하여라.

(1) $\int e^{3x}\,dx$ (2) $\int (e^{3x}+5e^{-x})\,dx$

(3) $\int (e^x+3)^2\,dx$ (4) $\int e^{3x+1}\,dx$

(5) $\int \frac{2e^x}{1+e^x}\,dx$ (6) $\int 3^x\,dx$

(7) $\int 2x2^{x^2}\,dx$ (8) $\int e^x \sec(e^x)\tan(e^x)\,dx$

(9) $\int e^x\cos(e^{x+1})\,dx$ (10) $\int \frac{1}{x}\ln(\ln e^x)\,dx$

5. 다음의 부정적분을 구하여라.

(1) $\int \sinh(\sqrt{3}\,x)\,dx$ (2) $\int \sinh\left(\frac{x}{\sqrt{3}}\right)dx$

(3) $\int \tanh\left(\frac{x}{3}\right)dx$ (4) $\int 4x^3\operatorname{sech}^2(x^4)dx$

4.2 정적분

음이 아닌 함숫값을 가지는 연속함수 $y=f(x)$의 그래프와 $x=a, x=b$ 그리고 x축으로 둘러싸인 부분의 넓이는 어떻게 정의할 수 있고, 또 어떻게 계산할 수 있을까? 직사각형의 넓이는 가로 길이와 세로 길이의 곱으로 정의되고, 삼각형의 넓이는 밑변의 길이와 높이의 곱의 절반으로 정의된다. 다각형의 넓이는 다각형을 삼각형으로 분할하고 이

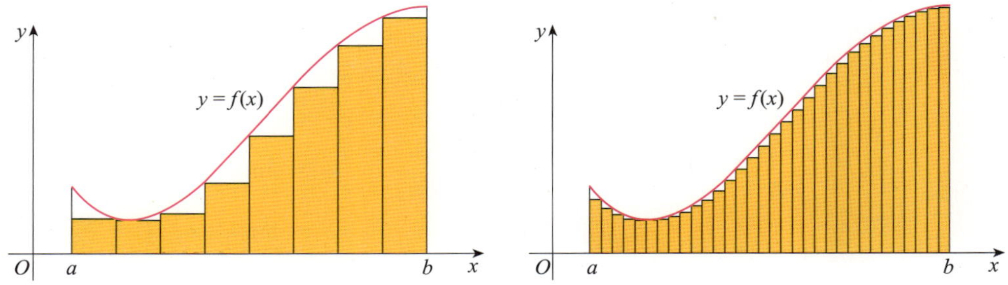

그림 4.2.1

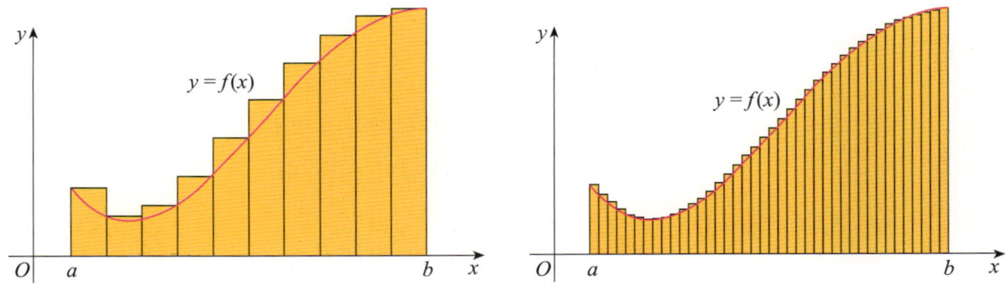

그림 4.2.2

삼각형의 넓이를 합한 것으로 정의된다.

그림 4.2.1과 같이 곡선 $y=f(x)$에 내접하는 직사각형의 넓이들의 합은 직사각형들의 밑면의 길이가 작아져서 직사각형의 수가 늘어남에 따라 점점 커진다. 반면 그림 4.2.2와 같이 곡선 $y=f(x)$에 외접하는 직사각형의 넓이들의 합은 직사각형들의 밑면의 길이가 작아져서 직사각형의 수가 늘어남에 따라 점점 작아진다. 그리고 각 직사각형의 밑면의 길이가 점점 작아져서 직사각형의 수가 늘어나면 늘어날수록 곡선 $y=f(x)$에 내접하는 직사각형들의 넓이의 합과 외접하는 직사각형의 넓이의 합의 차는 원하는 만큼 가까워진다. 곡선 $y=f(x)$와 $x=a$, $x=b$ 그리고 x축으로 둘러싸인 부분의 넓이는 밑면의 길이를 점점 작게 함으로써 직사각형의 수를 증가시킬 때, 내접(또는 외접)하는 직사각형들의 넓이의 합의 극한값으로 정의한다.

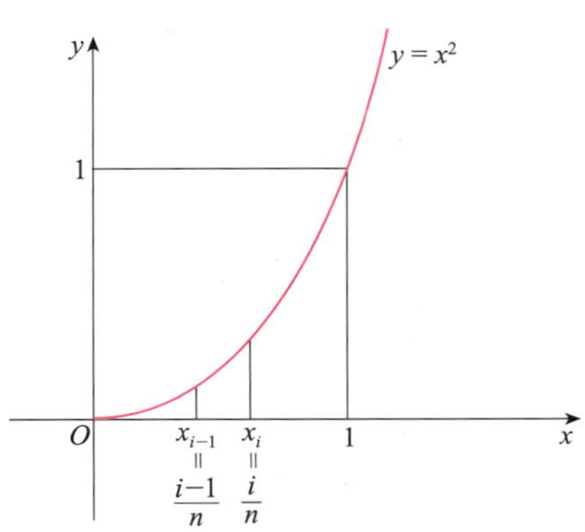

그림 4.2.3

예제 4.2.1 포물선 $y=x^2$과 $x=1$ 그리고 x축으로 둘러싸인 부분의 넓이를 구하여라.

풀이 구간 $[0, 1]$을 n등분하면 i번째 구간은 폐구간 $\left[\frac{i-1}{n}, \frac{i}{n}\right]$이다(그림 4.2.3 참조).

포물선 $y=x^2$에 내접하는 직사각형 넓이의 합의 극한을 구하면 다음과 같다.

$$\lim_{n\to\infty}\sum_{i=1}^{n}\left(\frac{i-1}{n}\right)^2\cdot\frac{1}{n}$$
$$=\lim_{n\to\infty}\frac{1}{n^3}\sum_{i=1}^{n}(i-1)^2$$
$$=\lim_{n\to\infty}\frac{1}{n^3}\cdot\frac{(n-1)\{(n-1)+1\}\{2(n-1)+1\}}{6}$$
$$=\lim_{n\to\infty}\frac{1}{n^3}\cdot\frac{(n-1)(n)(2n-1)}{6}=\frac{1}{3}$$

포물선 $y=x^2$에 외접하는 직사각형 넓이의 합의 극한을 구하면

$$\lim_{n\to\infty}\sum_{i=1}^{n}\left(\frac{i}{n}\right)^2\cdot\frac{1}{n}=\lim_{n\to\infty}\sum_{i=1}^{n}i^2\cdot\frac{1}{n^3}$$
$$=\lim_{n\to\infty}\frac{n(n+1)(2n+1)}{6}\cdot\frac{1}{n^3}=\frac{1}{3}$$

이다. 따라서 포물선 $y=x^2$과 $x=1$ 그리고 x축으로 둘러싸인 부분의 넓이는 $\frac{1}{3}$이다. ■

지금부터 앞에서 정의한 곡선으로 둘러싸인 넓이의 일반화된 개념인 정적분에 대해 소개하고자 한다.

정의 4.2.2

함수 $y=f(x)$가 폐구간 $[a, b]$에서 정의된 유계인 함수라고 하자.

주어진 폐구간 $[a, b]$의 임의의 분할 $P: a=x_0<x_1<x_2<\cdots<x_n=b$에 대하여 $|P|=\max\{x_i-x_{i-1}|1\le i\le n\}$으로 정의하자. 분할의 각 구간 $[x_{i-1}, x_i]$상의 임의의 점 x_i^*를 택하더라도

$$\lim_{|P|\to 0}\sum_{i=1}^{n}f(x_i^*)(x_i-x_{i-1})$$

이 어떤 값 L로 수렴할 때, 함수 $y=f(x)$가 $[a, b]$에서 **적분가능**(integrable)이라고 말한다. 이때 수렴하는 값 L을

$$\int_a^b f(x)\,dx$$

로 표기하고 이 값을 $f(x)$의 $[a, b]$상에서 **정적분**(definite integral)이라 부른다. $[a, b]$를 적분구간이라 하고, a를 적분하한, b를 적분상한이라 한다.

함수 $y=f(x)$가 폐구간 $[a, b]$에서 적분가능한 함수라고 하자. 폐구간 $[a, b]$의 분할 $P: a=x_0<x_1<x_2<\cdots<x_n=b$에 대하여 $f(x_i^*)\ge f(x_i^{**})$

를 만족시키는 $[x_{i-1}, x_i]$상의 임의의 두 점 x_i^*, x_i^{**}를 택하더라도,

$$\lim_{|P|\to 0}\sum_{i=1}^{n} f(x_i^*)(x_i - x_{i-1}) = \lim_{|P|\to 0}\sum_{i=1}^{n} f(x_i^{**})(x_i - x_{i-1})$$

이 성립한다(참고로 고정된 분할 P에 대해서는 $\sum_{i=1}^{n} f(x_i^*)(x_i - x_{i-1}) \geq \sum_{i=1}^{n} f(x_i^{**})(x_i - x_{i-1})$을 만족시킨다).

폐구간 $[a, b]$에서 적분가능한 함수 $y=f(x)$에 대하여, 모든 $x \in [a, b]$에 대하여 $f(x) \geq 0$이라 가정하면 정적분 $\int_a^b f(x)\,dx$는 $y=f(x)$, $x=a, x=b$ 및 x축으로 둘러싸인 영역의 넓이가 됨을 정적분의 정의를 이용하면 쉽게 알 수 있다. 그러면 어떤 함수들이 적분가능하겠는가? 다음 정리는 어떤 구간에서 연속인 함수들은 그 구간에서 적분가능함을 나타내는데 증명은 생략한다.

정리 4.2.3

$y=f(x)$가 $[a, b]$에서 연속이면 적분가능하고, $[a, b]$상에서 $f(x)$의 정적분은 다음과 같이 계산할 수 있다. $\Delta x = \frac{b-a}{n}$, $x_i = a + i\Delta x$ 및 구간 $[x_{i-1}, x_i]$상의 임의의 점 x_i^*를 택하면

$$\lim_{n\to\infty}\sum_{i=1}^{n} f(x_i^*)\Delta x = \int_a^b f(x)\,dx$$

이다.

정리 4.2.3이 의미하는 것은 다음과 같다. 주어진 구간 $[a, b]$를 n등분한 후, 각 소구간 내의 임의의 점 x_i^*를 택하여 그 점에서의 함숫값과 그 소구간의 길이를 곱한 값들을 합하고 n에 대한 극한값을 취하면 정적분의 값을 구할 수 있음을 뜻한다.

예제 4.2.1에서 계산한 넓이는 정적분의 값 $\int_0^1 x^2\,dx$이다. 예제 4.2.1에서는 각 구간의 왼쪽 끝점을 x_i^*로 선택한 경우 및 오른쪽 끝점을 x_i^*로 선택한 경우에서 $\int_0^1 x^2\,dx$의 값을 계산하였다. 다음 예제는 각 구간의 중간값을 x_i^*로 선택하여 $\int_0^1 x^2\,dx$를 계산해도 같은 값을 얻음을 보여준다.

예제 4.2.4 x_i^*를 각 구간의 중간점으로 택하여 $\int_0^1 x^2\,dx$값을 계산하여라.

풀이 i번째 구간의 중간점은 $\frac{i-1}{n}$과 $\frac{i}{n}$의 평균값 $\frac{2i-1}{2n}$이다. 그러므로

$$\begin{aligned}\int_0^1 x^2\,dx &= \lim_{n\to\infty}\sum_{i=1}^{n}\left(\frac{2i-1}{2n}\right)^2\cdot\frac{1}{n}\\ &= \lim_{n\to\infty}\sum_{i=1}^{n}(2i-1)^2\cdot\frac{1}{4n^3}\\ &= \lim_{n\to\infty}\sum_{i=1}^{n}(4i^2-4i+1)\cdot\frac{1}{4n^3}\\ &= \lim_{n\to\infty}\left[4\cdot\frac{n(n+1)(2n+1)}{4n^3\cdot 6}-4\cdot\frac{n(n+1)}{2\cdot 4n^3}+\frac{n}{4n^3}\right]\\ &= \frac{1}{3}\end{aligned}$$

이다. ■

예제 4.2.5 다음 극한값을 정적분으로 나타내어라.

(1) $\lim_{n\to\infty}\frac{1}{n^2}\left(\sin\frac{1}{n}+2\cdot\sin\frac{2}{n}+\cdots+n\cdot\sin\frac{n}{n}\right)$

(2) $\lim_{n\to\infty}\sum_{i=1}^{n}\sqrt{1+\left(3+\frac{i}{n}\right)^2}\cdot\frac{1}{n}$

풀이 (1) $\lim_{n\to\infty}\frac{1}{n^2}\left(\sin\frac{1}{n}+2\cdot\sin\frac{2}{n}+\cdots+n\cdot\sin\frac{n}{n}\right)$

$$= \lim_{n\to\infty}\left(\frac{1}{n}\sin\frac{1}{n}+\frac{2}{n}\sin\frac{2}{n}+\cdots+\frac{n}{n}\sin\frac{n}{n}\right)\frac{1}{n}$$

이므로 함수 $f(x)=x\sin x$, 구간 $[0, 1]$을 택하면 i번째 구간의 오른쪽 끝점 $x_i^*=\frac{i}{n}$에서 함숫값은 $f(x_i^*)=\frac{i}{n}\sin\frac{i}{n}$이고 각 구간의 길이는 $\Delta x=\frac{1}{n}$이다. 따라서 극한값은 $\int_0^1 x\sin x\,dx$임을 알 수 있다.

(2) 함수 $f(x)=\sqrt{1+x^2}$, 구간 $[3, 4]$를 택하면 i번째 구간의 오른쪽 끝점 $x_i^*=3+\frac{i}{n}$에서 함숫값은 $f(x_i^*)=\sqrt{1+\left(3+\frac{i}{n}\right)^2}$이며 각 구간의 길이는 $\Delta x=\frac{1}{n}$이다. 그러므로

$$\lim_{n\to\infty}\sum_{i=1}^{n}\sqrt{1+\left(3+\frac{i}{n}\right)^2}\cdot\frac{1}{n}=\lim_{n\to\infty}\sum_{i=1}^{n}f(x_i^*)\Delta x=\int_3^4\sqrt{1+x^2}\,dx$$

이다. ■

정리 4.2.3에서 $[a, b]$에서 연속인 함수들은 모두 적분가능하다고 했으나, 실제로는 $[a, b]$의 유한개의 점에서 불연속인 함수도 적분가능하다. 그러나 다음 예제에서 보는 함수는 $[0, 1]$의 모든 점에서 불연속인 함수이며, 이 함수는 적분가능하지 않음을 보여준다.

예제 4.2.6 함수 $f\colon [0, 1]\to[0, 1]$을 다음과 같이 정의하면 이 함수는 $[0, 1]$에서 적분가능하지 않다.

$$f(x)=\begin{cases}1 & (x\text{: 유리수})\\ 0 & (x\text{: 무리수})\end{cases}$$

증명 $P: 0=x_0<x_1<x_2<\cdots<x_n=1$을 $[0, 1]$의 임의의 분할이라 하자. 이 분할의 각 구간 $[x_{i-1}, x_i]$에는 유리수도 존재하며 또한 무리수도 존재한다(유리수의 조밀성, 무리수의 조밀성). 따라서 각 i에 대하여 $x_i^*, x_i^{**}\in[x_{i-1}, x_i]$인 유리수 x_i^*, 무리수 x_i^{**}를 선택하자. 그러면

$$\sum_{i=1}^{n} f(x_i^*)(x_i-x_{i-1})=\sum_{i=1}^{n} 1\cdot(x_i-x_{i-1})=1\cdot(1-0)=1,$$
$$\sum_{i=1}^{n} f(x_i^{**})(x_i-x_{i-1})=\sum_{i=1}^{n} 0\cdot(x_i-x_{i-1})=0\cdot(1-0)=0$$

이다. 따라서

$$1=\lim_{|P|\to 0}\sum_{i=1}^{n} f(x_i^*)(x_i-x_{i-1})\neq\lim_{|P|\to 0}\sum_{i=1}^{n} f(x_i^{**})(x_i-x_{i-1})=0$$

이다. 그러므로 $f(x)$는 $[0, 1]$에서 적분가능하지 않다. ■

정리 4.2.7

(1) f, g가 $[a, b]$에서 적분가능한 함수이면 $f+g$도 적분가능이고

$$\int_a^b [f(x)+g(x)]\,dx=\int_a^b f(x)\,dx+\int_a^b g(x)\,dx,$$

이다.

(2) f가 $[a, b]$에서 적분가능하면 모든 상수 c에 대하여 cf도 적분가능하고

$$\int_a^b [cf(x)]\,dx=c\int_a^b f(x)\,dx$$

이다.

(3) f, g가 $[a, b]$에서 적분가능하고 $f(x)\le g(x)\,(x\in[a, b])$이면

$$\int_a^b f(x)\,dx\le\int_a^b g(x)\,dx$$

이다.

(4) f가 $[a, b]$에서 적분가능하고 $a<c<b$이면 f는 $[a, c]$와 $[c, b]$에서 적분가능하며

$$\int_a^b f(x)\,dx=\int_a^c f(x)\,dx+\int_c^b f(x)\,dx$$

이다.

(5) f가 $[a, b]$에서 적분가능하고 임의의 $x \in [a, b]$에 대하여 $m \leq f(x) \leq M$이면

$$m(b-a) \leq \int_a^b f(x)\,dx \leq M(b-a)$$

이다.

(6) 정적분 $\int_a^b f(x)\,dx$를 정의할 때 $a<b$임을 가정하였으나, $a>b$ 혹은 $a=b$인 경우에도 정적분의 정의를 다음과 같이 확장한다. 정리 4.1.3에서 Δx는 $\frac{b-a}{n}$에서 $\frac{a-b}{n}$로 바뀌므로

$$\int_a^b f(x)\,dx = -\int_b^a f(x)\,dx, \quad \int_a^a f(x)\,dx = 0$$

이다.

(7) f, g가 $[a, b]$에서 적분가능하면 fg도 $[a, b]$에서 적분가능하다.

증명 정적분의 정의를 이용하면 증명할 수 있다. 자세한 증명은 생략하기로 한다. ■

4.2 연습문제

1. 다음 극한값을 정적분으로 표현하여라.

(1) $\lim_{n\to\infty}\left(\frac{1}{\sqrt{n^2+1^2}} + \frac{1}{\sqrt{n^2+2^2}} + \cdots + \frac{1}{\sqrt{n^2+n^2}}\right)$

(2) $\lim_{n\to\infty}\left(\frac{1}{n} + \frac{1}{n+1} \cdots + \frac{1}{2n}\right)$

(3) $\lim_{n\to\infty}\sum_{i=1}^{n}\frac{i^4}{n^5}$

(4) $\lim_{n\to\infty}\frac{1}{n}\left(\sin\frac{2}{n} + \sin\frac{4}{n} + \cdots + \sin\frac{2n}{n}\right)$

(5) $\lim_{n\to\infty}\frac{1}{n}\left[\left(1+\frac{1}{n}\right)^3 + \left(1+\frac{2}{n}\right)^3 + \cdots + \left(1+\frac{n}{n}\right)^3\right]$

2. 다음 정적분을 정적분의 정의를 이용하여 계산하여라.

(1) $\int_1^2 3x dx$ (2) $\int_1^2 (x-2x^2)\,dx$

(3) $\int_0^1 (x+1)^2\,dx$ (4) $\int_0^1 x^3\,dx$

3. 두 함수 $y=f(x), y=g(x)$가 연속이고

$$\int_0^3 f(x)\,dx = 5, \int_0^7 f(x)\,dx = -2,$$
$$\int_0^3 g(x)\,dx = 2, \int_3^7 f(x)\,dx = 7$$

을 만족시킬 때, 다음 정적분을 구하여라.

(1) $\int_3^7 3f(x)\,dx$ (2) $\int_7^0 g(x)\,dx$

(3) $\int_0^7 (2f(x)-3g(x))\,dx$

(4) $\int_3^7 (-f(x)+2g(x)+3)\,dx$

4. 함수 $f(x)$가 구간 $[a, b]$ 위에서 연속함수이면

$$\left|\int_a^b f(x)\,dx\right| \leq \int_a^b |f(x)|\,dx$$

임을 증명하여라.

4.3 미분적분학의 기본정리

정적분의 정의를 이용하여 정적분을 계산한다는 것은 매우 복잡하고 어렵다. 이 절에서는 정적분을 쉽게 계산하는 방법을 소개하고자 한다. 이 방법은 뉴턴과 라이프니츠에 의해 발견되었는데, 미분적분학의 주요 개념인 미분과 적분 사이의 연관 관계를 주는 아주 중요한 계산적 발견이다. 또한 4.1절에서 소개한 부정적분과 4.2절에서 소개한 정적분 사이의 연관 관계를 준다. 이는 부정적분, 정적분 모두에 미분의 역연산에 대응되는 적분이라는 용어가 포함되는 이유이기도 하다.

미분적분학의 기본정리를 살펴보기 위하여 $[a, b]$에서 연속인 함수 $f(x)$에 대해 $F(x) = \int_a^x f(t)\,dt\,(a \le x \le b)$로 정의하자. 그러면 고정된 x에 대하여 $\int_a^x f(t)\,dt$값은 상수이지만, 만약 x를 변수로 간주한다면 $F(x) = \int_a^x f(t)\,dt$는 x값에 따라 변하는 함수가 됨을 알 수 있다. 다음 정리는 위와 같이 정의한 함수 $F(x) = \int_a^x f(t)\,dt$가 $f(x)$의 원시함수가 됨을 보여준다.

정리 4.3.1 미분적분학의 기본정리 1 (The Fundamental Theorem of Calculus 1)

만약 $f(x)$가 $[a, b]$에서 연속함수이고, 임의의 점 $x \in [a, b]$에 대하여 $F(x) = \int_a^x f(t)\,dt$로 정의하면, $F(x)$는 $[a, b]$에서 연속이고 (a, b)에서 미분가능하다. 또한 $\frac{d}{dx}F(x) = f(x)$를 만족시킨다.

증명 개구간 (a, b) 안에 있는 x와 $x+h$에 대하여

$$\begin{aligned} F(x+h) - F(x) &= \int_a^{x+h} f(t)\,dt - \int_a^x f(t)\,dt \\ &= \left(\int_a^x f(t)\,dt + \int_x^{x+h} f(t)\,dt\right) - \int_a^x f(t)\,dt \\ &= \int_x^{x+h} f(t)\,dt \end{aligned}$$

이다. 편의상 $h > 0$이라고 가정하자. 함수 $f(x)$가 폐구간 $[x, x+h]$ 위에서 연속이므로 정리 1.6.18(최대·최솟값의 정리)에 의해 함수 $f(x)$는 폐구간 $[x, x+h]$에서 최솟값 m과 최댓값 M을 가진다. 폐구간 $[x, x+h]$에 속하는 u, v에 대하여 $f(u) = m$, $f(v) = M$이라고 하자. 그러면 정리 4.2.7(5)에 의하여

$$mh \le \int_x^{x+h} f(t)\,dt \le Mh, \text{ 즉 } f(u)h \le \int_x^{x+h} f(t)\,dt \le f(v)h$$

를 얻는다.

$$\frac{d}{dx}F(x) = \lim_{h \to 0} \frac{F(x+h) - F(x)}{h} = \lim_{h \to 0} \frac{\int_x^{x+h} f(x)\,dx}{h}$$

이므로

$$\lim_{h \to 0} f(u) \le \frac{d}{dx}F(x) \le \lim_{h \to 0} f(v)$$

이다. 함수 $f(x)$가 $[a, b]$에서 연속함수이고 $u, v \in [x, x+h]$이므로

$$\lim_{h \to 0} f(u) = \lim_{h \to 0} f(v) = f(x)$$

이다. 샌드위치 정리에 의해 $\frac{d}{dx}F(x) = f(x)$임을 알 수 있다. h가 음수인 경우에 대하여도 $\frac{d}{dx}F(x) = f(x)$임을 비슷한 방법으로 보일 수 있다.

위와 같은 방법으로 $x = a$인 경우 $\lim_{h \to 0^+} \frac{F(a+h) - F(a)}{h} = f(a)$, $x = b$인 경우 $\lim_{h \to 0^-} \frac{F(b+h) - F(b)}{h} = f(b)$를 보일 수 있다. 따라서 함수 $F(x)$는 $[a, b]$에서 연속이다. ■

정리 4.3.2 미분적분학의 기본정리 2(The Fundamental Theorem of Calculus 2)

$f(x)$가 $[a, b]$에서 연속함수이고 $G(x)$가 $f(x)$의 원시함수이면

$$\int_a^b f(x)\,dx = G(b) - G(a) \equiv [G(x)]_a^b$$

이다.

증명 정리 4.3.1에서 정의한 $F(x) = \int_a^x f(t)\,dt$도 $f(x)$의 원시함수 가운데 하나이다. 그러므로 $G(x) = F(x) + C$를 만족하는 상수 C가 존재한다. 그런데 $F(a) = \int_a^a f(t)\,dt = 0$이므로 $G(a) = C$이다. 따라서

$$\begin{aligned} F(b) &= \int_a^b f(t)\,dt = \int_a^b f(x)\,dx = G(b) - C \\ &= G(b) - G(a) = [G(x)]_a^b \end{aligned}$$

이다. ■

정리 4.3.2는 함수 $f(x)$의 원시함수만 찾으면 $f(x)$의 정적분을 계산할 수 있음을 보여준다. 하지만 4.1절에서 살펴보았듯이 함수 $f(x)$의 원시함수가 유일하지 않다. 그러면 $f(x)$의 서로 다른 두 개의 원시함수 $F(x)$와 $G(x)$를 가지고 정리 4.3.2에 적용하면 어떻게 되겠는가? 4.1절의 정리 4.1.2에 의해 $F(x) = G(x) + C$를 만족하는 상수가 존재한다. 따라서

$$F(b) - F(a) = (G(b) + C) - (G(a) + C) = G(b) - G(a)$$

를 만족시킨다. 즉 $f(x)$의 어떤 원시함수를 가지고 정리 4.1.2에 적용해도 같은 값($f(x)$의 정적분)을 얻는다.

예제 4.3.3 곡선 $y = x^3$과 $x = 2, x = 3$ 및 x축으로 둘러싸인 부분의 넓이를 구하여라.

풀이 폐구간 $[2, 3]$에서 x^3의 값이 양수이므로 구하고자 하는 넓이는 $x = 2$에서 $x = 3$까지의 정적분 $\int_2^3 x^3\,dx$이다. $\int x^3\,dx = \frac{x^4}{4}$이므로 구하고자 하는 넓이는

$$\frac{3^4}{4} - \frac{2^4}{4} = \frac{65}{4}$$

이다. ■

예제 4.3.4 다음 정적분을 계산하여라.

(1) $\int_0^2 (2x^3 - x^2 + x - 4)\,dx$ (2) $\int_1^2 \frac{1}{x^3}\,dx$

(3) $\int_1^2 \frac{1}{\sqrt{x}}\,dx$ (4) $\int_0^\pi \sin x\,dx$

(5) $\int_0^{\pi/4} \sec^2 x\,dx$

풀이 (1) $\int_0^2 (2x^3 - x^2 + x - 4)\,dx = \left[\frac{x^4}{2} - \frac{x^3}{3} + \frac{x^2}{2} - 4x\right]_0^2$
$= 8 - \frac{8}{3} + 2 - 8 = -\frac{2}{3}$

(2) $\int_1^2 \frac{1}{x^3}\,dx = \left[-\frac{1}{2x^2}\right]_1^2 = -\frac{1}{8} + \frac{1}{2} = \frac{3}{8}$

(3) $\int_1^2 \frac{1}{\sqrt{x}}\,dx = \left[2\sqrt{x}\right]_1^2 = 2(\sqrt{2} - 1)$

(4) $\int_0^\pi \sin x\,dx = [-\cos x]_0^\pi = 1 + 1 = 2$

(5) $\int_0^{\pi/4} \sec^2 x\,dx = [\tan x]_0^{\pi/4} = 1 - 0 = 1$ ■

예제 4.3.5

(1) 임의의 실수 x에 대하여 함수 $F(x)$가 $F(x) = \int_1^x t \sin t^2 \cos 2t\,dt$로

정의될 때, $F(x)$의 도함수 $F'(x)$를 구하여라.

(2) 임의의 실수 x에 대하여 함수 $G(x)$가 $G(x)=\int_x^{x^2} t\sin t^2\,dt$로 정의될 때, $G(x)$의 도함수 $G'(x)$를 구하여라.

풀이 (1) $\int t\sin t^2\cos 2t\,dt = H(t)$라 하자. 그러면 미분적분학의 기본정리 2에 의해

$$F(x)=\int_1^x t\sin t^2\cos 2t\,dt=[H(t)]_1^x=H(x)-H(1)$$

이 된다. 따라서 $F'(x)=(H(x)-H(1))'=H'(x)=x\sin x^2\cos(2x)$이다.

(2) $\int t\sin t^2\,dt = K(t)$라 하자. 그러면 미분적분학의 기본정리 2에 의해

$$G(x)=\int_x^{x^2} t\sin t^2\,dt = K(x^2)-K(x)$$

이다. 따라서

$$\begin{aligned}G'(x)&=(K(x^2)-K(x))'=K'(x^2)2x-K'(x)\\&=(x^2\sin x^4)2x-x\sin x^2\\&=2x^3\sin x^4-x\sin x^2\end{aligned}$$

이다. ■

4.3 연습문제

1. 다음 값들을 구하여라.

(1) $\lim_{n\to\infty}\left(\frac{1}{n}+\frac{2}{n}+\cdots+\frac{n-1}{n}\right)\frac{1}{n}$

(2) $\lim_{n\to\infty}\sum_{i=1}^{n}\frac{i^4}{n^5}$

(3) $\lim_{n\to\infty}\frac{2}{n}\left(\cos^2\frac{\pi}{n}+\cos^2\frac{2\pi}{n}+\cos^2\frac{3\pi}{n}+\cdots+\cos^2\frac{n\pi}{n}\right)$

(4) $\lim_{n\to\infty}\frac{1}{n}\left[\left(1+\frac{1}{n}\right)^3+\left(1+\frac{2}{n}\right)^3+\cdots+\left(1+\frac{n}{n}\right)^3\right]$

2. 다음 정적분을 계산하여라.

(1) $\int_0^1 (2x^2-x)\,dx$ (2) $\int_1^2 \frac{1}{x^5}\,dx$

(3) $\int_0^{\pi/4}\sin 2x\,dx$ (4) $\int_1^2 \sqrt[3]{x^2}\,dx$

(5) $\int_{\pi/6}^{\pi/4}\csc^2 x\,dx$ (6) $\int_{-1}^{2}|x^3|\,dx$

(7) $\int_0^{\pi/2}\cos^2 x\,dx$ (8) $\int_0^{\pi/4}(2\sin x-\tan^2 x)\,dx$

(9) $\int_1^2\left(\frac{1}{\sqrt{x}}+\frac{2}{\sqrt[3]{x}}\right)dx$ (10) $\int_0^{\pi/4}\sin x\cos 3x\,dx$

(11) $\int_0^{\pi/2}\sqrt{1-\cos 2x}\,dx$ (12) $\int_1^2\left(\frac{x-x^4\sqrt{x}}{3x^3}\right)dx$

3. 다음 함수들의 도함수 $f'(x)$를 구하여라.

(1) $f(x)=\int_0^x \sqrt{1+t^2}\,dt$

(2) $f(x)=\int_3^{2x} 2t^3\sin^2 t\,dt$

(3) $f(x)=\int_x^3 \sqrt{t}\,(t^2+1)^5\,dt$

(4) $f(x)=\int_x^{x^2}\sin t\cos\sqrt{t}\,dt$

4. 만약 함수 $y=f(x)$가 폐구간 $[a, b]$에서 연속일 때 다음 물음에 답하여라.

(1) $a\le x^2\le b$를 만족하는 x에 대하여

$$F(x)=\int_a^{x^2} f(t)\,dt$$

가 미분가능한가?

(2) 만약 (1)에서 주어진 함수 $F(x)$가 미분가능하면 $F'(x)$를 구하여라.

4.4 치환적분법

미분법 공식 중에서 가장 유용하게 사용되는 공식 중 하나는 합성함수의 도함수 공식(연쇄법칙)이다.

합성함수의 도함수 공식에 대응되는 적분법이 치환적분법이다. 치환적분법 역시 함수들의 적분을 계산하는 데 가장 많이 사용되는 적분법 중 하나이다.

정리 4.4.1 치환적분법

$F'(t) = f(t)$이고 $t = \varphi(x)$가 미분가능하면

$$\int f(\varphi(x))\,\varphi'(x)\,dx = F(\varphi(x))$$

이다. 이 적분법을 **치환적분법**(integration by substitution)이라 한다.

증명 합성함수 도함수 공식에 의해

$$\frac{d}{dx}F(\varphi(x)) = F'(\varphi(x)) \cdot \varphi'(x) = f(\varphi(x)) \cdot \varphi'(x)$$

이다. 그러므로 $\int f(\varphi(x))\,\varphi'(x)\,dx = F(\varphi(x))$이다. ■

참고로 치환적분법을 적용하여 $\int f(\varphi(x))\,\varphi'(x)\,dx$를 계산하는 과정을 소개하면 다음과 같다.

(1) $\varphi(x) = t$로 치환하면 $\varphi'(x)dx = dt$가 되어 주어진 적분이 $\int f(t)\,dt$로 변환된다. (피적분함수가 치환되는 변수에 대한 식으로 변환될 수 있도록 치환되는 함수를 정해야 한다.)

(2) $\int f(t)\,dt = F(t)$를 구한다.

(3) 다시 $t = \varphi(x)$를 대입함으로써 $\int f(\varphi(x))\,\varphi'(x)\,dx = F(\varphi(x))$를 구한다.

예제 4.4.2 다음 부정적분을 구하여라.

(1) $\int (x+5)^7\,dx$

(2) $\int (x^2+2x+3)^3(x+1)\,dx$

(3) $\int \sqrt{2x+1}\,dx$

(4) $\int \frac{x}{\sqrt{4-x^2}}\,dx$

(5) $\int \sin(2x-1)\,dx$

(6) $\int \sin^5 x \cos x\,dx$

(7) $\int \frac{1}{\cos^2(2x+1)}\,dx$ (8) $\int \frac{\cos^3 x}{\sin^4 x}\,dx$

(9) $\int f(x)^\alpha f'(x)\,dx\ (\alpha \neq -1)$ (10) $\int f'(ax+b)\,dx\ (a \neq 0)$

풀이 (1) $x+5=t$로 치환하면 $dx=dt$를 얻는다. 따라서

$$\int (x+5)^7\,dx = \int t^7\,dt = \frac{t^8}{8} = \frac{(x+5)^8}{8}$$

이다.

(2) $x^2+2x+3=t$로 치환하면 $(2x+2)dx=dt$가 된다. 따라서

$$\begin{aligned}\int (x^2+2x+3)^3(x+1)\,dx &= \frac{1}{2}\int (x^2+2x+3)^3(2x+2)\,dx\\ &= \frac{1}{2}\int t^3\,dt = \frac{t^4}{8}\\ &= \frac{(x^2+2x+3)^4}{8}\end{aligned}$$

이다.

(3) $2x+1=t$로 치환하면 $2dx=dt$가 된다. 따라서

$$\begin{aligned}\int \sqrt{2x+1}\,dx &= \frac{1}{2}\int \sqrt{2x+1}\,2\,dx\\ &= \frac{1}{2}\int \sqrt{t}\,dt = \frac{1}{2}\frac{t^{3/2}}{\frac{3}{2}} = \frac{t\sqrt{t}}{3} = \frac{(2x+1)\sqrt{2x+1}}{3}\end{aligned}$$

이다.

(4) $4-x^2=t$로 치환하면 $-2xdx=dt$이다. 따라서

$$\begin{aligned}\int \frac{x}{\sqrt{4-x^2}}\,dx &= -\frac{1}{2}\int \frac{-2x}{\sqrt{4-x^2}}\,dx\\ &= -\frac{1}{2}\int \frac{1}{\sqrt{t}}\,dt = -\frac{1}{2}(2\sqrt{t}) = -\sqrt{t} = -\sqrt{4-x^2}\end{aligned}$$

이다.

(5) $2x-1=t$로 치환하면 $2dx=dt$가 된다. 따라서

$$\begin{aligned}\int \sin(2x-1)\,dx &= \frac{1}{2}\int \sin(2x-1)\,2dx\\ &= \frac{1}{2}\int \sin t\,dt = -\frac{1}{2}\cos t = -\frac{1}{2}\cos(2x-1)\end{aligned}$$

이다.

(6) $\sin x=t$로 치환하면 $\cos x\,dx=dt$가 된다. 따라서

$$\int \sin^5 x\cos x\,dx = \int t^5\,dt = \frac{t^6}{6} = \frac{\sin^6 x}{6}$$

이다.

(7) $2x+1=t$로 치환하면 $2dx=dt$가 된다. 따라서

$$\begin{aligned}\int \frac{1}{\cos^2(2x+1)}\,dx &= \frac{1}{2}\int \frac{2}{\cos^2(2x+1)}\,dx \\ &= \frac{1}{2}\int \frac{1}{\cos^2 t}\,dt = \frac{1}{2}\int \sec^2 t\,dt \\ &= \frac{1}{2}\tan t = \frac{\tan(2x+1)}{2}\end{aligned}$$

이다.

(8) $\sin x = t$로 치환하면 $\cos x\,dx = dt$가 된다. 따라서

$$\begin{aligned}\int \frac{\cos^3 x}{\sin^4 x}\,dx &= \int \frac{(1-\sin^2 x)\cos x}{\sin^4 x}\,dx \\ &= \int \frac{1-t^2}{t^4}\,dt = \int\left(\frac{1}{t^4}-\frac{1}{t^2}\right)dt \\ &= -\frac{1}{3t^3}+\frac{1}{t} = -\frac{1}{3\sin^3 x}+\frac{1}{\sin x}\end{aligned}$$

이다.

(9) $f(x) = t$로 치환하면 $f'(x)dx = dt$이다. 따라서

$$\int [f(x)]^{\alpha} f'(x)\,dx = \int t^{\alpha}\,dt = \frac{1}{\alpha+1}t^{\alpha+1} = \frac{1}{\alpha+1}[f(x)]^{\alpha+1}.$$

(10) $ax+b = t$로 치환하면 $a\,dx = dt$이다. 따라서

$$\begin{aligned}\int f'(ax+b)\,dx &= \frac{1}{a}\int f'(ax+b)\,a\,dx \\ &= \frac{1}{a}\int f'(t)\,dt = \frac{f(t)}{a} = \frac{f(ax+b)}{a}\end{aligned}$$

이다. ■

지금부터 치환적분을 이용한 정적분의 계산에 대해 살펴보고자 한다.

정리 4.4.3 정적분의 치환

$F'(t) = f(t)$이고 $t = \varphi(x)$가 미분가능하면

$$\int_a^b f(\varphi(x))\,\varphi'(x)\,dx = \int_{\varphi(a)}^{\varphi(b)} f(t)\,dt = F(\varphi(b)) - F(\varphi(a))$$

이다.

증명 정리 4.4.1에 의해 $\int f(\varphi(x))\,\varphi'(x)\,dx = F(\varphi(x))$이다. 따라서 미분적분학의 기본정리에 의해

$$\int_a^b f(\varphi(x))\,\varphi'(x)\,dx = [F(\varphi(x))]_a^b = F(\varphi(b)) - F(\varphi(a))$$

이다. 한편

$$\int_{\varphi(a)}^{\varphi(b)} f(t)\,dt = [F(t)]_{\varphi(a)}^{\varphi(b)} = F(\varphi(b)) - F(\varphi(a))$$

이므로

$$\int_a^b f(\varphi(x))\,\varphi'(x)\,dx = \int_{\varphi(a)}^{\varphi(b)} f(t)\,dt = F(\varphi(b)) - F(\varphi(a))$$

이다. ■

치환적분법을 이용하여 정적분 $\int_a^b f(\varphi(x))\,\varphi'(x)\,dx$를 계산하는 과정을 간략히 소개하면 다음과 같다.

(1) $\varphi(x) = t$로 치환하면 $\varphi'(x)dx = dt$가 되어 주어진 적분이 t에 대한 식으로 나타내어질 때, 적분하한과 적분상한도 주어진 치환을 이용하여 변경시켜 $\int_{\varphi(a)}^{\varphi(b)} f(t)\,dt$를 구한다.

(2) $\int_{\varphi(a)}^{\varphi(b)} f(t)\,dt$를 계산한다.

참고로 치환적분을 이용하여 정적분을 계산할 때, 부정적분의 치환적분법에서처럼 적분을 계산한 후 다시 원래의 변수로 치환해줄 필요가 없다. 적분하한과 적분상한까지 치환할 때 같이 변형시켜준 후 치환된 변수로 표시되는 정적분을 계산하면 그 값이 원래 계산하고자 하는 정적분과 같게 된다.

예제 4.4.4 다음 정적분을 계산하여라.

(1) $\int_0^4 \sqrt{2x+1}\,dx$

(2) $\int_0^{\pi/4} \tan x \sec^2 x\,dx$

(3) $\int_0^{\sqrt{7}} \frac{2x}{\sqrt[3]{x^2+1}}\,dx$

(4) $\int_0^{\pi/2} \frac{\cos x}{\sqrt{1+\sin x}}\,dx$

풀이 (1) $2x+1=t$로 치환하면 $2dx = dt$이고 치환된 변수 t에 대한 적분하한은 1, 적분상한은 9가 된다. 따라서

$$\begin{aligned}\int_0^4 \sqrt{2x+1}\,dx &= \frac{1}{2}\int_0^4 \sqrt{2x+1}\,2dx \\ &= \frac{1}{2}\int_1^9 \sqrt{t}\,dt = \frac{1}{2}\left[\frac{2}{3}t\sqrt{t}\right]_1^9 = \frac{1}{3}(27-1) = \frac{26}{3}\end{aligned}$$

이다.

(2) $\tan x = t$로 치환하면 $\sec^2 x\,dx = dt$이고 치환된 변수 t에 대한 적분하한은 0, 적분상한은 1이 된다. 따라서

$$\int_0^{\pi/4} \tan x \sec^2 x\, dx = \int_0^1 t\, dt = \left[\frac{t^2}{2}\right]_0^1 = \frac{1}{2}$$

이다.

(3) $x^2+1=t$로 치환하면 $2x\,dx=dt$이고 치환된 변수 t에 대한 적분하한은 1, 적분상한은 2가 된다. 따라서

$$\int_0^{\sqrt{7}} \frac{2x}{\sqrt[3]{x^2+1}}\, dx = \int_1^8 \frac{1}{\sqrt[3]{t}}\, dt$$
$$= \left[\frac{3}{2}\sqrt[3]{t^2}\right]_1^8 = \frac{3}{2}(4-1) = \frac{9}{2}$$

이다.

(4) $1+\sin x=t$로 치환하면 $\cos x\,dx=dt$이고 치환된 변수 t에 대한 적분하한은 1, 적분상한은 2가 된다. 따라서

$$\int_0^{\pi/2} \frac{\cos x}{\sqrt{1+\sin x}}\, dx = \int_1^2 \frac{1}{\sqrt{t}}\, dt = \left[2\sqrt{t}\right]_1^2 = 2(\sqrt{2}-1)$$

이다. ■

4.4 연습문제

1. 다음 부정적분을 계산하여라.

(1) $\int \frac{1}{(2x+1)^3}\, dx$ (2) $\int x(x^2+3)^8\, dx$

(3) $\int \frac{x+2}{(x^2+4x+1)^{2/3}}\, dx$ (4) $\int \sec^2(3x-2)\, dx$

(5) $\int \frac{\cos x}{\sqrt[3]{3+\sin x}}\, dx$ (6) $\int \frac{\cos\sqrt{x}}{\sqrt{x}}\, dx$

(7) $\int \cot^3 x \csc^2 x\, dx$ (8) $\int \frac{1}{x^2}\sin\frac{1}{x}\cos\frac{1}{x}\, dx$

2. 다음 정적분을 계산하여라.

(1) $\int_0^1 x^3(1+x^4)^5\, dx$ (2) $\int_0^{\pi/4} \tan x \sec^2 x\, dx$

(3) $\int_0^1 \frac{x^2}{\sqrt[3]{x^3+2}}\, dx$ (4) $\int_0^{\pi/2} x\cos(x^2+1)\, dx$

(5) $\int_0^{\pi/2} (1+\sin x)^3 \cos x\, dx$ (6) $\int_0^1 x^3\sqrt{1-x^2}\, dx$

(7) $\int_{-\pi/4}^{\pi/4} \frac{\cos x}{(1+\sin x)^3}\, dx$ (8) $\int_1^4 \frac{1}{2\sqrt{x}\sqrt{2+\sqrt{x}}}\, dx$

3. 다음을 증명하여라.

(1) (적분의 평균값 정리) 함수 $f(x)$가 폐구간 $[a, b]$에서 연속이면

$$\int_a^b f(x)\, dx = f(c)(b-a)$$

를 만족하는 $c \in [a, b]$가 존재한다.

(2) 함수 $f(x)$가 폐구간 $[0, a]$ $(a>0)$에서 연속이면

(i) $\int_0^a f(x)\, dx = \int_0^a f(a-x)\, dx$

(ii) $\int_0^a f(x)\, dx = a\int_0^1 f(ax)\, dx$

이다.

(3) $\int_0^\pi x f(\sin x)\, dx = \frac{\pi}{2}\int_0^\pi f(\sin x)\, dx$

4. (1) $f'(x) = \frac{x}{\sqrt{x^2+4}}$이고 $f(0)=0$인 함수 $f(x)$를 구하여라.

(2) $f'(x)=\tan^2 x \sec^2 x$이고 $f(0)=2$인 함수 $f(x)$를 구하여라.

4.5 정적분의 근사계산

미분적분학의 기본정리에 의하면 어떤 함수의 정적분을 계산할 때, 그 함수의 부정적분을 구할 수 있으면 정적분을 쉽게 구할 수 있다. 그러나

$$\int \frac{\sin x}{x}\,dx,\quad \int \frac{\cos x}{x}\,dx,\quad \int \sin(x^2)\,dx,\quad \int \cos(x^2)\,dx,$$
$$\int x\tan x\,dx,\quad \int \sqrt{\sin x}\,dx$$

등과 같이 아직까지 부정적분의 계산이 알려지지 않은 함수들이 많이 존재한다. 따라서 정적분의 근삿값을 계산해야 할 필요가 있을 수 있다. 정적분의 근삿값을 계산하는 방법은 여러 가지가 있으나 여기서는 세 가지만 소개하기로 한다.

중간점 법칙

함수 $f(x)$가 $[a, b]$에서 연속이면 정리 4.1.3에 의해

$$\int_a^b f(x)\,dx = \lim_{n\to\infty}\sum_{i=1}^{n} f(x_i^*)\Delta x,\quad \Delta x = \frac{b-a}{n},$$
$$x_i = a + i\Delta x,\quad x_{i-1} \le x_i^* \le x_i$$

이다. 즉 $[a, b]$를 n등분하고 각 구간에서 임의의 점 x_i^*를 선택하여 $f(x_i^*)$와 구간의 길이 Δx를 곱하여 합한 것들의 n에 관한 극한값으로 정의되어 있다. 따라서 정적분의 근삿값으로

$$S_n = \sum_{i=1}^{n} f(x_i^*)\Delta x$$

를 선택할 수 있다. 물론 n이 증가할수록 S_n의 값은 정적분에 수렴하므로 우리가 원하는 만큼 오차가 작아지도록 n을 선택할 수 있다. 일반적으로 x_i^*는 폐구간 $[x_{i-1}, x_i]$의 임의의 점이므로 선택의 기준을 정할 수 있다. 예를 들어 x_i^*를 구간의 왼쪽 끝점 x_{i-1}, 오른쪽 끝점 x_i 또는 그 구간의 중간점 $\frac{x_{i-1}+x_i}{2}$로 선택할 수 있다. 일반적으로 고정된 n에 대하여는 중간점을 선택하는 것이 오른쪽 끝점이나 왼쪽 끝점을 선택한 경우보다 오차가 적은 것을 알 수 있다(그림 4.5.1 참조).

정리 4.5.1 중간점 법칙

$$\int_a^b f(x)\,dx \approx S_n = \sum_{i=1}^{n} f(x_i^*)\Delta x = [f(x_1^*) + f(x_2^*) + \cdots + f(x_n^*)]\Delta x$$

단, $\Delta x = \dfrac{b-a}{n}$, $x_i^* = \dfrac{x_{i-1}+x_i}{2}$, 즉 x_i^*는 $[x_{i-1}, x_i]$의 중간점이다.

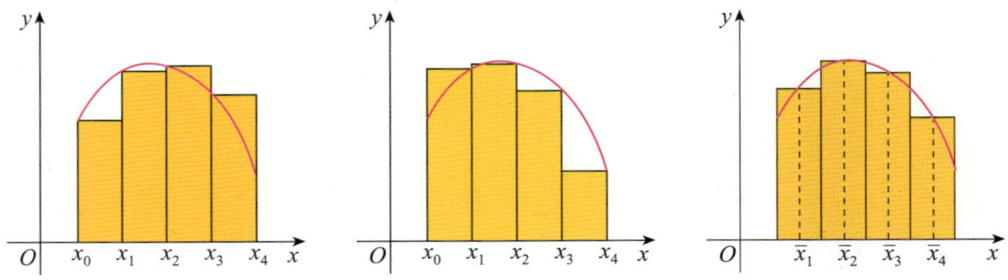

(a) x_i^* = 왼쪽 끝점 (b) x_i^* = 오른쪽 끝점 (c) x_i^* = 중간점

그림 4.5.1

중간점 법칙은 직사각형들의 넓이의 합으로 정적분을 근사시키는 것이다. 다음에 소개하는 사다리꼴 공식은 사다리꼴들의 넓이의 합으로 정적분의 근삿값을 구하고 있다.

사다리꼴 공식

함수 f가 $[a, b]$에서 연속일 때 구간 $[a, b]$를 n등분하여 곡선 상에 $(n+1)$개의 점을 얻을 수 있다. 즉 $(x_0, f(x_0)), (x_1, f(x_1)), (x_2, f(x_2)), \cdots, (x_n, f(x_n))$이다. 여기서 $x_i = a + i\Delta x$, $\Delta x = \dfrac{b-a}{n}$이다. 그림 4.5.2에서 i번째 부분구간에 있는 사다리꼴의 넓이는

$$\frac{1}{2}\Delta x[f(x_{i-1}) + f(x_i)] = \frac{\Delta x}{2}[f(x_{i-1}) + f(x_i)]$$

이고, 이들 사다리꼴들의 넓이를 더하면 정리 4.5.2를 얻는다.

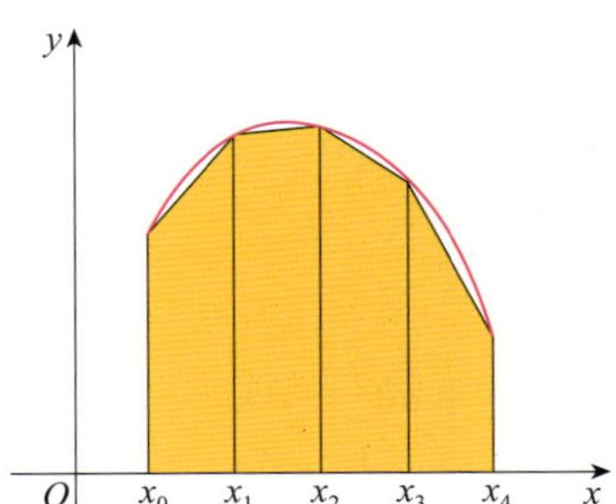

그림 4.5.2

정리 4.5.2 사다리꼴 공식

$$\int_a^b f(x)\,dx \approx [f(x_0) + 2\{f(x_1) + f(x_2) + \cdots + f(x_{n-1})\} + f(x_n)] \cdot \frac{\Delta x}{2}$$

단, $\Delta x = \dfrac{b-a}{n}$, $x_i = a + i\Delta x$이다.

심프슨의 공식

함수 f가 $[a, b]$에서 연속이라 하고 구간 $[a, b]$를 $a = x_0 < x_1 < x_2 < \cdots < x_{2n} = b$로 $2n$등분하고 x축 상의 점 $x_0, x_1, x_2, \cdots, x_{2n}$에 대응되는 f의

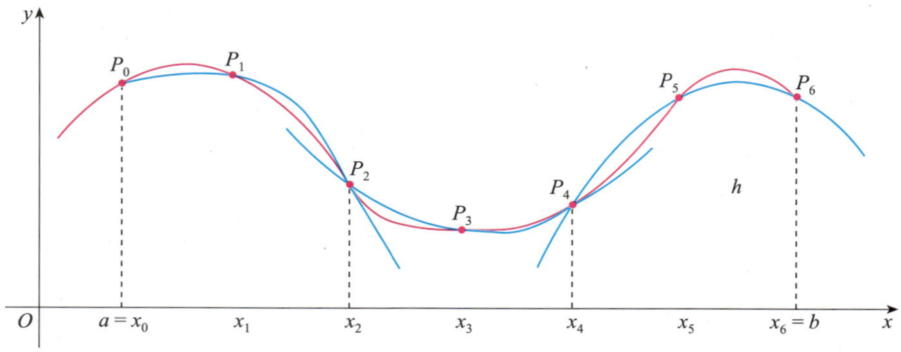

그림 4.5.3

그래프 상의 점을 $P_0(x_0, y_0), P_1(x_1, y_1), P_2(x_2, y_2), \cdots, P_{2n}(x_{2n}, y_{2n})$이라 둔다. $2n+1$개의 점들을 다음과 같이 세 점씩 묶어서 이 세 점을 지나는 2차 곡선들을 구한다.

$$\{P_0, P_1, P_2\}, \{P_2, P_3, P_4\}, \cdots, \{P_{2n-2}, P_{2n-1}, P_{2n}\}$$

각 2차 곡선들을 $y=g_1(x), y=g_2(x), \cdots, y=g_n(x)$라 둔다. 그림 4.5.3과 같이 곡선들로 둘러싸인 부분의 넓이를 2차 곡선으로 둘러싸인 부분의 넓이의 합으로 대신한 식이 심프슨(Simpson)의 공식이다. 즉

$$\int_a^b f(x)\,dx \approx \int_{x_0}^{x_2} g_1(x)\,dx + \int_{x_2}^{x_4} g_2(x)\,dx + \cdots + \int_{x_{2n-2}}^{x_{2n}} g_n(x)\,dx$$

이다. $h = x_k - x_{k-1} = \dfrac{b-a}{2n}\ (k=0, 1, 2, \cdots, 2n)$라 두고 $t = x - x_{2k-1}$로 치환하면 $x_{2k-2}, x_{2k-1}, x_{2k}$에 대응되는 점 t는 $-h, 0, h$이고 포물선 방정식 $y = g_k(x)$를 t의 2차 함수 $y = at^2 + bt + c$의 꼴이 된다. 따라서

$$\begin{aligned}\int_{x_{2k-2}}^{x_{2k}} g_k(x)\,dx &= \int_{-h}^{h} (at^2 + bt + c)\,dt = \left[\frac{at^3}{3} + \frac{bt^2}{2} + ct\right]_{-h}^{h} \\ &= 2\left(\frac{ah^3}{3} + ch\right)\end{aligned}$$

이다. 한편

$$y_{2k-2} = ah^2 - bh + c, \quad y_{2k-1} = c, \quad y_{2k} = ah^2 + bh + c$$

로부터

$$2ah^2 = y_{2k-2} - 2y_{2k-1} + y_{2k}, \quad c = y_{2k-1}$$

이며

$$\begin{aligned}\int_{x_{2k-2}}^{x_{2k}} g_k(x)\,dx &= \frac{h}{3}(y_{2k-2} - 2y_{2k-1} + y_{2k} + 6y_{2k-1}) \\ &= \frac{h}{3}(y_{2k-2} + 4y_{2k-1} + y_{2k})\end{aligned}$$

이다. 따라서

$$
\begin{aligned}
S &= \sum_{k=1}^{n} \int_{x_{2k-2}}^{x_{2k}} g_k(x)\,dx \\
&= \frac{h}{3}[y_0 + 4(y_1 + y_3 + \cdots + y_{2k-1}) + 2(y_2 + y_4 + \cdots + y_{2n-2}) + y_{2n}] \\
&= \sum_{k=1}^{n} \frac{h}{3}(y_{2k-2} + 4y_{2k-1} + y_{2k}) \\
&\approx \int_a^b f(x)\,dx
\end{aligned}
$$

를 얻을 수 있다.

정리 4.5.3 심프슨의 공식

$$
\int_a^b f(x)\,dx \approx \frac{h}{3}[y_0 + 4(y_1 + y_3 + \cdots + y_{2k-1}) + 2(y_2 + y_4 + \cdots + y_{2n-2}) + y_{2n}]
$$

단, $h = \frac{b-a}{2n}$, $y_n = f(x_n)$이다.

예제 4.5.4 $\int_1^2 \frac{1}{x}\,dx$의 근삿값을 다음 각 경우에 계산하여라.

(1) 중간점 법칙 이용: $n=5$

(2) 사다리꼴 공식 이용: $n=5$

(3) 심프슨의 공식 이용: $2n=10$

풀이 (1) $n=5$, $a=1$ 그리고 $b=2$이다. 따라서 $\Delta x = \frac{2-1}{5} = 0.2$ 이며, 각 구간의 중간점들은 1.1, 1.3, 1.5, 1.7과 1.9이다. 중간점 법칙을 적용하면

$$
\begin{aligned}
\int_1^2 \frac{1}{x}\,dx &\approx \frac{1}{5}[f(1.1) + f(1.3) + f(1.5) + f(1.7) + f(1.9)] \\
&= \frac{1}{5}\left[\frac{1}{1.1} + \frac{1}{1.3} + \frac{1}{1.5} + \frac{1}{1.7} + \frac{1}{1.9}\right] \approx 0.691908
\end{aligned}
$$

이다.

(2) 사다리꼴 공식을 적용하면

$$
\begin{aligned}
\int_1^2 \frac{1}{x}\,dx &\approx \frac{0.2}{2}[f(1) + 2f\{(1.2) + f(1.4) + f(1.6) + f(1.8)\} + f(2) \\
&= 0.1\left\{\frac{1}{1} + 2\left(\frac{1}{1.2} + \frac{1}{1.4} + \frac{1}{1.6} + \frac{1}{1.8}\right) + \frac{1}{2}\right\} \\
&\approx 0.695635
\end{aligned}
$$

이다.

(3) $2n=10$, $a=1$ 그리고 $b=2$이다. 따라서 $h = \frac{2-1}{10} = 0.1$이다.

심프슨의 공식을 적용하면

$$\begin{aligned}\int_1^2 \frac{1}{x}\,dx &\approx \frac{h}{3}[f(1)+4\{f(1.1)+f(1.3)+f(1.5)+f(1.7)+f(1.9)\}\\ &\quad +2\{f(1.2)+f(1.4)+f(1.6)+f(1.8)\}+f(2)]\\ &= \frac{0.1}{3}\left\{\frac{1}{1}+4\left(\frac{1}{1.1}+\frac{1}{1.3}+\frac{1}{1.5}+\frac{1}{1.7}+\frac{1}{1.9}\right)\right.\\ &\quad \left.+2\left(\frac{1}{1.2}+\frac{1}{1.4}+\frac{1}{1.6}+\frac{1}{1.8}\right)+\frac{1}{2}\right\}\\ &\approx 0.693150\end{aligned}$$

이다. ■

위의 예제에서

$$\int_1^2 \frac{1}{x}\,dx = \ln 2 = 0.693147\cdots$$

임을 미분적분학의 기본정리에 의해 알 수 있다. 따라서 $n=5$일 때 중간점 법칙을 이용한 적분값의 오차 E_M과 사다리꼴 공식을 이용한 적분값의 오차 E_T의 값은 각각

$$E_M \approx 0.001239,\ E_T \approx -0.002488$$

임을 알 수 있다. 이 사실에서 같은 n등분에 대하여 사다리꼴 공식보다 중간점 법칙의 적분값의 오차가 적음을 보여준다. 다음은 각 적분의 근사계산에서 오차의 범위를 증명없이 소개한다.

오차한계

정리 4.5.5 중간점 법칙과 사다리꼴 공식

$a \le x \le b$인 x에 대하여 $|f''(x)| \le K$라 가정한다. E_M과 E_T를 각각 중간점 법칙과 사다리꼴 공식의 오차라 하면

$$|E_M| \le \frac{K(b-a)^2}{24n^2} \text{이고 } |E_T| \le \frac{K(b-a)^2}{12n^2}$$

이다.

정리 4.5.6 심프슨의 공식

$a \le x \le b$인 x에 대하여 $|f^{(4)}(x)| \le K$라 가정한다. E_S를 심프슨의 공식의 오차라 하면

$$|E_S| \leq \frac{K(b-a)^2}{180n^4}$$

이다. 단, n은 짝수이다.

예제 4.5.7 $\int_1^2 \frac{1}{x}\,dx$의 다음 각 공식들에 대한 근삿값의 오차가 0.0001 이내가 되는 최소의 n을 구하여라.

(1) 중간점 법칙

(2) 사다리꼴 공식

(3) 심프슨의 공식

풀이 (1) $f(x)=\frac{1}{x}$이므로 $f'(x)=-\frac{1}{x^2}$, $f''(x)=\frac{2}{x^3}$ 이다. 따라서 $1 \leq x \leq 2$인 x에 대하여 $\frac{1}{x} \leq 1$이고,

$$|f''(x)| = \left|\frac{2}{x^3}\right| \leq \frac{2}{1^3} = 2$$

이다. 그러므로 오차범위는

$$|E_M| \leq \frac{K(b-a)^2}{24n^2} \leq \frac{2 \cdot 1^3}{24n^2} < 0.0001$$

이다. 따라서

$$n > \frac{1}{\sqrt{0.0012}} \approx 29$$

이다. 즉 최소의 n은 29이다.

(2) 마찬가지로 오차범위는

$$|E_T| \leq \frac{K(b-a)^2}{12n^2} \leq \frac{2 \cdot 1^3}{12n^2} < 0.0001$$

이다. 따라서

$$n > \frac{1}{\sqrt{0.0006}} \approx 40.8$$

이다. 즉 최소의 n은 41임을 알 수 있다.

(3) $f(x)=\frac{1}{x}$ 이므로 $f^{(4)}(x)=\frac{24}{x^5}$이다. $x \geq 1$이므로 $\frac{1}{x} \leq 1$이고

$$|f^{(4)}(x)| = \left|\frac{24}{x^5}\right| \leq 24$$

이다. 그러므로 정리 4.5.6에서 $K=24$로 택할 수 있다. 오차가 0.0001보다 작게 하려면

$$\frac{24 \cdot 1^5}{180n^4} < 0.0001$$

이 되도록 n을 택해야 한다. 따라서

$$n^4 > \frac{24}{180\,(0.0001)},\ n > \frac{1}{\sqrt[4]{0.00075}} \approx 6.04$$

이다. 즉 $n = 8$이 최소의 짝수이며, 따라서 최소 8등분해야 한다. ■

4.5 연습문제

1. 주어진 적분을 $n = 6$으로 택해 (a) 사다리꼴 공식, (b) 심프슨의 공식, (c) 중간점 법칙을 사용하여 근삿값을 구한 다음 참값과 비교하여라.

(1) $\int_0^3 x\,dx$ (2) $\int_0^3 x^2\,dx$

(3) $\int_0^3 \sqrt{x}\,dx$ (4) $\int_1^3 \frac{1}{x^2}\,dx$

2. (a) 사다리꼴 공식, (b) 심프슨의 공식, (c) 중간점 법칙을 사용하여 다음 적분들의 근삿값을 구할 때, 오차가 0.0001 이내가 되는 최소의 n을 구하여라.

(1) $\int_0^3 x\,dx$ (2) $\int_0^2 x^2\,dx$

(3) $\int_0^3 \sqrt{x}\,dx$ (4) $\int_{-\pi/2}^{\pi/2} \cos x\,dx$

종 | 합 | 문 | 제

1. 다음을 계산하여라.

(1) $\int (x^2 - x + 5\sqrt{x})\,dx$ (2) $\int \left(\frac{1}{x^3} - \frac{2}{x\sqrt{x}}\right) dx$

(3) $\int \frac{1}{x^2}\left(1 - \frac{1}{x}\right)^5 dx$ (4) $\int \frac{\sin\sqrt{x}}{\sqrt{x}}\,dx$

(5) $\int \sin 3x \cos x\,dx$ (6) $\int \sqrt{\cot \csc^2 x}\,dx$

(7) $\int \sec^3 x \tan x\,dx$ (8) $\int \sqrt[4]{2x+1}\,dx$

(9) $\int \frac{\sin x}{\sqrt[3]{(3+\cos x)^2}}\,dx$ (10) $\int \frac{4x+1}{\sqrt[3]{2x^2+x+3}}\,dx$

2. 연속함수 $y = f(x)$가

$$\int_0^{10} f(x)\,dx = 3, \quad \int_0^5 f(x)\,dx = -2,$$
$$\int_3^8 f(x)\,dx = 2, \quad \int_3^5 f(x)\,dx = 7$$

을 만족시킬 때, 다음 정적분을 구하여라.

(1) $\int_8^{10} 3f(x)\,dx$ (2) $\int_8^0 f(x)\,dx$

(3) $\int_8^5 -2f(x)\,dx$

3. 다음 값들을 구하여라.

(1) $\lim_{n\to\infty}\left(\frac{n+1}{n} + \frac{n+2}{n} + \cdots + \frac{2n-1}{n}\right)\frac{1}{n}$

(2) $\lim_{n\to\infty}\left(\frac{1}{n^2}\sqrt{1+\frac{1^2}{n^2}} + \frac{2}{n^2}\sqrt{1+\frac{2^2}{n^2}} + \cdots + \frac{n}{n^2}\sqrt{1+\frac{n^2}{n^2}}\right)$

(3) $\lim_{n\to\infty}\frac{2}{n}\left(\sin\frac{\pi}{n}\cos^2\frac{\pi}{n} + \sin\frac{2\pi}{n}\cos^2\frac{2\pi}{n} + \sin\frac{3\pi}{n}\cos^2\frac{3\pi}{n} + \cdots + \sin\frac{n\pi}{n}\cos^2\frac{n\pi}{n}\right)$

4. 다음 정적분을 계산하여라.

(1) $\int_1^2 \left(x^2 - 2x + \frac{1}{x^2}\right) dx$ (2) $\int_0^{\pi/4} \cos x \sin^3 x\,dx$

(3) $\int_0^2 \frac{2x+1}{(x^2+x+1)^{3/2}}\,dx$ (4) $\int_1^2 \sqrt[3]{x^2}\,dx$

(5) $\int_0^1 x\sec^2(x^2+1)\,dx$ (6) $\int_1^4 \frac{1}{2\sqrt{x}\,(2+\sqrt{x})^2}\,dx$

(7) $\int_0^1 x\sqrt{1-x^2}\,dx$

(8) $\int_0^{\pi/4} \frac{1}{\cos^2 x\sqrt{1+3\tan x}}\,dx$

5. 다음 함수들의 도함수 $f'(x)$를 구하여라.

(1) $f(x) = \int_0^x \sqrt{1+\sin t^2}\,dt$

(2) $f(x) = \int_x^{2x} \sin^2 t\sqrt{2t^3}\,dt$

(3) $f(x) = \int_x^3 \frac{\sqrt{t}}{(t^2+t+1)^5}\,dt$

(4) $f(x) = \int_{\sqrt{x}}^x \sin t^2 \cos\sqrt{t}\,dt$

6. (1) $f'(x) = x^3\sqrt{x^2+4}$이고 $f(0) = 0$인 함수 $f(x)$를 구하여라.

(2) $f'(x) = \frac{\tan x}{\cos x\sqrt[3]{1+3\sec x}}$ 이고 $f(0) = 1$인 함수 $f(x)$를 구하여라.

7. 어떤 입자의 시간 t에서의 속도가 $v(t) = t\sqrt{t^2+1}$이다. 이 입자가 $t = 1$에서 $t = 3$까지 움직인 거리는 얼마인가?

8. 주어진 적분을 $n = 6$으로 택하여 (a) 사다리꼴 공식, (b) 심프슨의 공식, (c) 중간점 법칙을 사용하여 근삿값을 구하여라.

(1) $\int_0^3 \frac{1}{x+1}\,dx$ (2) $\int_0^3 \frac{1}{\sqrt{x^3+1}}\,dx$

5 CHAPTER

적분의 응용

5.1 곡선으로 둘러싸인 영역의 넓이

정적분의 정의에서 알 수 있듯이 정적분은 곡선의 기하학적 성질을 조사하는 데 유용하게 사용될 수 있다. 특히 곡선으로 둘러싸인 부분의 넓이, 입체의 부피, 호의 길이 및 곡면의 넓이를 계산하는 데 정적분은 유용하게 사용된다. 이 절에서는 정적분을 이용하여 곡선으로 둘러싸인 부분의 넓이를 구하는 방법을 생각해본다.

폐구간 $[a, b]$에서 정의된 연속함수 $y=f(x), y=g(x)$가 $f(x) \geq g(x)$일 때, 두 곡선 $y=f(x), y=g(x)$와 두 직선 $x=a, x=b$로 둘러싸인 부분의 넓이 S를 구하고자 한다. 먼저 폐구간 $[a, b]$의 분할을 이용하여 S의 근삿값을 생각해보자. 폐구간 $[a, b]$의 임의의 분할 $P: a=x_0 < x_1 < x_2 < \cdots < x_n = b$에 대하여, 두 곡선 $y=f(x), y=g(x)$와 두 직선 $x=x_{i-1}, x=x_i$로 둘러싸인 부분의 넓이를 S_i라 하자. $x_{i-1} \leq x \leq x_i$인 x에 대하여, $f(x)-g(x)$의 최솟값을 m_i, 최댓값을 M_i라고 하면

$$m_i(x_i - x_{i-1}) \leq S_i \leq M_i(x_i - x_{i-1})$$

을 만족한다. 편의상 $x_i^*, x_i^{**} \in [x_{i-1}, x_i]$에 대하여 $f(x_i^*) - g(x_i^*) = m_i$, $f(x_i^{**}) - g(x_i^{**}) = M_i$라고 하자. 그러면

$$\begin{aligned}\sum_{i=1}^{n}(f(x_i^*) - g(x_i^*))(x_i - x_{i-1}) &\leq S = \sum_{i=1}^{n} S_i \\ &\leq \sum_{i=1}^{n}(f(x_i^{**}) - g(x_i^{**}))(x_i - x_{i-1})\end{aligned}$$

을 만족한다. 정리 4.2.3에 의해

$$\begin{aligned}&\lim_{\|P\| \to 0} \sum_{i=1}^{n}(f(x_i^*) - g(x_i^*))(x_i - x_{i-1}) \\ &= \lim_{\|P\| \to 0} \sum_{i=1}^{n}(f(x_i^{**}) - g(x_i^{**}))(x_i - x_{i-1}) \\ &= \int_a^b (f(x) - g(x))\,dx\end{aligned}$$

이다. 샌드위치 정리에 의해 구하고자 하는 넓이 S는

$$S = \int_a^b (f(x) - g(x))\,dx$$

이다.

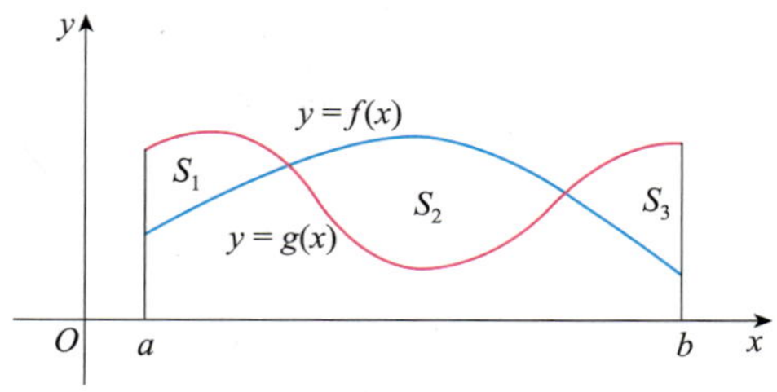

그림 5.1.1

폐구간 $[a, b]$에서 정의된 두 연속함수 $y=f(x)$와 $y=g(x)$에 대하여, 곡선 $y=f(x)$, $y=g(x)$ 및 직선 $x=a$, $x=b$로 둘러싸인 부분의 넓이를 구하기 위해서 먼저 $f(x) \geq g(x)$인 $x \in [a, b]$ 값들과 $g(x) \geq f(x)$인 $x \in [a, b]$ 값들을 구분해야 한다. 이를 토대로 $[a, b]$를 나누어줌으로써 구하고자 하는 넓이를 다음과 같이 계산할 수 있다.

정리 5.1.1

폐구간 $[a, b]$에서 정의된 두 연속함수 $y=f(x)$와 $y=g(x)$에 대하여, 곡선 $y=f(x)$, $y=g(x)$ 및 직선 $x=a$, $x=b$로 둘러싸인 부분의 넓이는

$$A = \int_a^b |f(x) - g(x)|\, dx$$

이다.

따름정리 5.1.2

폐구간 $[a, b]$에서 정의된 연속함수 $y=f(x)$에 대하여, 곡선 $y=f(x)$와 직선 $x=a$, $x=b$ 및 x축으로 둘러싸인 부분의 넓이는

$$A = \int_a^b |f(x)|\, dx = \int_a^b |y|\, dx$$

이다.

예제 5.1.3 곡선 $y=x^2-x-2$에 대하여, 주어진 곡선과 $x=0$, $x=3$ 및 x축으로 둘러싸인 부분의 넓이를 구하여라.

풀이 $x^2-x-2=(x-2)(x+1)$이므로 $0 \leq x \leq 2$에 대하여 $x^2-x-2 \leq 0$이고 $2 \leq x \leq 3$에 대하여 $x^2-x-2 \geq 0$이다. 따라서 구하고자 하는 넓이는

$$\int_0^3 |x^2 - x - 2|\,dx = \int_0^2 (-x^2 + x + 2)\,dx + \int_2^3 (x^2 - x - 2)\,dx$$
$$= \left[-\frac{x^3}{3} + \frac{x^2}{2} + 2x\right]_0^2 + \left[\frac{x^3}{3} - \frac{x^2}{2} - 2x\right]_2^3$$
$$= -\frac{8}{3} + 2 + 4 + \frac{19}{3} - \frac{5}{2} - 2 = \frac{31}{6}$$

이다. ■

예제 5.1.4 다음에 주어진 곡선으로 둘러싸인 부분의 넓이를 구하여라.

(1) $y = \sqrt{x},\ x = 4$, x축

(2) $y = \sin 2x\ (0 \le x \le \pi)$, x축

(3) $y = x^2 + 1,\ y = x,\ x = 1$, y축

(4) $y = \sin x,\ y = \cos x,\ x = 0,\ x = \frac{\pi}{2}$

풀이 (1) 구하는 넓이는 $A = \int_0^4 \sqrt{x}\,dx = \frac{2}{3}[x^{3/2}]_0^4 = \frac{16}{3}$이다.

(2) $0 \le x \le \frac{\pi}{2}$인 x에 대하여 $\sin 2x \ge 0$이고, $\frac{\pi}{2} \le x \le \pi$인 x에 대하여 $\sin 2x \le 0$이다. 그러므로 구하는 넓이는

$$A = \int_0^{\pi} |\sin 2x|\,dx$$
$$= \int_0^{\pi/2} \sin 2x\,dx - \int_{\pi/2}^{\pi} \sin 2x\,dx$$
$$= \frac{1}{2}[-\cos 2x]_0^{\pi/2} - \frac{1}{2}[-\cos 2x]_{\pi/2}^{\pi} = 2$$

이다.

(3) $0 \le x \le 1$인 모든 x에 대하여 $x \le x^2 + 1$이므로, 구하고자 하는 넓이는

$$A = \int_0^1 [(x^2+1) - x]\,dx = \left[\frac{1}{3}x^3 + x - \frac{1}{2}x^2\right]_0^1 = \frac{5}{6}$$

이다.

(4) $y = \sin x,\ y = \cos x$는 $x = \frac{\pi}{4}$일 때 교점을 가지며, $0 \le x \le \frac{\pi}{4}$인 모든 x에 대하여 $\sin x \le \cos x$이고, $\frac{\pi}{4} \le x \le \frac{\pi}{2}$인 모든 x에 대하여 $\cos x \le \sin x$이다. 그러므로 구하고자 하는 넓이는

$$A = \int_0^{\pi/2} |\sin x - \cos x|\,dx$$
$$= \int_0^{\pi/4} (\cos x - \sin x)\,dx + \int_{\pi/4}^{\pi/2} (\sin x - \cos x)\,dx$$
$$= 2\sqrt{2} - 2$$

이다. ■

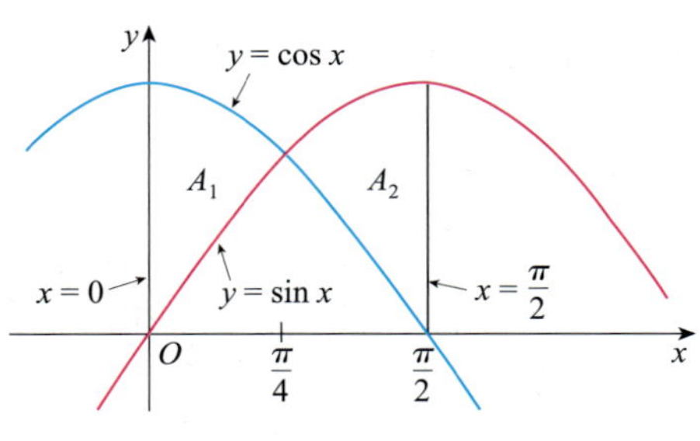

그림 5.1.2

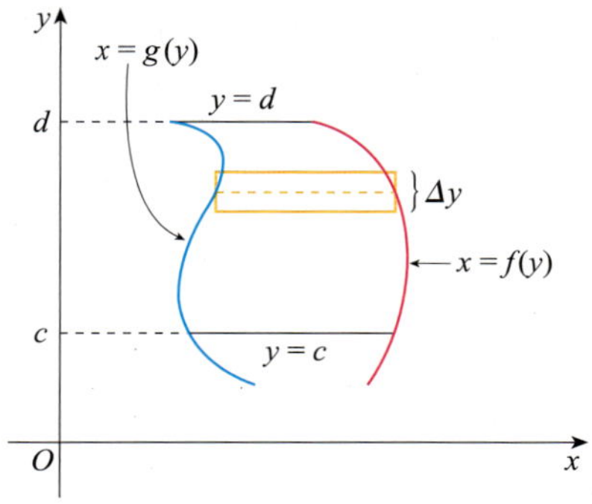

그림 5.1.3

만약 한 영역이 곡선 $x=f(y), x=g(y), y=c$ 및 $y=d\,(c \le d)$로 둘러싸인 영역이면 그 영역의 넓이는

$$A = \int_c^d |f(y) - g(y)|\, dy$$

이다.

예제 5.1.5 직선 $y=x-1$과 포물선 $y^2=2x+6$으로 둘러싸인 영역의 넓이를 구하여라.

풀이 두 식을 연립하여 풀면 교점 $(-1, -2)$와 $(5, 4)$를 얻는다. $-2 \le y \le 4$인 모든 y에 대하여 $\frac{1}{2}y^2 - 3 \le y + 1$이다.

그러므로 구하는 넓이 $A = \int_{-2}^{4} \left[(y+1) - \left(\frac{1}{2}y^2 - 3\right)\right] dy = 18$을 얻는다. ■

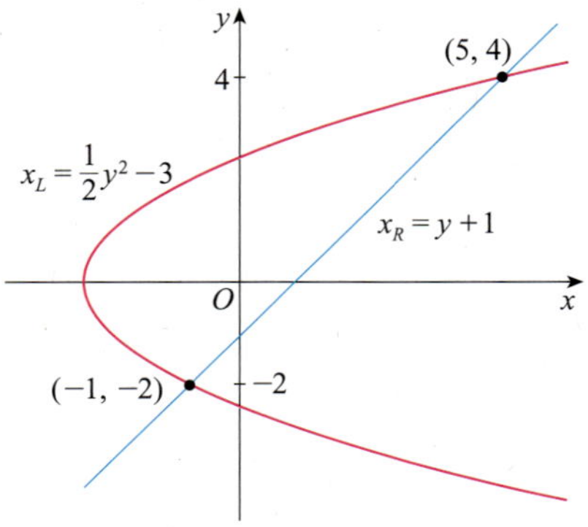

그림 5.1.4

5.1 연습문제

1. 다음 곡선으로 둘러싸인 부분의 넓이를 구하여라.

(1) $y = x^3,\ y = x$

(2) $y = x,\ y = \sin x,\ x = 0,\ x = \frac{\pi}{2}$

(3) $y = x^2 - 3x + 2,\ y = -x^2 + 3x + 2$

(4) $y = x^2,\ y = x^3$

(5) $y = 2\sin x,\ y = \sin 2x,\ x = 0,\ x = \pi$

2. $y = ax,\ y = \cos x,\ x = 0,\ x = \frac{\pi}{2}\ (a > 0)$로 둘러싸인 부분의 넓이를 A_a라 하자.

(1) $\lim_{a \to 0} A_a$의 값을 구하여라.

(2) $y = \cos x,\ x = 0,\ x = \frac{\pi}{2}$, x축으로 둘러싸인 부분의 넓이와 비교하여라.

5.2 입체의 부피

주어진 입체의 부피를 구하기 위해 이 입체를 공간에 적절히 배치하여 평면 $x=t$로 이 입체를 절단한 단면의 넓이(cross-sectional area)를 $S(t)$라 하자. 주어진 입체의 두 평면 $x=a, x=b$ 사이에 있는 부분의 부피를 구해보자. 먼저 폐구간 $[a, b]$의 임의의 분할 $P: a=x_0<x_1<x_2<\cdots<x_n=b$에 대하여, 두 평면 $x=x_{i-1}, x=x_i$ 사이의 입체의 부피 V_i를 구한다. $x_{i-1} \le x \le x_i$인 x에 대하여, $S(x)$의 최솟값을 m_i, 최댓값을 M_i라 두면

$$m_i(x_i - x_{i-1}) \le V_i \le M_i(x_i - x_{i-1})$$

이다. 편의상 $x_i^*, x_i^{**} \in [x_{i-1}, x_i]$에 대하여 $S(x_i^*) = m_i,\ S(x_i^{**}) = M_i$라고 하자. 그러면

$$\sum_{i=1}^{n} S(x_i^*)(x_i - x_{i-1}) \le V = \sum_{i=1}^{n} V_i \le \sum_{i=1}^{n} S(x_i^{**})(x_i - x_{i-1})$$

을 만족한다. 정리 4.2.3에 의해

$$\lim_{|P| \to 0} \sum_{i=1}^{n} S(x_i^*)(x_i - x_{i-1}) = \lim_{|P| \to 0} \sum_{i=1}^{n} S(x_i^{**})(x_i - x_{i-1}) = \int_a^b S(x)\,dx$$

이다. 샌드위치 정리에 의해 구하고자 하는 부피 V는

$$V = \int_a^b S(x)\,dx$$

이다. 따라서 다음 정리를 얻을 수 있다.

정리 5.2.1

입체를 평면 $x=t$로 절단한 단면의 넓이를 $S(t)$라 하자. $S(x)$가 폐구간 $[a, b]$에서 연속이면 주어진 입체의 두 평면 $x=a, x=b$ 사이에 있는 부분의 부피는

$$V = \int_a^b S(x)\,dx$$

이다.

예제 5.2.2 높이가 10cm인 원뿔 밑면의 반지름의 길이는 5cm이다. 이 원뿔의 꼭짓점으로부터 $x$cm 아래에 있는 부분을 밑면과 평행한 평면으로 자른 단면은 반지름의 길이가 $\frac{x}{2}$cm인 원이다. 이 원뿔의 부피를 구하여라.

풀이 원뿔의 꼭짓점으로부터 $x$cm 아래에 있는 부분을 밑면과 평행한 평면으로 자른 단면의 넓이를 $S(x)$라고 하면

$$S(x) = \frac{x^2}{4}\pi$$

이다. 따라서 원뿔의 부피는

$$V = \frac{\pi}{4}\int_0^{10} x^2\,dx = \frac{\pi}{4}\left[\frac{x^3}{3}\right]_0^{10} = \frac{250\pi}{3}\ (\text{cm}^3)$$

이다. ■

예제 5.2.3 밑면의 반지름이 a인 직원기둥을 밑면의 지름을 지나고 밑면과 45°를 이루는 평면으로 절단해서 생기는 입체의 부피를 구하여라.

풀이 입체를 그림 5.2.1과 같이 배치하고 평면 $x=x$로 이 입체를 절단한 단면의 넓이 $S(x)$를 계산하면

$$S(x) = \frac{1}{2}\sqrt{a^2-x^2}\cdot\sqrt{a^2-x^2} = \frac{1}{2}(a^2-x^2)$$

이다. 따라서 구하는 부피는

$$V = 2\int_0^a \frac{1}{2}(a^2-x^2)\,dx = \frac{2}{3}a^3$$

이다. ■

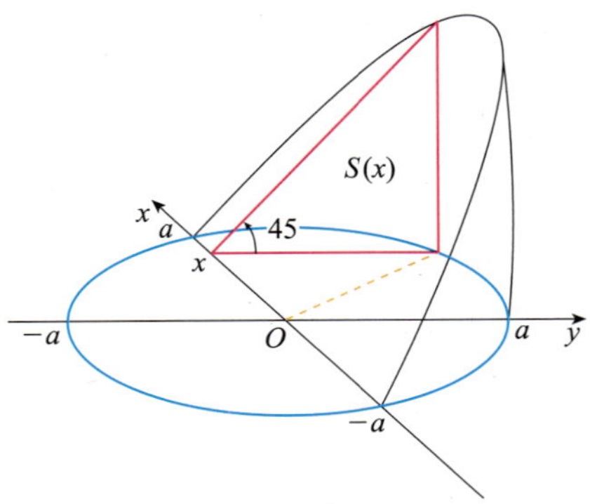

그림 5.2.1

회전체의 부피

회전체의 부피(volume of a solid of revolution)는 크게 두 가지 형태로 분류할 수 있다. 하나는 $y = f(x), x = a, x = b$ 및 x축으로 둘러싸인 영역을 x축 주위로 회전한 경우와 y축 주위로 회전한 경우를 생각할 수 있다.

경우 1 $y = f(x), x = a, x = b$ 및 x축으로 둘러싸인 영역을 x축 주위로 회전한 입체의 부피를 구하는 경우

만약 $y = f(x)\,(x \in [a, b])$가 연속이면 $y = f(x)$, $x = a$, $x = b$ 및 x축으로 둘러싸인 영역을 x축 주위로 회전한 입체를 평면 $x = t$로 절단한 단면의 넓이를 $S(t)$라 하자. 그러면 $S(x)$도 $[a, b]$에서 연속이다. 한편 $S(x)$를 계산하면 $S(x) = \pi y^2 = \pi[f(x)]^2$이다. 따라서 구하는 부피는 다음과 같다.

$$V = \int_a^b S(x)\,dx = \int_a^b \pi y^2\,dx = \pi\int_a^b y^2\,dx = \pi\int_a^b [f(x)]^2\,dx$$

이다.

정리 5.2.4

폐구간 $[a, b]$에서 연속함수 $y = f(x), x = a, x = b$ 및 x축으로 둘러싸인 영역을 x축 주위로 회전한 입체의 부피는

$$V = \pi\int_a^b y^2\,dx = \pi\int_a^b [f(x)]^2\,dx$$

이다.

예제 5.2.5 다음 곡선으로 둘러싸인 영역을 x축 주위로 회전한 입체의 부피를 구하여라.

(1) $y = \sqrt{x}\,(x^2 + 1)$, $x = 0$, $x = 1$, x축

(2) $y = \sec x$, $x = 0$, $x = \frac{\pi}{4}$, x축

풀이 (1) 구하고자 하는 부피는

$$V = \pi\int_0^1 x(x^2 + 1)^2\,dx = \frac{\pi}{2}\int_1^2 t^2\,dt = \frac{\pi}{2}\left[\frac{t^3}{3}\right]_1^2 = \frac{7\pi}{6}$$

이다.

(2) 구하고자 하는 부피는

$$V = \pi \int_0^{\pi/4} \sec^2 x\, dx = \pi [\tan x]_0^{\pi/4} = \pi$$

이다. ■

예제 5.2.6 다음 곡선으로 둘러싸인 영역을 x축 주위로 회전한 입체의 부피를 구하여라.

(1) $y = x,\ y = x^2$

(2) $y = \sin x,\ y = \cos x,\ x = 0,\ x = \dfrac{\pi}{2}$

풀이 (1) 두 곡선 $y=x$와 $y=x^2$의 교점은 $(0, 0)$과 $(1, 1)$이다. 그리고 $0 \le x \le 1$인 모든 x에 대하여 $0 \le x^2 \le x$이므로 구하고자 하는 부피는

$$V = \pi \int_0^1 x^2\, dx - \pi \int_0^1 x^4\, dx = \frac{2}{15}\pi$$

이다.

(2) 두 곡선 $y = \sin x$와 $y = \cos x$의 교점은 $\left(\frac{\pi}{4}, \frac{\sqrt{2}}{2}\right)$이다. 그리고 $0 \le x \le \frac{\pi}{4}$인 모든 x에 대하여 $0 \le \sin x \le \cos x$이고 $\frac{\pi}{4} \le x \le \frac{\pi}{2}$인 모든 x에 대하여 $0 \le \cos x \le \sin x$이므로 구하고자 하는 부피는

$$\begin{aligned} V &= \pi \int_0^{\pi/4} \cos^2 x\, dx - \pi \int_0^{\pi/4} \sin^2 x\, dx + \pi \int_{\pi/4}^{\pi/2} \sin^2 x\, dx \\ &\quad - \pi \int_{\pi/4}^{\pi/2} \cos^2 x\, dx \\ &= \pi \int_0^{\pi/4} \frac{1 + \cos 2x}{2}\, dx - \pi \int_0^{\pi/4} \frac{1 - \cos 2x}{2}\, dx \\ &\quad + \pi \int_{\pi/4}^{\pi/2} \frac{1 - \cos 2x}{2}\, dx - \pi \int_{\pi/4}^{\pi/2} \frac{1 + \cos 2x}{2}\, dx \\ &= \pi \int_0^{\pi/4} \cos 2x\, dx - \pi \int_{\pi/4}^{\pi/2} \cos 2x\, dx \\ &= \pi \left[\frac{\sin 2x}{2} \right]_0^{\pi/4} - \pi \left[\frac{\sin 2x}{2} \right]_{\pi/4}^{\pi/2} = \pi \end{aligned}$$

이다. ■

예제 5.2.7 두 곡선 $y=x$와 $y=x^2$으로 둘러싸인 영역을 직선 $y=t$를 회전축으로 회전한 입체의 부피를 구하여라(단, $t \ge 1$).

풀이 $0 \le x_0 \le 1$인 모든 x_0에 대하여 평면 $x = x_0$로 입체를 절단한 단면의 넓이는

$$S(x_0) = \pi (t - x_0^2)^2 - \pi (t - x_0)^2 = \pi (x_0^4 - 2tx_0^2 + 2tx_0 - x_0^2)$$

이다. 따라서 구하는 부피는

$$V = \int_0^1 S(x)\,dx = \pi \int_0^1 (x^4 - 2tx^2 + 2tx - x^2)\,dx = \pi\left(\frac{1}{3}t - \frac{2}{15}\right)$$

이다. ■

경우 2 $y = f(x)$, $x = a$, $x = b\,(a < b)$ 및 x축으로 둘러싸인 영역을 y축 주위로 회전한 입체의 부피를 구하는 경우

폐구간 $[a, b]$의 임의의 분할 $P: a = x_0, x_1, x_2, \cdots, x_n = b$에 대하여 곡선 $y = f(x)$, $x = x_{i-1}$, $x = x_i$ 및 x축으로 둘러싸인 부분을 y축 주위로 회전한 입체의 부피를 구해보자. $x_{i-1} \le x \le x_i$인 x에 대하여 $f(x)$의 최솟값을 m_i, 최댓값을 M_i라 두면 곡선 $y = f(x)$, $x = x_{i-1}$, $x = x_i$ 및 x축으로 둘러싸인 부분을 y축 주위로 회전한 입체의 부피 V_i는

$$2\pi x_{i-1} m_i (x_i - x_{i-1}) \le V_i \le 2\pi x_i M_i (x_i - x_{i-1})$$

이다. 함수 $y = f(x)$가 폐구간 $[a, b]$에서 연속이라 가정하면 중간값 정리에 의해

$$V_i = 2\pi \frac{x_i + x_{i-1}}{2} f(x_i^*)(x_i - x_{i-1})$$

이다(단, $x_{i-1} \le x_i^* \le x_i$). 따라서 구하고자 하는 부피는

$$\begin{aligned} V &= \lim_{|P| \to 0} \sum_{i=1}^{n} 2\pi \frac{x_i + x_{i-1}}{2} f(x_i^*)(x_i - x_{i-1}) \\ &= \int_a^b 2\pi x f(x)\,dx = \int_a^b 2\pi xy\,dx \end{aligned}$$

이다.

한편 위의 부피 계산을 다음과 같이 생각할 수 있다. 임의의 $a \le t \le b$인 t에 대하여 밑면의 반지름이 t이고 중심이 원점인 원기둥으로 회전한 입체를 절단한 단면의 넓이 $S(t)$는 $S(t) = 2\pi t f(t)$임을 쉽게 알 수 있다. 따라서 구하는 부피는

$$V = \int_a^b 2\pi x f(x)\,dx$$

임을 알 수 있다.

정리 5.2.8

폐구간 $[a, b]$에서 연속함수 $y=f(x)$, $x=a$, $x=b$ 및 x축으로 둘러싸인 영역을 y축 주위로 회전한 입체의 부피는

$$V = \int_a^b (2\pi x)\, y\, dx = \int_a^b (2\pi x) f(x)\, dx$$

이다.

$x=f(y)$, $y=c$, $y=d$ 및 y축으로 둘러싸인 영역을 y축 또는 x축 주위로 회전한 입체의 부피를 구하는 것은 경우 1과 경우 2에서 x와 y의 역할을 바꿈으로써 쉽게 계산할 수 있다. 즉 $x=f(y)$, $y=c$, $y=d$ 및 y축으로 둘러싸인 영역을 y축 주위로 회전한 입체의 부피는

$$V = \pi \int_c^d x^2\, dy = \pi \int_c^d [f(y)]^2\, dy$$

이며, $x=f(y)$, $y=c$, $y=d$ 및 y축으로 둘러싸인 영역을 x축 주위로 회전한 입체의 부피는

$$V = \int_c^d (2\pi y) f(y)\, dy$$

이다.

예제 5.2.9 곡선 $y = \sin x\,(0 \le x \le \pi)$와 x축으로 둘러싸인 영역을 x축 주위로 회전한 입체의 부피를 구하여라.

풀이 구하는 부피는

$$\pi \int_0^\pi \sin^2 x\, dx = \pi \int_0^\pi \frac{1-\cos 2x}{2}\, dx = \pi \left[\frac{x}{2} - \frac{\sin 2x}{4}\right]_0^\pi = \frac{\pi^2}{2}$$

이다. ■

예제 5.2.10 곡선 $y = \sqrt{x}$와 직선 $x=4$ 및 x축으로 둘러싸인 영역을 다음에 주어진 직선을 회전축으로 회전한 입체의 부피를 구하여라.

(1) x축　(2) y축　(3) $y=-1$　(4) $x=5$

풀이 (1) 구하고자 하는 입체의 부피는

$$\pi \int_0^4 x\, dx = 8\pi$$

이다.

(2) 구하고자 하는 입체의 부피는

$$2\pi \int_0^4 x\sqrt{x}\,dx = 2\pi\left[\frac{2}{5}x^{5/2}\right]_0^4 = \frac{128\pi}{5}$$

이다.

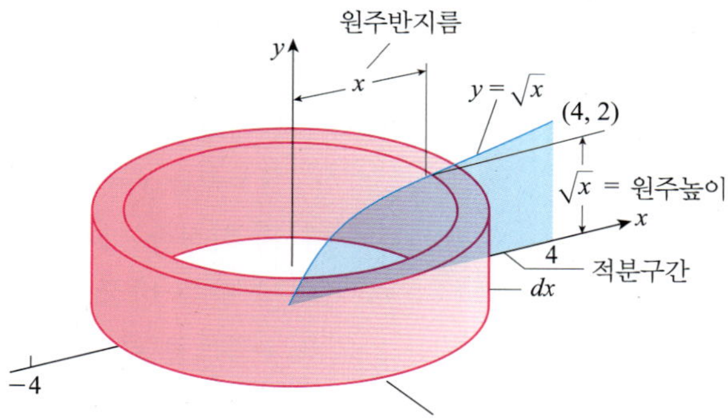

그림 5.2.2

별해 $\pi\int x^2\,dy$ 이용

$y=\sqrt{x}$이므로 $x=y^2$이다. 따라서 구하고자 하는 입체의 부피는

$$\pi\int_0^2 4^2\,dy - \pi\int_0^2 y^4\,dy = 32\pi - \pi\left[\frac{y^5}{5}\right]_0^2$$
$$= 32\pi - \frac{32\pi}{5} = \frac{128\pi}{5}$$

이다.

(3) 구하고자 하는 입체의 부피는

$$\pi\int_0^4 \left((\sqrt{x}+1)^2 - 1^2\right)dx = \pi\int_0^4 (x+2\sqrt{x}+1)\,dx - 4\pi$$
$$= \pi\left[\frac{x^2}{2}+\frac{4}{3}x^{3/2}+x\right]_0^4 - 4\pi$$
$$= \left(8+\frac{32}{3}+4-4\right)\pi = \frac{56\pi}{3}$$

이다.

별해 $2\pi\int_1^3 y\left[4-(y-1)^2\right]dy$

$$=2\pi\int_1^3(-y^3+2y^2+3y)\,dy$$
$$=2\pi\left[-\frac{1}{4}y^4+\frac{2}{3}y^3+\frac{3}{2}y^2\right]_1^3$$
$$=2\pi\left[-\frac{81}{4}+18+\frac{27}{2}-\left(-\frac{1}{4}+\frac{2}{3}+\frac{3}{2}\right)\right]$$

$$=2\pi\left(-20+18-\frac{2}{3}+12\right)$$
$$=2\pi\left(10-\frac{2}{3}\right)$$
$$=2\pi\cdot\frac{28}{3}$$
$$=\frac{56}{3}\pi$$

(4) 구하고자 하는 입체의 부피는

$$2\pi\int_0^4(5-x)\sqrt{x}\,dx=2\pi\left[\frac{10}{3}x^{3/2}-\frac{2}{5}x^{5/2}\right]_0^4$$
$$=2\pi\left(\frac{80}{3}-\frac{64}{5}\right)=\frac{416\pi}{15}$$

이다.

별해 $\pi\int x^2\,dy$ 이용

$y=\sqrt{x}$이므로 $x=y^2$이다. 따라서 구하고자 하는 입체의 부피는

$$\pi\int_0^2(5-y^2)^2\,dx-\pi\int_0^2 1dy=\pi\int_0^2(y^4-10y^2+25)\,dy-2\pi$$
$$=\pi\left[\frac{y^5}{5}-10\frac{y^3}{3}+25y\right]_0^2-2\pi$$
$$=\frac{416\pi}{15}$$

이다. ■

예제 5.2.11 곡선 $y=\sqrt{x}$, $y=x-2$와 x축으로 둘러싸인 영역을 다음에 주어진 직선을 회전축으로 회전한 입체의 부피를 구하여라.

(1) x축 (2) y축

풀이 (1) 두 곡선 $y=\sqrt{x}$와 $y=x-2$의 교점은 $(4, 2)$이다. 그리고 $0\le x\le 4$인 모든 x에 대하여 $0\le x-2\le\sqrt{x}$이므로 구하는 부피는

$$\pi\int_0^4 x\,dx-\pi\int_2^4(x-2)^2\,dx=\pi\left[\frac{x^2}{2}\right]_0^4-\pi\left[\frac{(x-2)^3}{3}\right]_2^4$$
$$=8\pi-\frac{8\pi}{3}=\frac{16\pi}{3}$$

이다.

별해 주어진 입체는 $x=y^2$, $x=y+2$와 x축으로 둘러싸인 부분을 x축으로 회전한 것과 같다. 그러므로 구하는 부피는

$$2\pi \int_0^2 y(y+2-y^2)\,dy = 2\pi \int_0^2 (-y^3+y^2+2y)\,dy$$
$$= 2\pi \left[-\frac{y^4}{4} + \frac{y^3}{3} + y^2 \right]_0^2$$
$$= 2\pi \left(-4 + \frac{8}{3} + 4 \right) = \frac{16\pi}{3}$$

이다.

(2) 주어진 입체는 $x = y^2$, $x = y + 2$와 x축으로 둘러싸인 부분을 y축으로 회전한 것과 같다. 그러므로 구하는 부피는

$$\pi \int_0^2 (y+2)^2\,dy - \pi \int_0^2 y^4\,dy = \pi \left[\frac{(y+2)^3}{3} \right]_0^2 - \pi \left[\frac{y^5}{5} \right]_0^2$$
$$= \frac{56\pi}{3} - \frac{32\pi}{5} = \frac{184\pi}{15}$$

이다. ■

5.2 연습문제

1. 다음 곡선으로 둘러싸인 부분을 지정된 축 주위로 회전한 입체의 부피를 구하여라.

(1) $y = \sqrt{r^2 - x^2}$, $x = -a$, $x = a$, x축, $0 \le a \le r$(x축 주위로 회전)

(2) $y = x^2$, $y^2 = x$ (x축 주위로 회전)

(3) $y = x^4$, $y = 1$ (x축 주위로 회전)

(4) $y = 2x - 1$, $y = \sqrt{x}$, y축 (y축 주위로 회전)

(5) $y = x^3$, $y = x$, $0 \le x \le 1$ (y축 주위로 회전)

(6) $y = \frac{1}{2}x$, $y = 0$, $x = 2$ (y축 주위로 회전)

2. 곡선 $y = x^2$과 직선 $y = x$로 둘러싸인 영역을 다음에 주어진 직선을 회전축으로 회전한 입체의 부피를 구하여라.

(1) x축 (2) y축

(3) $x = -1$ (4) $y = 2$

3. 밑면의 반지름이 2인 직원기둥을 밑면의 지름을 지나고 밑면과 60°를 이루는 평면으로 절단할 때, 아래쪽에 생기는 입체의 부피를 구하여라.

4. 어떤 입체의 밑면은 $y = \sin x\,(0 \le x \le \pi)$와 x축에 둘러싸인 영역이고, x축에 수직인 단면은 정삼각형이라고 할 때 이 입체의 부피를 구하여라.

5.3 곡선의 길이

구부러진 길의 길이의 근삿값을 어떻게 구할 수 있을까? 방법 중 하나는 길의 몇 지점을 정하고 각 지점 사이의 선분의 길이의 합으로 근삿값을 구할 수 있다. 그러면 이 방법으로 길의 길이의 근삿값을 계산할 때, 길의 실제 길이와의 오차가 작은 근삿값을 구하기 위해서 어떻게 하면 될까? 이웃한 지점 사이의 거리가 가깝도록 길의 지점을 좀더 많이 정하고 이웃한 지점 사이의 선분의 길이의 합을 구하면 길

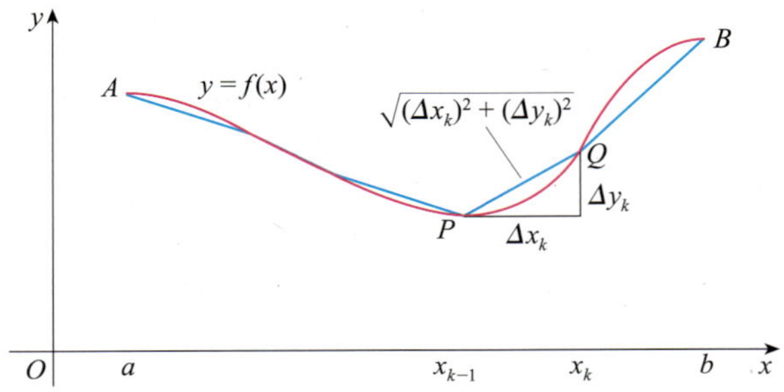

그림 5.3.1

의 실제 길이와 가까워짐을 알 수 있다. 이 절에서는 이와 같은 아이디어를 가지고 곡선의 길이를 측정하는 방법을 살펴보고자 한다.

곡선 $y = f(x)$의 $x = a$, $x = b$ 사이의 길이를 어떻게 구할 수 있을까? 먼저 폐구간 $[a, b]$의 임의의 분할 $P: a = x_0 < x_1 < x_2 < \cdots < x_n = b$에 대하여, 곡선 $y = f(x)$ 상의 점 $P_0(x_0, y_0)$, $P_1(x_1, y_1)$, $P_2(x_2, y_2)$, $\cdots$, $P_n(x_n, y_n)$ (여기서 $y_i = f(x_i)$)을 대응시킨다. 두 점 P_{i-1}과 P_i 사이의 거리를 곡선의 두 점 P_{i-1}과 P_i 사이의 호의 길이 L_i의 근삿값으로 생각할 수 있다. 따라서 $L_i \approx \sqrt{(x_i - x_{i-1})^2 + (y_i - y_{i-1})^2}$이다. 더 작게 세분하면 이 값들 사이의 오차는 매우 적어지며 이들 근삿값들의 합의 극한값을 호의 길이로 정의한다. 따라서 호의 길이는

$$L = \lim_{|P| \to 0} \sum_{i=1}^{n} L_i = \lim_{|P| \to 0} \sum_{i=1}^{n} \sqrt{(x_i - x_{i-1})^2 + (y_i - y_{i-1})^2}$$

이다. 만약 함수 $y = f(x)$가 $[a, b]$에서 연속이고 (a, b)에서 미분가능이면 미분의 평균값 정리를 이용하여 다음 식을 얻을 수 있다.

$$\begin{aligned} L &= \lim_{|P| \to 0} \sum_{i=1}^{n} \sqrt{(x_i - x_{i-1})^2 + (y_i - y_{i-1})^2} \\ &= \lim_{|P| \to 0} \sum_{i=1}^{n} \sqrt{1 + \left(\frac{y_i - y_{i-1}}{x_i - x_{i-1}}\right)^2} \cdot (x_i - x_{i-1}) \\ &= \lim_{|P| \to 0} \sum_{i=1}^{n} \sqrt{1 + [f'(x_i^*)]^2} \cdot (x_i - x_{i-1}) \\ &= \int_a^b \sqrt{1 + [f'(x)]^2}\, dx \end{aligned}$$

이다. 따라서 다음 정리를 얻을 수 있다.

정리 5.3.1

함수 $y = f(x)$가 $[a, b]$에서 연속이고 (a, b)에서 미분가능이며, $f'(x)$가 연속이면, $x = a$에서 $x = b$까지 호의 길이는

$$L = \int_a^b \sqrt{1 + [f'(x)]^2}\, dx$$

이다.

예제 5.3.2 다음 곡선의 주어진 구간에서의 길이를 구하여라.

$$y = 2x,\ 1 \le x \le 3$$

풀이 구하는 곡선의 길이는

$$s = \int_1^3 \sqrt{1 + [f'(x)]^2}\, dx = \int_1^3 \sqrt{1 + 2^2}\, dx = 2\sqrt{5}$$

이다. 이 값은 주어진 직선상의 두 점 $(1, 2)$와 $(3, 6)$까지의 거리를 나타냄을 알 수 있다. ■

예제 5.3.3 곡선 $y = 2x^{3/2}$의 $x = 0$에서 $x = 1$까지의 곡선의 길이를 구하여라.

풀이 $y' = 3x^{1/2}$이므로 구하고자 하는 곡선의 길이는

$$\int_0^1 \sqrt{1 + (y')^2}\, dx = \int_0^1 \sqrt{1 + 9x}\, dx = \frac{1}{9}\int_1^{10} \sqrt{t}\, dt$$
$$= \frac{1}{9}\left[\frac{2}{3}t^{3/2}\right]_1^{10} = \frac{2}{27}(10\sqrt{10} - 1)$$

이다. ■

곡선 $y = f(x)$의 $x = a$, $x = b$ 사이의 길이를 L이라 하자. 만약 함수 $y = f(x)$의 정의역을 폐구간 $[a, b]$로 제한했을 때, 함수 $y = f(x)$는 연속함수이고 치역이 $[c, d]$이며 역함수 $x = g(y)$를 가진다고 하자. 즉 $x \in [a, b]$, $y \in [c, d]$에 대하여

$$y = f(x) \Longleftrightarrow x = g(y)$$

라고 하자. 그러면

$$\begin{aligned} L &= \lim_{|P| \to 0} \sum_{i=1}^{n} \sqrt{(\Delta x_i)^2 + (\Delta y_i)^2} \\ &= \lim_{|P| \to 0} \sum_{i=1}^{n} \sqrt{1 + \left(\frac{\Delta y_i}{\Delta x_i}\right)^2}\, \Delta x_i \\ &= \lim_{|P| \to 0} \sum_{i=1}^{n} \sqrt{\left(\frac{\Delta x_i}{\Delta y_i}\right)^2 + 1}\, \Delta y_i \end{aligned}$$

이므로

$$L = \int_a^b \sqrt{1 + [f'(x)]^2}\, dx = \int_c^d \sqrt{1 + [g'(y)]^2}\, dy$$

를 만족한다.

예제 5.3.4 다음 곡선의 주어진 구간에서의 거리를 구하여라.

$$y = \ln x - \frac{1}{8}x^2,\ 1 \le x \le 2$$

풀이 $y' = \frac{1}{x} - \frac{x}{4}$이므로

$$\sqrt{1 + (y')^2} = \sqrt{1 + \left(\frac{1}{x} - \frac{x}{4}\right)^2} = \sqrt{\frac{1}{x^2} + \frac{1}{2} + \frac{x^2}{16}} = \frac{1}{x} + \frac{x}{4}$$

이다. 따라서 구하는 곡선의 길이는

$$\begin{aligned} s &= \int_1^2 \sqrt{1 + [f'(x)]^2}\, dx = \int_1^2 \left(\frac{1}{x} + \frac{x}{4}\right) dx \\ &= \left[\ln x + \frac{x^2}{8}\right]_1^2 = \ln 2 + \frac{3}{8} \end{aligned}$$

이다. ■

예제 5.3.5 곡선 $y = \left(\frac{x}{2}\right)^{2/3}$의 $x = 0$에서 $x = 2$까지의 곡선의 길이를 구하여라.

풀이 $x \in [0, 2]$, $y \in [0, 1]$에 대하여

$$y = \left(\frac{x}{2}\right)^{2/3} \iff x = 2y^{3/2}$$

이다. 따라서 곡선의 길이는

$$\begin{aligned} \int_0^1 \sqrt{1 + (x')^2}\, dy &= \int_0^1 \sqrt{1 + 9y}\, dy = \frac{1}{9}\int_1^{10} \sqrt{t}\, dt \\ &= \frac{1}{9}\left[\frac{2}{3}t^{3/2}\right]_1^{10} = \frac{2}{27}(10\sqrt{10} - 1) \end{aligned}$$

이다. ■

만약 예제 5.3.5의 문제를 $\int_0^2 \sqrt{1+(y')^2}\,dx$를 이용하여 계산하고자 하면 어떤 식을 계산하여야 하는지 살펴보자. $y' = \frac{1}{3}\left(\frac{x}{2}\right)^{-1/3}$ 이므로 구하고자 하는 곡선의 길이는

$$\int_0^2 \sqrt{1+(y')^2}\,dx = \int_0^2 \sqrt{1+\frac{1}{9}\left(\frac{x}{2}\right)^{-2/3}}\,dx$$

이다. 상기 정적분은 예제 5.3.5의 정적분과 같은 값을 가지지만 정적분을 계산하는 것은 예제 5.3.5의 정적분의 계산에 비해 훨씬 복잡해 보인다. 이와 같이 곡선의 길이를 계산할 때, 어떤 변수를 독립변수로 간주하는지에 따라 곡선의 길이의 계산이 복잡해질 수도 있고 간단해질 수도 있다.

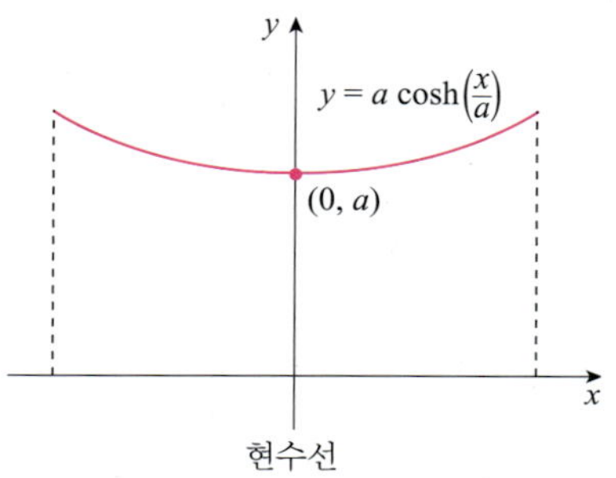

그림 5.3.2

(쌍곡선함수의 응용) 현수선

동질의 구부리기 쉬운 케이블이 같은 높이의 두 고정된 점 사이에 걸려 있을 때 만들어지는 곡선을 현수선(catenary)이라고 한다. 현수선의 가장 낮은 점이 $(0, a)$이면, 그것의 방정식은 $y = a\cosh\left(\frac{x}{a}\right)$, $a > 0$가 된다.

예제 5.3.6 $x = -a$와 $x = a$ 사이의 현수선 $y = a\cosh\left(\frac{x}{a}\right)$의 길이를 구하여라.

풀이

$$\begin{aligned} L &= \int_{-a}^{a} \sqrt{1+(f'(x))^2}\,dx \\ &= \int_{-a}^{a} \sqrt{1+\sinh^2\left(\frac{x}{a}\right)}\,dx \\ &= \int_{-a}^{a} \sqrt{\cosh^2\left(\frac{x}{a}\right)}\,dx \\ &= \int_0^a 2\cosh\left(\frac{x}{a}\right)dx = \left[2a\sinh\frac{x}{a}\right]_0^a = 2a\sinh 1 \end{aligned}$$

■

5.3 연습문제

1. 다음 곡선의 주어진 구간에서의 길이를 구하는 정적분을 만들어라(계산은 필요없음).

(1) $y = x^2,\ 0 \le x \le 2$

(2) $y = \tan x,\ 0 \le x \le \frac{\pi}{4}$

(3) $y = \sin x,\ 0 \le x \le \pi$

(4) $y = \frac{1}{x},\ 1 \le x \le 2$

(5) $y = \sin x - 2\cos x,\ 0 \le x \le \frac{\pi}{2}$

2. 곡선 $y = \frac{x^3}{12} + \frac{1}{x}$의 $x = 1$에서 $x = 2$까지의 곡선의 길이를 구하여라.

3. 곡선 $x^2 = y^3$의 $(0, 0)$에서 $(2\sqrt{2}, 2)$까지의 곡선의 길이를 구하여라.

4. 곡선 $y = \frac{2}{3}x^{3/2} - \frac{1}{2}x^{1/2}$의 $x=1$에서 $x=4$까지의 곡선의 길이를 구하여라.

5. 곡선 $y = \int_1^x \sqrt{t^4 + 1 + \frac{1}{t^4}}\, dt$의 $x=1$에서 $x=3$까지의 곡선의 길이를 구하여라.

6. 곡선 $y = \int_0^x \sqrt{\cos 2t}\, dt$의 $x=0$에서 $x=\frac{\pi}{2}$까지의 곡선의 길이를 구하여라.

5.4 회전체의 겉넓이

특정한 영역에 대하여 회전축을 잘 정하여 회전하면 럭비공 모양, 도넛 모양 등의 회전체를 얻을 수 있다. 그러면 이러한 회전체의 겉넓이를 어떻게 구할 수 있을까? 이 절에서는 회전체의 겉넓이를 구하는 방법에 대해 살펴보고자 한다.

곡선 $y=f(x)\,(a \le x \le b)$를 x축 주위로 회전한 회전체의 겉넓이를 어떻게 구할 수 있을까? 폐구간 $[a, b]$의 임의의 분할 $P: a=x_0<x_1<x_2<\cdots<x_n=b$에 대하여, 곡선 $y=f(x)$ 상의 점 $P_0(x_0, y_0)$, $P_1(x_1, y_1)$, $P_2(x_2, y_2)$, $\cdots$, $P_n(x_n, y_n)$ (여기서 $y_i=f(x_i)$)을 대응시킨다. 두 점 P_{i-1}과 P_i 사이의 거리를 곡선의 두 점 P_{i-1}과 P_i 사이의 호의 길이의 근삿값으로 생각할 수 있다. 선분 $\overline{P_{i-1}P_i}$를 회전한 회전면의 넓이 A_i를 곡선의 일부분인 호 $P_{i-1}P_i$를 x축 주위로 회전한 회전면의 넓이의 근삿값으로 간주할 수 있다. A_i의 합의 극한을 $y=f(x)\,(a \le x \le b)$를 x축 주위로 회전한 입체의 겉넓이로 정의한다. A_i를 계산하면 그림 5.4.2에서 보듯이

$$A_i = 2\pi\left(\frac{y_{i-1}+y_i}{2}\right)L_i = \pi(y_i + y_{i-1})L_i$$

이다. 여기서 $L_i = \sqrt{(x_i - x_{i-1})^2 + (y_i - y_{i-1})^2}$이다. 따라서 구하는 회전체의 겉넓이는

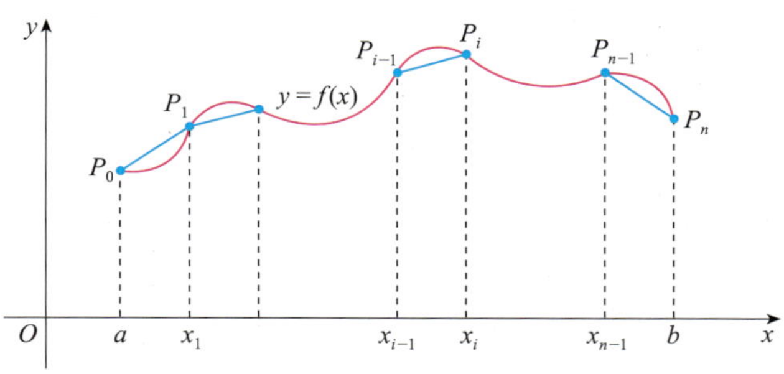

그림 5.4.1

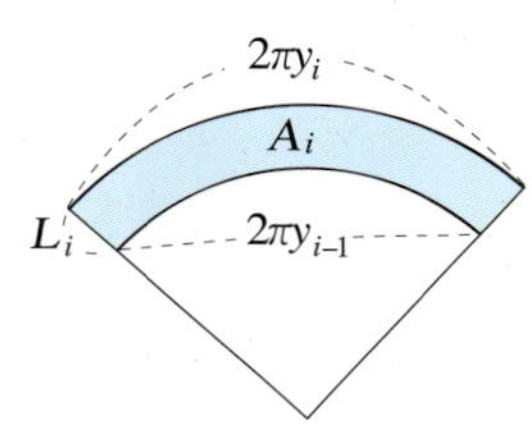

그림 5.4.2

$$\begin{aligned} A &= \lim_{|P|\to 0}\sum_{i=1}^{n}\pi(y_i + y_{i-1})\sqrt{(x_i - x_{i-1})^2 + (y_i - y_{i-1})^2} \\ &= \lim_{|P|\to 0}\sum_{i=1}^{n}2\pi\frac{y_i + y_{i-1}}{2}\sqrt{1+\left(\frac{y_i - y_{i-1}}{x_i - x_{i-1}}\right)^2}(x_i - x_{i-1}) \\ &= \lim_{|P|\to 0}\sum_{i=1}^{n}2\pi\frac{y_i + y_{i-1}}{2}\sqrt{1+[f'(x_i^*)]^2}(x_i - x_{i-1}) \\ &= 2\pi\int_a^b f(x)\sqrt{1+[f'(x)]^2}\,dx \\ &= 2\pi\int_a^b y\sqrt{1+(y')^2}\,dx \end{aligned}$$

이다. 따라서 다음과 같은 정리를 얻을 수 있다.

정리 5.4.1

함수 $y=f(x)$가 $[a,b]$에서 연속이고 (a,b)에서 미분가능이며 y'이 (a,b)에서 연속이면, $y=f(x)$의 $x=a$에서 $x=b$까지 호를 x축 주위로 회전한 입체의 겉넓이는

$$A = 2\pi\int_a^b f(x)\sqrt{1+[f'(x)]^2}\,dx = 2\pi\int_a^b y\sqrt{1+(y')^2}\,dx$$

이다.

예제 5.4.2 다음 곡선을 x축 주위로 회전할 때 생기는 입체의 겉넓이를 구하여라.

(1) $y=1-x,\ 0\le x\le 1$ (2) $y=\sqrt{x},\ 0\le x\le 1$

(3) $y=x^3,\ 0\le x\le 1$

풀이 (1) $y'=-1$이므로 구하는 겉넓이는

$$\begin{aligned} A &= 2\pi\int_a^b y\sqrt{1+(y')^2}\,dx \\ &= 2\pi\int_0^1(1-x)\sqrt{1+(-1)^2}\,dx = \sqrt{2}\,\pi \end{aligned}$$

이다.

(2) $y'=\dfrac{1}{2\sqrt{x}}$ 이므로 구하는 겉넓이는

$$\begin{aligned} A &= 2\pi\int_a^b y\sqrt{1+(y')^2}\,dx \\ &= 2\pi\int_0^1\sqrt{x}\sqrt{1+\frac{1}{4x}}\,dx = \pi\int_0^1\sqrt{1+4x}\,dx \\ &= \frac{\pi}{6}\Big[(1+4x)\sqrt{1+4x}\Big]_0^1 = \frac{\pi}{6}(5\sqrt{5}-1) \end{aligned}$$

이다.

(3) $y' = 3x^2$이므로 구하는 겉넓이는

$$A = 2\pi \int_a^b y\sqrt{1+(y')^2}\,dx$$
$$= 2\pi \int_0^1 x^3\sqrt{1+9x^4}\,dx$$

이다. $1+9x^4 = t$로 치환하면 $36x^3\,dx = dt$이고 적분하한은 $t=1$, 적분상한은 $t=10$이 되므로

$$A = \frac{\pi}{18}\int_1^{10}\sqrt{t}\,dt = \frac{\pi}{18}\left[\frac{2}{3}t^{3/2}\right]_1^{10} = \frac{\pi}{27}(10\sqrt{10}-1)$$

이다. ■

예제 5.4.3 곡선 $y=3x^2, x=0, x=1, x$축으로 둘러싸인 부분을 y축 주위로 회전할 때 생기는 회전체의 겉넓이를 구하여라.

풀이 $y' = 6x$이므로 구하는 겉넓이는

$$A = 2\pi\int_0^1 x\sqrt{1+(y')^2}\,dx$$
$$= 2\pi\int_0^1 x\sqrt{1+36x^2}\,dx = \frac{\pi}{36}\int_1^{37}\sqrt{t}\,dt$$
$$= \frac{\pi}{36}\left[\frac{2}{3}t^{3/2}\right]_1^{37} = \frac{\pi}{54}(37\sqrt{37}-1)$$

이다. ■

5.4 연습문제

1. 주어진 곡선을 회전하여 주어진 좌표축에 관해 회전하여 생기는 회전체의 겉넓이를 구하는 정적분을 만들어라(계산은 필요없음).

(1) $y = x^2,\ 0 \le x \le 2$ (x축 주위로 회전)

(2) $y = \tan x,\ 0 \le x \le \frac{\pi}{4}$ (x축 주위로 회전)

(3) $y = \sin x,\ 0 \le x \le \pi$ ($y=-1$ 주위로 회전)

(4) $y = \frac{1}{x},\ 1 \le x \le 2$ (y축 주위로 회전)

(5) $y = \sin x + 2\cos x,\ 0 \le x \le \frac{\pi}{2}$ (x축 주위로 회전)

2. $y = x^2\,(1 \le x \le 2)$을 y축 주위로 회전하여 얻어지는 회전체의 겉넓이를 구하여라.

3. $y=x^3, x=2, x$축으로 둘러싸인 부분을 x축 주위로 회전할 때 생기는 회전체의 겉넓이를 구하여라.

4. $y=\sqrt{x}, x=2, x$축으로 둘러싸인 부분을 x축 주위로 회전할 때 생기는 회전체의 겉넓이를 구하여라.

5.5 모멘트, 무게중심

가벼운 사람과 무거운 사람이 시소를 탄다. 균형을 맞추기 위해서 어떻게 하면 될까? 무거운 사람이 가벼운 사람보다 중심에 가까이 앉아야

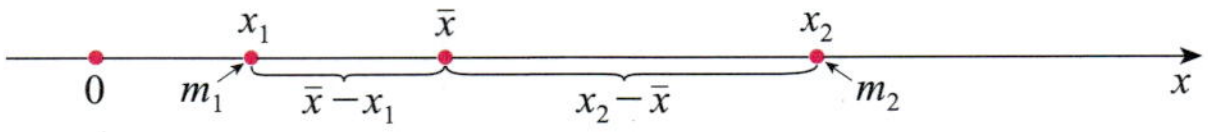

그림 5.5.1

한다. 왜냐하면 밑으로 내려가려는 힘은 중심으로부터 앉은 사람까지의 거리와 앉는 사람의 무게의 곱에 비례하기 때문이다. 이 절에서는 이와 같은 개념을 일반화하여 철사 또는 얇은 원판이 수평으로 균형을 이루게 되는 점(무게중심 또는 질량중심)에 대해 살펴보고자 한다.

x축 위에 놓인 막대를 생각해보자. 좌표가 x_1인 지점에 있는 막대의 끝에 질량이 m_1인 물체가, 좌표가 x_2인 지점에 있는 막대의 다른 끝에 질량이 m_2인 물체가 각각 달려 있다고 하자 ($x_1 < x_2$라고 가정하자). 이때 물체가 달려 있는 막대의 무게중심 (균형을 이루기 위한 위치)의 좌표가 어떻게 되겠는가? 무게중심의 좌표를 $\bar{x}$라고 하면 다음 식이 성립한다.

$$m_1(\bar{x} - x_1) = m_2(x_2 - \bar{x}) \quad \text{또는} \quad m_1(x_1 - \bar{x}) + m_2(x_2 - \bar{x}) = 0$$

즉

$$\bar{x} = \frac{m_1 x_1 + m_2 x_2}{m_1 + m_2}$$

이다. 이때 임의의 $i = 1, 2$에 대하여 $m_i x_i$를 x_i에 놓인 질량이 m_i인 물체의 원점에 대한 모멘트라고 한다. $m_1 + m_2$는 질량의 합이므로, 무게중심의 좌표는 각 물체들의 모멘트들의 합을 질량들의 합으로 나눈 값임을 알 수 있다.

질량이 $m_1, m_2, \cdots, m_k$인 물체가 위치가 $x_1, x_2, \cdots, x_k$에 각각 놓여 있는 체계가 있다고 하자. 이 체계의 무게중심은 어떻게 되겠는가? 무게중심의 좌표를 $\bar{x}$라고 하면

$$\sum_{i=1}^{k} m_i(x_i - \bar{x}) = 0, \quad \text{즉} \quad \sum_{i=1}^{k} m_i x_i = \sum_{i=1}^{k} m_i \bar{x}$$

를 만족한다. 따라서

$$\bar{x} = \frac{\sum_{i=1}^{k} m_i x_i}{\sum_{i=1}^{k} m_i}$$

를 만족한다. 여기에서 각 물체의 원점에 대한 모멘트들의 합인 $M = \sum_{i=1}^{k} m_i x_i$를 원점에 대한 이 체계의 모멘트라고 한다. 따라서 이 체계의

무게중심은 원점에 대한 이 체계의 모멘트를 이 체계에 속한 물체들의 질량의 합으로 나눈 것이다. 다른 관점에서 보면 $M = \sum_{i=1}^{k} m_i x_i = \left(\sum_{i=1}^{k} m_i\right)\bar{x}$이므로, 원점에 대한 이 체계의 모멘트는 무게중심 $\bar{x}$에 질량이 $\sum_{i=1}^{k} m_i$(질량의 합)인 물체가 놓였을 때, 이 물체의 원점에 대한 모멘트와 같다.

일반화하여 질량이 $m_1, m_2, \cdots, m_k$인 물체가 위치가 xy평면상의 점 $(x_1, y_1), (x_2, y_2), \cdots, (x_k, y_k)$에 각각 놓여 있는 체계가 있다고 하자. 이 체계의 무게중심의 좌표 $(\bar{x}, \bar{y})$를 어떻게 구할 수 있겠는가? y축에 긴 막대를 받쳤다고 생각하면 (x_i, y_i)에 놓인 질량이 m_i인 물체의 y축에 대한 모멘트는 $m_i x_i$이다. 따라서

$$M_y = \sum_{i=1}^{k} m_i x_i , \quad M_x = \sum_{i=1}^{k} m_i y_i$$

를 각각 y축에 대한 이 체계의 모멘트와 x축에 대한 이 체계의 모멘트라고 정의한다. 각 물체의 질량의 합($\sum_{i=1}^{k} m_i$)을 M이라 할 때, 일차원의 경우와 같은 방법에 의해 무게중심의 좌표 $(\bar{x}, \bar{y})$는

$$\bar{x} = \frac{M_y}{M}, \quad \bar{y} = \frac{M_x}{M}$$

를 만족시킴을 알 수 있다.

예제 5.5.1 $(1, 1), (3, -1), (-1, 4), (3, 3)$에 질량이 $3, 2, 6, 5$인 물체가 놓여 있는 체계가 있다. 이 체계의 x축에 대한 모멘트, y축에 대한 모멘트 및 무게중심의 좌표를 구하여라.

풀이 참고로 체계에 속한 모든 물체의 질량의 합은 $M = 16$이다. x축에 대한 모멘트 M_x와 y축에 대한 모멘트 M_y를 각각 계산하면

$$M_x = 3 \cdot 1 + 2 \cdot (-1) + 6 \cdot 4 + 5 \cdot 3 = 40,$$
$$M_y = 3 \cdot 1 + 2 \cdot 3 + 6 \cdot (-1) + 5 \cdot 3 = 18$$

이다. 따라서 무게중심의 좌표 $(\bar{x}, \bar{y})$는

$$\bar{x} = \frac{M_y}{M} = \frac{9}{8}, \quad \bar{y} = \frac{M_x}{M} = \frac{5}{2}$$

를 만족시킨다. 따라서 주어진 체계의 무게중심의 좌표는 $\left(\frac{9}{8}, \frac{5}{2}\right)$이다. ■

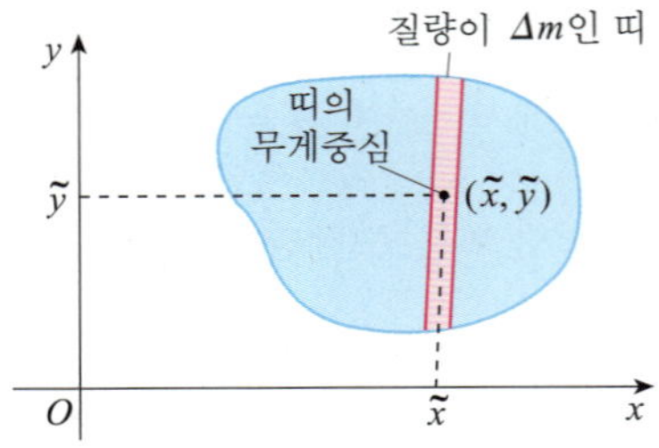

그림 5.5.2

지금부터 xy평면에 놓은 납작한 판의 x축에 대한 모멘트, y축에 대한 모멘트 및 무게중심에 대해 살펴보고자 한다. 먼저 한 좌표축(그림 5.5.2에서는 y축)에 평행한 얇은 띠로 자르자. i번째 띠의 질량이 Δm_i라고 하고, 무게중심이 $(\tilde{x}_i, \tilde{y}_i)$라고 하자. 그러면 이 띠의 질량 Δm_i가 $(\tilde{x}_i, \tilde{y}_i)$에 집중된 것처럼 간주해도 무방하다. 따라서 이 띠의 x축에 대한 모멘트는 $\tilde{y}_i \Delta m_i$이고 y축에 대한 모멘트는 $\tilde{x}_i \Delta m_i$이다. 따라서 납작한 판의 무게중심의 좌표 $(\bar{x}, \bar{y})$는

$$\bar{x} = \frac{M_y}{M} = \frac{\sum_i \tilde{x}_i \Delta m_i}{\sum_i \Delta m_i}, \quad \bar{y} = \frac{M_x}{M} = \frac{\sum_i \tilde{y}_i \Delta m_i}{\sum_i \Delta m_i}$$

를 만족시킨다. 이 띠를 좁게 자른 값의 극한값이 다음 적분으로 표시된다.

$$\bar{x} = \frac{M_y}{M} = \frac{\int \tilde{x}\, dm}{\int dm}, \quad \bar{y} = \frac{M_x}{M} = \frac{\int \tilde{y}\, dm}{\int dm}$$

(참고로 주어진 판을 x축에 평행한 얇은 띠로 잘라서 각 모멘트와 무게중심을 구해도 같은 값을 얻는다.)

특별히 상수밀도 ρ를 가지는 납작한 판이 $y=f(x), x=a, x=b, x$축으로 둘러싸여 있을 때, y축과 평행한 얇은 띠로 자르면 i번째 띠의 무게중심은 $(\tilde{x}_i, \tilde{y}_i) \approx \left(\tilde{x}_i, \frac{f(\tilde{x}_i)}{2}\right)$이고, 이때의 질량은 $\Delta m_i \approx \rho f(\tilde{x}_i) \Delta x_i$이다. 따라서 좁게 잘라서 계산한 값의 극한값의 계산을 통하여

$$M_x = \int_a^b \tilde{y} \rho f(x)\, dx = \rho \int_a^b \frac{1}{2}[f(x)]^2\, dx,$$
$$M_y = \int_a^b x \rho f(x)\, dx = \rho \int_a^b x f(x)\, dx$$

이고

$$\bar{x} = \frac{M_y}{M} = \frac{\rho \int_a^b x f(x)\, dx}{\int_a^b \rho f(x)\, dx} = \frac{\int_a^b x f(x)\, dx}{\int_a^b f(x)\, dx},$$

$$\bar{y} = \frac{M_x}{M} = \frac{\int_a^b \frac{1}{2}[f(x)]^2\, dx}{\int_a^b f(x)\, dx}$$

이다. 따라서 다음 정리를 얻는다.

정리 5.5.2

상수밀도 ρ를 가지는 납작한 판이 $y=f(x)$, $x=a$, $x=b$, x축으로 둘러싸여 있을 때, 이 판의 x축에 대한 모멘트 M_x와 y축에 대한 모멘트 M_y는

$$M_x = \rho\int_a^b \frac{1}{2}[f(x)]^2\,dx, \quad M_y = \rho\int_a^b xf(x)\,dx$$

이고, 이 판의 무게중심의 좌표 $(\bar{x}, \bar{y})$는

$$\bar{x} = \frac{M_y}{M} = \frac{\int_a^b xf(x)\,dx}{\int_a^b f(x)\,dx}, \quad \bar{y} = \frac{M_x}{M} = \frac{\int_a^b \frac{1}{2}[f(x)]^2\,dx}{\int_a^b f(x)\,dx}$$

를 만족시킨다.

예제 5.5.3 상수밀도 ρ를 가지는 납작한 판이 $y=\sqrt{x}$, $x=4$, x축으로 둘러싸여 있을 때, 이 판의 x축에 대한 모멘트 M_x, y축에 대한 모멘트 M_y 및 무게중심의 좌표 $(\bar{x}, \bar{y})$를 구하여라.

풀이 정리 5.5.2에 의해

$$M_x = \rho\int_0^4 \frac{1}{2}x\,dx = 4\rho, \quad M_y = \rho\int_0^4 x\sqrt{x}\,dx = \frac{64}{5}\rho$$

이다. $M = \rho\int_0^4 \sqrt{x}\,dx = \frac{16}{3}\rho$이므로 무게중심의 좌표 $(\bar{x}, \bar{y})$는

$$\bar{x} = \frac{M_y}{M} = \frac{12}{5}, \quad \bar{y} = \frac{M_x}{M} = \frac{3}{4}$$

을 만족시킨다. 따라서 주어진 판의 무게중심의 좌표는 $\left(\frac{12}{5}, \frac{3}{4}\right)$이다. ■

예제 5.5.4 상수밀도 ρ를 가지는 납작한 판이 $y=\sqrt{x}$, $y=x^2$으로 둘러싸여 있을 때, 이 판의 x축에 대한 모멘트 M_x, y축에 대한 모멘트 M_y 및 무게중심의 좌표 $(\bar{x}, \bar{y})$를 구하여라.

풀이 두 곡선 $y=\sqrt{x}$, $y=x^2$이 만나는 점의 좌표는 $(1, 1)$이다. y축과 평행한 얇은 띠로 $x_i \in [0, 1]$ 근방을 자르면, 이 띠의 무게중심의 좌표의 근삿값은 $x_i, \frac{\sqrt{xi}+x_i^2}{2}$, 이 띠의 질량의 근삿값은 $\rho(\sqrt{x_i}-x_i^2)\Delta x_i$이다(그림 5.5.3 참조). 따라서

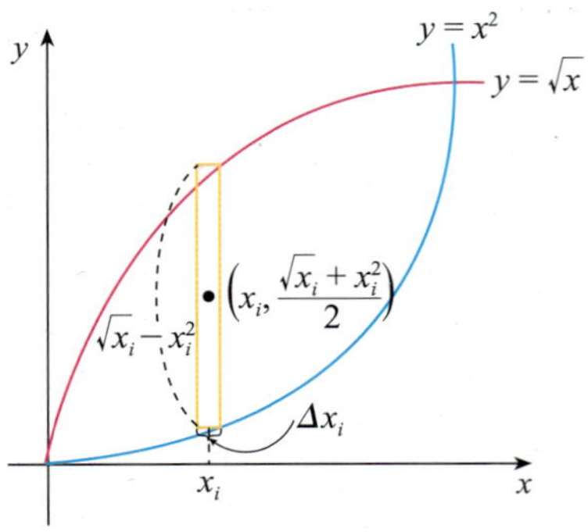

그림 5.5.3

$$M_x = \rho\int_0^1 \frac{1}{2}(\sqrt{x}+x^2)(\sqrt{x}-x^2)\,dx = \frac{\rho}{2}\int_0^1 (x-x^4)\,dx = \frac{3}{20}\rho,$$
$$M_y = \rho\int_0^1 x(\sqrt{x}-x^2)\,dx = \rho\int_0^1 (x\sqrt{x}-x^3)\,dx = \frac{3}{20}\rho$$

이다. $M = \rho\int_0^1 (\sqrt{x}-x^2)\,dx = \frac{1}{3}\rho$이므로 무게중심의 좌표 $(\bar{x}, \bar{y})$는

$$\bar{x} = \frac{M_y}{M} = \frac{9}{20}, \quad \bar{y} = \frac{M_x}{M} = \frac{9}{20}$$

를 만족시킨다. 따라서 주어진 판의 무게중심의 좌표는 $\left(\frac{9}{20}, \frac{9}{20}\right)$이다. ■

5.5 연습문제

1. 주어진 영역을 덮는 상수밀도 ρ를 가지는 얇은 판이 있다. 이 판의 무게중심을 구하여라.

(1) $y=4-x^2$, x축

(2) $y=3x$, $x=4$, x축

(3) $y=2x+1$, $y=-x+1$, x축

(4) $y=x^2$, $y=4$

(5) $y=x^3$, $y=\sqrt{x}$

(6) $y=x^2$, $y=2x+3$

2. $y=2x$, $y=x$, $y=-x+2$를 덮는 상수밀도 ρ를 가지는 얇은 삼각형 모양의 판이 있다. 이 판의 무게중심을 구하여라. 이 값을 삼각형의 세 꼭짓점을 찾아서 구한 삼각형의 무게중심의 좌표와 비교해보아라.

3. 함수 $y=g(x)$가 $y=f(x)$의 역함수라고 하자. 이 두 함수로 둘러싸인 부분이 공집합이 아닐 때, 이 두 함수로 둘러싸인 부분을 덮는 상수밀도 ρ를 가지는 얇은 판이 있다. 이 판의 무게중심은 항상 직선 $y=x$에 있음을 보여라.

종 | 합 | 문 | 제

1. 다음 곡선으로 둘러싸인 부분의 넓이를 구하여라.

(1) $y = x^2 - 2x$, $y = x + 10$

(2) $y = \sin x$, $y = -\cos x$, $x = 0$, $x = \pi$

(3) $y = \sqrt{x}$, $y = \frac{x^2}{8}$

2. 다음 곡선으로 둘러싸인 부분을 지정된 축 주위로 회전한 입체의 부피를 구하여라.

(1) $y=x^2-3x+4$, $y=x$, y축 (x축 주위로 회전)

(2) $y=x^2-3x+4$, $y=x$, y축 (y축 주위로 회전)

(3) $y=x^2-3x+4$, $y=x$, y축 ($y=-1$축 주위로 회전)

(4) $y=x^2-3x+4$, $y=x$, y축 ($x=-1$축 주위로 회전)

(5) $y=\sin x^2 (0 \le x \le \sqrt{\pi})$, x축 (y축 주위로 회전)

(6) $y=\sqrt{x}\sec x^2$, $x=0$, $x=\frac{\sqrt{\pi}}{2}$, x축 (x축 주위로 회전)

3. 어떤 입체의 밑면은 $y = \sqrt{x}(x^2+1)^2$, $x=0$, $x=1$과 x축으로 둘러싸인 영역이고, x축에 수직인 단면은 정삼각형이라고 할 때, 이 입체의 부피를 구하여라.

4. 다음 곡선의 주어진 구간에서의 길이를 구하여라.

(1) $x = y^{3/2}$, $0 \le y \le 1$

(2) $y = \frac{x^3}{6} + \frac{1}{2x}$, $1 \le x \le 2$

(3) $y = \int_1^x \sqrt{t + \frac{1}{t} + 1}\,dt$, $1 \le x \le 2$

5. 주어진 곡선을 회전하여 주어진 좌표축에 관해 회전하여 생기는 회전체의 겉넓이를 구하여라.

(1) $y=2x^3$, $x=0$, $x=1$, x축 (x축 주위로 회전)

(2) $y=2x^2$, $y=2$, y축 (y축 주위로 회전)

6. 주어진 영역을 덮는 상수밀도 ρ를 가지는 얇은 판이 있다. 이 판의 무게중심을 구하여라.

(1) $y=x^2$, $x=2$, x축 (2) $y=x^2$, $y=x+2$

6 CHAPTER

적분의 기법

6.1 부분적분법

치환적분법과 함께 적분을 계산하는 데 가장 많이 사용되는 적분법 중의 하나가 부분적분법이다. 미분법의 연쇄법칙에 대응하는 부분이 치환적분법이라면 미분법의 곱셈법칙에 대응하는 부분은 부분적분법이다. 부분적분법은 일반적으로 두 함수의 곱으로 되어 있을 때 많이 사용되는 공식이다.

정리 6.1.1 부분적분법

두 함수 f, g가 미분가능하면

$$\int f(x)\,g'(x)\,dx = f(x)\,g(x) - \int f'(x)\,g(x)\,dx$$

이다. 이 적분법을 부분적분법(integration by parts)이라 부른다.

증명 두 함수 f, g가 미분가능하면 곱의 도함수에 의해 $(fg)' = f'g + fg'$이다. 그러므로 fg는 $f'g + fg'$의 부정적분이다. 따라서

$$\int fg' = fg - \int f'g$$

이다. ■

이러한 부분적분법을 사용하는 경우 적분을 쉽게 할 수 있는 함수를 g'으로 택하여 우변의 피적분함수 $f'g$가 좌변의 피적분함수 fg'보다 간단한 형태가 되도록 유도한다.

예제 6.1.2 다음 부정적분을 구하여라.

(1) $\int x e^x\,dx$ (2) $\int \ln x\,dx$ (3) $\int x \cos 2x\,dx$ (4) $\int x^2 \ln x\,dx$

풀이 (1) $f(x) = x,\ g'(x) = e^x$라 두면 $f'(x) = 1,\ g(x) = e^x$이다.

그러므로 $\int x e^x\,dx = xe^x - \int e^x\,dx = xe^x - e^x$이다.

(2) $f(x) = \ln x,\ g'(x) = 1$이라 두면 $f'(x) = \frac{1}{x},\ g(x) = x$이다.

그러므로 $\int \ln x\,dx = x\ln x - \int x\frac{1}{x}\,dx = x\ln x - x$이다.

(3) $f(x) = x,\ g'(x) = \cos 2x$라 두면 $f'(x) = 1,\ g(x) = \frac{1}{2}\sin 2x$이다.

그러므로

$$\int x\cos 2x\,dx = \frac{1}{2}x\sin 2x - \int \frac{1}{2}\sin 2x\,dx = \frac{1}{2}x\sin 2x + \frac{1}{4}\cos 2x$$

이다.

(4) $f(x) = \ln x$, $g'(x) = x^2$이라 두면 $f'(x) = \frac{1}{x}$, $g(x) = \frac{1}{3}x^3$이다.
그러므로 $\int x^2 \ln x\, dx = \frac{1}{3}x^3 \ln x - \int \frac{1}{3}x^2\, dx = \frac{1}{3}x^3 \ln x - \frac{1}{9}x^3$
이다. ■

예제 6.1.3 다음 부정적분을 계산하여라.

(1) $\int x^2 e^x\, dx$ (2) $\int x^2 \sin x\, dx$

(3) $\int \tan^{-1} x\, dx$ (4) $\int e^x \sin x\, dx$

풀이 (1) $f(x) = x^2$, $g'(x) = e^x$라 두면 $f'(x) = 2x$, $g(x) = e^x$이므로
$\int x^2 e^x\, dx = x^2 e^x - \int 2xe^x\, dx$이다. 예제 6.1.2(1)에 의해
$\int xe^x\, dx = xe^x - e^x$이다. 따라서 $\int x^2 e^x\, dx = x^2 e^x - 2xe^x + 2e^x$
이다.

(2) $f(x) = x^2$, $g'(x) = \sin x$라 두면 $f'(x) = 2x$, $g(x) = -\cos x$이므로
$\int x^2 \sin x\, dx = -x^2 \cos x + \int 2x \cos x\, dx$이다.
$\int x \cos x\, dx$를 구하기 위해 부분적분법을 한 번 더 적용한다.
$f(x) = x$, $g'(x) = \cos x$라 두면 $f'(x) = 1$, $g(x) = \sin x$이므로
$\int x \cos x\, dx = x \sin x - \int \sin x\, dx = x \sin x + \cos x$이다.
따라서 $\int x^2 \sin x\, dx = -x^2 \cos x + 2x \sin x + 2 \cos x$이다.

(3) $f(x) = \tan^{-1} x$, $g'(x) = 1$이라 두면 $f'(x) = \frac{1}{1+x^2}$, $g(x) = x$이므로
$\int \tan^{-1} x\, dx = x \tan^{-1} x - \int \frac{x}{1+x^2}\, dx$이다.
여기서 $\int \frac{x}{1+x^2}\, dx = \frac{1}{2}\int \frac{2x}{1+x^2}\, dx = \frac{1}{2}\ln(1+x^2)$이므로
$\int \tan^{-1} x\, dx = x \tan^{-1} x - \frac{1}{2}\ln(1+x^2)$이다.

(4) $f(x) = e^x$, $g'(x) = \sin x$라 두면 $f'(x) = e^x$, $g(x) = -\cos x$이다.
그러므로 $\int e^x \sin x\, dx = -e^x \cos x + \int e^x \cos x\, dx$이다.
여기서 부분적분법을 한 번 더 적용한다.
$f(x) = e^x$, $g'(x) = \cos x$라 두면 $f'(x) = e^x$, $g(x) = \sin x$이므로
$\int e^x \cos x\, dx = e^x \sin x - \int e^x \sin x\, dx$이다. 그러므로
$\int e^x \sin x\, dx = -e^x \cos x + e^x \sin x - \int e^x \sin x\, dx$이다. 따라서
$2\int e^x \sin x\, dx = e^x(\sin x - \cos x)$, 즉
$\int e^x \sin x\, dx = \frac{1}{2}e^x(\sin x - \cos x)$이다. ■

각 자연수 n에 대하여 $I_n = \int \sin^n x\, dx$라 두고 I_{n-2}, I_{n-1}, I_n 등의 관계식을 구할 수 있다. 이와 같이 I_{n-2}, I_{n-1}, I_n의 관계식을 부정적분의 점화식이라고 한다. 다음 예제에서 몇몇 함수들의 부정적분의 점화식을 구해보기로 한다.

예제 6.1.4 다음 각 함수들의 부정적분의 점화식을 구하여라(단, $n \geq 2$).

(1) $\sin^n x$ (2) $\cos^n x$ (3) $\tan^n x$

풀이 (1) $\sin^n x = \sin^{n-1} x \sin x$에서 $f(x) = \sin^{n-1} x$, $g'(x) = \sin x$라 두고 부분적분법을 적용한다. 그러면

$$f'(x) = (n-1)\sin^{n-2} x \cos x,\ g(x) = -\cos x$$

이므로

$$\begin{aligned} I_n = \int \sin^n x\,dx &= -\sin^{n-1} x \cos x + (n-1)\int \sin^{n-2} x \cos^2 x\,dx \\ &= -\sin^{n-1} x \cos x + (n-1)\int \sin^{n-2} x (1 - \sin^2 x)\,dx \\ &= -\sin^{n-1} x \cos x + (n-1) I_{n-2} - (n-1) I_n \end{aligned}$$

이다. 따라서

$$I_n = -\frac{1}{n}\sin^{n-1} x \cos x + \frac{n-1}{n} I_{n-2}$$

이다.

(2) $\cos^n x = \cos^{n-1} x \cos x$에서 위와 같은 방법으로 부분적분법을 적용하면

$$I_n = \int \cos^n x\,dx = \frac{1}{n}\cos^{n-1} x \sin x + \frac{n-1}{n} I_{n-2}$$

를 얻는다.

(3)
$$\begin{aligned} I_n = \int \tan^n x\,dx &= \int \tan^{n-2} x \tan^2 x\,dx \\ &= \int \tan^{n-2} x (\sec^2 x - 1)\,dx = \int \tan^{n-2} x \sec^2 x\,dx - I_{n-2} \\ &= \frac{1}{n-1}\tan^{n-1} x - I_{n-2} \end{aligned}$$

■

예제 6.1.5 예제 6.1.4의 결과를 이용하여 다음 부정적분을 구하여라.

(1) $\int \sin^2 x\,dx$ (2) $\int \cos^3 x\,dx$

풀이 (1) $I_n = \int \sin^n x\,dx$에서 $n=2$를 대입하면

$$\begin{aligned} I_2 &= -\frac{1}{2}\sin x \cos x + \frac{1}{2} I_0 \\ &= -\frac{1}{2}\sin x \cos x + \frac{1}{2}\int 1\,dx \\ &= -\frac{1}{2}\sin x \cos x + \frac{1}{2}x \\ &= \frac{1}{2}x - \frac{1}{4}\sin 2x \end{aligned}$$

이다.

(2) $I_n = \int \cos^n x\, dx$에서 $n=3$을 대입하면

$$\begin{aligned} I_3 &= \frac{1}{3}\cos^2 x \sin x + \frac{2}{3} I_1 \\ &= \frac{1}{3}\cos^2 x \sin x + \frac{2}{3}\int \cos x\, dx \\ &= \frac{1}{3}\cos^2 x \sin x + \frac{2}{3}\sin x \\ &= \frac{1}{3}(1-\sin^2 x)\sin x + \frac{2}{3}\sin x \\ &= \sin x - \frac{1}{3}\sin^3 x \end{aligned}$$

이다. ■

6.1 연습문제

1. 다음의 부정적분을 구하여라.

(1) $\int (\ln x)^2\, dx$　　(2) $\int x^2 \ln x\, dx$

(3) $\int \sin^{-1} x\, dx$　　(4) $\int x \tan^2 x\, dx$

(5) $\int (x^2+1)e^x\, dx$　　(6) $\int x \ln(1+x^2)\, dx$

(7) $\int \ln\sqrt{x}\, dx$　　(8) $\int x \tan^{-1} x\, dx$

2. 다음 정적분을 계산하여라.

(1) $\int_0^{\pi/4} x \sin x\, dx$　　(2) $\int_0^{\ln 2} x^2 e^x\, dx$

(3) $\int_0^1 e^x \sin x\, dx$　　(4) $\int_{-\pi/4}^{\pi/4} \sec^3 x\, dx$

(5) $\int_0^1 xe^{-x}\, dx$　　(6) $\int_1^e x \ln x\, dx$

(7) $\int_0^{\pi/4} x \cos 2x\, dx$　　(8) $\int_0^{\pi/4} x \sec^2 x\, dx$

3. 각 자연수 n에 대하여 $I_n = \int \sec^n x\, dx$라 둘 때, 점화식

$$I_n = \frac{1}{n-1}\sec^{n-2} x \tan x + \frac{n-2}{n-1} I_{n-2}$$

를 보여라(단, $n \geq 2$).

4. 점화식을 이용하여 다음 부정적분을 구하여라.

(1) $\int \cos^2 x\, dx$　　(2) $\int \sin^3 x\, dx$

(3) $\int \tan^3 x\, dx$　　(4) $\int \tan^4 x\, dx$

(5) $\int \sec^3 x\, dx$　　(6) $\int \sec^4 x\, dx$

6.2 삼각치환법

적분변수를 바꿀 때 치환하는 식이 삼각함수를 포함하고 있으면 이를 삼각치환법이라 한다. 특히 피적분함수가 다음과 같은 근호 중의 하나로 표시되었을 때 삼각치환법을 이용하면 부정적분이 편리하다.

(1) $\sqrt{a^2-x^2}$ 이 포함된 함수, $x = a\sin t$로 치환 $(-\frac{\pi}{2} \leq t \leq \frac{\pi}{2})$

(2) $\sqrt{x^2-a^2}$이 포함된 함수, $x = a\sec t$로 치환 $(0 \leq t < \frac{\pi}{2}, \pi \leq t < \frac{3}{2}\pi)$

(3) $\sqrt{a^2+x^2}$ 이 포함된 함수, $x = a\tan t$로 치환 $(-\frac{\pi}{2} < t < \frac{\pi}{2})$

예제 6.2.1 다음 부정적분을 삼각치환법을 이용하여 구하여라.

(1) $\int \frac{1}{\sqrt{1-x^2}}\,dx$ (2) $\int \frac{1}{1+x^2}\,dx$

(3) $\int \frac{1}{\sqrt{a^2-x^2}}\,dx \quad (a>0)$ (4) $\int \frac{1}{a^2+x^2}\,dx \quad (a>0)$

풀이 (1) $x=\sin t\,(-\frac{\pi}{2}<t<\frac{\pi}{2})$로 치환하면 $dx=\cos t\,dt$이다. 따라서

$$\int \frac{1}{\sqrt{1-x^2}}\,dx = \int \frac{1}{\sqrt{1-\sin^2 t}}\cos t\,dt = \int \frac{1}{|\cos t|}\cos t\,dt = \int 1\,dt = t = \sin^{-1} x$$

이다.

(2) $x=\tan t\,(-\frac{\pi}{2}<t<\frac{\pi}{2})$로 치환하면 $dx=\sec^2 t\,dt$이다. 따라서

$$\int \frac{1}{1+x^2}\,dx = \int \frac{1}{1+\tan^2 t}\sec^2 t\,dt = \int 1\,dt = t = \tan^{-1} x$$

이다.

(3) $x=a\sin t\,(-\frac{\pi}{2}<t<\frac{\pi}{2})$로 치환하면 $dx=a\cos t\,dt$이다. 따라서

$$\int \frac{1}{\sqrt{a^2-x^2}}\,dx = \int \frac{1}{\sqrt{a^2-a^2\sin^2 t}}\,a\cos t\,dt = \int \frac{1}{|a\cos t|}\,a\cos t\,dt = \int 1\,dt = t = \sin^{-1}\frac{x}{a}$$

이다.

(4) $x=a\tan t\,(-\frac{\pi}{2}<t<\frac{\pi}{2})$로 치환하면 $dx=a\sec^2 t\,dt$이다. 따라서

$$\int \frac{1}{a^2+x^2}\,dx = \int \frac{1}{a^2+a^2\tan^2 t}\,a\sec^2 t\,dt = \int \frac{1}{a}\,dt = \frac{1}{a}t = \frac{1}{a}\tan^{-1}\frac{x}{a}$$

이다. ■

예제 6.2.2 다음 부정적분을 구하여라.

(1) $\int \sqrt{9-x^2}\,dx$ (2) $\int \sqrt{-x^2+4x+5}\,dx$

(3) $\int \sqrt{9+4x^2}\,dx$ (4) $\int \frac{1}{\sqrt{x^2-3^2}}\,dx$

풀이 (1) $x=3\sin t\,(-\frac{\pi}{2}\le t\le\frac{\pi}{2})$로 치환하면 $dx=3\cos t\,dt$이다. 따라서

$$\int \sqrt{9-x^2}\,dx = \int 3|\cos t|\,3\cos t\,dt = 9\int \cos^2 t\,dt = 9\int \frac{1+\cos 2t}{2}\,dt = \frac{9}{2}\left(t+\frac{1}{2}\sin 2t\right) = \frac{9}{2}(t+\sin t\cos t) = \frac{9}{2}\sin^{-1}\frac{x}{3}+\frac{1}{2}x\sqrt{9-x^2}.$$

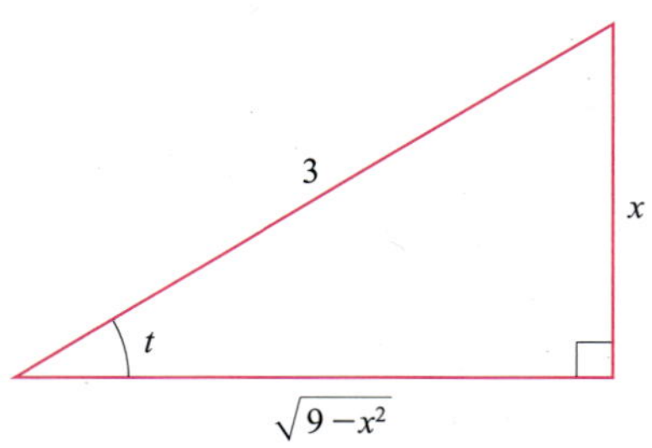

그림 6.2.1

(2) $x - 2 = 3\sin t\,(-\frac{\pi}{2} \le t \le \frac{\pi}{2})$로 치환하면 $dx = 3\cos t\, dt$이다. 따라서

$$\begin{aligned}\int \sqrt{-x^2+4x+5}\,dx &= \int \sqrt{9-(x-2)^2}\,dx = \int 3|\cos t|\, 3\cos t\, dt \\ &= 9\int \cos^2 t\, dt = 9\int \frac{1+\cos 2t}{2}\,dt \\ &= \frac{9}{2}\left(t + \frac{1}{2}\sin 2t\right) = \frac{9}{2}(t + \sin t\cos t) \\ &= \frac{9}{2}\sin^{-1}\frac{x-2}{3} + \frac{1}{2}(x-2)\sqrt{9-(x-2)^2}\end{aligned}$$

이다.

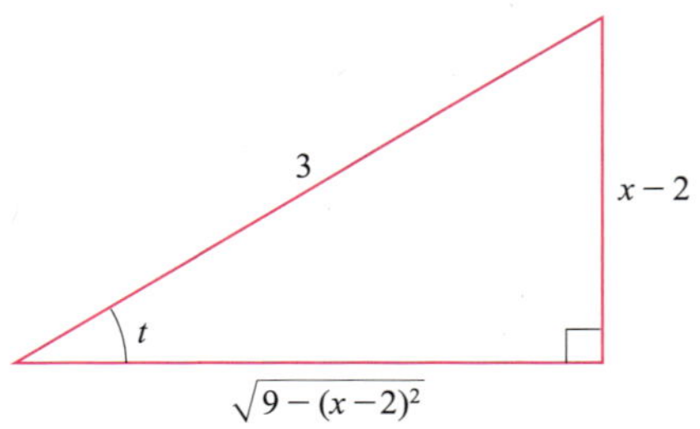

그림 6.2.2

(3) $\sqrt{9+4x^2} = 2\sqrt{\frac{9}{4}+x^2}$이므로 $x = \frac{3}{2}\tan t\,(-\frac{\pi}{2} < t < \frac{\pi}{2})$로 치환하면 $dx = \frac{3}{2}\sec^2 t\, dt$이다. 따라서

$$\begin{aligned}\int \sqrt{9+4x^2}\,dx &= \int 3|\sec t|\,\frac{3}{2}\sec^2 t\, dt = \frac{9}{2}\int \sec^3 t\, dt \\ &= \frac{9}{2}\left(\frac{1}{2}\sec t\tan t + \frac{1}{2}\ln|\sec t + \tan t|\right) \\ &= \frac{9}{2}\left(\frac{1}{2}\frac{1}{3}\sqrt{9+4x^2}\,\frac{2x}{3} + \frac{1}{2}\ln\left|\frac{1}{3}\sqrt{9+4x^2}+\frac{2x}{3}\right|\right) \\ &= \frac{1}{2}x\sqrt{9+4x^2} + \frac{9}{4}\ln\left|\frac{\sqrt{9+4x^2}}{3} + \frac{2x}{3}\right|\end{aligned}$$

이다.

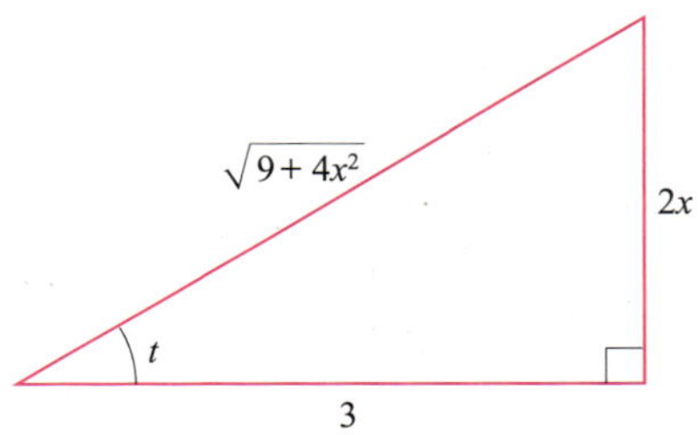

그림 6.2.3

(4) $x = 3\sec t\,(0 < t < \frac{\pi}{2},\ \pi < t < \frac{3}{2}\pi)$로 치환하면 $dx = 3\sec t\tan t\, dt$이다. 따라서

$$\begin{aligned}\int \frac{1}{\sqrt{x^2-3^2}}\,dx &= \int \frac{3\sec t\tan t\, dt}{|3\tan t|} = \int \sec t\, dt \\ &= \ln|\sec t + \tan t| = \ln\left|\frac{x}{3} + \frac{\sqrt{x^2-9}}{3}\right|\end{aligned}$$

이다. ■

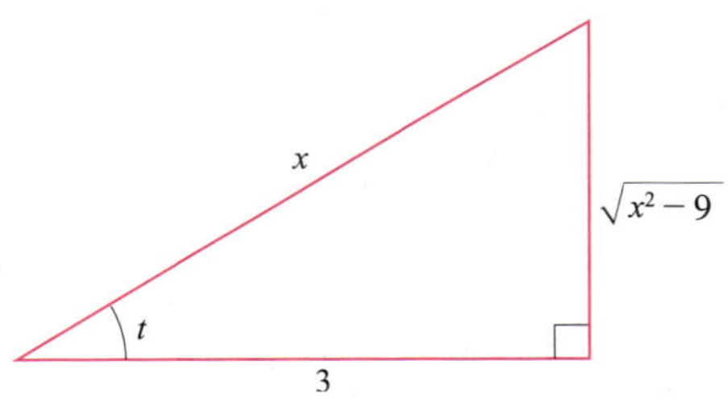

그림 6.2.4

6.2 연습문제

1. 다음 부정적분을 구하여라.

(1) $\int \frac{8}{\sqrt{9-4x^2}}\,dx$ (2) $\int \frac{6}{\sqrt{4-16x^2}}\,dx$

(3) $\int \frac{1}{\sqrt{-x^2+4x-2}}\,dx$ (4) $\int \frac{1}{\sqrt{-x^2-2x+2}}\,dx$

(5) $\int \frac{1}{3x^2+6x+7}\,dx$ (6) $\int \frac{1}{5+x^2}\,dx$

(7) $\int \frac{1}{x^2+4x+7}\,dx$ (8) $\int \frac{1}{2x^2-4x+8}\,dx$

2. 다음 정적분을 계산하여라.

(1) $\int_1^2 \frac{1}{\sqrt{9-x^2}}\,dx$ (2) $\int_0^{1/6} \frac{1}{\sqrt{1-9x^2}}\,dx$

(3) $\int_0^1 \frac{1}{\sqrt{4-x^2}}\,dx$ (4) $\int_{\sqrt[4]{e}}^{\sqrt{e}} \frac{1}{x\sqrt{1-(\ln x)^2}}\,dx$

(5) $\int_0^{1/6} \frac{1}{\sqrt{1-9x^2}}\,dx$ (6) $\int_0^{\pi/4} \frac{1}{1+x^2}\,dx$

(7) $\int_0^{1/3} \frac{3}{1+9x^2}\,dx$ (8) $\int_1^2 \frac{1}{x^2-2x+2}\,dx$

3. 적분 $\int_0^2 \frac{x}{\sqrt{x^2+4}}dx$를 다음 두 가지 방법으로 풀어 비교하여라.

(1) $x = 2\tan t$로 치환 (2) $u = \sqrt{x^2+4}$로 치환

4. 적분 $\int_0^1 \frac{x}{\sqrt{4-x^2}}dx$를 다음 두 가지 방법으로 풀어 비교하여라.

(1) $x = 2\sin t$로 치환 (2) $u = \sqrt{4-x^2}$으로 치환

6.3 유리함수 적분법

다음과 같이 분모와 분자가 다항함수인 함수 $R(x)$를 유리함수라 한다.

$$R(x) = \frac{p(x)}{q(x)}, \quad p(x),\ q(x)\text{는 다항함수}$$

유리함수 $R(x) = \frac{p(x)}{q(x)}$에서 분자인 $p(x)$의 차수가 분모인 $q(x)$의 차수 이상인 경우 다항함수의 나눗셈을 이용하여

$$R(x) = \frac{p(x)}{q(x)} = f(x) + \frac{r(x)}{q(x)},$$
$$f(x)\text{는 다항함수, } r(x)\text{의 차수} < q(x)\text{의 차수}$$

로 표현할 수 있다. 예를 들어, $\frac{5x^3+1}{x^2-3x+2}$인 경우 나눗셈

$$\begin{array}{r l}
 & 5x \qquad\qquad\quad + 15 \\
x^2-3x+2 \,\big) & \overline{5x^3 \qquad\qquad\qquad + \ \ 1} \\
 & \underline{5x^3 - 15x^2 + 10x} \\
 & \qquad 15x^2 - 10x + \ \ 1 \\
 & \qquad \underline{15x^2 - 45x + 30} \\
 & \qquad\qquad\quad 35x - 29
\end{array}$$

를 이용하여

$$\frac{5x^3+1}{x^2-3x+2} = 5x + 15 + \frac{35x-29}{x^2-3x+2}$$

를 얻을 수 있다.

다항함수 $f(x)$는 쉽게 적분가능하기 때문에 유리함수 $R(x)$의 부정적분을 구하기 위해서는 분자인 $r(x)$의 차수가 분모인 $q(x)$의 차수보다 작은 형태의 유리함수 $\frac{r(x)}{q(x)}$의 부정적분만을 생각하면 된다.

먼저 치환적분을 이용하여 쉽게 구할 수 있는 유리함수 $\frac{r(x)}{q(x)}$의 부정적분부터 살펴보자. 분모인 $q(x)$가 인수분해되지 않는 이차식을 가질 경우 부정적분

$$\int \frac{1}{x^2+a^2}dx = \frac{1}{a}\tan^{-1}\left(\frac{x}{a}\right)$$

를 활용한다.

예제 6.3.1 다음 부정적분을 구하여라.

(1) $\int \frac{3}{x-5}\,dx$ (2) $\int \frac{1}{(x-1)^2}\,dx$

(3) $\int \frac{2x}{x^2+9}\,dx$ (4) $\int \frac{2x}{(x^2+1)^3}\,dx$

(5) $\int \frac{1}{x^2+2x+10}\,dx$ (6) $\int \frac{x-1}{(x^2-2x+9)^2}\,dx$

풀이 (1) $x-5=t$로 치환하면 $dx=dt$이므로

$$\int \frac{3}{x-5}\,dx = \int \frac{3}{t}\,dt = 3\ln|x-5|$$

이다.

(2) $x-1=t$로 치환하면 $dx=dt$이므로

$$\int \frac{1}{(x-1)^2}\,dx = \int \frac{1}{t^2}\,dt = \frac{1}{-2+1}t^{-2+1} = -\frac{1}{(x-1)}$$

이다.

(3) $x^2+9=u$로 치환하면 $2x\,dx=du$이므로

$$\int \frac{2x}{x^2+9}\,dx = \int \frac{1}{u}\,du = \ln|u| = \ln(x^2+9)$$

이다.

(4) $x^2+1=t$로 치환하면 $2x\,dx=dt$이므로

$$\int \frac{2x}{(x^2+1)^3}\,dx = \int \frac{1}{t^3}\,dt = -\frac{1}{2}t^{-2} = -\frac{1}{2(x^2+1)^2}$$

이다.

(5) $\int \frac{1}{x^2+2x+10}dx = \int \frac{1}{(x+1)^2+9}dx$ 에서 $x+1=u$로 치환하면 $dx=du$이므로

$$\int \frac{1}{x^2+2x+10}\,dx = \int \frac{1}{u^2+9}\,du = \frac{1}{3}\tan^{-1}\frac{u}{3} = \frac{1}{3}\tan^{-1}\frac{x+1}{3}$$

이다.

(6) $x^2-2x+9=t$로 치환하면 $(2x-2)\,dx=dt$이므로

$$\int \frac{x-1}{(x^2-2x+9)^2}\,dx = \frac{1}{2}\int \frac{1}{t^2}\,dt = -\frac{1}{2t} = -\frac{1}{2(x^2-2x+9)}$$

이다. ■

분자인 $r(x)$의 차수가 분모인 $q(x)$의 차수보다 작은 경우 부정적분 $\int \frac{r(x)}{q(x)}\,dx$가 치환적분만으로 쉽게 풀리지 않는 경우가 많다. 이 경우 분모인 다항함수 $q(x)$를 1차 혹은 2차의 인수들로 인수분해한 후 $\frac{r(x)}{q(x)}$를 부분분수로 분해하여 적분하면 된다. 유리함수 $\frac{r(x)}{q(x)}$를 부분분수로 분해하는 방법을 다음 경우로 나누어 살펴보자.

경우 1 분모가 서로 다른 일차인수의 곱일 때, 즉 $q(x)=(a_1x+b_1)\ (a_2x+b_2)\cdots(a_nx+b_n)$인 경우:

$$\frac{r(x)}{q(x)}=\frac{A_1}{a_1x+b_1}+\frac{A_2}{a_2x+b_2}+\cdots+\frac{A_n}{a_nx+b_n}$$

으로 분해한다. 예를 들면,

$$\frac{x^2+2}{x^3-x^2-4x+4}=\frac{x^2+2}{(x-1)(x-2)(x+2)}$$
$$=\frac{A}{x-1}+\frac{B}{x-2}+\frac{C}{x+2}$$

로 둔다.

경우 2 분모가 반복되는 일차인수들의 곱일 때, 즉 $q(x)$가 $(a_1x+b_1)^r$을 포함하는 경우:

$$\frac{A_1}{a_1x+b_1}+\frac{A_2}{(a_1x+b_1)^2}+\cdots+\frac{A_r}{(a_1x+b_1)^r}$$

을 사용한다. 예를 들면,

$$\frac{2x+1}{(x-1)^3(x+2)}=\frac{A}{x-1}+\frac{B}{(x-1)^2}+\frac{C}{(x-1)^3}+\frac{D}{x+2}$$

로 둔다.

경우 3 분모가 반복되지 않는 이차인수를 가질 때, 즉 $q(x)$가 ax^2+bx+c항을 포함하는 경우(단, $b^2-4ac<0$):

$$\frac{Ax+B}{ax^2+bx+c}$$

를 사용한다. 예를 들면,

$$\frac{3x+1}{(x+2)(x^2+2x+3)(x^2+2)}$$
$$=\frac{A}{x+2}+\frac{Bx+C}{x^2+2x+3}+\frac{Dx+E}{x^2+2}$$

로 둔다.

경우 4 분모가 반복되는 이차인수를 가질 때, 즉 $q(x)$가 $(ax^2+bx+c)^r$ 항을 포함하는 경우(단, $b^2-4ac<0$):

$$\frac{A_1x+B_1}{ax^2+bx+c}+\frac{A_2x+B_2}{(ax^2+bx+c)^2}+\cdots+\frac{A_rx+B_r}{(ax^2+bx+c)^r}$$

을 사용한다. 예를 들면,

$$\frac{2x+3}{(x^2+1)^2(x+2)}=\frac{A_1x+B_1}{x^2+1}+\frac{A_2x+B_2}{(x^2+1)^2}+\frac{C_1}{x+2}$$

으로 둔다.

예제 6.3.2 다음을 부분분수로 분해하여 나타내어라.

(1) $\dfrac{5x+3}{x^2-1}$ (2) $\dfrac{2x-1}{(x-1)^2}$ (3) $\dfrac{5x^2+2x+1}{x^2(x+1)}$

(4) $\dfrac{6x^2+17x+8}{(2x+1)(x+1)^2}$ (5) $\dfrac{3x^2}{x^3-1}$ (6) $\dfrac{2x^5+4x^3+x^2+2x+2}{(x^2+1)^3}$

풀이 (1) $\dfrac{5x+3}{x^2-1}=\dfrac{A}{x+1}+\dfrac{B}{x-1}=\dfrac{A(x-1)+B(x+1)}{(x+1)(x-1)}$

에서 $A=1, B=4$이다.

(2) $\dfrac{2x-1}{(x-1)^2}=\dfrac{A}{x-1}+\dfrac{B}{(x-1)^2}=\dfrac{A(x-1)+B}{(x-1)^2}$

에서 $A=2, B=1$이다.

(3) $\dfrac{5x^2+2x+1}{x^2(x+1)}=\dfrac{A}{x}+\dfrac{B}{x^2}+\dfrac{C}{x+1}$

$=\dfrac{Ax(x+1)+B(x+1)+Cx^2}{x^2(x+1)}$

에서 $A=1, B=1, C=4$이다.

(4) $\dfrac{6x^2+17x+8}{(2x+1)(x+1)^2}=\dfrac{A}{2x+1}+\dfrac{B}{x+1}+\dfrac{C}{(x+1)^2}$

$=\dfrac{A(x+1)^2+B(2x+1)(x+1)+C(2x+1)}{(2x+1)(x+1)^2}$

에서 $A=4, B=1, C=3$이다.

(5) $\dfrac{3x^2}{x^3-1}=\dfrac{3x^2}{(x-1)(x^2+x+1)}=\dfrac{A}{x-1}+\dfrac{Bx+C}{x^2+x+1}$

$=\dfrac{A(x^2+x+1)+(Bx+C)(x-1)}{(x-1)(x^2+x+1)}$

에서 $A=1, B=2, C=1$이다.

(6) $\dfrac{2x^5+4x^3+x^2+2x+2}{(x^2+1)^3}=\dfrac{Ax+B}{x^2+1}+\dfrac{Cx+D}{(x^2+1)^2}+\dfrac{Ex+F}{(x^2+1)^3}$

$=\dfrac{(Ax+B)(x^2+1)^2+(Cx+D)(x^2+1)+Ex+F}{(x^2+1)^3}$

에서 $A=2, B=0, C=0, D=1, E=0, F=1$이다. ■

지금까지 살펴본 유리함수 적분하는 방법을 단계별로 요약해보자.

유리함수 $\dfrac{p(x)}{q(x)}$의 적분법

제1단계 분자인 $p(x)$의 차수가 분모인 $q(x)$의 차수 이상인 경우

$$\frac{p(x)}{q(x)} = f(x) + \frac{r(x)}{q(x)},$$

$f(x)$는 다항함수, $r(x)$의 차수 $<$ $q(x)$의 차수

로 나타낸다.

제2단계 $q(x)$를 일차식과 이차식들의 곱으로 인수분해한다. 즉

$$q(x) = a(x-a_1)^{n_1}(x-a_2)^{n_2}\cdots(x-a_k)^{n_k}(x^2+b_1x+c_1)^{m_1}\cdots(x^2+b_rx+c_r)^{m_r}$$

의 형태로 나타낸다(단, $b_i^2-4c_i<0$).

제3단계 $\dfrac{r(x)}{q(x)}$를 부분분수로 분해한다. 즉

$$\frac{r(x)}{q(x)} = \frac{A_1}{(x-a_1)} + \frac{A_2}{(x-a_1)^2} + \cdots + \frac{A_{n_1}}{(x-a_1)^{n_1}} + \cdots + \frac{B_1x+D_1}{(x^2+b_rx+c_r)} + \cdots + \frac{B_{m_r}x+D_{m_r}}{(x^2+b_rx+c_r)^{m_r}}$$

의 형태로 표현한다(단, $b_i^2-4c_i<0$).

제4단계

$$\begin{aligned}\int\frac{p(x)}{q(x)}dx &= \int f(x)\,dx + \int\frac{r(x)}{q(x)}dx \\ &= \int f(x)\,dx + \int\frac{A_1}{(x-a_1)}dx \\ &\quad + \int\frac{A_2}{(x-a_1)^2}dx + \cdots + \int\frac{A_{n_1}}{(x-a_1)^{n_1}}dx + \cdots \\ &\quad + \int\frac{B_1x+D_1}{(x^2+b_rx+c_r)}dx + \cdots \\ &\quad + \int\frac{B_{m_r}x+D_{m_r}}{(x^2+b_rx+c_r)^{m_r}}dx\end{aligned}$$

로 변형하여 각각을 적분한다.

예제 6.3.3 다음 부정적분을 구하여라.

(1) $\displaystyle\int\frac{x^3-3x^2-x}{x-3}dx$ (2) $\displaystyle\int\frac{3x^2-2x}{x^2+1}dx$

(3) $\int \frac{1}{x^2-4}\,dx$ (4) $\int \frac{2x^3-3x^2}{x^2-3x+2}\,dx$

(5) $\int \frac{2x+1}{(x+1)^3}\,dx$ (6) $\int \frac{x^3+3x^2-1}{x^3-1}\,dx$

(7) $\int \frac{x^3+x}{x^3-7x+6}\,dx$ (8) $\int \frac{x}{x^4-1}\,dx$

(9) $\int \frac{x^3}{(x^2+1)^4}\,dx$ (10) $\int \frac{x^3-x^2+4x+3}{(x^2+4)(2x^2+1)}\,dx$

풀이 (1) $\int \frac{x^3-3x^2-x}{x-3}\,dx = \int \left(x^2-1-\frac{3}{x-3}\right)dx$

$$= \frac{1}{3}x^3 - x - 3\ln|x-3|$$

(2) $\int \frac{3x^2-2x}{x^2+1}\,dx = \int \left(3-\frac{2x+3}{x^2+1}\right)dx$

$$= \int \left(3-\frac{2x}{x^2+1}-\frac{3}{x^2+1}\right)dx$$

$$= 3x - \ln(x^2+1) - 3\tan^{-1}x$$

(3) $\int \frac{1}{x^2-4}\,dx = \int \frac{1}{(x-2)(x+2)}\,dx$

$$= \int \left(\frac{1}{4}\frac{1}{x-2}-\frac{1}{4}\frac{1}{x+2}\right)dx$$

$$= \frac{1}{4}\ln|x-2| - \frac{1}{4}\ln|x+2|$$

(4) $\int \frac{2x^3-3x^2}{x^2-3x+2}\,dx = \int \left(2x+3+\frac{5x-6}{(x-1)(x-2)}\right)dx$

$$= \int \left(2x+3+\frac{1}{x-1}+\frac{4}{x-2}\right)dx$$

$$= x^2+3x+\ln|x-1|+4\ln|x-2|$$

(5) $\int \frac{2x+1}{(x+1)^3}\,dx = \int \left(\frac{2}{(x+1)^2}-\frac{1}{(x+1)^3}\right)dx$

$$= -\frac{2}{x+1}+\frac{1}{2}\frac{1}{(x+1)^2}$$

(6) $\int \frac{x^3+3x^2-1}{x^3-1}\,dx = \int \left(1+\frac{3x^2}{x^3-1}\right)dx$

$$= \int \left(1+\frac{3x^2}{(x-1)(x^2+x+1)}\right)dx$$

$$= \int \left(1+\frac{1}{x-1}+\frac{2x+1}{x^2+x+1}\right)dx$$

$$= x+\ln|x-1|+\ln(x^2+x+1)$$

(7) $\int \frac{x^3+x}{x^3-7x+6}\,dx = \int \left(1+\frac{8x-6}{x^3-7x+6}\right)dx$

$$= \int \left(1+\frac{8x-6}{(x-1)(x-2)(x+3)}\right)dx$$

$$= \int \left(1-\frac{1}{2}\frac{1}{x-1}+\frac{2}{x-2}-\frac{3}{2}\frac{1}{x+3}\right)dx$$

$$= x-\frac{1}{2}\ln|x-1|+2\ln|x-2|-\frac{3}{2}\ln|x+3|$$

(8) $\int \frac{x}{x^4-1}\,dx = \int \frac{x}{(x+1)(x-1)(x^2+1)}\,dx$

$$= \int \left(\frac{1}{4}\frac{1}{x+1}+\frac{1}{4}\frac{1}{x-1}-\frac{1}{2}\frac{x}{x^2+1}\right)dx$$

$$= \frac{1}{4}\ln|x+1| + \frac{1}{4}\ln|x-1| - \frac{1}{4}\ln(x^2+1)$$

$$(9)\ \int \frac{x^3}{(x^2+1)^4}\,dx = \int\left(\frac{x}{(x^2+1)^3} - \frac{x}{(x^2+1)^4}\right)dx$$
$$= \int\left(\frac{1}{2}\frac{2x}{(x^2+1)^3} - \frac{1}{2}\frac{2x}{(x^2+1)^4}\right)dx$$
$$= -\frac{1}{4(x^2+1)^2} + \frac{1}{6(x^2+1)^3}$$

$$(10)\ \int \frac{x^3-x^2+4x+3}{(x^2+4)(2x^2+1)}\,dx = \int\left(-\frac{1}{x^2+4} + \frac{x+1}{2x^2+1}\right)dx$$
$$= \int\left(-\frac{1}{x^2+4} + \frac{x}{2x^2+1} + \frac{1}{2x^2+1}\right)dx$$
$$= -\int \frac{1}{x^2+4}\,dx + \frac{1}{4}\int \frac{4x}{2x^2+1}\,dx + \frac{1}{2}\int \frac{1}{x^2+\frac{1}{2}}\,dx$$
$$= -\frac{1}{2}\tan^{-1}\frac{x}{2} + \frac{1}{4}\ln(2x^2+1) + \frac{\sqrt{2}}{2}\tan^{-1}(\sqrt{2}\,x) \quad ■$$

6.3 연습문제

1. 다음을 부분분수로 분해하여라.

(1) $\dfrac{8x-6}{(x-1)(x-2)(x+3)}$ (2) $\dfrac{35x-29}{x^2-3x+2}$

(3) $\dfrac{x}{x^4-1}$ (4) $\dfrac{x^3}{(x^2+1)^4}$

(5) $\dfrac{2x+1}{(x+1)^3}$ (6) $\dfrac{2x}{(x^3+1)}$

(7) $\dfrac{2x}{(x-1)^2}$ (8) $\dfrac{3x+8}{x^2+4x}$

2. 다음 부정적분을 구하여라.

(1) $\displaystyle\int \frac{6x+13}{(x+3)(x-2)}\,dx$ (2) $\displaystyle\int \frac{5}{(x+1)^3}\,dx$

(3) $\displaystyle\int \frac{12x^2+40x+2}{(x^2+1)(x+4)}\,dx$ (4) $\displaystyle\int \frac{x^2-2x+9}{x^2-4x+8}\,dx$

(5) $\displaystyle\int \frac{2x^3+3x^2+7x+4}{x(x^2+4)}\,dx$

(6) $\displaystyle\int \frac{2x^2+8x-3}{(x+1)(2x-1)}\,dx$ (7) $\displaystyle\int \frac{4x^2+17x+16}{(x+2)^2(x+1)}\,dx$

(8) $\displaystyle\int \frac{x^3+8x^2+20x+17}{(x+2)^4}\,dx$

3. 다음 정적분을 계산하여라.

(1) $\displaystyle\int_1^4 \frac{1}{x^2-2x+10}\,dx$ (2) $\displaystyle\int_{-3}^{-1} \frac{x^2+7x+8}{x^2+4x}\,dx$

(3) $\displaystyle\int_3^5 \frac{2x-2}{x^2-2x+1}\,dx$ (4) $\displaystyle\int_0^1 \frac{x^3+x^2+3x+1}{(x^2+1)^2}\,dx$

(5) $\displaystyle\int_1^{\sqrt{3}} \frac{x^3+x^2+5x+1}{x^3+x}\,dx$

(6) $\displaystyle\int_0^1 \frac{x^2-4x+2}{x^2-5x-6}\,dx$

(7) $\displaystyle\int_2^3 \frac{3x^3-3x^2+3x+1}{(x^2+1)(x-1)^2}\,dx$

(8) $\displaystyle\int_0^1 \frac{x^3-1}{x^2+1}\,dx$

6.4 기타 적분법

삼각함수 적분법

$\sin x$, $\cos x$, $\sec^2 x$, $\csc^2 x$ 등 간단한 삼각함수들의 부정적분은 미분법에 의해 쉽게 얻을 수 있다. 그러나 삼각함수들의 거듭제곱이나 삼각함수들의 곱의 부정적분을 계산하는 것은 간단하지 않다. 여기서 이

러한 삼각함수들의 부정적분을 구하는 방법을 생각해보자.

$\int \sin^m x \cos^n x\,dx$의 적분

(1) $m = 2k+1$인 경우

$$\sin^m x \cos^n x = (\sin^2 x)^k \cos^n x \sin x = (1-\cos^2 x)^k \cos^n x \sin x$$

이다. $\int \sin^m x \cos^n x\,dx$를 구하기 위해 $\cos x = t$로 치환하면 $-\sin x\,dx = dt$이다. 그러면

$$\begin{aligned}\int \sin^m x \cos^n x\,dx &= \int (1-\cos^2 x)^k \cos^n x \sin x\,dx \\ &= \int (1-t^2)^k t^n(-dt)\end{aligned}$$

로서 부정적분을 계산할 수 있다.

(2) $n = 2k+1$인 경우

$$\sin^m x \cos^n x = \sin^m x(\cos^2 x)^k \cos x = \sin^m x(1-\sin^2 x)^k \cos x$$

이다. 따라서 $\sin x = t$로 치환하면 (1)과 같은 방법으로 계산할 수 있다.

(3) m, n이 모두 짝수인 경우

$$\sin^2 x = \frac{1-\cos 2x}{2},\ \cos^2 x = \frac{1+\cos 2x}{2},\ \sin x \cos x = \frac{1}{2}\sin 2x$$

등을 사용하여 적분할 수 있다.

예제 6.4.1 다음 함수들의 부정적분을 구하여라.

(1) $\sin^3 x$　　(2) $\cos^5 x$

(3) $\sin^3 x \cos^5 x$　　(4) $\sin^2 x \cos^2 x$

풀이 (1) $\int \sin^3 x\,dx = \int \sin^2 x \sin x\,dx = \int (1-\cos^2 x)\sin x\,dx$에서 $\cos x = t$로 치환하면 $-\sin x = dt$이다. 따라서

$$\int \sin^3 x\,dx = -\int (1-t^2)\,dt = -\left(t - \frac{1}{3}t^3\right) = -\cos x + \frac{1}{3}\cos^3 x$$

이다.

(2) $\int \cos^5 x\,dx = \int \cos^4 x \cos x\,dx = \int (1-\sin^2 x)^2 \cos x\,dx$에서 $\sin x = t$로 치환하면 $\cos x\,dx = dt$이다. 따라서

$$\begin{aligned}\int \cos^5 x\,dx &= \int (1-t^2)^2\,dt = \int (1-2t^2+t^4)\,dt \\ &= t - \frac{2}{3}t^3 + \frac{1}{5}t^5 = \sin x - \frac{2}{3}\sin^3 x + \frac{1}{5}\sin^5 x.\end{aligned}$$

(3) $\int \sin^3 x \cos^5 x\, dx = \int \sin^2 x \cos^5 x \sin x\, dx$
$= \int (1-\cos^2 x)\cos^5 x \sin x\, dx$ 이므로 $\cos x = t$로 치환하면 $-\sin x\, dx = dt$이다. 따라서

$$\begin{aligned}\int \sin^3 x \cos^5 x\, dx &= -\int (1-t^2)\,t^5\, dt \\ &= \frac{1}{8}t^8 - \frac{1}{6}t^6 = \frac{1}{8}\cos^8 x - \frac{1}{6}\cos^6 x\end{aligned}$$

이다.

(4) $$\begin{aligned}\int \sin^2 x \cos^2 x\, dx &= \int \frac{1-\cos 2x}{2}\,\frac{1+\cos 2x}{2}\, dx \\ &= \int \left(\frac{1}{4} - \frac{1}{4}\cos^2 2x\right) dx \\ &= \frac{1}{4}x - \frac{1}{4}\int \cos^2 2x\, dx \\ &= \frac{1}{4}x - \frac{1}{4}\int \frac{1+\cos 4x}{2}\, dx \\ &= \frac{1}{8}x - \frac{1}{32}\sin 4x\end{aligned}$$ ■

$\int \tan^m x \sec^n x\, dx$의 적분

(1) $n = 2k$인 경우

$$\tan^m x \sec^n x = \tan^m x (1+\tan^2 x)^{k-1}\sec^2 x$$

이므로 $\tan x = t$로 치환하여 간단히 부정적분을 구할 수 있다.

(2) $m = 2k+1$인 경우

$$\begin{aligned}\tan^m x \sec^n x &= (\tan^2 x)^k \sec^{n-1} x \sec x \tan x \\ &= (\sec^2 x - 1)^k \sec^{n-1} x \sec x \tan x\end{aligned}$$

이므로 $\sec x = t$로 치환하여 부정적분을 구할 수 있다.

(3) $m = 2k$인 경우

$$\tan^m x \sec^n x = (\tan^2 x)^k \sec^n x = (\sec^2 x - 1)^k \sec^n x$$

이므로 연습문제 6.1.3의 점화식을 사용하여 부정적분을 구할 수 있다.

예제 6.4.2 다음 함수의 부정적분을 구하여라.

(1) $\tan^3 x \sec x$ (2) $\tan^6 x \sec^4 x$

풀이 (1) $\int \tan^m x \sec^n x\, dx$에서 $m=3, n=1$인 경우이므로 $\sec x = t$로 치환한다. 따라서 $\sec x \tan x\, dx = dt$이고

$$\begin{aligned}\int \tan^3 x \sec x\, dx &= \int \tan^2 x \sec x \tan x\, dx \\ &= \int (\sec^2 x - 1) \sec x \tan x\, dx \\ &= \int (t^2 - 1)\, dt = \frac{1}{3} t^3 - t \\ &= \frac{1}{3} \sec^3 x - \sec x\end{aligned}$$

이다.

(2) $\int \tan^m x \sec^n x\, dx$에서 $m = 6, n = 4$인 경우이다. 그러므로

$$\begin{aligned}\tan^6 x \sec^4 x &= \tan^6 x (1 + \tan^2 x) \sec^2 x \\ &= (\tan^6 x + \tan^8 x) \sec^2 x\end{aligned}$$

이다. 따라서 $\tan x = t$로 치환하면 $\sec^2 x\, dx = dt$이며

$$\begin{aligned}\int \tan^6 x \sec^4 x\, dx &= \int (t^6 + t^8)\, dt = \frac{1}{7} t^7 + \frac{1}{9} t^9 \\ &= \frac{1}{7} \tan^7 x + \frac{1}{9} \tan^9 x\end{aligned}$$

이다. ■

무리함수 적분법

(1) $\int f(x, \sqrt[l]{x}, \sqrt[m]{x}, \sqrt[n]{x})\, dx$ (l, m, n은 자연수) :

p를 l, m, n의 최소공배수라 두고 $\sqrt[p]{x} = t$로 치환하면

$$x = t^p,\ dx = pt^{p-1} dt,\ \sqrt[l]{x} = t^{p/l},\ \sqrt[m]{x} = t^{p/m},\ \sqrt[n]{x} = t^{p/n}$$

이므로 모든 변수 x는 변수 t로 변형될 수 있으며 변형된 함수는 t에 관한 유리함수이다.

(2) $\int f\left(x, \sqrt[n]{\dfrac{ax + b}{cx + d}}\right) dx$ ($ad - bc \neq 0$, $n > 0$인 정수) :

$\sqrt[n]{\dfrac{ax + b}{cx + d}} = t$로 치환하면 $x = \dfrac{dt^n - b}{a - ct^n}$가 되며 또한 dx는 t에 관한 유리함수로 나타난다. 따라서 주어진 함수는 t에 관한 유리함수로 변형된다.

(3) $\int f(x, \sqrt{ax^2 + bx + c})\, dx$ ($a \neq 0$) :

(i) $a > 0$일 때 $\sqrt{ax^2 + bx + c} + \sqrt{a}\, x = t$로 치환한다.

(ii) $a < 0$일 때 $ax^2 + bx + c = a(x - \alpha)(x - \beta)$ $(\alpha < \beta)$라 하면

$$\sqrt{ax^2 + bx + c} = \sqrt{a(x - \alpha)(x - \beta)} = \sqrt{-a}\,(\beta - x)\sqrt{\frac{x - \alpha}{\beta - x}}$$

이므로 (2)의 경우로 변형되었다. 따라서 $\sqrt{\dfrac{x - \alpha}{\beta - x}} = t$로 치환하여 $\sqrt{ax^2 + bx + c}$를 유리화할 수 있다.

예제 6.4.3 다음 함수의 부정적분을 구하여라.

(1) $\dfrac{\sqrt[3]{x}}{\sqrt{x}+1}$　　(2) $\sqrt{\dfrac{1+x}{1-x}}$　　(3) $\dfrac{1}{\sqrt{x^2+a}}$　　(4) $\sqrt{x^2+a}$

풀이 (1) 3과 2의 최소공배수는 6이므로 $\sqrt[6]{x}=t$로 치환한다.

$$x=t^6,\ \sqrt[3]{x}=t^2,\ \sqrt{x}=t^3,\ dx=6t^5\,dt$$

이므로

$$\int\frac{\sqrt[3]{x}}{\sqrt{x}+1}\,dx=\int\frac{t^2}{t^3+1}6t^5\,dt=6\int\frac{t^7}{t^3+1}\,dt$$

이다. 분자가 t에 관한 7차, 분모가 t에 관한 3차 다항식이므로 $t^7=(t^4-t)(t^3+1)+t$이므로

$$\int\frac{t^7}{t^3+1}\,dt=\int(t^4-t)\,dt+\int\frac{t}{t^3+1}\,dt$$

이다. 분모를 인수분해하여 부분분수로 분해하면

$$\frac{t}{t^3+1}=\frac{1}{3(t+1)}+\frac{t+1}{3(t^2-t+1)}$$

이다. 따라서

$$\begin{aligned}\int\frac{t}{t^3+1}\,dt&=\frac{1}{3}\int\frac{1}{t+1}\,dt+\frac{1}{3}\int\frac{t+1}{t^2-t+1}\,dt\\&=\frac{1}{3}\ln|t+1|+\frac{1}{6}\int\frac{2t-1+1+2}{t^2-t+1}\,dt\\&=\frac{1}{3}\ln|t+1|+\frac{1}{6}\int\frac{2t-1}{t^2-t+1}\,dt+\frac{1}{2}\int\frac{1}{t^2-t+1}\,dt\\&=\frac{1}{3}\ln|t+1|+\frac{1}{6}\ln|t^2-t+1|\\&\quad+\frac{1}{2}\int\frac{1}{\left(t-\frac{1}{2}\right)^2+\frac{3}{4}}\,dt\\&=\frac{1}{3}\ln|t+1|+\frac{1}{6}\ln|t^2-t+1|\\&\quad+\frac{1}{2}\frac{2}{\sqrt{3}}\tan^{-1}\frac{2\left(t-\frac{1}{2}\right)}{\sqrt{3}}\\&=\frac{1}{3}\ln|t+1|+\frac{1}{6}\ln|t^2-t+1|+\frac{1}{\sqrt{3}}\tan^{-1}\frac{2t-1}{\sqrt{3}}\end{aligned}$$

이다. 그러므로

$$\begin{aligned}\int\frac{\sqrt[3]{x}}{\sqrt{x}+1}\,dx=6\Big(&\frac{1}{5}\sqrt[6]{x^5}-\frac{1}{2}\sqrt[3]{x}+\frac{1}{3}\ln\left|\sqrt[6]{x}+1\right|\\&+\frac{1}{6}\ln\left|\sqrt[3]{x}-\sqrt[6]{x}+1\right|+\frac{1}{\sqrt{3}}\tan^{-1}\frac{2\sqrt[6]{x}-1}{\sqrt{3}}\Big)\end{aligned}$$

이다.

(2) $t=\sqrt{\frac{1+x}{1-x}}$로 치환하면 $\frac{1+x}{1-x}=t^2$이며 $x=\frac{t^2-1}{1+t^2}, dx=\frac{4t}{(1+t^2)^2}dt$ 이다. 따라서

$$\begin{aligned}\int\sqrt{\frac{1+x}{1-x}}\,dx &= \int t\frac{4t}{(1+t^2)^2}dt=\int\frac{4t^2}{(1+t^2)^2}dt\\ &=4\int\frac{1}{t^2+1}dt-4\int\frac{1}{(t^2+1)^2}dt\end{aligned}$$

이다. 부정적분 $\int\frac{1}{(t^2+1)^2}dt$를 구하기 위해 $t=\tan u$로 치환한다. 그러면 $dt=\sec^2 u\,du$이므로

$$\begin{aligned}\int\frac{1}{(t^2+1)^2}dt &= \int\frac{1}{\sec^4 u}\sec^2 u\,du=\int\cos^2 u\,du\\ &=\int\frac{1+\cos 2u}{2}du=\frac{1}{2}u+\frac{1}{4}\sin 2u\\ &=\frac{1}{2}\tan^{-1}t+\frac{t}{2(1+t^2)}\end{aligned}$$

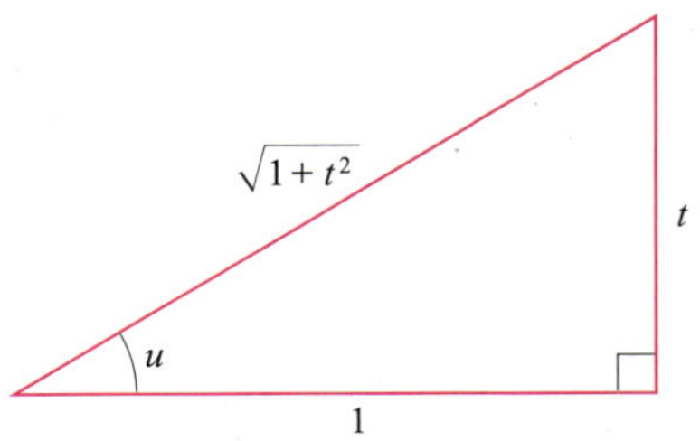

그림 6.4.1

이다. 그러므로

$$\begin{aligned}\int\sqrt{\frac{1+x}{1-x}}\,dx &= 4\tan^{-1}t-2\tan^{-1}t-\frac{2t}{(1+t^2)}\\ &=2\tan^{-1}t-\frac{2t}{(1+t^2)}\\ &=2\tan^{-1}\sqrt{\frac{1+x}{1-x}}-\frac{2\sqrt{\frac{1+x}{1-x}}}{\frac{2}{1-x}}\\ &=2\tan^{-1}\sqrt{\frac{1+x}{1-x}}-(1-x)\sqrt{\frac{1+x}{1-x}}\end{aligned}$$

이다.

(3) $\sqrt{x^2+a}=t-x$로 치환하고 양변을 제곱하면 $x=\frac{t^2-a}{2t}$, $dx=\frac{t^2+a}{2t^2}dt$를 얻을 수 있다. 따라서

$$\begin{aligned}\int\frac{1}{\sqrt{x^2+a}}dx &= \int\frac{2t}{t^2+a}\,\frac{t^2+a}{2t^2}dt=\int\frac{1}{t}dt=\ln|t|\\ &=\ln\left|x+\sqrt{x^2+a}\right|\end{aligned}$$

이다.

(4) 무리함수 적분법 (3)을 적용할 수 있으나 그 과정이 매우 복잡하므로 부분적분법을 이용하여 푼다.

$$f(x)=\sqrt{x^2+a},\ g'(x)=1$$

로 두면

$$f'(x)=\frac{x}{\sqrt{x^2+a}},\ g(x)=x$$

이므로

$$\begin{aligned} I = \int \sqrt{x^2+a}\,dx &= x\sqrt{x^2+a} - \int \frac{x^2}{\sqrt{x^2+a}}\,dx \\ &= x\sqrt{x^2+a} - \int \frac{x^2+a-a}{\sqrt{x^2+a}}\,dx \\ &= x\sqrt{x^2+a} - \int \sqrt{x^2+a}\,dx + a\int \frac{1}{\sqrt{x^2+a}}\,dx \\ &= x\sqrt{x^2+a} - I + a\ln\left|x+\sqrt{x^2+a}\right| \end{aligned}$$

이다. 그러므로

$$I = \frac{1}{2}\left(x\sqrt{x^2+a} + a\ln\left|x+\sqrt{x^2+a}\right|\right)$$

이다. ■

초월함수 적분법

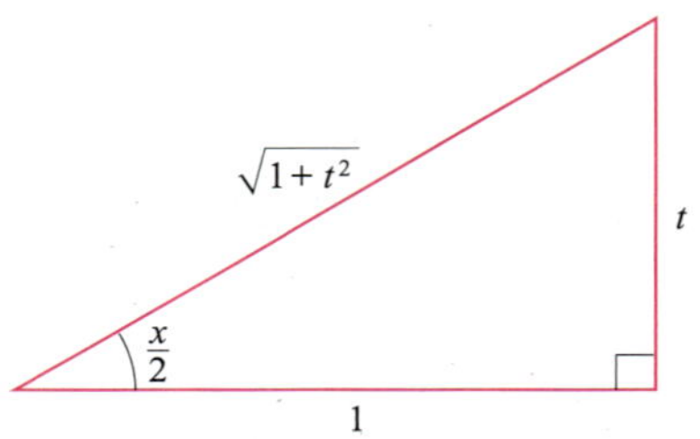

그림 6.4.2

(1) $\int f(\sin x, \cos x, \tan x)\,dx$ (단 f는 유리함수) :

$\tan\frac{x}{2} = t$로 치환하면 $x = 2\tan^{-1}t$이고 $dx = \frac{2}{1+t^2}\,dt$이다. 한편

$$\begin{aligned} \sin x &= 2\sin\frac{x}{2}\cos\frac{x}{2} = \frac{2t}{1+t^2}, \\ \cos x &= 2\cos^2\frac{x}{2} - 1 = \frac{1-t^2}{1+t^2}, \\ \tan x &= \frac{2t}{1-t^2} \end{aligned}$$

이고 $dx = \frac{2}{1+t^2}\,dt$로 바꾸면 피적분함수는 t에 관한 유리함수로 변환된다.

(2) $\int f(e^{ax})\,dx$ (단 f는 유리함수) :

$e^{ax} = t$로 치환하면 피적분함수는 t에 관한 유리함수로 변환된다.

예제 6.4.4 다음 함수들의 부정적분을 구하여라.

(1) $\frac{1}{1-\cos x}$ (2) $\frac{1}{e^x + e^{-x}}$

풀이 (1) $\tan\frac{x}{2} = t$로 치환하면 $\cos x = \frac{1-t^2}{1+t^2}$, $dx = \frac{2}{1+t^2}\,dt$이므로

$$\begin{aligned} \int \frac{1}{1-\cos x}\,dx &= \int \frac{1}{1-\frac{1-t^2}{1+t^2}}\,\frac{2}{1+t^2}\,dt = \int \frac{1}{t^2}\,dt = -t^{-1} \\ &= -\left(\tan\frac{x}{2}\right)^{-1} = -\cot\frac{x}{2} \end{aligned}$$

이다.

(2) $e^x = t$로 치환하면 $e^x\,dx = dt$이다. 그러므로

$$\int \frac{1}{e^x + e^{-x}}\,dx = \int \frac{e^x}{e^{2x}+1}\,dx = \int \frac{1}{t^2+1}\,dt = \tan^{-1} t$$
$$= \tan^{-1} e^x$$

이다. ■

지금까지 조사한 적분법들을 이용하더라도 부정적분을 구할 수 없는 함수들도 많이 존재한다. 예를 들면

$$\int \frac{1}{\ln x}\,dx,\ \int \frac{e^x}{x}\,dx,\ \int \frac{e^{-x}}{x}\,dx,\ \int \frac{\sin x}{x}\,dx,$$
$$\int \ln(\sin x)\,dx,\ \int e^{-x^2}\,dx,\ \int \cos(x^2)\,dx,\ \int \sqrt{\sin x}\,dx$$

등의 그 부정적분의 계산이 불가능하다. 물론 어떤 함수는 고등수학(복소함수론 등)의 도구를 이용하면 해결이 가능한 것들도 있다.

6.4 연습문제

1. 다음 적분을 계산하여라.

(1) $\int_0^{\pi/2} \sqrt{1-\cos 2x}\,dx$ (2) $\int_0^{\pi/4} \sqrt{1-\sin 2x}\,dx$

(3) $\int_0^{\pi/4} \sqrt{1+\sin 2x}\,dx$ (4) $\int_{\pi/4}^{\pi/2} \frac{\sin^2 x}{1-\cos x}\,dx$

(5) $\int_0^{\pi/2} \sin^2 x \cos^2 x\,dx$ (6) $\int_0^{\pi/2} \sin^{3/2} x \cos^3 x\,dx$

(7) $\int_0^{\pi/4} \tan^2 x \sec x\,dx$ (8) $\int_0^{\pi/2} \sin^2 x \cos^5 x\,dx$

2. 다음 적분을 계산하여라.

(1) $\int_0^1 \frac{x}{\sqrt{3-x}}\,dx$ (2) $\int_1^2 \frac{1}{x+\sqrt{x}}\,dx$

(3) $\int_5^6 x\sqrt[3]{x-5}\,dx$ (4) $\int_6^7 \sqrt[5]{(x-6)^3}\,x\,dx$

(5) $\int_0^1 x\ln(1+x^2)\,dx$ (6) $\int_0^{\pi/3} \frac{1}{1-\sin x}\,dx$

3. $\sin\alpha\sin\beta = -\frac{1}{2}(\cos(\alpha+\beta) - \cos(\alpha-\beta))$를 이용하여 m, n이 자연수일 때,

$$\int_{-\pi}^{\pi} \sin mx \sin nx\,dx = \begin{cases} 0 & (m \neq n) \\ \pi & (m = n) \end{cases}$$

임을 증명하여라.

4. $\cos\alpha\cos\beta = \frac{1}{2}(\cos(\alpha+\beta) + \cos(\alpha-\beta))$를 이용하여 m, n이 자연수일 때,

$$\int_{-\pi}^{\pi} \cos mx \cos nx\,dx = \begin{cases} 0 & (m \neq n) \\ \pi & (m = n) \end{cases}$$

임을 증명하여라.

5. 3번과 4번을 이용하여 다음 정적분을 계산하여라.

(1) $\int_{-\pi}^{\pi} \sin\frac{3}{2}x \sin\frac{5}{2}x\,dx$

(2) $\int_{-4}^{4} \sin\frac{3}{4}\pi x \sin\frac{3}{4}\pi x\,dx$

(3) $\int_{-\pi}^{\pi} \cos\frac{3}{2}x \cos\frac{5}{2}x\,dx$

(4) $\int_{-4}^{4} \cos\frac{3}{4}\pi x \cos\frac{3}{4}\pi x\,dx$

6.5 이상적분법

정적분 $\int_a^b f(x)\,dx$는 함수 $f(x)$가 폐구간 $[a, b]$에서 정의된 유계인 함수, 즉 $a \le x \le b$인 모든 x에 대하여 $m \le f(x) \le M$을 만족하는 m, M이 존재하는 함수 $f(x)$에 대하여 정의하였다. 정적분의 정의를 함수 $f(x)$가 폐구간 $[a, b]$에서 정의되지 않은 점을 포함하는 경우, 또는 구간 $[a, b]$가 유계가 아닌 경우로 확장한 경우를 이상적분(improper integral)이라 한다.

폐구간에서 피적분함수가 불연속인 경우

경우 1 함수 $f(x)$가 a와 b 사이의 모든 x에 대하여 폐구간 $[a, x]$에서 적분가능하고 $x = b$에서 함수가 정의되어 있지 않은 경우에

$$\int_a^b f(x)\,dx = \lim_{\varepsilon \to 0^+} \int_a^{b-\varepsilon} f(x)\,dx$$

로 정의한다.

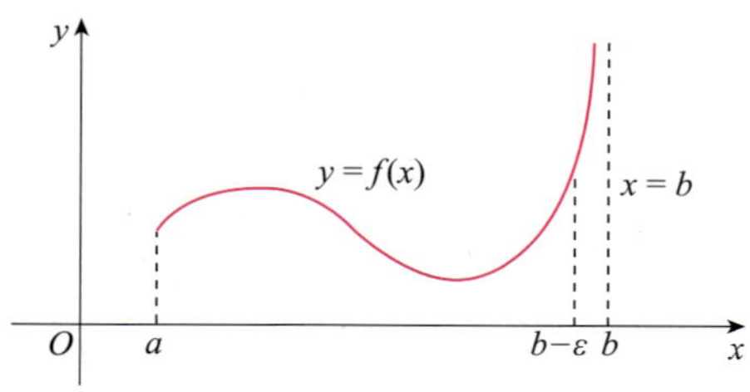

그림 6.5.1

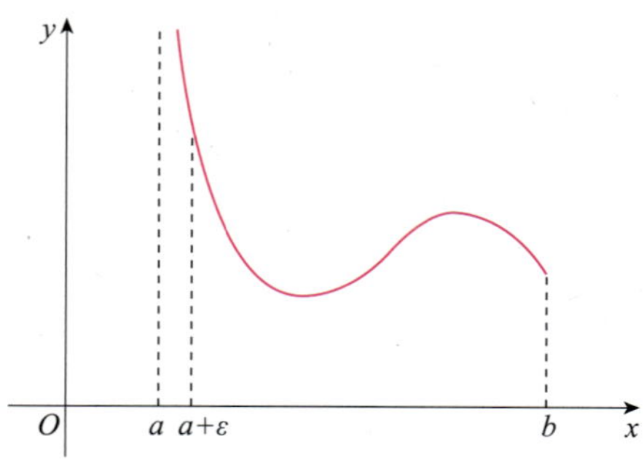

그림 6.5.2

경우 2 함수 $f(x)$가 a와 b 사이의 모든 x에 대하여 폐구간 $[x, b]$에서 적분가능하고 $x = a$에서 함수가 정의되어 있지 않은 경우에

$$\int_a^b f(x)\,dx = \lim_{\varepsilon \to 0^+} \int_{a+\varepsilon}^{b} f(x)\,dx$$

로 정의한다.

경우 3 함수 $f(x)$가 a와 b 사이의 한 점 $x = c$에서 정의되어 있지 않고 $[a, b]$에 포함되는 c를 포함하지 않는 모든 폐구간에서 적분가능한 경우에

$$\int_a^b f(x)\,dx = \lim_{\varepsilon \to 0^+} \int_{c+\varepsilon}^b f(x)\,dx + \lim_{\varepsilon' \to 0^+} \int_a^{c-\varepsilon'} f(x)\,dx$$

로 정의한다.

참고 이 경우에

$$\int_a^b f(x)\,dx = \lim_{\varepsilon \to 0^+} \left\{ \int_{c+\varepsilon}^b f(x)\,dx + \int_a^{c-\varepsilon} f(x)\,dx \right\}$$

로 정의하면 안 된다(예제 6.5.3 참조).

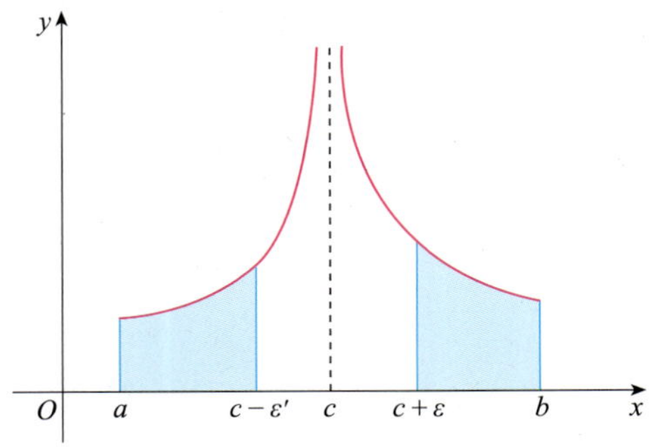

그림 6.5.3

이상적분은 모두 극한값으로 정의되어 있으므로 극한값이 수렴하면 이상적분이 수렴한다고 하고 발산하면 이상적분이 발산한다고 한다.

예제 6.5.1 다음 이상적분들의 수렴, 발산을 조사하고 수렴하면 그 값을 구하여라.

(1) $\int_0^1 \frac{1}{x}\,dx$ (2) $\int_0^1 \frac{1}{x^2}\,dx$

(3) $\int_0^4 \frac{1}{\sqrt{4-x}}\,dx$ (4) $\int_0^1 \frac{1}{\sqrt{1-x^2}}\,dx$

풀이 (1) $\frac{1}{x}$은 $x=0$에서 불연속이므로

$$\int_0^1 \frac{1}{x}\,dx = \lim_{\varepsilon \to 0^+} \int_{0+\varepsilon}^1 \frac{1}{x}\,dx = \lim_{\varepsilon \to 0^+} [\ln|x|]_\varepsilon^1 = \lim_{\varepsilon \to 0^+} [\ln 1 - \ln \varepsilon] = \infty$$

이다. 따라서 이상적분 $\int_0^1 \frac{1}{x}\,dx$는 발산한다.

(2) $\frac{1}{x^2}$은 $x=0$에서 불연속이므로

$$\int_0^1 \frac{1}{x^2}\,dx = \lim_{\varepsilon \to 0^+} \int_{0+\varepsilon}^1 \frac{1}{x^2}\,dx = \lim_{\varepsilon \to 0^+} \left[-\frac{1}{x}\right]_\varepsilon^1 = \lim_{\varepsilon \to 0^+} \left[-1 + \frac{1}{\varepsilon}\right] = \infty$$

이다. 따라서 이상적분 $\int_0^1 \frac{1}{x^2}\,dx$는 발산한다.

(3) $\frac{1}{\sqrt{4-x}}$은 $x=4$에서 불연속이므로

$$\begin{aligned}\int_0^4 \frac{1}{\sqrt{4-x}}\,dx &= \lim_{\varepsilon \to 0^+} \int_0^{4-\varepsilon} \frac{1}{\sqrt{4-x}}\,dx \\ &= \lim_{\varepsilon \to 0^+} [-2\sqrt{4-x}]_0^{4-\varepsilon} = \lim_{\varepsilon \to 0^+} [-2\sqrt{\varepsilon} + 4] = 4\end{aligned}$$

이다. 따라서 이상적분 $\int_0^4 \frac{1}{\sqrt{4-x}}\,dx$는 수렴하고 그 값은 4이다.

(4) $\frac{1}{\sqrt{1-x^2}}$은 $x=1$에서 불연속이므로

$$\begin{aligned}\int_0^1 \frac{1}{\sqrt{1-x^2}}\,dx &= \lim_{\varepsilon \to 0^+} \int_0^{1-\varepsilon} \frac{1}{\sqrt{1-x^2}}\,dx \\ &= \lim_{\varepsilon \to 0^+} [\sin^{-1} x]_0^{1-\varepsilon} \\ &= \lim_{\varepsilon \to 0^+} [\sin^{-1}(1-\varepsilon) - \sin^{-1} 0] = \frac{\pi}{2}\end{aligned}$$

이다. 따라서 이상적분 $\int_0^1 \frac{1}{\sqrt{1-x^2}}\,dx$는 수렴하고 그 값은 $\frac{\pi}{2}$이다. ■

적분구간이 무한인 경우

경우 1 함수 $f(x)$가 $x>a$인 모든 x에 대하여 폐구간 $[a, x]$에서 적분가능하면

$$\int_a^\infty f(x)\,dx = \lim_{c \to \infty} \int_a^c f(x)\,dx$$

로 정의한다.

경우 2 함수 $f(x)$가 $x<a$인 모든 x에 대하여 폐구간 $[x, a]$에서 적분가능하면

$$\int_{-\infty}^a f(x)\,dx = \lim_{c \to -\infty} \int_c^a f(x)\,dx$$

로 정의한다.

경우 3 함수 $f(x)$가 모든 실수 b, c $(b<c)$에 대하여 폐구간 $[b, c]$에서 적분가능하면

$$\int_{-\infty}^{\infty} f(x)\,dx = \lim_{b\to-\infty}\int_b^a f(x)\,dx + \lim_{c\to\infty}\int_a^c f(x)\,dx$$

로 정의한다(이때 a는 적당한 실수이다).

참고 이 경우에도 폐구간에서 피적분함수가 불연속인 경우 3에서와 마찬가지로

$$\int_{-\infty}^{\infty} f(x)\,dx = \lim_{b\to\infty}\left\{\int_{-b}^a f(x)\,dx + \int_a^b f(x)\,dx\right\}$$

로 정의하면 위의 정의와 다른 결과를 얻게 된다. 고등수학에서는 윗식의 오른쪽 값을 이상적분 $\int_{-\infty}^{\infty} f(x)\,dx$의 **코시 주요값**(Cauchy principal value)이라 정의하며 C.P.V. $\int_{-\infty}^{\infty} f(x)\,dx$라고 적는다. 만약 $\int_{-\infty}^{\infty} f(x)\,dx$가 수렴하면 $\int_{-\infty}^{\infty} f(x)\,dx = \text{C.P.V.}\int_{-\infty}^{\infty} f(x)\,dx$ 임을 쉽게 보일 수 있다(예제 6.5.4 참조).

예제 6.5.2 다음 이상적분들의 수렴, 발산을 조사하고 수렴하면 그 값을 구하여라.

(1) $\int_1^{\infty} \frac{1}{x^3}\,dx$ (2) $\int_1^{\infty} e^{-x}\,dx$

(3) $\int_0^{\infty} \frac{1}{x^2+4}\,dx$ (4) $\int_1^{\infty} 2xe^{x^2+1}\,dx$

풀이 (1) $\int_1^b \frac{1}{x^3}\,dx = \left[-\frac{1}{2}\frac{1}{x^2}\right]_1^b = -\frac{1}{2}\frac{1}{b^2} + \frac{1}{2}$이므로

$$\int_1^{\infty} \frac{1}{x^3}\,dx = \lim_{b\to\infty}\int_1^b \frac{1}{x^3}\,dx = \lim_{b\to\infty}\left[-\frac{1}{2}\frac{1}{b^2} + \frac{1}{2}\right] = \frac{1}{2}$$

이다. 따라서 이상적분 $\int_1^{\infty} \frac{1}{x^3}\,dx$는 수렴하고 그 값은 $\frac{1}{2}$이다.

(2) $\int_1^b e^{-x}\,dx = [-e^{-x}]_1^b = -e^{-b} + e^{-1}$이므로

$$\int_1^{\infty} e^{-x}\,dx = \lim_{b\to\infty}\int_1^b e^{-x}\,dx = \lim_{b\to\infty}[-e^{-b} + e^{-1}] = \frac{1}{e}$$

이다. 따라서 이상적분 $\int_1^{\infty} \frac{1}{x^2}\,dx$는 수렴하고 그 값은 $\frac{1}{e}$이다.

(3) $\int_0^b \frac{1}{x^2+4}\,dx = \left[\frac{1}{2}\tan^{-1}\frac{x}{2}\right]_0^b = \frac{1}{2}\tan^{-1}\frac{b}{2} - \frac{1}{2}\tan^{-1}0$이므로

$$\begin{aligned}\int_0^{\infty} \frac{1}{x^2+4}\,dx &= \lim_{b\to\infty}\int_0^b \frac{1}{x^2+4}\,dx \\ &= \lim_{b\to\infty}\left[\frac{1}{2}\tan^{-1}\frac{b}{2} - \frac{1}{2}\tan^{-1}0\right] = \frac{\pi}{4}\end{aligned}$$

이다. 따라서 이상적분 $\int_0^\infty \frac{1}{x^2+4}\,dx$는 수렴이고 그 값은 $\frac{\pi}{4}$이다.

(4) $\int_1^b 2xe^{x^2+1}\,dx = \int_1^b 2xe^{x^2+1}\,dx = [e^{x^2+1}]_1^b = e^{b^2+1} - e^2$이므로

$$\int_1^\infty 2xe^{x^2+1}\,dx = \lim_{b\to\infty}\int_1^b 2xe^{x^2+1}\,dx = \lim_{b\to\infty}[e^{b^2+1} - e^2] = \infty$$

이다. 따라서 이상적분 $\int_1^\infty 2xe^{x^2+1}\,dx$는 발산이다. ■

예제 6.5.3 $\lim_{\varepsilon\to 0^+}\left(\int_\varepsilon^1 \frac{1}{x}\,dx + \int_{-1}^{-\varepsilon}\frac{1}{x}\,dx\right)$를 계산하여 이상적분 $\int_{-1}^1 \frac{1}{x}\,dx$와 결과를 비교해보아라.

풀이 $\int_\varepsilon^1 \frac{1}{x}\,dx = [\ln x]_\varepsilon^1 = -\ln\varepsilon$, $\int_{-1}^{-\varepsilon}\frac{1}{x}\,dx = [\ln|x|]_{-1}^{-\varepsilon} = \ln\varepsilon$이므로

$$\lim_{\varepsilon\to 0^+}\left(\int_\varepsilon^1 \frac{1}{x}\,dx + \int_{-1}^{-\varepsilon}\frac{1}{x}\,dx\right) = 0$$

이다. 따라서 $\lim_{\varepsilon\to 0^+}\left(\int_\varepsilon^1 \frac{1}{x}\,dx + \int_{-1}^{-\varepsilon}\frac{1}{x}\,dx\right)$는 0으로 수렴한다. 반면 이상적분 $\int_{-1}^1 \frac{1}{x}\,dx$는 $x=0$에서 불연속이므로

$$\int_{-1}^1 \frac{1}{x}\,dx = \int_{-1}^0 \frac{1}{x}\,dx + \int_0^1 \frac{1}{x}\,dx = \lim_{\varepsilon\to 0^+}\int_{-1}^{0-\varepsilon}\frac{1}{x}\,dx + \lim_{\delta\to 0^+}\int_{0+\delta}^1 \frac{1}{x}\,dx$$
$$= \lim_{\varepsilon\to 0^+}[\ln|x|]_{-1}^{-\varepsilon} + \lim_{\delta\to 0^+}[\ln x]_\delta^1 = -\infty + \infty$$

이다. 따라서 이상적분 $\int_{-1}^1 \frac{1}{x}\,dx$는 발산한다. ■

예제 6.5.4 $\int_{-\infty}^\infty x^3\,dx$와 C.P.V.$\int_{-\infty}^\infty x^3\,dx = \lim_{b\to\infty}\left\{\int_{-b}^0 x^3\,dx + \int_0^b x^3\,dx\right\}$의 값을 비교해보아라.

풀이 먼저

$$\int_{-\infty}^\infty x^3\,dx = \lim_{b\to-\infty}\int_b^0 x^3\,dx + \lim_{c\to\infty}\int_0^c x^3\,dx$$
$$= \lim_{b\to-\infty}\left[\frac{1}{4}x^4\right]_b^0 + \lim_{c\to\infty}\left[\frac{1}{4}x^4\right]_0^c = -\infty + \infty$$

로 이 이상적분 $\int_{-\infty}^\infty x^3\,dx$는 발산한다. 그러나

$$\text{C.P.V.}\int_{-\infty}^\infty x^3\,dx = \lim_{b\to\infty}\left\{\int_{-b}^0 x^3\,dx + \int_0^b x^3\,dx\right\}$$

$$= \lim_{b \to \infty} \left\{ \left[\frac{1}{4} x^4 \right]_{-b}^{0} + \left[\frac{1}{4} x^4 \right]_{0}^{b} \right\}$$

$$= \lim_{b \to \infty} \left(-\frac{1}{4}(-b)^4 + \frac{1}{4} b^4 \right) = 0$$

이다. 그러므로 위의 두 결과는 서로 다르다. ■

적분이 불가능하거나 또는 피적분함수가 매우 복잡할 경우 이상적분의 수렴, 발산을 판정하기 힘든 경우가 있다. 이 경우 적분이 간단한 함수의 이상적분과 비교하여 주어진 이상적분의 수렴, 발산을 판정할 수 있다. 만약 f와 g가 $x \geq a$인 x에 대하여 $0 \leq g(x) \leq f(x)$를 만족하는 연속함수라 가정하면

$$0 \leq \int_a^b g(x)\,dx \leq \int_a^b f(x)\,dx$$

임은 자명하며, 따라서

$$0 \leq \lim_{b \to \infty} \int_a^b g(x)\,dx \leq \lim_{b \to \infty} \int_a^b f(x)\,dx$$

이다. 그러므로 다음 정리를 얻을 수 있다.

정리 6.5.5 비교정리

f와 g가 $x \geq a$인 x에 대하여 $0 \leq g(x) \leq f(x)$를 만족하는 연속함수라 가정한다. 이때

(a) $\int_a^\infty f(x)\,dx$가 수렴하면 $\int_a^\infty g(x)\,dx$도 수렴한다.

(b) $\int_a^\infty g(x)\,dx$가 발산하면 $\int_a^\infty f(x)\,dx$도 발산한다.

이상적분의 수렴, 발산은 급수의 수렴, 발산을 조사하는 데 유용하게 사용될 수 있으며 이러한 급수의 판정법을 적분판정법이라 한다. 이 적분판정법은 다음 장에서 상세히 다룬다.

예제 6.5.6 $\int_1^\infty e^{-x^2}\,dx$가 수렴함을 보여라.

풀이 이미 잘 알고 있듯이 e^{-x^2}은 초등적분으로는 적분이 가능하지 않다. 따라서 간단한 함수 e^{-x}와 e^{-x^2}을 비교해보자. $x \geq 1$인 모든 x에 대하여 $e^{-x} \geq e^{-x^2} \geq 0$이다. 예제 6.5.2(2)에서 이미 $\int_1^\infty e^{-x}\,dx$가

수렴함을 알고 있다. 따라서 위의 비교정리에 의해 $\int_1^\infty e^{-x^2}dx$도 수렴한다. ■

예제 6.5.7 적분을 하지 않고 $\int_1^\infty \frac{1}{1+x^3}dx$의 수렴, 발산을 조사하여라.

풀이 $x \geq 1$인 모든 x에 대하여 $\frac{1}{x^3} \geq \frac{1}{1+x^3} \geq 0$임을 알 수 있다. 예제 6.5.2(1)에서 $\int_1^\infty \frac{1}{x^3}dx$가 수렴함을 알고 있다. 따라서 비교정리에 의하여 $\int_1^\infty \frac{1}{1+x^3}dx$도 수렴한다. ■

6.5 연습문제

1. 다음 적분이 이상적분인지 아닌지 결정하여라. 또 이상적분이라면 그 이유를 설명하여라.

(1) $\int_1^5 \frac{1}{x-4}dx$ (2) $\int_2^4 \frac{1}{x}dx$

(3) $\int_0^{\pi/2} \tan x\,dx$ (4) $\int_{-1}^1 \frac{1}{\sqrt[3]{x-1}}$

2. 다음 각 적분의 수렴, 발산 여부를 결정하고 수렴하면 그 값을 구하여라.

(1) $\int_0^4 \frac{1}{\sqrt{16-x^2}}dx$ (2) $\int_0^1 \ln x\,dx$

(3) $\int_0^{\pi/2} \tan x \sec^2 x\,dx$ (4) $\int_0^3 \frac{1}{\sqrt[3]{x^2}}dx$

3. 다음 각 적분의 수렴, 발산 여부를 결정하고 수렴하면 그 값을 구하여라.

(1) $\int_1^\infty 2xe^{x^2+1}dx$ (2) $\int_1^\infty \frac{2x}{1+x^2}dx$

(3) $\int_e^\infty \frac{1}{x}\ln x\,dx$ (4) $\int_0^\infty \frac{1}{x^2+4}dx$

4. 다음 이상적분이 수렴하는 n을 구하여라.

(1) $\int_1^\infty \frac{1}{x^n}dx$ (2) $\int_0^1 \frac{1}{x^n}dx$

5. 비교정리를 이용하여 각 이상적분이 수렴하는지 발산하는지를 판정하여라.

(1) $\int_1^\infty \frac{1}{e^{x^2}}dx$ (2) $\int_e^\infty \frac{1+e^{-x}}{x}dx$

(3) $\int_1^\infty \frac{\sin^2 x}{1+x^2}dx$ (4) $\int_0^{\pi/2} \frac{1}{x\cos x}dx$

종 | 합 | 문 | 제

1. 다음 적분을 계산하여라.

(1) $\displaystyle\int_1^e \left(\frac{\sqrt{x}}{2}+\frac{1}{\sqrt{x}}\right)^2 dx$　　(2) $\displaystyle\int_0^{\pi/4} (\tan x+\sec x)^2\, dx$

(3) $\displaystyle\int_{1/2}^1 \frac{6}{x^2}\sqrt{1+\frac{1}{x}}\, dx$　　(4) $\displaystyle\int_0^1 5x^4(1+x^5)^7\, dx$

(5) $\displaystyle\int_0^1 xe^{x^2+1}\, dx$　　(6) $\displaystyle\int_0^1 xe^{x+4}\, dx$

(7) $\displaystyle\int_0^1 \cos^{-1} x\, dx$　　(8) $\displaystyle\int_0^{\pi/4} x\tan^2 x\, dx$

(9) $\displaystyle\int_0^1 2x\sin^{-1}(x^2)\, dx$　　(10) $\displaystyle\int_0^1 2x\tan^{-1}(x^2)\, dx$

(11) $\displaystyle\int_{-\pi}^{\pi} \sin 3x\cos 4x\, dx$　　(12) $\displaystyle\int_{-\pi}^{\pi} \cos 4x\cos 4x$

(13) $\displaystyle\int_7^{14} \frac{\sqrt{x^2-4x}}{x}\, dx$　　(14) $\displaystyle\int_0^1 \frac{1}{\sqrt{9+x^2}}\, dx$

(15) $\displaystyle\int_0^{\pi/2} \frac{\cos x}{\sin^2 x-2\sin x+5}\, dx$

(16) $\displaystyle\int_0^1 \frac{x^2+9x+22}{(x+4)^3}\, dx$

(17) $\displaystyle\int_{1/2}^1 \frac{4}{x^2-x+1}\, dx$　　(18) $\displaystyle\int_2^3 \frac{3x^2}{x^3-1}\, dx$

(19) $\displaystyle\int_0^{\ln 2} \sqrt{1+e^x}\, dx$　　(20) $\displaystyle\int_{-\pi/2}^0 \cos^3 x\, dx$

2. $\displaystyle\int_0^{\pi/2} \cos^3 x\sin^3 x\, dx$에서 $u=\cos x$와 $u=\sin x$로 치환하여 각각 계산하고 그 결과를 비교하여라.

3. $\displaystyle\int_0^{\pi/4} \tan x\sec^4 x\, dx$에서 $u=\tan x$와 $u=\sec x$로 치환하여 각각 계산하고 그 결과를 비교하여라.

4. 다음 각 적분의 수렴, 발산 여부를 결정하고 수렴하면 그 값을 구하여라.

(1) $\displaystyle\int_4^5 \frac{1}{\sqrt{x-4}}\, dx$　　(2) $\displaystyle\int_0^8 \frac{1}{x-4}\, dx$

(3) $\displaystyle\int_0^4 \ln x\, dx$　　(4) $\displaystyle\int_{-1}^0 \frac{1}{x^4}\, dx$

(5) $\displaystyle\int_{-\infty}^{\infty} \frac{1}{1+x^2}\, dx$　　(6) $\displaystyle\int_0^{\infty} \cos x\, dx$

(7) $\displaystyle\int_{-\infty}^{-1} \frac{1}{\sqrt{3-x}}\, dx$　　(8) $\displaystyle\int_{-\infty}^0 xe^x\, dx$

5. 다음 이상적분의 수렴, 발산 여부를 결정하여라.

(1) $\displaystyle\int_0^{81} \frac{1}{\sqrt[4]{x}}\, dx$　　(2) $\displaystyle\int_0^4 \frac{1}{\sqrt[3]{(x-1)^2}}\, dx$

(3) $\displaystyle\int_0^{\pi/2} \frac{\sin x}{1-\cos x}\, dx$　　(4) $\displaystyle\int_1^{4e} \frac{1}{x\ln x}\, dx$

(5) $\displaystyle\int_0^{\infty} x^3\, dx$　　(6) $\displaystyle\int_1^{\infty} \frac{1}{(x+1)^2}\, dx$

(7) $\displaystyle\int_0^{\infty} \frac{1}{16+x^2}\, dx$　　(8) $\displaystyle\int_{-\infty}^0 \sin x\, dx$

7 CHAPTER

무한급수와 멱급수

7.1 수열의 극한

원주율 π는 실수로서 무리수인 것이 잘 알려져 있다. 이것의 구체적인 값은 얼마인가?

π는 반지름이 1인 원의 넓이임을 알고 있다. 이 정보를 π를 구하는 데 어떻게 사용하면 될 것인가?

여러분은 각자 여러 가지 생각을 가지고 있을 것이다.

여기서는 원에 내접하는 정다각형의 변의 수를 증가시키면 그 모양이 원의 모양을 닮아간다는 데 착안하여, 원에 내접하는 각 다각형의 넓이를 구해 그 값이 어떠한 수에 닮아가는지를 생각하여 원의 넓이 π값을 추정하려고 한다.

$A(n)$을 원에 내접하는 정n각형의 넓이라고 두자.

그러면 $A(n) = n\left(\frac{1}{2} \times 1 \times \sin\frac{2\pi}{n}\right)$이다 $(n \geq 3)$.

이 값은 우리가 예상한 것과 같이 n이 커질수록 원의 넓이 π에 접근할 것이다.

따라서 n을 1, 10, 100, 1000, 10000, $\cdots$으로 증가시키면 우리는 π값을 추정해 낼 수 있다.

이것의 구체적인 계산은 뒤에서 다룬다.

여기서 $A(1) = 0$, $A(2) = 0$으로 두자. 그러면 $A: N \to \mathbb{R}$인 함수가 된다. 즉 각 자연수 n에 하나의 실수 $A(n)$을 대응시킨다.

편의상 $A(1) = a_1, A(2) = a_2, \cdots, A(n) = a_n, \cdots$으로 표기하면 우리는 자연수 개수만큼의 실수를 나열한 결과를 얻는다.

이러한 것을 염두에 두고 수열을 다음과 같이 정의한다.

정의 7.1.1

자연수 집합에서 실수 집합으로의 함수 $f: N \to \mathbb{R}$을 **실수열**이라 한다. 자연수 n에 대응하는 값을 a_n으로 표기할 때, 앞으로 실수열을 함수 f 대신에 $\{a_n\}$ 또는 (a_n) 등으로 표시한다. 여기서 a_n을 수열 $\{a_n\}$의 n번째 항 또는 n항이라 부른다.

참고 지금부터는 별다른 언급이 없는 한 수열은 실수열을 의미한다.

위에서 원주율 π를 구하기 위해서 생각한 수열 $A(n) = a_n$은 항이 커질수록 점점 원주율 π에 접근함을 알고 있다. 즉 n이 점점 커지면 $|a_n - \pi|$는 점점 0에 가까운 값이 된다는 것이다.

즉 임의의 양수 ε에 대하여 적당한 자연수 n_0가 존재하여, n_0보다

더 큰 모든 n에 대하여 a_n과 π의 차 $|a_n - \pi|$가 ε보다 더 작게 된다는 것이다.

이러한 경우에 수열 $\{a_n\}$이 π에 수렴한다고 하고, π를 수열의 극한이라고 한다.

이를 일반화하여 수열이 수렴한다는 것을 다음과 같이 정의한다.

정의 7.1.2

"수열 $\{a_n\}$이 어떤 수 b에 **수렴한다**"를 "임의의 양수 ε에 대하여 적당한 자연수 n_0가 존재하여, n_0보다 큰 모든 n에 대하여 $|a_n - b| < \varepsilon$을 만족한다"로 정의하자. 즉 처음 n_0개의 항을 제외하고는 $|a_n - b| < \varepsilon$을 만족한다는 것이다. 이 경우 $a_n \to b\,(n \to \infty)$ 또는 $\lim_{n \to \infty} a_n = b$로 표기하고 b를 수열 $\{a_n\}$의 **극한**이라고 정의한다. 그리고 수렴하지 않는 경우는 **발산한다**고 한다.

위와 같이 수열의 극한을 정의하는 것이 다소 어려우므로 "수열 $\{a_n\}$이 어떤 수 b에 수렴한다"의 정의를 "n이 한없이 커짐에 따라 a_n이 b에 한없이 가까이 간다"로 이해하면 된다.

참고 (1) 수열 $\{a_n\}$이 b에 수렴한다는 것은 오차의 범위를 생각할 때마다 처음 유한개의 항을 제외하고는 모든 항이 우리가 원하는 오차의 범위 내에 있다는 것이다.

따라서 처음 유한개의 항은 수열이 수렴한다는 사실에는 영향을 미치지 않는다.

(2) 수열이 수렴하면 오직 한 값에 수렴한다.

수열 $\{a_n\}$이 a에 수렴한다고 하자. b를 a와 다른 실수로 두고 $\varepsilon = \frac{1}{2}|a - b|$로 두자.

그러면 처음 유한개(n_0개)의 항을 제외하고는 $|a_n - a| < \varepsilon$이 된다.

한편, $|a_n - a| < \varepsilon$인 항 a_n에 대해서 다음 부등식이 성립한다.

$$|a_n - b| = |a_n - a + a - b| \geq |a - b| - |a_n - a| > 2\varepsilon - \varepsilon = \varepsilon$$

즉 처음 유한개의 항을 제외하고는 $|a_n - b| > \varepsilon$이다. 이는 $\{a_n\}$이 b에 수렴할 수 없음을 뜻한다.

(3) 수열이 수렴하면 그 수열은 코시 수열이다.

수열 $\{a_n\}$이 b에 수렴한다면 각 양수 ε에 대하여 적당한 자연수 n_0가 존재하여, n_0보다 큰 모든 m과 n에 대하여 $|a_m - b|$

$< \frac{\varepsilon}{2}$과 $|b - a_n| < \frac{\varepsilon}{2}$을 만족한다.

따라서 n_0보다 큰 모든 m과 n에 대하여 $|a_m - a_n| \le |a_m - b| + |b - a_n| < \varepsilon$이 된다.

사실 수열 $\{a_n\}$이 수렴한다는 명제와 각 양수 ε에 대하여 적당한 자연수 n_0가 존재하여, n_0보다 큰 모든 m과 n에 대하여 $|a_m - a_n| < \varepsilon$이라는 명제는 동치이다.

둘째 조건을 만족하는 수열을 **코시 수열**이라 부른다.

(4) 수열 $\{a_n\}$이 b에 수렴한다는 사실로부터, b의 구체적인 값은 구하지 못해도 원하는 오차의 범위 내에서 b의 근삿값은 구할 수 있다.

예를 들면, b와 소수점 이하 둘째 자리까지 같은 b의 근삿값을 구하기 위하여, n_0보다 큰 모든 n, m에 대하여 $|a_m - a_n|$의 값이 $\frac{1}{100}$보다 작아지는 n_0를 찾자.

그러면 a_{n_0+1}은 b와 소수점 이하 둘째 자리까지 같은 b의 근삿값임을 알 수 있다.

예제 7.1.3 상수 수열 $\{a_n\}$은 수렴한다. 즉 모든 항이 같은 수열은 수렴한다.

풀이 모든 자연수 n에 대하여 $a_n = \alpha$로 두고, ε을 양수로 두자. 이때 $n_0 = 1$로 두면, $n \ge n_0$인 모든 n에 대하여 $|a_n - \alpha| = |\alpha - \alpha| = 0 < \varepsilon$이 성립한다. 이는 수열 $\{a_n\}$이 α에 수렴함을 의미하며, $\lim_{n \to \infty} a_n = \lim_{n \to \infty} \alpha = \alpha$로 표기된다. ■

예제 7.1.4 $a_n = 1 + (-1)^n \frac{1}{n}$로 두자. 그러면 수열 $\{a_n\}$은 1에 수렴한다.

풀이 ε을 양수로 두자. $|a_n - 1| = \left|(-1)^n \frac{1}{n}\right| = \frac{1}{n} < \varepsilon$이기 위해서는 $n > \frac{1}{\varepsilon}$이면 된다.

$n_0 > \frac{1}{\varepsilon}$인 n_0를 잡으면 $n > n_0$인 모든 n에 대하여 $|a_n - 1| = \frac{1}{n} < \frac{1}{n_0} < \varepsilon$이 된다. 따라서 $\lim_{n \to \infty} a_n = 1$. ■

예제 7.1.5 $a_n = n$으로 두자. 그러면 수열 $\{a_n\}$은 발산한다.

풀이 $|a_n - a_m| = |n - m|$이어서 항상 $\frac{1}{2}$보다 크다. 즉 아무리 큰 두 항을 택해도 $|a_n - a_m|$은 $\frac{1}{2}$보다 작게는 되지 않는다. 따라서 수열은 수렴할 수 없다. ■

더욱이 이 경우 아무리 큰 실수 M을 생각해도, 유한개의 항을 제외하고는 모든 항이 그것보다 더 크다는 것을 알 수 있다. 이러한 경우 "수열 $\{a_n\}$이 ∞로 **발산한다**"라고 정의한다.

또한 아무리 작은 실수 M을 생각해도, 유한개의 항을 제외하고는 모든 항이 M보다 더 작은 경우에 "수열 $\{a_n\}$이 $-\infty$로 **발산한다**"라고 정의한다.

위의 예제에서 우리는 어떤 수열은 수렴하고, 어떤 수열은 발산한다는 것을 알았다.

그러면 어떤 조건을 만족하면 수열이 수렴할까? 이 문제의 일반적인 해결은 불가능하다.

여기서는 이 문제의 부분적인 해결 가운데 가장 유용한 것을 소개한다. 이를 위하여 다음을 정의하자.

정의 7.1.6

(1) S를 공집합이 아닌 실수의 부분집합이라 할 때, S의 모든 원소 x에 대하여 $m \le x$인 실수 m이 존재할 때 S를 **아래로 유계**(bounded below)인 집합이라 부른다. 이 경우 m을 S의 **하계**(lower bound)라 부른다.

S의 하계 가운데 가장 큰 값을 **하한**(infimum)이라 하고, $\inf S$로 표기한다.

(2) S의 모든 원소 x에 대하여 $x \le M$인 실수 M이 존재할 때 S를 **위로 유계**(bounded above)인 집합이라 부른다. 이 경우 M을 S의 **상계**(upper bound)라 부른다.

S의 상계 가운데 가장 작은 값을 **상한**(supremum)이라 하고, $\sup S$로 표기한다.

(3) S가 아래로 유계인 동시에 위로 유계일 때, S를 **유계**(bounded)인 집합이라 부른다.

참고 (1) "S가 유계이다"는 "S의 각 원소의 절댓값이 어떤 양수 α 이하이다"와 동치이다.

(2) $S = [1, 2)$이면 $\inf S = 1$이고 $\sup S = 2$이다.

이와 같이 실수의 어떤 집합 S의 하한 $\inf S$와 상한 $\sup S$는 S의 원소일 수도 있고 아닐 수도 있다.

예제 7.1.7 $S=\left\{1, \frac{1}{2}, \frac{1}{3}, \cdots\right\}$로 두자. 그러면 S는 유계이고, $\inf S=0$, $\sup S=1$이다.

풀이 먼저 S가 유계임은 명백하다. $\inf S$가 0임을 보이자. 0이 S의 하계임은 분명하다.

이제 0보다 더 큰 수 a를 생각하자. 그러면 자연수 성질에 의해서 $\frac{1}{a}<n$인 자연수 n이 있다. 즉 $\frac{1}{n}<a$인 자연수가 존재한다. 한편 $\frac{1}{n}$은 S의 원소이므로 a는 S의 하계가 될 수 없다. 따라서 S의 하계 가운데 가장 큰 수, 즉 S의 하한 $\inf S=0$이다. 같은 방법으로, S의 상계 가운데 가장 작은 수, 즉 S의 상한 $\sup S$가 1임을 보일 수 있다. ■

예제 7.1.8 (1) $S=\{1, 2, 3, \cdots\}$은 아래로 유계이나 위로 유계가 아님을 쉽게 알 수 있다. 그리고 $\inf S=1$, $\sup S$는 존재하지 않는다.

(2) $S=\{-1, -2, -3, \cdots\}$은 위로 유계이나 아래로 유계가 아님을 쉽게 알 수 있다. 그리고 $\sup S=-1$, $\inf S$는 존재하지 않는다. ■

그러면 "위로 유계(아래로 유계)인 실수의 부분집합 S는 항상 $\sup S(\inf S)$를 가진다"가 참일까, 거짓일까? 우리가 가지고 있는 현재 지식으로는 이 질문에 답하기 어렵다. 그러나 이것이 참이라고 공리로써 받아들인다.

공리 7.1.9 바이어슈트라스 공리(Weierstrass axiom)

위로(아래로) 유계인 실수의 부분집합 S는 $\sup S(\inf S)$가 존재한다.

정의 7.1.10

(1) $a_1 \le a_2 \le a_3 \le \cdots$일 때 $\{a_n\}$을 **증가수열**이라 하고,
$a_1 \ge a_2 \ge a_3 \ge \cdots$일 때 $\{a_n\}$을 **감소수열**이라 하며,

(2) 각 항의 절댓값이 어떠한 양의 실수 α 이하인 수열을 **유계수열**이라 부른다.
즉 수열의 각 항들의 집합 $\{a_n : n \in N\}$이 실수의 부분집합으로 유계라는 것이다.

이제 위의 정의 및 공리를 이용하여 수열의 수렴성에 대하여 알아보자.

정리 7.1.11

수렴하는 수열은 유계이다.

증명 만약 수열 $\{a_n\}$이 b에 수렴한다고 하자. 그러면 유한개의 항을 제외하고는 $|a_n-b|<1$이 된다. 즉 유한개의 항을 제외하고는 $|a_n|<|b|+1$이 된다. 따라서 $\{a_n\}$은 유계이다. ■

이것의 대우인 명제를 발산정리로 소개한다.

정리 7.1.12 발산정리

유계가 아닌 수열은 발산한다.

예제 7.1.13 $a_n=(-1)^n n$이라 두자. 그러면 수열 $\{a_n\}$은 발산한다.

풀이 $|a_n|=n$이므로 수열 $\{a_n\}$이 유계일 수가 없다. 발산정리(정리 7.1.12)에 의해서 수열 $\{a_n\}$은 발산한다. ■

그러면 정리 7.1.11의 역인 유계인 수열은 수렴할까? 불행히도 유계인 수열이 항상 수렴하는 것은 아니다.

예제 7.1.14 $a_n=(-1)^n$으로 두자. 그러면 수열 $\{a_n\}$은 발산한다.

풀이 모든 n에 대해서 $|a_n|=1$이므로 $\{a_n\}$은 유계이다. 그러나 $m-n$이 홀수가 되는 모든 자연수 m과 n에 대하여 $|a_n-a_m|=2$이므로, 이 수열은 어떠한 자연수 n_0에 대해서도, 그것보다 더 큰 모든 m과 n에 대하여 $|a_n-a_m|<1$을 만족하도록 할 수 없다. 따라서 이 수열은 발산한다. ■

유계인 수열의 수렴, 발산을 판정할 수 있는 일반적인 방법은 없다. 그러나 증가하거나 감소하는 유계인 수열은 수렴한다는 사실을 다음 정리로부터 알 수 있다.

수열의 수렴, 발산 판정

정리 7.1.15

(1) 위로 유계인 증가수열 $\{a_n\}$은 수렴하며, 그 극한값은 $\sup\{a_n : n\in N\}$이다.

(2) 아래로 유계인 감소수열 $\{a_n\}$은 수렴하며, 그 극한값은 $\inf\{a_n : n \in N\}$이다.

증명 위로 유계인 증가수열 $\{a_n\}$은 $a = \sup\{a_n : n \in N\}$로 수렴함을 보이자.

먼저 양수 ε을 생각하자. 그러면 $a - \varepsilon$과 a 사이에는 최소한 하나의 항 a_{n_0}가 존재한다(왜냐하면 만약 그러한 항이 없다면, $a - \varepsilon$이 수열 $\{a_n\}$의 하나의 상계가 되어서 a가 가장 작은 상계라는 사실에 모순이다). 한편 $\{a_n\}$이 증가수열이므로 n_0보다 더 큰 자연수 n에 대하여 $a - \varepsilon < a_{n_0} \le a_n \le a$가 성립한다. 즉 $n \ge n_0$인 모든 n에 대하여 $|a_n - a| < \varepsilon$이다. 따라서 $\{a_n\}$이 a에 수렴한다.

유사한 방법으로, 아래로부터 유계인 감소수열 $\{a_n\}$은 $\inf\{a_n : n \in N\}$로 수렴함을 증명할 수 있다. ■

참고 정리 7.1.15를 일반화하면, $\{a_n\}$이 위로 (아래로) 유계이고 n_0 이상부터 증가(감소)수열이면 $\{a_n\}$은 수렴하며, 그 극한값은 $\sup\{a_n : n \ge n_0\}(\inf\{a_n : n \ge n_0\})$이다.

따름정리 7.1.16

유계인 증가수열과 유계인 감소수열은 수렴한다.

따름정리 7.1.16은 수열이 수렴하기 위한 필요충분조건이 아니다. 즉 위 정리의 역은 참이 아님을 아래 예제에서 알 수 있다.

예제 7.1.17 $a_n = (-1)^n \frac{1}{n}$은 0으로 수렴 하지만 증가수열도 아니고 감소수열도 아니다. ■

이제 수열의 극한과 실수의 사칙연산과의 관계를 알아본 후 정리 7.1.15를 이용하여 몇 가지 예를 들어 수열의 극한이 존재함을 보이고자 한다.

정리 7.1.18 극한의 사칙연산

$\{a_n\}$이 a에, $\{b_n\}$이 b에 수렴하는 수열이라 두자.

(1) 수열 $\{a_n \pm b_n\}$은 $a \pm b$에 수렴한다.

(2) 수열 $\{a_n b_n\}$은 ab에 수렴한다.

(3) 수열 $\left\{\frac{a_n}{b_n}\right\}$은 $\frac{a}{b}$에 수렴한다. $(b \neq 0)$

증명 (1) $|a_n + b_n - (a+b)| \leq |a_n - a| + |b_n - b|$라는 사실과 가정으로부터 주어진 양수 ε에 대해서 자연수 n_0가 존재하여, $n > n_0$이면 $|a_n - a| < \frac{\varepsilon}{2}$과 $|b_n - b| < \frac{\varepsilon}{2}$을 만족하게 된다. 따라서 $n > n_0$이면 $|a_n + b_n - (a+b)| < \varepsilon$을 만족한다. 이는 수열 $\{a_n + b_n\}$은 $a+b$에 수렴한다는 것이다. 같은 방법으로 $\{a_n - b_n\}$이 $a-b$에 수렴함을 보일 수 있다.

(2) $|a_n b_n - ab| = |a_n b_n - a_n b + a_n b - ab| \leq |a_n(b_n - b)| + |(a_n - a)b| = |a_n||b_n - b| + |a_n - a||b|$이다. 한편 $\{a_n\}$이 수렴하는 수열이므로, $|a_n| \leq M$인 양수 M이 존재한다. 따라서 $|a_n b_n - ab| \leq M|b_n - b| + |a_n - a||b|$를 얻는다. 한편 M과 $|b|$가 고정된 양수이고, $\{a_n\}$이 a에, $\{b_n\}$이 b에 수렴하므로, 주어진 양수 ε에 대하여 처음 n_0개의 항을 제외하고는 $M|b_n - b|$와 $|a_n - a||b| < \frac{\varepsilon}{2}$이 되도록 자연수 n_0를 잡을 수 있다. 따라서 처음 n_0개의 항을 제외하고는 $|a_n b_n - ab| < \varepsilon$을 만족한다. 즉 수열 $\{a_n b_n\}$이 ab에 수렴한다.

(3) $\{b_n\}$이 $b(\neq 0)$에 수렴하므로, b_n이 0이 아니라고 가정해도 무방하고, $\left|\frac{1}{b_n} - \frac{1}{b}\right| = \frac{|b - b_n|}{|b_n b|}$이다. 한편 $\{b_n\}$이 0이 아닌 b에 수렴한다는 사실로부터 $M \leq |b_n|$인 양수 M이 존재한다. 따라서 $\left|\frac{1}{b_n} - \frac{1}{b}\right| \leq \frac{|b - b_n|}{M|b|}$이다. 더욱이 $M|b|$가 고정된 양수이므로, 주어진 양수 ε에 대하여 처음 n_0개의 항을 제외하고는 $|b - b_n| < M|b|\varepsilon$이 되는 n_0를 택할 수 있다. 따라서 n_0보다 큰 모든 n에 대하여 $\left|\frac{1}{b_n} - \frac{1}{b}\right| = \frac{|b - b_n|}{|b_n b|} < \varepsilon$이다.

이는 $\left\{\frac{1}{b_n}\right\}$이 $\frac{1}{b}$에 수렴한다는 것이다. 이제 (2)로부터 $\left\{\frac{a_n}{b_n}\right\} = \left\{a_n \cdot \frac{1}{b_n}\right\}$은 $\frac{a}{b}$에 수렴한다. ■

참고 정리 7.1.18이 뜻하는 바는, 어떤 수열이 수열들의 사칙연산으로 표현되면, 그 수열의 극한을 쉽게 구할 수 있음을 뜻한다.

예제 7.1.19 다음 극한을 구하여라.

$$\lim_{n \to \infty} \frac{2n - 1}{3n + 5}$$

풀이 $\lim_{n\to\infty}\frac{2n-1}{3n+5}=\lim_{n\to\infty}\frac{2-\frac{1}{n}}{3+\frac{5}{n}}=\frac{2-\lim_{n\to\infty}\frac{1}{n}}{3+\lim_{n\to\infty}\frac{5}{n}}=\frac{2-0}{3+0}=\frac{2}{3}$ ■

이제 정리 7.1.15를 이용하여 몇 가지 예를 들어 수열의 극한이 존재함을 보이고자 한다.

예제 7.1.20 $\alpha>0$에 대하여 $\lim_{n\to\infty}\frac{\alpha^n}{n!}=0$임을 증명하여라.

풀이 $\{a_n\}$이 아래로 유계이고 감소수열이라는 것을 보이고자 한다.

$a_n=\frac{\alpha^n}{n!}$ $(n=1, 2, \cdots)$라 두자. 그러면 $\frac{a_n}{a_{n-1}}=\frac{\alpha}{n}$ $(n=2, 3, \cdots)$이다. 이제 α보다 큰 자연수 m을 잡으면 $\frac{\alpha}{m}<1$이므로 $a_n<a_{n-1}$ $(n=m, m+1, \cdots)$이 되고, 따라서 a_n $(n\geq m)$은 감소수열이다.

한편 $a_n>0$ $(n=1, 2, \cdots)$이므로, $\{a_n\}$은 아래로 유계인 감소수열이다. 따라서 $\{a_n\}$은 수렴한다. 이 극한을 β로 두자. 그러면

$$\beta=\lim_{n\to\infty}a_n=\lim_{n\to\infty}\left(\frac{\alpha}{n}a_{n-1}\right)=\lim_{n\to\infty}\frac{\alpha}{n}\lim_{n\to\infty}a_{n-1}=0\cdot\beta=0.$$ ■

참고 멱급수를 이용하여 예제 7.2.26에서, 모든 실수 α에 대하여 $\lim_{n\to\infty}\frac{a^n}{n!}=0$이라는 것을 보여줄 것이다.

예제 7.1.21 $a_n=\left(1+\frac{1}{n}\right)^n$이면 수열 $\{a_n\}$은 수렴한다.

증명 $\{a_n\}$이 위로 유계이고 증가수열이라는 것을 보이고자 한다.

이항정리 7.3.20에 의해서

$$\begin{aligned}a_n&=1+n\frac{1}{n}+\frac{n(n-1)}{2!}\frac{1}{n^2}+\cdots+\frac{n(n-1)\cdots2\cdot1}{n!}\frac{1}{n^n}\\&=1+1+\frac{1}{2!}\left(1-\frac{1}{n}\right)+\cdots+\frac{1}{n!}\left(1-\frac{1}{n}\right)\cdots\left(1-\frac{n-1}{n}\right)\\&<1+1+\frac{1}{2}+\cdots+\frac{1}{2^{n-1}}<3\end{aligned}$$

이므로 $\{a_n\}$은 위로 유계인 수열이다. 한편

$$\begin{aligned}a_{n+1}&=1+1+\frac{1}{2!}\left(1-\frac{1}{n+1}\right)+\cdots+\frac{1}{n!}\left(1-\frac{1}{n+1}\right)\cdots\left(1-\frac{n-1}{n+1}\right)\\&\quad+\frac{1}{(n+1)!}\left(1-\frac{1}{n+1}\right)\cdots\left(1-\frac{n}{n+1}\right)\\&>1+1+\frac{1}{2!}\left(1-\frac{1}{n+1}\right)+\cdots+\frac{1}{n!}\left(1-\frac{1}{n+1}\right)\cdots\left(1-\frac{n-1}{n+1}\right)\\&>1+1+\frac{1}{2!}\left(1-\frac{1}{n}\right)+\cdots+\frac{1}{n!}\left(1-\frac{1}{n}\right)\cdots\left(1-\frac{n-1}{n}\right)=a_n\end{aligned}$$

이므로 $\{a_n\}$은 증가수열이다. 따라서 $\{a_n\}$은 수렴한다. ■

이 극한값을 e로 표시하며 2와 3 사이의 수임을 알 수 있다. 즉 $\lim_{n\to\infty}\left(1+\frac{1}{n}\right)^n = e$라 정의하고 e를 **자연대수의 밑**이라 부른다.

참고 e의 정확한 값은 매클로린 급수를 이용하여 예제 7.3.17에서 $e = \sum_{n=0}^{\infty}\frac{1}{n!}$임을 보일 것이다.

예제 7.1.22 양수 α에 대하여 $a_1 = \sqrt{\alpha}, a_n = \sqrt{a_{n-1}}\ (n>1)$로 두자. 그러면 수열 $\{a_n\}$은 1에 수렴함을 증명하여라.

증명 (i) $0<\alpha<1$인 경우:

$1>a_1>\alpha>0$이므로 $1>a_n>0$이다. 한편 $a_n^2 = a_{n-1}$이므로, $a_n > a_{n-1}$이다. 즉 $\{a_n\}$은 유계인 증가수열이다. 따라서 $\{a_n\}$은 수렴한다. 이제 $\{a_n\}$의 극한을 b로 두자. 그러면 $b = \lim_{n\to\infty} a_{n-1} = \lim_{n\to\infty} a_n^2 = \left(\lim_{n\to\infty} a_n\right)^2 = b^2$이다. 따라서 $b=0$ 또는 $b=1$이다.

그런데 $\{a_n\}$이 증가수열이고 각 항이 0보다 크므로 $b=1$이다.

(ii) $\alpha \geq 1$인 경우:

(i)과 유사한 방법으로 $\{a_n\}$이 유계인 감소수열임과 그 극한이 1임을 보일 수 있다. ■

정리 7.1.23 샌드위치 정리

주어진 수열들 $\{a_n\}, \{b_n\}, \{c_n\}$에 대하여, 모든 자연수 n에 대하여 $a_n \leq b_n \leq c_n$을 만족하고 $\lim_{n\to\infty} a_n = \lim_{n\to\infty} c_n = \alpha$이면, 수열 $\{b_n\}$도 수렴하고 $\lim_{n\to\infty} b_n = \alpha$를 만족한다.

증명 $\lim_{n\to\infty} a_n = \lim_{n\to\infty} c_n = \alpha$이므로 $\varepsilon > 0$에 대해 자연수 n_0가 존재하여 모든 $n \geq n_0$에 대해서 $\alpha - \varepsilon < a_n < \alpha + \varepsilon$, $\alpha - \varepsilon < c_n < \alpha + \varepsilon$이다. 그리고 모든 자연수 n에 대하여 $a_n \leq b_n \leq c_n$을 만족하므로, 모든 $n \geq n_0$에 대해서

$$\alpha - \varepsilon < a_n \leq b_n \leq c_n < \alpha + \varepsilon$$

을 만족한다. 즉 모든 $n \geq n_0$에 대해서 $|b_n - \alpha| < \varepsilon$을 만족하므로 $\lim_{n\to\infty} b_n = \alpha$이다. ■

예제 7.1.24 $\lim_{n\to\infty}\frac{\sin n}{n} = 0$임을 증명하여라.

증명 모든 자연수 n에 대하여 $-\frac{1}{n} \leq \frac{\sin n}{n} \leq \frac{1}{n}$을 만족하고 $\lim_{n \to \infty} -\frac{1}{n} = \lim_{n \to \infty} \frac{1}{n} = 0$이다.

샌드위치 정리(정리 7.1.23)에 의해 $\lim_{n \to \infty} \frac{\sin n}{n} = 0$이다. ■

7.1 연습문제

1. 다음 각 집합의 최댓값, 최솟값 및 상한, 하한을 구하여라.

(1) (a, b) (2) $(-\infty, a)$

(3) $\left\{\frac{1}{m} + \frac{1}{n} \mid m, n \in N\right\}$ (4) $\left\{\sin x \mid 0 \leq x < \frac{\pi}{2}\right\}$

2. 다음 각 수열의 수렴, 발산 여부를 판정하여라.

(1) $\left\{\frac{n-1}{n}\right\}$ (2) $\left\{-\frac{n}{\sqrt{n+1}}\right\}$

(3) $\{r^n\}$ (4) $\left\{\sin \frac{\pi}{2} n\right\}$

(5) $\left\{1 + \frac{1}{2} + \frac{1}{2^2} + \cdots + \frac{1}{2^n}\right\}$

(6) $\left\{1 + \frac{1}{1 \cdot 2} + \frac{1}{2 \cdot 3} + \cdots + \frac{1}{(n-1)n}\right\}$

(7) $\left\{\frac{n \sin \frac{n\pi}{2}}{n+1}\right\}$

3. 다음 극한을 구하여라.

(1) $\lim_{n \to \infty} \left(1 - \frac{1}{2^2}\right)\left(1 - \frac{1}{3^2}\right)\left(1 - \frac{1}{4^2}\right) \cdots \left(1 - \frac{1}{n^2}\right)$

(2) $\lim_{n \to \infty} \frac{1 + 2 + 3 + \cdots + n}{n^2}$

(3) $\lim_{n \to \infty} \frac{1}{n}\left(\frac{1^2}{n^2} + \frac{2^2}{n^2} + \frac{3^2}{n^2} + \cdots + \frac{n^2}{n^2}\right)$

(4) $\lim_{n \to \infty} \left\{\left(1 - \frac{1}{2}\right)\left(1 - \frac{1}{3}\right) \cdots \left(1 - \frac{1}{n}\right)\right\}^2 (1 + 2 + \cdots + n)$

(5) $\lim_{n \to \infty} \frac{1 \cdot (n-1) + 2 \cdot (n-2) + \cdots + (n-1) \cdot 1}{n^2(n-1)}$

4. 다음 극한을 구하여라.

(1) $\lim_{n \to \infty} \left(\sqrt{n+2} - \sqrt{n-2}\right)$ (2) $\lim_{n \to \infty} \frac{1}{\sqrt{n+1} - \sqrt{n}}$

(3) $\lim_{n \to \infty} \frac{4n}{\sqrt{2 + n^2} - 5}$ (4) $\lim_{n \to \infty} \left(\sqrt{n^2 + 3n} - n\right)$

(5) $\lim_{n \to \infty} (2n^3 - 2n^2 - 3n + 1)$

5. 다음 극한을 구하여라. 단, θ는 상수이다.

(1) $\lim_{n \to \infty} \frac{1}{n} \cos n\theta$ (2) $\lim_{n \to \infty} \frac{2n}{n^2 + n} \sin n\theta$

6. 다음 극한을 구하여라.

(1) $\lim_{n \to \infty} \frac{4^n}{5^n + 3^n}$ (2) $\lim_{n \to \infty} \frac{3^n + 5^n}{4^n + 5^n}$

(3) $\lim_{n \to \infty} \frac{(-2)^n}{3^n - 1}$ (4) $\lim_{n \to \infty} \left\{\left(\frac{1}{2}\right)^n + (-2)^n\right\}$

(5) $\lim_{n \to \infty} \frac{a^{n+1} + b^{n+1}}{a^n + b^n}$ $(a > b > 0)$

(6) $\lim_{n \to \infty} (3^n - 2^n)$ (7) $\lim_{n \to \infty} (2^{3n} - 3^{2n})$

7.2 무한급수

이 절에서 무한급수를 공부하는 중요한 목적 중 하나인 무한급수의 수렴, 발산을 판정하는 여러 가지 방법들을 소개하고자 한다. 앞 절에서 배운 수열의 여러 가지 성질들을 급수의 수렴, 발산의 판정법을 구하는 데 이용할 것이다.

정의 7.2.1

수열 $\{a_n\}$의 각 항을 합한 것을 $a_1 + a_2 + a_3 + \cdots + a_n + \cdots$로 표시하며 **무한급수**(infinite series) 또는 간단히 **급수**(series)라 부른다. 이것을 기호로 다음과 같이 표기한다.

$$\sum_{n=1}^{\infty} a_n \text{ 또는 } \sum a_n$$

유한개의 수들의 합은 항상 수가 되는 단순한 덧셈 계산일 뿐이다.

그러나 일반적으로 무한히 많은 항들의 합을 구할 수 있을까?

아래의 몇 가지 예를 살펴보자.

급수 $1+2+3+4+5+\cdots$의 합은 실수값을 가지지 않고 무한대이다. 왜냐하면 첫 항에 다음의 항들을 하나씩 계속 더해서 만들어지는 수열을 생각하면

$$1, 3, 6, 10, \cdots, \frac{n(n+1)}{2}, \cdots$$

을 얻는다. 이 수열은 발산하므로 유한한 값을 가지지 않는다.

반면, 다음의 급수 $1+0.3+0.03+0.003+0.0003+\cdots$을 위의 예와 같이 각 항을 더해서 만들어지는 수열을 살펴보면

$$1, 1.3, 1.33, 1.333, 1.3333, \cdots$$

이므로 이 수열은 $\frac{4}{3}$로 수렴한다는 것을 알 수 있다.

이와 같이 무한히 많은 항들의 합을 정의할 수 있는지의 여부를 알아보기 위하여 주어진 수열 $\{a_n\}$의 첫째 항부터 차례로 더하여 얻은 다음의 새로운 수열을 살펴보자.

$$\begin{cases} s_1 = a_1 \\ s_2 = a_1 + a_2 \\ s_3 = a_1 + a_2 + a_3 \\ \quad \vdots \\ s_n = a_1 + a_2 + a_3 + \cdots + a_n = \sum_{i=1}^{n} a_i \\ \quad \vdots \end{cases}$$

새로운 항들 $s_n = \sum_{i=1}^{n} a_i \, (n \ge 1)$를 무한급수 $\sum_{n=1}^{\infty} a_n$의 **n차 부분합**(n-th partial sum)이라 부른다.

이 부분합들은 새로운 수열 $\{s_n\}_{n=1}^{\infty}$을 만드는데, 이 수열 $\{s_n\}$은 수렴하거나 또는 발산한다.

따라서 수열의 수렴, 발산을 이용하여 급수의 수렴, 발산을 정의하는 것이 바람직하다.

정의 7.2.2

급수 $\sum_{n=1}^{\infty} a_n$의 부분합으로 이루어진 수열 $\{s_n\}$이 수렴하고, 그 극한을 $\lim_{n \to \infty} s_n = s$ (유한 확정한 값)라 할 때, 급수 $\sum_{n=1}^{\infty} a_n$은 **수렴한다**(converge) 또는 $\sum_{n=1}^{\infty} a_n < \infty$라고 정의하고, $\sum_{n=1}^{\infty} a_n = s$로 표기한다.

한편 수열 $\{s_n\}$이 발산할 때, 급수 $\sum_{n=1}^{\infty} a_n$은 **발산한다**(diverge) 또는 $\sum_{n=1}^{\infty} a_n \not< \infty$라고 정의한다.

정리 7.2.3 발산판정법

$\sum_{n=1}^{\infty} a_n$이 수렴하면 $\lim_{n \to \infty} a_n = 0$이다.

증명 $a_n = s_n - s_{n-1}$ $(n \geq 2)$이고, $\lim_{n \to \infty} s_n = \sum_{n=1}^{\infty} a_n = s$라 두면

$$\lim_{n \to \infty} a_n = \lim_{n \to \infty}(s_n - s_{n-1}) = s - s = 0$$

이다. ■

참고 (1) 정리 7.2.3의 역은 일반적으로 성립하지 않는다. $\lim_{n \to \infty} \frac{1}{n} = 0$이지만 $\sum_{n=1}^{\infty} \frac{1}{n}$은 수렴하지 않는다(예제 7.2.10 참조). 따라서 위 정리의 역은 성립하지 않는다.

(2) 정리 7.2.3으로부터, $\lim_{n \to \infty} a_n \neq 0$이면 $\sum_{n=1}^{\infty} a_n$은 발산한다는 것을 알 수 있다. 예를 들면 $\lim_{n \to \infty} (-1)^n \neq 0$이므로 $\sum_{n=1}^{\infty}(-1)^n$은 발산한다.

우리는 등비수열의 합, 즉 $1 + r + r^2 + \cdots + r^n = \frac{1 - r^{n+1}}{1 - r}$ 임을 알고 있다. 이 합을 이용하여 다음 정리를 얻는다.

정리 7.2.4 기하급수(geometric series)

기하급수 $\sum_{n=m}^{\infty} cr^n$이 수렴할 필요충분조건은 $|r| < 1$이다.

특히 $|r| < 1$일 때 $\sum_{n=m}^{\infty} cr^n = \frac{cr^m}{1-r}$이다.

증명 먼저 $|r| \geq 1$이면 모든 $n \geq m$에 대하여 $|cr^n| \geq |c|$이므로 $\lim_{n \to \infty} cr^n \neq 0$이다. 그러므로 $\sum_{n=m}^{\infty} cr^n$은 발산한다. 따라서 $\sum_{n=m}^{\infty} cr^n$이 수렴하면 $|r| < 1$이다.

역으로 $|r| < 1$이면 $(1-r)(1+r+r^2+\cdots+r^{k-1}) = 1-r^k$이며 다음이 성립한다.

$$\begin{aligned} s_k &= cr^m + cr^{m+1} + cr^{m+2} + \cdots + cr^{m+k-1} \\ &= cr^m(1 + r + r^2 + \cdots + r^{k-1}) \\ &= cr^m\left(\frac{1-r^k}{1-r}\right) \end{aligned}$$

그리고 $\lim_{k \to \infty} r^k = 0$이므로 $\sum_{n=m}^{\infty} cr^n = \lim_{k \to \infty} s_k = \lim_{k \to \infty}\left(cr^m \cdot \frac{1-r^k}{1-r}\right) = \frac{cr^m}{1-r}$이다. 따라서 $\sum_{n=m}^{\infty} cr^n$은 수렴한다. 특히 $\sum_{n=m}^{\infty} cr^n = \frac{cr^m}{1-r}$이다. ■

참고 위 정리에서 $c = 1, m = 0$일 때 다음 식을 얻는다.

$$\sum_{n=0}^{\infty} r^n = 1 + r + r^2 + r^3 + \cdots = \frac{1}{1-r}$$

우리가 이미 공부한 정리 7.1.18로부터 다음 사실을 쉽게 증명할 수 있다.

정리 7.2.5

$\sum_{n=1}^{\infty} a_n = a$이고 $\sum_{n=1}^{\infty} b_n = b$일 때,

(1) $\sum_{n=1}^{\infty} (ka_n) = k\sum_{n=1}^{\infty} a_n = ka$, k는 임의의 실수이다.

(2) $\sum_{n=1}^{\infty} (a_n \pm b_n) = \sum_{n=1}^{\infty} a_n \pm \sum_{n=1}^{\infty} b_n = a \pm b$가 성립한다.

예제 7.2.6 다음 급수들의 수렴, 발산을 조사하고 합이 있으면 합을 구하여라.

(1) $\sum_{n=0}^{\infty} 3^n$ (2) $\sum_{n=1}^{\infty} \frac{1}{n(n+1)}$ (3) $\sum_{n=1}^{\infty} \left[\frac{4}{2^n} - \frac{2}{n(n+1)}\right]$

풀이 (1) $a_n = 3^n (n \geq 0)$이라고 두자.

$$\lim_{n\to\infty} a_n = \lim_{n\to\infty} 3^n = \infty$$

이므로 정리 7.2.3에 의해서 $\sum_{n=0}^{\infty} 3^n$은 발산한다.

(2) 모든 자연수 $n(\geq 1)$에 대하여

$$a_n = \frac{1}{n(n+1)} = \frac{1}{n} - \frac{1}{n+1},$$

$$\begin{aligned} s_n = \sum_{k=1}^{n} a_k &= \left(\frac{1}{1} - \frac{1}{2}\right) + \left(\frac{1}{2} - \frac{1}{3}\right) + \left(\frac{1}{3} - \frac{1}{4}\right) + \cdots \\ &\quad + \left(\frac{1}{n-1} - \frac{1}{n}\right) + \left(\frac{1}{n} - \frac{1}{n+1}\right) \\ &= 1 - \frac{1}{n+1} = \frac{n}{n+1} \end{aligned}$$

이므로

$$\sum_{n=1}^{\infty} \frac{1}{n(n+1)} = \lim_{n\to\infty} s_n = \lim_{n\to\infty} \frac{n}{n+1} = \lim_{n\to\infty}\left(1 - \frac{1}{n+1}\right) = 1$$

이다. 따라서 주어진 급수는 수렴하고 그 수렴값은 1이다.

(3) 기하급수에 관한 정리 7.2.4에 의하여

$$\sum_{n=1}^{\infty} \frac{4}{2^n} = 4\sum_{n=1}^{\infty} \frac{1}{2^n} = 4 \cdot \frac{\frac{1}{2}}{1 - \frac{1}{2}} = 4$$

이다. 위 (2)에 의하여

$$\sum_{n=1}^{\infty} \frac{2}{n(n+1)} = 2\sum_{n=1}^{\infty} \frac{1}{n(n+1)} = 2 \cdot 1 = 2$$

이다. 그러므로 정리 7.2.5에 의하여

$$\sum_{n=1}^{\infty} \left[\frac{4}{2^n} - \frac{2}{n(n+1)}\right] = \sum_{n=1}^{\infty} \frac{4}{2^n} - \sum_{n=1}^{\infty} \frac{2}{n(n+1)} = 4 - 2 = 2$$

이다. ■

정리 7.2.7

$\sum_{n=1}^{\infty} a_n$이 수렴할 때 a_n들 중 유한개의 a_n을 다른 수 a_n'으로 바꾸어 놓은 새 급수도 수렴한다.

증명 $a_i, a_j, \cdots, a_k$를 $a_i', a_j', \cdots, a_k'$으로 바꾸어 놓았다고 하자. 그러면

$$a_1 + a_2 + \cdots + a_i + \cdots + a_j + \cdots + a_k + \cdots + a_n + \cdots,$$
$$a_1 + a_2 + \cdots + a_i' + \cdots + a_j' + \cdots + a_k' + \cdots + a_n + \cdots$$

에서 이들 부분합을 각각 s_n, t_n $(n \geq k)$이라 두면

$$s_n - t_n = (a_i - a_i') + \cdots + (a_j - a_j') + \cdots + (a_k - a_k') = c\,(\text{상수})$$

이므로, $t_n = s_n - c$이다. 따라서

$$\lim_{n\to\infty} t_n = \lim_{n\to\infty} (s_n - c) = \lim_{n\to\infty} s_n - c$$

이다. $\lim_{n\to\infty} s_n$이 존재하므로 새 급수도 수렴한다. ■

정의 7.2.8

$\sum_{n=1}^{\infty} a_n$에서 각 항 a_n이 양수인 급수를 **양항급수**(positive series)라 한다.

정리 7.2.9

양항급수 $\sum_{n=1}^{\infty} a_n$이 수렴할 필요충분조건은 그 부분합으로 된 수열 $\{s_n\}$이 유계이다.

증명 먼저 양항급수 $\sum_{n=1}^{\infty} a_n$이 수렴한다고 하자. 가정에서 $\sum_{n=1}^{\infty} a_n$이 수렴하므로 이 급수의 부분합으로 이루어진 수열 $\{s_n\}$은 수렴한다. 따라서 수열 $\{s_n\}$이 유계이다.

역으로 이 급수의 부분합으로 이루어진 수열 $\{s_n\}$이 유계라고 하자. $\sum_{n=1}^{\infty} a_n$이 양항급수이므로 수열 $\{s_n\}$은 증가수열이 된다. 따라서 $\{s_n\}$이 수렴하므로 $\sum_{n=1}^{\infty} a_n$도 수렴한다. ■

이제까지 우리는 급수의 수렴, 발산을 정의하고 기본성질을 공부하였다. 지금부터 양항급수의 수렴, 발산을 판정하는 편리하고 유용한 여러 가지 방법에 관해서 공부하고자 한다.

그러고 난 후 양항급수가 아닌 일반급수에 대해서 수렴, 발산을 판정하는 방법을 공부하고자 한다.

양항급수의 수렴판정

적분판정(integral test)

$f : [n_0, \infty) \to [0, \infty)$가 연속이고 감소함수이며 $f(n) = a_n (n \geq n_0)$이라 하자. 양항급수 $\sum_{n=n_0}^{\infty} a_n < \infty$일 필요충분조건은 $\int_{n_0}^{\infty} f(x)\,dx < \infty$이다.

증명 $\int_{n_0}^{\infty} f(x)\,dx < \infty$라 하자. $n_0 = 1$일 때 증명하면 충분하다. f에 대한 가정에 의해서, $m \leq x < m+1$일 때

$$a_{m+1} = f(m+1) < f(x) \leq f(m) = a_m \quad (m = 1, 2, \cdots)$$

이다. 따라서

$$a_{m+1} = \int_m^{m+1} a_{m+1}\,dx \leq \int_m^{m+1} f(x)\,dx \leq \int_m^{m+1} a_m\,dx = a_m$$

이므로

$$\int_1^{n+1} f(x)\,dx \leq s_n \leq a_1 + \int_1^n f(x)\,dx \quad \cdots\cdots (*)$$

이다. 만약 $\int_1^{\infty} f(x)\,dx = L$이면 모든 n에 대해서

$$s_n \leq a_1 + \int_1^n f(x)\,dx \leq a_1 + \int_1^{\infty} f(x)\,dx = a_1 + L$$

이므로 수열 $\{s_n\}$은 유계이다. 따라서 정리 7.2.9에 의하여 $\sum_{n=1}^{\infty} a_n$은 수렴한다.

역으로 $\int_1^{\infty} f(x)\,dx = \infty$이면 $\lim_{n\to\infty} \int_1^{n+1} f(x)\,dx = \infty$이므로 (*)에 의해서 $\lim_{n\to\infty} s_n = \infty$이다. 따라서 $\sum_{n=1}^{\infty} a_n$은 발산한다. 즉 $\sum_{n=1}^{\infty} a_n$이 수렴하면 $\int_1^{\infty} f(x)\,dx < \infty$이다. ■

예제 7.2.10 다음 급수들의 수렴, 발산을 조사하여라.

(1) $\sum_{n=1}^{\infty} \frac{1}{n^2}$ (2) $\sum_{n=1}^{\infty} \frac{1}{n}$ (조화급수(harmonic series))

(3) $\sum_{n=1}^{\infty} n e^{-n^2}$ (4) $\sum_{n=1}^{\infty} \frac{1}{n^p}$ (p-급수(p-series))

풀이 (1) $f(x) = \frac{1}{x^2}$이라 두면 $f(x)$는 $[1, \infty)$에서 연속이고 감소함수이다. 그리고 $a_n = f(n) = \frac{1}{n^2} (n \geq 1)$이다.

$$\int_1^\infty f(x)\,dx = \lim_{t\to\infty}\int_1^t f(x)\,dx = \lim_{t\to\infty}\int_1^t \frac{1}{x^2}\,dx = \lim_{t\to\infty}\left[-\frac{1}{x}\right]_1^t = 1$$

이므로 적분판정에 의해 $\sum_{n=1}^{\infty}\frac{1}{n^2}$은 수렴한다.

(2) $f(x)=\frac{1}{x}$이라 두면 $f(x)$는 $[1, \infty)$에서 연속이고 감소함수이다. 그리고 $a_n = f(n) = \frac{1}{n}\,(n \geq 1)$이다.

$$\int_1^\infty f(x)\,dx = \lim_{t\to\infty}\int_1^t f(x)\,dx = \lim_{t\to\infty}\int_1^t \frac{1}{x}\,dx$$
$$= \lim_{t\to\infty}(\ln t - \ln 1) = \infty$$

이므로 $\sum_{n=1}^{\infty}\frac{1}{n}$은 발산한다.

(3) $f(x) = x\,e^{-x^2}$이라 두면 $x \geq 1$에서 $f(x) \geq 0$이고 연속이며, $f'(x) = (1-2x^2)\,e^{-x^2} < 0\,(x \geq 1)$이므로 $f(x)$는 감소한다. 따라서 $f(x)$는 적분판정의 조건을 만족한다. 또한

$$\int_1^\infty f(x)\,dx = \lim_{t\to\infty}\int_1^t f(x)\,dx = \lim_{t\to\infty}\int_1^t xe^{-x^2}\,dx$$
$$= \lim_{t\to\infty}\left[-\frac{1}{2}e^{-x^2}\right]_1^t = \lim_{t\to\infty}\left[-\frac{1}{2}(e^{-t^2}-e^{-1})\right] = \frac{1}{2e}$$

이다. 따라서 $\sum_{n=1}^{\infty} n\,e^{-n^2}$은 수렴한다.

(4) $p=1$일 때는 (2)에 해당된다.

$p \neq 1$일 때

$$\int_1^\infty f(x)\,dx = \lim_{t\to\infty}\int_1^t f(x)\,dx = \lim_{t\to\infty}\int_1^t \frac{1}{x^p}\,dx = \lim_{t\to\infty}\int_1^t x^{-p}\,dx$$
$$= \lim_{t\to\infty}\left[\frac{1}{1-p}x^{1-p}\right]_1^t = \lim_{t\to\infty}\left[\frac{1}{1-p}(t^{1-p}-1)\right]$$

이므로 $p>1$일 때 $1-p<0$이고 $\lim_{t\to\infty}t^{1-p}=0$이다.

즉 $\sum_{n=1}^{\infty}\frac{1}{n^p}$은 수렴한다.

$0<p<1$일 때 $1-p>0$이고 $\lim_{t\to\infty}t^{1-p}=\infty$이므로

$\sum_{n=1}^{\infty}\frac{1}{n^p}$은 발산한다. ■

비교판정(comparison test)

자연수 n_0가 존재하여 $0 \leq a_n \leq b_n\ (n \geq n_0)$일 때 $\sum_{n=1}^{\infty}b_n < \infty$이면 $\sum_{n=1}^{\infty}a_n < \infty$이고, $\sum_{n=1}^{\infty}a_n \not< \infty$이면 $\sum_{n=1}^{\infty}b_n \not< \infty$이다.

증명 증명은 명백하므로 생략한다. ■

예제 7.2.11 다음 급수들의 수렴, 발산을 조사하여라.

(1) $\sum_{n=1}^{\infty} \frac{1}{3n^2+n}$ (2) $\sum_{n=0}^{\infty} \frac{1}{\sqrt{n+7}}$ (3) $\sum_{n=0}^{\infty} \frac{1}{2^n+3}$

(4) $\sum_{n=0}^{\infty} \frac{1}{3\sqrt{n}-2}$ (5) $\sum_{n=1}^{\infty} \frac{1}{2^n-1}$ (6) $\sum_{n=1}^{\infty} \frac{\ln n}{n}$

풀이 (1) 모든 자연수 $n \geq 1$에 대하여 $\frac{1}{3n^2+n} < \frac{1}{3n^2}$이고 $\sum_{n=1}^{\infty} \frac{1}{3n^2} = \frac{1}{3}\sum_{n=1}^{\infty} \frac{1}{n^2}$은 수렴하므로 주어진 급수는 수렴한다.

(2) $\frac{1}{\sqrt{n+7}} \geq \frac{1}{\sqrt{n}+\sqrt{n}} = \frac{1}{2\sqrt{n}} = \frac{1}{\sqrt{4n}}$ $(n = 3, 4, \cdots)$이고 $\sum_{n=0}^{\infty} \frac{1}{\sqrt{4n}}$은 적분판정에 의해 발산함을 알 수 있다. 따라서 주어진 급수는 발산한다.

(3) 정리 7.2.4(기하급수 정리)에 의하여 기하급수 $\sum_{n=0}^{\infty} \frac{1}{2^n}$은 수렴한다. 그리고 모든 자연수 $n \geq 1$에 대하여 $\frac{1}{2^n+3} < \frac{1}{2^n}$이므로 비교판정에 의하여 $\sum_{n=0}^{\infty} \frac{1}{2^n+3}$은 수렴한다.

(4) 모든 자연수 $n \geq 1$에 대하여 $\frac{1}{3\sqrt{n}-2} \geq \frac{1}{3\sqrt{n}}$이고 $\sum_{n=0}^{\infty} \frac{1}{\sqrt{n}}$은 $p = \frac{1}{2}$인 p-급수이므로 발산한다. $\sum_{n=0}^{\infty} \frac{1}{3\sqrt{n}}$은 발산하고, 비교판정에 의하여 $\sum_{n=0}^{\infty} \frac{1}{3\sqrt{n}-2}$은 발산한다.

(5) 모든 자연수 $n \geq 1$에 대하여 $\frac{1}{2^n-1} \geq \frac{1}{2^n}$이므로 $\sum_{n=1}^{\infty} \frac{1}{2^n}$과 비교하여 주어진 급수의 수렴 혹은 발산 여부를 판정하는 것은 불가능하다. 그러나 모든 자연수 $n \geq 1$에 대하여

$$\frac{1}{2^n-1} \leq \frac{1}{2^n-2^{n-1}} = \frac{1}{2^{n-1}(2-1)} = \frac{1}{2^{n-1}}$$

이며 $\sum_{n=1}^{\infty} \frac{1}{2^{n-1}}$은 기하급수이므로 수렴하고, 비교판정에 의하여 주어진 급수는 수렴한다.

(6) $n \geq 3$인 모든 자연수 n에 대하여 $\ln n > 1$이므로

$$\frac{\ln n}{n} > \frac{1}{n} \, (n \geq 3)$$

이다. 또한 $\sum_{n=1}^{\infty} \frac{1}{n}$은 발산하므로 비교판정에 의하여 주어진 급수는 발산한다. ■

비에 의한 판정(ratio test)

양항급수 $\sum_{n=1}^{\infty} a_n$에 대해서 $\rho = \lim_{n \to \infty} \frac{a_{n+1}}{a_n}$일 때,

(1) $\rho < 1$이면 $\sum_{n=1}^{\infty} a_n < \infty$.

(2) $\rho > 1$이면 $\sum_{n=1}^{\infty} a_n \not< \infty$.

(3) $\rho = 1$일 때는 판정할 수 없다.

증명 (1) $\rho<1$일 때 $\rho<\beta<1$인 β를 잡을 수 있다. $\beta-\rho>0$이므로 $\lim_{n \to \infty} \frac{a_{n+1}}{a_n} = \rho$로부터 다음의 사실이 성립되는 자연수 n_0가 존재한다.

$$n \ge n_0 \ \Rightarrow\ \frac{a_{n+1}}{a_n} - \rho < \beta - \rho$$

그러므로 모든 $n(\ge n_0)$에 대해서 $a_{n+1} < a_n \beta$가 성립한다. 즉

$$a_n < a_{n-1}\beta < a_{n-2}\beta^2 < a_{n-3}\beta^3 < \cdots < a_{n_0}\beta^{n-n_0}\,(n \ge n_0).$$

그런데 $\sum_{n=1}^{\infty} a_{n_0}\beta^{n-n_0}$는 등비수열의 합이고 $|\beta| < 1$이므로 $\sum_{n=1}^{\infty} a_{n_0}\beta^{n-n_0}$는 수렴한다.

따라서 비교판정에 의하여 $\sum_{n=1}^{\infty} a_n$은 수렴한다.

(2) 만약 $\rho>1$이면 $\rho-1>0$이고, $\lim_{n \to \infty} \frac{a_{n+1}}{a_n} = \rho$이므로 다음의 사실이 성립되는 자연수 n_0가 존재한다.

$$n \ge n_0 \ \Rightarrow\ -(\rho - 1) < \frac{a_{n+1}}{a_n} - \rho$$

위 식을 간단히 하면 모든 $n(\ge n_0)$에 대해서 $a_{n+1} > a_n$이 성립한다. 즉

$$a_n > a_{n-1} > a_{n-2} > a_{n-3} > \cdots > a_{n_0}\ (n \ge n_0).$$

그러므로 $\{a_n\}_{n=1}^{\infty}$은 증가수열로서 $a_{n_0} \le \lim_{n \to \infty} a_n$이므로 $\lim_{n \to \infty} a_n \ne 0$이다. 즉 $\sum a_n$은 발산한다.

(3) $\rho=1$인 경우는 급수의 수렴, 발산을 비에 의해 판정할 수 없으므로 다른 방법을 이용해야 한다. 왜냐하면 $\sum_{n=1}^{\infty} \frac{1}{n}$과 $\sum_{n=1}^{\infty} \frac{1}{n^2}$은 모두 $\rho = \lim_{n \to \infty} \frac{a_{n+1}}{a_n} = 1$이지만 $\sum_{n=1}^{\infty} \frac{1}{n}$은 발산하고, $\sum_{n=1}^{\infty} \frac{1}{n^2}$은 수렴하기 때문이다. ■

예제 7.2.12 다음 급수들의 수렴, 발산을 조사하여라.

(1) $\sum \frac{1}{n!}$ (2) $\sum \frac{n}{2^n}$ (3) $\sum \frac{n^n}{n!}$ (4) $\sum \frac{(2n)!}{4^n}$

(5) $\sum \frac{1}{2n-1}$ (6) $\sum \frac{n!n!}{(2n)!}$ (7) $\sum \frac{4^n n!n!}{(2n)!}$ (8) $\sum \frac{2^n+4}{3^n}$

풀이 (1) $\rho = \lim_{n\to\infty} \frac{a_{n+1}}{a_n} = \lim_{n\to\infty} \frac{\frac{1}{(n+1)!}}{\frac{1}{n!}} = \lim_{n\to\infty} \frac{n!}{(n+1)!}$

$= \lim_{n\to\infty} \frac{1}{n+1} = 0 < 1$

이므로 주어진 급수는 비에 의한 판정에 의하여 수렴한다.

$$(2)\ \rho = \lim_{n\to\infty} \frac{a_{n+1}}{a_n} = \lim_{n\to\infty} \frac{\frac{n+1}{2^{n+1}}}{\frac{n}{2^n}} = \lim_{n\to\infty} \frac{n+1}{2^{n+1}} \cdot \frac{2^n}{n}$$
$$= \lim_{n\to\infty} \frac{1}{2}\left(1+\frac{1}{n}\right) = \frac{1}{2} < 1$$

이므로 주어진 급수는 수렴한다.

$$(3)\ \rho = \lim_{n\to\infty} \frac{a_{n+1}}{a_n} = \lim_{n\to\infty} \frac{\frac{(n+1)^{n+1}}{(n+1)!}}{\frac{n^n}{n!}} = \lim_{n\to\infty} \frac{(n+1)^{n+1}}{(n+1)!} \cdot \frac{n!}{n^n}$$
$$= \lim_{n\to\infty} \frac{(n+1)^n}{n^n} = \lim_{n\to\infty} \left(1+\frac{1}{n}\right)^n = e > 1$$

이므로 주어진 급수는 발산한다.

$$(4)\ \rho = \lim_{n\to\infty} \frac{a_{n+1}}{a_n} = \lim_{n\to\infty} \frac{\frac{[2(n+1)]!}{4^{n+1}}}{\frac{(2n)!}{4^n}} = \lim_{n\to\infty} \frac{(2n+2)!}{4^{n+1}} \cdot \frac{4^n}{(2n)!}$$
$$= \frac{1}{4} \cdot \lim_{n\to\infty} \frac{(2n+2)!}{(2n)!} = \frac{1}{4} \cdot \lim_{n\to\infty} (2n+2)(2n+1) = \infty$$

이므로 주어진 급수는 발산한다.

$$(5)\ \rho = \lim_{n\to\infty} \frac{a_{n+1}}{a_n} = \lim_{n\to\infty} \frac{\frac{1}{2(n+1)-1}}{\frac{1}{2n-1}} = \lim_{n\to\infty} \frac{2n-1}{2n+1} = 1$$

이므로 다른 방법으로 수렴, 발산을 판정해야 한다.

$f(x) = \frac{1}{2x-1}\ (x \geq 1)$이라 두면 적분판정의 가정을 만족함을 알 수 있다. 따라서

$$\int_1^\infty f(x)\,dx = \lim_{t\to\infty} \int_1^t f(x)\,dx = \lim_{t\to\infty} \int_1^t \frac{1}{2x-1}\,dx$$
$$= \lim_{t\to\infty} \left[\frac{1}{2}\ln(2x-1)\right]_1^t = \lim_{t\to\infty} \frac{1}{2}\ln(2t-1) = \infty$$

이므로 주어진 급수는 발산한다.

$$(6)\ \rho = \lim_{n\to\infty}\frac{a_{n+1}}{a_n} = \lim_{n\to\infty}\frac{\dfrac{(n+1)!(n+1)!}{[2(n+1)]!}}{\dfrac{n!n!}{(2n)!}}$$
$$= \lim_{n\to\infty}\frac{(n+1)(n+1)}{(2n+2)(2n+1)} = \frac{1}{4} < 1$$

이므로 주어진 급수는 수렴한다.

$$(7)\ \rho = \lim_{n\to\infty}\frac{a_{n+1}}{a_n} = \lim_{n\to\infty}\frac{\dfrac{4^{n+1}(n+1)!(n+1)!}{[2(n+1)]!}}{\dfrac{4^n n!n!}{(2n)!}}$$
$$= \lim_{n\to\infty}\frac{4^{n+1}(n+1)!(n+1)!}{(2n+2)!}\cdot\frac{(2n)!}{4^n n!n!}$$
$$= \lim_{n\to\infty}\frac{2(n+1)}{2n+1} = 1$$

이므로 다른 방법으로 수렴, 발산을 판정해야 한다.

우선 모든 자연수 $n \geq 1$에 대하여 $\frac{a_{n+1}}{a_n} = \frac{2(n+1)}{2n+1} > 1$이므로 $a_{n+1} \geq a_n$ $(n \geq 1)$이며, $a_1 = 2$이므로 $\lim_{n\to\infty} a_n \neq 0$이다. 따라서 정리 7.2.3에 의하여 주어진 급수는 발산한다.

$$(8)\ \rho = \lim_{n\to\infty}\frac{a_{n+1}}{a_n} = \lim_{n\to\infty}\frac{\dfrac{2^{n+1}+4}{3^{n+1}}}{\dfrac{2^n+4}{3^n}} = \frac{1}{3}\cdot\lim_{n\to\infty}\frac{2^{n+1}+4}{2^n+4}$$
$$= \frac{1}{3}\cdot\lim_{n\to\infty}\frac{2+4\cdot 2^{-n}}{1+4\cdot 2^{-n}} = \frac{2}{3} < 1$$

이므로 주어진 급수는 수렴한다. ■

n-제곱근판정(n-th root test)

양항급수 $\sum_{n=1}^{\infty} a_n$에 대해서 $\rho = \lim_{n\to\infty}\sqrt[n]{a_n}$ 일 때,

(1) $\rho < 1$ 이면 $\sum_{n=1}^{\infty} a_n < \infty$.

(2) $\rho > 1$이면 $\sum_{n=1}^{\infty} a_n \not< \infty$.

(3) $\rho = 1$일 때는 판정할 수 없다.

증명 (1) $\rho < 1$ 이면, $\rho + \varepsilon < 1$ 인 ε을 잡으면 가정에 의하여 주어진 $\varepsilon > 0$에 대해서 어떤 자연수 n_0가 존재하여 n_0보다 큰 모든 자연수 n에 대하여 $\sqrt[n]{a_n} < \rho + \varepsilon$ 이다. 즉 $a_n < (\rho+\varepsilon)^n$ 이므로 $\sum_{n=n_0}^{\infty} a_n < \sum_{n=n_0}^{\infty}(\rho+\varepsilon)^n$ 이다. 이 부등식의 오른쪽 식은 기하급수이고 공비 $\rho + \varepsilon$ 이 1보다 작으므로 수렴한다.

(2) $\rho > 1$이면, 충분히 큰 n에 대해서 $\sqrt[n]{a_n} > 1$이므로 $a_n > 1$이다. $\lim_{n \to \infty} a_n \neq 0$이므로 주어진 급수는 수렴하지 않는다.

(3) 여기에서도 $\rho = 1$인 경우는 다른 방법을 이용한다. 왜냐하면 $\sum_{n=1}^{\infty} \frac{1}{n}$과 $\sum_{n=1}^{\infty} \frac{1}{n^2}$은 모두 $\rho = 1$이지만, $\sum_{n=1}^{\infty} \frac{1}{n}$은 발산하고 $\sum_{n=1}^{\infty} \frac{1}{n^2}$은 수렴하기 때문이다. ■

예제 7.2.13 다음 급수들의 수렴, 발산을 조사하여라.

(1) $\sum \frac{1}{n^n}$ (2) $\sum \frac{2^n}{n^2}$ (3) $\sum \left(1 - \frac{1}{n}\right)^n$

(4) $\sum \left(\frac{3n+8}{8n+3}\right)^n$ (5) $\sum \left(\frac{\ln n}{2007}\right)^n$ (6) $\sum \frac{n}{2^n}$

풀이 (1) $\rho = \lim_{n \to \infty} \sqrt[n]{a_n} = \lim_{n \to \infty} \sqrt[n]{\frac{1}{n^n}} = \lim_{n \to \infty} \frac{1}{n} = 0 < 1$이므로 주어진 급수는 수렴한다.

(2) $\rho = \lim_{n \to \infty} \sqrt[n]{a_n} = \lim_{n \to \infty} \sqrt[n]{\frac{2^n}{n^2}} = \lim_{n \to \infty} \frac{2}{\sqrt[n]{n^2}}$이며 $\lim_{n \to \infty} n^{2/n} = 1$이므로

$$\rho = \lim_{n \to \infty} \frac{2}{\sqrt[n]{n^2}} = 2 > 1$$

이다. 따라서 주어진 급수는 발산한다.

(3) $\rho = \lim_{n \to \infty} \sqrt[n]{a_n} = \lim_{n \to \infty} \sqrt[n]{\left(1 - \frac{1}{n}\right)^n} = \lim_{n \to \infty} \left(1 - \frac{1}{n}\right) = 1$이므로 다른 방법으로 수렴성을 판정해야 한다. 그러나

$$\lim_{n \to \infty} \left(1 - \frac{1}{n}\right)^n = \lim_{n \to \infty} \left(1 + \frac{-1}{n}\right)^n = e^{-1} = \frac{1}{e} \neq 0$$

이므로 정리 7.2.3에 의하여 주어진 급수는 발산한다.

(4) $a_n = \left(\frac{3n+8}{8n+3}\right)^n$이라 두면 $\sqrt[n]{a_n} = \frac{3n+8}{8n+3} = \frac{3 + \frac{8}{n}}{8 + \frac{3}{n}}$이다. 따라서

$$\rho = \lim_{n \to \infty} \sqrt[n]{a_n} = \lim_{n \to \infty} \frac{3 + \frac{8}{n}}{8 + \frac{3}{n}} = \frac{3}{8} < 1$$

이므로 주어진 급수는 수렴한다.

(5) $a_n = \left(\frac{\ln n}{2007}\right)^n$이라 두면 $\sqrt[n]{a_n} = \frac{\ln n}{2007}$이다. 따라서

$$\rho = \lim_{n \to \infty} \sqrt[n]{a_n} = \lim_{n \to \infty} \frac{\ln n}{2007} = \infty$$

이므로 주어진 급수는 발산한다.

(6) $a_n = \frac{n}{2^n}$이라 두면 $\sqrt[n]{a_n} = \frac{n^{1/n}}{2}$이다. $\lim_{n \to \infty} n^{1/n} = 1$이므로

$$\rho = \lim_{n\to\infty} \sqrt[n]{a_n} = \lim_{n\to\infty} \frac{n^{1/n}}{2} = \frac{1}{2} < 1$$

이다. 따라서 주어진 급수는 수렴한다. ■

극한비교판정(limit comparison test)

양항급수 $\sum_{n=1}^{\infty} a_n$, $\sum_{n=1}^{\infty} b_n$에 대해서, $0 < \rho = \lim_{n\to\infty} \frac{a_n}{b_n} < \infty$이면 두 급수는 동시에 수렴하거나 발산한다.

증명 가정에 의하여 $0 < \varepsilon < \rho$인 ε을 잡으면 주어진 $\varepsilon > 0$에 대해서 어떤 자연수 n_0가 존재하여, n_0보다 큰 모든 자연수 n에 대하여 $0 < \rho - \varepsilon < \frac{a_n}{b_n} < \rho + \varepsilon$이 성립한다.

그러므로 $(\rho - \varepsilon) b_n < a_n < (\rho + \varepsilon) b_n$이 모든 $n (\geq n_0)$에 대해서 성립한다.

따라서 비교판정에 의하여 두 급수는 동시에 수렴하거나 동시에 발산한다. ■

예제 7.2.14 다음 급수들의 수렴, 발산을 조사하여라.

(1) $\sum \frac{3n^3 - 2n^2 + 1}{n^5 - 3n^2 + 5}$　　(2) $\sum \sin^3 \frac{1}{n}$

(3) $1^{-2} + 2^{-3/2} + 3^{-4/3} + \cdots + n^{-(n+1)/n} + \cdots$

(4) $\sum \frac{4n - 3}{n^3 - 5n - 7}$　　(5) $\sum \frac{1}{\sqrt[3]{8n^2 - 5n}}$

풀이 (1) 주어진 급수의 각 항은 n에 관한 유리함수이다. 주어진 급수와 비교할 급수를 찾기 위해 분모, 분자에서 최고차 항을 제외한 나머지 항을 무시하면 $\frac{3n^3}{n^5} = \frac{3}{n^2}$이므로 주어진 급수를 $\sum_{n=1}^{\infty} \frac{3}{n^2}$과 비교한다. 그래서 $a_n = \frac{3n^3 - 2n^2 + 1}{n^5 - 3n^2 + 5}$, $b_n = \frac{3}{n^2}$이라 두면

$$\rho = \lim_{n\to\infty} \frac{a_n}{b_n} = \lim_{n\to\infty} \frac{\frac{3n^3 - 2n^2 + 1}{n^5 - 3n^2 + 5}}{\frac{3}{n^2}} = \lim_{n\to\infty} \frac{3n^3 - 2n^2 + 1}{n^5 - 3n^2 + 5} \cdot \frac{n^2}{3}$$
$$= \lim_{n\to\infty} \frac{3n^5 - 2n^4 + n^2}{3n^5 - 9n^2 + 15} = 1 > 0$$

이며 $\sum b_n = \sum \frac{3}{n^2} = 3 \sum \frac{1}{n^2}$은 수렴하므로 주어진 급수도 수렴한다.

(2) $a_n = \sin^3 \frac{1}{n}$, $b_n = \frac{1}{n^3}$이라 두면

$$\rho = \lim_{n \to \infty} \frac{a_n}{b_n} = \lim_{n \to \infty} \frac{\sin^3 \frac{1}{n}}{\frac{1}{n^3}} = \lim_{n \to \infty} \left[\frac{\sin \frac{1}{n}}{\frac{1}{n}} \right]^3 = 1$$

이며 $\sum b_n = \sum \frac{1}{n^3}$이 수렴하므로 주어진 급수도 수렴한다.

(3) $a_n = n^{-(n+1)/n} = \frac{1}{n^{1+1/n}}$이 주어진 급수의 일반항이고, $n^{1+1/n} = n(n^{1/n})$, $\lim_{n \to \infty} n^{1/n} = 1$이라는 사실로부터 $b_n = \frac{1}{n}$이라 두면

$$\rho = \lim_{n \to \infty} \frac{a_n}{b_n} = \lim_{n \to \infty} \frac{\frac{1}{n^{1+1/n}}}{\frac{1}{n}} = \lim_{n \to \infty} \frac{1}{n^{1/n}} = 1$$

이며 $\sum b_n = \sum \frac{1}{n}$이 발산하므로 주어진 급수도 발산한다.

(4) (1)과 같은 방법으로 분모, 분자에서 최고차 항을 제외한 나머지 항을 무시하면 $\frac{4n}{n^3} = \frac{4}{n^2}$이므로 주어진 급수를 $\sum_{n=1}^{\infty} \frac{4}{n^2}$와 비교한다. $a_n = \frac{4n-3}{n^3-5n-7}$, $b_n = \frac{4}{n^2}$라 두면 $\sum_{n=1}^{\infty} \frac{1}{n^2}$은 수렴하는 p-급수이므로 $\sum_{n=1}^{\infty} \frac{4}{n^2}$는 수렴한다.

$$\rho = \lim_{n \to \infty} \frac{a_n}{b_n} = \lim_{n \to \infty} \frac{\frac{4n-3}{n^3-5n-7}}{\frac{4}{n^2}} = \lim_{n \to \infty} \frac{4n^3-3n^2}{4n^3-20n-28}$$

$$= \lim_{n \to \infty} \frac{4-\frac{3}{n}}{4-\frac{20}{n^2}-\frac{28}{n^3}} = 1$$

이므로 극한비교판정에 의하여 주어진 급수는 수렴한다.

(5) 분모에서 n의 최고차 항을 제외한 나머지 항을 무시하면 $\frac{1}{\sqrt[3]{8n^2}} = \frac{1}{2n^{2/3}}$이므로 주어진 급수를 $\sum_{n=1}^{\infty} \frac{1}{2n^{2/3}}$과 비교한다.

$$a_n = \frac{1}{\sqrt[3]{8n^2-5n}}, \ b_n = \frac{1}{2n^{2/3}} = \frac{1}{\sqrt[3]{8n^2}}$$

이라 두자. $\sum_{n=1}^{\infty} \frac{1}{n^{2/3}}$은 발산하는 p-급수이므로 $\sum_{n=1}^{\infty} \frac{1}{2n^{2/3}}$은 발산한다. 한편

$$\rho = \lim_{n \to \infty} \frac{a_n}{b_n} = \lim_{n \to \infty} \frac{\frac{1}{\sqrt[3]{8n^2-5n}}}{\frac{1}{\sqrt[3]{8n^2}}} = \lim_{n \to \infty} \sqrt[3]{\frac{8n^2}{8n^2-5n}}$$

$$= \lim_{n \to \infty} \sqrt[3]{\frac{8}{8-\frac{5}{n}}} = 1$$

이므로 극한비교판정에 의하여 주어진 급수는 발산한다. ■

지금까지 우리는 각 항이 음이 아닌 수열의 합을 생각하였다. 지금부터 일반적인 급수, 즉 각 항이 임의의 실수로 된 급수들의 수렴, 발산판정에 대하여 공부하고자 한다.

먼저 급수의 항이 양과 음이 교대로 나타나는 급수, 예를 들면

$$\sum_{n=1}^{\infty}(-1)^n 3^n = -3+9-27+81-\cdots$$

와 같은 급수를 생각해보자.

정의 7.2.15

모든 n에 대하여 $a_n > 0$이고

$$\sum_{n=1}^{\infty}(-1)^n a_n \quad \text{또는} \quad \sum_{n=1}^{\infty}(-1)^{n+1} a_n$$

일 때 이러한 급수를 교대급수(alternating series)라고 한다.

교대급수의 수렴판정

정리 7.2.16 라이프니츠 정리(Leibniz's Theorem)

교대급수 $\sum_{n=1}^{\infty}(-1)^{n+1}a_n$에서 $\lim_{n\to\infty} a_n = 0$이고 $\{a_n\}$이 감소수열이면 $\sum_{n=1}^{\infty}(-1)^{n+1}a_n$은 수렴한다.

증명 주어진 교대급수의 부분합 s_{2n}을 아래와 같이 나타낼 수 있다.

$$s_{2n} = (a_1 - a_2) + (a_3 - a_4) + \cdots + (a_{2n-3} - a_{2n-2}) + (a_{2n-1} - a_{2n})$$

항상 $a_n - a_{n+1} \ge 0$ $(n \ge 1)$이므로

$$s_2 \le s_4 \le s_6 \le \cdots \le s_{2n} \le \cdots$$

이다. 또한

$$s_{2n} = a_1 - (a_2 - a_3) - (a_4 - a_5) - \cdots - (a_{2n-2} - a_{2n-1}) - a_{2n}$$

이므로 모든 n에 대하여 $s_{2n} \le a_1$이다.

그러므로 $\{s_{2n}\}$은 위로 유계인 증가수열이므로 극한값 $\lim_{n\to\infty} s_{2n} = s < \infty$가 존재한다. 한편

$$s_{2n+1} = s_{2n} + a_{2n+1}, \quad \lim_{n \to \infty} s_{2n} = s, \quad \lim_{n \to \infty} a_{2n+1} = 0$$

이므로 $\lim_{n \to \infty} s_{2n+1} = s = \lim_{n \to \infty} s_{2n}$이다. 따라서 교대급수는 수렴한다. ■

예제 7.2.17 다음 급수들의 수렴, 발산을 조사하여라.

(1) $\sum_{n=1}^{\infty} (-1)^n \frac{1}{n}$ (2) $\sum_{n=1}^{\infty} (-1)^n \frac{n+3}{n(n+1)}$

(3) $\sum_{n=1}^{\infty} (-1)^{n-1} \frac{1}{n^2}$ (4) $\sum_{n=1}^{\infty} (-1)^{n+1} \frac{3n}{4n-5}$

풀이 (1) $a_n = \frac{1}{n} > \frac{1}{n+1} = a_{n+1}$, $\lim_{n \to \infty} a_n = \lim_{n \to \infty} \frac{1}{n} = 0$

이므로 정리 7.2.16에 의해 주어진 교대급수는 수렴한다.

(2) $a_n = \frac{n+3}{n(n+1)}$이라 두면

$$\frac{a_{n+1}}{a_n} = \frac{\dfrac{(n+1)+3}{(n+1)[(n+1)+1]}}{\dfrac{n+3}{n(n+1)}} = \frac{n^2+4n}{(n^2+4n)+(n+6)} < 1$$

이므로 $a_{n+1} < a_n$이고,

$$\lim_{n \to \infty} a_n = \lim_{n \to \infty} \frac{n+3}{n(n+1)} = 0$$

이므로 주어진 교대급수는 수렴한다.

(3) $\left\{\frac{1}{n^2}\right\}$은 감소수열이며 $\lim_{n \to \infty} \frac{1}{n^2} = 0$이므로 주어진 교대급수는 수렴한다.

(4) $a_n = \frac{3n}{4n-5}$이라 두면

$$\lim_{n \to \infty} a_n = \lim_{n \to \infty} \frac{3n}{4n-5} = \lim_{n \to \infty} \frac{3}{4 - \dfrac{5}{n}} = \frac{3}{4}$$

이므로 주어진 교대급수는 발산한다. ■

지금부터 특별한 언급이 없는 급수들은 양항급수도 교대급수도 아닌 일반급수를 의미한다. 양항급수도 교대급수도 아닌 일반급수의 수렴, 발산을 판정하기 위하여 다음을 정의한다.

정의 7.2.18

$\sum_{n=1}^{\infty} |a_n|$이 수렴하면 $\sum_{n=1}^{\infty} a_n$은 절대수렴(absolutely convergent)한다고 한다.

정리 7.2.19

$\sum_{n=1}^{\infty} a_n$이 절대수렴하면 $\sum_{n=1}^{\infty} a_n$은 수렴한다.

증명 $p_n = \frac{|a_n| + a_n}{2}$, $q_n = \frac{|a_n| - a_n}{2}$이라 두면 $p_n \geq 0$, $q_n \geq 0$, $p_n - q_n = a_n$이다.

$$p_n \leq \frac{|a_n| + |a_n|}{2} = |a_n|,\ q_n \leq \frac{|a_n| + |a_n|}{2} = |a_n|$$

이며 $\sum |a_n|$이 수렴하므로, 비교판정에 의해서 $\sum p_n$과 $\sum q_n$이 수렴한다. 따라서 $\sum a_n = \sum (p_n - q_n) = \sum p_n - \sum q_n$은 수렴한다. ■

참고 위 정리의 역은 일반적으로 성립하지 않는다. 그 역이 성립하지 않는 반례는 그동안 공부한 여러 예제 중에서 쉽게 찾을 수 있을 것이다. 예를 들면, $\sum_{n=1}^{\infty} (-1)^n \frac{1}{n}$은 수렴하지만 절대수렴하지 않는다.

정의 7.2.20

일반적으로 $\sum a_n$은 수렴하지만 $\sum |a_n|$이 수렴하지 않을 때, 급수 $\sum a_n$은 **조건부수렴**(conditionally convergent)한다고 한다.

예를 들면, $\sum_{n=1}^{\infty} (-1)^n \frac{1}{n}$은 조건부수렴한다.

예제 7.2.21 $\sum \frac{\cos n}{n^k}$ $(k = 2, 3, \cdots)$의 수렴, 발산을 조사하여라.

풀이 $\left|\frac{\cos n}{n^k}\right| \leq \frac{1}{n^k}$이며 $\sum_{n=1}^{\infty} \frac{1}{n^k}$은 p-급수$(p \geq 2)$이므로 수렴한다.

따라서 $\sum \left|\frac{\cos n}{n^k}\right|$은 수렴한다.

그러므로 정리 7.2.19에 의해 $\sum \frac{\cos n}{n^k}$도 수렴한다. ■

정리 7.2.22

$\sum a_n$이 절대수렴할 때 급수의 항의 순서를 임의로 바꿔서 된 급수를 $\sum a_n'$이라고 하면, $\sum a_n'$은 절대수렴하고 $\sum a_n = \sum a_n'$이다.

증명 $\sum|a_n| = k < \infty$라 두면, 모든 n에 대해서

$$|a_1'| + |a_2'| + \cdots + |a_n'| \le \sum|a_n| = k$$

이므로 $\sum|a_n'|$의 부분합은 유계이다. 따라서 정리 7.2.9에 의해 이 급수는 수렴한다. 즉 $\sum a_n'$은 절대수렴한다.

$$s_n = a_1 + a_2 + \cdots + a_n,\ s_n' = a_1' + a_2' + \cdots + a_n'$$

이라고 두면, 임의로 주어진 p에 대해서 $n > p$를 충분히 크게 잡으면

$$|s_n - s_p'| \le |a_{p+1}| + |a_{p+2}| + \cdots \qquad (*)$$

이다. $\sum|a_n|$이 수렴하므로 그 나머지 $r_p = |a_{p+1}| + |a_{p+2}| + \cdots$에서 $\lim_{p\to\infty} r_p = 0$이다. 따라서 (*)에 의해

$$0 = \lim_{p\to\infty}(s_n - s_p') = \lim_{n\to\infty} s_n - \lim_{p\to\infty} s_p'$$

이다. 그러므로 $\sum a_n = \sum a_n'$이다. ■

이제부터 일반급수에 수렴판정을 알아보자.

일반급수의 수렴판정

정리 7.2.23

임의의 급수 $\sum a_n$에 대하여

(1) 비교판정

$|a_n| \le |b_n|$이고 $\sum|b_n|$이 수렴하면 $\sum a_n$은 (절대)수렴한다.

(2) 극한비교판정

$0 < \rho = \lim_{n\to\infty}\left|\frac{a_n}{b_n}\right| < \infty$이고 $\sum|b_n|$이 수렴하면 $\sum a_n$은 (절대)수렴한다.

(3) 비에 의한 판정

$a_n \ne 0\ (n \ge 1)$, $\rho = \lim_{n\to\infty}\left|\frac{a_{n+1}}{a_n}\right|$일 때,

(i) $\rho < 1$이면 $\sum_{n=1}^{\infty}|a_n| < \infty$.

(ii) $\rho > 1$이면 $\sum_{n=1}^{\infty} a_n \not< \infty$.

(iii) $\rho = 1$일 때는 판정할 수 없다.

(4) n-제곱근판정

$\rho = \lim_{n \to \infty} \sqrt[n]{|a_n|}$일 때,

(i) $\rho < 1$이면 $\sum_{n=1}^{\infty} |a_n| < \infty$.

(ii) $\rho > 1$이면 $\sum_{n=1}^{\infty} a_n \not< \infty$.

(iii) $\rho = 1$일 때는 판정할 수 없다.

증명 앞의 정리들에 의해 명백하므로 증명은 생략한다. ■

예제 7.2.24 다음 급수들의 수렴, 발산을 조사하여라.

(1) $\sum_{n=1}^{\infty} \frac{\sin n}{n^k} \ (k = 2, 3, \cdots)$ (2) $\sum_{n=1}^{\infty} \frac{x^n}{n}$

(3) $\sum_{n=1}^{\infty} (-1)^{n-1} \frac{1}{2n-1} x^{2n-1}$

풀이 (1) $\sin n$값을 계산해보면 주어진 급수는 양항급수도 교대급수도 아님을 알 수 있다. 그러나 $n \geq 1$인 모든 자연수 n에 대하여 $\left|\frac{\sin n}{n^k}\right| \leq \frac{1}{n^k}$이 성립한다. 그런데 $\sum \frac{1}{n^k} \ (k = 2, 3, \cdots)$은 2보다 큰 p에 대한 p-급수이며 수렴한다. 따라서 비교판정에 의해 주어진 급수는 수렴한다.

(2) $a_n = \frac{x^n}{n}$이라 두면

$$\rho = \lim_{n \to \infty} \left|\frac{a_{n+1}}{a_n}\right| = \lim_{n \to \infty} \left|\frac{\frac{x^{n+1}}{n+1}}{\frac{x^n}{n}}\right| = \lim_{n \to \infty} \left|\frac{nx}{n+1}\right| = |x|$$

이므로,

$\rho = |x| < 1$일 때 주어진 급수는 (절대)수렴하고,

$\rho = |x| > 1$이면 발산하며,

$x = -1$일 때는 조건부수렴한다.

$x = 1$일 때는 발산한다.

(3) $a_n = (-1)^{n-1} \frac{1}{2n-1} x^{2n-1}$이라 두면

$$\rho = \lim_{n\to\infty}\left|\frac{a_{n+1}}{a_n}\right| = \lim_{n\to\infty}\left|\frac{(-1)^{(n+1)-1}\frac{1}{2(n+1)-1}x^{2(n+1)-1}}{(-1)^{n-1}\frac{1}{2n-1}x^{2n-1}}\right|$$
$$= |x^2|$$

이므로,

$|x| < 1$일 때 주어진 급수는 (절대)수렴하고,

$|x| > 1$일 때 발산하며,

$x = 1$, $x = -1$일 때 교대급수가 되어 수렴한다.

그리고 $\sum_{n=1}^{\infty}\frac{1}{2n-1}$은 발산하므로 $|x| = 1$일 때 주어진 급수는 조건부수렴한다. ■

정리 7.2.25

수열 $\{a_n\}$에 대하여 $\lim_{n\to\infty}\left|\frac{a_{n+1}}{a_n}\right| < 1$ 혹은 $\lim_{n\to\infty}\sqrt[n]{|a_n|} < 1$이면 $\lim_{n\to\infty} a_n = 0$이다.

증명 가정에 의하여 $\sum a_n$이 수렴하므로 정리 7.2.3에 의하여 $\lim_{n\to\infty} a_n = 0$이다. ■

예제 7.2.26 모든 실수 x에 대하여 $\lim_{n\to\infty}\frac{x^n}{n!} = 0$임을 증명하여라.

증명 $x = 0$일 때는 명백하다.

$x \neq 0$일 때 $a_n = \frac{x^n}{n!}$이라 하면

$$\lim_{n\to\infty}\left|\frac{a_{n+1}}{a_n}\right| = \lim_{n\to\infty}\left|\frac{\frac{x^{n+1}}{(n+1)!}}{\frac{x^n}{n!}}\right| = \lim_{n\to\infty}\left|\frac{x}{n+1}\right| = 0 < 1$$

이므로 정리 7.2.25에 의해 증명된다. ■

다음 정리는 소개만 하고 증명은 생략한다.

정리 7.2.27

$\sum a_n$과 $\sum b_n$이 절대수렴하고 $c_n = \sum_{k=0}^{n} a_k b_{n-k}$라고 정의하면,

(1) $\sum |c_n| < \infty$,

(2) $\sum c_n = (\sum a_n) \times (\sum b_n)$.

정리 7.2.27은 주어진 가정하에서 덧셈에 관하여 무한개의 분배법칙이 성립한다는 것을 의미한다.

예제 7.2.28

$$\left(1+\frac{1}{3}+\frac{1}{9}+\cdots+\frac{1}{3^n}+\cdots\right)\times\left(1+\frac{1}{7}+\frac{1}{49}+\cdots+\frac{1}{7^n}+\cdots\right)$$
$$=\frac{1}{1-\frac{1}{3}}\times\frac{1}{1-\frac{1}{7}}=\frac{3}{2}\times\frac{7}{6}=\frac{7}{4}$$ ■

7.2 연습문제

1. 다음 급수들의 수렴, 발산을 조사하여라.

(1) $\sum_{n=1}^{\infty}\frac{3^n}{n!}$　(2) $\sum_{n=1}^{\infty}\frac{n}{1+n^2}$

(3) $\sum_{n=1}^{\infty}\frac{1}{\sqrt{n}+5}$　(4) $\sum_{n=1}^{\infty}\frac{n!}{n^n}$

(5) $\sum_{n=1}^{\infty}\frac{n^n}{n!}$　(6) $\sum_{n=1}^{\infty}\frac{n!}{3^n}$

(7) $\sum_{n=1}^{\infty}\frac{n}{5^n}$　(8) $\sum_{n=1}^{\infty}n^n$

(9) $\sum_{n=1}^{\infty}\frac{3\sin^2 n}{n!}$　(10) $\sum_{n=1}^{\infty}\frac{3^n-2^n}{3^n+2^n}$

(11) $\sum_{n=1}^{\infty}\frac{\ln n}{n^3}$　(12) $\sum_{n=1}^{\infty}\left(1+\frac{1}{n}\right)^2 e^{-n}$

(13) $\sum_{n=1}^{\infty}\frac{(-1)^n}{n^2}$　(14) $\sum_{n=1}^{\infty}\sin\left(\frac{\pi}{2}-\frac{1}{n}\right)$

(15) $\sum_{n=1}^{\infty}n\sin\frac{1}{n}$　(16) $\sum_{n=1}^{\infty}\left(\frac{1}{n+1}-\frac{1}{n+2}\right)$

2. 다음 급수들의 절대수렴, 조건부수렴, 발산 등을 조사하여라.

(1) $\sum_{n=1}^{\infty}\frac{(-1)^n}{3^n}$　(2) $\sum_{n=1}^{\infty}\frac{\cos n\pi}{n}$

(3) $\sum_{n=1}^{\infty}\frac{\sin n}{n^2}$　(4) $\sum_{n=1}^{\infty}\frac{(-1)^n(n^2+1)}{n^3+2}$

3. $\sum_{n=1}^{\infty}a_n$이 절대수렴하면 $\left|\sum_{n=1}^{\infty}a_n\right|\le\sum_{n=1}^{\infty}|a_n|$임을 증명하여라.

4. $\sum_{n=1}^{\infty}a_n$이 절대수렴하면 $\sum_{n=1}^{\infty}\frac{a_n}{n}$도 절대수렴함을 증명하여라.

7.3 멱급수

정함수 $p(x)=\sum_{i=0}^{n}a_i x^i$는 하나의 함수로서 x값에 따라 $p(x)$값이 정해진다. 앞에서 배운 수열의 극한, 무한급수에 대해 여러 가지 성질을 이용하여 이 절에서는 정함수에 대한 무한급수, 즉 멱급수(power series)를 공부하고자 한다.

다음의 간단한 예를 살펴보자. 만약 주어진 수열 $\{a_n\}$이 모든 n에 대하여 $a_n=1$로 주어진 수열이라면 그 수열의 극한은 1이다. 즉 $\lim_{n\to\infty}a_n=\lim_{n\to\infty}1=1$이지만 $\sum_{n=1}^{\infty}a_n=\sum_{n=1}^{\infty}1=\infty$임을 알 수 있다.

여기서 x를 미지수라 하고 모든 n에 대하여 $b_n = a_n x^n$을 정의하여 새로운 수열 $\{b_n\}$의 극한을 생각해보자. 즉 $x=1$이면 $\{a_n\}$과 $\{b_n\}$은 같은 수열이 되어 $\sum_{n=1}^{\infty} b_n = \infty$이다. $x=0$이면 $\sum_{n=1}^{\infty} b_n = 0$이 된다.

이와 같이 수열 $\{b_n\}$의 극한은 x가 어떤 수이냐에 따라 다르게 나타날 것이고, 또 이 수열의 합 $\sum_{n=1}^{\infty} b_n = \sum_{n=1}^{\infty} a_n x^n = \sum_{n=1}^{\infty} x^n$ 또한 x에 따라 달라질 것이다. 이 급수를 전개해보면

$$\sum_{n=1}^{\infty} b_n = \sum_{n=1}^{\infty} x^n = x + x^2 + x^3 + \cdots + x^n + \cdots$$

인데, 이것은 기하급수로서 $|x| < 1$인 모든 x에 대하여 그 합이 존재함을 알고 있다. 즉 $\sum_{n=1}^{\infty} x^n = \frac{x}{1-x}$, $|x| < 1$이다.

좌변 급수는 $|x| < 1$인 수 x에 대하여 그 합이 $\frac{x}{1-x}$이고, 우변의 $\frac{x}{1-x}$는 $x \neq 1$ 이외의 모든 실수에 대하여 정의되지만 좌변 급수와 우변 식이 같을 조건은 $|x| < 1$인 경우뿐임에 주의해야 한다.

주어진 급수 $\sum_{n=1}^{\infty} a_n (a_n \neq 1)$의 정보로부터 $\sum_{n=1}^{\infty} a_n x^n$ (x에 따라 많은 새로운 급수가 나타남)의 정보(수렴성)를 얻을 수 있다는 사실들을 이 절에서 공부할 것이다. 따라서 다음 정의를 살펴보자.

정의 7.3.1

모든 a_n은 실수이고 x는 변수(미지수)라 할 때,

(1) $\sum_{n=0}^{\infty} a_n x^n = a_0 + a_1 x + a_2 x^2 + \cdots + a_n x^n + \cdots$

을 x의 **멱**(power)으로 된 급수를 **멱급수**(power series)라고 한다.

좀더 일반적으로 멱급수를 정의하면,

(2) $$\sum_{n=0}^{\infty} a_n (x-a)^n = a_0 + a_1(x-a) + a_2(x-a)^2 + a_3(x-a)^3 + \cdots + a_n(x-a)^n + \cdots$$

을 $x=a$에서의 **멱급수**(power series at $x=a$)라고 한다.

이제 이 멱급수가 x의 어떤 값에서 수렴 혹은 발산하는지 살펴보자.

정리 7.3.2

(1) $\sum_{n=0}^{\infty} a_n x^n$이 $x=\alpha$에서 수렴하면 $|x|<|\alpha|$에서 절대수렴한다.

(2) $\sum_{n=0}^{\infty} a_n x^n$이 $x=\alpha$에서 발산하면 $|x|>|\alpha|$에서 발산한다.

증명 (1) $\sum_{n=0}^{\infty} a_n \alpha^n$이 수렴하므로 정리 7.2.3에 의하여 $\lim_{n\to\infty} a_n \alpha^n = 0$이다. 따라서 극한의 정의에 의하여, 어떤 자연수 $n_0(\in \mathbb{N})$가 존재하여 모든 자연수 $n(\geq n_0)$에 대하여 $|a_n \alpha^n| < 1$이 성립한다.
$|x|<|\alpha|$일 때 $n \geq n_0$에 대하여 $|a_n x^n| = |a_n \alpha^n| \cdot \left|\frac{x}{\alpha}\right|^n < \left|\frac{x}{\alpha}\right|^n$
이고, $\left|\frac{x}{\alpha}\right|^n < 1$ 이므로 $\sum_{n=0}^{\infty} \left|\frac{x}{\alpha}\right|^n$은 수렴한다.
그러므로 정리 7.2.23(1) 비교판정에 의해서 $\sum_{n=0}^{\infty} a_n x^n$은 $|x|<|\alpha|$에서 절대수렴한다.

(2) 가정에 의해서 $\sum_{n=0}^{\infty} a_n \alpha^n$은 발산한다. 만약 $|x|>|\alpha|$인 어떤 x에 대하여 $\sum_{n=0}^{\infty} a_n x^n$이 수렴한다면 (1)에 의해서 $\sum_{n=0}^{\infty} a_n \alpha^n$이 수렴해야 한다는 모순이 생기므로 $\sum_{n=0}^{\infty} a_n x^n$은 $|x|>|\alpha|$에서 발산한다. ■

참고 멱급수 $\sum_{n=0}^{\infty} a_n x^n$은

(1) $\sum_{n=0}^{\infty} n!\,x^n$ (예제 7.3.6(1))처럼 $x=0$일 때만 수렴하거나,

(2) $\sum_{n=0}^{\infty} \frac{x^n}{n!}$ (예제 7.3.6(2))처럼 실수의 모든 값에서 수렴하거나,

(3) $\sum_{n=1}^{\infty} n x^n$ (예제 7.3.6(3))처럼 어떤 실수 $r(>0)$값이 존재하여 $|x|<r$에서 수렴하고 $|x|>r$ 에서는 발산하는

세 경우 중에 어느 하나가 된다.

정리 7.3.2로부터 수렴반지름 r을 다음과 같이 정의한다.

정의 7.3.3

(1) $\sum_{n=0}^{\infty} a_n x^n$이 $|x| < r$에서 수렴하고, $|x| > r$에서는 발산하는 경우에 r을 $\sum_{n=0}^{\infty} a_n x^n$의 수렴반지름(radius of convergence)이라 한다.

좀더 일반적으로 정의하면,

(2) $\sum_{n=0}^{\infty} a_n (x-a)^n$이 $|x-a| < r$에서 수렴하고, $|x-a| > r$에서는 발산하는 경우에 r을 $\sum_{n=0}^{\infty} a_n (x-a)^n$의 수렴반지름(radius of convergence)이라 한다.

(3) 멱급수가 수렴하는 모든 x의 집합을 수렴구간(interval of convergence)이라 한다.

참고 $r = 0$인 경우는 $\sum_{n=0}^{\infty} a_n (x-a)^n$이 $x = a$일 때만 수렴하고, $r = \infty$인 경우는 $\sum_{n=0}^{\infty} a_n (x-a)^n$이 모든 실수에서 수렴한다.

다음 정리는 수렴반지름 r을 멱급수의 계수를 이용해서 쉽게 구하는 방법을 보여준다.

수렴반지름 구하는 방법

정리 7.3.4

$\lim_{n\to\infty} \left| \dfrac{a_n}{a_{n+1}} \right| = r$이면 r은 $\sum_{n=0}^{\infty} a_n (x-a)^n$의 수렴반지름이다.

증명 $\sum_{n=0}^{\infty} a_n x^n$에 대해서 증명하고자 한다.

극한의 성질에 의하여

$$\lim_{n\to\infty} \left| \frac{a_{n+1} x^{n+1}}{a_n x^n} \right| = |x| \cdot \lim_{n\to\infty} \left| \frac{a_{n+1}}{a_n} \right| = \frac{|x|}{r}$$

이다. 정리 7.2.23(3) 비에 의한 판정에 의하여 $|x| < r$일 때 주어진 급수는 수렴하고, $|x| > r$일 때 발산한다. 즉 r은 $\sum a_n x^n$의 수렴반지름이다. ■

정리 7.3.5

$\left(\lim_{n\to\infty}\sqrt[n]{|a_n|}\right)^{-1} = r$이면 r은 $\sum_{n=0}^{\infty} a_n(x-a)^n$의 수렴반지름이다.

증명 $\sum_{n=0}^{\infty} a_n x^n$에 대해 증명하고자 한다.

$$\lim_{n\to\infty}\sqrt[n]{|a_n x^n|} = \lim_{n\to\infty}\left(|x|\cdot\sqrt[n]{|a_n|}\right) = \frac{|x|}{r}$$

이다. 정리 7.3.4와 같은 방법으로 r은 $\sum_{n=0}^{\infty} a_n x^n$의 수렴반지름이다.■

참고 (1) 앞의 정리에서 보는 바와 같이 멱급수 $\sum_{n=0}^{\infty} a_n(x-a)^n$의 수렴성에 대한 정보를 알고 있는 수열 $\{a_n\}$ 또는 $\sum a_n$의 정보로부터 얻을 수 있음을 알게 된다.

(2) r이 $\sum_{n=0}^{\infty} a_n(x-a)^n$의 수렴반지름이면 $\sum_{n=0}^{\infty} a_n(x-a)^n$은 $(a-r, a+r)$에서 수렴하고, 여집합 $(a-r, a+r)^c$에서 발산한다. 그러나 $x=a-r$, $x=a+r$에서는 주어진 멱급수에 대입해서 수렴, 발산을 판정해야 한다.

예제 7.3.6 다음 급수들의 수렴반지름 r과 수렴구간을 구하여라.

(1) $\sum_{n=0}^{\infty} n!x^n$ (2) $\sum_{n=0}^{\infty} \frac{x^n}{n!}$ (3) $\sum_{n=1}^{\infty} nx^n$ (4) $\sum_{n=0}^{\infty} 3^n x^n$

(5) $\sum_{n=1}^{\infty} \frac{(x-3)^n}{n}$ (6) $\sum_{n=0}^{\infty} \frac{(-3)^n x^n}{\sqrt{n+1}}$ (7) $\sum_{n=0}^{\infty} \frac{n(x+2)^n}{3^{n+1}}$

(8) $\sum_{n=1}^{\infty} \frac{x^n}{\sqrt{n}}$ (9) $\sum_{n=0}^{\infty} \frac{2^n x^n}{\ln(n+2)}$ (10) $\sum_{n=0}^{\infty} (-1)^n \frac{(x-3)^n}{(n+1)^2}$

풀이 (1) $a_n = n!$이므로

$$r = \lim_{n\to\infty}\left|\frac{a_n}{a_{n+1}}\right| = \lim_{n\to\infty}\left|\frac{n!}{(n+1)!}\right| = \lim_{n\to\infty}\frac{1}{n+1} = 0$$

이다. 따라서 $x=0$일 때만 수렴한다.

(2) $a_n = \frac{1}{n!}$이므로

$$r = \lim_{n\to\infty}\left|\frac{a_n}{a_{n+1}}\right| = \lim_{n\to\infty}\left|\frac{\frac{1}{n!}}{\frac{1}{(n+1)!}}\right| = \lim_{n\to\infty}(n+1) = \infty$$

이다. 따라서 수렴구간은 모든 실수값이 된다.

(3) $a_n = n$이므로

$$r = \lim_{n \to \infty} \left| \frac{a_n}{a_{n+1}} \right| = \lim_{n \to \infty} \left| \frac{n}{n+1} \right| = 1$$

이다. 여기서 $x = \pm 1$일 때 주어진 급수는 발산하므로 수렴구간은 $(-1, 1)$이다.

(4) $a_n = 3^n$이므로

$$r = \left(\lim_{n \to \infty} \sqrt[n]{|a_n|} \right)^{-1} = \left(\lim_{n \to \infty} \sqrt[n]{|3^n|} \right)^{-1} = \frac{1}{3}$$

이다. 여기서 $x = \pm\frac{1}{3}$일 때 주어진 급수는 발산하므로 수렴구간은 $\left(-\frac{1}{3}, \frac{1}{3}\right)$임을 알 수 있다.

(5) $a_n = \frac{1}{n}$이므로

$$r = \lim_{n \to \infty} \left| \frac{a_n}{a_{n+1}} \right| = \lim_{n \to \infty} \left| \frac{\frac{1}{n}}{\frac{1}{n+1}} \right| = \lim_{n \to \infty} \frac{n+1}{n} = 1$$

이다. $x = 2$일 때는 $\sum_{n=1}^{\infty} (-1)^n \frac{1}{n}$이므로 수렴한다.

$x = 4$일 때 $\sum_{n=1}^{\infty} \frac{1}{n}$은 발산한다.

따라서 주어진 급수의 수렴구간은 $[2, 4)$이다.

(6) $a_n = \frac{(-3)^n}{\sqrt{n+1}}$이라 하면

$$r = \lim_{n \to \infty} \left| \frac{a_n}{a_{n+1}} \right| = \lim_{n \to \infty} \left| \frac{\frac{(-3)^n}{\sqrt{n+1}}}{\frac{(-3)^{n+1}}{\sqrt{(n+1)+1}}} \right| = \lim_{n \to \infty} \left| \frac{\frac{1}{\sqrt{n+1}}}{\frac{-3}{\sqrt{n+2}}} \right| = \frac{1}{3}$$

이다. $x = -\frac{1}{3}$일 때

$$\sum_{n=0}^{\infty} \frac{(-3)^n \left(-\frac{1}{3}\right)^n}{\sqrt{n+1}} = \sum_{n=0}^{\infty} \frac{1}{\sqrt{n+1}}$$

이므로 $p = \frac{1}{2}$인 p-급수이므로 발산한다.

$x = \frac{1}{3}$일 때

$$\sum_{n=0}^{\infty} \frac{(-3)^n \left(\frac{1}{3}\right)^n}{\sqrt{n+1}} = \sum_{n=0}^{\infty} \frac{(-1)^n}{\sqrt{n+1}}$$

이므로 교대급수판정법에 따라 수렴함을 알 수 있다.

따라서 수렴구간은 $\left(-\frac{1}{3}, \frac{1}{3}\right]$이다.

(7) $a_n = \frac{n}{3^{n+1}}$이므로

$$r = \lim_{n \to \infty}\left|\frac{a_n}{a_{n+1}}\right| = \lim_{n \to \infty}\left|\frac{\frac{n}{3^{n+1}}}{\frac{n+1}{3^{n+2}}}\right| = 3\lim_{n \to \infty}\left(\frac{n}{n+1}\right) = 3$$

이다. $x = -5$ 및 $x = 1$일 때는 앞에서와 같이 조사하면 주어진 급수는 발산함을 알 수 있다.

따라서 이 급수의 수렴구간은 $(-5, 1)$이다.

(8) $a_n = \frac{1}{\sqrt{n}}$이라 하면

$$r = \lim_{n \to \infty}\left|\frac{a_n}{a_{n+1}}\right| = \lim_{n \to \infty}\left|\frac{\frac{1}{\sqrt{n}}}{\frac{1}{\sqrt{n+1}}}\right| = \lim_{n \to \infty}\sqrt{\frac{n+1}{n}} = 1$$

이다. $x = 1$일 때는 발산함을 알 수 있고,

$x = -1$일 때는 교대급수판정법으로 수렴한다는 것을 알 수 있다.

따라서 수렴구간은 $[-1, 1)$이다.

(9) $a_n = \frac{2^n}{\ln(n+2)}$이라 두면

$$r = \lim_{n \to \infty}\left|\frac{a_n}{a_{n+1}}\right| = \lim_{n \to \infty}\left|\frac{\frac{2^n}{\ln(n+2)}}{\frac{2^{n+1}}{\ln(n+3)}}\right| = \lim_{n \to \infty}\frac{\ln(n+3)}{2\ln(n+2)} = \frac{1}{2}$$

이다. $x = \frac{1}{2}$일 때 $\sum_{n=0}^{\infty}\frac{1}{\ln(n+2)}$은 발산하고,

$x = -\frac{1}{2}$일 때 $\sum_{n=0}^{\infty}\frac{(-1)^n}{\ln(n+2)}$이므로 교대급수판정법에 의해서 수렴한다.

따라서 수렴구간은 $\left[-\frac{1}{2}, \frac{1}{2}\right)$이다.

(10) $a_n = \frac{(-1)^n}{(n+1)^2}$이라 두면

$$r = \lim_{n \to \infty}\left|\frac{a_n}{a_{n+1}}\right| = \lim_{n \to \infty}\left|\frac{\frac{(-1)^n}{(n+1)^2}}{\frac{(-1)^{n+1}}{(n+2)^2}}\right| = \lim_{n \to \infty}\frac{(n+2)^2}{(n+1)^2} = 1$$

이다. $x = 2$일 때 주어진 급수는 $\sum_{n=0}^{\infty}\frac{1}{(n+1)^2}$이므로 $p = 2$인 p-급수이므로 수렴한다.

$x = 4$일 때 주어진 급수는 $\sum_{n=0}^{\infty}(-1)^n\frac{1}{(n+1)^2}$이므로 교대급수판정법에 의해 수렴한다.

따라서 수렴구간은 $[2, 4]$이다. ■

예제 7.3.7 $\sum_{n=1}^{\infty} \frac{(-1)^n x^{2n+1}}{2^n}$의 수렴반지름 r과 수렴구간을 구하여라.

풀이 $a_n = \frac{(-1)^n x^{2n+1}}{2^n}$이라 두면 $\lim_{n\to\infty} \left| \frac{a_{n+1}}{a_n} \right| = \frac{|x^2|}{2}$이다. 따라서 비에 의한 판정에 의해 $\frac{|x^2|}{2} < 1$인 모든 x에 대하여 이 급수는 수렴한다. 즉 수렴반지름 $r = \sqrt{2}$이다.

$x = \sqrt{2}$일 때 $\sum_{n=1}^{\infty} \frac{(-1)^n \sqrt{2}\, 2^n}{2^n}$은 발산한다.

$x = -\sqrt{2}$일 때 $\sum_{n=1}^{\infty} \frac{(-1)^n (-\sqrt{2})\, 2^n}{2^n}$도 발산한다.

따라서 수렴구간은 $(-\sqrt{2}, \sqrt{2})$이다. ■

정리 7.3.8

$\sum_{n=0}^{\infty} a_n x^n$의 수렴반지름이 r이면 $\sum_{n=1}^{\infty} n a_n x^{n-1}$의 수렴반지름도 r이다.

증명

$$\lim_{n\to\infty} \left| \frac{n a_n}{(n+1) a_{n+1}} \right| = \left(\lim_{n\to\infty} \frac{n}{n+1} \right) \left(\lim_{n\to\infty} \left| \frac{a_n}{a_{n+1}} \right| \right) = \lim_{n\to\infty} \left| \frac{a_n}{a_{n+1}} \right| = r$$

이므로 정리 7.3.4에 의해 증명은 명백하다. ■

정리 7.3.9

$\sum_{n=0}^{\infty} a_n x^n$의 수렴반지름이 r이면 $\sum_{n=0}^{\infty} a_n x^n$은 구간 $(-r, r)$ 내에서 항별 미분가능(term-by-term differentiable)이다. 즉 $|x| < r$ 일 때

$$\frac{d}{dx}\left(\sum_{n=0}^{\infty} a_n x^n \right) = \sum_{n=0}^{\infty} \frac{d}{dx}(a_n x^n) = \sum_{n=1}^{\infty} n a_n x^{n-1}$$

이 성립한다.

증명 $|t| < r$일 때 $\sum a_n t^n$이 수렴하므로 $f(t) = \sum a_n t^n$이라고 하자.

또 $|x| < b < r$일 때 $\sum_{n=2}^{\infty} n(n-1)|a_n| b^{n-2}$도 수렴하므로 이 값을 c라 하자.

$|t| < b \ (t \neq x)$일 때 평균값 정리를 이용하면

$$\sum_{n=1}^{\infty} \left[n a_n x^{n-1} - \frac{f(t) - f(x)}{t - x} \right]$$
$$= \sum_{n=1}^{\infty} n a_n x^{n-1} - \sum_{n=0}^{\infty} a_n \frac{t^n - x^n}{t - x}$$

$$= \sum_{n=1}^{\infty} n a_n x^{n-1} - \sum_{n=1}^{\infty} n a_n s_n^{n-1} \quad (t < s_n < x \text{ 혹은 } x < s_n < t)$$

$$= \sum_{n=1}^{\infty} n a_n (x^{n-1} - s_n^{n-1})$$

$$= \sum_{n=1}^{\infty} (x - s_n) n(n-1) a_n \xi_n^{n-2} \quad (s_n < \xi_n < x \text{ 혹은 } x < \xi_n < s_n)$$

이므로,

$$\lim_{t \to x} \left| \sum_{n=1}^{\infty} n a_n x^{n-1} - \frac{f(t) - f(x)}{t - x} \right|$$

$$= \lim_{t \to x} \left| \sum_{n=2}^{\infty} (x - s_n) n(n-1) a_n \xi_n^{n-2} \right|$$

$$\leq \lim_{t \to x} |t - x| \cdot \sum_{n=2}^{\infty} n(n-1)|a_n| b^{n-2}$$

$$= \lim_{t \to x} |t - x| \cdot c = 0$$

이다. 즉

$$\sum_{n=1}^{\infty} n a_n x^{n-1} = f'(x) = \frac{d}{dx}\left(\sum a_n x^n\right)$$

이다. ■

정리 7.3.10

$\sum_{n=0}^{\infty} a_n x^n$의 수렴반지름을 r이라 하면 $\sum_{n=0}^{\infty} \frac{1}{n+1} a_n x^{n+1}$의 수렴반지름 또한 r이다.

증명

$$\lim_{n \to \infty} \left| \frac{\frac{1}{n+1} a_n}{\frac{1}{n+2} a_{n+1}} \right| = \left(\lim_{n \to \infty} \frac{n+2}{n+1} \right) \left(\lim_{n \to \infty} \left| \frac{a_n}{a_{n+1}} \right| \right) = r$$

이므로 정리 7.3.4에 의해 증명은 명백하다. ■

정리 7.3.11

$\sum_{n=0}^{\infty} a_n x^n$의 수렴반지름이 r이면 $\sum_{n=0}^{\infty} a_n x^n$은 구간 $(-r, r)$ 내에서 **항별 적분가능**(term-by-term integrable)이다. 즉

$$\int_0^x \left(\sum_{n=0}^{\infty} a_n t^n \right) dt = \sum_{n=0}^{\infty} a_n \int_0^x t^n \, dt = \sum_{n=0}^{\infty} \frac{1}{n+1} a_n x^{n+1} \quad (|x| < r)$$

이다.

증명 정리 7.3.8과 정리 7.3.9에 의해 $|x| < r$일 때

$$\frac{d}{dx}\left(\sum \frac{1}{n+1} a_n x^{n+1}\right) = \sum \frac{n+1}{n+1} a_n x^n = \sum a_n x^n$$
$$= \frac{d}{dx}\left[\int_0^x \left(\sum a_n t^n\right) dt\right]$$

이므로

$$\int_0^x \left(\sum a_n t^n\right) dt = \sum \frac{1}{n+1} a_n x^{n+1} + C$$

이다. 한편

$$0 = \int_0^0 \left(\sum a_n t^n\right) dt = \sum \frac{1}{n+1} a_n \cdot 0^{n+1} + C = C$$

이므로

$$\int_0^x \left(\sum a_n t^n\right) dt = \sum \frac{1}{n+1} a_n x^{n+1}$$

이다. ■

예제 7.3.12 $\frac{d}{dx}\left(\sum_{n=0}^{\infty} \frac{x^n}{n!}\right) = \sum_{n=0}^{\infty} \frac{x^n}{n!}$임을 밝혀라.

풀이 예제 7.3.6에서 $\sum_{n=0}^{\infty} \frac{x^n}{n!}$의 수렴반지름은 ∞이다.

정리 7.3.8에 의해 $\sum_{n=1}^{\infty} \frac{x^{n-1}}{(n-1)!}$의 수렴반지름도 ∞이다.

그리고

$$\frac{d}{dx}\left(\sum_{n=0}^{\infty} \frac{x^n}{n!}\right) = \sum_{n=1}^{\infty} \frac{x^{n-1}}{(n-1)!} = \sum_{n=0}^{\infty} \frac{x^n}{n!}$$

이다. ■

테일러 급수

지금까지 우리는 멱급수 $\sum_{n=0}^{\infty} a_n(x-a)^n$에 대해서 여러 가지 성질을 공부하였다. 이제 함수 $f(x)$를 멱급수로 표현하는 데 대해 구체적으로 공부하고자 한다.

함수 f가 a 근방 I에서 모든 차수의 도함수를 가지고, $x \in I$일 때 정리 3.2.10(테일러 정리)에 의해서

$$f(x) = f(a) + \frac{1}{1!} f'(a)(x-a) + \frac{1}{2!} f''(a)(x-a)^2 + \cdots$$
$$+ \frac{1}{(n-1)!} f^{(n-1)}(a)(x-a)^{n-1} + r_n(x),$$

$$r_n(x) = \frac{1}{n!} f^{(n)}(c)(x-a)^n \quad (\text{단}, |c-a| < |x-a|)$$

이다. 여기서 $r_n(x)$를 나머지(remainder or Lagrange remainder formula)라 하고 $\lim_{n\to\infty} r_n(x) = 0$인 x에 대하여

$$\begin{aligned} f(x) &= f(a) + \frac{1}{1!}f'(a)(x-a) + \frac{1}{2!}f''(a)(x-a)^2 + \cdots \\ &\quad + \frac{1}{n!}f^{(n)}(a)(x-a)^n + \cdots \\ &= \sum_{n=0}^{\infty} \frac{f^{(n)}(a)}{n!}(x-a)^n \end{aligned}$$

이다.

정의 7.3.13

$f(x) = \sum_{n=0}^{\infty} \frac{f^{(n)}(a)}{n!}(x-a)^n$을 $f(x)$의 테일러 급수(Taylor series)라고 부르며, 특히 $a=0$일 때 $f(x)$의 매클로린 급수(Maclaurin series)라고 한다.

참고 테일러 급수도 하나의 멱급수이다. 즉 모든 계수가 $a_n = \frac{1}{n!}f^{(n)}(a)$인 멱급수이다.

아래 정리는 $f(x)$가 멱급수로 전개되면 이 멱급수는 f의 테일러 급수라는 것을 보여준다.

정리 7.3.14

$|x-a| < r_0$ 내에서 함수 $f(x) = \sum_{n=0}^{\infty} a_n(x-a)^n$으로 전개되면 $f(x)$는 $|x-a| < r_0$ 내에서 얼마든지 미분가능하고, 모든 n에 대해 $a_n = \frac{1}{n!}f^{(n)}(a)$이다. 즉

$$f(x) = \sum_{n=0}^{\infty} \frac{f^{(n)}(a)}{n!}(x-a)^n$$

이다.

증명 $a=0$인 경우에 증명하고자 한다. $\sum_{n=0}^{\infty} a_n x^n$의 수렴반지름이 r이라 하면 $(-r_0, r_0) \subseteq (-r, r)$이다.

f가 $(-r, r)$에서 모든 차수의 도함수를 가지는 것은 정리 7.3.8 및 정리 7.3.9에서 알 수 있다. 특히 정리 7.3.9에 의해서

$$f^{(n)}(x) = n!a_n + \frac{(n+1)!}{1!}a_{n+1}x + \frac{(n+2)!}{2!}a_{n+2}x^2 + \cdots$$

이므로

$$a_n = \frac{1}{n!}f^{(n)}(0) \ (n = 0, 1, 2, \cdots)$$

이다. ■

이제 중요한 문제는 어떤 함수가 테일러 급수 전개 가능할까이다. $f(x)$가 테일러 급수 전개 가능하기 위해서는 우선 구간 내에서 무한번 미분가능해야 한다. 그러나 이 조건만으로 충분하지 않다는 것을 다음 예제에서 알 수 있다.

예제 7.3.15 $f(x) = \begin{cases} e^{-1/x^2} & (x \neq 0) \\ 0 & (x = 0) \end{cases}$일 때 $f(x)$는 실수 전체에서 무한번 미분가능하지만 테일러 급수 전개 가능하지 않다.

풀이 $f(x)$는 실수 전체에서 무한번 미분가능하고, 모든 자연수 n에 대해서 $f^{(n)}(0) = 0$이다. 만약 $f(x) = \sum_{n=0}^{\infty} \frac{f^{(n)}(0)}{n!}x^n$으로 표현된다고 하면, $x \neq 0$에 대해 좌변은 $f(x) \neq 0$이지만 우변은 0이므로 모순이다. ■

아래 정리는 $f(x)$가 무한번 미분가능하고 $\lim_{n\to\infty} r_n(x) = 0$이면 테일러 급수 전개 가능하다는 것을 보여준다.

정리 7.3.16 함수 f의 테일러 급수

$\sum_{n=0}^{\infty} \frac{1}{n!}f^{(n)}(a)(x-a)^n$이 $f(x)$에 수렴할 필요충분조건은 $\lim_{n\to\infty} r_n(x) = 0$이다. 여기서

$$r_n(x) = \lim_{n\to\infty} \frac{1}{n!}f^{(n)}(c)(x-a)^n \quad (|c-a| < |x-a|)$$

이다.

증명 $f(x) = \sum_{k=0}^{n-1} \frac{1}{k!}f^{(k)}(a)(x-a)^k + r_n(x)$이므로

$$\lim_{n \to \infty}\left[f(x) - \sum_{k=0}^{n-1} \frac{1}{k!} f^{(k)}(a)(x-a)^k\right] = \lim_{n \to \infty} r_n(x)$$

이다. 따라서 $f(x) = \sum_{k=0}^{\infty} \frac{1}{k!} f^{(k)}(a)(x-a)^k$일 필요충분조건은

$$\lim_{n \to \infty} r_n(x) = 0$$이다. ■

참고 r이 $\sum_{n=0}^{\infty} \frac{1}{n!} f^{(n)}(a)(x-a)^n$의 수렴반지름이면 $(a-r, a+r)$ 내의 모든 점 x에서 $f(x) = \sum_{n=0}^{\infty} \frac{f^{(n)}(a)}{n!}(x-a)^n$으로 전개된다.
(즉 $(a-r, a+r)$ 내에서 $f(x)$는 $x=a$에서 테일러 급수 전개 가능하다.)

예제 7.3.17 다음 함수를 매클로린 급수로 전개하여라.

(1) $\sin x$ (2) $\cos x$ (3) e^x (4) e^{ix}

풀이 (1) $\sin^{(n)}(0) = \sin \frac{n\pi}{2}$이므로

$$\begin{aligned}\sin x = \sum_{n=0}^{\infty} \frac{f^{(n)}(0)}{n!} x^n &= f(0) + \frac{f'(0)}{1!}x + \frac{f''(0)}{2!}x^2 + \frac{f'''(0)}{3!}x^3 \\ &\quad + \frac{f^{(4)}(0)}{4!}x^4 + \cdots \\ &= x - \frac{x^3}{3!} + \frac{x^5}{5!} - \frac{x^7}{7!} + \cdots \\ &= \sum_{n=0}^{\infty} (-1)^n \frac{x^{2n+1}}{(2n+1)!}\end{aligned}$$

이고, 이 급수는

$$\lim_{n \to \infty}\left|\frac{(-1)^{n+1}\dfrac{x^{2n+3}}{(2n+3)!}}{(-1)^n \dfrac{x^{2n+1}}{(2n+1)!}}\right| = \lim_{n \to \infty} \frac{|x^2|}{(2n+3)(2n+2)} = 0$$

이므로 모든 x에서 수렴한다. 그러므로

$$\sin x = \sum_{n=0}^{\infty} (-1)^n \frac{x^{2n+1}}{(2n+1)!} \qquad (*)$$

이다. 한편 $\sin x = \sum_{n=0}^{\infty} (-1)^n \frac{x^{2n+1}}{(2n+1)!}$은 위의 정리에 의한 결과로 표시된 것이지만 실제로 나머지 항을 조사해보면 $f(x)$의 n계 도함수는

$$f^{(n)}(x) = \sin\left(x + \frac{n\pi}{2}\right)$$

이므로 나머지 항

$$r_n(x) = \frac{1}{n!}x^n \sin\left(C + \frac{n\pi}{2}\right) \quad (0 < C < |x|)$$

이다. 따라서 모든 실수 x에 대해서

$$0 \le \lim_{n\to\infty} |r_n(x)| = \lim_{n\to\infty}\left|\frac{1}{n!}x^n \sin\left(C + \frac{n\pi}{2}\right)\right| \le \lim_{n\to\infty}\left|\frac{x^n}{n!}\right| = 0$$

임을 알 수 있고 정리 7.3.16에 의해서 (*)식이 성립한다.

(2) $\sin x = \sum_{n=0}^{\infty}(-1)^n \frac{x^{2n+1}}{(2n+1)!}$에서 항별 미분하면

$\cos x = \sum_{n=0}^{\infty}(-1)^n \frac{x^{2n}}{(2n)!}$이다.

(3) 모든 n에 대해 $f^{(n)}(0) = 1$이므로 $e^x = \sum_{n=0}^{\infty}\frac{x^n}{n!}$이다.

(4) $e^{ix} = \sum_{n=0}^{\infty}\frac{(ix)^n}{n!} = \sum_{n=0}^{\infty}(-1)^n\frac{x^{2n}}{(2n)!} + i\left(\sum_{n=0}^{\infty}(-1)^n\frac{x^{2n+1}}{(2n+1)!}\right)$이다. ■

참고 예제 7.3.17로부터 다음과 같은 결과를 얻을 수 있다.

(1) 예제 7.1.21에서 $\lim_{n\to\infty}\left(1+\frac{1}{n}\right)^n$의 값을 e라고 표시했고, $2 < e < 3$인 수라고만 알고 있다. 예제 7.3.17의 (3)으로부터 e의 정확한 값을 계산할 수 있다. 즉 $e = \sum_{n=0}^{\infty}\frac{1}{n!}$이다.

(2) 예제 7.3.17로부터 오일러 공식을 유도할 수 있다.

$$e^{ix} = \cos x + i\sin x$$

예제 7.3.18 다음을 증명하여라.

(1) $\ln(1+x) = \sum_{n=0}^{\infty}(-1)^n\frac{1}{n+1}x^{n+1} = \sum_{n=1}^{\infty}(-1)^{n-1}\frac{1}{n}x^n \quad (|x| < 1)$

(2) $\tan^{-1}x = \sum_{n=0}^{\infty}(-1)^n\frac{1}{2n+1}x^{2n+1} \quad (|x| < 1)$

풀이 (1) $|x| < 1$일 때 $\sum_{n=0}^{\infty}x^n = \frac{1}{1-x}$이고 $x = -t$라 하면

$$\sum_{n=0}^{\infty}(-1)^n t^n = \frac{1}{1+t} \quad (|t| < 1)$$

이다. 정리 7.3.11에 의해서 위 식의 양변을 적분하면 다음이 성립한다.

$$\begin{aligned}\ln(1+x) &= \int_0^x \frac{1}{1+t}\,dt = \int_0^x \left[\sum_{n=0}^{\infty}(-1)^n t^n\right] dt \\ &= \sum_{n=0}^{\infty}\left[\int_0^x (-1)^n t^n\,dt\right] \\ &= \sum_{n=0}^{\infty}(-1)^n \frac{1}{n+1} x^{n+1} \quad (|x|<1)\end{aligned}$$

그리고 수렴반지름 $r=1$임을 알 수 있다. 즉 $|x|<1$ 내에서 $\ln(1+x)$는 매클로린 급수 전개 가능이다.

(2) $|t|<1$일 때 $|t^2|<1$이므로

$$\sum_{n=0}^{\infty}(-1)^n t^{2n} = \frac{1}{1+t^2} \quad (|t|<1)$$

이다. 정리 7.3.11에 의해서 위 식의 양변을 적분하면 다음이 성립한다.

$$\begin{aligned}\tan^{-1}x &= \int_0^x \frac{1}{1+t^2}\,dt = \int_0^x \left[\sum_{n=0}^{\infty}(-1)^n t^{2n}\right] dt \\ &= \sum_{n=0}^{\infty}\left[\int_0^x (-1)^n t^{2n}\,dt\right] \\ &= \sum_{n=0}^{\infty}(-1)^n \frac{1}{2n+1} x^{2n+1} \quad (|x|<1)\end{aligned}$$ ■

참고 예제 7.3.18의 (1)에서 $x=1$일 때 우변 식에서 $\sum_{n=0}^{\infty}(-1)^n \frac{1}{n+1}$이 교대급수이므로 교대급수판정법에 의해 수렴하고 좌변 식은 $\ln 2$와 같게 된다. 따라서

$$\begin{aligned}\sum_{n=0}^{\infty}\frac{(-1)^n}{n+1} &= \sum_{n=1}^{\infty}\frac{(-1)^{n-1}}{n} \\ &= 1-\frac{1}{2}+\frac{1}{3}-\frac{1}{4}+\cdots+(-1)^{n+1}\frac{1}{n}+\cdots \\ &= \ln 2\end{aligned}$$

임을 알 수 있다.

$x=-1$일 때 우변 식은

$$\sum_{n=0}^{\infty}\frac{(-1)^n}{n+1}\cdot(-1)^{n+1} = \sum_{n=0}^{\infty}\frac{(-1)^{2n+1}}{n+1} = \sum_{n=0}^{\infty}\frac{-1}{n+1}$$

이므로 발산한다. 따라서 예제 7.3.18의 (1)은 x가 구간 $(-1, 1]$ 내에 있을 때 등식이 성립한다.

예제 7.3.18의 (2) 식,

$$\tan^{-1} x = \sum_{n=0}^{\infty} (-1)^n \frac{1}{2n+1} x^{2n+1} \quad (|x|<1)$$
$$= x - \frac{x^3}{3} + \frac{x^5}{5} - \frac{x^7}{7} + \cdots + (-1)^{n-1} \frac{x^{2n-1}}{2n-1} + \cdots$$

은 그레고리 급수(James Gregory, 스코틀랜드, 1638~1675)라고 한다.

이것은 비록 증명하기에 쉽지는 않지만 그레고리 급수에서 $x=1$에 대하여 성립한다.

따라서 $x=1$이면 $\frac{\pi}{4}$에 대한 다음 표현을 얻는다.

$$\frac{\pi}{4} = \tan^{-1} 1 = \sum_{n=0}^{\infty} (-1)^n \frac{1}{2n+1}$$
$$= 1 - \frac{1}{3} + \frac{1}{5} - \frac{1}{7} + \cdots + (-1)^{n-1} \frac{1}{2n-1} + \cdots$$

이 급수는 라이프니츠에 의해 독립적으로 발견되어 라이프니츠 급수라 불리며, 교대급수로서 매우 천천히 수렴한다. 이 식으로부터 우리는 π의 근삿값을 구할 수 있다.

$$\pi \approx 3.141620932$$

실제로 1706년 마친(John Machin)이 소수점 이하 100자리까지를 계산하였고, 1961년에 생크(D. Shanks)와 렌치(J. W. Wrench. Jr.)가 소수점 이하 100,000자리까지 컴퓨터를 이용하여 구했으며, 컴퓨터가 이 작업을 하는 데 8시간 이상 소요되었다.

최근에는 고성능 컴퓨터가 π를 10억자리 이상까지 계산하였다. 앞에서 공부한 e에 관해서도 컴퓨터를 이용하여 소수점 이하 수천 자리까지 계산되어 있다. 그러나 이들 수는 무리수임이 대수적으로 증명되어 있다는 데 유의해야 한다.

예제 7.3.19 기하급수

$$\frac{1}{1-x} = 1 + x + x^2 + x^3 + \cdots = \sum_{n=0}^{\infty} x^n \quad (|x|<1)$$

에 대하여 이 도함수 및 항별 적분한 함수에 대한 수렴반지름들에 관하여 조사하여라.

풀이 앞의 정리에 의해 주어진 급수의 수렴반지름 1은 그 도함수 및 항별 적분한 함수에서도 같다. 먼저 주어진 식을 미분해보면

$$\frac{1}{(1-x)^2} = 1 + 2x + 3x^2 + 4x^3 + \cdots = \sum_{n=1}^{\infty} nx^{n-1} \quad (|x|<1)$$

이다. 이 급수 역시 주어진 급수와 마찬가지로 $x = \pm 1$에서 그 값이 존재하지 않는다.

이제 주어진 식 양변을 수렴반지름 내에서 적분하면

$$-\ln(1-x) = \int \frac{1}{1-x}\,dx = C + \frac{1}{1}x + \frac{x^2}{2} + \frac{x^3}{3} + \cdots$$
$$= C + \sum_{n=1}^{\infty} \frac{x^n}{n} \quad (|x| < 1)$$

이다. 여기서 적분상수 C의 값을 구하기 위하여 $x = 0$을 대입하면 $-\ln 1 = C$이므로 $C = 0$이다. 따라서

$$\ln(1-x) = -x - \frac{x^2}{2} - \frac{x^3}{3} \cdots = -\sum_{n=1}^{\infty} \frac{x^n}{n}$$

이다. $x = -1$인 경우 좌변은 $\ln 2$이고, 우변은 교대급수

$$1 - \frac{1}{2} + \frac{1}{3} - \frac{1}{4} + \cdots$$

이므로 수렴하고

$$\ln 2 = 1 - \frac{1}{2} + \frac{1}{3} - \frac{1}{4} + \cdots$$

이다. 따라서 수렴반지름 끝점은 이와 같이 차이가 있다.

한편 $x = \frac{1}{2}$일 때

$$-\ln\left(1 - \frac{1}{2}\right) = \frac{1}{2} + \frac{1}{2 \cdot 2^2} + \frac{1}{3 \cdot 2^3} + \frac{1}{4 \cdot 2^4} + \cdots = \sum_{n=1}^{\infty} \frac{1}{n2^n}$$

이므로

$$\ln 2 = \sum_{n=1}^{\infty} \frac{1}{n2^n}$$

이다. 여기서 $\ln 2$에 수렴하는 급수가 하나만 있는 것이 아님을 알 수 있다. ■

정리 7.3.20 이항정리(binomial theorem)

$$(1+x)^{\alpha} = 1 + \sum_{n=1}^{\infty} a_n \ (\text{이항급수(binomial series)})$$
$$= 1 + {}_{\alpha}C_1 x + {}_{\alpha}C_2 x^2 + {}_{\alpha}C_3 x^3 + \cdots + {}_{\alpha}C_n x^n + \cdots$$
$$= 1 + \alpha x + \frac{\alpha(\alpha-1)}{2!}x^2 + \frac{\alpha(\alpha-1)(\alpha-2)}{3!}x^3$$
$$+ \cdots + \frac{\alpha(\alpha-1)(\alpha-2)\cdots[\alpha-(n-1)]}{n!}x^n + \cdots$$

단, $a_n = {}_{\alpha}C_n x^n \quad (|x| < 1,\ n = 1, 2, \cdots)$

증명 $$\left|\frac{a_{n+1}}{a_n}\right| = \left|\frac{{}_{\alpha}C_{n+1}\,x^{n+1}}{{}_{\alpha}C_n\,x^n}\right| = \left|\frac{\dfrac{\alpha(\alpha-1)\cdots[\alpha-(n-1)](\alpha-n)}{(n+1)!}x^{n+1}}{\dfrac{\alpha(\alpha-1)\cdots[\alpha-(n-2)][\alpha-(n-1)]}{n!}x^n}\right|$$

$$= \frac{|\alpha-n|}{n+1}\cdot|x| = \frac{\left|1-\dfrac{\alpha}{n}\right|}{1+\dfrac{1}{n}}\cdot|x| \to |x| \quad (n\to\infty)$$

이므로 $|x|<1$일 때 $\sum_{n=1}^{\infty}a_n$은 수렴한다.

이제 $f(x)=1+\sum_{n=1}^{\infty}a_n$이라 하고 $f(x)=(1+x)^{\alpha}$임을 증명해보자. 정리 7.3.9에 의해서

$$f'(x) = \alpha + \sum_{n=2}^{\infty}\frac{\alpha(\alpha-1)\cdots[\alpha-(n-2)][\alpha-(n-1)]}{(n-1)!}x^{n-1},$$

$$xf'(x) = \sum_{n=1}^{\infty}(n)\cdot\frac{\alpha(\alpha-1)\cdots[\alpha-(n-2)][\alpha-(n-1)]}{n!}x^n,$$

$$\begin{aligned}(1+x)f'(x) &= \alpha\left[1+\sum_{n=1}^{\infty}\frac{\alpha(\alpha-1)\cdots[\alpha-(n-2)][\alpha-(n-1)]}{n!}x^n\right]\\ &= \alpha f(x)\end{aligned}$$

이다. 그러므로

$$\frac{d}{dx}\ln f(x) = \frac{f'(x)}{f(x)} = \frac{\alpha}{1+x}$$

이고,

$$\frac{d}{dx}\ln(1+x)^{\alpha} = \frac{\alpha}{1+x}$$

이므로

$$\frac{d}{dx}f(x) = \frac{d}{dx}(1+x)^{\alpha}$$

이다. 그런데 $f(0)=1$이므로 $f(x)=(1+x)^{\alpha}\,(|x|<1)$이며, 정리 7.3.13에 의하여 이것은 $(1+x)^{\alpha}$의 매클로린 급수이다. ■

예제 7.3.21 다음 함수들의 매클로린 전개를 구하여라.

(1) $f(x) = x\cos x$ (2) $f(x) = \dfrac{1}{1+x^2}$ (3) $f(x) = \ln(1+x)$

(4) $f(x) = \dfrac{1}{(1+x)^2}$ (5) $f(x) = \dfrac{1}{\sqrt{4-x}}$

풀이 (1) 이 문제는 $f(x)$의 도함수들을 직접 계산하여 구할 수도 있으나 이미 알고 있는

$$\cos x = 1 - \frac{x^2}{2!} + \frac{x^4}{4!} - \frac{x^6}{6!} + \cdots = \sum_{n=0}^{\infty}(-1)^n \frac{x^{2n}}{(2n)!}$$

을 이용하여 바로 구할 수 있다. 즉

$$x\cos x = x\sum_{n=0}^{\infty}(-1)^n \frac{x^{2n}}{(2n)!}$$

에서 x가 $\sum$에 대해서 상수와 같으므로

$$\begin{aligned} x\cos x &= x\sum_{n=0}^{\infty}(-1)^n \frac{x^{2n}}{(2n)!} = \sum_{n=0}^{\infty}(-1)^n x\frac{x^{2n}}{(2n)!} \\ &= \sum_{n=0}^{\infty}(-1)^n \frac{x^{2n+1}}{(2n)!} \end{aligned}$$

이다.

(2) 이 문제 역시 (1)번 예와 같은 방법으로 구할 수 있으나 다른 방법으로 구해보자. 기하급수에서 x 대신 $-x^2$으로 생각하면

$$\begin{aligned} \frac{1}{1+x^2} &= \frac{1}{1-(-x^2)} = \sum_{n=0}^{\infty}(-x^2)^n = \sum_{n=0}^{\infty}(-1)^n x^{2n} \\ &= 1 + (-x^2) + (-x^2)^2 + \cdots \\ &= 1 - x^2 + x^4 - x^6 + x^8 - x^{10} + \cdots \end{aligned}$$

이고, 수렴구간 역시 $|-x^2| < 1$, 즉 $|x| < 1$이 된다.

(3)

$f(x) = \ln(1+x)$	$f(0) = 0$
$f'(x) = \frac{1}{1+x} = (1+x)^{-1}$	$f'(0) = 1$
$f''(x) = (-1)\cdot(1+x)^{-2}$	$f''(0) = -1$
$f'''(x) = (-1)\cdot(-2)\cdot(1+x)^{-3}$	$f'''(0) = (-1)\cdot(-2) = 2$
$f^{(4)}(x) = (-1)\cdot(-2)\cdot(-3)\cdot(1+x)^{-4}$	$f^{(4)}(0) = (-1)\cdot(-2)\cdot(-3) = -6$
$\vdots$	$\vdots$

$$f^{(n)}(x) = (-1)^{n-1}\cdot(n-1)!\cdot(1+x)^{-n} \quad (n = 1, 2, \cdots)$$

이므로

$$\begin{aligned} \ln(1+x) &= x - \frac{1}{2}x^2 + \frac{1}{3}x^3 - \frac{1}{4}x^4 + \frac{1}{5}x^5 + \cdots \\ &= \sum_{n=1}^{\infty}(-1)^{n+1}\frac{x^n}{n} \end{aligned}$$

이다.

우변 급수의 수렴반지름은 1이고 양 끝점에서의 수렴성을 판정하면 수렴구간은 $-1 < x \le 1$이다.

별해 $$\frac{d}{dx}\ln(1+x) = \frac{1}{1+x} = 1 - x + x^2 - x^3 + \cdots + (-1)^n x^n + \cdots \quad (|x| < 1)$$

정리 7.3.11을 적용하여 항별 적분하면

$$\ln(1+x) = x - \frac{1}{2}x^2 + \frac{1}{3}x^3 + \cdots + (-1)^n \frac{1}{n+1}x^{n+1} + \cdots \quad (|x| < 1).$$

(4) 이것은 정리 7.3.20(이항정리)를 이용하여 구해보자. 이 경우 $\alpha = -2$이므로, 이항계수는

$$\begin{aligned} {}_{-2}C_n &= \frac{(-2)(-3)(-4)(-5)\cdots[-2-(n-1)]}{n!} \\ &= \frac{(-1)^n \cdot 2 \cdot 3 \cdot 4 \cdot 5 \cdot \cdots \cdot n \cdot (n+1)}{n!} \\ &= (-1)^n (n+1) \end{aligned}$$

이고 $|x| < 1$일 때

$$\frac{1}{(1+x)^2} = (1+x)^{-2} = \sum_{n=0}^{\infty} {}_{-2}C_n x^n = \sum_{n=0}^{\infty} (-1)^n (n+1) x^n$$

이다.

(5) 이것 역시 이항급수로 풀어보자. 먼저 주어진 식은

$$\frac{1}{\sqrt{4-x}} = \frac{1}{2\sqrt{1-\frac{x}{4}}} = \frac{1}{2}\left(1 - \frac{x}{4}\right)^{-1/2}$$

이므로 $\alpha = -\frac{1}{2}$이다. 따라서

$$\begin{aligned} \frac{1}{\sqrt{4-x}} &= \frac{1}{2}\left(1-\frac{x}{4}\right)^{-1/2} = \frac{1}{2}\sum_{n=0}^{\infty} {}_{-1/2}C_n \cdot \left(-\frac{x}{4}\right)^n \\ &= \frac{1}{2}\left[\begin{array}{l} 1 + \left(-\frac{1}{2}\right)\left(-\frac{x}{4}\right) + \frac{1}{2!}\left(-\frac{1}{2}\right)\left(-\frac{3}{2}\right)\left(-\frac{x}{4}\right)^2 \\ + \frac{1}{3!}\left(-\frac{1}{2}\right)\left(-\frac{3}{2}\right)\left(-\frac{5}{2}\right)\left(-\frac{x}{4}\right)^3 + \cdots \\ + \frac{1}{n!}\left(-\frac{1}{2}\right)\left(-\frac{3}{2}\right)\left(-\frac{5}{2}\right)\cdots\left(-\frac{1}{2} - n + 1\right)\left(-\frac{x}{4}\right)^n + \cdots \end{array}\right] \\ &= \frac{1}{2}\left[\begin{array}{l} 1 + \frac{1}{8}x + \frac{1 \cdot 3}{2!8^2}x^2 + \frac{1 \cdot 3 \cdot 5}{3!8^3}x^3 \\ + \cdots + \frac{1 \cdot 3 \cdot 5 \cdot \cdots \cdot (2n-1)}{n!8^n}x^n + \cdots \end{array}\right] \end{aligned}$$

이다. 우변 급수는 $\left|-\frac{x}{4}\right| < 1$, 즉 $|x| < 4$일 때 수렴하고 그 수렴 반지름은 4이다. ■

예제 7.3.22 다음 함수들의 a에 중심을 둔 테일러 급수를 구하여라.

(1) $f(x) = 2x^3 - 9x^2 + 11x - 3,\ a = 2$

(2) $f(x) = \sin x,\ a = \dfrac{\pi}{6}$

(3) $f(x) = \ln x,\ a = 1$

풀이 (1) 테일러 급수 정리를 이용하기 위하여 미분하면

$$f'(x) = 6x^2 - 18x + 11, \qquad f''(x) = 12x - 18,$$
$$f'''(x) = 12, \qquad f^{(n)}(x) = 0 \quad (n \geq 4)$$

이고

$$f(2) = -1, \qquad f'(2) = -1, \qquad f''(2) = 6,$$
$$f'''(2) = 12, \qquad f^{(n)}(2) = 0 \quad (n \geq 4)$$

이다.

$$\begin{aligned} f(x) &= 2x^3 - 9x^2 + 11x - 3 \\ &= -1 + \frac{-1}{1!}(x-2) + \frac{6}{2!}(x-2)^2 + \frac{12}{3!}(x-2)^3 + 0 + 0 + \cdots \\ &= -1 - (x-2) + 3(x-2)^2 + 2(x-2)^3 \end{aligned}$$

이다. 우리는 이것을 때때로 주어진 식을 $(x-2)$의 항으로 전개한다고 한다.

(2) 두 가지 방법으로 주어진 함수의 테일러 급수를 구해보자.

먼저 삼각함수의 성질과 이미 알고 있는 $\sin x$와 $\cos x$의 매클로린 급수를 이용하여 테일러 급수를 구해본다.

$$\sin x = \sin\left[\left(x - \frac{\pi}{6}\right) + \frac{\pi}{6}\right]$$

이고 합의 공식에 의해서

$$\begin{aligned} \sin\left[\left(x - \frac{\pi}{6}\right) + \frac{\pi}{6}\right] &= \sin\left(x - \frac{\pi}{6}\right)\cos\frac{\pi}{6} + \cos\left(x - \frac{\pi}{6}\right)\sin\frac{\pi}{6} \\ &= \frac{\sqrt{3}}{2}\sin\left(x - \frac{\pi}{6}\right) + \frac{1}{2}\cos\left(x - \frac{\pi}{6}\right) \end{aligned}$$

이다. 이제 우리가 이미 알고 있는 $\sin x$와 $\cos x$의 매클로린 전개식에 x 대신 $\left(x - \frac{\pi}{6}\right)$를 대입하면

$$\begin{aligned} \sin x &= \frac{\sqrt{3}}{2}\sin\left(x - \frac{\pi}{6}\right) + \frac{1}{2}\cos\left(x - \frac{\pi}{6}\right) \\ &= \frac{\sqrt{3}}{2}\sum_{n=0}^{\infty}(-1)^n\frac{1}{(2n+1)!}\left(x - \frac{\pi}{6}\right)^{2n+1} \\ &\quad + \frac{1}{2}\sum_{n=0}^{\infty}(-1)^n\frac{1}{(2n)!}\left(x - \frac{\pi}{6}\right)^{2n} \end{aligned}$$

$$= \frac{\sqrt{3}}{2}\left[\left(x - \frac{\pi}{6}\right) - \frac{1}{6}\left(x - \frac{\pi}{6}\right)^3 + \cdots\right]$$
$$+ \frac{1}{2}\left[1 - \frac{1}{2}\left(x - \frac{\pi}{6}\right)^2 + \cdots\right]$$
$$= \frac{1}{2} + \frac{\sqrt{3}}{2}\left(x - \frac{\pi}{6}\right) - \frac{1}{4}\left(x - \frac{\pi}{6}\right)^2 - \frac{\sqrt{3}}{12}\left(x - \frac{\pi}{6}\right)^3 + \cdots$$

이다.

다음은 테일러 급수 정리를 이용하여 주어진 함수의 테일러 급수를 구해본다.

$f(x) = \sin x$의 n차 도함수

$$f^{(n)}(x) = \sin\left(x + \frac{n\pi}{2}\right)$$

이므로

$$f^{(n)}\left(\frac{\pi}{6}\right) = \sin\left(\frac{\pi}{6} + \frac{n\pi}{2}\right),$$
$$f\left(\frac{\pi}{6}\right) = \sin\frac{\pi}{6} = \frac{1}{2},$$
$$f'\left(\frac{\pi}{6}\right) = \sin\left(\frac{\pi}{6} + \frac{\pi}{2}\right) = \frac{\sqrt{3}}{2},$$
$$f''\left(\frac{\pi}{6}\right) = \sin\left(\frac{\pi}{6} + \frac{2\pi}{2}\right) = -\frac{1}{2},$$
$$f'''\left(\frac{\pi}{6}\right) = \sin\left(\frac{\pi}{6} + \frac{3\pi}{2}\right) = -\frac{\sqrt{3}}{2},$$
$$f^{(4)}\left(\frac{\pi}{6}\right) = \sin\left(\frac{\pi}{6} + \frac{4\pi}{2}\right) = \frac{1}{2},$$
$$\vdots$$

이다. 따라서

$$\sin x = \frac{1}{2} + \frac{\sqrt{3}}{2}\left(x - \frac{\pi}{6}\right) - \frac{1}{4}\left(x - \frac{\pi}{6}\right)^2 - \frac{\sqrt{3}}{12}\left(x - \frac{\pi}{6}\right)^3$$
$$+ \frac{1}{48}\left(x - \frac{\pi}{6}\right)^4 + \cdots + \frac{1}{n!}\sin\left(\frac{\pi}{6} + \frac{n\pi}{2}\right)\left(x - \frac{\pi}{6}\right)^n + \cdots$$

이다. 그러나 이 두 가지 표현 중 어느 표현이 더 좋은지는 독자에 따라 다를 것이다.

(3) $f(x) = \ln x,\ f'(x) = \frac{1}{x},\ f''(x) = -\frac{1}{x^2},\ f'''(x) = \frac{2}{x^3},$
$f^{(n)}(x) = (-1)^{n+1}\frac{(n-1)!}{x^n}$

이므로

$$f(1) = \ln 1 = 0,\ f'(1) = 1,\ f''(1) = -\frac{1}{1^2} = -1,\ f'''(1) = \frac{2}{1^3} = 2,$$
$$f^{(n)}(1) = (-1)^{n+1}\frac{(n-1)!}{1^n} = (-1)^{n+1}(n-1)!$$

이다. 그러므로

$$\begin{aligned}\ln x &= 0 + \frac{1}{1!}(x-1) - \frac{1}{2!}(x-1)^2 + \frac{2}{3!}(x-1)^3 \\ &\quad - \frac{3!}{4!}(x-1)^4 + \cdots \\ &= \sum_{n=1}^{\infty} \frac{(-1)^{n+1}}{n}(x-1)^n\end{aligned}$$

이다. ■

응용문제

이제 지금까지 배운 것에 대해 몇 가지 응용문제를 다루어 보기로 한다.

(1) $\sin 4$, $\cos 2$, $\ln 3$, $\sqrt{7}$, $e^{1/2}$ 등의 수의 근삿값을 계산하기 위해 각 함수의 테일러 급수를 이용하여 원하는 근삿값을 계산할 수 있다.

(2) 정적분 문제에서 부정적분을 구할 수 없는 경우에 피적분함수를 테일러 전개하여 그 정적분 값의 근삿값을 구할 수 있다.

이제 이러한 문제를 알아본다. 주어진 어떤 함수 $f(x)$가 테일러 급수 $f(x) = \sum_{n=0}^{\infty} \frac{1}{n!} f^{(n)}(a)(x-a)^n$ 으로 표시된 경우에 이 부분합 $T_n(x)$를 $T_n(x) = \sum_{k=0}^{n} \frac{1}{k!} f^{(k)}(a)(x-a)^k$ 로 둔다. $T_n(x)$는 x에 대하여 n차 다항식이며 **a에서 f의 n차 테일러 다항식**(n-degree Taylor polynomial of f at a)이라고 부른다. 여기서 f가 x에서 테일러 급수로 표시되었다면 $\lim_{n\to\infty} T_n(x) = f(x)$이고, 따라서 $T_n(x)$를 f의 근삿값으로 사용할 수 있다.

즉 $f(x) \approx T_n(x)$이다. 다항식은 가장 단순한 함수이므로 하나의 근삿값을 다항식으로 나타내는 것은 매우 유익하다.

우리는 종종 f에 관한 정보를 f의 테일러 다항식 T_n을 고찰함으로써 얻을 수 있다.

실제로 $f(x) = e^x$의 $a = 0$의 테일러 급수(매클로린 급수)는

$$1 + \frac{1}{1!}x + \frac{1}{2!}x^2 + \frac{1}{3!}x^3 + \cdots + \frac{1}{n!}x^n + \cdots$$

이므로 테일러 다항식들은

$$\begin{aligned}T_1(x) &= 1 + \frac{1}{1!}x, \\ T_2(x) &= 1 + \frac{1}{1!}x + \frac{1}{2!}x^2, \\ T_3(x) &= 1 + \frac{1}{1!}x + \frac{1}{2!}x^2 + \frac{1}{3!}x^3\end{aligned}$$

등이다.

$a=0$일 때의 테일러 다항식을 **매클로린 다항식**이라 부르기도 한다. 결국 e^x는 1차 다항식 $T_1(x)$, 2차 다항식 $T_2(x)$, 3차 다항식 $T_3(x)$, $\cdots$ 의 극한으로서 생각할 수 있다. 앞에서 말한 라그랑주 잉여식(나머지 항) $r_n(x)$를 이용하면

$$f(x) = T_n(x) + r_n(x),\ r_n(x) = \frac{1}{(n+1)!} f^{(n+1)}(c)(x-a)^{n+1}$$

이다. 여기서 f의 근삿값을 $f(x) \approx T_n(x)$로 택했을 때 그 오차는 $|r_n(x)| = |f(x) - T_n(x)|$이다.

예제 7.3.23 $f(x) = \ln(1+x)$, $a=0$, $n=5$인 경우에 테일러 다항식을 표시하고, $x=0.2$일 때의 $\ln(1.2)$의 근삿값과 그 오차를 조사하여라.

풀이

$$\ln(1+x) = x - \frac{1}{2}x^2 + \frac{1}{3}x^3 - \frac{1}{4}x^4 + \frac{1}{5}x^5 + r_n(x)$$

단,

$$r_n(x) = \frac{1}{6!} f^{(6)}(c)x^6 = \frac{-120}{6!(1+c)^6}x^6 = -\frac{x^6}{6(1+c)^6}$$

이고 $0 < c < x$이다. 테일러 다항식은

$$\ln(1+x) \approx T_5(x) = x - \frac{1}{2}x^2 + \frac{1}{3}x^3 - \frac{1}{4}x^4 + \frac{1}{5}x^5$$

이다. $x = 0.2$일 때

$$\begin{aligned}\ln(1.2) &= \ln(1+0.2) \approx T_5(0.2) \\ &= 0.2 - \frac{1}{2}(0.2)^2 + \frac{1}{3}(0.2)^3 - \frac{1}{4}(0.2)^4 + \frac{1}{5}(0.2)^5 \\ &\approx 0.18233067\end{aligned}$$

이다. 오차는

$$r_n(0.2) = -\frac{(0.2)^6}{6(1+c)^6} \quad (0 < c < 0.2)$$

이다. 따라서

$$|r_n(0.2)| = \left| -\frac{(0.2)^6}{6(1+c)^6} \right| = \frac{(0.2)^6}{6(1+c)^6} < \frac{(0.2)^6}{6} < 0.000011$$

이다. 즉 오차는 0.000011보다 작다. ■

예제 7.3.24 $\sqrt[3]{28}$의 근삿값을 오차가 0.0001보다 작게 되도록 구하여라.

풀이 함수 $\sqrt[3]{1+x}$의 테일러 급수를 구하여 $x=27$일 때를 계산하면 되지만 여기서는 이항급수 공식을 적용해보자. 즉

$$\sqrt[3]{28}=\sqrt[3]{27+1}=\sqrt[3]{27}\sqrt[3]{1+\frac{1}{27}}=3\sqrt[3]{1+\frac{1}{27}}$$

이다. 따라서 $\sqrt[3]{1+\frac{1}{27}}$의 근삿값 A를 오차가 0.00003보다 작게 구하면, $\sqrt[3]{28}$ 대신 $3A$를 택하여 오차가 $3\times(0.00003)<0.0001$보다 작게 할 수 있다.

한편 이항급수의 잉여항 $r_n(x)$는

$$|r_N(x)|\le\sum_{n=N+1}^{\infty}|{}_kC_n|\cdot|x^n|$$
$$\le\sum_{n=N+1}^{\infty}|{}_kC_{n-1}|\cdot|x^n|\le|k|\frac{1}{1-|x|}|x|^{N+1}$$

로 쓸 수 있으므로 $k=\frac{1}{3}$과 $x=\frac{1}{27}$이라 하면

$$\left|r_N\left(\frac{1}{27}\right)\right|\le\frac{1}{3}\cdot\frac{1}{1-\frac{1}{27}}\left(\frac{1}{27}\right)^{N+1}=\frac{1}{78\cdot27^N}$$

이다. 따라서 $N\ge2$ 이면

$$\left|r_N\left(\frac{1}{27}\right)\right|<0.00003$$

이다. 따라서 이항급수로부터

$$\sqrt[3]{28}=3\sqrt[3]{1+\frac{1}{27}}\approx3\left[1+\left(\frac{1}{3}\right)\left(\frac{1}{27}\right)+\left(\frac{1}{2!}\right)\left(\frac{1}{3}\right)\left(\frac{-2}{3}\right)\left(\frac{1}{27}\right)^3\right]$$
$$\approx3.03657979$$

이다. ■

예제 7.3.25 $\int_0^1\sin(x^2)\,dx$의 근삿값을 오차가 0.001보다 작게 구하여라.

풀이 우리는 $\int_0^1\sin(x^2)\,dx$의 부정적분을 구할 수 없다는 것을 알고 있다. 그러므로 피적분함수 $\sin(x^2)$의 매클로린 급수를 구하기 위해 $\sin x$의 매클로린 급수에서 나타나는 x 대신 x^2을 대입하면

$$\sin(x^2)=x^2-\frac{1}{3!}x^6+\frac{1}{5!}x^{10}-\frac{1}{7!}x^{14}+\cdots\ (-\infty<x<\infty)$$

이다. 위의 정리에 의해서 우변 급수의 수렴구간인 $-\infty<x<\infty$ 내에서 $\sin(x^2)$의 부정적분은 우변 급수의 항별 적분과 같다. 즉

$$\int \sin(x^2)\,dx = C + \frac{1}{3}x^3 - \frac{1}{7\cdot 3!}x^7 + \frac{1}{11\cdot 5!}x^{11} - \frac{1}{15\cdot 7!}x^{15} + \cdots$$

이며 우변 급수의 수렴구간 역시 $-\infty < x < \infty$임을 쉽게 알 수 있다. 그리고 적분상수 C는 정적분을 취했을 때 0이므로

$$\int_0^1 \sin(x^2)\,dx = \frac{1}{3} - \frac{1}{7\cdot 3!} + \frac{1}{11\cdot 5!} - \frac{1}{15\cdot 7!} + \frac{1}{19\cdot 9!} + \cdots$$

이다. 여기서 셋째 항을 계산해보면 그 근삿값이 $\frac{1}{11\cdot 5!} \approx 0.00076$임을 알 수 있으니 0.001보다 작은 처음 항이 된다. 그리고

$$\int_0^1 \sin(x^2)\,dx \approx \frac{1}{3} - \frac{1}{7\cdot 3!} = \frac{1}{3} + \frac{1}{42} \approx 0.310$$

이고, 넷째 항까지의 계산은

$$\int_0^1 \sin(x^2)\,dx \approx 0.310268$$

로서 그 오차는 10^{-6} 이하이다. 그리고 다섯째 항까지의 계산은

$$\int_0^1 \sin(x^2)\,dx \approx \frac{1}{3} - \frac{1}{42} + \frac{1}{1320} - \frac{1}{75600} + \frac{1}{6894720} \approx 0.310268303$$

으로서 오차는 10^{-9} 이하이다. 이 문제를 앞에서 공부한 사다리꼴 공식으로 계산하여 이 정도의 오차를 갖게 하자면 [0, 1] 사이에 13,000개의 부분구간이 필요하다. ■

예제 7.3.26 $\int_0^{1/2} \sqrt{1+x^4}\,dx$의 근삿값을 오차가 10^{-4} 이하가 되게 구하여라.

풀이 이 문제 역시 부정적분 $\int \sqrt{1+x^4}\,dx$를 구할 수 없다. 따라서 이항급수 방법으로

$$\sqrt{1+x^4} = (1+x^4)^{1/2} = 1 + \frac{1}{2}x^4 - \frac{1}{8}x^8 + \cdots$$

로 전개된다.

$$\int_0^{1/2} \sqrt{1+x^4}\,dx = \left[x + \frac{1}{2\cdot 5}x^5 - \frac{1}{8\cdot 9}x^9 + \cdots\right]_0^{1/2} = 0.5 + 0.0031 - 0.00003 + \cdots \approx 0.5031$$

이고, 그 오차는 0.00003 이하이다. ■

참고 정적분의 근삿값을 구하는 방법은 (1) 구분구적법, (2) 사다리꼴 공식, (3) 심프슨 공식, (4) 테일러 급수이용법 등이 있으며, 좀더 자세한 내용은 수치해석학 관련서적을 참고하기 바란다.

7.3 연습문제

1. 다음 멱급수들의 수렴반지름을 구하여라.

(1) $\sum_{n=1}^{\infty} \frac{n!}{n^n} x^n$　　(2) $\sum_{n=0}^{\infty} \frac{x^n}{3^n}$

(3) $\sum_{n=0}^{\infty} \frac{1}{n^2+2} x^n$　　(4) $\sum_{n=0}^{\infty} \frac{2^n}{\ln(n+2)} x^n$

(5) $\sum_{n=0}^{\infty} \frac{(-1)^n}{(n+1)^2} (x-3)^n$

2. 다음 멱급수들의 수렴구간을 구하여라.

(1) $\sum_{n=1}^{\infty} \frac{x^n}{n^2}$　　(2) $\sum_{n=0}^{\infty} \frac{(-1)^n}{n+1} x^{2n}$

(3) $\sum_{n=1}^{\infty} \frac{(-1)^n}{2n-1} x^{n+1}$　　(4) $\sum_{n=1}^{\infty} \frac{n!}{(2n)!} x^n$

(5) $\sum_{n=1}^{\infty} \frac{n^2}{2^n} x^n$　　(6) $\sum_{n=1}^{\infty} \frac{(-1)^{n-1}}{n^2} (x-1)^n$

(7) $\sum_{n=1}^{\infty} \frac{x^n}{\sqrt{n}}$　　(8) $\sum_{n=2}^{\infty} \frac{n^2}{\ln n} x^n$

(9) $\sum_{n=1}^{\infty} \frac{n}{4^n} x^n$　　(10) $\sum_{n=1}^{\infty} \frac{\ln n}{n} x^n$

3. 다음 함수들의 주어진 점에서 테일러 급수를 구하여라.

(1) $f(x) = \frac{1}{x},\ x = 1$　　(2) $f(x) = \sin x,\ x = \frac{\pi}{4}$

(3) $f(x) = \sqrt{x},\ x = 4$　　(4) $f(x) = e^x,\ x = 3$

4. 다음 함수들의 매클로린 급수를 구하여라.

(1) $f(x) = \frac{1}{1+4x^2}$　　(2) $f(x) = \frac{1}{4+x^2}$

(3) $f(x) = \frac{1}{(1+x)^2}$　　(4) $f(x) = \ln\left(\frac{1+x}{1-x}\right)$

(5) $f(x) = \frac{1}{1-x^2}$　　(6) $f(x) = \sin^2 x$

(7) $f(x) = x^2 \cos x$　　(8) $f(x) = \cos^2 x$

(9) $f(x) = e^{2x}$　　(10) $f(x) = \sqrt{1+x}$

5. 다음 극한값을 매클로린 급수를 이용하여 구하여라.

(1) $\lim_{x \to 0} \frac{\sin x - \tan x}{x^3}$　　(2) $\lim_{x \to \infty} \left(\frac{1}{\sin x} - \frac{1}{x}\right)$

(3) $\lim_{x \to 0} \frac{x - \tan^{-1} x}{x^3}$　　(4) $\lim_{x \to 0} \frac{\ln(1+x^2)}{1-\cos x}$

종 | 합 | 문 | 제

1. (1) 집합 $A = \left\{1 + \frac{(-1)^n}{2n+1} \,\middle|\, n\text{은 자연수}\right\}$의 상한과 하한이 존재하면 이를 구하여라.

(2) $a_n = \frac{1}{1 \cdot 3} + \frac{1}{2 \cdot 4} + \frac{1}{3 \cdot 5} + \cdots + \frac{1}{n \cdot (n+2)}$일 때 수열 $\{a_n\}$의 극한값이 존재하면 구하여라.

(3) $\lim_{n \to \infty} \left(\frac{2+n}{n}\right)^{n-1}$을 구하여라.

(4) $\lim_{n \to \infty} \frac{1}{n^2} \sum_{k=1}^{n} (2k+1)$을 구하여라.

(5) $\lim_{n \to \infty} \left(\sqrt{n^2 + 3n} - n\right)$을 구하여라.

(6) $\lim_{n \to \infty} \frac{2n}{n^2 - 3} \sin n\theta$를 구하여라.

2. 다음 급수들의 수렴, 발산을 조사하여라.

(1) $\sum_{n=1}^{\infty} ne^{-n^2}$ (2) $\sum_{n=1}^{\infty} \frac{1}{(n+1)\{\ln(n+1)\}^2}$

(3) $\sum_{n=2}^{\infty} \frac{1}{n \ln n}$ (4) $\sum_{n=1}^{\infty} \frac{(n!)^2 2^n}{(2n+2)!}$

(5) $\sum_{n=1}^{\infty} \frac{\ln n}{e^n}$ (6) $\sum_{n=1}^{\infty} \frac{(n+4)!}{4!n!4^n}$

(7) $\sum_{n=1}^{\infty} \frac{2^n - 1}{3^n + 2n}$ (8) $\sum_{n=1}^{\infty} \frac{n}{8n^3 + 2n^2 - 1}$

(9) $\sum_{n=1}^{\infty} \frac{(2n)!}{(n!)^2}$ (10) $\sum_{n=0}^{\infty} \frac{n!}{e^n}$

(11) $\sum_{n=1}^{\infty} \frac{1 \cdot 3 \cdot 5 \cdot \cdots \cdot (2n-1)}{2 \cdot 4 \cdot 6 \cdot \cdots \cdot (2n)}$

(12) $\sum_{n=1}^{\infty} \frac{(2n)!}{n!(2n)^n}$ (13) $\sum_{n=1}^{\infty} \frac{\sin \frac{1}{n}}{\cos \frac{1}{n}}$

(14) $\sum_{n=1}^{\infty} (-1) \frac{2n+1}{5n+1}$ (15) $\sum_{n=1}^{\infty} (-1) \frac{\ln n}{n}$

(16) $\sum_{n=1}^{\infty} (-1)^n \frac{(\ln n)^p}{n}$ (p는 양의 정수)

(17) $\sum_{n=1}^{\infty} (-1)^n \frac{n^n}{n!}$ (18) $\sum_{n=1}^{\infty} (-1)^{n+1} \frac{1}{\sqrt[n]{n}}$

(19) $\sum_{n=1}^{\infty} (-1)^{n+1} \frac{1}{(\ln n)^n}$

(20) $\sum_{n=1}^{\infty} (-1)^n \frac{1 \cdot 3 \cdot 5 \cdot \cdots \cdot (2n-1)}{2 \cdot 4 \cdot 6 \cdot \cdots \cdot (2n)}$

3. 다음 멱급수들의 수렴구간을 구하여라.

(1) $\sum_{n=1}^{\infty} \frac{1}{\sqrt{n}\, 3^n} x^n$ (2) $\sum_{n=1}^{\infty} \frac{(-1)^n}{n^n} x^n$

(3) $\sum_{n=0}^{\infty} \frac{n+1}{2n+1} \frac{(x-3)^n}{2^n}$ (4) $\sum_{n=1}^{\infty} \frac{2^n}{n\, 3^{n+2}} x^n$

(5) $\sum_{n=2}^{\infty} (\ln n) x^n$ (6) $\sum_{n=0}^{\infty} \frac{2}{3^{n+1} n^2} x^n$

(7) $\sum_{n=1}^{\infty} \frac{2^n}{n^n} x^n$

4. 다음 멱급수들의 수렴반지름을 구하여라.

(1) $\sum_{n=1}^{\infty} \frac{1^2 \cdot 3^2 \cdot 5^2 \cdot \cdots \cdot (2n-1)^2}{2^2 \cdot 4^2 \cdot 6^2 \cdot \cdots \cdot (2n)^2} x^{2n}$

(2) $\sum_{n=1}^{\infty} (-1)^{n+1} \frac{1 \cdot 3 \cdot 5 \cdot \cdots \cdot (2n-3)}{2^n n!} x^n$

(3) $\sum_{n=1}^{\infty} \frac{1 \cdot 3 \cdot 5 \cdot \cdots \cdot (2n-1)}{2^n \cdot 1 \cdot 4 \cdot 7 \cdot \cdots \cdot (3n-2)} x^n$

(4) $\sum_{n=0}^{\infty} (-1)^n \frac{(n+1)(n+2)(n+3)\, 2^n}{6} x^n$

(5) $\sum_{n=1}^{\infty} \frac{(-1)^n 4 \cdot 7 \cdot \cdots \cdot (3n-2)}{24^n n!} x^n$

5. 다음 함수들의 매클로린 급수를 구하여라.

(1) $f(x) = x \sin \frac{x}{2}$

(2) $f(x) = \begin{cases} \frac{1 - \cos x}{x^2} & (x \neq 0) \\ \frac{1}{2} & (x = 0) \end{cases}$

(3) $f(x) = \begin{cases} \frac{\sin x}{x} & (x \neq 0) \\ 1 & (x = 0) \end{cases}$

(4) $f(x) = \ln(1 - 2x)$

(5) $f(x) = \frac{1}{\sqrt[3]{1-x}}$

(6) $f(x) = x \ln(1 + x^2)$

6. 테일러 급수에 의한 다음의 근삿값을 구하여라.

(1) $e^{0.1}$ (오차 0.00001)

(2) $\sqrt[5]{1.1}$ (소수점 이하 넷째 자리까지)

(3) $\ln 1.4$ (오차 0.001)

(4) $\sin(0.5)$ (오차 0.0001)

(5) $\cos 10°$ (소수점 이하 다섯째 자리까지)

8 CHAPTER

매개변수방정식과 극좌표

앞에서 독립변수 x에 대한 함수 $y = f(x)$와 음함수 $f(x,y) = 0$에 대해 주로 학습하였다. 이 장에서는 제3의 변수 t에 대해 $x = x(t), y = y(t)$ 형태로 주어지는 매개변수방정식과 극좌표에 대한 내용을 학습한다. 매개변수방정식과 극좌표는 직교좌표에서 표현하기 어려운 곡선이나 영역을 쉽게 표현할 수 있어서 매우 유용하다.

8.1 매개변수방정식

어떤 동점들의 궤적을 표시하는 데 직교좌표방정식보다 극좌표방정식이나 매개변수방정식(parametric equation 혹은 매개방정식)으로 표기하는 것이 좀더 용이한 경우가 있다. 가장 간단한 매개변수방정식은 $x = x(t), y = y(t)$인 매개변수 t에 의한 표시이다. 이를 $\begin{cases} x = f(t) \\ y = g(t) \end{cases}$로 표현하기도 한다. 매개변수방정식을 이해하기 위해 아래의 예제를 통하여 매개변수방정식으로 주어진 곡선의 그래프를 그려보자.

예제 8.1.1 매개변수방정식 $x = t + 1, y = t^2 + 1, 0 \le t \le 2$로 정의된 곡선을 그려라.

풀이 먼저 t값에 따른 x, y값의 변화를 표로 나타내면 다음과 같다.

t	0	0.25	0.5	0.75	1	$\sqrt{2}$	1.75	2
x	1	1.25	1.5	1.75	2	$\sqrt{2}+1$	2.75	3
y	1	1.06	1.25	1.56	2	3	4.06	5

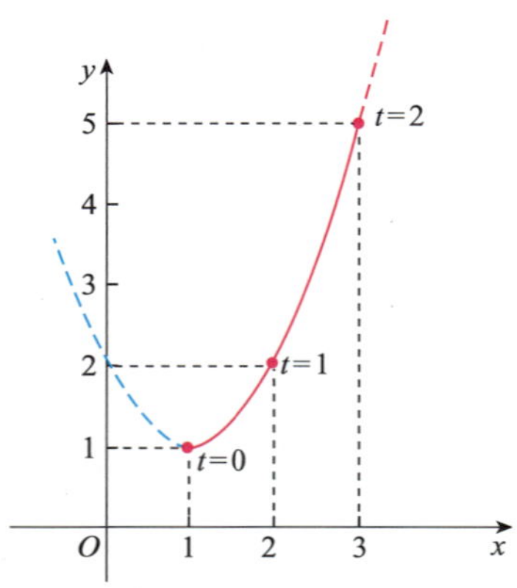

그림 8.1.1

한편 $x = t + 1, y = t^2 + 1$에서 t를 소거하여 x, y 사이의 관계식을 구할 수 있다. $t = x - 1$이므로 $y = t^2 + 1 = (x-1)^2 + 1$을 얻고, $0 \le t \le 2$이므로 $1 \le x \le 3$이다.

따라서 $1 \le x \le 3$일 때 $y = (x-1)^2 + 1$의 그래프를 그려보면 그림 8.1.1과 같다. ■

다음 예제는 반지름 2인 원의 매개변수방정식이다.

예제 8.1.2 매개변수방정식 $x = 2\cos t,\ y = 2\sin t, 0 \le t \le 2\pi$에서 x, y 사이의 관계식을 구하고 곡선의 그래프를 그려라.

풀이 t값에 따른 x, y값은 아래 표와 같다.

t	0	$\pi/4$	$\pi/3$	$\pi/2$	$3\pi/4$	$5\pi/6$	π	$3\pi/2$	2π
x	2	$\sqrt{2}$	1	0	$-\sqrt{2}$	$-\sqrt{3}$	-2	0	2
y	0	$\sqrt{2}$	$\sqrt{3}$	2	$\sqrt{2}$	2	0	-2	0

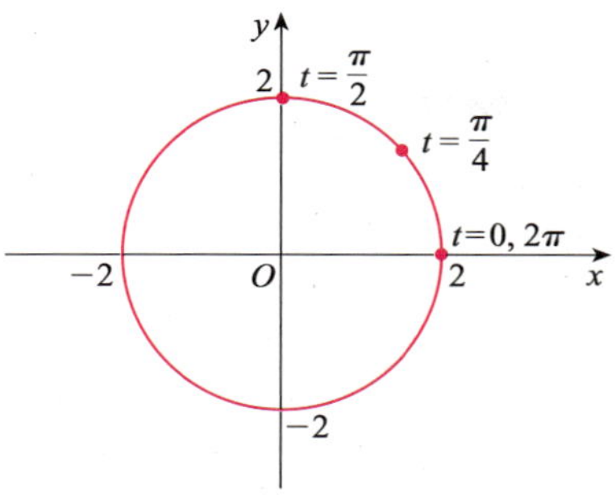

그림 8.1.2

x, y 사이의 관계를 알아보기 위해 $x = 2\cos t$, $y = 2\sin t$에서 t를 소거하여 x, y 사이의 관계식을 구하면 $x^2 + y^2 = 4$임을 쉽게 알 수 있다. 따라서 주어진 매개변수방정식은 반지름 2인 원을 나타낸다. 이때 $0 \le t \le 2\pi$이므로 t값에 따라 원을 한 바퀴 돈다는 것을 알 수 있다(그림 8.1.2 참조). ■

예제 8.1.3 매개변수방정식 $x = t + 1$, $y = 2t - 1$, $z = 3t + 7$은 실수 t에 대해 공간의 직선 $x - 1 = \frac{y+1}{2} = \frac{z-7}{3}$을 나타낸다. ■

예제 8.1.4 매개변수방정식 $x = e^{2t} + 2e^t$, $y = e^t + 1$에서 x, y 사이의 관계식을 구하고 곡선의 그래프를 그려라.

풀이 $x = e^{2t} + 2e^t = (e^t + 1)^2 - 1 = y^2 - 1$이다. 이때 $y = e^t + 1 > 1$이므로 구하려는 곡선은 $x = y^2 - 1$, $y > 1$이다(그림 8.1.3 참조). ■

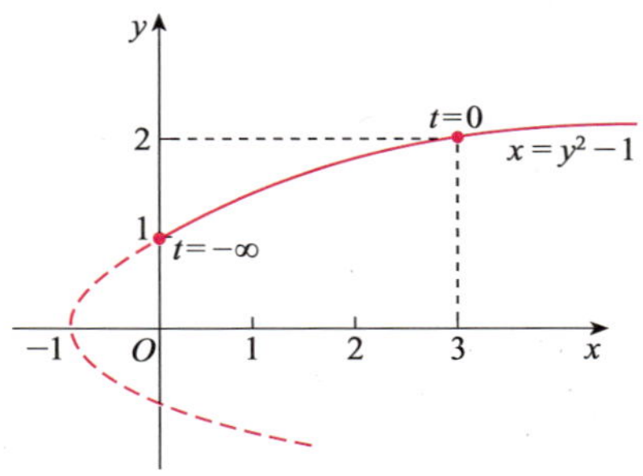

그림 8.1.3

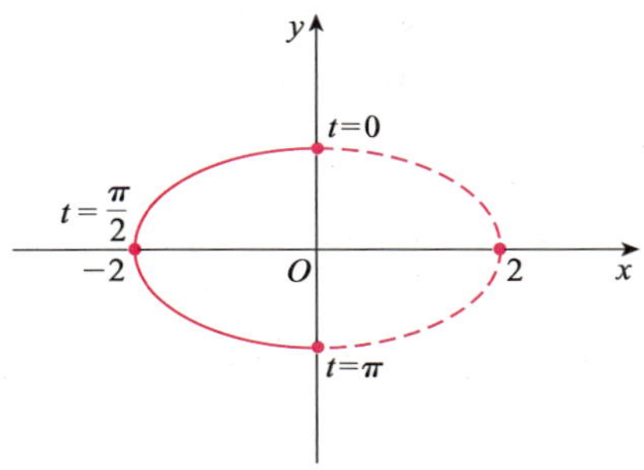

그림 8.1.4

예제 8.1.5 매개변수방정식 $x = -2\sin t$, $y = \cos t$, $0 \le t \le \pi$에서 x, y 사이의 관계식을 구하고 곡선의 그래프를 그려라.

풀이 x, y 사이의 관계식을 구하면 $\left(\frac{x}{2}\right)^2 + y^2 = \cos^2 t + \sin^2 t = 1$임을 알 수 있다. 따라서 t값에 따라 x, y는 그림 8.1.4와 같은 타원을 그리며, $0 \le t \le \pi$이므로 $x < 0$이고 타원의 왼쪽 절반을 나타낸다(그림 8.1.4 참조). ■

예제 8.1.6 매개변수방정식 $x = a\cos^3 t$, $y = a\sin^3 t$에서 x, y 사이의 관계식을 구하여라.

풀이 $\cos^2 t + \sin^2 t = 1$임을 이용하여 $x^{2/3} + y^{2/3} = a^{2/3}$임을 알 수 있다. ■

위의 예제와는 반대로 x, y의 관계식을 매개변수방정식으로 나타내면 편리한 경우도 있다.

예제 8.1.7 다음 함수를 매개변수방정식으로 나타내어라.

(1) $y^2 = x, -1 \le y \le 1$ (2) $\dfrac{x^2}{a^2} + \dfrac{y^2}{b^2} = 1$

(3) $y = \sqrt{2 - 2x^2}$ (4) $x^2 - y^2 = 1$

(5) $x^{2/3} + y^{2/3} = a^{2/3}$ (단, $a > 0$) (6) $y = x^2 - 6x + 5$

풀이 (1) 간단하게 매개변수방정식으로 나타내면 $x = t^2$, $y = t$, $-1 \le t \le 1$로 나타낼 수 있다. 그러나 $x = \cos^2 t$, $y = \cos t$, $-\pi \le t \le 0$으로 나타내는 방법도 있다.

(2) $\begin{cases} x = a\cos t \\ y = b\sin t \end{cases}$ $(0 \le t \le 2\pi)$ (3) $\begin{cases} x = \cos t \\ y = \sqrt{2}\,|\sin t| \end{cases}$

(4) $\begin{cases} x = \sec t \\ y = \tan t \end{cases}$ $\left(|t| < \dfrac{\pi}{2}\right)$ (5) $\begin{cases} x = a\cos^3 t \\ y = a\sin^3 t \end{cases}$ (단, $a > 0$)

(6) 주어진 식이 $y = (x-3)^2 - 4$에서 $t = x - 3$이라 두면

$\begin{cases} x = t + 3 \\ y = t^2 - 4 \end{cases}$이다. ■

다음 두 예제에서 매개변수방정식을 이용하여 특수한 곡선들을 표시해보자.

예제 8.1.8 반지름이 a인 자전거 바퀴가 수평선상을 돌아나갈 때 바퀴 중심에서 b인 거리에 있는 한 살대 위의 점 P의 궤적을 구하여라.

풀이 그림 8.1.5에서 $\overrightarrow{CP}$가 회전하는 각을 t라 하면 $\overrightarrow{OM}$의 길이는 호 $\widehat{MN}$의 길이 at와 같다. 따라서 바퀴의 중심 C의 좌표는 (at, a)이므로 $h = at$, $k = a$라 하자. C를 원점으로 하는 그림 8.1.5와 같은 새로운 직교좌표 x', y'은

$$x = h + x',\ y = k + y'$$

인 관계를 가진다. θ를 새로운 x'좌표축과 반직선 $\overrightarrow{CP}$ 사이의 유향각이라고 하자. 그러면 새로운 직교좌표에 의한 P의 좌표가

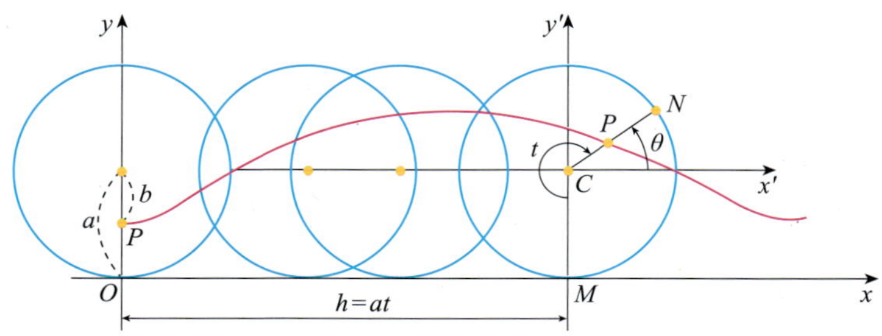

그림 8.1.5

$x' = \ b\cos\theta,\ y' = b\sin\theta$ 이고, $\theta = \frac{3\pi}{2} - t$ 이므로

$$x' = -b\sin t,\ y' = -b\cos t$$

가 새로운 직교좌표에 의한 P의 좌표이다. 그러므로

$$\begin{cases} x = at - b\sin t \\ y = a - b\cos t \end{cases} \tag{8.1.1}$$

가 P의 궤적이다. ■

위 식 (8.1.1)의 궤적을 **여파선**(餘擺線, trochoid)이라 부르며, 특히 $a=b$, 즉 P가 바퀴 상에 있을 때의 궤적을 **파선**(굴렁쇠선, 擺線, cycloid)이라 부른다. 즉 사이클로이드의 방정식은

$$\begin{cases} x = a(t - \sin t) \\ y = a(1 - \cos t) \end{cases}$$

이다.

예제 8.1.9 반지름 b인 원 B가 원점을 중심으로 하고 반지름이 a인 원 A에 내접하면서 굴러갈 때 B상의 한 점 P가 그리는 궤적을 구하여라(단, $a > b$).

풀이 그림 8.1.6과 같이 원 B의 중심 C, A의 중심 O를 원점, O와 C의 연장선과 A의 교점 R, P의 처음 자리를 Q, $\angle ROQ = t$, $\angle RCP = \alpha$, C 및 P에서 $\overline{OQ}$에 내린 수선의 발을 각각 D, E, 그리고 P에서 $\overline{CD}$에 내린 수선의 발을 F라 하자. 그러면 $\widehat{PR} = \widehat{RQ}$를 만족한다. P의 좌표 (x, y)에서

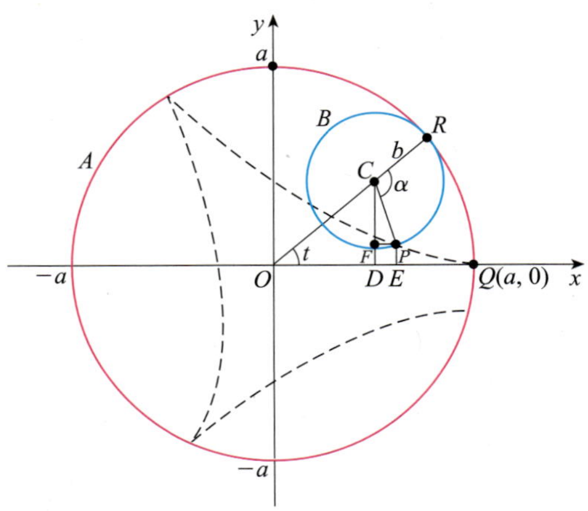

그림 8.1.6 내파선(內擺線, Hypocycloid)

$$\begin{cases} x = \overline{OD} + \overline{DE} \\ y = \overline{PE} = \overline{FD} \end{cases} \tag{8.1.2}$$

이다. $\widehat{PR} = \widehat{RQ}$로부터 $at = b\alpha$, 즉 $\alpha = \frac{at}{b}$임을 알 수 있다.
$t + \frac{\pi}{2} = \alpha + \angle FCP$, $\angle FPC + \angle FCP = \frac{\pi}{2}$이므로

$$\angle FPC = \frac{\pi}{2} - \angle FCP = \alpha - t = \frac{a-b}{b}t \tag{8.1.3}$$

임을 알 수 있다. 식 (8.1.2), (8.1.3)으로부터

$$\begin{cases} x = (a-b)\cos t + b\cos\dfrac{a-b}{b}t \\ y = (a-b)\sin t - b\sin\dfrac{a-b}{b}t \end{cases} \tag{8.1.4}$$

를 얻는다. ■

위 예제 8.1.9의 궤적을 **내파선**(內擺線, **hypocycloid**)이라 한다. 특히, $b = \frac{a}{4}$이면 식 (8.1.4)로부터

$$\begin{cases} x = \dfrac{3}{4}a\cos t + \dfrac{1}{4}a\cos 3t \\ y = \dfrac{3}{4}a\sin t - \dfrac{1}{4}a\sin 3t \end{cases}$$

를 얻는다. 항등식

$$\begin{cases} \cos 3t = 4\cos^3 t - 3\cos t \\ \sin 3t = 3\sin t - 4\sin^3 t \end{cases}$$

를 이용하면

$$\begin{cases} x = a\cos^3 t \\ y = a\sin^3 t \end{cases}$$

를 얻는다. 이것을 **성망형**(星芒形, **asteroid**) 혹은 **사첨점 하이포사이클로이드**(hypocycloid of four cusp)라 한다.

예제 8.1.7의 (5)는 성망형의 직교좌표방정식이다.

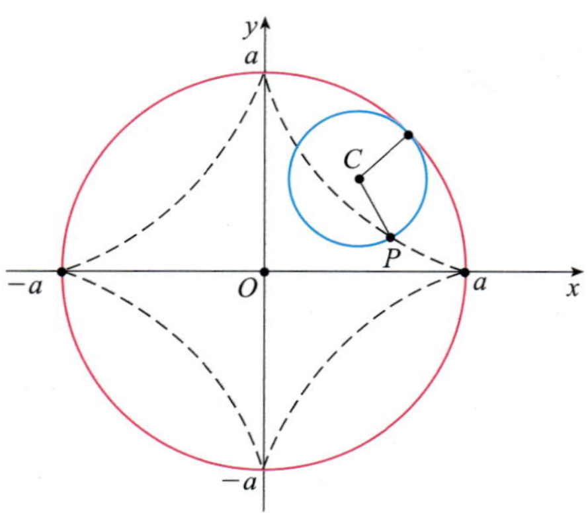

그림 8.1.7 Astroid

8.1 연습문제

1. 다음 매개변수방정식에서 x, y의 관계식을 구하고 그래프를 그려라.

(1) $x = t^2 - 2,\ y = t + 1$

(2) $x = 1 + \sin t,\ y = 2 - \cos t$

(3) $x = \cos 2t,\ y = \sin 2t$

(4) $x = \cos t,\ y = \sin^2 t$

(5) $x = 4\cos t,\ y = 5\sin t$

(6) $x = a(1 - \sin t),\ y = a(1 - \cos t)$

2. 다음 곡선을 매개변수방정식으로 바꾸어라.

(1) $y = x^2,\ -1 \le x \le 1$

(2) $(x-1)^2 + (y+2)^2 = 4$

(3) $x^2 + y^2 = 4x$

(4) $x - 1 = \dfrac{y+1}{2} = \dfrac{z-7}{3}$

8.2 매개변수방정식의 미분과 적분

이 절에서는 앞에서 배운 $y=f(x)$ 형태의 함수에 대한 미분, 적분법을 이용하여 매개변수방정식의 미분과 적분법을 다룬다. 특히 매개변수방정식으로 주어진 곡선을 이용하여 곡선의 길이, 영역의 넓이 및 부피 등을 구한다.

함수 $y=f(x)$의 역함수에 대한 미분공식을 이용하여 다음을 유도할 수 있다.

정리 8.2.1

매개변수방정식 $x=f(t),\ y=g(t)$에서 $f(t),\ g(t)$가 미분가능이고 $\dfrac{dx}{dt} = f'(t) \neq 0$이라 하면 다음이 성립한다.

(1) $$\frac{dy}{dx} = \frac{\frac{dy}{dt}}{\frac{dx}{dt}} = \frac{g'(t)}{f'(t)}$$

(2) $$\frac{d^2y}{dx^2} = \frac{\frac{dx}{dt}\frac{d^2y}{dt^2} - \frac{d^2x}{dt^2}\frac{dy}{dt}}{\left(\frac{dx}{dt}\right)^3}$$

증명 (1) 정리 2.2.13에 의해 $\dfrac{dt}{dx} = \dfrac{1}{\frac{dx}{dt}}$이므로 연쇄법칙(정리 2.2.6)을 이용하면

$$\frac{dy}{dx} = \frac{dy}{dt}\frac{dt}{dx} = \frac{\frac{dy}{dt}}{\frac{dx}{dt}}$$

이다.

(2) $$\frac{d^2y}{dx^2} = \frac{d}{dx}\left(\frac{dy}{dx}\right) = \frac{d}{dt}\left(\frac{dy}{dx}\right)\cdot\frac{dt}{dx} = \frac{d}{dt}\left(\frac{\frac{dy}{dt}}{\frac{dx}{dt}}\right)\cdot\frac{dt}{dx}$$

$$= \frac{\frac{dx}{dt}\frac{d^2y}{dt^2} - \frac{d^2x}{dt^2}\frac{dy}{dt}}{\left(\frac{dx}{dt}\right)^2} \cdot \frac{1}{\frac{dx}{dt}} = \frac{\frac{dx}{dt}\frac{d^2y}{dt^2} - \frac{d^2x}{dt^2}\frac{dy}{dt}}{\left(\frac{dx}{dt}\right)^3}$$ ■

따름정리 8.2.2

매개변수방정식 $x = f(t), y = g(t)$가 미분가능하고,

(1) $t = \alpha$에서 $\frac{dy}{dt} = 0$, $\frac{dx}{dt} \neq 0$이면 $t = \alpha$에서 곡선은 수평접선을 가진다.

(2) $t = \alpha$에서 $\frac{dx}{dt} = 0$, $\frac{dy}{dt} \neq 0$이면 $t = \alpha$에서 곡선은 수직접선을 가진다.

증명 (1) $t = \alpha$에서 $\frac{dy}{dt} = 0$, $\frac{dx}{dt} \neq 0$이면 정리 8.2.1에서 $\frac{dy}{dx} = 0$이므로 $t = \alpha$에서 곡선은 수평접선을 가진다.

(2) $t = \alpha$에서 $\frac{dx}{dt} = 0$, $\frac{dy}{dt} \neq 0$이면 정리 8.2.1에서 $\frac{dy}{dx} = \infty$로서 $t = \alpha$에서 곡선은 수직접선을 가진다. ■

예제 8.2.3 매개변수방정식 $x = t + 1, y = t^2 + 1$에 대해 다음에 답하여라.

(1) $\frac{dy}{dx}$를 구하여라.

(2) $t = 1$에서 곡선의 접선의 방정식을 구하여라.

(3) 수평접선을 가지는 곡선상의 점의 좌표를 모두 구하여라.

(4) 곡선의 오목, 볼록을 조사하여라.

풀이 (1) $\frac{dy}{dx} = \frac{dy}{dt}\frac{dt}{dx} = \frac{\frac{dy}{dt}}{\frac{dx}{dt}} = \frac{2t}{1} = 2t = 2(x-1)$

(2) (1)에 의해 $t = 1$에서 접선의 기울기는 2이고, $t = 1$에서 $x = 2$, $y = 2$이므로 접선의 방정식은 $y - 2 = 2(x - 2)$, 즉 $y = 2x - 2$이다.

(3) $\frac{dy}{dt} = 0$, $\frac{dx}{dt} \neq 0$이면 곡선은 수평접선을 가지므로 $t = 0$에서 수평접선을 가진다. 따라서 곡선상의 점 $(1, 1)$에서 수평접선을 가진다.

(4) 정리 8.2.1의 (2) $\frac{d^2y}{dx^2} = \frac{\frac{dx}{dt}\frac{d^2y}{dt^2} - \frac{d^2x}{dt^2}\frac{dy}{dt}}{\left(\frac{dx}{dt}\right)^3}$에 적용하면 $\frac{d^2y}{dx^2} = 2 > 0$이다. 따라서 곡선은 아래로 볼록하다(그림 8.1.1 참조). ■

위 예제의 결과는 예제 8.1.1에서 구한 함수 $y=(x-1)^2+1$에 대한 결과와 일치함을 확인할 수 있다.

예제 8.2.4 매개변수방정식 $x=-2\sin t,\ y=\cos t,\ 0 \le t \le 2\pi$에서 다음에 답하여라.

(1) $\frac{dy}{dx}$를 구하여라.

(2) $\frac{d^2y}{dx^2}$를 구하여라.

(3) 곡선의 오목, 볼록을 조사하여라.

풀이 (1) $$\frac{dy}{dx}=\frac{\frac{dy}{dt}}{\frac{dx}{dt}}=\frac{-\sin t}{-2\cos t}=\frac{\sin t}{2\cos t}$$

(2) $$\frac{d^2y}{dx^2}=\frac{\frac{dx}{dt}\frac{d^2y}{dt^2}-\frac{d^2x}{dt^2}\frac{dy}{dt}}{\left(\frac{dx}{dt}\right)^3}$$
$$=\frac{(-2\cos t)(-\cos t)-(2\sin t)(-\sin t)}{(-2\cos t)^3}=-\frac{2}{8\cos^3 t}$$

이다.

(3) (2)에서 $0 \le t \le \frac{\pi}{2}$이면 $\frac{d^2y}{dx^2}<0$이고 곡선은 위로 볼록하고, $\frac{\pi}{2} \le t \le \frac{3\pi}{2}$이면 $\frac{d^2y}{dx^2}>0$이고 곡선은 아래로 볼록하며, $\frac{3\pi}{2} \le t \le 2\pi$이면 $\frac{d^2y}{dx^2}<0$이고 곡선은 위로 볼록하다(그림 8.1.4 참조). ■

영역의 넓이

정리 5.1.1을 이용하여 매개변수방정식 $x=x(t),\ y=y(t)$와 $x=a,\ x=b$ 및 x축으로 둘러싸인 부분의 넓이를 구해보자.

정리 8.2.5

$a=x(\alpha),\ b=x(\beta)$라 가정하고 $y=y(t),\ x=x(t)$가 폐구간 $[\alpha, \beta]$에서 연속이라고 가정하자. 곡선 $x=x(t),\ y=y(t)$와 $x=a,\ x=b$ 및 x축으로 둘러싸인 부분의 넓이는

$$A=\int_a^b |f(x)|\,dx=\int_a^b |y|\,dx=\int_\alpha^\beta |y(t)|\frac{dx}{dt}\,dt$$

이다.

증명 넓이를 구하는 정리 5.1.1에 치환적분(정리 4.4.3)을 적용하여 얻는다. ■

예제 8.2.6 매개변수방정식 $x=t+1, y=t^2+1, -1 \le t \le 1$로 정의된 곡선과 $x=0, x=2$와 x축으로 둘러싸인 부분의 넓이를 구하여라.

풀이

$$A = \int_a^b |f(x)|\,dx = \int_\alpha^\beta |y(t)| \frac{dx}{dt}\,dt = \int_{-1}^1 (t^2+1)\cdot 1 \cdot dt$$

$$= \left[\frac{t^3}{3} + t\right]_{-1}^1 = \frac{8}{3}$$

이다. 혹은 예제 8.1.1에서 위 매개변수방정식은 $y = x^2 - 2x + 2$이므로 $A = \int_a^b |f(x)|\,dx = \int_0^2 (x^2 - 2x + 2)\,dx$를 구하여 위 풀이의 값을 확인할 수 있다. ■

예제 8.2.7 사이클로이드 방정식 $x=a(t-\sin t), y=a(1-\cos t), a>0, 0 \le t \le 2\pi$와 x축으로 둘러싸인 부분의 넓이를 구하여라.

풀이 $t=0$이면 $x=0$, $t=2\pi$이면 $x=2\pi a$이고 $y \ge 0$이므로 구하는 넓이 A는

$$A = \int_0^{2\pi a} |y|\,dx = \int_0^{2\pi} |y| \frac{dx}{dt}\,dt = \int_0^{2\pi} a^2(1-\cos t)^2\,dt$$

$$= a^2 \int_0^{2\pi} \left(\frac{3}{2} - 2\cos t + \frac{1}{2}\cos 2t\right) dt = 3\pi a^2$$

이다. ■

입체의 부피

정리 5.2.4 및 정리 5.2.8에서 곡선 $y=f(x), x=a, x=b$ 및 x축으로 둘러싸인 영역에 대하여 x축 주위로 회전한 입체의 부피를 구하는 공식

$$V = \pi\int_a^b y^2 dx = \pi\int_a^b \{f(x)\}^2 dx$$

과 y축 주위로 회전한 입체의 부피를 구하는 공식

$$V = 2\pi\int_a^b xy\,dx = 2\pi\int_a^b \{f(x)\}^2 dx$$

를 유도하였다. 이 공식에 치환적분을 적용하여 다음을 얻는다.

정리 8.2.8

$a=x(\alpha), b=x(\beta)$이고 $y(t), x(t)$가 폐구간 $[\alpha, \beta]$에서 연속이라 가정한다. 곡선 $x=x(t), y=y(t)$와 $x=a, x=b$ 및 x축으로 둘러싸인 영역에 대하여 x축 주위로 회전한 입체의 부피 V는

$$V=\pi\int_a^b y^2\,dx=\pi\int_\alpha^\beta \{y(t)\}^2\frac{dx}{dt}\,dt$$

이고 y축 주위로 회전한 입체의 부피 V는

$$V=\int_a^b (2\pi x)y\,dx=2\pi\int_\alpha^\beta x(t)y(t)\frac{dx}{dt}\,dt$$

이 정리를 이용하여 회전체의 부피를 구하는 예제들을 풀어보자.

예제 8.2.9 매개변수방정식 $x=t+1, y=t^2+1, 0\le t\le 2$로 정의된 곡선과 $x=1, x=3$ 및 x축으로 둘러싸인 부분을 x축 주위로 회전한 입체의 부피 V를 구하여라.

풀이

$$V=\pi\int_a^b y^2\,dx=\pi\int_\alpha^\beta y(t)^2\frac{dx}{dt}\,dt=\pi\int_0^2 (t^2+1)^2\cdot 1\cdot dt$$

$$=\pi\int_0^2 (t^4+2t^2+1)\,dt=\pi\left[\frac{t^5}{5}+2\frac{t^3}{3}+t\right]_0^2=\frac{206}{15}\pi$$

■

예제 8.2.10 매개변수방정식 $x=t+1, y=t^2+1, 0\le t\le 2$로 정의된 곡선과 $x=1, x=3$ 및 x축으로 둘러싸인 부분을 y축 주위로 회전한 입체의 부피 V를 구하여라.

풀이 정리 5.2.8에서, 폐구간 $[a, b]$에서 연속함수 $y=f(x), x=a, x=b$ 및 x축으로 둘러싸인 영역을 y축 주위로 회전한 입체의 부피는

$$V=2\pi\int_a^b xy\,dx=2\pi\int_a^b xf(x)\,dx$$

임을 보았다. 따라서 치환적분을 이용하여

$$V=2\pi\int_a^b xydx=2\pi\int_\alpha^\beta x(t)\,y(t)\frac{dx}{dt}\,dt=2\pi\int_0^2 (t+1)(t^2+1)\cdot 1\,dt$$

$$=2\pi\int_0^2 (t^3+t^2+t+1)\,dt=2\pi\left[\frac{t^4}{4}+\frac{t^3}{3}+\frac{t^2}{2}+t\right]_0^2=\frac{64}{3}\pi$$

이다. ■

예제 8.2.11 사이클로이드 방정식 $\begin{cases} x=a(t-\sin t) \\ y=a(1-\cos t) \end{cases}(a>0, 0\le t\le 2\pi)$

와 x축으로 둘러싸인 부분을 x축 주위로 회전한 입체의 부피를 구하여라.

풀이 $\frac{dx}{dt} = a(1-\cos t)$이다. 따라서 구하는 부피는

$$V = \pi\int_0^{2\pi a} y^2\,dx = \pi\int_0^{2\pi} y(t)^2\frac{dx}{dt}\,dt$$
$$= \pi\int_0^{2\pi} a^2(1-\cos t)^2 \cdot a(1-\cos t)\,dt = \pi a^3\int_0^{2\pi}\left(2\sin^2\frac{t}{2}\right)^3 dt$$

이다. $\frac{t}{2} = u$로 치환하고 점화식(예제 6.1.4)을 이용하면

$$V = 16\pi a^3\int_0^{\pi}\sin^6 u\,du = 32\pi a^3\int_0^{\pi/2}\sin^6 u\,du$$
$$= 32\pi a^3 \cdot \frac{5}{6}\frac{3}{4}\frac{1}{2}\frac{\pi}{2} = 5\pi^2 a^3$$

이다. ■

곡선의 길이

정리 5.3.1에서, 함수 $y=f(x)$가 $[a, b]$에서 연속이고 (a, b)에서 미분가능이며, $f'(x)$가 연속이면 $x=a$에서 $x=b$까지 호의 길이는 $s = \int_a^b\sqrt{1+[f'(x)]^2}\,dx$임을 보였다. 이를 이용하여 매개변수방정식으로 주어진 곡선의 길이는 다음과 같이 구해진다.

정리 8.2.12

곡선이 매개변수방정식 $x=x(t), y=y(t)$로 주어져 있고 $\alpha \le t \le \beta$인 모든 t에 대하여 $\frac{dx}{dt}, \frac{dy}{dt}$가 연속이면 곡선의 길이는

$$s = \int_a^b\sqrt{1+[f'(x)]^2}\,dx = \int_\alpha^\beta\sqrt{\left(\frac{dx}{dt}\right)^2+\left(\frac{dy}{dt}\right)^2}\,dt$$

이다.

증명 $\frac{dy}{dx} = \frac{\frac{dy}{dt}}{\frac{dx}{dt}}$를 이용하여

$$s = \int_a^b\sqrt{1+\{f'(x)\}^2}\,dx = \int_a^b\sqrt{1+\left\{\frac{dy}{dx}\right\}^2}\,dx$$
$$= \int_\alpha^\beta\sqrt{1+\left\{\frac{\frac{dy}{dt}}{\frac{dx}{dt}}\right\}^2}\,\frac{dx}{dt}\,dt = \int_\alpha^\beta\sqrt{\left(\frac{dx}{dt}\right)^2+\left(\frac{dy}{dt}\right)^2}\,dt$$

이다. ■

예제 8.2.13 매개변수방정식 $x=2\cos t, y=2\sin t, 0 \le t \le \pi$에 의해 주어진 곡선의 길이를 구하여라.

풀이 정리 8.2.12에 의해

$$s = \int_{\alpha}^{\beta} \sqrt{\left(\frac{dx}{dt}\right)^2 + \left(\frac{dy}{dt}\right)^2}\, dt = \int_0^{\pi} \sqrt{(-2\sin t)^2 + (2\cos t)^2}\, dt$$
$$= \int_0^{\pi} \sqrt{4}\, dt = 2\pi.$$

이는 주어진 곡선이 예제 8.1.2에서 반지름 2인 원이고 $0 \le t \le \pi$ 구간에서 원을 반 바퀴 돌기 때문에 $\frac{1}{2} \cdot (2\pi r) = \frac{1}{2} \cdot 4\pi = 2\pi$임을 확인할 수 있다. ■

예제 8.2.14 다음 곡선의 주어진 구간에서 곡선의 길이를 구하여라.

(1) 반지름이 r인 원

(2) 타원 $\frac{x^2}{a^2} + \frac{y^2}{b^2} = 1\ (a > b > 0)$

(3) 사이클로이드 방정식

$$x = a(t - \sin t),\ y = a(1 - \cos t)\ (a > 0,\ 0 \le t \le 2\pi)$$

풀이 (1) 반지름이 r인 원을 매개변수 t로 표현하면 $x=r\cos t, y=r\sin t$ $(0 \le t \le 2\pi)$이다. 그러므로 곡선의 길이는

$$s = \int_0^{2\pi} \sqrt{\left(\frac{dx}{dt}\right)^2 + \left(\frac{dy}{dt}\right)^2}\, dt = \int_0^{2\pi} \sqrt{(-r\sin t)^2 + (r\cos t)^2}\, dt$$
$$= r\int_0^{2\pi} dt = 2\pi r$$

이다. 이는 반지름이 r인 원의 둘레를 구하는 공식임을 잘 알고 있다.

(2) 주어진 타원을 매개변수 t로 표현하면 $x=a\cos t, y=b\sin t$ $(0 \le t \le 2\pi)$이다. 따라서 구하는 곡선의 길이는

$$s = \int_0^{2\pi} \sqrt{\left(\frac{dx}{dt}\right)^2 + \left(\frac{dy}{dt}\right)^2}\, dt = \int_0^{2\pi} \sqrt{(-a\sin t)^2 + (b\cos t)^2}\, dt$$
$$= \int_0^{2\pi} a\sqrt{1 - e^2\cos^2 t}\, dt,\ e = \frac{\sqrt{a^2 - b^2}}{a}$$

이다. 이 적분은 원시함수를 초등함수로 표현할 수 없는 타원적분의 일종이다. e가 충분히 작은 값일 때 근사계산을 다음과 같이 할 수 있다. 정리 3.2.11(매클로린 정리)이나 이항급수(정리 7.3.20)를 이용하여

$$\sqrt{1 - e^2\cos^2 t} \approx 1 - \frac{1}{2}e^2\cos^2 t$$

를 얻을 수 있다. 따라서

$$s = \int_0^{2\pi} a\sqrt{1 - e^2\cos^2 t}\, dt \approx a\int_0^{2\pi}\left(1 - \frac{1}{2}e^2\cos^2 t\right) dt$$
$$= 2\pi a\left(1 - \frac{1}{4}e^2\right)$$

이다. 만약 e가 충분히 작은 값이면 $a \approx b$이고, 타원은 반지름이 a인 원에 가까워진다. 따라서 타원의 둘레는 원의 둘레인 $2\pi a$에 가까워짐을 알 수 있다.

(3) $\frac{dx}{dt} = a(1 - \cos t)$, $\frac{dy}{dt} = a\sin t$이므로, 곡선의 길이는

$$s = \int_0^{2\pi} \sqrt{\left(\frac{dx}{dt}\right)^2 + \left(\frac{dy}{dt}\right)^2}\, dt$$
$$= \int_0^{2\pi} \sqrt{a^2(1 - \cos t)^2 + a^2\sin^2 t}\, dt$$
$$= a\int_0^{2\pi} \sqrt{2(1 - \cos t)}\, dt$$

이다. 이 적분을 구하기 위해 $1 - \cos t = 2\sin^2\frac{t}{2}$를 이용한다. $0 \le t \le 2\pi$인 모든 t에 대하여 $\sin\frac{t}{2} \ge 0$이다. 따라서

$$s = a\int_0^{2\pi} \sqrt{2(1 - \cos t)}\, dt = 2a\int_0^{2\pi} \sin\frac{t}{2}\, dt = 8a.$$ ■

회전체의 겉넓이

정리 5.4.1에서, 함수 $y = f(x)$가 $[a, b]$에서 연속이고 (a, b)에서 미분가능이며 $f'(x)$가 (a, b)에서 연속이면 $y = f(x)$의 $x = a$에서 $x = b$까지 호를 x축 주위로 회전한 입체의 겉넓이는

$$A = 2\pi\int_a^b f(x)\sqrt{1 + [f'(x)]^2}\, dx = 2\pi\int_a^b y\sqrt{1 + (y')^2}\, dx$$

임을 보였다. 이 식에 매개변수방정식 $x = x(t)$, $y = y(t)$를 치환하면, 매개변수방정식으로 구한 호를 회전하여 얻어지는 입체의 겉넓이는 아래와 같이 구해진다.

정리 8.2.15

곡선이 매개변수방정식 $x = x(t), y = y(t), \alpha \le t \le \beta$로 주어져 있고, $\alpha \le t \le \beta$인 모든 t에 대하여 $y(t)$, $\frac{dx}{dt}$, $\frac{dy}{dt}$가 연속이면, 이 곡선을 x축 주위로 회전한 회전체의 겉넓이는

$$A = 2\pi\int_a^b y\sqrt{1 + (y')^2}\, dx = 2\pi\int_\alpha^\beta y(t)\sqrt{\left(\frac{dx}{dt}\right)^2 + \left(\frac{dy}{dt}\right)^2}\, dt$$

이다.

예제 8.2.16 다음 곡선을 x축 주위로 회전할 때 생기는 입체의 겉넓이를 구하여라.

(1) 원점이 중심이고 반지름이 r인 원

(2) 타원 $\begin{cases} x = a\cos t \\ y = b\sin t \end{cases}$ $(0 \le t \le \pi,\ a > b > 0)$

(3) 사이클로이드 방정식 $\begin{cases} x = a(t - \sin t) \\ y = a(1 - \cos t) \end{cases}$ $(a > 0,\ 0 \le t \le 2\pi)$

풀이 (1) 반지름이 r인 원을 매개변수 t로 표현하면

$$x = r\cos t,\ y = r\sin t \quad (0 \le t \le 2\pi)$$

이다. 그러므로 겉넓이는 구간 $0 \le t \le \pi$의 곡선을 회전하여 얻어지기 때문에

$$\begin{aligned} A &= 2\pi\int_0^\pi y(t)\sqrt{\left(\frac{dx}{dt}\right)^2 + \left(\frac{dy}{dt}\right)^2}\,dt \\ &= 2\pi\int_0^\pi r\sin t\sqrt{(-r\sin t)^2 + (r\cos t)^2}\,dt \\ &= 2\pi r^2\int_0^\pi \sin t\,dt = 2\pi r^2[-\cos t]_0^\pi = 4\pi r^2 \end{aligned}$$

이다. 이는 우리가 이미 잘 알고 있는 반지름이 r인 구의 겉넓이를 구하는 공식이다.

(2) 구하는 겉넓이는

$$\begin{aligned} A &= \int_0^\pi 2\pi y(t)\sqrt{\left(\frac{dx}{dt}\right)^2 + \left(\frac{dy}{dt}\right)^2}\,dt \\ &= 2\pi\int_0^\pi b\sin t\sqrt{(-a\sin t)^2 + (b\cos t)^2}\,dt \\ &= 2\pi ab\int_0^\pi \sin t\sqrt{1 - e^2(\cos t)^2}\,dt,\ e = \frac{\sqrt{a^2 - b^2}}{a} \end{aligned}$$

이다. 여기서 $u = \cos t$로 치환하면 $du = -\sin t\,dt$이다. 그리고 $t = 0$이면 $u = 1$, $t = \pi$이면 $u = -1$이므로 구하는 적분은

$$\begin{aligned} A &= -2\pi ab\int_1^{-1}\sqrt{1 - e^2u^2}\,du \\ &= -\pi ab\left[u\sqrt{1 - e^2u^2} + \frac{\sin^{-1}eu}{e}\right]_1^{-1} \\ &= 2\pi ab\left(\sqrt{1 - e^2} + \frac{\sin^{-1}e}{e}\right),\ e = \frac{\sqrt{a^2 - b^2}}{a} \end{aligned}$$

이다. 만약 b가 a에 가까워지면 타원은 원에 가까워진다. 따라서 $\lim_{b \to a} e = 0$, $\lim_{e \to 0}\frac{\sin^{-1}e}{e} = 1$을 이용하여 위에서 구한 겉넓이 A 값의 극한값을 계산하면 $4\pi a^2$, 즉 구의 겉넓이를 구할 수 있다.

(3) $\frac{dx}{dt} = a(1-\cos t)$, $\frac{dy}{dt} = a\sin t$와 $1-\cos t = 2\sin^2\frac{t}{2}$를 이용하여 회전체의 겉넓이를 구하면

$$\begin{aligned} A &= 2\pi\int_0^{2\pi} y(t)\sqrt{\left(\frac{dx}{dt}\right)^2 + \left(\frac{dy}{dt}\right)^2}\,dt \\ &= 2\pi\int_0^{2\pi} a(1-\cos t)\sqrt{a^2(1-\cos t)^2 + a^2\sin^2 t}\,dt \\ &= 2\pi a^2\int_0^{2\pi}(1-\cos t)\sqrt{2(1-\cos t)}\,dt \\ &= 2\pi a^2\int_0^{2\pi} 2\sin^2\frac{t}{2}\cdot 2\sin\frac{t}{2}\,dt = \frac{64\pi a^2}{3} \end{aligned}$$

이다. ■

8.2 연습문제

1. 매개변수방정식 $x=t^2$, $y=t^3-3t$에 대해 다음에 답하여라.

(1) $\frac{dy}{dx}$를 구하여라.

(2) $\frac{d^2y}{dx^2}$를 구하여라.

(3) $(3, 0)$에서 모든 접선을 구하여라.

(4) 수평접선을 가지는 곡선의 점을 구하여라.

(5) 곡선의 요철을 설명하여라.

(6) 위 정보를 이용하여 곡선을 그려라.

2. 다음 곡선들로 둘러싸인 부분의 넓이를 구하여라.

(1) 원 $x = a\sin 2t$, $y = a\cos 2t$ $(0 \le t \le \pi)$

(2) 타원 $x = a\cos t$, $y = b\sin t$ $(0 \le t \le 2\pi)$

3. 다음 곡선들로 둘러싸인 부분을 지정된 축 주위로 회전한 입체의 부피를 구하여라.

(1) $x = t^2$, $y = t+2$ $(0 \le t \le 1)$, $x = 0$, $x = 1$ (x축 주위로 회전)

(2) $x = t^3$, $y = t^2$ $(0 \le t \le 1)$, $x = 1$ (x축 주위로 회전)

4. 다음 곡선의 주어진 구간에서의 길이를 구하여라.

(1) $x = \frac{1}{3}t^3$, $y = \frac{1}{2}t^2$ $(0 \le t \le 1)$

(2) $x = e^t\cos t$, $y = e^t\sin t$ $(0 \le t \le 1)$

(3) 성망형 $x^{2/3} + y^{2/3} = a^{2/3}$ $(a > 0)$

(도움말: $x = a\cos^3 t$, $y = a\sin^3 t$로 매개변수화)

(4) $x = \frac{t^3}{3} + \frac{1}{t}$, $y = 2t$ $(1 \le t \le 3)$

5. 주어진 곡선을 회전하여 생기는 회전체의 겉넓이를 구하여라.

(1) $x = 2\sin\theta$, $y = 2\cos\theta$, $(0 \le \theta \le \frac{\pi}{2})$ (x축 주위로 회전)

(2) 성망형 $x^{2/3} + y^{2/3} = a^{2/3}$ $(a > 0)$ (x축 주위로 회전)

(도움말: $x = a\cos^3 t$, $y = a\sin^3 t$로 매개변수화)

8.3 극방정식

직교좌표에서 평면상의 동점 P가 움직인 궤적을 표시했을 때 이것이 곡선이라면 이것을 양함수 또는 음함수로 나타낼 수 있음을 이미 알고 있다. 그러나 이들 곡선 중에서 직교좌표로서의 함수 표시가 쉽지 않을 경우에 여러 가지 형태의 좌표를 택할 수 있는데, 이 절에서는

그 중 하나인 극좌표를 소개한다. 그리고 극좌표의 관계식으로 표시되는 극방정식에 대해 살펴본다.

극좌표

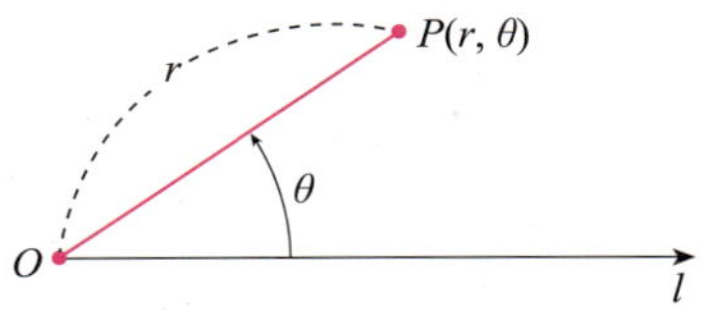

그림 8.3.1

> **정의 8.3.1 극좌표**
>
> 원점(origin) O로부터 **기선**(initial ray, 반직선) l을 잡는다. 평면상의 임의의 한 점 P를 잡자. O에서 P까지의 거리를 r, 기선에서 OP까지의 **유향각**(directed angle)을 θ라 할 때, (r, θ)를 점 P의 **극좌표**(polar coordinate)라 하고 $P(r, \theta)$로 표기한다. 이때 r을 점 P의 **반지름**(radius), θ를 점 P의 **편각**(argument)이라 한다.

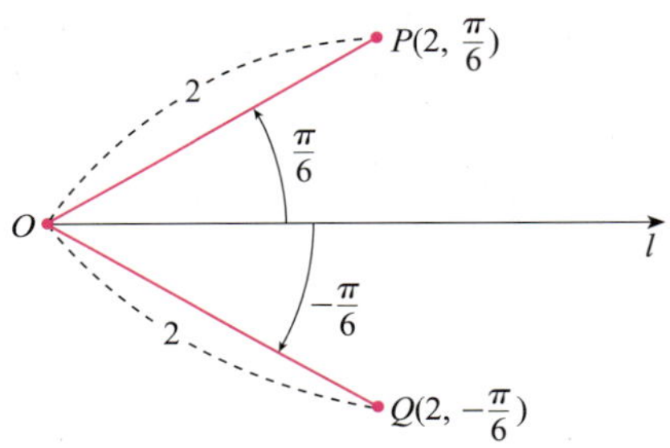

그림 8.3.2

유향각이라는 것은 시계반대방향으로 측정한 각을 양수(陽數), 시계방향으로 측정한 각을 음수(陰數)로 표시하는 것이다. 예를 들면, $P\left(2, \frac{\pi}{6}\right)$와 $Q\left(2, -\frac{\pi}{6}\right)$는 그림 8.3.2와 같다.

예제 8.3.2 다음을 극좌표상에 표시하여라.

(1) $P_1\left(3, \frac{\pi}{3}\right)$ (2) $P_2\left(3, -\frac{\pi}{3}\right)$ (3) $P_3\left(3, \frac{7\pi}{3}\right)$

(4) $P_4\left(3, -\frac{4\pi}{3}\right)$ (5) $P_5\left(3, \frac{10\pi}{3}\right)$

풀이 각 점의 위치는 그림 8.3.3과 같다.

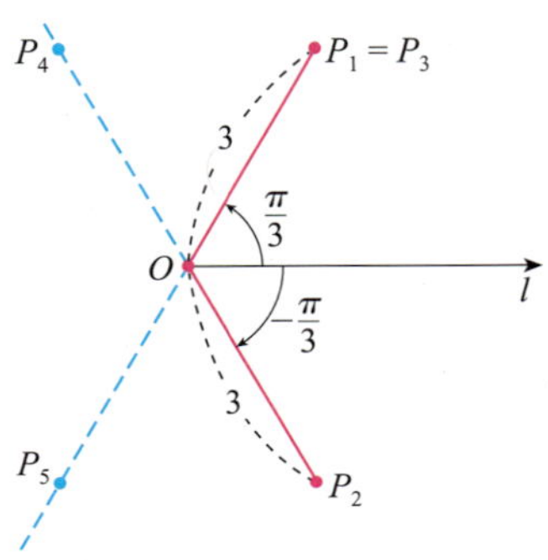

그림 8.3.3 ■

임의의 정수 n에 대하여 극좌표로 (r, θ), $(r, \theta + 2n\pi)$인 점은 모두 동일한 점임을 알 수 있다. 즉 $P(r, \theta) = P(r, \theta + 2n\pi)$ (n은 정수)이다.

평면상의 점 P에 대하여 P의 극좌표 (r, θ)와 직교좌표 (x, y)의 관계는 삼각함수의 정의에 의해서 다음과 같다.

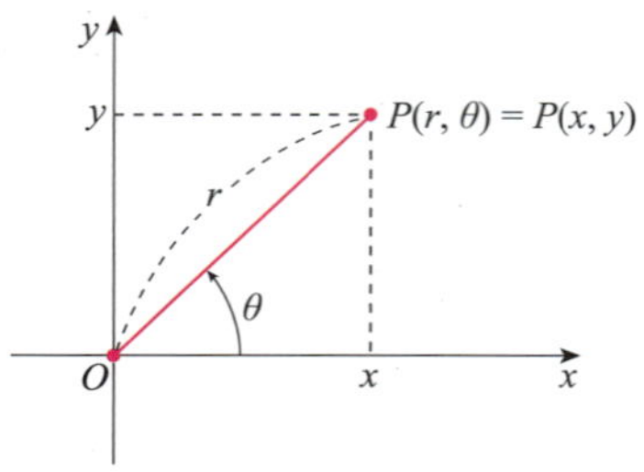

그림 8.3.4

정리 8.3.3

(1) 만약 P가 극좌표 (r, θ)를 갖는 점이라면 P의 직교좌표 (x, y)는

$$x = r\cos\theta,\ y = r\sin\theta$$

이다(그림 8.3.4 참조).

(2) 만약 P가 직교좌표 (x, y)를 갖는 점이라면 P의 극좌표 (r, θ)는
x=0인 경우; $r = |y|$, y가 양수이면 $\theta = \frac{\pi}{2}$, y가 음수이면 $\theta = -\frac{\pi}{2}$,
$x \neq 0$이고 P가 제1사분면이나 제4사분면의 한 점인 경우;

$$r = \sqrt{x^2 + y^2},\ \theta = \tan^{-1}\frac{y}{x},$$

$x \neq 0$이고 P가 제2사분면이나 제3사분면의 한 점인 경우;

$$r = \sqrt{x^2 + y^2},\ \theta = \tan^{-1}\frac{y}{x} + \pi$$

로 주어진다.

극좌표의 동일시

극좌표의 사용에서 다음을 주의하자.

(1) 원점의 반지름은 0이고 편각은 없다(또는 임의의 값이다).

(2) $r > 0$이라 하자. 좌표로 $(r, \theta+\pi)$인 점 Q의 직교좌표는 $(r\cos(\theta+\pi), r\sin(\theta+\pi))$이다. $r\cos(\theta+\pi) = -r\cos\theta$, $r\sin(\theta+\pi) = -r\sin\theta$이므로, 직교좌표로 $Q(-r\cos\theta, -r\sin\theta)$이다. 그래서 Q의 극좌표를 $(-r, \theta)$로 표시하면 편리할 때가 있다. 즉 $Q(-r, \theta) = Q(r, \theta+\pi)$이다. 따라서 $P(r, \theta)$와 $Q(-r, \theta)$는 원점을 중심으로 대칭인 점들이다.

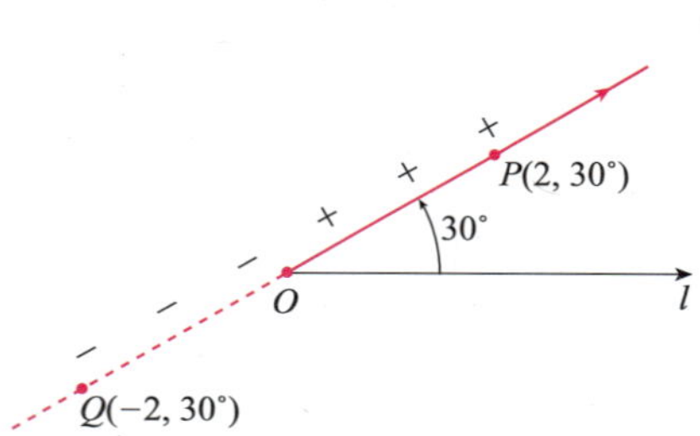

그림 8.3.5

이와 같이 극좌표에서 반지름의 정의역을 실수 전체의 집합으로 확장할 수 있다. 임의의 정수 n에 대하여 극좌표로 (r, θ), $(r, \theta+2n\pi)$, $(-r, \theta+2n\pi+\pi)$인 점은 모두 동일한 점임을 알 수 있다. 즉

$$P(r, \theta) = P(r, \theta+2n\pi) = P(-r, \theta+2n\pi+\pi)\ (n\text{은 정수})$$

이다.

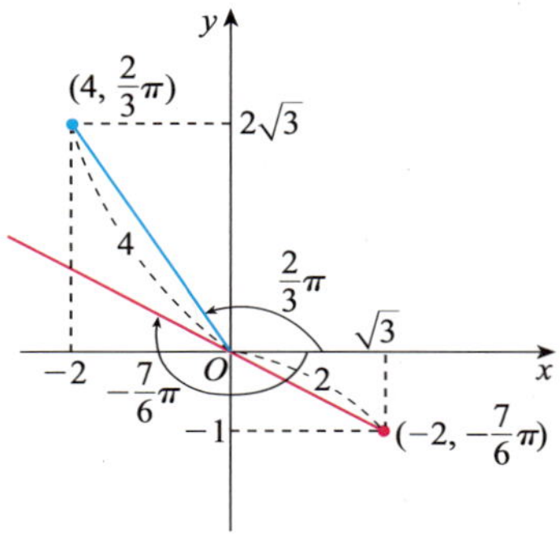

그림 8.3.6

예제 8.3.4 극좌표 $\left(4, \frac{2\pi}{3}\right)$와 $\left(-2, -\frac{7\pi}{6}\right)$에 대응되는 점들의 직교좌표를 각각 구하여라.

풀이 극좌표 $\left(4, \frac{2\pi}{3}\right)$에 대응되는 점의 직교좌표는

$$\left(4\cos\frac{2\pi}{3}, 4\sin\frac{2\pi}{3}\right) = (-2, 2\sqrt{3})$$

이다.

극좌표 $\left(-2, -\frac{7\pi}{6}\right)$에 대응되는 점의 직교좌표는

$$\left(-2\cos\left(-\frac{7\pi}{6}\right), -2\sin\left(-\frac{7\pi}{6}\right)\right) = (\sqrt{3}, -1)$$

이다. ■

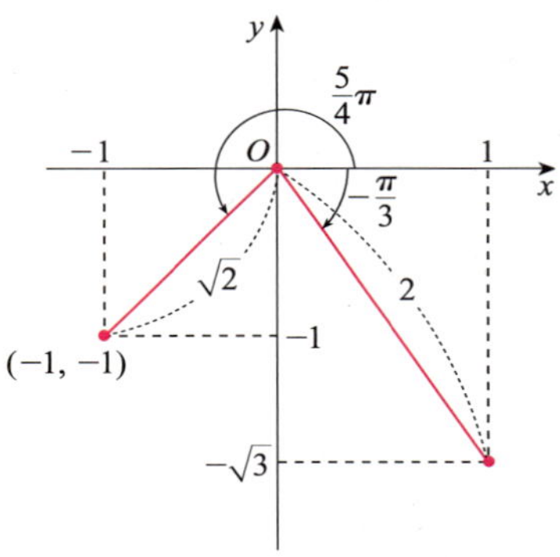

그림 8.3.7

예제 8.3.5 직교좌표 $(-1, -1)$과 $(1, -\sqrt{3})$에 대응되는 점들의 극좌표를 각각 구하여라.

풀이 직교좌표 $(-1, -1)$에 대응되는 점의 극좌표 (r, θ)는

$$r = \sqrt{x^2 + y^2} = \sqrt{(-1)^2 + (-1)^2} = \sqrt{2},$$
$$\theta = \tan^{-1}\frac{y}{x} + \pi = \tan^{-1}\frac{-1}{-1} + \pi = \frac{\pi}{4} + \pi = \frac{5\pi}{4}$$

로 주어진다. 따라서 직교좌표 $(-1, -1)$의 극좌표는 $\left(\sqrt{2}, \frac{5\pi}{4}\right)$ 혹은 $\left(-\sqrt{2}, \frac{\pi}{4}\right)$이다(그림 8.3.7 참조).

직교좌표 $(1, -\sqrt{3})$에 대응되는 점의 극좌표 (r, θ)는

$$r = \sqrt{x^2 + y^2} = \sqrt{1^2 + (-\sqrt{3})^2} = 2,$$
$$\theta = \tan^{-1}\frac{y}{x} = \tan^{-1}\frac{-\sqrt{3}}{1} = -\frac{\pi}{3}$$

로 주어진다. 따라서 직교좌표 $(1, -\sqrt{3})$에 대응되는 점의 극좌표는 $\left(2, -\frac{\pi}{3}\right)$ 혹은 $\left(-2, \frac{2\pi}{3}\right)$이다(그림 8.3.7 참조). ■

그림 8.3.8에서 보듯이 극좌표에서 방정식 $r = a$ ($a \neq 0$인 상수)는 직교좌표에서 원의 방정식 $x^2 + y^2 = a^2$으로 표현되고, 그 역도 성립한다. 특히 '$a = 1$, 즉 원 $r = 1$'과 '$a = -1$, 즉 원 $r = -1$'은 극좌표의 '동일시'에 의해서 같은 원이다.

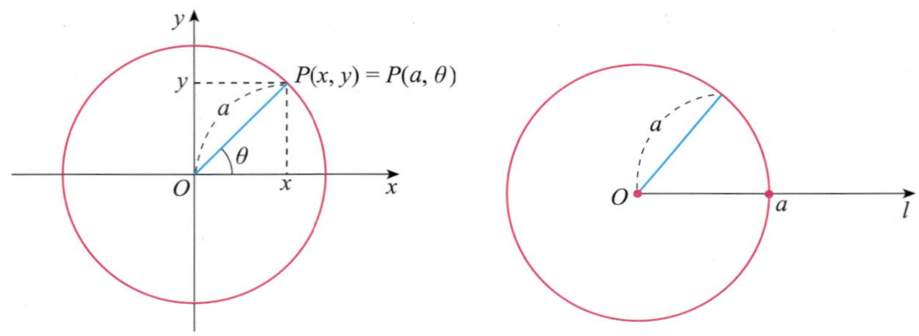

직교좌표에서 원 : $x^2+y^2=a^2$　　　극좌표에서 원 : $r=a$

그림 8.3.8

예제 8.3.6 점 $\left(2, \frac{\pi}{6}\right)$의 모든 극좌표를 구하여라.

풀이 이 문제는 '동일시' 될 수 있는 모든 극좌표를 구하는 문제이므로, $r=2$일 때 $\left(2, \frac{\pi}{6}+2n\pi\right)$ (단, $n=0, \pm 1, \pm 2, \cdots$)인 모든 점들은 점 $\left(2, \frac{\pi}{6}\right)$와 동일시되는 극좌표들이다.

$r=-2$일 때 $\left(-2, \frac{\pi}{6}+2n\pi+\pi\right)$ (단, $n=0, \pm 1, \pm 2, \cdots$)인 모든 점들은 점 $\left(2, \frac{\pi}{6}\right)$와 동일시되는 극좌표들이다. ■

극방정식

극좌표의 관계식으로 표현되는 방정식을 극방정식(polar equation)이라 한다.

예제 8.3.7 그림 8.3.9의 영역은 주어진 극방정식과 극부등식을 만족하는 xy평면에서의 점집합을 나타낸다. ■

예제 8.3.8 극방정식 $r\cos\left(\theta-\frac{\pi}{3}\right)=3$에 대응하는 직교좌표방정식을 구하여라.

풀이 극방정식을 직교좌표방정식으로 고치는 데는 정리 8.3.3과 삼각함수의 항등식들을 이용하여 풀 수 있다.

$$\begin{aligned}3 &= r\cos\left(\theta-\frac{\pi}{3}\right)=r\left(\cos\theta\cdot\cos\frac{\pi}{3}+\sin\theta\cdot\sin\frac{\pi}{3}\right)\\ &= r\cos\theta\cdot\frac{1}{2}+r\sin\theta\cdot\frac{\sqrt{3}}{2}\end{aligned}$$

정리 8.3.3에 의해서 $\frac{1}{2}x+\frac{\sqrt{3}}{2}y=3$이 대응하는 직교좌표방정식이다. ■

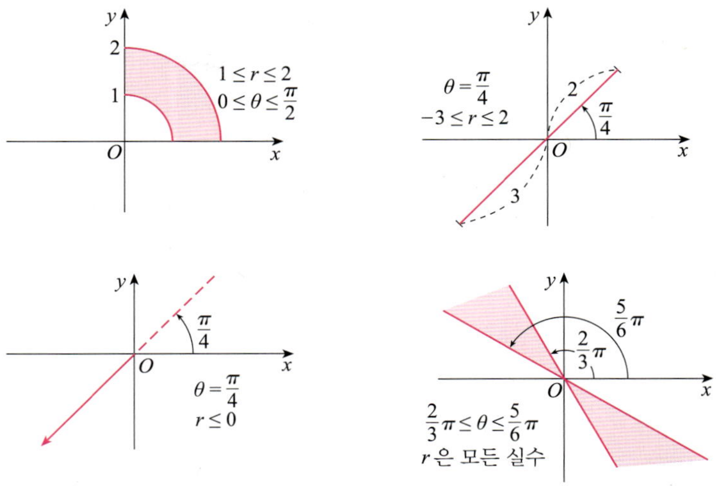

그림 8.3.9

예제 8.3.9 다음 극방정식을 직교좌표방정식으로 고쳐라.

(1) $r^2 = 4r\cos\theta$ (2) $r = \dfrac{4}{2\cos\theta - \sin\theta}$ (3) $r = 4\tan\theta\sec\theta$

(4) $r + \sin\theta = 2\cos\theta$ (5) $r = \cos\theta + \sin\theta$

풀이 (1) $x^2 + y^2 = 4x$이므로 $(x-2)^2 + y^2 = 4$이다.

(2) 주어진 식에서 $r(2\cos\theta - \sin\theta) = 4$이므로 $2r\cos\theta - r\sin\theta = 4$이고, 따라서 $2x - y = 4$이다.

(3) $r = 4\tan\theta\sec\theta = 4 \cdot \dfrac{\sin\theta}{\cos\theta} \cdot \dfrac{1}{\cos\theta} = \dfrac{4\sin\theta}{\cos^2\theta}$이므로 $r\cos^2\theta = 4\sin\theta$, 즉 $r^2\cos^2\theta = 4r\sin\theta$이다. 따라서 $x^2 = 4y$이다.

(4) 주어진 식에서 $r^2 + r\sin\theta = 2r\cos\theta$이므로 $x^2 + y^2 + y = 2x$이다.

(5) 주어진 식에서 $r^2 = r\cos\theta + r\sin\theta$이므로 $x^2 + y^2 = x + y$이다. ■

예제 8.3.10 다음 직교좌표방정식을 극방정식으로 고쳐라.

(1) $x^2 - y^2 = 1$ (2) $xy = 4$ (3) $x = 2$ (4) $x^2 + y^2 = 3y$

(5) $y = x^3 + 1$ (6) $x = y$ (7) $x^3 + y^3 - 3axy = 0$ (단, $a > 0$)

풀이 정리 8.3.3을 이용하면

(1) $r^2\cos^2\theta - r^2\sin^2\theta = 1$이고, 따라서 $r^2(\cos^2\theta - \sin^2\theta) = 1$ 또는 $r^2\cos 2\theta = 1$이다.

(2) $r^2\sin\theta\cos\theta = 4$ 혹은 $r^2\sin 2\theta = 8$이다.

(3) $r\cos\theta = 2$

(4) $r^2 = 3r\sin\theta$

(5) $r\sin\theta = r^3\cos^3\theta + 1$

(6) $r\sin\theta = r\cos\theta$이고, 따라서 $\sin\theta = \cos\theta$, 혹은 $\tan\theta = 1$, 혹은 $\theta = \frac{\pi}{4}$이다.

(7) $(r\cos\theta)^3 + (r\sin\theta)^3 - 3a(r\cos\theta)(r\sin\theta) = 0$이므로
$r^3\cos^3\theta + r^3\sin^3\theta = 3ar^2\cos\theta\sin\theta$이고, 따라서
$r = \dfrac{3a\cos\theta\sin\theta}{\cos^3\theta + \sin^3\theta}$이다. ■

극방정식은 양함수 $r = f(\theta)$ (편각 θ는 독립변수, 반지름 r은 종속변수) 또는 음함수 $f(r, \theta) = 0$으로 표시된다. 극방정식의 그래프를 xy 좌표평면에 그릴 때 대칭성, 특수값에 대응하는 함숫값 등을 이용하여 그 개형을 그릴 수 있다.

그래프의 대칭성

(1) θ를 $-\theta$로 놓았을 때 극방정식이 변하지 않으면, 그래프는 **x축에 대해서 대칭**이다.

(2) r을 $-r$로 놓았을 때 극방정식이 변하지 않으면, 그래프는 **원점에 대해서 대칭**이다.

(3) θ를 $\pi - \theta$로 놓았을 때 극방정식이 변하지 않으면, 그래프는 **y축에 대해서 대칭**이다.

예제 8.3.11 다음 극방정식들의 그래프를 xy좌표평면에 그려라.

(1) $r = a(1 - \cos\theta)$ (단, $a > 0$, 상수)

(2) $r^2 = 4a^2\cos\theta$ (단, $a > 0$, 상수)

(3) $r = 1 + \cos\frac{\theta}{2}$

(4) $r = a\sin 2\theta$ (단, $a > 0$, 상수)

풀이 (1)

θ	0	$\frac{\pi}{3}$	$\frac{\pi}{2}$	$\frac{2\pi}{3}$	π	$\cdots$
r	0	$\frac{a}{2}$	a	$\frac{3a}{2}$	$2a$	$\cdots$

위 표로써 그 개형을 그릴 수 있지만 $\theta = \pi$까지만 r값을 구한 뒤 함수 $r = r(\theta)$가

$$r(-\theta) = a[1 - \cos(-\theta)] = a(1 - \cos\theta) = r(\theta)$$

이므로 기선에 대해서 대칭임을 이용하여 그릴 수 있다.

나머지 극방정식에 대해서도 특정한 값들에서의 함숫값들과 대칭성을 이용하여 그래프 개형을 그림 8.3.10과 같이 그릴 수 있다. ■

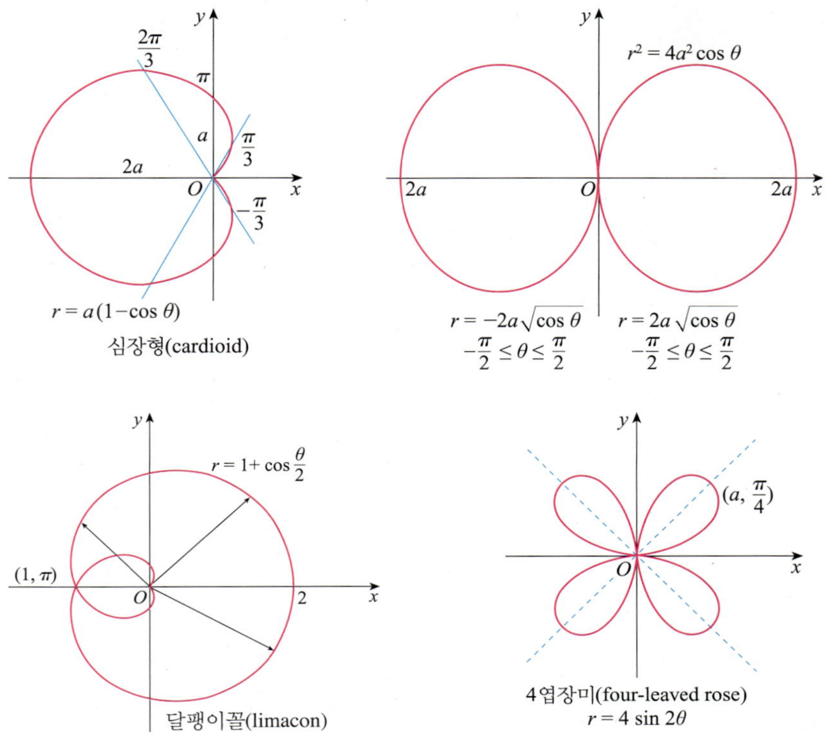

그림 8.3.10

예제 8.3.12 반지름이 a이고 중심이 (b, θ_0)인 원의 극방정식을 구하여라.

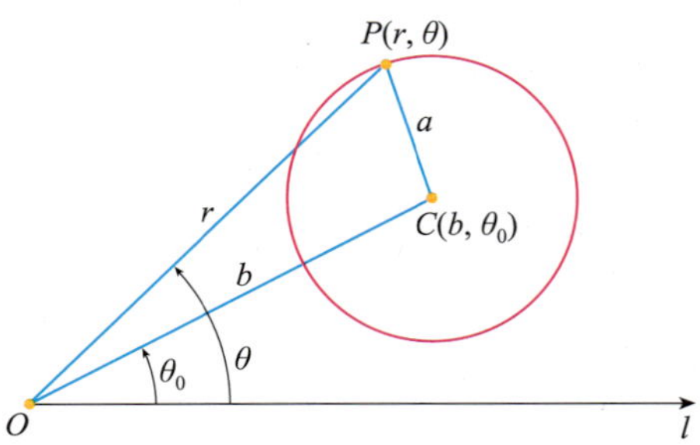

그림 8.3.11

풀이 그림 8.3.11에서 ΔOCP에 코사인 제2법칙을 응용한다. 그러면

$$a^2 = b^2 + r^2 - 2br\cos(\theta - \theta_0)$$

가 구하는 방정식이다. 여기서

(1) 원이 원점을 지나면 $a = b$이므로 $r = 2a\cos(\theta - \theta_0)$이고,

(2) 더욱이 $\theta_0 = 0$, 즉 중심 C가 기선 l상에 있으면 $r = 2a\cos\theta$,

(3) $\theta_0 = \frac{\pi}{2}$일 때는 $r = 2a\sin\theta$이다. ■

8.3 연습문제

1. $r=1$과 $r=2\cos 2\theta(0 \le \theta \le 2\pi)$의 교점을 모두 구하여라.

2. 다음 극방정식들을 극좌표평면에서 그래프를 그려라. 그리고 직교좌표방정식으로 고치고 직교좌표평면에서 그래프를 그려라.

(1) $r\cos\theta = 2$ (2) $r^2 = 1$

(3) $r = \theta$ (4) $r = 1 - \sin\theta$

3. 다음 방정식들을 극방정식으로 고쳐라.

(1) $x^2 + xy + y^2 = 3$ (2) $xy = 2$

(3) $3x^2 + 2xy + 3y^2 = 19$ (4) $x^2 - 3xy + y^2 = 5$

8.4 극방정식의 적분과 응용

곡선이 극방정식 $r=f(\theta)$로 주어지면, θ를 매개변수로 하는 매개변수방정식

$$x = r\cos\theta = f(\theta)\cos\theta,\ \ y = r\sin\theta = f(\theta)\sin\theta$$

를 얻는다. 따라서 극방정식에 관련된 미분법은 매개변수방정식의 미분법을 이용하여 얻을 수 있다. 예를 들어, 정리 8.2.1에 의해

$$\frac{dy}{dx} = \frac{\dfrac{dy}{d\theta}}{\dfrac{dx}{d\theta}} = \frac{f'(\theta)\sin\theta + f(\theta)\cos\theta}{f'(\theta)\cos\theta - f(\theta)\sin\theta}$$

이다. 이 절에서는 주로 극방정식의 적분에 대해 학습한다. 특히 극방정식으로 주어진 영역의 넓이와 곡선의 길이, 곡면의 겉넓이를 구한다.

극방정식으로 표현된 영역의 넓이

먼저 극방정식으로 표현된 곡선 $r=f(\theta)$와 $\theta=\alpha$, $\theta=\beta$(단, $\alpha<\beta$)로 둘러싸인 부분의 넓이를 구해보자.

반지름이 r이고 중심각의 크기가 θ인 부채꼴의 넓이는 $A=\frac{1}{2}r^2\theta$임을 상기한다. 곡선 $r=f(\theta)$와 $\theta=\alpha$, $\theta=\beta$로 둘러싸인 부분의 넓이를 구하기 위하여 중심각의 임의의 분할 $P: \alpha=\theta_0<\theta_1<\theta_2<\cdots<\theta_n=\beta$를 생각한다. 중심각의 크기가 $\Delta\theta_i=\theta_i-\theta_{i-1}$에 대응하는 곡선부분의 넓이 A_i는

$$\frac{1}{2}(m_i)^2\Delta\theta_i \le A_i \le \frac{1}{2}(M_i)^2\Delta\theta_i$$

이며, 여기서 $m_i = \min\{f(\theta) | \theta_{i-1} \le \theta \le \theta_i\}$, $M_i = \max\{f(\theta) | \theta_{i-1} \le \theta \le \theta_i\}$이다.

곡선 $r=f(\theta)$가 연속이면 중간값 정리(따름정리 1.6.16)에 의해

$$A_i = \frac{1}{2}[f(\theta_i^*)]^2 \Delta\theta_i$$

를 만족하는 θ_i^*가 θ_{i-1}과 θ_i 사이에 존재한다. 그러므로 구하는 넓이는

$$A = \lim_{|P|\to 0}\sum_{i=1}^{n} A_i = \lim_{|P|\to 0}\sum_{i=1}^{n}\frac{1}{2}[f(\theta_i^*)]^2\Delta\theta_i = \frac{1}{2}\int_\alpha^\beta r^2\,d\theta$$

이다.

정리 8.4.1

곡선 $r=f(\theta)$가 $[\alpha, \beta]$에서 연속이면 곡선 $r=f(\theta)$와 $\theta=\alpha, \theta=\beta$ (단, $\alpha<\beta$)로 둘러싸인 부분의 넓이는

$$A = \frac{1}{2}\int_\alpha^\beta r^2\,d\theta$$

이다.

위 정리를 이용하여 이미 우리가 잘 알고 있는 원의 넓이를 구해 보자.

예제 8.4.2 극방정식을 이용하여 반지름 a인 원의 넓이를 구하여라.

풀이 반지름 a인 원의 극방정식은 $r=a, 0\le\theta\le 2\pi$이다. 따라서

$$A = \frac{1}{2}\int_\alpha^\beta r^2\,d\theta = \frac{1}{2}\int_0^{2\pi} a^2\,d\theta = \pi a^2$$

이다. 이는 우리가 알고 있는 원의 넓이와 일치함을 알 수 있다. ■

예제 8.4.3 극방정식 $r = 2\cos\theta, 0\le\theta\le\pi$로 둘러싸인 부분의 넓이를 구하여라.

풀이 $$A = \frac{1}{2}\int_\alpha^\beta r^2\,d\theta = \frac{1}{2}\int_0^\pi 4\cos^2\theta\,d\theta = 2\int_0^\pi \frac{1}{2}(1+\cos 2\theta)\,d\theta$$

$$= \left[\theta + \frac{\sin 2\theta}{2}\right]_0^\pi = \pi$$ ■

예제 8.4.3에서 극방정식 $r=2\cos\theta$는 $r^2=2r\cos\theta$이므로 $x^2+y^2=2x$이고, 이는 $(x-1)^2+y^2=1$을 나타낸다. 여기서 $0\le\theta\le\pi$에서

$r = 2\cos\theta$는 원을 한 바퀴 돌고, $0 \le \theta \le 2\pi$이면 원을 두 바퀴 돈다. 이때 $\frac{1}{2}\int_0^{2\pi} r^2\, d\theta = 2\pi$이고, 이는 원의 넓이를 2개 구하는 것이다.

예제 8.4.4 극방정식 $r^2 = 4a^2\cos\theta$ $(a>0)$에 의해 이루어진 부분의 넓이를 구하여라.

풀이 예제 8.3.11의 그림에서 보듯이 그래프가 각 축에 대하여 대칭이므로 구하는 넓이는

$$A = 4\int_0^{\pi/2} \frac{1}{2} r^2\, d\theta = 2\int_0^{\pi/2} 4a^2\cos\theta d\theta = 8a^2[\sin\theta]_0^{\pi/2} = 8a^2$$

이다. ■

아래 두 예제에서 직교좌표로 나타내기 어려운 영역에 대한 넓이를 구해보자.

예제 8.4.5 연주형 $r^2 = a^2\cos 2\theta$ $(a>0)$에 의해 이루어진 부분의 넓이를 구하여라.

풀이 주어진 극방정식의 그래프를 그려보면 구간 $-\frac{\pi}{4} \le \theta \le \frac{\pi}{4}$, $\frac{3\pi}{4} \le \theta \le \frac{5\pi}{4}$에서 각각 하나의 잎을 만들고 그래프가 각 축에 대하여 대칭이므로, 구하는 넓이는

$$A = 4\int_0^{\pi/4} \frac{1}{2} r^2\, d\theta = 2a^2\int_0^{\pi/4} \cos 2\theta\, d\theta = 2a^2\left[\frac{1}{2}\sin 2\theta\right]_0^{\pi/4} = a^2$$

이다. ■

예제 8.4.6 4엽 장미 $r = \sin 2\theta$로 둘러싸인 부분의 넓이를 구하여라.

풀이 예제 8.3.11의 그림에서 보듯이 그래프는 각 축에 대칭이며 $\theta = 0$에서 $\theta = \frac{\pi}{2}$ 사이 영역의 4배이다. 따라서 구하는 넓이는

$$A = 4\int_0^{\pi/2} \frac{1}{2} r^2\, d\theta = 4\int_0^{\pi/2} \frac{1}{2}\sin^2 2\theta\, d\theta = 2\int_0^{\pi/2} \frac{1}{2}(1 - \cos 4\theta)\, d\theta$$
$$= \left[\theta - \frac{1}{4}\sin 4\theta\right]_0^{\pi/2} = \frac{\pi}{2}$$

이다. ■

극방정식으로 표현된 곡선의 길이

극방정식으로 표현된 곡선 $r = f(\theta)$의 $\theta = \alpha$, $\theta = \beta$ 사이의 호의 길이를

구해보자. 직교좌표와 극좌표의 관계식을 이용하여 이 곡선을 θ에 관한 매개변수방정식 $x=r(\theta)\cos\theta$, $y=r(\theta)\sin\theta$로 표현할 수 있다. 단, $\alpha<\beta$이다. 한편

$$\left(\frac{dx}{d\theta}\right)^2+\left(\frac{dy}{d\theta}\right)^2=\left(\frac{dr}{d\theta}\cos\theta-r\sin\theta\right)^2+\left(\frac{dr}{d\theta}\sin\theta+r\cos\theta\right)^2$$
$$=\left(\frac{dr}{d\theta}\right)^2+r^2$$

이다. 따라서 $r(\theta)$, $\frac{dr}{d\theta}$가 $\alpha\le\theta\le\beta$에서 연속이면 정리 8.2.12에 의해 구하는 곡선의 길이는

$$s=\int_\alpha^\beta\sqrt{\left(\frac{dr}{d\theta}\right)^2+r^2}\,d\theta$$

이다.

정리 8.4.7

극방정식으로 표현된 곡선 $r=f(\theta)$에서 $r=f(\theta)$와 $\frac{dr}{d\theta}$가 $\alpha\le\theta\le\beta$에서 연속이면 $r=f(\theta)$의 $\theta=\alpha$, $\theta=\beta$ 사이의 호의 길이는

$$s=\int_\alpha^\beta\sqrt{\left(\frac{dr}{d\theta}\right)^2+r^2}\,d\theta$$

이다.

예제 8.4.8 극방정식을 이용하여 반지름 a인 원의 원주 길이를 구하여라.

풀이 반지름 a인 원의 극방정식은 $r=a$, $0\le\theta\le2\pi$이다. 따라서 원주의 길이는

$$s=\int_\alpha^\beta\sqrt{\left(\frac{dr}{d\theta}\right)^2+r^2}\,d\theta=\int_0^{2\pi}\sqrt{0^2+a^2}\,d\theta=2\pi a$$

이다. 이는 우리가 알고 있는 원주의 길이와 일치함을 알 수 있다. ■

예제 8.4.9 극방정식 $r=2\cos\theta$, $0\le\theta\le\pi$로 주어진 곡선의 길이를 구하여라.

풀이 $$s=\int_\alpha^\beta\sqrt{\left(\frac{dr}{d\theta}\right)^2+r^2}\,d\theta=\int_0^\pi\sqrt{(-2\sin\theta)^2+(2\cos\theta)^2}\,d\theta$$
$$=\int_0^\pi\sqrt{4}\,d\theta=2\pi$$ ■

예제 8.4.3 아래에서 설명했듯이, 극방정식 $r=2\cos\theta$는 $r^2=2r\cos\theta$이므로 $x^2+y^2=2x$이고, 이는 $(x-1)^2+y^2=1$을 나타낸다. 여기서 $0\le\theta\le\pi$에서 $r=2\cos\theta$는 원을 한 바퀴 돌기 때문에 위 곡선의 길이는 반지름 1인 원주의 길이 2π와 일치함을 알 수 있다.

예제 8.4.10 심장형 $r=a(1-\cos\theta)$ $(a>0)$의 곡선의 길이를 구하여라.

풀이 구하는 호의 길이는

$$\begin{aligned} s &= \int_0^{2\pi}\sqrt{\left(\frac{dr}{d\theta}\right)^2+r^2}\,d\theta = \int_0^{2\pi}\sqrt{(a\sin\theta)^2+a^2(1-\cos\theta)^2}\,d\theta \\ &= \int_0^{2\pi}\sqrt{2a^2(1-\cos\theta)}\,d\theta = \int_0^{2\pi}\sqrt{2a^2\left(2\sin^2\frac{\theta}{2}\right)}\,d\theta \\ &= \int_0^{2\pi}2a\sin\frac{\theta}{2}\,d\theta = 2a\left[2\left(-\cos\frac{\theta}{2}\right)\right]_0^{2\pi} = 8a \end{aligned}$$

이다. ■

극방정식으로 표현된 곡면의 겉넓이

극방정식으로 표현된 곡선 $r=f(\theta)$의 $\theta=\alpha$, $\theta=\beta$ 사이의 호를 x축 둘레로 회전한 입체의 겉넓이를 구하기 위해 직교좌표와 극좌표의 관계식을 이용하여 이 곡선을 θ에 관한 매개변수방정식 $x=r(\theta)\cos\theta$, $y=r(\theta)\sin\theta$로 표현할 수 있다. 단, $\alpha<\beta$이다. 매개변수방정식으로 주어진 곡선을 회전한 회전체의 겉넓이는 정리 8.2.15에 의해

$$A = 2\pi\int_a^b y\sqrt{1+(y')^2}\,dx = 2\pi\int_\alpha^\beta y(\theta)\sqrt{\left(\frac{dx}{d\theta}\right)^2+\left(\frac{dy}{d\theta}\right)^2}\,d\theta$$

이다. 여기서

$$\begin{aligned} \left(\frac{dx}{d\theta}\right)^2+\left(\frac{dy}{d\theta}\right)^2 &= \left(\frac{dr}{d\theta}\cos\theta - r\sin\theta\right)^2+\left(\frac{dr}{d\theta}\sin\theta + r\cos\theta\right)^2 \\ &= \left(\frac{dr}{d\theta}\right)^2+r^2 \end{aligned}$$

이므로, $r=f(\theta)$와 $\frac{dr}{d\theta}$가 $\alpha\le\theta\le\beta$에서 연속이면 구하는 입체의 겉넓이는

$$A = 2\pi\int_\alpha^\beta r\sin\theta\sqrt{\left(\frac{dr}{d\theta}\right)^2+r^2}\,d\theta$$

이다.

정리 8.4.11

극방정식으로 표현된 곡선 $r=f(\theta)$에서 $r=f(\theta)$와 $\frac{dr}{d\theta}$가 $\alpha \le \theta \le \beta$에서 연속이면 곡선 $r=f(\theta)$의 $\theta=\alpha, \theta=\beta$ 사이의 곡선을 x축 둘레로 회전한 입체의 겉넓이는

$$A = 2\pi \int_{\alpha}^{\beta} r \sin\theta \sqrt{\left(\frac{dr}{d\theta}\right)^2 + r^2}\, d\theta$$

이다.

예제 8.4.12 원의 극방정식을 이용하여 반지름 a인 구의 겉넓이를 구하여라.

풀이 반지름 a인 반원을 회전하면 구를 얻으므로, $r=a, 0 \le \theta \le \pi$를 x축 둘레로 회전한 회전체의 겉넓이를 구한다.

$$\begin{aligned} A &= 2\pi \int_{\alpha}^{\beta} r \sin\theta \sqrt{\left(\frac{dr}{d\theta}\right)^2 + r^2}\, d\theta \\ &= 2\pi \int_0^{\pi} a \sin\theta \sqrt{0^2 + a^2}\, d\theta = 2\pi a^2 [-\cos\theta]_0^{\pi} = 4\pi a^2 \end{aligned}$$

이는 예제 8.2.16에서 얻은 결과와 일치한다. ■

예제 8.4.13 극방정식 $r=2a\cos\theta, 0 \le \theta \le \pi$ $(a>0)$로 주어진 곡선을 x축 둘레로 회전한 회전체의 겉넓이를 구하여라.

풀이 예제 8.4.9에서처럼 이 곡선은 반지름 a인 원을 이룬다는 것을 알 수 있다. 따라서 구간 $0 \le \theta \le \frac{\pi}{2}$의 곡선을 회전하면 구하려는 곡면을 얻는다. 따라서 구하는 겉넓이는

$$\begin{aligned} A &= 2\pi \int_{\alpha}^{\beta} r \sin\theta \sqrt{\left(\frac{dr}{d\theta}\right)^2 + r^2}\, d\theta \\ &= 2\pi \int_0^{\pi/2} 2a\cos\theta \sin\theta \sqrt{(-2a\sin\theta)^2 + (2a\cos\theta)^2}\, d\theta \\ &= 4\pi a^2 \int_0^{\pi/2} \sin 2\theta\, d\theta = 4\pi a^2 \left[-\frac{\cos 2\theta}{2}\right]_0^{\pi/2} = 4\pi a^2 \end{aligned}$$

이다. 이는 반지름 a인 구의 겉넓이와 일치한다. ■

예제 8.4.14 심장형 $r=a(1-\cos\theta)$ $(a>0, 0 \le \theta \le \pi)$를 x축 둘레로 회전할 때 생기는 입체의 겉넓이를 구하여라.

풀이 구하는 회전체의 겉넓이는

$$\begin{aligned} A &= 2\pi\int_0^{\pi} r\sin\theta\sqrt{\left(\frac{dr}{d\theta}\right)^2 + r^2}\,d\theta \\ &= 2\pi\int_0^{\pi} a(1-\cos\theta)\sin\theta\sqrt{2a^2(1-\cos\theta)}\,d\theta \\ &= 2\sqrt{2}\,\pi a^2\int_0^{\pi}\sin\theta(1-\cos\theta)^{3/2}\,d\theta \\ &= \frac{32}{5}\pi a^2 \end{aligned}$$

이다. ■

8.4 연습문제

1. 다음 곡선들로 둘러싸인 부분의 넓이를 구하여라.

(1) 곡선 $x^2+y^2-3ax=0, (a>0)$ (도움말: 극좌표 이용)

(2) 곡선 $r=1+\sin\theta$ 내부의 제1사분면에 있는 영역

(3) 곡선 $r=2+2\cos\theta$의 내부 영역

(4) 곡선 $r=2a\sin\theta$의 내부

2. 다음 곡선의 주어진 구간에서의 길이를 구하여라.

(1) $r=a\cos\theta, (0\le\theta\le\frac{\pi}{2}, a>0)$

(2) $r=\theta^2 \quad (0\le\theta\le 2\pi)$

(3) $r=1+\cos\theta \quad (-\frac{\pi}{2}\le\theta\le\frac{\pi}{2})$

(4) $r=e^{2\theta} \quad (0\le\theta\le\pi)$

3. 주어진 곡선을 기선 주위로 회전하여 생기는 회전체의 겉넓이를 구하여라.

(1) $r=2\sin\theta \quad (0\le\theta\le\frac{\pi}{2})$

(2) $r=\cos\theta+\sin\theta \quad (0\le\theta\le\frac{\pi}{2})$

종 | 합 | 문 | 제

1. $0 < t < 2\pi$일 때 $x = t - \sin t,\ y = 1 - \cos t$의 오목볼록 관계를 조사하고 극값을 구하여라.

2. 다음 함수의 2차 도함수를 구하여라.

(1) $x = t - t^3,\ y = 1 - t^4$

(2) $x = 2t^3 - 1,\ y = \sqrt{t^2 + 1}$

3. 다음 곡선으로 둘러싸인 부분의 넓이를 구하여라.

(1) 곡선 $x = t - t^3,\ y = 1 - t^4$ (도움말: $-1 \le t \le 1$에서 폐곡선을 만든다.)

(2) 성망형 $x = a\cos^3 t,\ y = a\sin^3 t$

(3) 두 곡선 $r = a(1 + \cos\theta)$ 및 $r = 2a\cos\theta$

(4) 두 곡선 $r = \sin\theta$ 및 $r = \cos\theta$

4. 다음 곡선의 주어진 구간에서의 길이를 구하여라.

(1) $x = at^2,\ y = 2at \quad (0 \le t \le 1)$

(2) $x = \cos 2t,\ y = \sin 2t \quad (0 \le t \le \frac{\pi}{2})$

(3) $r = \theta^2 \quad (0 \le \theta \le \pi)$

(4) $r = \sin\theta \quad (\alpha \le \theta \le \beta)$

5. 다음 곡선들로 둘러싸인 부분을 지정된 축 둘레로 회전한 입체의 부피를 구하여라.

(1) 성망형 $x = a\cos^3 t,\ y = a\sin^3 t$ (x축)

(2) 원 $x^2 + (y - c)^2 = a^2 \quad (c > a > 0)$ (x축)

6. 주어진 곡선을 x축 둘레로 회전하여 생기는 회전체의 겉넓이를 구하여라.

(1) $x = 2t + 1,\ y = 4 - t \quad (0 \le t \le 4)$

(2) 원 $x^2 + (y - c)^2 = a^2 \quad (c > a > 0)$

(3) $r^2 = a^2\cos 2\theta$

9 CHAPTER

벡터함수

이 장에서는 2차원 평면이나 3차원 공간 위의 벡터함수에 대한 지식을 습득하여 곡선 및 곡면에 대한 지식을 넓히고 편미분이나 중적분의 학습에 도움이 되도록 한다.

우리는 보통 시간, 무게, 길이와 같이 크기(magnitude)만을 가진 양(量)을 많이 사용한다. 이러한 양을 스칼라라 한다. 그러나 바람의 속도와 방향처럼 크기와 방향(direction)을 동시에 가진 양을 사용하면 편리한 경우가 많이 있다. 크기와 방향을 가진 양을 **벡터**(vector)라 한다.

벡터를 나타내기 위하여 유향선분이나 화살표를 사용한다. 즉 유향선분의 길이로써 벡터의 크기를 나타내고, 유향선분의 방향으로써 벡터의 방향을 나타낸다. 그래서 공간상에서 점 P에서 점 Q로 향하고 크기가 점 P와 점 Q 사이의 거리와 같은 벡터를 $\overrightarrow{PQ}$로 나타내고(이것을 흔히 기하벡터라 한다), 점 P를 시점(initial point), 점 Q를 종점(terminal point)이라 한다. 이때 벡터 $\overrightarrow{PQ}$의 크기(선분 $\overline{PQ}$의 길이)를 $\|\overrightarrow{PQ}\|$로 표기하기로 하자.

벡터는 크기와 방향에 의해서만 결정되므로, 크기와 방향이 같은 벡터는 시점에 관계없이 동일한 벡터로 간주한다. 즉 한 벡터를 평행이동해도 동일한 벡터로 간주한다.

9.1 평면벡터

이 절에서는 일반적인 3차원 공간상에서 벡터에 대한 이해를 돕기 위해 2차원 평면에서의 벡터에 대한 기본 성질을 배운다. 벡터에 대한 기본지식이 있다면 이 절은 생략하고 9.2절부터 학습해도 무방하다. 그리고 이 절의 대부분의 내용은 유사한 방법으로 3차원 공간벡터에 대한 결과로 확장될 수 있다.

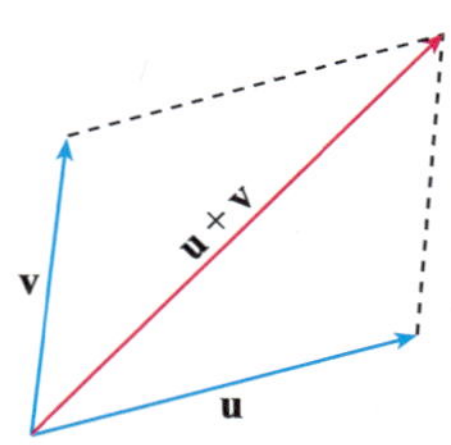

그림 9.1.1

정의 9.1.1 벡터의 합

2개의 벡터 $\mathbf{u}$와 $\mathbf{v}$의 합 $\mathbf{u}+\mathbf{v}$는 $\mathbf{u}$의 종점이 $\mathbf{v}$의 시점이 되도록 $\mathbf{v}$를 평행이동할 때, $\mathbf{u}$의 시점에서 $\mathbf{v}$의 종점으로 향하는 벡터라 정의하자(그림 9.1.1 참조). 그러면 $\mathbf{u}+\mathbf{v}$와 $\mathbf{v}+\mathbf{u}$는 $\mathbf{u}$와 $\mathbf{v}$가 이루는 평행사변형의 대각선 벡터이다. 따라서 $\mathbf{u}+\mathbf{v}=\mathbf{v}+\mathbf{u}$임을 쉽게 알 수 있다. 크기가 0인 벡터(시점과 종점이 같은 벡터)를 $\mathbf{0}$로 표시하고 **영벡터**(zero vector)라 하며, 벡터 $\mathbf{u}$와 크기가 같고 방향이 반대인 벡터를 $-\mathbf{u}$로 표시한다. 그러면 $\mathbf{u}+(-\mathbf{u})=\mathbf{0}$임을 알 수 있다.

정의 9.1.2 스칼라곱 연산

스칼라(실수) k와 벡터 $\mathbf{u}$에 대해서,

(1) $k \geq 0$이면, $k\mathbf{u}$는 크기가 $\mathbf{u}$의 크기의 k배이고 방향은 $\mathbf{u}$와 같은 방향의 벡터이다. 즉 $\|k\mathbf{u}\| = k\|\mathbf{u}\|$이고, $\mathbf{u}$와 $k\mathbf{u}$는 같은 방향을 가진다.

(2) $k<0$이면, $k\mathbf{u}$는 크기가 $\mathbf{u}$의 크기의 $|k|$배이고 방향은 $\mathbf{u}$와 반대방향의 벡터이다. 즉 $\|k\mathbf{u}\| = |k|\|\mathbf{u}\|$이고, $\mathbf{u}$와 $k\mathbf{u}$는 서로 반대 방향을 가진다.

여기서 명제 '$k=0$ 또는 $\mathbf{u}=\mathbf{0}$'와 명제 '$k\mathbf{u}=0$'은 동치임을 쉽게 알 수 있다. 또 $-\mathbf{u}=-1\mathbf{u}$이다.

정의 9.1.3

벡터 $\mathbf{u}$와 $\mathbf{v}$에 대해서 벡터의 차를 다음과 같이 정의한다.

$$\mathbf{u}-\mathbf{v}=\mathbf{u}+(-\mathbf{v})$$

이제 직교좌표평면 $\mathbb{R}^2$에서 벡터를 간편하게 표현하는 방법을 생각해보자. 평면 $\mathbb{R}^2$상의 임의의 두 점 $P_1(x_1, y_1)$과 $P_2(x_2, y_2)$에 대해서 벡터 $\overrightarrow{P_1P_2}$를 시점이 원점 O가 되도록 평행이동해보면, 점 $Q(x_2-x_1, y_2-y_1)$에 대해서 $\overrightarrow{P_1P_2}=\overrightarrow{OQ}$임을 알 수 있다. 따라서 평면 $\mathbb{R}^2$상의 모든 벡터들의 집합은 $\{\overrightarrow{OP} \mid P=(x, y) \in \mathbb{R}^2\}$이다.

한편 $\overrightarrow{OP}$의 시점은 항상 원점이므로 벡터 $\overrightarrow{OP}$는 종점 $P(x, y)$에 의해서 결정된다. 그러므로 벡터 $\overrightarrow{OP}$를 종점 P의 좌표로 표기하면 편리하다. 즉 점 $P(x, y)$에 대해서

$$\overrightarrow{OP} \equiv (x, y)$$

로 정의하자. 이때 x를 $\overrightarrow{OP}$의 첫째 (x)성분(component), y를 둘째 (y) 성분이라 한다. 그러면 $\mathbb{R}^2$를 공간상의 모든 벡터들의 집합이라 볼 수 있다.

정의에 의해서 임의의 점 $P_1(x_1, y_1)$과 $P_2(x_2, y_2)$에 대해서

$$\overrightarrow{P_1P_2}=\overrightarrow{OP_2}-\overrightarrow{OP_1}=(x_2, y_2)-(x_1, y_1)=(x_2-x_1, y_2-y_1)$$

이다. 지금까지의 정의들을 성분들로 표현하면 다음을 쉽게 알 수 있다.

정리 9.1.4

임의의 벡터 $(x, y) \in \mathbb{R}^2$와 스칼라 $k \in \mathbb{R}$에 대하여,

(1) $\|(x, y)\| = \sqrt{x^2 + y^2}$

(2) $k(x, y) = (kx, ky)$

(3) 임의의 벡터 $(a, b) \in \mathbb{R}^2$에 대하여 $(x, y)+(a, b)=(x+a, y+b)$

예제 9.1.5 점 $P(1, 1), Q(2, 3), R(-1, 1)$에 대하여 다음을 알 수 있다.

(1) $\overrightarrow{PQ} = (2, 3) - (1, 1) = (1, 2)$, $\overrightarrow{PR} = (-1, 1) - (1, 1) = (-2, 0)$

(2) $2\overrightarrow{PQ} - 3\overrightarrow{PR} = 2(1, 2) - 3(-2, 0) = (8, 4)$

(3) $\|\overrightarrow{PQ}\| = \sqrt{1^2 + 2^2} = \sqrt{5}$, $\|\overrightarrow{PR}\| = \sqrt{(-2)^2 + 0^2} = 2$ ■

정리 9.1.6

임의의 벡터 $\mathbf{u}, \mathbf{v}, \mathbf{w} \in \mathbb{R}^2$와 스칼라 $a, b \in \mathbb{R}$에 대하여 다음이 성립한다.

(1) $\mathbf{u} + \mathbf{v} = \mathbf{v} + \mathbf{u}$ (2) $\mathbf{u} + \mathbf{0} = \mathbf{0} + \mathbf{u}$

(3) $\mathbf{u} + (-\mathbf{u}) = \mathbf{0}$ (4) $(\mathbf{u} + \mathbf{v}) + \mathbf{w} = \mathbf{u} + (\mathbf{v} + \mathbf{w})$

(5) $a(b\mathbf{u}) = (ab)\mathbf{u}$ (6) $1\mathbf{u} = \mathbf{u}$

(7) $a(\mathbf{u} + \mathbf{v}) = a\mathbf{u} + a\mathbf{v}$ (8) $(a + b)\mathbf{u} = a\mathbf{u} + b\mathbf{u}$

증명 $\mathbf{u}, \mathbf{v}, \mathbf{w}$의 성분을 계산하여 쉽게 증명할 수 있기 때문에 예로 (7)만 증명하도록 하겠다. $\mathbf{u} = (x, y)$, $\mathbf{v} = (z, w)$라 하자.

$$\begin{aligned} a(\mathbf{u} + \mathbf{v}) &= a\{(x, y) + (z, w)\} = a(x + z, y + w) \\ &= (a(x + z), a(y + w)) = (ax + az, ay + aw) \\ &= (ax, ay) + (az, aw) = a(x, y) + a(z, w) = a\mathbf{u} + a\mathbf{v} \end{aligned}$$

이다. ■

평면 $\mathbb{R}^2$상의 벡터뿐만 아니라 공간 $\mathbb{R}^3$상의 벡터에 대해서도 유사하게 덧셈과 스칼라곱을 정의할 수 있고 $\mathbb{R}^3$상의 벡터들도 위의 성질을 만족시킨다. 다음 절에서 이에 대해 자세히 다루기로 하자.

평면벡터의 내적

내적은 벡터를 다루는 중요한 도구 중 하나이며 많은 분야에서 다양하게 이용된다. 이 절에선 평면벡터에 대해 다루지만 유사한 성질들

이 공간벡터에 대해서 성립함을 다음 절에서 보일 것이다.

정의 9.1.7 내적

벡터 $\mathbf{u}, \mathbf{v} \in \mathbb{R}^2$에 대해서 $\mathbf{u} \neq \mathbf{0} \neq \mathbf{v}$이고 $\mathbf{u}$와 $\mathbf{v}$의 사잇각을 θ라 하자($0 \leq \theta \leq \pi$). $\mathbf{u}$와 $\mathbf{v}$의 내적(inner product 또는 dot product)은

$$\mathbf{u} \cdot \mathbf{v} = <\mathbf{u}, \mathbf{v}> = \|\mathbf{u}\|\|\mathbf{v}\|\cos\theta$$

로 정의하자. 만약 $\mathbf{u} = \mathbf{0}$ 또는 $\mathbf{v} = \mathbf{0}$이면 $\mathbf{u} \cdot \mathbf{v} = <\mathbf{u}, \mathbf{v}> = 0$이라 둔다.

위 정의에 의해 다음이 성립함을 알 수 있다.

정리 9.1.8 사잇각

벡터 $\mathbf{u}, \mathbf{v} \in \mathbb{R}^2$에 대해서 $\mathbf{u} \neq \mathbf{0} \neq \mathbf{v}$이면,

(1) $\mathbf{u}$와 $\mathbf{v}$의 사잇각 θ는 다음과 같다.

$$\theta = \cos^{-1}\frac{\mathbf{u} \cdot \mathbf{v}}{\|\mathbf{u}\|\|\mathbf{v}\|}$$

(2) $\mathbf{u}$와 $\mathbf{v}$가 수직($\perp$)일 필요충분조건은 $\mathbf{u} \cdot \mathbf{v} = 0$이다.

예제 9.1.9 벡터 $\mathbf{u} = (2, 0)$과 $\mathbf{v} = (1, -1)$의 사잇각은 $\frac{\pi}{4}$임을 쉽게 알 수 있다. 따라서

$$\mathbf{u} \cdot \mathbf{v} = \|\mathbf{u}\|\|\mathbf{v}\|\cos\theta = 2 \cdot \sqrt{2}\cos\frac{\pi}{4} = 2$$

이다. ■

벡터의 내적을 다음 정리에서처럼 벡터의 성분으로 나타낼 수 있다.

정리 9.1.10 내적

벡터 $\mathbf{u} = (x_1, y_1), \mathbf{v} = (x_2, y_2)$에 대해 다음이 성립한다.

$$\mathbf{u} \cdot \mathbf{v} = x_1 x_2 + y_1 y_2$$

증명 $\mathbf{u}$와 $\mathbf{v}$의 종점을 각각 P, Q라 하자. 원점 O, P, Q를 연결하는 삼각형에 코사인 제2법칙을 이용하면(그림 9.1.2 참조),

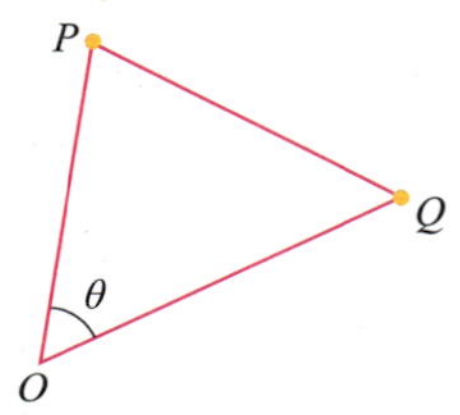
그림 9.1.2

$$\|PQ\|^2 = \|OP\|^2 + \|OQ\|^2 - 2\|OP\|\|OQ\|\cos\theta$$

이다. 여기서 θ는 직선 OP, OQ의 사잇각이다. 따라서

$$(x_2 - x_1)^2 + (y_2 - y_1)^2 = x_1^2 + y_1^2 + x_2^2 + y_2^2 - 2\mathbf{u}\cdot\mathbf{v}$$

이고, 이를 정리하면

$$2\mathbf{u}\cdot\mathbf{v} = x_1^2 + y_1^2 + x_2^2 + y_2^2 - \{(x_2 - x_1)^2 + (y_2 - y_1)^2\}$$

이다. 따라서

$$\mathbf{u}\cdot\mathbf{v} = x_1x_2 + y_1y_2$$

임을 알 수 있다. ■

정리 9.1.10에 의해 내적의 계산이 쉬워지며 정의 9.1.7 대신 벡터의 내적을 $\mathbf{u}\cdot\mathbf{v} = x_1x_2 + y_1y_2$로 정의하기도 한다.

예제 9.1.11 벡터 $\mathbf{u} = (2, 0)$과 $\mathbf{v} = (1, -1)$의 사잇각 θ를 구하여라.

풀이 $\|\mathbf{u}\| = 2$, $\|\mathbf{v}\| = \sqrt{2}$이고 $\mathbf{u}\cdot\mathbf{v} = 2\cdot 1 + 0\cdot(-1) = 2$이므로

$$\theta = \cos^{-1}\frac{2}{2\sqrt{2}} = \cos^{-1}\frac{1}{\sqrt{2}} = \frac{\pi}{4}$$

이다. ■

예제 9.1.12 벡터 $(1, 2)$에 수직인 벡터를 모두 구하여라.

풀이 벡터 (a, b)가 $(1, 2)$에 수직이라 하자. 정리 9.1.8에 의해 $0 = (1, 2)\cdot(a, b) = a + 2b$이므로 $a = -2b$이다. 따라서 벡터 $(-2t, t)$, $(t \in \mathbb{R})$는 모두 $(1, 2)$에 수직이다. ■

다음은 내적의 중요 성질이다.

정리 9.1.13

임의의 벡터 $\mathbf{u}, \mathbf{v}, \mathbf{w} \in \mathbb{R}^2$와 스칼라 $k \in \mathbb{R}$에 대하여,

(1) $\mathbf{u}\cdot\mathbf{v} = \mathbf{v}\cdot\mathbf{u}$

(2) $k(\mathbf{u}\cdot\mathbf{v}) = (k\mathbf{u})\cdot\mathbf{v} = \mathbf{u}\cdot(k\mathbf{v})$

(3) $\mathbf{u}\cdot(\mathbf{v} + \mathbf{w}) = \mathbf{u}\cdot\mathbf{v} + \mathbf{u}\cdot\mathbf{w}$ (내적의 분배법칙)

(4) $\|\mathbf{u}\| = \sqrt{\mathbf{u}\cdot\mathbf{u}} \ge 0$, $\mathbf{u}\cdot\mathbf{u} = 0 \Leftrightarrow \mathbf{u} = \mathbf{0}$

증명 $\mathbf{u} = (x_1, y_1)$, $\mathbf{v} = (x_2, y_2)$, $\mathbf{w} = (x_3, y_3)$라 두고 계산한다. ■

일반적인 벡터공간 V의 벡터들 사이에 정리 9.1.13을 만족하는 • 를 내적이라 하고, 이러한 내적이 존재하면 V를 내적공간이라 한다. 예를 들어 $V = \mathbb{R}^2$에서 $\mathbf{u} = (x_1, y_1)$, $\mathbf{v} = (x_2, y_2)$에 대해

$$\mathbf{u} \circ \mathbf{v} = x_1 x_2 + 2y_1 y_2$$

라 정의하면 정리 9.1.13의 성질을 모두 만족하기 때문에 $\mathbf{u} \circ \mathbf{v}$도 $\mathbb{R}^2$의 하나의 내적이 된다. 이 내적에 관해서 $\|(1,0)\| = 1$이고 $\|(0,1)\| = \sqrt{2}$이다.

크기가 1인 벡터를 단위벡터(unit vector)라 한다. 공간 $\mathbb{R}^2$에서 기본이 되는 다음 2개의 단위벡터를 생각할 수 있다. $\mathbf{i} = (1,0)$, $\mathbf{j} = (0,1)$은 각각 양의 x축, 양의 y축 방향의 단위벡터들로써 서로 직교한다. 그리고 임의의 벡터 $\mathbf{u} = (x, y) \in \mathbb{R}^2$에 대해서,

$$\mathbf{u} = x\mathbf{i} + y\mathbf{j} \ \ (\mathbf{i}, \mathbf{j}\text{의 일차결합})$$

로 표시된다. 이와 같은 벡터 $\mathbf{i}, \mathbf{j}$를 $\mathbb{R}^2$의 기본단위벡터(fundamental unit vector)라 하고 집합 $\{\mathbf{i}, \mathbf{j}\}$를 $\mathbb{R}^2$의 정규직교기저(orthonormal basis)라 한다.

벡터 $\mathbf{u} \neq \mathbf{0}$에 대해서 $\frac{\mathbf{u}}{\|\mathbf{u}\|}$는 $\mathbf{u}$방향의 단위벡터이다.

벡터의 정사영

벡터 $\mathbf{u} \neq \mathbf{0}$와 $\mathbf{v}$에 대하여 $\mathbf{v}$를 $\mathbf{u}$상에 정사영한 벡터 $\mathbf{w}$를 구해보자 (그림 9.1.3 참조).

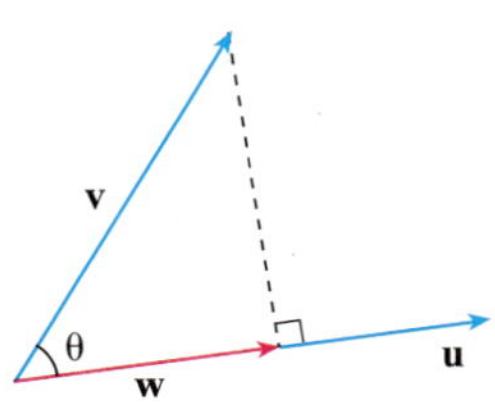

그림 9.1.3

먼저 $\mathbf{w}$의 크기를 구해보자.

$$\|\mathbf{w}\| = \|\mathbf{v}\|\cos\theta = \|\mathbf{v}\|\frac{\mathbf{u} \cdot \mathbf{v}}{\|\mathbf{u}\|\|\mathbf{v}\|} = \frac{\mathbf{u} \cdot \mathbf{v}}{\|\mathbf{u}\|}$$

이다. $\mathbf{w}$의 방향은 $\mathbf{u}$방향이므로 $\mathbf{u}$방향의 단위벡터 $\frac{\mathbf{u}}{\|\mathbf{u}\|}$를 $\mathbf{w}$의 크기에 곱하여 $\mathbf{w}$를 구한다. 즉

$$\mathbf{w} \equiv \frac{\mathbf{u} \cdot \mathbf{v}}{\|\mathbf{u}\|}\frac{\mathbf{u}}{\|\mathbf{u}\|} = \frac{\mathbf{u} \cdot \mathbf{v}}{\|\mathbf{u}\|^2}\mathbf{u}$$

이다. $\mathbf{w}$를 $\mathbf{v}$의 $\mathbf{u}$상에 정사영(orthogonal project)한 벡터라 한다. 이때 $\frac{\mathbf{u} \cdot \mathbf{v}}{\|\mathbf{u}\|}$를 $\mathbf{v}$의 $\mathbf{u}$방향 성분이라 한다. 이를 이용하여 아래의 정리와 같이 $\mathbf{v}$를 $\mathbf{w}$와 $\mathbf{w}$에 수직인 벡터의 합으로 나타낼 수 있다.

정리 9.1.14

벡터 $\mathbf{u},\mathbf{v}\in\mathbb{R}^2, \mathbf{u}\neq\mathbf{0}$에 대해서 $\mathbf{w}=\dfrac{\mathbf{u}\cdot\mathbf{v}}{\|\mathbf{u}\|^2}\mathbf{u}, \mathbf{w}_1=\mathbf{v}-\mathbf{w}$라 하면,

(1) $\mathbf{w}\cdot\mathbf{w}_1=0$, 즉 $\mathbf{w}$와 $\mathbf{w}_1$은 서로 수직이며,

(2) $\mathbf{v}=\mathbf{w}+\mathbf{w}_1$이다.

증명 (1)
$$\begin{aligned}\mathbf{w}\cdot\mathbf{w}_1&=\mathbf{w}\cdot(\mathbf{v}-\mathbf{w})=\mathbf{w}\cdot\mathbf{v}-\mathbf{w}\cdot\mathbf{w}\\&=\left(\frac{\mathbf{u}\cdot\mathbf{v}}{\|\mathbf{u}\|^2}\mathbf{u}\right)\cdot\mathbf{v}-\left(\frac{\mathbf{u}\cdot\mathbf{v}}{\|\mathbf{u}\|^2}\mathbf{u}\right)\cdot\left(\frac{\mathbf{u}\cdot\mathbf{v}}{\|\mathbf{u}\|^2}\mathbf{u}\right)\\&=\frac{\mathbf{u}\cdot\mathbf{v}}{\|\mathbf{u}\|^2}(\mathbf{u}\cdot\mathbf{v})-\left(\frac{\mathbf{u}\cdot\mathbf{v}}{\|\mathbf{u}\|^2}\frac{\mathbf{u}\cdot\mathbf{v}}{\|\mathbf{u}\|^2}\right)(\mathbf{u}\cdot\mathbf{u})\\&=\frac{\mathbf{u}\cdot\mathbf{v}}{\|\mathbf{u}\|^2}(\mathbf{u}\cdot\mathbf{v})-\left(\frac{\mathbf{u}\cdot\mathbf{v}}{\|\mathbf{u}\|^2}\frac{\mathbf{u}\cdot\mathbf{v}}{\|\mathbf{u}\|^2}\right)\|\mathbf{u}\|^2\\&=\frac{\mathbf{u}\cdot\mathbf{v}}{\|\mathbf{u}\|^2}(\mathbf{u}\cdot\mathbf{v})-\frac{(\mathbf{u}\cdot\mathbf{v})(\mathbf{u}\cdot\mathbf{v})}{\|\mathbf{u}\|^2}=0\end{aligned}$$

(2) $\mathbf{w}_1=\mathbf{v}-\mathbf{w}$이므로 $\mathbf{v}=\mathbf{w}+\mathbf{w}_1$임은 분명하다. ■

예제 9.1.15 (1) 벡터 $\mathbf{u}=(3,-1)$과 $\mathbf{v}=(2,-1)$에 대해서 $\mathbf{u}$상에 $\mathbf{v}$의 정사영 $\mathbf{w}$를 구하여라.

(2) 벡터 $\mathbf{v}$를 $\mathbf{u}$상의 벡터와 $\mathbf{u}$와 수직인 방향의 벡터의 합으로 나타내라.

풀이 (1) $\|\mathbf{u}\|=\sqrt{10}$이고 $\mathbf{u}\cdot\mathbf{v}=7$이므로, $\mathbf{v}$를 $\mathbf{u}$상에 정사영한 벡터 $\mathbf{w}$는

$$\mathbf{w}=\frac{7}{(\sqrt{10})^2}\mathbf{u}=\frac{7}{10}(3,-1)=\left(\frac{21}{10},\frac{-7}{10}\right)$$

이다.

(2) $\mathbf{w}_1=\mathbf{v}-\mathbf{w}=(2,-1)-\left(\frac{21}{10},\frac{-7}{10}\right)=\left(\frac{-1}{10},\frac{-3}{10}\right)$은 $\mathbf{u}$와 수직인 방향의 벡터이고 $\mathbf{w}+\mathbf{w}_1=\mathbf{v}$이다. ■

9.1 연습문제

1. $\mathbf{u}=(1,1)$, $\mathbf{v}=(-2,-1)$, $\mathbf{w}=(1,3)$에 대해 다음을 구하여라.

(1) $\mathbf{u}-(\mathbf{v}-\mathbf{w})$ (2) $4\mathbf{u}-3\mathbf{v}$

(3) $\mathbf{u}\cdot(3\mathbf{v})$ (4) $(\mathbf{u}+\mathbf{v})\cdot(\mathbf{u}-\mathbf{v})$

(5) $\mathbf{u}\cdot(\mathbf{v}+\mathbf{w})$ (6) $(\mathbf{u}\cdot\mathbf{v})+(\mathbf{u}\cdot\mathbf{w})$

2. 다음 두 벡터 사잇각을 구하여라.

(1) $\mathbf{u}=(1,1)$, $\mathbf{v}=(-2,-1)$

(2) $\mathbf{u}=(1,-2)$, $\mathbf{v}=(1,3)$

3. $\mathbf{u}+\mathbf{v}$와 $\mathbf{u}-\mathbf{v}$가 수직이면 $\|\mathbf{u}\|=\|\mathbf{v}\|$임을 보여라.

4. $\mathbf{u}=(1,-2)$, $\mathbf{v}=(1,3)$에 대해 다음에 답하여라.

(1) $\mathbf{v}$의 $\mathbf{u}$상의 정사영 벡터 $\mathbf{w}$를 구하여라.

(2) 벡터 $\mathbf{v}$를 $\mathbf{u}$상의 벡터와 $\mathbf{u}$와 수직인 방향의 벡터의 합으로 나타내라.

5. **(코시-슈바르츠 부등식)** $\mathbf{u}=(x,y)$와 $\mathbf{v}=(a,b)$에 대해서 $|\mathbf{u}\cdot\mathbf{v}|\le\|\mathbf{u}\|\|\mathbf{v}\|$임을 보여라.

9.2 공간벡터

이 절에서는 평면상의 벡터를 확장하여 공간상의 벡터의 표현방법과 성질을 살펴본다. 공간의 벡터를 다루기 위한 중요한 도구인 벡터의 내적 및 외적을 소개하고, 이에 대한 성질과 공간의 직선과 평면에 대해 학습한다.

공간상에서도 평면에서처럼 크기와 방향이 같은 벡터를 같은 벡터로 본다. 직교좌표의 원점 $O(0, 0, 0)$을 시점(始點)으로 하는 벡터를 위치(位置)벡터(position vector) 또는 P를 종점으로 하는 위치벡터라고 한다. $P(a, b, c)$를 종점으로 하는 위치벡터 또한 (a, b, c)로 표기한다. 즉 공간 $\mathbb{R}^3$상의 벡터 (1,2,3)이라는 것은 $\mathbb{R}^3$상에서 시점이 원점이고 종점이 (1,2,3)인 방향과 크기를 가지는 벡터를 나타낸다. 공간 $\mathbb{R}^3$상의 벡터 $\mathbf{u}$에 대하여, $\mathbf{u}$의 시점을 직교좌표의 원점 $O(0, 0, 0)$으로 옮겼을 때 $\mathbf{u}$의 종점의 좌표가 (a, b, c)일 때, 벡터 $\mathbf{u}$를 (a, b, c)로 나타낼 수 있다. 따라서 $\mathbb{R}^3$상의 모든 벡터는 좌표로 나타낼 수 있다. 공간 $\mathbb{R}^3$상의 벡터 $(1, 0, 0), (0, 1, 0), (0, 0, 1)$을 각각 $\mathbf{i}$, $\mathbf{j}$, $\mathbf{k}$로 나타내고 이를 $\mathbb{R}^3$의 기본단위벡터(fundamental unit vector)라 하고 집합 $\{\mathbf{i}, \mathbf{j}, \mathbf{k}\}$를 $\mathbb{R}^3$의 정규직교기저(orthonormal basis)라 한다. 즉

$$\mathbf{i} = (1, 0, 0), \quad \mathbf{j} = (0, 1, 0), \quad \mathbf{k} = (0, 0, 1)$$

이다. 참고로 $\mathbb{R}^3$상의 점 $P(a, b, c)$에 대하여, 벡터 $\mathbf{u} = \overrightarrow{OP}$라 하면 $\mathbf{u} = (a, b, c)$ 또는

$$\mathbf{u} = \overrightarrow{OP} = a\mathbf{i} + b\mathbf{j} + c\mathbf{k}$$

로 표현된다. 이때 $\mathbf{u} = a\mathbf{i} + b\mathbf{j} + c\mathbf{k}$로 나타내는 것을 $\mathbf{u}$를 기본단위벡터의 1차결합으로 나타낸 것이다 라고 한다. 이 때 $\mathbf{u}$의 크기는

$$\|\mathbf{u}\| \equiv \sqrt{a^2 + b^2 + c^2}$$

이다. $P_1(x_1, y_1, z_1)$을 시점으로 하고 $P_2(x_2, y_2, z_2)$를 종점으로 하는 벡터는

$$\overrightarrow{P_1P_2} = (x_2 - x_1)\mathbf{i} + (y_2 - y_1)\mathbf{j} + (z_2 - z_1)\mathbf{k}$$

가 되고, 그 크기는

$$\|\overrightarrow{P_1P_2}\| = \sqrt{(x_2 - x_1)^2 + (y_2 - y_1)^2 + (z_2 - z_1)^2}$$

가 된다.

예제 9.2.1 (1) $\mathbb{R}^3$상의 벡터 $\mathbf{u} = (3, 4, 5)$를 기본단위벡터의 1차결합으로 나타내면 $\mathbf{u} = 3\mathbf{i} + 4\mathbf{j} + 5\mathbf{k}$이다.
(2) $P(1, 3, 5)$를 시점으로 하고 $Q(4, -1, 3)$을 종점으로 하는 벡터는

$$\overrightarrow{PQ} = (4-1)\mathbf{i} + (-1-3)\mathbf{j} + (3-5)\mathbf{k} = 3\mathbf{i} - 4\mathbf{j} - 2\mathbf{k}$$

또는 $\overrightarrow{PQ} = (3, -4, -2)$로 나타내고, 그 크기는

$$\|\overrightarrow{PQ}\| = \sqrt{3^2 + (-4)^2 + (-2)^2} = \sqrt{29}$$

이다. ■

공간의 벡터에 대해서 정의 9.1.1, 정의 9.1.2와 유사하게 벡터의 합과 스칼라곱을 정의하며, 정리 9.1.4와 정리 9.1.6이 공간벡터에 대해서 성립한다.

공간벡터의 내적

평면에 대한 내적(정리 9.1.7)의 정의와 유사하게 공간에서도 다음과 같이 내적을 정의한다.

정의 9.2.2 내적

벡터 $\mathbf{u}, \mathbf{v} \in \mathbb{R}^3$에 대해서 $\mathbf{u} \neq \mathbf{0} \neq \mathbf{v}$이고 $\mathbf{u}$와 $\mathbf{v}$의 사잇각을 θ라 하자$(0 \leq \theta \leq \pi)$. $\mathbf{u}$와 $\mathbf{v}$의 내적은

$$\mathbf{u} \cdot \mathbf{v} = <\mathbf{u}, \mathbf{v}> = \|\mathbf{u}\|\|\mathbf{v}\|\cos\theta$$

로 정의하자. 만약 $\mathbf{u} = \mathbf{0}$ 또는 $\mathbf{v} = \mathbf{0}$이면 $\mathbf{u} \cdot \mathbf{v} = <\mathbf{u}, \mathbf{v}> = 0$이라 둔다.

위 정의에 의해 다음이 성립함을 알 수 있다.

정리 9.2.3

벡터 $\mathbf{u}, \mathbf{v} \in \mathbb{R}^3$에 대해서 $\mathbf{u} \neq \mathbf{0} \neq \mathbf{v}$이면,

(1) $\mathbf{u}$와 $\mathbf{v}$의 사잇각 θ는 다음과 같다.

$$\theta = \cos^{-1}\frac{\mathbf{u} \cdot \mathbf{v}}{\|\mathbf{u}\|\|\mathbf{v}\|}$$

(2) $\mathbf{u}$와 $\mathbf{v}$가 수직$(\perp)$일 필요충분조건은 $\mathbf{u} \cdot \mathbf{v} = 0$이다.

벡터의 내적을 다음 정리에서처럼 벡터의 성분으로 나타낼 수 있다.

정리 9.2.4

벡터 $\mathbf{u} = (x_1, y_1, z_1)$, $\mathbf{v} = (x_2, y_2, z_2)$에 대해 다음이 성립한다.

$$\mathbf{u} \cdot \mathbf{v} = x_1 x_2 + y_1 y_2 + z_1 z_2$$

증명 정리 9.1.10의 증명에서처럼 코사인 제2법칙을 이용하면 유사하게 증명된다. ■

정리 9.2.4에 의해 정의 9.2.2 대신 벡터의 내적을 $\mathbf{u} \cdot \mathbf{v} = x_1 x_2 + y_1 y_2 + z_1 z_2$로 정의하기도 한다. 이는 벡터의 사잇각을 구할 필요가 없기 때문에 정의 9.2.2보다 매우 편리하게 사용할 수 있으며, $\|\mathbf{u}\| = x_1^2 + y_1^2 + z_1^2 = \sqrt{\mathbf{u} \cdot \mathbf{u}}$임을 쉽게 알 수 있다.

예제 9.2.5 두 벡터 $\mathbf{u} = 2\mathbf{i} - 3\mathbf{j} + 5\mathbf{k}$와 $\mathbf{v} = 7\mathbf{i} + 2\mathbf{j} + 3\mathbf{k}$에 대하여,

(1) $\mathbf{u} \cdot \mathbf{v} = 2 \cdot 7 + (-3) \cdot 2 + 5 \cdot 3 = 23$이다.

(2) $\|\mathbf{u}\| = \sqrt{\mathbf{u} \cdot \mathbf{u}} = \sqrt{2^2 + (-3)^2 + 5^2} = \sqrt{38}$이다.

(3) $\mathbf{u}$와 $\mathbf{v}$의 사잇각을 θ라 하면 $\cos\theta = \dfrac{\mathbf{u} \cdot \mathbf{v}}{\|\mathbf{u}\|\|\mathbf{v}\|} = \dfrac{23}{\sqrt{38}\sqrt{62}}$이므로

$$\theta = \cos^{-1}\left(\frac{23}{\sqrt{38}\sqrt{62}}\right) \fallingdotseq 62°$$

이다. ■

예제 9.2.6 벡터 $\mathbf{u} = (2, 1, 1)$과 $\mathbf{v} = (1, -1, 2)$의 사잇각 θ를 구하여라.

풀이 $\|\mathbf{u}\| = \sqrt{6}$, $\|\mathbf{v}\| = \sqrt{6}$이고 $\mathbf{u} \cdot \mathbf{v} = 3$이므로

$$\theta = \cos^{-1}\frac{3}{\sqrt{6}\sqrt{6}} = \cos^{-1}\frac{1}{2} = \frac{\pi}{3}$$

이다. ■

공간벡터의 내적에 대해서도 정리 9.1.13과 유사하게 다음이 성립한다.

정리 9.2.7

임의의 벡터 $\mathbf{u}, \mathbf{v}, \mathbf{w} \in \mathbb{R}^3$와 스칼라 $k \in \mathbb{R}$에 대하여,

(1) $\mathbf{u} \cdot \mathbf{v} = \mathbf{v} \cdot \mathbf{u}$

(2) $k(\mathbf{u} \cdot \mathbf{v}) = (k\mathbf{u}) \cdot \mathbf{v} = \mathbf{u} \cdot (k\mathbf{v})$

(3) $\mathbf{u} \cdot (\mathbf{v} + \mathbf{w}) = \mathbf{u} \cdot \mathbf{v} + \mathbf{u} \cdot \mathbf{w}$ (내적의 분배법칙)

(4) $\|\mathbf{u}\| = \sqrt{\mathbf{u} \cdot \mathbf{u}} \geq 0,\ \mathbf{u} \cdot \mathbf{u} = 0 \Leftrightarrow \mathbf{u} = \mathbf{0}$

증명 $\mathbf{u} = (x_1, y_1, z_1)$, $\mathbf{v} = (x_2, y_2, z_2)$, $\mathbf{w} = (x_3, y_3, z_3)$라 두고 계산한다. ■

방향여현

벡터 $\mathbf{u} = u_1\mathbf{i} + u_2\mathbf{j} + u_3\mathbf{k}$가 x축, y축, z축과 이루는 각을 각각 α, β, γ라 하면,

$$\cos\alpha = \frac{\mathbf{u} \cdot \mathbf{i}}{\|\mathbf{u}\| \cdot \|\mathbf{i}\|} = \frac{u_1}{\|\mathbf{u}\|} \tag{9.2.1}$$

을 얻는다. 마찬가지로

$$\cos\beta = \frac{u_2}{\|\mathbf{u}\|},\quad \cos\gamma = \frac{u_3}{\|\mathbf{u}\|} \tag{9.2.2}$$

를 얻고,

$$\cos^2\alpha + \cos^2\beta + \cos^2\gamma = 1 \tag{9.2.3}$$

이 됨을 알 수 있다. 또한 (1)과 (2)로부터

$$\mathbf{u} = (\|\mathbf{u}\|\cos\alpha)\mathbf{i} + (\|\mathbf{u}\|\cos\beta)\mathbf{j} + (\|\mathbf{u}\|\cos\gamma)\mathbf{k} \tag{9.2.4}$$

로 표현됨을 알 수 있다.

정의 9.2.8 방향여현

벡터 $\mathbf{u} \in \mathbb{R}^3$, $\mathbf{u} \neq \mathbf{0}$에 대하여 $\mathbf{u}$가 x축, y축, z축과 이루는 각을 각각 α, β, γ라 할 때,

$$\cos\alpha,\ \cos\beta,\ \cos\gamma$$

를 벡터 **u의 방향여현**(방향성분)이라 한다.

식 (9.2.4)로부터 $\frac{1}{\|\mathbf{u}\|}\mathbf{u} = (\cos\alpha)\mathbf{i} + (\cos\beta)\mathbf{j} + (\cos\gamma)\mathbf{k}$이고, 식 (9.2.3)에서 $\cos^2\alpha + \cos^2\beta + \cos^2\gamma = 1$이므로 $\mathbf{u}$의 방향여현은 $\mathbf{u}$와 방향이 같은 단위벡터의 성분임을 알 수 있다.

예제 9.2.9 벡터 $\mathbf{u} = \mathbf{i} + 2\mathbf{j} + 3\mathbf{k}$의 방향여현을 구하여라.

풀이 벡터 $\mathbf{u}$와 x축, y축, z축과 이루는 각을 각각 α, β, γ라 하자. $\|\mathbf{u}\| = \sqrt{14}$이므로, 식 (9.2.1)과 (9.2.2)로부터

$$\cos\alpha = \frac{u_1}{\|\mathbf{u}\|} = \frac{1}{\sqrt{14}},\ \cos\beta = \frac{u_2}{\|\mathbf{u}\|} = \frac{2}{\sqrt{14}},\ \cos\gamma = \frac{u_3}{\|\mathbf{u}\|} = \frac{3}{\sqrt{14}}$$

이다. 따라서 $\mathbf{u}$의 방향여현은 $\frac{1}{\sqrt{14}}, \frac{2}{\sqrt{14}}, \frac{3}{\sqrt{14}}$이다. ■

벡터의 외적

공간상에서 크기가 0이 아닌 두 벡터 $\mathbf{u}$와 $\mathbf{v}$가 서로 평행하지 않으면, 두 벡터 $\mathbf{u}$와 $\mathbf{v}$를 포함하는 평면을 구성할 수 있다. 이때 $\mathbf{u}$를 기준으로 $\mathbf{v}$와의 각이 $\theta\,(0 \le \theta \le \pi)$일 때, 이 평면상에서 오른손 법칙을 이용하여 평면에 수직인 단위벡터 $\mathbf{n}$을 택할 수 있다. 이 $\mathbf{n}$을 이용하여 두 벡터에 대한 외적을 다음과 같이 정의한다.

> **정의 9.2.10 외적**
>
> 두 벡터 $\mathbf{u}, \mathbf{v} \in \mathbb{R}^3$, $\mathbf{u} \ne \mathbf{0} \ne \mathbf{v}$에 대하여 그 사잇각을 $\theta\,(0 \le \theta \le \pi)$라 할 때
>
> $$\mathbf{u} \times \mathbf{v} = (\|\mathbf{u}\|\|\mathbf{v}\|\sin\theta)\,\mathbf{n}$$
>
> 을 **$\mathbf{u}$와 $\mathbf{v}$의 외적**(cross product)이라고 한다. 여기서 $\mathbf{n}$은 그림 9.2.1처럼 오른손 법칙을 따르는 단위벡터이다. $\mathbf{u} = \mathbf{0}$이거나 $\mathbf{v} = \mathbf{0}$이면 $\mathbf{u} \times \mathbf{v} = \mathbf{0}$로 정의한다.

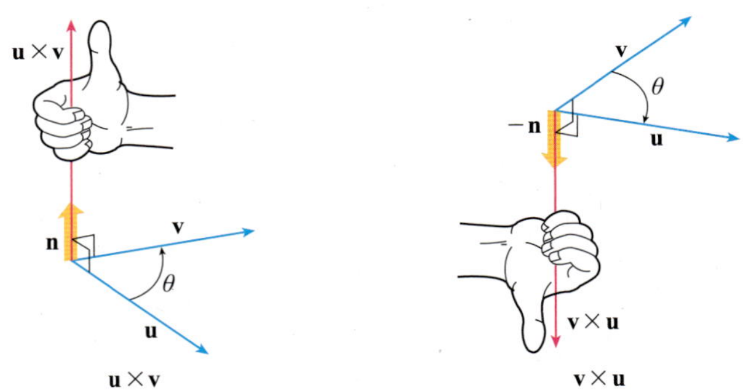

그림 9.2.1

이 정의에서 다음 사실들을 쉽게 알 수 있다.

예제 9.2.11 $\mathbb{R}^3$의 기본단위벡터 $\mathbf{i}, \mathbf{j}, \mathbf{k}$에 대해 다음이 성립한다.

(1) $\mathbf{i} \times \mathbf{j} = \mathbf{k},\ \mathbf{j} \times \mathbf{i} = -\mathbf{k}$

(2) $\mathbf{j}\times\mathbf{k}=\mathbf{i},\ \mathbf{k}\times\mathbf{j}=-\mathbf{i}$

(3) $\mathbf{k}\times\mathbf{i}=\mathbf{j},\ \mathbf{i}\times\mathbf{k}=-\mathbf{j}$ ■

정리 9.2.12

벡터 $\mathbf{u}, \mathbf{v}$와 스칼라 a, b에 대하여

(1) $\|\mathbf{u}\times\mathbf{v}\|$ = [$\mathbf{u}$와 $\mathbf{v}$를 두 변으로 하는 평행사변형의 넓이]

(2) $\mathbf{u}\times\mathbf{v}=-(\mathbf{v}\times\mathbf{u})$

(3) $(-\mathbf{u})\times\mathbf{v}=-(\mathbf{u}\times\mathbf{v}),\ \mathbf{u}\times(-\mathbf{v})=-(\mathbf{u}\times\mathbf{v})$

(4) $(a\mathbf{u})\times(b\mathbf{v})=(ab)(\mathbf{u}\times\mathbf{v})$

증명 (1) 정의 9.2.10에서 $\|\mathbf{u}\times\mathbf{v}\|=\|(\|\mathbf{u}\|\|\mathbf{v}\|\sin\theta)\mathbf{n}\|=\|\mathbf{u}\|\|\mathbf{v}\||\sin\theta|$이므로 $\|\mathbf{u}\times\mathbf{v}\|$는 $\mathbf{u}$와 $\mathbf{v}$를 두 변으로 하는 평행사변형의 넓이이다.

(2) 그림 9.2.1에서 보듯이 $\mathbf{u}\times\mathbf{v}$와 $\mathbf{v}\times\mathbf{u}$는 방향이 반대이므로 $\mathbf{u}\times\mathbf{v}=-(\mathbf{v}\times\mathbf{u})$이다.

(3) $\mathbf{u}\times\mathbf{v}=(\|\mathbf{u}\|\|\mathbf{v}\|\sin\theta)\mathbf{n}$이라면,

$$(-\mathbf{u})\times\mathbf{v}=(\|\mathbf{u}\|\|\mathbf{v}\|\sin(\pi-\theta))(-\mathbf{n})$$

이다. 따라서 $(-\mathbf{u})\times\mathbf{v}=-(\|\mathbf{u}\|\|\mathbf{v}\|\sin\theta)\mathbf{n}=-(\mathbf{u}\times\mathbf{v})$이다. (2)와 $(-\mathbf{v})\times\mathbf{u}=-(\mathbf{v}\times\mathbf{u})$를 이용하면, $\mathbf{u}\times(-\mathbf{v})=-((-\mathbf{v})\times\mathbf{u})$ $=-(-(\mathbf{v}\times\mathbf{u}))=\mathbf{v}\times\mathbf{u}=-(\mathbf{u}\times\mathbf{v})$이다.

(4) a, b가 양수이면 $(a\mathbf{u})\times(b\mathbf{v})=(ab)(\mathbf{u}\times\mathbf{v})$임은 정의 9.2.10에서 분명하다. a, b가 양수가 아닌 경우에는 (3)을 이용하여 증명할 수 있다. ■

예제 9.2.13 벡터 $\mathbf{u}=(2,1,1)$과 $\mathbf{v}=(1,-1,2)$에 대해 다음을 구하여라.

(1) $\mathbf{u}, \mathbf{v}$가 이루는 평행사변형의 넓이

(2) $\mathbf{u}\times\mathbf{v}$

풀이 (1) 예제 9.2.6에서 $\|\mathbf{u}\|=\sqrt{6}$, $\|\mathbf{v}\|=\sqrt{6}$이고 $\mathbf{u}, \mathbf{v}$의 사잇각은 $\frac{\pi}{3}$임을 알고 있다. 따라서 $\mathbf{u}, \mathbf{v}$가 이루는 평행사변형의 넓이는

$$\|\mathbf{u}\|\|\mathbf{v}\|\sin\theta=\sqrt{6}\sqrt{6}\sin\frac{\pi}{3}=3\sqrt{3}$$

이다.

(2) 먼저 $\mathbf{u}, \mathbf{v}$에 수직인 벡터를 구해보자. $\mathbf{w}=(a,b,c)$가 $\mathbf{u}, \mathbf{v}$에 수

직이면 $\mathbf{u} \cdot \mathbf{w} = 0$, $\mathbf{v} \cdot \mathbf{w} = 0$이다. 따라서 $2a + b + c = 0$, $a - b + 2c = 0$이다. 이 식을 연립하여 풀면 $b = c$, $c = -a$를 얻는다. 따라서 벡터 $(-a, a, a)$는 $\mathbf{u}$, $\mathbf{v}$에 수직이다. $\mathbf{u}$, $\mathbf{v}$의 방향을 고려하면 $\mathbf{u}$, $\mathbf{v}$에 수직인 단위벡터는 $\mathbf{n} = \left(\frac{1}{\sqrt{3}}, -\frac{1}{\sqrt{3}}, -\frac{1}{\sqrt{3}}\right)$이다. 따라서

$$\mathbf{u} \times \mathbf{v} = (\|\mathbf{u}\|\|\mathbf{v}\|\sin\theta)\,\mathbf{n} = 3\sqrt{3}\left(\frac{1}{\sqrt{3}}, -\frac{1}{\sqrt{3}}, -\frac{1}{\sqrt{3}}\right) = (3, -3, -3)$$

이다. ■

위 예제에서 보듯이 정의에 의한 외적의 계산은 쉽지 않다. 그러나 정리 9.2.15에서 좌표를 이용하여 쉽게 계산할 수 있다.

보조정리 9.2.14

두 벡터 $\mathbf{u} = a_1\mathbf{i} + a_2\mathbf{j} + a_3\mathbf{k}$와 $\mathbf{v} = b_1\mathbf{i} + b_2\mathbf{j} + b_3\mathbf{k}$에 대하여 $\mathbf{u}$, $\mathbf{v}$가 이루는 평행사변형의 넓이 S는

$$\begin{aligned} S = \|\mathbf{u} \times \mathbf{v}\| &= \sqrt{\|\mathbf{u}\|^2\|\mathbf{v}\|^2 - (\mathbf{u} \cdot \mathbf{v})^2} \\ &= \sqrt{(a_2b_3 - a_3b_2)^2 + (a_3b_1 - a_1b_3)^2 + (a_1b_2 - a_2b_1)^2} \end{aligned}$$

이다.

증명

$$\begin{aligned} \|\mathbf{u} \times \mathbf{v}\|^2 &= \|\mathbf{u}\|^2\|\mathbf{v}\|^2|\sin\theta|^2 = \|\mathbf{u}\|^2\|\mathbf{v}\|^2(1 - \cos^2\theta) \\ &= \|\mathbf{u}\|^2\|\mathbf{v}\|^2 - (\mathbf{u} \cdot \mathbf{v})^2 \\ &= (a_1^2 + a_2^2 + a_3^2)(b_1^2 + b_2^2 + b_3^2) - (a_1b_1 + a_2b_2 + a_3b_3)^2 \\ &= (a_2b_3 - a_3b_2)^2 + (a_3b_1 - a_1b_3)^2 + (a_1b_2 - a_2b_1)^2 \end{aligned}$$ ■

정리 9.2.15 외적

두 벡터 $\mathbf{u} = a_1\mathbf{i} + a_2\mathbf{j} + a_3\mathbf{k}$와 $\mathbf{v} = b_1\mathbf{i} + b_2\mathbf{j} + b_3\mathbf{k}$에 대하여

$$\mathbf{u} \times \mathbf{v} = (a_2b_3 - a_3b_2)\mathbf{i} + (a_3b_1 - a_1b_3)\mathbf{j} + (a_1b_2 - a_2b_1)\mathbf{k}$$

이다. 이를 $\mathbf{u} \times \mathbf{v} \equiv \begin{vmatrix} \mathbf{i} & \mathbf{j} & \mathbf{k} \\ a_1 & a_2 & a_3 \\ b_1 & b_2 & b_3 \end{vmatrix}$로 기억하면 편리하다.

증명 $\mathbf{w} = (x, y, z)$가 $\mathbf{u}$, $\mathbf{v}$에 수직인 벡터라면 $a_1x + a_2y + a_3z = 0$, $b_1x + b_2y + b_3z = 0$이다. 이 식에 각각 b_1, a_1을 곱하여 x항을 소거하면

$$(a_2b_1 - a_1b_2)y + (a_3b_1 - a_1b_3)z = 0$$

을 얻는다. $y = (a_3b_1 - a_1b_3)t$라 두면 $z = (a_1b_2 - a_2b_1)t$이고 $x = (a_2b_3 - a_3b_2)t$를 얻는다. 따라서 $\mathbf{u}$, $\mathbf{v}$에 수직인 벡터는 $t((a_2b_3 - a_3b_2)\mathbf{i} + (a_3b_2 - a_1b_3)\mathbf{j} + (a_1b_2 - a_2b_1)\mathbf{k})$이다. 따라서 적당한 t에 대해

$$\mathbf{u} \times \mathbf{v} = t((a_2b_3 - a_3b_2)\mathbf{i} + (a_3b_2 - a_1b_3)\mathbf{j} + (a_1b_2 - a_2b_1)\mathbf{k})$$

로 주어진다. 위에서 $\mathbf{u}$, $\mathbf{v}$가 이루는 평행사변형의 넓이는 보조정리 9.2.14에서

$$\|\mathbf{u} \times \mathbf{v}\| = S = \sqrt{(a_2b_3 - a_3b_2)^2 + (a_3b_1 - a_1b_3)^2 + (a_1b_2 - a_2b_1)^2}$$

이므로 $t = \pm 1$이다. $\mathbf{u} = (1,0,0)$, $\mathbf{v} = (0,1,0)$을 대입해보면 $t = 1$임을 알 수 있다. 따라서

$$\mathbf{u} \times \mathbf{v} = (a_2b_3 - a_3b_2)\mathbf{i} + (a_3b_1 - a_1b_3)\mathbf{j} + (a_1b_2 - a_2b_1)\mathbf{k}$$

이다. ■

두 벡터 $\mathbf{u}$, $\mathbf{v}$의 외적 $\mathbf{u} \times \mathbf{v}$의 표현을 쉽게 기억하기 위해 행렬의 행렬식을 이용한다.

이차 정사각행렬 $A = \begin{pmatrix} a & b \\ c & d \end{pmatrix}$의 행렬식은

$$|A| = \begin{vmatrix} a & b \\ c & d \end{vmatrix} = ad - bc$$

로 정의된다. 예를 들면

$$\begin{vmatrix} 1 & 2 \\ 3 & 4 \end{vmatrix} = 4 - 6 = -2$$

이다.

삼차 정사각행렬 $A = \begin{pmatrix} a_1 & a_2 & a_3 \\ b_1 & b_2 & b_3 \\ c_1 & c_2 & c_3 \end{pmatrix}$의 행렬식은

$$|A| = \begin{vmatrix} a_1 & a_2 & a_3 \\ b_1 & b_2 & b_3 \\ c_1 & c_2 & c_3 \end{vmatrix} = a_1\begin{vmatrix} b_2 & b_3 \\ c_2 & c_3 \end{vmatrix} - a_2\begin{vmatrix} b_1 & b_3 \\ c_1 & c_3 \end{vmatrix} + a_3\begin{vmatrix} b_1 & b_2 \\ c_1 & c_2 \end{vmatrix}$$

로 정의될 수 있다. 즉 $|A|$는 (A의 첫 번째 행과 첫 번째 열의 원소인 a_1과 A에서 첫 번째 행과 첫 번째 열을 제거한 2차 정사각행렬의 행렬식의 곱) − (A의 첫 번째 행과 두 번째 열의 원소인 a_2와 A에서 첫 번째 행과 두 번째 열을 제거한 2차 정사각행렬의 행렬식의 곱) + (A의 첫 번째 행과 세 번째 열의 원소인 a_3과 A에서 첫 번째 행과 세 번

째 열을 제거한 2차 정사각행렬의 행렬식의 곱)이다. 예를 들면

$$\begin{vmatrix} 2 & 3 & 1 \\ 1 & 1 & 2 \\ 2 & 1 & 3 \end{vmatrix} = 2\begin{vmatrix} 1 & 2 \\ 1 & 3 \end{vmatrix} - 3\begin{vmatrix} 1 & 2 \\ 2 & 3 \end{vmatrix} + \begin{vmatrix} 1 & 1 \\ 2 & 1 \end{vmatrix} = 2 + 3 - 1 = 4$$

이다.

임의의 두 벡터 $\mathbf{u} = (a_1, a_2, a_3)$, $\mathbf{v} = (b_1, b_2, b_3)$에 대해,

$$\begin{aligned}\mathbf{u} \times \mathbf{v} = \begin{vmatrix} \mathbf{i} & \mathbf{j} & \mathbf{k} \\ a_1 & a_2 & a_3 \\ b_1 & b_2 & b_3 \end{vmatrix} &= \begin{vmatrix} a_2 & a_3 \\ b_2 & b_3 \end{vmatrix} \boldsymbol{i} - \begin{vmatrix} a_1 & a_3 \\ b_1 & b_3 \end{vmatrix} \boldsymbol{j} + \begin{vmatrix} a_1 & a_2 \\ a_1 & a_2 \end{vmatrix} \boldsymbol{k} \\ &= (a_2 b_3 - a_3 b_2)\mathbf{i} + a_3 b_1 - a_1 b_3)\mathbf{j} + (a_1 b_2 - a_2 b_1)\mathbf{k}\end{aligned}$$

로 기억하면 $\mathbf{u} \times \mathbf{v}$를 계산하는 데 편리하다.

예제 9.2.16 (1) 벡터 $\mathbf{u} = (2, 1, 1)$과 $\mathbf{v} = (1, -1, 2)$에 대해 $\mathbf{u} \times \mathbf{v}$를 구하여라.

(2) $\mathbf{u}, \mathbf{v}$에 동시에 수직인 벡터를 모두 구하여라.

풀이 (1) $$\begin{aligned}\mathbf{u} \times \mathbf{v} \equiv \begin{vmatrix} \mathbf{i} & \mathbf{j} & \mathbf{k} \\ 2 & 1 & 1 \\ 1 & -1 & 2 \end{vmatrix} &= (2 - (-1))\,\mathbf{i} - (4 - 1)\,\mathbf{j} + (-2 - 1)\,\mathbf{k} \\ &= 3\mathbf{i} - 3\mathbf{j} - 3\mathbf{k}\end{aligned}$$

(2) (1)에서 $(3, -3, -3)$은 $\mathbf{u}, \mathbf{v}$에 동시에 수직이다. 물론 모든 실수 t에 대해

$$(3, -3, -3)\,t = (3t, -3t, -3t)$$

도 $\mathbf{u}, \mathbf{v}$에 동시에 수직이다. ■

외적은 일반적인 연산과는 달리 결합법칙이 성립하지 않는다. 예를 들어

$$\mathbf{i} \times (\mathbf{j} \times \mathbf{j}) = \mathbf{i} \times \mathbf{0} = \mathbf{0}, \quad (\mathbf{i} \times \mathbf{j}) \times \mathbf{j} = \mathbf{k} \times \mathbf{j} = -\mathbf{i}$$

이다. 그러나 다음과 같이 분배법칙이 성립한다.

정리 9.2.17

$\mathbf{u}, \mathbf{v}, \mathbf{w}$에 대해 다음 분배법칙이 성립한다.

$$\mathbf{u} \times (\mathbf{v} + \mathbf{w}) = \mathbf{u} \times \mathbf{v} + \mathbf{u} \times \mathbf{w}$$

증명 $\mathbf{u} = a_1\mathbf{i} + a_2\mathbf{j} + a_3\mathbf{k}$, $\mathbf{v} = b_1\mathbf{i} + b_2\mathbf{j} + b_3\mathbf{k}$, $\mathbf{w} = c_1\mathbf{i} + c_2\mathbf{j} + c_3\mathbf{k}$ 라 두고 정리 9.2.15에 의해 계산하여 증명할 수 있다. 여기서 행렬식의 성질을 이용하여 간단히 증명해보자.

$$\begin{aligned}\mathbf{u}\times(\mathbf{v}+\mathbf{w}) &= \begin{vmatrix}\mathbf{i} & \mathbf{j} & \mathbf{k}\\ a_1 & a_2 & a_3\\ b_1+c_1 & b_2+c_2 & b_3+c_3\end{vmatrix}\\ &= \begin{vmatrix}\mathbf{i} & \mathbf{j} & \mathbf{k}\\ a_1 & a_2 & a_3\\ b_1 & b_2 & b_3\end{vmatrix} + \begin{vmatrix}\mathbf{i} & \mathbf{j} & \mathbf{k}\\ a_1 & a_2 & a_3\\ c_1 & c_2 & c_3\end{vmatrix}\\ &= \mathbf{u}\times\mathbf{v}+\mathbf{u}\times\mathbf{w}\end{aligned}$$ ■

예제 9.2.18 벡터 $\mathbf{u}=(2,1,1)$과 $\mathbf{v}=(1,-1,2)$, $\mathbf{w}=(1,2,-1)$에 대해 정리 9.2.17이 성립함을 보여라.

풀이 예제 9.2.16에서 $\mathbf{u}\times\mathbf{v}=(3,-3,-3)$이고, $\mathbf{u}\times\mathbf{w}=\begin{vmatrix}\mathbf{i} & \mathbf{j} & \mathbf{k}\\ 2 & 1 & 1\\ 1 & 2 & -1\end{vmatrix}=(-3,3,3)$이다. 따라서 $\mathbf{u}\times\mathbf{v}+\mathbf{u}\times\mathbf{w}=(0,0,0)$이다. 또 $\mathbf{v}+\mathbf{w}=(2,1,1)$이므로 $\mathbf{u}\times(\mathbf{v}+\mathbf{w})=\begin{vmatrix}\mathbf{i} & \mathbf{j} & \mathbf{k}\\ 2 & 1 & 1\\ 2 & 1 & 1\end{vmatrix}=(0,0,0)$이다. ■

스칼라 3중적

정리 9.2.19

세 벡터 $\mathbf{u}, \mathbf{v}, \mathbf{w}$에 대하여 $(\mathbf{u}\times\mathbf{v})\cdot\mathbf{w}=(\mathbf{v}\times\mathbf{w})\cdot\mathbf{u}=(\mathbf{w}\times\mathbf{u})\cdot\mathbf{v}$이다. 특히 $\mathbf{u}=a_1\mathbf{i}+a_2\mathbf{j}+a_3\mathbf{k}$, $\mathbf{v}=b_1\mathbf{i}+b_2\mathbf{j}+b_3\mathbf{k}$, $\mathbf{w}=c_1\mathbf{i}+c_2\mathbf{j}+c_3\mathbf{k}$라 하면

$$\mathbf{u}\cdot(\mathbf{v}\times\mathbf{w})=\begin{vmatrix}a_1 & a_2 & a_3\\ b_1 & b_2 & b_3\\ c_1 & c_2 & c_3\end{vmatrix}$$

이다.

증명 $\mathbf{u}=a_1\mathbf{i}+a_2\mathbf{j}+a_3\mathbf{k}$, $\mathbf{v}=b_1\mathbf{i}+b_2\mathbf{j}+b_3\mathbf{k}$, $\mathbf{w}=c_1\mathbf{i}+c_2\mathbf{j}+c_3\mathbf{k}$라 하면,

$$\begin{aligned}(\mathbf{u}\times\mathbf{v})\cdot\mathbf{w} &= [(a_2b_3-a_3b_2)\mathbf{i}+(a_3b_1-a_1b_3)\mathbf{j}\\ &\qquad +(a_1b_2-a_2b_1)\mathbf{k}]\cdot[c_1\mathbf{i}+c_2\mathbf{j}+c_3\mathbf{k}]\\ &= (a_2b_3-a_3b_2)c_1+(a_3b_1-a_1b_3)c_2+(a_1b_2-a_2b_1)c_3\\ &= a_1(b_2c_3-b_3c_2)+a_2(b_3c_1-b_1c_3)+a_3(b_1c_2-b_2c_1)\\ &= \mathbf{u}\cdot(\mathbf{v}\times\mathbf{w})=(\mathbf{v}\times\mathbf{w})\cdot\mathbf{u}\end{aligned}$$

이다. 또 $\mathbf{u}, \mathbf{v}, \mathbf{w}$ 대신 각각 $\mathbf{v}, \mathbf{w}, \mathbf{u}$를 대입하면

$$(\mathbf{v}\times\mathbf{w})\cdot\mathbf{u}=(\mathbf{w}\times\mathbf{u})\cdot\mathbf{v}$$

이다. 위에서 $\mathbf{u}\cdot(\mathbf{v}\times\mathbf{w})=a_1(b_2c_3-b_3c_2)+a_2(b_3c_1-b_1c_3)+a_3(b_1c_2-b_2c_1)$이므로

$$\mathbf{u}\cdot(\mathbf{v}\times\mathbf{w})=\begin{vmatrix}a_1 & a_2 & a_3\\ b_1 & b_2 & b_3\\ c_1 & c_2 & c_3\end{vmatrix}$$

이다. ■

정의 9.2.20 스칼라 3중적

세 벡터 $\mathbf{u},\mathbf{v},\mathbf{w}$에 대하여 $\mathbf{u}\cdot(\mathbf{v}\times\mathbf{w})$를 벡터 $\mathbf{u},\mathbf{v},\mathbf{w}$의 스칼라 3중적(scalar triple product)이라 한다.

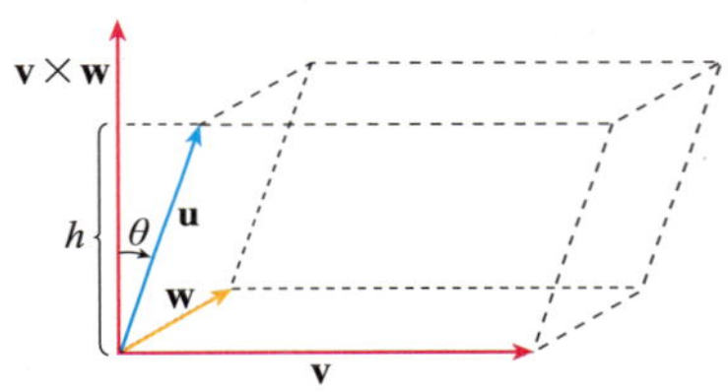

그림 9.2.2

세 벡터 $\mathbf{u},\mathbf{v},\mathbf{w}$의 스칼라 3중적의 기하학적 의미는 벡터 $\mathbf{u},\mathbf{v},\mathbf{w}$로 결정되는 평행육면체를 연관시켜볼 때, 평행사변형인 밑면의 넓이를 S라 하면 $S=|\mathbf{v}\times\mathbf{w}|$이다. θ를 벡터 $\mathbf{u}$와 $\mathbf{v}\times\mathbf{w}$의 사잇각이라 하면 평행육면체의 높이는 $h=|\mathbf{u}||\cos\theta|$이다.

따라서 평행육면체의 부피를 V라 하면

$$V=Sh=|\mathbf{v}\times\mathbf{w}||\mathbf{u}||\cos\theta|=|\mathbf{u}\cdot(\mathbf{v}\times\mathbf{w})|$$

임을 알 수 있다.

정리 9.2.21

세 벡터 $\mathbf{u},\mathbf{v},\mathbf{w}$에 의하여 결정되는 평행육면체의 부피 V는 이들의 스칼라 3중적의 절댓값과 같다. 즉

$$V=|\mathbf{u}\cdot(\mathbf{v}\times\mathbf{w})|=\left\|\begin{matrix}a_1 & a_2 & a_3\\ b_1 & b_2 & b_3\\ c_1 & c_2 & c_3\end{matrix}\right\|$$

이다.

예제 9.2.22 다음 세 벡터 $\mathbf{u},\mathbf{v},\mathbf{w}$가 결정하는 평행육면체의 부피를 구하여라.

(1) $\mathbf{u}=(2,1,1),\ \mathbf{v}=(1,-1,2),\ \mathbf{w}=(1,2,-1)$

(2) $\mathbf{u}=(2,1,1),\ \mathbf{v}=(1,-1,2),\ \mathbf{w}=(1,2,0)$

풀이 (1) $V = |\mathbf{u} \cdot (\mathbf{v} \times \mathbf{w})| = \left\| \begin{matrix} 2 & 1 & 1 \\ 1 & -1 & 2 \\ 1 & 2 & -1 \end{matrix} \right\| = |0| = 0$

(2) $V = |\mathbf{u} \cdot (\mathbf{v} \times \mathbf{w})| = \left\| \begin{matrix} 2 & 1 & 1 \\ 1 & -1 & 2 \\ 1 & 2 & 0 \end{matrix} \right\| = |-3| = 3$ ■

위 (1)에서 $\mathbf{u} = \mathbf{v} + \mathbf{w}$이므로 $\mathbf{u}$는 $\mathbf{v}, \mathbf{w}$가 이루는 평면상에 있다. 따라서 $\mathbf{u}, \mathbf{v}, \mathbf{w}$가 동일 평면상에 있다.

예제 9.2.23 세 벡터 $\mathbf{u} = \mathbf{i} + 4\mathbf{j} - 7\mathbf{k}, \mathbf{v} = 2\mathbf{i} - \mathbf{j} + 4\mathbf{k}, \mathbf{w} = -9\mathbf{j} + 18\mathbf{k}$가 동일 평면상에 있음을 보여라.

풀이 이 벡터들에 의해서 결정되는 평행육면체의 부피가 0임을 보임으로써 세 벡터가 동일 평면상에 있음을 보일 수 있다. 정리 9.2.20에 의하여

$$V = |\mathbf{u} \cdot (\mathbf{v} \times \mathbf{w})| = \left\| \begin{matrix} 1 & 4 & -7 \\ 2 & -1 & 4 \\ 0 & -9 & 18 \end{matrix} \right\| = 0$$

이므로 $\mathbf{u}, \mathbf{v}, \mathbf{w}$는 동일 평면상에 있다. ■

직선과 평면

L이 한 점 $P_0(x_0, y_0, z_0)$를 지나고 벡터 $\mathbf{v} = a\mathbf{i} + b\mathbf{j} + c\mathbf{k}$에 평행한 공간상의 한 직선이라고 하자. 그러면 이 직선 L상의 임의의 점을 $P(x, y, z)$라 할 때, L은

$$\overrightarrow{P_0P} = t\mathbf{v} \quad (t\text{는 실수})$$

이다. 이 식을 직선 L의 벡터방정식이라 한다. 따라서

$$(x - x_0)\mathbf{i} + (y - y_0)\mathbf{j} + (z - z_0)\mathbf{k} = t(a\mathbf{i} + b\mathbf{j} + c\mathbf{k})$$

여서, t에 관한 매개방정식

$$\begin{cases} x = x_0 + at \\ y = y_0 + bt \\ z = z_0 + ct \end{cases}$$

으로 표시된다. 이 식을 직선 L의 매개변수방정식이라 한다. a, b, c 중 어느 것도 0이 아닐 때, 매개변수방정식에서 t를 소거하면

$$\frac{x-x_0}{a}=\frac{y-y_0}{b}=\frac{z-z_0}{c}$$

로도 나타낼 수 있다. 이 식을 직선 L의 직교좌표방정식이라 한다. $a=0$이고 b와 c는 0이 아닐 때, 직선 L의 매개변수방정식은 $x=x_0$, $\frac{y-y_0}{b}=\frac{z-z_0}{c}$로 나타낼 수가 있다. b 또는 c가 0인 경우도 이와 유사하게 직선 L의 매개변수방정식을 표현할 수 있다. 벡터 $\mathbf{v}=a\mathbf{i}+b\mathbf{j}+c\mathbf{k}$를 직선 L의 방향벡터라고 한다. 참고로 공간상의 직선을 정의하는 두 가지 주요 요소는 직선의 방향벡터와 직선 위에 있는 한 점이다.

예제 9.2.24 점 $P_0(2,-9,5)$를 지나고 벡터 $\mathbf{v}=3\mathbf{i}-\mathbf{j}+4\mathbf{k}$에 평행한 직선의 벡터방정식, 매개변수방정식, 직교좌표방정식을 구하여라.

풀이 구하고자 하는 직선상의 임의의 점을 $P(x,y,z)$라 하면, 벡터방정식

$$\overrightarrow{P_0P}=t\mathbf{v}\ \ (t\text{는 실수})$$

에서 $(x-2)\mathbf{i}+(y+9)\mathbf{j}+(z-5)\mathbf{k}=t(3\mathbf{i}-\mathbf{j}+4\mathbf{k})$이므로,

$$\text{매개변수방정식}\begin{cases}x=2+3t\\ y=-9-t,\\ z=5+4t\end{cases}$$

$$\text{직교좌표방정식}\ \frac{x-2}{3}=\frac{y+9}{-1}=\frac{z-5}{4}$$

이다. ■

정의 9.2.25 법선벡터

주어진 평면에 대하여 이 평면과 수직인 벡터 $\mathbf{N}$을 이 평면의 법선벡터(normal vector)라 한다.

공간에서 한 평면이 주어져 있고, 이 평면상의 한 점 $P_0(x_0,y_0,z_0)$와 이 평면의 한 법선벡터 $\mathbf{N}=a\mathbf{i}+b\mathbf{j}+c\mathbf{k}\,(\mathbf{N}\neq 0)$를 알면, 한 점 $P(x,y,z)$가 평면상에 있을 필요충분조건은

$$\mathbf{N}\cdot\overrightarrow{P_0P}=0 \qquad (*)$$

이고, (*)는 주어진 평면을 나타내는 벡터방정식이다. 이 식을 전개하면 평면의 방정식은

$$a(x-x_0)+b(y-y_0)+c(z-z_0)=0$$

으로 쓸 수 있으며, 이는

$$ax + by + cz = d \quad (d = ax_0 + by_0 + cz_0)$$

로 직교좌표방정식으로도 쓸 수 있다. 참고로 공간상의 평면을 정의하는 두 가지 주요 요소는 평면의 법선벡터와 평면 위에 있는 한 점이다.

예제 9.2.26 점 $P_0(-3, 0, 7)$을 지나고 벡터 $\mathbf{N} = 5\mathbf{i} + 2\mathbf{j} - \mathbf{k}$에 수직이 되는 평면의 벡터방정식과 직교좌표방정식을 구하여라.

풀이 구하고자 하는 평면상의 임의의 점을 $P(x, y, z)$라 하면, 벡터방정식은

$$\mathbf{N} \cdot \overrightarrow{P_0P} = (5\mathbf{i} + 2\mathbf{j} - \mathbf{k}) \cdot [(x+3)\mathbf{i} + y\mathbf{j} + (z-7)\mathbf{k}] = 0$$

이고, $5(x+3) + 2y - (z-7) = 0$이므로 직교좌표방정식

$$5x + 2y - z = -22$$

를 얻는다. ■

한 점 $P(a, b, c)$와 한 평면 사이의 거리 d를 알아보자. 먼저 이 평면의 한 법선벡터 $\mathbf{N}$을 구한다. 이 평면 위에 있는 한 점 Q를 선택하여, $\overrightarrow{QP}$를 $\mathbf{N}$에 정사영한 벡터의 크기가 구하는 거리이다(그림 9.1.3 참조). 즉 $\overrightarrow{QP}$와 $\mathbf{N}$의 사잇각을 θ라 한다면,

$$d = \|\overrightarrow{QP}\| |\cos\theta|$$

이다. $\overrightarrow{QP} \cdot \mathbf{N} = \|\overrightarrow{QP}\| \|\mathbf{N}\| \cos\theta$ 이므로

$$d = \left| \overrightarrow{QP} \cdot \frac{\mathbf{N}}{\|\mathbf{N}\|} \right| \tag{9.2.5}$$

임을 알 수 있다.

예제 9.2.27 점 $P(2, -3, 4)$와 평면 $x + 2y + 2z = 13$ 사이의 거리 d를 구하여라.

풀이 주어진 평면의 법선벡터가 $\mathbf{N} = \mathbf{i} + 2\mathbf{j} + 2\mathbf{k}$이므로, 이 평면상의 한 점 $Q(9, 1, 1)$을 선택하면

$$\overrightarrow{QP} = (2-9)\mathbf{i} + (-3-1)\mathbf{j} + (4-1)\mathbf{k} = -7\mathbf{i} - 4\mathbf{j} + 3\mathbf{k}$$

이다. 따라서

$$d = \left| \overrightarrow{QP} \cdot \frac{\mathbf{N}}{\|\mathbf{N}\|} \right| = \left| \frac{-7 - 8 + 6}{\sqrt{1^2 + 2^2 + 2^2}} \right| = 3$$

이다. ■

식 (9.2.5)로부터 우리가 잘 알고 있는 점과 평면 사이의 거리공식, 즉 점 $P(a_1, b_1, c_1)$과 평면 $ax+by+cz+e=0$ 사이의 거리를 구하는 공식

$$d = \frac{|a_1 a + b_1 b + c_1 c + e|}{\sqrt{a^2 + b^2 + c^2}}$$

을 유도해보자. 평면의 법선벡터가 $\mathbf{N} = a\mathbf{i} + b\mathbf{j} + c\mathbf{k}$이며 $Q(x,y,z)$가 평면상의 점이면 $ax+by+cz+e=0$이다. $\overrightarrow{QP} = (a_1 - x)\mathbf{i} + (b_1 - y)\mathbf{j} + (c_1 - z)\mathbf{k}$ 이므로

$$\begin{aligned}\overrightarrow{QP} \cdot \mathbf{N} &= (a_1 - x)a + (b_1 - y)b + (c_1 - z)c \\ &= a_1 a + b_1 b + c_1 c + e\end{aligned}$$

이다. 따라서 식 (9.2.5)에 의해

$$d = \left|\overrightarrow{QP} \cdot \frac{\mathbf{N}}{\|\mathbf{N}\|}\right| = \frac{|a_1 a + b_1 b + c_1 c + e|}{\sqrt{a^2 + b^2 + c^2}}$$

임을 알 수 있다.

세 점 $A(a_1, a_2, a_3), B(b_1, b_2, b_3), C(c_1, c_2, c_3)$가 이루는 평면의 방정식을 구해보자. 물론 평면의 일반식 $ax+by+cz+e=0$에 세 점을 대입하여 연립방정식을 풀어 a, b, c, e를 구할 수도 있지만 벡터를 이용하여 구해보자. 평면상에 점 $P(x, y, z)$를 선택하자. $\overrightarrow{AB} \times \overrightarrow{AC}$ 는 평면에 수직이므로 $\overrightarrow{AP}$와 수직이다. 따라서 $(\overrightarrow{AB} \times \overrightarrow{AC}) \cdot \overrightarrow{AP} = 0$이다. 따라서 정리 9.2.19에 의해

$$\begin{vmatrix} x - a_1 & y - a_2 & z - a_3 \\ b_1 - a_1 & b_2 - a_2 & b_3 - a_3 \\ c_1 - a_1 & c_2 - a_2 & c_3 - a_3 \end{vmatrix} = 0 \tag{9.2.6}$$

을 전개하면 구하는 평면의 방정식이 얻어진다. 참고로 $\overrightarrow{AB} \times \overrightarrow{AC}$ 를 법선벡터로 가지고, 점 A를 지나는 평면의 방정식을 구하여도 된다.

예제 9.2.28 세 점 $A(1,0,0), B(-1,0,1), C(-1,1,0)$을 지나는 평면의 방정식을 구하여라.

풀이 A, B, C를 식 (9.2.6)에 대입하면

$$\begin{aligned}0 = \begin{vmatrix} x-1 & y & z \\ -2 & 0 & 1 \\ -2 & 1 & 0 \end{vmatrix} &= (x-1)(-1) - y(2) + z(-2) \\ &= -x + 1 - 2y - 2z\end{aligned}$$

이다. 따라서 구하는 평면의 방정식은 $x+2y+2z=1$이다. ■

정의 9.2.29 평면의 사잇각

두 평면의 **사잇각 θ**는 두 평면의 각 법선벡터들의 사잇각과 같다. 즉 두 평면의 사잇각을 θ라 하자. 그러면 두 평면의 법선벡터를 각각 $\mathbf{N}_1, \mathbf{N}_2$라 할 때

$$\cos\theta = \frac{\mathbf{N}_1 \cdot \mathbf{N}_2}{\|\mathbf{N}_1\|\|\mathbf{N}_2\|}$$

이다.

예제 9.2.30 두 평면 $3x-6y-2z=7$과 $2x+y-2z=5$ 사이의 각을 구하여라.

풀이 평면 $3x-6y-2z=7$의 법선벡터가 $\mathbf{N}_1 = 3\mathbf{i}-6\mathbf{j}-2\mathbf{k}$이고, 평면 $2x+y-2z=5$의 법선벡터가 $\mathbf{N}_2 = 2\mathbf{i}+\mathbf{j}-2\mathbf{k}$이므로, 사잇각을 θ라 하면

$$\cos\theta = \frac{\mathbf{N}_1 \cdot \mathbf{N}_2}{\|\mathbf{N}_1\|\|\mathbf{N}_2\|} = \frac{6-6+4}{\sqrt{49}\sqrt{9}} = \frac{4}{21}$$

이다. 따라서 $\theta = \cos^{-1}\left(\frac{4}{21}\right) \fallingdotseq 79°$이다. ■

예제 9.2.31 그림 9.2.3과 같은 직사각기둥을 생각해보자.

$$\overrightarrow{PQ} = \mathbf{u},\ \overrightarrow{PS} = \mathbf{v},\ \overrightarrow{P'Q'} = \mathbf{u}',\ \overrightarrow{P'S'} = \mathbf{v}'$$

이라 하고, $\overrightarrow{PP'}$과 평행한 단위벡터를 $\mathbf{n}$이라 하면,

$$(\mathbf{u} \times \mathbf{v}) \cdot \mathbf{n} = (\mathbf{u}' \times \mathbf{v}') \cdot \mathbf{n}$$

임을 보이고 기하학적인 의미를 조사하여라.

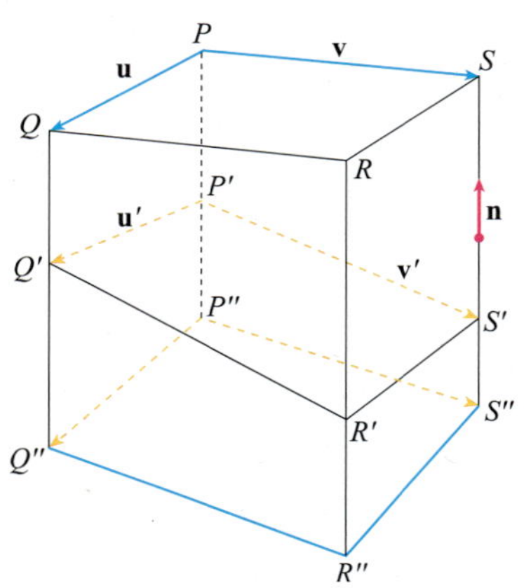

그림 9.2.3

풀이 그림 9.2.3으로부터

$$\begin{aligned}\mathbf{u} = \overrightarrow{PQ} &= \overrightarrow{PP'} + \overrightarrow{P'Q'} + \overrightarrow{Q'Q} = \overrightarrow{P'Q'} + (\overrightarrow{PP'} - \overrightarrow{QQ'}) \\ &= \mathbf{u}' + s\mathbf{n} \quad (s\text{는 실수})\end{aligned}$$

이다. 같은 방법으로 $\mathbf{v} = \mathbf{v}' + t\mathbf{n}$ (t는 실수)이다. 그러므로

$$\begin{aligned}\mathbf{u} \times \mathbf{v} &= (\mathbf{u}' + s\mathbf{n}) \times (\mathbf{v}' + t\mathbf{n}) \\ &= \mathbf{u}' \times \mathbf{v}' + t(\mathbf{u}' \times \mathbf{n}) + s(\mathbf{n} \times \mathbf{v}') + st(\mathbf{n} \times \mathbf{n})\end{aligned}$$

이다. 또 $\mathbf{n} \times \mathbf{n} = \mathbf{0}$이고 $\mathbf{u}' \times \mathbf{n}$과 $\mathbf{n} \times \mathbf{v}'$은 $\mathbf{n}$과 수직이므로

$$(\mathbf{u} \times \mathbf{v}) \cdot \mathbf{n} = (\mathbf{u}' \times \mathbf{v}') \cdot \mathbf{n}$$

이다. 이의 기하학적 의미는, 직사각형 기둥의 모서리에 있는 어떤 점을 선택하더라도 위의 식이 성립한다는 것이다. 즉

$$(\mathbf{u} \times \mathbf{v}) \cdot \mathbf{n} = (\mathbf{u}' \times \mathbf{v}') \cdot \mathbf{n} = (\overrightarrow{P''Q''} \times \overrightarrow{P''S''}) \cdot \mathbf{n} = \cdots$$

이다. 그리고 외적의 정의에 의해서

$$\mathbf{u} \times \mathbf{v} = (\text{사변형 } PQRS\text{의 넓이}) \cdot (\mathbf{u}\text{와 } \mathbf{v}\text{에 수직인 단위벡터})$$

이므로, 만약 $\overrightarrow{P''Q''} = \mathbf{u}''$과 $\overrightarrow{P''S''} = \mathbf{v}''$이 $\mathbf{n}$과 수직이면,

$$(\mathbf{u} \times \mathbf{v}) \cdot \mathbf{n} = (\mathbf{u}'' \times \mathbf{v}'') \cdot \mathbf{n} = (\text{사변형 } P''Q''R''S''\text{의 넓이})$$

이므로, 다음의 결과를 얻을 수 있다.

> $\|(\mathbf{u} \times \mathbf{v}) \cdot \mathbf{n}\|$은 $\mathbf{u}$와 $\mathbf{v}$에 의해 결정되는 평행사변형을 $\mathbf{n}$과 수직인 평면에 정사영한 넓이와 같다.

만약 $\mathbf{n}$을 $\mathbf{i}, \mathbf{j}, \mathbf{k}$로 선택하고 부호를 무시한다면(실제로는 절댓값을 취한다),

$(\mathbf{u} \times \mathbf{v}) \cdot \mathbf{k}$: $\mathbf{u}$와 $\mathbf{v}$에 의해 결정되는 평행사변형을 xy평면에 정사영한 넓이,

$(\mathbf{u} \times \mathbf{v}) \cdot \mathbf{j}$: $\mathbf{u}$와 $\mathbf{v}$에 의해 결정되는 평행사변형을 zx평면에 정사영한 넓이,

$(\mathbf{u} \times \mathbf{v}) \cdot \mathbf{i}$: $\mathbf{u}$와 $\mathbf{v}$에 의해 결정되는 평행사변형을 yz평면에 정사영한 넓이

가 되고, 이들은 곡면의 넓이를 구하는 데 이용된다. ■

9.2 연습문제

1. 다음 물음에 답하여라.

(1) $P(1, 2, -1)$과 $Q(-1, 0, 1)$을 잇는 직선의 매개변수방정식, 직교좌표방정식을 구하여라.

(2) 평면 $3x + 7y - 5z = 21$에 수직이고 점 $P(2, 4, 5)$를 지나는 직선의 방정식을 구하여라.

(3) $\mathbf{N} = 2\mathbf{i} + 3\mathbf{j} + 4\mathbf{k}$에 수직이고 $P(2, 4, -1)$을 지나는 평면방정식을 구하여라.

(4) 점 $(1, -1, 3)$을 지나고 평면 $3x + y + z = 7$과 평행한 평면방정식을 구하여라.

(5) $A(1, 0, 2)$, $B(3, -1, 6)$, $C(5, 2, 4)$를 지나는 평면의 방정식을 구하여라.

(6) 점 $(2, 3, 4)$에서 평면 $5x + y - z = 1$까지의 거리를 구하여라.

(7) 평면 $x - 2y + 4z = 2$와 $x + y - 2z = 5$의 교선을 구하여라.

(8) 평면 $x + y + z = 1$과 $x - 2y + 3z = 1$과의 사잇각을 구하여라.

2. 다음을 증명하여라.

(1) $\mathbf{u} \cdot (\mathbf{u} \times \mathbf{v}) = 0$

(2) $\mathbf{u} \times (\mathbf{v} \times \mathbf{w}) = (\mathbf{u} \cdot \mathbf{w})\mathbf{v} - (\mathbf{u} \cdot \mathbf{v})\mathbf{w}$

(3) $\mathbf{u} \cdot (\mathbf{w} \times \mathbf{v}) = -\mathbf{u} \cdot (\mathbf{v} \times \mathbf{w})$

(4) $(\mathbf{u} + \mathbf{x}) \cdot (\mathbf{v} \times \mathbf{w}) = \mathbf{u} \cdot (\mathbf{v} \times \mathbf{w}) + \mathbf{x} \cdot (\mathbf{v} \times \mathbf{w})$

3. $\mathbf{u} = (-1, 0, 2)$, $\mathbf{v} = (2, 1, 1)$에 대해 다음을 풀어라.

(1) $\mathbf{u}$와 $\mathbf{v}$의 사잇각을 구하여라.

(2) 내적을 이용하여 $\mathbf{u}$와 $\mathbf{v}$에 동시에 수직인 단위벡터를 모두 구하여라.

(3) $\mathbf{u}$와 $\mathbf{v}$의 방향여현을 구하여라.

(4) $\mathbf{u}$와 $\mathbf{v}$의 외적을 구하여라.

(5) $\mathbf{u}$와 $\mathbf{v}$에 의해 결정되는 평행사변형의 넓이를 구하여라.

(6) 외적을 이용하여 $\mathbf{u}$와 $\mathbf{v}$에 동시에 수직인 단위벡터를 모두 구하여라.

4. $\mathbf{u} = (-1, 0, 2)$, $\mathbf{v} = (2, 1, 1)$, $\mathbf{w} = (1, -1, 1)$에 대해 다음을 구하여라.

(1) $\mathbf{u} \times (\mathbf{v} + \mathbf{w})$, $(\mathbf{v} + \mathbf{w}) \times \mathbf{u}$

(2) $(\mathbf{u} \times \mathbf{v}) + (\mathbf{u} \times \mathbf{w})$, $(\mathbf{v} \times \mathbf{u}) + (\mathbf{w} \times \mathbf{u})$

(3) $(\mathbf{u} \times \mathbf{v}) \cdot \mathbf{w}$, $(\mathbf{u} \times \mathbf{w}) \cdot \mathbf{v}$

(4) $(\mathbf{u} \times \mathbf{v}) \times \mathbf{w}$, $\mathbf{u} \times (\mathbf{w} \times \mathbf{v})$

9.3 벡터함수

자연에서 일어나는 여러 가지 현상들을 표현하고 그 성질을 규명하기 위하여 수학을 이용하고 있다. 그 중에서 벡터를 이용하여 현상을 나타내는 방법이 있는데, 이 절에서는 이에 대해 공부한다.

정의 9.3.1 벡터함수

U를 임의의 집합이라 하고, V를 벡터들의 집합이라 할 때, U에서 V로 대응되는 함수 $\mathbf{F}$를 벡터함수(vector function)라 하고

$$\mathbf{F} : U \to V$$

로 쓴다. 만약 p가 U의 원소이면, $\mathbf{F}(p)$는 V의 원소로서 벡터이다.

만약 U가 실수 전체의 집합 $\mathbb{R}$의 부분집합 I이고 V가 $\mathbb{R}^3$이면 벡터함수 $\mathbf{F}: I \to \mathbb{R}^3$는 정의역에 있는 모든 수 t에 대하여 $\mathbb{R}^3$의 벡터(이것을 $\mathbf{F}(t)$로 나타낸다)가 유일하게 대응된다는 것을 의미한다. 이것을

$$\mathbf{F}(t) = f(t)\mathbf{i} + g(t)\mathbf{j} + h(t)\mathbf{k} \quad (t \in I)$$

로 쓸 수 있다. 이때 $f(t)$, $g(t)$, $h(t)$를 각각 $\mathbf{F}(t)$의 x성분함수, y성분함수, z성분함수라 한다.

정의역이 $\mathbb{R}$의 부분집합인 경우의 벡터함수를 살펴보자.

예제 9.3.2 $\mathbf{F}(t) = t^2\mathbf{i} + \ln(3-t)\mathbf{j} + \sqrt{t}\,\mathbf{k}$이면 성분함수는

$$f(t) = t^2,\ g(t) = \ln(3-t),\ h(t) = \sqrt{t}$$

이다. $\mathbf{F}(t)$의 정의역은 각 성분함수들이 정의되는 t의 모든 값으로 이루어진다. 식 t^2, $\ln(3-t)$, $\sqrt{t}$는 모두 $3-t>0$과 $t \geq 0$일 때 정의된다. 따라서 $\mathbf{F}(t)$의 정의역은 구간 $[0, 3)$이다. ■

예제 9.3.3 다음 벡터함수들의 상을 조사하여라.

(1) $\mathbf{F}(t) = t\mathbf{i} + t\mathbf{j}$ (2) $\mathbf{F}(t) = t\mathbf{i} + t^2\mathbf{j}$

(3) $\mathbf{F}(t) = \cos t\mathbf{i} + \sin t\mathbf{j}$ (4) $\mathbf{F}(t) = t\mathbf{i} + \sqrt{1-t^2}\,\mathbf{j}$

풀이 (1) $\mathbf{F}(t) = t\mathbf{i} + t\mathbf{j}$이므로 $x = f(t) = t$, $y = g(t) = t$이다. t를 소거해보면 $y = x$가 된다. $\mathbf{F}(t)$는 $\mathbb{R}^2$상의 $y = x$가 나타내는 그래프상의 점이 종점인 위치벡터와 같고 $\mathbf{F}(t)$의 정의역은 $\mathbb{R}$이다.

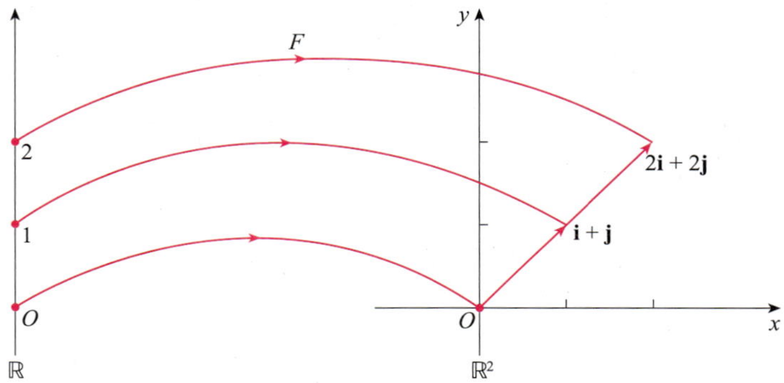

그림 9.3.1

(2) (1)과 같은 방법으로, $\mathbf{F}(t)$는 $\mathbb{R}^2$상의 $y = x^2$이 나타내는 그래프상의 점이 종점인 위치벡터와 같고 $\mathbf{F}(t)$의 정의역은 $\mathbb{R}$이다.

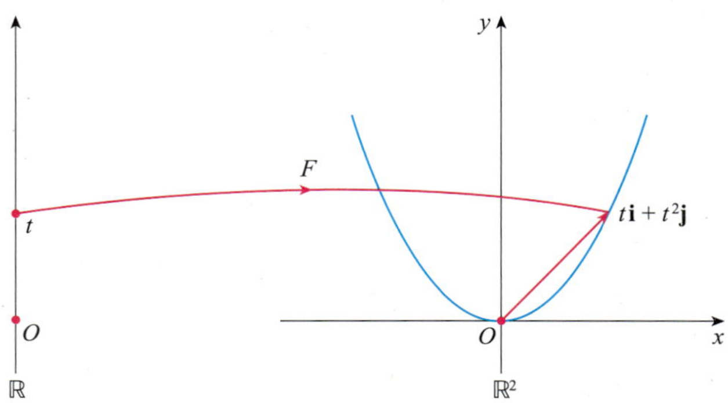

그림 9.3.2

(3) $\mathbf{F}(t) = \cos t + \sin t\mathbf{j}$에서 $x = \cos t$, $y = \sin t$이므로 t를 소거하면

$$x^2 + y^2 = \cos^2 t + \sin^2 t = 1$$

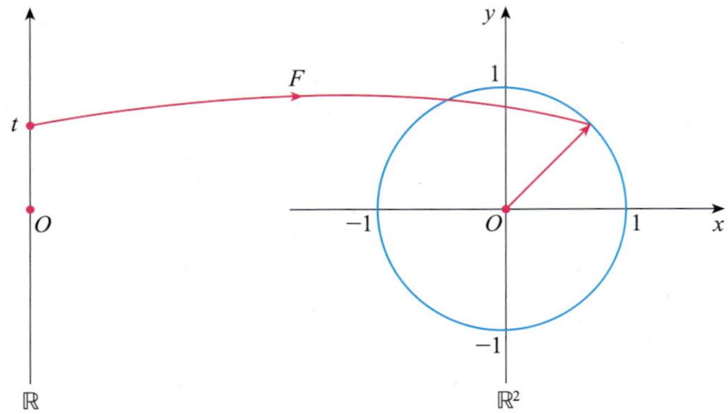

그림 9.3.3

이다. 따라서 $\mathbf{F}(t)$는 $\mathbb{R}^2$상에서 중심이 $(0, 0)$이고 반지름이 1인 원 위의 점이 종점인 위치벡터와 같고, $\mathbf{F}(t)$의 정의역은 $\mathbb{R}$이다.

(4) $\mathbf{F}(t) = t\mathbf{i} + \sqrt{1-t^2}\,\mathbf{j}$에서도 위와 마찬가지로 t를 소거하면 $y = \sqrt{1-x^2}$이다. $\mathbf{F}(t)$는 $\mathbb{R}^2$상의 단위원의 x축 상단부에 있는 원주상의 점이 종점인 위치벡터와 같고, $\mathbf{F}(t)$의 정의역은 구간 $[-1, 1]$이다.

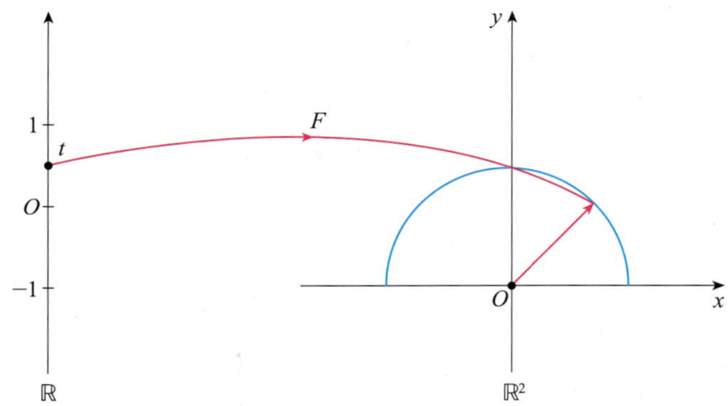

그림 9.3.4

■

예제 9.3.4 다음 벡터함수들의 상을 조사하여라.

(1) $\mathbf{F}(t) = (1+t)\mathbf{i} + (2+5t)\mathbf{j} + (-1+6t)\mathbf{k}$

(2) $\mathbf{F}(t) = \cos t\,\mathbf{i} + \sin t\,\mathbf{j} + t\mathbf{k}$

풀이 (1) $\mathbf{F}(t) = (1+t)\mathbf{i} + (2+5t)\mathbf{j} + (-1+6t)\mathbf{k}$에서 매개변수방정식

$$\begin{cases} x = 1 + t \\ y = 2 + 5t \\ z = -1 + 6t \end{cases}$$

는 $(1, 2, -1)$을 지나고 벡터 $\mathbf{i} + 5\mathbf{j} + 6\mathbf{k}$에 평행인 직선의 매개

변수방정식임을 알 수 있다. 그러므로 $\mathbf{F}(t)$는 $\mathbb{R}^3$에서 이 직선 상의 점을 종점으로 하는 위치벡터와 같고, $\mathbf{F}(t)$의 정의역은 $\mathbb{R}$이다.

(2) $\mathbf{F}(t) = \cos t\,\mathbf{i} + \sin t\,\mathbf{j} + t\mathbf{k}$에서 x, y, z는

$$\begin{cases} x = \cos t \\ y = \sin t \\ z = t \end{cases}$$

인 t의 매개변수방정식이다. 따라서 $\mathbf{F}(t)$는 원주면 $x^2 + y^2 = 1$상의 점 $(\cos t, \sin t, t)$을 종점으로 하는 위치벡터로서 xy평면에 정사영한 벡터가 x축과 이루는 각이 t인 위치벡터이다. 이 매개변수방정식이 나타내는 곡선을 **나선**이라 한다(그림 9.3.5 참조). 또한 $\mathbf{F}(t)$의 정의역은 $\mathbb{R}$이다. ■

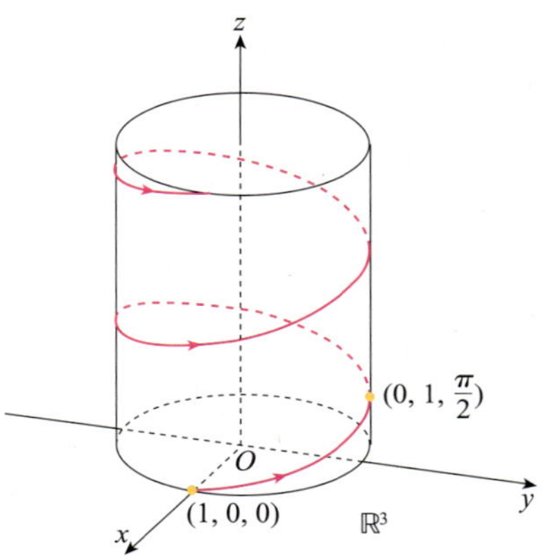

그림 9.3.5

이제 정의역이 $\mathbb{R}^2$의 부분집합인 경우의 벡터함수를 살펴보자.

예제 9.3.5 다음 벡터함수들의 상을 조사하여라.

(1) $\mathbf{F}(x, y) = x\mathbf{i} + y\mathbf{j} + \sqrt{1 - x^2 - y^2}\,\mathbf{k}$

(2) $\mathbf{F}(x, y) = x\mathbf{i} + y\mathbf{j} + \sqrt{1 - \frac{1}{2}x^2 - y^2}\,\mathbf{k}$

풀이 (1) $\mathbf{F}(x, y)$의 성분함수들을 매개변수방정식으로 다음과 같이 쓸 수 있다.

$$\begin{cases} x = x(x, y) = x \\ y = y(x, y) = y \\ z = z(x, y) = \sqrt{1 - x^2 - y^2} \end{cases}$$

이들은 2개의 매개변수 x와 y로 표시되는 매개변수방정식이다. 셋째 식 $z = z(x, y) = \sqrt{1 - x^2 - y^2}$은 구면 $x^2 + y^2 + z^2 = 1$의 xy평면의 상단부이므로, $\mathbf{F}(x, y)$는 종점이 이 곡면상에 있는 위치벡터이다. 정의역은 $\{(x, y) \mid x^2 + y^2 \le 1\}$이므로 단위원의 경계와 내부이다.

(2) (1)과 같은 방법으로, $\mathbf{F}(x, y)$의 성분함수들을 매개변수방정식으로 나타내면

$$\begin{cases} x = x(x, y) = x \\ y = y(x, y) = y \\ z = z(x, y) = \sqrt{1 - \frac{1}{2}x^2 - y^2} \end{cases}$$

이다. 셋째 식은 타원면 $\frac{1}{2}x^2 + y^2 + z^2 = 1$의 xy평면의 상단부

이므로, $\mathbf{F}(x, y)$는 종점이 이 곡면상에 있는 위치벡터이다. 정의역은 $\left\{(x, y) \middle| \frac{1}{2}x^2 + y^2 \le 1\right\}$이다. ■

벡터함수의 극한과 연속

벡터함수 $\mathbf{F}(t)$의 극한은 다음과 같이 그의 성분함수들의 극한을 취함으로써 정의된다.

정의 9.3.6 벡터함수의 극한

a를 포함하는 적당한 구간에서 정의된 벡터함수 $\mathbf{F}(t)$에 대하여 어떤 벡터 $\mathbf{v}$가 있어서, $0 < |t-a|$가 0에 충분히 가까워지면 $\|\mathbf{F}(t) - \mathbf{v}\|$도 0에 원하는 만큼 충분히 가까워질 때, '$t = a$에서 벡터함수 $\mathbf{F}$의 극한이 $\mathbf{v}$이다.' 라 하고 $\lim_{t \to a} \mathbf{F}(t) = \mathbf{v}$로 표기한다.

만약 $\mathbf{F}(t) = f(t)\mathbf{i} + g(t)\mathbf{j} + h(t)\mathbf{k}$이고 $\mathbf{v} = v_1\mathbf{i} + v_2\mathbf{j} + v_3\mathbf{k}$라면

$$\|\mathbf{F}(t) - \mathbf{v}\| = \sqrt{(f(t) - v_1)^2 + (g(t) - v_2)^2 + (h(t) - v_3)^2}$$

이므로, $\lim_{t \to a} \mathbf{F}(t) = \mathbf{v}$일 필요충분조건은 각 성분함수들의 극한이 존재하여 $\lim_{t \to a} f(t) = v_1$, $\lim_{t \to a} g(t) = v_2$, $\lim_{t \to a} h(t) = v_3$이다. 따라서

$$\lim_{t \to a} \mathbf{F}(t) = \mathbf{v} = \left[\lim_{t \to a} f(t)\right]\mathbf{i} + \left[\lim_{t \to a} g(t)\right]\mathbf{j} + \left[\lim_{t \to a} h(t)\right]\mathbf{k}$$

이다.

예제 9.3.7 $\mathbf{F}(t) = (1 + t^3)\mathbf{i} + te^{-t}\mathbf{j} + \frac{\sin t}{t}\mathbf{k}$일 때 $\lim_{t \to 0} \mathbf{F}(t)$를 구하여라.

풀이 $\lim_{t \to 0} \mathbf{F}(t) = \left[\lim_{t \to 0} (1 + t^3)\right]\mathbf{i} + \left[\lim_{t \to 0} te^{-t}\right]\mathbf{j} + \left[\lim_{t \to 0} \frac{\sin t}{t}\right]\mathbf{k} = \mathbf{i} + \mathbf{k}$ ■

정의 9.3.6에 의해 다음 사실들을 쉽게 알 수 있다.

정리 9.3.8

벡터함수 $\mathbf{F}(t)$, $\mathbf{G}(t)$와 스칼라함수 $f(t)$가 t_0에서 극한이 존재할 때 다음이 성립한다.

(1) $\lim_{t \to t_0} [\mathbf{F}(t) \pm \mathbf{G}(t)] = \lim_{t \to t_0} \mathbf{F}(t) \pm \lim_{t \to t_0} \mathbf{G}(t)$

(2) $\lim_{t \to t_0} [f(t)\mathbf{F}(t)] = \lim_{t \to t_0} f(t) \lim_{t \to t_0} \mathbf{F}(t)$

(3) $\lim_{t \to t_0} [\mathbf{F}(t) \cdot \mathbf{G}(t)] = \left[\lim_{t \to t_0} \mathbf{F}(t)\right] \cdot \left[\lim_{t \to t_0} \mathbf{G}(t)\right]$

(4) $\lim_{t \to t_0} [\mathbf{F}(t) \times \mathbf{G}(t)] = \left[\lim_{t \to t_0} \mathbf{F}(t)\right] \times \left[\lim_{t \to t_0} \mathbf{G}(t)\right]$

정의 9.3.9 벡터함수의 연속

벡터함수 $\mathbf{F}(t)$가

$$\lim_{t \to a} \mathbf{F}(t) = \mathbf{F}(a)$$

일 때, $\mathbf{F}(t)$는 a에서 **연속**이라 한다.

정의 9.3.6에 의하면 벡터함수 $\mathbf{F}(t)$가 a에서 연속일 필요충분조건은 그의 성분함수 $f(t), g(t), h(t)$가 a에서 연속인 것을 알 수 있다.

예제 9.3.10 구간 $-\frac{\pi}{2} \le t \le \frac{\pi}{2}$ 내에서 $\mathbf{F}(t) = \frac{1-t^2}{1-t}\mathbf{i} + t^2\mathbf{j} + \tan t\mathbf{k}$의 연속성을 조사하여라.

풀이 $\mathbf{F}(t)$의 x성분함수 $\frac{1-t^2}{1-t}$은 $t=1$에서 불연속이고, z성분함수 $\tan t$는 $t = \pm\frac{\pi}{2}$에서 불연속이며, 그 이외의 점에서는 연속이다. 따라서 $\mathbf{F}(t)$는 $\left(-\frac{\pi}{2}, 1\right) \cup \left(1, \frac{\pi}{2}\right)$에서 연속이다. ■

풀이

정리 9.3.11

벡터함수 $F(t)$가 t_0에서 연속이고, $\lim_{s \to s_0} g(s) = t_0$일 때,

$$\lim_{s \to s_0} F(g(s)) = \lim_{t \to t_0} F(t) = F(t_0)$$

이다.

벡터함수의 미분

이제 벡터함수의 극한과 연속을 근거로 하여 벡터함수의 미분을 정의하자.

정의 9.3.12 미분계수, 도함수

벡터함수 $\mathbf{F}(t)$의 정의역 내에 속하는 점 t_0에 대하여, 극한값

$$\lim_{t \to t_0} \frac{\mathbf{F}(t) - \mathbf{F}(t_0)}{t - t_0}$$

가 존재하면, 이를 t_0에서 $\mathbf{F}(t)$의 미분계수(differential coefficient)라 하고

$$\lim_{t \to t_0} \frac{\mathbf{F}(t) - \mathbf{F}(t_0)}{t - t_0} = \frac{d\mathbf{F}}{dt}(t)\bigg|_{t = t_0} = \mathbf{F}'(t_0)$$

등으로 나타낸다. 또 이때 $\mathbf{F}(t)$는 t_0에서 미분가능(differntiable)하다고 한다. $\mathbf{F}(t)$가 정의역의 부분집합 S에 속한 모든 점에서 미분가능하면, $\mathbf{F}(t)$가 S에서 미분가능하다고 한다.

$$\mathbf{F}'(t) = \lim_{h \to 0} \frac{\mathbf{F}(t+h) - \mathbf{F}(t)}{h}$$

를 $\mathbf{F}(t)$의 도함수(derivative)라 한다.

예제 9.3.13 $\mathbf{F}(t) = \cos t\,\mathbf{i} + \sin t\,\mathbf{j} + t\,\mathbf{k}$에서,

(1) $t = 0$에서 미분계수 $\mathbf{F}'(0)$을 구하여라.

(2) $\mathbf{F}(t)$의 도함수를 구하여라.

풀이 (1) $\mathbf{F}'(0) = \lim_{t \to 0} \frac{\mathbf{F}(t) - \mathbf{F}(0)}{t - 0}$

$$= \lim_{t \to t_0} \frac{1}{t}\{(\cos t - 1)\mathbf{i} + (\sin t - 0)\mathbf{j} + (t - 0)\mathbf{k}\}$$

$$= \lim_{t \to 0}\left(\frac{\cos t - 1}{t}\mathbf{i} + \frac{\sin t}{t}\mathbf{j} + \frac{t}{t}\mathbf{k}\right)$$

$$= \lim_{t \to 0}\frac{\cos t - 1}{t}\mathbf{i} + \lim_{t \to 0}\frac{\sin t}{t}\mathbf{j} + \lim_{t \to 0}\frac{t}{t}\mathbf{k} = \mathbf{j} + \mathbf{k}$$

(2) $\mathbf{F}'(t) = \lim_{h \to 0} \frac{\mathbf{F}(t+h) - \mathbf{F}(t)}{h}$

$$= \lim_{h \to 0} \frac{1}{h}\{(\cos(t+h) - \cos t)\mathbf{i} + (\sin(t+h) - \sin t)\mathbf{j} + (t + h - t)\mathbf{k}\}$$

$$= \lim_{h \to 0}\frac{\cos(t+h) - \cos t}{h}\mathbf{i} + \lim_{h \to 0}\frac{\sin(t+h) - \sin t}{h}\mathbf{j} + \lim_{h \to 0}\frac{(t+h-t)}{h}\mathbf{k}$$

$$= (\cos t)'\mathbf{i} + (\sin t)'\mathbf{j} + \mathbf{k} = -\sin t\,\mathbf{i} + \cos t\,\mathbf{j} + \mathbf{k}$$ ■

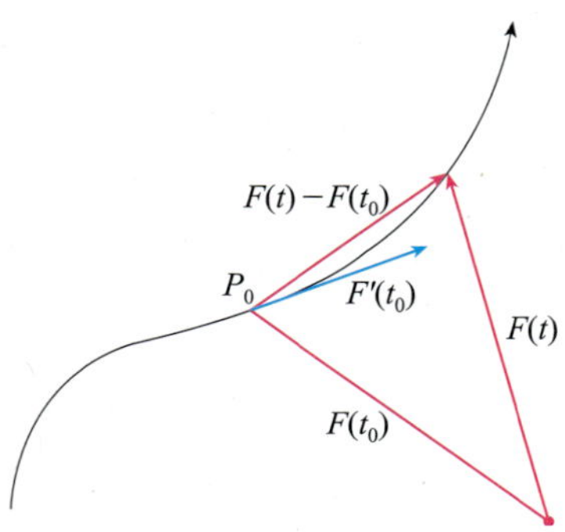

그림 9.3.6

미분계수의 기하학적 의미를 알아보자. 벡터함수 $\mathbf{F}(t)$의 상을 나타내는 곡선 C 위의 점을 종점으로 하는 두 벡터 $\mathbf{F}(t)$와 $\mathbf{F}(t_0)$의 차 $\mathbf{F}(t) - \mathbf{F}(t_0)$를 실수 $t - t_0$로 나눈 벡터 $\frac{\mathbf{F}(t) - \mathbf{F}(t_0)}{t - t_0}$에 대하여, $t \to t_0$일 때의 극한값이 존재할 때, 이 극한값을 $\mathbf{F}'(t_0)$로 정의하였다. 이것은 벡터 $\mathbf{F}(t_0)$의 종점 P_0에서 곡선 C에 접하는 접선벡터가 된다. 참고로

$$\|\mathbf{F}'(t_0)\| = \left\|\lim_{t\to t_0}\frac{\mathbf{F}(t)-\mathbf{F}(t_0)}{t-t_0}\right\| = \lim_{t\to t_0}\frac{\|\mathbf{F}(t)-\mathbf{F}(t_0)\|}{|t-t_0|}$$

이므로 $t=t_0$근방에서 $\|\mathbf{F}(t)-\mathbf{F}(t_0)\| \approx \|\mathbf{F}'(t_0)\|\cdot|t-t_0| = \|\mathbf{F}'(t_0)\|\Delta t$를 만족시킨다.

앞에서처럼 $\mathbf{F}(t) = f(t)\mathbf{i} + g(t)\mathbf{j} + h(t)\mathbf{k}$ 혹은 편의에 따라 $\mathbf{F}(t) = x(t)\mathbf{i} + y(t)\mathbf{j} + z(t)\mathbf{k}$로 표시한다. 정의 9.3.6에서

$$\begin{aligned}
&\lim_{t\to t_0}\frac{\mathbf{F}(t)-\mathbf{F}(t_0)}{t-t_0}\\
&=\lim_{t\to t_0}\frac{f(t)\mathbf{i}+g(t)\mathbf{j}+h(t)\mathbf{k}-(f(t_0)\mathbf{i}+g(t_0)\mathbf{j}+h(t_0)\mathbf{k})}{t-t_0}\\
&=\lim_{t\to t_0}\left\{\frac{f(t)-f(t_0)}{t-t_0}\mathbf{i}+\frac{g(t)-g(t_0)}{t-t_0}\mathbf{j}+\frac{h(t)-h(t_0)}{t-t_0}\mathbf{k}\right\}\\
&=\lim_{t\to t_0}\left\{\frac{f(t)-f(t_0)}{t-t_0}\right\}\mathbf{i}+\lim_{t\to t_0}\left\{\frac{g(t)-g(t_0)}{t-t_0}\right\}\mathbf{j}+\lim_{t\to t_0}\left\{\frac{h(t)-h(t_0)}{t-t_0}\right\}\mathbf{k}
\end{aligned}$$

이므로 $\mathbf{F}(t)$가 $t=t_0$에서 미분가능할 필요충분조건은 각각의 성분함수가 미분가능할 때이다. 따라서 $\mathbf{F}(t)$의 도함수 $\mathbf{F}'(t)$는

$$\mathbf{F}'(t) = f'(t)\mathbf{i} + g'(t)\mathbf{j} + h'(t)\mathbf{k}$$

혹은

$$\mathbf{F}'(t) = x'(t)\mathbf{i} + y'(t)\mathbf{j} + z'(t)\mathbf{k}$$

로 쓸 수 있다.

벡터함수의 도함수 정의로부터 다음 사실을 쉽게 얻을 수 있다.

정리 9.3.14

벡터함수 $\mathbf{F}(t)$, $\mathbf{G}(t)$와 스칼라함수 $t=g(s)$가 미분가능하면 다음이 성립한다.

(1) $[\mathbf{F}(t) \pm \mathbf{G}(t)]' = \mathbf{F}'(t) \pm \mathbf{G}'(t)$

(2) $[f(t)\mathbf{F}(t)]' = f'(t)\mathbf{F}(t) + f(t)\mathbf{F}'(t)$

(3) $[\mathbf{F}(g(s))]' = \mathbf{F}'(t)g'(s)$

(4) $[\mathbf{F}(t)\cdot\mathbf{G}(t)]' = \mathbf{F}'(t)\cdot\mathbf{G}(t) + \mathbf{F}(t)\cdot\mathbf{G}'(t)$

(5) $[\mathbf{F}(t)\times\mathbf{G}(t)]' = \mathbf{F}'(t)\times\mathbf{G}(t) + \mathbf{F}(t)\times\mathbf{G}'(t)$

예제 9.3.15 $\mathbf{F}(t) = \sin^2 t\,\mathbf{i} + \ln t\,\mathbf{j} + \tan^{-1} t\,\mathbf{k}$에서 $\mathbf{F}'(t)$를 구하여라.

풀이 $\mathbf{F}'(t) = 2\sin t\cos t\,\mathbf{i} + \frac{1}{t}\mathbf{j} + \frac{1}{1+t^2}\mathbf{k}$ ■

예제 9.3.16 $\mathbf{F}(t) = t^2\mathbf{i} + \sin(t+1)\mathbf{j} + e^{t+1}\mathbf{k}$이고 $t = g(s) = s^2 - 1$일 때 $\frac{d\mathbf{F}}{ds}$를 구하여라.

풀이 $\frac{d\mathbf{F}}{dt} = 2t\mathbf{i} + \cos(t+1)\mathbf{j} + e^{t+1}\mathbf{k}$이고, $\frac{dt}{ds} = 2s$이므로

$$\begin{aligned}\frac{d\mathbf{F}}{ds} &= \frac{d\mathbf{F}}{dt}\frac{dt}{ds} = [2t\mathbf{i} + \cos(t+1)\mathbf{j} + e^{t+1}\mathbf{k}] \cdot 2s \\ &= [2(s^2-1)\mathbf{i} + \cos((s^2-1)+1)\mathbf{j} + e^{(s^2-1)+1}\mathbf{k}] \cdot 2s \\ &= 4s(s^2-1)\mathbf{i} + 2s\cos(s^2)\mathbf{j} + 2se^{s^2}\mathbf{k}\end{aligned}$$

이다. ■

곡선의 길이

x, y, z가 매개변수 t의 함수, 즉

$$x = x(t),\ y = y(t),\ z = z(t) \tag{9.3.1}$$

일 때, 공간벡터함수 $\mathbf{F}(t) = x(t)\mathbf{i} + y(t)\mathbf{j} + z(t)\mathbf{k}$의 상은 공간곡선이고, 이 곡선은 매개변수방정식으로 식 (9.3.1)과 같이 표시되므로, $x'(t), y'(t), z'(t)$가 $[a, b]$에서 연속이라면 평면곡선에서 곡선의 길이를 구하는 것과 같은 방법으로, 공간곡선 $\mathbf{F}(t)$의 길이 l_a^b는

$$l_a^b = \int_a^b \sqrt{[x'(t)]^2 + [y'(t)]^2 + [z'(t)]^2}\,dt$$

로 주어진다. $\mathbf{F}'(t) = x'(t)\mathbf{i} + y'(t)\mathbf{j} + z'(t)\mathbf{k}$에서 $\mathbf{F}'(t)$는 $h \to 0$일 때, 벡터

$$\frac{\Delta\mathbf{F}}{h} = \frac{\mathbf{F}(t+h) - \mathbf{F}(t)}{h}$$

의 극한벡터이므로 t에서 $\mathbf{F}(t)$가 나타내는 곡선의 **접벡터**(혹은 **접선벡터**)가 된다.

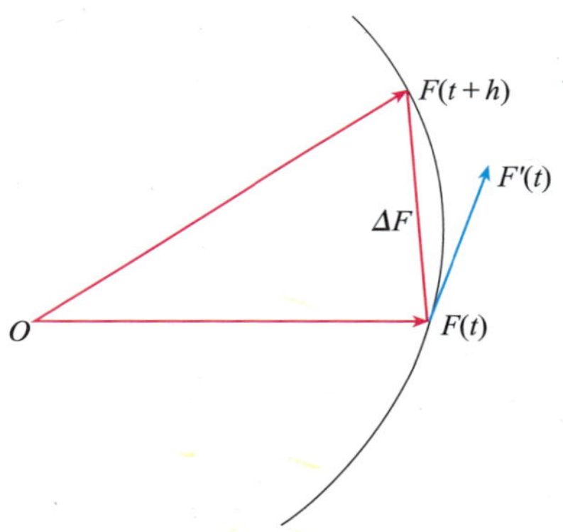

그림 9.3.7

$\mathbf{F}'(t)$의 크기가

$$\|\mathbf{F}'(t)\| = \sqrt{[x'(t)]^2 + [y'(t)]^2 + [z'(t)]^2}$$

이므로

$$l_a^b = \int_a^b \|\mathbf{F}'(t)\|\,dt$$

로 나타난다.

예제 9.3.17 벡터함수 $F(t) = 2t\mathbf{i} + 3\sin t\mathbf{j} + 3\cos t\mathbf{k}$에 대하여, $t=0$에서 $t=2\pi$까지의 곡선의 길이를 구하여라.

풀이 $F'(t)=2\mathbf{i}+3\cos t\,\mathbf{j}-3\sin t\,\mathbf{j}$이고 $\|F'(t)\|=\sqrt{4+9\cos^2 t+9\sin t}=\sqrt{13}$이므로 구하고자 하는 곡선의 길이는

$$\int_0^{2\pi} \|F'(t)\|\text{dt}=\int_0^{2\pi} \sqrt{13}\text{dt}=2\sqrt{13}\pi$$

이다. ■

평면곡선에서와 같이 곡선의 길이 s를

$$s=\int_{t_0}^{t}\sqrt{(x'(u))^2+[y'(u)]^2+[z'(u)]^2}\text{du}$$

라 하면, $s=s(t)$는 곡선상의 호의 길이이고 $\frac{ds}{dt}=\|\mathbf{F}'(t)\|$이다. $\|\mathbf{F}'(t)\|\neq 0$ 이면 s가 일대일 대응함수가 되어 역함수를 가지므로 역함수의 도함수는

$$\frac{dt}{ds}=\frac{1}{\frac{ds}{dt}}=\frac{1}{\|\mathbf{F}'(t)\|}$$

이다. s의 역함수 $t=t(s)$를 구하여 $\mathbf{F}(t)$와 합성하면 $\mathbf{F}(s)=\mathbf{F}(t(s))$를 얻을 수 있고, 이 벡터함수를 s로 미분하면

$$\frac{d\mathbf{F}}{ds}=\frac{d\mathbf{F}}{dt}\frac{dt}{ds}=\mathbf{F}'(t)\frac{dt}{ds}$$

이다. 따라서

$$\left\|\frac{d\mathbf{F}}{ds}\right\|=\|\mathbf{F}'(t)\|\cdot\left|\frac{dt}{ds}\right|=\|\mathbf{F}'(t)\|\cdot\frac{1}{\|\mathbf{F}'(t)\|}=1$$

이다. 즉 $\frac{d\mathbf{F}}{ds}=\frac{1}{\|\mathbf{F}'(t)\|}\mathbf{F}'(t)$는 변수 s에 관계없이 단위벡터가 된다.

정리 9.3.18

공간곡선 $\mathbf{F}(t)$에서 변수 t를 $\mathbf{F}(t)$의 호의 길이 s로 바꾸고, 만약 $\frac{ds}{dt}\neq 0$이면 $\mathbf{F}(t(s))$의 접선벡터 $\frac{d\mathbf{F}}{ds}=\frac{1}{\|\mathbf{F}'(t)\|}\mathbf{F}'(t)$는 단위접선벡터이다.

참고로 정리 9.3.16에서 구한 단위접선벡터 $\frac{\mathbf{F}'(t)}{\|\mathbf{F}'(t)\|}$를 $\mathbf{T}$로 표기한다.

예제 9.3.19 $\mathbf{F}(t)=a\cos t\,\mathbf{i}+a\sin t\,\mathbf{j}$에서 단위접선벡터 $\mathbf{T}$를 구하여라. 단, $a>0$이다.

풀이 $\mathbf{F}'(t) = -a\sin t\mathbf{i} + a\cos t\mathbf{j}$이고 $\|\mathbf{F}'(t)\| = a$이므로,

$$\mathbf{T} = \frac{1}{\|\mathbf{F}'(t)\|}\mathbf{F}'(t) = -\sin t\mathbf{i} + \cos t\mathbf{j}$$

이다. ■

예제 9.3.20 $\mathbf{F}(t) = (\cos t + t\sin t)\mathbf{i} + (\sin t - t\cos t)\mathbf{j}$에서 단위접선 벡터 $\mathbf{T}$를 구하여라. 단, $t > 0$이다.

풀이 $\mathbf{F}'(t) = t\cos t\mathbf{i} + t\sin t\mathbf{j}$이고 $\|\mathbf{F}'(t)\| = t$이므로,

$$\mathbf{T} = \frac{1}{\|\mathbf{F}'(t)\|}\mathbf{F}'(t) = \cos t\mathbf{i} + \sin t\mathbf{j}$$

이다. ■

9.3 연습문제

1. 다음 벡터함수들의 정의역을 구하고 그 상을 그려라.

(1) $\mathbf{F}(t) = t\mathbf{i} + t^3\mathbf{j}$

(2) $\mathbf{F}(t) = t\mathbf{i} + t\mathbf{j} + \sqrt{t}\,\mathbf{k}$

(3) $\mathbf{F}(t) = \sqrt{t+2}\,\mathbf{i} + t^2\mathbf{j} + \sqrt{5-t}\,\mathbf{k}$

(4) $\mathbf{F}(t) = t\mathbf{i} + \log t\mathbf{j} + \sqrt{1-t^2}\,\mathbf{k}$

2. 다음 문제에서 극한값이 존재하면 구하고, 그렇지 않으면 그 이유를 밝혀라.

(1) $\lim_{t\to 2}\{(3t-2)\mathbf{i} + t^2\mathbf{j}\}$

(2) $\lim_{t\to \pi/2}(2\sin t\mathbf{i} + \cos t\mathbf{j})$

(3) $\mathbf{F}(t) = \begin{cases} 5\mathbf{i} + \sqrt{2t^2+2t+4}\,\mathbf{j} + e^{-(t-2)}\mathbf{k} & (t<2) \\ (t^2+1)\mathbf{i} + (4-t)^2\mathbf{j} + \mathbf{k} & (t>2) \end{cases}$

일 때 $\lim_{t\to 2}\mathbf{F}(t)$

(4) $\lim_{t\to 3}\left(\frac{t^2-5t+6}{t-3}\mathbf{i} + \frac{t^2-2t-3}{t-3}\mathbf{j} + \frac{t^2+4t-21}{t-3}\mathbf{k}\right)$

(5) $\lim_{t\to 1}\left(\frac{1}{t}\mathbf{i} + \frac{t-2}{t+1}\mathbf{j} + \frac{2t}{t-1}\mathbf{k}\right)$

(6) $\lim_{t\to +\infty}\left(\tan^{-1}t\mathbf{i} + \frac{t}{t^2+3}\mathbf{j} + \cos\frac{2}{t}\mathbf{k}\right)$

3. 다음 벡터함수들의 도함수를 구하여라.

(1) $\mathbf{F}(t) = \mathbf{i} + t\mathbf{j} + t^5\mathbf{k}$

(2) $\mathbf{F}(t) = (t^2-3)\mathbf{i} + (2t+1)\mathbf{j} + \tan t\mathbf{k}$

(3) $\mathbf{F}(t) = \cos 2t\mathbf{i} + \frac{t-1}{t+1}\mathbf{j} + \frac{t-2}{t}\mathbf{k}$

(4) $\mathbf{F}(t) = \cosh t\mathbf{i} + \sinh t\mathbf{j} - \sqrt{t}\,\mathbf{k}$

(5) $\mathbf{F}(t) = \log t\mathbf{i} + \frac{t-1}{t}\mathbf{j} + \mathbf{k}$

4. 다음 벡터함수들의 단위접선벡터 $\mathbf{T}$를 구하여라.

(1) $\mathbf{F}(t) = 2\cos t\mathbf{i} + 2\sin t\mathbf{j}$

(2) $\mathbf{F}(t) = e^t\mathbf{i} + t^2\mathbf{j}$

(3) $\mathbf{F}(t) = \cos^3 t\mathbf{i} + \sin^3 t\mathbf{j}$

(4) $\mathbf{F}(t) = \mathbf{i} + t^2\mathbf{j}$

(5) $\mathbf{F}(t) = (\cos 2t)\mathbf{i} + 2\cos t\mathbf{j}$

(6) $\mathbf{F}(t) = \frac{t^3}{3}\mathbf{i} + \frac{t^2}{2}\mathbf{j}$

(7) $\mathbf{F}(t) = (e^t\cos t)\mathbf{i} + (e^t\sin t)\mathbf{j}$

(8) $\mathbf{F}(t) = \cosh t\mathbf{i} + t\mathbf{j}$

5. 다음에서 $\mathbf{T}$, $\frac{ds}{dt} = \|\mathbf{F}'\|$을 구하고 $t=0$에서 $t=\pi$까지의 곡선의 길이를 구하여라.

(1) $\mathbf{F}(t) = e^t\cos t\mathbf{i} + e^t\sin t\mathbf{j} + e^t\mathbf{k}$

(2) $\mathbf{F}(t) = 3t\cos t\mathbf{i} + 3t\sin t\mathbf{j} + 4t\mathbf{k}$

6. 다음 곡선들의 길이를 구하여라.

(1) $\mathbf{F}(t) = \cos t\mathbf{i} + \sin t\mathbf{j} + t^2\mathbf{k},\ 0 \le t \le 1$

(2) $\mathbf{F}(t) = 6\sin 2t\mathbf{i} + 6\cos 2t\mathbf{j} + 5t\mathbf{k},\ 0 \le t \le \pi$

(3) $\mathbf{F}(t) = t\mathbf{i} + \frac{\sqrt{6}}{2}t^2\mathbf{j} + t^3\mathbf{k},\quad 0 \le t \le 2$

(4) $\mathbf{F}(t) = e^t\mathbf{i} + e^{-t}\mathbf{j} + \sqrt{2}\,t\mathbf{k},\quad 0 \le t \le 1$

(5) $\mathbf{F}(t) = 2(t^2-1)^{3/2}\mathbf{i} + 3t^2\mathbf{j} + 3t^2\mathbf{k},\ 1 \le t \le \sqrt{8}$

(6) $\mathbf{F}(t) = 3\cosh 2t\mathbf{i} + 3\sinh 2t\mathbf{j} + 6t\mathbf{k},\quad 0 \le t \le \pi$

(7) $\mathbf{F}(t) = 6t\mathbf{i} + 3\sqrt{2}\,t^2\mathbf{j} + 2t^3\mathbf{k},\quad 0 \le t \le 1$

(8) $\mathbf{F}(t) = 2t\mathbf{i} + t^2\mathbf{j} + t^2\mathbf{k},\quad 0 \le t \le 1$

9.4 곡률과 열률

곡선의 곡률

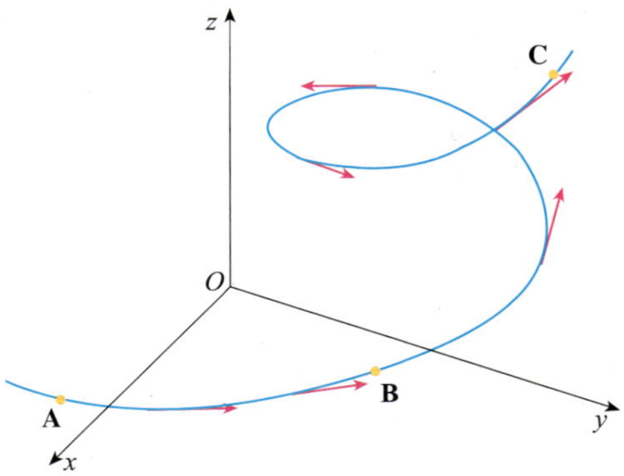

그림 9.4.1

벡터함수 $\mathbf{F}(t)$로 정의되는 곡선의 접선벡터는 $\mathbf{F}'(t)$이고 단위접선벡터는 $\mathbf{T}(t)=\dfrac{\mathbf{F}'(t)}{\|\mathbf{F}'(t)\|}$이다. 이 절에서는 곡선 $\mathbf{F}(t)$가 부드러운 곡선 ($\mathbf{F}'(t)\neq\mathbf{0}$)일 때 곡선이 구부러진 정도 또는 뒤틀려 있는 정도를 나타내는 값들에 대해 살펴보고자 한다. 그림 9.4.1에서 A와 B 사이 구간의 곡선보다 B에서 C 사이 구간의 곡선이 더 구부러졌음을 알 수 있다. 그러면 구부러진 정도를 어떻게 수치화할 수 있을까? 그림 9.4.1에서 볼 수 있듯이, A와 B 사이 구간에서는 단위접선벡터의 방향이 천천히 바뀌지만, B에서 C 사이 구간에서는 단위접선벡터의 방향이 빠르게 변함을 알 수 있다. 따라서 곡선의 굽은 정도를 단위접선벡터의 방향의 변화로 측정할 수 있으리라 생각할 수 있다. 하지만 같은 곡선에 대하여 어떤 매개변수를 사용하느냐에 따라 단위접선벡터의 변화가 달라질 수 있다. 마치 굽은 길을 얼마의 속력으로 달리느냐에 따라 굽은 정도를 느끼는 것이 다를 수 있다는 것과 같은 원리이다. 이를 해결하기 위하여 변수 t를 $\mathbf{F}(t)$의 호의 길이 s에 대한 변수로 바꾼 후, 곡선의 길이 s에 대한 단위접선벡터의 변화율의 크기로 곡선의 굽은 정도를 측정하면 된다. 이 때, 변수 t를 $\mathbf{F}(t)$의 호의 길이 s에 대한 변수로 바꾼 벡터함수 $\mathbf{F}(s)$를 단위속력벡터함수라 한다.

정의 9.4.1 곡률

벡터함수 $\mathbf{F}(t)$에 대하여, $\mathbf{F}(t)$로 정의되는 곡선의 곡률 κ는

$$\kappa=\left\|\frac{d\mathbf{T}}{ds}\right\|$$

로 정의한다. 즉, 곡선의 길이 s에 대한 단위접선벡터의 변화율의 크기로 곡률을 정의한다.

예제 9.4.2 반지름이 a인 원의 곡률을 구하여라. (단, $a>0$이다.)

풀이 벡터함수 $\mathbf{F}(t)=a\cos t\,\mathbf{i}+a\sin t\,\mathbf{j}$의 상은 반지름이 a인 원을 나타낸다. 이 벡터함수의 접선벡터는 $\mathbf{F}'(t)=-a\cos t\,\mathbf{i}+a\sin t\,\mathbf{j}$이고 $\|\mathbf{F}'(t)\|=a$이므로, 단위접선벡터는

$$\mathbf{T}=\frac{1}{\|\mathbf{F}'(t)\|}\mathbf{F}'(t)=-\sin t\,\mathbf{i}+\cos t\,\mathbf{j}$$

이다. 임의의 실수 t에 대하여 $s(t)=\int_0^t\|\mathbf{F}'(u)\|du$(0에서 t까지 $\mathbf{F}(t)$의

종점이 움직인 곡선의 길이)라 하자. $\|\mathbf{F}'(u)\| = a$이므로 $s(t) = at$가 된다. 따라서 이 함수의 역함수는 $t(s)=\frac{1}{a}s$이다. 단위접선 벡터를 곡선의 길이를 나타내는 매개변수 s로 나타내면

$$\mathbf{T}(s)= -\sin\frac{s}{a}\mathbf{i}+\cos\frac{s}{a}$$

가 된다. $\frac{d\mathbf{T}}{ds}=-\frac{1}{a}(\cos\frac{s}{a}\mathbf{i}+\sin\frac{s}{a}\mathbf{j})$이므로 곡률은 $\kappa=\left\|\frac{d\mathbf{T}}{ds}\right\|=\frac{1}{a}$이다. ■

예제 9.4.2에서 곡선의 곡률을 구하기 위해 단위접선벡터 $\mathbf{T}(t)$, 곡선의 길이 함수 $s(t)$, 곡선의 길이함수 $s(t)$의 역함수 $t(s)$를 구한 후, 단위접선벡터의 매개변수를 s로 바꾼 함수 $\mathbf{T}(t(s))$를 s로 미분한 벡터함수 $\frac{d\mathbf{T}}{ds}$의 크기를 구함으로써 곡률을 계산하였다. 매개변수 t로 표시된 단위접선벡터의 매개변수를 s로 바꾸지 않고 곡률을 계산할 방법은 없겠는가? 지금부터는 매개변수를 바꾸지 않고 곡률을 계산하는 방법을 소개하고자 한다.

정리 9.3.13(3)을 이용하면 $\frac{d\mathbf{T}}{dt}=\frac{d\mathbf{T}}{ds}\frac{ds}{dt}=\frac{d\mathbf{T}}{ds}\|\mathbf{F}'(t)\|$이므로

$$\kappa=\left\|\frac{d\mathbf{T}}{ds}\right\|=\left\|\frac{\mathbf{T}'(t)}{\mathbf{F}'(t)}\right\|$$

을 얻을 수 있다.

정리 9.4.3

벡터함수 $\mathbf{F}(t)$와 $\mathbf{F}(t)$의 단위접선벡터 $\mathbf{T}(t)$에 대하여, $\mathbf{F}(t)$로 정의되는 곡선의 곡률 $\kappa(t)$는

$$\kappa(t)=\frac{\|\mathbf{T}'(t)\|}{\|\mathbf{F}'(t)\|}$$

이다.

예제 9.4.4 (1) $\mathbb{R}^2$상의 직선 $y=ax+b$의 곡률을 구하여라.

(2) $x=0, \sqrt{2}$에서 $\mathbb{R}^2$상의 곡선 $y=x^2$의 곡률을 구하고, x가 커질 때 곡률의 변화와 곡선의 굽는 정도를 설명하여라.

풀이 (1) 직선 $y=ax+b$는 벡터함수 $\mathbf{F}(t)=t\,\mathbf{i}+(at+b)\mathbf{j}$의 상이다. 이 벡터함수의 접선벡터는 $\mathbf{F}'(t)=\mathbf{i}+a\,\mathbf{j}$이고 $\|\mathbf{F}'(t)\|=\sqrt{1+a^2}$ 이므로, 단위접선벡터는

$$\mathbf{T}(t)=\frac{1}{\|\mathbf{F}'(t)\|}\mathbf{F}'(t)=\frac{1}{\sqrt{1+a^2}}\mathbf{i}+\frac{a}{\sqrt{1+a^2}}\mathbf{j}$$

이다. $\mathbf{T}'(t)=\mathbf{0}$이므로 정리 9.4.3에 의해 곡률은 $\kappa(t)=0$이다.

(2) 곡선 $y=x^2$는 벡터함수 $\mathbf{F}(t)=t\mathbf{i}+t^2\mathbf{j}$의 상이다. 이 벡터함수의 접선벡터는 $\mathbf{F}'(t)=\mathbf{i}+2t\mathbf{j}$이고 $\|\mathbf{F}'(t)\|=\sqrt{1+4t^2}$이므로, 단위접선벡터는

$$\mathbf{T}(t)=\frac{1}{\|\mathbf{F}'(t)\|}\mathbf{F}'(t)=\frac{1}{\sqrt{1+4t^2}}\mathbf{i}+\frac{2t}{\sqrt{1+4t^2}}\mathbf{j}$$

이다. $\mathbf{T}'(t)=-\dfrac{4t}{(1+4t^2)\sqrt{1+4t^2}}\mathbf{i}+\dfrac{2}{(1+4t^2)\sqrt{1+4t^2}}\mathbf{j}$이므로 정리 9.4.3에 의해 곡률은

$$\kappa(t)=\frac{\|\mathbf{T}'(t)\|}{\|\mathbf{F}'(t)\|}=\frac{2}{(1+4t^2)^{\frac{3}{2}}}$$

이다.

따라서 $t=0$에서 곡률은 2, $t=\sqrt{2}$에서 곡률은 $\dfrac{2}{27}$이다. 이는 곡선 $y=x^2$에 대하여, $x=0$에서 곡선의 굽은 정도가 $x=\sqrt{2}$에서 곡선이 굽은 정도보다 크다는 것을 말한다. 또 x가 커질 때 곡률은 0에 가까워지고 이는 곡선이 직선에 가까워진다는 것을 말한다. ■

정리 9.4.3을 이용하여 곡률을 계산할 수 있으나, 다음 정리를 이용할 때 곡률의 계산이 편할 때도 있다.

정리 9.4.5

벡터함수 $\mathbf{F}(t)$에 대하여, $\mathbf{F}(t)$로 정의되는 곡선의 곡률 $\kappa(t)$는

$$\kappa(t)=\frac{\|\mathbf{F}'(t)\times\mathbf{F}''(t)\|}{\|\mathbf{F}'(t)\|^3}$$

이다.

증명 $\mathbf{T}(t)=\dfrac{\mathbf{F}'(t)}{\|\mathbf{F}'(t)\|}$이고 $\dfrac{ds}{dt}=\|\mathbf{F}'(t)\|$이므로, $\mathbf{F}'(t)=\|\mathbf{F}'(t)\|\mathbf{T}(t)=\dfrac{ds}{dt}\mathbf{T}(t)$이다. 양변을 t에 대하여 미분을 하면

$$\mathbf{F}''(t)=\frac{d^2s}{dt^2}\mathbf{T}(t)+\frac{ds}{dt}\mathbf{T}'(t)$$

이다. $\mathbf{T}(t)\times\mathbf{T}(t)=\mathbf{0}$이므로

$$\mathbf{F}'(t)\times\mathbf{F}''(t)=\left(\frac{ds}{dt}\right)^2(\mathbf{T}(t)\times\mathbf{T}'(t))$$

이다. $\|\mathbf{T}(t)\|=1$이므로 $\mathbf{T}(t)\cdot\mathbf{T}(t)=1$이고, 이 식을 t에 대해 미분하면 $\mathbf{T}'(t)\cdot\mathbf{T}(t)=0$임을 알 수 있다. 즉 두 벡터함수 $\mathbf{T}'(t)$와 $\mathbf{T}(t)$는 직교한다. 외적의 정의에 의해

$$\|\mathbf{F}'(t)\times\mathbf{F}''(t)\| = \left(\frac{ds}{dt}\right)^2 \|\mathbf{T}(t)\times\mathbf{T}'(t)\| = \left(\frac{ds}{dt}\right)^2 \|\mathbf{T}(t)\|\,\|\mathbf{T}'(t)\| = \left(\frac{ds}{dt}\right)^2 \|\mathbf{T}'(t)\|$$

이다. 따라서

$$\|\mathbf{T}'(t)\| = \frac{\|\mathbf{F}'(t)\times\mathbf{F}''(t)\|}{\left(\frac{ds}{dt}\right)^2} = \frac{\|\mathbf{F}'(t)\times\mathbf{F}''(t)\|}{\|\mathbf{F}'(t)\|^2}$$

이고

$$\kappa(t) = \frac{\|\mathbf{T}'(t)\|}{\|\mathbf{F}'(t)\|} = \frac{\|\mathbf{F}'(t)\times\mathbf{F}''(t)\|}{\|\mathbf{F}'(t)\|^3}$$

이다. ■

예제 9.4.6 벡터함수 $\mathbf{F}(t) = t\mathbf{i} + t^2\mathbf{j} + t^3\mathbf{j}$로 정의되는 곡선의 곡률 $\kappa(t)$를 구하고, 곡선 위의 점 (1,1,1)에서 곡률을 구하여라.

풀이 $\mathbf{F}'(t) = \mathbf{i} + 2t\mathbf{j} + 3t^2\mathbf{k}$이고 $\mathbf{F}''(t) = \mathbf{2j} + 6t\mathbf{k}$이다.

$$\mathbf{F}'(t)\times\mathbf{F}''(t) = \begin{vmatrix} \mathbf{i} & \mathbf{j} & \mathbf{k} \\ 1 & 2t & 3t^2 \\ 0 & 2 & 6t \end{vmatrix} = 6t^2\mathbf{i} - 6t\mathbf{j} + 2\mathbf{k}$$

이므로

$$\kappa(t) = \frac{\|\mathbf{F}'(t)\times\mathbf{F}''(t)\|}{\|\mathbf{F}'(t)\|^3} = \frac{2\sqrt{1+9t^2+9t^4}}{(1+4t^2+9t^4)\sqrt{1+4t^2+9t^4}}$$

이다. 점 (1,1,1)에서 곡률은 $\kappa(1) = \frac{\sqrt{19}}{7\sqrt{14}}$이다.

따름정리 9.4.7

(1) $\mathbb{R}^2$상의 벡터함수 $\mathbf{F}(t) = f(t)\mathbf{i} + g(t)\mathbf{j}$의 곡률은

$$\kappa(t) = \frac{|f'(t)g''(t) - f''(t)g'(t)|}{(f'(t)^2 + g'(t)^2)^{\frac{3}{2}}}$$

이다.

(2) $\mathbb{R}^2$상의 곡선 $y = f(x)$의 곡률은

$$\kappa(x) = \frac{|f''(x)|}{(1+f'(x)^2)^{\frac{3}{2}}}$$

이다.

(3) $\mathbb{R}^2$상에서 극좌표 방정식 $r = f(\theta)$으로 주어지는 곡선의 곡률은

$$\kappa(\theta) = \frac{|f(\theta)^2 + 2f'(\theta)^2 - f(\theta)f''(\theta)|}{(f(\theta)^2 + f'(\theta)^2)^{\frac{3}{2}}}$$

이다.

증명 (1) 벡터함수 $\mathbf{F}(t)$는 $\mathbb{R}^3$상의 벡터함수로서 z-성분함수가 0인 벡터함수로 간주하자. $\mathbf{F}'(t) = f'(t)\mathbf{i} + g'(t)\mathbf{j}$이고 $\mathbf{F}''(t) = \mathbf{f}''(t)\mathbf{i} + \mathbf{g}''(t)\mathbf{j}$이므로

$$\mathbf{F}'(t)\times\mathbf{F}''(t) = \begin{vmatrix} \mathbf{i} & \mathbf{j} & \mathbf{k} \\ f'(t) & g'(t) & 0 \\ f''(t) & g''(t) & 0 \end{vmatrix} = (f'(t)g''(t) - f''(t)g'(t))\mathbf{k}$$

이다. 따라서

$$\kappa(t) = \frac{\|\mathbf{F}'(t)\times\mathbf{F}''(t)\|}{\|\mathbf{F}'(t)\|^3} = \frac{|f'(t)\,g''(t) - f''(t)\,g'(t)|}{(f'(t)^2 + g'(t)^2)^{\frac{3}{2}}}$$

이다.

(2) $\mathbb{R}^2$상의 곡선 $y = f(x)$를 나타내는 벡터함수는 $\mathbf{F}(t) = t\,\mathbf{i} + f(t)\mathbf{j}$이다. 참고로 벡터함수 $\mathbf{F}(t)$는 $\mathbb{R}^3$상의 벡터함수로서 z-성분함수가 0인 벡터함수로 간주한다.

$\mathbf{F}'(t) = \mathbf{i} + f'(t)\mathbf{j}$이고 $\mathbf{F}''(t) = f''(t)\mathbf{j}$이므로

$$\mathbf{F}'(t)\times\mathbf{F}''(t) = \begin{vmatrix} \mathbf{i} & \mathbf{j} & \mathbf{k} \\ 1 & f'(t) & 0 \\ 0 & f''(t) & 0 \end{vmatrix} = f''(t)\mathbf{k}$$

이다. 따라서

$$\kappa(t) = \frac{\|\mathbf{F}'(t)\times\mathbf{F}''(t)\|}{\|\mathbf{F}'(t)\|^3} = \frac{|\mathbf{f}''(t)|}{(1 + \mathbf{f}'(t)^2)^{\frac{3}{2}}}$$

이다. $(x, f(x))$에서의 곡률은 $\kappa(x)$이다.

(3) 곡선이 극좌표 $r = f(\theta)$로 주어지면, 이 곡선을 나타내는 벡터함수는 $\mathbf{F}(\theta) = f(\theta)\cos\theta\mathbf{i} + f(\theta)\sin\theta\mathbf{j}$이다. 참고로 벡터함수 $\mathbf{F}(\theta)$는 $\mathbb{R}^3$상의 벡터함수로서 z-성분함수가 0인 벡터함수로 간주한다. 이때

$$\mathbf{F}'(\theta) = (f'(\theta)\cos\theta - f(\theta)\sin\theta)\mathbf{i} + (f'(\theta)\sin\theta + f(\theta)\cos\theta)\mathbf{j}$$

이고

$$\begin{aligned}\mathbf{F}''(\theta) = {} & (f''(\theta)\cos\theta - 2f'(\theta)\sin\theta - f(\theta)\cos\theta)\mathbf{i} \\ & + (f''(\theta)\sin\theta + 2f'(\theta)\cos\theta - f(\theta)\sin\theta)\mathbf{j}\end{aligned}$$

이다. 따라서

$$\kappa(\theta) = \frac{\|\mathbf{F}'(\theta)\times\mathbf{F}''(\theta)\|}{\|\mathbf{F}'(\theta)\|^3} = \frac{|f(\theta)^2 + 2f'(\theta)^2 - f(\theta)f''(\theta)|}{(f(\theta)^2 + f'(\theta)^2)^{\frac{3}{2}}}$$

임을 알 수 있다.

예제 9.4.8 (1) $\mathbb{R}^2$상의 곡선 $y=x^2$의 곡률을 구하여라.

(2) $\mathbb{R}^2$상에서 극방정식 $r=4\cos\theta$로 주어진 곡선의 곡률을 구하여라.

풀이 (1) $f(x)=x^2$이라 할 때, $f'(x)=2x$이고 $f''(x)=2$이므로 곡률은

$$\kappa(x)=\frac{|f''(x)|}{(1+f'(x)^2)^{\frac{3}{2}}}=\frac{2}{(1+4x^2)^{\frac{3}{2}}}$$

이다. 이 결과는 예제 9.4.4(2)에서 얻은 결과와 일치함을 알 수 있다.

(2) 따름정리 9.4.7(2)에 의해 $r=4\cos\theta$로 주어진 곡선의 곡률은

$$\begin{aligned}\kappa(\theta)&=\frac{|f(\theta)^2+2f'(\theta)^2-f(\theta)f''(\theta)|}{(f(\theta)^2+f'(\theta)^2)^{\frac{3}{2}}}\\&=\frac{|(4\cos\theta)^2+2(-4\sin\theta)^2-4\cos\theta(-4\cos\theta)|}{((4\cos\theta)^2+(-4\sin\theta)^2)^{\frac{3}{2}}}\\&=\frac{|32\cos^2\theta+32\sin^2\theta|}{(16)^{\frac{3}{2}}}=\frac{32}{4^3}=\frac{1}{2}\end{aligned}$$

이다. 이는 $r=4\cos\theta$는 $r^2=4r\cos\theta$이고 $x=r\cos\theta,\ y=r\sin\theta$를 이용하여 직교방정식으로 바꾸면 $x^2+y^2=4x$, 즉 $(x-2)^2+y^2=4$로서 중심이 $(2,0)$이고 반지름이 2인 원이므로 예제 9.4.2에서 얻어진 결과와 일치함을 알 수 있다.

주단위법선벡터와 종법선벡터

$\mathbb{R}^3$상에서 정의되는 벡터함수 $\mathbf{F}(t)$의 단위접선벡터 $\mathbf{T}(t)$에 대하여, $\|\mathbf{T}(t)\|=1$이므로 $\mathbf{T}(t)\cdot\mathbf{T}(t)=1$이다. 이 식을 t에 대해 미분하면 $\mathbf{T}'(t)\cdot\mathbf{T}(t)=0$임을 알 수 있다. 즉 두 벡터함수 $\mathbf{T}'(t)$와 $\mathbf{T}(t)$는 직교한다. 이 때, $\mathbf{T}'(t)$와 방향이 같은 단위벡터, 즉 $\dfrac{\mathbf{T}'(t)}{\|\mathbf{T}'(t)\|}$를 **주단위법선벡터**라 하고 $\mathbf{N}(t)$로 표기한다. 단위접선벡터 $\mathbf{T}(t)$와 주단위법선벡터 $\mathbf{N}(t)$를 외적한 벡터 $\mathbf{T}(t)\times\mathbf{N}(t)$의 크기는 1이고 방향은 $\mathbf{T}(t)$, $\mathbf{N}(t)$ 모두와 수직인 벡터가 된다. 이 벡터를 **종법선벡터**라 하고 $\mathbf{B}(t)$로 표기한다. 참고로 세 벡터 $\mathbf{T}(t), \mathbf{N}(t), \mathbf{B}(t)$는 서로 직교하는 단위벡터들로서 공간곡선을 살피는 데, 매우 유용하게 사용된다.

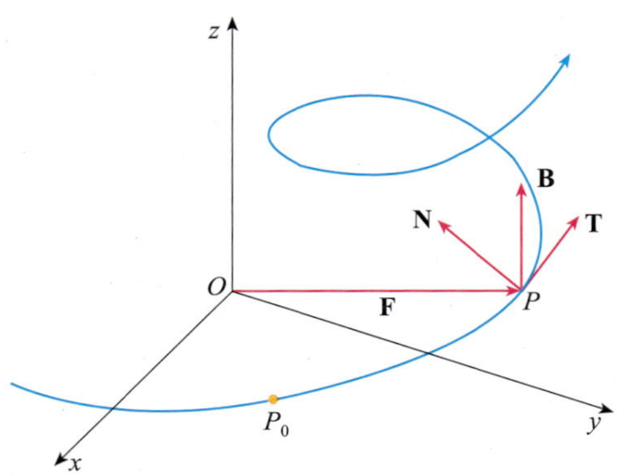

그림 9.4.2

예제 9.4.9 (1) 벡터함수 $\mathbf{F}(t)=\cos t\,\mathbf{i}+\sin t\,\mathbf{j}+t\,\mathbf{k}$의 단위접선벡터 $\mathbf{T}(t)$, 주단위법선벡터 $\mathbf{N}(t)$, 종법선벡터 $\mathbf{B}(t)$ 및 곡률 $\kappa(t)$를 구하여라.

(2) 벡터함수 $\mathbf{F}(t)=\dfrac{1}{3}t^3\mathbf{i}+\dfrac{\sqrt{2}}{2}t^2\mathbf{j}+t\mathbf{k}$의 $\mathbf{T}(t), \mathbf{N}(t), \mathbf{B}(t)$ 및 곡률 $\kappa(t)$를 구하여라.

풀이 (1) $\mathbf{F}'(t)=-\sin t\,\mathbf{i}+\cos t\,\mathbf{j}+\mathbf{k}$이므로

$$\mathbf{T}(t)=\frac{\mathbf{F}'(t)}{\|\mathbf{F}'(t)\|}=\frac{-\sin t\,\mathbf{i}+\cos t\,\mathbf{j}+\mathbf{k}}{\sqrt{2}}=\frac{-\sin t}{\sqrt{2}}\mathbf{i}+\frac{\cos t}{\sqrt{2}}\mathbf{j}+\frac{1}{\sqrt{2}}\mathbf{k}$$

이다. 또

$$\mathbf{T}'(t)=\frac{-\cos t}{\sqrt{2}}\,\mathbf{i}-\frac{\sin t}{\sqrt{2}}\mathbf{j}\text{이고}\quad \|\mathbf{T}'(t)\|=\frac{1}{\sqrt{2}}$$

이므로 $\mathbf{N}(t)=\dfrac{\mathbf{T}'(t)}{\|\mathbf{T}'(t)\|}=-\cos t\,\mathbf{i}-\sin t\,\mathbf{j}$이다. $\mathbf{B}(t)=\mathbf{T}(t)\times\mathbf{N}(t)$이므로

$$\mathbf{B}(t)=\mathbf{T}(t)\times\mathbf{N}(t)=\begin{vmatrix}\mathbf{i} & \mathbf{j} & \mathbf{k}\\ \frac{-\sin t}{\sqrt{2}} & \frac{\cos t}{\sqrt{2}} & \frac{1}{\sqrt{2}}\\ -\cos t & -\sin t & 0\end{vmatrix}=\frac{\sin t}{\sqrt{2}}\mathbf{i}-\frac{\cos t}{\sqrt{2}}\mathbf{j}+\frac{1}{\sqrt{2}}\mathbf{k}$$

이다. 마지막으로 곡률 $\kappa(t)$를 구해보자. $\mathbf{F}''(t)=-\cos t\,\mathbf{i}-\sin t\,\mathbf{j}$이므로

$$\mathbf{F}'(t)\times\mathbf{F}''(t)=\begin{vmatrix}\mathbf{i} & \mathbf{j} & \mathbf{k}\\ -\sin t & \cos t & 1\\ -\cos t & -\sin t & 0\end{vmatrix}=\sin t\,\mathbf{i}-\cos t\,\mathbf{j}+\mathbf{k}$$

이다. $\|\mathbf{F}'(t)\times\mathbf{F}''(t)\|=\sqrt{2}$이므로

$$\kappa(t)=\frac{\|\mathbf{F}'(t)\times\mathbf{F}''(t)|}{|\mathbf{F}'(t)\|^3}=\frac{1}{2}$$

이다.

(2) $\mathbf{F}'(t)=t^2\mathbf{i}+\sqrt{2}t\,\mathbf{j}+\mathbf{k}$이므로

$$\mathbf{T}(t)=\frac{\mathbf{F}'(t)}{\|\mathbf{F}'(t)\|}=\frac{1}{\sqrt{t^4+2t^2+1}}(t^2\mathbf{i}+\sqrt{2}t\,\mathbf{j}+\mathbf{k})=\frac{1}{t^2+1}\,(t^2\mathbf{i}+\sqrt{2}t\,\mathbf{j}+\mathbf{k})$$

이다. 또

$$\mathbf{T}'(t)=\frac{2t}{(t^2+1)^2}\,\mathbf{i}+\frac{\sqrt{2}(1-t^2)}{(t^2+1)^2}\,\mathbf{j}+\frac{-2t}{(t^2+1)^2}\,\mathbf{k},$$

$$\|\mathbf{T}'(t)\|=\sqrt{\frac{4t^2}{(t^2+1)^4}+\frac{2(1-t^2)^2}{(t^2+1)^4}+\frac{4t^2}{(t^2+1)^4}}=\frac{\sqrt{2}}{t^2+1}$$

이므로

$$\mathbf{N}(t)=\frac{\mathbf{T}'(t)}{\|\mathbf{T}'(t)\|}=\frac{1}{t^2+1}\,(\sqrt{2}t\,\mathbf{i}+(1-t^2)\mathbf{j}-\sqrt{2}t\mathbf{k})$$

이다. $\mathbf{B}(t)=\mathbf{T}'(t)\times\mathbf{N}(t)$이므로

$$\mathbf{B}(t)=\mathbf{T}(t)\times\mathbf{N}(t)=\begin{vmatrix}\mathbf{i} & \mathbf{j} & \mathbf{k}\\ \frac{t^2}{t^2+1} & \frac{\sqrt{2}t}{t^2+1} & \frac{1}{t^2+1}\\ \frac{\sqrt{2}t}{t^2+1} & \frac{1-t^2}{t^2+1} & \frac{-\sqrt{2}t}{t^2+1}\end{vmatrix}=\frac{-1}{t^2+1}\,\mathbf{i}+\frac{\sqrt{2}t}{t^2+1}\,\mathbf{j}-\frac{t^2}{t^2+1}\,\mathbf{k}$$

이다. 마지막으로 곡률 $\kappa(t)$를 구해보자.

$$\mathbf{F}''(t) = 2t\,\mathbf{i} + \sqrt{2}\mathbf{j},$$

$$\mathbf{F}'(t)\times\mathbf{F}''(t) = \begin{vmatrix} \mathbf{i} & \mathbf{j} & \mathbf{k} \\ t^2 & \sqrt{2}t & 1 \\ 2t & \sqrt{2} & 0 \end{vmatrix} = -\sqrt{2}\mathbf{i} + 2t\,\mathbf{j} - \sqrt{2}t^2\mathbf{k},$$

$$\|\mathbf{F}'(t)\times\mathbf{F}''(t)\| = \sqrt{(-\sqrt{2})^2+(2t)^2+(-\sqrt{2}t^2)^2} = \sqrt{2}(t^2+1)$$

이므로

$$\kappa(t) = \frac{\|\mathbf{F}'(t)\times\mathbf{F}''(t)\|}{\|\mathbf{F}'(t)\|^3} = \frac{\sqrt{2}(t^2+1)}{(t^2+1)^3} = \frac{\sqrt{2}}{(t^2+1)^2}$$

이다. ■

벡터의 외적의 정의를 이용하면, $\mathbf{N}(t)\times\mathbf{B}(t)=\mathbf{T}(t)$, $\mathbf{B}(t)\times\mathbf{T}(t)=\mathbf{N}(t)$이 성립함을 알 수 있다. $\mathbf{T}(t)$, $\mathbf{N}(t)$, $\mathbf{B}(t)$를 구하기 위해서, $\mathbf{T}(t)$, $\mathbf{N}(t)$, $\mathbf{B}(t)$ 순으로 구하는 방법을 위에서 살펴보았다. 다른 순서대로 구하는 방법은 없겠는가? 아래에 $\mathbf{T}(t)$, $\mathbf{B}(t)$, $\mathbf{N}(t)$순으로 구하는 방법을 소개하고자 한다.

벡터함수 $\mathbf{F}(t)$에 대하여, $\mathbf{T}(t)=\dfrac{\mathbf{F}'(t)}{\|\mathbf{F}'(t)\|}$이므로 $\mathbf{F}'(t)=\|\mathbf{F}'(t)\|\mathbf{T}(t)=\dfrac{ds}{dt}\mathbf{T}(t)$이다. 양변을 t에 대하여 미분을 하면

$$\mathbf{F}''(t) = \frac{d^2s}{dt^2}\mathbf{T}(t) + \frac{ds}{dt}\mathbf{T}'(t)$$

이다. $\mathbf{T}(t)\times\mathbf{T}(t)=\mathbf{0}$이므로

$$\mathbf{F}'(t)\times\mathbf{F}''(t) = \left(\frac{ds}{dt}\right)^2(\mathbf{T}(t)\times\mathbf{T}'(t))$$

이다. 주단위법선벡터 $\mathbf{N}(t)$의 정의로부터 $\mathbf{T}'(t)$와 $\mathbf{N}(t)$는 같은 방향을 가짐을 알 수 있다. 따라서 $\mathbf{F}'(t)\times\mathbf{F}''(t)$는 $\mathbf{T}(t)\times\mathbf{N}(t)$와 같은 방향, 즉 $\mathbf{B}(t)$와 같은 방향을 가진다. 이로부터

$$\mathbf{B}(t) = \frac{\mathbf{F}'(t)\times\mathbf{F}''(t)}{\|\mathbf{F}'(t)\times\mathbf{F}''(t)\|}$$

이다. $\mathbf{T}(t)$, $\mathbf{B}(t)$를 이용하여, $\mathbf{N}(t)=\mathbf{B}(t)\times\mathbf{T}(t)$를 계산할 수 있다.

접평면과 접촉원

예제 9.4.2에서 반지름의 길이가 $a(a>0)$인 원의 곡률은 $\dfrac{1}{a}$임을 살펴보았다. 이는 곡선의 곡률은 곡선의 굽은 정도를 나타내는데, 곡률이 κ라는 것은 반지름이 $\dfrac{1}{\kappa}$인 원의 굽은 정도만큼 곡선이 굽었다는 것을 의미한다. 이러한 의미를 이용하여 곡선의 접평면과 접촉원을 다음과 같이 정의한다.

정의 9.4.10

벡터함수 $\mathbf{F}(t)$로 정의되는 곡선과 $\mathbf{F}(t_0)$의 종점인 곡선 위의 점 $P(x_0, y_0, z_0)$에 대하여,

(1) 점 P를 포함하고 있고, 두 단위 벡터 $\mathbf{T}(t_0)$와 $\mathbf{N}(t_0)$를 포함하는 평면을 $t=t_0$에서 $\mathbf{F}(t)$의 **접평면** 또는 **곡선의 접평면**이라 한다. 즉, 점 P를 포함하고 있고 $\mathbf{B}(t_0)$를 법선벡터로 가지는 평면이 접평면이 된다.

(2) 점 P에서 주단위법선벡터 $\mathbf{N}(t_0)$방향으로 $\dfrac{1}{\kappa(t_0)}$만큼 이동한 점을 $Q(a, b, c)$라고 할 때, 점 Q를 중심으로 하고, 점 P를 지나면서 $t=t_0$에서 $\mathbf{F}(t)$의 접평면에 포함되는 원을 $t=t_0$에서 $\mathbf{F}(t)$의 **접촉원** 또는 **곡선의 접촉원**이라 한다. 즉 접촉원이라는 것은 접평면에 포함되는 원으로서 중심이 Q이고 반지름이 $\dfrac{1}{\kappa(t_0)}$인 원이다. 이 때, 점 Q를 $t=t_0$에서 접촉원의 곡률중심이라 하고, $\dfrac{1}{\kappa(t_0)}$을 $t=t_0$에서 곡률반지름이라 한다.

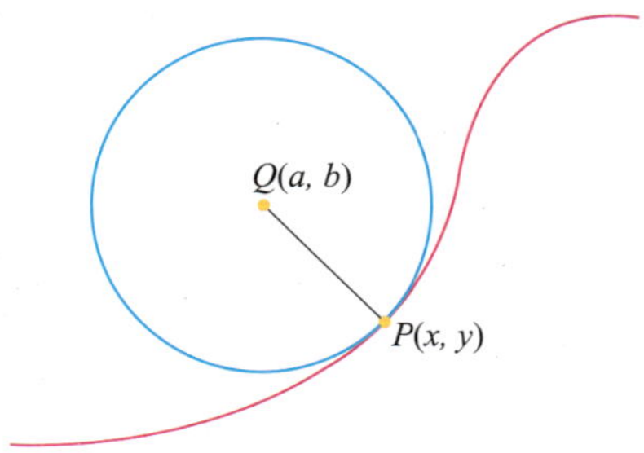

그림 9.4.3

참고 $\mathbb{R}^2$상의 곡선에 대하여 접평면은 $\mathbb{R}^2$이다. 주어진 곡선을 나타내는 $\mathbb{R}^2$상의 벡터함수에 대하여, 단위접선벡터 및 주단위법선벡터는 $\mathbb{R}^2$상의 벡터이다. 따라서 접촉원은 $\mathbb{R}^2$상의 원이 된다. 곡률중심 및 곡률반지름은 $\mathbb{R}^2$에서 정의 9.4.10과 같이 정의하면 된다.

예제 9.4.11 (1) $\mathbb{R}^2$상의 곡선 $y=x^2$ 위의 점 (1,1)에서 이 곡선의 접평면, 곡률반지름, 곡률중심 및 접촉원을 구하여라.

(2) 벡터함수 $\mathbf{F}(t)=\cos t\,\mathbf{i}+\sin t\mathbf{j}+t\,\mathbf{k}$에 대하여, $t=\dfrac{\pi}{2}$에서 $\mathbf{F}(t)$의 접평면, 곡률반지름, 곡률중심 및 접촉원을 구하여라.

풀이 (1) $\mathbb{R}^2$상의 곡선 $y=x^2$를 나타내는 벡터함수는 $\mathbf{F}(t)=t\,\mathbf{i}+t^2\mathbf{j}$이다. 이 곡선이 $\mathbb{R}^2$상에서 정의되기 때문에 접평면은 $\mathbb{R}^2$ 전체이다. 이 벡터함수의 접선벡터는 $\mathbf{F}'(t)=\mathbf{i}+2t\mathbf{j}$이고 $\|\mathbf{F}'(t)\|=\sqrt{1+4t^2}$ 이므로, 단위접선벡터는

$$\mathbf{T}(t)=\frac{1}{\|\mathbf{F}'(t)\|}\mathbf{F}'(t)=\frac{1}{\sqrt{1+4t^2}}\mathbf{i}+\frac{2t}{\sqrt{1+4t^2}}\mathbf{j}$$

이다. $\mathbf{T}'(t)=-\dfrac{4t}{(1+4t^2)\sqrt{1+4t^2}}\mathbf{i}+\dfrac{2}{(1+4t^2)\sqrt{1+4t^2}}\mathbf{j}$이므로 주단위법선벡터는

$$\mathbf{N}(t)=\frac{\mathbf{T}'(t)}{\|\mathbf{T}'(t)\|}=\frac{-2t}{\sqrt{1+4t^2}}\mathbf{i}+\frac{1}{\sqrt{1+4t^2}}\mathbf{j}$$

이다. 예제 9.4.8(1)에 의해 곡률은

$$\kappa(t)=\frac{2}{(1+4t^2)}$$

이다. 따라서 곡선 위의 점 (1, 1)에서 주단위접선벡터는 $\mathbf{T}(1)=\frac{1}{\sqrt{5}}\mathbf{i}+\frac{2}{\sqrt{5}}\mathbf{j}$, 주단위법선벡터는 $\mathbf{N}(1)=\frac{-2}{\sqrt{5}}\mathbf{i}+\frac{1}{\sqrt{5}}\mathbf{j}$이고 곡률은 $\kappa(1)=\frac{2}{5\sqrt{5}}$이다. 따라서 곡률반지름은 $\frac{5\sqrt{5}}{2}$이다. 곡률중심은

$$(1,1)+\frac{5\sqrt{5}}{2}\left(\frac{-2}{\sqrt{5}},\ \frac{1}{\sqrt{5}}\right)=\left(-4,\ \frac{7}{2}\right)$$

이다. 따라서 접촉원의 방정식은 $(x+4)^2+\left(y-\frac{7}{2}\right)^2=\frac{125}{4}$이다.

(2) 예제 9.4.9(1)에 의해,

$$\mathbf{T}(T)=\frac{-\sin t}{\sqrt{2}}\mathbf{i}+\frac{\cos t}{\sqrt{2}}\mathbf{j}+\frac{1}{\sqrt{2}}\mathbf{k}$$
$$\mathbf{N}(t)=-\cos t\,\mathbf{i}-\sin t\,\mathbf{j}$$
$$\mathbf{B}(t)=\frac{\sin t}{\sqrt{2}}\mathbf{i}-\frac{\cos t}{\sqrt{2}}\mathbf{j}+\frac{1}{\sqrt{2}}\mathbf{k}$$
$$\kappa(t)=\frac{1}{2}.$$

이다. $t=\frac{\pi}{2}$ 에서 $\boldsymbol{T}\left(\frac{\pi}{2}\right)=-\frac{1}{\sqrt{2}}\mathbf{i}+\frac{1}{\sqrt{2}}\mathbf{k}$, $\mathbf{N}\left(\frac{\pi}{2}\right)=-\mathbf{j}$, $\mathbf{B}\left(\frac{\pi}{2}\right)=\frac{1}{\sqrt{2}}\mathbf{i}+\frac{1}{\sqrt{2}}\mathbf{k}$이다. $\mathbf{F}\left(\frac{\pi}{2}\right)$의 종점은 $\left(0,1,\frac{\pi}{2}\right)$이므로 $t=\frac{\pi}{2}$ 에서 접평면의 방정식은 $x+z=\frac{\pi}{2}$이다.

$\kappa\left(\frac{\pi}{2}\right)=\frac{1}{2}$ 이므로 곡률반지름은 2이다. 접촉원의 중심인 곡률중심은

$$\left(0,1,\frac{\pi}{2}\right)+2(0,-1,0)=\left(0,-1,\frac{\pi}{2}\right)$$

이다. 따라서 접촉원은 중심이 $\left(0,-1,\frac{\pi}{2}\right)$이고 반지름이 2이고 평면 $x+z=\frac{\pi}{2}$에 속하는 원이다. ■

열률(비틀림률)

벡터함수 $\mathbf{F}(s)$로 정의되는 곡선의 곡률을 정의하기 위해, 변수 t를 $\mathbf{F}(t)$의 호의 길이 s에 대한 변수로 바꾼 벡터함수 $\mathbf{F}(s)$, 즉 단위속력벡터함수를 이용하였다. 곡선의 비틀린 정도를 나타내는 열률을 정의하기 위해 같은 이유에서 단위속력벡터함수를 이용하고자 한다.

단위속력벡터함수 $\mathbf{F}(s)$와 단위접선벡터 $\mathbf{T}(s)$, 주단위법선벡터 $\mathbf{N}(s)$, 종법선벡터 $\mathbf{B}(s)$에 대하여, $\mathbf{B}(s)\cdot\mathbf{B}(s)=1$, $\mathbf{T}(s)\cdot\mathbf{B}(s)=0$이므로

이들을 s로 미분하면

$$2\mathbf{B}'(s)\cdot\mathbf{B}(s)=0,\quad \mathbf{T}'(s)\cdot\mathbf{B}(s)+\mathbf{T}(s)\cdot\mathbf{B}'(s)=0$$

을 얻는다. $\mathbf{T}'(s)$는 주단위법선벡터 $\mathbf{N}(s)$와 평행하므로 종법선벡터 $\mathbf{B}(s)$와 수직이다. 따라서 $\mathbf{B}'(s)\cdot\mathbf{T}(s)=0$이다. 즉 $\mathbf{B}'(s)$는 $\mathbf{B}(s)$와 $\mathbf{T}(s)$ 모두에 수직이므로 $\mathbf{N}(s)$과 평행하다. 즉,

$$\mathbf{B}'(s)=-\tau\mathbf{N}(s)$$

를 만족시키는 실수 τ가 존재한다. 여기서 $-\tau$로 둔 음의 부호는 관례이며 중요한 기하학적 의미를 갖는다. 위 식을 만족시키는 τ를 **열률** 또는 **비틀림률**이라 한다. 즉 열률을 다음과 같이 정의한다.

> **정의 9.4.12 열률**
>
> 단위속력벡터함수 $\mathbf{F}(s)$와 주단위법선벡터 $\mathbf{N}(s)$, 종법선벡터 $\mathbf{B}(s)$에 대하여
>
> $$\tau(s)=-\mathbf{B}'(s)\cdot\mathbf{N}(s)$$
>
> 를 $\mathbf{F}(s)$에서의 **열률(비틀림률)**이라고 한다.

참고 (1) 벡터함수의 곡률은 항상 0 이상의 수이지만, 열률은 음수를 가질 수도 있다.

(2) $\mathbb{R}^3$상의 평면에 속한 곡선을 나타내는 벡터함수 $\mathbf{F}(s)$에 대하여, 단위속력벡터함수 $\mathbf{F}(s)$와 주단위법선벡터 $\mathbf{N}(s)$가 모두 평면에 속한 벡터이기 때문에 종법선벡터는 s와 관계없이 항상 같은 벡터(평면의 단위법선벡터)가 된다. 따라서 이 곡선에 대하여, 곡률은 변하지만, 열률은 0이 된다. 역으로 주어진 곡선의 열률 τ가 0이 아닌 실수라면 그 곡선은 한 평면 내에 있지 않게 된다. 이러한 경우 우리는 곡선이 **"뒤틀려 있다"**고 한다. 즉 열률이란 종법선벡터의 변하는 정도 또는 접평면이 변하는 정도를 나타낸다. 이는 곡선이 얼마나 뒤틀려 있는지를 나타낸다.

곡률과 마찬가지로 열률도 곡선의 고유한 성질이다. 즉 같은 곡선을 나타내는 두 벡터함수 $\mathbf{F}_1(t)$와 $\mathbf{F}_2(u)$에 대하여, 곡선상의 같은 점에서는 곡률과 열률은 각각 $\mathbf{F}_1(t)$와 $\mathbf{F}_2(u)$ 중 어느 벡터함수를 이용하여 계산하여도 같다. 그러면 곡률을 계산하는 데 유용한 정리 9.4.3과

9.4.5와 같이 매개변수 t로 정의된 벡터함수 $\mathbf{F}(t)$를 단위속력벡터함수 $\mathbf{F}(s)$로 바꾸지 않고 열률을 계산할 수는 없을까? 다음 정리는 이것이 가능함을 보여준다.

정리 9.4.13

벡터함수 $\mathbf{F}(t)$로 정의되는 곡선의 열률 $\tau(t)$는

$$\tau(t) = \frac{(\mathbf{F}'(t)\times\mathbf{F}''(t))\cdot\mathbf{F}'''(t)}{\|\mathbf{F}'(t)\times\mathbf{F}''(t)\|^2}$$

이다.

예제 9.4.14 곡선 $\mathbf{F}(t)=a\cos t\,\mathbf{i}+a\sin t\,\mathbf{j}+bt\,\mathbf{k}$($a, b>0$인 상수)에서 $\mathbf{T}, \mathbf{N}, \mathbf{B}, \kappa$ 및 τ를 구하여라.

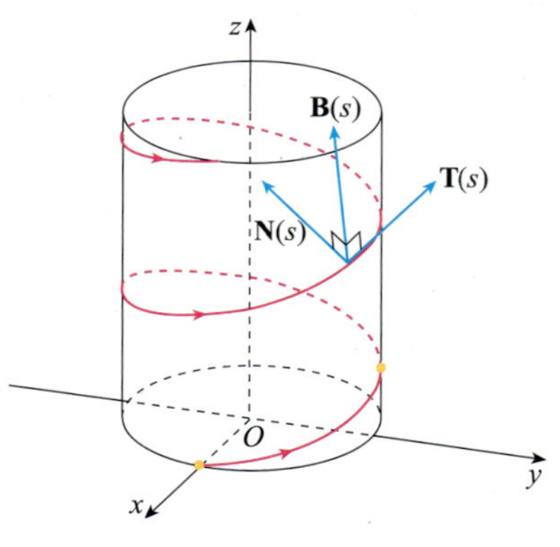

그림 9.4.4

풀이 $\mathbf{F}'(t)=-a\sin t\,\mathbf{i}+a\cos t\,\mathbf{j}+b\,\mathbf{k}$이므로

$$\mathbf{T}(t)=\frac{\mathbf{F}'(t)}{\|\mathbf{F}'(t)\|}=\frac{-a}{\sqrt{a^2+b^2}}\sin t\,\mathbf{i}+\frac{a}{\sqrt{a^2+b^2}}\cos t\,\mathbf{j}+\frac{b}{\sqrt{a^2+b^2}}\mathbf{k}$$

이다.

$$\mathbf{T}'(t)=\frac{-a}{\sqrt{a^2+b^2}}\cos t\,\mathbf{i}-\frac{a}{\sqrt{a^2+b^2}}\sin t\,\mathbf{j}$$

이므로 $\mathbf{N}(t)=\dfrac{\mathbf{T}'(t)}{\|\mathbf{T}'(t)\|}=-\cos t\,\mathbf{i}-\sin t\,\mathbf{j}$이다. 따라서

$$\mathbf{B}(t)=\mathbf{T}(t)\times\mathbf{N}(t)=\frac{b}{\sqrt{a^2+b^2}}\sin t\,\mathbf{i}-\frac{b}{\sqrt{a^2+b^2}}\cos t\,\mathbf{j}+\frac{a}{\sqrt{a^2+b^2}}\mathbf{k}$$

이다. $\mathbf{F}''(t)=-a\cos t\,\mathbf{i}-a\sin t\,\mathbf{j}$이므로 $\mathbf{F}'(t)\times\mathbf{F}''(t)=ab\sin t\,\mathbf{i}-ab\cos t\,\mathbf{j}+a^2\mathbf{k}$이다. 따라서,

$$\kappa(t)=\frac{\|\mathbf{F}'(t)\times\mathbf{F}''(t)\|}{\|\mathbf{F}'(t)\|^3}\equiv\frac{a}{a^2+b^2}$$

이다. $\mathbf{F}'''(t)=a\sin t\,\mathbf{i}-a\cos t\,\mathbf{j}$, $(\mathbf{F}'(t)\times\mathbf{F}''(t))\cdot\mathbf{F}'''(t)=a^2b$이므로

$$\tau(t)=\frac{(\mathbf{F}'(t)\times\mathbf{F}''(t))\cdot\mathbf{F}'''(t)}{\|\mathbf{F}'(t)\times\mathbf{F}''(t)\|^2}=\frac{a^2b}{a^2b^2+a^4}=\frac{b}{a^2+b^2}$$

이다. ■

예제 9.4.15 $\mathbf{F}(t)=(3t-t^3)\mathbf{i}+3t^2\mathbf{j}+(3t+t^3)\mathbf{k}$에서 $\mathbf{T}, \mathbf{N}, \mathbf{B}, \kappa$ 및 τ를 구하여라.

풀이 $\mathbf{F}'(t)=3(1-t^2)\mathbf{i}+6t\mathbf{j}+3(1+t^2)\mathbf{k}$이므로

$$\mathbf{T}(t)=\frac{\mathbf{F}'(t)}{\|\mathbf{F}'(t)\|}=\frac{1}{\sqrt{2(1+t^2)}}[(1-t^2)\mathbf{i}+2t\mathbf{j}+(t^2+1)\mathbf{k}]$$

이다. $\mathbf{F}''(t)=6(-t\,\mathbf{i}+\mathbf{j}+t\,\mathbf{k})$,

$$\mathbf{F}'(t)\times\mathbf{F}''(t)=18\begin{vmatrix}\mathbf{i} & \mathbf{j} & \mathbf{k}\\ 1-t^2 & 2t & 1+t^2\\ -t & 1 & t\end{vmatrix}=18[(t^2-1)\mathbf{i}-2t\,\mathbf{j}+(t^2+1)\mathbf{k}]$$

이고 $\|\mathbf{F}'(t)\times\mathbf{F}''(t)\|=18\sqrt{2}(1+t^2)$이므로

$$\mathbf{B}(t)=\frac{\mathbf{F}'(t)\times\mathbf{F}''(t)}{\|\mathbf{F}'(t)\times\mathbf{F}''(t)\|}=\frac{1}{\sqrt{2}(1+t^2)}[(t^2-1)\mathbf{i}-2t\mathbf{j}+(t^2+1)\,\mathbf{k}]$$

이다. 따라서

$$\mathbf{N}(t)=\mathbf{B}(t)\times\mathbf{T}(t)=\frac{1}{1+t^2}[-2t\mathbf{i}+(1-t^2)\mathbf{j}]$$

을 얻는다. $\|\mathbf{F}'(t)\|=3\sqrt{2}(1+t^2)$를 이용하면, 곡률은

$$\kappa(t)=\frac{\|\mathbf{F}'(t)\times\mathbf{F}''(t)\|}{\|\mathbf{F}'(t)\|^3}=\frac{1}{3(1+t^2)^2}$$

이다. $\mathbf{F}'''(t)=6(-\mathbf{i}+\mathbf{k})$이고 $\mathbf{F}'(t)\times\mathbf{F}''(t))\cdot\mathbf{F}'''(t)=216$이므로, 열률은

$$\tau(t)=\frac{\mathbf{F}'(t)\times\mathbf{F}''(t))\cdot\mathbf{F}'''(t)}{\|\mathbf{F}'(t)\times\mathbf{F}''(t)\|^2}=\frac{1}{3(1+t^2)^2}$$

이다. ■

9.4 연습문제

1. 다음 함수들에 대하여 점 (x, y)에서 혹은 지정된 점에서 곡률을 구하여라.

(1) $y=ax^2$ (2) $y=\sin x,\ x=\frac{\pi}{2}$

(3) $y=\log(\cos x)$ (4) $y=e^{-x}$

(5) $y=1-\frac{1}{x}$ (6) $x=2t+3,\ y=5-t^2$

(7) $x=a\cos^3 t,\ y=a\sin^3 t,\ t=\frac{\pi}{4}$

(8) $r=a(1-\cos\theta),\ \theta=\pi$

2. 다음에서 (1)에서 (3)까지는 **T**, **N**, **B** 및 곡률을 구하고, (4) 이후는 곡률만 구하여라.

(1) $\mathbf{F}(t)=(\cos t+t\sin t)\mathbf{i}+(\sin t-t\cos t)\mathbf{j}$

(2) $\mathbf{F}(t)=e^t\cos t\mathbf{i}+e^t\sin t\mathbf{j}$

(3) $\mathbf{F}(t)=6\sin 2t\mathbf{i}+6\cos 2t\mathbf{j}+5t\mathbf{k}$

(4) $\mathbf{F}(t)=a(1-\sin t)\mathbf{i}+a(1-\cos t)\mathbf{j},\quad 0<t<2\pi$

(5) $\mathbf{F}(t)=(t^2+4)\mathbf{i}+2t\mathbf{j}$

(6) $\mathbf{F}(t)=\cos t\mathbf{i}+\cos t\mathbf{j}+\sqrt{2}\sin t\mathbf{k}$

(7) $\mathbf{F}(t)=2t\mathbf{i}+t^2\mathbf{j}+\frac{1}{3}t^3\mathbf{k}$

(8) $\mathbf{F}(t)=e^t\mathbf{i}+e^{-t}\mathbf{j}+\sqrt{2}\,t\mathbf{k}$

(9) $\mathbf{F}(t)=2t\mathbf{i}+t^2\mathbf{j}+\log t\mathbf{k}$

(10) $\mathbf{F}(t)=(2t-1)\mathbf{i}+(t^2+1)\mathbf{j}$

3. 다음 함수의 그래프가 나타내는 곡선의 곡률을 구하여라.

(1) $y=\log x$ (2) $y=\frac{1}{x},\quad x<0$

(3) $y=x^3$

4. 다음 함수의 주어진 점에서의 곡률반지름을 구하여라.

(1) $\mathbf{F}(t)=2\cos t\mathbf{i}+3\sin t\mathbf{j},\ t_0=\frac{\pi}{2}$

(2) $\mathbf{F}(t)=t\mathbf{i}+\frac{1}{3}t^3\mathbf{j},\ t_0=1$

(3) $y=\frac{1}{2}x^2,\ x=-1$

(4) $y=\ln x,\ x=1$

(5) $x=t-\sin t,\ y=1-\cos t,\ t=\pi$

5. (1) $y=e^x$의 그래프에서 곡률이 최대가 되는 점을 구하여라.

(2) $4x^2+9y^2=36$의 그래프에서 곡률반지름이 최소가 되는 점을 구하여라.

(3) $x=\cos t,\ y=\sin t,\ z=\cos t$의 그래프에서 곡률반지

름의 최댓값과 최솟값을 구하여라.

6. 삼엽장미 중 장미엽 한 개를 나타내는 $r = \sin 3\theta (0 \le \theta \le \frac{\pi}{3})$의 곡률을 구하여라.

7. 다음 벡터함수가 단위속력벡터함수가 되도록 변수 t를 주어진 곡선의 길이 s로 변환시켜라.

(1) $\mathbf{F}(t) = \frac{1}{2}t^2\mathbf{i} + \frac{2\sqrt{2}}{3}t^{3/2}\mathbf{j} + t\mathbf{k}$, $t > 1$

(2) $\mathbf{F}(t) = \cosh t\,\mathbf{i} + \sinh t\,\mathbf{j} + t\,\mathbf{k}$

8. 다음 곡선들의 열률을 구하여라.

(1) $\mathbf{F}(t) = (2t-1)\mathbf{i} + (t^2+1)\mathbf{j}$

(2) $\mathbf{F}(t) = e^t \sin t\,\mathbf{i} + e^t \cos t\,\mathbf{j} + t\mathbf{k}$

(3) $\mathbf{F}(t) = \sin t\,\mathbf{i} + \cos t\,\mathbf{j} + \frac{2}{3}t^{3/2}\mathbf{k}$, $t = \frac{1}{2}$에서 열률

(4) $\mathbf{F}(t) = \frac{1}{5}\cos t\,\mathbf{i} + (1 - \sin t)\mathbf{j} - \frac{3}{5}\cos t\,\mathbf{k}$

(5) $\mathbf{F}(t) = \frac{(1+t)^{3/2}}{3}\mathbf{i} + \frac{(1-t)^{3/2}}{3}\mathbf{j} + \frac{t}{\sqrt{2}}\mathbf{k}$

9.5 특수 좌표

점의 위치 또는 움직이는 점의 자취를 수학적으로 표시하기 위해서는 먼저 좌표라 부르는 수들의 순서쌍으로 구성된 좌표계를 설정해야 한다. 이 절에서는 공간상에서 자주 쓰이는 원주좌표와 구면좌표를 설명한다.

원주좌표

정의 9.5.1 원주좌표

직교좌표가 (x, y, z)인 점 P에 대하여, 직교좌표 (x, y)를 극좌표로 나타낸 것이 (r, θ)일 때, (r, θ, z)를 점 P의 **원주좌표**라고 한다.(그림 9.5.1 참조)

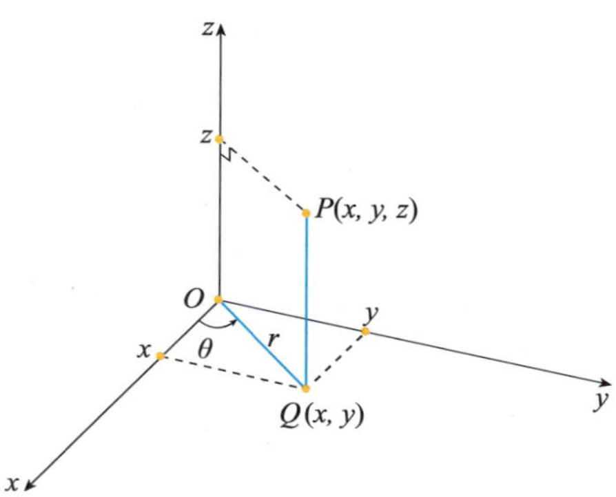

그림 9.5.1

원주좌표 (r, θ, z)는

$$x = r\cos\theta, \quad y = r\sin\theta, \quad z = z \tag{9.5.2}$$

인 관계가 성립하는 직교좌표 (x, y, z)로 변환시킬 수 있다. 즉 원주좌표 (r, θ, z)에 대응되는 점의 직교좌표는 $(r\cos\theta, r\sin\theta, z)$이다.

예제 9.5.2 연립방정식 $x^2 + y^2 = 2^2$, $z = 3$을 만족시키는 직교좌표의 점 $P(x, y, z)$의 집합을 나타내고, 원주좌표의 점의 집합으로 나타내어라.

풀이 $C = \{(x, y, z) \mid x^2 + y^2 = 2^2,\ z = 3\}$은 점 $(0, 0, 0)$이 중심이고 반지름이 2인 xy평면상의 원을 z축으로 3만큼 평행이동시킨 원이다. 또 식 (9.5.1)에 의해서

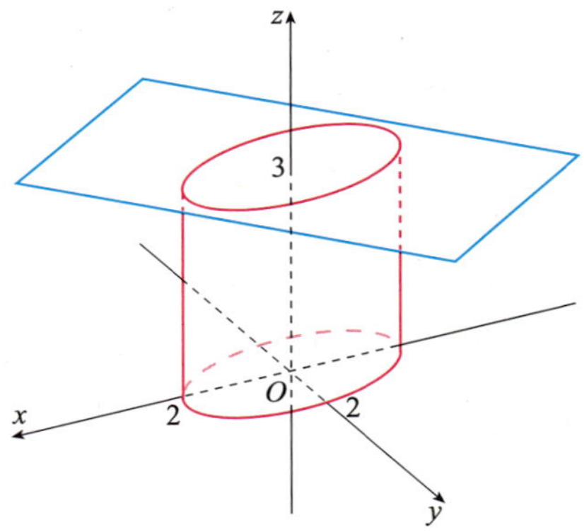

그림 9.5.2

$$r=2, z=3$$

이므로

$$C=\{(r,\theta,z)\mid r=2, z=3, 0\leq\theta\leq 2\pi\}$$

이다. ■

예제 9.5.3 연립방정식 $r=2,\ \theta=\frac{\pi}{4}$을 만족시키는 원주좌표의 점 $P(r,\theta,z)$의 집합을 설명하고 직교좌표로 표시하여라.

풀이 $C=\left\{(r,\ \theta,\ z)\,\middle|\, r=2,\ \theta=\frac{\pi}{4},\ z=z\right\}$는 $\left(2,\frac{\pi}{4},0\right)$을 지나고 z축에 평행한 직선이다. 또 식 (9.5.2)에 의해서

$$x=r\cos\theta=2\cos\frac{\pi}{4}=\sqrt{2},\ y=r\sin\theta=2\sin\frac{\pi}{4}=\sqrt{2}$$

$$C=\{(x,\ y,\ z)\mid x=\sqrt{2},\ y=\sqrt{2}\}$$

이므로, 직교좌표에서는 $(\sqrt{2},\ \sqrt{2},\ 0)$을 지나고 z축에 평행한 직선이다. ■

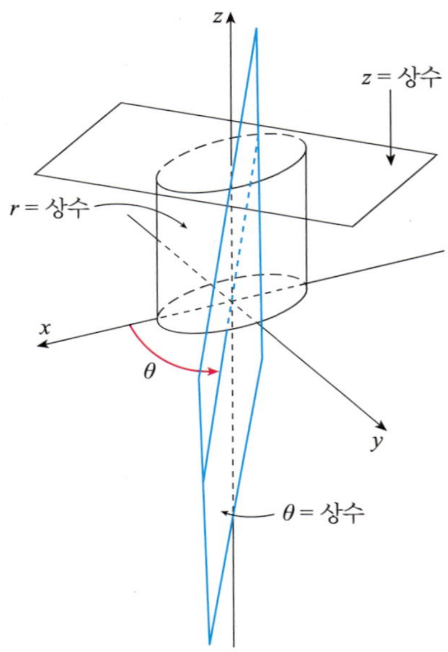

그림 9.5.3

원주좌표 (r,θ,z)에서

(1) $r=$상수이면 직교좌표 $(x,\ y,\ z)$에서는 반지름이 r인 직원주가 되고,

(2) $r=0$은 z축이고,

(3) $\theta=$상수이면 z축을 포함하며 xz평면과 θ각을 이루는 반평면이 된다. 또

(4) $z=k$ (k는 상수)이면 $(0,0,k)$를 포함하고 xy평면과 나란한 평면이다(그림 9.5.3 참조).

예제 9.5.4 다음 물음에 답하여라.

(1) 원주좌표가 $(2,\frac{\pi}{3},-2)$인 점의 직교좌표를 구하여라.

(2) 직교좌표가 $(-1,1,3)$인 점의 원주좌표를 구하여라.

(3) 원주좌표방정식 $z=r^2-3r\sin\theta$을 직교좌표방정식으로 나타내어라.

(4) 직교좌표방정식 $z=x^2+2x+y^2$을 원주좌표방정식으로 나타내어라.

풀이 (1) $2\cos\frac{\pi}{3}=1,\ 2\sin\frac{\pi}{3}=\sqrt{3}$이므로 원주좌표가 $\left(2,\frac{\pi}{3},-2\right)$인 점의 직교좌표는 $(1,\sqrt{3},-2)$이다.

(2) 직교좌표 $(-1,\ 1)$의 극좌표가 $\left(\sqrt{2},\ \frac{3\pi}{4}\right)$이므로 직교좌표 $(-1,\ 1,3)$인 점의 원주좌표는 $\left(\sqrt{2},\ \frac{3\pi}{4},3\right)$이다.

(3) 직교좌표와 원주좌표의 관계식 $r\cos\theta = x$, $r\sin\theta = y$, $r^2 = x^2 + y^2$을 이용하여 원주좌표방정식 $z = r^2 - 3r\sin\theta$을 직교좌표방정식으로 바꾸면 $z = x^2 + y^2 - 3y$가 된다.

(4) 주어진 직교좌표방정식에 x와 y에 각각 $r\cos\theta$, $r\sin\theta$를 대입하면 $z = r^2\cos^2\theta + 2r\cos\theta + r^2\sin^2\theta$를 얻는다. 따라서 주어진 직교좌표방정식에서 대응되는 원주좌표 방정식은 $z = r^2 + 2r\cos\theta$이다.

구면좌표

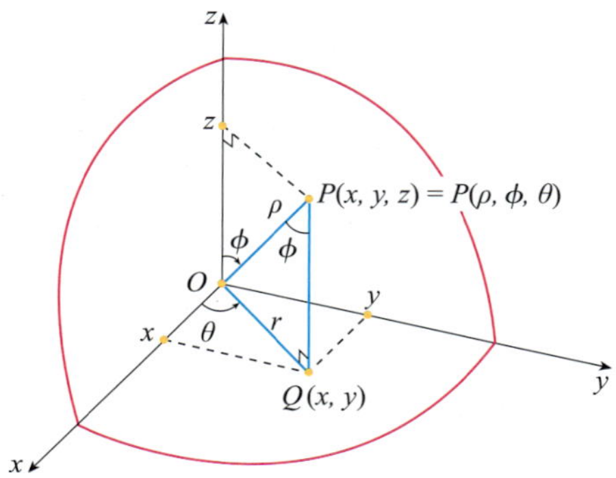

그림 9.5.4

정의 9.5.5 구면좌표

그림 9.5.4와 같이 구면상에 직교좌표 점 $P(x, y, z)$를 잡고 $|\overline{OP}| = \rho$, z축과 $\overline{OP}$ 사이의 각(천정각)을 ϕ, P에서 xy평면에 내린 수선과 만나는 점을 Q라 하고 x축과 $\overline{OQ}$ 사이의 각(방향각)을 θ라 할 때, (ρ, ϕ, θ)를 구면좌표라 한다. 단, $\rho \geq 0$, $0 \leq \phi \leq \pi$, $0 \leq \theta \leq 2\pi$이다.

직교좌표 (x, y, z), 구면좌표 (ρ, ϕ, θ), 원주좌표 (r, θ, z) 사이에는 다음과 같은 관계식이 성립한다.

$$x = \rho\sin\phi\cos\theta,\ y = \rho\sin\phi\sin\theta,\ z = \rho\cos\phi,$$
$$x = r\cos\theta,\ y = r\sin\theta,\ z = z,$$
$$r = \rho\sin\phi,\ z = \rho\cos\phi,\ \theta = \theta$$

구면좌표는 직교좌표로 볼 때

(1) ρ = 상수이면 원점 O가 중심이고 반지름이 ρ인 구면이 되고,

(2) ϕ = 상수이면 원점 O를 꼭짓점 z축을 축으로 ϕ각을 이루는 원뿔이 되고,

(3) θ = 상수인 경우는 $\rho \geq 0$, $0 \leq \phi \leq \pi$이므로 반평면이 된다.

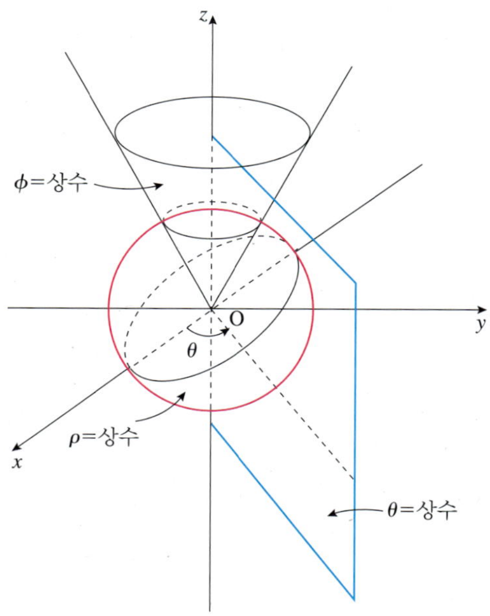

그림 9.5.5

예제 9.5.6 연립방정식 $\rho = 1, \phi = \frac{\pi}{3}$를 만족하는 구면좌표의 점 $P(\rho, \phi, \theta)$의 집합을 직교좌표에서 설명하여라.

풀이 방정식 $\rho = 1$은 중심이 원점이고 반지름이 1인 구이다. 또, 방정식 $\phi = \frac{\pi}{3}$는 원점을 꼭짓점으로 z축과 $\phi = \frac{\pi}{3}$의 각을 이루는 위로 열려 있는 원뿔형이다. 따라서 점 $P(\rho, \phi, \theta)$는 이 원뿔형과 위의 구가 교차하는 수평원이다. ■

예제 9.5.7 다음 물음에 답하여라.

(1) 구면좌표가 $\left(4, \frac{\pi}{3}, \frac{3\pi}{4}\right)$인 점의 직교좌표를 구하여라.

(2) 직교좌표가 $(2, -2, -1)$인 점의 구면좌표를 구하여라.

(3) 구면좌표방정식 $\rho = 2\cos\phi - 3\sin\phi\cos\theta$을 직교좌표방정식으로 나타내어라.

(4) 직교좌표방정식 $2x^2 + 2y^2 + z^2 = 1$을 구면좌표방정식으로 나타내어라.

풀이 (1) $4\cos\frac{\pi}{3} = 2$, $4\sin\frac{\pi}{3}\cos\frac{3\pi}{4} = -\sqrt{6}$, $4\sin\frac{\pi}{3}\sin\frac{3\pi}{4} = \sqrt{6}$이므로 구면좌표가 $\left(4, \frac{\pi}{3}, \frac{3\pi}{4}\right)$인 점의 직교좌표는 $(-\sqrt{6}, \sqrt{6}, 2)$이다.

(2) 직교좌표 $P(2, -2, -1)$와 원점 O에 대하여, 선분 $\overline{OP}$의 길이는 3이므로 $\rho=3$이다. z축과 $\overline{OP}$가 이루는 각을 ϕ라 할 때, 점 P의 z좌표는 $\rho\cos\phi = 3\cos\phi$이므로 $\phi = \cos^{-1}\left(-\frac{1}{3}\right)$이다. P에서 xy 평면에 내린 수선과 만나는 점이 $Q(2, -2, 0)$이고 x축과 $\overline{OQ}$ 사이의 각이 $\frac{7\pi}{4}$이다. 따라서 직교좌표가 $(2, -2, -1)$인 점의 구면좌표를 $\left(3, \cos^{-1}\left(-\frac{1}{3}\right), \frac{7\pi}{4}\right)$이다.

(3) 직교좌표와 구면좌표의 관계식

$$\rho\cos\phi=z,\ \rho\sin\phi\cos\theta=x,\ \rho\sin\phi\sin\theta=y,\ \rho^2=x^2+y^2+z^2$$

을 이용하기 위하여 구면좌표방정식 $\rho=2\cos\phi-3\sin\phi\cos\theta$의 양변에 ρ를 곱하면 $\rho^2=2\rho\cos\phi^2-\rho\sin\phi\cos\theta$를 얻는다. 이를 위 관계식을 이용하여 직교좌표방정식으로 바꾸면 $x^2+y^2+z^2 =2z-3x$가 된다. 즉 $\left(x+\frac{3}{2}\right)^2+y^2+(z-1)^2=\frac{13}{4}$가 되므로 위의 방정식을 만족시키는 점들의 집합은 중심이 $\left(-\frac{3}{2}, 0, 1\right)$이고 반지름이 $\frac{\sqrt{13}}{2}$인 구면이 된다.

(4) 주어진 직교좌표방정식에 대하여 x, y, z에 각각 $\rho\sin\phi\cos\theta$, $\rho\sin\phi\sin\theta$, $\rho\cos\phi$를 대입하면 $2\rho^2\sin^2\phi\cos^2\theta + 2\rho^2\sin^2\phi\cos^2\theta + \rho^2\cos^2\phi = 1$을 얻는다. 이를 간단히 정리하면 주어진 직교좌표방정식에 대응되는 구면좌표방정식 $\rho^2 + \rho^2\sin^2\phi = 1$을 얻는다.

9.5 연습문제

1. 다음을 만족하는 직교좌표의 점 $P(x, y, z)$의 집합을 설명하여라.

(1) $x=1,\ y=1$　　(2) $y=x,\ z=5$

(3) $x=0,\ y=z$

2. 다음을 만족하는 원주좌표의 점 $P(r, \theta, z)$의 집합을 설명하여라.

(1) $\theta = \frac{\pi}{6},\ z = r$　　(2) $r = 2\theta,\ z = 3\theta$

(3) $r = 3,\ z = 2\theta$

3. 다음을 만족하는 구면좌표의 점 $P(\rho, \phi, \theta)$의 집합을 설명하여라.

(1) $\rho = 5,\ \phi = \frac{\pi}{4}$ (2) $\rho = 4\cos\theta,\ \theta = \frac{\pi}{2}$

(3) $\rho = 1,\ \theta = \phi,\ 0 \le \theta \le \frac{\pi}{2}$

4. 원주좌표가 다음과 같이 주어진 점의 직교좌표를 구하여라.

(1) $\left(2, \frac{2}{3}\pi, -1\right)$ (2) $(1, \pi, 2)$

(3) $\left(3, \frac{5}{4}\pi, 0\right)$ (4) $\left(2, \frac{\pi}{2}, 4\right)$

5. 구면좌표가 다음과 같이 주어진 점의 직교좌표를 구하여라.

(1) $\left(4, \frac{\pi}{3}, \frac{\pi}{4}\right)$ (2) $\left(2, \frac{2}{3}\pi, \pi\right)$

(3) $\left(2, \frac{3}{4}\pi, \frac{2}{3}\pi\right)$ (4) $\left(3, \frac{\pi}{2}, \frac{5}{4}\pi\right)$

6. 원주좌표상에서의 방정식을 직교좌표상에서의 방정식으로 표현하고, 그래프를 그려라.

(1) $r = 3$ (2) $z = r^2$

(3) $r = 4\sin\theta$ (4) $r^2 + z^2 = 1$

7. 구면좌표상에서의 방정식을 직교좌표상에서의 방정식으로 표현하고, 그래프를 그려라.

(1) $\rho = 3$ (2) $\phi = \frac{\pi}{4}$

(3) $\rho = 4\cos\phi$ (4) $\rho\sin\phi = 2\cos\theta$

종 | 합 | 문 | 제

1. 벡터 $3\mathbf{i} - 4\mathbf{j}$와 방향이 반대이고 길이가 1인 벡터를 구하여라.

2. 방향 코사인이 $\left(-\frac{1}{\sqrt{2}}, 0, \frac{1}{\sqrt{2}}\right)$이고 길이가 3인 벡터를 구하여라.

3. 두 벡터 $\mathbf{a} = (3, -2, 1)$, $\mathbf{b} = (-2, 1, -3)$에 모두 수직이고 길이가 1인 벡터를 모두 구하여라.

4. 주어진 조건을 만족하는 평면의 방정식을 구하여라.

(1) 두 점 $A(1, 2, 3)$, $B = (2, 4, 2)$를 지나고 $\mathbf{v} = (-3, -1, -2)$에 평행인 평면

(2) 세 점 $P(1, 1, 1)$, $Q(2, 3, 0)$, $R(2, 1, 2)$를 지나는 평면

5. 벡터 $\mathbf{v} = (3, -1, -4)$에 평행하고 점 $P(1, 2, 8)$을 지나는 직선 L에 대하여 물음에 답하여라.

(1) 직선 L상의 점 $Q(k, 3, l)$에 대하여 k, l의 값을 구하여라.

(2) $x = -8 - 3t,\ y = 5 + t,\ z = 0$으로 직선 L'이 주어질 때, L과 L'의 교점을 구하여라.

(3) 법선벡터가 $(3, -2, 6)$이고 점 $R(5, 4, 11)$을 지나는 평면과 L의 교점을 구하여라.

6. (1) 두 평면 $2x + y - z = 3$, $x + 2y + z = 3$의 교선의 방정식을 구하여라.

(2) 이 두 평면이 이루는 예각의 크기를 구하여라.

7. 주어진 곡선에 대하여 P_0에서의 단위법선벡터와 곡률을 구하여라.

(1) $\mathbf{r}(t) = (t^2 + 1)\mathbf{i} + \left(\frac{1}{t}\right)\mathbf{j},\ P_0(2, 1)$

(2) $x = (y - 1)^2,\ P_0(0, 1)$

8. 주어진 점 P_0에서 곡률을 구하여라.

(1) $\mathbf{r}(t) = (t + t^3)\mathbf{i} + (t + t^2)\mathbf{j},\ P_0(2, 2)$

(2) $e^x = \sec y,\ P_0(0, 0)$

9. 다음 곡선의 길이를 구하여라.

(1) $x = 2t,\ y = 4\sin 3t,\ z = 4\cos 3t,\ 0 \le t \le 2\pi$

(2) $\mathbf{r}(t) = 2(t^2 - 1)^{3/2}\mathbf{i} + 3t^2\mathbf{j} + 3t^2\mathbf{k},\ 1 \le t \le \sqrt{8}$

10. 원주좌표상의 점 $\left(\sqrt{2}, \frac{\pi}{4}, 1\right)$에 대하여 직교좌표, 구면좌표상의 점으로 각각 나타내어라.

11. 다음의 방정식을 직교좌표방정식으로 나타내어라.

(1) $z = r^2\cos 2\theta$

(2) $\rho^2\sin\phi\cos\phi\cos\theta = 1$

10 CHAPTER

n차원 공간에서의 도함수

지금까지는 일변수 함수에 대한 미분을 공부하였다. 이는 어떤 현상의 변화를 한 가지 요인에 초점을 맞추어서 관찰한 것이다. 그러나 주가변화, 온도변화 등과 같은 것은 여러 가지 요인이 복합적으로 작용하여 현상의 변화가 결정된다. 이러한 현상의 관찰을 위하여, 이 장에서는 여러 가지 변인을 고려할 수 있는 다변수 함수에 대하여 학습한다.

10.1 함수와 곡면

일반적으로 실수 전체의 집합을 $\mathbb{R}$, 평면을 $\mathbb{R} \times \mathbb{R}$ 또는 $\mathbb{R}^2$, 공간을 $\mathbb{R} \times \mathbb{R} \times \mathbb{R} = \mathbb{R}^3$로 표기하고, 1차원, 2차원, 3차원 유클리드 공간이라고 부른다. 일반적으로 $\mathbb{R}^n$을 **n**차원 유클리드 공간이라고 한다. $\mathbb{R}$의 부분집합 D에서 $\mathbb{R}$로 대응하는 함수 f는 $y = f(x)$로 표시했고, f의 그래프 G는 $G = \{(x, y) \mid y = f(x), x \in D\}$로 표시했다. 이를 정의역이 고차원(2 이상의 차원) 유클리드 공간의 부분집합인 함수로 확장하여 생각해 보자.

정의 10.1.1 다변수 함수

D를 $\mathbb{R}^2$의 부분집합이라 하자. D의 각 원소 (x, y)를 실수 $z = f(x, y)$로 대응시키는 함수 f를 **D에서 정의된 (실수값) 함수**라 하고, $f : D \to \mathbb{R}$로 나타낸다. 두 변수 x, y를 함수 f의 독립변수라 하고, 변수 z를 종속변수라 한다. 독립변수의 개수가 2개이므로 f를 **이변수 함수**라고 한다. D를 f의 **정의역**이라고 하고, f에 의하여 결정되는 z들의 집합, 즉 $\{z = f(x, y) \mid (x, y) \in D\}$을 f의 **치역**이라 한다. 일반적으로 각 자연수 n에 대하여 $D \subset \mathbb{R}^n = \{(x_1, x_2, \cdots, x_n) \mid x_1, x_2, \cdots, x_n \in \mathbb{R}\}$일 때, D에서 정의된 함수 $z = f(x_1, x_2, \cdots, x_n)$를 **$n$변수 함수**라 칭하고 n이 2 이상일 때, f를 **다변수 함수**(function of several variables)라 한다. 이 때, $x_1, x_2, \cdots, x_n$을 독립변수, z는 종속변수라 한다. f의 그래프는 $G = \{(x_1, x_2, \cdots, x_n, z) \in \mathbb{R}^{n+1} \mid z = f(x_1, x_2, \cdots, x_n), (x_1, x_2, \cdots, x_n) \in D\}$로 정의된다.

함수 f가 이변수 함수일 때, 일반적으로 독립변수를 x와 y로 하고 종속변수를 z로 하여 $z = f(x, y)$로 표시하고 정의역은 xy평면 $\mathbb{R}^2$ 위의 영역으로 한다. 함수 f가 삼변수 함수일 경우는 독립변수를 x, y와 z로 하여 $w = f(x, y, z)$로 표시하고 정의역은 좌표공간 $\mathbb{R}^3$ 속의 영역으로 한다. 정의역을 별도로 명시하지 않고 함수를 정의하는 경우에는 그 정의역을 함숫값이 실수가 되는 독립변수들의 최대 가능 집합으로 한다. 따라서 일변수 함수에서와 마찬가지로 함숫값이 허수가 되거나 0으로 나누게 되는 독립변수들의 값의 조 $(x_1, x_2, \cdots, x_n)$ (n-tuple)은 정의역에서 제외된다.

예제 10.1.2 다음 함수들의 정의역과 치역을 구하여라.

(1) $z = f(x, y) = \sqrt{y - x^2}$

(2) $z = f(x, y) = \dfrac{xy}{x^2 - y^2}$

풀이 (1) f의 정의역은 독립변수 x, y의 변역이므로 $\sqrt{y-x^2}$에서 $y-x^2 \geq 0$, 즉 $y \geq x^2$ 조건으로부터 $D = \{(x, y) \in \mathbb{R}^2 | y - x^2 \geq 0\}$이 정의역이다. 치역은 $z \geq 0$인 실수들의 집합이다.

(2) 주어진 문제에서 정의역 D는

$$D = \{(x, y) \in \mathbb{R}^2 | x^2 - y^2 \neq 0\} = \{(x, y) \in \mathbb{R}^2 | y \neq \pm x\}$$

이다. 치역은 $-\infty < z < \infty$이다. ■

예제 10.1.3 삼변수 함수 $w = f(x, y, z) = \frac{z}{xy}$의 정의역과 점 $P(1, 1, 1)$에서 함숫값을 구하여라.

풀이 $xy \neq 0$이어야 하므로 정의역은 $\mathbb{R} \times \mathbb{R} \times \mathbb{R} - [\{0, y, z) | y, z \in \mathbb{R}\} \cup \{(x, 0, z) | x, z \in \mathbb{R}\}]$이다. 점 $P(1, 1, 1)$에서 함숫값은 $z = f(1, 1, 1) = \frac{1}{1 \cdot 1} = 1$이다. ■

다변수 함수에 관한 각 이론은 이변수 함수의 각 이론과 근본적으로 같고 어렵지 않게 확장할 수 있으므로, 먼저 이변수 함수에 대해서 학습하고자 한다.

이변수 함수의 그래프, 등고선 및 준위곡선

이변수 함수 $f: D \to \mathbb{R}$에 대하여 집합 $\{(x, y, z) | z = f(x, y), (x, y) \in D\}$를 $z = f(x, y)$의 **그래프** 또는 f의 그래프라고 한다. 이변수 함수 $z = f(x, y)$의 그래프는 좌표공간 $\mathbb{R}^3$의 부분집합이며, 이를 공간에 그리면 그림 10.1.1과 같은 형태의 곡면으로 나타난다.

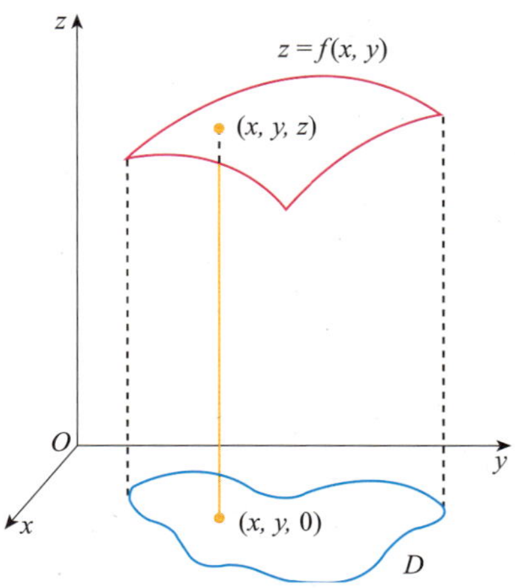

그림 10.1.1

예제 10.1.4 함수 $f(x, y)=\sin y$의 그래프를 그려라.

풀이 $f(x, y)$의 방정식이 x를 포함하지 않으므로 그래프 위의 점 $P(0, y, \sin y)$를 지나고 x축에 나란한 직선상의 점은 모두 이 그래프 위에 있게 된다. 즉 함수 $f(x, y)=\sin y$의 그래프는 $z=\sin y$의 그래프를 yz평면에 그린 후 이 그래프를 x축을 따라 평행이동시킬 때 나타나는 자취이다. 따라서 $f(x, y)$의 그래프는 yz평면상 사인곡선에 의해서 완전히 결정된다(그림 10.1.2 참조). ■

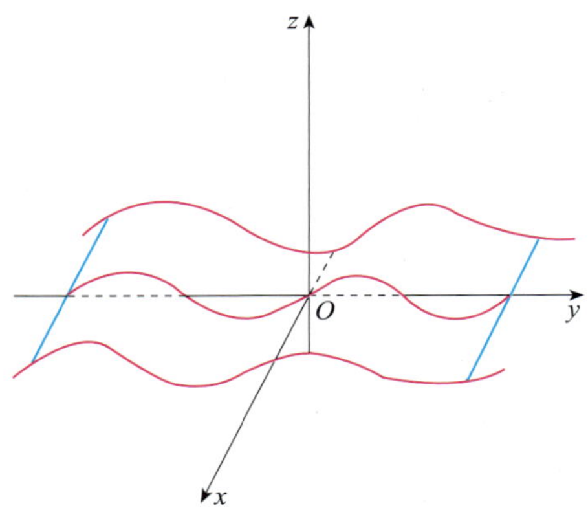

그림 10.1.2

주어진 이변수 함수의 성질을 알기 위해서는 그 함수의 그래프를 이해하는 것이 중요하다. 이변수 함수 $z=f(x, y)$의 그래프를 그릴 때, c의 여러 가지 값에 대하여 평면 $z=c$와 곡면 $z=f(x, y)$의 교선인 $f(x, y)=c$의 그래프(곡선)를 그려보면 곡면 $z=f(x, y)$의 그래프를 잘 이해할 수 있다. 즉 곡면 $z=f(x, y)$를 평면 $z=c$로 잘랐을 때 자른 자리(곡선)의 모양을 참고하여 곡면의 모양을 구하는 것이다. 이는 어떤 지형을 파악하기 위해서 등고선을 이용하는 것과 같은 원리이다.

정의 10.1.5 등고선, 준위곡선

$z=f(x, y)$에서 일정한 함숫값 $f(x, y)=c$로 나타나는 곡면 $z=f(x, y)$ 위의 점들을 곡면 위의 등고선(등위선, contour curves)이라 하고, $f(x, y)=c$인 점들을 xy평면 내에(정의역 내에) 나타냈을 때 이를 준위곡선(level curves)이라 한다.

예제 10.1.6 $z=f(x, y)=100-x^2-y^2$에서 정의역, 치역을 구하고 $z=0, 51, 75$일 때 등고선, 준위곡선들을 구하여라.

풀이 등고선 및 준위곡선들은 그림 10.1.3과 같고, 주어진 함수에서 정의역은 $\mathbb{R}^2$이고 치역은 $z \le 100$인 실수 집합이다.

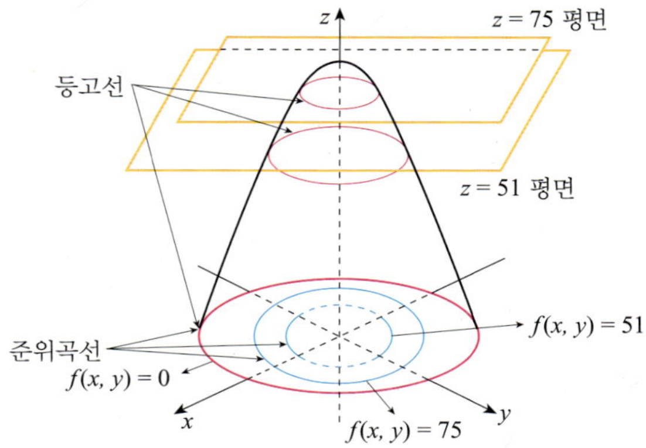

그림 10.1.3

예제 10.1.7 다음 함수들이 나타내는 곡면들의 등고선 및 준위곡선들을 구하여라.

(1) $z = f(x, y) = 8 - 2x - 4y$ (2) $z = f(x, y) = x^2 + y^2$

(3) $z = f(x, y) = \sqrt{9 - x^2 - y^2}$ (4) $z = f(x, y) = x + y^2$

풀이 (1) 이것은 그림 10.1.4과 같은 평면이다. $z = f(x, y) = 8 - 2x - 4y = k$라 하면 등고선들은

$$2x + 4y = 8 - k$$

이다. 예를 들어 $z = k = 0, 1, 2$일 때

$$2x + 4y = 8,\ 2x + 4y = 7,\ 2x + 4y = 6$$

이다. 준위곡선들은 xy평면상의 직선

$$2x + 4y = 8,\ 2x + 4y = 7,\ 2x + 4y = 6$$

이다.

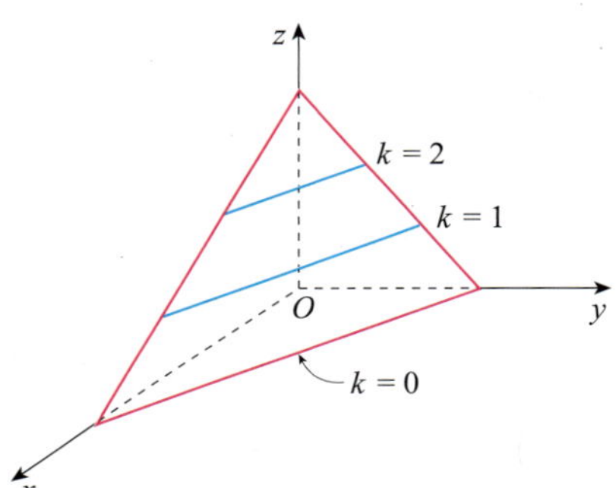

그림 10.1.4

(2) $z=x^2+y^2$의 그래프는 그림 10.1.5와 같은 곡면이다. $z=x^2+y^2=k$라 하면 k값에 따라 다음과 같이 된다. $z=k=1, 2$일 때 등고선은

$$x^2+y^2=1,\ x^2+y^2=2$$

이고 준위곡선은 xy평면상의

$$x^2+y^2=1,\ x^2+y^2=2$$

이다.

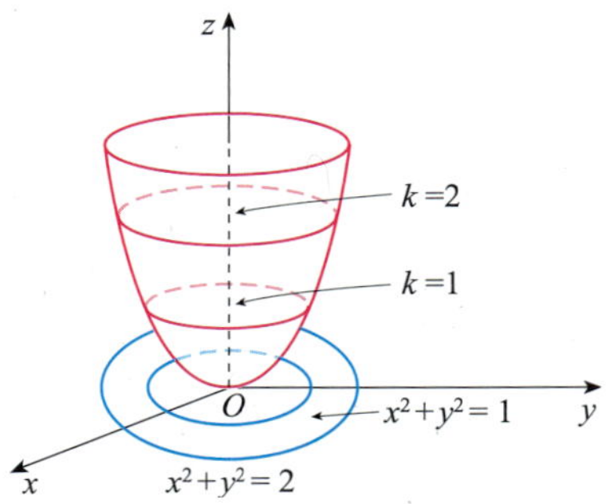

그림 10.1.5

(3) $z=\sqrt{9-x^2-y^2}$에서 $x^2+y^2+z^2=3^2$이므로, 이 그래프는 반지름이 3인 구면의 상단부이다. $z=\sqrt{9-x^2-y^2}=k$라 하면 $x^2+y^2=3^2-k^2$이므로 $k=0, 1, 2$일 때

$$x^2+y^2=3^2-0^2=3^2,$$
$$x^2+y^2=3^2-1^2=\left(\sqrt{8}\right)^2,$$
$$x^2+y^2=3^2-2^2=\left(\sqrt{5}\right)^2$$

이 등고선이다. 준위곡선들은 xy평면상의

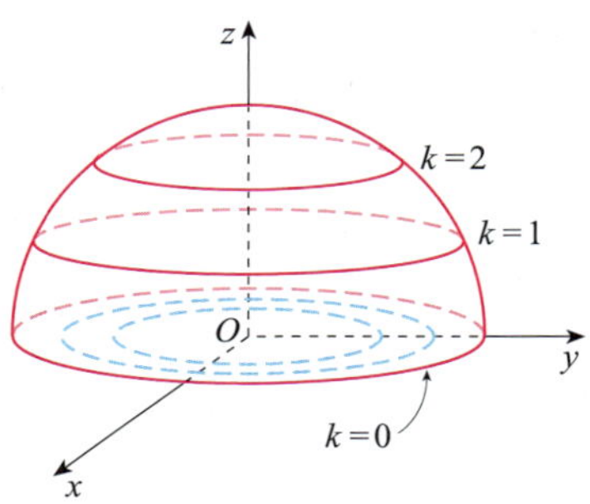

그림 10.1.6

$$x^2 + y^2 = 3^2,\ x^2 + y^2 = (\sqrt{8})^2,\ x^2 + y^2 = (\sqrt{5})^2$$

이다. 특히 $k=0$일 때는 등고선과 준위곡선이 일치한다.

(4) $z=f(x, y)=x+y^2=k$라 하면 등고선들은 $x+y^2=k$들이고 준위곡선들은 xy평면상의 $x+y^2=k$인 그래프이다.

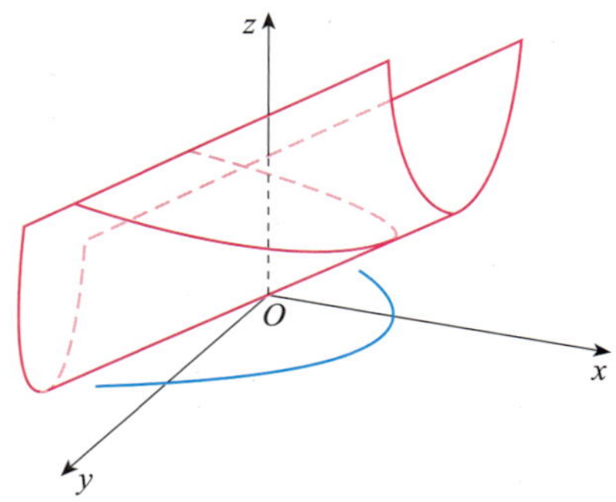

그림 10.1.7 ■

예제 10.1.8 함수 $f(x, y)=-\sqrt{x^2+y^2}$의 그래프를 그려라.

풀이 함수 $f(x, y)$의 정의역은 좌표평면 $\mathbb{R}^2$이고 그래프는 $\{(x, y, z) \mid z=-\sqrt{x^2+y^2}, x, y\in R\}$이다. 평면 $z=c$와의 교선은 $x^2+y^2=c^2(c\le 0)$이고, 이것은 반지름이 $|c|$인 원이다. 또 평면 $x=0$, $y=0$과의 교선은 각각 $z^2=y^2(z\le 0)$, $z^2=x^2(z\le 0)$이므로 교선은 모두 직선이다. 이 정보를 바탕으로 하여 그래프의 개형을 좌표공간에 그리면 [그림 10.1.8]와 같다.

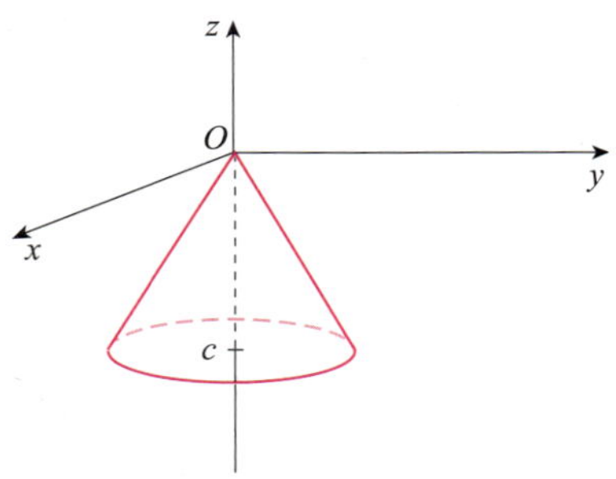

그림 10.1.8 ■

등고면, 준위곡면

독립변수가 2개인 $z=f(x, y)$형의 그래프는 3차원 공간 $\mathbb{R}^3$ 내에 놓이기 때문에 그림을 그릴 수 있었으나 이보다 많은 독립변수를 가질 경우에는 그림을 그릴 수가 없다. 그러나 독립변수가 3개인 경우, 즉

$w=f(x, y, z)$일 때 준위곡면이라는 것으로부터 이 함수에 대한 정보를 얻을 수 있다. 앞에서 공부한 것과 유사하게 다음을 정의한다.

정의 10.1.9 등고면, 준위곡면

$w=f(x, y, z)=k$(상수)인 $w=f(x, y, z)$의 그래프상의 점의 집합

$$\{(x, y, z, k) | w = f(x, y, z) = k\}$$

를 **등고면**(등위곡면, 등위면)이라 하고,

$$f(x, y, z) = k$$

인 xyz공간, 즉 $\mathbb{R}^3$ 내의 집합을 **준위곡면**(준위면)이라 한다.

예제 10.1.10 다음 함수들의 등고면과 준위면을 구하여라.

(1) $w = f(x, y, z) = x^2 + y^2 + z^2$

(2) $w = f(x, y, z) = \sqrt{x^2 + y^2 + z^2}$

풀이 (1) 이것의 그래프는 $\{(x, y, z, w) | w=x^2+y^2+z^2\}$으로서 $\mathbb{R}^4$ 공간의 부분집합이다. 여기서 등고면은 $w=x^2+y^2+z^2=k$(상수), 즉

$$\{(x, y, z, k) | w = x^2 + y^2 + z^2 = k\}$$

이다. 준위면은

$$x^2 + y^2 + z^2 = k$$

로서, $\mathbb{R}^3$ 내에 있는 중심이 원점이고 반지름이 $\sqrt{k}$인 구면들이다.

(2) $w = \sqrt{x^2 + y^2 + z^2} = k$라 하면 등고면은

$$\{(x, y, z, k) | w = \sqrt{x^2 + y^2 + z^2} = k\}$$

이고, 준위면은

$$\sqrt{x^2 + y^2 + z^2} = k$$

로서, 중심이 원점이고 반지름이 k인 $\mathbb{R}^3$ 내의 구면이다. ■

곡면의 여러 가지 그래프

이변수함수 $z=f(x, y)$의 그래프는 $G=\{(x, y, z) \in \mathbb{R}^3 | z=f(x, y), (x, y) \in D\}$이고, 이때 G는 곡면을 이루는 것을 살펴보았다. 일반적으로 음함수 $f(x, y, z)=0$을 만족시키는 집합

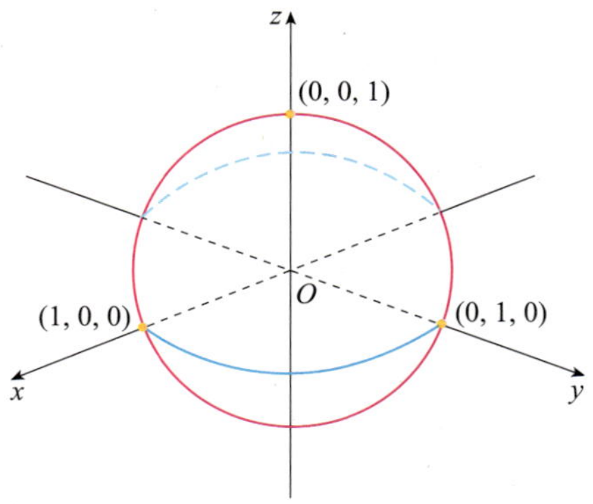

그림 10.1.9

$$M=\{(x, y, z) \in \mathbb{R}^3 | f(x, y, z)=0\}$$

을 $f(x, y, z)=0$의 그래프라고 한다. 참고로 M은 넓은 의미에서 곡면을 이룬다고 할 수 있다.

예제 10.1.11 $\mathbb{R}^3$에서 정의된 음함수 $x^2+y^2+z^2=1$의 그래프를 그려라.

풀이 $G=\{(x, y, z) \in \mathbb{R}^3 | x^2+y^2+z^2=1\}$을 생각해보자. G는 $\mathbb{R}^3$에서 원점으로부터 거리가 1인 점들의 집합이므로 구면이 된다. ■

일반적으로 주면(cylinder)은 방정식 $f(x, y)=0$에 의해서

$$M = \{(x, y, z) \in \mathbb{R}^3 | f(x, y) = 0\}$$

으로 표시된다.

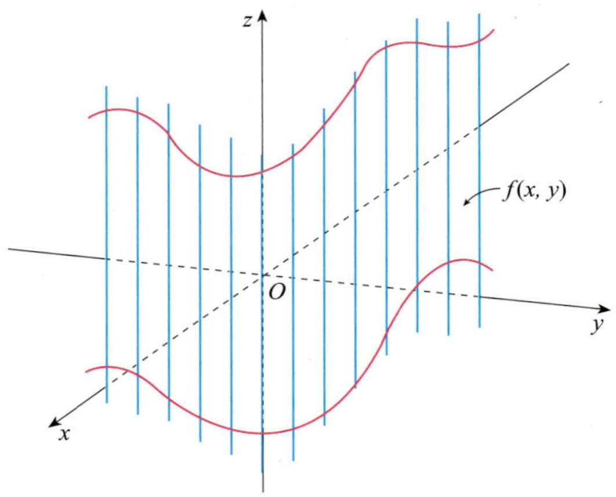

그림 10.1.10

여기서 f가 포물선방정식이면 포물주면(parabolic cylinder), 타원방정식이면 타원주면(elliptic cylinder), 원의 방정식이면 원주면(circular cylinder)이라고 한다.

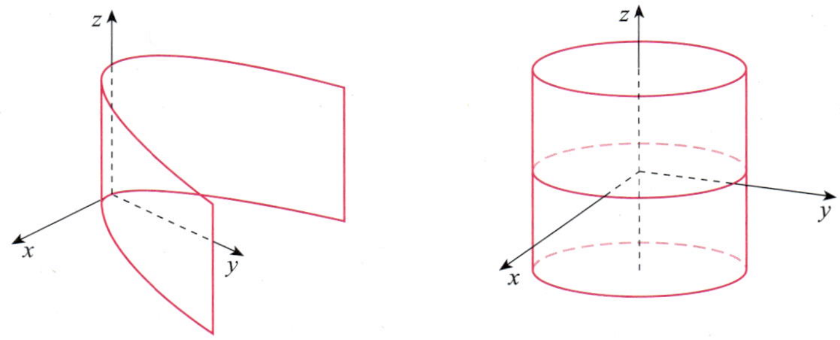

포물주면 원주면

그림 10.1.11

$z=\frac{x^2}{4}+y^2$을 살펴보면, $z=c\ (c>0)$일 때 타원이 되고, x 또는 y가 상수일 때 포물선이 됨을 알 수 있다. 따라서 이러한 곡면을 **타원포물면**이라 한다. 이와 같은 곡면들을 몇 가지 소개하면 다음과 같다.

타원면: $\frac{x^2}{a^2}+\frac{y^2}{b^2}+\frac{z^2}{c^2}=1$

타원포물면: $z=\pm\left(\frac{x^2}{a^2}+\frac{y^2}{b^2}\right)$

쌍곡포물면: $z=\pm\left(\frac{x^2}{a^2}-\frac{y^2}{b^2}\right)$

타원뿔면: $\frac{x^2}{a^2}+\frac{y^2}{b^2}=\frac{z^2}{c^2}$

일엽쌍곡면: $\frac{x^2}{a^2}+\frac{y^2}{b^2}-\frac{z^2}{c^2}=1$

이엽쌍곡면: $\frac{z^2}{c^2}-\frac{x^2}{a^2}-\frac{y^2}{b^2}=1$

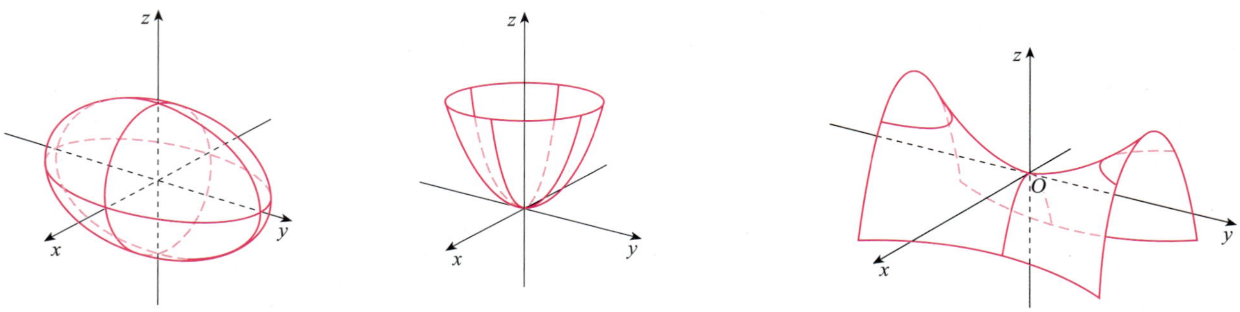

타원면(ellipsoid) 타원포물원(elliptic paraboloid) 쌍곡포물면(hyperbolic paraboloid)

그림 10.1.12

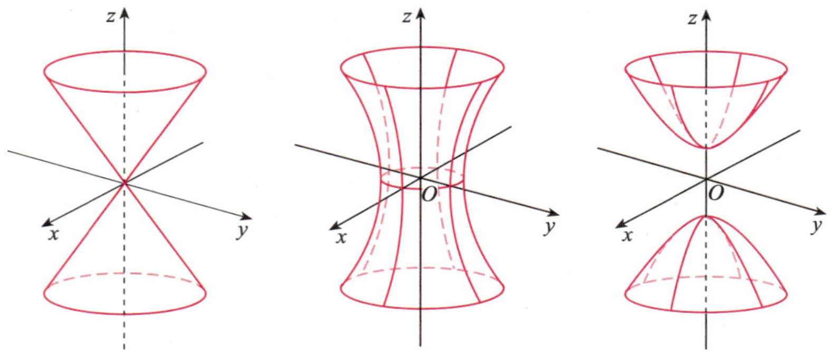

타원뿔면(elliptic cone) 일엽쌍곡면(hyperboloid of one sheet) 이엽쌍곡면(hyperboloid of two sheet)

그림 10.1.13

10.1 연습문제

1. 다음 함수 $f(x, y) = x^2y + 1$의 주어진 점에서 함숫값을 구하여라.

(1) $(2, 1)$ (2) $(1, 2)$

(3) $(3a, a)$ (4) $(1, -3)$

2. 다음 함수 $f(x, y) = x + \sqrt{xy}$의 주어진 점에서 함숫값을 구하여라.

(1) (t, t^2) (2) $(1, 1)$

(3) $(0, 0)$ (4) $(-1, -3)$

3. 다음 함수들의 정의역을 구하여라.

(1) $f(x, y) = \sqrt{x^2 + y^2 - 4}$

(2) $f(x, y) = \ln(1 - x^2 - y^2)$

(3) $f(x, y) = \dfrac{1}{x - y^2}$

(4) $f(x, y) = e^{xy}$

4. 다음 함수들의 그래프를 그려라.

(1) $f(x, y) = x + 2y$

(2) $f(x, y) = \sqrt{4 - x^2 - y^2}$

(3) $f(x, y) = \sqrt{x}$

(4) $f(x, y) = x - \sqrt{1 - y^2}$

(5) $f(x, y) = x^2 + 1$

(6) $f(x, y) = y^3 - 1$

5. 다음 함수들의 주어진 k에서의 준위곡선(준위곡면)을 구하여라.

(1) $z = x^2 + y^2$, $k = 0, 1, 2, 3, 4$

(2) $z = x^2 + y$, $k = -2, -1, 0, 1, 2$

(3) $z = x^2 - y^2$, $k = -2, -1, 0, 1, 2$

(4) $z = \sqrt{\dfrac{x + y}{x - y}}$, $k = 0, 1, 2, 3, 4$

(5) $f(x, y, z) = 4x^2 + y^2 + 4z^2$, $k = 16$

(6) $f(x, y, z) = z - x^2 - y^2 + 4$, $k = 7$

6. 다음 조건을 만족하는 준위곡선(준위곡면)을 구하여라.

(1) $f(x, y, z) = (x - 2)^2 + y^2 + z^2$의 준위곡면 가운데 점 $(3, 2, 1)$을 지나는 방정식

(2) $f(x, y, z) = x^2 + z^2$의 준위곡면 가운데 점 $(1, 2, -3)$을 지나는 방정식

(3) $f(x, y) = x^2 - 2x^3 + 3xy$의 준위곡선 가운데 점 $(0, 0)$을 지나는 방정식

(4) $f(x, y, z) = x^2 + y^2 - z$의 준위곡면 가운데 점 $(1, -2, 0)$을 지나는 방정식

7. $\mathbb{R}^3$에서 정의된 다음 음함수의 그래프를 그려라.

(1) $\dfrac{x^2}{4} + y^2 + \dfrac{z^2}{9} = 1$ (2) $z = -x^2 - \dfrac{y^2}{4}$

(3) $z = -x^2 - y^2$ (4) $\dfrac{x^2}{4} + y^2 = z^2$

(5) $x^2 + \dfrac{y^2}{4} - z^2 = 1$ (6) $z^2 - 2x^2 - \dfrac{y^2}{2} = 2$

10.2 이변수 함수의 극한과 연속

이 절에서는 이변수 함수의 극한과 연속성에 대하여 학습한다.

이변수 함수의 극한

양의 실수 r과 평면 $\mathbb{R}^2$상의 점 $P(a, b)$에 대하여 $P(a, b)$의 **r-근방**(neighborhood) $U_r(a, b)$를 점 $P(a, b)$와의 거리가 r보다 작은 평면상의 점의 모임으로 정의하자. 즉

$$U_r(a, b) = \left\{(x, y) \in \mathbb{R}^2 \mid \sqrt{(x-a)^2 + (y-b)^2} < r\right\}$$

이다. 그리고 $U_r(a, b)$에서 점 $P(a, b)$를 제외한 집합을 $P(a,b)$의 r'-근방이라 하고 $U_r'(a, b)$라 표기한다.

$$U_r'(a, b) = U_r(a, b) \setminus \{(a, b)\}$$

이다. 즉 $(x, y) \in U_r'(a, b) \Leftrightarrow 0 < \sqrt{(x-a)^2 + (y-b)^2} < r$이다. 점 $Q(x, y)$가 점 $P(a, b)$에 아주 가깝다는 것을 아주 작은 양수 r에 대하여 $(x, y) \in U_r'(a, b)$인 것으로 표현해도 된다.

정의 10.2.1 이변수 함수의 극한

함수 $f(x, y)$가 점 $P(a, b)$의 r'-근방에서 정의되고, r이 0에 가까이 갈수록 r'-근방의 모든 점에 대한 함수 $f(x, y)$의 값이 유한 확정된 실수 L에 가까워진다면, L을 (a, b)에서 $f(x, y)$의 **극한값**이라 하고 기호를 사용하여 $\lim_{(x, y) \to (a, b)} f(x, y) = L$로 나타낸다. 이를 엄밀하게 정의하면 다음과 같다.

> 임의의 $\varepsilon > 0$에 대해 적당한 $\delta > 0$가 있어서 $(x, y) \in U_\delta'(a, b)$이면 $|f(x, y) - L| < \varepsilon$이다.

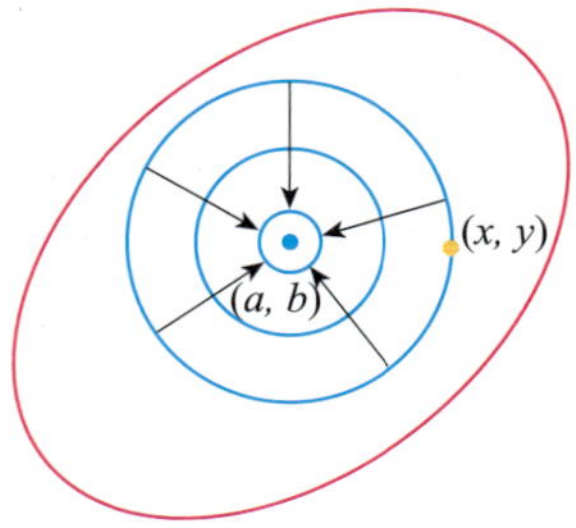

D(f의 정의역) 내에서 (x, y)가 (a, b)에 접근하는 형태

그림 10.2.1

정의로부터, $\lim_{(x, y) \to (a, b)} f(x, y) = L$이기 위해서는 점 (x, y)가 점 (a, b)에 접근하는 경로(방법)에 상관없이 $f(x, y)$는 항상 일정한 값 L에 가까이 가야 함을 알 수 있다. 즉 어떠한 접근방법에 대해서도 그 극한값이 존재하고, 그 극한값이 모두 L과 같다는 것을 의미한다. 이로부터 특정한 접근방법에 대하여 극한값이 존재하지 않거나 서로 다른 두 접근방법에 대하여 존재하는 극한값이 서로 다르면 $\lim_{(x, y) \to (a, b)} f(x, y)$는 존재하지 않음을 알 수 있다.

다음 정리는 이변수 함수의 극한에 대한 성질과 일변수 함수의 극한의 성질이 유사하다는 것을 보여준다.

정리 10.2.2 함수의 극한에 대한 성질

이변수 함수 f와 g에 대하여 $\lim_{(x,y)\to(a,b)} f(x, y) = L$, $\lim_{(x,y)\to(a,b)} g(x, y) = M$이면 다음이 성립한다.

(1) $\lim_{(x,y)\to(a,b)} [f(x, y) \pm g(x, y)] = L \pm M$

$$\left(= \lim_{(x,y)\to(a,b)} f(x, y) \pm \lim_{(x,y)\to(a,b)} g(x, y)\right) \text{(복호동순)}$$

(2) $\lim_{(x,y)\to(a,b)} [kf(x, y)] = kL\left(= k \times \lim_{(x,y)\to(a,b)} f(x, y)\right)$ (k는 상수)

(3) $\lim_{(x,y)\to(a,b)} [f(x, y)g(x, y)] = LM$

$$\left(= \left[\lim_{(x,y)\to(a,b)} f(x, y)\right]\left[\lim_{(x,y)\to(a,b)} g(x, y)\right]\right)$$

(4) $\lim_{(x,y)\to(a,b)} \dfrac{f(x, y)}{g(x, y)} = \dfrac{L}{M}\left(= \dfrac{\lim_{(x,y)\to(a,b)} f(x, y)}{\lim_{(x,y)\to(a,b)} g(x, y)}\right)$ (단 $M \neq 0$)

증명 (1) $\varepsilon > 0$이 주어졌다고 하자. $\lim_{(x,y)\to(a,b)} f(x, y) = L$이므로 $\frac{\varepsilon}{2} > 0$에 대하여 적당한 $\delta_1 > 0$이 존재하여 $(x, y) \in U_{\delta_1}'(a, b)$이면 $|f(x, y) - L| < \frac{\varepsilon}{2}$이다. 유사하게 $\lim_{(x,y)\to(a,b)} g(x, y) = M$이므로 $\frac{\varepsilon}{2} > 0$에 대하여 적당한 $\delta_2 > 0$이 존재하여 $(x, y) \in U_{\delta_2}'(a, b)$이면 $|g(x, y) - M| < \frac{\varepsilon}{2}$이다. 이제 $\delta = \min\{\delta_1, \delta_2\}$라 하자. 만약 $(x, y) \in U_\delta'(a, b)$이면 $(x, y) \in U_{\delta_1}'(a, b) \cap U_{\delta_2}'(a, b)$이므로 $|f(x, y) - L| < \frac{\varepsilon}{2}$이고 $|g(x, y) - M| < \frac{\varepsilon}{2}$이다. 따라서 $(x, y) \in U_\delta'(a, b)$이면

$$\begin{aligned} |[f(x, y) + g(x, y)] - (L + M)| &= |[f(x, y) - L] + [g(x, y) - M]| \\ &\leq |f(x, y) - L| + |g(x, y) - M| \\ &< \frac{\varepsilon}{2} + \frac{\varepsilon}{2} = \varepsilon \end{aligned}$$

임을 알 수 있다. 즉 $\lim_{(x,y)\to(a,b)} [f(x, y) + g(x, y)] = L + M$이다. 유사한 방법으로 (2), (3), (4)도 증명할 수 있으므로 증명을 생략한다. 각자 증명을 시도해보기 바란다. ■

이변수 함수 $f(x, y) = x$와 $g(x, y) = y$에 대하여

$$\lim_{(x,y)\to(a,b)} f(x,y) = \lim_{(x,y)\to(a,b)} x = a,$$
$$\lim_{(x,y)\to(a,b)} g(x,y) = \lim_{(x,y)\to(a,b)} y = b$$

임은 어렵지 않게 보일 수 있다. 이와 정리 10.2.2를 이용하여 다음을 알 수 있다.

예제 10.2.3 $f(x, y) = x^2 - y + 2xy - 1, g(x, y) = x - y$라 하자.

(1) $\lim_{(x, y) \to (0, 0)} f(x, y) = -1$

(2) $\lim_{(x, y) \to (0, 0)} g(x, y) = 0$

(3) $\lim_{(x, y) \to (2, 0)} \dfrac{f(x, y)}{g(x, y)} = \dfrac{3}{2}$

(4) $\lim_{(x, y) \to (2, 0)} [f(x, y)]^2 [g(x, y) + 2] = 36$ ■

예제 10.2.3은 정리 10.2.2를 그대로 사용하는 예이다. 그러나 일반적으로는 함수의 극한값이 이렇게 쉽게 얻어지지 않는다.

정리 10.2.4 샌드위치 정리

점 $P(a, b)$의 r'-근방에서 정의되는 세 함수 $f(x, y), g(x, y), h(x, y)$가 $P(a, b)$의 r'-근방에서 $f(x, y) \le g(x, y) \le h(x, y)$을 만족시키고 $\lim_{(x, y) \to (a, b)} f(x, y) = L = \lim_{(x, y) \to (a, b)} h(x, y)$이면, $\lim_{(x, y) \to (a, b)} g(x, y) = L$이다. 특히, $\lim_{(x, y) \to (a, b)} |g(x, y)| = 0$이면, $\lim_{(x, y) \to (a, b)} g(x, y) = 0$이다.

증명 $\epsilon > 0$이 주어졌다고 하자. $\lim_{(x, y) \to (a, b)} f(x, y) = L = \lim_{(x, y) \to (a, b)} h(x, y)$이므로, $\dfrac{\epsilon}{2} > 0$에 대하여 적당한 $\delta_1 > 0$과 $\delta_2 > 0$가 존재하여 $(x, y) \in U_{\delta_1}'(a, b)$이면 $|f(x, y) - L| < \dfrac{\epsilon}{2}$이고, $(x, y) \in U_{\delta_2}'(a, b)$이면 $|h(x, y) - L| < \dfrac{\epsilon}{2}$이다. 이제 $\delta = \min\{\delta_1, \delta_2\}$라 하자. 만약 $(x, y) \in U_{\delta}'(a, b)$이면 $(x, y) \in U_{\delta_1}'(a, b) \cap U_{\delta_2}'(a, b)$이고

$$|g(x, y) - L| \le |f(x, y) - L| + |h(x, y) - L| < \frac{\epsilon}{2} + \frac{\epsilon}{2} = \epsilon$$

임을 알 수 있다. 따라서 $\lim_{(x, y) \to (a, b)} g(x, y) = L$이다. 한편, $-|g(x, y)| \le g(x, y) \le |g(x, y)|$이므로, $\lim_{(x, y) \to (a, b)} |g(x, y)| = 0$이면, $\lim_{(x, y) \to (a, b)} g(x, y) = 0$이다. ■

예제 10.2.5 극한값 $\lim_{(x, y) \to (0, 0)} \dfrac{x^3 + y^3}{x^2 + y^2}$의 존재 여부를 설명하고, 만약 극한값이 존재한다면 그 값을 구하여라.

풀이 $(x, y) \to (0, 0)$일 때 분모와 분자가 모두 0에 가까워져서 극한이 0이라고 말하기는 곤란하다. 그래서 다음과 같은 과정을 거쳐 극한

을 구한다.

$$\left|\frac{x^3}{x^2+y^2}\right| = |x| \cdot \left|\frac{x^2}{x^2+y^2}\right| \le |x|$$

이므로 $\lim_{(x,y)\to(0,0)} \frac{x^3}{x^2+y^2} = 0$이다.

유사하게 $\lim_{(x,y)\to(0,0)} \frac{y^3}{x^2+y^2} = 0$이다. 따라서

$$\begin{aligned}\lim_{(x,y)\to(0,0)} \frac{x^3+y^3}{x^2+y^2} &= \lim_{(x,y)\to(0,0)} \frac{x^3}{x^2+y^2} + \lim_{(x,y)\to(0,0)} \frac{y^3}{x^2+y^2} \\ &= 0+0=0.\end{aligned}$$

■

예제 10.2.6 극한값 $\lim_{(x,y)\to(0,0)} \frac{x+y}{x^2+y^2}$의 존재 여부를 설명하고, 만약 극한값이 존재한다면 그 값을 구하여라.

풀이 x축을 따라 점 (x, y)가 원점 $(0, 0)$에 가까이 가면 $y=0$이고 $x \to 0$이므로 그 극한은

$$\lim_{(x,y)\to(0,0)} \frac{x+0}{x^2+0^2} = \lim_{(x,y)\to(0,0)} \frac{1}{x}$$

로 표현된다. 따라서 극한값 $\lim_{(x,y)\to(0,0)} \frac{x+y}{x^2+y^2}$는 존재하지 않는다.

■

예제 10.2.7 함수 $f(x, y) = \frac{x^2-y}{x^2+y}$에 대하여 극한값 $\lim_{(x,y)\to(0,0)} f(x, y)$의 존재 여부를 설명하고, 만약 극한값이 존재한다면 그 값을 구하여라.

풀이 점 (x, y)가 2차곡선 $y = mx^2$ $(m \neq -1)$을 따라 원점 $(0, 0)$에 가까이 가면

$$\begin{aligned}\lim_{(x,y)\to(0,0)} f(x, y) &= \lim_{(x,y)\to(0,0)} \frac{x^2-y}{x^2+y} \\ &= \lim_{(x,y)\to(0,0)} \frac{(1-m)x^2}{(1+m)x^2} = \frac{1-m}{1+m}\end{aligned}$$

이다. 이는 m값에 따라 다른 값을 가진다. 따라서 $\lim_{(x,y)\to(0,0)} f(x, y)$는 존재하지 않는다. ■

점 $P(a, b)$에 대하여, 만약 점 (a, b)에 어떤 직선을 따라 가까이 가더라도 함수 $f(x, y)$가 같은 값 L로 다가가면, 함수 $f(x, y)$의 극한값이 반드시 존재하고 그 극한값은 L이 되겠는가? 다음 예제는 이것이 성립하지 않음을 보여준다.

예제 10.2.8 함수 $f(x, y) = \frac{x^2y}{x^4+y^2}$에 대하여 극한값 $\lim_{(x,y)\to(0,0)} f(x, y)$의

존재여부를 설명하고, 만약 극한값이 존재한다면 그 값을 구하여라.

풀이 점 (x, y)가 직선 $y=mx$을 따라 원점 $(0, 0)$에 가까이 가면,

$$\lim_{(x,y)\to(0,0)} f(x,y) = \lim_{(x,y)\to(0,0)} \frac{mx^3}{x^4+m^2x^2} = \lim_{(x,y)\to(0,0)} \frac{mx}{x^2+m^2} = 0$$

이다. 하지만 점 (x, y)가 2차곡선 $y=mx^2$을 따라 원점 $(0, 0)$에 가까이 가면,

$$\lim_{(x,y)\to(0,0)} f(x,y) = \lim_{(x,y)\to(0,0)} \frac{mx^4}{x^4+m^2x^4} = \frac{m}{1+m^2}$$

이다. 이는 m 값에 따라 다른 값을 가진다. 따라서 $\lim_{(x,y)\to(0,0)} f(x,y)$는 존재하지 않는다. ■

다음 정리는 일변수 함수와 이변수 함수의 합성함수에 대한 극한값을 구하는 한 방법을 보여주는 것이다.

정리 10.2.9

함수 $z=f(x, y)$와 함수 $w=g(z)$에 대하여 $\lim_{(x,y)\to(a,b)} f(x, y) = L$이 존재하고, 함수 $z=f(x, y)$의 치역 및 L에서 함수 $g(z)$가 연속이면 다음이 성립한다.

$$\lim_{(x,y)\to(a,b)} g(f(x, y)) = g(L) = g\left(\lim_{(x,y)\to(a,b)} f(x, y)\right)$$

증명 $g(z)$는 L에서 연속이므로 임의의 $\varepsilon > 0$에 대해 적당한 $\delta > 0$이 존재하여

$$|t - L| < \delta \text{이면 } |g(t) - g(L)| < \varepsilon \text{이 성립한다.} \tag{10.2.1}$$

또한 $\lim_{(x,y)\to(a,b)} f(x, y) = L$이므로 위 δ에 대해 적당한 $\eta > 0$이 있어서

$$(x, y) \in U_\eta'(a, b) \text{이면 } |f(x, y) - L| < \delta \text{이다.} \tag{10.2.2}$$

따라서 식 (10.2.1)과 (10.2.2)에서 $(x, y) \in U_\eta'(a, b)$이면 $|g(f(x, y)) - g(L)| < \varepsilon$을 얻는다. 즉 $\lim_{(x,y)\to(a,b)} g(f(x, y)) = g(L)$이다. ■

예제 10.2.10 두 함수 $f(x, y) = \dfrac{xy}{x^2+1}$와 $g(z) = \sqrt{z+1}$을 이용하여 $\lim_{(x,y)\to(1,1)} \sqrt{\dfrac{xy}{x^2+1} + 1}$을 구하여라.

풀이 $\lim_{(x,y)\to(1,1)} f(x, y) = \lim_{(x,y)\to(1,1)} \frac{xy}{x^2+1} = \frac{1}{2}$이다. 한편 $\lim_{z\to 1/2} g(z) = \sqrt{\frac{3}{2}} = g\left(\frac{1}{2}\right)$이므로 g는 $\frac{1}{2}$에서 연속이다. 정리 10.2.7에 의하여

$$\lim_{(x,y)\to(1,1)} \sqrt{\frac{xy}{x^2+1}+1} = \lim_{(x,y)\to(1,1)} g(f(x, y)) = g\left(\frac{1}{2}\right) = \sqrt{\frac{3}{2}}$$

이다. ■

이변수 함수의 연속성

함수의 극한을 이용하여 일변수 함수인 경우와 유사하게 이변수 함수의 연속성을 다음과 같이 정의한다.

정의 10.2.11 함수의 연속

함수 $f(x, y)$가 **점 (a, b)에서 연속**(continuous)이라는 것을 조건 $\lim_{(x,y)\to(a,b)} f(x, y) = f(a, b)$를 만족시킬 때라고 정의하자. 또 $f(x, y)$가 집합 D 안의 모든 점에서 연속이면 $f(x, y)$는 **D에서 연속**이라 한다. 그리고 연속이 아니면 **불연속**(discontinuous)이라 한다.

다음은 정의 10.2.11의 의미를 좀더 자세히 살펴본 것이다.

함수 $f(x, y)$가 점 (a, b)에서 연속이라는 것은 다음 세 가지 조건을 동시에 만족하는 것이다.

(1) $f(a, b)$가 존재한다.
(2) $\lim_{(x,y)\to(a,b)} f(x, y)$가 존재한다.
(3) $\lim_{(x,y)\to(a,b)} f(x, y) = f(a, b)$이다.

따라서 함수 $f(x, y)$가 점 (a, b)에서 불연속이면 다음 세 가지 경우 중에서 적어도 하나가 성립한다.

(1) $f(a, b)$가 존재하지 않거나
(2) $\lim_{(x,y)\to(a,b)} f(x, y)$가 존재하지 않거나
(3) $f(a, b)$와 $\lim_{(x,y)\to(a,b)} f(x, y)$가 존재하지만 $\lim_{(x,y)\to(a,b)} f(x, y) \neq f(a, b)$ 인 경우이다.

예제 10.2.12 함수 $f(x, y) = \begin{cases} \frac{x^3+y^3}{x^2+y^2} & (x, y) \neq (0, 0) \\ 0 & (x, y) = (0, 0) \end{cases}$의 연속성을 조사하여라.

증명 $f(0,0)=0$이고 예제 10.2.4에서

$$\lim_{(x,y)\to(0,0)} f(x,y) = \lim_{(x,y)\to(0,0)} \frac{x^3+y^3}{x^2+y^2} = 0$$

이다. 따라서 $\lim_{(x,y)\to(0,0)} f(x,y) = f(0,0)$이다. 즉 $f(x,y)$는 원점 $(0, 0)$에서 연속이다.

물론 $(a,b) \neq (0,0)$이면

$$\lim_{(x,y)\to(a,b)} f(x,y) = \lim_{(x,y)\to(a,b)} \frac{x^3+y^3}{x^2+y^2} = \frac{a^3+b^3}{a^2+b^2} = f(a,b)$$

이므로 $f(x,y)$는 점 (a,b)에서 연속이다. 따라서 $f(x,y)$는 평면의 모든 점에서 연속이다. 즉 집합 $\mathbb{R}^2$에서 연속이다. ■

예제 10.2.13 다음 함수가 $(0,0)$에서 연속인지 조사하여라.

(1) $f(x,y) = \begin{cases} \dfrac{x^2-y}{x^2+y} & (y \neq -x^2) \\ 0 & (y = -x^2) \end{cases}$ (2) $g(x,y) = \dfrac{x^2-y}{x^2+y}$

풀이

풀이 (1) $f(0,0)=0$이 존재한다. 그러나 극한값 $\lim_{(x,y)\to(0,0)} f(x,y)$가 존재하지 않으므로(예제 10.2.7 참조) $f(x,y)$는 원점 $(0,0)$에서 불연속이다.

(2) $g(0,0)$은 존재하지 않는다. 따라서 $g(x,y)$는 원점 $(0,0)$에서 불연속이다. ■

극한에 대한 정리 10.2.2와 정리 10.2.9를 이용하면 연속함수의 집합은 사칙연산과 합성에 대하여 닫혀 있음을 보일 수 있다. 다음 정리는 이를 구체적으로 표현한 것이다.

정리 10.2.14 사칙연산과 함수의 연속성

(1) $f(x,y)$, $g(x,y)$가 $D \subset \mathbb{R}^2$에서 연속이면 $f(x,y) \pm g(x,y)$, $kf(x, y)$(k는 상수), $f(x,y) \cdot g(x,y)$, $\dfrac{f(x,y)}{g(x,y)}$ $(g(x,y) \neq 0)$도 연속이다.

(2) $f(x,y)$가 $D \subset \mathbb{R}^2$에서 연속이고 $h(z)$가 $f(x,y)$의 치역에서 연속이면 합성함수 $h(f(x,y))$도 D에서 연속이다.

10.2 연습문제

1. $f(x,y)=x^2y+xy^2+2$라 하자.

(1) $(x,y) \to (1,0)$일 때, f의 극한을 구하여라.

(2) $g(z)=\sqrt{z^2+2}$이고 $(x,y) \to (1,0)$일 때, $g(f(x,y))$의 극한을 구하여라.

2. 다음의 극한이 존재하면 극한값을 구하여라.

(1) $\lim_{(x,y)\to(0,0)} \dfrac{x^2y^2}{x^2+y^2}$

(2) $\lim_{(x,y)\to(0,0)} \dfrac{x^2-y^2}{x^2+y^2}$

(3) $\lim_{(x,y)\to(0,0)} \dfrac{x-y}{x+y}$

(4) $\lim_{(x,y)\to(0,0)} \dfrac{\sqrt{x^2+y^2}-\log(1+\sqrt{x^2+y^2})}{x^2+y^2}$

(5) $\lim_{(x,y)\to(0,0)} \dfrac{xy}{x^2+y^2}$

(6) $\lim_{(x,y)\to(0,0)} \dfrac{x^2}{x^2+y^2}$

(7) $\lim_{(x,y)\to(0,0)} \dfrac{xy^4}{x^2+y^4}$

(8) $\lim_{(x,y)\to(0,0)} \dfrac{x^3-y^3}{x^2+y^2}$

3. 다음의 극한을 구하여라.

(1) $\lim_{(x,y)\to(2,2)} \dfrac{1+x+y+xy}{x^2+y}$

(2) $\lim_{(x,y)\to(0,0)} \dfrac{x^2-y^2}{x+y}$

(3) $\lim_{(x,y)\to(0,0)} \dfrac{\sin(x^2+y^2)}{x^2+y^2}$

(4) $\lim_{(x,y)\to(1,e)} \ln\dfrac{y}{x}$

(5) $\lim_{(x,y)\to(2,\ln 2)} e^{xy}$

(6) $\lim_{(x,y)\to(0,2)} ye^{-1/x}$

(7) $\lim_{(x,y)\to(0,0)} \dfrac{x^2+y^2}{\sqrt{x^2+y^2+4}-2}$

(8) $\lim_{(x,y)\to(0,0)} \ln\dfrac{x-y}{x^2+y^2}$

(9) $\lim_{(x,y)\to(0,0)} (x+y)\cos\dfrac{x}{y}$

(10) $\lim_{(x,y)\to(0,0)} (1+xy)^{1/x}$

(11) $\lim_{(x,y)\to(0,0)} \{1+2(x^2+y^2)\}^{1/(x^2+y^2)}$

(12) $\lim_{(x,y)\to(0,0)} \dfrac{1-\cos(x^2+y^2)}{(x^2+y^2)^2}$

4. $g(t)=\ln t$, $f(x,y)=\dfrac{\sin xy^2}{x}$에서 다음을 구하여라.

(1) $\lim_{(x,y)\to(0,0)} f(x,y)$ (2) $\lim_{(x,y)\to(1,1)} g(f(x,y))$

5. 다음 함수가 $(0,0)$에서 연속이 되게 하는 k의 값을 구하여라.

(1) $f(x,y)=\begin{cases} \dfrac{x^2y^2}{x^2+y^2} & (x,y)\neq(0,0) \\ k & (x,y)=(0,0) \end{cases}$

(2) $f(x,y)=\begin{cases} \dfrac{1-\cos(|x|+|y|)}{(|x|+|y|)^2} & (x,y)\neq(0,0) \\ k & (x,y)=(0,0) \end{cases}$

(3) $f(x,y)=\begin{cases} \dfrac{x^2+y^2}{\sqrt{x^2+y^2+5}-k} & (x,y)\neq(0,0) \\ 2\sqrt{5} & (x,y)=(0,0) \end{cases}$

(4) $f(x,y)=\begin{cases} \dfrac{\tan(x^2+y^2)}{x^2+y^2} & (x,y)\neq(0,0) \\ k & (x,y)=(0,0) \end{cases}$

6. 다음 함수의 불연속점을 찾아라.

(1) $f(x,y)=\dfrac{1}{x^2+y^2}$

(2) $f(x,y)=\dfrac{(x+y)^2}{x+y}$

(3) $f(x,y)=\dfrac{x^2-y^2}{x^2+y^2}$

(4) $f(x,y)=\dfrac{x^2y^2}{x^2+y^2}$

(5) $f(x,y)=\dfrac{x^2+y^2}{x^2-y^2}$

(6) $f(x,y)=\ln|x+y|$

(7) $f(x,y)=\begin{cases} ye^{-1/x} & (x\neq 0) \\ 1 & (x=0) \end{cases}$

(8) $f(x,y)=\begin{cases} \dfrac{x-y}{x^2+y^2} & (x,y)\neq(0,0) \\ 2 & (x,y)=(0,0) \end{cases}$

7. 다음 함수의 연속성을 조사하여라.

(1) $f(x,y)=e^{x+y}\sin xy$

(2) $f(x,y)=\dfrac{\sin xy}{e^{x+y}}$

(3) $f(x,y)=\dfrac{e^{x+y}}{\sin xy}$

(4) $f(x,y)=e^{x+y}-\sin xy$

(5) $f(x,y)=\dfrac{xy}{|x|+|y|}$

(6) $f(x,y)=\begin{cases} ye^{-1/x} & (x\neq 0) \\ 0 & (x=0) \end{cases}$

10.3 이변수 함수의 미분

이 절에서는 이변수 함수의 분석을 위하여 주어진 점에서 x축에 평행한 직선 또는 y축에 평행한 직선을 따라 점이 움직이는 경우에 대한 함수의 순간변화율을 구하는 방법에 대하여 알아보려고 한다.

편미분

우선 독립변수의 개수가 2인 경우를 생각해보자.

정의 10.3.1 편도함수

함수 $f(x, y)$의 정의역 $D \subset \mathbb{R}^2$상의 점 (a, b)에서 극한

$$\lim_{\Delta x \to 0} \frac{f(a + \Delta x, b) - f(a, b)}{\Delta x}$$

가 존재하면 $f(x, y)$는 **점 (a, b)에서 x에 관해 편미분 가능**(partial differentiable)이라고 한다. 그리고 이 극한값을 함수 $f(x, y)$의 점 (a, b)에서의 **x에 관한 편미분계수**(partial differential coefficient)라 하며,

$$f_x(a, b), \ \frac{\partial f}{\partial x}(a, b), \ \left.\frac{\partial f}{\partial x}\right|_{(a, b)}, \ \frac{\partial}{\partial x} f(a, b)$$

등으로 나타낸다. $f(x, y)$가 D상의 모든 점에서 x에 관해 편미분 가능하면 $f(x, y)$는 **D에서 x에 관해 편미분 가능하다**고 한다.

$$\lim_{\Delta x \to 0} \frac{f(x + \Delta x, y) - f(x, y)}{\Delta x}$$

를 함수 **$f(x, y)$의 x에 관한 편도함수**(partial derivative)라 하고

$$f_x(x, y), \ \frac{\partial f}{\partial x}(x, y), \ f_x, \ \frac{\partial f}{\partial x}$$

등으로 표기한다. 같은 방법으로 **점 (a, b)에서 $f(x, y)$의 y에 관한 편미분계수**는

$$\lim_{\Delta y \to 0} \frac{f(a, b + \Delta y) - f(a, b)}{\Delta y}$$

이며

$$f_x(a, b), \ \frac{\partial f}{\partial y}(a, b), \ \left.\frac{\partial f}{\partial y}\right|_{(a, b)}, \ f(a, b)$$

등으로 나타낸다. **$f(x, y)$의 y에 관한 편도함수**는

$$\lim_{\Delta y \to 0} \frac{f(x, y+\Delta y)-f(x, y)}{\Delta y}$$

로 정의하며

$$f_y(x, y),\ \ \frac{\partial f}{\partial y}(x, y),\ f_y,\ \frac{\partial f}{\partial y}$$

등으로 표기한다.

예제 10.3.2 함수 $f(x, y)=\sqrt{x^2+y^2}$이 원점 $(0, 0)$에서 편미분 가능한지 조사하여라.

풀이 $f(x, y)$의 x에 관한 미분계수를 구해보자.

$$f_x(0, 0) = \lim_{h \to 0} \frac{f(0+h, 0)-f(0, 0)}{h} = \lim_{h \to 0} \frac{\sqrt{h^2}}{h} = \lim_{h \to 0} \frac{|h|}{h}$$

이므로 이 극한은 $h \to 0^+$이면 1, $h \to 0^-$이면 -1이 되어 극한이 존재하지 않는다. 따라서 $f(x, y)$는 원점 $(0, 0)$에서 x에 관해 편미분 불가능하다. 마찬가지로 $f(x, y)$는 원점 $(0, 0)$에서 y에 관해서도 편미분 불가능하다. ■

예제 10.3.3 함수 $f(x, y)=xy+x+y$에 대하여 $f_x(2, 1)$, $f_y(2, 1)$을 구하여라.

풀이

$$f_x(2, 1) = \lim_{h \to 0} \frac{f(2+h, 1)-f(2, 1)}{h} = \lim_{h \to 0} \frac{2h}{h} = \lim_{h \to 0} 2 = 2,$$

$$f_y(2, 1) = \lim_{k \to 0} \frac{f(2, 1+k)-f(2, 1)}{k} = \lim_{k \to 0} \frac{3k}{k} = \lim_{k \to 0} 3 = 3$$ ■

위 예제에서 보듯이 일반적으로 $f_x(a, b)$와 $f_y(a, b)$는 같지 않다. 또 미분계수를 구하기 위하여 매번 이러한 극한을 계산하기는 번거롭다. 사실 $f_x(a, b)$는 y를 상수($y=b$)로 보고 $f(x, y)$를 x로 미분하여 (x, y) 대신 (a, b)를 대입하여 얻는다. 또 $f_y(a, b)$는 x를 상수($x=a$)로 보고 $f(x, y)$를 y로 미분하여 (x, y) 대신 (a, b)를 대입하여 얻는다.

예제 10.3.4 함수 $f(x, y)=x^3+2xy^2+y^5$에 대하여 $f_x(1, 1)$, $f_y(1, 1)$을 구하여라.

풀이 y를 상수로 생각하고 x로 미분하여 $f_x(x, y)=3x^2+2y^2$을 얻고, x를 상수로 생각하고 y로 미분하여 $f_y(x, y)=4xy+5y^4$을 얻는다. 따라서 $f_x(1, 1)=5$, $f_y(1, 1)=9$이다. ■

편미분계수의 기하학적 의미를 살펴보자. 곡면 $z=f(x, y)$에서

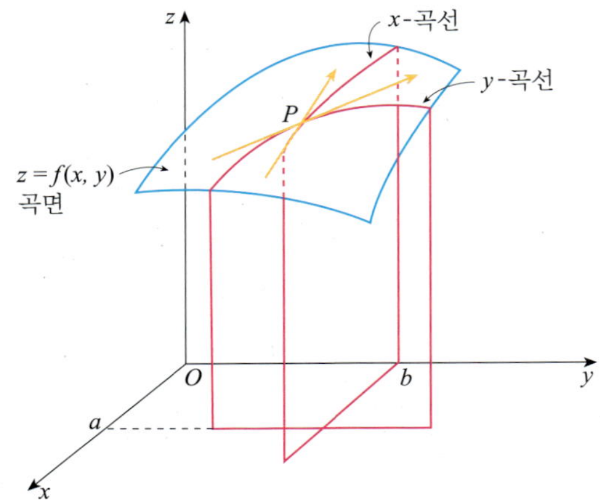

그림 10.3.1

$y=b$라 고정하면 x만의 함수 $z=f(x, b)$를 얻는데, 이는 평면 $y=b$와 곡면 $z=f(x, y)$가 만나는 곡선을 나타낸다. 이 곡선을 **x-곡선**(x-curve)이라 한다. 또 평면 $x=a$와 곡면이 만나는 곡선을 **y-곡선**(y-curve)이라 한다. 따라서 $f_x(a, b)$는 x-곡선의 점 $(a, b, f(a, b))$에서 접선의 기울기이고, $f_y(a, b)$는 y-곡선의 점 $(a, b, f(a, b))$에서 접선의 기울기이다.

예제 10.3.5 함수 $f(x, y)=ye^x+\cos y$에 대하여 다음을 각각 구하여라.
(1) x 및 y에 관한 편도함수
(2) 점 $(0, 2, 2+\cos 2)$에서 x-곡선의 접선의 기울기
(3) 점 $(0, \pi, \pi-1)$에서 y-곡선의 접선의 기울기

풀이 (1) $f_x(x, y)=ye^x$, $f_y(x, y)=e^x-\sin y$
(2) 점 $(0, 2, 2+\cos 2)$에서 x-곡선의 접선의 기울기는 $f_x(0, 2)=2$이다.
(3) 점 $(0, \pi, \pi-1)$에서 y-곡선의 접선의 기울기는 $f_y(0, \pi)=1$이다. ■

삼변수 이상의 함수에 대해서도 이변수 함수에서와 비슷하게 미분계수와 편도함수를 정의한다. 예를 들어, n변수 함수 $z=f(x_1, x_2, \cdots, x_n)$의 x_i에 관한 편도함수는 다음 극한

$$\lim_{h \to 0} \frac{f(x_1, \cdots, x_i+h, \cdots, x_n)-f(x_1, \cdots, x_i, \cdots, x_n)}{h}$$

으로 정의된다. 이를 f_{x_i}, $f_{x_i}(x_1, x_2, \cdots, x_n)$, $\frac{\partial f}{\partial x_i}$, $\frac{\partial f}{\partial x_i}(x_1, x_2, \cdots, x_n)$ 등으로 나타낸다. 이때 $f_{x_i}(x_1, x_2, \cdots, x_n)$은 x_i를 제외한 다른 변수들을 모두 상수로 보고 x_i에 관해 함수 $z=f(x_1, x_2, \cdots, x_n)$을 미분하여 얻는다.

예제 10.3.6 함수 $f(x, y, z) = ye^x + \cos y + \sin 2z$에 대하여 f_x, f_y, f_z를 구하여라.

풀이 먼저 y, z를 상수로 생각하고 $f(x, y, z)$를 x로 미분하면 $f_x(x, y, z) = ye^x$이다.

또 x, z를 상수로 생각하고 y로 미분하면 $f_y(x, y, z) = e^x - \sin y$를 얻는다.

유사하게 $f_z(x, y, z) = 2\cos 2z$이다. ■

풀이

예제 10.3.7 함수 $f(x, y) = \begin{cases} \dfrac{x^3 + y^3}{x^2 + y^2} & (x, y) \neq (0, 0) \\ 0 & (x, y) = (0, 0) \end{cases}$에 대하여 $f_x(a, b), f_y(a, b)$를 구하여라.

풀이 먼저 $(a, b) = (0, 0)$인 경우를 보자.

$$f_x(0, 0) = \lim_{h \to 0} \frac{f(0 + h, 0) - f(0, 0)}{h} = \lim_{h \to 0} \frac{\dfrac{h^3 + 0^3}{h^2 + 0^2} - 0}{h} = \lim_{h \to 0} 1 = 1$$

이고, 유사하게 $f_y(0, 0) = 1$을 얻는다. 이제 $(a, b) \neq (0, 0)$인 경우를 보자.

$$f_x(a, b) = \frac{\partial}{\partial x}\left(\frac{x^3 + y^3}{x^2 + y^2}\right)\bigg|_{(a, b)} = \frac{3x^2(x^2 + y^2) - (x^3 + y^3)2x}{(x^2 + y^2)^2}\bigg|_{(a, b)} = \frac{a^4 + 3a^2b^2 - 2ab^3}{(a^2 + b^2)^2}$$

이다. 유사하게 $f_y(a, b)$를 구할 수 있다(연습문제 10.3의 1(4)). ■

연쇄법칙

일변수 함수인 경우와 유사하게 다변수 함수의 편미분에서도 연쇄법칙이 성립한다.

> **정리 10.3.8 연쇄법칙 I (chain rule I)**
>
> 함수 $z = f(x, y)$는 편미분 가능하고 그 편도함수 $f_x(x, y), f_y(x, y)$가 연속이다. 두 함수 $x = x(t)$, $y = y(t)$가 미분가능하면 함수 $z = f(x(t), y(t))$는 t에 관해 미분가능하고
>
> $$\frac{dz}{dt} = f_x(x, y) \cdot x'(t) + f_y(x, y) \cdot y'(t)$$
>
> 이다. 이를 간단히 표현하면 $\frac{dz}{dt} = \frac{\partial f}{\partial x}\frac{dx}{dt} + \frac{\partial f}{\partial y}\frac{dy}{dt}$이다.

증명 $t = t_0$에서 미분계수를 구해보자.

$a = x(t_0), b = y(t_0), \Delta x = x(t_0 + \Delta t) - x(t_0), \Delta y = y(t_0 + \Delta t) - y(t_0)$라 하자. $\begin{cases} x = x(t) \\ y = y(t) \end{cases}$는 연속이므로

$$\Delta t \to 0\text{이면 } \Delta x \to 0\text{이고 } \Delta y \to 0\text{이다.} \tag{10.3.1}$$

이제

$$\begin{aligned}\Delta z &= f(a + \Delta x, b + \Delta y) - f(a, b) \\ &= [f(a + \Delta x, b + \Delta y) - f(a, b + \Delta y)] + [f(a, b + \Delta y) \\ &\quad - f(a, b)]\end{aligned}$$

이므로, 미분의 평균값 정리에 의하여

$$f(a + \Delta x, b + \Delta y) - f(a, b + \Delta y) = f_x(a + \theta_1 \Delta x, b + \Delta y)\Delta x,$$
$$f(a, b + \Delta y) - f(a, b) = f_y(a, b + \theta_2 \Delta y)\Delta y$$

를 만족시키는 $0 < \theta_1, \theta_2 < 1$이 존재한다. 따라서

$$\Delta z = f_x(a + \theta_1 \Delta x, b + \Delta y)\Delta x + f_y(a, b + \theta_2 \Delta y)\Delta y$$

이다.

$$f_x(a + \theta_1 \Delta x, b + \Delta y) \equiv f_x(a, b) + \varepsilon_1,$$
$$f_y(a, b + \theta_2 \Delta y) \equiv f_y(a, b) + \varepsilon_2$$

라 두면, 식 (10.3.1)에서 $\Delta t \to 0$이면 $\Delta x \to 0$, $\Delta y \to 0$이고, $f_x(x, y)$, $f_y(x, y)$가 연속이므로 $\varepsilon_1, \varepsilon_2 \to 0$이다. 따라서 $\Delta z = f_x(a, b)\Delta x + f_y(a, b)\Delta y + \varepsilon_1 \Delta x + \varepsilon_2 \Delta y$이며,

$$\begin{aligned}\frac{dz}{dt} &= \lim_{\Delta t \to 0} \frac{\Delta z}{\Delta t} \\ &= \lim_{\Delta t \to 0}\left[f_x(a, b)\frac{\Delta x}{\Delta t} + f_y(a, b)\frac{\Delta y}{\Delta t} + \varepsilon_1 \frac{\Delta x}{\Delta t} + \varepsilon_2 \frac{\Delta y}{\Delta t}\right] \\ &= f_x(a, b) \cdot \lim_{\Delta t \to 0} \frac{\Delta x}{\Delta t} + f_y(a, b) \cdot \lim_{\Delta t \to 0} \frac{\Delta y}{\Delta t} \\ &\quad + \lim_{\Delta t \to 0} \varepsilon_1 \cdot \lim_{\Delta t \to 0} \frac{\Delta x}{\Delta t} + \lim_{\Delta t \to 0} \varepsilon_2 \cdot \lim_{\Delta t \to 0} \frac{\Delta y}{\Delta t} \\ &= f_x(a, b) \cdot x'(t_0) + f_y(a, b) \cdot y'(t_0) + 0 \cdot x'(t_0) + 0 \cdot y'(t_0) \\ &= f_x(x(t_0), y(t_0)) \cdot x'(t_0) + f_y(x(t_0), y(t_0)) \cdot y'(t_0)\end{aligned}$$

이고 t_0는 임의의 점이므로 정리가 성립한다. ■

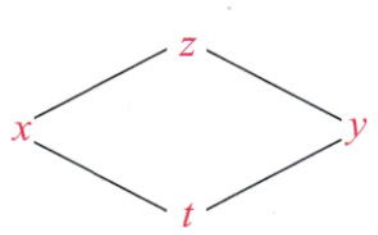

그림 10.3.2

정리 10.3.8은 그림 10.3.2에서 t에서 출발하여 z에 이르는 각 경로에 대하여 미분한 것을 모두 더한 것이다.

예제 10.3.9 함수 $z = f(x, y) = xy^2$과 $\begin{cases} x = t+1 \\ y = t^3 \end{cases}$에 대하여 $\frac{dz}{dt}$를 구하여라.

풀이 $\frac{dz}{dt} = \frac{\partial f}{\partial x}\frac{dx}{dt} + \frac{\partial f}{\partial y}\frac{dy}{dt} = \frac{\partial}{\partial x}(xy^2)\frac{d}{dt}(t+1) + \frac{\partial}{\partial y}(xy^2)\frac{d}{dt}(t^3)$
$= y^2 \cdot 1 + 2xy \cdot 3t^2 = t^6 + 6(t+1)t^5$

이다. 참고로 $z = f(x, y) = xy^2 = (t+1)t^6$으로 바꾸고 직접 t로 미분하여 계산할 수도 있다. ■

예제 10.3.10 함수 $z = (xy+y)^3$과 $\begin{cases} x = 2\cos t \\ y = 2\sin t \end{cases}$에 대하여 $\left.\frac{dz}{dt}\right|_{t=\pi/2}$를 구하여라.

풀이 연쇄법칙 I (정리 10.3.8)을 이용하면

$$\begin{aligned} \frac{dz}{dt} &= \frac{\partial f}{\partial x}\frac{dx}{dt} + \frac{\partial f}{\partial y}\frac{dy}{dt} \\ &= \frac{\partial}{\partial x}[(xy+y)^3]\frac{d}{dt}(2\cos t) + \frac{\partial}{\partial y}[(xy+y)^3]\frac{d}{dt}(2\sin t) \\ &= 3(xy+y)^2 y(-2\sin t) + 3(xy+y)^2(x+1)(2\cos t) \end{aligned}$$

이다. $t = \frac{\pi}{2}$이면 $x = 0, y = 2$이므로, 이 값을 위 식에 대입하여 $\left.\frac{dz}{dt}\right|_{t=\pi/2} = -48$을 얻는다. ■

정리 10.3.11 연쇄법칙 II (chain rule II)

함수 $z = f(x, y), x = x(u, v), y = y(u, v)$가 편미분 가능하고 $f_x(x, y)$, $f_y(x, y)$가 연속이면, 함수 $z = f(x, y) = f(x(u, v), y(u, v))$도 u, v에 대하여 편미분 가능하고 그 편도함수는 다음과 같다.

$$\begin{cases} \dfrac{\partial z}{\partial u} = \dfrac{\partial z}{\partial x}\dfrac{\partial x}{\partial u} + \dfrac{\partial z}{\partial y}\dfrac{\partial y}{\partial u} \\ \dfrac{\partial z}{\partial v} = \dfrac{\partial z}{\partial x}\dfrac{\partial x}{\partial v} + \dfrac{\partial z}{\partial y}\dfrac{\partial y}{\partial v} \end{cases}$$

증명 먼저 $\frac{\partial z}{\partial u}$를 구하기 위하여 v를 상수로 간주하면 x, y는 u만의 함수이므로 정리 10.3.8의 증명에서 t 대신 u, 미분기호 d 대신 ∂로 바꾸면 정리의 $\frac{\partial z}{\partial u}$를 얻는다. 유사한 방법으로 정리의 $\frac{\partial z}{\partial v}$를 얻을 수 있다. ■

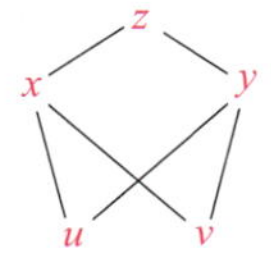

그림 10.3.3

정리 10.3.8과 유사하게 정리 10.3.11은 그림 10.3.3으로 설명할 수 있다.

예제 10.3.12 $z = e^{xy}$, $\begin{cases} x = 2u + 3v \\ y = \frac{u}{v} \end{cases}$ 일 때 $\frac{\partial z}{\partial u}, \frac{\partial z}{\partial v}$를 구하여라.

풀이 $$\frac{\partial z}{\partial u} = \frac{\partial z}{\partial x}\frac{\partial x}{\partial u} + \frac{\partial z}{\partial y}\frac{\partial y}{\partial u}$$
$$= \frac{\partial}{\partial x}(e^{xy})\frac{\partial}{\partial u}(2u+3v) + \frac{\partial}{\partial y}(e^{xy})\frac{\partial}{\partial u}\left(\frac{u}{v}\right)$$
$$= ye^{xy}\cdot 2 + xe^{xy}\cdot\frac{1}{v},$$
$$\frac{\partial z}{\partial v} = \frac{\partial z}{\partial x}\frac{\partial x}{\partial v} + \frac{\partial z}{\partial y}\frac{\partial y}{\partial v}$$
$$= \frac{\partial}{\partial x}(e^{xy})\frac{\partial}{\partial v}(2u+3v) + \frac{\partial}{\partial y}(e^{xy})\frac{\partial}{\partial v}\left(\frac{u}{v}\right)$$
$$= ye^{xy}\cdot 3 + xe^{xy}\cdot\frac{-u}{v^2}$$
■

예제 10.3.13 $z = xy^2, \begin{cases} x = s^2+t^2 \\ y = st \end{cases}$ 일 때 $\frac{\partial z}{\partial s}, \frac{\partial z}{\partial t}$를 구하여라.

풀이 $$\frac{\partial z}{\partial s} = \frac{\partial z}{\partial x}\frac{\partial x}{\partial s} + \frac{\partial z}{\partial y}\frac{\partial y}{\partial s}$$
$$= \frac{\partial}{\partial x}(xy^2)\frac{\partial}{\partial s}(s^2+t^2) + \frac{\partial}{\partial y}(xy^2)\frac{\partial}{\partial s}(st)$$
$$= y^2\cdot 2s + 2xy\cdot t = 4s^3t^2 + 2st^4,$$
$$\frac{\partial z}{\partial t} = \frac{\partial z}{\partial x}\frac{\partial x}{\partial t} + \frac{\partial z}{\partial y}\frac{\partial y}{\partial t}$$
$$= \frac{\partial}{\partial x}(xy^2)\frac{\partial}{\partial t}(s^2+t^2) + \frac{\partial}{\partial y}(xy^2)\frac{\partial}{\partial t}(st)$$
$$= y^2\cdot 2t + 2xy\cdot s = 4s^2t^3 + 2s^4t$$
■

음함수의 미분법

자연현상을 수식으로 표현하면 그 현상에 관계되는 여러 변인의 복잡한 관계식으로 나타나는 경우가 많고, 공간이나 평면상의 도형도 그러한 관계식으로 나타난다. 예를 들면, 주어진 양수 r에 대하여 한 점 $P(a, b)$에서 거리가 r인 점 $Q(x, y)$의 집합의 각 원소는 관계식 $(x-a)^2+(y-b)^2=r^2$을 만족시킨다. 일반적으로 그 관계식은 $f(x_1, \cdots, x_n)=0$으로 표현된다. 이 경우 변수 하나를 종속변수로 지정하면 나머지 변수는 독립변수가 된다. 각 독립변수에 대한 지정된 종속변수의 순간변화율을 구해보자.

(1) 음함수 $f(x, y) = 0$에서 도함수 $\frac{dy}{dx}$를 구하는 것을 이미 일변수 함수의 미분에서 공부했으나, 여기서 편미분을 이용하여 다시 구해보자.
$z=f(x, y)=0$, $x=t$, $y=\phi(t)$로 생각하여 연쇄법칙 I(정리 10.3.8)을 이용하면
$$0 = \frac{dz}{dt} = \frac{\partial z}{\partial x}\frac{dx}{dt} + \frac{\partial z}{\partial y}\frac{dy}{dt} = f_x(x, y)\cdot 1 + f_y(x, y)\cdot\frac{dy}{dt},$$

즉 $0 = f_x(x, y) + f_y(x, y) \cdot \frac{dy}{dt}$이다.

따라서 $f(x, y) = 0$이면 $\frac{dy}{dx} = -\frac{f_x(x, y)}{f_y(x, y)}$ (단, $f_y(x, y) \neq 0$)이다.

(10.3.2)

(2) 음함수 $f(x, y, z) = 0$에 대하여 $\frac{\partial z}{\partial x}, \frac{\partial z}{\partial y}$를 구해보자.

$w = f(x, y, z) = 0, x = u, y = v, z = \phi(u, v)$로 생각하고 연쇄법칙 II(정리 10.3.11)를 이용하면

$$\begin{aligned} 0 = \frac{\partial w}{\partial u} &= \frac{\partial w}{\partial x}\frac{\partial x}{\partial u} + \frac{\partial w}{\partial y}\frac{\partial y}{\partial u} + \frac{\partial w}{\partial z}\frac{\partial z}{\partial u} \\ &= f_x(x, y, z) \cdot 1 + f_y(x, y, z) \cdot 0 + f_z(x, y, z) \cdot \frac{\partial z}{\partial u} \\ &= f_x(x, y, z) + f_z(x, y, z) \cdot \frac{\partial z}{\partial u} \end{aligned}$$

이다. 따라서 $0 = \frac{\partial w}{\partial u} = f_x(x, y, z) + f_z(x, y, z) \cdot \frac{\partial z}{\partial x}$이다. 이와 유사하게 $0 = \frac{\partial w}{\partial v} = f_y(x, y, z) + f_z(x, y, z) \cdot \frac{\partial z}{\partial y}$를 얻을 수 있다.

이를 이용하여 $\frac{\partial z}{\partial x} = -\frac{f_x(x, y, z)}{f_z(x, y, z)}, \frac{\partial z}{\partial y} = -\frac{f_y(x, y, z)}{f_z(x, y, z)}$ (단, $f_z(x, y, z) \neq 0$)를 얻는다. (10.3.3)

참고로 음함수 $f(x, y, z) = 0$에 대하여 $\frac{\partial z}{\partial x}$를 구하기 위해서 y를 상수로 생각하고 x와 z에 대한 음함수로 생각하여 x에 대한 편미분을 함으로써 $\frac{\partial z}{\partial x}$를 얻을 수 있다. $\frac{\partial z}{\partial y}$도 x를 상수로 생각하고 y에 대한 편미분을 함으로써 얻을 수 있다.

예제 10.3.14 세 변수 x, y, z가 관계식 $x^2 + y^2 + z^2 = 1$을 만족시킬 때 $\frac{\partial z}{\partial x}, \frac{\partial z}{\partial y}$를 구하여라.

풀이 $w = f(x, y, z) = x^2 + y^2 + z^2 - 1 = 0$이라 두고, 식 (10.3.3)을 이용하면

$$\begin{aligned} \frac{\partial z}{\partial x} &= -\frac{f_x(x, y, z)}{f_z(x, y, z)} = -\frac{2x}{2z} = -\frac{x}{z}, \\ \frac{\partial z}{\partial y} &= -\frac{f_y(x, y, z)}{f_z(x, y, z)} = -\frac{2y}{2z} = -\frac{y}{z} \end{aligned}$$

를 얻는다.

다른 풀이법으로 $x^2 + y^2 + z^2 = 1$에서 y를 상수로 생각하고 양변을 x에 대해 편미분하면 $2x + 2z \cdot \frac{\partial z}{\partial x} = 0$을 만족시키므로 $\frac{\partial z}{\partial x} = -\frac{x}{z}$를 얻을 수 있다. 이와 같은 방법으로 $\frac{\partial z}{\partial y} = -\frac{y}{z}$ 임을 알 수 있다. ■

변수들이 1개의 방정식을 만족시키는 경우에 대한 미분법을 살펴

보았다. 변수들이 2개의 관계식을 만족시키는 경우에 대한 미분법에 대하여 살펴보려고 한다.

세 변수 x, y, z가 관계식 $\begin{cases} f(x, y, z) = 0 \\ g(x, y, z) = 0 \end{cases}$을 만족시킬 때 $\frac{dy}{dx}, \frac{dz}{dx}$를 구해보자. 이 경우 y, z를 x의 함수로 보고 $x = t, y = \phi(t), z = \psi(t)$, 그리고 $u = f(x, y, z), v = g(x, y, z)$라 하자. 연쇄법칙 I(정리 10.3.8)을 이용하면

$$\begin{aligned} 0 = \frac{du}{dt} &= \frac{\partial u}{\partial x}\frac{dx}{dt} + \frac{\partial u}{\partial y}\frac{dy}{dt} + \frac{\partial u}{\partial z}\frac{dz}{dt} \\ &= f_x(x, y, z) \cdot 1 + f_y(x, y, z) \cdot \frac{dy}{dt} + f_z(x, y, z) \cdot \frac{dz}{dt} \\ &= f_x(x, y, z) + f_y(x, y, z) \cdot \frac{dy}{dx} + f_z(x, y, z) \cdot \frac{dz}{dx}, \\ 0 = \frac{dv}{dt} &= \frac{\partial v}{\partial x}\frac{dx}{dt} + \frac{\partial v}{\partial y}\frac{dy}{dt} + \frac{\partial v}{\partial z}\frac{dz}{dt} \\ &= g_x(x, y, z) \cdot 1 + g_y(x, y, z) \cdot \frac{dy}{dt} + g_z(x, y, z) \cdot \frac{dz}{dt} \\ &= g_x(x, y, z) + g_y(x, y, z) \cdot \frac{dy}{dx} + g_z(x, y, z) \cdot \frac{dz}{dx} \end{aligned}$$

를 얻는다. 이 두 식을 연립하여 풀면, $f_y g_z - f_z g_y \neq 0$일 때

$$\frac{dy}{dx} = \frac{f_z g_x - f_x g_z}{f_y g_z - f_z g_y}, \tag{10.3.4}$$

$$\frac{dz}{dx} = \frac{f_x g_y - f_y g_x}{f_y g_z - f_z g_y} \tag{10.3.5}$$

를 얻는다.

예제 10.3.15 세 변수 x, y, z가 관계식 $\begin{cases} x + y + z = 1 \\ x^2 + y^2 + z^2 = 1 \end{cases}$을 만족시킬 때 $\frac{dy}{dx}, \frac{dz}{dx}$를 구하여라.

풀이 식 (10.3.4), (10.3.5)를 이용하여 구할 수도 있으나, 방법을 익히기 위해 다음과 같이 직접 계산해보자.

$$\begin{cases} u = f(x, y, z) = x + y + z - 1 = 0 \\ v = g(x, y, z) = x^2 + y^2 + z^2 - 1 = 0 \end{cases}$$

이라 두고, 두 식의 양변을 x로 미분하면

$$\begin{cases} 0 = 1 + \frac{dy}{dx} + \frac{dz}{dx} \\ 0 = 2x + 2y\frac{dy}{dx} + 2z\frac{dz}{dx} \end{cases}$$

를 얻는다. 이 연립방정식에서 $\frac{dy}{dx}, \frac{dz}{dx}$를 구하면 다음을 얻는다.

$$\frac{dy}{dx} = \frac{z-x}{y-z},\ \frac{dz}{dx} = \frac{x-y}{y-z}\ (\text{단 } y-z \neq 0)$$ ■

예제 10.3.16 네 변수 x, y, u, v가 관계식 $\begin{cases} u+2v-x^2+y^2=0 \\ 2u-v-2xy=0 \end{cases}$을 만족시킬 때 $\frac{\partial x}{\partial u}, \frac{\partial x}{\partial v}, \frac{\partial y}{\partial u}, \frac{\partial y}{\partial v}$를 구하여라.

풀이 x, y를 u, v의 함수로 생각하고 u로 편미분하면

$$\begin{cases} 1+0-2x\dfrac{\partial x}{\partial u}+2y\dfrac{\partial y}{\partial u}=0 \\ 2-0-2y\dfrac{\partial x}{\partial u}-2x\dfrac{\partial y}{\partial u}=0 \end{cases},\ \text{즉} \begin{cases} -2x\dfrac{\partial x}{\partial u}+2y\dfrac{\partial y}{\partial u}=-1 \\ -2y\dfrac{\partial x}{\partial u}-2x\dfrac{\partial y}{\partial u}=-2 \end{cases}$$

를 얻고, 이 연립방정식을 풀어서 다음을 얻는다.

$$\frac{\partial x}{\partial u} = \frac{x+2y}{2x^2+2y^2},\ \frac{\partial y}{\partial u} = \frac{2x-y}{2x^2+2y^2}$$

또 주어진 연립방정식을 v로 편미분하여

$$\begin{cases} 0+2-2x\dfrac{\partial x}{\partial v}+2y\dfrac{\partial y}{\partial v}=0 \\ 0-1-2y\dfrac{\partial x}{\partial v}-2x\dfrac{\partial y}{\partial v}=0 \end{cases},\ \text{즉} \begin{cases} -2x\dfrac{\partial x}{\partial v}+2y\dfrac{\partial y}{\partial v}=-2 \\ -2y\dfrac{\partial x}{\partial v}-2x\dfrac{\partial y}{\partial v}=1 \end{cases}$$

을 얻고, 이 연립방정식을 풀면 다음을 얻는다.

$$\frac{\partial y}{\partial v} = \frac{-x-2y}{2x^2+2y^2},\ \frac{\partial x}{\partial v} = \frac{2x-y}{2x^2+2y^2}$$ ■

전미분과 근삿값 계산법

일변수 함수의 경우와 유사하게 이변수 함수의 근삿값을 편미분을 이용하여 구할 수 있다. 이에 대하여 알아보자.

함수 $z=f(x, y)$가 편미분 가능하여 연속인 편도함수를 가지면, 정리 10.3.8에서처럼 x, y의 증분 $\Delta x, \Delta y$에 따른 z의 증분 Δz에 대하여

$$\begin{aligned} \Delta z &= f(x+\Delta x, y+\Delta y) - f(x, y) \\ &= f_x(x, y)\Delta x + f_y(x, y)\Delta y + \varepsilon_1 \Delta x + \varepsilon_2 \Delta y \end{aligned}$$

를 만족시키는 양수 $\varepsilon_1, \varepsilon_2$가 존재한다. 이때 $\Delta x, \Delta y \to 0$이면 $\varepsilon_1, \varepsilon_2 \to 0$이다(정리 10.3.8의 증명 참조). 따라서 $\Delta x, \Delta y$가 충분히 작으면 $\Delta z \approx f_x \Delta x + f_y \Delta y$이므로,

$$f(x+\Delta x, y+\Delta y) \approx f(x, y) + f_x \Delta x + f_y \Delta y \tag{10.3.6}$$

로 근사시킬 수 있다.

정의 10.3.17 이변수 함수의 전미분

연속인 편도함수를 가지는 함수 $z=f(x, y)$가

$$\lim_{(\Delta x,\ \Delta y)\to(0,\ 0)} \frac{f(x+\Delta x, y+\Delta y)-f(x, y)-f_x(x, y)\Delta x-f_y(x, y)\Delta y}{\sqrt{(\Delta x)^2+(\Delta y)^2}} = 0$$

을 만족시킬 때, 함수 $z=f(x, y)$가 **전미분 가능**(total differentiable)하다고 하고, $dz=f_x dx+f_y dy$를 f의 **전미분**(total differential)이라 부른다.

예제 10.3.18 다음 함수의 전미분을 구하여라.

(1) $z = f(x, y) = \ln(xy)$ (2) $z = f(x, y) = \tan^{-1}(xy)$

풀이 (1) $f_x = \frac{y}{xy} = \frac{1}{x}$이고 $f_y = \frac{x}{xy} = \frac{1}{y}$이므로, z의 전미분은
$dz = f_x dx + f_y dy = \frac{1}{x}dx + \frac{1}{y}dy$이다.

(2) $f_x = \frac{y}{1+(xy)^2}$이고 $f_y = \frac{x}{1+(xy)^2}$이므로, z의 전미분은

$$dz = f_x dx + f_y dy = \frac{y}{1+(xy)^2}dx + \frac{x}{1+(xy)^2}dy \text{ 이다.}$$ ■

예제 10.3.19 식 (10.3.6)을 이용하여 다음의 근삿값을 구하라.

(1) $f(x, y) = \frac{1}{1+x-y}$일 때, $f(1.1, 2.9)$의 근삿값

(2) $\sqrt{2.98^2+4.01^2}$의 근삿값

풀이 (1) $f_x = -\frac{1}{(1+x-y)^2}$이고 $f_y = \frac{1}{(1+x-y)^2}$이다. 식 (10.3.6)에서 $f(1.1, 2.9) \approx f(1, 3) + f_x(1, 3)\Delta x + f_y(1, 3)\Delta y$이고 이 식에 $\Delta x = 0.1$, $\Delta y = -0.1$을 대입하면 $f(1.1, 2.9) \approx -1.2$이다. 사실 $f(1.1, 2.9) = -1.25$이다.

(2) $f(x, y) = \sqrt{x^2+y^2}$, $\Delta x = -0.02$, $\Delta y = 0.01$이라 두자. 그러면 $f_x = \frac{x}{\sqrt{x^2+y^2}}$이고 $f_y = \frac{y}{\sqrt{x^2+y^2}}$이다. 식 (10.3.6)을 적용하여

$$\begin{aligned} f(2.98, 4.01) &\approx f(3, 4) + f_x(3, 4)\Delta x + f_y(3, 4)\Delta y \\ &= 5 + \frac{3}{5}(-0.02) + \frac{4}{5}(0.01) = 4.996 \end{aligned}$$

을 얻는다. 실제 계산기를 사용하여 계산하면 $\sqrt{2.98^2+4.01^2} = 4.996048\cdots$이다. ■

고차 편도함수

함수 $z=f(x, y)$의 편도함수 $f_x(x, y), f_y(x, y)$가 다시 편미분 가능하면 이를 x, y로 편미분하여

$$\frac{\partial}{\partial x} f_x = \frac{\partial^2 f}{\partial x^2} = f_{xx},\ \frac{\partial}{\partial y} f_x = \frac{\partial^2 f}{\partial y \partial x} = f_{xy},$$
$$\frac{\partial}{\partial y} f_y = \frac{\partial^2 f}{\partial y^2} = f_{yy},\ \frac{\partial}{\partial x} f_y = \frac{\partial^2 f}{\partial x \partial y} = f_{yx}$$

등으로 나타내고 이를 **2차 편도함수**라 한다. 같은 방법으로 3차 이상의 편도함수도 구할 수 있는데 이러한 편도함수를 **고차 편도함수**라 한다.

예제 10.3.20 함수 $f(x, y) = e^{xy^2}$의 2차 편도함수를 모두 구하여라.

풀이 $f_x = y^2 e^{xy^2}$이고 $f_y = 2xye^{xy^2}$이다. 따라서 2차 편도함수는 다음과 같다.

$$f_{xx} = y^4 e^{xy^2},\ f_{xy} = 2ye^{xy^2} + 2xy^3 e^{xy^2},$$
$$f_{yy} = 2xe^{xy^2} + 4x^2 y^2 e^{xy^2},\ f_{yx} = 2ye^{xy^2} + 2xy^3 e^{xy^2}$$ ■

예제 10.3.20에서 f_{xy}와 f_{yx}가 같음을 볼 수 있다. 이는 우연이 아님을 다음 정리를 통해 알 수 있다.

> **정리 10.3.21 슈바르츠 정리(Schwarz Theorem)**
> 함수 $f(x, y)$의 2차 편도함수 $f_{xy}(x, y), f_{yx}(x, y)$가 존재하고 연속이면 $f_{xy}(x, y) = f_{yx}(x, y)$이다.

풀이 $f(x, y)$를 이용하여 다음의 새로운 함수 $F(x, y)$를 만든다.

$$F(x, y) = f(x+h, y+k) - f(x+h, y) - f(x, y+k) + f(x, y)$$

여기서 $\psi(x) = f(x, y+k) - f(x, y)$라 하면

$$F(x, y) = \psi(x+h) - \psi(x)$$

이고, 여기에 평균값 정리를 이용하면

$$\begin{aligned} F(x, y) &= \psi_x(x + \theta_1 h) \cdot h \\ &= [f_x(x+\theta_1 h, y+k) - f_x(x+\theta_1 h, y)] \cdot h \end{aligned}$$

를 만족시키는 $0 < \theta_1 < 1$이 존재한다. 이 식에서 y에 관하여 평균값 정리를 이용하면

$$F(x, y) = f_{xy}(x + \theta_1 h, y + \theta_2 k) \cdot hk \tag{10.3.7}$$

를 만족시키는 $0 < \theta_2 < 1$가 존재한다.

또 $\phi(y) = f(x + h, y) - f(x, y)$라 하면 $F(x, y) = \phi(y + k) - \phi(y)$이고, 앞에서와 같은 방법으로

$$F(x, y) = f_{yx}(x + \theta_3 h, y + \theta_4 k) \cdot hk \tag{10.3.8}$$

를 만족시키는 $0 < \theta_3, \theta_4 < 1$가 존재한다. 식 (10.3.7)과 (10.3.8)에서

$$f_{xy}(x + \theta_1 h, y + \theta_2 k) \cdot hk = f_{yx}(x + \theta_3 h, y + \theta_4 k) \cdot hk$$

이고, $f_{xy}(x, y)$, $f_{yx}(x, y)$가 연속이므로 $h, k \to 0$이면 $f_{xy}(x, y) = f_{yx}(x, y)$가 성립함을 알 수 있다. ■

우리가 주로 다루는 다항함수, 지수함수, 사인함수, 코사인 함수 등은 정리 10.3.21의 조건을 만족시킨다. 즉 $f_{xy}(x, y) = f_{yx}(x, y)$를 만족시킨다. 다음 예제는 정리 10.3.21의 조건을 만족시키지 않는 함수에 대해서는 $f_{xy}(x, y) \neq f_{yx}(x, y)$일 수 있다는 것을 보여준다.

예제 10.3.22 함수 $f(x, y) = \begin{cases} \dfrac{x^3 y - xy^3}{x^2 + y^2}, & (x, y) \neq (0, 0) \\ 0, & (x, y) = (0, 0) \end{cases}$에 대하여 $f_{xy}(0, 0)$과 $f_{yx}(0, 0)$을 구하여라.

풀이 $(x, y) \neq (0, 0)$일 때 $f_x(x, y) = \dfrac{x^4 y + 4x^2 y^3 - y^5}{(x^2 + y^2)^2}$이고, $f_y(x, y) = \dfrac{x^5 - 4x^3 y^2 - xy^4}{(x^2 + y^2)^2}$이다. 그리고

$$f_x(0, 0) = \lim_{h \to 0} \frac{f(h, 0) - f(0, 0)}{h} = 0,$$
$$f_y(0, 0) = \lim_{k \to 0} \frac{f(0, k) - f(0, 0)}{k} = 0$$

이므로,

$$f_{xy}(0, 0) = \frac{\partial f_x}{\partial y}(0, 0) = \lim_{k \to 0} \frac{f_x(0, k) - f_x(0, 0)}{k} = \lim_{k \to 0} \frac{-\dfrac{k^5}{k^4}}{k} = -1,$$
$$f_{yx}(0, 0) = \frac{\partial f_y}{\partial x}(0, 0) = \lim_{h \to 0} \frac{f_y(h, 0) - f_y(0, 0)}{h} = \lim_{h \to 0} \frac{\dfrac{h^5}{h^4}}{h} = 1$$

이다. ■

예제 10.3.23 세 변수 x, y, z가 관계식 $x^3+y^3+z^3=1$을 만족시킬 때 $\frac{\partial^2 z}{\partial x^2}, \frac{\partial^2 z}{\partial x \partial y}$를 구하여라.

풀이 양변을 x, y로 각각 편미분하여

$$3x^2 + 3z^2 \frac{\partial z}{\partial x} = 0,\ 3y^2 + 3z^2 \frac{\partial z}{\partial y} = 0 \tag{10.3.9}$$

을 얻는다. 따라서 $\frac{\partial z}{\partial x} = -\frac{x^2}{z^2}, \frac{\partial z}{\partial y} = -\frac{y^2}{z^2}$이다. 식 (10.3.9)를 다시 x로 편미분하여

$$6x + 6z \frac{\partial z}{\partial x}\frac{\partial z}{\partial x} + 3z^2 \frac{\partial^2 z}{\partial x^2} = 0,\ 6z \frac{\partial z}{\partial x}\frac{\partial z}{\partial y} + 3z^2 \frac{\partial^2 z}{\partial x \partial y} = 0$$

을 얻고, 이로부터

$$\frac{\partial^2 z}{\partial x^2} = -\frac{6x + 6z\left(-\frac{x^2}{z^2}\right)^2}{3z^2},\ \frac{\partial^2 z}{\partial x \partial y} = -\frac{6z\left(-\frac{x^2}{z^2}\right)\left(-\frac{y^2}{z^2}\right)}{3z^2}$$

을 얻는다. ■

예제 10.3.24 음함수 $f(x, y)=0$에 대하여

$$\frac{d^2 y}{dx^2} = -\frac{f_{xx} f_y^2 - 2f_{xy} f_x f_y + f_{yy} f_x^2}{f_y^3} \quad (f_y \neq 0)$$

임을 증명하여라.

증명 $z=f(x, y), x=t, y=\phi(t)$로 생각하고, 연쇄법칙 I(정리 10.3.8)을 이용하여 t로 미분하면,

$$0 = \frac{dz}{dt} = \frac{\partial z}{\partial x}\frac{dx}{dt} + \frac{\partial z}{\partial y}\frac{dy}{dt} = f_x + f_y \frac{dy}{dx} \tag{10.3.10}$$

를 얻는다. $f_y \neq 0$이면 $\frac{dy}{dx} = -\frac{f_x}{f_y}$이다. 식 (10.3.10)을 t로 미분하여

$$\begin{aligned} 0 &= \left(\frac{\partial}{\partial x} f_x\right)\frac{dx}{dt} + \left(\frac{\partial}{\partial y} f_x\right)\frac{dy}{dt} \\ &\quad + \left[\left(\frac{\partial}{\partial x} f_y\right)\frac{dx}{dt} + \left(\frac{\partial}{\partial y}\right) f_y \frac{dy}{dt}\right]\frac{dy}{dt} + f_y \frac{d^2 y}{dt^2} \\ &= f_{xx} + f_{xy}\frac{dy}{dt} + f_{yx}\frac{dy}{dt} + f_{yy}\left(\frac{dy}{dt}\right)^2 + f_y \frac{d^2 y}{dt^2} \end{aligned}$$

를 얻는다. 세 식 $x = t, f_{xy} = f_{yx}, \frac{dy}{dx} = -\frac{f_x}{f_y}$를 이용하여 다음을 얻을 수 있다.

$$\frac{d^2y}{dx^2} = \frac{d^2y}{dt^2} = -\frac{f_{xx} + 2f_{xy}\dfrac{dy}{dx} + f_{yy}\left(\dfrac{dy}{dx}\right)^2}{f_y}$$

$$= -\frac{f_{xx}f_y^2 - 2f_{xy}f_xf_y + f_{yy}f_x^2}{f_y^3} \quad (f_y \neq 0)$$ ■

편미분의 일반화와 동차함수의 미분

이제 임의의 두 실수 h, k에 대하여 $x = a + ht, y = b + kt$를 만족시킬 때, 함수 $z = f(x, y)$의 변수 t에 대한 n차 도함수 $\frac{d^n z}{dt^n}$을 구해보자. 이 경우 $\frac{dz}{dt}$은 점 (x, y)가 직선 $y = \frac{k}{h}(x - a) + b$를 따라 움직이며 속도벡터가 $\mathbf{v} = (h, k)$일 때, 함수 $z = f(x, y)$의 변화율이다. 특히 $h^2 + k^2 = 1$인 경우에 $\frac{dz}{dt}\Big|_{t=0}$를 점 $P(a, b)$에서의 함수 f의 단위벡터 (h, k) 방향으로의 방향도함수라 한다(정의 10.5.1 참조, 이에 대한 상세한 내용은 10.5절에서 다룬다). 더욱이 $h = 1, k = 0$인 경우 $\frac{dz}{dt}\Big|_{t=0} = f_x(a, b)$이고 $h = 0, k = 1$인 경우 $\frac{dz}{dt}\Big|_{t=0} = f_y(a, b)$이다.

이항정리

$$(a + b)^n = a^n + {}_nC_1 a^{n-1}b + {}_nC_2 a^{n-2}b^2 + \cdots + {}_nC_{n-1}ab^{n-1} + b^n$$

을 염두에 두고, 편의를 위하여

$$\left(h\frac{\partial}{\partial x} + k\frac{\partial}{\partial y}\right)^n z = h^n \frac{\partial^n z}{\partial x^n} + {}_nC_1 h^{n-1}k\frac{\partial^n z}{\partial x^{n-1}\partial y}$$
$$+ {}_nC_2 h^{n-2}k^2\frac{\partial^n z}{\partial x^{n-2}\partial y^2} + \cdots$$
$$+ {}_nC_r h^{n-r}k^r\frac{\partial^n z}{\partial x^{n-r}\partial y^r} + \cdots$$
$$+ {}_nC_{n-1} hk^{n-1}\frac{\partial^n z}{\partial x\partial y^{n-1}} + k^n\frac{\partial^n z}{\partial y^n}$$

으로 표기하기로 하자.

예제 10.3.25 네 상수 a, b, h, k에 대하여 $x = a + ht, y = b + kt$일 때 함수 $z = f(x, y)$가 연속인 n차 편도함수를 가지면, 함수 $z = f(x, y)$는

$$\frac{d^n z}{dt^n} = \left(h\frac{\partial}{\partial x} + k\frac{\partial}{\partial y}\right)^n z$$

를 만족시킴을 증명하여라.

증명 수학적 귀납법을 이용하여 증명한다. 먼저 $n = 1$인 경우를 보이자.

증명

$$\frac{dz}{dt} = \frac{\partial z}{\partial x}\frac{dx}{dt} + \frac{\partial z}{\partial y}\frac{dy}{dt} = h\frac{\partial z}{\partial x} + k\frac{\partial z}{\partial y} = \left(h\frac{\partial}{\partial x} + k\frac{\partial}{\partial y}\right)z$$

이다. 이는 $n=1$일 때 이 정리가 참임을 보인 것이다. 이제 $n=m$일 때 이 정리가 참이라고 가정하자. 즉 함수 $z=f(x, y)$가 $\frac{d^m z}{dt^m} = \left(h\frac{\partial}{\partial x} + k\frac{\partial}{\partial y}\right)^m z$를 만족시킨다고 하자. 그러면

$$\begin{aligned}
\frac{d^{m+1}z}{dt^{m+1}} &= \frac{d}{dt}\left(\frac{d^m z}{dt^m}\right) = \frac{d}{dt}\left[\left(h\frac{\partial}{\partial x} + k\frac{\partial}{\partial y}\right)^m z\right] \\
&= \frac{\partial}{\partial x}\left[\left(h\frac{\partial}{\partial x} + k\frac{\partial}{\partial y}\right)^m z\right]\frac{dx}{dt} + \frac{\partial}{\partial y}\left[\left(h\frac{\partial}{\partial x} + k\frac{\partial}{\partial y}\right)^m z\right]\frac{dy}{dt} \\
&= h\frac{\partial}{\partial x}\left[\left(h\frac{\partial}{\partial x} + k\frac{\partial}{\partial y}\right)^m z\right] + k\frac{\partial}{\partial y}\left[\left(h\frac{\partial}{\partial x} + k\frac{\partial}{\partial y}\right)^m z\right] \\
&= \left(h\frac{\partial}{\partial x} + k\frac{\partial}{\partial y}\right)\left[\left(h\frac{\partial}{\partial x} + k\frac{\partial}{\partial y}\right)^m z\right] \\
&= \left(h\frac{\partial}{\partial x} + k\frac{\partial}{\partial y}\right)^{m+1} z
\end{aligned}$$

이다. 따라서 모든 양의 정수 n에 대해 이 정리가 참이다. ■

정의 10.3.26 동차함수

임의의 실수 t와 정수 n에 대하여 함수 $f(x, y)$가 $f(tx, ty) = t^n f(x, y)$를 만족시키면 f를 **n차의 동차함수**(homogeneous function)라 한다.

예제 10.3.27 다음 함수는 몇 차의 동차함수인가?

(1) $f(x, y) = x^2 + xy$ (2) $g(x, y) = \sin\frac{y}{x}$

풀이 (1) $f(tx, ty) = (tx)^2 + (tx)(ty) = t^2(x^2 + xy) = t^2 f(x, y)$이므로 $f(x, y)$는 2차의 동차함수이다.

(2) $g(tx, ty) = \sin\frac{ty}{tx} = \sin\frac{y}{x} = t^0 g(x, y)$이므로 $g(x, y)$는 0차의 동차함수이다. ■

예제 10.3.25를 이용하여 동차함수 $z = f(x, y)$에 대하여 $\left(h\frac{\partial}{\partial x} + k\frac{\partial}{\partial y}\right)^n z$를 구할 수 있다.

정리 10.3.28 오일러 정리(Euler Theorem)

정수 n과 자연수 m에 대하여 모든 편도함수가 연속인 n차의 동차함수 $f(x, y)$는 다음을 만족시킨다.

$$\begin{aligned}
&\left(x\frac{\partial}{\partial x} + y\frac{\partial}{\partial y}\right)^m f(x, y) \\
&\quad = \begin{cases} n(n-1)(n-2)\cdots(n-m+1)f(x, y) & (m \le n) \\ 0 & (m > n) \end{cases}
\end{aligned}$$

증명 $f(x, y)$가 n차의 동차함수이므로 $f(tx, ty) = t^n f(x, y)$이다. $u = tx$, $v = ty$라 두고 $z = f(u, v) = f(tx, ty)$에 예제 10.3.25를 적용하면 $\frac{d^m z}{dt^m} = \left(x\frac{\partial}{\partial u} + y\frac{\partial}{\partial v}\right)^m z$임을 알 수 있다. 또한

$$\begin{aligned}\frac{d^m z}{dt^m} &= \frac{d^m}{dt^m}[t^n f(x, y)] \\ &= \begin{cases} n(n-1)(n-2)\cdots(n-m+1)t^{n-m} f(x, y) & (m \le n) \\ 0 & (m > n)\end{cases}\end{aligned}$$

이다. 여기서 $t = 1$이면 $\left(x\frac{\partial}{\partial u} + y\frac{\partial}{\partial v}\right)^m z = \left(x\frac{\partial}{\partial x} + y\frac{\partial}{\partial y}\right)^m f(x, y)$이므로,

$$\begin{aligned}&\left(x\frac{\partial}{\partial x} + y\frac{\partial}{\partial y}\right)^m f(x, y) \\ &\quad = \begin{cases} n(n-1)(n-2)\cdots(n-m+1)f(x, y) & (m \le n) \\ 0 & (m > n)\end{cases}\end{aligned}$$

이다. ■

예제 10.3.29 자연수 m에 대하여 다음을 구하여라.

(1) $\left(x\frac{\partial}{\partial x} + y\frac{\partial}{\partial y}\right)^m (x^2 + xy)$ (2) $\left(x\frac{\partial}{\partial x} + y\frac{\partial}{\partial y}\right)^m \sin\frac{y}{x}$

풀이 (1) 예제 10.3.27에서 $f(x, y) = x^2 + xy$는 2차의 동차함수이므로, 정리 10.3.28에서

$$\left(x\frac{\partial}{\partial x} + y\frac{\partial}{\partial y}\right)^m f(x, y) = \begin{cases} 2f(x, y) & (m = 1, 2) \\ 0 & (m > 2)\end{cases}$$

이다.

(2) 예제 10.3.27에서 $g(x, y) = \sin\frac{y}{x}$는 0차의 동차함수이므로, 모든 양의 정수 m에 대해

$$\left(x\frac{\partial}{\partial x} + y\frac{\partial}{\partial y}\right)^m g(x, y) = 0$$

이다. ■

10.3 연습문제

1. 편미분의 정의를 이용하여 다음 함수가 $(0, 0)$에서 x, y에 관하여 각각 편미분 가능한지 조사하여라. 그리고 편미분 가능하면 그 편미분계수를 구하여라.

(1) $f(x, y) = xy + 2x + y$

(2) $f(x, y) = x\cos y$

(3) $f(x, y) = \begin{cases} \dfrac{x^3 + y}{x^2 + y^2}, & (x, y) \ne (0, 0) \\ 0, & (x, y) = (0, 0)\end{cases}$

(4) $f(x, y) = \begin{cases} \dfrac{x^3 y + y^3}{x^2 + y^2}, & (x, y) \ne (0, 0) \\ 0, & (x, y) = (0, 0)\end{cases}$

2. 다음 함수의 편도함수 f_x, f_y를 각각 구하여라.

(1) $f(x, y) = x^2 y^3$ (2) $f(x, y) = e^{x+2y^2}$

(3) $f(x, y) = \cos(xy - 1)$ (4) $f(x, y) = \dfrac{x^2 + y}{x^2 + y^2 + 1}$

(5) $f(x, y) = \ln \dfrac{y}{x}$ (6) $f(x, y) = \dfrac{xy}{\sqrt{x^2 + y^2}}$

(7) $f(x, y) = \tan^{-1}(xy)$ (8) $f(x, y) = \sin^{-1}(x + y)$

(9) $f(x, y) = x \cos y$ (10) $f(x, y) = e^{xy} \sin(x + y)$

3. 함수 $z = f(x, y) = xy + x + y$에 대해 다음에 답하여라.

(1) 편도함수 z_x, z_y를 구하여라.

(2) 점 $(2, 1, 5)$에서 x-곡선의 기울기를 구하여라.

(3) 점 $(2, 1, 5)$에서 y-곡선의 기울기를 구하여라.

(4) 점 $(2, 1, 5)$에서 x-곡선의 접선의 방정식을 구하여라.

(5) 점 $(2, 1, 5)$에서 y-곡선의 접선의 방정식을 구하여라.

4. 함수 $z = f(x, y) = x^2 \cos y$에 대해 다음에 답하여라.

(1) 편도함수 z_x, z_y를 구하여라.

(2) 점 $(1, 0, 1)$에서 x-곡선의 기울기를 구하여라.

(3) 점 $(1, 0, 1)$에서 y-곡선의 기울기를 구하여라.

(4) 점 $(1, 0, 1)$에서 x-곡선의 접선의 방정식을 구하여라.

(5) 점 $(1, 0, 1)$에서 y-곡선의 접선의 방정식을 구하여라.

5. 다음 함수의 편도함수 f_x, f_y, f_z를 각각 구하여라.

(1) $f(x, y, z) = xy + 2yz + 3zx$

(2) $f(x, y, z) = e^x + e^{2y} + e^{3z}$

(3) $f(x, y, z) = \dfrac{y - z}{x + z}$

(4) $f(x, y, z) = \dfrac{x + y}{z}$

(5) $f(x, y, z) = x^3 + \sin yz$

(6) $f(x, y, z) = x \tan^{-1} \dfrac{y}{x}$

6. 예제 10.3.7에서 $f_y(a, b)$를 구하여라.

7. 연쇄법칙을 이용하여 $\dfrac{df}{dt}$를 구하여라.

(1) $f(x, y) = xy^2, x = t, y = t^2$

(2) $f(x, y) = \sqrt{x + xy}, x = 2\cos t, y = 2\sin t$

(3) $f(x, y) = e^{x \ln y}, x = \sqrt{t}, y = \sin t$

(4) $f(x, y) = x^2 - y \tan x, x = t, y = \cos t$

(5) $f(x, y, z) = e^{x+y+z}, x = 2t, y = t^2, z = \ln t$

(6) $f(x, y, z) = \cosh(xyz), x = t, y = t^2, z = t^3$

8. 연쇄법칙을 이용하여 $\dfrac{\partial f}{\partial u}, \dfrac{\partial f}{\partial v}$를 각각 구하여라.

(1) $f(x, y) = x^2 - y^3 + 2xy, x = u^2 + v^2, y = uv$

(2) $f(x, y) = (x^2 + y^2)^3, x = u\cos v, y = u\sin v$

(3) $f(x, y) = x^2 \ln(1 + xy^{3/2}), x = 2u, y = v^3$

(4) $f(x, y) = e^x(\cos y + \sin x), x = u + v, y = u - v$

(5) $f(x, y, z) = xy^2 \ln z, x = u^2 + v, y = 2u + 1, z = uv$

(6) $f(x, y, z) = \sqrt{x^2 + y^2 + z^2}, x = 2\sin u \cos v,$
$y = 2\sin u \sin v, z = 2\cos u$

9. 다음에서 z_x, z_y를 구하여라.

(1) $x^3 + y^3 - z(x^2 + y^2) = 0$

(2) $2x + 3x^2y^4 - zy^2 = 0$

(3) $\sin xy = e^z$ (4) $z = \sin^{-1}(xy^2)$

10. 다음 연립함수에서 $\dfrac{dy}{dx}, \dfrac{dz}{dx}$를 구하여라.

(1) $\begin{cases} x + 2y + 3z = 1 \\ x^2 + 2y^2 + 3z^2 = 2 \end{cases}$ (2) $\begin{cases} x^2+y^2+z^2=9 \\ xyz = 1 \end{cases}$

(3) $\begin{cases} \cos x + \cos y + z = 1 \\ x^2 + y^2 + z^2 = 1 \end{cases}$ (4) $\begin{cases} x^2 - xy + z^2 = 1 \\ xy + xz + ye^x = 2 \end{cases}$

11. 다음 연립함수에서 $\dfrac{\partial x}{\partial u}, \dfrac{\partial y}{\partial u}, \dfrac{\partial x}{\partial v}, \dfrac{\partial y}{\partial v}$를 구하여라.

(1) $\begin{cases} u - v - x - 2y = 7 \\ 2u + 2v - 2x + y = 5 \end{cases}$

(2) $\begin{cases} u + v + x + y = 3 \\ u^2 + v^2 + x^2 + 2y^2 = 4 \end{cases}$

(3) $\begin{cases} u + v^2 + e^{xy} = 1 \\ uv + x^2y = 2 \end{cases}$

(4) $\begin{cases} u^2v + vu^2 + x^2 - y^2 = 0 \\ e^{u+v} + x - y = 1 \end{cases}$

12. 다음 함수의 전미분을 구하여라.

(1) $z = x^2 + xy + y^2$ (2) $z = \dfrac{xy}{x^2 + y^2}$

(3) $z = \ln(x^2 + y^2)$ (4) $z = \sinh(xy)$

(5) $z = e^{xy}$ (6) $z = x \ln y$

13. 주어진 점에서 다음 함수의 근삿값을 구하여라.

(1) $f(x, y) = e^{xy}, (2.99, 1.01)$

(2) $f(x, y) = \sqrt{x^3 + y^3}, (1.9, 2.1)$

(3) $f(x, y) = e^y \ln x, (0.9, 0.1)$

(4) $f(x, y) = \sqrt{x^2 + y^2 + z^2}, (1.97, 3.02, 5.99)$

14. (1) $x^2 + y^2 + z^2 = 1$에서 $\dfrac{\partial^2 z}{\partial x^2}, \dfrac{\partial^2 z}{\partial x \partial y}, \dfrac{\partial^2 z}{\partial y^2}$을 구하여라.

(2) $xy + yz + zx = 1$에서 $\dfrac{\partial^2 z}{\partial x^2}, \dfrac{\partial^2 z}{\partial x \partial y}, \dfrac{\partial^2 z}{\partial y^2}$을 구하여라.

15. 문제 12에서 2차 편도함수들을 구하여라.

16. $f(x, y) = \begin{cases} \dfrac{x^3y - xy^3}{x^2 + y^2}, & (x, y) \neq (0, 0) \\ 0, & (x, y) = (0, 0) \end{cases}$일 때 $f_{xx}(0, 0)$, $f_{yy}(0, 0)$을 구하여라(예제 10.3.2 참조).

17. $x^3 + y^3 + z^3 = 1$에서 $\dfrac{\partial^2 z}{\partial y^2}$을 구하여라(예제 10.3.23 참조).

18. 다음 함수에 대하여 오일러 정리를 적용하여라.

(1) $f(x, y) = x^2 y^2$

(2) $f(x, y) = \dfrac{x^4 + x^2y^2 + y^4}{x^2 + y^2}$

19. $z = f(xy)$일 때 다음을 증명하여라.

$$x\frac{\partial z}{\partial x} - y\frac{\partial z}{\partial y} = 0$$

20. $w = f(u, v), u = xy, v = yz$일 때 다음을 증명하여라.

$$x\frac{\partial w}{\partial x} - y\frac{\partial w}{\partial y} + z\frac{\partial w}{\partial z} = 0$$

21. $z = f(x, y), x = r\cos\theta, y = r\sin\theta$일 때 다음을 증명하여라.

$$\left(\frac{\partial z}{\partial x}\right)^2 + \left(\frac{\partial z}{\partial y}\right)^2 = \left(\frac{\partial z}{\partial r}\right)^2 + \frac{1}{r^2}\left(\frac{\partial z}{\partial \theta}\right)^2$$

22. $f(x, y)$가 n차의 동차함수일 때 다음을 증명하여라.

$$xf_x(x, y) + yf_y(x, y) = nf(x, y)$$

10.4 이변수 함수의 테일러 정리

일변수 함수 $y=f(x)$에 대하여 $x=a$ 근방에서 함수 $y=f(x)$를 n차 다항식으로 근사시키기 위해 n차 테일러 다항식을 사용하였다. 즉 $x=a$에서 $y=f(x)$와 함숫값, k차 도함수 값($k=1, \ldots, n$)이 같아지는 다항식을 구하면

$$f(a)+f'(a)(x-a)+\frac{f''(a)}{2!}(x-a)^2+\cdots+\frac{f^{(n)}(a)}{n!}(x-a)^n$$

이 되는데, 이를 $x=a$에서 $y=f(x)$의 n차 테일러 다항식이라 한다. 특별히 $a=0$일 때, 이 n차 테일러 다항식을 n차 매클로린 다항식이라 한다. 테일러 다항식 또는 매클로린 다항식의 개념을 다변수 함수에 대해서도 확장시킬 수 있다. 이 절에서는 이변수인 경우에 대한 것만 간단히 다루고자 한다.

$(x, y)=(a, b)$에서 편미분 가능한 이변수 함수 $z=f(x, y)$에 대하여, $(x, y)=(a, b)$에서 $z=f(x, y)$와 함숫값, 1차 편미분 값이 같게 되는 이변수 1차 다항식을 구하면

$$\begin{aligned} &f(a, b)+f_x(a, b)(x-a)+f_y(a, b)(y-b) \\ &\quad =f(a, b)+\frac{1}{1!}\left[(x-a)\frac{\partial}{\partial x}+(y-b)\frac{\partial}{\partial y}\right]f(a, b) \end{aligned}$$

가 된다. $(x, y)=(a, b)$에서 2차 편미분 가능한 이변수 함수 $z=f(x, y)$에 대하여, $(x, y)=(a, b)$에서 $z=f(x, y)$와 함숫값, 1차 편미분 값, 2차 편미분 값이 같게 되는 이변수 2차 다항식을 구하면

$$f(a,b)+\frac{1}{1!}\left[(x-a)\frac{\partial}{\partial x}+(y-b)\frac{\partial}{\partial y}\right]f(a,b)$$
$$+\frac{1}{2!}\left[(x-a)\frac{\partial}{\partial x}+(y-b)\frac{\partial}{\partial y}\right]^2 f(a,b)$$

이 된다. 이와 같이 $(x, y)=(a, b)$에서 n차 편미분 가능한 이변수 함수 $z=f(x, y)$에 대하여, $(x, y)=(a, b)$에서 $z=f(x, y)$와 함숫값, k차 편미분값($k=1, ..., n$)이 같게 되는 이변수 n차 다항식을 구하면 다음과 같다.

$$f(a,b)+\frac{1}{1!}\left[(x-a)\frac{\partial}{\partial x}+(y-b)\frac{\partial}{\partial y}\right]f(a,b)$$
$$+\frac{1}{2!}\left[(x-a)\frac{\partial}{\partial x}+(y-b)\frac{\partial}{\partial y}\right]^2 f(a,b)$$
$$+\cdots+\frac{1}{n!}\left[(x-a)\frac{\partial}{\partial x}+(y-b)\frac{\partial}{\partial y}\right]^n f(a,b).$$

이러한 다항식을 점 (a, b)에 대한 $f(x, y)$의 n차 테일러 다항식이라 부른다. 특별히 $(a, b)=(0, 0)$일 때, 이러한 다항식을 $f(x, y)$의 n차 매클로린 다항식이라 부른다. 다음 두 정리는 함수 $z=f(x, y)$를 테일러 다항식 또는 매클로린 다항식으로 근사시켰을 때 오차가 어느 정도가 되는지를 나타내는 정리이다.

정리 10.4.1 이변수 함수에 대한 테일러 정리

함수 $z=f(x, y)$가 점 (a, b) 근방에서 연속인 $n+1$차 편도함수를 갖는다면 다음이 성립한다.

$$f(x,y)=f(a,b)+\frac{1}{1!}\left[(x-a)\frac{\partial}{\partial x}+(y-b)\frac{\partial}{\partial y}\right]f(a,b)$$
$$+\frac{1}{2!}\left[(x-a)\frac{\partial}{\partial x}+(y-b)\frac{\partial}{\partial y}\right]^2 f(a,b)$$
$$+\frac{1}{3!}\left[(x-a)\frac{\partial}{\partial x}+(y-b)\frac{\partial}{\partial y}\right]^3 f(a,b)+\cdots$$
$$+\frac{1}{n!}\left[(x-a)\frac{\partial}{\partial x}+(y-b)\frac{\partial}{\partial y}\right]^n f(a,b)+R_{n+1}$$

여기서 $R_{n+1}=\frac{1}{(n+1)!}\left[(x-a)\frac{\partial}{\partial x}+(y-b)\frac{\partial}{\partial y}\right]^{n+1} f(a+\theta(x-a),$ $b+\theta(y-b))$, $0<\theta<1$ 이며, $f(x,y)-R_{n+1}$을 점 (a,b)에 대한 f의 n차 테일러 다항식이라 부른다.

증명 $g(t)=f(a+ht, b+kt)$라 두자. 예제 10.3.25에 의해

$$g^{(r)}(t)=\left(h\frac{\partial}{\partial x}+k\frac{\partial}{\partial y}\right)^r f(a+ht, b+kt)\ (r=1, 2, \cdots)$$

이다. 이를 이용하여 $g(t)$를 매클로린 전개하면

$$g(t) = g(0) + \frac{1}{1!}g'(0)t + \frac{1}{2!}g''(0)t^2 + \cdots + \frac{1}{n!}g^{(n)}(0)t^n + \frac{1}{(n+1)!}g^{(n+1)}(\theta t)t^{(n+1)}$$

을 만족시키는 $0 < \theta < 1$이 존재한다. 여기에 $t = 1$을 대입하면

$$\begin{aligned} f(a+h, b+k) = f(a, b) &+ \frac{1}{1!}\left(h\frac{\partial}{\partial x} + k\frac{\partial}{\partial y}\right)f(a, b) \\ &+ \frac{1}{2!}\left(h\frac{\partial}{\partial x} + k\frac{\partial}{\partial y}\right)^2 f(a, b) \\ &+ \frac{1}{3!}\left(h\frac{\partial}{\partial x} + k\frac{\partial}{\partial y}\right)^3 f(a, b) + \cdots \\ &+ \frac{1}{n!}\left(h\frac{\partial}{\partial x} + k\frac{\partial}{\partial y}\right)^n f(a, b) + R_{n+1} \end{aligned}$$

이며, 여기서

$$R_{n+1} = \frac{1}{(n+1)!}\left(h\frac{\partial}{\partial x} + k\frac{\partial}{\partial y}\right)^{n+1} f(a+\theta h, b+\theta k),\ 0 < \theta < 1$$

을 얻는다. 여기에 $h = x - a$와 $k = y - b$를 대입하면 정리의 식을 유도할 수 있다. ■

정리 10.4.1에서 $a = 0, b = 0$을 대입하면 다음을 얻는다.

따름정리 10.4.2 이변수 함수에 대한 매클로린 정리

함수 $z = f(x, y)$가 원점 $(0, 0)$ 근방에서 연속인 $n+1$차의 편도함수를 갖는다면 다음이 성립한다.

$$\begin{aligned} f(x, y) = f(0, 0) &+ \frac{1}{1!}\left(x\frac{\partial}{\partial x} + y\frac{\partial}{\partial y}\right)f(0, 0) \\ &+ \frac{1}{2!}\left(x\frac{\partial}{\partial x} + y\frac{\partial}{\partial y}\right)^2 f(0, 0) + \frac{1}{3!}\left(x\frac{\partial}{\partial x} + y\frac{\partial}{\partial y}\right)^3 f(0, 0) \\ &+ \cdots + \frac{1}{n!}\left(x\frac{\partial}{\partial x} + y\frac{\partial}{\partial y}\right)^n f(0, 0) + R_{n+1} \end{aligned}$$

이고, 여기서 $R_{n+1} = \frac{1}{(n+1)!}\left(x\frac{\partial}{\partial x} + y\frac{\partial}{\partial y}\right)^{n+1} f(\theta x, \theta y),\ 0 < \theta < 1$ 이며, **$f(x, y) - R_{n+1}$을 f의 n차 매클로린 다항식**이라 부른다.

예제 10.4.3 $f(x, y) = e^x + e^y$의 n차 매클로린 다항식을 구하여라.

풀이 $\frac{\partial f}{\partial x} = e^x,\ \frac{\partial f}{\partial y} = e^y,\ \frac{\partial^2 f}{\partial y \partial x} = 0,\ \frac{\partial^n f}{\partial x^n} = e^x,\ \frac{\partial^n f}{\partial y^n} = e^y$이므로

$$\frac{\partial^n f}{\partial x^n}(0, 0) = 1,\ \frac{\partial^n f}{\partial y^n}(0, 0) = 1,\ \frac{\partial^{\alpha+\beta} f}{\partial x^\alpha \partial y^\beta}(0, 0) = 0$$ 이다.

따라서 $f(x, y) = e^x + e^y$의 n차 매클로린 다항식은 다음과 같다.

$$\begin{aligned} f(0, 0) &+ \frac{1}{1!}\left(x\frac{\partial}{\partial x} + y\frac{\partial}{\partial y}\right) f(0, 0) + \frac{1}{2!}\left(x\frac{\partial}{\partial x} + y\frac{\partial}{\partial y}\right)^2 f(0, 0) + \cdots \\ &+ \frac{1}{n!}\left(x\frac{\partial}{\partial x} + y\frac{\partial}{\partial y}\right)^n f(0, 0) \\ &= 2 + \frac{1}{1!}(x + y) + \frac{1}{2!}(x^2 + y^2) + \frac{1}{3!}(x^3 + y^3) + \cdots \\ &\quad + \frac{1}{n!}(x^n + y^n). \end{aligned}$$

■

참고로 예제 10.4.3과 같이 $f(x, y) = g(x) + h(y)$ 형태의 함수에 대하여, $(x, y) = (a, b)$에 대한 $f(x, y)$의 n차 테일러 다항식은

($x = a$에 대한 $g(x)$의 n차 테일러 다항식)
+ ($y = b$에 대한 $h(y)$의 n차 테일러 다항식)

이 된다.

예제 10.4.4 $f(x, y) = \sin xy$의 점 $\left(1, \frac{\pi}{2}\right)$에 대한 3차 테일러 다항식을 구하여라.

풀이 $f_x = y\cos xy,\ f_y = x\cos xy,$

풀이 $f_{xx} = -y^2\sin xy,\ f_{yy} = -x^2\sin xy,\ f_{xy} = \cos xy - xy\sin xy = f_{yx},$

$f_{xxx} = -y^3\cos xy,\ f_{yyy} = -x^3\cos xy,$

$f_{xxy} = -2y\sin xy - xy^2\cos xy = f_{xyx} = f_{yxx},$

$f_{xyy} = -2x\sin xy - x^2 y\cos xy = f_{yxy} = f_{yyx}$ 이므로

$$f_x\left(1, \frac{\pi}{2}\right) = 0,\ f_y\left(1, \frac{\pi}{2}\right) = 0,$$

$$f_{xx}\left(1, \frac{\pi}{2}\right) = -\left(\frac{\pi}{2}\right)^2,\ f_{yy}\left(1, \frac{\pi}{2}\right) = -1,\ f_{xy}\left(1, \frac{\pi}{2}\right) = -\frac{\pi}{2},$$

$$f_{xxx}\left(1, \frac{\pi}{2}\right) = 0,\ f_{yyy}\left(1, \frac{\pi}{2}\right) = 0,\ f_{xxy}\left(1, \frac{\pi}{2}\right) = -\pi,\ f_{xyy}\left(1, \frac{\pi}{2}\right) = -2$$

이다. 이 값을 이용하여 3차 테일러 다항식을 구하면 다음을 얻는다.

$$f\left(1, \frac{\pi}{2}\right) + \frac{1}{1!}\left[(x-1)\frac{\partial f}{\partial x}\left(1, \frac{\pi}{2}\right) + \left(y - \frac{\pi}{2}\right)\frac{\partial f}{\partial y}\left(1, \frac{\pi}{2}\right)\right]$$

$$+ \frac{1}{2!}\left[\begin{aligned} &(x-1)^2\frac{\partial^2 f}{\partial x^2}\left(1, \frac{\pi}{2}\right) \\ &\quad + 2(x-1)\left(y - \frac{\pi}{2}\right)\frac{\partial^2 f}{\partial x \partial y}\left(1, \frac{\pi}{2}\right) \\ &\quad + \left(y - \frac{\pi}{2}\right)^2\frac{\partial^2 f}{\partial y^2}\left(1, \frac{\pi}{2}\right) \end{aligned}\right]$$

$$+\frac{1}{3!}\left[\begin{array}{l}(x-1)^3\dfrac{\partial^3 f}{\partial x^3}\left(1,\dfrac{\pi}{2}\right)\\ \qquad +3(x-1)^2\left(y-\dfrac{\pi}{2}\right)\dfrac{\partial^3 f}{\partial x^2\partial y}\left(1,\dfrac{\pi}{2}\right)\\ \qquad +3(x-1)\left(y-\dfrac{\pi}{2}\right)^2\dfrac{\partial^3 f}{\partial x\partial y^2}\left(1,\dfrac{\pi}{2}\right)\\ \qquad +\left(y-\dfrac{\pi}{2}\right)^3\dfrac{\partial^3 f}{\partial y^3}\left(1,\dfrac{\pi}{2}\right)\end{array}\right]$$

$$=1+\frac{1}{2!}\left[-\left(\frac{\pi}{2}\right)^2(x-1)^2+2\left(-\frac{\pi}{2}\right)(x-1)\left(y-\frac{\pi}{2}\right)-\left(y-\frac{\pi}{2}\right)^2\right]$$

$$+\frac{1}{3!}\left[3(-\pi)(x-1)^2\left(y-\frac{\pi}{2}\right)+3(-2)(x-1)\left(y-\frac{\pi}{2}\right)^2\right] \quad ■$$

예제 10.4.5 $f(x, y)=\cos x\cos y$의 매클로린 정리을 이용하여 $|x|$, $|y|$가 매우 작다면 $\cos x\cos y\approx 1-\dfrac{x^2+y^2}{2}$임을 보여라.

풀이 $f_x=-\sin x\cos y$, $f_y=-\cos x\sin y$,
$f_{xx}=-\cos x\cos y$, $f_{yy}=-\cos x\cos y$, $f_{xy}=f_{yx}=\sin x\sin y$,
$f_{xxx}=\sin x\cos y$, $f_{yyy}=\cos x\sin y$, $f_{xxy}=f_{xyx}=f_{yxx}=\cos x\sin y$,
$f_{xyy}=f_{yxy}=f_{yyx}=\sin x\cos y$이므로

$$\begin{aligned}&f_x(0,0)=0,\ f_y(0,0)=0,\\&f_{xx}(0,0)=-1,\ f_{yy}(0,0)=-1,\ f_{xy}(0,0)=f_{yx}(0,0)=0,\\&f_{xxx}(0,0)=0,\ f_{yyy}(0,0)=0,\\&f_{xxy}(0,0)=f_{xyx}(0,0)=f_{yxx}(0,0)=0,\\&f_{xyy}(0,0)=f_{yxy}(0,0)=f_{yyx}(0,0)=0\end{aligned}$$

이다. 따름정리 10.4.2(매클로린 정리)에 의하여

$$\begin{aligned}f(x,y)&=f(0,0)+\frac{1}{1!}\left[x\frac{\partial f}{\partial x}(0,0)+y\frac{\partial f}{\partial y}(0,0)\right]\\&\quad+\frac{1}{2!}\left[x^2\frac{\partial^2 f}{\partial x^2}(0,0)+2xy\frac{\partial^2 f}{\partial x\partial y}(0,0)+y^2\frac{\partial^2 f}{\partial y^2}(0,0)\right]\\&\quad+\frac{1}{3!}\left[\begin{array}{l}x^3\dfrac{\partial^3 f}{\partial x^3}(0,0)+3x^2y\dfrac{\partial^3 f}{\partial x^2\partial y}(0,0)\\ \qquad\qquad +3xy^2\dfrac{\partial^3 f}{\partial x\partial y^2}(0,0)+y^3\dfrac{\partial^3 f}{\partial y^3}(0,0)\end{array}\right]+R_4\\&=1+0+\frac{1}{2!}(-x^2+0-y^2)+\frac{1}{3!}(0+0+0+0)+R_4\\&=1-\frac{x^2+y^2}{2}+R_4\end{aligned}$$

를 얻는다. 여기서

$$R_4 = \frac{1}{4!}\left(x\frac{\partial}{\partial x} + y\frac{\partial}{\partial y}\right)^4 f(\theta x, \theta y), \quad 0 < \theta < 1$$

이므로 $|x|$, $|y|$가 매우 작다면 R_4값은 매우 작아진다. 따라서

$$\cos x \cos y \approx 1 - \frac{x^2 + y^2}{2}$$

을 얻을 수 있다. ■

참고로 예제 10.4.5와 같이 $f(x, y) = g(x)h(y)$ 형태의 함수에 대하여, $(x,y)=(a,b)$에 대한 $f(x,y)$의 n차 테일러 다항식은

($x=a$에 대한 $g(x)$의 n차 테일러 다항식)
$\times$($y=b$에 대한 $h(y)$의 n차 테일러 다항식)

의 전개식에서 n차 이하의 항들만 두고 $n+1$차 이상인 항들은 지운 다항식이 된다.

10.4 연습문제

1. 다음 함수의 3차 매클로린 다항식을 구하여라.

(1) $f(x, y)=e^{(x-y)}$　　(2) $f(x, y)=\dfrac{1}{1-x}+\ln(1+y)$

(3) $f(x, y)=\sin x\cos y$　　(4) $f(x, y)=xye^x-x^2\sin y$

2. 다음 함수의 주어진 점에 대한 2차 테일러 다항식을 구하여라.

(1) $f(x, y)=x+\cos(\pi y)+x\ln y$, $P(2, 1)$

(2) $f(x, y)=\dfrac{y^2}{x^3}$, $P(1, -1)$

3. 함수 $f(x, y)=2-3y-x^2y$의 점 $(1, -2)$에 대한 n차 테일러 다항식을 구하여라.

4. $|x|<0.1$, $|y|<0.1$이면 다음이 성립함을 보여라.

$$|e^x\sin(x+y)-(x+y)|<0.05$$

10.5 방향도함수와 그래디언트

함수 $z=f(x, y)$의 편미분계수 $f_x(a, b)$ ($f_y(a, b)$)는 점 $P(a,b)$에서 x축(y축)의 양의 방향과 평행한 방향으로 변할 때의 변화율이고, 곡면 $z=f(x, y)$와 평면 $y=b$ ($x=a$)가 만나서 만들어지는 곡선 C_x(C_y)상의 점 $Q(a, b, f(a, b))$에서의 곡선 C_x(C_y)에 대한 접선의 기울기이다. 평면에서 점 $P(a, b)$에서의 방향은 x축 또는 y축의 양의 방향뿐만 아니라 그 점을 지나는 각 직선을 생각할 때마다 두 가지 방향을 생각할 수 있다. 그러면 다른 방향으로의 변화율은 어떻게 정의하는 것이 타당하겠는가?

평면에서 점 $P(a,b)$를 지나는 직선의 양의 방향이 (h,k)이면, 모든

양의 실수 s에 대하여 (sh, sk)는 같은 방향을 준다. 한편, 상수 h, k에 대하여 $\frac{d}{dt}f(a+ht, b+kt)\Big|_{t=0} = hf_x(a,b) + kf_y(a,b)$이므로, 같은 방향을 주는 벡터를 선택하더라도, 선택한 벡터의 크기에 따라 그 값이 달라진다. 따라서 그 방향으로의 변화율을 정의하기 위해서는 벡터의 크기를 고정시켜야 한다. 방향을 주는 벡터의 크기를 결정하기 위하여 $f_x(a, b)$와 $f_y(a, b)$를 생각해보자. $f_x(a, b) = \frac{d}{dt}f(a+t, b)\Big|_{t=0}$ 이고 $f_y(a, b) = \frac{d}{dt}f(a, b+t)\Big|_{t=0}$ 이다. 그리고 $(a+t, b) = (a, b) + t(1, 0)$이고 $(a, b+t) = (a, b) + t(0, 1)$이다. 여기서 $(1, 0)$과 $(0, 1)$이 단위벡터(길이가 1인 벡터)이다. 이제 이를 바탕으로 다음을 정의하자.

정의 10.5.1 이변수 함수의 방향도함수와 그래디언트

함수 $z = f(x, y)$가 점 $P(a, b)$에서 편미분 가능하고, $\mathbf{u} = (u_1, u_2)$가 단위벡터일 때,

$$\frac{d}{dt}f(a+u_1t, b+u_2t)\Big|_{t=0} = u_1 f_x(a,b) + u_2 f_y(a,b)$$

를 **점 $P(a, b)$에서 f의 단위벡터 $\mathbf{u}$방향으로의 방향도함수**(directional derivative)라 정의하고, 이를 $(D_{\mathbf{u}}f)_P$ 또는 $D_{\mathbf{u}}f(a, b)$로 표기한다. 함수 $z = f(x, y)$의 방향도함수는 두 벡터의 내적으로 다음과 같이 쓸 수 있다.

$$\begin{aligned} D_{\mathbf{u}}f(a,b) &= f_x(a,b)u_1 + f_y(a,b)u_2 \\ &= (f_x(a,b),\ f_y(a,b)) \cdot (u_1, u_2) \end{aligned}$$

벡터 $(f_x(x, y), f_y(x, y))$를 $f(x, y)$의 **그래디언트**(gradient)라 하고 grad$f$ 또는 ∇f로 표기한다(여기서 ∇는 'nabla' 또는 'del'로 읽는다). 즉

$$\text{grad}\, f = \nabla f(x,y) = (f_x(x,y),\ f_y(x,y)) = f_x(x,y)\mathbf{i} + f_y(x,y)\mathbf{j}$$

이다. 그리고 방향도함수를 다음과 같이 다시 쓸 수 있다.

$$(D_{\mathbf{u}}f)_P = \nabla f(P) \cdot \mathbf{u}$$

그리고 임의의 벡터 $\mathbf{v}$에 대하여 점 P에서 함수 f의 벡터 $\mathbf{v}$방향으로의 방향도함수를 $\mathbf{v}$와 같은 방향을 가지는 단위벡터 $\mathbf{u} = \frac{\mathbf{v}}{\|\mathbf{v}\|}$에 대한 방향도함수 $(D_{\mathbf{u}}f)_P$로 정의한다.

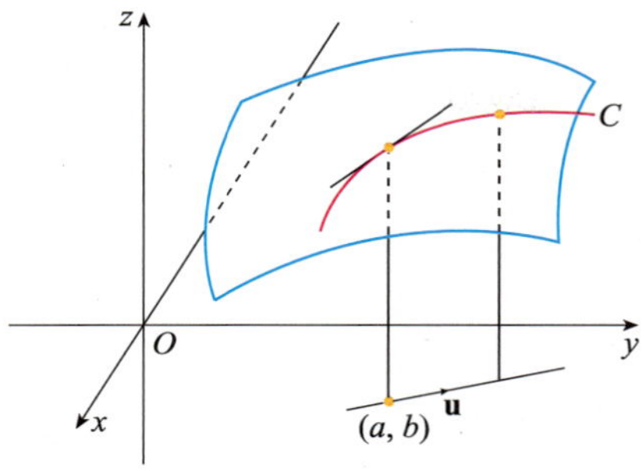

그림 10.5.1

정의 10.5.1에서 다음을 주목하자.

(1) $\mathbf{u}=\mathbf{i}=(1,\ 0)$이면 $D_{\mathbf{i}}f(a,\ b)=f_x(a,\ b)$이고, $\mathbf{u}=\mathbf{j}=(0,\ 1)$이면 $D_{\mathbf{j}}f(a,b)=f_y(a,b)$이다.

(2) 방향도함수가 모두 단위벡터에 대한 것이기 때문에 각 방향으로의 변화율을 비교할 수 있다. 즉 함수 $z=f(x,y)$가 어떤 현상을 설명하는 것이면 방향도함수의 정보로부터 바람직한 방향으로의 변화를 유도할 수도 있다. 예컨대, 그 현상이 활발하게 일어나게 하기 위해서는 방향도함수의 절댓값이 최대가 되는 방향으로 움직일 수 있도록 변수에 변화를 가할 수 있다.

(3) $D_{\mathbf{u}}f(a,b)$는 평면 $u_2x-u_1y=au_2-bu_1$과 곡면 $z=f(x,y)$가 만나는 곡선 C라 할 때, C 위의 점 $P(a,b,f(a,b))$에서 곡선 C에 접하는 접선의 기울기를 나타낸다.

이변수 함수의 방향도함수와 그래디언트를 정의하듯이 변수의 수가 3개 이상인 함수에 대해서도 유사하게 방향도함수와 그래디언트를 정의할 수 있다. 여기서는 삼변수 함수에 대해서만 좀더 언급하기로 하자.

정의 10.5.2 삼변수 함수의 방향도함수와 그래디언트

함수 $w=f(x,y,z)$가 점 $P(a,b,c)$에서 편미분 가능하고, $\mathbf{u}=(u_1,\ u_2,u_3)$가 단위벡터일 때

$$\begin{aligned}(D_{\mathbf{u}}f)_P &= D_{\mathbf{u}}f(a,b,c)\\ &= f_x(a,b,c)u_1+f_y(a,b,c)u_2+f_z(a,b,c)u_3\end{aligned}$$

를 **점 P에서 f의 단위벡터 $\mathbf{u}$방향으로의 방향도함수**라 한다. 함수 **f의 그래디언트**를

$$\operatorname{grad} f \equiv \nabla f(x,y,z) \equiv f_x(x,y,z)\mathbf{i}+f_y(x,y,z)\mathbf{j}+f_z(x,y,z)\mathbf{k}$$

로 정의하면 $(D_{\mathbf{u}}f)_P=\nabla f(P)\cdot\mathbf{u}$이다.

예제 10.5.3 다음 함수의 그래디언트를 구하고, 주어진 점과 방향에 대해서 방향도함수를 구하여라.

(1) $f(x,y)=x^2y,\ P(1,1),\ \mathbf{v}=\mathbf{i}+2\mathbf{j}$

(2) $f(x,y,z)=x^3+xy+z^2,\ P(1,1,1),\ \mathbf{v}=\mathbf{i}+2\mathbf{j}+3\mathbf{k}$

풀이 (1) $\nabla f(x,y)=f_x(x,y)\mathbf{i}+f_y(x,y)\mathbf{j}=2xy\mathbf{i}+x^2\mathbf{j}$,

$\mathbf{u}=\dfrac{\mathbf{v}}{\|\mathbf{v}\|}=\dfrac{1}{\sqrt{5}}\mathbf{i}+\dfrac{2}{\sqrt{5}}\mathbf{j}$, $\nabla f(1,1)=2\mathbf{i}+\mathbf{j}$ 이므로, P에서 $\mathbf{v}$방

향으로 방향도함수는

$$D_{\mathbf{u}} f(1,1) = \nabla f(1,1) \cdot \mathbf{u} = 2 \cdot \frac{1}{\sqrt{5}} + 1 \cdot \frac{2}{\sqrt{5}} = \frac{4}{\sqrt{5}}$$

이다.

(2) $\nabla f(x, y, z) = f_x(x, y, z)\mathbf{i} + f_y(x, y, z)\mathbf{j} + f_z(x, y, z)\mathbf{k}$

$$= (3x^2 + y)\mathbf{i} + x\mathbf{j} + 2z\mathbf{k},$$

$$\mathbf{u} = \frac{\mathbf{v}}{\|\mathbf{v}\|} = \frac{1}{\sqrt{14}}\mathbf{i} + \frac{2}{\sqrt{14}}\mathbf{j} + \frac{3}{\sqrt{14}}\mathbf{k},\ \nabla f(1,1,1) = 4\mathbf{i} + \mathbf{j} + 2\mathbf{k}$$

이므로, P에서 $\mathbf{v}$방향으로의 방향도함수는

$$\begin{aligned} D_{\mathbf{u}} f(1,1,1) &= \nabla f(1,1,1) \cdot \mathbf{u} \\ &= 4 \cdot \frac{1}{\sqrt{14}} + 1 \cdot \frac{2}{\sqrt{14}} + 2 \cdot \frac{3}{\sqrt{14}} = \frac{12}{\sqrt{14}} \end{aligned}$$

이다. ■

정리 10.5.4

편미분 가능한 함수 $z = f(x, y)$에 대하여 $\nabla f \neq 0$일 때, f는 그래디언트 방향에서 가장 급하게 증가하고, 그 반대방향에서 가장 급하게 감소한다.

증명 $\mathbf{u}$가 단위벡터라 하자. 그리고 $\mathbf{u}$와 ∇f의 사잇각을 θ라 하자.
$D_{\mathbf{u}} f = \nabla f \cdot \mathbf{u} = |\nabla f| \cdot |\mathbf{u}| \cdot \cos\theta = |\nabla f| \cdot \cos\theta$에서

(1) $\cos\theta = 1$, 즉 $\theta = 0$일 때 $D_{\mathbf{u}} f = |\nabla f|$가 최대이고,

(2) $\cos\theta = -1$, 즉 $\theta = \pi$일 때 $D_{\mathbf{u}} f = -|\nabla f|$가 최소이다.

여기서 $\theta = 0$은 $\mathbf{u}$가 ∇f의 방향임을 말하고, $\theta = \pi$는 $\mathbf{u}$가 $-\nabla f$의 방향임을 말한다. ■

예제 10.5.5 주어진 점에서 다음 함수의 방향도함수가 0이 되는 방향의 단위벡터를 구하여라. 또 방향도함수가 최대, 최소가 되는 각각의 방향과 변화율을 구하여라.

(1) $f(x, y) = x^2 y,\ P(1,1)$

(2) $f(x, y, z) = x^3 + xy + z^2,\ P(1,1,1)$

풀이 (1) $\nabla f(x, y) = f_x(x, y)\mathbf{i} + f_y(x, y)\mathbf{j} = 2xy\mathbf{i} + x^2\mathbf{j}$이므로 $\nabla f(1,1) = 2\mathbf{i} + \mathbf{j}$이다. 만약 $\mathbf{u} = u_1\mathbf{i} + u_2\mathbf{j}$방향에서 방향도함수가 0이 되었다면,

$$0 = D_{\mathbf{u}} f(1,1) = \nabla f(1,1) \cdot \mathbf{u} = 2u_1 + u_2$$

이다. 또 $\mathbf{u}$는 단위벡터이므로 $u_1^2 + u_2^2 = 1$이다. 따라서 $u_1 = \pm\frac{1}{\sqrt{5}}$, $u_2 = \mp\frac{2}{\sqrt{5}}$이다. 즉 $\mathbf{u} = \frac{1}{\sqrt{5}}\mathbf{i} - \frac{2}{\sqrt{5}}\mathbf{j}$ 혹은 $\mathbf{u} = -\frac{1}{\sqrt{5}}\mathbf{i} + \frac{2}{\sqrt{5}}\mathbf{j}$방향에서 방향도함수가 0이다.

또 정리 10.5.4에 의해 $\nabla f(1,1) = 2\mathbf{i} + \mathbf{j}$방향에서 f가 가장 빨리 증가하며 최대변화율은 $D_{\mathbf{u}} f(1,1) = |\nabla f(1,1)| = |2\mathbf{i} + \mathbf{j}| = \sqrt{5}$이다. $-\nabla f(1,1) = -2\mathbf{i} - \mathbf{j}$방향에서 f가 가장 빨리 감소한다. 최소변화율은 $D_{\mathbf{u}} f(1,1) = -|\nabla f(1,1)| = -|2\mathbf{i} + \mathbf{j}| = -\sqrt{5}$이다.

(2) $\nabla f(x, y, z) = f_x(x, y, z)\mathbf{i} + f_y(x, y, z)\mathbf{j} + f_z(x, y, z)\mathbf{k} = (3x^2 + y)\mathbf{i} + x\mathbf{j} + 2z\mathbf{k}$이므로 $\nabla f(1,1,1) = 4\mathbf{i} + \mathbf{j} + 2\mathbf{k}$이다. $\mathbf{u} = u_1\mathbf{i} + u_2\mathbf{j} + u_3\mathbf{k}$방향에서 방향도함수가 0이라면

$$0 = D_{\mathbf{u}} f(1,1,1) = \nabla f(1,1,1) \cdot \mathbf{u} = 4u_1 + u_2 + 2u_3$$

이다. 즉 $u_2 = -4u_1 - 2u_3$이므로 $\mathbf{u} = u_1\mathbf{i} - (4u_1 + 2u_3)\mathbf{j} + u_3\mathbf{k}$이고 $\mathbf{u}$는 단위벡터이므로 $u_1^2 + (4u_1 + 2u_3)^2 + u_3^2 = 1$이다. 따라서 $\mathbf{u} = u_1\mathbf{i} - (4u_1 + 2u_3)\mathbf{j} + u_3\mathbf{k}$방향에서 방향도함수가 0이다.

또 정리 10.4.4에 의해 $\nabla f(1, 1, 1) = 4\mathbf{i} + \mathbf{j} + 2\mathbf{k}$방향에서 f가 가장 빨리 증가한다. 최대변화율은 $D_{\mathbf{u}} f(1,1,1) = |\nabla f(1,1,1)| = |4\mathbf{i} + \mathbf{j} + 2\mathbf{k}| = \sqrt{21}$이다. $-\nabla f(1,1,1) = -4\mathbf{i} - \mathbf{j} - 2\mathbf{k}$ 방향에서 f가 가장 빨리 감소하며 최소변화율은 $D_{\mathbf{u}} f(1,1,1) = -|\nabla f(1,1,1)| = -|4\mathbf{i} + \mathbf{j} + 2\mathbf{k}| = -\sqrt{21}$이다. ■

다음 정리에서 ∇f의 의미를 파악할 수 있다.

정리 10.5.6

(1) 편미분 가능한 함수 $z = f(x, y)$에 대하여 점 $P(a, b)$가 준위곡선 $f(x, y) = k$상의 한 점이면, $\nabla f(P)$는 P에서 준위곡선 $f(x, y) = k$의 접선과 수직이다.

(2) 편미분 가능한 함수 $w = f(x, y, z)$에 대하여 점 $P(a, b, c)$가 준위곡면 $S: f(x, y, z) = k$상의 한 점이면, $\nabla f(P)$는 P에서의 곡면 S의 모든 접선벡터와 수직이다.

증명 (1) $\mathbf{v}$가 P에서 준위곡선 $f(x, y) = k$의 접선벡터라고 하자. 그러면 P를 지나고 준위곡선 $f(x, y) = k$상의 매끄러운 곡선으로서 $(x(0),$

$y(0)) = (a, b)$, $(x'(0), y'(0)) = \mathbf{v}$를 만족시키는 곡선 C: $x = x(t)$, $y = y(t)$가 존재한다. 곡선 C가 준위곡선에 있으므로 $f(x(t), y(t)) = k$를 만족시킨다. 이 식을 t로 미분하면 $\frac{\partial f}{\partial x}\frac{dx}{dt} + \frac{\partial f}{\partial y}\frac{dy}{df} = 0$이다. $t = 0$을 대입하면 $\nabla f(ab) \cdot \mathbf{v} = 0$이 되므로 $\nabla f(a, b)$는 준위곡선의 접선벡터 $\mathbf{v}$에 수직이다.

(2) $\mathbf{v}$가 점 P에서의 준위곡면 S: $w = f(x, y, z) = k$의 접선벡터라 하자. 그러면 점 P를 지나는 S상의 매끄러운 곡선으로서 $(x(0), y(0), z(0)) = (a, b, c)$, $(x'(0), y'(0), z'(0)) = \mathbf{v}$를 만족시키는 곡선 C: $x = x(t), y = y(t), z = z(t)$가 존재한다.

한편 곡선 C가 곡면 S에 있으므로, 따라서 $f(x(t), y(t), z(t)) = k$를 만족한다. 이를 t로 미분하면 $\frac{\partial f}{\partial x}\frac{dx}{dt} + \frac{\partial f}{\partial y}\frac{dy}{dt} + \frac{\partial f}{\partial z}\frac{dz}{dt} = 0$이다. $t = 0$을 대입하면 $\nabla f(a, b, c) \cdot \mathbf{v} = 0$을 얻는다. 따라서 그래디언트 ∇f는 P에서 S상의 모든 접선벡터에 수직이다. ■

이 정리에 의해 다음 정의가 가능하게 된다.

정의 10.5.7 법도함수

곡면 S상의 한 점 P에서 모든 접선벡터와 수직인 벡터를 점 P에서 곡면 S에 **수직**이라 하고, 이 벡터를 점 P에서 S의 **법벡터**(normal)라 부른다. 편미분 가능한 함수 $w = f(x, y, z)$에 대하여 정의역의 **점 $P(a, b, c)$에서의 함수 f의 법도함수**(normal derivative)란 점 P에서 곡면 $S: f(x, y, z) = f(a, b, c) = k$의 법벡터 방향으로 f를 미분한 방향도함수를 의미한다. 이를 $\frac{\partial f}{\partial n}$으로 나타낸다. 함수 f가 $w = f(x_1, x_2, \cdots, x_n)$ $(n \geq 2)$인 경우에도 유사한 방법으로 법도함수를 정의한다.

정리 10.5.8

편미분 가능한 함수 $w = f(x, y, z)$에 대하여 점 $P(a, b, c)$에서의 f의 법도함수는 $\frac{\partial f}{\partial n} = |\nabla f|$이다.

증명 곡면 $S: f(x, y, z) = f(a, b, c) = k$ (k는 상수)라 두자. 정리 10.4.6에 의하여 ∇f는 곡면 S의 법벡터이다. $\mathbf{w}$가 ∇f방향의 단위벡터이면,

$$\begin{aligned}\frac{\partial f}{\partial n} &\equiv D_{\mathbf{w}} f = |\nabla f| \cdot \mathbf{w} = |\nabla f| \cdot |\mathbf{w}| \cdot \cos\theta \\ &= |\nabla f| \cdot |\mathbf{w}| \cdot \cos 0 = |\nabla f|\end{aligned}$$

이다. ■

예제 10.5.9 다음 함수의 주어진 점에서의 법도함수를 구하여라.

(1) $f(x, y) = x^2 y, P(1,1)$

(2) $f(x, y, z) = e^{x+2y+3z}, P(1,1,0)$

풀이 (1) $\nabla f(x, y) = f_x(x, y)\mathbf{i} + f_y(x, y)\mathbf{j} = 2xy\mathbf{i} + x^2\mathbf{j}$에서 $\nabla f(1,1) = 2\mathbf{i} + \mathbf{j}$이다. 따라서 법도함수는

$$\frac{\partial f}{\partial n}(1,1) = |\nabla f(1,1)| = |2\mathbf{i} + \mathbf{j}| = \sqrt{5}$$

이다.

(2) $\nabla f(x, y, z) = e^{x+2y+3z}\mathbf{i} + 2e^{x+2y+3z}\mathbf{j} + 3e^{x+2y+3z}\mathbf{k}$에서 $\nabla f(1,1,0) = e^3\mathbf{i} + 2e^3\mathbf{j} + 3e^3\mathbf{k}$이다. 따라서 법도함수는

$$\frac{\partial f}{\partial n}(1,1,0) = |\nabla f(1,1,0)| = |e^3\mathbf{i} + 2e^3\mathbf{j} + 3e^3\mathbf{k}| = \sqrt{14}\, e^3$$

이다. ■

정리 10.5.10

편미분 가능한 다변수 함수 f의 그래디언트에 대하여 다음 성질이 성립한다.

(1) $\nabla(cf) = c\nabla f$

(2) $\nabla(f \pm g) = \nabla f \pm \nabla g$ (복호 동순)

(3) $\nabla(fg) = (\nabla f)g + f\nabla g$

(4) $\nabla\left(\frac{f}{g}\right) = \frac{(\nabla f)g - f\nabla g}{g^2}$

(5) $\nabla f^n = nf^{n-1}\nabla f$

증명 (1), (2), (4), 그리고 (5)의 증명은 생략하고, 삼변수 함수 f, g에 대해 (3)을 증명해보자.

$$\begin{aligned}\nabla(fg) &= \left[\frac{\partial}{\partial x}(fg)\right]\mathbf{i} + \left[\frac{\partial}{\partial y}(fg)\right]\mathbf{j} + \left[\frac{\partial}{\partial z}(fg)\right]\mathbf{k} \\ &= \left[\frac{\partial f}{\partial x}g + f\frac{\partial g}{\partial x}\right]\mathbf{i} + \left[\frac{\partial f}{\partial y}g + f\frac{\partial g}{\partial y}\right]\mathbf{j} + \left[\frac{\partial f}{\partial z}g + f\frac{\partial g}{\partial z}\right]\mathbf{k} \\ &= \left[\frac{\partial f}{\partial x}\mathbf{i} + \frac{\partial f}{\partial y}\mathbf{j} + \frac{\partial f}{\partial z}\mathbf{k}\right]g + f\left[\frac{\partial g}{\partial x}\mathbf{i} + \frac{\partial g}{\partial y}\mathbf{j} + \frac{\partial g}{\partial z}\mathbf{k}\right] \\ &= (\nabla f)g + f\nabla g\end{aligned}$$

■

10.5 연습문제

1. 주어진 점에서 다음 함수들의 그래디언트를 구하고, 이 점에서 $\mathbf{v}$방향의 방향도함수를 구하여라.

(1) $f(x, y) = x^2 + y^2$, $P(1, 0)$, $\mathbf{v} = 3\mathbf{i} + 4\mathbf{j}$

(2) $f(x, y) = (x^2 - y)^2$, $P(1, -1)$, $\mathbf{v} = \mathbf{i} + \mathbf{j}$

(3) $f(x, y) = e^x \sin y + e^y \cos x$, $P(0, 0)$, $\mathbf{v} = \mathbf{i} + 2\mathbf{j}$

(4) $f(x, y) = e^{xy}$, $P(1, 2)$, $\mathbf{v} = \frac{1}{\sqrt{5}}\mathbf{i} + \frac{2}{\sqrt{5}}\mathbf{j}$

(5) $f(x, y, z) = x + y^2 + z^3$, $P(1, 1, 0)$,
$\mathbf{v} = \frac{1}{\sqrt{3}}\mathbf{i} - \frac{1}{\sqrt{3}}\mathbf{j} + \frac{1}{\sqrt{3}}\mathbf{k}$

(6) $f(x, y, z) = \sin(xy) + z$, $P(\pi, 1, 0)$, $\mathbf{v} = \mathbf{i} + \mathbf{j} + \mathbf{k}$

(7) $f(x, y, z) = \ln(x + 2y + 3z)$, $P(-1, 1, 0)$,
$\mathbf{v} = \mathbf{i} + 2\mathbf{j} + \mathbf{k}$

(8) $f(x, y, z) = x + y + \tan^{-1}(2z)$, $P(0, 0, 1)$, $\mathbf{v} = \mathbf{j} + \mathbf{k}$

2. 다음 함수들에 대해 주어진 점에서 방향도함수가 가장 급하게 증가하는 방향과 감소하는 방향을 구하여라.

(1) $f(x, y) = x^2 - y^2$, $P(1, 2)$

(2) $f(x, y) = e^{xy}$, $P(1, 1)$

(3) $f(x, y, z) = \sec(xy) + z^2$, $P(0, \pi, 1)$

(4) $f(x, y, z) = \sin^{-1}(x + y) + \cos^{-1} z$, $P\left(0, 0, \frac{1}{2}\right)$

3. 문제 2의 함수들에 대해 주어진 점에서 방향도함수가 0이 되는 방향의 단위벡터를 구하여라.

4. 다음 함수에 대해 주어진 점에서 법도함수를 구하여라.

(1) $f(x, y) = x + y + \ln \sin(xy)$, $P\left(1, \frac{\pi}{2}\right)$

(2) $f(x, y) = \sinh x + \cosh y$, $P(0, 0)$

(3) $f(x, y, z) = xy^2 \ln z$, $P(1, 1, e)$

(4) $f(x, y, z) = ze^x \sin y$, $P\left(0, \frac{\pi}{6}, 1\right)$

10.6 편미분의 응용

이 절에서는 편도함수를 이용하여 함수의 최댓값, 최솟값을 구하는 방법과 함수의 그래프로 나타나는 곡면의 접평면을 구하는 방법에 대하여 다룬다.

편미분을 이용한 극값 구하기

함수 $y = g(x)$의 극값을 구할 때 $\frac{dy}{dx} = 0$인 점에서 $\frac{d^2y}{dx^2}$의 부호에 따라 극값을 가짐을 알고 있다. 이를 음함수 $f(x, y) = 0$에 적용해보자. 먼저 식 (10.3.2)와 예제 10.3.24에서

$$\frac{dy}{dx} = -\frac{f_x}{f_y} \quad (f_y \neq 0),$$
$$\frac{d^2y}{dx^2} = -\frac{f_{xx} f_y^2 - 2f_{xx} f_x f_y + f_{yy} f_x^2}{f_y^3} \quad (f_y \neq 0)$$

이다. $\frac{dy}{dx} = 0$ 이면 $f_x = 0$이고 $\frac{d^2y}{dx^2} = -\frac{f_{xx}}{f_y}$이어서

(1) $f_x(a, b) = 0$인 점 (a, b)를 구하고,

(2) 이 점에서 $\left.\frac{d^2y}{dx^2}\right|_{x=a,\ y=b} = -\frac{f_{xx}(a, b)}{f_y(a, b)}$가 양수이면 b는 y의 극솟값이고, 음수이면 b는 y의 극댓값임을 알 수 있다.

예제 10.6.1 음함수 $x^3 + y^3 - 3xy = 0$에서 y의 극값을 구하여라.

풀이 $f(x, y) = x^3 + y^3 - 3xy$라 두면, $f_x(x, y) = 3x^2 - 3y$, $f_{xx}(x, y) = 6x$이다. 따라서 $f_x(a, b) = 0$이면 $b = a^2$이다. (a, b)는 $f(x, y) = 0$ 위의 점이므로 $a^3 + b^3 - 3ab = 0$, $a^3 + a^6 - 3a^3 = 0$, 즉 $a = 0$ 혹은 $a = \sqrt[3]{2}$이다.

따라서 $(a, b) = (0, 0)$ 혹은 $(a, b) = (\sqrt[3]{2}, \sqrt[3]{4})$이다. $f_y(x, y) = 3y^2 - 3x$이므로 $f_y(0, 0) = 0$이다. 따라서 $x = 0$에서 극값을 갖지 않는다. 또 $f_y(\sqrt[3]{2}, \sqrt[3]{4}) = 3\sqrt[3]{2} \neq 0$,

$$\left.\frac{d^2y}{dx^2}\right|_{x=\sqrt[3]{2},\ y=\sqrt[3]{4}} = -\frac{f_{xx}(\sqrt[3]{2}, \sqrt[3]{4})}{f_y(\sqrt[3]{2}, \sqrt[3]{4})} = -2 < 0$$

이므로 $x = \sqrt[3]{2}$일 때 $y = \sqrt[3]{4}$는 극댓값임을 알 수 있다. ■

정의 10.6.2 이변수 함수의 임계점

함수 $z = f(x, y)$에 대하여 $f_x(a, b) = 0$, $f_y(a, b) = 0$ 또는 $f(x, y)$가 점 (a, b)에서 편미분 불가능이면 점 (a, b)를 임계점(critical point)이라 한다.

지금부터 이변수 함수의 극값에 대해 살펴보고자 한다.

정의 10.6.3 이변수 함수의 극값

함수 $z = f(x, y)$에 대하여 적당한 $\delta > 0$가 있어서

(1) 모든 $(x, y) \in U_\delta(a, b)$에 대해 $f(a, b) \geq f(x, y)$이면 $f(a, b)$는 극댓값,

(2) 모든 $(x, y) \in U_\delta(a, b)$에 대해 $f(a, b) \leq f(x, y)$이면 $f(a, b)$는 극솟값

이라 한다. 극댓값과 극솟값을 통칭하여 극값이라 부른다

정리 10.6.4

함수 $f(x, y)$가 점 $P(a, b)$에서 편미분 가능하고 극댓값 또는 극솟값을 가지면 $f_x(a, b) = 0$, $f_y(a, b) = 0$이다.

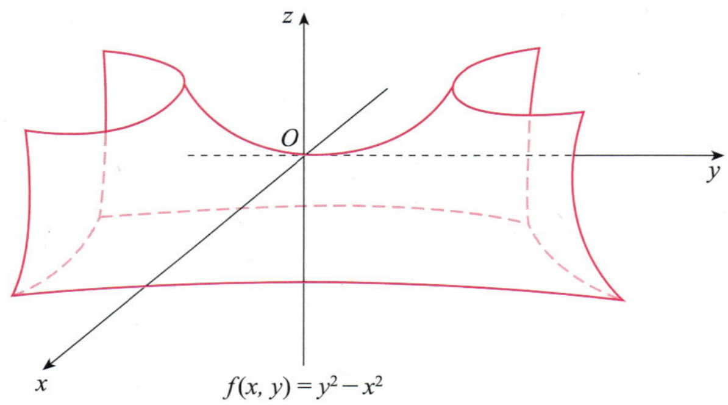

그림 10.6.1 f의 안장점 (0,0)

증명 $f(a, b)$가 극솟값인 경우도 유사하게 증명되므로, $f(a, b)$가 극댓값인 경우만 증명해보자. $f(a, b)$가 극댓값이므로, 적당한 $\delta > 0$가 있어서

$$\text{모든 } (x, y) \in U_\delta(a, b)\text{에 대해 } f(a, b) \geq f(x, y)$$

이다. 이는 $a - \delta < x < a + \delta$인 모든 x에 대해 $f(a, b) \geq f(x, b)$임을 의미한다. $g(x) = f(x, b)$라 두면, $g(a)$는 $g(x)$의 극댓값이므로 $f_x(a, b) = g'(a) = 0$이다. 같은 방법으로, $h(y) = f(a, y)$를 생각하면 $f_y(a, b) = h'(b) = 0$임을 알 수 있다. ■

점 $P(a, b)$에서 $z = f(x, y)$가 한 방향으로는 극댓값, 다른 방향으로는 극솟값을 가질 때 점 P를 함수 $f(x, y)$의 안장점(saddle point)이라 한다. 그러나 이 경우 $f(a, b)$는 함수 f의 극댓값도 극솟값도 아니다.

이제 이변수 함수의 극값 판정법을 소개한다.

정리 10.6.5 이변수 함수의 극값 판정법

연속인 2차 편도함수를 가지는 함수 $z = f(x, y)$에 대하여

$$D(x, y) = \begin{vmatrix} f_{xy}(x, y) & f_{xx}(x, y) \\ f_{yy}(x, y) & f_{yx}(x, y) \end{vmatrix} = f_{xy}^2(x, y) - f_{xx}(x, y) f_{yy}(x, y)$$

라 정의하자. 정의역의 점 $P(a, b)$가 $f_x(a, b) = 0$, $f_y(a, b) = 0$을 만족시키면 다음이 성립한다.

(1) $D(a, b) < 0$이고

① $f_{xx} < 0$ 혹은 $f_{yy} < 0$이면 점 $P(a, b)$에서 극댓값 $f(a, b)$를

갖는다.

② $f_{xx}>0$ 혹은 $f_{yy}>0$이면 점 $P(a, b)$에서 극솟값 $f(a, b)$를 갖는다.

(2) $D(a, b) > 0$이면 점 $P(a, b)$가 안장점이다.

(3) $D(a, b) = 0$이면 이 방법에 의해서 극값, 안장점 여부를 판정할 수 없으므로 다른 방법으로 조사해야 한다.

증명 점 $P(a, b)$에서 $f_x(a, b)=0$, $f_y(a, b)=0$이므로 테일러 정리 10.4.1에 의해서 다음을 얻는다.

$$f(x, y) - f(a, b) = \frac{1}{2!}\left[(x-a)\frac{\partial}{\partial x} + (y-b)\frac{\partial}{\partial y}\right]^2 f(a, b) + R_3$$

여기서

$$R_3 = \frac{1}{3!}\left[(x-a)\frac{\partial}{\partial x} + (y-b)\frac{\partial}{\partial y}\right]^3 f(a+\theta(x-a), b+\theta(y-b))$$
$$0 < \theta < 1$$

이다. 이 식에서 $x-a$와 $y-b$가 충분히 작으면 R_3값은 매우 작아지기 때문에

$$\begin{aligned} f(x, y) - f(a, b) & \\ &\approx \frac{1}{2!}\left[(x-a)\frac{\partial}{\partial x} + (y-b)\frac{\partial}{\partial y}\right]^2 f(a, b) \qquad (10.6.1) \\ &= \frac{1}{2!}[(x-a)^2 f_{xx}(a, b) + 2(x-a)(y-b)f_{xy}(a, b) \\ &\quad + (y-b)^2 f_{yy}(a, b)] \qquad (10.6.2) \end{aligned}$$

이고, 식 (10.6.1)의 좌변과 식 (10.6.2)는 같은 부호를 갖는다. 식 (10.6.2)를 $(x-a)$에 관한 2차 다항식으로 보고 판별식을 구하면 아래와 같다.

$$\begin{aligned} D_1 &\equiv (y-b)^2 f_{xy}^2(a, b) - (y-b)^2 f_{xx}(a, b)f_{yy}(a, b) \\ &= (y-b)^2[f_{xy}^2(a, b) - f_{xx}(a, b)f_{yy}(a, b)] = (y-b)^2 D(a, b) \end{aligned}$$

여기서 $D \equiv D(a, b) = f_{xy}^2(a, b) - f_{xx}(a, b)f_{yy}(a, b)$이다.

(1) ① $D < 0$이고 $f_{xx}(a, b) > 0$이면 식 (10.6.2)의 부호는 항상 양이고, 즉 이 경우 식 (10.6.1)에서 $f(x, y) > f(a, b)$이므로 $f(a, b)$는 극솟값이다.

② $D < 0$이고 $f_{xx}(a, b) < 0$이면 식 (10.6.2)의 부호는 항상 음이고, 즉 식 (10.6.1)에서 $f(x, y) < f(a, b)$가 되므로 $f(a, b)$는

극댓값이 된다.

(2) 만약 $D > 0$이면 식 (10.6.2)의 부호가 양도 되고 음도 되어 $f(a, b)$는 극대도 극소도 아니므로 안장점이 된다. ■

예제 10.6.6 다음 함수의 극값을 구하여라.

(1) $f(x, y) = x^3 + y^3 - 3xy$ (2) $f(x, y) = x^3 + y^2$

풀이 (1) $f_x = 3x^2 - 3y, f_y = 3y^2 - 3x, f_{xx} = 6x, f_{xy} = -3, f_{yy} = 6y$이다.

$f_x(a, b) = 3a^2 - 3b = 0, f_y(a, b) = 3b^2 - 3a = 0$으로부터 $(a, b) = (0, 0)$ 혹은 $(a, b) = (1, 1)$을 얻는다.

따라서 정리 10.6.4에 의해 $(0, 0), (1, 1)$에서 극댓값 혹은 극솟값을 가질 수 있다. 이 점에서 극값인지 아닌지를 알기 위해 정리 10.6.5를 적용해보자.

① $D(0, 0) = f_{xy}^2(0, 0) - f_{xx}(0, 0)f_{yy}(0, 0) = 9 > 0$이므로 $(0, 0)$을 $f(x, y)$의 안장점이다.

② $D(1, 1) = f_{xy}^2(1, 1) - f_{xx}(1, 1)f_{yy}(1, 1) = -27 < 0$이고 $f_{xx}(1, 1) = 6 > 0$이므로 $f(1, 1) = -1$은 극솟값이다.

(2) $f_x = 3x^2, f_y = 2y, f_{xx} = 6x, f_{xy} = 0, f_{yy} = 2$이다.

$f_x(a, b) = 3a^2 = 0,\ f_y(a, b) = 2b = 0$이면, $(a, b) = (0, 0)$을 얻는다.

따라서 $(0, 0)$에서 정리 10.6.5를 적용하면

$$D(0, 0) = f_{xy}^2(0, 0) - f_{xx}(0, 0)f_{yy}(0, 0) = 0$$

이므로 $f(0, 0)$은 극값인지 아닌지 판정할 수 없다.

그러나 평면 $y = 0$과 만나는 곡선 $f(x, 0) = x^3$을 생각해보면, $x > 0$이면 $f(x, 0) > 0$이고 $x < 0$이면 $f(x, 0) < 0$이 되어 $f(0, 0)$은 극값이 아님을 알 수 있다. ■

예제 10.6.7 다음 함수의 임계점, 안장점, 극값을 조사하여라.

(1) $f(x, y) = 3x^2 - 6x - 6xy + y^3 + 3y^2 - 6y + 8$

(2) $f(x, y) = 2x^2 + y^4 - 4xy$

(3) $f(x, y) = -x^2 + y^2$

(4) $f(x, y) = \sqrt{x^2 + y^2}$

풀이 (1) $f_x = 6x - 6 - 6y, f_y = -6x + 3y^2 + 6y - 6, f_{xx} = 6, f_{xy} = -6, f_{yy} = 6y + 6$이다.

$f_x(a, b) = 6a - 6 - 6b = 0,\ f_y(a, b) = -6a + 3b^2 + 6b - 6 = 0$

으로부터 $(a, b) = (3, 2)$ 혹은 $(a, b) = (-1, -2)$를 얻는다.

따라서 $f(x, y)$의 임계점은 $(3, 2), (-1, -2)$이다. 이제 정리 10.6.5를 적용하면,

① $D(3, 2) = f_{xy}^2(3, 2) - f_{xx}(3, 2)f_{yy}(3, 2) = -72 < 0$이고 $f_{xx}(3, 2) = 6 > 0$이므로 $f(3, 2) = -11$은 극솟값이다.

② $D(-1, -2) = f_{xy}^2(-1, -2) - f_{xx}(-1, -2)f_{yy}(-1, -2) = 72 > 0$이므로 $(-1, -2)$는 $f(x, y)$의 안장점이다.

(2) $f_x = 4x - 4y$, $f_y = 4y^3 - 4x$, $f_{xx} = 4$, $f_{xy} = -4$, $f_{yy} = 12y^2$이다. $f_x(a, b) = 4a - 4b = 0$, $f_y(a, b) = 4b^3 - 4a = 0$으로부터 $f(x, y)$의 임계점 $(0, 0), (1, 1), (-1, -1)$을 얻는다.

따라서 정리 10.6.5를 적용하면,

① $D(0, 0) = f_{xy}^2(0, 0) - f_{xx}(0, 0)f_{yy}(0, 0) = 16 > 0$이므로 $(0, 0)$은 $f(x, y)$의 안장점이다.

② $D(1, 1) = f_{xy}^2(1, 1) - f_{xx}(1, 1)f_{yy}(1, 1) = -32 < 0$이고 $f_{xx}(1, 1) = 4 > 0$이므로 $f(1, 1) = -1$은 극솟값이다.

③ $D(-1, -1) = f_{xy}^2(-1, -1) - f_{xx}(-1, -1)f_{yy}(-1, -1) = -32 < 0$이고 $f_{xx}(1, 1) = 4 > 0$이므로 $f(-1, -1) = -1$은 극솟값이다.

(3) $f_x = -2x$, $f_y = 2y$, $f_{xx} = -2$, $f_{xy} = 0$, $f_{yy} = 2$이다. $f_x(a, b) = -2a = 0$, $f_y(a, b) = 2b = 0$으로부터 $f(x, y)$의 임계점 $(a, b) = (0, 0)$을 얻는다.

한편 $D(0, 0) = f_{xy}^2(0, 0) - f_{xx}(0, 0)f_{yy}(0, 0) = 4 > 0$이므로 정리 10.6.5에 의해서 원점 $(0, 0)$은 f의 안장점이다.

(4) $(x, y) \neq (0, 0)$에서 $f_x = \dfrac{x}{\sqrt{x^2 + y^2}}$, $f_y = \dfrac{y}{\sqrt{x^2 + y^2}}$이므로 $f_x(a, b) = 0 = f_y(a, b)$인 점 (a, b)는 존재하지 않는다. 그리고 예제 10.3.2에서 $f(x, y)$는 $(0, 0)$에서 편미분 불가능하므로 임계점은 $(0, 0)$뿐이다.

사실 $f(x, y) = \sqrt{x^2 + y^2} \geq 0 = f(0, 0)$이므로 $f(0, 0)$은 극솟값(최솟값)임을 알 수 있다. ■

라그랑주 승수

n차원 공간의 폐영역 D에서 함수 $w = f(x_1, x_2, \cdots, x_n)$의 최댓값과 최솟값을 구하는 방법에 대하여 알아보자. 이를 위하여, 폐구간에 정의된 연속인 일변수 함수 $f : [a, b] \to R$의 최댓값과 최솟값을 구하기 위한 과정을 되돌아보자. 먼저 폐구간 $[a, b]$의 내부인 개구간 (a, b)

에서 임계값을 구하기 위하여 미분을 이용하였고, 다음으로 폐구간의 경계인 두 점 a, b에서 함숫값을 구하였으며, 마지막으로 구한 각 점에서 값을 구하여 비교한 후 최댓값과 최솟값을 결정하였다. 이 방법을 일반화하여 경계곡면이 $g(x_1, x_2, \cdots, x_n)=0$인 n차원 공간의 폐영역 D를 포함하는 영역에서 정의된 연속인 다변수 함수 $w=f(x_1, x_2, \cdots, x_n)$의 영역 D에서의 최댓값과 최솟값을 구하는 방법을 생각해 보자.

편의상 $n=3$ 경우를 다루겠다. 먼저 영역 D의 내부에서의 임계점은 앞에서 학습한 방법에 의해서 편미분을 이용하여 구할 수 있다. 다음으로, 영역 D 경계곡면에서 함수의 극값을 구해야 한다. 일변수 함수의 경우와 달리 이것을 구하는 것은 쉬워 보이지 않는다. 만약 경계곡면이 좋은 것이면 (예를 들면, 영역 D 경계곡면이 $g(x, y, z)=0$으로 주어지고 $g(x, y, z)$가 편미분 가능) 이를 구하는 효과적인 방법이 있다. 즉 주어진 조건(제한조건) $g(x, y, z)=0$하에서 $f(x, y, z)$의 극값을 구하는 효과적인 방법을 소개하려고 한다. 지금부터 영역 D의 경계곡면이 좋은 것인 경우만 생각한다.

효과적인 방법의 소개를 위하여 다음 정리가 필요하다.

정리 10.6.8

삼변수 함수 $f(x, y, z)$가 미분가능한 곡선 $C: \mathbf{r}(t)=x(t)\mathbf{i}+y(t)\mathbf{j}+z(t)\mathbf{k}$를 포함하는 정의역에서 편미분 가능하다고 하자. 만약 $f(x, y, z)$가 곡선 C 위의 점 P에서 극값을 가진다면, $\nabla f(P)$는 점 P에서 C에 수직이다.

증명 점 $P=(x(0), y(0), z(0))$이라 두면, 점 P에서 곡선 C의 접벡터 $\mathbf{v}$는 벡터 $(x'(0), y'(0), z'(0))$의 상수배로 표현된다. 따라서 벡터 $\nabla f(P)$는 점 P에서 C에 수직임을 보이기 위해서는 $\nabla f(P)$와 벡터 $(x'(0), y'(0), z'(0))$이 수직임을 보이면 된다. 곡선 C가 $f(x, y, z)$의 정의역에 포함되므로 $f(x(t), y(t), z(t))$를 생각할 수 있다. $f(x(t), y(t), z(t))$가 P에서 극값을 가지므로 $\left.\frac{df}{dt}\right|_{t=0}=0$이다.

한편 $\frac{df}{dt}=\frac{\partial f}{\partial x}\frac{dx}{dt}+\frac{\partial f}{\partial y}\frac{dy}{dt}+\frac{\partial f}{\partial z}\frac{dz}{dt}=f_x x'(t)+f_y y'(t)+f_z z'(t)$이므로,

$$0=\left.\frac{df}{dt}\right|_{t=0}=\nabla f(P)\cdot(x'(0), y'(0), z'(0))$$

이다. 따라서 $\nabla f(P)$는 P에서 C의 접선에 수직이다. ■

이제 함수 $f(x, y, z)$가 점 P에서 극값을 가진다고 하자. 그러면 정리 10.6.8에서 $\nabla f(P)$는 P를 지나는 곡면 $g(x, y, z)=0$상의 모든 곡선과 점 P에서 수직이다. 또 정리 10.5.6에 의하여 $\nabla g(P)$는 P를 지나는 곡면의 곡선에 수직이다. 따라서 ∇g와 ∇f는 평행하다. 즉 $\nabla f = \lambda \nabla g$인 실수 λ가 존재한다. 이 λ를 라그랑주 승수(Lagrange multiplier)라 한다. 이를 요약하면 다음과 같다.

라그랑주 승수법

두 함수 $f(x, y, z)$, $g(x, y, z)$가 편미분 가능하다고 하자. 제한조건 $g(x, y, z)=0$하에서 $f(x, y, z)$의 극댓값과 극솟값을 구하고자 할 때 다음 절차를 따른다. 단, 최댓값과 최솟값이 존재하는 것을 가정한다.

(1) 다음 연립방정식을 만족시키는 x, y, z, λ를 모두 구한다.

$$\begin{cases} \nabla f = \lambda \nabla g \\ g(x,\ y,\ z) = 0 \end{cases}$$

(2) (1)에서 구한 모든 (x, y, z)에 대하여 함숫값 $f(x, y, z)$를 구한다.

(3) (2)에서 구한 값 가운데 가장 큰 값이 최댓값이고, 가장 작은 값이 최솟값이다.

이변수 함수인 경우에도 유사하게 적용할 수 있다.

예제 10.6.9 제한조건 $x^2+y^2=1$하에서 $f(x, y)=x+3y$의 최댓값과 최솟값을 구하여라.

풀이 $g(x, y)=x^2+y^2-1$이라 두자.

라그랑주 승수법을 이용하기 위하여 $\begin{cases} \nabla f = \lambda \nabla g \\ g(x,\ y) = 0 \end{cases}$을 풀자.

$\nabla f = \mathbf{i} + 3\mathbf{j}, \nabla g = 2x\mathbf{i} + 2y\mathbf{j}$이므로,

$\begin{cases} 1 = 2\lambda x \\ 3 = 2\lambda y \\ x^2 + y^2 - 1 = 0 \end{cases}$ 을 풀면 $\lambda = \pm\dfrac{\sqrt{10}}{2}$임을 알 수 있다.

① $\lambda = \dfrac{\sqrt{10}}{2}$이면 $x = \dfrac{1}{\sqrt{10}}$, $y = \dfrac{3}{\sqrt{10}}$을 얻고,

② $\lambda = -\dfrac{\sqrt{10}}{2}$이면 $x = -\dfrac{1}{\sqrt{10}}$, $y = -\dfrac{3}{\sqrt{10}}$을 얻는다.

$f\left(\dfrac{1}{\sqrt{10}}, \dfrac{3}{\sqrt{10}}\right) = \sqrt{10}, f\left(-\dfrac{1}{\sqrt{10}}, -\dfrac{3}{\sqrt{10}}\right) = -\sqrt{10}$이므로

$f\left(\dfrac{1}{\sqrt{10}}, \dfrac{3}{\sqrt{10}}\right) = \sqrt{10}$은 최댓값,

$f\left(-\dfrac{1}{\sqrt{10}}, -\dfrac{3}{\sqrt{10}}\right) = -\sqrt{10}$은 최솟값이다. ■

예제 10.6.10 타원판 $\frac{x^2}{4}+y^2 \le 1$ 위의 점 (x, y)에서 $f(x, y)=xy$의 최댓값과 최솟값을 구하여라.

풀이 타원판의 내부에서 극값을 구해보자.

$f_x=y$이고 $f_y=x$이므로 원점 $(0,0)$이 f의 임계점이다.

한편 $D(0, 0) = f_{xy}^2(0, 0) - f_{xx}(0, 0)f_{yy}(0, 0) = 1 > 0$이므로 원점 $(0,0)$ 함수 f의 안장점이다.

$g(x, y)=\frac{x^2}{4}+y^2-1$이라 두자.

라그랑주 승수법을 이용하기 위하여 $\begin{cases} \nabla f = \lambda \nabla g \\ g(x, y) = 0 \end{cases}$을 풀자.

$\nabla f = y\mathbf{i} + x\mathbf{j}, \nabla g = \frac{x}{2}\mathbf{i} + 2y\mathbf{j}$이므로

$$\begin{cases} y = \lambda \frac{x}{2} \\ x = 2\lambda y \\ \frac{x^2}{4} + y^2 - 1 = 0 \end{cases} \tag{10.6.3}$$

을 풀면 $y = 0$이거나 $\lambda = \pm 1$이다.

① $y = 0$이면 식 (10.6.3)에서 $x = 0$이다.
그러나 $(x, y) = (0, 0)$은 타원 $\frac{x^2}{4} + y^2 = 1$ 위의 점이 아니다.

② $\lambda = 1$이면 식 (10.6.3)에서 $y = \frac{1}{2}x$이고, $\frac{x^2}{4} + y^2 = 1$에 대입하면

$$(x, y) = \left(\sqrt{2}, \frac{\sqrt{2}}{2}\right) \text{ 혹은 } (x, y) = \left(-\sqrt{2}, -\frac{\sqrt{2}}{2}\right)$$

이다.

③ $\lambda = -1$이면 식 (10.6.3)에서 $y = -\frac{1}{2}x$이고, $\frac{x^2}{4} + y^2 = 1$에 대입하면

$$(x, y) = \left(\sqrt{2}, -\frac{\sqrt{2}}{2}\right) \text{ 혹은 } (x, y) = \left(-\sqrt{2}, \frac{\sqrt{2}}{2}\right)$$

이다.

이제

$$f\left(\sqrt{2}, \frac{\sqrt{2}}{2}\right) = 1 = f\left(-\sqrt{2}, -\frac{\sqrt{2}}{2}\right),$$
$$f\left(\sqrt{2}, -\frac{\sqrt{2}}{2}\right) = -1 = f\left(-\sqrt{2}, \frac{\sqrt{2}}{2}\right)$$

이므로 이 값이 각각 최댓값, 최솟값이다. ■

예제 10.6.11 구면 $x^2 + y^2 + z^2 = 9$ 위의 점 (x, y, z)에서 $f(x, y, z) = x - 2y + 2z$의 최댓값과 최솟값을 구하여라.

풀이 $g(x, y, z) = x^2 + y^2 + z^2 - 9$라 두고, 라그랑주 승수법을 이용하기 위하여 $\begin{cases} \nabla f = \lambda \nabla g \\ g(x, y) = 0 \end{cases}$ 을 풀자.

$\nabla f = \mathbf{i} - 2\mathbf{j} + 2\mathbf{k}, \nabla g = 2x\mathbf{i} + 2y\mathbf{j} + 2z\mathbf{k}$이므로

$$\begin{cases} 1 = 2\lambda x \\ -2 = 2\lambda y \\ 2 = 2\lambda z \\ x^2 + y^2 + z^2 - 9 = 0 \end{cases} \tag{10.6.4}$$

을 얻는다. 이를 풀면 $x = \frac{1}{2\lambda}$, $y = -\frac{1}{\lambda}$, $z = \frac{1}{\lambda}$이다. 이를 $x^2 + y^2 + z^2 - 9 = 0$에 대입하면 $\lambda = \pm \frac{1}{2}$이다.

① $\lambda = \frac{1}{2}$이면 식 (10.6.4)에서 $(x, y, z) = (1, -2, 2)$이고

② $\lambda = -\frac{1}{2}$이면 식 (10.6.4)에서 $(x, y, z) = (-1, 2, -2)$이다.

$f(1, -2, 2) = 9$, $f(-1, 2, -2) = -9$이므로 9는 최댓값, -9는 최솟값이다. ■

제한조건이 2개 이상이어도 아래 예제와 같이 유사하게 라그랑주 승수법을 이용하여 함수의 최댓값과 최솟값을 구할 수 있다.

예제 10.6.12 주면 $x^2 + y^2 = 2$와 평면 $x + z = 1$이 만나는 점 (x, y, z)에서 $f(x, y, z) = x + y + z$의 최댓값, 최솟값을 구하여라.

풀이 $g(x, y, z) = x^2 + y^2 - 2$, $h(x, y, z) = x + z - 1$이라 두고, 연립방정식

$$\begin{cases} \nabla f = \lambda \nabla g + \mu \nabla h \\ g(x, y, z) = 0 \\ h(x, y, z) = 0 \end{cases}$$

을 푼다. 먼저 위의 연립방정식의 첫째 식에서

$$2\lambda x + \mu = 1,\ 2\lambda y = 1,\ \mu = 1 \tag{10.6.5}$$

을 얻는다. 식 (10.6.5)의 둘째 식에서 $\lambda \neq 0$이고, $\mu = 1$이므로 식 (10.6.5)의 첫째 식에서 $x = 0$이다. 연립방정식의 둘째 식 $x^2 + y^2 = 2$에서 $y = \pm\sqrt{2}$가 되고, 연립방정식의 셋째 식 $x + z = 1$에서 $z = 1$이다. $f(0, \sqrt{2}, 1) = \sqrt{2} + 1$, $f(0, -\sqrt{2}, 1) = -\sqrt{2} + 1$이므로, $f(0, \sqrt{2}, 1) = \sqrt{2} + 1$은 최댓값, $f(0, -\sqrt{2}, 1) = -\sqrt{2} + 1$은 최솟값

이다. ■

곡면의 접평면

이 절의 마지막으로 곡선의 접선을 미분을 이용하여 구하였듯이 곡면의 접평면을 편미분을 이용하여 구하는 방법에 대하여 알아보려고 한다.

편미분 가능한 함수 $w=f(x, y, z)$에 대하여 곡면 $S: f(x, y, z)=0$ 상의 한 점 $P(a, b, c)$를 지나는 S상의 임의의 미분가능한 곡선 C: $x=x(t), y=y(t), z=z(t)$를 선택하자. 편의상 $(x(0), y(0), z(0))=(a, b, c)$이고, $(x'(0), y'(0), z'(0))=\mathbf{v}$라고 하자. C가 S상의 곡선이므로 $f(x(t), y(t), z(t))=0$이다.

미분의 연쇄법칙을 사용하면 다음을 얻는다.

$$f_x \frac{dx}{dt} + f_y \frac{dy}{dt} + f_z \frac{dz}{dt} = 0$$

위 식에 $t=0$을 대입하면 $\nabla f(a, b, c) \cdot \mathbf{v}=0$을 얻는다. 여기서 $\mathbf{v}=x'(0)\mathbf{i} + y'(0)\mathbf{j} + z'(0)\mathbf{k}$는 점 P에서 C의 접벡터이다. 한편 C의 모든 접벡터는 이러한 $\mathbf{v}$의 상수배이고, 곡선 C를 임의로 택하였기 때문에 $\nabla f(P)$는 P를 지나는 S상의 각 곡선의 점 P에서의 접선과 수직이다. 이러한 접선의 모임은 하나의 평면을 이루는데, 이 평면이 점 P에서 곡면 S의 접평면(tangent plane)이다. 따라서 $\nabla f(P)$는 $P(a, b, c)$에서 접평면에 수직이다. 즉 $\nabla f(P)$는 접평면의 법벡터이므로 $P(a, b, c)$에서 접평면의 방정식은

$$f_x(P)(x-a) + f_y(P)(y-b) + f_z(P)(z-c) = 0 \qquad (10.6.6)$$

이다. 또한 다음과 같이 $P(a, b, c)$에서 C의 접선의 방정식, S의 법선의 방정식을 얻을 수 있다.

$$C\text{의 접선의 방정식; } \frac{x-a}{x'(0)} = \frac{y-b}{y'(0)} = \frac{z-c}{z'(0)} \qquad (10.6.7)$$

$$S\text{의 법선의 방정식; } \frac{x-a}{f_x(P)} = \frac{y-b}{f_y(P)} = \frac{z-c}{f_z(P)} \qquad (10.6.8)$$

예제 10.6.13 곡면 $x^2 + xy - z^2 - 1 = 0$상의 점 $P(1, 1, 1)$에서 접평면과 법선의 방정식을 구하여라.

풀이 $f(x, y, z) = x^2 + xy - z^2 - 1 = 0$이라 두자. $\nabla f = (2x+y)\mathbf{i} + x\mathbf{j} - 2z\mathbf{k}$에서 $\nabla f(1, 1, 1) = 3\mathbf{i} + \mathbf{j} - 2\mathbf{k}$이므로 식 (10.6.6)에서 접평면의 방정식은

$$3(x-1)+(y-1)-2(z-1)=0,\text{ 즉 } 3x+y-2z=2$$

이고, 식 (10.6.8)에서 법선의 방정식은 $\frac{x-1}{3}=\frac{y-1}{1}=\frac{z-1}{-2}$, 즉
$\begin{cases} x=3t+1 \\ y=t+1 \\ z=-2t+1 \end{cases}$ 이다. ■

10.6 연습문제

1. 다음 함수들의 임계점, 안장점, 극값을 구하여라.

(1) $f(x, y) = 3x^2 - 6xy + y^3 - 9y$

(2) $f(x, y) = x^2 + y^3$

(3) $f(x, y) = x^2 - 2x + y^2 + 4y - 3$

(4) $f(x, y) = x^2 + 2xy + 2y^2 + 6x - 10y - 5$

(5) $f(x, y) = x^2y - 3xy + xy^2$

(6) $f(x, y) = x^4 - 2(x-y)^2 + y^4$

(7) $f(x, y) = (x^2 + y^2 - 1)(y - x)$

(8) $f(x, y) = |x| + |y|$

(9) $f(x, y) = e^{xy}$

(10) $f(x, y) = e^x \cos y$

(11) $f(x, y) = x \sin y$

2. 주어진 제한조건하에서 f의 최댓값과 최솟값을 구하여라.

(1) $f(x, y) = xy,\ x^2 + 2y^2 = 1$

(2) $f(x, y) = x + 2y,\ x^2 + y^2 = 1$

(3) $f(x, y) = -2x + y,\ x^3 - y^3 = 0\ (y \geq 0)$

(4) $f(x, y) = x - y,\ 4x^2 - 9y^2 = 36\ (x > 0)$

(5) $f(x, y, z) = xyz,\ x^2 + y^2 + 4z^2 = 6$

(6) $f(x, y, z) = 2x + y - 5z,\ x^2 + y^2 + z^2 = 1$

(7) $f(x, y, z) = xyz,\ x^2 + 2y^2 + 3z^2 = 6$

(8) $f(x, y, z) = x^2 + y^2 + z^2,\ 4x^2 + 36y^2 + 9z^2 = 36$

3. 주어진 두 제한조건하에서 f의 최댓값과 최솟값을 구하여라.

(1) $f(x, y, z) = xy + yz,\ xy = 1,\ y^2 + z^2 = 1$

(2) $f(x, y, z) = x + 2y,\ x + y + z = 1,\ y^2 + z^2 = 4$

(3) $f(x, y, z) = x + 2y + z,\ y + z = 1,\ x^2 + y^2 = 1$

4. 곡면 $x^2 + y^2 - z^2 = 1$에서 원점에 이르는 최단거리를 구하여라.

5. 원점에서 가장 가까운 곡면 $y^2 - xz = 1$상의 점을 구하여라.

6. 네 변의 길이의 합이 1인 직각사각형 중에서 대각선 길이의 최솟값을 구하여라.

7. 네 변의 길이의 합이 1인 직사각형 중에서 넓이가 최대인 것은 정사각형임을 보여라.

8. 반지름 r인 원에 내접하는 이등변삼각형의 최대 넓이를 구하여라.

9. 변의 길이의 합이 24cm, 겉넓이의 합이 22cm^{2}인 직육면체의 최대, 최소 부피를 구하여라.

10. 제1팔분면에 직육면체가 있다. 세 면이 좌표평면에 있으며 한 꼭짓점이 평면 $2x + y + 4z = 12$상에 있는 직육면체 부피의 최댓값을 구하여라.

11. 주어진 점 P에서 다음 곡면의 접평면과 법선을 구하여라.

(1) $x^2 - 2z = 0,\ P(2, 0, 2)$

(2) $x^2 + y^2 + z^2 = 9,\ P(1, -2, 2)$

(3) $x^2 + y^2 + z^2 = 9,\ P(0, 0, 3)$

12. 두 곡면 $x^2 + y^2 - z^2 = 1,\ x + y + z = 5$의 교선을 C라 하자. $P(1, 2, 2)$에서 C의 접선을 구하여라.

종 | 합 | 문 | 제

1. 다음 함수들의 주어진 C에서의 준위곡선(준위곡면)을 그려라.

(1) $f(x, y) = 3x - y,\ C = 2, 3$

(2) $f(s, y) = x^2 + 4y^2,\ C = 1, 4$

(3) $f(x, y) = x^2 - y^2,\ C = -1, 0, 1$

(4) $f(x, y, z) = 2x - 4y + z;\ C = -1$

(5) $f(x, y, z) = 4x^2 + 4y^2 + z^2;\ C = 1$

(6) $f(x, y, z) = z - 1 - x^2 - y^2;\ C = 2$

2. 다음 함수에서 $(x, y) \to (0, 0)$일 때 $f(x, y)$의 극한값이 존재하면 구하여라.

(1) $f(x, y) = \dfrac{y}{x^4 + y^4}$ (2) $f(x, y) = \dfrac{x^2 + y^2}{\sqrt{x^2 + y^2}}$

(3) $f(x, y) = \dfrac{x^3 y^2}{x^2 + y^2}$ (4) $f(x, y) = \dfrac{2x^4 y - xy^5}{x^4 + y^4}$

(5) $f(x, y) = \dfrac{x^4 y^4}{(x^2 + y^4)^3}$

(6) $f(x, y) = \dfrac{x^2(y + 1) + y^2}{x^2 + y^2}$

3. 문제 2의 함수 중에서 $f(0, 0)$의 값을 정하여 $(0, 0)$에서 연속이 되도록 할 수 있는 함수들은 어떤 것들인가?

4. 다음 극한을 구하여라.

(1) $\displaystyle\lim_{(x, y) \to (4, \pi)} x^2 \sin \frac{y}{x}$

(2) $\displaystyle\lim_{(x, y) \to (0, 2)} e^{-1/\{x^2 (y-2)^2\}}$

(3) $\displaystyle\lim_{(x, y) \to (0, 0)} \frac{\cos x - 1 + \frac{x^2}{2}}{x^2 + y^2}$

(4) $\displaystyle\lim_{(x, y) \to (0, 2)} \frac{(x - y)^2}{x^2 + y^2}$

5. 함수 $f(x, y) = \begin{cases} \dfrac{x^2 y}{x^2 + y^2}, & (x, y) \neq (0, 0) \\ 0, & (x, y) = (0, 0) \end{cases}$에 대해 다음을 보여라.

(1) f는 $(0, 0)$에서 연속이다.

(2) f는 $(0, 0)$에서 편미분 가능하다.

(3) $(0, 0)$에서 $\mathbf{u} = \cos\theta\mathbf{i} + \sin\theta\mathbf{j}$방향의 방향도함수를 구하여라.

6. 다음 함수에서 편미분 f_x, f_y를 구하여라.

(1) $f(x, y) = x^2 \ln\left(1 + \dfrac{x}{\sqrt[5]{y^3}}\right)$

(2) $f(x, y) = y^{-2/3} \tan^{-1} \dfrac{x}{y}$

(3) $f(x, y) = e^{xy^2} + x^3 y$

(4) $f(x, y) = x^2 e^{y/x}$

(5) $f(x, y) = x^4 y^2 \sin^{-1} \dfrac{y}{x}$

(6) $f(x, y) = (e^x - 1)^2 (1 + \sin y)^2$

(7) $f(x, y, z) = \dfrac{e^{3x} \sin(xy)}{1 + 3y - 5z}$

(8) $f(x, y, z) = y^3 + \ln(x + 3z^2)$

(9) $f(x, y, z) = \ln \sin(xyz)$

(10) $f(x, y, z) = x^3 \ln(1 + zy^{-2/5})$

7. 다음 함수의 $\dfrac{\partial z}{\partial u}$, $\dfrac{\partial z}{\partial v}$를 각각 구하여라.

(1) $z = \dfrac{4 - xy}{xy},\ x = u^3 + v,\ y = uv^2$

(2) $z = x^3 \sin y,\ x = u^2 + v^2,\ y = 2uv$

(3) $z = 2^{x-2y},\ x = u^2 v^3,\ y = u^3 v^2$

(4) $z = e^{x^2 y},\ x = uv,\ y = \dfrac{1}{\sqrt{v}}$

(5) $z = \sin x + \cos(xy),\ x = u^2,\ y = u + v$

(6) $z = \ln(x^2 + y),\ x = \sqrt{u + v},\ y = uv$

(7) $z = y^2 - x \tan y,\ x = \frac{u}{v},\ y = uv$

(8) $z = \cosh(xy),\ x = u + v,\ y = uv$

8. 다음 음함수들의 $\dfrac{\partial z}{\partial x}$, $\dfrac{\partial z}{\partial y}$를 구하여라.

(1) $2x + y^2 + z^3 = xyz$ (2) $x^2 + 2y^2 + z^2 = e^{-z}$

(4) $\cos(xyz) = yz - x$ (4) $\cos(x + y + z) = xyz$

(5) $z^2 = (1 - x^{2/3})^2 - y^2$

9. 문제 5의 함수들의 전미분을 구하여라.

10. 다음 함수의 4차 매클로린 다항식을 구하여라.

(1) $f(x, y) = e^{xy}$

(2) $f(x, y) = \cos(x^2 + y^3)$

(3) $f(x, y) = e^{xy} \cos(x^2 + y^2)$

(4) 위 (1), (2), (3) 사이의 관계를 설명하여라.

11. 다음 함수의 $(3, 1)$에서의 n차 테일러 다항식을 구하여라.

(1) $f(x, y) = x + \cos(\pi y)$

(2) $f(x, y) = x \ln y$

(3) $f(x, y) = x + \cos(\pi y) + x \ln y$

(4) 위 (1), (2), (3) 사이의 관계를 설명하여라.

12. 다음 함수들의 안장점, 극댓값 또는 극솟값을 가지는 정

의역의 점을 구하여라.

(1) $f(x, y) = 3x^4 + 4x^3 - 12x^2 + y^2$

(2) $f(x, y) = (x^2 + 2y^2)e^{-x^2 - y^2}$

(3) $f(x, y) = \ln(x^2 + y^2 + 1)$

(4) $f(x, y) = e^{1+x^2-y^2}$

13. 주어진 영역에서 f의 최댓값과 최솟값을 구하여라.

(1) $f(x, y) = xy$, $S = \{(x, y) | x^2 + y^2 \le 1\}$

(2) $f(x, y) = x^2 + y^2$,
$S = \{(x, y) | 0 \le x \le 1, 0 \le y \le 2\}$

(3) $f(x, y, z) = x + y + z$,
$S = \{(x, y, z) | x^2 + y^2 + z^2 \le 1\}$

(4) $f(x, y) = 2x^2 + y^2 + 2y$, $S = \{(x, y) | x^2 + y^2 \le 4\}$

14. 원점에서 곡선 $x^2 + 8xy + 7y^2 = 225$까지의 가장 가까운 거리를 구하여라.

15. 두 평면 $x + z = 4$, $3x - y = 6$의 교선 위의 점으로써 원점에서 가장 가까운 점을 구하여라.

16. 타원 $\frac{x^2}{16} + \frac{y^2}{9} = 1$에 내접하는 직사각형의 최대 넓이를 구하여라. 단, 직사각형의 각 변은 좌표축과 평행이다.

17. 주어진 점 P에서 다음 곡면의 접평면과 법선을 구하여라.

(1) $x^2 + 2y^2 + 3z^2 = 6$, $P(1, 1, -1)$

(2) $x^2 + y^2 + z^2 = 6$, $P(1, -2, 1)$

(3) $x = 2u$, $y = u^2 + v$, $z = v^2$, $P(0, 1, 1)$

18. 함수 $f(x, y, z) = \frac{1}{\sqrt{x^2 + y^2 + z^2}}$이 라플라스의 미분방정식

$$\frac{\partial^2 f}{\partial x^2} + \frac{\partial^2 f}{\partial y^2} + \frac{\partial^2 f}{\partial z^2} = 0$$

을 만족시킴을 보여라.

19. $df = (2y^2 - 3x^2 y)dx - (x^3 - 4xy + 6y^2)dy$인 함수 $f(x, y)$를 구하여라.

20. $z = f(x^2 y)$일 때 $xz_x - 2yz_y = 0$임을 보여라.

21. $f(x, y) = x^4 y^2 \sin^{-1}\frac{y}{x}$가 6차의 동차함수임을 보이고 $xf_x + yf_y = 6f(x, y)$가 성립함을 증명하여라.

22. (1) $w = f(x, y, z)$, $z = g(y, x)$, $y = h(x)$일 때 $\frac{dw}{dx}$를 구하여라.

(2) $w = f(x, y, z)$, $z = g(x, u)$, $y = h(x, v)$일 때 $\frac{\partial w}{\partial x}$, $\frac{\partial w}{\partial u}$, $\frac{\partial w}{\partial v}$를 구하여라.

23. $w = f(r)$, $r = \sqrt{x^2 + y^2 + z^2}$일 때 다음을 증명하여라.

$$\left(\frac{\partial w}{\partial x}\right)^2 + \left(\frac{\partial w}{\partial y}\right)^2 + \left(\frac{\partial w}{\partial z}\right)^2 = [f'(r)]^2$$

24. $z = f(x - ct) + g(x + ct)$ (c는 상수)에 대해 $c^2 z_{xx} = z_{tt}$임을 보여라.

11 CHAPTER

n차원 공간에서의 적분

이 장에서는 n차원 공간에서의 함수에 대한 이중적분과 삼중적분을 소개한다. 또 이러한 다중적분들이 부피계산, 관성능률 등 공간상의 개체의 성질들을 공부하는 데 어떻게 쓰이는지도 공부한다.

11.1 다중적분

이 절에서는 영역 $D \subset \mathbb{R}^2$에서 연속인 이변수 함수 $f(x, y)$를 어떻게 적분하는지에 대하여 공부하고자 한다. 이것을 이중적분이라 하고, 이중적분은 앞에서 배운 일변수 함수의 적분(단일적분)과 매우 유사한 성질을 가지고 있다. 또한 이중적분은 단일적분을 2번 계산함으로써 구할 수 있다는 것도 공부해보자.

직교좌표계에서의 이중적분

먼저 $\mathbb{R}^n$에서 임의의 두 점 P, Q를 잡고, $P = (x_1, x_2, \cdots, x_n), Q = (y_1, y_2, \cdots, y_n)$이라 하면

$$|P - Q| = \sqrt{(x_1 - y_1)^2 + (x_2 - y_2)^2 + \cdots + (x_n - y_n)^2}$$

은 P, Q 사이의 거리(distance)이고, $U_r(P) = \{Q \in \mathbb{R}^n \,|\, |P - Q| < r\}$을 포함하는 $\mathbb{R}^n$의 부분집합 D, 즉 $U_r(P) \subset D$인 D를 P의 근방(neighborhood)이라고 한다.

여기서 $U_r(P)$는 명백히 P의 근방임을 알 수 있다. 그리고 이러한 P를 D의 내부점(interior point)이라 하고, 어떤 집합 D의 모든 점이 내부점들로 이루어져 있으면 D를 개집합(open set)이라 하고, 개집합 D 내의 임

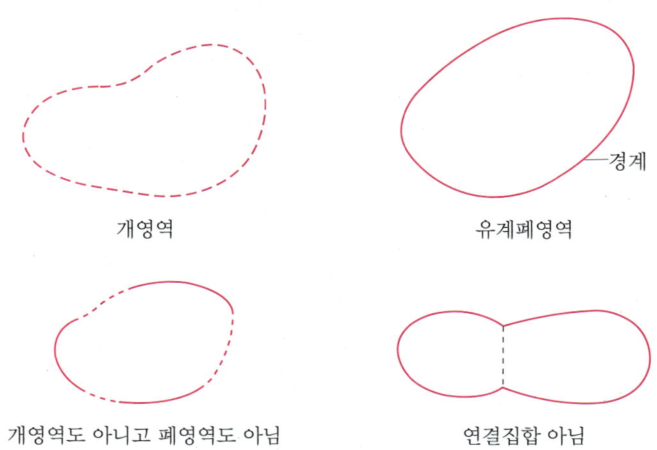

그림 11.1.1

의의 두 점을 D 내에 있는 곡선으로 이을 수 있을 때 D를 **영역**(domain, region) 혹은 **연결영역**(connected domain)이라고 한다. 어떤 점 Q의 임의의 근방이 영역 D의 내점과 D 밖의 점, 즉 집합 $\mathbb{R}^n - D$의 점을 포함할 때 Q를 D의 **경계점**(boundary point)이라 부르며, 이 경계의 전체 집합을 D의 **경계**(boundary)라 하고 D의 경계와 D 자신을 합한 집합을 **폐영역**(closed domain)이라고 한다. 또한 집합 D의 모든 원소 $P \in D$에 대하여 원점으로부터의 거리보다 큰 상수 $M \geq 0$이 항상 존재하면 즉, $|\overline{OP}| \leq M$이면,   를 유계집합(bounded set)이라 하고 D가 유계이고 폐영역이면 D를 **유계폐영역**(bounded closed domain)이라고 한다.

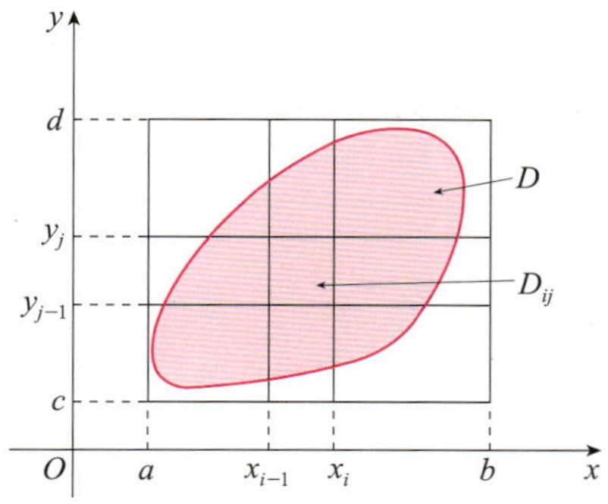

그림 11.1.2

$D \subset \mathbb{R}^2$인 유계폐영역 D에서 정의된 함수 $f: D \to \mathbb{R}$가 유계라 하자. 먼저 영역 D를 포함하는 $\mathbb{R}^2$상의 직사각형 $[a, b] \times [c, d]$를 생각하자. 이 직사각형의 분할

$$\Delta := \begin{cases} a = x_0 < x_1 < x_2 < \cdots < x_m = b \\ c = y_0 < y_1 < y_2 < \cdots < y_n = d \end{cases}$$

에 대하여 mn개의 직사각형을 $D_{ij} = [x_{i-1}, x_i] \times [y_{j-1}, y_j]$ $(1 \leq i \leq m, 1 \leq j \leq n)$로 두자.

이때 D_{ij}의 넓이는 $A_{ij} = \Delta x_i \Delta y_j$ $(\Delta x_i = x_i - x_{i-1}, \Delta y_j = y_j - y_{j-1})$이다.

만일 $D_{ij} \cap D \neq \varnothing$이면

$$m_{ij} = \inf\{f(x, y) | (x, y) \in D_{ij} \cap D\},$$
$$M_{ij} = \sup\{f(x, y) | (x, y) \in D_{ij} \cap D\}$$

라 하고, $D_{ij} \cap D = \varnothing$이면 $m_{ij} = 0 = M_{ij}$라 하자.

$$s_\Delta = \sum_{i=1}^{m}\sum_{j=1}^{n} m_{ij} A_{ij}, \quad S_\Delta = \sum_{i=1}^{m}\sum_{j=1}^{n} M_{ij} A_{ij}$$

라 두면, 분할 Δ를 더욱 세분화해나감에 따라 s_Δ는 증가하고 S_Δ는 감소한다. 가정에 의해서 s_Δ와 S_Δ는 모두 유계이므로, 직사각형 $[a, b] \times [c, d]$의 분할 Δ에 대한 s_Δ는 상한 s를 가지며 S_Δ는 하한 S를 가진다.

정의 11.1.1 이중적분

앞의 s, S가 $s = S$일 때 함수 $f(x, y)$는 D에서 **이중적분가능**이라고 한다.

이때 이 공통값을 영역 D에서 $f(x, y)$의 **이중적분**(double integral)이라 하고, 기호로

$$\iint_D f dA,\ \iint_D f(x, y)\, dA,\ \iint_D f(x, y)\, dxdy$$

등으로 나타낸다.

다음 정리는 정의 11.1.1로부터 쉽게 얻을 수 있다.

정리 11.1.2

함수 $h(x, y)$가 $\mathbb{R}^2$의 유계폐영역 D에서 연속이면 $h(x, y)$는 D에서 이중적분가능하다.

정리 11.1.3

두 함수 $f(x, y), g(x, y)$가 $\mathbb{R}^2$의 유계폐영역 D에서 이중적분가능하다고 할 때 다음이 성립한다.

(1) 함수 $f(x, y)$가 영역 D_1 및 D_2에서 이중적분가능이고, D_1과 D_2는 각각의 경계점을 제외하고는 공통점이 없으며 $D = D_1 \cup D_2$라 하자. 그러면 D상에서 $f(x, y)$의 이중적분은

$$\iint_D f(x, y)\, dA = \iint_{D_1} f(x, y)\, dA + \iint_{D_2} f(x, y)\, dA$$

이다.

(2) 상수 α, β에 대하여

$$\iint_D \{\alpha f(x, y) + \beta g(x, y)\}\, dA = \alpha \iint_D f(x, y)\, dA + \beta \iint_D g(x, y)\, dA$$

이다.

(3) 함수 $|f(x, y)|$도 영역 D에서 이중적분가능이며,

$$\left| \iint_D f(x, y)\, dA \right| \le \iint_D |f(x, y)|\, dA$$

이다.

(4) 영역 D에서 $f(x, y) \le g(x, y)$이면

$$\iint_D f(x, y)\, dA \le \iint_D g(x, y)\, dA$$

이다.

정리 11.1.4 이중적분의 평균값 정리

함수 $f(x, y)$가 $\mathbb{R}^2$의 유계폐영역 D에서 $m \le f(x, y) \le M$ (m, M은 상수)이면

$$m \cdot A(D) \le \iint_D f(x, y)\, dA = \mu \cdot A(D) \le M \cdot A(D)$$

를 만족하는 $\mu\,(m \le \mu \le M)$가 존재한다. 단, $A(D)$는 D의 넓이이다.

이중적분의 값을 실제로 구하려면 푸비니 정리들(정리 11.1.6과 정리 11.1.10)에서 보여주는 바와 같이 각 변수에 관한 단일적분을 2번 계산하여 주어진 이중적분의 값을 구한다. 이것을 반복적분(iterated integral)이라 한다. 먼저 다음 정리를 증명하자.

정리 11.1.5

함수 $f(x, y)$가 영역 $[a, b] \times [c, d]$에서 연속이면, 함수

$$F(x) = \int_c^d f(x, y)\, dy$$

는 구간 $[a, b]$에서 연속이다.

증명 함수 $f(x, y)$가 영역 $[a, b] \times [c, d]$에서 연속이므로, 함수 f가 $[a, b]$에서 연속이다. 그러므로 $x \in [a, b]$에 대하여, 임의의 $\varepsilon > 0$에 대하여 $|h|$가 충분히 작으면

$$|f(x+h, y) - f(x, y)| < \varepsilon$$

이다.

$$F(x+h) - F(x) = \int_c^d \{f(x+h, y) - f(x, y)\}\, dy$$

이므로 정리 11.1.3(3)에 의해

$$|F(x+h) - F(x)| \le \int_c^d |f(x+h, y) - f(x, y)|\, dy < \int_c^d \varepsilon\, dy = \varepsilon(d - c)$$

가 된다. 따라서 $\lim_{h \to 0} F(x+h) = F(x)$이므로 $F(x)$는 $[a, b]$에서 연속이다. ■

정리 11.1.6 푸비니 정리 I(Fubini Theorem I)

함수 $f(x, y)$가 영역 $D = [a, b] \times [c, d]$에서 연속이면

$$\iint_D f(x, y)\,dA = \int_a^b \left(\int_c^d f(x, y)\,dy \right) dx = \int_a^b \int_c^d f(x, y)\,dydx$$
$$= \int_c^d \int_a^b f(x, y)\,dxdy$$

이다.

증명 그림 11.1.2에서와 같이 영역 D의 분할 Δ에서 $x_{i-1} \le \xi_i \le x_i$라 하면 $f(\xi_i, y)$가 $[y_{j-1}, y_j]$에서 연속함수이다. 그러므로 일변수 함수의 적분에 관한 평균값 정리에 의해

$$\int_{y_{j-1}}^{y_j} f(\xi_i, y)\,dy = f(\xi_i, \mu_j)(y_j - y_{j-1}), \quad (y_{j-1} \le \mu_j \le y_j)$$

이므로

$$\int_c^d f(\xi_i, y)\,dy = \sum_{j=1}^{n} f(\xi_i, \mu_j)(y_j - y_{j-1})$$

이 된다. 한편

$$\int_c^d f(\xi_i, y)\,dy = \phi(\xi_i)$$

라 하면 ϕ는 $[a, b]$에서 연속이므로 적분가능이다. 따라서 아래 식

$$\sum_{i=1}^{m} \phi(\xi_i)(x_i - x_{i-1}) = \sum_{i=1}^{m} \left\{ \sum_{j=1}^{n} f(\xi_i, \mu_j)(y_j - y_{j-1}) \right\} (x_i - x_{i-1})$$

과 이중적분의 정의로부터

$$\iint_D f(x, y)\,dA = \int_a^b \phi(x)\,dx = \int_a^b \left(\int_c^d f(x, y)\,dy \right) dx$$

가 된다. 마찬가지 방법으로 다음의 등호

$$\iint_D f(x, y)\,dA = \int_c^d \int_a^b f(x, y)\,dxdy$$

도 유도해낼 수 있다. ■

따름정리 11.1.7

함수 $f(x, y) = g(x) \cdot h(y)$가 영역 $D = [a, b] \times [c, d]$에서 연속이면

$$\iint_D f(x, y)\,dxdy = \left(\int_a^b g(x)\,dx\right)\cdot\left(\int_c^d h(y)\,dy\right)$$

이다.

예제 11.1.8 다음 이중적분을 구하여라.

(1) $\iint_D (1+4xy)\,dA,\ D=[0,1]\times[1,3]$

(2) $\iint_D (x+\sqrt{y})\,dA,\ D=[0,2]\times[1,4]$

풀이 (1) 정리 11.1.6(푸비니 정리 I)에 의해서

$$\begin{aligned}\iint_D (1+4xy)\,dA &= \int_1^3\int_0^1 (1+4xy)\,dxdy = \int_1^3\left(\int_0^1 (1+4xy)\,dx\right)dy\\ &= \int_1^3 [x+2x^2y]_{x=0}^{x=1}\,dy = \int_1^3 (1+2y)\,dy\\ &= [y+y^2]_1^3 = 10\end{aligned}$$

이다. 위의 적분은 다음과 같이 적분순서를 바꾸어 계산할 수도 있고, 이는 위의 계산과 같은 결과를 얻는다.

$$\begin{aligned}\iint_D (1+4xy)\,dA &= \int_0^1\int_1^3 (1+4xy)\,dydx = \int_0^1\left(\int_1^3 (1+4xy)\,dy\right)dx\\ &= \int_0^1 [y+2xy^2]_{y=1}^{y=3}\,dx = \int_0^1 (2+16x)\,dx\\ &= [2x+8x^2]_0^1 = 10\end{aligned}$$

(2) 정리 11.1.6(푸비니 정리 I)에 의해서 다음과 같이 계산할 수 있다.

$$\begin{aligned}\iint_D (x+\sqrt{y})\,dA &= \int_1^4\int_0^2 (x+\sqrt{y})\,dxdy = \int_1^4\left(\int_0^2 (x+\sqrt{y})\,dx\right)dy\\ &= \int_1^4\left[\frac{1}{2}x^2 + x\sqrt{y}\right]_{x=0}^{x=2} dy = \int_1^4 (2+2\sqrt{y})\,dy\\ &= \left[2y+\frac{4}{3}y^{3/2}\right]_1^4 = \left(8+\frac{4}{3}\cdot 8\right)-\left(2+\frac{4}{3}\right)\\ &= \frac{46}{3}\end{aligned}$$

■

예제 11.1.9 영역이 $D=\left[0,\frac{\pi}{2}\right]\times\left[0,\frac{\pi}{2}\right]$일 때 $\iint_D \sin x\cos y\,dA$를 구하여라.

풀이 따름정리 11.1.7에 의해서,

$$\iint_D \sin x \cos y \, dA = \left(\int_0^{\pi/2} \sin x \, dx\right)\left(\int_0^{\pi/2} \cos y \, dy\right)$$
$$= [-\cos x]_{x=0}^{x=\pi/2} [\sin y]_{y=0}^{y=\pi/2} = 1 \cdot 1 = 1. \quad ■$$

정리 11.1.6(푸비니 정리 I)에서는, 영역이 직사각형일 경우의 이중적분은 반복적분으로 계산함으로써 구할 수 있다고 공부하였다. 이제 일반적인 영역에서의 이중적분에 관하여 살펴보자.

정리 11.1.10 푸비니 정리 II

함수 $f(x, y)$가 영역 D에서 연속이라고 하자.

(1) 연속인 곡선 $y = \phi_1(x), y = \phi_2(x)$에 대하여 영역 D가 $D = \{(x, y) | a \le x \le b, \phi_1(x) \le y \le \phi_2(x)\}$로 주어지면

$$\iint_D f(x, y) \, dA = \int_a^b \int_{\phi_1(x)}^{\phi_2(x)} f(x, y) \, dydx$$

이다.

(2) 연속인 곡선 $x = \psi_1(y), x = \psi_2(y)$에 대하여 영역 D가 $D = \{(x, y) | c \le y \le d, \psi_1(y) \le x \le \psi_2(y)\}$로 주어지면

$$\iint_D f(x, y) \, dA = \int_c^d \int_{\psi_1(y)}^{\psi_2(y)} f(x, y) \, dxdy$$

이다.

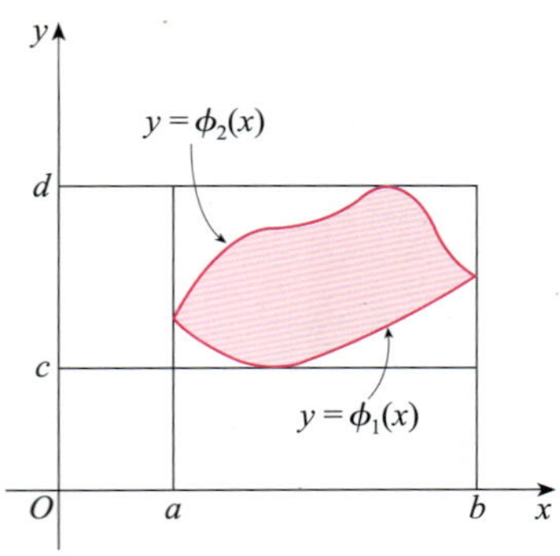

그림 11.1.3

증명 (1) 주어진 영역 D를 포함하는 사각형 영역 $R = [a, b] \times [c, d]$를 잡고

$$F(x, y) = \begin{cases} f(x, y), & (x, y) \in D \\ 0, & (x, y) \in R - D \end{cases}$$

인 함수 F를 잡는다.

이중적분의 정의와 정리 11.1.6에 의해서

$$\iint_R F(x, y) \, dA = \iint_D f(x, y) \, dA, \quad \int_c^d F(x, y) \, dy = \int_{\phi_1(x)}^{\phi_2(x)} f(x, y) \, dy$$

이므로

$$\iint_D f(x,\ y)\,dA = \iint_R F(x,\ y)\,dA = \int_a^b \int_c^d F(x,\ y)\,dydx$$
$$= \int_a^b \int_{\phi_1(x)}^{\phi_2(x)} f(x,\ y)\,dydx$$

가 된다.

(2) (1)과 같은 방법으로 증명할 수 있다. ■

만약 영역 D가 $\{(x,\ y) | a \le x \le b,\ \phi_1(x) \le y \le \phi_2(x)\}$로도 표현이 되고, 동시에 $\{(x,\ y) | c \le y \le d,\ \psi_1(y) \le x \le \psi_2(y)\}$로도 표현된다면 (그림 11.1.4 참조), 반복적분의 순서를 변경해도 되고, 그래서

$$\int_a^b \int_{\phi_1(x)}^{\phi_2(x)} f(x,\ y)\,dydx = \iint_D f(x,\ y)\,dA = \int_c^d \int_{\psi_1(y)}^{\psi_2(y)} f(x,\ y)\,dxdy$$

가 성립한다.

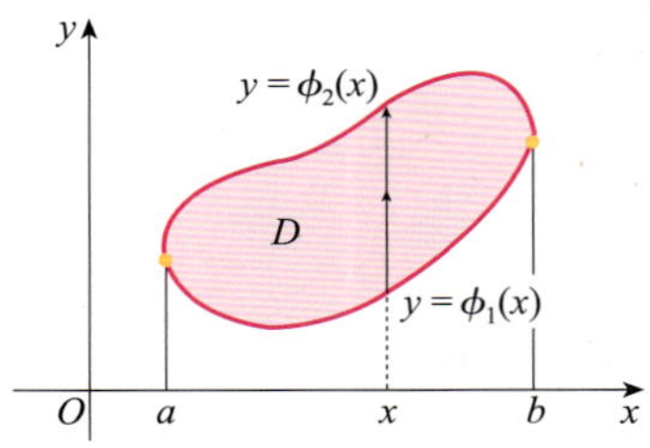

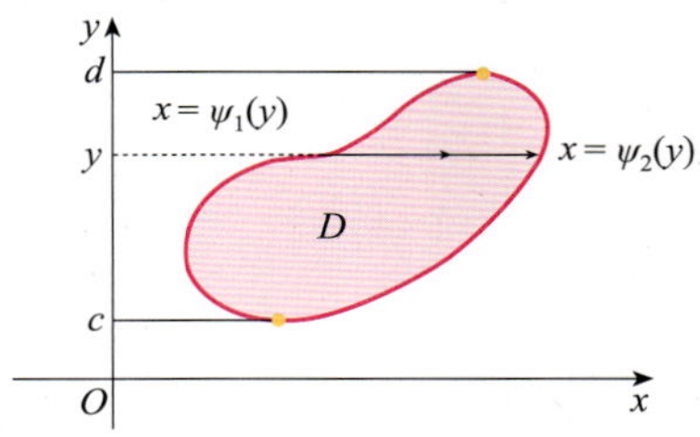

그림 11.1.4

예제 11.1.11 다음 적분들의 적분순서를 변경하여라.

(1) $\int_0^a \int_0^{\sqrt[3]{x}} f(x,\ y)\,dydx \quad (a > 0)$ (2) $\int_0^a \int_{-y}^{\sqrt[3]{y}} f(x,\ y)\,dxdy \quad (a > 0)$

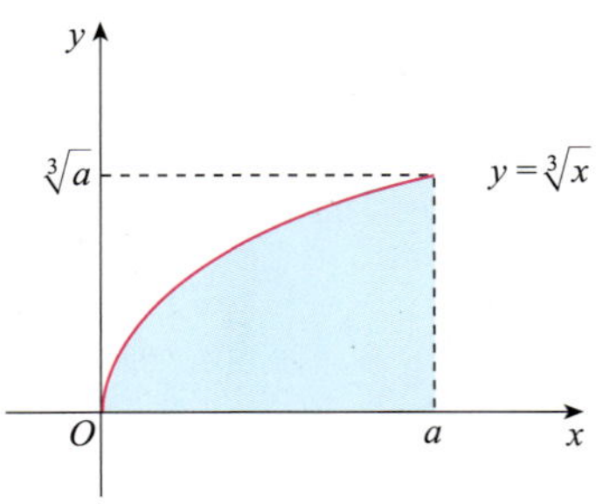

그림 11.1.5

풀이 (1) 주어진 적분은 먼저 $0 \le y \le \sqrt[3]{x}$인 y에 대하여 적분하고, 그 다음에 $0 \le x \le a$인 x에 대하여 적분하는 것이므로 그 적분영역은 그림 11.1.5와 같다.

이것의 순서를 바꾸어 x에 대하여 적분하고, 그 다음에 y에 대하여 적분해도 그 값은 정리 11.1.10(푸비니 정리 II)에 의하여 서로 같다. 즉 적분영역을 $y^3 \le x \le a, 0 \le y \le \sqrt[3]{a}$로 바꾸어 쓸 수 있으므로,

$$\int_0^a \int_0^{\sqrt[3]{x}} f(x,\ y)\,dydx = \int_0^{\sqrt[3]{a}} \int_{y^3}^a f(x,\ y)\,dxdy$$

이다.

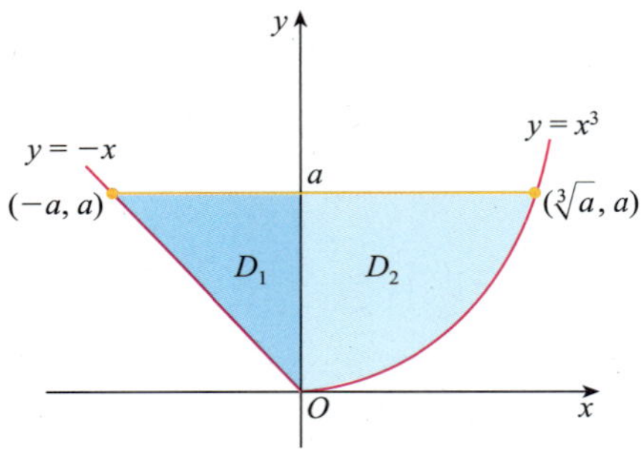

그림 11.1.6

(2) 주어진 적분영역은 $-y \le x \le \sqrt[3]{y}$, $0 \le y \le a$이다(그림 11.1.6 참조).

순서를 바꾸어 먼저 y에 대하여 적분한 후 다음 변수인 x에 대하여 적분해도 정리 11.1.10(푸비니 정리 II)에 의하여 적분값은 같다. 즉 주어진 적분영역 D는 다음과 같이 두 부분으로 나뉘어,

$$D_1 = \{(x, y) \mid -a \le x \le 0,\ -x \le y \le a\},$$
$$D_2 = \{(x, y) \mid 0 \le x \le \sqrt[3]{a},\ x^3 \le y \le a\}$$

와 같이 표시되므로, 정리 11.1.10(푸비니 정리 II)과 정리 11.1.3(1)에 의하여

$$\begin{aligned}\iint_D f(x, y)\,dA &= \iint_{D_1 \cup D_2} f(x, y)\,dxdy \\ &= \iint_{D_1} f(x, y)\,dxdy + \iint_{D_2} f(x, y)\,dxdy \\ &= \int_{-a}^{0}\int_{-x}^{a} f(x, y)\,dydx + \int_{0}^{\sqrt[3]{a}}\int_{x^3}^{a} f(x, y)\,dydx\end{aligned}$$

가 성립한다. ■

예제 11.1.12 다음 적분을 구하고, 적분순서를 바꾸어 그 값을 비교하여라.

(1) $A = \int_0^1 \int_0^x (3 - x - y)\,dydx$ (2) $B = \int_0^1 \int_{1-x}^{\sqrt{1-x^2}} xy\,dydx$

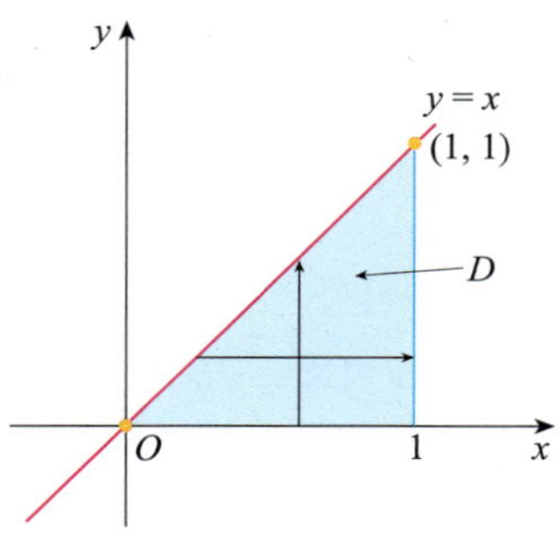

그림 11.1.7

풀이 (1) $A = \int_0^1 \left[3y - xy - \frac{1}{2}y^2\right]_{y=0}^{y=x} dx = \int_0^1 \left(3x - \frac{3}{2}x^2\right) dx$

$= \left[\frac{3}{2}x^2 - \frac{1}{2}x^3\right]_0^1 = 1$

적분순서를 바꾸어 계산하기 위해, 즉 변수 x에 관하여 먼저 적분한 후 y에 관하여 적분하기 위해 영역 D를 다시 표시해보면 $D = \{(x, y) \mid 0 \le y \le 1,\ y \le x \le 1\}$이고, 그 이중적분의 값은

$$\begin{aligned}\int_0^1 \int_y^1 (3 - x - y)\,dxdy &= \int_0^1 \left[3x - \frac{1}{2}x^2 - xy\right]_{x=y}^{x=1} dy \\ &= \int_0^1 \left(\frac{5}{2} - 4y + \frac{3}{2}y^2\right) dy \\ &= \left[\frac{5}{2}y - 2y^2 + \frac{1}{2}y^3\right]_0^1 = 1\end{aligned}$$

이다. 그러므로 적분순서를 바꾸어도 이중적분의 값은 같게 나온다.

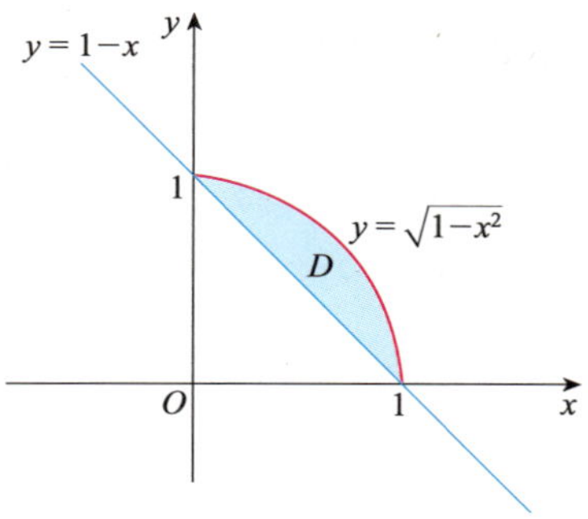

그림 11.1.8

$$(2)\ B = \int_0^1 \left[\frac{1}{2}xy^2\right]_{y=1-x}^{y=\sqrt{1-x^2}} dx = \int_0^1 \frac{1}{2}x\{(1-x^2)-(1-x)^2\}\,dx$$
$$= \int_0^1 (x^2 - x^3)\,dx = \left[\frac{1}{3}x^3 - \frac{1}{4}x^4\right]_0^1 = \frac{1}{12}$$

적분순서를 바꾸기 위하여 영역 D는 $D = \{(x,\ y) | 0 \le y \le 1,$ $1 - y \le x \le \sqrt{1-y^2}\}$로도 표현될 수 있고, 이를 적분하면

$$\int_0^1 \int_{1-y}^{\sqrt{1-y^2}} xy\,dxdy = \int_0^1 \left[\frac{1}{2}x^2 y\right]_{x=1-y}^{x=\sqrt{1-y^2}} dy = \int_0^1 (y^2 - y^3)\,dy$$
$$= \left[\frac{1}{3}y^3 - \frac{1}{4}y^4\right]_0^1 = \frac{1}{12}$$

이다. ■

지금까지 살펴본 바와 같이 주어진 이중적분을 계산하고자 할 때, 어떤 변수에 대하여 먼저 적분할 것인지에 대하여 고민해야 한다. 여기서 어떤 변수에 대하여 먼저 적분하느냐에 따라 이중적분 계산이 쉬워질 수도 있고 어려워질 수도 있다. 다음 예제를 살펴보자.

예제 11.1.13 다음을 구하여라.

(1) $\int_0^9 \int_{\sqrt{y}}^3 \sin(\pi x^3)\,dxdy$ (2) $\int_0^2 \int_{y/2}^1 e^{x^2}\,dxdy$

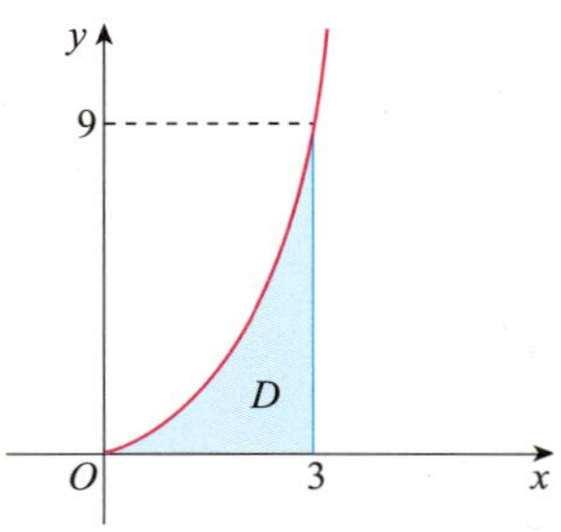

그림 11.1.9

풀이 (1) 변수 y로 먼저 적분하는 것이 간단하므로 주어진 문제에서 적분순서를 바꾸자. 주어진 영역 $D = \{(x,\ y) | \sqrt{y} \le x \le 3,\ 0 \le y \le 9\}$를 바꾸어 쓰면 $D = \{(x,\ y) | 0 \le x \le 3,\ 0 \le y \le x^2\}$이다.

$$\int_0^9 \int_{\sqrt{y}}^3 \sin(\pi x^3)\,dxdy = \int_0^3 \int_0^{x^2} \sin(\pi x^3)\,dydx$$
$$= \int_0^3 [y\sin(\pi x^3)]_{y=0}^{y=x^2}\,dx$$
$$= \int_0^3 x^2 \sin(\pi x^3)\,dx$$
$$= \left[-\frac{1}{3\pi}\cos(\pi x^3)\right]_0^3 = \frac{2}{3\pi}$$

이다.

(2) 적분 $\int e^{x^2}dx$를 구하기 어려우므로 주어진 이중적분의 순서를 $\iint e^{x^2}dxdy$로 해서는 문제의 답을 구하기 어렵다. 그러나 적분순서를 바꾸어 $\iint e^{x^2}dydx$로 계산하면 다음과 같이 좀더 간단히 주어진 문제를 풀 수 있다.

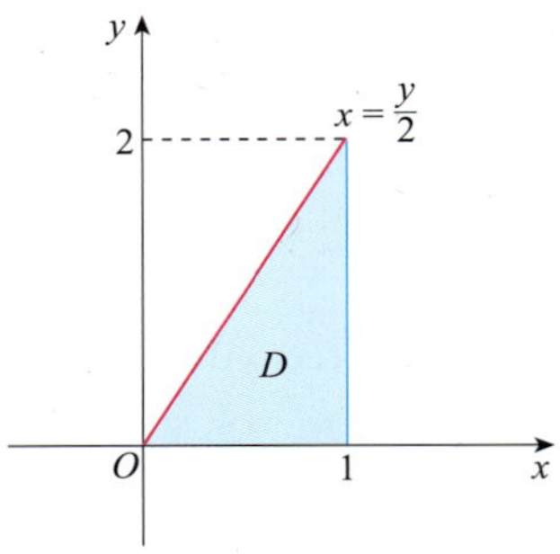

그림 11.1.10

주어진 영역 D는

$$D = \left\{(x, y) \middle| \frac{y}{2} \le x \le 1,\ 0 \le y \le 2\right\} = \{(x, y) | 0 \le x \le 1,\ 0 \le y \le 2x\}$$

로 표현할 수 있으므로,

$$\int_0^2 \int_{y/2}^1 e^{x^2}\, dxdy = \int_0^1 \int_0^{2x} e^{x^2}\, dydx = \int_0^1 [ye^{x^2}]_{y=0}^{y=2x}\, dx = \int_0^1 2xe^{x^2}\, dx = [e^{x^2}]_0^1 = e - 1$$

이다. ■

예제 11.1.14 영역 D가 $y = x$ 및 $y = x^3$에 의해 둘러싸인 부분일 때 $\iint_D (x-1)\, dxdy$를 구하여라.

풀이 그림 11.1.11에서

$$D_1 = \{(x, y) | -1 \le x \le 0,\ x \le y \le x^3\},$$
$$D_2 = \{(x, y) | 0 \le x \le 1,\ x^3 \le y \le x\}$$

이고 $D = D_1 \cup D_2$이므로, 다음과 같이 계산된다.

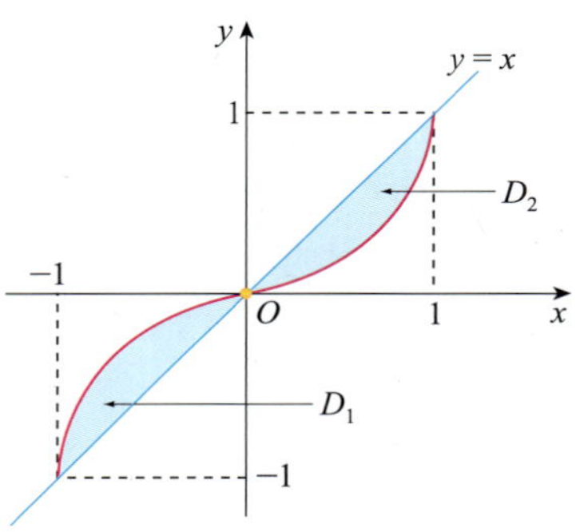

그림 11.1.11

$$\begin{aligned}\iint_D (x-1)\, dxdy &= \iint_{D_1 \cup D_2} (x-1)\, dxdy \\ &= \iint_{D_1} (x-1)\, dxdy + \iint_{D_2} (x-1)\, dxdy \\ &= \int_{-1}^0 \int_x^{x^3} (x-1)\, dydx + \int_0^1 \int_{x^3}^x (x-1)\, dydx \\ &= \int_{-1}^0 [y(x-1)]_{y=x}^{y=x^3}\, dx + \int_0^1 [y(x-1)]_{y=x^3}^{y=x}\, dx \\ &= \int_{-1}^0 (x^4 - x^3 - x^2 + x)\, dx \\ &\quad + \int_0^1 (-x^4 + x^3 + x^2 - x)\, dx \\ &= -\frac{1}{2}\end{aligned}$$

■

예제 11.1.15 다음 이중적분을 계산하여라.

(1) 직선 $y = 2x$와 포물선 $y = x^2$에 의해 둘러싸인 영역을 D라 할 때 $\iint_D (x^2 + y^2)\, dxdy$를 구하여라.

(2) 직선 $y = x - 1$과 포물선 $y^2 = 2x + 6$에 의해 둘러싸인 영역 D에 대하여 $\iint_D xy\, dxdy$를 구하여라.

풀이 (1) 먼저 영역 D를 집합으로 표시해보면

$D = \{(x, y) | 0 \le x \le 2,\ x^2 \le y \le 2x\}$이므로,

$$\begin{aligned}
&\iint_D (x^2 + y^2)\,dxdy \\
&\quad = \int_0^2 \int_{x^2}^{2x} (x^2 + y^2)\,dydx = \int_0^2 \left[x^2 y + \frac{1}{3} y^3 \right]_{y=x^2}^{y=2x} dx \\
&\quad = \int_0^2 \left(-\frac{1}{3} x^6 - x^4 + \frac{14}{3} x^3 \right) dx \\
&\quad = \left[-\frac{1}{21} x^7 - \frac{1}{5} x^5 + \frac{7}{6} x^4 \right]_0^2 = \frac{216}{35}
\end{aligned}$$

이다.

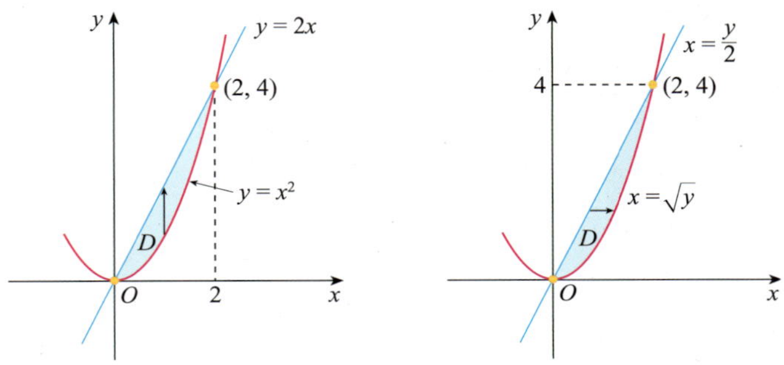

그림 11.1.12

이번엔 적분순서를 바꾸어 계산해보자. 그림 11.1.12에서와 같이 주어진 영역 D를

$$D = \left\{ (x, y) \middle| 0 \le y \le 4,\ \frac{y}{2} \le x \le \sqrt{y} \right\}$$

로도 표시할 수 있으므로,

$$\begin{aligned}
\iint_D (x^2 + y^2)\,dxdy &= \int_0^4 \int_{y/2}^{\sqrt{y}} (x^2 + y^2)\,dxdy \\
&= \int_0^4 \left[\frac{1}{3} x^3 + xy^2 \right]_{x=y/2}^{x=\sqrt{y}} dy \\
&= \int_0^4 \left\{ \left(\frac{1}{3} y^{3/2} + y^{5/2} \right) - \left(\frac{1}{24} y^3 + \frac{1}{2} y^3 \right) \right\} dy \\
&= \left[\frac{2}{15} y^{5/2} + \frac{2}{7} y^{7/2} - \frac{13}{96} y^4 \right]_0^4 = \frac{216}{35}
\end{aligned}$$

으로 동일한 값이 나온다.

(2) 주어진 영역의 경계인 함수들의 그래프는 다음 그림과 같다.

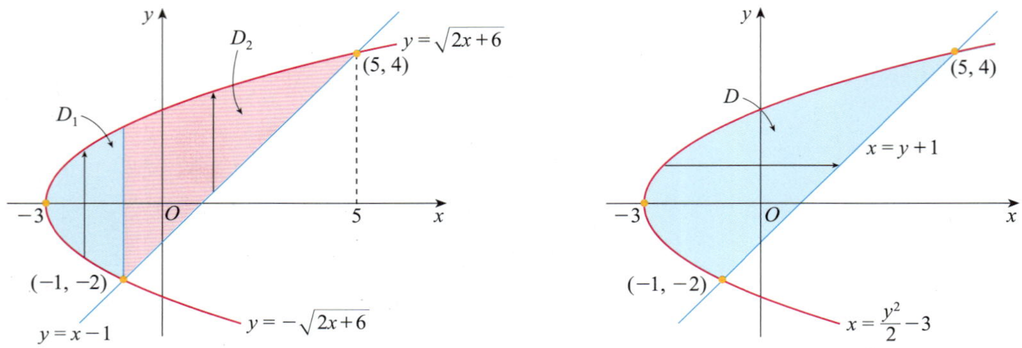

그림 11.1.13

주어진 영역 D는 첫 번째 그림과 같은 경우에는

$$D_1=\{(x,\ y)|-3\le x\le -1,\ -\sqrt{2x+6}\le y\le \sqrt{2x+6}\},$$
$$D_2=\{(x,\ y)|-1\le x\le 5,\ x-1\le y\le \sqrt{2x+6}\}$$

이므로 $D=D_1\cup D_2$이다.

두 번째 그림인 경우에는

$$D=\left\{(x,\ y)\middle|-2\le y\le 4,\ \frac{y^2}{2}-3\le x\le y+1\right\}$$

로 표시되므로, 두 번째 영역표시로 적분하는 것이 편리하다. 따라서

$$\begin{aligned}\iint_D xy\,dxdy &= \int_{-2}^{4}\left(\int_{(y^2/2)-3}^{y+1} xy\,dx\right)dy=\int_{-2}^{4}\left[\frac{1}{2}x^2y\right]_{x=(y^2/2)-3}^{x=y+1}dy\\ &=\frac{1}{2}\int_{-2}^{4}\left(-\frac{y^5}{4}+4y^3+2y^2-8y\right)dy\\ &=\frac{1}{2}\left[-\frac{y^6}{24}+y^4+\frac{2}{3}y^3-4y^2\right]_{-2}^{4}\\ &=36\end{aligned}$$

이다. ■

지금까지 이중적분 $\iint_D f(x,\ y)\,dA$를 계산할 때 반복적분으로 계산한다는 것을 공부하였고, 이때 적분순서는 두 가지가 있음을 보았다. 이러한 계산과정에서 어떤 적분순서를 택하는 것이 좋은지에 관한 일반적인 법칙은 없다. 주어진 상황에 맞는 적분순서를 택해야 한다. 효율적인 적분순서를 택할 수 있도록 많은 예제를 접하기 바란다.

극좌표계에서의 이중적분

우리는 어떤 함수의 그래프를 그리기 위해서는 좌표를 먼저 설정해야 한다고 배웠다. 그리고 이러한 좌표계는 편의에 따라 취할 수 있는 종류가 많이 있음을 공부했는데, 여기에서는 주어진 함수가 극좌표계에서 취급될 경우를 생각한다. 특히 극좌표계에서의 이중적분은 원형태의 영역에서의 이중적분을 생각할 때 유리하다. 앞에서 이미 배운 직교좌표계에서의 이중적분을 이용하여 극좌표계에서의 상황을 설명하고, 직교좌표와 극좌표 사이의 관계식으로부터 직교좌표계에서 정의된 이중적분을 극좌표에서의 이중적분으로 표현해보자.

정리 11.1.16

영역 D가 $D = \{(r, \theta) | 0 \le a \le r \le b, \alpha \le \theta \le \beta, 0 \le \beta - \alpha \le 2\pi\}$와 같이 극좌표로 주어지고, 함수 $f(x, y)$가 D에서 연속이면

$$\iint_D f(x, y)\, dxdy = \int_\alpha^\beta \int_a^b f(r\cos\theta, r\sin\theta)\, r\, drd\theta$$

이다.

주어진 이중적분의 영역이 원의 모양이거나 이와 관련된 형태이면 극좌표계의 이중적분으로 바꾸어 생각하는 것이 좋다. 예를 들어, 다음 이중적분을 영역 D에서 생각해보자.

$$\iint_D (x^2 + y^2)^{3/2}\, dA \tag{11.1.1}$$

이때 영역 D는 원점이 중심이고 반지름이 2인 원이다.

먼저 주어진 이중적분 (11.1.1)을 직교좌표계의 이중적분으로 생각해보자.

$$\iint_D (x^2 + y^2)^{3/2}\, dA = \int_{-2}^{2} \int_{-\sqrt{4-x^2}}^{\sqrt{4-x^2}} (x^2 + y^2)^{3/2}\, dydx$$

위의 과정에서와 같이 직교좌표계에서 이중적분의 계산이 다소 복잡하게 되었다. 그러나 위의 적분을 정리 11.1.16을 이용하여 극좌표계의 이중적분으로 변환시킨다면 다음과 같이 아주 효율적으로 계산할 수 있다.

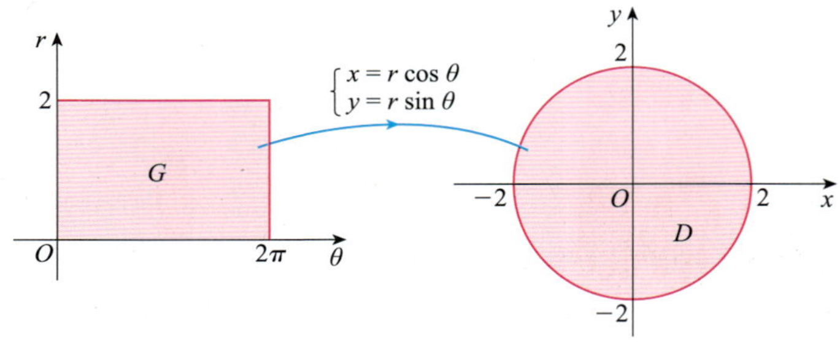

그림 11.1.14

$$\begin{aligned}\iint_D (x^2+y^2)^{3/2}\,dA &= \int_0^{2\pi}\int_0^2 (r^2\cos^2\theta + r^2\sin^2\theta)^{3/2}\,r\,drd\theta \\ &= \int_0^{2\pi}\int_0^2 r^4\,drd\theta \\ &= \int_0^{2\pi}\left[\frac{1}{5}r^5\right]_{r=0}^{r=2} d\theta = \frac{32}{5}\int_0^{2\pi} d\theta = \frac{64}{5}\pi\end{aligned}$$

이중적분 (11.1.1)의 두 좌표계(극좌표계, 직교좌표계)에서의 적분 과정을 다시 한번 비교해보기 바란다.

예제 11.1.17 영역이 $D=\left\{(r,\theta)\,\middle|\,1\le r\le 2,\ 0\le\theta\le\frac{1}{2}\pi\right\}$일 때 $\iint_D (3x+8y^2)\,dA$를 구하여라.

풀이 주어진 직교좌표를 극좌표 $\begin{cases}x = r\cos\theta\\ y = r\sin\theta\end{cases}$로 변환시켜 정리 11.1.16을 적용하면

$$\begin{aligned}\iint_D (3x+8y^2)\,dA &= \int_0^{\pi/2}\int_1^2 \{3r\cos\theta + 8(r\sin\theta)^2\}\,r\,drd\theta \\ &= \int_0^{\pi/2} [r^3\cos\theta + 2r^4\sin^2\theta]_{r=1}^{r=2}\,d\theta \\ &= \int_0^{\pi/2} (7\cos\theta + 30\sin^2\theta)\,d\theta \\ &= \left[7\sin\theta + 15\theta - \frac{15}{2}\sin 2\theta\right]_0^{\pi/2} \\ &= 7 + \frac{15}{2}\pi\end{aligned}$$

이다. ■

따름정리 11.1.18

영역 $D=\{(r,\theta)\mid \alpha\le\theta\le\beta,\ \rho_1(\theta)\le r\le\rho_2(\theta)\}$에서 $f(x, y)$가 연속이고 $r=\rho_1(\theta), r=\rho_2(\theta)$ $(0\le\beta-\alpha\le 2\pi)$가 연속이면,

$$\iint_D f(x, y)\,dxdy = \int_\alpha^\beta \int_{\rho_1(\theta)}^{\rho_2(\theta)} f(r\cos\theta, r\sin\theta)\, r\, drd\theta$$

이다.

증명 정리 11.1.16을 이용하여 정리 11.1.10과 같은 방법으로 증명하면 된다. ■

예제 11.1.19 다음을 구하여라.

$$\iint_D \sqrt{x^2+y^2}\, dA\,,\ D = \{(x, y) | 1 \le x^2+y^2 \le 2x\}$$

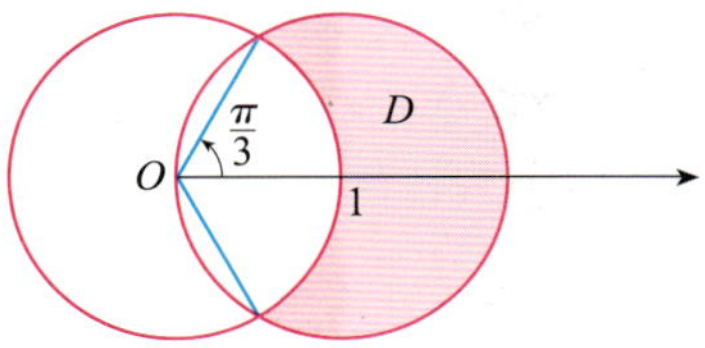

그림 11.1.15

풀이 영역 D는 $x^2+y^2-2x \le 0$ 및 $1 \le x^2+y^2$이므로 극좌표변환 $\begin{cases} x = r\cos\theta \\ y = r\sin\theta \end{cases}$를 하면 $r \le 2\cos\theta$ 및 $1 \le r$이다.

$\begin{cases} r = 2\cos\theta \\ r = 1 \end{cases}$을 풀면 $\theta = \pm\frac{1}{3}\pi$이므로 영역 D는

$$G = \left\{(r, \theta) \middle| 1 \le r \le 2\cos\theta,\ -\frac{1}{3}\pi \le \theta \le \frac{1}{3}\pi\right\}$$

로 변환된다. 그러므로

$$\begin{aligned}
\iint_D \sqrt{x^2+y^2}\, dA &= \iint_G r \cdot r\, drd\theta = \int_{-\pi/3}^{\pi/3}\int_1^{2\cos\theta} r^2\, drd\theta \\
&= \int_{-\pi/3}^{\pi/3} \left[\frac{1}{3}r^3\right]_{r=1}^{r=2\cos\theta} d\theta \\
&= \frac{1}{3}\int_{-\pi/3}^{\pi/3} (8\cos^3\theta - 1)\, d\theta \\
&= \frac{8}{3}\int_{-\pi/3}^{\pi/3} \cos\theta\,(1-\sin^2\theta)\, d\theta - \frac{1}{3}\int_{-\pi/3}^{\pi/3} d\theta \\
&= \frac{8}{3}\left[\sin\theta - \frac{1}{3}\sin^3\theta\right]_{-\pi/3}^{\pi/3} - \frac{1}{3}[\theta]_{-\pi/3}^{\pi/3} \\
&= 2\sqrt{3} - \frac{2}{9}\pi
\end{aligned}$$

이다. ■

좌표변환

주어진 일변수 함수의 적분을 간단히 계산하는 방법 중 하나는 치환법을 사용하는 것이었다(4.4절 참조). 치환적분을 할 때에는 적분구간도 변수의 치환에 의해 바꾸어 주어야 한다는 것도 공부하였다.

우리는 직교좌표계의 이중적분 영역이 원모양인 경우에 극좌표계를 사용하는 것이 더 효율적으로 계산할 수 있음을 공부하였고, 극좌표계에서의 이중적분과 직교좌표계에서의 이중적분의 변환 관계를

공부하였다. 또한 이러한 변환에서 적분함수와 적분구간을 변환시켰다. 이제 극좌표를 포함한 일반적인 좌표변환을 통한 이중적분의 계산을 공부해보자.

좌표변환에 대하여 알아보자. 먼저 직선 사이의 좌표변환에 대하여 알아보자. x좌표직선과 t좌표직선 사이의 좌표변환 $t = 2x + 1$을 생각해보자. 이 변환에 의해서 x좌표직선상의 폐구간 $[\alpha, \beta]$는 t좌표직선상의 폐구간 $[2\alpha + 1, 2\beta + 1]$로 옮겨진다. 이 변환의 x에 대한 도함수는 $\frac{dt}{dx} = 2$이며, 이는 변환 t에 의해서 일어나는 각 점 x에서의 길이의 변화량을 의미한다. 이를 치환적분과 관련하여 생각해보기 바란다. 일반적으로 직선 사이의 좌표변환은 $t = \phi(x)$로 표현된다.

이제 평면 사이의 좌표변환에 대하여 알아보자. 일반적으로는 (u, v)좌표평면의 점과 (x, y)좌표평면의 점 사이의 대응관계는

$$\begin{cases} x = f(u, v) \\ y = g(u, v) \end{cases} \tag{11.1.2}$$

로 나타낸다. 이를 **(u, v)에서 (x, y)로의 좌표변환**이라 한다. 예를 들어 우리가 잘 알고 있는 극좌표변환식 $\begin{cases} x = r\cos\theta \\ y = r\sin\theta \end{cases}$는 (r, θ)좌표에서 (x, y)좌표로의 좌표변환이다. 이 변환에 의해서 (r, θ)의 영역 $S = \{(r, \theta) | 0 \le r \le 1\}$은 (x, y)좌표평면의 반지름 1인 원으로 옮겨진다(그림 11.1.16 참조).

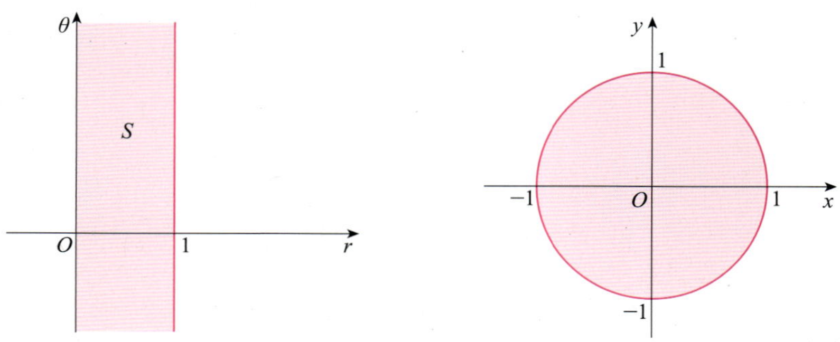

그림 11.1.16

구면좌표변환

$$\begin{cases} x = \rho\sin\phi\cos\theta \\ y = \rho\sin\phi\sin\theta \\ z = \rho\cos\phi \end{cases}$$

도 중요한 좌표변환 중의 하나이다.

직선 사이의 좌표변환에 대한 도함수는 각 점에서 길이의 변화를 표현하였고 치환적분법을 이용한 정적분에서 그 의미를 찾을 수 있다. 그러면 평면 사이의 좌표변환에서는 어떠한 양이 이러한 역할을 하겠는가?

정의 11.1.20 야코비 행렬식(Jacobian determinant)

평면 사이의 좌표변환 $\begin{cases} x = f(u, v) \\ y = g(u, v) \end{cases}$의 **야코비 행렬식**을

$$\frac{\partial(x, y)}{\partial(u, v)} = \frac{\partial(f, g)}{\partial(u, v)} = \begin{vmatrix} \dfrac{\partial x}{\partial u} & \dfrac{\partial x}{\partial v} \\ \dfrac{\partial y}{\partial u} & \dfrac{\partial y}{\partial v} \end{vmatrix}$$

로 정의한다. 이와 유사하게 3차원 공간 사이의 좌표변환 $\begin{cases} x = f(u, v, w) \\ y = g(u, v, w) \\ z = h(u, v, w) \end{cases}$에 대한 **야코비 행렬식**을

$$\frac{\partial(x, y, z)}{\partial(u, v, w)} = \frac{\partial(f, g, h)}{\partial(u, v, w)} = \begin{vmatrix} \dfrac{\partial x}{\partial u} & \dfrac{\partial x}{\partial v} & \dfrac{\partial x}{\partial w} \\ \dfrac{\partial y}{\partial u} & \dfrac{\partial y}{\partial v} & \dfrac{\partial y}{\partial w} \\ \dfrac{\partial z}{\partial u} & \dfrac{\partial z}{\partial v} & \dfrac{\partial z}{\partial w} \end{vmatrix}$$

로 정의한다.

n차원 공간 사이의 좌표변환에 대한 야코비 행렬식도 유사하게 정의한다.

직선 사이의 좌표변환과 유사하게 평면 사이의 좌표변환에 대한 야코비 행렬식은 평면의 각 점에서의 넓이의 변화율을 나타내고, 공간 사이의 좌표변환에 대한 야코비 행렬식은 공간의 각 점에서의 부피의 변화율을 나타낸다. 평면이나 공간 사이의 좌표변환에 대한 야코비 행렬식은 이 절에서 다루는 다중적분의 치환적분법을 위한 영역의 변환에서 매우 중요하게 쓰인다.

만약 좌표변환 (11.1.2)로부터 좌표변환 $\begin{cases} u = \phi(x, y) \\ v = \psi(x, y) \end{cases}$를 찾아서

$u = \phi(f(u, v), g(u, v))$, $v = \psi(f(u, v), g(u, v))$, $x = f(\phi(x, y), \psi(x, y))$,

$y = g(\phi(x, y), \psi(x, y))$를 만족시키면, 좌표변환 $\begin{cases} u = \phi(x, y) \\ v = \psi(x, y) \end{cases}$를 좌표

변환 (11.1.2)의 **역좌표변환**이라 하고 이의 야코비 행렬식

$$\frac{\partial(u, v)}{\partial(x, y)} = \frac{\partial(\phi, \psi)}{\partial(x, y)} = \begin{vmatrix} \frac{\partial u}{\partial x} & \frac{\partial u}{\partial y} \\ \frac{\partial v}{\partial x} & \frac{\partial v}{\partial y} \end{vmatrix}$$

를 좌표변환 (11.1.2)의 역좌표변환의 야코비 행렬식이라 한다.

예제 11.1.21 좌표변환 $\begin{cases} x = u + v \\ y = uv \end{cases}$의 야코비 행렬식을 구하여라.

풀이 $$\frac{\partial(x, y)}{\partial(u, v)} = \begin{vmatrix} \frac{\partial x}{\partial u} & \frac{\partial x}{\partial v} \\ \frac{\partial y}{\partial u} & \frac{\partial y}{\partial v} \end{vmatrix} = \begin{vmatrix} 1 & 1 \\ v & u \end{vmatrix} = u - v$$ ■

예제 11.1.22 극좌표변환 $\begin{cases} x = r\cos\theta \\ y = r\sin\theta \end{cases}$의 야코비 행렬식과 그 역좌표변환의 야코비 행렬식을 구하여라.

풀이 극좌표변환 $\begin{cases} x = r\cos\theta \\ y = r\sin\theta \end{cases}$의 야코비 행렬식은

$$\frac{\partial(x, y)}{\partial(r, \theta)} = \begin{vmatrix} \frac{\partial x}{\partial r} & \frac{\partial x}{\partial \theta} \\ \frac{\partial y}{\partial r} & \frac{\partial y}{\partial \theta} \end{vmatrix} = \begin{vmatrix} \cos\theta & -r\sin\theta \\ \sin\theta & r\cos\theta \end{vmatrix} = r\cos^2\theta + r\sin^2\theta = r$$

이다.

이제 극좌표변환의 역좌표변환의 야코비 행렬식을 구해보자. $r^2 = x^2 + y^2$, $\theta = \tan^{-1}\frac{y}{x}$의 양변을 x, y에 관해 각각 미분하여

$$\frac{\partial r}{\partial x} = \frac{x}{r}, \ \frac{\partial r}{\partial y} = \frac{y}{r}, \ \frac{\partial \theta}{\partial x} = \frac{-y}{x^2 + y^2}, \ \frac{\partial \theta}{\partial y} = \frac{x}{x^2 + y^2}$$

를 얻는다.

따라서 역좌표변환의 야코비 행렬식은

$$\frac{\partial(r, \theta)}{\partial(x, y)} = \begin{vmatrix} \frac{\partial r}{\partial x} & \frac{\partial r}{\partial y} \\ \frac{\partial \theta}{\partial x} & \frac{\partial \theta}{\partial y} \end{vmatrix} = \begin{vmatrix} \frac{x}{r} & \frac{y}{r} \\ \frac{-y}{x^2 + y^2} & \frac{x}{x^2 + y^2} \end{vmatrix} = \frac{1}{r}$$

이다.

이로부터 극좌표변환 $\begin{cases} x = r\cos\theta \\ y = r\sin\theta \end{cases}$의 야코비 행렬식과 그 역좌표변환의 야코비 행렬식은 서로 역수 관계에 있음을 확인할 수 있다. ■

예제 11.1.23 구면좌표변환 $\begin{cases} x = \rho \sin\phi \cos\theta \\ y = \rho \sin\phi \sin\theta \\ z = \rho \cos\phi \end{cases}$ 의 야코비 행렬식을 구하여라.

풀이

$$\frac{\partial(x, y, z)}{\partial(\rho, \phi, \theta)} = \begin{vmatrix} \frac{\partial x}{\partial \rho} & \frac{\partial x}{\partial \phi} & \frac{\partial x}{\partial \theta} \\ \frac{\partial y}{\partial \rho} & \frac{\partial y}{\partial \phi} & \frac{\partial y}{\partial \theta} \\ \frac{\partial z}{\partial \rho} & \frac{\partial z}{\partial \phi} & \frac{\partial z}{\partial \theta} \end{vmatrix}$$

$$= \begin{vmatrix} \sin\phi\cos\theta & \rho\cos\phi\cos\theta & -\rho\sin\phi\sin\theta \\ \sin\phi\sin\theta & \rho\cos\phi\sin\theta & \rho\sin\phi\cos\theta \\ \cos\phi & -\rho\sin\phi & 0 \end{vmatrix} = \rho^2 \sin\phi \ \blacksquare$$

평면 사이의 좌표변환에 대한 야코비 행렬식은 평면의 각 점에서의 넓이의 변화율을 나타냄을 알고 있다. 따라서 평면 사이의 두 좌표변환의 합성에 대한 야코비 행렬식은 각 좌표변환의 야코비 행렬식의 곱으로 표현됨을 유추할 수 있다. 다음 정리는 이 유추가 참이라는 것을 보여준다.

정리 11.1.24 합성변환의 야코비 행렬식

두 좌표변환 $\begin{cases} x = x(u, v) \\ y = y(u, v) \end{cases}$, $\begin{cases} u = u(z, w) \\ v = v(z, w) \end{cases}$에 대하여 이 두 변환의 합성변환의 야코비 행렬식은

$$\frac{\partial(x, y)}{\partial(z, w)} = \frac{\partial(x, y)}{\partial(u, v)} \cdot \frac{\partial(u, v)}{\partial(z, w)}$$

이다.

증명 연쇄법칙을 이용하면

$$\begin{cases} \frac{\partial x}{\partial z} = \frac{\partial x}{\partial u}\frac{\partial u}{\partial z} + \frac{\partial x}{\partial v}\frac{\partial v}{\partial z} \\ \frac{\partial x}{\partial w} = \frac{\partial x}{\partial u}\frac{\partial u}{\partial w} + \frac{\partial x}{\partial v}\frac{\partial v}{\partial w} \end{cases}, \quad \begin{cases} \frac{\partial y}{\partial z} = \frac{\partial y}{\partial u}\frac{\partial u}{\partial z} + \frac{\partial y}{\partial v}\frac{\partial v}{\partial z} \\ \frac{\partial y}{\partial w} = \frac{\partial y}{\partial u}\frac{\partial u}{\partial w} + \frac{\partial y}{\partial v}\frac{\partial v}{\partial w} \end{cases}$$

이므로

$$\frac{\partial(x, y)}{\partial(u, v)} \cdot \frac{\partial(u, v)}{\partial(z, w)} = \begin{vmatrix} \frac{\partial x}{\partial u} & \frac{\partial x}{\partial v} \\ \frac{\partial y}{\partial u} & \frac{\partial y}{\partial v} \end{vmatrix} \cdot \begin{vmatrix} \frac{\partial u}{\partial z} & \frac{\partial u}{\partial w} \\ \frac{\partial v}{\partial z} & \frac{\partial v}{\partial w} \end{vmatrix}$$

$$= \begin{vmatrix} \frac{\partial x}{\partial u}\frac{\partial u}{\partial z} + \frac{\partial x}{\partial v}\frac{\partial v}{\partial z} & \frac{\partial x}{\partial u}\frac{\partial u}{\partial w} + \frac{\partial x}{\partial v}\frac{\partial v}{\partial w} \\ \frac{\partial y}{\partial u}\frac{\partial u}{\partial z} + \frac{\partial y}{\partial v}\frac{\partial v}{\partial z} & \frac{\partial y}{\partial u}\frac{\partial u}{\partial w} + \frac{\partial y}{\partial v}\frac{\partial v}{\partial w} \end{vmatrix}$$

$$= \begin{vmatrix} \frac{\partial x}{\partial z} & \frac{\partial x}{\partial w} \\ \frac{\partial y}{\partial z} & \frac{\partial y}{\partial w} \end{vmatrix} = \frac{\partial (x, y)}{\partial (z, w)}$$

이다. ■

야코비 행렬식의 의미로부터 어떤 좌표변환의 야코비 행렬식과 그 역좌표변환의 야코비 행렬식은 서로 역수관계에 있음을 유추할 수 있다. 예제 11.1.22는 이의 특별한 경우이다. 더욱이 이 명제가 참임을 정리 11.1.24를 사용하여 다음과 같이 확인할 수 있다.

> **따름정리 11.1.25 역좌표변환의 야코비 행렬식**
>
> 좌표변환 $\begin{cases} x = x(u, v) \\ y = y(u, v) \end{cases}$의 역좌표변환 $\begin{cases} u = u(x, y) \\ v = v(x, y) \end{cases}$의 야코비 행렬식은 $\frac{\partial (u, v)}{\partial (x, y)} = \frac{1}{\frac{\partial (x, y)}{\partial (u, v)}}$이다.

증명 정리 11.1.24에서

$$\frac{\partial (x, y)}{\partial (u, v)} \cdot \frac{\partial (u, v)}{\partial (x, y)} = \frac{\partial (x, y)}{\partial (x, y)} = \begin{vmatrix} 1 & 0 \\ 0 & 1 \end{vmatrix} = 1$$

이므로

$$\frac{\partial (u, v)}{\partial (x, y)} = \frac{1}{\frac{\partial (x, y)}{\partial (u, v)}}$$

이다. ■

예제 11.1.26 다음 좌표변환의 합성변환에 대한 야코비 행렬식을 구하여라.

$$\begin{cases} x = u + v \\ y = uv \end{cases}, \quad \begin{cases} u = z^2 + w^2 \\ v = zw^2 \end{cases}$$

증명 정리 11.1.24를 이용하여 다음을 얻는다.

$$\frac{\partial(x, y)}{\partial(z, w)} = \frac{\partial(x, y)}{\partial(u, v)} \cdot \frac{\partial(u, v)}{\partial(z, w)} = \begin{vmatrix} \frac{\partial x}{\partial u} & \frac{\partial x}{\partial v} \\ \frac{\partial y}{\partial u} & \frac{\partial y}{\partial v} \end{vmatrix} \cdot \begin{vmatrix} \frac{\partial u}{\partial z} & \frac{\partial u}{\partial w} \\ \frac{\partial v}{\partial z} & \frac{\partial v}{\partial w} \end{vmatrix}$$

$$= \begin{vmatrix} 1 & 1 \\ v & u \end{vmatrix} \cdot \begin{vmatrix} 2z & 2w \\ w^2 & 2zw \end{vmatrix} = (u - v)(4z^2 w - 2w^3)$$

또 다른 방법은, 직접 대입하여 x, y를 z, w의 함수로 아래와 같이 나타내면

$$\begin{cases} x = u + v = z^2 + w^2 + zw^2 \\ y = uv = (z^2 + w^2)zw^2 \end{cases}$$

이 되고, 이의 야코비 행렬식을 구하면 된다. ■

이제 uv평면상의 영역에서의 이중적분을 xy평면상의 영역에서의 이중적분으로의 변환식을 생각해보자.

즉 uv평면에서 영역 G가 변환식 (11.1.2)에 의해 xy평면의 영역 D로 변환되었다면 영역 D에서의 함수 $\phi(x, y)$에 대한 이중적분은

$$\iint_D \phi(x, y)\,dxdy = \iint_G \phi(f(u, v), g(u, v)) \left| \frac{\partial(x, y)}{\partial(u, v)} \right| dudv \quad (11.1.3)$$

이고, $\left| \frac{\partial(x, y)}{\partial(u, v)} \right|$는 변환식 (11.1.2)의 야코비 행렬식의 절댓값이다.

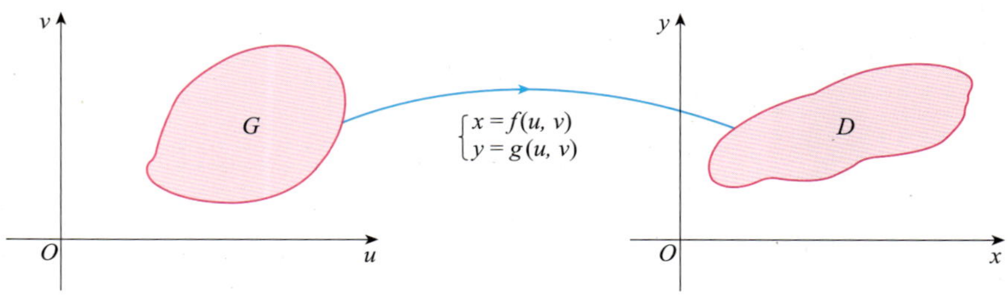

그림 11.1.17

앞의 식 (11.1.3)을 극좌표계에 적용하면(즉 $u = r$, $v = \theta$),

$$\begin{cases} x = r\cos\theta \\ y = r\sin\theta \end{cases} \quad (11.1.4)$$

이고, 이 좌표변환의 야코비 행렬식의 절댓값은 $\left| \frac{\partial(x, y)}{\partial(r, \theta)} \right| = r$이므로 식 (11.1.3)에 적용하면 정리 11.1.16의 결과인

$$\iint_D \phi(x, y)\,dxdy = \iint_G \phi(r\cos\theta, r\sin\theta)\,r\,drd\theta$$

가 나온다.

함수의 변수가 3개 이상일 때도 식 (11.1.3)과 비슷한 결과를 얻을 수 있다.

예제 11.1.27 $\int_0^3 \int_{y/2}^{(y/2)+1} \frac{x-y}{2}\, dxdy$를 변수변환 $u = \frac{2x-y}{2}$, $v = \frac{y}{2}$를 통하여 uv평면상의 적절한 영역에서의 적분으로 구하여라.

풀이 먼저 영역 D는 xy평면 위에서

$$D = \left\{(x, y) \middle| 0 \le y \le 3, \frac{y}{2} \le x \le \frac{y}{2} + 1\right\}$$

로 표현된다. 이 적분을 xy평면에서의 적분으로 하려면 영역을 그림 11.1.18과 같이 세 부분으로 나누어야 하므로 다소 번거로울 수 있다. 그러므로 주어진 적분을 uv평면으로 변환하여 생각해보자. 문제에서 주어진 변수변환

$$x = u + v,\ y = 2v$$

는 xy평면 위의 영역 D를 uv평면 위의 영역

$$G = \left\{(u, v) \middle| 0 \le u \le 1,\ 0 \le v \le \frac{3}{2}\right\}$$

으로 변환시킨다.

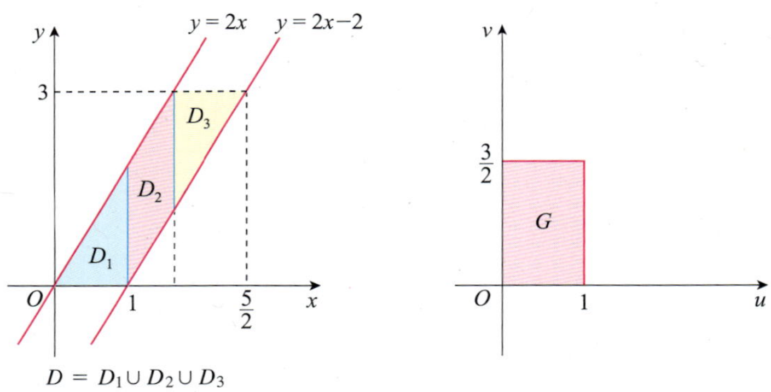

그림 11.1.18

또한 이 변환의 야코비 행렬식은

$$\frac{\partial(x, y)}{\partial(u, v)} = \begin{vmatrix} \frac{\partial x}{\partial u} & \frac{\partial x}{\partial v} \\ \frac{\partial y}{\partial u} & \frac{\partial y}{\partial v} \end{vmatrix} = \begin{vmatrix} 1 & 1 \\ 0 & 2 \end{vmatrix} = 2$$

이다. 그러므로 식 (11.1.3)에 대입하면

$$\int_0^3 \int_{y/2}^{(y/2)+1} \frac{x-y}{2}\,dxdy = \iint_G \frac{(u+v)-2v}{2}\left|\frac{\partial(x,y)}{\partial(u,v)}\right| dudv$$
$$= \int_0^{3/2}\int_0^1 (u-v)\,dudv$$
$$= \int_0^{3/2}\left[\frac{1}{2}u^2 - uv\right]_{u=0}^{u=1} dv$$
$$= \int_0^{3/2}\left(\frac{1}{2}-v\right)dv = -\frac{3}{8}$$

을 얻을 수 있다. ■

예제 11.1.28 $\int_0^{2/3}\int_y^{2-2y} e^{y-x}\,dxdy$를 변수변환 $u = x+2y$, $v = x-y$를 통하여 uv평면 위의 적절한 영역에서의 적분으로 구하여라.

풀이 먼저 영역 D는 xy평면 위에

$$D = \left\{(x,y)\middle|\, 0 \le y \le \frac{2}{3},\ y \le x \le 2-2y\right\}$$

로 표현된다. 주어진 적분을 uv평면으로 변환하여 생각해보자. 문제에서 주어진 대로 다음의 변수변환

$$x = \frac{u+2v}{3},\ y = \frac{u-v}{3}$$

는 xy평면 위의 영역 D를 uv평면 위의 영역

$$G = \{(u,v) | 0 \le u \le 2,\ 0 \le v \le u\}$$

로 변환시킨다.

또한 이 변환의 야코비 행렬식은

$$\frac{\partial(x,y)}{\partial(u,v)} = \begin{vmatrix} \frac{\partial x}{\partial u} & \frac{\partial x}{\partial v} \\ \frac{\partial y}{\partial u} & \frac{\partial y}{\partial v} \end{vmatrix} = \begin{vmatrix} \frac{1}{3} & \frac{2}{3} \\ \frac{1}{3} & -\frac{1}{3} \end{vmatrix} = -\frac{1}{3}$$

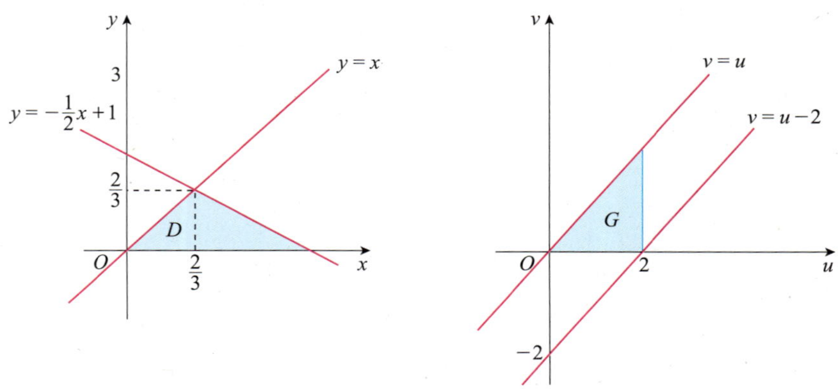

그림 11.1.19

이다. 그러므로 식 (11.1.3)에 대입하면

$$\begin{aligned}\int_0^{2/3}\int_y^{2-2y} e^{y-x}\,dxdy &= \iint_G e^{-v}\left|\frac{\partial(x,\ y)}{\partial(u,\ v)}\right| dudv \\ &= \int_0^2\int_0^u \frac{e^{-v}}{3}\,dvdu = \int_0^2\left[-\frac{e^{-v}}{3}\right]_{v=0}^{v=u} du \\ &= \frac{1}{3}\int_0^2 (1-e^{-u})\,du = \frac{1}{3}(1+e^{-2})\end{aligned}$$

이다. ■

이중적분의 확장

지금까지 영역 D가 유계폐영역이고 피적분함수가 이 영역에서 연속인 경우를 취급하였는데, 이제 영역 D가 유계가 아닌 경우 또는 유계폐영역이라도 피적분함수가 이 영역에서 연속이 아닌 경우의 이중적분을 생각해본다. 이것은 6.5절에서의 이상적분에 대응되는 것으로, 이와 유사한 방법으로 이중적분을 생각해보자. 다음 예제 11.1.29(2)는 가우스 함수의 이상적분인 분포함수의 경우가 된다(예제 6.5.6 참조).

예제 11.1.29 다음을 구하여라.

(1) $\displaystyle\iint_D \frac{1}{\sqrt{x^2+y^2}}\,dxdy,\ D=\{(x,\ y)\,|\,x^2+y^2\le 1\}$

(2) $\displaystyle\int_0^\infty e^{-x^2}\,dx$

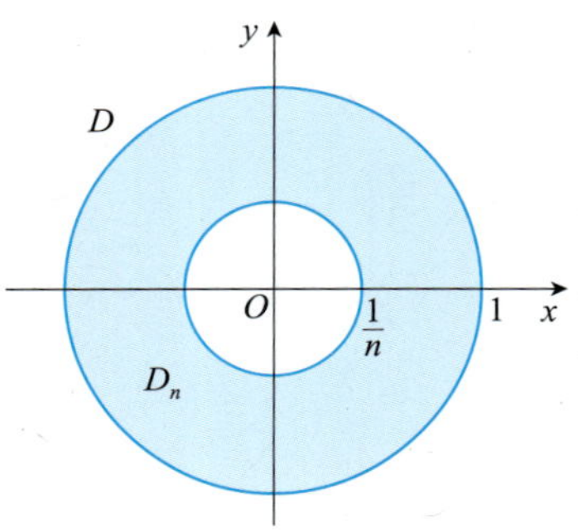

그림 11.1.20

풀이 (1) 영역 D 안의 점 (0, 0)에서 피적분함수가 불연속이므로

$$D_n=\left\{(x,\ y)\,\middle|\,\frac{1}{n^2}\le x^2+y^2\le 1\right\}\subset D$$

인 D_n을 잡고 D_n에서의 이중적분 값을 구하여 $n\to\infty$인 극한을 취한다.

$$\begin{aligned}\iint_D \frac{1}{\sqrt{x^2+y^2}}\,dxdy &= \lim_{n\to\infty}\iint_{D_n}\frac{1}{\sqrt{x^2+y^2}}\,dxdy = \lim_{n\to\infty}\int_0^{2\pi}\int_{1/n}^1 drd\theta \\ &= \lim_{n\to\infty} 2\pi\left(1-\frac{1}{n}\right) = 2\pi\end{aligned}$$

(2) 이 문제는 이중적분 문제는 아니지만 이중적분을 이용하여 풀 수 있다. $x,\ y\ge 0$에 대하여

$$D_s=\{(x,\ y)\,|\,x,\ y\le s\},$$
$$D_1=\{(x,\ y)\,|\,x^2+y^2\le s^2\},$$
$$D_2=\{(x,\ y)\,|\,x^2+y^2\le 2s^2\}$$

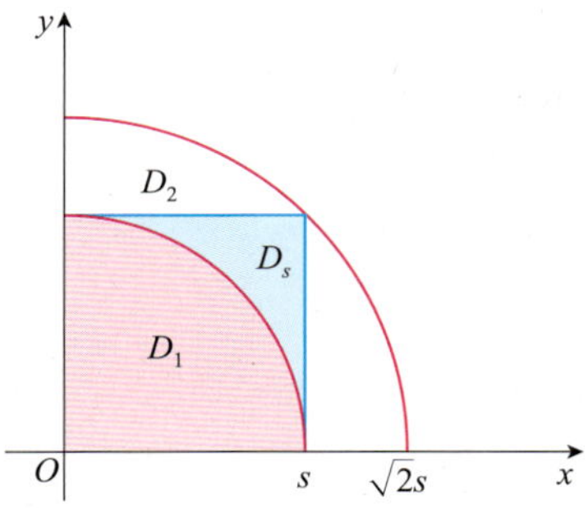

그림 11.1.21

이라 두고, $f(x, y) = e^{-(x^2+y^2)}$이라 하면 $f(x, y) > 0$이므로

$$\iint_{D_1} f(x, y)\,dxdy < \iint_{D_s} f(x, y)\,dxdy < \iint_{D_2} f(x, y)\,dxdy$$

이다.

$$\iint_{D_1} f(x, y)\,dxdy = \int_0^{\pi/2}\int_0^{s} r\,e^{-r^2}\,drd\theta = \frac{\pi}{4}(1 - e^{-s^2}),$$

$$\iint_{D_2} f(x, y)\,dxdy = \int_0^{\pi/2}\int_0^{\sqrt{2}\,s} re^{-r^2}\,drd\theta = \frac{\pi}{4}(1 - e^{-2s^2}),$$

$$\begin{aligned}\iint_{D_s} f(x, y)\,dxdy &= \int_0^{s}\int_0^{s} e^{-(x^2+y^2)}\,dxdy \\ &= \left(\int_0^{s} e^{-x^2}\,dx\right)\cdot\left(\int_0^{s} e^{-y^2}\,dy\right) \\ &= \left(\int_0^{s} e^{-x^2}\,dx\right)^2\end{aligned}$$

이므로

$$\frac{\pi}{4}(1 - e^{-s^2}) < \left(\int_0^{s} e^{-x^2}\,dx\right)^2 < \frac{\pi}{4}(1 - e^{-2s^2})$$

이고, $s \to \infty$일 때

$$\left(\int_0^{\infty} e^{-x^2}\,dx\right)^2 = \frac{\pi}{4},\quad 즉\quad \int_0^{\infty} e^{-x^2}\,dx = \frac{\sqrt{\pi}}{2}$$

이다. ■

$E \subset \mathbb{R}^3$인 유계폐영역 E에서 정의된 함수 $f(x, y, z)$가 E에서 연속이면 이중적분과 같이 삼중적분(triple integral)을 정의할 수 있고,

$$\iiint_E f(x, y, z)\,dV\,,\quad \iiint_E f(x, y, z)\,dxdydz$$

등으로 나타낸다. 또한 삼중적분의 성질들도 이중적분의 성질들과 유사하다.

다음 정리들은 푸비니 정리들(정리 11.1.6, 정리 11.1.10)의 확장이다.

정리 11.1.30

(1) 함수 $f(x, y, z)$가 영역 $E = [a_1, b_1]\times[a_2, b_2]\times[a_3, b_3]$에서 연속일 때

$$\iiint_E f(x, y, z)\,dxdydz = \int_{a_1}^{b_1}\int_{a_2}^{b_2}\int_{a_3}^{b_3} f(x, y, z)\,dzdydx$$

이다.

(2) $\psi_1, \psi_2, \phi_1, \phi_2$가 연속함수이고, 함수 $f(x, y, z)$가 영역

$$E = \{(x, y, z) \mid a \le x \le b, \psi_1(x) \le y \le \psi_2(x), \phi_1(x, y) \le z \le \phi_2(x, y)\}$$

에서 연속이면

$$\iiint_E f(x, y, z)\, dxdydz = \int_a^b \int_{\psi_1(x)}^{\psi_2(x)} \int_{\phi_1(x, y)}^{\phi_2(x, y)} f(x, y, z)\, dzdydx$$

이다.

삼중적분에 관한 좌표변환에 대해서도 영역 E의 변환은 이중적분에서 언급한 것처럼 야코비 행렬식이 적용된다. 즉 uvw공간에서 영역 G가 미분가능한 함수

$$\begin{cases} x = f(u, v, w) \\ y = g(u, v, w) \\ z = h(u, v, w) \end{cases} \tag{11.1.5}$$

에 의해 xyz공간의 영역 D로 변환되었다면 영역 D에서의 함수 $\phi(x, y, z)$에 대한 삼중적분은

$$\begin{aligned} &\iiint_D \phi(x, y, z)\, dx\, dy\, dz \\ &= \iiint_G \phi(f(u, v, w), g(u, v, w), h(u, v, w)) \left| \frac{\partial(x, y, z)}{\partial(u, v, w)} \right| dudvdw \end{aligned} \tag{11.1.6}$$

이고, $\left| \frac{\partial(x, y, z)}{\partial(u, v, w)} \right| = |J|$는 변환 (11.1.5)의 야코비 행렬식 J의 절댓값이다.

여기서는 다음의 대표적인 변환들을 생각한다.

원주좌표를 직교좌표로 변환	구면좌표를 직교좌표로 변환	구면좌표를 원주좌표로 변환
$\begin{cases} x = r\cos\theta \\ y = r\sin\theta \\ z = z \end{cases}$ $J = r$	$\begin{cases} x = \rho\sin\phi\cos\theta \\ y = \rho\sin\phi\sin\theta \\ z = \rho\cos\phi \end{cases}$ $J = \rho^2\sin\phi$	$\begin{cases} r = \rho\sin\phi \\ \theta = \theta \\ z = \rho\cos\phi \end{cases}$ $J = \rho$
단, J는 좌표변환의 야코비 행렬식이다.		

정리 11.1.31

h_1, h_2, g_1, g_2가 연속함수이고, 영역 E가

$$E = \{(r, \theta, z) \mid \alpha \le \theta \le \beta,\ h_1(\theta) \le r \le h_2(\theta),\ g_1(x, y) \le z \le g_2(x, y)\}$$

와 같이 원주좌표로 주어졌다고 하자. 함수 $f(x, y, z)$가 E에서 연속이면

$$\iiint_E f(x, y, z)\,dxdydz = \int_\alpha^\beta \int_{h_1(\theta)}^{h_2(\theta)} \int_{g_1(r\cos\theta,\ r\sin\theta)}^{g_2(r\cos\theta,\ r\sin\theta)} f(r\cos\theta,\ r\sin\theta,\ z)\, r\,dzdrd\theta$$

이다.

증명 정리 11.1.30(2)에 의해서

$$\iiint_E f(x, y, z)\,dxdydz = \iint_D \left[\int_{g_1(x,\ y)}^{g_2(x,\ y)} f(x, y, z)\,dz\right] dxdy \qquad (11.1.7)$$

이고, 이때 $D = \{(r, \theta) \mid h_1(\theta) \le r \le h_2(\theta),\ \alpha \le \theta \le \beta\}$임을 알 수 있다. 정리 11.1.16을 위의 식 (11.1.7)에 적용하면 정리 11.1.31이 증명된다. ■

정리 11.1.32

h_1, h_2, g_1, g_2가 연속함수이고, 영역이

$$E = \{(\rho, \phi, \theta) \mid \alpha \le \theta \le \beta,\ 0 \le h_1(\theta) \le \phi \le h_2(\theta),\ g_1(\phi, \theta) \le \rho \le g_2(\phi, \theta)\}$$

와 같이 구면좌표로 주어질 때, 함수 $f(x, y, z)$가 E에서 연속이면

$$\iiint_E f(x, y, z)\,dxdydz = \int_\alpha^\beta \int_{h_1(\theta)}^{h_2(\theta)} \int_{g_1(\phi,\ \theta)}^{g_2(\phi,\ \theta)} f(\rho\sin\phi\cos\theta,\ \rho\sin\phi\sin\theta,\ \rho\cos\phi)\,\rho^2\sin\phi\,d\rho d\phi d\theta$$

이다.

증명은 생략하도록 한다.

예제 11.1.33 다음을 구하여라.

(1) $\iiint_E xy^2\,dV,\ E=[2,5]\times[1,2]\times[2,3]$

(2) 평면 $z=0$, $z=x$ 및 곡면 $y^2=4-2x$로 둘러싸인 입체를 E라고 할 때 $\iiint_E dV$를 구하여라.

(3) $\iiint_E \sqrt{x^2+y^2}\,dV,\ E=\{(x,y,z)\mid x^2+y^2\le 16,\ 0\le z\le 4-y\}$

(4) $\int_{-2}^{2}\int_{-\sqrt{4-x^2}}^{\sqrt{4-x^2}}\int_{(x^2+y^2)^2}^{1} x^2\,dzdydx$

(5) $\iiint_E dV,\ E=\{(x,y,z)\mid x^2+y^2+z^2\le a^2\}$

풀이 (1) $\iiint_E xy^2\,dV=\int_2^3\int_1^2\int_2^5 xy^2\,dxdydz=\dfrac{21}{2}\int_2^3\int_1^2 y^2\,dydz$

$$=\frac{49}{2}\int_2^3 dz=\frac{49}{2}$$

(2) $$\iiint_E dV=\int_0^2\int_{-\sqrt{4-2x}}^{\sqrt{4-2x}}\int_0^x dzdydx=\int_0^2\int_{-\sqrt{4-2x}}^{\sqrt{4-2x}} x\,dydx$$

$$=\int_0^2 x\left([y]_{-\sqrt{4-2x}}^{\sqrt{4-2x}}\right)dx=\int_0^2 2x\sqrt{4-2x}\,dx$$

여기에서 $4-2x=t$로 치환하면

$$\iiint_E dV=-\int_4^0\frac{1}{2}(4-t)\sqrt{t}\,dt=-\left[\frac{4}{3}t^{3/2}-\frac{1}{5}t^{5/2}\right]_4^0=\frac{64}{15}$$

이다.

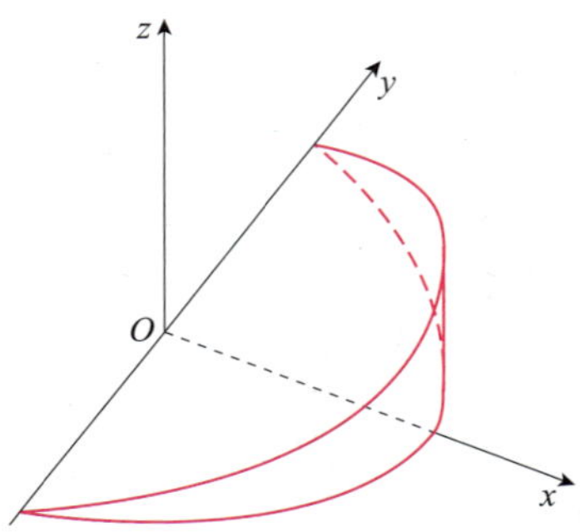

그림 11.1.22

(3) 좌표변환

$$\begin{cases} x=r\cos\theta \\ y=r\sin\theta \\ z=z \end{cases}$$

에 의해서 $0\le r\le 4$, $0\le z\le 4-r\sin\theta$이다. 그러므로 주어진 영역 E는

$$G=\{(r,\theta,z)\mid 0\le r\le 4,\ 0\le\theta\le 2\pi,\ 0\le z\le 4-r\sin\theta\}$$

로 변환된다. 그러므로

$$\iiint_E\sqrt{x^2+y^2}\,dV=\int_0^{2\pi}\int_0^4\int_0^{4-r\sin\theta} r\cdot r\,dzdrd\theta$$

$$=\int_0^{2\pi}\int_0^4 r^2\left([z]_{z=0}^{z=4-r\sin\theta}\right)drd\theta$$

$$=\int_0^{2\pi}\int_0^4(4r^2-r^3\sin\theta)\,drd\theta$$

$$=\int_0^{2\pi}\left[\frac{4}{3}r^3-\frac{1}{4}r^4\sin\theta\right]_{r=0}^{r=4}d\theta$$

$$= \int_0^{2\pi} \left(\frac{256}{3} - 64 \sin\theta \right) d\theta = \frac{512}{3}\pi$$

이다.

(4) 주어진 문제에서 직접 계산할 수도 있지만 이 문제를 원주좌표로 변환하면 계산이 쉬워진다. 주어진 영역

$$E = \{(x, y, z) \mid x^2 + y^2 \le 4, (x^2 + y^2)^2 \le z \le 1\}$$

은

$$G = \{(r, \theta, z) \mid 0 \le r \le 2, 0 \le \theta \le 2\pi, r^4 \le z \le 1\}$$

로 변환되므로

$$\begin{aligned}
\int_{-2}^{2} \int_{-\sqrt{4-x^2}}^{\sqrt{4-x^2}} \int_{(x^2+y^2)^2}^{1} x^2\, dzdydx &= \int_0^{2\pi} \int_0^2 \int_{r^4}^1 r^2 \cos^2\theta \cdot r\, dzdrd\theta \\
&= \int_0^{2\pi} \int_0^2 r^3 \cos^2\theta \left([z]_{z=r^4}^{z=1} \right) drd\theta \\
&= \int_0^{2\pi} \int_0^2 (r^3 - r^7) \cos^2\theta\, drd\theta \\
&= \int_0^{2\pi} \left[\left(\frac{1}{4} r^4 - \frac{1}{8} r^8 \right) \cos^2\theta \right]_{r=0}^{r=2} d\theta \\
&= -28 \int_0^{2\pi} \cos^2\theta\, d\theta \\
&= -28 \int_0^{2\pi} \frac{1 + \cos(2\theta)}{2}\, d\theta = -28\pi
\end{aligned}$$

이다.

(5) 구면좌표로 변환하여 계산하면

$$\begin{aligned}
\iiint_E dV &= \int_0^{2\pi} \int_0^{\pi} \int_0^a \rho^2 \sin\phi\, d\rho d\phi d\theta \\
&= \int_0^{2\pi} \int_0^{\pi} \frac{1}{3} a^3 \sin\phi\, d\phi d\theta \\
&= \int_0^{2\pi} \left[-\frac{1}{3} a^3 \cos\phi \right]_0^{\pi} d\theta = \frac{2}{3} a^3 \int_0^{2\pi} d\theta = \frac{4}{3}\pi a^3
\end{aligned}$$

이다. ■

11.1 연습문제

1. 다음의 적분순서를 변경하여라.

(1) $\int_a^b \int_a^x f(x, y)\, dydx$ (2) $\int_0^a \int_y^{2a-y} f(x, y)\, dxdy$

(3) $\int_0^a \int_{\sqrt{a^2-x^2}}^{x+2a} f(x, y)\, dydx$

(4) $\int_0^{2a} \int_{x^2/4a}^{3a-x} f(x, y)\, dydx \quad (a > 0)$

2. 다음에서 적분순서를 바꾸어 그 값을 구하여라.

(1) $\int_0^1 \int_y^1 x^2 e^{xy}\, dxdy$ (2) $\int_0^2 \int_{1+y^2}^5 ye^{(x-1)^2}\, dxdy$

(3) $\int_1^4 \int_{\sqrt{y}}^2 \sin\left(\frac{x^3}{3} - x\right) dxdy$

(4) $\int_1^e \int_{1/e}^{1/y} \cos(x - \ln x)\, dxdy$

3. 다음 값을 구하고, 적분영역을 도시하여라.

(1) $\int_0^a \int_0^{\sqrt{a^2-x^2}} dydx$ (2) $\int_0^a \int_0^{\sqrt{x+b}} xy\, dydx$

(3) $\int_{-a}^a \int_0^{y^2/2} (x + y)\, dxdy$ (4) $\int_0^{\pi/2} \int_{a\cos\theta}^a r^2\, drd\theta$

(5) $\iint_{x^2+y^2 \le x} \sqrt{x}\, dxdy$ (6) $\int_0^a \int_0^a e^{px+qy}\, dxdy$

4. 다음 이중적분의 값을 구하여라.

(1) $\iint_D x^2 y\, dxdy,\ D = \{(x, y) | 0 \le y \le \sqrt{x},\ 0 \le x \le 2\}$

(2) 영역 D가 포물선들 $y = 2x^2$, $y = 1 + x^2$에 의해 둘러싸인 영역이라 할 때 $\iint_D (x + 2y)\, dA$를 구하여라.

(3) $\iint_D (x^2 + y^2)\, dA$,
$D = \{(r, \theta) | 0 \le r \le 2\theta,\ 0 \le \theta \le 3\pi\}$

(4) $\int_0^{2\pi} \int_0^1 r\sqrt{1 - r^2}\, drd\theta$

(5) $\int_0^2 \int_{y/2}^1 e^{x^2}\, dxdy$

(6) $\int_0^{\pi/4} \int_0^{\cos y} e^x \sin y\, dxdy$

5. 다음 적분값을 구하여라.

(1) $\int_0^1 \int_0^y x\sqrt{y^2 - x^2}\, dxdy$

(2) $\int_0^1 \int_0^{\sqrt{1-y^2}} \sin(x^2 + y^2)\, dxdy$

(3) $\int_0^1 \int_0^{\sqrt{1-x^2}} dydx$

(4) $\iint_D x^2\, dA$, D는 $y = x^3 + x^2 + 1$, $y = x^3 + x + 1$, $x = 0$, $x = 1$에 의해서 둘러싸인 부분

(5) $\int_{-15}^{13} \int_1^e \int_0^{1/\sqrt{x}} z(\ln x)^2\, dzdxdy$

(6) $\iiint_E e^y\, dxdydz$, E는 평면들 $y = 1$, $z = 0$, $y = x$, $y = -x$, $z = y$로 둘러싸인 입체

(7) $\int_0^{2\pi} \int_1^2 \int_0^5 e^z r\, dzdrd\theta$

(8) $\int_{-\pi/4}^{\pi/4} \int_0^{1-2\cos(2\theta)} \int_0^1 r\sin\theta\, dzdrd\theta$

(9) $\int_0^{2\pi} \int_0^{\pi/4} \int_0^{2a\cos\theta} r^2 \sin\theta\,(1 + \cos\varphi)\, drd\theta d\varphi$

(10) $\int_{\pi/4}^{\pi/3} \int_0^\theta \int_0^{9\sec\phi} \rho\cos^2\phi\cos\theta\, d\rho d\phi d\theta$

6. 다음 함수들의 야코비 행렬식을 구하여라.

(1) $x = u + 2v,\ y = 2u - v$

(2) $x = ue^v,\ y = u\ln v$

(3) $x = \tan^{-1}\frac{v}{u},\ y = u + 2$

(4) $x = \sin u\cosh v,\ y = \cos u\sinh v$

(5) $x = 2u + v + w,\ y = u + 2v + w,\ z = u + v + 2w$

(6) $x = r\cos\theta,\ y = r\sin\theta,\ z = z$

(7) $x = \rho\sin\phi\cos\theta,\ y = \rho\sin\phi\sin\theta,\ z = \rho\cos\phi$

(8) $x = uv^2,\ y = u + v,\ u = s + t,\ v = s^2 + t^2$

(9) $x = u^2v^3,\ y = u^3v^2$

(10) $x = uv,\ y = \frac{1}{\sqrt{v}}$

7. $f(x, y) = (x + 2y,\ x - 3y)$의 역변환 f^{-1}을 구하고, 그 야코비 행렬식을 구하여라.

11.2 도형의 넓이와 입체의 부피

직교좌표계에서의 부피

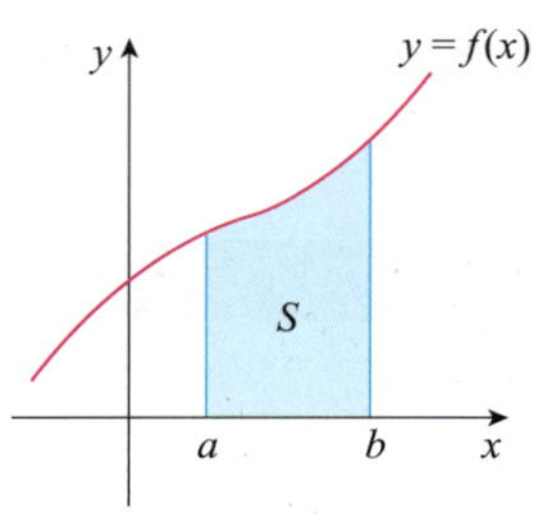

$S = \int_a^b f(x)\, dx$

그림 11.2.1

우리는 함수 $f(x)$가 폐구간 $[a, b]$에서 연속이고 $f(x) \ge 0$일 때 정적분을 이용하여 xy평면에서 곡선 $y = f(x)$의 아래 부분의 넓이를 구하였다(4.2절, 그림 11.2.1 참조).

이와 마찬가지 방법으로 이변수 함수에 대한 이중적분을 이용하여 주어진 영역 위에 있는 곡면의 아래 부분으로 된 입체의 부피를 구할 수 있다. 먼저 함수 $f(x, y)$가 영역 $D \subset \mathbb{R}^2$에서 연속이고 $f(x, y) \ge 0$라 하자. 그러면 영역 $D \subset \mathbb{R} \times \mathbb{R} = \mathbb{R}^2$의 경계를 밑으로 하는 직

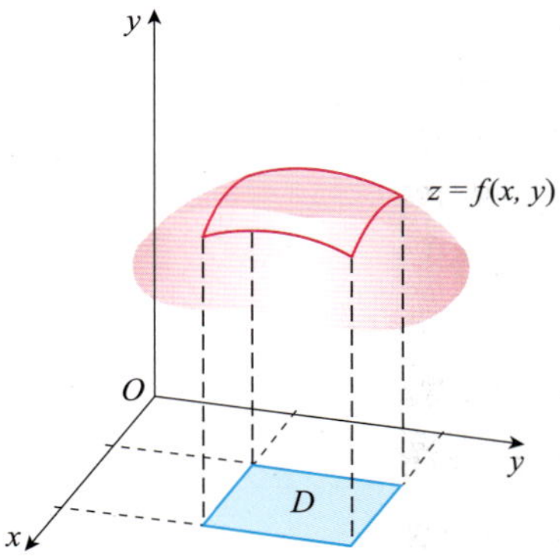

그림 11.2.2

각기둥과 곡면 $z=f(x, y) \geq 0$ 및 xy평면에 의해 둘러싸인 입체의 부피 V의 식은

$$V=\iint_D f(x, y)\, dA=\iint_D f(x, y)\, dxdy \qquad (11.2.1)$$

이다(그림 11.2.2 참조).

또한 영역 D 위에서 $f_1(x, y) \leq f_2(x, y)$일 때 영역 D 위의 두 곡면 $z=f_1(x,y)$, $z=f_2(x,y)$ 사이의 부피 V는

$$V=\iint_D \{f_2(x, y)-f_1(x, y)\}\, dxdy \qquad (11.2.2)$$

임을 알 수 있다.

예제 11.2.1 영역 $D=\{(x, y) | 1 \leq x \leq 2,\ 0 \leq y \leq 1\}$에서 두 곡면 $z=f_1(x,y)=\frac{1}{2}x^2$과 $z=f_2(x,y)=\frac{3}{2}x^2-y$ 사이의 입체의 부피를 구하여라.

풀이 위의 식 (11.2.2)에 의하여 부피 V는

$$\begin{aligned} V &= \iint_D \{f_2(x, y)-f_1(x, y)\}\, dxdy=\iint_D \left\{\left(\frac{3}{2}x^2-y\right)-\frac{1}{2}x^2\right\} dxdy \\ &= \int_0^1 \int_1^2 (x^2-y)\, dxdy=\int_0^1 \left[\frac{1}{3}x^3-xy\right]_{x=1}^{x=2} dy=\int_0^1 \left(\frac{7}{3}-y\right) dy \\ &= \left[\frac{7}{3}y-\frac{1}{2}y^2\right]_0^1=\frac{11}{6} \end{aligned}$$

이다. ■

위의 입체의 부피의 식 (11.2.1)을 다양한 형태의 영역 D에서 자세히 공부해보자.

먼저 영역 D가 사각형 영역 $D=\{(x, y) | a \leq x \leq b,\ c \leq y \leq d\}$로 주어진 경우의 식 (11.2.1)의 값을 구해보자.

그림 11.2.3에서와 같이 주어진 입체에서 고정된 점 $(x, 0, 0)$을 지나고 x축에 수직인 평면으로 잘랐을 때 생기는 단면의 넓이를 $A(x)$라 하면, $A(x)$는 x를 고정하고 $f(x, y)$를 y에 관하여 적분하므로

$$A(x)=\int_c^d f(x, y)\, dy$$

로 표현된다. 이것과 적분식 (11.2.1)을 이용하면 입체의 부피 V는 다음과 같이 계산할 수 있다.

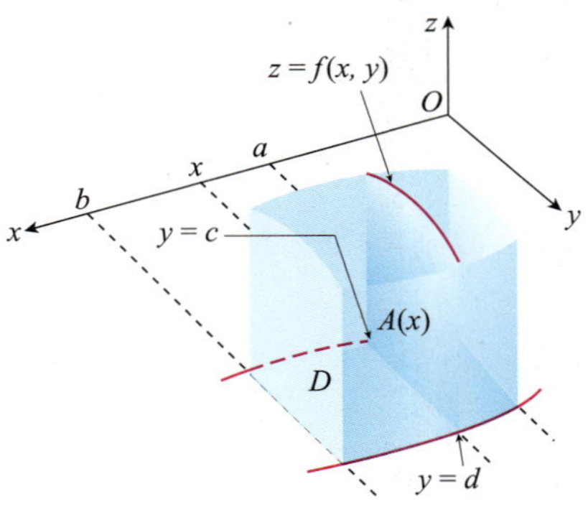

그림 11.2.3

$$V=\iint_D f(x, y)\, dA=\int_a^b \int_c^d f(x, y)\, dydx=\int_a^b A(x)\, dx \qquad (11.2.3)$$

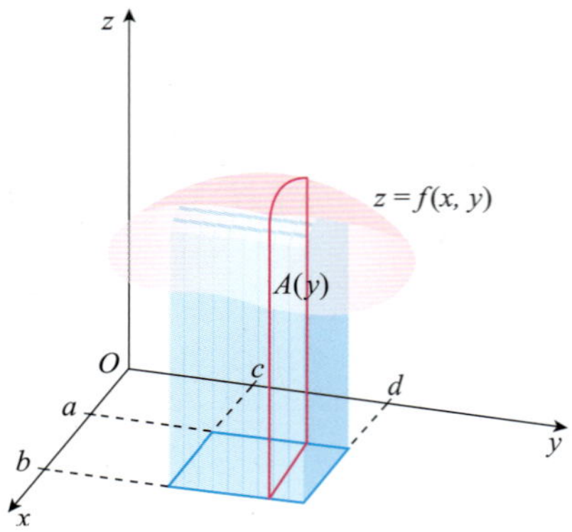

그림 11.2.4

즉 어떤 입체를 축에 수직인 평면들로 잘랐을 때 생기는 단면의 넓이를 알면 이중적분에 의한 부피 계산을 단일적분으로 구할 수 있다.

마찬가지로 그림 11.2.4와 같이 고정된 점 $(0, y, 0)$을 지나고 y축에 수직인 평면으로 잘랐을 때 생기는 단면의 넓이를 $A(y)$라 두면 $A(y) = \int_a^b f(x, y)\,dx$가 되고 식 (11.2.1)의 값은

$$V = \iint_D f(x, y)\,dA = \int_c^d \int_a^b f(x, y)\,dxdy = \int_c^d A(y)\,dy \qquad (11.2.4)$$

로 계산할 수 있다.

예제 11.2.2 영역 $D = \{(x, y) | 0 \le x \le 2, 1 \le y \le 4\}$를 밑면으로 하는 직각기둥과 곡면 $z=f(x,y)=2x^3+6xy$ 및 xy평면에 의해 둘러싸인 입체의 부피 V를 구하여라.

풀이 주어진 입체의 부피 V는 $V = \iint_D f(x, y)\,dA$이고, 이 값을 $A(x)$와 $A(y)$를 이용하여 각각 구해보자. 임의의 원소 $x \in [0, 2]$에 대하여

$$A(x) = \int_1^4 (2x^3 + 6xy)\,dy = [2x^3 y + 3xy^2]_{y=1}^{y=4} = 6x^3 + 45x$$

이므로 부피 V는

$$V = \int_0^2 A(x)\,dx = \int_0^2 (6x^3 + 45x)\,dx = \left[\frac{3}{2}x^4 + \frac{45}{2}x^2\right]_0^2 = 114$$

이다.

이번엔 $A(y)$에 관해 계산하여 같은 부피가 계산됨을 확인해보자. 임의의 원소 $y \in [1, 4]$에 대하여

$$A(y) = \int_0^2 (2x^3 + 6xy)\,dx = \left[\frac{1}{2}x^4 + 3x^2 y\right]_{x=0}^{x=2} = 8 + 12y$$

이므로 부피 V는

$$V = \int_1^4 A(y)\,dy = \int_1^4 (8 + 12y)\,dy = [8y + 6y^2]_1^4 = 114$$

이다. ■

이제 사각형 영역이 아닌 일반 유계폐영역 D에서 정의된 곡면 $z = f(x, y)$의 부피를 생각해보자.

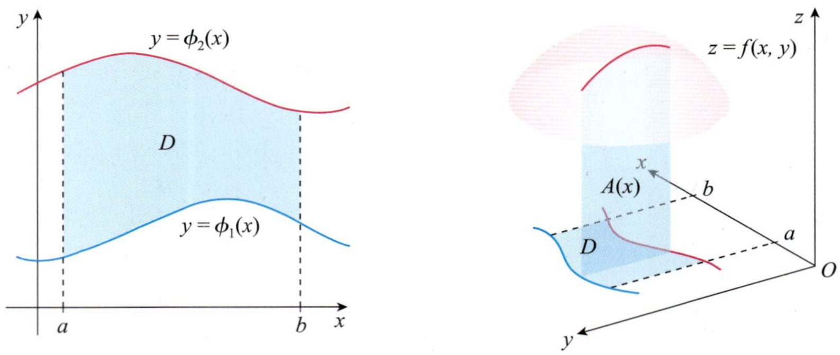

그림 11.2.5

먼저 영역이 $D = \{(x, y) | a \le x \le b, \phi_1(x) \le y \le \phi_2(x)\}$인 경우를 생각해보자(그림 11.2.5 참조).

이 경우는 두 곡선 사이의 넓이를 계산한 방법과 유사하다. 그림 11.2.5에서와 같이 고정된 $x (a \le x \le b)$에 대응되고 yz평면에 평행인 입체의 단면의 넓이는 x를 고정하고 $f(x, y)$를 y에 관하여 적분하므로

$$A(x) = \int_{\phi_1(x)}^{\phi_2(x)} f(x, y)\, dy$$

로 계산되고, 그 전체의 부피 V의 식 (11.2.1)은 다음과 같이 계산할 수 있다.

$$V = \iint_D f(x, y)\, dA = \int_a^b \int_{\phi_1(x)}^{\phi_2(x)} f(x, y)\, dy dx = \int_a^b A(x)\, dx \quad (11.2.5)$$

마찬가지로 영역이 $D = \{(x, y) | c \le y \le d, \psi_1(y) \le x \le \psi_2(y)\}$와 같이 주어지면

$$V = \iint_D f(x, y)\, dA = \int_c^d \int_{\psi_1(y)}^{\psi_2(y)} f(x, y)\, dx dy = \int_c^d A(y)\, dy \quad (11.2.6)$$

이다. 이때 $A(y)$는 점 $(0, y, 0)$을 지나고 y축에 수직인 평면으로 잘랐을 때 생기는 단면의 넓이이다.

식 (11.2.5), (11.2.6)과 정리 11.1.10(푸비니 정리 II)을 비교하기 바란다.

예제 11.2.3 D가 포물선들 $y = 2x^2, y = 1 + x^2, x \ge 0$에 의해 유계된 영역이라 할 때, 영역 D에서 곡면 $f(x, y) = 2xy + x$의 아래에 있는 입체의 부피를 구하여라.

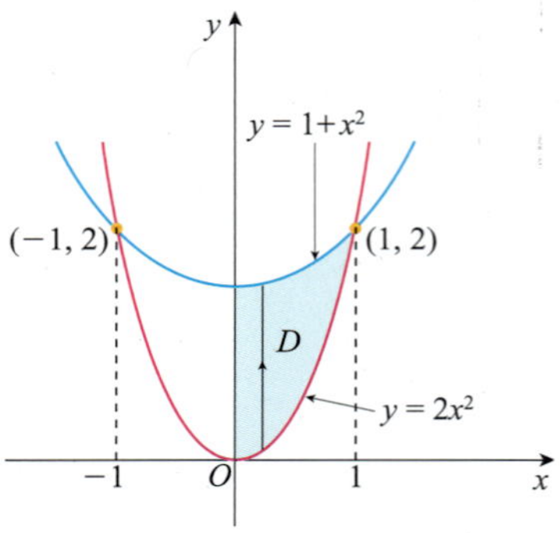

그림 11.2.6

풀이 먼저 영역 D를 표현해보면 $D = \{(x, y) | 0 \le x \le 1,\ 2x^2 \le y \le 1 + x^2\}$ 이다. 그러므로 식 (11.2.5)에 의하여 입체의 부피 V는

$$\begin{aligned} V &= \iint_D (2xy + x)\,dA = \int_0^1 \int_{2x^2}^{1+x^2} (2xy + x)\,dydx \\ &= \int_0^1 [xy^2 + xy]_{y=2x^2}^{y=1+x^2}\,dx = \int_0^1 (-3x^5 + x^3 + 2x)\,dx \\ &= \left[-\frac{1}{2}x^6 + \frac{1}{4}x^4 + x^2\right]_0^1 = \frac{3}{4} \end{aligned}$$

이다. ■

예제 11.2.4 곡면 $z = xy,\ y = x^2,\ y^2 = x$ 및 평면 $z = 0$에 의해서 둘러싸인 입체의 부피 V를 구하여라.

풀이 영역 $D = \{(x, y) | 0 \le x \le 1,\ x^2 \le y \le \sqrt{x}\}$이므로

$$\begin{aligned} V &= \iint_D xy\,dxdy = \int_0^1 \int_{x^2}^{\sqrt{x}} xy\,dydx = \int_0^1 \left[\frac{1}{2}xy^2\right]_{y=x^2}^{y=\sqrt{x}} dx \\ &= \int_0^1 \frac{1}{2}(x^2 - x^5)\,dx = \frac{1}{12} \end{aligned}$$

이다.

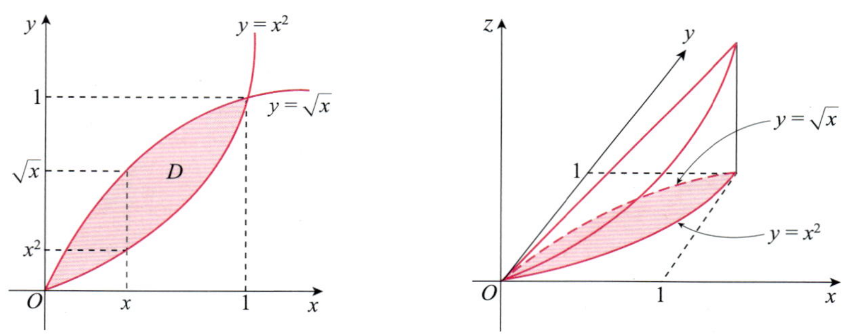

그림 11.2.7 ■

지금까지 식 (11.2.3)과 (11.2.4), (11.2.5)와 (11.2.6)에서 살펴본 바와 같이 주어진 입체의 부피를 구하고자 할 때, 어떤 변수에 대해 먼저 적분할 것인지에 대하여 고민해야 한다. 여기서 어떤 변수에 대하여 먼저 적분을 하느냐에 따라 부피의 이중적분 계산이 쉬워질 수도 있고 어려워질 수도 있다. 다음 예제를 보자.

예제 11.2.5 영역 D가 $y = \sqrt{x},\ x = 1,\ y = 0$으로 둘러싸인 영역이라고 할 때, 주어진 영역에서 곡면 $z=f(x,y)=x+y\cos x$의 아래에 있는 입체의 부피를 구하여라.

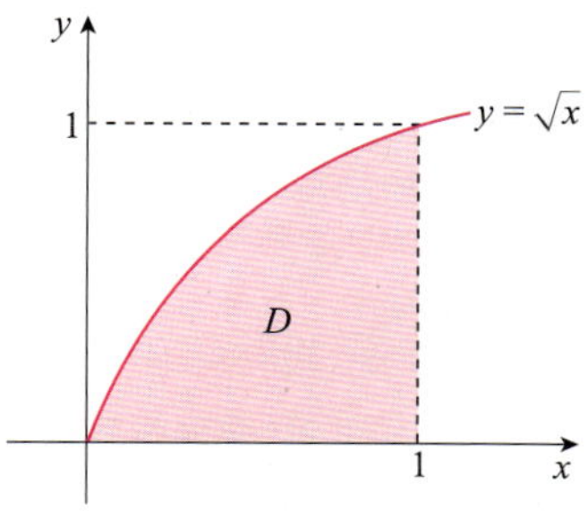

그림 11.2.8

풀이 그림 11.2.8과 같이 영역 D는

$$D = \{(x,\ y) | 0 \le x \le 1,\ 0 \le y \le \sqrt{x}\}$$
$$= \{(x,\ y) | 0 \le y \le 1,\ y^2 \le x \le 1\}$$

로 표현할 수 있다.

구하고자 하는 입체의 부피 V는 $V = \iint_D (x + y\cos x)\, dA$이고, 이중적분의 순서를 x에 관한 적분을 먼저 계산해보면

$$\begin{aligned} V &= \iint_D (x + y\cos x)\, dA = \int_0^1 \int_{y^2}^1 (x + y\cos x)\, dxdy \\ &= \int_0^1 \left[\frac{x^2}{2} + y\sin x \right]_{x=y^2}^{x=1} dy = \int_0^1 \left\{ \frac{1}{2}(1 - y^4) + y(\sin 1 - \sin(y^2)) \right\} dy \\ &= \left[\frac{1}{2} y - \frac{1}{10} y^5 + \frac{\sin 1}{2} y^2 + \frac{1}{2}\cos(y^2) \right]_0^1 \\ &= \frac{1}{2}(\sin 1 + \cos 1) - \frac{1}{10} \end{aligned}$$

이다.

이번엔 적분순서를 바꿔서 부피 V를 구해보자. 이중적분의 순서를 y에 관한 적분을 먼저 계산해보면

$$\begin{aligned} V &= \iint_D (x + y\cos x)\, dA = \int_0^1 \int_0^{\sqrt{x}} (x + y\cos x)\, dydx \\ &= \int_0^1 \left[xy + \frac{y^2}{2}\cos x \right]_{y=0}^{y=\sqrt{x}} dx \\ &= \int_0^1 \left(x\sqrt{x} + \frac{x}{2}\cos x \right) dx \end{aligned} \tag{11.2.7}$$

이다. 이 경우에는 적분값 (11.2.7)을 더 계산해야 한다. 다음의 식

$$\begin{aligned} \int_0^1 x\cos x\, dx &= [x\sin x]_0^1 - \int_0^1 \sin x\, dx = \sin 1 - [-\cos x]_0^1 \\ &= \sin 1 + \cos 1 - 1 \end{aligned}$$

을 구할 수 있고, 이것을 식 (11.2.7)에 다시 대입하면 부피는

$$\begin{aligned} V &= \int_0^1 \left(x\sqrt{x} + \frac{x}{2}\cos x \right) dx = \int_0^1 x\sqrt{x}\, dx + \frac{1}{2}\int_0^1 x\cos x\, dx \\ &= \left[\frac{2}{5} x^{5/2} \right]_0^1 + \frac{1}{2}(\sin 1 + \cos 1 - 1) = \frac{1}{2}(\sin 1 + \cos 1) - \frac{1}{10} \end{aligned}$$

이다. 여기서 어떤 변수에 대하여 먼저 적분을 하느냐에 따라 부피의 이중적분 계산이 쉬워질 수도 있고 어려워질 수도 있다는 것을 알게 되었다. 어떤 순서로 이중적분을 한 것이 부피 V를 구하기 위한 효율적인 방법이라고 생각하는가? ■

위의 예제 11.2.5에서는 적분순서를 바꿈으로써 부피 V의 계산이 더 쉬워질 수도 있음을 확인하였다. 앞에서 살펴본 예제 11.1.13(2)는 이중적분을 계산하기 위해 적분순서를 꼭 바꿔야 하는 경우이다. 다시 한번 복습하길 바란다.

입체의 부피를 구하고자 할 때 입체의 모양을 잘 파악하고 이 입체의 밑면에 해당하는 xy평면 위의 영역을 구하는 것이 중요하다. 왜냐하면 이것이 부피를 구하는 이중적분의 적분구간이 되기 때문이다. 지금까지 공부한 내용에서는 영역 D를 구하는 데 큰 어려움은 없었다. 이제 다양한 경우와 좀더 복잡한 함수에 대하여 여러 가지 예들을 생각해보자.

예제 11.2.6 곡면 $\frac{x^2}{a^2}+\frac{y^2}{b^2}+\frac{z^2}{c^2}=1$의 부피 V를 구하여라. 단 $a, b, c > 0$이다.

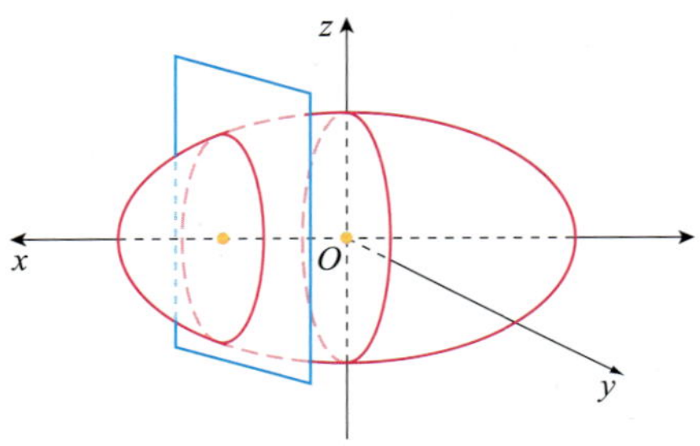

그림 11.2.9

풀이 점 $(x, 0, 0)$을 지나고 x축에 수직인 평면으로 주어진 곡면을 잘랐을 때 생기는 단면은 타원이다. 그 방정식은

$$\frac{y^2}{b^2}+\frac{z^2}{c^2}=1-\frac{x^2}{a^2}=\left(\sqrt{1-\frac{x^2}{a^2}}\right)^2$$

이므로 단면의 넓이를 $A(x)$라고 하면

$$A(x)=\pi\left(b\sqrt{1-\frac{x^2}{a^2}}\right)\left(c\sqrt{1-\frac{x^2}{a^2}}\right)=\pi bc\left(1-\frac{x^2}{a^2}\right)$$

이다. 따라서

$$\begin{aligned} V &= \int_{-a}^{a} A(x)\,dx = \pi bc\int_{-a}^{a}\left(1-\frac{x^2}{a^2}\right)dx \\ &= \pi bc\left[x-\frac{1}{3a^2}x^3\right]_{-a}^{a} = \frac{4}{3}\pi abc \end{aligned}$$

이다. ■

회전체의 부피

영역 $D=\{(x, y)\,|\,a\le x\le b,\ 0\le \phi_1(x)\le y\le \phi_2(x)\}$가 x축 둘레로 회전했을 때 생기는 회전체의 부피를 V라 하자. 점 $(x, 0)$을 지나고 x축에 수직인 평면으로 이 회전체를 절단했을 때 그 단면적은 $\pi\{\phi_2(x)^2-\phi_1(x)^2\}$이므로, 회전체의 부피 V는

$$V = \pi \int_a^b \{\phi_2(x)^2 - \phi_1(x)^2\}\, dx = 2\pi \int_a^b \int_{\phi_1(x)}^{\phi_2(x)} y\, dydx = 2\pi \iint_D y\, dA$$

이다.

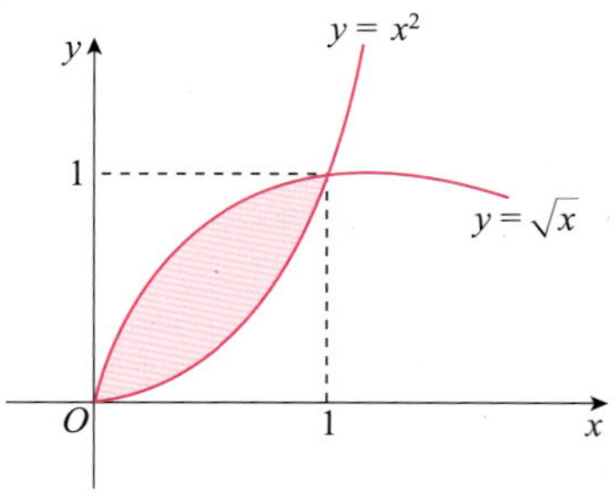

그림 11.2.10

예제 11.2.7 다음의 부피를 구하여라.

(1) 곡선 $y = x^2$, $y = \sqrt{x}$로 둘러싸인 도형 D가 x축 둘레로 회전하였을 때 생기는 입체의 부피 V

(2) 심장형(cardioid) $r = a(1 + \cos\theta)$ $(a > 0)$가 x축 둘레로 회전하였을 때 생기는 입체의 부피 V

풀이 (1) $V = 2\pi \iint_D y\, dA = 2\pi \int_0^1 \int_{x^2}^{\sqrt{x}} y\, dydx = \pi \int_0^1 (x - x^4)\, dx$

$$= \pi \left[\frac{1}{2}x^2 - \frac{1}{5}x^5\right]_0^1 = \frac{3}{10}\pi$$

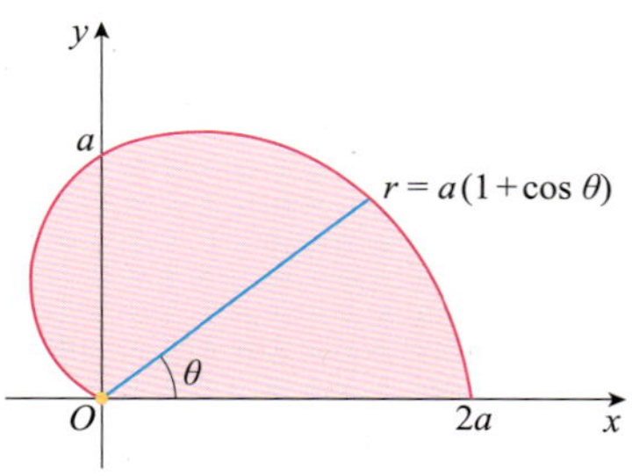

그림 11.2.11

(2) 심장형 상부를 D라고 하고 극좌표변환을 적용하면

$$V = 2\pi \iint_D y\, dA = 2\pi \int_0^{\pi} \int_0^{a(1+\cos\theta)} r^2 \sin\theta\, drd\theta$$

$$= \frac{2}{3}\pi a^3 \int_0^{\pi} (1 + \cos\theta)^3 \sin\theta\, d\theta = \frac{\pi a^3}{6}[-(1 + \cos\theta)^4]_0^{\pi}$$

$$= \frac{8}{3}\pi a^3$$

이다. ■

여러 좌표계에서의 부피

예제 11.2.8 곡면 $r = \cos\theta$, $z = 16 - \sqrt{x^2 + y^2}$ 및 xy평면에 의해서 둘러싸인 입체의 부피 V를 구하여라.

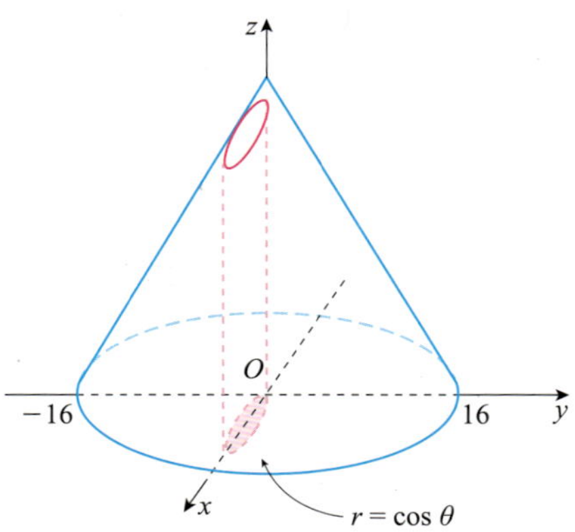

그림 11.2.12

풀이 $D = \left\{(r, \theta) \middle| 0 \le r \le \cos\theta,\ -\frac{\pi}{2} \le \theta \le \frac{\pi}{2}\right\}$이므로

$$V = \iint_D \left(16 - \sqrt{x^2 + y^2}\right) dxdy = \int_{-\pi/2}^{\pi/2} \int_0^{\cos\theta} (16 - r)\, r\, drd\theta$$

$$= \int_{-\pi/2}^{\pi/2} \left(8\cos^2\theta - \frac{1}{3}\cos^3\theta\right) d\theta$$

$$= \int_{-\pi/2}^{\pi/2} \left(4 + 4\cos 2\theta - \frac{1}{3}\cos\theta + \frac{1}{3}\cos\theta \sin^2\theta\right) d\theta$$

$$= \left[4\theta + 2\sin 2\theta - \frac{1}{3}\sin\theta + \frac{1}{9}\sin^3\theta\right]_{-\pi/2}^{\pi/2} = 4\pi - \frac{4}{9}$$

이다. ■

예제 11.2.9 다음의 부피를 구하여라.

(1) 위로는 곡면 $z = 4 - x^2 - y^2$, 아래로는 xy평면으로 둘러싸인 입체의 부피 V

(2) 곡면 $z = x^2 + y^2$의 아래, $x^2 + y^2 = 2x$의 안쪽, 그리고 xy평면 위에 놓여 있는 도형의 부피 V

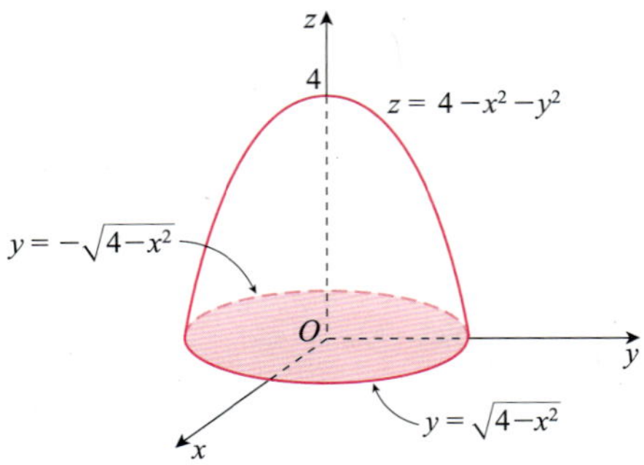

그림 11.2.13

풀이 (1) 이 문제는 직교좌표 x, y를 극좌표 r, θ로 바꾸어 계산하면 계산이 더 간편하지만 먼저 직교좌표를 그대로 두고 계산해보자. 주어진 곡면의 xy평면 위의 영역은 그림 11.2.13과 같이 $z = 4 - x^2 - y^2$에서 $z = 0$인 경우이다. 따라서 $D = \left\{(x, y) | -2 \le x \le 2, -\sqrt{4 - x^2} \le y \le \sqrt{4 - x^2}\right\}$이고, 곡면은 $z \ge 0$인 부분이다.

그러므로 부피는 다음과 같이 계산할 수 있다.

$$V = \iint_D (4 - x^2 - y^2)\, dA = \int_{-2}^{2} \left\{ \int_{-\sqrt{4-x^2}}^{\sqrt{4-x^2}} (4 - x^2 - y^2)\, dy \right\} dx$$
$$= \int_{-2}^{2} \left[(4 - x^2)y - \frac{1}{3}y^3 \right]_{y=-\sqrt{4-x^2}}^{y=\sqrt{4-x^2}} dx$$
$$= \int_{-2}^{2} \frac{4}{3}(4 - x^2)\sqrt{4 - x^2}\, dx$$

여기서 $x = 2\sin\theta$로 바꾸면 $dx = 2\cos\theta\, d\theta$이므로

$$V = \iint_D (4 - x^2 - y^2)\, dA = \int_{-2}^{2} \frac{4}{3}(4 - x^2)\sqrt{4 - x^2}\, dx$$
$$= \frac{64}{3} \int_{-\pi/2}^{\pi/2} \cos^4\theta\, d\theta$$
$$= \frac{64}{3} \left[\frac{1}{4}\cos^3\theta \sin\theta + \frac{3}{8}\cos\theta\sin\theta + \frac{3}{8}\theta \right]_{-\pi/2}^{\pi/2} = 8\pi$$

이다. 반면 극좌표변환을 취하면 영역 D는 영역 $G = \{(r, \theta) | 0 \le r \le 2,\ 0 \le \theta \le 2\pi\}$로 변환되며, 다음과 같이 부피를 좀더 간단히 구할 수 있다.

$$V = \iint_D (4 - x^2 - y^2)\, dA = \int_0^{2\pi} \int_0^2 (4 - r^2)\, r\, dr d\theta$$
$$= \int_0^{2\pi} \left[2r^2 - \frac{1}{4}r^4 \right]_{r=0}^{r=2} d\theta = \int_0^{2\pi} 4\, d\theta = 8\pi$$

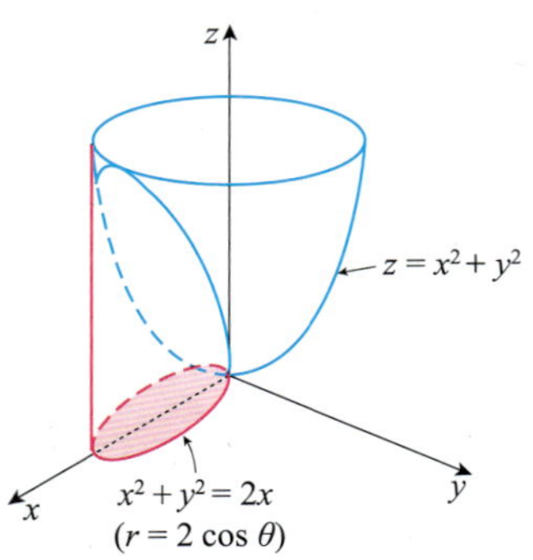

그림 11.2.14

(2) 영역 D는 $D = \{(x, y) | (x - 1)^2 + y^2 \le 1\}$이고, 이것을 극좌표로 바꾸면 $G = \left\{(r, \theta) \middle| -\frac{\pi}{2} \le \theta \le \frac{\pi}{2},\ 0 \le r \le 2\cos\theta\right\}$이다. 그러므로

$$\iint_D (x^2 + y^2)\, dA = \int_{-\pi/2}^{\pi/2} \int_0^{2\cos\theta} (r^2)\, r\, dr d\theta$$

$$
\begin{aligned}
&= \int_{-\pi/2}^{\pi/2} \left[\frac{1}{4} r^4\right]_0^{2\cos\theta} d\theta = 4\int_{-\pi/2}^{\pi/2} \cos^4\theta\, d\theta \\
&= 8\int_0^{\pi/2} \cos^4\theta\, d\theta = 8\int_0^{\pi/2} \left(\frac{1+\cos 2\theta}{2}\right)^2 d\theta \\
&= 2\int_0^{\pi/2} \left\{1 + 2\cos 2\theta + \frac{1}{2}(1+\cos 4\theta)\right\} d\theta \\
&= 2\left[\frac{3}{2}\theta + \sin 2\theta + \frac{1}{8}\sin 4\theta\right]_0^{\pi/2} = \frac{3\pi}{2}
\end{aligned}
$$

이다. ■

도형의 넓이

이제 $f(x, y) = 1$인 경우의 입체의 부피 (11.2.1)을 생각해보자. 영역 D에서 곡면 $z=f(x,y)=1$ 아래에 있는 입체는 영역 D가 밑면이고, xy평면에 평행한 모든 단면이 영역 D와 같은, 높이가 1인 기둥이다. 그러므로 식 (11.2.1)에 $f(x, y) = 1$을 대입한 값이 이 기둥의 부피가 되고, 이러한 기둥의 부피 V는 (V = 밑면의 넓이 × 높이)이므로 이 이중적분의 값은 영역 D의 넓이도 된다. 즉

$$A(D) = \iint_D 1\, dA = \iint_D dA = \iint_D dxdy \qquad (11.2.8)$$

이다. 이때 $A(D)$는 영역 D의 넓이이다.

예제 11.2.10 다음과 같이 주어진 도형의 넓이를 이중적분을 이용하여 구하여라.

(1) $y = x$와 $y = x^2$으로 둘러싸인 제1사분면에 생기는 도형 D의 넓이

(2) $y = x + 2$와 $y = x^2$으로 둘러싸인 D의 넓이

(3) $y = x^4$, $y = 4 - 3x^2$에 의해 둘러싸인 평면도형 D의 넓이

(4) $y = \sin x$와 $y = \cos x\,(0 \le x \le \frac{\pi}{4})$로 둘러싸인 부분 D의 넓이

(5) 연주형(lemniscate) $r^2 = 2a^2\cos(2\theta)$로 둘러싸인 부분 D의 넓이

(6) 심장형(cardioid) $r = 1 + \sin\theta$로 둘러싸인 부분 D의 넓이

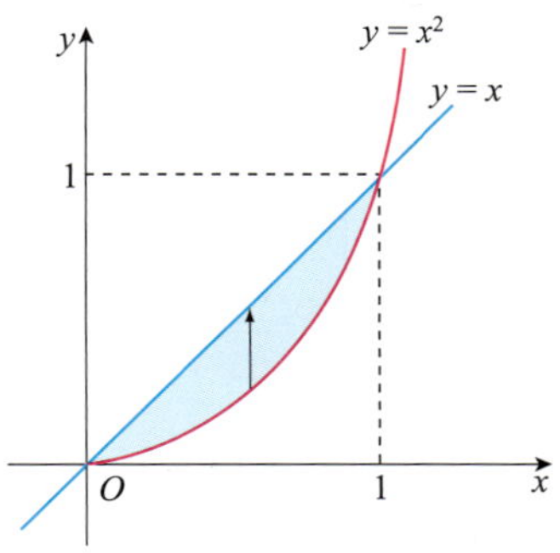

그림 11.2.15

풀이 (1) $D = \{(x, y) | 0 \le x \le 1,\ x^2 \le y \le x\}$이므로

$$
\begin{aligned}
A(D) &= \int_0^1 \int_{x^2}^x dydx = \int_0^1 [y]_{x^2}^x\, dx = \int_0^1 (x - x^2)\, dx \\
&= \left[\frac{x^2}{2} - \frac{x^3}{3}\right]_0^1 = \frac{1}{6}
\end{aligned}
$$

이다.

(2) $D = \{(x, y) | -1 \le x \le 2,\ x^2 \le y \le x + 2\}$이므로

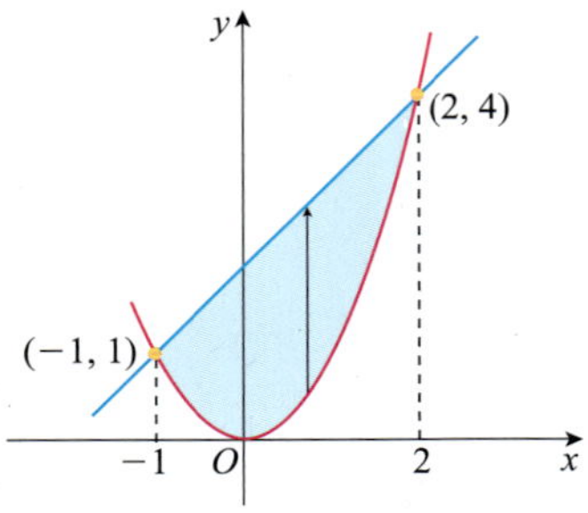

그림 11.2.16

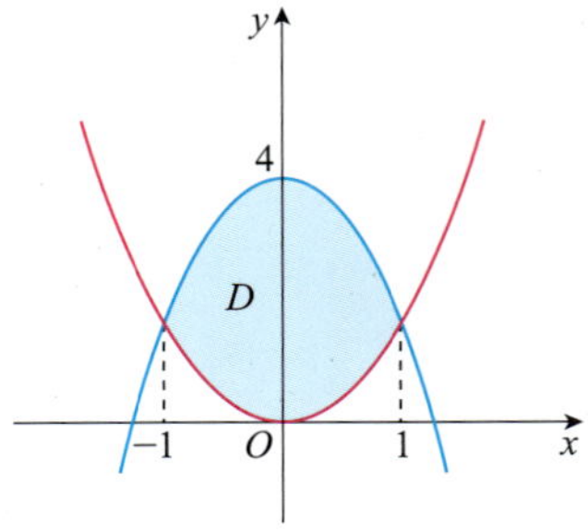

그림 11.2.17

$$A(D)=\int_{-1}^{2}\int_{x^2}^{x+2}dydx=\int_{-1}^{2}[y]_{x^2}^{x+2}dx=\int_{-1}^{2}(x+2-x^2)dx$$
$$=\left[\frac{x^2}{2}+2x-\frac{x^3}{3}\right]_{-1}^{2}=\frac{9}{2}$$

이다.

(3) 그림 11.2.17에서

$$A(D)=\int_{-1}^{1}\int_{x^4}^{4-3x^2}dydx=\int_{-1}^{1}[y]_{x^4}^{4-3x^2}dx$$
$$=\int_{-1}^{1}(4-3x^2-x^4)dx=\left[4x-x^3-\frac{1}{5}x^5\right]_{-1}^{1}=\frac{28}{5}$$

이다.

(4) $D=\left\{(x,\ y)\middle|0\le x\le\frac{\pi}{4},\ \sin x\le y\le\cos x\right\}$이므로

$$A(D)=\int_{0}^{\pi/4}\int_{\sin x}^{\cos x}dydx=\int_{0}^{\pi/4}[y]_{\sin x}^{\cos x}dx$$
$$=\int_{0}^{\pi/4}(\cos x-\sin x)dx=[\sin x+\cos x]_0^{\pi/4}=\sqrt{2}-1$$

이다.

(5) 그림 11.2.19에서 반쪽 넓이를 구하여 두 배 하면 된다.

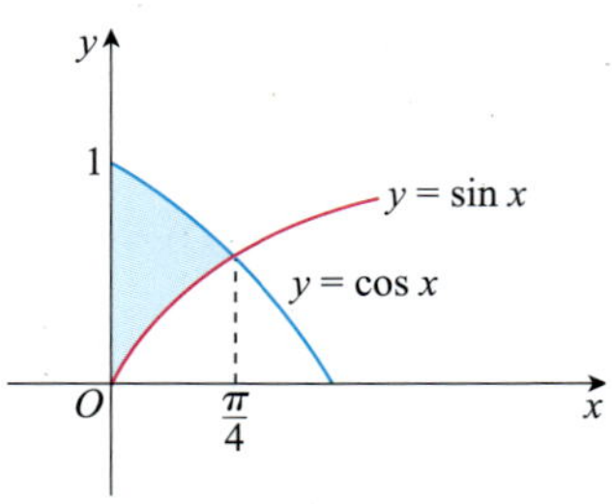

그림 11.2.18

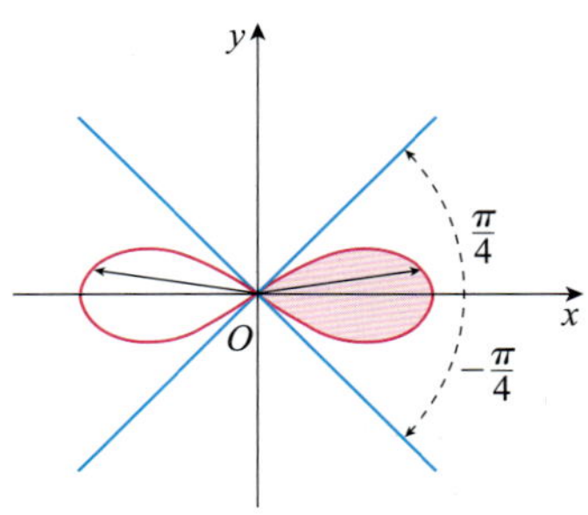

그림 11.2.19

$$A(D) = 2\int_{-\pi/4}^{\pi/4}\int_0^{\sqrt{2a^2\cos(2\theta)}} r\,drd\theta = 2\int_{-\pi/4}^{\pi/4}\left[\frac{1}{2}r^2\right]_0^{\sqrt{2a^2\cos(2\theta)}} d\theta$$
$$= 2\int_{-\pi/4}^{\pi/4} a^2\cos(2\theta)\,d\theta = a^2[\sin(2\theta)]_{-\pi/4}^{\pi/4} = 2a^2$$

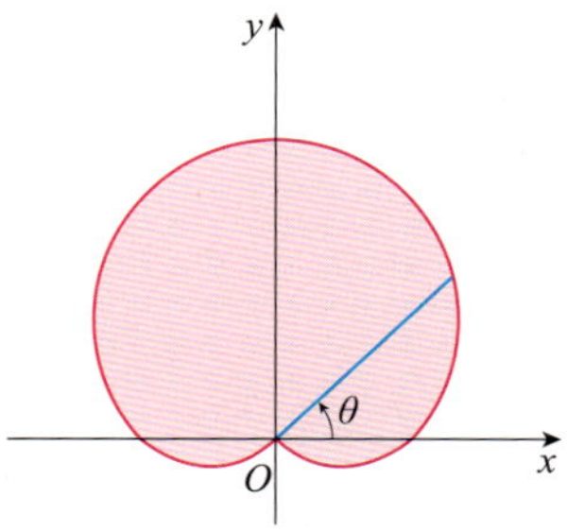
그림 11.2.20

(6) 그림 11.2.20에 의하여

$$A(D) = \int_0^{2\pi}\int_0^{1+\sin\theta} r\,drd\theta = \int_0^{2\pi}\left[\frac{1}{2}r^2\right]_0^{1+\sin\theta} d\theta$$
$$= \frac{1}{2}\int_0^{2\pi}(1 + 2\sin\theta + \sin^2\theta)\,d\theta$$
$$= \frac{1}{2}\int_0^{2\pi}\left(1 + 2\sin\theta + \frac{1-\cos(2\theta)}{2}\right)d\theta$$
$$= \frac{1}{2}\left[\frac{3}{2}\theta - 2\cos\theta - \frac{1}{4}\sin(2\theta)\right]_0^{2\pi} = \frac{3\pi}{2}$$

이다. ■

예제 11.2.11 다음을 구하여라.

(1) 영역 D가 $r = \theta$와 $r = 2\theta\ (0 \le \theta \le 3\pi)$의 두 그래프 사이의 영역일 때 영역 D에서의 $f(x, y) = x^2 + y^2$의 이중적분을 구하여라.

(2) 4엽장미 $r = \cos(2\theta)$ 중 한 잎의 넓이를 구하여라.

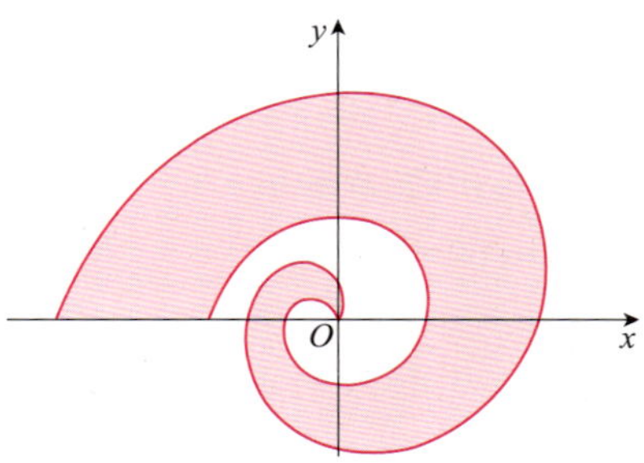
그림 11.2.21

풀이 (1) 주어진 적분 영역 D는 $D = \{(r, \theta) | 0 \le \theta \le 3\pi,\ \theta \le r \le 2\theta\}$이므로

$$\iint_D (x^2 + y^2)\,dxdy = \int_0^{3\pi}\int_\theta^{2\theta}(r^2)\,r\,drd\theta = \int_0^{3\pi}\left[\frac{1}{4}r^4\right]_\theta^{2\theta} d\theta$$
$$= \frac{15}{4}\int_0^{3\pi}\theta^4\,d\theta = \frac{15}{4}\left[\frac{1}{5}\theta^5\right]_0^{3\pi} = \frac{729}{4}\pi^5$$

이다.

(2) 영역 D는 $D = \left\{(r, \theta) \middle| -\frac{\pi}{4} \le \theta \le \frac{\pi}{4},\ 0 \le r \le \cos(2\theta)\right\}$이므로 구하는 넓이는

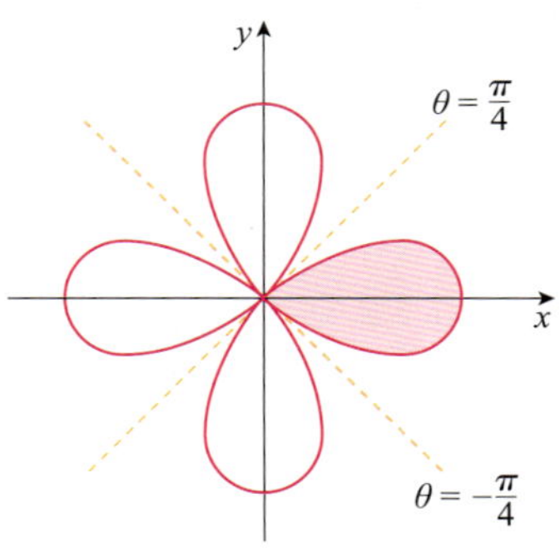

그림 11.2.22

$$\iint_D dxdy = \int_{-\pi/4}^{\pi/4}\int_0^{\cos(2\theta)} r\,drd\theta = \int_{-\pi/4}^{\pi/4}\left[\frac{1}{2}r^2\right]_0^{\cos(2\theta)} d\theta$$
$$= \frac{1}{2}\int_{-\pi/4}^{\pi/4}\cos^2(2\theta)\,d\theta = \frac{1}{4}\int_{-\pi/4}^{\pi/4}(1 + \cos(4\theta))\,d\theta$$
$$= \frac{1}{4}\left[\theta + \frac{1}{4}\sin(4\theta)\right]_{-\pi/4}^{\pi/4} = \frac{\pi}{8}$$

이다. ■

삼중적분

앞에서 이중적분을 이용하여 다음 식

$$A(D) = \iint_D 1\,dA = \iint_D dA = \iint_D dxdy$$

가 영역 D의 넓이임을 공부하였다. 마찬가지로 삼중적분의 정의로부터 주어진 영역 E의 부피를 $V(E)$라고 하면

$$V(E) = \iiint_E dxdydz \tag{11.2.9}$$

임을 얻을 수 있다. 삼중적분을 이용하여 부피를 구하고자 할 때에는 올바른 적분구간을 구해야 하므로 영역의 올바른 범위를 정확하게 알아내야 한다.

영역 E가 다음과 같은 원주좌표

$$E = \{(r,\theta,z) \mid h_1(\theta) \le r \le h_2(\theta),\ \alpha \le \theta \le \beta,\ g_1(x,y) \le z \le g_2(x,y)\}$$

로 주어지면 식 (11.2.9)인 부피 $V(E)$는

$$V(E) = \iiint_E dxdydz = \int_\alpha^\beta \int_{h_1(\theta)}^{h_2(\theta)} \int_{g_1(r\cos\theta,\ r\sin\theta)}^{g_2(r\cos\theta,\ r\sin\theta)} r\,dzdrd\theta$$

와 같이 계산할 수 있고, 영역 E가 다음과 같이 구면좌표

$$E = \{(\rho,\phi,\theta) \mid \alpha \le \theta \le \beta,\ 0 \le h_1(\theta) \le \phi \le h_2(\theta),\\ u_1(\phi,\theta) \le \rho \le u_2(\phi,\theta)\}$$

로 주어지면 부피 $V(E)$는

$$V(E) = \iiint_E dxdydz = \int_\alpha^\beta \int_{h_1(\theta)}^{h_2(\theta)} \int_{u_1(\phi,\theta)}^{u_2(\phi,\theta)} \rho^2 \sin\phi\, d\rho d\phi d\theta$$

로 계산할 수 있다.

예제 11.2.12 $x, y, z \ge 0$에서 곡면 $z = x^2 + 2y + 1$ 및 평면 $z = y + 2$ 사이에 있는 입체의 부피 V를 구하여라.

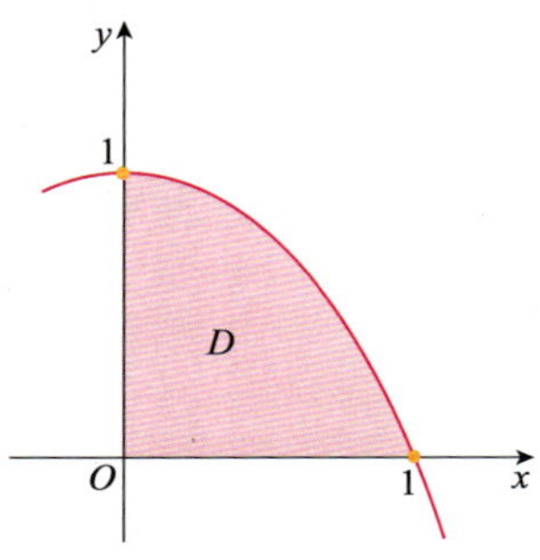

그림 11.2.23

풀이 $\begin{cases} z = x^2 + 2y + 1 \\ z = y + 2 \end{cases}$를 연립하여 풀면 $y = 1 - x^2$은 교선이다. 그러므로

$$D = \{(x,y) \mid 0 \le x \le 1,\ 0 \le y \le 1 - x^2\},$$
$$E = \{(x,y,z) \mid 0 \le x \le 1,\ 0 \le y \le 1 - x^2,\ x^2 + 2y + 1 \le z \le y + 2\}$$

이다.

$$V=\iiint_E dxdydz=\iint_D\left(\int_{x^2+2y+1}^{y+2}dz\right)dxdy$$
$$=\int_0^1\int_0^{1-x^2}(1-x^2-y)\,dydx=\int_0^1\left[(1-x^2)y-\frac{1}{2}y^2\right]_{y=0}^{y=1-x^2}dx$$
$$=\frac{1}{2}\int_0^1(1-x^2)^2\,dx=\frac{1}{2}\left[x-\frac{2}{3}x^3+\frac{1}{5}x^5\right]_0^1=\frac{4}{15}$$ ■

예제 11.2.13 원점을 지나고 z축과 이루는 각이 $\phi_0(0\le\phi_0\le\frac{\pi}{2})$인 직선이 z축의 둘레로 회전하여 생기는 회전체와 반구면 $x^2+y^2+z^2=a^2$ $(z\ge 0, a\ge 0)$으로 둘러싸인 입체 D의 부피 V를 구하여라.

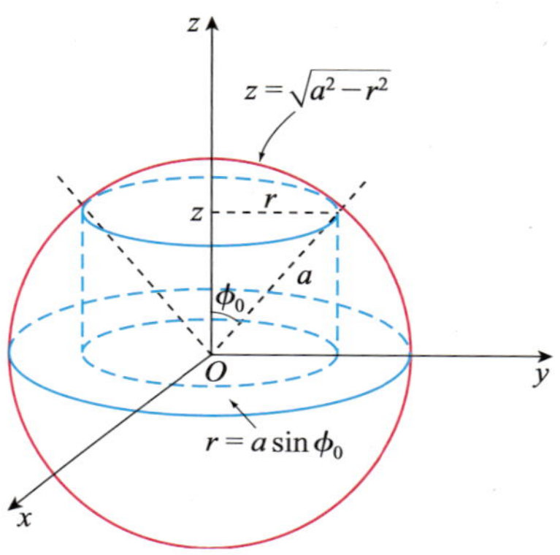

그림 11.2.24

풀이 이 문제는 아래와 같이 두 가지 방법으로 풀어보자.

방법 1 그림 11.2.24에서 $\begin{cases}r=a\sin\phi_0\\ z=a\cos\phi_0\end{cases}$에서 곡면 $z=r\cot\phi_0$와 $z=\sqrt{a^2-r^2}$의 교선은 $r^2(1+\cot^2\phi_0)=a^2$에서 $r=a\sin\phi_0$이다. 따라서

$$V=\iiint_D dxdydz=\int_0^{2\pi}\int_0^{a\sin\phi_0}\int_{r\cot\phi_0}^{\sqrt{a^2-r^2}}r\,dzdrd\theta$$
$$=\int_0^{2\pi}\int_0^{a\sin\phi_0}\left(r\sqrt{a^2-r^2}-r^2\cot\phi_0\right)drd\theta$$
$$=\int_0^{2\pi}\left[-\frac{1}{3}(a^2-a^2\sin^2\phi_0)^{3/2}-\frac{1}{3}a^3\sin^3\phi_0\cot\phi_0+\frac{a^3}{3}\right]d\theta$$
$$=\frac{2}{3}\pi a^3(1-\cos\phi_0)$$

이다.

방법 2 앞 절에서의 구면좌표변환을 응용하면 구면좌표 (ρ, ϕ, θ)로부터 $\phi=\phi_0$ (일정)이므로 구하는 영역 D는 $D=\{(\rho,\phi,\theta)|0\le\rho\le a, 0\le\phi\le\phi_0, 0\le\theta\le 2\pi\}$이다. 직교좌표 (x, y, z)와 구면좌표 사이 변환의 야코비 행렬식의 절댓값은 $\rho^2\sin\phi$이므로

$$V=\iiint_D dxdydz=\int_0^{2\pi}\int_0^{\phi_0}\int_0^a\rho^2\sin\phi\,d\rho d\phi d\theta$$
$$=\int_0^{2\pi}\int_0^{\phi_0}\sin\phi\left[\frac{1}{3}\rho^3\right]_0^a d\phi d\theta=\int_0^{2\pi}\int_0^{\phi_0}\frac{1}{3}a^3\sin\phi\,d\phi d\theta$$
$$=\frac{a^3}{3}\int_0^{2\pi}[-\cos\phi]_0^{\phi_0}d\theta=\frac{2}{3}\pi a^3(1-\cos\phi_0)$$

이다. ■

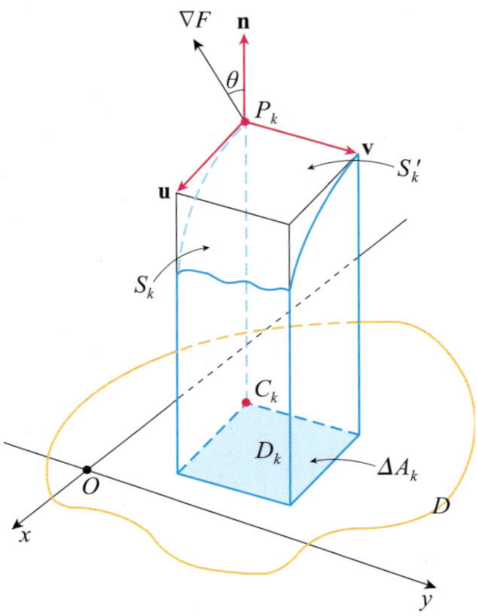

그림 11.2.25

곡면 넓이

곡면 $S: F(x, y, z) = c$의 정의역 D를 이중적분 정의에서처럼 직사각형들로 분할하고 이들 중 하나를 그림 11.2.25와 같이 D_k로 표시하자. 이때 D_k의 한 모서리점을 $C_k(x_k, y_k)$라 하고, 점 $C_k(x_k, y_k)$에 대응하는 곡면 S상의 점을 P_k, D_k를 밑면으로 하는 직사각기둥에 의해 잘려지는 P_k에서의 곡면의 접평면의 부분을 S_k', P_k에서 F의 그래디언트를 ∇F, xy평면의 단위법벡터를 $\mathbf{n}$, S_k'에서 두 변의 벡터를 $\mathbf{u}$와 $\mathbf{v}$, 그리고 직사각기둥에 의해 잘려지는 곡면 S의 부분을 S_k라 두자. 단, D_k의 각 변은 x축 및 y축에 평행하도록 분할을 취한다.

그러면 ∇F와 $\mathbf{u} \times \mathbf{v}$는 S_k'에 수직이므로 평행하고, $(\mathbf{u} \times \mathbf{v}) \cdot \mathbf{n}$은 S_k'의 정사영의 넓이, 즉 $|(\mathbf{u} \times \mathbf{v}) \cdot \mathbf{n}| = \Delta A_k$이다(10.2절 참조). 즉 $\|\mathbf{u} \times \mathbf{v}\| \cdot \|\mathbf{n}\| \cdot |\cos\theta| = \Delta A_k$이다. 이때 θ는 두 벡터 $\mathbf{n}$과 $\mathbf{u} \times \mathbf{v}$ 또는 $\mathbf{n}$과 ∇F 사이의 각이다.

ΔS_k를 S_k의 넓이라 하고 $\Delta S_k'$을 S_k'의 넓이라 하자. 그러면 $\|\mathbf{u} \times \mathbf{v}\| = \Delta S_k'$, $\|\mathbf{n}\| = 1$이므로 $\Delta S_k' \cdot |\cos\theta| = \Delta A_k$이다. 한편 ∇F가 xy평면에 평행하지 않거나 $\nabla F \cdot \mathbf{n} \neq 0$이면 $\cos\theta \neq 0$이므로

$$\Delta S_k' = \frac{1}{|\cos\theta|} \Delta A_k$$

이다. 여기서 곡면의 넓이를 다음과 같이 정의한다.

정의 11.2.14 곡면의 넓이

다음의 값

$$\begin{aligned}\lim_{n \to \infty} \sum_{k=1}^{n} \Delta S_k &= \lim_{n \to \infty} \sum_{k=1}^{n} \Delta S_k' \\ &= \lim_{n \to \infty} \sum_{k=1}^{n} \frac{1}{|\cos\theta|} \Delta A_k = \iint_D \frac{1}{|\cos\theta|} dA \qquad (11.2.10)\end{aligned}$$

가 존재하면 이 값을 **D 위에서 곡면 S의 곡면넓이**(surface area)라고 한다.

$|\nabla F \cdot \mathbf{n}| = \|\nabla F\| \cdot \|\mathbf{n}\| \cdot |\cos\theta| = \|\nabla F\| \cdot |\cos\theta|$, 즉 $\dfrac{1}{|\cos\theta|} = \dfrac{\|\nabla F\|}{|\nabla F \cdot \mathbf{n}|}$ 이므로 곡면넓이인 식 (11.2.10)은

$$\iint_D \frac{\|\nabla F\|}{|\nabla F \cdot \mathbf{n}|} dA$$

로 나타난다(여기서 $|\nabla F \cdot \mathbf{n}| \neq 0$이어야 한다).

정리 11.2.15

곡면이 $z = f(x, y)$인 함수로 주어졌을 때, 영역 D 위에서의 이 곡면의 곡면넓이 S는

$$S = \iint_D \sqrt{f_x^2 + f_y^2 + 1}\, dxdy$$

이다.

증명 $F(x, y, z) = f(x, y) - z = 0$이라 하자. 그러면 $\mathbf{n} = \mathbf{k} = (0, 0, 1)$, $\|\nabla F\| = \|f_x \mathbf{i} + f_y \mathbf{j} - \mathbf{k}\| = \sqrt{f_x^2 + f_y^2 + 1}$, $|\nabla F \cdot \mathbf{n}| = |-\mathbf{k} \cdot \mathbf{k}| = 1$ 이므로

$$S = \iint_D \frac{\|\nabla F\|}{|\nabla F \cdot \mathbf{n}|}\, dA = \iint_D \sqrt{f_x^2 + f_y^2 + 1}\, dxdy$$

이다. ■

예제 11.2.16 다음을 구하여라.

(1) 영역 $D = \{(x, y) | 0 \le x \le 3, 0 \le y \le 2\}$ 위에 함수 $f(x, y) = \frac{2}{3}\sqrt{x^3}$ 이 만드는 곡면의 곡면넓이를 구하여라.

(2) 곡면 $z = 4 - x^2 - y^2$의 xy평면 위쪽에 있는 부분의 곡면넓이를 구하여라.

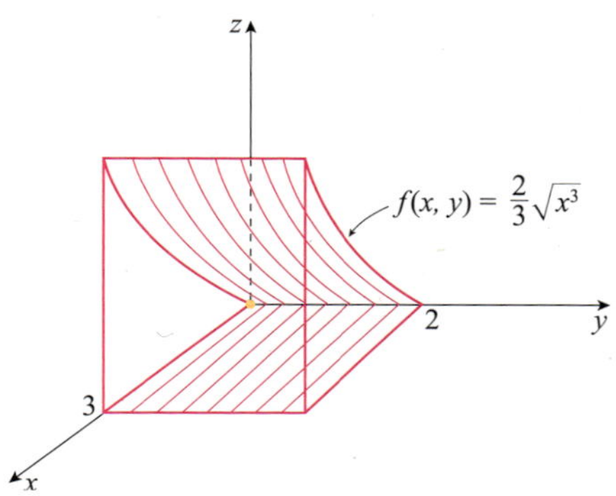

그림 11.2.26

풀이 (1) D 위에서 $f(x, y) = \frac{2}{3}\sqrt{x^3}$이 만드는 곡면은 그림 11.2.26과 같다. $f_x(x, y) = \sqrt{x}$이고 $f_y(x, y) = 0$이므로, 구하는 곡면넓이는

$$\begin{aligned} S &= \iint_D \sqrt{f_x^2 + f_y^2 + 1}\, dxdy = \int_0^3 \int_0^2 \sqrt{(\sqrt{x})^2 + 1}\, dydx \\ &= 2\int_0^3 \sqrt{x+1}\, dx = \frac{4}{3}[(x+1)^{3/2}]_0^3 = \frac{28}{3} \end{aligned}$$

이다.

(2) 주어진 곡면은 xy평면에서 원 $x^2 + y^2 = 4$로 둘러싸인 영역 D 위에 있다.

$f(x, y) = 4 - x^2 - y^2$이라 하고, 편도함수를 구하면 $f_x(x, y) = -2x$, $f_y(x, y) = -2y$이므로

$$S = \iint_D \sqrt{4x^2 + 4y^2 + 1}\, dxdy$$

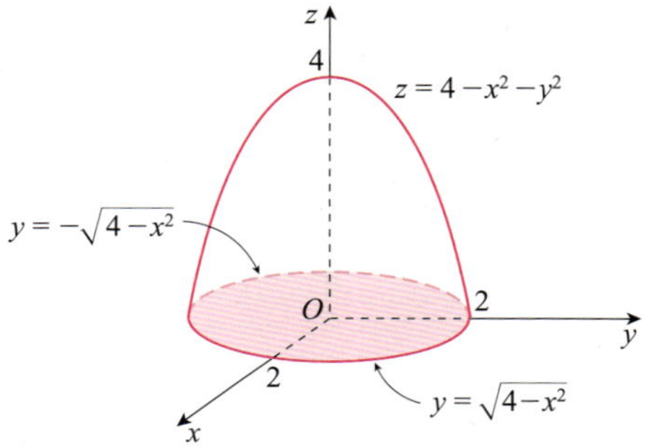

그림 11.2.27

이다. 이것을 극좌표로 좌표변환하여 계산하자. 그러면

$\begin{cases} x = r\cos\theta \\ y = r\sin\theta \end{cases}$로부터

$$S = \int_0^{2\pi}\int_0^2 \sqrt{4r^2+1}\, r\, drd\theta = \frac{1}{12}\int_0^{2\pi}[(4r^2+1)^{3/2}]_0^2 d\theta$$
$$= \frac{1}{12}\int_0^{2\pi}\left(\sqrt{17^3}-1\right)d\theta = \frac{1}{6}\pi\left(\sqrt{17^3}-1\right)$$

이다. ■

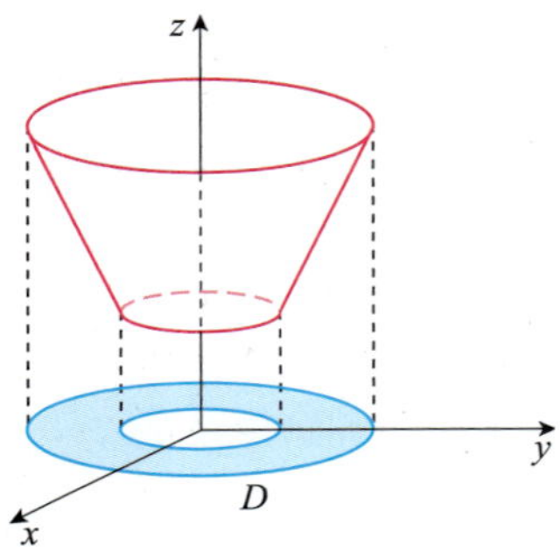

그림 11.2.28

예제 11.2.17 $a > 0$일 때 원뿔 $z = a\sqrt{x^2+y^2}$의 최소 및 최대 반지름이 각각 r_1, r_2인 곡면의 곡면넓이 S를 구하여라.

풀이 곡면은 xy평면에서 원환(annulus) $r_1^2 \le x^2+y^2 \le r_2^2$으로 둘러싸인 영역 D의 위쪽에 놓여 있다.

$f(x, y) = a\sqrt{x^2+y^2}$이라 두면 $f_x(x, y) = \frac{ax}{\sqrt{x^2+y^2}}$, $f_y(x, y) = \frac{ay}{\sqrt{x^2+y^2}}$이므로

$$S = \iint_D \sqrt{\left(\frac{ax}{\sqrt{x^2+y^2}}\right)^2 + \left(\frac{ay}{\sqrt{x^2+y^2}}\right)^2 + 1}\, dxdy$$
$$= \iint_D \sqrt{a^2+1}\, dxdy = \sqrt{a^2+1}\iint_D dxdy$$

이다.

원환 D의 넓이는 $A(D) = \pi r_2^2 - \pi r_1^2 = \pi(r_2^2 - r_1^2)$이다. 따라서 $S = \sqrt{a^2+1}\iint_D dxdy = \pi\sqrt{a^2+1}(r_2^2 - r_1^2)$이다. ■

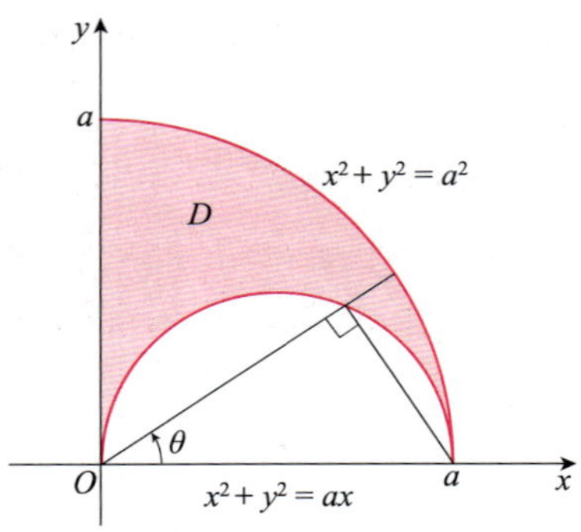

그림 11.2.29

예제 11.2.18 영역 D를 두 원 $x^2+y^2=a^2$과 $x^2+y^2=ax$의 제1사분면에서의 사이의 영역이라 하자(그림 11.2.29 참조). 이때 영역 D 위에서의 반지름이 a인 구면상의 곡면넓이 S를 구하여라.

풀이 극좌표변환 $\begin{cases} x = r\cos\theta \\ y = r\sin\theta \end{cases}$라 하면

$$D = \left\{(r, \theta)\,\middle|\, a\cos\theta \le r \le a,\ 0 \le \theta \le \frac{\pi}{2}\right\},$$
$$z = \sqrt{a^2-x^2-y^2} = \sqrt{a^2-r^2},$$
$$z_x = -\frac{x}{\sqrt{a^2-x^2-y^2}},\ z_y = -\frac{y}{\sqrt{a^2-x^2-y^2}}$$

이다.

$$S = \iint_D \sqrt{z_x^2+z_y^2+1}\, dxdy = a\iint_D \frac{1}{\sqrt{a^2-x^2-y^2}}\, dxdy$$
$$= a\int_0^{\pi/2}\int_{a\cos\theta}^{a} \frac{1}{\sqrt{a^2-r^2}}\, r\, drd\theta = a\int_0^{\pi/2}[-\sqrt{a^2-r^2}]_{r=a\cos\theta}^{r=a}\, d\theta$$
$$= a^2\int_0^{\pi/2}\sin\theta\, d\theta = a^2$$ ■

예제 11.2.19 다음을 구하여라.

(1) 곡면 $z = x^2 + y^2$의 $z = 1$인 평면으로 잘려진 곡면의 곡면넓이 S

(2) $D = [0, 1] \times [0, 1]$을 밑면으로 하는 z축에 나란한 직각기둥이 곡면 $z = \frac{2}{3}(x^{3/2} + y^{3/2})$을 잘라내는 부분의 곡면넓이 S

풀이 (1) 이 곡면을 $z = 1$인 평면에 사영하면 $x^2 + y^2 \le 1$이고 $z = f(x, y) = x^2 + y^2$이므로

$$S = \iint_{x^2+y^2 \le 1} \sqrt{f_x^2 + f_y^2 + 1}\, dxdy$$
$$= \iint_{x^2+y^2 \le 1} \sqrt{4x^2 + 4y^2 + 1}\, dxdy$$

이다. 따라서 극좌표변환을 하면

$$S = \int_0^{2\pi}\int_0^1 \sqrt{4r^2+1}\, r\, drd\theta = \int_0^{2\pi} \frac{1}{12}(5\sqrt{5} - 1)\, d\theta$$
$$= \frac{\pi}{6}(5\sqrt{5} - 1)$$

이다.

(2) $z_x = \sqrt{x},\ z_y = \sqrt{y}$이므로

$$S = \iint_D \sqrt{z_x^2 + z_y^2 + 1}\, dxdy = \iint_D \sqrt{1 + x + y}\, dxdy$$
$$= \int_0^1 \left[\frac{2}{3}(1 + x + y)^{3/2}\right]_{x=0}^{x=1} dy = \frac{2}{3}\int_0^1 [(2 + y)^{3/2} - (1 + y)^{3/2}]\,dy$$
$$= \frac{4}{15}(1 + 9\sqrt{3} - 8\sqrt{2})$$

이다. ■

예제 11.2.20 곡면 $F(x, y, z) = x^2 + y^2 + z^2 = 2$가 $x^2 + y^2 = 1$로 잘린 xy평면 윗부분의 넓이를 구하여라.

풀이 $\nabla F = 2x\mathbf{i} + 2y\mathbf{j} + 2z\mathbf{k}$, $\|\nabla F\| = 2\sqrt{x^2 + y^2 + z^2} = 2\sqrt{2}$이고, $\mathbf{n} = \mathbf{k}$로 취하면 $\nabla F \cdot \mathbf{n} = 2z$이므로

$$S = \iint_D \frac{\|\nabla F\|}{|\nabla F \cdot \mathbf{n}|}\, dA = \iint_D \frac{2\sqrt{2}}{2z}\, dA = \sqrt{2}\iint_D \frac{1}{z}\, dA$$
$$= \sqrt{2}\iint_D \frac{1}{\sqrt{2 - x^2 - y^2}}\, dxdy \quad (\text{단}, D = \{(x, y) \mid x^2 + y^2 \le 1\})$$

이다. 계산의 편리를 위하여 극좌표변환 $\begin{cases} x = r\cos\theta \\ y = r\sin\theta \end{cases}$를 하면

$$S = \sqrt{2}\int_0^{2\pi}\int_0^1 \frac{1}{\sqrt{2 - r^2}}\, r\, drd\theta = \sqrt{2}\int_0^{2\pi} [-(2 - r^2)^{1/2}]_0^1\, d\theta$$

$$= \sqrt{2}\int_0^{2\pi}(\sqrt{2}-1)\,d\theta = 2\pi(2-\sqrt{2})$$

이다. ■

예제 11.2.21 xy평면 위의 곡선 $y = g(x) \ge 0$ $(a \le x \le b)$를 x축 둘레로 회전시켰을 때 생기는 곡면의 곡면넓이 S를 구하여라.

풀이 회전면의 방정식은 $y^2 + z^2 = g(x)^2$ $(a \le x \le b)$이다.

단, $z = f(x, y) \ge 0$ $(a \le x \le b)$로 두면

$D = \{(x, y) | -g(x) \le y \le g(x),\ a \le x \le b\}$이고

$z = f(x, y) = \sqrt{g(x)^2 - y^2}$이므로

$$f_x = \frac{g(x)g'(x)}{\sqrt{g(x)^2 - y^2}},\quad f_y = -\frac{y}{\sqrt{g(x)^2 - y^2}}$$

이다. 회전곡면은 xy평면의 상하에 대칭되어 있으므로

$$S = 2\iint_D \sqrt{f_x^2 + f_y^2 + 1}\,dxdy = 2\iint_D g(x)\frac{\sqrt{1+\{g'(x)\}^2}}{\sqrt{g(x)^2 - y^2}}\,dxdy$$

이다. 한편 그림 11.2.30에서 $v = \measuredangle QPR$이면 회전면의 방정식은 매개변수방정식으로

$$\begin{cases} x = u \\ y = g(u)\cos v \quad (0 \le v \le \pi) \\ z = g(u)\sin v \end{cases}$$

가 된다.

xy평면과 uv평면 사이의 좌표변환에 의해 야코비 행렬식 J는

$$J = \begin{vmatrix} x_u & x_v \\ y_u & y_v \end{vmatrix} = \begin{vmatrix} 1 & 0 \\ g'\cos v & -g\sin v \end{vmatrix} = g\sin v$$

이다. 그러므로

$$\begin{aligned} S &= 2\iint_D \sqrt{f_x^2 + f_y^2 + 1}\,dxdy = 2\iint_D g(x)\frac{\sqrt{1+\{g'(x)\}^2}}{\sqrt{g(x)^2 - y^2}}\,dxdy \\ &= 2\int_a^b\int_0^\pi \frac{g(u)\sqrt{1+\{g'(u)\}^2}}{g(u)\sin v}\,g(u)\sin v\,dvdu \\ &= 2\int_a^b\int_0^\pi g(u)\sqrt{1+\{g'(u)\}^2}\,dvdu \\ &= 2\pi\int_a^b g(u)\sqrt{1+\{g'(u)^2\}}\,du \end{aligned}$$

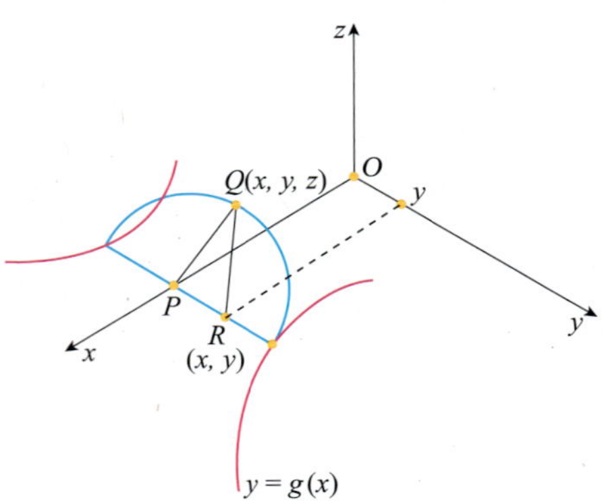

그림 11.2.30

이다. 즉 $S = 2\pi \int_a^b g(x)\sqrt{1 + \{g'(x)\}^2}\, dx$로서, 5.4절(정리 5.4.1)에서 공부한 회전체의 겉넓이와 일치한다. ■

11.2 연습문제

1. 다음 곡선으로 둘러싸인 영역의 넓이를 구하여라.

(1) $x = y^2,\ y - 2x = 4,\ y = 0,\ y = 4$

(2) $y = 8 - x^2,\ y = 3x^2$

(3) $r = 2\sin 3\theta$의 내부, $r = 1$의 외부, 제1사분면

2. 곡면이 정의역 $D \subset \mathbb{R}^2$에서 매개변수함수 $\phi(u, v) = (x(u, v), y(u, v), z(u, v))$로 나타난 경우, 영역 D 위에서의 곡면의 넓이는

$$S = \iint_D \sqrt{\left(\frac{\partial(x, y)}{\partial(u, v))}\right)^2 + \left(\frac{\partial(y, z)}{\partial(u, v)}\right)^2 + \left(\frac{\partial(x, z)}{\partial(u, v)}\right)^2}\, dudv$$

임을 보여라.

3. 위의 2번을 이용하여 다음을 구하여라.

(1) $\mathbb{R}^2$의 부분영역을 D라 하고 함수 $\phi: D \to \mathbb{R}^3$가

$$\phi(u, v) = (x, y, z) = (x(u, v), y(u, v), z(u, v)),$$
$$x = x(u, v) = u\cos v,\ y = y(u, v) = u\sin v,$$
$$z = z(u, v) = u$$

로 주어진 벡터함수일 때 ϕ의 상은 곡면이다. 여기서 $D = \{(u, v) | 0 \le u \le 1,\ 0 \le v \le 2\pi\}$인 영역일 때 이 곡면의 곡면넓이 S를 구하여라.

(2) 매개변수함수로 주어지는 토러스(torus)의 방정식

$$\begin{cases} x = (a + \cos\phi)\cos\theta \\ y = (a + \cos\phi)\sin\theta \\ z = \sin\phi \end{cases}$$

$(0 \le \phi \le 2\pi,\ 0 \le \theta \le 2\pi,\ a > 1$인 상수)

의 곡면넓이 S를 구하여라.

(3) 나선면(helicoid)은 벡터함수 $\phi: D \to \mathbb{R}^3$,

$$\phi(u, v) = (x, y, z) = (x(u, v), y(u, v), z(u, v))$$
$$= (u\cos v,\ u\sin v,\ v)$$

로 주어진다. 여기서 영역 $D = \{(u, v) | 0 \le u \le 1,\ 0 \le v \le 2\pi\}$ 위에 생기는 이 나선면의 곡면넓이 S를 구하여라.

4. 반지름 a인 구면이 $r = a\cos 2\theta$에 의해 잘리는 구면 속에 있는 부분의 곡면넓이를 구하여라.

5. 다음의 부피를 구하여라.

(1) $z = 1 + x + y,\ 0 \le x \le 2,\ 0 \le y \le 1$ 및 xy평면으로 둘러싸인 입체

(2) $z = 0$ 및 곡면 $z = ae^{-x^2-y^2}$ $(a > 0)$ 사이에 있는 부분

(3) 평면 $z = 0,\ z = 4$ 및 곡면 $r = 2\cos\theta$에 의해 둘러싸인 입체

(4) 곡면 $z = y^2,\ x = 1 - (y-1)^2$과 평면 $y = x$로 둘러싸인 xy평면의 상부

(5) 곡면 $z = e^{-x^2-y^2},\ x^2 + y^2 = 1$ 및 xy평면으로 둘러싸인 입체

(6) 평면 $z = 4 + x + 2y$, 원기둥 $x^2 + y^2 = 1$ 및 xy평면으로 둘러싸인 입체

(7) 곡면 $\rho = 5$ 및 $\phi = \frac{\pi}{6},\ \phi = \frac{\pi}{3}$에 의해 둘러싸인 입체

(8) 평면 $z = 1$ 및 곡면 $z^2 = x^2 + y^2$에 의해 둘러싸인 입체

(9) 원기둥 $x^2 + y^2 = 1$을 위로는 $z = y$, 아래로는 $z = 0$ 평면으로 잘라낸 부분

6. 다음의 곡면의 넓이를 구하여라.

(1) 곡면 $z = 9 - x^2 - y^2$의 xy평면의 상부

(2) 구면 $x^2 + y^2 + z^2 = 4$의 원기둥 $x^2 + y^2 = 1$의 내부

(3) 구면 $x^2 + y^2 + z^2 = a^2$의 곡면넓이

(4) 주면 $y^{2/3} + z^{2/3} = a^{2/3}$이 $x^{2/3} + y^{2/3} = a^{2/3}$에 의해 절단되는 부분

(5) $x = r\cos\theta,\ y = 2r\cos\theta,\ z = \theta,\ 0 \le r \le 1,\ 0 \le \theta \le 2\pi$로 주어진 곡면의 넓이

(6) xy평면의 직선 $x = 1,\ y = 0,\ y = x$로 유계된 삼각형 위에 있는 곡면 $2z = x^2$의 곡면넓이

7. 다음의 부피를 삼중적분을 이용하여 구하여라.

(1) 곡면 $\rho = \cos\phi$로 둘러싸인 입체영역

(2) $\iiint_D \frac{1}{x^2 + y^2 + z^2}\, dV$는 원뿔 $z = \sqrt{3x^2 + 3y^2}$과 구면 $x^2 + y^2 + z^2 = 9$ 및 $x^2 + y^2 + z^2 = 81$로 둘러싸인 xy평면 위쪽의 입체영역

(3) $\iiint_D x^2\,dV$, D는 구면 $x^2+y^2+z^2=4$와 $x^2+y^2+z^2=9$ 사이의 입체영역

(4) 구면 $x^2+y^2+z^2=1$과 $x^2+y^2+z^2=4$ 사이에 있고 원뿔 $3z^2=x^2+y^2$의 아래에 있는 입체영역

(5) 원뿔 $z=r$의 내부와 평면 $z=1$ 및 $z=2$ 사이의 입체영역

(6) $z=r^2$과 $r^2=4\cos\theta$로 둘러싸인 제1팔분공간의 입체영역

8. 밀도함수(density function)가 $\delta(x, y)$로서 xy평면의 영역 D에 주어져 있다면

= 질량(mass): $M=\iint_D \delta(x, y)\,dA$

= 제1질량: $M_x=\iint_D y\,\delta(x, y)\,dA$, $M_y=\iint_D x\,\delta(x, y)\,dA$

= 질량중심(center of mass): $\bar{x}=\dfrac{M_y}{M}$, $\bar{y}=\dfrac{M_x}{M}$

= 관성모멘트(moment of inertia (제2모멘트)):

x축에 대하여: $I_x=\iint_D y^2\,\delta(x, y)\,dA$

y축에 대하여: $I_y=\iint_D x^2\,\delta(x, y)\,dA$

원점에 대하여: $I_0=\iint_D (x^2+y^2)\,\delta(x, y)\,dA = I_x+I_y$

직선 L에 대하여: $I_L=\iint_D r^2(x, y)\,\delta(x, y)\,dA$, 여기서 $r(x, y)$는 점 (x, y)에서 직선 L까지의 거리이다.

= 회전반지름(radius of gyration):

x축에 대하여: $R_x=\sqrt{\dfrac{I_x}{M}}$

y축에 대하여: $R_y=\sqrt{\dfrac{I_y}{M}}$

원점에 대하여: $R_0=\sqrt{\dfrac{I_0}{M}}$

로 각각 정의된다.

밀도함수가 $\delta(x, y)=x+1$일 때 $y=x$와 $y=x^2$으로 경계가 주어진 얇은 판의 각 축에 대하여 질량중심, 관성모멘트 및 회전반지름을 모두 구하여라.

종 | 합 | 문 | 제

1. 다음의 적분순서를 변경하여라.

(1) $\int_{-1}^{1}\int_{x^2+x}^{x+1} f(x, y)\,dydx$　　(2) $\int_{0}^{1}\int_{\sqrt{2+x^2}}^{\sqrt{4-x^2}} f(x, y)\,dydx$

2. 다음 적분값을 구하여라.

(1) $\iint_D (x^2 + y^2)^{1/2}\,dA$,
$D = \{(r, \theta) \mid r \le 2 + \cos\theta,\ 0 \le \theta \le 2\pi\}$

(2) $\int_0^3\int_{-1}^1\int_2^4 (y - xz)\,dzdydx$

(3) $\int_0^{\pi/2}\int_0^{\pi/2}\int_0^{\sin z} x^2 \sin y\,dxdydz$

(4) $\iiint_E x\,dxdydz$,
$E = \{(x, y, z) \mid x^2 + y^2 + z^2 \le a^2,\ x, y, z \ge 0\}$

3. 다음 함수들의 야코비 행렬식을 구하여라.

(1) $x = u^2 + v^2,\ y = uv$

(2) $x = \ln u,\ y = u \ln v$

(3) $x = uv,\ y = vw,\ z = uw$

(4) $x = r\cos\theta,\ y = r\sin\theta,\ r = \sqrt{s^2 + t^2},\ \theta = \tan^{-1}\frac{t}{s}$

4. 다음의 부피를 구하여라.

(1) 곡면 $z = x^2$, 평면 $x = 2y, y = 0, z = 0, x = 2$로 둘러싸인 $x, y, z \ge 0$인 부분

(2) 원기둥 $y^2 + 4z^2 = 16$과 평면 $x = 0, x + y = 4$로 둘러싸인 부분

(3) 곡면 $r = 1 + \cos\theta,\ z = r$ 및 xy평면으로 둘러싸인 입체

(4) 구면 $x^2 + y^2 + z^2 = 2$ 및 곡면 $z = x^2 + y^2$으로 둘러싸인 입체

(5) 위로는 구면 $\rho = 2$, 아래로는 원뿔 $\phi = \frac{\pi}{4}$로 둘러싸인 입체영역

(6) 곡면 $z = x^2 + 3y^2$과 $z = 8 - x^2 - y^2$으로 둘러싸인 부분

5. 다음의 곡면의 넓이를 구하여라.

(1) 구면 $x^2 + y^2 + z^2 = 9$의 곡면 $x^2 + y^2 = 8z$의 내부

(2) xy평면의 영역 $1 \le x^2 + y^2 \le 9$ 위에서의 곡면 $z = 9 - x^2 - y^2$의 곡면넓이

12 CHAPTER

벡터해석

12.1 선적분

선적분을 정의하기 전에 먼저 유향곡선에 대해서 알아보자.

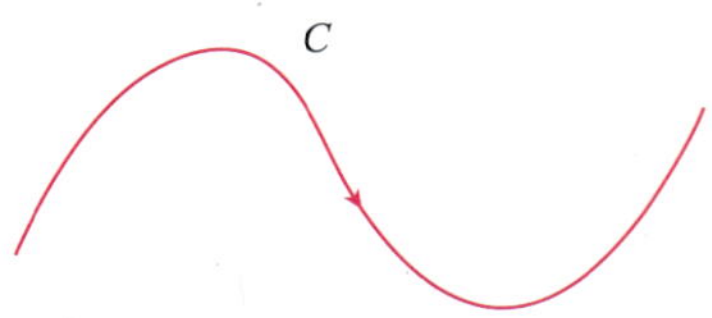

그림 12.1.1

평면 또는 공간상의 곡선은 점들의 집합이기도 하지만, 하나의 점(point)이 움직여나가는 궤적이라 간주할 수 있다. 이때 곡선을 그려나가는 순서를 그 곡선의 방향(orientation)이라 하고, 이런 방향을 가지고 있는 곡선을 **유향곡선**(oriented curve)이라 한다.

주어진 곡선에 대해서 주어진 방향과 그 반대방향을 가진 2개의 유향곡선을 생각할 수 있다. 하나의 유향곡선을 C라 할 때, 집합으로서는 동일하지만 C의 방향과 반대방향을 가진 유향곡선을 $-C$로 표기한다.

유향곡선을 다음과 같이 매개변수함수의 궤적으로 표현하면 편리하다.

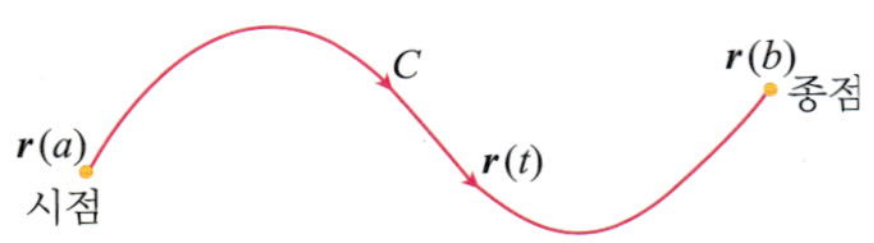

그림 12.1.2

정의 12.1.1

C를 주어진 유향곡선이라 하자.

구간 I상의 함수 $\boldsymbol{r}: I \to \mathbb{R}^3$에 대해서 다음 조건이 성립하면, 함수 $\boldsymbol{r}$을 곡선 C의 **매개변수**(parametric)**함수**(또는 방정식)라 한다.

(i) 집합으로서 $C = \{\boldsymbol{r}(t) \mid t \in I\}$이다.

(ii) 매개변수 t가 증가할 때 점 $\boldsymbol{r}(t)$가 움직여나가는 방향과 C의 방향이 같다.

여기서 구간 I가 폐구간 $I = [a, b]$일 때, 점 $\boldsymbol{r}(a)$를 C의 **시점**(initial point)이라 하고 점 $\boldsymbol{r}(b)$를 C의 **종점**(terminal point)이라 한다. 시점과 종점이 일치하는 경우에는 **유향폐곡선**이라 한다.

참고 12장에서는 순서쌍 (x, y) 또는 (x, y, z)를 상황에 따라서 벡터 또는 공간상에서 점의 좌표로 혼용한다. 또한 단위벡터 $\boldsymbol{i} = (1, 0, 0)$, $\boldsymbol{j} = (0, 1, 0)$, $\boldsymbol{k} = (0, 0, 1)$을 사용하면 $(x, y, z) = x\boldsymbol{i} + y\boldsymbol{j} + z\boldsymbol{k}$이므로, 벡터를 표기할 때 (x, y, z)와 $x\boldsymbol{i} + y\boldsymbol{j} + z\boldsymbol{k}$를 필요에 따라 혼용한다. 한편 평면상의 벡터와 곡선 등은 z성분을 0으로 간주한다. 그러므로 평면상의 벡터와 곡선 등을 별도로 다루지는 않기로 한다.

예제 12.1.2 xy평면상에서 함수 $f(x) = 2 - x^2$, $-1 \le x \le 2$의 그래프 C의 매개변수함수를 구하여라. 단, 그래프 C는 x좌표가 증가할 때의 방향을 가진다.

풀이 $\boldsymbol{r}(t) = (t, 2 - t^2)$, $-1 \le t \le 2$라 두면 $\boldsymbol{r}: [-1, 2] \to \mathbb{R}^2$는 C의 매개변수함수이다. ■

예제 12.1.3 xyz공간의 두 점 $(-1, 2, 1)$과 $(2, -3, 5)$를 잇는 선분을 C라 할 때, 그 매개변수함수를 구하여라. 단, C는 x좌표가 증가할 때의 방향을 가진다.

풀이 $\boldsymbol{r}(t) = (3t - 1, -5t + 2, 4t + 1)$, $0 \le t \le 1$이라 두면 $\boldsymbol{r}: [0, 1] \to \mathbb{R}^3$는 C의 매개변수함수이다. ■

정리 12.1.4

$\boldsymbol{r}: I \to \mathbb{R}^3$가 유향곡선 C의 한 매개변수함수라 하자.

구간 J에 대해서, $\psi: J \to I$가 일대일 대응(전단사함수)일 때 다음이 성립한다.

(1) $\psi: J \to I$가 증가함수이면 합성함수 $\boldsymbol{r} \circ \psi: J \to \mathbb{R}^3$도 C의 매개변수함수이다.

(2) $\psi: J \to I$가 감소함수이면 합성함수 $\boldsymbol{r} \circ \psi: J \to \mathbb{R}^3$는 $-C$의 매개변수함수이다.

증명 (1) $\psi: J \to I$가 전단사함수이므로, 집합으로서 다음을 알 수 있다.

$$\{\boldsymbol{r} \circ \psi(t) | t \in J\} = \{\boldsymbol{r}(t) | t \in I\}$$

한편 $\psi: J \to I$가 증가함수이므로, $t \in J$가 증가할 때 점 $\boldsymbol{r} \circ \psi(t)$가 움직여나가는 방향은 $t \in I$가 증가할 때 점 $\boldsymbol{r}(t)$가 움직여나가는 방향과 동일하다.

따라서 $t \in J$가 증가할 때 점 $\boldsymbol{r} \circ \psi(t)$가 움직여나가는 방향은 C의 방향과 같다. 그러므로 $\boldsymbol{r} \circ \psi: J \to \mathbb{R}^3$가 C의 한 매개변수함수이다.

(2) (1)과 유사하게 증명할 수 있으므로 생략한다. ■

공간에서 유향곡선 C를 한 점(입자)이 움직여나가는 궤적이라 할 때, t를 시간이라 간주하고 $\boldsymbol{r}(t)$를 t시각에 그 점의 위치(좌표)라 간주하자. 그러면 $\boldsymbol{r}(t)$는 C의 매개변수함수가 된다. 그러므로 주어진 유향곡선에 대해서 매개변수함수가 존재하며, 정리 12.1.4에 의해서 그 곡선의 매개변수함수는 무수히 많이 존재한다.

이제부터 특별한 언급이 없으면 곡선은 모두 유향곡선을 의미한다. 또한 유향곡선과 그 매개변수함수를 동일시하면 편리하다.

매개변수함수 $\boldsymbol{r}: I \to \mathbb{R}^3$의 x성분(component) 함수를 $x(t)$, y성분 함수를 $y(t)$, z성분 함수를 $z(t)$라 두자. 즉 다음과 같이 두자.

$$\boldsymbol{r}(t) = (x(t),\ y(t),\ z(t)),\quad t \in I$$

여기서 모든 성분 함수 $x(t)$, $y(t)$, $z(t)$가 $t_0 \in I$에서 연속 미분가능이고 $\boldsymbol{r}'(t_0) = (x'(t_0),\ y'(t_0),\ z'(t_0)) \neq \boldsymbol{0}$일 때, $\boldsymbol{r}: I \to \mathbb{R}^3$는 $t_0 \in I$에서 **매끄럽다**(smooth)고 한다(단 t_0가 구간 $I = [a, b]$의 끝점(경계점) $t_0 = a$ 또는 $t_0 = b$인 경우에, 도함수는 각각 우측 도함수 $\boldsymbol{r}'(a) = \lim\limits_{t \to a^+} \dfrac{\boldsymbol{r}(t) - \boldsymbol{r}(a)}{t - a}$와 좌측 도함수 $\boldsymbol{r}'(b) = \lim\limits_{t \to b^-} \dfrac{\boldsymbol{r}(t) - \boldsymbol{r}(b)}{t - b}$를 의미한다).

그리고 모든 $t \in I$에 대해서 성분 $x(t)$, $y(t)$, $z(t)$가 연속 미분가능(C^1 함수)이고 $\boldsymbol{r}'(t) = (x'(t),\ y'(t),\ z'(t)) \neq \boldsymbol{0}$일 때, $\boldsymbol{r}: I \to \mathbb{R}^3$를 매끄러운 함수(또는 매끄러운 곡선)라 한다.

정의 12.1.5

곡선 C가 매끄러운 매개변수함수를 가질 수 있을 때 C를 **매끄러운 곡선**이라 한다.

예제 12.1.6 xy평면에서 연속 미분가능인 함수 $y = f(x)$, $a \leq x \leq b$의 그래프는 매끄러운 곡선이다. 예를 들어, 예제 12.1.2의 곡선 C는 매끄럽다.

풀이 $\boldsymbol{r}(t) = (t,\ f(t))$, $a \leq t \leq b$라 두면 $\boldsymbol{r}(t)$는 $f(x)$ 그래프의 매개변수함수이다. 모든 $t \in [a, b]$에 대해서 $\boldsymbol{r}'(t) = (1,\ f'(t)) \neq (0, 0)$이므로, $\boldsymbol{r}(t)$는 매끄러운 함수이다.

따라서 $f(x)$의 그래프는 매끄럽다. 한편 예제 12.1.2에서 $f(x) = 2 - x^2$은 연속 미분가능이므로 그 그래프는 매끄러운 곡선이다. ■

이제 선적분에 대해서 알아보자. C는 길이가 유한인 곡선이고, $f(x, y, z)$는 C상에서 정의되는 함수 $f: C \to \mathbb{R}$라 하자. 이제 곡선 C를 따라서 함수 $f(x, y, z)$의 적분을 생각해보자.

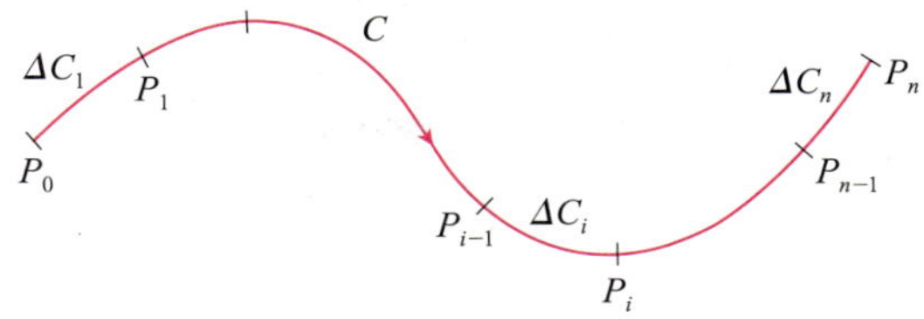

그림 12.1.3

유향곡선 C를 n개의 곡선 조각(부분곡선)들로 분할하고 그 분할점들을 시점부터 종점까지 차례로 $P_0, P_1, \cdots, P_n$이라 하자. 그리고 점 P_i의 좌표를 (x_i, y_i, z_i)라 하고 ΔC_i를 점 P_{i-1}과 P_i 사이의 부분곡선이라 하자.

편의상 $\Delta x_i = x_i - x_{i-1}$, $\Delta y_i = y_i - y_{i-1}$, $\Delta z_i = z_i - z_{i-1}$이라 두고 부분곡선 ΔC_i의 길이를 Δs_i라 하자. 또한

$$\Delta x = \max\{\Delta x_1, \cdots, \Delta x_n\},\ \Delta y = \max\{\Delta y_1, \cdots, \Delta y_n\},$$
$$\Delta z = \max\{\Delta z_1, \cdots, \Delta z_n\},\ \Delta s = \max\{\Delta s_1, \cdots, \Delta s_n\}$$

이라 두자. 그러면 $\Delta s \to 0$일 때 $\Delta x \to 0, \Delta y \to 0, \Delta z \to 0$이다.

각 부분곡선 ΔC_i상에서 임의의 한 점 (x_i^*, y_i^*, z_i^*)를 택하고, 정적분의 정의에서와 같이 다음의 리만 합을 생각하자.

$$\sum_{i=1}^{n} f(x_i^*, y_i^*, z_i^*)\Delta s_i \tag{12.1.1}$$

$$\sum_{i=1}^{n} f(x_i^*, y_i^*, z_i^*)\Delta x_i \tag{12.1.2}$$

$$\sum_{i=1}^{n} f(x_i^*, y_i^*, z_i^*)\Delta y_i \tag{12.1.3}$$

$$\sum_{i=1}^{n} f(x_i^*, y_i^*, z_i^*)\Delta z_i \tag{12.1.4}$$

C가 조각적으로 매끄러운 유향곡선이고 f가 연속함수이면, 정적분 이론에 의하여 C의 분할을 세분해갈 때 리만 합 (12.1.1)~(12.1.4)는 극한을 가진다. 이때 그 극한을 "C를 따라서 f의 선적분"이라 한다. 즉 아래와 같이 선적분을 정의한다.

정의 12.1.7

곡선 C의 분할을 세분해갈 때($\Delta s \to 0$), 리만 합 $\sum_{i=1}^{n} f(x_i^*, y_i^*, z_i^*)\Delta s_i$가 하나의 값에 수렴해가면 함수 f는 곡선 C

를 따라서 선적분가능이라 한다. 이때 그 극한값을 "C를 따라서 f의 **선적분**(line integral along C)"이라 하며, $\int_C f(x, y, z)\,ds$ 또는 간단히 $\int_C f\,ds$로 표기한다. 즉 다음과 같이 표기한다.

$$\int_C f\,ds = \lim_{\Delta s \to 0} \sum_{i=1}^{n} f(x_i^*, y_i^*, z_i^*)\Delta s_i$$

같은 요령으로 다음의 각 성분별 선적분도 정의한다.

$$\int_C f\,dx = \lim_{\Delta x \to 0} \sum_{i=1}^{n} f(x_i^*, y_i^*, z_i^*)\Delta x_i,$$

$$\int_C f\,dy = \lim_{\Delta y \to 0} \sum_{i=1}^{n} f(x_i^*, y_i^*, z_i^*)\Delta y_i,$$

$$\int_C f\,dz = \lim_{\Delta z \to 0} \sum_{i=1}^{n} f(x_i^*, y_i^*, z_i^*)\Delta z_i$$

여기서 곡선 C를 흔히 선적분의 **적분경로**라 한다.

참고 위의 선적분 정의를 보면, 만약 유향곡선 C가 x축 또는 y축 또는 z축상의 폐구간일 때 선적분은 폐구간상의 정적분과 같다. 그런 의미에서 선적분 개념은 정적분 개념의 확장이라 할 수 있다

정의 12.1.7로부터 다음을 알 수 있다.

정리 12.1.8

C는 매끄러운 곡선이라 하자. f, g가 C를 따라서 선적분가능 함수이면 다음 공식이 성립한다.

(1) $\int_C k f\,ds = k\int_C f\,ds$, k는 임의의 상수

(2) $\int_C (f+g)\,ds = \int_C f\,ds + \int_C g\,ds$

이제 매개변수함수를 이용하여 선적분을 익숙한 방법으로 계산해 보자.

정리 12.1.9

C는 매끄러운 매개변수함수 $\boldsymbol{r}(t) = (x(t), y(t), z(t))$, $a \le t \le b$를 가진 곡선이라 하고, $\boldsymbol{D} \subset \mathbb{R}^3$는 C를 포함하는 적당한 개영역이라 하자. 그러면 $f : \boldsymbol{D} \to \mathbb{R}$가 연속함수이면, f는 C를 따라서 선적분가능이고 다음 공식이 성립한다.

(1) $$\int_C f\, ds = \int_a^b f(\boldsymbol{r}(t)) \| \boldsymbol{r}'(t) \|\, dt = \int_a^b f(x(t), y(t), z(t)) \sqrt{[x'(t)]^2 + [y'(t)]^2 + [z'(t)]^2}\, dt \tag{12.1.5}$$

(2) $$\int_C f\, dx = \int_a^b f(\boldsymbol{r}(t))\, x'(t)\, dt = \int_a^b f(x(t), y(t), z(t))\, x'(t)\, dt \tag{12.1.6}$$

(3) $$\int_C f\, dy = \int_a^b f(\boldsymbol{r}(t))\, y'(t)\, dt = \int_a^b f(x(t), y(t), z(t))\, y'(t)\, dt \tag{12.1.7}$$

(4) $$\int_C f\, dz = \int_a^b f(\boldsymbol{r}(t))\, z'(t)\, dt = \int_a^b f(x(t), y(t), z(t))\, z'(t)\, dt \tag{12.1.8}$$

증명 $\boldsymbol{r} : [a, b] \to \mathbb{R}^3$가 C의 매끄러운 매개변수함수이므로 C의 분할점들 $P_0, P_1, \cdots, P_n$에 대응하여 $P_i = \boldsymbol{r}(t_i)$가 되는 $[a, b]$의 분할 $a = t_0 < t_1 < \cdots < t_n = b$가 존재하고, $\boldsymbol{r}(t_i^*) = (x_i^*, y_i^*, z_i^*)$가 되는 $t_i^* \in [t_{i-1}, t_i]$가 존재한다. 여기서 $\Delta t_i = t_i - t_{i-1}$이라 두고, $\Delta t = \max\{\Delta t_1, \cdots, \Delta t_n\}$이라 두자. 그러면 $\Delta s \to 0$일 때 $\Delta t \to 0$이다.

(1) 부분곡선 ΔC_i의 길이는 $\Delta s_i = \int_{t_{i-1}}^{t_i} \| \boldsymbol{r}'(t) \|\, dt$이고, 적분의 평균값 정리에 의해서 $\Delta s_i = \int_{t_{i-1}}^{t_i} \| \boldsymbol{r}'(t) \|\, dt = \| \boldsymbol{r}'(t_i^-) \| \Delta t_i$가 되는 $t_i^- \in [t_{i-1}, t_i]$가 존재한다. 따라서 다음을 얻는다.

$$\lim_{\Delta s \to 0} \sum_{i=1}^{n} f(x_i^*, y_i^*, z_i^*) \Delta s_i = \lim_{\Delta t \to 0} \sum_{i=1}^{n} f(\boldsymbol{r}(t_i^*)) \| \boldsymbol{r}'(t_i^-) \| \Delta t_i \tag{12.1.9}$$

$f \circ \boldsymbol{r}(t) = f(\boldsymbol{r}(t))$와 $\| \boldsymbol{r}'(t) \|$가 $[a, b]$에서 연속이므로, 정적분의 존재정리에 의해서 (12.1.9)는 극한이 존재하고, 다음 공식 (12.1.5)를 얻는다.

$$\begin{aligned}\int_C f\,ds &= \lim_{\Delta s\to 0}\sum_{i=1}^{n} f(x_i^*, y_i^*, z_i^*)\Delta s_i \\ &= \lim_{\Delta t\to 0}\sum_{i=1}^{n} f(\boldsymbol{r}(t_i^*))\|\boldsymbol{r}'(t_i^-)\|\Delta t_i \\ &= \int_a^b f(\boldsymbol{r}(t))\|\boldsymbol{r}'(t)\|\,dt\end{aligned}$$

(2) $\Delta x_i = x_i - x_{i-1} = x(t_i) - x(t_{i-1})$이므로, 평균값 정리에 의해서 $t_i^+ \in [t_{i-1}, t_i]$가 존재하여 $\Delta x_i = x(t_i) - x(t_{i-1}) = x'(t_i^+)\Delta t_i$이다. 따라서 x성분 선적분에 대하여 다음 공식 (12.1.6)을 얻는다.

$$\begin{aligned}\int_C f\,dx &= \lim_{\Delta x\to 0}\sum_{i=1}^{n} f(x_i^*, y_i^*, z_i^*)\Delta x_i \\ &= \lim_{\Delta t\to 0}\sum_{i=1}^{n} f(\boldsymbol{r}(t_i^*))x'(t_i^+)\Delta t_i = \int_a^b f(\boldsymbol{r}(t))x'(t)\,dt\end{aligned}$$

(3)과 (4)의 y성분 선적분과 z성분 선적분 공식 (12.1.7), (12.1.8)도 같은 방법으로 얻을 수 있으므로 생략한다. ■

정리 12.1.9를 살펴보면, C를 따라서 f의 선적분을 계산할 때 C의 매끄러운 임의의 매개변수함수를 사용해도 계산결과는 동일하다는 것을 알 수 있다. 즉 C를 따라서 f의 선적분은 C의 매개변수함수의 선택에 관계없이 일정하다. 그러므로 C를 따라서 f의 선적분을 구할 때 C의 쉽고 편리한 매개변수함수를 선택하여 계산하면 된다.

또한 위의 정리 12.1.9의 (1)과 (2)에서, 선적분의 적분경로 C가 x축상의 폐구간 $[a, b]$일 때, 선적분은 $[a, b]$상의 정적분과 같음을 알 수 있다. 그런 의미에서 선적분 개념은 정적분 개념의 확장이라 할 수 있다

따름정리 12.1.10

C를 매끄러운 곡선이라 하고, $\boldsymbol{D} \subset \mathbb{R}^3$는 C를 포함하는 적당한 개영역이라 하자. $f : \boldsymbol{D} \to \mathbb{R}$가 연속함수이면 다음이 성립한다.

(1) $\int_{-C} f\,ds = \int_C f\,ds$ (12.1.10)

(2) $\int_{-C} f\,dx = -\int_C f\,dx$ (12.1.11)

(3) $\int_{-C} f\,dy = -\int_C f\,dy$ (12.1.12)

(4) $\int_{-C} f\,dz = -\int_C f\,dz$ (12.1.13)

증명 $\boldsymbol{r}: [a, b] \to \mathbb{R}^3$를 C의 매끄러운 매개변수함수로서 $\boldsymbol{r}(t) = (x(t), y(t), z(t))$라 하자. $\psi(t) = a + b - t$라 두면, $\psi: [a, b] \to [a, b]$는 전단사함수로서 감소함수이다. 따라서 $\boldsymbol{r} \circ \psi: [a, b] \to \mathbb{R}^3$는 $\boldsymbol{r} \circ \psi(t) = \boldsymbol{r}(\psi(t)) = \boldsymbol{r}(a + b - t)$이고, $-C$의 매끄러운 매개변수함수이다. 그리고 t로 미분하면 $[\boldsymbol{r} \circ \psi(t)]' = [\boldsymbol{r}(\psi(t))]' = -\boldsymbol{r}'(a + b - t)$이다.

(1) 정리 12.1.9의 공식 (12.1.5)에 의해서 다음을 얻는다.

$$\int_{-C} f\, ds = \int_a^b f(\boldsymbol{r}(\psi(t)))\|[\boldsymbol{r}(\psi(t))]'\|\, dt$$

여기서 $u = \psi(t) = a + b - t$라 두면 아래와 같이 (12.1.10)을 얻는다.

$$\begin{aligned}\int_{-C} f\, ds &= \int_a^b f(\boldsymbol{r}(\psi(t)))\|[\boldsymbol{r}(\psi(t))]'\|\, dt \\ &= -\int_b^a f(\boldsymbol{r}(u))\|-\boldsymbol{r}'(u)\|\, du = \int_a^b f(\boldsymbol{r}(u))\|\boldsymbol{r}'(u)\|\, du \\ &= \int_C f\, ds\end{aligned}$$

(2) 정리 12.1.9의 공식 (12.1.6)에 의해서 다음을 얻는다.

$$\int_{-C} f\, dx = \int_a^b f(\boldsymbol{r}(\psi(t)))[x(\psi(t))]' dt$$

여기서 $u = \psi(t) = a + b - t$라 두면 (12.1.11)을 얻는다.

$$\begin{aligned}\int_{-C} f\, dx &= \int_a^b f(\boldsymbol{r}(\psi(t)))[x(\psi(t))]' dt \\ &= -\int_b^a f(\boldsymbol{r}(u))[-x'(u)]\, du \\ &= -\int_a^b f(\boldsymbol{r}(u))x'(u)\, du = -\int_C f\, dx\end{aligned}$$

(3)과 (4)의 y성분 선적분과 z성분 선적분 공식 (12.1.12), (12.1.13)도 같은 방법으로 얻을 수 있으므로 생략한다. ■

참고 따름정리 12.1.10에서 선적분 $\int_C f\, ds$는 곡선 C의 방향과 관계없으나 $\int_C f\, dx$, $\int_C f\, dy$, $\int_C f\, dz$는 C의 방향에 따라서 적분값의 부호가 바뀐다는 것을 알 수 있다. C가 폐곡선일 때 선적분 $\int_C f\, ds$, $\int_C f\, dx$, $\int_C f\, dy$, $\int_C f\, dz$를 각각 $\oint_C f\, ds$, $\oint_C f\, dx$, $\oint_C f\, dy$, $\oint_C f\, dz$로 표기하기도 한다.

정리 12.1.9와 정적분 성질을 이용하여 다음의 따름정리를 얻을 수 있다.

따름정리 12.1.11

C를 시점이 P_1, 종점이 P_2인 매끄러운 곡선이라 하자. C상의 임의의 한 점 P를 택하여 P_1에서 P까지의 부분곡선을 C_1이라 하고, P에서 P_2까지의 부분곡선을 C_2라 하자.

그리고 C를 포함하는 적당한 개영역상에서 f가 연속함수이면 다음이 성립한다.

(1) $\int_C f\,ds = \int_{C_1} f\,ds + \int_{C_2} f\,ds$

(2) $\int_C f\,dx = \int_{C_1} f\,dx + \int_{C_2} f\,dx$

(3) $\int_C f\,dy = \int_{C_1} f\,dy + \int_{C_2} f\,dy$

(4) $\int_C f\,dz = \int_{C_1} f\,dz + \int_{C_2} f\,dz$

따름정리 12.1.11을 살펴보면, C를 임의로 분할하여 각 부분곡선을 따라서 선적분을 계산한 결과들을 합하면 C를 따라서 f의 선적분과 같음을 알 수 있다.

예제 12.1.12 함수 $y = 2 - x^2$, $-1 \le x \le 2$의 유향 그래프를 C라 하고, $f(x, y) = x^2 + 8x + y - 2$라 두자. 다음을 계산하여라.

(1) $\int_C f\,ds$ (2) $\int_C f\,dx$ (3) $\int_C f\,dy$

풀이 z성분을 0이라 간주하고, C의 매개변수함수를 $\boldsymbol{r}(t) = (t, 2 - t^2)$, $-1 \le t \le 2$라 두고, $x = t$, $y = 2 - t^2$이라 두자.

그러면 $\boldsymbol{r}'(t) = (1, -2t)$, $-1 \le t \le 2$이다.

$$\begin{aligned}(1) \int_C f\,ds &= \int_{-1}^{2} f(\boldsymbol{r}(t))\|\boldsymbol{r}'(t)\|\,dt \\ &= \int_{-1}^{2} (t^2 + 8t + (2 - t^2) - 2)\sqrt{1 + (-2t)^2}\,dt \\ &= \int_{-1}^{2} 8t\sqrt{1 + 4t^2}\,dt = \int_{5}^{17} \sqrt{u}\,du \\ &= \frac{2}{3}\left[u\sqrt{u}\right]_5^{17} = \frac{2}{3}\left[17\sqrt{17} - 5\sqrt{5}\right]\end{aligned}$$

$$(2) \int_C f\,dx = \int_{-1}^{2} f(\boldsymbol{r}(t))\,x'(t)\,dt = \int_{-1}^{2} 8t\,dt = [4t^2]_{-1}^{2} = 12$$

$$(3)\ \int_C f\,dy = \int_{-1}^{2} f(\boldsymbol{r}(t))\,y'(t)\,dt = \int_{-1}^{2} 8t(-2t)\,dt$$
$$= -\int_{-1}^{2} 16t^2\,dt = -\left[\frac{16}{3}t^3\right]_{-1}^{2} = -48$$ ■

예제 12.1.13 나선형 곡선 C의 매개변수함수를 $\boldsymbol{r}(t) = (\cos t, \sin t, t)$, $0 \le t \le 2\pi$라 하고 $f(x, y, z) = x^2 + y^2 + z$라 하자. 다음을 계산하여라.

(1) $\int_C f\,ds$ (2) $\int_C f\,dx$ (3) $\int_C f\,dy$ (4) $\int_C f\,dz$

풀이 $x = \cos t,\ y = \sin t,\ z = t$라 두자.

$$(1)\ \int_C f\,ds = \int_0^{2\pi} (\cos^2 t + \sin^2 t + t)\sqrt{\sin^2 t + \cos^2 t + 1}\,dt$$
$$= \int_0^{2\pi} (1+t)\sqrt{2}\,dt = \sqrt{2}\left[\frac{t^2}{2} + t\right]_0^{2\pi} = 2\sqrt{2}\,\pi^2 + 2\sqrt{2}\,\pi$$

$$(2)\ \int_C f\,dx = \int_0^{2\pi} (1+t)[-\sin t]\,dt = 2\pi$$

$$(3)\ \int_C f\,dy = \int_0^{2\pi} (1+t)\cos t\,dt = 0$$

$$(4)\ \int_C f\,dz = \int_0^{2\pi} (1+t)\,dt = 2\pi^2 + 2\pi$$ ■

예제 12.1.14 가느다란 철사 C의 매개변수함수를 $\boldsymbol{r}(t) = (t, t^2, t^3)$, $0 \le t \le 1$이라 하고 각 점 (x, y, z)에서 질량밀도함수를 $f(x, y, z) = x + \sqrt{y} + 9z$라 하자. 철사 C의 질량을 구하여라.

풀이 질량밀도함수의 정의와 리만 합 (12.1.2)를 보면, 철사 C의 전체 질량은 C를 따라서 밀도함수 f의 선적분이라는 것을 알 수 있다. 따라서 질량은 다음과 같다.

$$\int_C f\,ds = \int_0^1 (2t + 9t^3)\sqrt{1 + 4t^2 + 9t^4}\,dt$$
$$= \int_1^{14} \frac{1}{4}\sqrt{u}\,du = \frac{1}{6}(14\sqrt{14} - 1)$$ ■

정의 12.1.15

곡선 C가 2개 이상의 곡선 조각들 $C_1, \cdots, C_n$으로 구성되어 있을 때 $C = C_1 + \cdots + C_n$이라 표기한다.

만약 $C_1, \cdots, C_n$이 매끄러운 곡선들일 때 C를 조각적으로(piecewise) 매끄러운 곡선이라 한다.

또한 $C = C_1 + \cdots + C_n$상에서 f가 연속함수이면 "C를 따라서 f의 선적분"을 다음과 같이 정의한다.

(1) $\int_C f\,ds = \int_{C_1} f\,ds + \cdots + \int_{C_n} f\,ds$

(2) $\int_C f\,dx = \int_{C_1} f\,dx + \cdots + \int_{C_n} f\,dx$

(3) $\int_C f\,dy = \int_{C_1} f\,dy + \cdots + \int_{C_n} f\,dy$

(4) $\int_C f\,dz = \int_{C_1} f\,dz + \cdots + \int_{C_n} f\,dz$

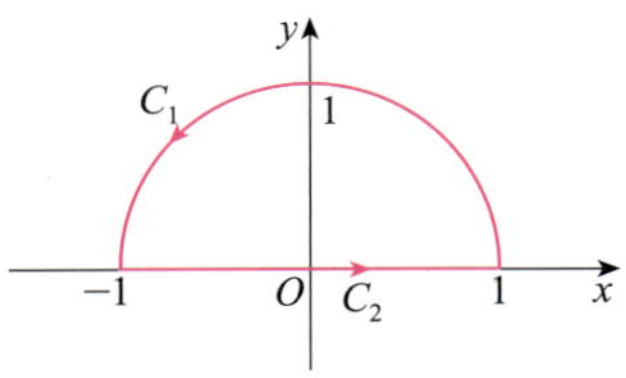

그림 12.1.4

예제 12.1.16 평면상의 곡선 C가 반원 $x^2 + y^2 = 1,\ y \geq 0$과 그 지름으로 구성되어 있으며, 방향은 반시계방향을 가진다고 하자.

$f(x, y) = 1 + xy$일 때 $\int_C f\,ds$, $\int_C f\,dx$, $\int_C f\,dy$의 값을 계산하여라.

풀이 곡선 C의 반원 부분을 C_1, 지름 부분을 C_2라 하면 $C = C_1 + C_2$이다. $\boldsymbol{r}_1(t) = (\cos t, \sin t),\ t \in [0, \pi]$라 두고, $\boldsymbol{r}_2(t) = (t, 0),\ t \in [-1, 1]$이라 두면, $\boldsymbol{r}_1$은 C_1의 매개변수함수이고 $\boldsymbol{r}_2$는 C_2의 매개변수함수이다. 따라서 다음과 같이 선적분 값을 얻는다.

$$(1)\ \int_C f\,ds = \int_{C_1} f\,ds + \int_{C_2} f\,ds$$
$$= \int_0^{\pi} (1 + \cos t \sin t)\sqrt{\sin^2 t + \cos^2 t}\,dt + \int_{-1}^{1} 1\,dt = \pi + 2$$

$$(2)\ \int_C f\,dx = \int_{C_1} f\,dx + \int_{C_2} f\,dx$$
$$= \int_0^{\pi} (1 + \cos t \sin t)(-\sin t)\,dt + \int_{-1}^{1} 1\,dt = 0$$

$$(3)\ \int_C f\,dy = \int_{C_1} f\,dy + \int_{C_2} f\,dy$$
$$= \int_0^{\pi} (1 + \cos t \sin t)(\cos t)\,dt + \int_{-1}^{1} 0\,dt = \frac{2}{3}$$

■

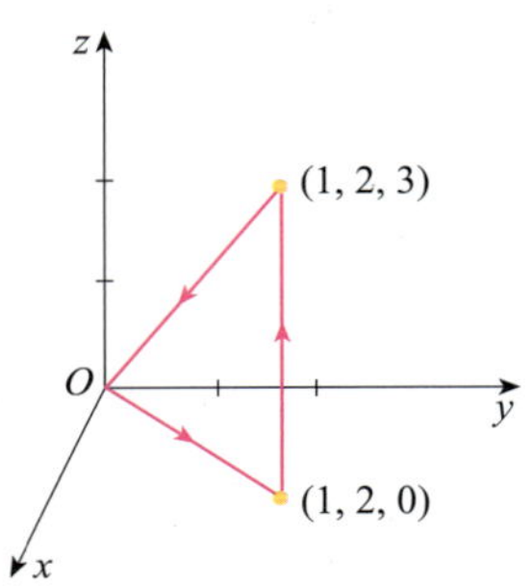

그림 12.1.5

예제 12.1.17 곡선 C가 세 점 $(0,0,0)$, $(1,2,0)$, $(1,2,3)$을 꼭짓점으로 하는 삼각형으로서 반시계방향을 가진다고 하자.

$f(x, y, z) = x - y^2 + 3z$일 때 적분 $\int_C f\,ds$, $\int_C f\,dx$, $\int_C f\,dy$, $\int_C f\,dz$의 값을 계산하여라.

풀이 점 $(0,0,0)$에서 점 $(1,2,0)$까지의 직선부분을 C_1, 점 $(1,2,0)$에서 점 $(1,2,3)$까지의 직선부분을 C_2, 점 $(0,0,0)$에서 점 $(1,2,3)$까지의 직선부분을 C_3라 하면 $C = C_1 + C_2 + (-C_3) = C_1 + C_2 - C_3$이다.

$\boldsymbol{r}_1(t) = (t, 2t, 0),\ t \in [0, 1]$라 두고,

$\boldsymbol{r}_2(t) = (1, 2, 3t),\ t \in [0, 1]$라 두고,

$\boldsymbol{r}_3(t) = (t, 2t, 3t),\ t \in [0, 1]$라 두면,

$\boldsymbol{r}_1, \boldsymbol{r}_2, \boldsymbol{r}_3$는 각각 C_1, C_2, C_3의 매개변수함수이다. 따라서 다음과 같이 선적분 값을 얻는다.

$$
\begin{aligned}
(1) \int_C f\,ds &= \int_{C_1} f\,ds + \int_{C_2} f\,ds + \int_{-C_3} f\,ds \\
&= \int_{C_1} f\,ds + \int_{C_2} f\,ds + \int_{C_3} f\,ds \\
&= \int_0^1 (t-4t^2)\sqrt{1+4}\,dt + \int_0^1 (1-4+9t)\sqrt{9}\,dt \\
&\quad + \int_0^1 (t-4t^2+9t)\sqrt{1+4+9}\,dt \\
&= -\frac{5\sqrt{5}}{6} + \frac{9}{2} + \frac{11\sqrt{14}}{3}
\end{aligned}
$$

$$
\begin{aligned}
(2) \int_C f\,dx &= \int_{C_1} f\,dx + \int_{C_2} f\,dx + \int_{-C_3} f\,dx \\
&= \int_{C_1} f\,dx + \int_{C_2} f\,dx - \int_{C_3} f\,dx \\
&= \int_0^1 (t-4t^2)\,dt + \int_0^1 (1-4+9t)\,0\,dt \\
&\quad - \int_0^1 (t-4t^2+9t)\,dt = -\frac{9}{2}
\end{aligned}
$$

$$
\begin{aligned}
(3) \int_C f\,dy &= \int_{C_1} f\,dy + \int_{C_2} f\,dy + \int_{-C_3} f\,dy \\
&= \int_{C_1} f\,dy + \int_{C_2} f\,dy - \int_{C_3} f\,dy \\
&= \int_0^1 (t-4t^2)\,2\,dt + \int_0^1 (1-4+9t)\,0\,dt \\
&\quad - \int_0^1 (t-4t^2+9t)\,2\,dt = -9
\end{aligned}
$$

$$
\begin{aligned}
(4) \int_C f\,dz &= \int_{C_1} f\,dz + \int_{C_2} f\,dz + \int_{-C_3} f\,dz \\
&= \int_{C_1} f\,dz + \int_{C_2} f\,dz - \int_{C_3} f\,dz \\
&= \int_0^1 (t-4t^2)\,0\,dt + \int_0^1 (1-4+9t)\,3\,dt \\
&\quad - \int_0^1 (t-4t^2+9t)\,3\,dt = -\frac{13}{2}
\end{aligned}
$$

■

12.1 연습문제

1. xyz공간의 x축상에 구간 $[a, b]$, 즉 두 점 $(a, 0, 0)$과 $(b, 0, 0)$을 잇는 선분을 C라 할 때 그 매개변수함수를 구하여라. 단, a, b는 상수이고($a < b$), C는 x좌표가 증가할 때의 방향을 가진다.

2. xy평면의 x축상에 구간 $[a, b]$, 즉 시점 $(a, 0)$과 종점 $(b, 0)$을 잇는 선분을 C라 할 때 $f(x, y) = x^2 + xy^2$에 대해서 다음을 계산하여라.

(1) $\int_C f\,ds$ (2) $\int_C f\,dx$ (3) $\int_C f\,dy$

3. C가 주어진 곡선일 때 선적분을 구하여라.

(1) $\int_C (9 + 8\sqrt{y})\,ds$; C: $\boldsymbol{r}(t) = \left(2\sqrt{t^3}, t^2\right), 0 \le t \le 1$

(2) $\int_C xy^3\,ds$; $C: x = 4\sin t, y = 4\cos t, z = 3t, 0 \le t \le \frac{\pi}{2}$

(3) $\int_C y\,ds$; C: $x = t^2$, $y = t$, $0 \le t \le 2$

(4) $\int_C 2xyz\,ds$; C: $\boldsymbol{r}(t) = e^t\boldsymbol{i} + e^{-t}\boldsymbol{j} + \sqrt{2}\,t\boldsymbol{k}, 0 \le t \le 1$

(5) $\int_C xy^4\,ds$; C: $x^2 + y^2 = 16$의 오른쪽 반원

(6) $\int_C (xy + \ln x)\,dy$; C: 점 $(1, 1)$에서 점 $(3, 9)$까지 포물선 $y = x^2$의 호

(7) $\int_C (y + 2z)\,ds$; C: 점 $(-1, 0, 0)$, $(0, 1, 0)$, $(0, 0, 1)$, $(-1, 0, 0)$을 차례로 잇는 삼각형

(8) $\int_C e^x\,dx + xy\,dy + xyz\,dz$; C: $\boldsymbol{r}(t) = t\boldsymbol{i} + t\boldsymbol{j} + 2t\boldsymbol{k}$, $-1 \le t \le 1$

(9) $\int_C xy\,dx + (x - y)\,dy$; C: $(0, 0)$에서 $(2, 0)$까지의 선분과 $(2, 0)$에서 $(3, 2)$까지의 선분의 합

(10) 가느다란 철사줄이 반원 $x^2 + y^2 = 4$, $x \ge 0$의 모양으로 구부러져 있다. 선형밀도가 상수 k일 때 철사줄의 질량을 구하여라.

(11) $\int_C \frac{1}{1 + x^2}\,dx + \frac{2}{1 + y^2}\,dy$; C: 제1사분면의 단위원상에 있는 $(0, 1)$에서 $(1, 0)$까지의 곡선

12.2 벡터장의 선적분

앞 절에서 소개한 스칼라함수의 선적분을 이용하여 여기서는 벡터함수의 선적분을 소개한다. $\boldsymbol{D} \subset \mathbb{R}^3$를 공간상의 한 영역이라 할 때, 벡터함수 $\boldsymbol{F}: \boldsymbol{D} \to \mathbb{R}^3$를 흔히 $\boldsymbol{D}$상의 벡터장(vector field)이라 한다. 이것은 영역 $\boldsymbol{D}$상의 각 점 $(x, y, z) \in \boldsymbol{D}$에 벡터 $\boldsymbol{F}(x, y, z) \in \mathbb{R}^3$를 대응시키는 함수를 의미한다.

편의상 벡터장 $\boldsymbol{F}$의 x성분 함수를 $P(x, y, z)$, y성분 함수를 $Q(x, y, z)$, z성분 함수를 $R(x, y, z)$라 두자. 즉 $(x, y, z) \in \boldsymbol{D}$에 대해서 $F(x, y, z) = (P(x, y, z), Q(x, y, z), R(x, y, z))$라 두자.

12.1절의 스칼라함수의 선적분과 같은 요령으로 벡터장의 스칼라 선적분을 정의한다. 유향곡선 C를 n개의 부분곡선들 ΔC_i로 분할하고, 그 분할점들을 시점부터 종점까지 차례로 $P_0, P_1, \cdots, P_n$이라 하자. 그리고 $\Delta\boldsymbol{r}_i$를 벡터 $\overrightarrow{P_{i-1}P_i}$라 두고(즉 $\Delta\boldsymbol{r}_i = \overrightarrow{P_{i-1}P_i}$), $\|\Delta\boldsymbol{r}\| = \max\{\|\Delta\boldsymbol{r}_1\|, \cdots, \|\Delta\boldsymbol{r}_n\|\}$이라 두자. 그러면 $\|\Delta\boldsymbol{r}\| \to 0$일 때 모든 $\Delta\boldsymbol{r}_i \to \boldsymbol{0}$이다.

각 부분곡선 ΔC_i상에서 임의의 한 점 (x_i^*, y_i^*, z_i^*)를 택하고, 정적분 정의에서와 같이 다음의 리만 합을 생각하자.

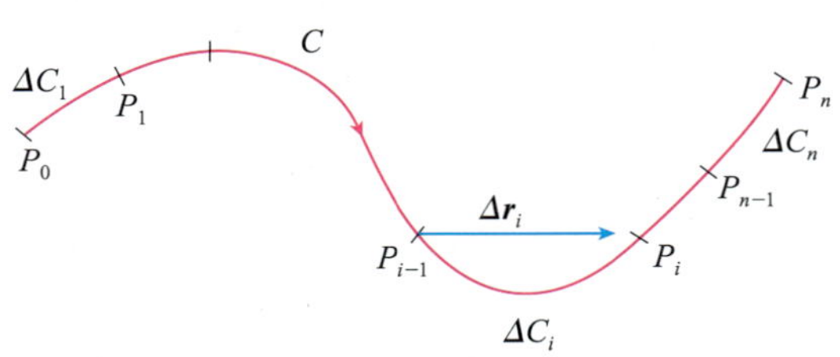

그림 12.2.1

$$\sum_{i=1}^{n} \boldsymbol{F}(x_i^*, y_i^*, z_i^*) \cdot \Delta \boldsymbol{r}_i \tag{12.2.1}$$

C가 매끄러운 유향곡선이고 $\boldsymbol{F}$가 연속 벡터장이면, 정적분의 존재 정리에 의하여, C의 분할을 세분해갈 때 리만 합 (12.2.1)은 극한을 가진다. 이때 그 극한을 "C를 따라서 $\boldsymbol{F}$의 **스칼라 선적분**"이라 하고, 다음과 같이 표기한다.

$$\int_C \boldsymbol{F} \cdot d\boldsymbol{r} = \lim_{\|\Delta \boldsymbol{r}\| \to 0} \sum_{i=1}^{n} \boldsymbol{F}(x_i^*, y_i^*, z_i^*) \cdot \Delta \boldsymbol{r}_i$$

한편 12.1절에서와 같이 분할점 P_i의 좌표를 (x_i, y_i, z_i)라 하고, $\Delta x_i = x_i - x_{i-1}$, $\Delta y_i = y_i - y_{i-1}$, $\Delta z_i = z_i - z_{i-1}$이라 두면 $\Delta \boldsymbol{r}_i = (\Delta x_i, \Delta y_i, \Delta z_i)$이고, 다음을 얻는다.

$$\begin{aligned}
&\sum_{i=1}^{n} \boldsymbol{F}(x_i^*, y_i^*, z_i^*) \cdot \Delta \boldsymbol{r}_i \\
&\quad = \sum_{i=1}^{n} (P(x_i^*, y_i^*, z_i^*), Q(x_i^*, y_i^*, z_i^*), R(x_i^*, y_i^*, z_i^*)) \\
&\qquad\quad \cdot (\Delta x_i, \Delta y_i, \Delta z_i) \\
&\quad = \sum_{i=1}^{n} \left[P(x_i^*, y_i^*, z_i^*) \Delta x_i + Q(x_i^*, y_i^*, z_i^*) \Delta y_i \right. \\
&\qquad\quad \left. + R(x_i^*, y_i^*, z_i^*) \Delta z_i \right] \\
&\quad = \sum_{i=1}^{n} P(x_i^*, y_i^*, z_i^*) \Delta x_i + \sum_{i=1}^{n} Q(x_i^*, y_i^*, z_i^*) \Delta y_i \\
&\qquad\quad + \sum_{i=1}^{n} R(x_i^*, y_i^*, z_i^*) \Delta z_i
\end{aligned}$$

그리고 C가 매끄러운 곡선이므로 "$\|\Delta \boldsymbol{r}\| \to 0$"과 "$\Delta s \to 0$"은 동치 조건이다. 따라서 적분이론으로부터 편리한 아래 공식을 얻는다.

정리 12.2.1

$\boldsymbol{F} = (P, Q, R)$이 영역 $\boldsymbol{D}$상에서 연속인 벡터장이라 하고, C를 $\boldsymbol{D}$에 포함된 조각적으로 매끄러운 유향곡선이라 하자. 그러면 다음 등식이 성립한다.

$$\int_C \boldsymbol{F} \cdot d\boldsymbol{r} = \int_C P\,dx + Q\,dy + R\,dz = \int_C P\,dx + \int_C Q\,dy + \int_C R\,dz$$

참고 곡선 C의 매개변수함수를 $\boldsymbol{r}(t) = (x(t), y(t), z(t))$라 두고, 미분 $d\boldsymbol{r}$을 벡터 $d\boldsymbol{r} = (dx, dy, dz)$로 표현하면, 다음과 같이 형식적으로 벡터의 내적처럼 표기하고 기억할 수 있어서 편리하다.

$$\boldsymbol{F}\cdot d\boldsymbol{r}=(P, Q, R)\cdot(dx, dy, dz)=P\,dx+Q\,dy+R\,dz$$

한편 C가 폐곡선일 때, $\oint_C \boldsymbol{F}\cdot d\boldsymbol{r}=\oint_C P\,dx+Q\,dy+R\,dz$ 등으로 표기하기도 한다. 여기서 $P\,dx+Q\,dy+R\,dz$를 흔히 1계 미분 형식(differential form of order 1 또는 간단히 1-form)이라 한다.

벡터장의 스칼라 선적분에 관한 간단한 응용의 예로 일(work)을 생각해보자. 즉 공간의 한 질점 (x, y, z)에 힘(벡터) $\boldsymbol{F}(x, y, z)$가 작용하여 그 질점이 곡선 C를 따라서 이동하였다면, 이때 힘 $\boldsymbol{F}$가 한 일의 양은 어떻게 계산하는가?

(12.2.1)의 리만 합 $\sum_{i=1}^{n}\boldsymbol{F}(x_i^*, y_i^*, z_i^*)\cdot\Delta\boldsymbol{r}_i$는 힘 $\boldsymbol{F}$가 한 일의 양의 근삿값을 의미한다. 그러므로 "$\boldsymbol{F}$가 한 일의 양"은 "C를 따라서 $\boldsymbol{F}$의 스칼라 선적분 $\int_C \boldsymbol{F}\cdot d\boldsymbol{r}=\lim_{\|\Delta\boldsymbol{r}\|\to 0}\sum_{i=1}^{n}\boldsymbol{F}(x_i^*, y_i^*, z_i^*)\cdot\Delta\boldsymbol{r}_i$"로 계산할 수 있다.

예제 12.2.2 예제 12.1.12에서처럼 함수 $y=2-x^2$, $-1\le x\le 2$의 유향 그래프를 C라 하고, $\boldsymbol{F}(x, y)=(2xy, x^2+y)$라 두자. 선적분 $\int_C \boldsymbol{F}\cdot d\boldsymbol{r}$을 계산하여라.

풀이 z성분을 0이라 간주하고, C의 매개변수함수를 $\boldsymbol{r}(t)=(t, 2-t^2)$, $-1\le t\le 2$라 두자. 여기서 $x=t$, $y=2-t^2$, $z=0$, $P=2xy$, $Q=x^2+y$, $R=0$이라 두자. 그러면 다음과 같이 계산된다.

$$\begin{aligned}\int_C \boldsymbol{F}\cdot d\boldsymbol{r}&=\int_C P\,dx+\int_C Q\,dy=\int_C 2xy\,dx+\int_C (x^2+y)\,dy\\&=\int_{-1}^{2}2t(2-t^2)\,dt+\int_{-1}^{2}2(-2t)\,dt\\&=\int_{-1}^{2}[2t(2-t^2)+2(-2t)]\,dt\\&=\int_{-1}^{2}-2t^3\,dt=\left[-\frac{1}{2}t^4\right]_{-1}^{2}=-\frac{15}{2}\end{aligned}$$

■

정리 12.1.8과 정의 12.2.1에 의해서 다음을 알 수 있다.

정리 12.2.3

$\boldsymbol{F}, \boldsymbol{G}$가 영역 $\boldsymbol{D}$상에서 연속인 벡터장이라 하자.

C를 $\boldsymbol{D}$에 포함된 조각적으로 매끄러운 유향곡선이라 하고, $\boldsymbol{r}: I\to\mathbb{R}^3$가 C의 한 매개변수함수라 하자. 그러면 다음 공식이

성립한다.

(1) $\int_C (k\boldsymbol{F}) \cdot d\boldsymbol{r} = k\int_C \boldsymbol{F} \cdot d\boldsymbol{r}$, k는 임의의 상수

(2) $\int_C (\boldsymbol{F} + \boldsymbol{G}) \cdot d\boldsymbol{r} = \int_C \boldsymbol{F} \cdot d\boldsymbol{r} + \int_C \boldsymbol{G} \cdot d\boldsymbol{r}$

정리 12.1.9를 이용하여 다음 정리를 얻을 수 있다.

정리 12.2.4

$\boldsymbol{F} = (P, Q, R)$이 연속인 벡터장이라 하고, $\boldsymbol{r}(t) = (x(t), y(t), z(t))$, $a \le t \le b$가 곡선 C의 매끄러운 매개변수함수라 하자. 그러면 다음 공식을 얻는다.

$$\int_C \boldsymbol{F} \cdot d\boldsymbol{r} = \int_a^b \boldsymbol{F}(\boldsymbol{r}(t)) \cdot \boldsymbol{r}'(t)\,dt$$
$$= \int_a^b [P(\boldsymbol{r}(t))x'(t) + Q(\boldsymbol{r}(t))y'(t) + R(\boldsymbol{r}(t))z'(t)]\,dt$$

곡선 C가 2개 이상의 매끄러운 곡선 조각들 $C_1, \cdots, C_n$으로 구성되어 있으며 $C = C_1 + \cdots + C_n$이라 하자. 그러면 따름정리 12.1.11에 의해서 다음과 같이 계산할 수 있다.

$$\int_C \boldsymbol{F} \cdot d\boldsymbol{r} = \int_{C_1} \boldsymbol{F} \cdot d\boldsymbol{r} + \cdots + \int_{C_n} \boldsymbol{F} \cdot d\boldsymbol{r}$$

따름정리 12.1.10으로부터 다음을 알 수 있다.

따름정리 12.2.5

$\boldsymbol{F} = (P, Q, R)$이 연속인 벡터장이라 하고, C를 매끄러운 유향곡선이라 가정하자. 그러면 다음 등식이 성립한다.

$$\int_{-C} \boldsymbol{F} \cdot d\boldsymbol{r} = -\int_C \boldsymbol{F} \cdot d\boldsymbol{r}$$

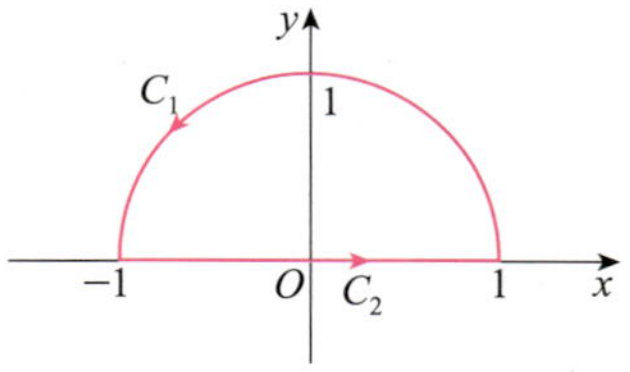

그림 12.2.2

예제 12.2.6 평면상의 곡선 C가 반원 $x^2 + y^2 = 1$, $y \ge 0$과 그 지름으로 구성되어 있으며, 반시계방향을 가진다고 하자. $\boldsymbol{F}(x, y) = (2x + y, x + 1)$일 때 $\int_C \boldsymbol{F} \cdot d\boldsymbol{r}$을 계산하여라.

풀이 곡선 C의 반원 부분을 C_1, 지름 부분을 C_2라 하면 $C = C_1 + C_2$이다. $\boldsymbol{r}_1(t) = (\cos t, \sin t)$, $t \in [0, \pi]$라 두고, $\boldsymbol{r}_2(t) = (t, 0)$, $t \in [-1, 1]$

이라 두면, $\boldsymbol{r}_1$은 C_1의 매개변수함수이고 $\boldsymbol{r}_2$는 C_2의 매개변수함수이다. 따라서 다음과 같이 적분값을 얻는다.

$$\begin{aligned}\int_C \boldsymbol{F}\cdot d\boldsymbol{r} &= \int_{C_1}\boldsymbol{F}\cdot d\boldsymbol{r} + \int_{C_2}\boldsymbol{F}\cdot d\boldsymbol{r}\\ &= \int_0^{\pi}(2\cos t+\sin t,\ \cos t+1)\cdot(-\sin t,\ \cos t)\,dt\\ &\qquad + \int_{-1}^{1}(2t,\ t+1)\cdot(1,\ 0)\,dt\\ &= \int_0^{\pi}(-2\sin t\cos t-\sin^2 t+\cos^2 t+\cos t)\,dt+\int_{-1}^{1}2t\,dt\\ &= \int_0^{\pi}(-2\sin t\cos t+\cos 2t+\cos t)\,dt+\int_{-1}^{1}2t\,dt=0\end{aligned}$$ ■

예제 12.2.7 곡선 C가 세 점 $(0,0,0), (1,2,0), (1,2,3)$을 꼭짓점으로 하는 삼각형으로 반시계방향을 가진다고 하자. $\boldsymbol{F}(x, y, z) = (xy,\ y^2 + z,\ x^2 z)$일 때 $\int_C \boldsymbol{F}\cdot d\boldsymbol{r}$을 계산하여라.

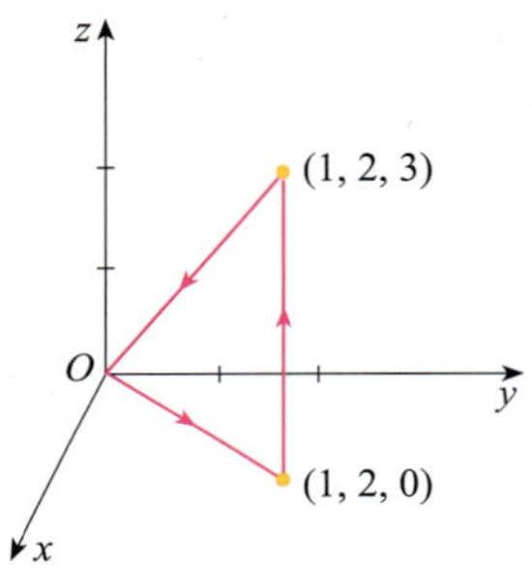

그림 12.2.3

풀이 점 $(0,0,0)$에서 점 $(1,2,0)$까지의 선분을 C_1, 점 $(1,2,0)$에서 점 $(1, 2, 3)$까지의 선분을 C_2, 점 $(0, 0, 0)$에서 점 $(1, 2, 3)$까지의 선분을 C_3라 하면 $C = C_1 + C_2 + (-C_3) = C_1 + C_2 - C_3$이다.

$\boldsymbol{r}_1(t) = (t,\ 2t,\ 0),\ t\in[0,1]$라 두고,
$\boldsymbol{r}_2(t) = (1,\ 2,\ 3t),\ t\in[0,1]$라 두고,
$\boldsymbol{r}_3(t) = (t,\ 2t,\ 3t),\ t\in[0,1]$라 두면,

$\boldsymbol{r}_1, \boldsymbol{r}_2, \boldsymbol{r}_3$는 각각 C_1, C_2, C_3의 매개변수함수이다. 따라서 다음과 같이 적분값을 얻는다.

$$\begin{aligned}\int_C \boldsymbol{F}\cdot d\boldsymbol{r} &= \int_{C_1}\boldsymbol{F}\cdot d\boldsymbol{r}+\int_{C_2}\boldsymbol{F}\cdot d\boldsymbol{r}+\int_{-C_3}\boldsymbol{F}\cdot d\boldsymbol{r}\\ &= \int_{C_1}\boldsymbol{F}\cdot d\boldsymbol{r}+\int_{C_2}\boldsymbol{F}\cdot d\boldsymbol{r}-\int_{C_3}\boldsymbol{F}\cdot d\boldsymbol{r}\\ &= \int_0^1(2t^2,\ 4t^2,\ 0)\cdot(1,\ 2,\ 0)\,dt\\ &\qquad+\int_0^1(2,\ 4+3t,\ 3t)\cdot(0,0,3)\,dt\\ &\qquad-\int_0^1(2t^2,\ 4t^2+3t,\ 3t^3)\cdot(1,\ 2,\ 3)\,dt\\ &= \int_0^1 10t^2\,dt+\int_0^1 9t\,dt-\int_0^1(10t^2+6t+27t^3)\,dt\\ &= \int_0^1(3t-9t^3)\,dt=-\frac{3}{4}\end{aligned}$$ ■

'미분적분학의 기본정리' 를 잘 알고 있다. 즉 일변수 함수 $f(x)$가 두 점 a, b를 포함하는 개구간에서 연속 미분가능이면 다음이 성립한다.

$$\int_a^b \frac{d}{dx} f(x)\,dx = f(b) - f(a)$$

벡터장의 선적분에 대해서도 위의 미분적분학의 기본정리와 유사한 정리를 다음과 같이 얻을 수 있다.

정리 12.2.8 선적분에 관한 기본정리

함수 $f(x, y, z)$가 두 점 (x_0, y_0, z_0)와 (x_1, y_1, z_1)을 포함하는 개연결영역 $\boldsymbol{D}$에서 연속 미분가능이라 하자. 그러면 시점 (x_0, y_0, z_0)와 종점 (x_1, y_1, z_1)을 $\boldsymbol{D}$ 내에서 연결하는 조각적으로 매끄러운 임의의 곡선 C에 대해서 다음이 성립한다.

$$\int_C \nabla f \cdot d\boldsymbol{r} = f(x_1, y_1, z_1) - f(x_0, y_0, z_0) \qquad (12.2.2)$$

즉 $\int_C f_x\,dx + f_y\,dy + f_z\,dz = f(x_1, y_1, z_1) - f(x_0, y_0, z_0)$.

증명 먼저 C가 매끄러운 곡선이고, $\boldsymbol{r}(t) = (x(t), y(t), z(t))$, $a \le t \le b$가 매개변수함수라 하자. 그러면 정리 12.2.4에 의해서 다음을 얻는다.

$$\begin{aligned}\int_C \nabla f \cdot d\boldsymbol{r} &= \int_C \left(\frac{\partial f}{\partial x}, \frac{\partial f}{\partial y}, \frac{\partial f}{\partial z}\right) \cdot d\boldsymbol{r} \\ &= \int_a^b \left[\frac{\partial f(\boldsymbol{r}(t))}{\partial x}\frac{dx}{dt} + \frac{\partial f(\boldsymbol{r}(t))}{\partial y}\frac{dy}{dt} + \frac{\partial f(\boldsymbol{r}(t))}{\partial z}\frac{dz}{dt}\right] dt \\ &= \int_a^b \frac{d}{dt} f(\boldsymbol{r}(t))\,dt = f(\boldsymbol{r}(b)) - f(\boldsymbol{r}(a)) \\ &= f(x_1, y_1, z_1) - f(x_0, y_0, z_0)\end{aligned}$$

이제 C가 조각적으로 매끄러운 곡선인 경우, 매끄러운 각각의 곡선 조각에 대해서 위의 공식을 적용하고 그 결과를 합하면 공식 (12.2.2)를 얻는다. ■

예제 12.2.9 함수 $y = 2 - x^2$, $-1 \le x \le 2$의 유향 그래프를 C라 하고(예제 12.1.12 참조), $f(x, y) = x^2 y + \frac{1}{2} y^2$이라 두자. 정리 12.2.4와 정리 12.2.8을 각각 이용하여 선적분 $\int_C \nabla f \cdot d\boldsymbol{r}$을 계산하여라.

풀이 z성분을 0이라 간주하고, C의 매개변수함수를 $\boldsymbol{r}(t) = (t, 2 - t^2)$, $-1 \le t \le 2$라 두자. 여기서 $\nabla f = (f_x, f_y) = (2xy, x^2 + y)$이므로, 이것은 예제 12.2.2의 벡터함수 $\boldsymbol{F}(x, y) = (2xy, x^2 + y)$와 동일하

다. 그러므로 정리 12.2.4를 이용해서 예제 12.2.2에서처럼 계산하면 $\int_C \nabla f \cdot d\boldsymbol{r} = \int_C \boldsymbol{F} \cdot d\boldsymbol{r} = -\frac{15}{2}$이다.

한편 곡선 C에서 시점은 $(x_0, y_0) = (-1, 1)$이고 종점은 $(x_1, y_1) = (2, -2)$이다. 그리고 $\boldsymbol{D}$를 시점과 종점과 곡선 C를 내부에 포함하는 임의의 사각형이라 하면(예를 들어, $\boldsymbol{D} = (-2, 3) \times (-3, 3)$ 등), $f(x, y) = x^2 y + \frac{1}{2} y^2$은 $\boldsymbol{D}$상에서 연속 미분가능이다. 따라서 정리 12.2.9에 의해서 다음을 얻는다.

$$\int_C \nabla f \cdot d\boldsymbol{r} = f(2, -2) - f(-1, 1) = -6 - \frac{3}{2} = -\frac{15}{2} \qquad \blacksquare$$

정의 12.2.10

영역 $\boldsymbol{D}$상의 벡터장 $\boldsymbol{F}(x, y, z)$에 대해서 함수 $f(x, y, z)$가 존재하여 $\boldsymbol{D}$상에서 $\boldsymbol{F} = \nabla f$일 때, $\boldsymbol{F}(x, y, z)$를 $\boldsymbol{D}$상의 보존장(conservative field)이라 하고, $f(x, y, z)$를 $\boldsymbol{D}$상에서 $\boldsymbol{F}(x, y, z)$의 퍼텐셜(potential) 함수라 한다. 그리고 $f_x dx + f_y dy + f_z dz$를 f의 완전 미분형식(exact differential form)이라 한다.

$\boldsymbol{F}(x, y, z)$가 보존장인 경우, 그 퍼텐셜 함수만 찾으면 정리 12.2.9에 의해서 $\boldsymbol{F}(x, y, z)$의 선적분을 쉽게 계산할 수 있다.

정리 12.2.8로부터 다음을 얻는다.

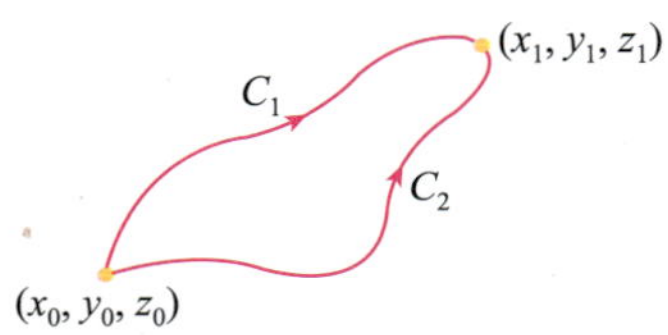

그림 12.2.4

따름정리 12.2.11

$\boldsymbol{F}(x, y, z)$가 영역 $\boldsymbol{D}$상에서 연속 보존장이면, $\boldsymbol{D}$ 내의 조각적으로 매끄러운 곡선을 따라서 $\boldsymbol{F}$의 선적분 값은 곡선의 시점과 종점에만 관계있고 두 점 사이의 경로에는 관계없다. 즉 시점 (x_0, y_0, z_0)와 종점 (x_1, y_1, z_1)을 $\boldsymbol{D}$ 내에서 연결하는 조각적으로 매끄러운 임의의 두 곡선 C_1과 C_2에 대해서 다음이 성립한다.

$$\int_{C_1} \boldsymbol{F} \cdot d\boldsymbol{r} = \int_{C_2} \boldsymbol{F} \cdot d\boldsymbol{r}$$

폐곡선은 시점과 종점이 동일한 곡선이므로 정리 12.2.8로부터 다음을 얻는다.

따름정리 12.2.12

$\boldsymbol{F}(x, y, z)$가 영역 $\boldsymbol{D}$상에서 연속인 보존장이면, $\boldsymbol{D}$ 내의 임의의 조각적으로 매끄러운 폐곡선 C를 따라서 $\boldsymbol{F}$의 선적분 값은 0이다. 즉

$$\int_C \boldsymbol{F} \cdot d\boldsymbol{r} = 0.$$

예제 12.2.13 예제 12.2.7에서와 같이 곡선 C가 세 점 $(0, 0, 0)$, $(1, 2, 0)$, $(1, 2, 3)$을 꼭짓점으로 연결하는 삼각형으로 반시계방향을 가진다고 하자.

$f(x, y, z) = z\sin x - y\cos z$일 때 $\int_C \nabla f \cdot d\boldsymbol{r}$을 계산하여라.

풀이 $\nabla f = (z\cos x, -\cos z, \sin x + y\cos z)$가 C를 포함하는 임의의 개연결영역 $\boldsymbol{D}$에서 연속이다. C가 폐곡선이므로 따름정리 12.2.12에 의해서 $\int_C \nabla f \cdot d\boldsymbol{r} = 0$이다. ■

예제 12.2.14 질량이 M인 물체가 공간 $\mathbb{R}^3$의 원점에 위치하고 질량이 m인 물체가 점 (x, y, z)에 위치하고 있다고 가정하자.

(1) 두 물체 사이의 중력장 $\boldsymbol{F}$를 구하여라.

(2) 시점 (x_0, y_0, z_0)와 종점 (x_1, y_1, z_1)을 연결하는 조각적으로 매끄러운 임의의 곡선 C에 대해서 $\int_C \boldsymbol{F} \cdot d\boldsymbol{r}$을 구하여라.

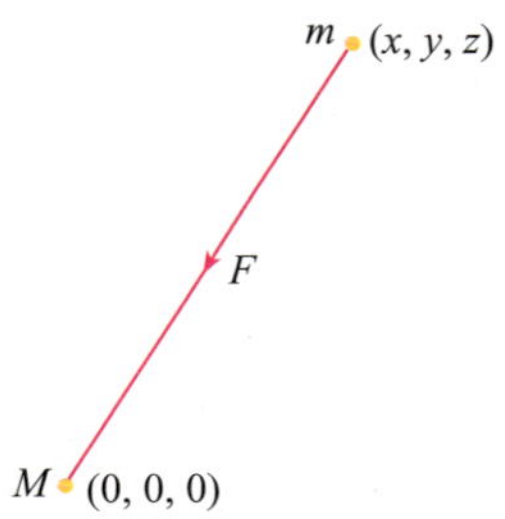

그림 12.2.5

풀이 (1) 뉴턴의 중력법칙에 의해서 다음을 얻는다.

$$\begin{aligned}\boldsymbol{F}(x, y, z) &= -\frac{mMG}{\|(x, y, z)\|^2}\frac{(x, y, z)}{\|(x, y, z)\|} \\ &= -\frac{mMG}{\left[\sqrt{x^2 + y^2 + z^2}\right]^3}(x, y, z)\end{aligned}$$

단, G는 중력상수이다.

(2) $f(x, y, z) = \dfrac{mMG}{\sqrt{x^2 + y^2 + z^2}}$라 두면

$$\nabla f = \left(\frac{\partial f}{\partial x}, \frac{\partial f}{\partial y}, \frac{\partial f}{\partial z}\right) = -\frac{mMG}{\left[\sqrt{x^2 + y^2 + z^2}\right]^3}(x, y, z) = \boldsymbol{F}(x, y, z)$$

이므로 $f(x, y, z)$가 중력장 $\boldsymbol{F}$의 퍼텐셜 함수이고, 중력장 $\boldsymbol{F}$는 보존장임을 알 수 있다.

따라서 정리 12.2.8에 의해서

$$\int_C -\frac{mMG}{\left[\sqrt{x^2+y^2+z^2}\right]^3}(x, y, z)\cdot d\boldsymbol{r}$$
$$=\frac{mMG}{\sqrt{x_1^2+y_1^2+z_1^2}}-\frac{mMG}{\sqrt{x_0^2+y_0^2+z_0^2}}. \quad ■$$

주어진 벡터장이 보존장인지 판단하고, 만약 보존장이면 그 퍼텐셜 함수를 구하는 방법을 보자. 서로 교차하는 점이 없는 연속곡선을 **단순곡선**(simple curve)이라 한다. 그리고 시점과 종점이 동일한 연속인 단순곡선을 **단순폐곡선**(simply closed curve)이라 한다.

한편 $\boldsymbol{D} \subset \mathbb{R}^2$를 평면상의 유계영역이라 하고, $\boldsymbol{D}$의 경계선를 $\partial\boldsymbol{D}$라 하자. 경계선 $\partial\boldsymbol{D}$가 단순폐곡선일 때, $\boldsymbol{D}$를 **단순연결영역**(simply connected region)이라 한다. 즉 영역의 내부에 빈 부분(구멍 등) 없이 꽉 차있는 것을 단순연결영역이라 한다.

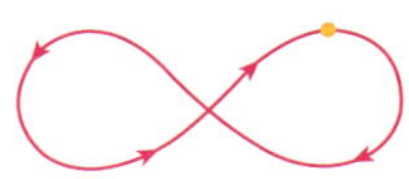
(폐곡선)

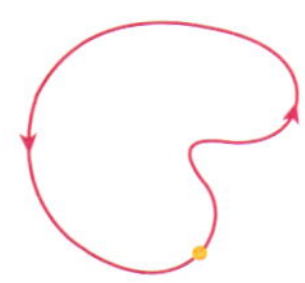
(단순폐곡선)

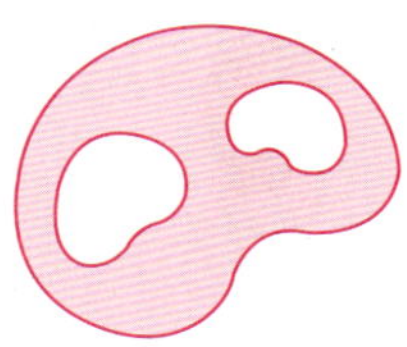
(연결영역)

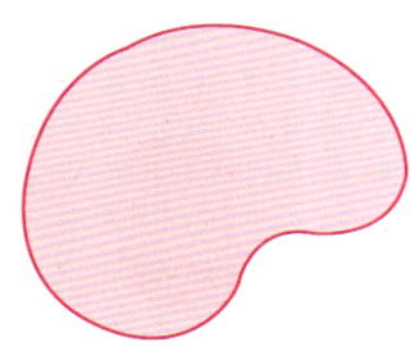
(단순연결영역)

그림 12.2.6

정리 12.2.15

$\boldsymbol{F}(x, y, z) = (P(x, y, z), Q(x, y, z), R(x, y, z))$가 단순연결개영역 $\boldsymbol{D}$상에서 연속 미분가능인 벡터장이라 하자. 그러면 $\boldsymbol{D}$상에서 $\boldsymbol{F}(x, y, z)$가 보존장이 될 필요충분조건은 다음 등식이 $\boldsymbol{D}$상에서 성립하는 것이다.

$$\frac{\partial P}{\partial y}=\frac{\partial Q}{\partial x},\quad \frac{\partial Q}{\partial z}=\frac{\partial R}{\partial y},\quad \frac{\partial R}{\partial x}=\frac{\partial P}{\partial z} \tag{12.2.3}$$

증명 충분조건의 증명은 이 책의 범위를 넘는 내용이므로 생략하고(고등 미분적분학 참조), 필요조건의 증명만 간단히 보자.

$\boldsymbol{D}$상에서 $\boldsymbol{F}(x, y, z)$가 보존장이라 가정하고, $f(x, y, z)$가 그 퍼텐셜 함수라 하자. 즉 $\boldsymbol{D}$상에서 $\boldsymbol{F} = \nabla f$라 하자. 그러면 $P = \frac{\partial f}{\partial x}, Q = \frac{\partial f}{\partial y}, R = \frac{\partial f}{\partial z}$이다. 한편 P, Q, R의 편도함수가 $\boldsymbol{D}$상에서 연속이므로 다음 등식이 성립하고, 따라서 (12.2.3)을 얻는다.

$$\frac{\partial P}{\partial y} = \frac{\partial^2 f}{\partial x \partial y} = \frac{\partial^2 f}{\partial y \partial x} = \frac{\partial Q}{\partial x},\ \frac{\partial Q}{\partial z} = \frac{\partial^2 f}{\partial y \partial z} = \frac{\partial^2 f}{\partial z \partial y} = \frac{\partial R}{\partial y},$$
$$\frac{\partial R}{\partial x} = \frac{\partial^2 f}{\partial z \partial x} = \frac{\partial^2 f}{\partial x \partial z} = \frac{\partial P}{\partial z}$$ ■

2차원 벡터장은 영역 $\boldsymbol{D}$가 xy평면상의 영역이고 z성분이 0인 벡터장으로 간주하므로 정리 12.2.15로부터 다음을 얻는다.

따름정리 12.2.16

$\boldsymbol{F}(x, y) = (P(x, y), Q(x, y))$가 단순연결개영역 $\boldsymbol{D}$상에서 연속 미분가능인 2차원 벡터장이라 하자. 그러면 $\boldsymbol{D}$상에서 $\boldsymbol{F}(x, y)$가 보존장이 될 필요충분조건은 다음 등식이 $\boldsymbol{D}$상에서 성립하는 것이다.

$$\frac{\partial P}{\partial y} = \frac{\partial Q}{\partial x}$$

주어진 벡터장이 보존장인지 판단하고, 보존장이면 그 퍼텐셜 함수를 구하는 예를 보자.

예제 12.2.17 $\boldsymbol{F}(x, y) = (2xy^3, 1 + 3x^2y^2)$이 보존장임을 보이고, 퍼텐셜 함수를 구하여라.

풀이 $P = 2xy^3, Q = 1 + 3x^2y^2$은 연속 미분가능 함수들이다.

$\frac{\partial P}{\partial y} = 6xy^2 = \frac{\partial Q}{\partial x}$이므로, 따름정리 12.2.16에 의해서 $\boldsymbol{F}(x, y) = (2xy^3, 1 + 3x^2y^2)$은 보존장이다. 퍼텐셜 함수를 $f(x, y)$라 하자. 그러면 $f(x, y) = \int P(x, y)\,dx = \int 2xy^3\,dx$이고, $f = x^2y^3 + g(y)$이다. 단, $g(y)$는 y만의 미분가능인 어떤 함수이다. $\frac{\partial f}{\partial y} = Q = 1 + 3x^2y^2$이므로 $1 + 3x^2y^2 = 3x^2y^2 + \frac{dg}{dy}$이므로 $\frac{dg}{dy} = 1$이다. 따라서 $g = y + c$, 단 c는 임의의 상수이다. 그러므로 $f(x, y) = x^2y^3 + y + c$가 $\boldsymbol{F}(x, y)$의 퍼텐셜 함수이다. ■

예제 12.2.18 $\boldsymbol{F}(x, y, z) = (2xy^3 - yz^2, 3x^2y^2 - xz^2 + z, y - 2xyz + 2)$가 보존장임을 보이고 퍼텐셜 함수를 구하여라.

풀이 $P = 2xy^3 - yz^2$, $Q = 3x^2y^2 - xz^2 + z$, $R = y - 2xyz + 2$는 연속 미분가능 함수들이다.

$$\frac{\partial P}{\partial y} = 6xy^2 - z^2 = \frac{\partial Q}{\partial x},\ \frac{\partial Q}{\partial z} = 1 - 2xz = \frac{\partial R}{\partial y},\ \frac{\partial R}{\partial x} = -2yz = \frac{\partial P}{\partial z}$$

이므로, 정리 12.2.15에 의해서

$$\boldsymbol{F}(x, y, z) = (2xy^3 - yz^2, 3x^2y^2 - xz^2 + z, y - 2xyz + 2)$$

는 보존장이다.

$$f(x, y, z) = \int P(x, y, z)\,dx = \int (2xy^3 - yz^2)\,dx$$

라 두면 $f = x^2y^3 - xyz^2 + g(y, z)$이다. 단, $g(y, z)$는 y, z만의 미분가능인 어떤 함수이다. $Q = \frac{\partial f}{\partial y}$라 두면 $3x^2y^2 - xz^2 + z = 3x^2y^2 - xz^2 + \frac{\partial g}{\partial y}$이므로 $\frac{\partial g}{\partial y} = z$이다. 따라서 $g = yz + h(z)$, 단 $h(z)$는 z만의 미분가능인 어떤 함수이다. 그러면 $f = x^2y^3 - xyz^2 + yz + h(z)$이다. $R = \frac{\partial f}{\partial z}$라 두면 $y - 2xyz + 2 = y - 2xyz + \frac{dh}{dz}$이므로 $\frac{dh}{dz} = 2$이다. 따라서 $h = 2z + c$, 단 c는 임의의 상수이다. 그러므로 $f = x^2y^3 - xyz^2 + yz + 2z + c$가 $\boldsymbol{F}(x, y, z)$의 퍼텐셜 함수이다. ■

예제 12.2.19 $\boldsymbol{r}(t) = (\cos t, \sin t, t)$, $0 \le t \le 2\pi$가 나타내는 곡선을 C라 하자. C를 따라서 힘

$$\boldsymbol{F}(x, y, z) = (2xy^3 - yz^2, 3x^2y^2 - xz^2 + z, y - 2xyz + 2)$$

를 작용하여 이동하였다면 한 일의 양은 얼마인가?

풀이 한 일의 양은 $\int_C \boldsymbol{F} \cdot d\boldsymbol{r}$이다. 한편 예제 12.2.18에서 $\boldsymbol{F}(x, y, z)$는 보존장이고, $f = x^2y^3 - xyz^2 + yz + 2z$가 그 퍼텐셜 함수임을 보았다. 즉 $\boldsymbol{F} = \nabla f$. 따라서 정리 12.2.8에 의해서 다음과 같이 쉽게 계산할 수 있다.

$$\begin{aligned}\int_C \boldsymbol{F} \cdot d\boldsymbol{r} &= \int_C \nabla f \cdot d\boldsymbol{r} = f(\boldsymbol{r}(2\pi)) - f(\boldsymbol{r}(0)) \\ &= f(1, 0, 2\pi) - f(1, 0, 0) = 4\pi\end{aligned}$$ ■

참고 보존장의 물리적 의미

질량 m인 입자에 작용하는 힘 $\boldsymbol{F}$가 보존장이고, f가 퍼텐셜 함수라 하자. 즉 $\boldsymbol{F} = \nabla f$.

이때 a순간부터 b순간까지 입자가 부드럽게 이동하였다고 가정하고, t순간 입자 위치를 $\boldsymbol{r}(t) = (x(t), y(t), z(t))$, $t \in [a, b]$라 하자. 그리고 입자가 이동한 경로를 C라 하면, $\boldsymbol{r}(t)$는 C의 매끄러

운 매개변수함수이다. 그러면 $\boldsymbol{r}'(t)$는 입자의 속력이고 $\boldsymbol{r}''(t)$는 입자의 가속도이다. 뉴턴의 운동법칙에 의해서 다음을 얻는다.

$$F(\boldsymbol{r}(t)) = m\boldsymbol{r}''(t),\ t \in [a, b]$$

따라서 일의 양은 다음과 같다.

$$\begin{aligned}\int_C \boldsymbol{F} \cdot d\boldsymbol{r} &= \int_C m\boldsymbol{r}''(t) \cdot d\boldsymbol{r} = \int_a^b m\boldsymbol{r}''(t) \cdot \boldsymbol{r}'(t)\,dt \\ &= \int_a^b \frac{m}{2}\frac{d}{dt} < \boldsymbol{r}'(t), \boldsymbol{r}'(t) > dt = \int_a^b \frac{m}{2}\frac{d}{dt}\|\boldsymbol{r}'(t)\|^2\,dt \\ &= \frac{m}{2}\|\boldsymbol{r}'(b)\|^2 - \frac{m}{2}\|\boldsymbol{r}'(a)\|^2\end{aligned}$$

한편 $\boldsymbol{F} = \nabla f$이므로 정리 12.2.8에 의해서 $\int_C \boldsymbol{F} \cdot d\boldsymbol{r} = f(\boldsymbol{r}(b)) - f(\boldsymbol{r}(a))$이다. 그러므로 $f(\boldsymbol{r}(b)) - f(\boldsymbol{r}(a)) = \frac{m}{2}\|\boldsymbol{r}'(b)\|^2 - \frac{m}{2}\|\boldsymbol{r}'(a)\|^2$이다. 따라서 다음 등식을 얻는다.

$$\frac{m}{2}\|\boldsymbol{r}'(b)\|^2 - f(\boldsymbol{r}(b)) = \frac{m}{2}\|\boldsymbol{r}'(a)\|^2 - f(\boldsymbol{r}(a))$$

여기서 $P(x, y, z) \equiv -f(x, y, z)$를 $\boldsymbol{F}(x, y, z)$의 "퍼텐셜 에너지"라 하고, v가 속도일 때 $K(v) \equiv \frac{m}{2}v^2$을 "운동 에너지"라 한다.

그러면 이 운동에 있어서 운동 에너지와 퍼텐셜 에너지의 합은 항상 일정함을 알 수 있다. 즉

$$K(\|\boldsymbol{r}'(b)\|) + P(\boldsymbol{r}(b)) = K(\|\boldsymbol{r}'(a)\|) + P(\boldsymbol{r}(a)).$$

12.2 연습문제

1. C의 매개변수함수가 $\boldsymbol{r}(t)$일 때 선적분 $\int_C \boldsymbol{F} \cdot d\boldsymbol{r}$을 구하여라.

(1) $\boldsymbol{F}(x, y, z) = (z, -y, -x)$; $\boldsymbol{r}(t) = (5, -\sin t, -\cos t)$, $0 \le t \le \frac{\pi}{4}$

(2) $\boldsymbol{F}(x, y) = x^2y^3\boldsymbol{i} - y\sqrt{x}\,\boldsymbol{j}$; $\boldsymbol{r}(t) = t^2\boldsymbol{i} - t^3\boldsymbol{j}$, $0 \le t \le 1$

(3) $\boldsymbol{F}(x, y, z) = (y, -xy, -z^3)$; $\boldsymbol{r}(t) = (\cos t, \sin t, 2t)$, $0 \le t \le \frac{\pi}{2}$

(4) $\boldsymbol{F}(x, y, z) = (\sin x, \cos y, xz)$; $\boldsymbol{r}(t) = (t^3, -t^2, t)$, $0 \le t \le 1$

(5) $\boldsymbol{F}(x, y, z) = -z\boldsymbol{i} + x\boldsymbol{k}$; $\boldsymbol{r}(t) = -\cos t\boldsymbol{i} + \sin t\boldsymbol{k}$, $0 \le t \le \pi$

(6) $\boldsymbol{F}(x, y, z) = (x, -z, y)$; $\boldsymbol{r}(t) = (2t, 3t, -t^2)$, $-1 \le t \le 1$

(7) $\boldsymbol{F}(x, y, z) = (x - y, x + y, 2z)$; $\boldsymbol{r}(t) = (\cos t, \sin t, t), 0 \le t \le 2\pi$

(8) 힘 $\boldsymbol{F}(x, y) = x\boldsymbol{i} + (y+2)\boldsymbol{j}$가 사이클로이드

$$\boldsymbol{r}(t) = (t - \sin t)\boldsymbol{i} + (1 - \cos t)\boldsymbol{j},\ 0 \le t \le 2\pi$$

를 따라 물체를 움직이는 데 한 일 $\int_C \boldsymbol{F} \cdot d\boldsymbol{r}$을 구하여라.

(9) 힘 $\boldsymbol{F}(x, y, z) = (xz, yx, zy)$가 곡선 $\boldsymbol{r}(t) = (t^2, -t^3, t^4)$, $0 \le t \le 1$을 따라 질점을 움직이는 데 한 일 $\int_C \boldsymbol{F} \cdot d\boldsymbol{r}$을 구하여라.

2. 만약 $\boldsymbol{F}$가 보존장이면 $\boldsymbol{F} = \nabla f$인 퍼텐셜 함수 f를 구하여라.

(1) $\boldsymbol{F}(x, y) = (2x - 3y, 2y - 3x)$

(2) $\boldsymbol{F}(x, y) = (6x + 5y)\boldsymbol{i} + (5x + 4y)\boldsymbol{j}$

(3) $\boldsymbol{F}(x, y) = (x^2 + y, x^2)$

(4) $\boldsymbol{F}(x, y) = xe^y\boldsymbol{i} + ye^x\boldsymbol{j}$

(5) $\boldsymbol{F}(x, y) = (1 + 4x^3y^3, 3x^4y^2)$

(6) $\boldsymbol{F}(x, y)$
$= (2x\cos y - y\cos x)\boldsymbol{i} + (-x^2\sin y - \sin x)\boldsymbol{j}$

(7) $\boldsymbol{F}(x, y) = (x^3y^4, x^4y^3)$

(8) $\boldsymbol{F}(x, y, z) = (y, x + z, y)$

(9) $\boldsymbol{F}(x, y, z) = (2xz + \sin y)\boldsymbol{i} + x\cos y\boldsymbol{j} + x^3\boldsymbol{k}$

12.3 그린 정리

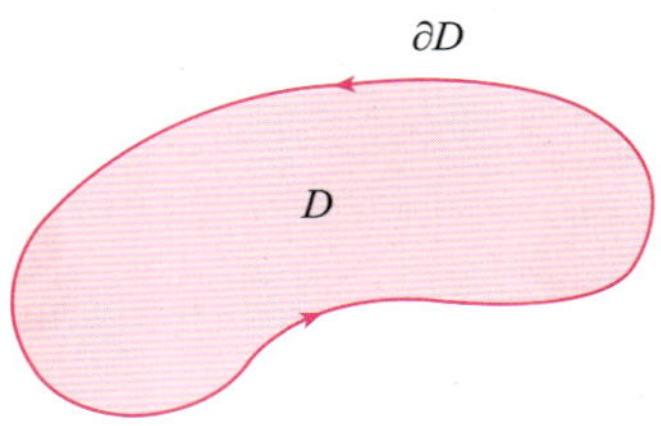

그림 12.3.1

12.1절과 12.2절에서 곡선상의 선적분에 대해서 소개하였다. 이 절에서는 선적분을 바탕으로 2차원 평면에서 그린 정리를 소개한다.

$\boldsymbol{D} \subset \mathbb{R}^2$를 평면상의 유계영역이라 하고, $\boldsymbol{D}$의 경계선을 $\partial\boldsymbol{D}$라 하자. 평면상에서 사람이 경계선 $\partial\boldsymbol{D}$를 따라서 걸어갈 때, 왼쪽 팔이 영역 $\boldsymbol{D}$의 내부 쪽에 있도록 걸어가는 방향을 $\partial\boldsymbol{D}$의 양의 방향으로 정한다. 별도로 언급이 없으면, 이제부터 유계단순연결영역 $\boldsymbol{D}$의 경계선 $\partial\boldsymbol{D}$는 양의 방향을 가진 단순폐곡선이라 간주한다.

이제 "단순연결영역 $\boldsymbol{D}$상에서 이중적분"을 "경계선 $\partial\boldsymbol{D}$상에서 선적분"으로 표현하는 공식을 보자.

정리 12.3.1 그린 정리(Green Theorem)

$\boldsymbol{D} \subset \mathbb{R}^2$를 평면상의 유계단순연결영역이고, 경계선 $\partial\boldsymbol{D}$는 조각적으로 매끄러운 단순폐곡선이라 가정하자. $P(x, y), Q(x, y)$가 $\boldsymbol{D}$를 포함하는 적당한 개영역상에서 연속 미분가능이면 다음이 성립한다.

$$\int_{\partial D} P\,dx + Q\,dy = \iint_D \left(\frac{\partial Q}{\partial x} - \frac{\partial P}{\partial y}\right) dxdy \qquad (12.3.1)$$

증명 $\boldsymbol{D}$가 일반적인 단순연결영역인 경우에 대한 증명은 이 책의 범위를 넘는 내용이므로 생략하고, 여기서는 $\boldsymbol{D}$가 수직과 수평으로 동시에 단순한(즉 볼록한) 영역인 경우에 대해서만 간단히 증명하자.

$\boldsymbol{D}$가 수직과 수평으로 동시에 단순한 영역이면, 구간 $[a, b]$와 연속인 두 함수 $f(x), g(x)$가 존재하여 $f(x) \le g(x)$이고, $\boldsymbol{D}$는 $[a, b]$상에서 두 함수 $f(x), g(x)$ 사이의 영역으로 표현되며, 또한 구간 $[\alpha, \beta]$와 연속인 두 함수 $\varphi(y), \psi(y)$가 존재하여 $\varphi(y) \le \psi(y)$이고, $\boldsymbol{D}$는 $[\alpha, \beta]$상에서 두 함수 $\varphi(y), \psi(y)$ 사이의 영역으로 표현된다. 즉

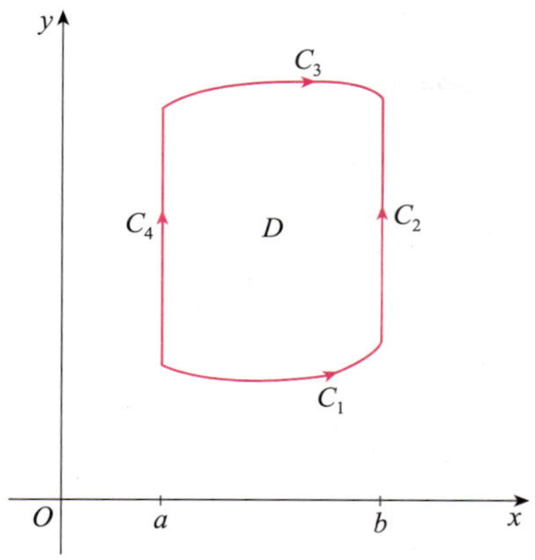

그림 12.3.2

$$\begin{aligned} \boldsymbol{D} &= \{(x,\ y) \mid x \in [a,\ b],\ f(x) \le y \le g(x)\} \\ &= \{(x,\ y) \mid y \in [\alpha,\ \beta],\ \varphi(y) \le x \le \psi(y)\}. \end{aligned}$$

먼저 그림 12.3.2와 같이 $\boldsymbol{D}$의 아래쪽 경계선을 C_1, 오른쪽 경계선을 C_2, 위쪽 경계선을 C_3, 왼쪽 경계선을 C_4라 하자.

$\boldsymbol{r}_1(x) = (x,\ f(x)),\ x \in [a,\ b]$라 두고,

$\boldsymbol{r}_2(t) = (b,\ t),\ t \in [f(b),\ g(b)]$라 두고,

$\boldsymbol{r}_3(x) = (x,\ g(x)),\ x \in [a,\ b]$라 두고,

$\boldsymbol{r}_4(t) = (a,\ t),\ t \in [f(a),\ g(a)]$라 두면,

$\boldsymbol{r}_1, \boldsymbol{r}_2, \boldsymbol{r}_3, \boldsymbol{r}_4$는 각각 C_1, C_2, C_3, C_4의 매개변수함수이다. 그리고 $\partial \boldsymbol{D} = C_1 + C_2 + (-C_3) + (-C_4)$이다.

따름정리 12.1.11에 의해서 다음을 얻는다.

$$\begin{aligned} \int_{\partial D} P\,dx &= \int_{C_1} P\,dx + \int_{C_2} P\,dx + \int_{-C_3} P\,dx + \int_{-C_4} P\,dx \\ &= \int_{C_1} P\,dx + \int_{C_2} P\,dx - \int_{C_3} P\,dx - \int_{C_4} P\,dx \end{aligned}$$

한편 정리 12.1.9에 의해서 다음을 얻는다.

$$\begin{aligned} &\int_{C_1} P\,dx = \int_a^b P(x,\ f(x))\,dx,\quad \int_{C_2} P\,dx = \int_{f(b)}^{g(b)} P(b,\ t) \cdot 0\,dt = 0, \\ &\int_{C_3} P\,dx = \int_a^b P(x,\ g(x))\,dx,\quad \int_{C_4} P\,dx = \int_{f(a)}^{g(a)} P(a,\ t) \cdot 0\,dt = 0 \end{aligned}$$

따라서 다음을 얻는다.

$$\begin{aligned} \int_{\partial D} P\,dx &= \int_a^b P(x,\ f(x))\,dx - \int_a^b P(x,\ g(x))\,dx \\ &= -\int_a^b [P(x,\ g(x)) - P(x,\ f(x))]\,dx \\ &= -\int_a^b \int_{f(x)}^{g(x)} \frac{\partial P(x,\ y)}{\partial y}\,dydx \\ &= -\iint_{\boldsymbol{D}} \frac{\partial P(x,\ y)}{\partial y}\,dxdy \end{aligned}$$

즉 $\displaystyle\int_{\partial D} P\,dx = -\iint_{\boldsymbol{D}} \frac{\partial P}{\partial y}\,dxdy.$

이제 $\boldsymbol{D}$가 $[\alpha,\ \beta]$상에서 두 함수 $\varphi(y),\ \psi(y)$ 사이의 영역이라 생각하자. 즉

$$\boldsymbol{D} = \{(x,\ y) \mid y \in [\alpha,\ \beta],\ \varphi(y) \le x \le \psi(y)\}.$$

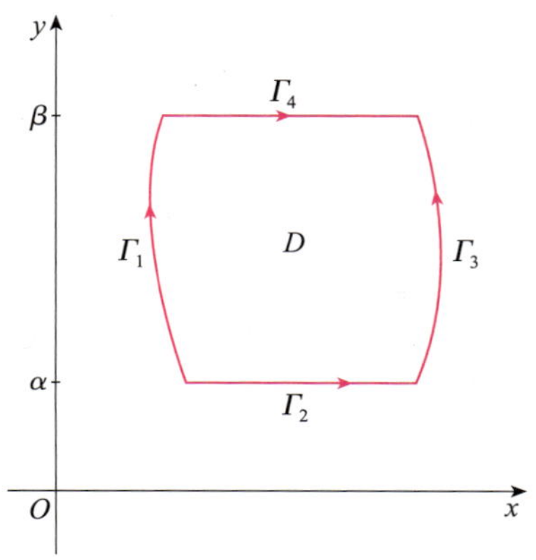

그림 12.3.3

그림 12.3.3과 같이 $\boldsymbol{D}$의 왼쪽 경계선을 Γ_1, 아래쪽 경계선을 Γ_2, 오른쪽 경계선을 Γ_3, 위쪽 경계선을 Γ_4라 하자.

$\boldsymbol{Y}_1(y) = (\varphi(y), y)$, $y \in [\alpha, \beta]$라 두고,

$\boldsymbol{Y}_2(t) = (t, \alpha)$, $t \in [\varphi(\alpha), \psi(\alpha)]$라 두고,

$\boldsymbol{Y}_3(y) = (\psi(y), y)$, $y \in [\alpha, \beta]$라 두고,

$\boldsymbol{Y}_4(t) = (t, \beta)$, $t \in [\varphi(\beta), \psi(\beta)]$라 두면,

$\boldsymbol{Y}_1, \boldsymbol{Y}_2, \boldsymbol{Y}_3, \boldsymbol{Y}_4$는 각각 $\Gamma_1, \Gamma_2, \Gamma_3, \Gamma_4$의 매개변수함수이다. 그리고 $\partial \boldsymbol{D} = (-\Gamma_1) + \Gamma_2 + (\Gamma_3) + (-\Gamma_4)$이다.

따름정리 12.1.11에 의해서 다음을 얻는다.

$$\begin{aligned}\int_{\partial D} Q\,dy &= \int_{-\Gamma_1} Q\,dy + \int_{\Gamma_2} Q\,dy + \int_{\Gamma_3} Q\,dy + \int_{-\Gamma_4} Q\,dy \\ &= -\int_{\Gamma_1} Q\,dy + \int_{\Gamma_2} Q\,dy + \int_{\Gamma_3} Q\,dy - \int_{\Gamma_4} Q\,dy\end{aligned}$$

한편 정리 12.1.9에 의해서 다음을 얻는다.

$$\begin{aligned}&\int_{\Gamma_1} Q\,dy = \int_\alpha^\beta Q(\varphi(y), y)\,dy, \quad \int_{\Gamma_2} Q\,dy = \int_{\varphi(\alpha)}^{\psi(\alpha)} Q(t, \alpha)\cdot 0\,dt = 0, \\ &\int_{\Gamma_3} Q\,dy = \int_\alpha^\beta Q(\psi(y), y)\,dy, \quad \int_{\Gamma_4} Q\,dy = \int_{\varphi(\beta)}^{\psi(\beta)} Q(t, \beta)\cdot 0\,dt = 0\end{aligned}$$

따라서 다음을 얻는다.

$$\begin{aligned}\int_{\partial D} Q\,dy &= \int_\alpha^\beta Q(\psi(y), y)\,dy - \int_\alpha^\beta Q(\varphi(y), y)\,dy \\ &= \int_\alpha^\beta [Q(\psi(y), y) - Q(\varphi(y), y)]\,dy \\ &= \int_\alpha^\beta \int_{\varphi(y)}^{\psi(y)} \frac{\partial Q(x, y)}{\partial x}\,dxdy = \iint_{\boldsymbol{D}} \frac{\partial Q(x, y)}{\partial x}\,dxdy\end{aligned}$$

즉 $\int_{\partial D} Q\,dx = \iint_{\boldsymbol{D}} \frac{\partial Q}{\partial x}\,dxdy$.

따라서 $\int_{\partial D} P\,dx + Q\,dy = \iint_{\boldsymbol{D}} \left(\frac{\partial Q}{\partial x} - \frac{\partial P}{\partial y}\right) dxdy$가 성립한다. ■

그린 정리를 다른 형태로 표현해보자.

그린 정리 12.3.1의 등식 (12.3.1)에서 P를 $-P$로 대체하면 다음을 얻는다.

$$\int_{\partial D} -P\,dx + Q\,dy = \iint_{\boldsymbol{D}} \left(\frac{\partial Q}{\partial x} + \frac{\partial P}{\partial y}\right) dxdy$$

위의 등식에서 P와 Q의 역할(위치)을 서로 바꾸면 다음의 따름정리를 얻는다.

따름정리 12.3.2 그린 정리

$\boldsymbol{D} \subset \mathbb{R}^2$를 평면상의 유계단순연결영역이고, 경계선 $\partial\boldsymbol{D}$는 조각적으로 매끄러운 단순폐곡선이라 가정하자. $P(x, y), Q(x, y)$가 $\boldsymbol{D}$를 포함하는 적당한 개영역상에서 연속 미분가능이면 다음이 성립한다.

$$\int_{\partial D} P\,dy - Q\,dx = \iint_{\boldsymbol{D}} \left(\frac{\partial P}{\partial x} + \frac{\partial Q}{\partial y}\right) dxdy \qquad (12.3.2)$$

참고 그린 정리에서 경계선 $\partial\boldsymbol{D}$에 대해서 조각적으로 매끄러운 매개변수함수를 $\boldsymbol{r} = (x(t), y(t)),\ a \le t \le b$라 하고, z성분을 0이라 간주하자. 즉 $\boldsymbol{r} = (x(t), y(t)) \equiv (x(t), y(t), 0)$이라 두자. 그리고 벡터장 $\boldsymbol{F}(x, y)$의 z성분도 0이라고 간주하자.

즉 $\boldsymbol{F} = (P, Q) \equiv (P, Q, 0)$이라 두자. 그러면 $\boldsymbol{r}'(t) = \left(\frac{dx}{dt}, \frac{dy}{dt}, 0\right)$은 기하학적으로 경계선 $\partial\boldsymbol{D}$상의 점 $\boldsymbol{r}(t)$에서 접벡터(tangent vector)이고, 따라서 단위 접벡터 $\boldsymbol{\tau}(t)$는 다음과 같다.

$$\boldsymbol{\tau}(t) = \frac{\boldsymbol{r}'(t)}{\|\boldsymbol{r}'(t)\|}$$

그러므로 다음을 얻는다.

$$\begin{aligned}
\int_{\partial D} P\,dx + Q\,dy &= \int_a^b \left[P(\boldsymbol{r}(t))\frac{dx}{dt} + Q(\boldsymbol{r}(t))\frac{dy}{dt}\right] dt \\
&= \int_a^b \boldsymbol{F}(\boldsymbol{r}(t)) \cdot \boldsymbol{r}'(t)\,dt \\
&= \int_a^b \boldsymbol{F}(\boldsymbol{r}(t)) \cdot \frac{\boldsymbol{r}'(t)}{\|\boldsymbol{r}'(t)\|}\|\boldsymbol{r}'(t)\|\,dt \\
&= \int_a^b \boldsymbol{F}(\boldsymbol{r}(t)) \cdot \boldsymbol{\tau}(t)\|\boldsymbol{r}'(t)\|\,dt \quad (\text{정리 12.2.4 이용}) \\
&= \int_{\partial D} \boldsymbol{F} \cdot \boldsymbol{\tau}\,ds
\end{aligned}$$

또한 형식적으로 $\nabla = \left(\frac{\partial}{\partial x}, \frac{\partial}{\partial y}, \frac{\partial}{\partial z}\right)$와 $\boldsymbol{F} = (P, Q) \equiv (P, Q, 0)$의 외적을 계산하면 다음과 같다.

$$\begin{aligned}
\nabla \times \boldsymbol{F} &= \left(\frac{\partial}{\partial x}, \frac{\partial}{\partial y}, \frac{\partial}{\partial z}\right) \times (P, Q, 0) \\
&= \begin{vmatrix} \boldsymbol{i} & \boldsymbol{j} & \boldsymbol{k} \\ \frac{\partial}{\partial x} & \frac{\partial}{\partial y} & \frac{\partial}{\partial z} \\ P & Q & 0 \end{vmatrix} = \left(\frac{\partial Q}{\partial x} - \frac{\partial P}{\partial y}\right)\boldsymbol{k} = \left(0, 0, \frac{\partial Q}{\partial x} - \frac{\partial P}{\partial y}\right)
\end{aligned}$$

그래서 그린 정리 12.3.1에서 (12.3.1)은 단위 접벡터와 외적을 이용하여 다음과 같이 표현할 수 있다.

$$\int_{\partial D} \boldsymbol{F} \cdot \boldsymbol{\tau}\, ds = \iint_D (\nabla \times \boldsymbol{F}) \cdot \boldsymbol{k}\, dxdy$$

또는 $\boldsymbol{r}$의 미분 $d\boldsymbol{r}$을 형식적으로 벡터 $d\boldsymbol{r} = (dx, dy, 0)$으로 표현하고 $\boldsymbol{F} = (P, Q, 0)$과 내적하면 다음과 같이 표기할 수 있다.

$$\boldsymbol{F} \cdot d\boldsymbol{r} = (P, Q, 0) \cdot (dx, dy, 0) = P\,dx + Q\,dy$$

그래서 그린 정리 12.3.1에서 (12.3.1)은 다음과 같이 표현할 수 있다.

$$\int_{\partial D} \boldsymbol{F} \cdot d\boldsymbol{r} = \iint_D (\nabla \times \boldsymbol{F}) \cdot \boldsymbol{k}\, dxdy$$

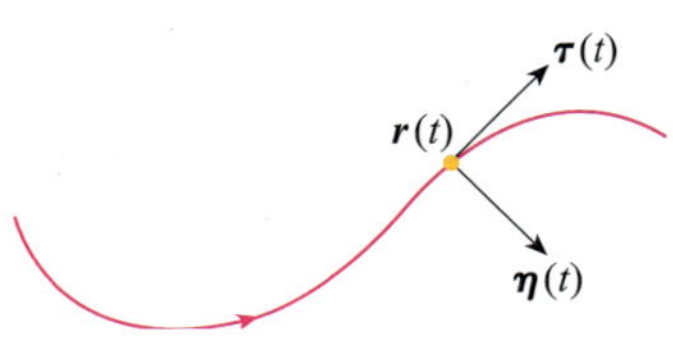

그림 12.3.4

한편 $\boldsymbol{r}'(t) = \left(\frac{dx}{dt}, \frac{dy}{dt}, 0\right)$이 경계선 $\partial \boldsymbol{D}$상의 점 $\boldsymbol{r}(t)$에서 접벡터이므로, $\boldsymbol{n}(t) = \left(\frac{dy}{dt}, -\frac{dx}{dt}, 0\right)$이 점 $\boldsymbol{r}(t)$에서 외향 법벡터(normal vector)이다. 그래서 $\|\boldsymbol{n}(t)\| = \|\boldsymbol{r}'(t)\|$이고, 점 $\boldsymbol{r}(t)$에서 단위 외향 법벡터 $\boldsymbol{\eta}(t)$는 아래와 같다.

$$\boldsymbol{\eta}(t) = \frac{\boldsymbol{n}(t)}{\|\boldsymbol{n}(t)\|} = \frac{\boldsymbol{n}(t)}{\|\boldsymbol{r}'(t)\|}$$

따라서 다음을 얻는다.

$$\begin{aligned}
\int_{\partial D} P\,dy - Q\,dx &= \int_a^b \left[P(\boldsymbol{r}(t)) \frac{dy}{dt} - Q(\boldsymbol{r}(t)) \frac{dx}{dt} \right] dt \\
&= \int_a^b \boldsymbol{F}(\boldsymbol{r}(t)) \cdot \boldsymbol{n}(t)\, dt = \int_a^b \boldsymbol{F}(\boldsymbol{r}(t)) \cdot \frac{\boldsymbol{n}(t)}{\|\boldsymbol{r}'(t)\|} \|\boldsymbol{r}'(t)\|\, dt \\
&= \int_a^b \boldsymbol{F}(r(t)) \cdot \boldsymbol{\eta}(t) \|\boldsymbol{r}'(t)\|\, dt \qquad (\text{정리 12.2.4 이용}) \\
&= \int_{\partial D} \boldsymbol{F} \cdot \boldsymbol{\eta}\, ds
\end{aligned}$$

또한 $\nabla \cdot \boldsymbol{F} = \left(\frac{\partial}{\partial x}, \frac{\partial}{\partial y}, \frac{\partial}{\partial z}\right) \cdot (P, Q, 0) = \frac{\partial P}{\partial x} + \frac{\partial Q}{\partial y}$이다.

그러므로 따름정리 12.3.2의 등식 (12.3.2)는 다음과 같이 표현된다.

$$\int_{\partial D} \boldsymbol{F} \cdot \boldsymbol{\eta}\, ds = \iint_D \nabla \cdot \boldsymbol{F}\, dxdy$$

예제 12.3.3 곡선 C는 세 점 $(0, 0), (1, 0), (1, 2)$를 꼭짓점으로 하는 삼각형으로 반시계방향을 가진다고 하자.

$\boldsymbol{F} = (P, Q) = (x^2y, 2x + y)$일 때 $\int_C \boldsymbol{F} \cdot d\boldsymbol{r}$을 계산하여라.

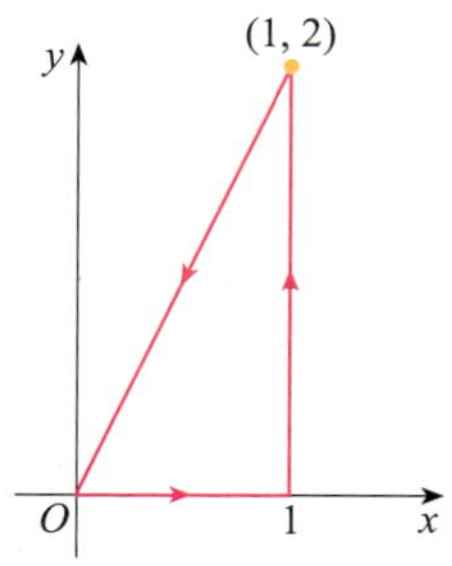

그림 12.3.5

풀이 D를 삼각형 C와 그 내부로 이루어진 영역이라 하자. C의 매개변수함수를 사용하여 $\int_C \boldsymbol{F} \cdot d\boldsymbol{r}$을 직접 계산할 수도 있으나, 이 문제의 경우 그린 정리를 이용하여 이중적분 $\iint_D \left(\frac{\partial Q}{\partial x} - \frac{\partial P}{\partial y}\right) dxdy$로 계산하는 것이 더 간편하다. 즉 $\partial \boldsymbol{D} = C$이므로

$$\int_C \boldsymbol{F} \cdot d\boldsymbol{r} = \int_C x^2 y\, dx + (2x + y)\, dy = \iint_D (2 - x^2)\, dxdy$$
$$= \int_0^1 \int_0^{2x} (2 - x^2)\, dydx = \int_0^1 2x(2 - x^2)\, dx = \frac{3}{2}. \quad ■$$

예제 12.3.4 평면상의 곡선 C가 반원 $x^2 + y^2 = 1,\ y \geq 0$과 그 지름으로 구성되어 있으며, 반시계방향을 가진다고 하자.

$\boldsymbol{F}(x, y) = (2x + y,\ x + 1)$일 때 $\int_C \boldsymbol{F} \cdot d\boldsymbol{r}$을 계산하여라.

풀이 $\boldsymbol{D}$를 폐곡선 C와 그 내부로 이루어진 영역이라 하자. C의 매개변수함수를 사용하여 $\int_C \boldsymbol{F} \cdot d\boldsymbol{r}$을 직접 계산할 수도 있으나, 이 문제의 경우도 그린 정리를 이용하여 이중적분 $\iint_D \left(\frac{\partial Q}{\partial x} - \frac{\partial P}{\partial y}\right) dxdy$로 계산하는 것이 더 간편하다(예제 12.2.6 참조). 즉 $\partial \boldsymbol{D} = C$이므로

$$\int_C \boldsymbol{F} \cdot d\boldsymbol{r} = \int_{\partial D} (2x + y)\, dx + (x + 1)\, dy$$
$$= \iint_D (1 - 1)\, dxdy = \iint_D 0\, dxdy = 0. \quad ■$$

예제 12.3.5 한 입자가 벡터장 $\boldsymbol{F}(x, y) = (e^x - y^3,\ x^3 + \cos y)$하에서 단위원을 반시계방향으로 한 바퀴 돌았다. 이때 한 일을 계산하여라.

풀이 C를 양의 방향을 가진 단위원이라 하고, $\boldsymbol{D}$를 단위원 C와 그 내부로 이루어진 영역이라 하자. 즉 $\boldsymbol{D} = \{(x, y) \mid x^2 + y^2 \leq 1\},\ \partial \boldsymbol{D} = C$.

그러면 일의 양은 다음과 같다.

$$\int_C \boldsymbol{F} \cdot d\boldsymbol{r} = \int_{\partial D} (e^x - y^3)\, dx + (x^3 + \cos y)\, dy$$
$$= \iint_D (3x^2 + 3y^2)\, dxdy = \int_0^{2\pi} \int_0^1 3r^3\, drd\theta = \frac{3\pi}{2} \quad ■$$

참고 선적분을 이용하여 영역 $\boldsymbol{D}$의 넓이를 계산할 수 있다.

즉 $\iint_D dxdy$는 $\boldsymbol{D}$의 넓이므로, $\boldsymbol{D}$상에서 $\frac{\partial Q}{\partial x} - \frac{\partial P}{\partial y} = 1$이 되도록 함수 $P(x, y),\ Q(x, y)$를 적당히 택하면 그린 정리에 의하여 경계 $\partial \boldsymbol{D}$상의 선적분 $\int_{\partial D} P\, dx + Q\, dy$가 $\boldsymbol{D}$의 넓이가 된다.

예를 들어, $\int_{\partial D} x\,dy = \int_{\partial D} -y\,dx = \frac{1}{2}\int_{\partial D} x\,dy - y\,dx$가 $\boldsymbol{D}$의 넓이가 된다.

예제 12.3.6 타원 $\frac{x^2}{a^2} + \frac{y^2}{b^2} = 1$의 내부 넓이를 계산하여라. 단 a, b는 양의 상수이다.

풀이 C를 양의 방향을 가진 타원이라 하고, $\boldsymbol{D}$를 타원 C와 그 내부로 이루어진 영역이라 하자. 즉 $\boldsymbol{D} = \left\{(x, y)\middle|\frac{x^2}{a^2} + \frac{y^2}{b^2} \le 1\right\}, \partial\boldsymbol{D} = C$.

$\boldsymbol{r}(t) = (a\cos t, b\sin t),\ t \in [0, 2\pi]$가 $\partial\boldsymbol{D}$의 매개변수방정식이다. 그러면 타원의 넓이는 다음과 같다.

$$\begin{aligned}\frac{1}{2}\int_{\partial D} x\,dy - y\,dx &= \frac{1}{2}\int_0^{2\pi}[(a\cos t)(b\cos t) - (b\sin t)(-a\sin t)]\,dt \\ &= \frac{ab}{2}\int_0^{2\pi}[\cos^2 t + \sin^2 t]\,dt = \pi ab\end{aligned}$$

■

12.3 연습문제

1. 그린 정리를 이용하여 선적분을 구하여라.

(1) $\int_C xy\,dx + y^5\,dy$; C: (0, 0), (2, 0), (2, 1)을 꼭짓점으로 잇는 삼각형

(2) $\int_C (x^2 - y^2)\,dx + x\,dy$; $C: x^2 + y^2 = 9$

(3) $\int_C xy\,dx + 2x^2\,dy$; C: (−2, 0)과 (2, 0)을 잇는 선분과 $x^2 + y^2 = 4$의 상반원으로 구성된 곡선

(4) $\int_C y\tan^2 x\,dx + \tan x\,dy$; $C: (x-1)^2 + (y+1)^2 = 1$

(5) $\int_C x^4\,dx + xy\,dy$; C: (0, 0), (1, 0), (0, 1)을 꼭짓점으로 잇는 삼각형

(6) $\int_C y^3\,dx - x^3\,dy$; $C: x^2 + y^2 = 4$

(7) $\int_C 2xy\,dx + y^2\,dy$; $C: y = \sqrt{x}$와 $y = \frac{x}{2}$로 이루어진 폐곡선

(8) $\int_C (x^3 + 2y)\,dx + (4x - 3y^2)\,dy$; $C: x^2 + y^2 = 1$

(9) 한 입자가 벡터장 $\boldsymbol{F}(x, y) = (e^x + 3x^2y,\ x^3 + x + \cos y)$ 하에서 단위 원을 반시계방향으로 한 바퀴 돌았다. 이때 한 일을 계산하여라.

(10) $\int_C x\,dy - y\,dx$; $C: \boldsymbol{r} = 2(1 + \cos\theta),\ 0 \le \theta \le 2\pi$

2. 유계영역 $\boldsymbol{D} \subset \mathbb{R}^2$의 경계 $C = \partial\boldsymbol{D}$가 단순폐곡선이라 하자. 그린 정리를 이용하여 $\boldsymbol{D}$의 중심 $(\bar{x}, \bar{y})$의 좌표는

$$\bar{x} = \frac{1}{2A}\int_C x^2\,dy,\quad \bar{y} = -\frac{1}{2A}\int_C y^2\,dx$$

임을 증명하여라. 단, A는 $\boldsymbol{D}$의 넓이이다.

3. (0, 0), (1, 0), (0, 1)을 꼭짓점으로 갖는 삼각형의 중심을 구하여라.

4. 그린 정리를 이용하여 다음의 변수치환 공식을 증명하여라.

$$\iint_{\boldsymbol{D}} dxdy = \iint_{\boldsymbol{R}} \left|\frac{\partial(x, y)}{\partial(u, v)}\right| dudv$$

단, uv평면상의 영역 $\boldsymbol{R}$과 xy평면상의 영역 $\boldsymbol{D}$의 관계는 아래와 같다.

$$\boldsymbol{D} = \{(x, y) \mid x = g(u, v),\ y = h(u, v),\ (u, v) \in \boldsymbol{R}\}$$

12.4 면적분

12.1절과 12.2절에서 곡선상의 적분(선적분)의 정의와 성질을 소개하였는데, 여기서는 곡면상의 적분(면적분)에 대해서 소개한다. 공간에서 곡선은 한 개의 매개변수를 가진 벡터함수(매개변수방정식)로 표현할 수 있다는 것을 알았다. 같은 요령으로, 곡면은 2개의 매개변수를 가진 벡터함수(매개변수함수)로 표현할 수 있다. 그리고 선적분을 곡선의 매개변수함수를 이용하여 정의하였는데, 같은 요령으로 곡면의 매개변수함수를 이용하여 면적분을 정의한다. 먼저 곡면의 매개변수함수를 살펴보자.

이제 $\boldsymbol{S} \subset \mathbb{R}^3$를 공간상의 유계곡면이라 하자.

평면상의 유계영역 $\boldsymbol{D} \subset \mathbb{R}^2$상의 벡터함수 $\boldsymbol{\sigma}: \boldsymbol{D} \to \mathbb{R}^3$에 대해서 $\boldsymbol{S} = \{\boldsymbol{\sigma}(u, v) \mid (u, v) \in \boldsymbol{D}\}$일 때, 벡터함수 $\boldsymbol{\sigma}: \boldsymbol{D} \to \mathbb{R}^3$를 곡면 $\boldsymbol{S}$의 매개변수함수(또는 매개변수방정식)이라 한다. 그리고 u, v를 매개변수라 하고, $\boldsymbol{D}$를 매개변수영역이라 한다.

곡면 $\boldsymbol{S}$가 연속 미분가능인(C^1) 매개변수함수를 가질 수 있을 때, $\boldsymbol{S}$를 연속 미분가능(C^1) 곡면이라 한다.

예를 들어, 이변수 함수 $z = h(x, y)$가 영역 $\boldsymbol{D} \subset \mathbb{R}^2$상에서 연속 미분가능인 함수라 하고, 그 그래프를 $\boldsymbol{S}_h$라 하자. 즉 $\boldsymbol{S}_h = \{(x, y, h(x, y)) \mid (x, y) \in \boldsymbol{D}\}$.

그러면 다음이 $\boldsymbol{S}_h$의 연속 미분가능인 매개변수함수가 된다.

$$\boldsymbol{\sigma}(x, y) = (x, y, h(x, y)), \quad (x, y) \in \boldsymbol{D}$$

이제부터 곡면 $\boldsymbol{S}$의 연속 미분가능인 매개변수함수를 편의상 다음과 같이 두자.

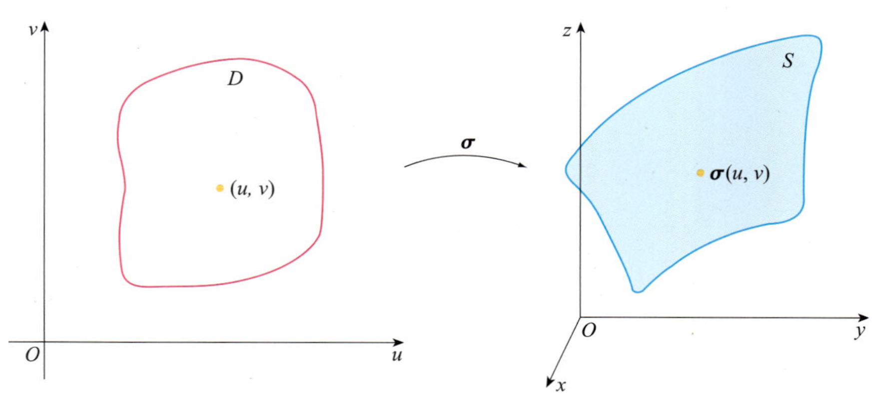

그림 12.4.1

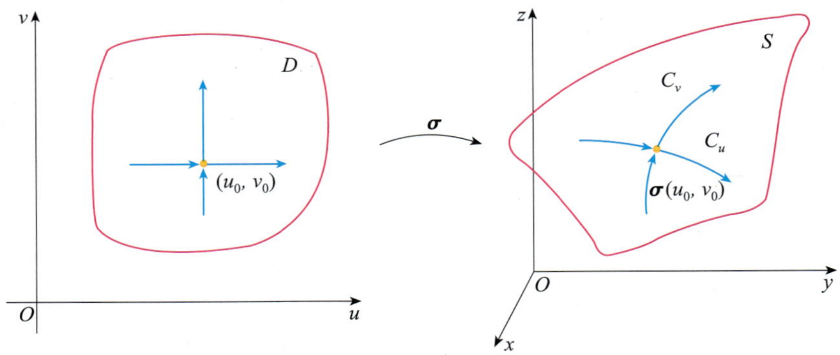

그림 12.4.2

$$\boldsymbol{\sigma}(u, v) = (x(u, v), y(u, v), z(u, v)), \quad (u, v) \in \boldsymbol{D}$$

$\boldsymbol{S}$의 내부 $\boldsymbol{S}^0$에 있는 임의의 한 점 $P_0 = (x_0, y_0, z_0)$를 잡자. 즉 $(x_0, y_0, z_0) \in \boldsymbol{S}, (x_0, y_0, z_0) \notin \partial\boldsymbol{S}$(단, $\partial\boldsymbol{S}$는 $\boldsymbol{S}$의 경계이다).

$\boldsymbol{\sigma}(u, v)$가 $\boldsymbol{S}$의 매개변수함수이므로 $(x_0, y_0, z_0) = \boldsymbol{\sigma}(u_0, v_0)$가 되는 한 점 (u_0, v_0)가 $\boldsymbol{D}$의 내부 $\boldsymbol{D}^0$에 존재한다.

점 (x_0, y_0, z_0)를 지나는 곡면 $\boldsymbol{S}$상의 다음 두 곡선을 보자.

$$C_u = \{\boldsymbol{\sigma}(u, v_0) | (u, v_0) \in D\}, \ C_v = \{\boldsymbol{\sigma}(u_0, v) | (u_0, v) \in D\}$$

I_{u_0}, I_{v_0}는 각각 u_0, v_0를 내부에 포함하는 적당한 구간들이라 하자. 즉

$$u_0 \in I_{u_0} \subset \{u | (u, v_0) \in D\}, \ v_0 \in I_{v_0} \subset \{v | (u_0, v) \in \boldsymbol{D}\}.$$

그러면 $\varphi(u) = \boldsymbol{\sigma}(u, v_0) = (x(u, v_0), y(u, v_0), z(u, v_0)), u \in I_{u_0}$는 점 (x_0, y_0, z_0) 근방에서 C_u의 연속 미분가능인 매개변수함수이고, $\phi(v) = \boldsymbol{\sigma}(u_0, v) = (x(u_0, v), y(u_0, v), z(u_0, v)), v \in I_{v_0}$는 점 (x_0, y_0, z_0) 근방에서 곡선 C_v의 연속 미분가능인 매개변수함수이다.

따라서 다음 벡터가 점 (x_0, y_0, z_0)에서 각각 C_u와 C_v의 접벡터들이다.

$$\frac{d}{du}\varphi(u_0) = \boldsymbol{\sigma_u}(u_0, v_0) = (x_u(u_0, v_0), y_u(u_0, v_0), z_u(u_0, v_0)),$$
$$\frac{d}{dv}\phi(v_0) = \boldsymbol{\sigma_v}(u_0, v_0) = (x_v(u_0, v_0), y_v(u_0, v_0), z_v(u_0, v_0))$$

$\boldsymbol{\sigma_u}(u_0, v_0), \boldsymbol{\sigma_v}(u_0, v_0)$가 일차독립이면, 점 (x_0, y_0, z_0)에서 두 접벡터 $\boldsymbol{\sigma_u}(u_0, v_0), \boldsymbol{\sigma_v}(u_0, v_0)$를 포함하는 $\boldsymbol{S}$의 접평면 $\boldsymbol{T}_{P_0}$가 하나 존재한다. 그래서 다음과 같이 정의한다.

정의 12.4.1

두 접벡터 $\boldsymbol{\sigma}_u(u_0, v_0)$, $\boldsymbol{\sigma}_v(u_0, v_0)$가 일차독립이면, $\boldsymbol{\sigma}(u, v)$는 (u_0, v_0)에서 매끄럽다고 한다. 모든 접벡터 $\boldsymbol{\sigma}_u(u, v)$, $\boldsymbol{\sigma}_v(u, v)$가 일차독립이면, $\boldsymbol{\sigma}(u, v)$는 매끄러운 매개변수함수라 한다. 곡면 $\boldsymbol{S}$가 매끄러운 매개변수함수를 가질 수 있으면, $\boldsymbol{S}$를 매끄러운 곡면이라 한다.

참고 $\mathbf{0}$이 아닌 두 접벡터 $\boldsymbol{\sigma}_u(u, v)$, $\boldsymbol{\sigma}_v(u, v)$가 일차독립일 필요충분조건은 $\boldsymbol{\sigma}_u(u_0, v_0) \times \boldsymbol{\sigma}_v(u_0, v_0) \neq \mathbf{0}$이다. 그러므로 위의 정의에서, "일차독립" 대신 "$\boldsymbol{\sigma}_u(u_0, v_0) \times \boldsymbol{\sigma}_v(u_0, v_0) \neq \mathbf{0}$"를 사용해도 같은 내용이다.

$\boldsymbol{\sigma}(u, v) = (x(u, v), y(u, v), z(u, v)), (u, v) \in \boldsymbol{D}$가 곡면 $\boldsymbol{S}$의 매끄러운 매개변수함수라 가정하자. 그리고 $\boldsymbol{D}$의 내부의 임의의 한 점 (u_0, v_0)를 잡자.

그러면 $\boldsymbol{\sigma}_u(u_0, v_0) \times \boldsymbol{\sigma}_v(u_0, v_0)$가 점 $P_0 \equiv (x_0, y_0, z_0) \equiv \boldsymbol{\sigma}(u_0, v_0) \in \boldsymbol{S}$에서 $\boldsymbol{S}$의 접평면 $\boldsymbol{T}_{P_0}$의 법벡터가 된다. 따라서 P_0에서 접평면 $\boldsymbol{T}_{P_0}$의 단위 법벡터는 다음과 같다.

$$\boldsymbol{\eta}(x_0, y_0, z_0) = \frac{\boldsymbol{\sigma}_u(u_0, v_0) \times \boldsymbol{\sigma}_v(u_0, v_0)}{\|\boldsymbol{\sigma}_u(u_0, v_0) \times \boldsymbol{\sigma}_v(u_0, v_0)\|}$$

예제 12.4.2 사각형 $\boldsymbol{D} = \{(x, y) | 0 \leq x \leq 2, -1 \leq y \leq 1\} = [0, 2] \times [-1, 1]$상에서 정의된 유계평면 $z = h(x, y) = 2x + 3y$의 매개변수함수를 구하고, 단위 법벡터를 구하여라.

풀이 벡터함수 $\boldsymbol{\sigma}(x, y) = (x, y, 2x + 3y), (x, y) \in \boldsymbol{D}$가 포물면의 매개변수함수이다. 그러면 $\boldsymbol{D}$의 임의의 내부점 $(x, y) \in \boldsymbol{D}^{\mathbf{0}} \equiv (0, 2) \times (-1, 1)$에 대해서 $\boldsymbol{\sigma}_x = (1, 0, 2)$, $\boldsymbol{\sigma}_y = (0, 1, 3)$이고,

$$\boldsymbol{\sigma}_x \times \boldsymbol{\sigma}_y = \begin{vmatrix} \boldsymbol{i} & \boldsymbol{j} & \boldsymbol{k} \\ 1 & 0 & 2 \\ 0 & 1 & 3 \end{vmatrix} = -2\boldsymbol{i} - 3\boldsymbol{j} + \boldsymbol{k} = (-2, -3, 1),$$

$$\|\boldsymbol{\sigma}_x \times \boldsymbol{\sigma}_y\| = \|(-2, -3, 1)\| = \sqrt{14}$$

이다. 따라서 단위 법벡터는 다음과 같다.

$$\boldsymbol{\eta}(\boldsymbol{\sigma}(x, y)) = \left(-\frac{2}{\sqrt{14}}, -\frac{3}{\sqrt{14}}, \frac{1}{\sqrt{14}}\right)$$ ■

예제 12.4.3 반지름 $a > 0$인 구면의 매개변수함수를 구하고, 단위 법벡터를 구하여라.

풀이 중심이 원점이고 반지름이 a인 구의 (직교좌표) 방정식은 $x^2 + y^2 + z^2 = a^2$이다. 이 구의 구면좌표함수는 다음과 같다.

$$x = a\sin\phi\cos\theta,\quad y = a\sin\phi\sin\theta,\quad z = a\cos\phi,$$
$$\phi \in [0, \pi],\quad \theta \in [0, 2\pi]$$

따라서 $\boldsymbol{D} = [0, \pi] \times [0, 2\pi]$라 두면 다음이 구의 매개변수함수이다.

$$\boldsymbol{\sigma}(\phi, \theta) = (a\sin\phi\cos\theta,\ a\sin\phi\sin\theta,\ a\cos\phi),\ (\phi, \theta) \in \boldsymbol{D}$$

$\boldsymbol{D}$의 임의의 내부점 $(\phi, \theta) \in \boldsymbol{D}^0 \equiv (0, \phi) \times (0, 2\pi)$에 대해서

$$\begin{aligned}
\boldsymbol{\sigma}_{\boldsymbol{\phi}} &= (a\cos\phi\cos\theta,\ a\cos\phi\sin\theta,\ -a\sin\phi),\\
\boldsymbol{\sigma}_{\boldsymbol{\theta}} &= (-a\sin\phi\sin\theta,\ a\sin\phi\cos\theta,\ 0),\\
\boldsymbol{\sigma}_{\boldsymbol{\phi}} \times \boldsymbol{\sigma}_{\boldsymbol{\theta}} &= \begin{vmatrix} \boldsymbol{i} & \boldsymbol{j} & \boldsymbol{k} \\ a\cos\phi\cos\theta & a\cos\phi\sin\theta & -a\sin\phi \\ -a\sin\phi\sin\theta & a\sin\phi\cos\theta & 0 \end{vmatrix}\\
&= (a^2\sin^2\phi\cos\theta,\ a^2\sin^2\phi\sin\theta,\ a^2\sin\phi\cos\phi)
\end{aligned}$$

이므로, 단위 법벡터는 다음과 같다.

$$\boldsymbol{\eta}(\boldsymbol{\sigma}(\phi, \theta)) = (\sin\phi\cos\theta,\ \sin\phi\sin\theta,\ \cos\phi)$$

여기서 위의 단위 법벡터 $\boldsymbol{\eta}(\boldsymbol{\sigma}(\phi, \theta))$는 경계점 $(\phi, \theta) \in \partial\boldsymbol{D}$에 대해서도 성립함을 알 수 있다.

한편 $(x, y, z) = \boldsymbol{\sigma}(\phi, \theta) = (a\sin\phi\cos\theta,\ a\sin\phi\sin\theta,\ a\cos\phi)$이므로 $\boldsymbol{\eta}(x, y, z) = \frac{1}{a}(x, y, z)$이다. ■

예제 12.4.4 원주면 $x^2 + y^2 = a^2$, $0 \le z \le 2$의 매개변수함수와 단위 법벡터를 구하여라($a > 0$).

풀이 원주면의 주면좌표함수는 다음과 같다.

$$x = a\cos\theta,\ y = a\sin\theta,\ z = t,\ \theta \in [0, 2\pi],\ t \in [0, 2]$$

따라서 $\boldsymbol{D} = [0, 2\pi] \times [0, 2]$라 두면 $\boldsymbol{\sigma}(\theta, t) = (a\cos\theta,\ a\sin\theta,\ t)$, $(\theta, t) \in \boldsymbol{D}$가 원주면의 매개변수함수이다.

$\boldsymbol{D}$의 임의의 내부점 $(\theta, t) \in \boldsymbol{D}^{\boldsymbol{0}} \equiv (0, 2\pi) \times (0, 2)$에 대해서 $\boldsymbol{\sigma}_{\boldsymbol{\theta}} = (-a\sin\theta,\ a\cos\theta,\ 0)$, $\boldsymbol{\sigma}_{\boldsymbol{t}} = (0, 0, 1)$이고,

$$\boldsymbol{\sigma}_\theta \times \boldsymbol{\sigma}_t = \begin{vmatrix} \boldsymbol{i} & \boldsymbol{j} & \boldsymbol{k} \\ -a\sin\theta & a\cos\theta & 0 \\ 0 & 0 & 1 \end{vmatrix} = (a\cos\theta,\ a\sin\theta,\ 0)$$

이므로, 단위 법벡터는 다음과 같다.

$$\boldsymbol{\eta}(\boldsymbol{\sigma}(\theta, t)) = (\cos\theta,\ \sin\theta,\ 0)$$

여기서 위의 단위 법벡터 $\boldsymbol{\eta}(\boldsymbol{\sigma}(\theta, t))$는 경계점 $(\phi, \theta) \in \partial \boldsymbol{D}$에 대해서도 성립함을 알 수 있다. 한편 $(x, y, z) = \boldsymbol{\sigma}(\theta, t) = (a\cos\theta, a\sin\theta, t)$이므로, $\boldsymbol{\eta}(x, y, z) = \frac{1}{a}(x, y, 0)$이다. ■

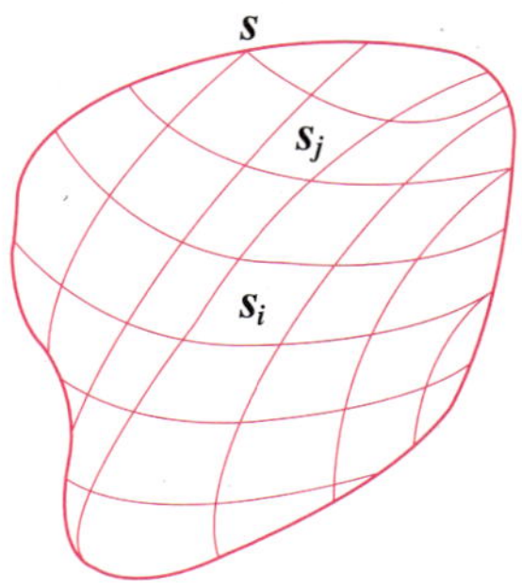

그림 12.4.3

이제 곡면상에서 연속함수의 면적분을 알아보자.

$\boldsymbol{S} \subset \mathbb{R}^3$를 매끄러운 유계곡면이라 하고, $f: \boldsymbol{S} \to \mathbb{R}$가 $\boldsymbol{S}$상에서 정의된 연속함수라 하자. 곡면 $\boldsymbol{S}$를 n개의 곡면 조각(부분곡면)들로 분할하고, 그 분할된 곡면 조각들을 $\boldsymbol{S}_1, \boldsymbol{S}_2, \cdots, \boldsymbol{S}_n$이라 하자.

부분곡면 $\boldsymbol{S}_i$의 넓이를 ΔA_i라 하고, $\Delta A = \max\{\Delta A_1, \cdots, \Delta A_n\}$이라 두자.

각 부분곡면 $\boldsymbol{S}_i$상에서 임의의 한 점 $(x_i^*, y_i^*, z_i^*) \in \boldsymbol{S}_i$를 택하고, 정적분 정의에서와 같이 다음과 같은 리만 합을 생각하자.

$$\sum_{i=1}^{n} f(x_i^*, y_i^*, z_i^*)\Delta A_i$$

정의 12.4.5

곡면 $\boldsymbol{S}$의 분할을 세분해갈 때($\Delta A \to 0$), 리만 합 $\sum_{i=1}^{n} f(x_i^*, y_i^*, z_i^*)\Delta A_i$가 하나의 값에 수렴해가면, 함수 f는 곡면 $\boldsymbol{S}$상에서 (면)적분가능이라 하며, 그 극한값을 "$\boldsymbol{S}$상에서 f의 **면적분**(surface integral)"이라 하고, $\iint_S f\,dA$로 표기한다. 즉

$$\iint_S f\,dA = \lim_{\Delta A \to 0} \sum_{i=1}^{n} f(x_i^*, y_i^*, z_i^*)\Delta A_i.$$

참고 일반 적분과 마찬가지로, 위의 정의로부터 면적분도 적분영역을 분할해서 적분할 수 있음을 알 수 있다. 즉 만약 $\boldsymbol{S}$가 두 곡면들 $\boldsymbol{S}_1, \boldsymbol{S}_2$로 분할($\boldsymbol{S} = \boldsymbol{S}_1 + \boldsymbol{S}_2$)되어 있으면, $\iint_S f\,dA = \iint_{S_1} f\,dA + \iint_{S_2} f\,dA$이다.

응용의 예로, $f(x, y, z)$를 $\boldsymbol{S}$상에서 점 (x, y, z)를 중심으로 단위

면적당 곡면의 질량이라 가정하면, 리만 합 $\sum_{i=1}^{n} f(x_i^*, y_i^*, z_i^*)\Delta A_i$ 는 $\boldsymbol{S}$의 전체 질량의 근삿값이고, 면적분

$$\iint_S f\,dA = \lim_{\Delta A \to 0} \sum_{i=1}^{n} f(x_i^*, y_i^*, z_i^*)\Delta A_i$$

는 곡면 $\boldsymbol{S}$의 전체 질량이다.

또한 $\boldsymbol{S}$상에서 $f(x, y, z) \equiv 1$(상수함수)이면 $\iint_S 1\,dA \equiv \iint_S dA$는 $\boldsymbol{S}$의 넓이와 같으므로, 면적분을 이용하여 곡면의 넓이를 계산할 수 있다.

정의 12.4.5로부터 다음을 얻는다.

정리 12.4.6

$\boldsymbol{S}$가 매끄러운 유계곡면이라 하자. f, g가 $\boldsymbol{S}$상에서 면적분가능 함수이면 다음 공식이 성립한다.

(1) $\iint_S kf\,dA = k\iint_S f\,dA$, k는 임의의 상수

(2) $\iint_S (f+g)\,dA = \iint_S f\,dA + \iint_S g\,dA$

곡면 $\boldsymbol{S}$의 매개변수방정식을 이용하여 면적분 $\iint_S f\,dA$를 계산해 보자.

$\boldsymbol{\sigma}(u, v) = (x(u, v), y(u, v), z(u, v)), (u, v) \in \boldsymbol{D}$가 곡면 $\boldsymbol{S}$의 매끄러운 매개변수함수라 가정하자. 편의상 $\boldsymbol{D}$가 직사각형이라 가정하자. 즉 $\boldsymbol{D} = [a, b] \times [c, d]$. 그리고 $\boldsymbol{D}$를 u축과 v축에 평행한 직선들로 나누어 n개의 작은 직사각형 $\boldsymbol{D_1}, \boldsymbol{D_2}, \cdots, \boldsymbol{D_n}$으로 분할하고,

$$\boldsymbol{D_i} = [u_i, u_{i+1}] \times [v_i, v_{i+1}]$$

이라 하자.

$\Delta u_i = u_{i+1} - u_i$, $\Delta v_i = v_{i+1} - v_i$라 두고 $\boldsymbol{D_i}$의 넓이를 $\boldsymbol{\Delta D_i}$라 두면, $\boldsymbol{\Delta D_i} = \Delta u_i \Delta v_i$이다. 한편 $\boldsymbol{D}$의 분할 $\boldsymbol{D_1}, \boldsymbol{D_2}, \cdots, \boldsymbol{D_n}$에 따른 곡면 $\boldsymbol{S}$의 분할 $\boldsymbol{S_1}, \boldsymbol{S_2}, \cdots, \boldsymbol{S_n}$을 다음과 같이 두자.

$$\boldsymbol{S_i} = \{\boldsymbol{\sigma}(u, v) | (u, v) \in \boldsymbol{D_i}\}$$

그러면 Δu_i, Δv_i가 충분히 0에 가까우면, $\boldsymbol{S_i}$의 넓이 ΔA_i와 $\boldsymbol{D_i}$의 넓이 $\boldsymbol{\Delta D_i} = \Delta u_i \Delta v_i$의 관계는 다음과 같다.

$$\Delta A_i \cong \| \boldsymbol{\sigma_u}(u_i, v_i) \times \boldsymbol{\sigma_v}(u_i, v_i) \| \Delta u_i \Delta v_i \qquad (12.4.1)$$

즉 $\|\boldsymbol{\sigma}_{\boldsymbol{u}}(u_i, v_i) \times \boldsymbol{\sigma}_{\boldsymbol{v}}(u_i, v_i)\| \Delta u_i \Delta v_i$는 ΔA_i의 근삿값이다.
여기서 $\Delta u = \max\{\Delta u_1, \cdots, \Delta u_n\}, \Delta v = \max\{\Delta v_1, \cdots, \Delta v_n\}$이라 하자.
$\boldsymbol{\sigma}(u, v)$가 매끄러운 함수이므로 다음이 성립한다.

$$\lim_{\Delta u \to 0, \Delta v \to 0} \frac{\Delta A_i}{\Delta u_i \Delta v_i} = \|\boldsymbol{\sigma}_{\boldsymbol{u}}(u_i, v_i) \times \boldsymbol{\sigma}_{\boldsymbol{v}}(u_i, v_i)\| \qquad (12.4.2)$$

각 점 $(x_i^*, y_i^*, z_i^*) \in \boldsymbol{S_i}$에 대해서 $(x_i^*, y_i^*, z_i^*) = \boldsymbol{\sigma}(u_i^*, v_i^*)$인 점 $(u_i^*, v_i^*) \in \boldsymbol{D_i}$를 잡자.

그러면 (12.4.1)에 의해서 리만 합 $\sum_{i=1}^{n} f(x_i^*, y_i^*, z_i^*)\Delta A_i$는 다음과 같이 표현된다.

$$\begin{aligned}&\sum_{i=1}^{n} f(x_i^*, y_i^*, z_i^*)\Delta A_i \\ &\quad \cong \sum_{i=1}^{n} f(\boldsymbol{\sigma}(u_i^*, v_i^*))\|\boldsymbol{\sigma}_{\boldsymbol{u}}(u_i, v_i) \times \boldsymbol{\sigma}_{\boldsymbol{v}}(u_i, v_i)\| \Delta u_i \Delta v_i \qquad (12.4.3)\end{aligned}$$

$\|\boldsymbol{\sigma}_{\boldsymbol{u}}(u, v) \times \boldsymbol{\sigma}_{\boldsymbol{v}}(u, v)\|$가 $\boldsymbol{D}$상에서 연속이고 $f(\boldsymbol{\sigma}(u, v))$가 $\boldsymbol{D}$상에서 적분가능이므로, $\boldsymbol{D}$의 분할을 세분해갈 때($\Delta u \to 0, \Delta v \to 0$), (12.4.2)에 의해서 리만 합 (12.4.3)은 다음의 극한을 가진다.

$$\begin{aligned}&\iint_D f(\boldsymbol{\sigma}(u, v))\|\boldsymbol{\sigma}_{\boldsymbol{u}}(u, v) \times \boldsymbol{\sigma}_{\boldsymbol{v}}(u, v)\| \, dudv \\ &\quad = \lim_{\Delta u \to 0, \Delta v \to 0} \sum_{i=1}^{n} f(\boldsymbol{\sigma}(u_i^*, v_i^*))\|\boldsymbol{\sigma}_{\boldsymbol{u}}(u_i, v_i) \times \boldsymbol{\sigma}_{\boldsymbol{v}}(u_i, v_i)\| \Delta u_i \Delta v_i \\ &\quad = \lim_{\Delta A \to 0} \sum_{i=1}^{n} f(x_i^*, y_i^*, z_i^*)\Delta A_i \\ &\quad = \iint_S f \, dA\end{aligned}$$

영역 $\boldsymbol{D}$가 매끄러운 경계를 가진 일반적인 유계영역인 경우에도 이중적분의 정의에서와 같이 위의 극한이 성립한다.

그러므로 요약하면 다음과 같다.

정리 12.4.7

$\boldsymbol{S}$가 매끄러운 유계곡면이고, $f: \boldsymbol{S} \to \mathbb{R}$가 연속함수라 하자.

$\boldsymbol{\sigma}(u, v) = (x(u, v), y(u, v), z(u, v)), (u, v) \in \boldsymbol{D}$가 $\boldsymbol{S}$의 매끄러운 매개변수함수라 가정하자. 그러면 다음 공식이 성립한다.

$$\iint_S f \, dA = \iint_D f(\boldsymbol{\sigma}(u, v))\|\boldsymbol{\sigma}_{\boldsymbol{u}}(u, v) \times \boldsymbol{\sigma}_{\boldsymbol{v}}(u, v)\| \, dudv \qquad (12.4.4)$$

참고 $\boldsymbol{S}$상에서 $f(x, y, z) \equiv 1$이라 두면 곡면 $\boldsymbol{S}$의 넓이는 (12.4.4)에 의해서 다음과 같다.

$$\iint_{S} dA = \iint_{D} \|\boldsymbol{\sigma}_u(u, v) \times \boldsymbol{\sigma}_v(u, v)\| \, dudv$$

여기서 $dA = \|\boldsymbol{\sigma}_u(u, v) \times \boldsymbol{\sigma}_v(u, v)\| dudv$를 면적소(surface element)라 한다.

따름정리 12.4.8

$z = h(x, y)$가 유계영역 $\boldsymbol{D} \subset \mathbb{R}^2$상에서 연속 미분가능 함수라 하고, 그 그래프를 $\boldsymbol{S_h}$라 하자. 즉

$$\boldsymbol{S_h} = \{(x, y, h(x, y)) \in \mathbb{R}^3 | (x, y) \in \boldsymbol{D}\}.$$

그러면 연속함수 $f : \boldsymbol{S_h} \to \mathbb{R}$에 대해서 다음이 성립한다.

$$\iint_{S_h} f \, dA = \iint_{D} f(x, y, h(x, y)) \sqrt{\left(\frac{\partial h}{\partial x}\right)^2 + \left(\frac{\partial h}{\partial y}\right)^2 + 1} \, dxdy \quad (12.4.5)$$

증명 $\boldsymbol{\sigma}(x, y) = (x, y, h(x, y)),\ (x, y) \in \boldsymbol{D}$가 $\boldsymbol{S_h}$의 매끄러운 매개변수함수가 된다. $\boldsymbol{\sigma}_x(x, y) = (1, 0, h_x)$, $\boldsymbol{\sigma}_y(x, y) = (0, 1, h_y)$이므로,

$$\boldsymbol{\sigma}_x \times \boldsymbol{\sigma}_y = \begin{vmatrix} \boldsymbol{i} & \boldsymbol{j} & \boldsymbol{k} \\ 1 & 0 & h_x \\ 0 & 1 & h_y \end{vmatrix} = (-h_x, -h_y, 1).$$

따라서 $\|\boldsymbol{\sigma}_x \times \boldsymbol{\sigma}_y\| = \sqrt{(h_x)^2 + (h_y)^2 + 1}$이므로, (12.4.4)로부터 (12.4.5)를 얻는다. ■

위의 따름정리에서 $f(x, y, z) \equiv 1$이라 두면, (12.4.5)에 의해서 $\boldsymbol{S_h}$의 넓이를 다음과 같이 계산할 수 있다.

$$\iint_{S_h} dA = \iint_{D} \sqrt{\left(\frac{\partial h}{\partial x}\right)^2 + \left(\frac{\partial h}{\partial y}\right)^2 + 1} \, dxdy$$

예제 12.4.9 사각형 $\boldsymbol{D} = [0, 2] \times [-1, 1]$상에서 정의된 함수 $z = 2x + 3y$의 그래프를 $\boldsymbol{S}$라 하자.

(1) $\boldsymbol{S}$의 넓이를 구하여라.

(2) $\iint_{S} (2xy - z) \, dA$를 계산하여라.

풀이 벡터함수 $\boldsymbol{\sigma}(x, y) = (x, y, 2x+3y), (x, y) \in \boldsymbol{D}$가 $\boldsymbol{S}$의 매개변수함수가 된다. 그러면 $\boldsymbol{D}$의 임의의 내부점 $(x, y) \in \boldsymbol{D}^0 \equiv (0, 2) \times (-1, 1)$에 대해서 $\boldsymbol{\sigma}_x = (1, 0, 2), \boldsymbol{\sigma}_y = (0, 1, 3)$이므로,

$$\boldsymbol{\sigma}_x \times \boldsymbol{\sigma}_y = \begin{vmatrix} \boldsymbol{i} & \boldsymbol{j} & \boldsymbol{k} \\ 1 & 0 & 2 \\ 0 & 1 & 3 \end{vmatrix} = -2\boldsymbol{i} - 3\boldsymbol{j} + \boldsymbol{k} = (-2, -3, 1)$$

이다. 따라서 $\|\boldsymbol{\sigma}_x \times \boldsymbol{\sigma}_y\| = \|(-2, -3, 1)\| = \sqrt{14}$이다.

(1) $\boldsymbol{S}$의 넓이는 다음과 같다.

$$\begin{aligned}\iint_S dA &= \iint_D \|\boldsymbol{\sigma}_x(x, y) \times \boldsymbol{\sigma}_y(x, y)\|\, dxdy \\ &= \iint_D \sqrt{14}\, dxdy = \sqrt{14} \iint_D dxdy \\ &= \sqrt{14}\ (\boldsymbol{D}\text{의 넓이}) = 4\sqrt{14}\end{aligned}$$

(2) 정리 12.4.7에 의해서 다음과 같이 계산된다.

$$\begin{aligned}\iint_S (2xy - z)\, dA &= \iint_D [2xy - (2x+3y)]\sqrt{14}\, dxdy \\ &= \sqrt{14}\int_{-1}^{1}\int_0^2 [2xy - 2x - 3y]\, dxdy \\ &= \sqrt{14}\int_{-1}^{1} [x^2y - x^2 - 3xy]_{x=0}^{x=2}\, dy \\ &= \sqrt{14}\int_{-1}^{1} (-6y - 4)\, dy \\ &= \sqrt{14}\left[-3y^2 - 4y\right]_{-1}^{1} = -6\sqrt{14}\end{aligned}$$

■

예제 12.4.10 (1) 구 $\boldsymbol{S} = \{(x, y, z) \mid x^2 + y^2 + z^2 = a^2\}$의 넓이를 구하여라.

(2) $\iint_S x^2\, dA$를 계산하여라$(a > 0)$.

풀이 예제 12.4.2에서와 같이 $\boldsymbol{S}$의 구면좌표함수는 다음과 같다.

$$x = a\sin\phi\cos\theta,\ y = a\sin\phi\sin\theta,\ z = a\cos\phi,$$
$$\phi \in [0, \pi],\ \theta \in [0, 2\pi]$$

따라서 $\boldsymbol{D} = [0, \pi] \times [0, 2\pi]$라 두면,

$$\boldsymbol{\sigma}(\phi, \theta) = (a\sin\phi\cos\theta,\ a\sin\phi\sin\theta,\ a\cos\phi),\ (\phi, \theta) \in \boldsymbol{D}$$

가 구의 매개변수함수이다.

$\boldsymbol{D}$의 임의의 내부점 $(\phi, \theta) \in \boldsymbol{D}^0 \equiv (0, \phi) \times (0, 2\pi)$에 대해서

$$\boldsymbol{\sigma}_\phi = (a\cos\phi\cos\theta,\ a\cos\phi\sin\theta,\ -a\sin\phi),$$
$$\boldsymbol{\sigma}_\theta = (-a\sin\phi\sin\theta,\ a\sin\phi\cos\theta,\ 0)$$

이다.

$$\boldsymbol{\sigma}_\phi \times \boldsymbol{\sigma}_\theta = (a^2 \sin^2\phi\cos\theta,\ a^2\sin^2\phi\sin\theta,\ a^2\sin\phi\cos\phi)$$

이므로 $\|\boldsymbol{\sigma}_\phi \times \boldsymbol{\sigma}_\theta\| = a^2\sin\phi$이다.

(1) 따라서 구의 넓이는 다음과 같다.

$$\begin{aligned}\iint_S dA &= \iint_D \|\boldsymbol{\sigma}_\phi(\phi,\theta)\times\boldsymbol{\sigma}_\theta(\phi,\theta)\|\,d\phi d\theta\\ &= \int_0^{2\pi}\int_0^{\pi} a^2\sin\phi\,d\phi d\theta = 4\pi a^2\end{aligned}$$

(2) $$\begin{aligned}\iint_S x^2\,dA &= \iint_D [a\sin\phi\cos\theta]^2\|\boldsymbol{\sigma}_\phi(\phi,\theta)\times\boldsymbol{\sigma}_\theta(\phi,\theta)\|\,d\phi d\theta\\ &= \int_0^{2\pi}\int_0^{\pi} a^4\sin^3\phi\cos^2\theta\,d\phi d\theta\\ &= a^4\int_0^{2\pi}\cos^2\theta\,d\theta\int_0^{\pi}\sin^3\phi\,d\phi = \frac{4\pi a^4}{3}\end{aligned}$$ ■

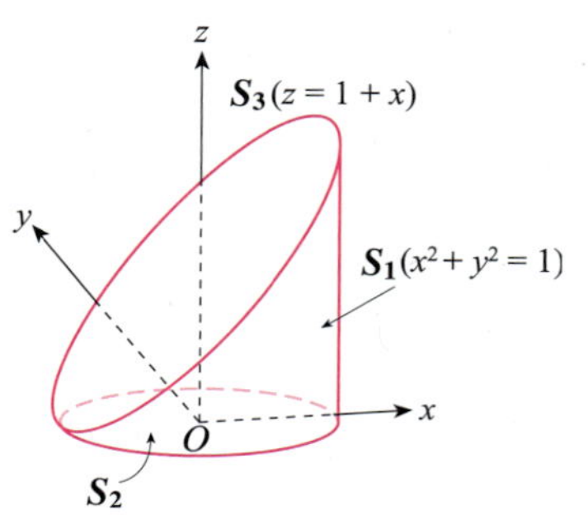

그림 12.4.4

예제 12.4.11 원주면 $x^2 + y^2 = 1$과 두 평면 $z = 0$과 $z = x + 1$로 둘러싸인 입체 $\boldsymbol{B}$의 겉면을 $\boldsymbol{S}$라 하자. $\iint_S z\,dA$를 계산하여라.

풀이 $\boldsymbol{B}$의 옆면을 $\boldsymbol{S_1}$, 아래면을 $\boldsymbol{S_2}$, 위면을 $\boldsymbol{S_3}$라 하면 $\boldsymbol{S}$는 $\boldsymbol{S_1}$, $\boldsymbol{S_2}$, $\boldsymbol{S_3}$로 분할된다. 즉 $\boldsymbol{S} = \boldsymbol{S_1} + \boldsymbol{S_2} + \boldsymbol{S_3}$.

따라서 $\iint_S z\,dA = \iint_{S_1} z\,dA + \iint_{S_2} z\,dA + \iint_{S_3} z\,dA$이다.

$\boldsymbol{D_1} = \{(\theta, t) \mid 0 \le \theta \le 2\pi,\ 0 \le t \le 1 + \cos\theta\}$,

$\boldsymbol{\sigma}(\theta, t) = (\cos\theta, \sin\theta, t)$, $(\theta, t) \in \boldsymbol{D_1}$라 두면, $\boldsymbol{\sigma}(\theta, t)$는 $\boldsymbol{S_1}$의 매개변수함수이다.

$\boldsymbol{\sigma}_\theta = (-\sin\theta, \cos\theta, 0)$, $\boldsymbol{\sigma}_t = (0, 0, 1)$이므로,

$\boldsymbol{\sigma}_\theta \times \boldsymbol{\sigma}_t = (\cos\theta, \sin\theta, 0)$이다.

그러므로 $\|\boldsymbol{\sigma}_\theta \times \boldsymbol{\sigma}_t\| = 1$이다. 따라서 다음을 얻는다.

$$\begin{aligned}\iint_{S_1} z\,dA &= \iint_{D_1} t\,d\theta dt = \int_0^{2\pi}\int_0^{1+\cos\theta} t\,dtd\theta\\ &= \int_0^{2\pi}\int_0^{1+\cos\theta} t\,dtd\theta = \int_0^{2\pi}\frac{1}{2}(1+\cos\theta)^2\,d\theta = \frac{3\pi}{2}\end{aligned}$$

$\boldsymbol{D_2} = \{(x, y) \mid x^2 + y^2 \le 1\}$, $\boldsymbol{\rho}(x, y) = (x, y, 0)$, $(x, y) \in \boldsymbol{D_2}$라 두면, $\boldsymbol{\rho}(x, y)$는 $\boldsymbol{S_2}$의 매개변수함수이다. $\boldsymbol{\rho}_x = (1, 0, 0)$, $\boldsymbol{\rho}_y = (0, 1, 0)$이고, $\|\boldsymbol{\rho}_x \times \boldsymbol{\rho}_y\| = 1$이다. 따라서 다음을 얻는다.

$$\iint_{S_2} z\,dA = \iint_{D_2} 0\,dxdy = 0$$

또한 $\boldsymbol{\zeta}(x, y) = (x, y, x + 1)$, $(x, y) \in \boldsymbol{D_2}$라 두면, $\boldsymbol{\zeta}(x, y)$는 $\boldsymbol{S_3}$의 매개변수함수이다. $\boldsymbol{\zeta}_x = (1, 0, 1)$, $\boldsymbol{\zeta}_y = (0, 1, 0)$이고, $\|\boldsymbol{\zeta}_x \times \boldsymbol{\zeta}_y\| =$

$\sqrt{2}$이다. 따라서 다음을 얻는다.

$$\iint_{S_3} z\,dA = \iint_{D_2} (x+1)\sqrt{2}\,dxdy = \int_0^{2\pi}\int_0^1 (1 + r\cos\theta)\sqrt{2}\,r\,drd\theta$$
$$= \sqrt{2}\int_0^{2\pi}\left(\frac{1}{2} + \frac{1}{3}\cos\theta\right)d\theta = \sqrt{2}\,\pi$$

그러므로 $\iint_S z\,dA = \frac{3\pi}{2} + \sqrt{2}\,\pi$이다. ■

12.4 연습문제

1. $\boldsymbol{r}(\theta, z) = (\cos\theta, \sin\theta, z)$, $\theta \in [0, 2\pi]$, $z \in [0, 1]$의 그래프를 그려라.

2. 다음 곡면에 대한 매개변수함수를 구하여라.

(1) 점 $(1, 2, -3)$을 지나고 벡터 $\boldsymbol{i} + \boldsymbol{j} - \boldsymbol{k}$와 $\boldsymbol{i} - \boldsymbol{j} + \boldsymbol{k}$를 포함하는 평면

(2) 곡선 $y = e^{-x}$, $0 \le x \le 3$을 x축에 대해 회전하여 얻은 곡면의 매개변수함수를 구하고, 이를 이용하여 곡면의 그래프를 그려라.

(3) 원뿔 $z = \sqrt{x^2 + y^2}$에 의해 잘린 구면 $x^2 + y^2 + z^2 = 4$의 부분

3. 주어진 곡면의 넓이를 구하여라.

(1) 원주면 $x^2 + y^2 = 4$ 내부에 속하는 평면 $x + 2y + z = 4$의 부분

(2) 평면 $x = 0$, $x = 1$, $z = 0$, $z = 1$ 사이에 속하는 곡면 $y = 4x + z^2$의 부분

(3) 매개변수함수 $x = uv$, $y = u + v$, $z = u - v$, $u^2 + v^2 \le 1$을 갖는 구면

(4) 포물면 $x^2 + y + z^2 = 2$와 평면 $y = 0$으로 둘러싸인 부분

(5) 원주면 $x^2 + y^2 = 1$과 $x^2 + y^2 = 4$ 사이에 속하는 쌍곡 포물면 $z = y^2 - x^2$의 부분

4. 매개변수함수

$$x = a\sin u\cos v,\ y = b\sin u\sin v,\ z = c\cos u,$$
$$0 \le u \le \pi, 0 \le v \le 2\pi$$

로 주어진 곡면이 타원면임을 밝혀라. 단, a, b, c는 양의 상수이다.

5. 면적분을 계산하여라.

(1) $\iint_S x\,dA$; $\boldsymbol{S}$: 곡면 $y = x^2 + 4z$, $0 \le x \le 2$, $0 \le z \le 2$

(2) $\iint_S yz\,dA$; $\boldsymbol{S}$: 매개변수함수 $x = uv$, $y = u + v$, $z = u - v$, $u^2 + v^2 \le 1$을 가지는 곡면

(3) $\iint_S yz\,dA$; $\boldsymbol{S}$: 원기둥 $x^2 + y^2 = 1$ 내부에 속하는 평면 $z = y + 3$의 부분

(4) $\iint_S (x^2y + z^2)\,dA$; $\boldsymbol{S}$: 평면 $z = 0$과 $z = 2$ 사이에 있는 원주면 $x^2 + y^2 = 9$의 부분

(5) $\iint_S \left(z + \frac{1}{4}\right)dA$; $\boldsymbol{S}$: 높이가 9인 포물면 $\boldsymbol{S} = \{(x, y, z) \mid z = x^2 + y^2, 0 \le z \le 9\}$

(6) $\iint_S x^2yz\,dA$; $\boldsymbol{S}$: 직사각형 $[0, 3] \times [0, 2]$ 위에 놓인 평면 $z = 1 + 2x + 3y$의 부분

12.5 벡터장의 면적분

매끄러운 곡면 $\boldsymbol{S} \subset \mathbb{R}^3$의 내부점 (x, y, z)에서 단위 법벡터는 곡면의 양쪽 편에 각각 한 개씩 있다. 그 중에서 한쪽 편의 단위 법벡터를 $\boldsymbol{\eta}(x, y, z)$라 정해두자(그러면 반대편의 단위 법벡터는 $-\boldsymbol{\eta}(x, y, z)$이다).

$\boldsymbol{S}$상의 임의의 내부곡선을 따라서 점 (x, y, z)가 연속적으로 움직일 때, 단위 법벡터 $\boldsymbol{\eta}(x, y, z)$가 연속적으로 변하면 $\boldsymbol{S}$를 가향곡면

(orientable surface)이라 한다. 가향곡면이 아닌 곡면을 비가향곡면(nonorientable surface)이라 한다.

가향곡면 $\boldsymbol{S}$의 각 내부점 (x, y, z)에서 단위 법벡터 $\boldsymbol{\eta}(x, y, z)$가 향하는 쪽을 $\boldsymbol{S}$의 양(positive)의 방향(orientation) 또는 외부 방향이라 하고, $-\boldsymbol{\eta}(x, y, z)$가 향하는 쪽을 $\boldsymbol{S}$의 음(negative)의 방향 또는 내부 방향이라 한다. 그래서 흔히 $\boldsymbol{\eta}(x, y, z)$를 외향(outward) 단위 법벡터라 하고, $-\boldsymbol{\eta}(x, y, z)$를 내향(inward) 단위 법벡터라 한다. 이와 같이 방향을 가진 곡면을 유향곡면(oriented surface)이라 한다.

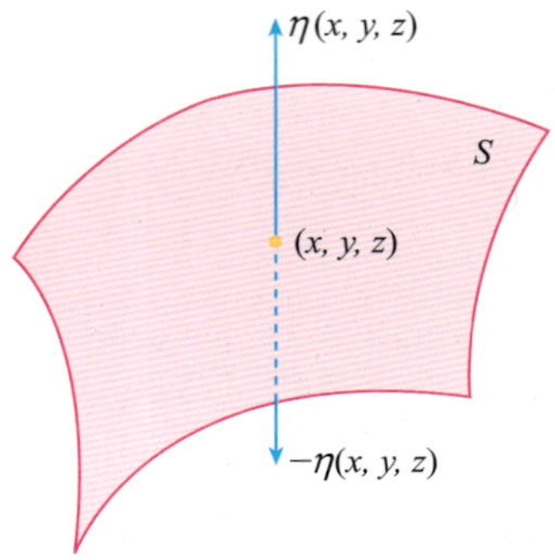

그림 12.5.1

$\boldsymbol{S}$가 단위 법벡터 $\boldsymbol{\eta}$를 가지는 유향곡면이라 할 때, $\boldsymbol{S}$와 반대방향(단위 법벡터 $-\boldsymbol{\eta}$)을 가지는 유향곡면을 $-\boldsymbol{S}$로 표기한다.

예를 들면, 평면은 가향(단위 법벡터가 상수벡터)이고, 구면(예제 12.4.3)과 원주면(예제 12.4.4)도 가향이다. 반면에 뫼비우스의 띠(Mobius strip)는 비가향곡면의 대표적인 예이다.

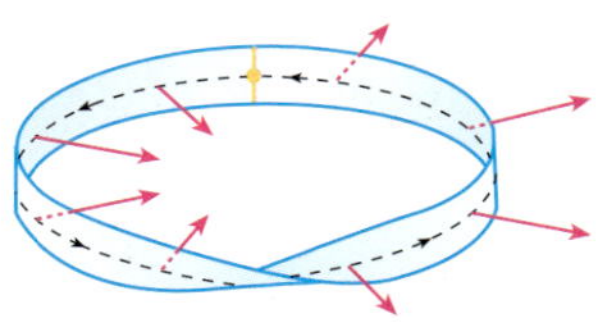
그림 12.5.2

이제 유향곡면상에서 연속 벡터장의 면적분을 유체(fluid)의 운동을 예로 들어 설명해보자. $\boldsymbol{S}$가 단위 법벡터 $\boldsymbol{\eta}$를 가지는 유향곡면이라 하자. 밀도 $\rho(x, y, z)$를 가진 유체가 곡면 $\boldsymbol{S}$를 관통하여 속력 $\boldsymbol{V}(x, y, z)$로 흐른다고 가정하자.

그러면 $\boldsymbol{F}(x, y, z) \equiv \rho(x, y, z)\boldsymbol{V}(x, y, z)$는 곡면 $\boldsymbol{S}$의 단위면적을 관통하여 흐르는 유체의 질량을 나타내는 벡터장이다.

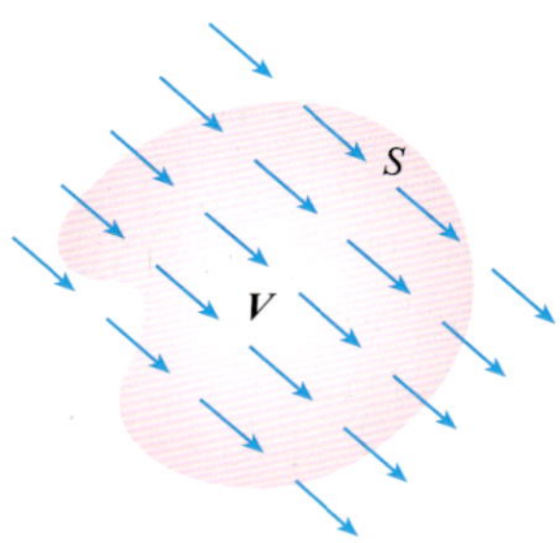

그림 12.5.3

그러면 $(x, y, z) \in \boldsymbol{S}$에 대해서, "내적 $\boldsymbol{F}(x, y, z) \cdot \boldsymbol{\eta}(x, y, z)$"는 점 (x, y, z)에서 단위면적을 관통하여 곡면 $\boldsymbol{S}$에 수직($\boldsymbol{\eta}(x, y, z)$) 방향으로 흐르는 유체의 질량이다.

따라서 $\boldsymbol{F}(x, y, z) \cdot \boldsymbol{\eta}(x, y, z)$를 곡면 $\boldsymbol{S}$상에서 적분한 값은 $\boldsymbol{S}$를 관통하여 흐르는 유체의 전체 질량을 의미한다.

그래서 다음과 같이 정의한다.

정의 12.5.1

$\boldsymbol{S}$가 단위 법벡터 $\boldsymbol{\eta}$를 가지는 유향곡면이라 하고, $\boldsymbol{F}(x, y, z)$가 $\boldsymbol{S}$상에서 연속인 벡터장이라 하자.

이때 면적분 $\iint_S \boldsymbol{F} \cdot \boldsymbol{\eta}\, dA$를 "$\boldsymbol{S}$상에서 $\boldsymbol{F}(x, y, z)$의 유동적분(flux integral)"이라 하고, 다음과 같이 간단히 표기한다.

$$\iint_S \boldsymbol{F} \cdot d\boldsymbol{S} \equiv \iint_S \boldsymbol{F} \cdot \boldsymbol{\eta}\, dA$$

참고 $\boldsymbol{S}$상에서 $\boldsymbol{F}(x, y, z)$의 유동적분은 $\boldsymbol{S}$상에서 내적 $\boldsymbol{F}(x, y, z) \cdot \boldsymbol{\eta}(x, y, z)$의 면적분이다. 또한 $-\boldsymbol{S}$상에서 $\boldsymbol{F}(x, y, z)$의 유동적분은 $\boldsymbol{S}$상에서 $\boldsymbol{F}(x, y, z) \cdot [-\boldsymbol{\eta}(x, y, z)]$의 면적분이므로 다음을 알 수 있다.

$$\iint_{-S} \boldsymbol{F} \cdot d\boldsymbol{S} \equiv -\iint_{S} \boldsymbol{F} \cdot \boldsymbol{\eta}\, dA = -\iint_{S} \boldsymbol{F} \cdot d\boldsymbol{S}$$

그리고 $\boldsymbol{S}$가 두 곡면 $\boldsymbol{S_1}$, $\boldsymbol{S_2}$로 분할($\boldsymbol{S} = \boldsymbol{S_1} + \boldsymbol{S_2}$)되어 있으면,

$$\iint_{S} \boldsymbol{F} \cdot d\boldsymbol{S} = \iint_{S_1} \boldsymbol{F} \cdot d\boldsymbol{S} + \iint_{S_2} \boldsymbol{F} \cdot d\boldsymbol{S}$$

가 성립한다.

예제 12.5.2 사각형 $\boldsymbol{D} = [0, 2] \times [-1, 1]$상에서 정의된 함수 $z = 2x + 3y$의 그래프를 곡면 $\boldsymbol{S}$라 하고, 그래프의 위쪽 방향을 양의 방향이라 하자.

$\boldsymbol{F}(x, y, z) = (z, x, y)$일 때 $\iint_S \boldsymbol{F} \cdot d\boldsymbol{S}$를 계산하여라.

풀이 벡터함수 $\boldsymbol{\sigma}(x, y) = (x, y, 2x + 3y), (x, y) \in \boldsymbol{D}$가 $\boldsymbol{S}$의 매개변수함수가 된다. 그러면 $\boldsymbol{D}$의 임의의 내부점 $(x, y) \in \boldsymbol{D}^0 \equiv (0, 2) \times (-1, 1)$에 대해서 $\boldsymbol{\sigma_x} = (1, 0, 2), \boldsymbol{\sigma_y} = (0, 1, 3)$이므로

$$\boldsymbol{\sigma_x} \times \boldsymbol{\sigma_y} = \begin{vmatrix} \boldsymbol{i} & \boldsymbol{j} & \boldsymbol{k} \\ 1 & 0 & 2 \\ 0 & 1 & 3 \end{vmatrix} = -2\boldsymbol{i} - 3\boldsymbol{j} + \boldsymbol{k} = (-2, -3, 1)$$

이다. 한편 $(-2, -3, 1)$의 z성분이 양수 1이므로, $\boldsymbol{\sigma_x} \times \boldsymbol{\sigma_y} = (-2, -3, 1)$은 $\boldsymbol{S}$의 양 방향의 법벡터이다. $\|\boldsymbol{\sigma_x} \times \boldsymbol{\sigma_y}\| = \|(-2, -3, 1)\| = \sqrt{14}$이므로, 단위 법벡터는

$$\boldsymbol{\eta}(\boldsymbol{\sigma}(x, y)) = \left(-\frac{2}{\sqrt{14}}, -\frac{3}{\sqrt{14}}, \frac{1}{\sqrt{14}}\right)$$

이다. 따라서 다음과 같이 계산된다.

$$\begin{aligned} \boldsymbol{F}(\boldsymbol{\sigma}(x, y)) \cdot \boldsymbol{\eta}(\boldsymbol{\sigma}(x, y)) &= \boldsymbol{F}(x, y, 2x + 3y) \cdot \boldsymbol{\eta}(x, y, 2x + 3y) \\ &= (2x + 3y, x, y) \cdot \left(-\frac{2}{\sqrt{14}}, -\frac{3}{\sqrt{14}}, \frac{1}{\sqrt{14}}\right) \\ &= -\frac{7x + 5y}{\sqrt{14}} \end{aligned}$$

그러므로

$$\begin{aligned}
&\iint_S \boldsymbol{F} \cdot d\boldsymbol{S} \\
&\quad = \iint_S \boldsymbol{F} \cdot \boldsymbol{\eta}\, dA \\
&\quad = \iint_D \boldsymbol{F}(\boldsymbol{\sigma}(x, y)) \cdot \boldsymbol{\eta}(\boldsymbol{\sigma}(x, y)) \| \boldsymbol{\sigma}_x(x, y) \times \boldsymbol{\sigma}_y(x, y) \| \, dxdy \\
&\quad = \iint_D (-7x - 5y)\, dxdy = \int_{-1}^{1} \int_0^2 (-7x - 5y)\, dxdy \\
&\quad = \int_{-1}^{1} \left[-\frac{7}{2} x^2 - 5xy \right]_{x=0}^{x=2} dy = \int_{-1}^{1} (-10y - 14)\, dy \\
&\quad = [-5y^2 - 14y]_{-1}^{1} = -28.
\end{aligned}$$

■

정의 12.5.1로부터 다음을 얻는다.

정리 12.5.3

$\boldsymbol{S}$가 단위 법벡터 $\boldsymbol{\eta}$를 가지는 유향곡면이라 하고, $\boldsymbol{F}$, $\boldsymbol{G}$가 $\boldsymbol{S}$상에서 연속인 벡터장이라 하자.

그러면 다음이 성립한다.

(1) $\iint_S (k\boldsymbol{F}) \cdot d\boldsymbol{S} = k \iint_S \boldsymbol{F} \cdot d\boldsymbol{S}$, k는 임의의 상수

(2) $\iint_S (\boldsymbol{F} + \boldsymbol{G}) \cdot d\boldsymbol{S} = \iint_S \boldsymbol{F} \cdot d\boldsymbol{S} + \iint_S \boldsymbol{G} \cdot d\boldsymbol{S}$

정의 12.5.4

$\boldsymbol{S}$가 단위 법벡터 $\boldsymbol{\eta}$를 가지는 유향곡면이라 하고,
$\boldsymbol{\sigma}(u, v) = (x(u, v), y(u, v), z(u, v))$, $(u, v) \in \boldsymbol{D}$가 $\boldsymbol{S}$의 매끄러운 매개변수함수라 가정하자.

(1) 영역 $\boldsymbol{D}$의 모든 내부점 $[(u, v) \in \boldsymbol{D}, (u, v) \notin \partial\boldsymbol{D}]$에 대해서

$$\boldsymbol{\eta}(\boldsymbol{\sigma}(u, v)) = \frac{\boldsymbol{\sigma}_u(u, v) \times \boldsymbol{\sigma}_v(u, v)}{\| \boldsymbol{\sigma}_u(u, v) \times \boldsymbol{\sigma}_v(u, v) \|}$$

일 때, $\boldsymbol{\sigma}(u, v)$를 $\boldsymbol{S}$의 방향보존(orientation-preserving) 매개변수함수라 한다.

(2) 영역 $\boldsymbol{D}$의 모든 내부점 $[(u, v) \in \boldsymbol{D}, (u, v) \notin \partial\boldsymbol{D}]$에 대해서

$$\boldsymbol{\eta}(\boldsymbol{\sigma}(u, v)) = -\frac{\boldsymbol{\sigma}_u(u, v) \times \boldsymbol{\sigma}_v(u, v)}{\| \boldsymbol{\sigma}_u(u, v) \times \boldsymbol{\sigma}_v(u, v) \|}$$

일 때, $\boldsymbol{\sigma}(u, v)$를 $\boldsymbol{S}$의 방향역전(orientation-reversing) 매개변수함수라 한다.

정리 12.4.6으로부터 다음을 얻는다.

정리 12.5.5

$\boldsymbol{S}$가 단위 법벡터 $\boldsymbol{\eta}$를 가지는 유향곡면이라 하고, $F(x, y, z)$가 $\boldsymbol{S}$상에서 연속인 벡터장이라 하자.

$\boldsymbol{\sigma}(u, v) = (x(u, v), y(u, v), z(u, v)), (u, v) \in \boldsymbol{D}$가 $\boldsymbol{S}$의 매끄러운 방향보존 매개변수함수라 가정하자.

그러면 다음 공식이 성립한다.

$$\iint_S \boldsymbol{F} \cdot d\boldsymbol{S} = \iint_D \boldsymbol{F}(\boldsymbol{\sigma}(u, v)) \cdot [\boldsymbol{\sigma}_u(u, v) \times \boldsymbol{\sigma}_v(u, v)]\, dudv \quad (12.5.1)$$

증명 $\boldsymbol{\sigma}(u, v)$가 $\boldsymbol{S}$의 방향보존 매개변수함수이므로, 영역 $\boldsymbol{D}$의 모든 내부점에서 단위 법벡터는 $\boldsymbol{\eta}(\boldsymbol{\sigma}(u, v)) = \dfrac{\boldsymbol{\sigma}_u(u, v) \times \boldsymbol{\sigma}_v(u, v)}{\|\boldsymbol{\sigma}_u(u, v) \times \boldsymbol{\sigma}_v(u, v)\|}$이다. 따라서 정리 12.4.7로부터 다음과 같이 (12.5.1)을 얻는다.

$$\begin{aligned}\iint_S \boldsymbol{F} \cdot d\boldsymbol{S} &= \iint_S \boldsymbol{F} \cdot \boldsymbol{\eta}\, dA \\ &= \iint_D \boldsymbol{F}(\boldsymbol{\sigma}(u, v)) \cdot \boldsymbol{\eta}(\boldsymbol{\sigma}(u, v)) \|\boldsymbol{\sigma}_u(u, v) \times \boldsymbol{\sigma}_v(u, v)\|\, dudv \\ &= \iint_D \boldsymbol{F}(\boldsymbol{\sigma}(u, v)) \cdot [\boldsymbol{\sigma}_u(u, v) \times \boldsymbol{\sigma}_v(u, v)]\, dudv\end{aligned}$$ ■

따름정리 12.5.6

유계영역 $\boldsymbol{D} \subset \mathbb{R}^2$상에서 연속 미분가능 함수 $z = h(x, y)$의 그래프를 $\boldsymbol{S} = \{(x, y, h(x, y)) | (x, y) \in \boldsymbol{D}\}$라 두고, $\boldsymbol{S}$의 위쪽 방향을 양의 방향이라 하자.

그러면 $\boldsymbol{S}$상의 연속 벡터장 $\boldsymbol{F} = (P, Q, R)$에 대해서 다음이 성립한다.

$$\iint_S \boldsymbol{F} \cdot d\boldsymbol{S} = \iint_D \left[-P\frac{\partial h}{\partial x} - Q\frac{\partial h}{\partial y} + R\right] dxdy \quad (12.5.2)$$

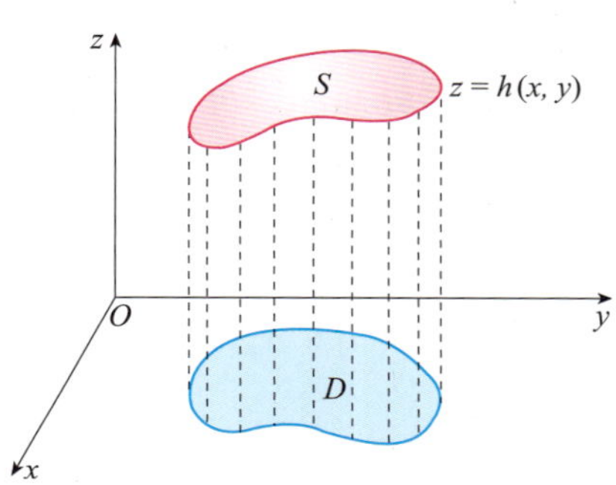

그림 12.5.4

증명 $\boldsymbol{\sigma}(x, y) = (x, y, h(x, y)), (x, y) \in D$가 $\boldsymbol{S}$의 매끄러운 매개변수함수이다. $\boldsymbol{\sigma}_x(x, y) = (1, 0, h_x), \boldsymbol{\sigma}_y(x, y) = (0, 1, h_y)$이므로

$$\boldsymbol{\sigma}_x \times \boldsymbol{\sigma}_y = \begin{vmatrix} \boldsymbol{i} & \boldsymbol{j} & \boldsymbol{k} \\ 1 & 0 & h_x \\ 0 & 1 & h_y \end{vmatrix} = (-h_x, -h_y, 1).$$

즉 $\boldsymbol{\sigma}_x \times \boldsymbol{\sigma}_y = (-h_x, -h_y, 1)$이 $\boldsymbol{S}$의 방향보존 매개변수함수이다. 따라서 (12.5.1)로부터 (12.5.2)를 얻는다. ■

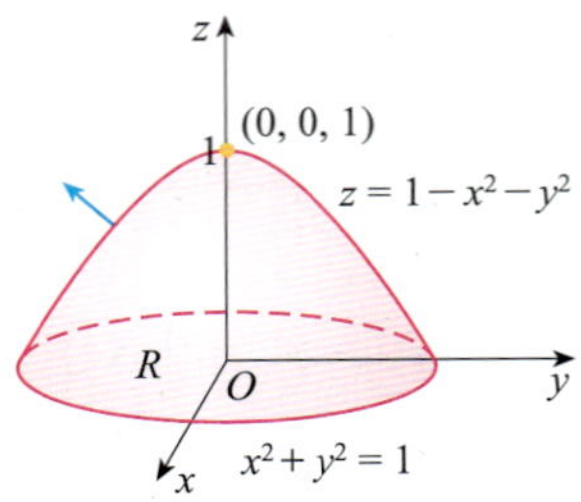

그림 12.5.5

예제 12.5.7 $S = \{(x, y, z) | z = 1 - x^2 - y^2, 0 \le z\}$라 두고, S의 위쪽을 양의 방향이라 하자. 벡터장 $F = (x, y, z)$에 대해서 $\iint_S F \cdot dS$를 계산하여라.

풀이 $D = \{(x, y) | x^2 + y^2 \le 1\}$이라 두면,
$\sigma(x, y) = (x, y, 1 - x^2 - y^2)$, $(x, y) \in D$가 S의 매개변수함수이다.
$\sigma_x(x, y) = (1, 0, -2x)$, $\sigma_y(x, y) = (0, 1, -2y)$이고, $(x, y, z) \in S$에서 법벡터

$$\sigma_x \times \sigma_y = \begin{vmatrix} i & j & k \\ 1 & 0 & -2x \\ 0 & 1 & -2y \end{vmatrix} = (2x, 2y, 1)$$

은 위쪽으로 향한다. 따라서 $\sigma(x, y)$가 S의 방향보존 매개변수함수이다.

따름정리 12.5.6에 의해서 다음을 얻는다.

$$\begin{aligned} \iint_S F \cdot dS &= \iint_D [-x(-2x) - y(-2y) + (1 - x^2 - y^2)]\, dxdy \\ &= \iint_D [x^2 + y^2 + 1]\, dxdy = \int_0^{2\pi} \int_0^1 (r^2 + 1)\, r\, drd\theta \\ &= \int_0^{2\pi} \frac{3}{4}\, d\theta = \frac{3\pi}{2} \end{aligned}$$

■

예제 12.5.8 $S = \{(x, y, z) | x^2 + y^2 + z^2 = a^2, 0 \le z\}$라 두고, 반구 S의 바깥쪽을 양의 방향이라 하자($a > 0$). 벡터장 $F = (0, 0, z)$에 대해서 $\iint_S F \cdot dS$를 계산하여라.

풀이 예제 12.4.3을 참조하여 $D = \left[0, \frac{\pi}{2}\right] \times [0, 2\pi]$라 두고,
$\sigma(\phi, \theta) = (a \sin\phi \cos\theta, a \sin\phi \sin\theta, a \cos\phi)$, $(\phi, \theta) \in D$라 두자.
$\sigma(\phi, \theta)$가 반구 S의 매개변수함수이다.
D의 임의의 내부점 $(\phi, \theta) \in D^0 \equiv (0, \phi) \times (0, 2\pi)$에 대해서
$\sigma_\phi = (a \cos\phi \cos\theta, a \cos\phi \sin\theta, -a \sin\phi)$,
$\sigma_\theta = (-a \sin\phi \sin\theta, a \sin\phi \cos\theta, 0)$이다.
따라서 $\sigma_\phi \times \sigma_\theta = (a^2 \sin^2\phi \cos\theta, a^2 \sin^2\phi \sin\theta, a^2 \sin\phi \cos\phi)$이고, $\sigma_\phi \times \sigma_\theta$는 반구 S상의 점 $\sigma(\phi, \theta) = (a \sin\phi \cos\theta, a \sin\phi \sin\theta, a \cos\phi)$에서 바깥쪽을 향하는 벡터이다. 그러므로 $\sigma(\phi, \theta)$가 S의 방향보존 매개변수함수이다. 정리 12.5.5에 의해서 다음을 얻는다.

$$\begin{aligned} \iint_S F \cdot dS &= \iint_D (0, 0, a \cos\phi) \cdot [\sigma_\phi(\phi, \theta) \times \sigma_\theta(\phi, \theta)]\, d\phi d\theta \\ &= \int_0^{2\pi} \int_0^{\pi/2} a^3 \sin\phi \cos^2\phi\, d\phi d\theta = \frac{2\pi a^3}{3} \end{aligned}$$

■

예제 12.5.9 원주면 $x^2 + y^2 = 1$과 두 평면 $z = 0$과 $z = x + 1$로 둘러싸인 입체 $\boldsymbol{B}$의 겉면을 $\boldsymbol{S}$라 하고, $\boldsymbol{S}$의 바깥쪽을 양의 방향이라 하자. 벡터장 $\boldsymbol{F} = (0, 0, z)$에 대해서 $\iint_{S} \boldsymbol{F} \cdot d\boldsymbol{S}$를 계산하여라.

풀이 $\boldsymbol{B}$의 옆면을 $\boldsymbol{S_1}$, 아래면을 $\boldsymbol{S_2}$, 위면을 $\boldsymbol{S_3}$라 하면 $\boldsymbol{S}$는 $\boldsymbol{S_1}, \boldsymbol{S_2}, \boldsymbol{S_3}$로 분할된다. 즉 $\boldsymbol{S} = \boldsymbol{S_1} + \boldsymbol{S_2} + \boldsymbol{S_3}$이다. 따라서

$$\iint_{S} \boldsymbol{F} \cdot d\boldsymbol{S} = \iint_{S_1} \boldsymbol{F} \cdot d\boldsymbol{S} + \iint_{S_2} \boldsymbol{F} \cdot d\boldsymbol{S} + \iint_{S_3} \boldsymbol{F} \cdot d\boldsymbol{S}$$

이다. $\boldsymbol{D_1} = \{(\theta, t) | 0 \le \theta \le 2\pi,\ 0 \le t \le 1 + \cos\theta\}$, $\boldsymbol{\sigma}(\theta, t) = (\cos\theta, \sin\theta, t)$, $(\theta, t) \in \boldsymbol{D_1}$라 두면, $\boldsymbol{\sigma}(\theta, t)$는 $\boldsymbol{S_1}$의 매개변수함수이다. $\boldsymbol{\sigma_\theta} = (-\sin\theta, \cos\theta, 0)$, $\boldsymbol{\sigma_t} = (0, 0, 1)$이므로, $\boldsymbol{\sigma_\theta} \times \boldsymbol{\sigma_t} = (\cos\theta, \sin\theta, 0)$이다.

$\boldsymbol{\sigma_\theta} \times \boldsymbol{\sigma_t}$는 $\boldsymbol{S_1}$상의 점 $\boldsymbol{\sigma}(\theta, t) = (\cos\theta, \sin\theta, t)$에서 바깥쪽을 향하는 벡터이다. 그러므로 $\boldsymbol{\sigma}(\theta, t)$가 $\boldsymbol{S_1}$의 방향보존 매개변수함수이다.

그러므로 정리 12.5.5에 의해서 다음을 얻는다.

$$\iint_{S_1} \boldsymbol{F} \cdot d\boldsymbol{S} = \iint_{D_1} (0, 0, t) \cdot (\cos\theta, \sin\theta, 0)\, d\theta dt = \iint_{D_1} 0\, d\theta dt = 0$$

$\boldsymbol{D_2} = \{(x, y) | x^2 + y^2 \le 1\}$, $\boldsymbol{\rho}(x, y) = (x, y, 0)$, $(x, y) \in \boldsymbol{D_2}$라 두면, $\boldsymbol{\rho}(x, y)$는 $\boldsymbol{S_2}$의 매개변수함수이다. $\boldsymbol{\rho_x} = (1, 0, 0)$, $\boldsymbol{\rho_y} = (0, 1, 0)$이고, $\boldsymbol{\rho_x} \times \boldsymbol{\rho_y} = (0, 0, 1)$이다. $\boldsymbol{\rho_x} \times \boldsymbol{\rho_y}$는 $\boldsymbol{S_2}$상의 점 $\boldsymbol{\rho}(x, y) = (x, y, 0)$에서 안쪽을 향하는 벡터이다. 그러므로 $\boldsymbol{\rho}(x, y)$가 $\boldsymbol{S_2}$의 방향역전 매개변수함수이다. 그러므로 정리 12.5.5에 의해서 다음을 얻는다.

$$\iint_{S_2} \boldsymbol{F} \cdot d\boldsymbol{S} = -\iint_{D_2} (0, 0, 0) \cdot (0, 0, 1)\, dxdy = -\iint_{D_2} 0\, dxdy = 0$$

또한 $\boldsymbol{\zeta}(x, y) = (x, y, x + 1)$, $(x, y) \in \boldsymbol{D_2}$라 두면 $\boldsymbol{\zeta}(x, y)$는 $\boldsymbol{S_3}$의 매개변수함수이다. $\boldsymbol{\zeta_x} = (1, 0, 1)$, $\boldsymbol{\zeta_y} = (0, 1, 0)$이고, $\boldsymbol{\zeta_x} \times \boldsymbol{\zeta_y} = (-1, 0, 1)$이다.

$\boldsymbol{\zeta_x} \times \boldsymbol{\zeta_y}$는 $\boldsymbol{S_3}$상의 점 $\boldsymbol{\zeta}(x, y) = (x, y, x + 1)$에서 바깥쪽을 향하는 벡터이므로, $\boldsymbol{S_3}$의 방향보존 매개변수함수이다. 따라서 다음을 얻는다.

$$\begin{aligned}\iint_{S_3} \boldsymbol{F} \cdot d\boldsymbol{S} &= \iint_{D_2} (0, 0, x + 1) \cdot (-1, 0, 1)\, dxdy \\ &= \iint_{D_2} (x + 1)\, dxdy = \int_0^{2\pi} \int_0^1 (1 + r\cos\theta)\, r\, drd\theta = \pi\end{aligned}$$

따라서 $\iint_S \boldsymbol{F}\cdot d\boldsymbol{S} = \iint_{S_1} \boldsymbol{F}\cdot d\boldsymbol{S} + \iint_{S_2} \boldsymbol{F}\cdot d\boldsymbol{S} + \iint_{S_3} \boldsymbol{F}\cdot d\boldsymbol{S} = \pi$

이다. ■

12.5 연습문제

1. 벡터장 $\boldsymbol{F}$와 유향곡면 $\boldsymbol{S}$에 대하여 면적분 $\iint_S \boldsymbol{F}\cdot d\boldsymbol{S}$를 구하여라.

(1) $\boldsymbol{F}(x, y, z) = (x, y, z)$; $\boldsymbol{S} = \{(x, y, 0) \mid x^2 + y^2 \le 1\}$

(2) $\boldsymbol{F}(x, y, z) = (xze^y, -xze^y, z)$; $\boldsymbol{S}$: 제1팔분 공간 안에 평면 $x + y + z = 1$의 부분이고 위쪽이 양의 방향이다.

(3) $\boldsymbol{F}(x, y, z) = y\boldsymbol{j} - z\boldsymbol{k}$; $\boldsymbol{S}$: 포물면 $y = x^2 + z^2$과 평면 $y = 1$에 의해 유계된 입체의 표면

(4) $\boldsymbol{F}(x, y, z) = (xy, yz, zx)$; $\boldsymbol{S}$: 정사각형 $0 \le x \le 1$, $0 \le y \le 1$ 위에 놓여 있는 포물면 $z = 4 - x^2 - y^2$의 부분이고 위쪽이 양의 방향이다.

(5) $\boldsymbol{F}(x, y, z) = x\boldsymbol{i} + y\boldsymbol{j} + z\boldsymbol{k}$; $\boldsymbol{S}$: $x^2 + y^2 + z^2 = 9$

(6) $\boldsymbol{F}(x, y, z) = x\boldsymbol{i} + 2y\boldsymbol{j} + 3z\boldsymbol{k}$; $\boldsymbol{S}$: 정육면체 $[-1, 1]^3$의 경계면

2. 밀도 1200인 유체가 속도 $\boldsymbol{v} = y\boldsymbol{i} + \boldsymbol{j} + z\boldsymbol{k}$로 흐른다. 포물면 $z = 9 - \dfrac{x^2 + y^2}{4}$, $x^2 + y^2 \le 36$을 통하여 위쪽으로 흘러나가는 흐름의 양을 구하여라.

3. 가우스 법칙을 이용하여, 전기장이 $\boldsymbol{E}(x, y, z) = x\boldsymbol{i} + y\boldsymbol{j} + z\boldsymbol{k}$일 때, 반구면 $x^2 + y^2 + z^2 = a^2$, $z \ge 0$을 통과하는 전하의 양을 구하여라.

4. 전도율 $K = 6.5$인 물질 내에 속하는 점 (x, y, z)에서의 온도는 $u(x, y, z) = 2y^2 + 2z^2$이다. 원주곡면 $y^2 + z^2 = 6$, $0 \le x \le 4$를 통과하여 내부로 전달되는 열 흐름의 양을 구하여라.

12.6 발산정리와 스토크스 정리

12.4절과 12.5절에서 곡면상의 면적분에 대해서 소개하였다. 이 절에서는 면적분을 바탕으로 3차원 공간에서 "발산정리"와 "스토크스 정리"를 소개한다.

먼저 연속 미분가능 벡터장의 발산에 대하여 보자.

정의 12.6.1

$\boldsymbol{F} = (P, Q, R)$을 연속 미분가능 벡터장이라 하자.

다음을 $\boldsymbol{F} = (P, Q, R)$의 **발산**(divergence)이라 한다.

$$div\boldsymbol{F} = \frac{\partial P}{\partial x} + \frac{\partial Q}{\partial y} + \frac{\partial R}{\partial z} \tag{12.6.1}$$

참고 $\nabla = \left(\frac{\partial}{\partial x}, \frac{\partial}{\partial y}, \frac{\partial}{\partial z}\right)$라 두자. 그러면 형태상으로 벡터장 $\boldsymbol{F}$의 발산은 ∇과 $\boldsymbol{F}$의 형식적 내적이다. 즉 (12.6.1)을 다음과 같이 표현하

면 기억하기 쉽다.

$$\nabla \cdot \boldsymbol{F} = \left(\frac{\partial}{\partial x}, \frac{\partial}{\partial y}, \frac{\partial}{\partial z}\right) \cdot (P, Q, R) \equiv \frac{\partial P}{\partial x} + \frac{\partial Q}{\partial y} + \frac{\partial R}{\partial z} = div\boldsymbol{F}$$

대표적인 응용의 예로써, $\boldsymbol{F}(x, y, z)$를 유체의 속도벡터장이라 가정하면, 발산 $div\boldsymbol{F}(x, y, z)$는 점 (x, y, z)에서 단위부피당 유체량의 변화율(모이고 흩어지는 정도)을 의미한다.

예제 12.6.2 벡터장 $\boldsymbol{F} = (x, 2y, 3z)$의 발산을 구하여라.

풀이 $div\boldsymbol{F} = \nabla \cdot \boldsymbol{F} = \frac{\partial x}{\partial x} + \frac{\partial 2y}{\partial y} + \frac{\partial 3z}{\partial z} = 1 + 2 + 3 = 6$ ■

예제 12.6.3 벡터장 $\boldsymbol{F} = (xy^2 z, 3xy^2, x^3 y + z^2)$의 발산을 구하여라.

풀이

$$div\boldsymbol{F} = \nabla \cdot \boldsymbol{F} = \frac{\partial (xy^2 z)}{\partial x} + \frac{\partial (3xy^2)}{\partial y} + \frac{\partial (x^3 y + z^2)}{\partial z}$$
$$= y^2 z + 6xy + 2z$$ ■

3차원 입체 $\boldsymbol{B}$상에서 삼중적분을 경계면 $\partial\boldsymbol{B}$상에서 면적분으로 표현해보자.

3차원 공간에서 유계입체 $\boldsymbol{B} \subset \mathbb{R}^3$의 경계면(겉면) $\partial\boldsymbol{B}$가 구면(sphere) 등과 같이 단순 연결된(simply connected) 폐(closed)곡면일 때, $\boldsymbol{B}$를 "단순 연결 유계 입체"라 한다. 이때 "경계면 $\partial\boldsymbol{B}$에서 $\boldsymbol{B}$의 외부로 향하는 방향"을 곡면 $\partial\boldsymbol{B}$의 양의 방향이라 정한다.

정리 12.6.4 가우스 정리 또는 발산정리

$\boldsymbol{B} \subset \mathbb{R}^3$가 공간상의 단순 연결 유계 입체이고, 조각적으로 매끄러운 경계면 $\partial\boldsymbol{B}$를 가진다고 가정하자. 벡터장 $\boldsymbol{F}(x, y, z)$가 $\boldsymbol{B}$를 포함하는 적당한 개영역에서 연속 미분가능이면 다음의 등식이 성립한다.

$$\iint_{\partial \boldsymbol{B}} \boldsymbol{F} \cdot \boldsymbol{\eta}\, dA = \iiint_{\boldsymbol{B}} div\boldsymbol{F}\, dxdydz \qquad (12.6.2)$$

증명 그린 정리의 증명에서처럼 간단한 경우만 증명하자.

$\boldsymbol{B}$가 일반적인 단순 연결 입체인 경우의 증명은 이 책의 범위를 넘는 내용이므로 생략하고, 여기서는 $\boldsymbol{B}$가 위쪽 경계면과 아래쪽 경계면, 앞쪽 경계면과 뒤쪽 경계면, 왼쪽 경계면과 오른쪽 경계면 사이의 볼록(convex) 입체인 경우에만 간단히 증명해보자.

$$F = (P(x,\ y,\ z),\ Q(x,\ y,\ z),\ R(x,\ y,\ z))$$

라 두자. 그러면 $F = (P, Q, R) = (P, 0, 0) + (0, Q, 0) + (0, 0, R)$이므로, 정리 12.5.3에 의해서

$$\begin{aligned}&\iint_{\partial B} F \cdot \eta\, dA \\ &= \iint_{\partial B} (P, 0, 0) \cdot \eta\, dA + \iint_{\partial B} (0, Q, 0) \cdot \eta\, dA \\ &\quad + \iint_{\partial B} (0, 0, R) \cdot \eta\, dA. \end{aligned} \tag{12.6.3}$$

한편 $divF = \frac{\partial P}{\partial x} + \frac{\partial Q}{\partial y} + \frac{\partial R}{\partial z}$이므로,

$$\begin{aligned}&\iiint_B divF\, dxdydz \\ &= \iiint_B \frac{\partial P}{\partial x} dxdydz + \iiint_B \frac{\partial Q}{\partial y} dxdydz + \iiint_B \frac{\partial R}{\partial z} dxdydz.\end{aligned} \tag{12.6.4}$$

다음의 세 등식이 성립함을 보이면 (12.6.3)과 (12.6.4)에 의해서 (12.6.2)가 성립한다.

$$\iint_{\partial B} (P, 0, 0) \cdot \eta\, dA = \iiint_B \frac{\partial P}{\partial x} dxdydz \tag{12.6.5}$$

$$\iint_{\partial B} (0, Q, 0) \cdot \eta\, dA = \iiint_B \frac{\partial Q}{\partial y} dxdydz \tag{12.6.6}$$

$$\iint_{\partial B} (0, 0, R) \cdot \eta\, dA = \iiint_B \frac{\partial R}{\partial z} dxdydz \tag{12.6.7}$$

위의 세 등식은 어느 것이나 같은 요령으로 증명할 수 있다. 그래서 편의상 (12.6.7)만 증명하자.

먼저 B가 2차원 영역 $D \in \mathbb{R}^2$상에서 연속 미분가능인 두 함수 $f(x, y)$, $g(x, y)$가 존재해서 $f(x, y) \le g(x, y)$이고, D상에서 두 함수 $f(x, y)$, $g(x, y)$ 사이의 입체 영역으로 표현되었다고 가정하자. 즉

$$B = \{(x,\ y,\ z) | (x,\ y) \in D,\ f(x,\ y) \le z \le g(x,\ y)\}.$$

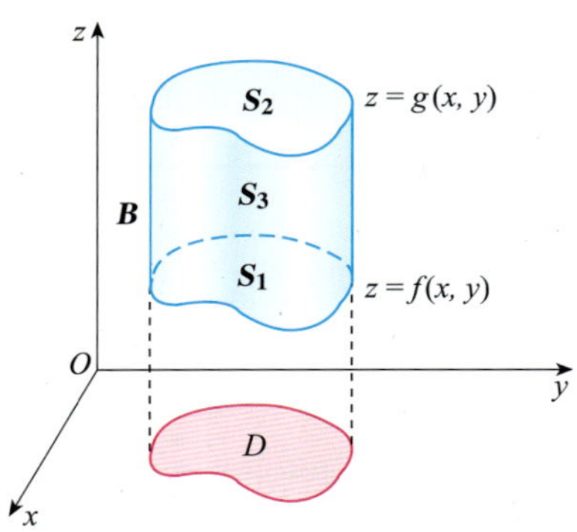

그림 12.6.1

그림 12.6.1과 같이 B의 아래쪽 경계면을 S_1, 위쪽 경계면을 S_2, 측면 경계면을 S_3라 하자. 그러면 $\partial B = S_1 + S_2 + S_3$이므로 다음을 얻는다.

$$\begin{aligned}&\iint_{\partial B} (0, 0, R) \cdot \eta\, dA \\ &= \iint_{S_1} (0, 0, R) \cdot \eta\, dA + \iint_{S_2} (0, 0, R) \cdot \eta\, dA + \iint_{S_3} (0, 0, R) \cdot \eta\, dA\end{aligned} \tag{12.6.8}$$

$\boldsymbol{\sigma}_1(x, y) = (x, y, f(x, y)), (x, y) \in \boldsymbol{D}, \boldsymbol{\sigma}_2(x, y) = (x, y, g(x, y)),$ $(x, y) \in \boldsymbol{D}$라 두면 $\boldsymbol{\sigma}_1$은 $\boldsymbol{S}_1$의 방향역전 매개변수함수이고, $\boldsymbol{\sigma}_2$는 $\boldsymbol{S}_2$의 방향보존 매개변수함수이다.

$\boldsymbol{r}(u) = (x(u), y(u)), u \in [a, b]$가 $\boldsymbol{D}$의 경계선 $\partial \boldsymbol{D}$의 매개변수함수라 하고, $\boldsymbol{D}_3 = \{(u, v) \mid u \in [a, b], v \in [f(\boldsymbol{r}(u)), g(\boldsymbol{r}(u))]$라 하자.

같은 방법으로, $\boldsymbol{\sigma}_3(u, v) = (x(u), y(u), v), (u, v) \in \boldsymbol{D}_3$라 두면 $\boldsymbol{\sigma}_3$는 $\boldsymbol{S}_3$의 방향보존 매개변수함수이다. $\boldsymbol{\sigma}_1$이 $\boldsymbol{S}_1$의 방향역전 매개변수함수이므로, $\boldsymbol{S}_1$의 단위 법벡터는 다음과 같다.

$$\boldsymbol{\eta}(x, y) = -\frac{(\boldsymbol{\sigma}_1)_x \times (\boldsymbol{\sigma}_1)_y}{\|(\boldsymbol{\sigma}_1)_x \times (\boldsymbol{\sigma}_1)_y\|} = \frac{(f_x, f_y, -1)}{\sqrt{(f_x)^2 + (f_y)^2 + 1}}$$

따라서 따름정리 12.5.6에 의해서 다음을 얻는다.

$$\iint_{S_1} (0, 0, R) \cdot \boldsymbol{\eta}\, dA = \iint_{D} -R(\boldsymbol{\sigma}_1(x, y))\, dxdy$$

$\boldsymbol{\sigma}_2$는 $\boldsymbol{S}_2$의 방향보존 매개변수함수이므로 다음을 얻는다.

$$\iint_{S_2} (0, 0, R) \cdot \boldsymbol{\eta}\, dA = \iint_{D} R(\boldsymbol{\sigma}_2(x, y))\, dxdy$$

$\boldsymbol{\sigma}_3$는 $\boldsymbol{S}_3$의 방향보존 매개변수함수이므로 $\boldsymbol{S}_3$의 단위 법벡터는 아래와 같다.

$$\boldsymbol{\eta}(u, v) = \frac{(\boldsymbol{\sigma}_3)_u \times (\boldsymbol{\sigma}_3)_v}{\|(\boldsymbol{\sigma}_3)_u \times (\boldsymbol{\sigma}_3)_v\|} = \frac{(y_u, -x_u, 0)}{\sqrt{(y_u)^2 + (x_u)^2 + 1}}$$

따라서 정리 12.5.5에 의해서 다음을 얻는다.

$$\iint_{S_3} (0, 0, R) \cdot \boldsymbol{\eta}\, dA = \iint_{D_3} 0\, dudv = 0$$

그러므로 (12.6.8)로부터 다음을 얻는다.

$$\begin{aligned}
&\iint_{\partial B} (0, 0, R) \cdot \boldsymbol{\eta}\, dA \\
&= \iint_{D} -R(\boldsymbol{\sigma}_1(x, y))\, dxdy + \iint_{D} R(\boldsymbol{\sigma}_2(x, y))\, dxdy + 0 \\
&= \iint_{D} [R(\boldsymbol{\sigma}_2(x, y)) - R(\boldsymbol{\sigma}_1(x, y))]\, dxdy \\
&= \iint_{D} \left[\int_{f(x, y)}^{g(x, y)} \frac{\partial R}{\partial z}\, dz\right] dxdy
\end{aligned}$$

한편 $\boldsymbol{B}$가 $\boldsymbol{D}$상에서 정의된 두 함수 $f(x, y), g(x, y)$ 사이의 입체 영역이므로 다음을 얻는다.

$$\iiint_{B} \frac{\partial R}{\partial z}\, dxdydz = \iint_{D} \left[\int_{f(x, y)}^{g(x, y)} \frac{\partial R}{\partial z}\, dz\right] dxdy$$

따라서 (12.6.7)이 성립한다. ■

참고 $\boldsymbol{F}(x, y, z)$를 유체의 속도벡터장이라 가정하면, 발산정리 공식 (12.6.2)는 입체 $\boldsymbol{B}$ 내의 발산 총량은 경계 $\partial\boldsymbol{B}$를 통해 빠져나가는 유체의 총량과 같다는 것을 나타낸다.

한편 발산정리의 공식 (12.6.2)를 다음과 같이 간단히 표현할 수도 있다.

$$\iint_{\partial B} \boldsymbol{F} \cdot d\boldsymbol{S} = \iiint_{B} \nabla \cdot \boldsymbol{F}\, dxdydz$$

예제 12.6.5 $\boldsymbol{S} = \{(x, y, z) \mid x^2 + y^2 + z^2 = a^2\}$이라 두고, 구면 $\boldsymbol{S}$의 바깥쪽을 양의 방향이라 하자($a > 0$). 벡터장 $\boldsymbol{F} = (x, y, z)$에 대해서 $\iint_S \boldsymbol{F} \cdot d\boldsymbol{S}$를 계산하여라.

풀이 $\boldsymbol{S}$의 매개변수함수를 써서 직접 면적분 $\iint_S \boldsymbol{F} \cdot d\boldsymbol{S}$를 계산할 수도 있지만, 발산정리를 이용하면 더 쉽게 계산할 수 있다. 즉

$$\boldsymbol{B} = \{(x, y, z) \mid x^2 + y^2 + z^2 \le a^2\}$$

이라 두면 $\partial\boldsymbol{B} = \boldsymbol{S}$이다. 따라서 다음을 얻는다.

$$\iint_S \boldsymbol{F} \cdot d\boldsymbol{S} = \iiint_B \nabla \cdot \boldsymbol{F}\, dxdydz = \iiint_B 3\, dxdydz$$

한편 $\iiint_B dxdydz$가 $\boldsymbol{B}$의 부피이므로 $\iiint_B dxdydz = \dfrac{4\pi a^3}{3}$이다.

따라서 $\iint_S \boldsymbol{F} \cdot d\boldsymbol{S} = 4\pi a^3$이다. ■

예제 12.6.6 정육면체 $\boldsymbol{B} = \{(x, y, z) \mid x \in [0, 1], y \in [0, 1], z \in [0, 1]\} \equiv [0, 1]^3$의 경계면을 $\boldsymbol{S}$라 하고, 그 바깥쪽을 양의 방향이라 하자. 벡터장 $\boldsymbol{F} = (2x, 3y, z^2)$에 대해서 $\iint_S \boldsymbol{F} \cdot d\boldsymbol{S}$를 계산하여라.

풀이 $\boldsymbol{S}$의 매개변수함수를 써서 직접 면적분 $\iint_S \boldsymbol{F} \cdot d\boldsymbol{S}$를 계산할 수도 있지만, 발산정리를 이용하면 더 쉽게 계산할 수 있다. 즉 $\partial\boldsymbol{B} = \boldsymbol{S}$이므로 다음을 얻는다.

$$\begin{aligned}\iint_S \boldsymbol{F} \cdot d\boldsymbol{S} &= \iiint_B \nabla \cdot \boldsymbol{F}\, dxdydz = \iiint_B (5 + 2z)\, dxdydz \\ &= \int_0^1 \int_0^1 \int_0^1 (5 + 2z)\, dzdydx = \int_0^1 \int_0^1 6\, dydx = 6\end{aligned}$$ ■

예제 12.6.7 $\boldsymbol{B} = \{(x, y, z) \mid x^2 + y^2 \le 9, 0 \le z \le 2\}$는 반지름이 3이고 높이가 2인 원주체이다. $\boldsymbol{S}$를 $\boldsymbol{B}$의 경계면이라 하고 그 바깥쪽을 양의 방향이라 하자. 벡터장 $\boldsymbol{F} = (x^3, y^3, z^2)$에 대해서 $\iint_S \boldsymbol{F} \cdot d\boldsymbol{S}$를 계산하여라.

풀이 S의 매개변수함수를 써서 직접 면적분 $\iint_S \boldsymbol{F} \cdot d\boldsymbol{S}$를 계산할 수도 있지만, 발산정리를 이용하면 더 쉽게 계산할 수 있다. 즉 $\partial \boldsymbol{B} = \boldsymbol{S}$ 이므로 다음을 얻는다.

$$\begin{aligned}\iint_S \boldsymbol{F} \cdot d\boldsymbol{S} &= \iiint_B \nabla \cdot \boldsymbol{F}\, dxdydz \\ &= \iiint_B (3x^2 + 3y^2 + 2z)\, dxdydz \\ &= \int_0^{2\pi}\int_0^3\int_0^2 (3r^2 + 2z)\, r\, dzdrd\theta \\ &= \int_0^{2\pi}\int_0^3 (6r^3 + 4r)\, drd\theta = 279\pi\end{aligned}$$

■

이제 벡터장의 회전을 소개한다.

정의 12.6.8

$\boldsymbol{F} = (P, Q, R)$을 연속 미분가능 벡터장이라 하자.

다음의 벡터를 $\boldsymbol{F} = (P, Q, R)$의 **회전**(curl)이라 한다.

$$curl\boldsymbol{F} = \left(\frac{\partial R}{\partial y} - \frac{\partial Q}{\partial z}, \frac{\partial P}{\partial z} - \frac{\partial R}{\partial x}, \frac{\partial Q}{\partial x} - \frac{\partial P}{\partial y}\right)$$

참고 형태상으로 벡터장 $\boldsymbol{F}$의 회전은 ∇과 $\boldsymbol{F}$의 형식적인 외적이다. 즉 다음과 같이 표현하면 기억하기 쉽다.

$$\nabla \times \boldsymbol{F} = \left(\frac{\partial}{\partial x}, \frac{\partial}{\partial y}, \frac{\partial}{\partial z}\right) \times (P, Q, R) = \begin{vmatrix} \boldsymbol{i} & \boldsymbol{j} & \boldsymbol{k} \\ \frac{\partial}{\partial x} & \frac{\partial}{\partial y} & \frac{\partial}{\partial z} \\ P & Q & R \end{vmatrix} \equiv curl\boldsymbol{F}$$

대표적인 응용의 예로써, $\boldsymbol{F}(x, y, z)$를 유체의 속도벡터장이라 가정하면, 발산 $curl\boldsymbol{F}(x, y, z)$는 점 (x, y, z)에서 단위부피의 유체가 $curl\boldsymbol{F}(x, y, z)$ 방향의 축을 중심으로 회전율(돌아가는 정도)을 의미한다.

예제 12.6.9 벡터장 $\boldsymbol{F} = (x, 2y, 3z)$의 회전을 구하여라.

풀이 $curl\boldsymbol{F} = \nabla \times \boldsymbol{F} = \begin{vmatrix} \boldsymbol{i} & \boldsymbol{j} & \boldsymbol{k} \\ \frac{\partial}{\partial x} & \frac{\partial}{\partial y} & \frac{\partial}{\partial z} \\ x & 2y & 3z \end{vmatrix}$

$$= \left(\frac{\partial(3z)}{\partial y} - \frac{\partial(2y)}{\partial z}\right)\boldsymbol{i} + \left(\frac{\partial(x)}{\partial z} - \frac{\partial(3z)}{\partial x}\right)\boldsymbol{j} + \left(\frac{\partial(2y)}{\partial x} - \frac{\partial(x)}{\partial y}\right)\boldsymbol{k}$$

$$= \boldsymbol{0}$$

■

예제 12.6.10 $\boldsymbol{F} = (x^2y, 2y^3z, 3z)$에 대해서 $curl\boldsymbol{F}$를 구하여라.

풀이 $$curl\boldsymbol{F} = \nabla \times \boldsymbol{F} = \begin{vmatrix} \boldsymbol{i} & \boldsymbol{j} & \boldsymbol{k} \\ \dfrac{\partial}{\partial x} & \dfrac{\partial}{\partial y} & \dfrac{\partial}{\partial z} \\ x^2y & 2y^3z & 3z \end{vmatrix}$$

$$= \left(\frac{\partial(3z)}{\partial y} - \frac{\partial(2y^3z)}{\partial z}\right)\boldsymbol{i} + \left(\frac{\partial(x^2y)}{\partial z} - \frac{\partial(3z)}{\partial x}\right)\boldsymbol{j} + \left(\frac{\partial(2y^3z)}{\partial x} - \frac{\partial(x^2y)}{\partial y}\right)\boldsymbol{k}$$

$$= -2y^3\boldsymbol{i} - x^2\boldsymbol{k} = (-2y^3, 0, x^2)$$ ■

$\boldsymbol{S}$를 3차원 공간 $\mathbb{R}^3$상의 유계이고 매끄러운 유향곡면이라 하자. 경계선 $\partial\boldsymbol{S}$가 존재할 때, 곡면 $\boldsymbol{S}$의 방향과 경계선 $\partial\boldsymbol{S}$의 방향과의 관계를 생각하자.

경계선 $\partial\boldsymbol{S}$가 존재하면, 곡면 $\boldsymbol{S}$상에서 사람이 $\boldsymbol{S}$의 양의 방향 쪽에 서서 경계선 $\partial\boldsymbol{S}$를 따라 걸어갈 때, 왼팔이 곡면 $\boldsymbol{S}$의 내부에 있도록 하는 방향을 $\partial\boldsymbol{S}$의 양의 방향으로 정한다.

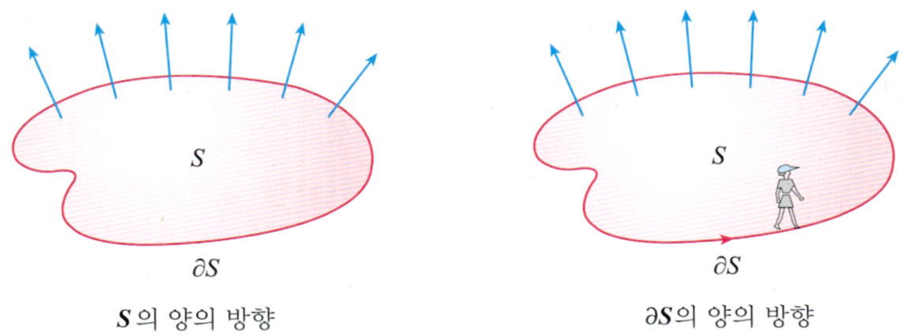

그림 12.6.2

곡면 $\boldsymbol{S}$의 경계선 $\partial\boldsymbol{S}$가 존재할 때, 별도로 언급이 없으면 이제부터 경계선 $\partial\boldsymbol{S}$는 양의 방향을 가진다고 간주한다.

참고 3차원 공간 $\mathbb{R}^3$상의 곡면 $\boldsymbol{S}$가 유계곡면이라도 경계선이 존재하지 않을 수 있다. 예를 들면, 구면 $\boldsymbol{S} = \{(x, y, z) | x^2 + y^2 + z^2 = a^2\}$의 경계선은 존재하지 않는다($a > 0$). 즉 $\partial\boldsymbol{S}$는 공집합이다. 그러나 유계곡면 $\boldsymbol{S}$가 평평하여 2차원 평면 $\mathbb{R}^2$상에 있는 경우에는 $\partial\boldsymbol{S}$가 공집합이 아니다. 이 경우에는, 12.3절에서 언급한 평면상의 단순연결영역의 경계선 방향에 관한 정의와 일치한다.

예제 12.6.11 포물면 $z = x^2 + y^2$ 그래프의 일부를 곡면 $\boldsymbol{S} = \{(x, y, z) | x^2 + (y-1)^2 \le 1, z = x^2 + y^2\}$이라 두고 위쪽 방향을 양의 방향이라 하자. $\boldsymbol{S}$의 단위 법벡터를 구하고, 경계 $\partial\boldsymbol{S}$의 매개변수 함수를 구하여라.

풀이 $\boldsymbol{S}$를 xy평면상에 투영한 것을 $\boldsymbol{D}$라 하면 다음과 같다.

$$\boldsymbol{D} = \{(x, y) \in \mathbb{R}^2 | x^2 + (y-1)^2 \le 1\}$$

그러면 $\boldsymbol{\sigma}(x, y) = (x, y, x^2 + y^2)$, $(x, y) \in \boldsymbol{D}$가 $\boldsymbol{S}$의 매개변수함수이다. $\boldsymbol{\sigma}_x = (1, 0, 2x)$, $\boldsymbol{\sigma}_y = (0, 1, 2y)$이므로 $\boldsymbol{\sigma}_x \times \boldsymbol{\sigma}_y = (0, -2, 1)$이고, $\boldsymbol{S}$의 법벡터는 다음과 같다.

$$\boldsymbol{\sigma}_x(x, y) \times \boldsymbol{\sigma}_y(x, y) = \begin{vmatrix} \boldsymbol{i} & \boldsymbol{j} & \boldsymbol{k} \\ 1 & 0 & 2x \\ 0 & 1 & 2y \end{vmatrix} = \boldsymbol{k} - 2x\boldsymbol{i} - 2y\boldsymbol{j} = (-2x, -2y, 1)$$

여기서 $\boldsymbol{\sigma}_x \times \boldsymbol{\sigma}_y = (-2x, -2y, 1)$은 $\boldsymbol{S}$의 위쪽으로 향하므로 양의 법벡터이다. 그러므로 $\boldsymbol{\sigma}(x, y)$는 방향보존 매개변수함수이고, $\boldsymbol{S}$의 단위 법벡터는 다음과 같다.

$$\boldsymbol{\eta}(x, y) = \frac{(-2x, -2y, 1)}{\sqrt{4x^2 + 4y^2 + 1}}, \ (x, y) \in \boldsymbol{D}$$

한편 경계 $\partial\boldsymbol{S}$는 반시계방향을 가진 타원 모양으로 다음과 같다.

$$\begin{aligned} \partial\boldsymbol{S} &= \{(x, y, z) | x^2 + (y-1)^2 = 1, z = x^2 + y^2\} \\ &= \{(x, y, z) | z = 2y, z = x^2 + y^2\} \ (x, y\text{를 극좌표로 표현}) \\ &= \{(r\cos\theta, r\sin\theta, r^2) | r = 2\sin\theta\} \\ &= \{(2\sin\theta\cos\theta, 2\sin^2\theta, 4\sin^2\theta) | 0 \le \theta \le \pi\} \end{aligned}$$

따라서 θ를 매개변수로 간주하면, $\partial\boldsymbol{S}$의 다음과 같은 매개변수함수를 얻는다.

$$\boldsymbol{r}(\theta) = (2\sin\theta\cos\theta, 2\sin^2\theta, 4\sin^2\theta), \ \theta \in [0, \pi]$$

여기서 θ가 증가할 때 점 $\boldsymbol{r}(\theta)$의 진행방향이 반시계방향이므로, $\boldsymbol{r}(\theta)$는 $\partial\boldsymbol{S}$의 방향보존 매개변수함수이다. ■

스토크스 정리는 유향곡면상에서 면적분을 그 경계선를 따라서 선적분으로 표현하는 공식으로 매우 유명하다. 그 증명은 이 책의 범위를 넘는 내용이므로 생략한다.

정리 12.6.12 스토크스 정리(Stokes Theorem)

$\boldsymbol{S}$를 단위 법벡터 $\boldsymbol{\eta}$를 가지는 매끄러운 유향곡면이라 하고, 그 경계선 $\partial\boldsymbol{S}$가 조각적으로 매끄러운 단순 폐곡선이라 하자. $\boldsymbol{F}(x, y, z)$가 $\boldsymbol{S}$를 포함하는 적당한 개영역상에서 연속 미분가능인 벡터장이면 다음의 등식이 성립한다.

$$\int_{\partial S} \boldsymbol{F} \cdot d\boldsymbol{r} = \iint_S (curl\boldsymbol{F}) \cdot \boldsymbol{\eta} dA \qquad (12.6.9)$$

정의 12.5.1과 정의 12.6.8에 의해서 (12.6.9)는 다음과 같이 표현할 수도 있다.

$$\int_{\partial S} \boldsymbol{F} \cdot d\boldsymbol{r} = \iint_S (\nabla \times \boldsymbol{F}) \cdot d\boldsymbol{S}$$

그린 정리 12.3.1은 스토크스 정리로부터 얻어질 수 있다. 그래서 그린 정리는 스토크스 정리의 특수한 경우이다.

따름정리 12.6.13 그린 정리

$\boldsymbol{D}$가 xy평면 $\mathbb{R}^2$상의 유계 영역이라 하고, 경계선 $\partial\boldsymbol{D}$가 조각적으로 매끄러운 단순 폐곡선이라 하자.

$P(x, y), Q(x, y)$가 $\boldsymbol{D}$를 포함하는 적당한 개영역상에서 연속 미분가능인 함수들이면, 다음의 등식이 성립한다.

$$\int_{\partial D} P\,dx + Q\,dy = \iint_D \left(\frac{\partial Q}{\partial x} - \frac{\partial P}{\partial y}\right) dxdy$$

증명 $\boldsymbol{S} = \{(x, y, 0) | (x, y) \in \boldsymbol{D}\}$라 두면 $\boldsymbol{S} \cong D$(동등한 것)이고, $\partial\boldsymbol{S} = \{(x, y, 0) | (x, y) \in \partial\boldsymbol{D}\} \cong \partial\boldsymbol{D}$이다.
$\boldsymbol{F}(x, y, z) = (P(x, y), Q(x, y), 0)$이라 두자.
그러면 곡면 $\boldsymbol{S}$와 벡터장 $\boldsymbol{F}$가 스토크스 정리의 가정을 만족한다.
경계선 $\partial\boldsymbol{S}$의 매개변수함수는 $\boldsymbol{r}(t) = (x(t), y(t), 0),\ t \in [a, b]$ 형태이므로, $\int_{\partial S} \boldsymbol{F} \cdot d\boldsymbol{r} = \int_{\partial D} P\,dx + Q\,dy$이다. $\boldsymbol{S}$가 xy평면 $\mathbb{R}^2$상에 있으므로, 단위 법벡터는 상수벡터 $\boldsymbol{\eta}(x, y) = (0, 0, 1) = \boldsymbol{k}$이고, $dA = dxdy$이다. 또한

$$\nabla \times \boldsymbol{F} = \begin{vmatrix} \boldsymbol{i} & \boldsymbol{j} & \boldsymbol{k} \\ \frac{\partial}{\partial x} & \frac{\partial}{\partial y} & \frac{\partial}{\partial z} \\ P & Q & 0 \end{vmatrix} = \left(0, 0, \frac{\partial Q}{\partial x} - \frac{\partial P}{\partial y}\right)$$

이므로

$$\iint_S (\nabla \times \boldsymbol{F}) \cdot \boldsymbol{\eta}\, dA = \iint_D \left(\frac{\partial Q}{\partial x} - \frac{\partial P}{\partial y} \right) dxdy$$

이다. 그러므로 스토크스 정리로부터 그린 정리를 얻는다. ■

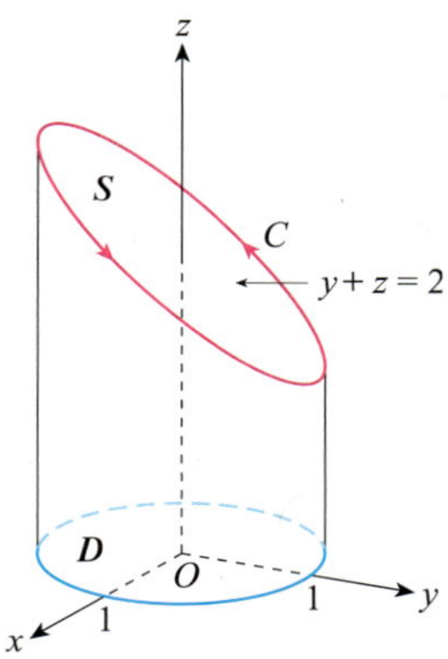

그림 12.6.3

예제 12.6.14 원주면 $x^2 + y^2 = 1$과 평면 $y + z = 2$가 만나는 교선을 C라 하고, 반시계방향을 가진다고 하자. $\boldsymbol{F}(x, y, z) = (y, z, x^2)$일 때 $\int_C \boldsymbol{F} \cdot d\boldsymbol{r}$을 계산하여라.

풀이 $\boldsymbol{S}$를 평면 $y + z = 2$상에서 C로 둘러싸인 부분이라 하고, $\boldsymbol{S}$의 위쪽 방향을 양의 방향이라 하자. 그러면 $\partial \boldsymbol{S} = C$이다.

$\boldsymbol{F}(x, y, z) = (y, z, x^2)$이 연속 미분가능이므로 스토크스 정리의 가정을 만족한다. 따라서 $\int_{\partial S} \boldsymbol{F} \cdot d\boldsymbol{r} = \iint_S (\nabla \times \boldsymbol{F}) \cdot \boldsymbol{\eta}\, dA$이다.

$\boldsymbol{S}$를 xy평면상에 투영한 것을 $\boldsymbol{D}$라 하자. 즉 $\boldsymbol{D} = \{(x, y) | x^2 + y^2 \le 1\}$이다.

그러면 $\boldsymbol{\sigma}(x, y) = (x, y, 2 - y), (x, y) \in \boldsymbol{D}$가 $\boldsymbol{S}$의 방향보존 매개변수함수이다. 그리고 $\boldsymbol{\sigma}_x(x, y) \times \boldsymbol{\sigma}_y(x, y) = (0, 1, 1)$이므로 $\boldsymbol{S}$의 단위 법벡터는 $\boldsymbol{\eta}(x, y) = \frac{1}{\sqrt{2}}(0, 1, 1), (x, y) \in \boldsymbol{D}$이다.

$\nabla \times \boldsymbol{F} = \nabla \times (y, z, x^2) = (-1, -2x, -1)$이므로,

$$\begin{aligned}\int_C \boldsymbol{F} \cdot d\boldsymbol{r} &= \iint_S (\nabla \times \boldsymbol{F}) \cdot \boldsymbol{\eta}\, dA = \iint_D (-2x - 1)\, dxdy \\ &= \int_0^{2\pi} \int_0^1 (-1 - 2r\cos\theta)\, r\, drd\theta \\ &= -\int_0^{2\pi} \left(\frac{1}{2} + \frac{2}{3}\cos\theta \right) d\theta = -\pi.\end{aligned}$$

■

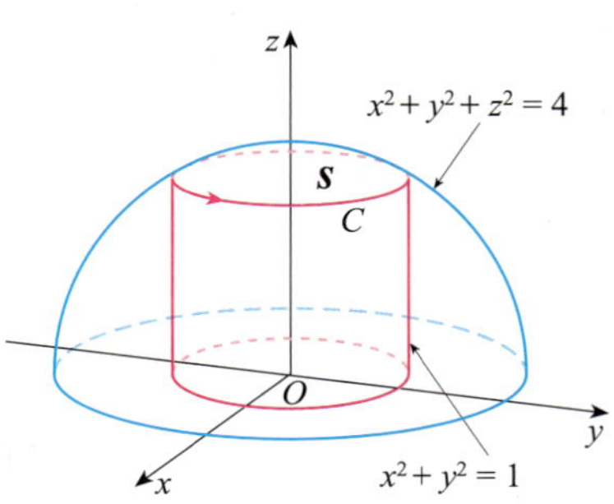

그림 12.6.4

예제 12.6.15 상반구면 $x^2 + y^2 + z^2 = 4, z \ge 0$상에서 원주면 $x^2 + y^2 = 1$에 의해 절단된 부분을 $\boldsymbol{S}$라 하고, $\boldsymbol{S}$의 위쪽을 양의 방향이라 하자. $\boldsymbol{F}(x, y, z) = (yz, xz, xy)$일 때 $\iint_S (\nabla \times \boldsymbol{F}) \cdot d\boldsymbol{S}$를 계산하여라.

풀이 상반구면 $x^2 + y^2 + z^2 = 4, z \ge 0$과 원주면 $x^2 + y^2 = 1$이 만나는 교선을 C라 하고, 반시계방향을 가진다고 하자. 그러면 $\partial \boldsymbol{S} = C$이다.

$\boldsymbol{F}(x, y, z) = (yz, xz, xy)$가 연속 미분가능이므로 스토크스 정리의 가정을 만족한다. 따라서 $\iint_S (\nabla \times \boldsymbol{F}) \cdot d\boldsymbol{S} = \int_C \boldsymbol{F} \cdot d\boldsymbol{r}$이다.

$\boldsymbol{r}(t) = (\cos t, \sin t, \sqrt{3}), t \in [0, 2\pi]$가 C의 매개변수함수이다.

따라서 $\boldsymbol{r}'(t) = (-\sin t, \cos t, 0), t \in (0, 2\pi)$이고,

$\boldsymbol{F}(\boldsymbol{r}(t)) = (\sqrt{3}\sin t, \sqrt{3}\cos t, \cos t \sin t)$이므로,

$$\iint_S (\nabla \times \boldsymbol{F}) \cdot d\boldsymbol{S} = \int_0^{2\pi} \boldsymbol{F}(\boldsymbol{r}(t)) \cdot \boldsymbol{r}'(t)\,dt = \int_0^{2\pi} (\sqrt{3}\cos^2 t - \sqrt{3}\sin^2 t)\,dt = \sqrt{3}\int_0^{2\pi} \cos 2t\,dt = 0.$$

■

12.6 연습문제

1. $\boldsymbol{S} = \partial\boldsymbol{B}$상의 면적분 $\iint_S \boldsymbol{F} \cdot d\boldsymbol{S}$, 즉 $\boldsymbol{S} = \partial\boldsymbol{B}$를 통과하는 $\boldsymbol{F}$의 유량을 계산하여라.

(1) $\boldsymbol{F}(x, y, z) = (x, y, z)$;
$\boldsymbol{B} = \{(x, y, z) | x^2 + y^2 + z^2 \le 9\}$

(2) $\boldsymbol{F}(x, y, z) = (xy, yz, zx)$;
$\boldsymbol{B} : x^2 + y^2 \le 1, 0 \le z \le 1$인 원기둥 입체

(3) $\boldsymbol{F}(x, y, z) = (-xz, -yz, z^2)$;
$\boldsymbol{B}$: 타원체 $\dfrac{x^2}{a^2} + \dfrac{y^2}{b^2} + \dfrac{z^2}{c^2} \le 1$

(4) $\boldsymbol{F}(x, y, z) = 3xy^2\boldsymbol{i} + xe^z\boldsymbol{j} + z^3\boldsymbol{k}$;
$\boldsymbol{B}$: 원주면 $y^2 + z^2 = 1$과 평면 $x = -1$, $x = 2$에 의해 유계된 입체

(5) $\boldsymbol{F}(x, y, z) = (ye^{z^2}, y^2, e^{xy})$; $\boldsymbol{B}$: 원기둥 $x^2 + y^2 = 9$와 평면 $z = 0, z = y - 3$에 의해 유계된 입체

(6) $\boldsymbol{F}(x, y, z) = (x^2e^{yz}, y^2e^{xz}, z^2e^{xy})$;
$\boldsymbol{B}$: 반구 $x^2 + y^2 + z^2 \le 4, z \ge 0$

2. $\boldsymbol{F}(x, y, z) = z^2x\boldsymbol{i} + \left(\dfrac{1}{3}y^3 + \tan z\right)\boldsymbol{j} + (x^2z + y^2)\boldsymbol{k}$이고, $\boldsymbol{S}$는 $x^2 + y^2 + z^2 = 1$의 상반구일 때, $\iint_S \boldsymbol{F} \cdot d\boldsymbol{S}$를 구하여라.

3. 스토크스 정리를 이용하여 $\int_C \boldsymbol{F} \cdot d\boldsymbol{r}$을 구하여라. 각 경우에 C는 위에서 볼 때 반시계방향을 가진다.

(1) $\boldsymbol{F}(x, y, z) = (xy, x^2, z^2)$; C : 포물면 $z = x^2 + y^2$과 평면 $z = y$가 만나는 교선

(2) $\boldsymbol{F} = (y^2 + z^2, x^2 + y^2, x^2 + z^2)$; C : xy평면상에서 직선 $x = \pm 1$, $y = \pm 1$로 경계지어지는 사각형

(3) $\boldsymbol{F} = (2z, 4x, 5y)$; C : 평면 $z = x + 4$와 원기둥 $x^2 + y^2 = 4$가 만나는 부분의 곡선

(4) $\boldsymbol{F} = x^2\boldsymbol{i} + 2x\boldsymbol{j} + z^2\boldsymbol{k}$, C : 타원 $4x^2 + y^2 = 4$

(5) $\boldsymbol{F} = (-y^2, x, z^2)$; C : 평면 $y + z = 2$와 원기둥 $x^2 + y^2 = 1$이 만나는 부분의 곡선

(6) $\boldsymbol{F} = (x + y^2)\boldsymbol{i} + (y + z^2)\boldsymbol{j} + (z + x^2)\boldsymbol{k}$; C : (1, 0, 0), (0, 1, 0), (0, 0, 1)을 꼭짓점으로 하는 삼각형

4. $\boldsymbol{B}$와 $\boldsymbol{S} = \partial\boldsymbol{B}$가 발산정리의 조건들을 만족하고 스칼라함수들과 벡터장의 성분들이 연속인 이계 편도함수를 가진다고 가정할 때, 다음 항등식들을 증명하여라.

(1) $\iint_S \boldsymbol{a} \cdot \boldsymbol{\eta}\,dS = 0$, $\boldsymbol{a}$는 상수벡터이다.

(2) $\iint_S curl\boldsymbol{F} \cdot d\boldsymbol{S} = 0$

(3) $\iiint_B f\nabla^2 g\,dxdydz = \iint_S (f\nabla g) \cdot \boldsymbol{\eta}\,dS - \iiint_B \nabla f \cdot \nabla g\,dxdydz$,

단, $\nabla^2 \equiv \Delta \equiv \dfrac{\partial^2}{\partial x^2} + \dfrac{\partial^2}{\partial y^2} + \dfrac{\partial^2}{\partial z^2}$이다.

(4) $\boldsymbol{S}$가 구이고 $\boldsymbol{F}$가 스토크스 정리의 가정을 만족할 때 $\iint_S curl\boldsymbol{F} \cdot d\boldsymbol{S} = 0$임을 밝혀라.

종 | 합 | 문 | 제

1. 다음의 선적분을 구하여라.

(1) $\int_C y\,ds$; C: $\boldsymbol{r}(t) = t\boldsymbol{i} + t^3\boldsymbol{j}$, $-1 \le t \le 0$

(2) $\int_C xe^{yz}\,ds$; C: $(0, 0, 0)$에서 $(1, 2, 3)$까지의 선분

(3) $\int_C \left(1 + \frac{\sqrt{3}}{4}z\right) ds$; C: $\boldsymbol{r}(t) = (\cos t, \sin t, \sqrt{3}\,t)$, $0 \le t \le \pi$

(4) $\int_C x^3y^2z\,dz$; C: $x = 2t$, $y = t^2$, $z = t^2$, $0 \le t \le 1$

(5) $\int_C y\,dx - x\,dy + xyz^2\,dz$; C: $\boldsymbol{r}(t) = (e^{-t}, e^t, t)$, $0 \le t \le 1$

(6) $\int_C z^2\,dx - z\,dy + 2y\,dz$; C: $(0, 0, 0)$에서 $(0, 1, 1)$까지, $(0, 1, 1)$에서 $(1, 2, 3)$까지, $(1, 2, 3)$에서 $(1, 2, 4)$까지의 선분들의 합

(7) $\int_C xy\,dx + (x + z)\,dy + z^2\,dz$;

C: $\boldsymbol{r}(t) = (t+1)\boldsymbol{i} + (t-1)\boldsymbol{j} + t^2\boldsymbol{k}$, $-1 \le t \le 2$

(8) $\int_C x\ln\left(\frac{xz}{y}\right) dx + \cos\left(\frac{\pi xy}{z}\right) dy$;

C: $\boldsymbol{r}(t) = (t, t^2, t^3)$, $1 \le t \le 2$

(9) $\int_C e^y\,dx + 2xe^y\,dy$; C: $x = 0$, $x = 1$, $y = 0$, $y = 1$을 변으로 갖는 사각형

(10) $\int_C (y + e^{\sqrt{x}})\,dx + (2x + \cos y^2)\,dy$;

C: 포물선 $y = x^2$과 $x = y^2$에 의해 둘러싸인 영역의 경계

2. C의 매개변수함수가 $r(t)$일 때 선적분 $\int_C f \cdot dr$을 구하여라.

(1) $f(x, y, z) = x + y$, $\boldsymbol{r}(t) = t\boldsymbol{i} + (1-t)\boldsymbol{j}$, $0 \le t \le 1$

(2) $f(x, y, z) = xy + y + z$, $\boldsymbol{r}(t) = (2t, t, 2-2t)$, $0 \le t \le 1$

(3) $f(x, y, z) = \sqrt{x^2 + y^2}$,

$\boldsymbol{r}(t) = (t\sin t + \cos t)\boldsymbol{i} + (t\cos t - \sin t)\boldsymbol{j}$, $0 \le t \le \sqrt{3}$

(4) $f(x,y,z) = x + \sqrt{y} - z^2$

$r(t) = ti + t^2 j$, $0 \le t \le 1$

(5) $f(x, y, z) = x + \sqrt{y} - z^2$,

$r(t) = i + j + tk$, $0 \le t \le 1$

3. 만약 $\boldsymbol{F}$가 보존장이면, $\boldsymbol{F} = \nabla f$가 되는 퍼텐셜 함수 f를 구하여라.

(1) $\boldsymbol{F} = (e^{2x} + x\sin y)\boldsymbol{i} + (x^2\cos y)\boldsymbol{j}$

(2) $\boldsymbol{F} = (ye^x + \sin y)\boldsymbol{i} + (e^x + x\cos y)\boldsymbol{j}$

4. 다음 곡면에 대한 매개변수함수를 구하여라.

(1) xz평면의 오른쪽에 놓여 있는 타원포물면 $y = 6 - 3x^2 - 2z^2$의 부분

(2) 원기둥 $x^2 + y^2 = 16$ 내부에 속하는 평면 $z = 5$의 부분

(3) 원주면 $x^2 + y^2 = ax$ 내부에 속하는 구 $x^2 + y^2 + z^2 = a^2$의 부분

(4) xy평면상의 사각형 $[0, 1] \times [0, 1]$상에서 포물면 $z = x^2 + y^2$ 부분의 곡면의 넓이를 계산하여라.

(5) $\iint_S y\,d\boldsymbol{S}$를 계산하여라. 단, $\boldsymbol{S}$는 제1팔분체에 속하는 평면 $3x + 2y + z = 6$ 부분이다.

(6) $\iint_S (x^2z + y^2z)\,d\boldsymbol{S}$를 계산하여라.

단, $\boldsymbol{S}$는 반구 $x^2 + y^2 + z^2 = 4$, $z \ge 0$이다.

5. 다음을 발산정리를 이용하여 적분하여라.

(1) $\boldsymbol{F}(x, y, z) = 3x\boldsymbol{i} + xy\boldsymbol{j} + 2xz\boldsymbol{k}$; $\boldsymbol{B}$: 제1팔분체에서 평면 $x = 0$, $x = 1$, $y = 0$, $y = 1$, $z = 0$, $z = 1$로 둘러싸인 직육면체

(2) $\boldsymbol{F}(x, y, z) = (x^2, y^2, z^2)$; $\boldsymbol{B}$: 평면 $z = 0$, $z = 1$에 의해 잘리는 주면체 $x^2 + y^2 \le a^2$ 부분

(3) $\boldsymbol{F}(x, y, z) = (2x, xz, z)$;

$\boldsymbol{B}$: 구면체 $x^2 + y^2 + z^2 \le 4$

(4) $\boldsymbol{F}(x, y, z) = (3x, 4y, 5z)$; $\boldsymbol{S}$: $x^2 + y^2 + z^2 = 4$

(5) $\boldsymbol{F}(x, y, z) = (x^3, y^3, z^3)$;

$\boldsymbol{B}$: 구면체 $x^2 + y^2 + z^2 \le 1$

(6) $\boldsymbol{F}(x, y, z) = y(x^2 + y^2)^{3/2}\boldsymbol{i} - x(x^2 + y^2)^{3/2}\boldsymbol{j} + (z+1)\boldsymbol{k}$;

$\boldsymbol{S}$: 위쪽은 평면 $z = 2x$, 아래쪽은 포물면 $z = x^2 + y^2$에 의해 둘러싸인 입체의 경계면

(7) $\boldsymbol{F}(x, y, z) = \dfrac{x\boldsymbol{i} + y\boldsymbol{j} + z\boldsymbol{k}}{x^2 + y^2 + z^2}$;

$\boldsymbol{B}$: $1 \le x^2 + y^2 + z^2 \le 4$

(8) $\boldsymbol{F} = y\boldsymbol{i} + xy\boldsymbol{j} + z\boldsymbol{k}$; $\boldsymbol{B}$: 평면 $z = 0$과 포물주면 $z = x^2 + y^2$ 사이의 원뿔 $x^2 + y^2 \le 4$의 내부영역

(9) $\boldsymbol{F} = (x - y, y - z, x - y)$;

$\boldsymbol{B}$: 평면 $x = \pm 1$, $y = \pm 1$, $z = \pm 1$을 경계로 하는 육면체

(10) $\boldsymbol{F} = (x^2, -2xy, 3xz)$; $\boldsymbol{B}$: 제1팔분체 내에 있는 구면 $x^2 + y^2 + z^2 = 4$의 내부영역

(11) $\boldsymbol{F}(x, y, z) = (x^2, y^2, z^2)$; $\boldsymbol{B}$: 평면 $x = \pm 1$, $y = \pm 1$, $z = \pm 1$을 경계로 하는 육면체

(12) $\boldsymbol{F} = (2xz, y, -z^2)$; $\boldsymbol{B}$: 평면 $z = y$와 타원주면 $x^2 + 4y^2 = 16$에 의해 잘리는 제1팔분체의 내부영역

6. C가 점 (x_1, y_1)에서 점 (x_2, y_2)까지 연결하는 선분일 때 $\int_C x\,dy - y\,dx$를 구하여라.

7. 다각형의 꼭짓점이 반시계방향의 순서로 (x_1, y_1), $(x_2, y_2), \cdots, (x_n, y_n)$과 같이 나열되어 있을 때, 이 다각형의 넓이를 구하여라.

8. C가 평면상에서 조각적으로 매끄러운 단순 폐곡선이고, f와 g가 미분가능 함수일 때, $\int_C f(x)\,dx + g(y)\,dy = 0$임을 증명하여라.

연습문제 해답

CHAPTER 1 함수와 극한

연습문제 1.1

1. 예제 1.1.7의 그림을 참고하면 점 A의 x좌표가 $\cos x$이고 점 B의 x좌표가 $\cos(-x)$이다. 따라서 $\cos(-x) = \cos x$임을 알 수 있다.

2. (1) 기함수 (3) 기함수

3. (1)

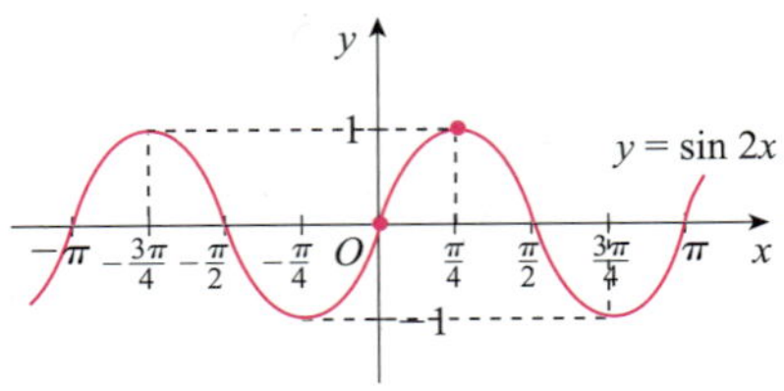

(3)

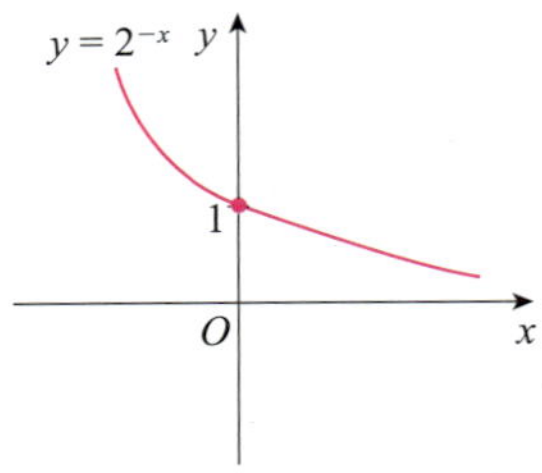

(5)

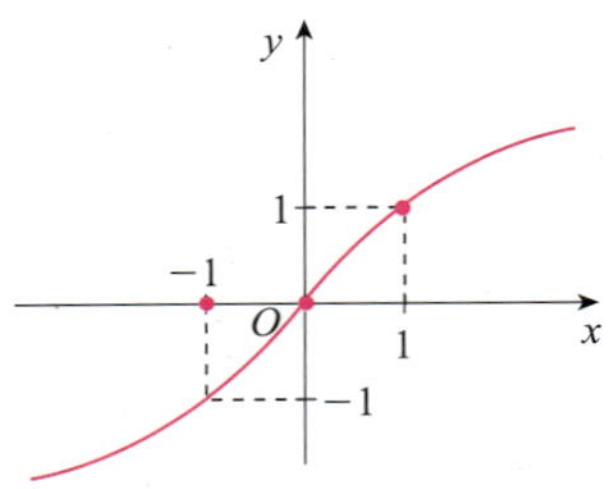

4. (1) $0 < x \le 1$ (3) $-\sqrt{3} < x < \sqrt{3}$

5. (1) 정의역: $x \ne 1/2$, 치역: 0이 아닌 모든 실수

(3) 정의역: $x \ne 1/2$, 치역: $\frac{x^2}{1-2x} = a$라 두고 이차방정식 $x^2 = a(1-2x)$가 실수해를 가질 필요충분조건은 판별식 $D = a(a+1) \ge 0$, 즉 $-1 \ge a$ 또는 $a \ge 0$이다. 그러므로 $-1 < a < 0$이면 $\frac{x^2}{1-2x} = a$는 실수해를 갖지 않는다. 그러므로 치역은 $[0, \infty) \cup (-\infty, -1]$이다.

연습문제 1.2

1. 함수 $f(x), g(x)$가 우함수이면 $f(-x) = f(x), g(-x) = g(x)$이다. 그러므로

$$(f+g)(-x) = f(-x) + g(-x) = f(x) + g(x) = (f+g)(x),$$
$$(fg)(-x) = f(-x)g(-x) = f(x)g(x) = (fg)(x)$$

이다. 그러므로 우함수의 합과 곱은 우함수이다.

2. 함수 $f(x), g(x)$가 기함수이면 $f(-x) = -f(x)$, $g(-x) = -g(x)$이다. 그러므로

$$(f \cdot g)(-x) = f(-x)g(-x) = (-f(x))(-g(x)) = f(x)g(x) = (f \cdot g)(x)$$

이다. 따라서 $f \cdot g$는 우함수이다.

3. (1) $f(f(8)) = f(\sqrt[3]{8}) = f(2) = \sqrt[3]{2}$

(3) $f(g(x)) = f(1-\sqrt{x}) = \sqrt[3]{1-\sqrt{x}}$

4. (1) 만약 $x_1^3 = x_2^3$이면

$$x_1^3 - x_2^3 = (x_1 - x_2)(x_1^2 + x_1x_2 + x_2^2) = 0$$

이다. 그러나 $x_1 = x_2 = 0$ 이외의 모든 실수에 대하여

$$x_1^2 + x_1x_2 + x_2^2 > 0$$

이다. 그러므로 $x_1 = x_2$이다. 따라서 단사함수이다.

(3) 만약 $\sqrt{x_1 - 1} = \sqrt{x_2 - 1}$이면 양변을 제곱하여 $x_1 - 1 = x_2 - 1$, 즉 $x_1 = x_2$를 얻는다. 따라서 단사함수이다.

5. 함수 $f(x)$가 증가함수이면 $x_1 < x_2$이면 $f(x_1) < f(x_2)$이다. 그러므로 만약 $y_1 = f(x_1) < y_2 = f(x_2)$이고 $x_1 \ge x_2$라 가정하면 $f(x_1) \ge f(x_2)$이다. 이것은 가정에 모순이다. 따라서 $f^{-1}(y_1) = x_1 < f^{-1}(y_2) = x_2$이다. 즉 f^{-1}도 증가함수이다.

6. $y = f(g(x)) = f(x-a)$이다. 따라서 $(x, y) \in G_f$이면 $(x+a, y) \in G_{f \circ g}$이다. 그러므로 $y = f(g(x))$의 그래프는 $y = f(x)$의 그래프를 x축의 양의 방향으로 a만큼 평행이동한 것이다.

7. $y = g(f(x)) = f(x) - a$, 즉 $y + a = f(x)$이다. 그러므로 $(x, y) \in G_f$이면 $(x, y-a) \in G_{g \circ f}$이다. 그러므로 $y = g(f(x))$의 그래프는 $y = f(x)$의 그래프를 y축을 따라 $-a$만큼 평행이동한 것이다.

8. (1) $y = x^3$은 정의역과 치역이 실수전체의 집합인 전단사함수이다. 그러므로 이 함수는 역함수를 가지며 그 역함수는 $x = y^3$, 즉 $y = \sqrt[3]{x}$이다.

(3) $y = \frac{1}{x^2}$의 정의역은 0이 아닌 모든 실수이고 치역은 $(0, \infty)$이다. 그리고 이 함수는 단사함수가 아니다. 그

래서 단사함수가 되도록 정의역을 $(0, \infty)$로 축소한다. 그러면 그 역함수는 $x = \frac{1}{y^2}$, 즉 $y = \frac{1}{\sqrt{x}}$이다.

연습문제 1.3

1. 편의상 θ가 일사분면의 각이라 가정한다. 다음 그림에서 점 A의 좌표는 $(\cos\theta, \sin\theta)$이고 점 B의 좌표는 $(\cos(\pi-\theta), \sin(\pi-\theta))$이다. 그림에 의해

$$\sin(\pi-\theta) = \sin\theta, \quad \cos(\pi-\theta) = -\cos\theta$$

임은 명백하다.

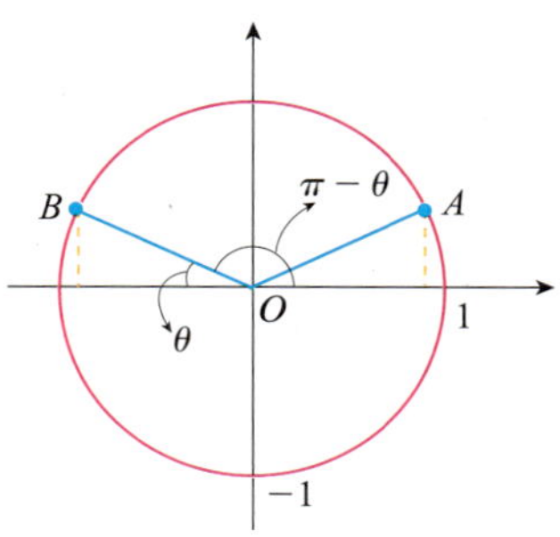

2. (1) $\frac{1}{2}$ (3) $2\sqrt{2}$

3. 아래 그림에서 $\sin\alpha = \frac{h}{b}$, 즉 $h = b\sin\alpha$이다. 마찬가지로 $\sin\beta = \frac{h}{a}$, 즉 $h = a\sin\beta$이다. 그러므로 $b\sin\alpha = a\sin\beta$, 즉 $\frac{\sin\alpha}{a} = \frac{\sin\beta}{b}$이다. 마찬가지 방법으로 $\frac{\sin\alpha}{a} = \frac{\sin\gamma}{c}$도 보일 수 있다.

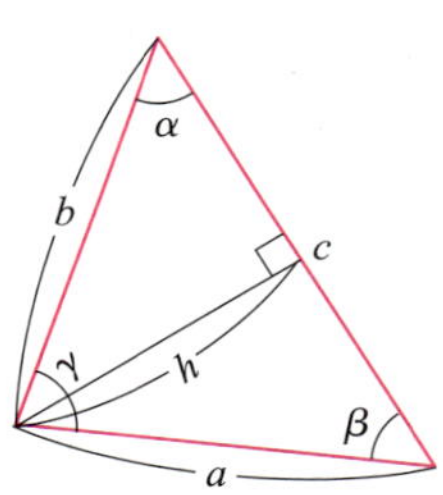

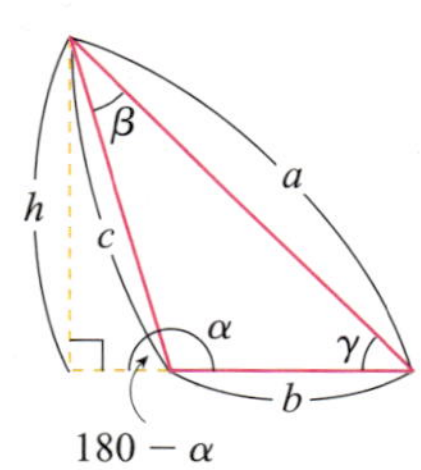

4. 주어진 삼각형을 직교좌표평면상에 다음 그림과 같이 위치시킨다. 선분 $\overline{AB}$의 거리를 구하면

$$c^2 = (b - a\cos\gamma)^2 + (a\sin\gamma)^2 = a^2 + b^2 - 2ab\cos\gamma$$

를 얻는다.

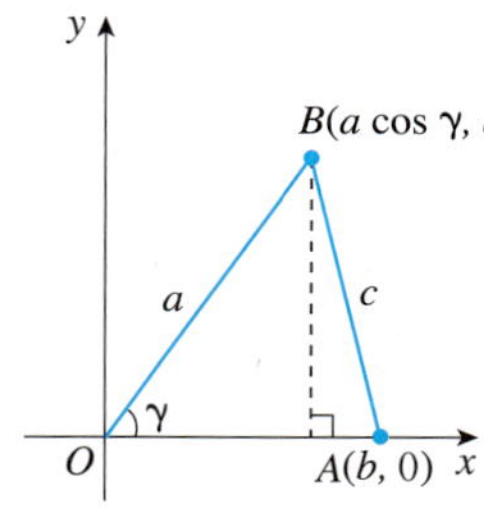

연습문제 1.4

1. (1) $\lim_{x\to 1}(2x+1) = 3$

(3) $x \to -2$이면 $(x+2)^2$은 양수로서 한없이 작아진다.

$$\therefore \lim_{x\to -2}\frac{100}{(x+2)^2} = +\infty$$

2. (1) 분자를 유리화하고 $x \neq 0$임을 써서

$$\lim_{x\to 0}\frac{a-\sqrt{a^2-x^2}}{x^2} = \lim_{x\to 0}\frac{x^2}{x^2\left(a+\sqrt{a^2-x^2}\right)} = \lim_{x\to 0}\frac{1}{a+\sqrt{a^2-x^2}}.$$

그런데 $a+\sqrt{a^2-x^2}$은 $a>0$이면 $x\to 0$일 때 $2a$, $a<0$이면 $x \to 0$일 때 $a+\sqrt{a^2-x^2}<0$이고, 그 절댓값은 한없이 작아진다.

$$\therefore \lim_{x\to 0}\frac{a-\sqrt{a^2-x^2}}{x^2} = \begin{cases}\frac{1}{2a}, & a>0\\ -\infty, & a<0\end{cases}$$

3. (1) $$\lim_{x\to 0}\frac{\sin mx}{\sin nx} = \lim_{x\to 0}\frac{m\frac{\sin mx}{mx}}{n\frac{\sin nx}{nx}} = \frac{m}{n}\frac{\lim_{x\to 0}\frac{\sin mx}{mx}}{\lim_{x\to 0}\frac{\sin nx}{nx}} = \frac{m}{n}\cdot\frac{1}{1} = \frac{m}{n}$$

(3) $\sin^{-1}x = y$라 놓으면 $x = \sin y$를 생각하여 $-\frac{\pi}{2} \le y \le \frac{\pi}{2}$이므로 $x \to 0$이면 $y \to 0$이다. 따라서

$$\lim_{x\to 0}\frac{\sin^{-1}x}{x} = \lim_{y\to 0}\frac{y}{\sin y} = \frac{1}{\lim_{y\to 0}\frac{\sin y}{y}} = \frac{1}{1} = 1.$$

4. (1) $$\lim_{x\to 0}\frac{\sin ax - \sin bx}{x} = \lim_{x\to 0}\frac{\sin ax}{x} - \lim_{x\to 0}\frac{\sin bx}{x} = \lim_{x\to 0}a\frac{\sin ax}{ax} - \lim_{x\to 0}b\frac{\sin bx}{bx} = a\cdot 1 - b\cdot 1 = a - b$$

(3) $$\lim_{x\to 0}\frac{x}{\tan 2x} = \frac{1}{2}\lim_{x\to 0}\frac{2x}{\tan 2x} = \frac{1}{2}\cdot 1 = \frac{1}{2}$$

연습문제 1.5

1. (1) $x \to 1^+$이면 $1-x$는 음수로서 그 절댓값이 한없이 작아진다.

$$\therefore \lim_{x\to 1^+}\frac{1}{1-x} = -\infty$$

(3) 분자, 분모를 x로 나누어서

$$\lim_{x\to-\infty}\frac{x^2+2}{x+1} = \lim_{x\to-\infty}\frac{x+\frac{2}{x}}{1+\frac{1}{x}} = -\infty.$$

(5) 분자, 분모를 x로 나누어서

$$\lim_{x\to-\infty}\frac{x^2}{x-1} = \lim_{x\to-\infty}\frac{x}{1-\frac{1}{x}} = \lim_{x\to-\infty} x = -\infty.$$

(7) $+\infty$

(9) $\frac{1}{2}$

2. (1) 좌극한은 -1, 우극한은 1이므로 극한값이 존재하지 않는다.

3. (1) $x=\frac{1}{2}, y=0$

(3) $\frac{x^2}{1-2x} = -\frac{1}{2}x - \frac{1}{4} + \frac{1}{4(1-2x)}$이므로 점근선은 $y=-\frac{1}{2}x-\frac{1}{4}$, $x=\frac{1}{2}$이다.

연습문제 1.6

1. (1) $(-\infty, \infty)$에서 연속

(3) $x \neq \pm\sqrt{2}$

(5) $x \neq 0$인 모든 x에 대해 연속

(7) $(-\infty, 1) \cup (1, \infty)$에서 연속

(9) 모든 x에 대해 연속

2. (1) $(-\infty, 0) \cup (0, \infty)$에서 연속이다.

(3) $(-\infty, 0) \cup (0, \infty)$에서 연속이다.

(5) $(-\infty, 0) \cup (0, \infty)$에서 연속이다. $0<|x|<1$이면

$$f(x) = \lim_{n\to\infty}\sqrt[n]{|x|^n+|x|^{-n}} = \lim_{n\to\infty}\frac{1}{|x|}\sqrt[n]{|x|^{2n}+1} = \frac{1}{|x|}$$

이고, $|x|=1$이면

$$f(x) = \lim_{n\to\infty}\sqrt[n]{|x|^n+|x|^{-n}} = \lim_{n\to\infty}\sqrt[n]{2} = 1,$$

$1<|x|$이면

$$f(x) = \lim_{n\to\infty}\sqrt[n]{|x|^n+|x|^{-n}} = \lim_{n\to\infty}|x|\sqrt[n]{1+|x|^{-2n}} = |x|$$

이다.

3. $f(x) = x - \cos x$라 하자. $f(0) = -1 < 0$, $f(\pi) = \pi + 1 > 0$이므로 중간값 정리에 의해 $f(c) = c - \cos c = 0$을 만족하는 c가 $(0, \pi)$에 하나 이상 존재한다.

4. 기함수인 다항함수를

$$f(x) = a_0x^{2n+1} + a_1x^{2n-1} + \cdots + a_nx$$

라 하자.

방법 1. $f(x)$가 기함수이므로 $f(0)=0$이다.

방법 2. $f(x)$는 연속함수이다. $f(x)$는 $x \to +\infty$이면 $a_0 \neq 0$이니 a_0와 같은 부호로서 대단히 큰 절댓값을 가지고, 또 $f(x)$는 $x \to -\infty$이면 a_0와 다른 부호로서 대단히 큰 절댓값을 가진다. 그러므로 중간값 정리에 의하여 $-\infty < x < \infty$인 x의 범위에서 $f(c)=0$이 되는 c가 적어도 하나 있다.

연습문제 1.7

1. (1) 1 (2) 0 (3) 0 (4) ∞

(5) $\frac{1}{10}$ (6) e^2

2. (1) $\ln 12$ (2) $\ln 2$ (3) $\ln 2$ (4) 1

3. (1) $x>-3, y=e^x-3$

(2) $(-\infty, -3)\cup(0, \infty), y=\frac{3}{e^x-1}$

(3) $x>1, y=e^{2x}+1$

(4) $-\infty<x<\infty, y=\frac{e^{2x}-1}{2e^x}$

4. (1) $\ln\left(\frac{1+\sqrt{5}}{2}\right)$ (3) $\frac{1}{2}\ln\frac{1}{3}$

(5) $\ln(4+\sqrt{17}) + \ln(4+\sqrt{15})$

5. (1) $1-\tanh^2 x = 1 - \left(\frac{e^x-e^{-x}}{e^x+e^{-x}}\right)^2 = \left(\frac{2}{e^x+e^{-x}}\right)^2$

$= \text{sech}^2 x$

(3) $\sinh(x+y) = \frac{e^{x+y}-e^{-(x+y)}}{2}$

$= \frac{e^x-e^{-x}}{2}\cdot\frac{e^y+e^{-y}}{2} + \frac{e^x+e^{-x}}{2}\cdot\frac{e^y-e^{-y}}{2}$

$= \sinh x\cosh y + \cosh x\sinh y$

(5) $\tanh(x+y) = \frac{\sinh(x+y)}{\cosh(x+y)}$

$= \frac{\sinh x\cosh y + \cosh x\sinh y}{\cosh x\cosh y + \sinh x\sinh y}$

$$= \frac{\tanh x + \tanh y}{1 + \tanh x + \tanh y}$$

(7) $\cosh 2x = \cosh(x+x) = \cosh x \cosh x + \sinh x \sinh x$
$= \cosh^2 x + \sinh^2 x$

(9) $\sinh^2 \frac{x}{2} = \frac{1}{2}\left(\sinh^2 \frac{x}{2} + \sinh^2 \frac{x}{2}\right)$
$= \frac{1}{2}\left(\sinh^2 \frac{x}{2} + \cosh^2 \frac{x}{2} - 1\right)$
$= \frac{1}{2}(\cosh x - 1)$

(11) $\tanh \frac{x}{2} = \dfrac{\sinh \frac{x}{2}}{\cosh \frac{x}{2}} = \dfrac{2\sinh^2 \frac{x}{2}}{2\sinh \frac{x}{2} \cosh \frac{x}{2}}$
$= \dfrac{\cosh x - 1}{\sinh x} = \dfrac{\sinh x}{\cosh x + 1}$

종합문제 1

1. (1) 정의역: 모든 실수의 집합
$x = -1$일 때 $y = 0$이다.
$|x| > 1$일 때 $y = 0$이다.
$|x| < 1$일 때 $y = \lim_{n \to \infty} \frac{x+1}{x^{2n}+1} = x + 1$이다.
$x = 1$일 때 $y = 1$이 된다.

(3) 정의역: 모든 실수
$|x|<1$일 때 $y = \lim_{n \to \infty} \frac{|x|^n - 1}{|x|^n + 1} = -1$이다.
$|x| = 1$일 때 $y = 0$이다.
$|x| > 1$일 때

$$y = \lim_{n \to \infty} \frac{|x|^n - 1}{|x|^n + 1} = \lim_{n \to \infty} \frac{1 - \frac{1}{|x|^n}}{1 + \frac{1}{|x|^n}} = 1$$

이다.

2. (1) $\frac{1}{3}$ (3) e^{-1} (5) $\frac{1}{\ln a}$
(7) $\ln \frac{a}{b}$ (9) 2

3. $\lim_{n \to \infty} n\left(\sqrt[n]{x} - 1\right) = \lim_{h \to 0^+} \frac{1}{h}(x^h - 1)$이다. 여기에서 $x^h - 1 = t$라고 하면, $h = \log_x(t+1)$이 된다. $0 < x < 1$인 경우, $h \to 0^+$이면 $t \to 0^-$이다. 따라서

$$\lim_{h \to 0^+} \frac{1}{h}(x^h - 1) = \lim_{t \to 0^-} \frac{t}{\ln_x(1+t)} = \lim_{t \to 0^-} \frac{\ln x}{\frac{\ln(1+t)}{t}} = \ln x$$

를 만족한다. $x = 1$이면 주어진 식은 $0 = \ln 1$을 만족한다. 마지막으로 $x > 1$인 경우, $h \to 0^+$이면 $t \to 0^+$이다. 따라서

$$\lim_{h \to 0^+} \frac{1}{h}(x^h - 1) = \lim_{t \to 0^+} \frac{t}{\ln_x(1+t)} = \lim_{t \to 0^+} \frac{\ln x}{\frac{\ln(1+t)}{t}} = \ln x$$

를 만족한다.

4. (1) $x \neq 0$인 모든 x에서 연속, $\lim_{x \to 0} x^2 \sin \frac{1}{x} = 0$이므로 $x = 0$은 제거 가능한 불연속점.
(3) $x \neq 0$인 모든 x에서 연속, 그리고 $x = 0$은 제거 불가능한 불연속점.

5. (1) $f(x) = \begin{cases} -x, & |x| > 1 \\ x, & |x| \le 1 \end{cases}$이므로 $x = \pm 1$에서 불연속이다.

6. 임의의 실수 x에 대하여 $f(x+1) = f(x) + f(1)$이다. 여기서 $f(1) = a$라 두면 곡선상의 두 점 $(x+1, f(x+1))$과 $(x, f(x))$를 잇는 직선의 기울기는 $\frac{f(x+1) - f(x)}{x + 1 - x} = f(1) = a$이다. 따라서 곡선상의 임의의 두 점을 잇는 직선의 기울기는 a이다. 그리고 $f(0) = f(0+0) = f(0) + f(0)$이므로 $f(0) = 0$이다. 그러므로 모든 실수 x_0에 대하여 $a = \lim_{x \to x_0} \frac{f(x + x_0) - f(x)}{x + x_0 - x} = \lim_{x \to x_0} \frac{f(x_0)}{x_0}$이다.
따라서 $f(x) = ax$를 얻는다.

CHAPTER 2 미분과 도함수

연습문제 2.1

1. (1) 2 (3) -1

2. (1) $\frac{dy}{dx} = 2$, 미분계수: 2
(3) $\frac{dy}{dx} = \frac{-1}{(x+1)^2}$, 미분계수: $-\frac{1}{4}$

3. (1) $y = -8x + 17$
(3) $x - 2y = 0$

4. (1) 3 (3) 2.4

연습문제 2.2

1. (1) $y' = \frac{1}{2\sqrt{x+3}}$
(3) $y' = 6x^2 + 3\sqrt{x} + \frac{1}{2}x^{-3/2}$
(5) $y' = 3x^2 + 6x + 2$

2. (1) $y' = -\dfrac{1}{x^2}$ (3) $y' = \dfrac{-2x^5 + 2x}{(x^4 - 3x^2 + 1)^2}$

3. (1) $f'(x) = 5(2x^2 - x + 1)^4(4x - 1)$

(3) $f'(x) = \dfrac{1 - 3x}{2\sqrt{x}}$

4. (2, 6), (−2, −6)

연습문제 2.3

1. (1) $y' = (2x - 1)\cos(x^2 - x + 1)$

(3) $y' = 1 - \cos\left(\dfrac{4}{3}x\right) + \dfrac{4}{3}x\sin\left(\dfrac{4}{3}x\right)$

(5) $y' = -6\csc^2(6x)$

2. (1) $y' = 2\csc(-2x)\cot(-2x)$

(3) $y' = -\dfrac{1}{\sqrt{-(x^2 + 3x + 2)}}$

(5) $y' = -\dfrac{\cos x}{\sqrt{1 - \sin^2 x}} = -\dfrac{\cos x}{|\cos x|}$

3. (1) $\dfrac{dy}{dx} = \dfrac{1}{\cos y}$

4. **도움말**: 순간속도의 정의를 이용할 것.

연습문제 2.4

1. (1) $y' = 3e^{3x}$ (3) $y' = 2xe^x + x^2e^x$

(5) $y' = \dfrac{1}{x}$ (7) $y' = 2x\ln x + \dfrac{x^2 + 1}{x}$

(9) $y' = 3(\ln x)^2\dfrac{1}{x}$

2. (1) $y' = \left(\cos x \cdot \ln x + \sin x \cdot \dfrac{1}{x}\right)x^{\sin x}$

(3) $y' = \left(\ln(\ln x) + \dfrac{1}{\ln x}\right)(\ln x)^x$

(5) $y' = \left(\ln x + \dfrac{x + 4}{x}\right)x^{x+4}$

(7) y'

$= \left(\dfrac{2x}{3(x^2 + 1)} + \dfrac{1}{5}\dfrac{1}{x + 1} - 3\dfrac{1}{x + 3}\right)\dfrac{\sqrt[3]{x + 1}\sqrt[5]{x + 1}}{(x + 3)^3}$

(9) $y' = \dfrac{1}{\sqrt[3]{x^2}}\left(\dfrac{1}{3}\ln x + 1\right)x^{\sqrt[3]{x}}$

3. (1) $y' = 2\sinh x \cdot \cosh x$ (3) $y' = 2\tanh 2x$

4. (1) $y' = \dfrac{3}{\sqrt{1 + (3x)^2}}$

(3) $y' = 2x\sinh^{-1}x + x^2\dfrac{1}{\sqrt{1 + x^2}}$

5. (1) $y' = e^{-x} - xe^{-x}$ (3) $y' = \dfrac{6}{5}\dfrac{1}{x}$

(5) $y' = 2^{x+1}\ln 2$ (7) $y' = -\dfrac{2}{x(1 + \ln x)^2}$

6. (1) $y' = \dfrac{\dfrac{1}{x} - e^x\sin y}{e^x\cos y}$

(3) $y' = \dfrac{\cos(x + 3y)}{2e^{2y} - 3\cos(x + 3y)}$

(5) $y' = \dfrac{2x - e^y}{xe^y - 1}$ (7) $y' = \dfrac{2^x\ln 2 - \cos(x + y)}{\cos(x + y)}$

연습문제 2.5

1. (1) $\dfrac{dy}{dx} = \dfrac{-4x^3 + 18y}{4y^3 - 18x}$

(3) $\dfrac{dy}{dx} = \dfrac{2}{(2y + 1)(1 - x)^2}$

(5) $\dfrac{dy}{dx} = \dfrac{-y}{x + 2y}$

2. $y = \dfrac{1}{\sqrt{3}}x + \dfrac{4\sqrt{3}}{3}$

3. $\dfrac{dy}{dx} = -\dfrac{y\sqrt{x + 2y} + \sqrt{xy}}{x\sqrt{x + 2y} + 2\sqrt{xy}}$

4. **도움말**: 순간속도의 정의를 이용할 것.

5. (1) $y^{(n)} = (-1)^{n-1}(n - 1)!(1 + x)^{-n}$

연습문제 2.6

1. $f'''(x) = 24x + 6$

2. (1) $D^{27}\cos x = \cos\left(x + 12\pi + \dfrac{3}{2}\pi\right) = \cos\left(x + \dfrac{3}{2}\pi\right)$

3. $y'' = \dfrac{6y' - 6y(y')^2 - 2}{3y^2 - 3x}$

4. (1) $(\cos 2x)^{(n)} = 2^n \cdot \cos\left(2x + \dfrac{n}{2}\pi\right)$

(2) 라이프니츠 정리 이용

종합문제 2

1. (1) $f'(x) = 0$ (3) $f'(x) = 10x^4$

2. $y' = \dfrac{1}{2\sqrt{1 - \left(\dfrac{x + 1}{2}\right)^2}}$

3. $y'' = \dfrac{6y' - 2(y')^2 - 2}{2y - 3x}$

4. (1) $y' = 3\cos 3x$

(3) $y' = 7\sec^2 7x$

(5) $y' = 3\sec(3x + 2) \cdot \tan(3x + 2)$

(7) $y' = 2\csc(7-2x)\cdot\cot(7-2x)$

(9) $y' = \dfrac{-5}{\sqrt{1-(7-5x)^2}}$

5. $y^{(n)} = (-1)^{n-1}\dfrac{1}{2^n}3\cdot\cdots\cdot(2n-3)\dfrac{x^{(1/2)-n}}{1-x}$
$+ {}_nC_1\dfrac{(-1)^{n-2}}{2^n}3\cdot5\cdot\cdots\cdot(2n-5)\dfrac{x^{(3/2)-n}}{(1-x)^2}$
$+\cdots+\dfrac{n!x^{1/2}}{(1-x)^{n+1}}$

CHAPTER 3 미분의 응용

연습문제 3.1

1. (1) 정류점 $x=-1$, 특이점 없음.

2. (1) 최댓값 $f(1)=-4$, $f(3)=-4$, 최솟값 $f(2)=-5$

(3) 최댓값 $f(0)=1$, 최솟값 $f(2)=-\dfrac{29}{3}$

3. 두 변의 길이는 각각 $\dfrac{10}{\sqrt{2}}$이다.

연습문제 3.2

1. **도움말**: 롤의 정리 이용

2. **도움말**: 평균값 정리 이용

3. $\cos x = 1-\dfrac{x^2}{2!}+\dfrac{x^4}{4!}-\cdots+(-1)^n\dfrac{x^{2n}}{(2n)!}$

4. **도움말**: 테일러 혹은 매클로린 정리 응용

5. $f(x)=7+19(x-1)+20(x-1)^2+8(x-1)^3+(x-1)^4$

6. (1) $\dfrac{1}{2}$ (2) (3) 0

연습문제 3.3

1. (1) $100-\dfrac{1}{200}=99.995$

2. **도움말**: 뉴턴의 방법 이용

3. (1) $dy=(3x^2+4x)\,dx$

4. $dy=-3x\sqrt{4-x^2}\,dx$

5. **도움말**: 뉴턴의 방법 이용

연습문제 3.4

1. (1) 증가: $(-1,\infty)$, 감소: $(-\infty,-1)$

2. (1) 실수 전체에서 아래로 오목

(3) $(-\infty,-1)$에서 아래로 오목, $(-1,\infty)$에서 위로 오목

3. (1) 극소: $x=2$

(3) 극대: $x=-2$, 극소: $x=2$

4. 매개변수함수의 도함수와 정리 3.4.8 이용

5. 극소: $x=-1$

종합문제 3

1. $c=\dfrac{2}{3}$

2. (1) $c=\sqrt{\dfrac{7}{3}}$

3. (1) 0 (3) 0

4. **도움말**: 테일러 혹은 매클로린 정리 응용

5. (1) $\dfrac{1}{4}-\dfrac{1}{4^2}(x-2)+\cdots+\dfrac{(-1)^n}{4^{n+1}}(x-2)^n+\cdots$

6. (1)

x		0		3/2		9/4		3	
y	−	0	+		+		+	0	−
y'	+	0	+		+	0	−		−
y''	−	0	+	0	−		−		−

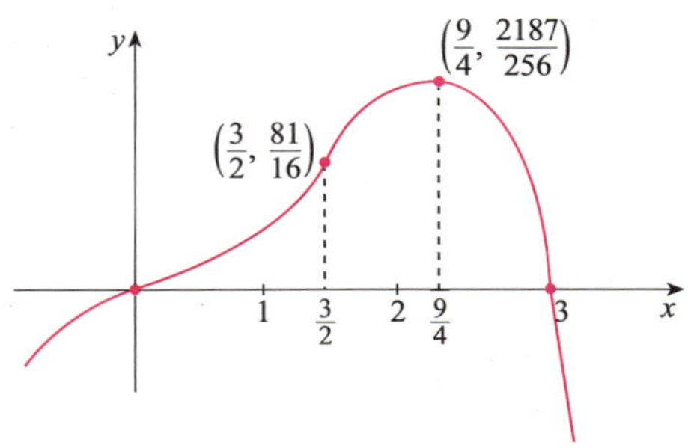

(3)

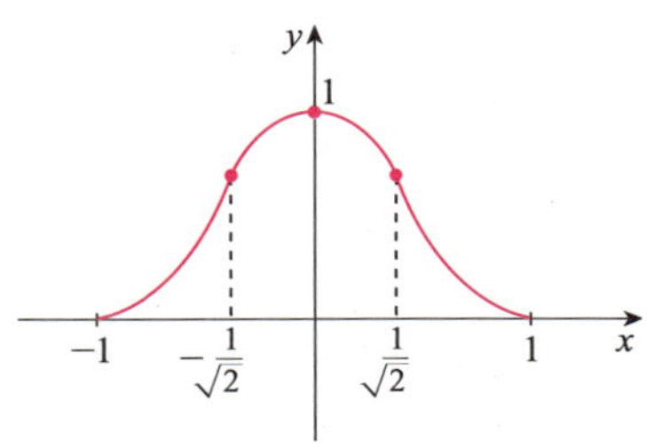

7. (1) $\ln 2+\dfrac{1}{2}x+\cdots+\dfrac{(-1)^{n-1}}{2^n\cdot n}x^n+\cdots$

CHAPTER 4 적분

연습문제 4.1

1. (1) $\frac{x^3}{3} - \frac{3}{2}x^2 + 5x$ (3) $-\frac{\cos 2x}{2}$

(5) $-\cot x$ (7) $-\frac{\cos 2x}{4}$

(9) $2\sqrt{x} + 6\sqrt[3]{x}$ (11) $-\sqrt{2}\cos x$

2. (1) $(x\sin x + \cos x)' = \sin x + x\cos x - \sin x = x\cos x$

따라서 $\int x\cos x dx = x\sin x + \cos x$

(2) $(2\tan x + 2\sec x - x)' = 2\sec^2 x + 2\sec x\tan x - 1$

$= \sec^2 x + 2\sec x\tan x + \tan^2 x$

$= (\sec x + \tan x)^2$

따라서 $\int (\sec x + \tan x)^2 = 2\tan x + 2\sec x - x$

3. $\frac{119}{5}$

4. (1) $\frac{1}{3}e^{3x}$ (3) $\frac{1}{2}e^{2x} + 6e^x + 9x$

(5) $2\ln(1 + e^x)$ (7) $\frac{2^{x^2}}{\ln 2}$

(9) $\frac{\sin(e^{x+1})}{e}$

5. (1) $\frac{1}{\sqrt{3}}\cosh(\sqrt{3}x)$ (3) $3\ln\cosh\left|\frac{x}{3}\right|$

연습문제 4.2

1. (1) $\int_0^1 \frac{1}{\sqrt{1+x^2}}dx$ (3) $\int_0^1 x^4 dx$

(5) $\int_0^1 (1+x)^3 dx$ 또는 $\int_1^2 x^3 dx$

2. (1) $\int_1^2 3x\,dx = \lim_{n\to\infty}\sum_{k=1}^{n} 3\left(1 + \frac{k}{n}\right)\cdot\frac{1}{n}$

$= \lim_{n\to\infty}\sum_{k=1}^{n}\left(\frac{3}{n} + \frac{3k}{n^2}\right)$

$= \lim_{n\to\infty}\left(3 + \frac{3}{n^2}\cdot\frac{n(n+1)}{2}\right) = 3 + \frac{3}{2} = \frac{9}{2}$

(3) $\int_0^1 (x+1)^2 dx = \lim_{n\to\infty}\sum_{k=1}^{n}\left(\frac{k}{n} + 1\right)^2\frac{1}{n}$

$= \lim_{n\to\infty}\sum_{k=1}^{n}\left(\frac{1}{n} + \frac{2k}{n^2} + \frac{k^2}{n^3}\right)$

$= \lim_{n\to\infty}\left(1 + \frac{2}{n^2}\cdot\frac{n(n+1)}{2} + \frac{1}{n^3}\cdot\frac{n(n+1)(2n+1)}{6}\right)$

$= 1 + 1 + \frac{1}{3} = \frac{7}{3}$

3. (1) -21 (3) -31

4. $\left|\int_a^b f(x)\,dx\right| = \left|\lim_{n\to\infty}\sum_{k=1}^{n} f\left(\frac{b-a}{n}k\right)\frac{b-a}{n}\right|$

$\leq \lim_{n\to\infty}\sum_{k=1}^{n}\left|f\left(\frac{b-a}{n}k\right)\right|\frac{b-a}{n}$

$= \int_a^b |f(x)|\,dx$

연습문제 4.3

1. (1) $\frac{1}{2}$ (3) 1

2. (1) $\frac{1}{6}$ (3) $\frac{1}{2}$ (5) $\sqrt{3} - 1$

(7) $\frac{\pi}{4}$ (9) $2\sqrt{2} + 3\sqrt[3]{4} - 5$ (11) $\sqrt{2}$

3. (1) $\sqrt{1+x^2}$ (3) $-\sqrt{x}(x^2+1)^5$

4. (1) 미분가능 (2) $F'(x) = 2xf(x^2)$

연습문제 4.4

1. (1) $-\frac{1}{4(2x+1)^2}$ (3) $\frac{3}{2}\sqrt[3]{x^2 + 4x + 1}$

(5) $\frac{3}{2}\sqrt[3]{(\sin x + 3)^2}$ (7) $-\frac{\cot^4 x}{4}$

2. (1) $\frac{21}{8}$ (3) $\frac{1}{2}(\sqrt[3]{9} - \sqrt[3]{4})$

(5) $\frac{15}{4}$ (7) $2\left(\frac{1}{(2-\sqrt{2})^2} - \frac{1}{(2+\sqrt{2})^2}\right)$

3. (1) $F(x)$를 $f(x)$의 원시함수라고 하자.

$$\int_a^b f(x)\,dx = F(b) - F(a)$$

이다. 평균값 정리에 의해

$$F(b) - F(a) = F'(c)(b-a) = f(c)(b-a)$$

를 만족시키는 $c \in [a, b]$가 존재한다.

(3) $x = \pi - t$로 치환하자. 그러면

$$\int_0^\pi xf(\sin x)\,dx = \int_\pi^0 (\pi - t)f(\sin(\pi - t))\cdot -dt$$

$$= \int_0^\pi (\pi - t)f(\sin t)\,dt$$

$$= \int_0^\pi (\pi - x)f(\sin x)\,dx$$

$$= \pi\int_0^\pi f(\sin x)\,dx - \int_0^\pi xf(\sin x)\,dx$$

이다. 따라서

$$\int_0^\pi xf(\sin x)\,dx = \frac{\pi}{2}\int_0^\pi f(\sin x)\,dx$$

이다.

4. (1) $\sqrt{x^2+4}-2$

연습문제 4.5

1. (1) (a) $\frac{9}{2}$ (b) $\frac{9}{2}$ (c) $\frac{9}{2}$

참값: $\frac{9}{2}$

(3) (a) 3.4540 (b) 3.3966 (c) 3.4826

참값: 3.4641

2. 생략

종합문제 4

1. (1) $\frac{x^3}{3}-\frac{x^2}{2}+\frac{10}{3}x\sqrt{x}$ (3) $\frac{(1-1/x)^6}{6}$

(5) $-\frac{\cos 4x}{8}-\frac{\cos 2x}{4}$ (7) $\frac{\sec^3 x}{3}$

(9) $-3\sqrt[3]{3+\cos x}$

2. (1) 30 (3) -10

3. (1) $\frac{3}{2}$ (3) $\frac{4}{3\pi}$

4. (1) $-\frac{1}{6}$ (3) $2-\frac{2\sqrt{7}}{7}$

(5) $\frac{1}{2}(\tan 2-\tan 1)$ (7) $\frac{1}{3}$

5. (1) $\sqrt{1+\sin x^2}$ (3) $-\frac{\sqrt{x}}{(x^2+x+1)^5}$

6. (1) $\frac{1}{5}(x^2+4)^2\sqrt{x^2+4}-\frac{4}{3}(x^2+4)\sqrt{x^2+4}+\frac{64}{15}$

7. $\frac{1}{3}(10\sqrt{10}-2\sqrt{2})$

8. 생략

CHAPTER 5 적분의 응용

연습문제 5.1

1. (1) $\frac{1}{2}$ (3) 9 (5) 4

2. (1) 1

연습문제 5.2

1. (1) $\pi\left(2ar^2-\frac{2}{3}a^3\right)$ (3) $\frac{16}{9}\pi$ (5) $\frac{4}{15}\pi$

2. (1) $\frac{2}{15}\pi$ (3) $\frac{\pi}{2}$

3. $\frac{16\sqrt{3}}{3}$ **4.** $\frac{\sqrt{3}}{8}\pi$

연습문제 5.3

1. (1) $\int_0^2 \sqrt{1+4x^2}\,dx$ (3) $\int_0^\pi \sqrt{1+\cos^2 x}\,dx$

(5) $\int_0^{\pi/2}\sqrt{1+(\cos x+2\sin x)^2}\,dx$

2. $\frac{13}{12}$ **3.** $\frac{8}{27}\left(\frac{11\sqrt{22}}{4}-1\right)$

4. $\frac{31}{6}$ **5.** $\frac{28}{3}$

6. $\sqrt{2}$

연습문제 5.4

1. (1) $\int_0^2 2\pi x^2\sqrt{1+4x^2}\,dx$

(3) $\int_0^\pi 2\pi(\sin x+1)\sqrt{1+\cos^2 x}\,dx$

(5) $\int_0^{\pi/2} 2\pi(\sin x+2\cos x)\sqrt{1+(\cos x-2\sin x)^2}\,dx$

2. $\frac{\pi}{6}(17\sqrt{17}-5\sqrt{5})$ **3.** $\frac{\pi}{27}(145\sqrt{145}-1)$

4. $\frac{13}{3}\pi$

연습문제 5.5

1. (1) $\left(0, \frac{8}{5}\right)$ (3) $\left(\frac{1}{6}, \frac{1}{3}\right)$ (5) $\left(\frac{12}{25}, \frac{3}{7}\right)$

2. $\left(\frac{5}{9}, \frac{7}{9}\right)$, 삼각형의 무게중심의 좌표와 같다.

3. 주어진 영역을 y축에 평행한 얇은 띠로 분할하여 $\bar{x}$를 구하고 주어진 영역을 x축에 평행한 얇은 띠로 분할하여 $\bar{y}$를 구하자. 그러면

$$\bar{x}=\frac{\int_a^b x\cdot\rho\,|f(x)-g(x)|\,dx}{\int_a^b \rho\,|f(x)-g(x)|\,dx},\quad \bar{y}=\frac{\int_a^b y\cdot\rho\,|f(y)-g(y)|\,dy}{\int_a^b \rho\,|f(y)-g(y)|\,dy}$$

이므로 $\bar{x}=\bar{y}$이다. 즉 무게중심은 $y=x$에 있다.

종합문제 5

1. (1) $\frac{343}{6}$ (3) $\frac{8}{3}$

2. (1) $\frac{136}{15}\pi$ (3) $\frac{72}{5}\pi$ (5) 2π

3. $\frac{31\sqrt{3}}{40}$

4. (1) $\frac{8}{27}\left(\frac{13\sqrt{13}}{8}-1\right)=\frac{13\sqrt{13}-8}{27}$

(3) $\frac{10\sqrt{2}-8}{3}$

5. (1) $\frac{\pi}{54}(37\sqrt{37}-1)$

6. (1) $\left(\frac{3}{2}, \frac{6}{5}\right)$

CHAPTER 6 적분의 기법

연습문제 6.1

1. (1) $x(\ln x)^2 - 2(x\ln x - x)$

(3) $x\sin^{-1}x + \sqrt{1-x^2}$

(5) $(x^2+1)e^x - 2(xe^x - e^x)$

(7) $x\ln\sqrt{x} - \frac{1}{2}x$

2. (1) $-\frac{\sqrt{2}}{8}\pi + \frac{\sqrt{2}}{2}$ (3) $\frac{1}{2}(-e\cos 1 + 1 + e\sin 1)$

(5) $-\frac{2}{e}+1$ (7) $\frac{\pi}{8}-\frac{1}{4}$

3. $\sec^n x = \sec^{n-2}x\ \sec^2 x$에서

$$f(x) = \sec^{n-2}x,\ \ g'(x) = \sec^2 x$$

로 두고 부분적분법을 적용한다.

$$f'(x) = (n-2)\sec^{n-3}x\cdot\sec x\cdot\tan x,\ g(x) = \tan x$$

이다. 그러므로

$$\begin{aligned} I_n &= \int \sec^n x\,dx \\ &= \sec^{n-2}x\tan x - \int (n-2)\sec^{n-2}x\tan^2 x\,dx \\ &= \sec^{n-2}x\tan x - (n-2)\int \sec^{n-2}x(\sec^2 x - 1)\,dx \\ &= \sec^{n-2}x\tan x - (n-2)I_n + (n-2)I_{n-2} \end{aligned}$$

이다. 따라서

$$I_n = \frac{1}{n-1}\sec^{n-2}x\tan x + \frac{n-2}{n-1}I_{n-2}$$

이다.

4. (1) $\frac{1}{4}\sin 2x + \frac{1}{2}x$ (3) $\frac{1}{2}\tan^2 x + \ln|\cos x|$

(5) $\frac{1}{2}\sec x\tan x + \frac{1}{2}\ln|\sec x + \tan x|$

연습문제 6.2

1. (1) $4\sin^{-1}\frac{2x}{3}$ (3) $\sin^{-1}\frac{x-2}{\sqrt{2}}$

(5) $\frac{1}{2\sqrt{3}}\tan^{-1}\frac{\sqrt{3}(x+1)}{2}$ (7) $\frac{1}{\sqrt{3}}\tan^{-1}\frac{x+2}{\sqrt{3}}$

2. (1) $\sin^{-1}\frac{2}{3} - \sin^{-1}\frac{1}{3}$ (3) $\frac{\pi}{6}$

(5) $\frac{\pi}{18}$ (7) $\frac{\pi}{4}$

3. (1) $x = 2\tan t$로 치환하면 $dx = 2\sec^2 t\,dt$이고, $x=0$이면 $t=0$, $x=2$이면 $t=\frac{\pi}{4}$이다. 따라서

$$\begin{aligned} \int_0^2 \frac{x}{\sqrt{x^2+4}}\,dx &= \int_0^{\pi/4}\frac{2\tan t}{\sqrt{(2\tan t)^2+4}}2\sec^2 t\,dt \\ &= \int_0^{\pi/4} 2\sec t\tan t\,dt = [2\sec t]_0^{\pi/4} \\ &= 2\sqrt{2}-2 \end{aligned}$$

이다.

4. (1) $x = 2\sin t$로 치환하면 $dx = 2\cos t\,dt$이고, $x=1$이면 $t=\frac{\pi}{6}$, $x=0$이면 $t=0$이다. 따라서

$$\begin{aligned} \int_0^1 \frac{x}{\sqrt{4-x^2}}\,dx &= \int_0^{\pi/6}\frac{2\sin t}{\sqrt{4-(2\sin t)^2}}2\cos t\,dt \\ &= \int_0^{\pi/6} 2\sin t\,dt \\ &= [-2\cos t]_0^{\pi/6} = 2-\sqrt{3}. \end{aligned}$$

연습문제 6.3

1. (1) $\frac{-\frac{1}{2}}{x-1} + \frac{2}{x-2} + \frac{-\frac{3}{2}}{x+3}$

(3) $\frac{-\frac{1}{2}x}{x^2+1} + \frac{\frac{1}{4}}{x+1} + \frac{\frac{1}{4}}{x-1}$

(5) $\frac{2}{(x+1)^2} + \frac{-1}{(x+1)^3}$

(7) $\frac{2}{x-1} + \frac{2}{(x-1)^2}$

2. (1) $\ln|x+3| + 5\ln|x-2|$

(3) $5\ln(x^2+1)+2\ln|x+4|$

(5) $2x+\ln|x|+\ln(x^2+4)-\frac{1}{2}\tan^{-1}\frac{x}{2}$

(7) $\ln|x+2|-\frac{2}{x+2}+3\ln|x+1|$

3. (1) $\frac{\pi}{12}$ (3) $2\ln 2$

(5) $\sqrt{3}+\ln\sqrt{3}-1+\frac{\pi}{3}$ (7) $1+2\ln 2$

연습문제 6.4

1. (1) $\sqrt{2}$ (3) 1

(5) $\frac{\pi}{16}$ (7) $\frac{1}{2}\left(\sqrt{2}-\ln(\sqrt{2}+1)\right)$

2. (1) $\frac{2}{3}(\sqrt{2})^3-6\sqrt{2}-\frac{2}{3}(\sqrt{3})^3+6\sqrt{3}$

(3) $\frac{117}{28}$ (5) $-\frac{1}{2}+\ln 2$

3. (i) $m\neq n$

$$\int_{-\pi}^{\pi}\sin mx\sin nx\,dx$$
$$=-\frac{1}{2}\int_{-\pi}^{\pi}(\cos(m+n)x-\cos(m-n)x)\,dx$$
$$=-\frac{1}{2}\left[\frac{1}{m+n}\sin(m+n)x-\frac{1}{m-n}\sin(m-n)x\right]_{-\pi}^{\pi}=0$$

(ii) $m=n$

$$\int_{-\pi}^{\pi}\sin mx\sin nx=\int_{-\pi}^{\pi}\sin^2 mx\,dx=\int_{-\pi}^{\pi}\frac{1-\cos 2mx}{2}\,dx$$
$$=\left[\frac{1}{2}\left(x-\frac{1}{2m}\sin 2mx\right)\right]_{-\pi}^{\pi}=\pi$$

4. (i) $m\neq n$

$$\int_{-\pi}^{\pi}\cos mx\cos nx\,dx$$
$$=\frac{1}{2}\int_{-\pi}^{\pi}(\cos(m+n)x+\cos(m-n)x)\,dx$$
$$=\frac{1}{2}\left[\frac{1}{m+n}\sin(m+n)x+\frac{1}{m-n}\sin(m-n)x\right]_{-\pi}^{\pi}=0$$

(ii) $m=n$

$$\int_{-\pi}^{\pi}\cos mx\cos nx\,dx=\int_{-\pi}^{\pi}\cos^2 mx\,dx$$
$$=\int_{-\pi}^{\pi}\frac{1+\cos 2mx}{2}\,dx$$
$$=\left[\frac{1}{2}\left(x+\frac{1}{2m}\sin 2mx\right)\right]_{-\pi}^{\pi}=\pi$$

5. (1) 0 (3) 0

연습문제 6.5

1. (1) $x=4$에서 불연속이므로 이상적분이다.

(3) $x=\frac{\pi}{2}$에서 불연속이므로 이상적분이다.

2. (1) $\frac{\pi}{2}$ (3) 발산

3. (1) 발산 (3) 발산

4. (1) $n>1$

5. (1) 수렴 (3) 수렴

종합문제 6

1. (1) $\frac{1}{8}e^2+e-\frac{1}{8}$ (3) $-4(2^{3/2}-3^{3/2})$

(5) $\frac{1}{2}(e^2-e)$ (7) 1

(9) $\frac{\pi}{2}-1$ (11) 0

(13) $7\left(\sqrt{3}-\frac{\pi}{3}\right)$ (15) $\frac{1}{2}\tan^{-1}\frac{1}{2}$

(17) $\frac{4}{3\sqrt{3}}\pi$

(19) $2\sqrt{3}-2\sqrt{2}+\ln\frac{(\sqrt{3}-1)(\sqrt{2}+1)}{(\sqrt{3}+1)(\sqrt{2}-1)}$

2. (i) $u=\cos x$로 치환하면 $du=-\sin x\,dx$.

$$\int\cos^3 x\sin^3 x\,dx=\int\cos^3 x\sin^2 x\sin x\,dx$$
$$=\int\cos^3 x(1-\cos^2 x)\sin x\,dx$$
$$=\int u^3(u^2-1)\,du=\int(u^5-u^3)\,du=\frac{1}{6}u^6-\frac{1}{4}u^4$$
$$=\frac{1}{6}\cos^6 x-\frac{1}{4}\cos^4 x$$
$$\Rightarrow\int_0^{\pi/2}\cos^3 x\sin^3 x\,dx=\left[\frac{1}{6}\cos^6 x-\frac{1}{4}\cos^4 x\right]_0^{\pi/2}=\frac{1}{12}$$

(ii) $u=\sin x$로 치환하면 $du=\cos x\,dx$.

$$\int\cos^3 x\sin^3 x\,dx=\int\sin^3 x\cos^2 x\cos x\,dx$$
$$=\int\sin^3 x(1-\sin^2 x)\cos x\,dx$$
$$=\int u^3(1-u^2)\,du=\int(u^3-u^5)\,du=\frac{1}{4}u^4-\frac{1}{6}u^6$$
$$=\frac{1}{4}\sin^4 x-\frac{1}{6}\sin^6 x$$
$$\Rightarrow\int_0^{\pi/2}\cos^3 x\sin^3 x\,dx=\left[\frac{1}{4}\sin^4 x-\frac{1}{6}\sin^6 x\right]_0^{\pi/2}=\frac{1}{12}$$

3. (i) $u=\tan x$이면 $du=\sec^2 x\,dx$이므로

$$\int\tan x\sec^2 x\sec^2 x\,dx=\int\tan x(1+\tan^2 x)\sec^2 x\,dx$$

$$= \int u(1+u^2)\,du = \int (u+u^3)\,du = \frac{1}{2}u^2 + \frac{1}{4}u^4$$
$$= \frac{1}{2}\tan^2 x + \frac{1}{4}\tan^4 x$$

이다. 따라서

$$\int_0^{\pi/4} \tan x \sec^4 x\,dx = \left[\frac{1}{2}\tan^2 x + \frac{1}{4}\tan^4 x\right]_0^{\pi/4} = \frac{3}{4}$$

이다.

(ii) $u = \sec x$이면 $du = \sec x \tan x\,dx$이므로

$$\int \tan x \sec^4 x\,dx = \int \sec^3 x \sec x \tan x\,dx = \int u^3\,du$$
$$= \frac{1}{4}u^4 = \frac{1}{4}\sec^4 x$$

이다. 따라서

$$\int_0^{\pi/4} \tan x \sec^4 x\,dx = \left[\frac{1}{4}\sec^4 x\right]_0^{\pi/4} = \frac{3}{4}$$

이다.

4. (1) 2 (3) $4\ln 4 - 4$
(5) π (7) 발산

5. (1) 수렴 (3) 발산
(5) 발산 (7) 수렴

CHAPTER 7 무한급수와 멱급수

연습문제 7.1

1. (1) 최댓값과 최솟값은 없다. 상한$=b$, 하한$=a$.
(3) 상한$=$최댓값$=2$, 하한$=0$. 최솟값은 없다.

2. (1) $\lim_{n\to\infty} a_n = \lim_{n\to 0} \frac{n-1}{n} = \lim_{n\to\infty}\left(1-\frac{1}{n}\right) = 1.$

$\therefore$ 1에 수렴

(3) (i) $|r| < 1$, 즉 $-1 < r < 1$이면 $\lim_{n\to\infty} r^n = 0.$

$\therefore \{r^n\}$은 0에 수렴

(ii) $r = 1$이면 $r^n = 1$. $\therefore \lim_{n\to\infty} r^n = 1$

$\therefore \{r^n\}$은 1에 수렴

(iii) $r > 1$이면 $\lim_{n\to\infty} r^n = +\infty.$

$\therefore \{r^n\}$은 $+\infty$로 발산

(iv) $r < -1$일 때 n이 짝수면 $\lim_{n\to\infty} r^n = \infty$, n이 홀수면 $\lim_{n\to\infty} r^n = -\infty.$ $\therefore \{r^n\}$은 진동

(v) $r = -1$일 때 n이 짝수면 $r^n = 1$, 홀수면 $r^n = -1.$

$\therefore \{r^n\}$은 진동

이상에서 $\{r^n\}$은 $-1 < r \le 1$인 범위에서만 수렴한다.

(5) $a_n = 1 + \frac{1}{2} + \frac{1}{2^2} + \cdots + \frac{1}{2^n} = \dfrac{1-\left(\frac{1}{2}\right)^{n+1}}{1-\frac{1}{2}}$

$$= 2\left(1 - \frac{1}{2^{n+1}}\right)$$

$\therefore \lim_{n\to\infty} a_n = 2.$ $\therefore \{a_n\}$는 2에 수렴

(7) $\sin\frac{\pi}{2}n$은 n이 짝수면 0, n이 홀수면 ± 1이다.

따라서 $a_n = \dfrac{n\sin\frac{\pi}{2}n}{n+1}$은 n이 짝수면 0,

홀수면 $\dfrac{\pm n}{n+1} = \pm\dfrac{1}{1+\frac{1}{n}}$.

$$\therefore \lim_{n\to\infty} a_n = \begin{cases} 0, & n = \text{짝수} \\ \pm 1, & n = \text{홀수} \end{cases}$$

$\therefore \left\{\dfrac{n\sin\frac{\pi}{2}n}{n+1}\right\}$은 발산한다.

3. (1) $1 - \frac{1}{n^2} = \frac{n^2-1}{n^2} = \frac{(n-1)(n+1)}{n^2}$이므로

$$\lim_{n\to\infty}\left(1-\frac{1}{2^2}\right)\left(1-\frac{1}{3^2}\right)\left(1-\frac{1}{4^2}\right)\cdots\left(1-\frac{1}{n^2}\right)$$
$$= \lim_{n\to\infty}\left\{\frac{1\cdot 3}{2^2}\times\frac{2\cdot 4}{3^2}\times\frac{3\cdot 5}{4^2}\times\cdots\times\frac{(n-2)n}{(n-1)^2} \times \frac{(n-1)(n+1)}{n^2}\right\}$$
$$= \lim_{n\to\infty}\frac{1}{2}\times\frac{n+1}{n} = \lim_{n\to\infty}\frac{n+1}{2n} = \lim_{n\to\infty}\left(\frac{1}{2}+\frac{1}{2n}\right) = \frac{1}{2}$$

(3) $\lim_{n\to\infty}\frac{1}{n}\left(\frac{1^2}{n^2}+\frac{2^2}{n^2}+\frac{3^2}{n^2}+\cdots+\frac{n^2}{n^2}\right)$

$$= \lim_{n\to\infty}\frac{1}{n}\sum_{k=1}^{n}\frac{k^2}{n^2} = \lim_{n\to\infty}\frac{1}{n^3}\cdot\frac{1}{6}n(n+1)(2n+1)$$
$$= \lim_{n\to\infty}\frac{2n^2+3n+1}{6n^2} = \lim_{n\to\infty}\left(\frac{1}{3}+\frac{1}{2n}+\frac{1}{6n^2}\right) = \frac{1}{3}$$

(5) (분자) $= \sum_{k=1}^{n-1} k(n-k) = n\sum_{k=1}^{n-1} k - \sum_{k=1}^{n-1} k^2$

$$= n\cdot\frac{n(n-1)}{2} - \frac{(n-1)n(2n-1)}{6}$$
$$= \frac{n(n-1)(n+1)}{6}$$

이므로

$$\lim_{n\to\infty}\frac{1\cdot(n-1)+2\cdot(n-2)+\cdots+(n-1)\cdot 1}{n^2(n-1)}$$
$$= \lim_{n\to\infty}\frac{n(n-1)(n+1)}{6}\cdot\frac{1}{n^2(n-1)}$$

$$= \lim_{n\to\infty} \frac{n+1}{6n} = \lim_{n\to\infty}\left(\frac{1}{6} + \frac{1}{6n}\right) = \frac{1}{6}$$

4. (1) $\lim_{n\to\infty} (\sqrt{n+2} - \sqrt{n-2})$

$$= \lim_{n\to\infty} \frac{(\sqrt{n+2})^2 - (\sqrt{n-2})^2}{\sqrt{n+2} + \sqrt{n-2}}$$

$$= \lim_{n\to\infty} \frac{4}{\sqrt{n+2} + \sqrt{n-2}} = 0$$

(3) $\lim_{n\to\infty} \frac{4n}{\sqrt{2+n^2} - 5} = \lim_{n\to\infty} \frac{4}{\sqrt{\frac{2}{n^2}+1} - \frac{5}{n}} = 4$

(5) $\lim_{n\to\infty} (2n^3 - 2n^2 - 3n + 1)$

$$= \lim_{n\to\infty} n^3\left(2 - \frac{2}{n} - \frac{3}{n^2} + \frac{1}{n^3}\right) = \infty$$

5. (1) $-1 \le \cos n\theta \le 1$이므로 $-\frac{1}{n} \le \frac{1}{n}\cos n\theta \le \frac{1}{n}$. 또한

$\lim_{n\to\infty} \frac{1}{n} = 0,\ \lim_{n\to\infty}\left(-\frac{1}{n}\right) = 0$이므로 $\lim_{n\to\infty} \frac{1}{n}\cos n\theta = 0$

이다.

6. (1) $\lim_{n\to\infty} \frac{4^n}{5^n + 3^n} = \lim_{n\to\infty} \frac{\left(\frac{4}{5}\right)^n}{1 + \left(\frac{3}{5}\right)^n} = 0$

(3) $\lim_{n\to\infty} \frac{(-2)^n}{3^n - 1} = \lim_{n\to\infty} \frac{\left(-\frac{2}{3}\right)^n}{1 - \left(\frac{1}{3}\right)^n} = 0$

(5) $\lim_{n\to\infty} \frac{a^{n+1} + b^{n+1}}{a^n + b^n} (a > b > 0) = \lim_{n\to\infty} \frac{a \cdot a^n + b \cdot b^n}{a^n + b^n}$

$$= \lim_{n\to\infty} \frac{a + b\left(\frac{b}{a}\right)^n}{1 + \left(\frac{b}{a}\right)^n} = a \leftarrow 0 < \frac{b}{a} < 1$$

(7) $\lim_{n\to\infty} (2^{3n} - 3^{2n}) = \lim_{n\to\infty} (8^n - 9^n)$

$$= \lim_{n\to\infty} 9^n\left\{\left(\frac{8}{9}\right)^n - 1\right\} = -\infty$$

연습문제 7.2

1. (1) 수렴 (3) 발산 (5) 발산 (7) 수렴
(9) 수렴 (11) 수렴 (13) 수렴 (15) 발산

2. (1) 절대수렴 (3) 절대수렴

3. 도움말: $s_n = \sum_{k=1}^{n} a_k, t_n = \sum_{k=1}^{n} |a_k|$라 두면 $|s_n| \le |t_n| = t_n$ 이라는 사실을 이용하여라.

4. 도움말: $\frac{|a_n|}{n} \le |a_n|$을 이용.

연습문제 7.3

1. (1) e (3) 1 (5) 1

2. (1) $[-1, 1]$ (3) $(-1, 1]$ (5) $(-2, 2)$
(7) $[-1, 1)$ (9) $(-4, 4)$

3. (1) $\sum_{n=0}^{\infty} (-1)^n (x-1)^n$

(3) $2 + \sum_{n=1}^{\infty} \frac{(-1)^{n+1} 1 \cdot 3 \cdot 5 \cdots (2n-3)}{2^{3n-1} n!}(x-4)^n$

4. (1) $\sum_{n=0}^{\infty} (-1)^n 4^n x^{2n}$, 수렴반지름 1/2

(3) $\sum_{n=0}^{\infty} (-1)^n (n+1) x^n$, 수렴반지름 1

(5) $\sum_{n=0}^{\infty} x^{2n}$, 수렴반지름 1

(7) $\sum_{n=0}^{\infty} \frac{(-1)^n}{(2n)!} x^{2n+2}$, 수렴반지름 ∞

(9) $\sum_{n=0}^{\infty} \frac{2^n}{n!} x^n$, 수렴반지름 ∞

5. (1) $-1/2$ (3) $1/3$

종합문제 7

1. (1) 상한(sup): $\frac{6}{5}$, 하한(inf): $\frac{2}{3}$

(3) $\lim_{n\to\infty}\left(\frac{2+n}{n}\right)^{n-1} = \lim_{n\to\infty}\left\{\left(1+\frac{2}{n}\right)^{n/2}\right\}^2 \cdot \left(1+\frac{2}{n}\right)^{-1}$

$$= e^2 \cdot 1 = e^2$$

(5) $\lim_{n\to\infty} (\sqrt{n^2+3n} - n) = \lim_{n\to\infty} \frac{n^2+3n-n^2}{\sqrt{n^2+3n}+n}$

$$= \lim_{n\to\infty} \frac{3n}{\sqrt{n^2+3n}+n} = \frac{3}{2}$$

2. (1) 수렴 (3) 발산 (5) 수렴 (7) 수렴
(9) 발산 (11) 발산 (13) 발산 (15) 수렴
(17) 발산 (19) 수렴

3. (1) $[-3, 3)$ (3) $(1, 5)$
(5) $(-1, 1)$ (7) $(-\infty, \infty)$

4. (1) 1 (3) 3 (5) 8

5. (1) $\sum_{n=0}^{\infty} \frac{(-1)^n x^{2n+2}}{2^{2n+1}(2n+1)!}$, 수렴반지름 ∞

(3) $\sum_{n=0}^{\infty} \frac{(-1)^n x^{2n}}{(2n+1)!}$, 수렴반지름 ∞

(5) $1 + \sum_{n=0}^{\infty} \frac{1 \cdot 4 \cdot 7 \cdot \cdots \cdot (3n-2)}{3^n n!} x^n$, 수렴반지름 ∞

6. (1) 1.10517 (3) 0.336 (5) 0.98481

CHAPTER 8 매개변수방정식과 극좌표

연습문제 8.1

1. (1) $x = (y-1)^2 - 2$　(3) $x^2 + y^2 = 1$

(5) $\left(\frac{x}{4}\right)^2 + \left(\frac{y}{5}\right)^2 = 1$

2. (1) $x = t,\ y = t^2 \quad (-1 \le t \le 1)$

(3) $x = 2 + 2\cos t,\quad y = 2\sin t$

연습문제 8.2

1. (1) $\frac{3t^2 - 3}{2t}$　(3) $y = \pm\sqrt{3}(x-3)$

(5) $t > 0$일 때 아래로 볼록, $t < 0$일 때 위로 볼록

2. (1) πa^2

3. (1) $\frac{43}{6}\pi$

4. (1) $\frac{1}{3}(2\sqrt{2} - 1)$　(3) $6a$

5. (1) 8π

연습문제 8.3

1. 극좌표 $\left(1, \frac{\pi}{6}\right), \left(1, \frac{5\pi}{6}\right), \left(1, \frac{7\pi}{6}\right), \left(1, \frac{11\pi}{6}\right)$

2. (1) 극좌표: $r = \frac{2}{\cos\theta}$인 곡선, 직교좌표: $x = 2$인 직선

(3) 극좌표: $r = \theta$인 직선, 직교좌표: 나선 모양(직교좌표 방정식으로 고치기는 쉽지 않다. 극방정식을 이용하여 직교좌표에 그래프를 그려보면 나선 모양임을 알 수 있다.)

3. (1) $r^2(1 + \cos\theta\sin\theta) = 3$　(3) $r^2(3 + 2\cos\theta\sin\theta) = 19$

연습문제 8.4

1. (1) $\frac{9}{4}a^2\pi$　(3) 6π

2. (1) $\frac{\pi}{2}a$　(3) $4\sqrt{2}$

3. (1) $2\pi^2$

종합문제 8

1. $t = \pi\ (x = \pi)$에서 극댓값 2이며 곡선은 위로 볼록하다.

2. (1) $\frac{d^2y}{dx^2} = \frac{(1-3t^2)(-12t^2) - (-6t)(-4t^3)}{(1-3t^2)^3}$

3. (1) $\frac{16}{35}$　(3) $\frac{1}{2}\pi a^2$

4. (1) $a(\sqrt{2} + \ln(1+\sqrt{2}))$　(3) $\frac{1}{3}((\pi^2+4)^{3/2} - 8)$

5. (1) $\frac{32}{105}\pi a^3$

6. (1) $16\sqrt{5}\pi$　(3) $2\pi a^2(2 - \sqrt{2})$

CHAPTER 9 벡터함수

연습문제 9.1

1. (1) $(4, 5)$　(2) $(10, 7)$　(3) -9　(4) -3　(5) 1　(6) 1

2. (1) $\cos^{-1}\left(\frac{-3}{\sqrt{10}}\right)$　(2) $\frac{3}{4}\pi$

4. (1) $\mathrm{w} = (-1, 2)$

(2) $\mathrm{v} = (-1, 2) + (2, 1)$

연습문제 9.2

1. (1) $x = 1 - 2t,\ y = 2 - 2t,\ z = -1 + 2t$ (t는 실수),

$\frac{x-1}{-2} = \frac{y-2}{-2} = \frac{z+1}{2}$

(2) $\frac{x-2}{3} = \frac{y-4}{7} = \frac{z-5}{4}$　(3) $2x + 3y + 4z = 12$

(4) $3x + y + z = 5$　(5) $5x - 6y - 4z = -3$

(6) $\frac{8}{3\sqrt{3}}$　(7) $x = 4,\ y = 2z + 1$

(8) $\theta = \cos^{-1}\left(\frac{2}{\sqrt{42}}\right)$

3. (1) $\frac{\pi}{2}$　(2) $\pm\left(\frac{2}{\sqrt{30}}, \frac{-5}{\sqrt{30}}, \frac{1}{\sqrt{30}}\right)$

(3) $\mathbf{u}$의 방향여현 $\frac{-1}{\sqrt{5}}, 0, \frac{2}{\sqrt{5}}$, $\mathbf{v}$의 방향여현 $\frac{2}{\sqrt{6}}, \frac{1}{\sqrt{6}}, \frac{1}{\sqrt{6}}$

(4) $(-2, 5, -1)$　(5) $\sqrt{30}$

(6) $\pm\left(\frac{2}{\sqrt{30}}, \frac{-5}{\sqrt{30}}, \frac{1}{\sqrt{30}}\right)$

4. (1) $(0, 8, 0), (0, -8, 0)$　(2) $(0, 8, 0), (0, -8, 0)$

(3) $-8, 8$　(4) $(4, 1, -3), (-2, -1, -1)$

연습문제 9.3

1. (1) 정의역: 실수 전체, 상은 종점이 $y = x^3$의 그래프상에 있는 위치벡터이다.

(3) 정의역: $-2 \le t \le 5$

2. (1) $4\mathbf{i} + 4\mathbf{j}$ (3) $5\mathbf{i} + 4\mathbf{j} + \mathbf{k}$

(5) 존재하지 않음.

3. (1) $\mathbf{j} + 5t^4\mathbf{k}$

(3) $-2\sin 2t\mathbf{i} + \dfrac{2}{(t+1)^2}\mathbf{j} + \dfrac{2}{t^2}\mathbf{k}$

(5) $\dfrac{1}{t}\mathbf{i} + \dfrac{1}{t^2}\mathbf{j}$

4. (1) $-\sin t\mathbf{i} + \cos t\mathbf{j}$

(3) $\dfrac{\sin t\cos t}{|\sin t\cos t|}(-\cos t\mathbf{i} + \sin t\mathbf{j})$

(5) $\dfrac{1}{\sqrt{\sin^2 2t + \sin^2 t}}(-\sin 2t\mathbf{i} - \sin t\mathbf{j})$

(7) $\dfrac{\cos t - \sin t}{\sqrt{2}}\mathbf{i} + \dfrac{\cos t + \sin t}{\sqrt{2}}\mathbf{j}$

5. (1) $\mathbf{T} = \dfrac{1}{\sqrt{3}}\{(\cos t - \sin t)\mathbf{i} + (\cos t + \sin t)\mathbf{j} + \mathbf{k}\}$,

$\|\mathbf{F}'\| = \sqrt{3}\,e^t$, $\sqrt{3}(e^\pi - 1)$

6. (1) $\displaystyle\int_0^1 \sqrt{1+4t^2}\,dt = \frac{\sqrt{5}}{2} + \frac{1}{4}\ln(\sqrt{5}+2)$

(3) 10 (5) $54 - 4\sqrt{2}$

(7) 8

연습문제 9.4

1. (1) $\dfrac{2|a|}{(1+4a^2x^2)^{3/2}}$ (3) $|\cos x|$

(5) $\dfrac{2|x^3|}{(x^4+1)^{3/2}}$ (7) $\dfrac{2}{3a}$

2. (1) $\kappa = \dfrac{1}{|t|}$, $\mathbf{T} = \cos t\,\mathbf{i} + \sin t\,\mathbf{j}$, $\mathbf{N} = -\sin t\mathbf{i} + \cos t\mathbf{j}$,

$\mathbf{B} = \mathbf{k}$

(3) $\kappa = \dfrac{24}{169}$, $\mathbf{T} = \dfrac{12}{13}\cos 2t\,\mathbf{i} - \dfrac{12}{13}\sin 2t\,\mathbf{j} + \dfrac{5}{13}\mathbf{k}$,

$\mathbf{N} = (-\sin 2t\mathbf{i} - \cos 2t\mathbf{j})$,

$\mathbf{B} = \dfrac{1}{13}(5\cos 2t\mathbf{i} - 5\sin 2t\mathbf{j} - 12\mathbf{k})$

(5) $\dfrac{1}{2\sqrt{(t^2+1)^3}}$ (7) $\dfrac{2}{(2+t^2)^2}$

(9) $\dfrac{2t}{(2t^2+1)^2}$

3. (1) $\dfrac{x}{\sqrt{(x^2+1)^3}}$ (3) $\dfrac{6|x|}{\sqrt{(9x^4+1)^3}}$

4. (1) $\dfrac{4}{3}$ (3) $2\sqrt{2}$ (5) 4

5. (1) $\left(\dfrac{1}{2}\log 2, \dfrac{\sqrt{2}}{2}\right)$ (3) $\max 2$, $\min \dfrac{1}{\sqrt{2}}$

6. $\dfrac{8\cos^2 3\theta + 10}{\sqrt{(8\cos^2 3\theta + 1)^3}}$

7. (1) $F(t) = F(-1 + \sqrt{4+2s})$

$= \dfrac{1}{2}(-1+\sqrt{4+2s})^2\mathbf{i}$

$+ \dfrac{2\sqrt{2}}{3}(-1+\sqrt{4+2s})^{3/2}\mathbf{j}$

$+ (-1+\sqrt{4+2s})\mathbf{k}$

8. (1) 0 (3) 0

(5) $\dfrac{1}{2\sqrt{2}\sqrt{1-t^2}}$

연습문제 9.5

1. (1) (1, 1, 0)을 지나고 z축에 평행한 직선

(3) yz 평면에서 원점을 지나고 기울기가 1인 직선

2. (1) 평면 $\theta = \dfrac{\pi}{6}$ 내에서 원점을 지나고 z축과 사잇각이 $\dfrac{\pi}{4}$인 직선이다.

(3) 반지름 3인 원주상의 나선

3. (1) 구 $\rho = 5$와 $\phi = \dfrac{\pi}{4}$의 교선은 중심이 $\left(0, 0, \dfrac{5}{\sqrt{2}}\right)$이고 반지름이 $\dfrac{5}{\sqrt{2}}$이며 xy평면과 평행인 원이다.

(3) (0, 0, 1), (0, 1, 0)을 잇는 제1팔분공간상의 반지름 1인 구상의 곡선

4. (1) $(-1, \sqrt{3}, -1)$ (3) $\left(-\dfrac{3\sqrt{2}}{2}, -\dfrac{3\sqrt{2}}{2}, 0\right)$

5. (1) $(\sqrt{6}, \sqrt{6}, 2)$ (3) $\left(-\dfrac{\sqrt{6}}{2}, \dfrac{\sqrt{6}}{2}, -\sqrt{2}\right)$

6. (1)

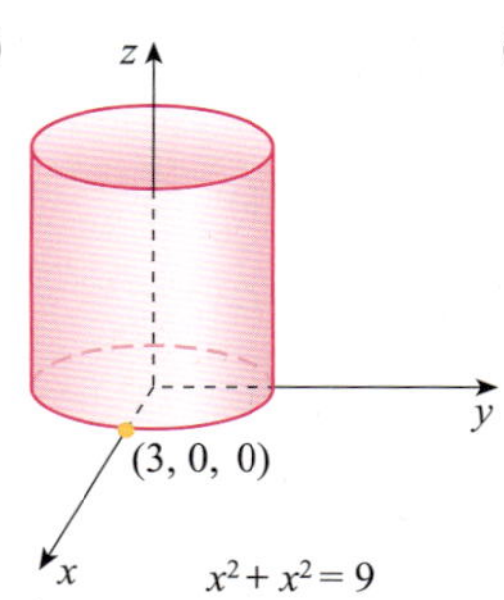

(3)

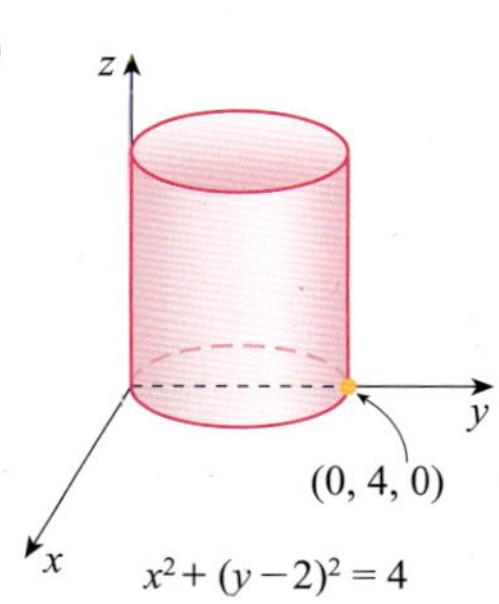

7. (1)

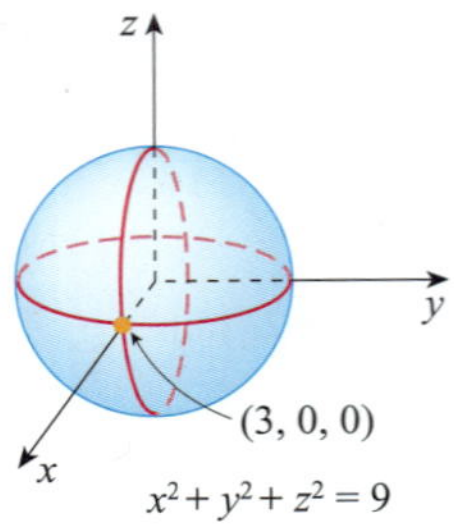

(3)

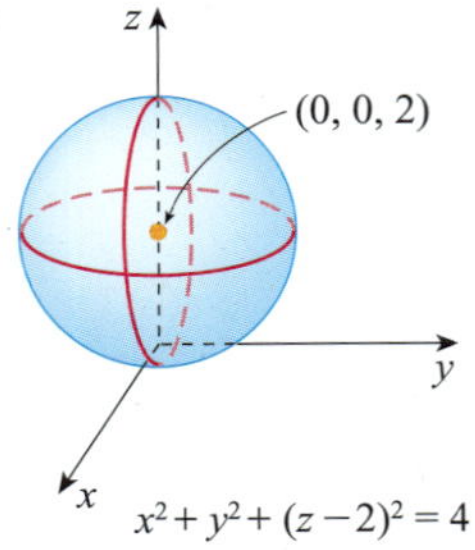

종합문제 9

1. $-\frac{3}{5}\mathbf{i}+\frac{4}{5}\mathbf{j}$

2. $\left(-\frac{3}{\sqrt{2}}, 0, \frac{3}{\sqrt{2}}\right)$

3. $\pm\frac{1}{5\sqrt{3}}(5\mathbf{i}+7\mathbf{j}-\mathbf{k})$

4. (1) $x-y-z+4=0$

5. (1) $k=-2, l=12$ (3) $(-5, 4, 16)$

6. (1) $x=t,\ y=-t+2,\ z=t-1$

7. (1) $\frac{1}{\sqrt{5}}(\mathbf{i}+2\mathbf{j}),\ \frac{6}{5\sqrt{5}}$

8. (1) $\frac{2}{25}$

9. (1) $4\sqrt{37}\,\pi$

10. $(1, 1, 1), \left(\sqrt{3}, \cos^{-1}\frac{1}{\sqrt{3}}, \frac{\pi}{4}\right)$

11. (1) $z=x^2-y^2$

CHAPTER 10 n차원 공간에서의 도함수

연습문제 10.1

1. (1) 5 (2) 3

(3) $9a^3+1$ (4) -2

2. (1) $t+t\sqrt{t}$ (2) 2

(3) 0 (4) $\sqrt{3}-1$

3. (1) $\{(x, y) \mid x^2+y^2 \ge 4\}$ (2) $\{(x, y) \mid x^2+y^2<1\}$

(3) $\{(x, y) \mid x \ne y^2\}$ (4) $\{(x, y) \mid x, y \in R\}=\mathbb{R}^2$

4. (1) $\{(x, y, z) \mid z=x+2y,\ x, y \in \mathbb{R}\}$

(3) $\{(x, y, z) \mid z=\sqrt{x},\ x \ge 0,\ y \in \mathbb{R}\}$

(5) $\{(x, y, z) \mid z=x^2+1,\ x, y \in \mathbb{R}\}$

5. (1)

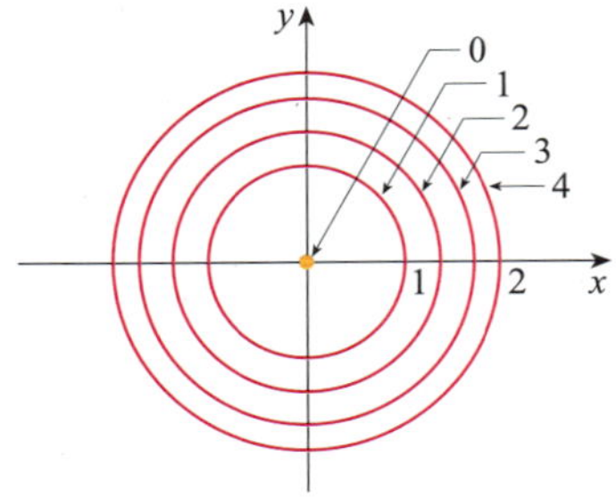

(3)

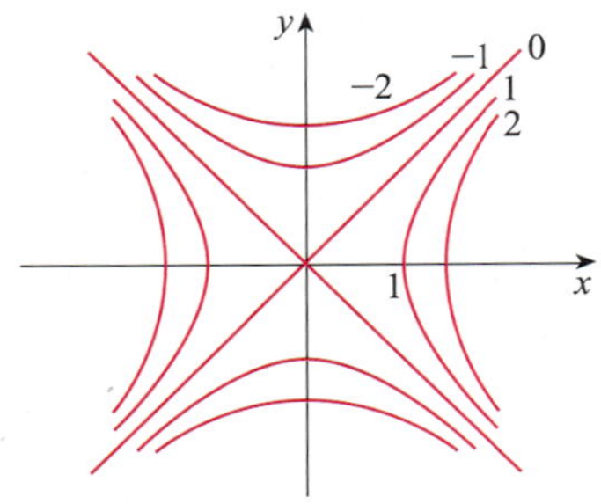

(5)

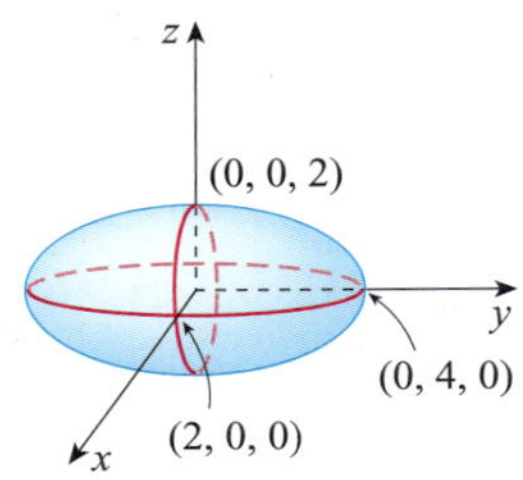

6. (1) 중심이 $(2, 0, 0)$이고 반지름이 $\sqrt{6}$ 인 구면

(3) $x^2-2x^3+3xy=0$

7. (1)

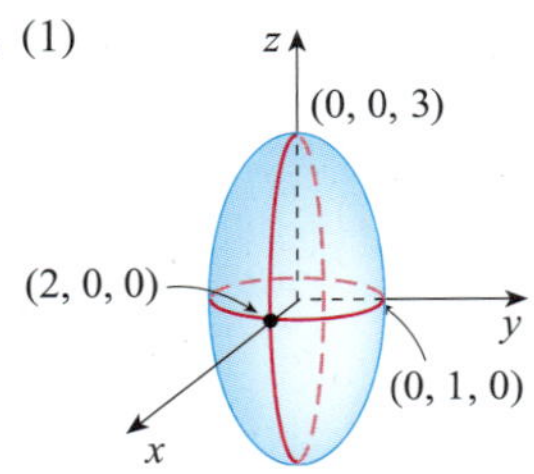

(3)

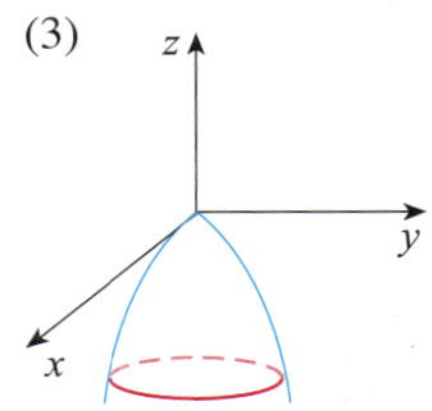

(5)

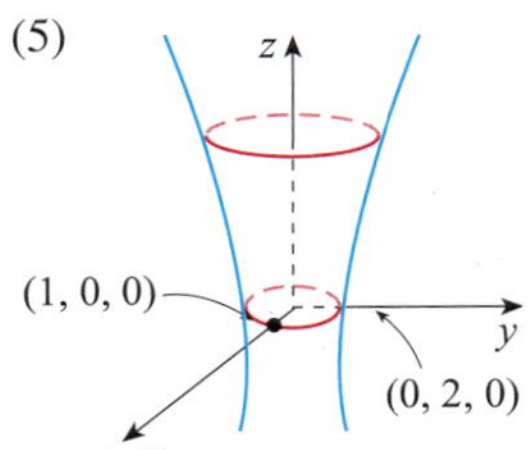

연습문제 10.2

1. (1) 2 (2) $\sqrt{6}$

2. (1) 0 (2) ∄ (3) ∄ (4) $\frac{1}{2}$

(5) ∄ (6) ∄ (7) 0 (8) 0

3. (1) $\frac{3}{2}$ (2) 0 (3) 1 (4) 1

(5) 4 (6) ∄ (7) 4 (8) ∄

(9) 0 (10) 1 (11) e^2 (12) $\frac{1}{2}$

4. (1) 0 (2) ln(sin1)

5. (1) 0 (2) $\frac{1}{2}$ (3) $\sqrt{5}$ (4) 1

6. (1) (0, 0) (2) $(t, -t)$, $\forall t$ (3) (0, 0)

(4) (0, 0) (5) $(t, \pm t)$, $\forall t$ (6) $(t, -t)$, $\forall t$

7. (1) 연속 (2) 연속

(3) 집합 $\{(x, y) \mid xy = k\pi, \forall k \in \mathbb{Z}\}$에서 불연속

(4) 연속 (5) 원점 (0, 0)에서 불연속

(6) 집합 $\{(0, y) \mid y \in R\}$에서 불연속(즉, $x=0$에서 불연속)

연습문제 10.3

1. (1) 2, 1 (2) 1, 0 (3) 0, ∄ (4) 0, 1

2. (1) $f_x(x, y) = 2xy^3$, $f_y(x, y) = 3x^2y^2$

(2) $f_x(x, y) = e^{x+2y^2}$, $f_y(x, y) = 4ye^{x+2y^2}$

(3) $f_x(x, y) = -y\sin(xy-1)$, $f_y(x, y) = -x\sin(xy-1)$

(4) $f_x(x, y) = \frac{2x(y^2-y+1)}{(x^2+y^2+1)^2}$, $f_y(x, y) = \frac{x^2-y^2-2x^2y+1}{(x^2+y^2+1)^2}$

(5) $f_x = -\frac{1}{x}$, $f_y = \frac{1}{y}$

(6) $f_x(x, y) = \frac{y^3}{(x^2+y^2)^{3/2}}$, $f_y(x, y) = \frac{x^3}{(x^2+y^2)^{3/2}}$

(7) $f_x(x, y) = \frac{y}{1+(xy)^2}$, $f_y(x, y) = \frac{x}{1+(xy)^2}$

(8) $f_x(x, y) = \frac{1}{\sqrt{1-(x+y)^2}}$, $f_y(x, y) = \frac{1}{\sqrt{1-(x+y)^2}}$

(9) $f_x(x, y) = \cos y$, $f_y(x, y) = -x\sin y$

(10) $f_x(x, y) = ye^{xy}\sin(x+y) + e^{xy}\cos(x+y)$

$f_y(x, y) = xe^{xy}\sin(x+y) + e^{xy}\cos(x+y)$

3. (1) $y+1$, $x+1$ (2) 2 (3) 3

(4) $y=1$, $z=2x+1$ (5) $x=2$, $z=3y+2$

4. (1) $2x\cos y$, $-x^2\sin y$ (2) 2

(3) 0 (4) $y=0$, $z=2x-1$

(5) $x=1$, $z=1$

5. (1) $f_x = y+3z$, $f_y = x+2z$, $f_z = 2y+3x$

(2) $f_x = e^x$, $f_y = 2e^{2y}$, $f_z = 3e^{3z}$

(3) $f_x = \frac{-y+z}{(x+z)^2}$, $f_y = \frac{1}{x+z}$, $f_z = \frac{-x-y}{(x+z)^2}$

(4) $f_x = \frac{1}{z}$, $f_y = \frac{1}{z}$, $f_z = \frac{-(x+y)}{z^2}$

(5) $f_x = 3x^2$, $f_y = z\cos(yz)$, $f_z = y\cos(yz)$

(6) $f_x = \tan^{-1}\frac{y}{x} - \frac{xy}{x^2+y^2}$, $f_y = \frac{x^2}{x^2+y^2}$, $f_z = 0$

6. $f_y(a, b) = \begin{cases} \frac{b^4+3a^2b^2-2a^3b}{(a^2+b^2)^2}, & (a, b) \neq (0, 0) \\ 1, & (a, b) = (0, 0) \end{cases}$

7. (1) $5t^4$

(3) $e^{\sqrt{t}\ln(\sin t)}\left(\frac{\ln(\sin t)}{2\sqrt{t}} + \frac{\sqrt{t}\cos t}{\sin t}\right)$

(5) $e^{2t+t^2+\ln t}\left(2+2t+\frac{1}{t}\right)$

8. (1) $4u^3 + 6u^2v - 3u^2v^3 + 4uv^2 + 2v^3$,

$4v^3 + 6uv^2 - 3u^3v^2 + 4u^2v + 2u^3$

(3) $8u\ln(1+2uv^{9/2}) + \frac{8u^2v^{9/2}}{1+2uv^{9/2}}$, $\frac{36u^3v^{7/2}}{1+2uv^{9/2}}$

9. (1) $\frac{x^4+3x^2y^2-2xy^3}{(x^2+y^2)^2}$, $\frac{y^4+3x^2y^2-2x^3y}{(x^2+y^2)^2}$

(3) $\frac{y\cos(xy)}{\sin(xy)}$, $\frac{x\cos(xy)}{\sin(xy)}$

10. (1) $\frac{x-z}{2z-2y}$, $\frac{x-y}{3y-3z}$

(3) $-\frac{x+z\sin x}{y+z\sin y}$, $\frac{y\sin x - x\sin y}{z\sin y + y}$

11. (1) $\frac{\partial x}{\partial u} = 1$, $\frac{\partial y}{\partial u} = 0$, $\frac{\partial x}{\partial v} = \frac{3}{5}$, $\frac{\partial y}{\partial v} = \frac{-4}{5}$

(2) $\frac{\partial x}{\partial u} = \frac{u-2y}{2y-x}$, $\frac{\partial y}{\partial u} = \frac{u-x}{x-2y}$, $\frac{\partial x}{\partial v} = \frac{v-2y}{2y-x}$, $\frac{\partial y}{\partial v} = \frac{v-x}{x-2y}$

(3) $\frac{\partial x}{\partial u} = \frac{x-ve^{xy}}{xye^{xy}}$, $\frac{\partial y}{\partial u} = \frac{ve^{xy}-2x}{x^2e^{xy}}$

$\frac{\partial x}{\partial v} = \frac{2vx-ue^{xy}}{xye^{xy}}$, $\frac{\partial y}{\partial v} = \frac{ue^{xy}-4vx}{x^2e^{xy}}$

12. (1) $dz = (2x+y)\,dx + (x+2y)\,dy$

(3) $dz = \frac{2x}{x^2+y^2}dx + \frac{2y}{x^2+y^2}dy$

(5) $dz = ye^{xy}dx + xe^{xy}dy$

13. (1) $1.02e^3$ (3) -0.1

14. (1) $\frac{\partial^2 z}{\partial x^2} = \frac{-x^2-z^2}{z^3}$, $\frac{\partial^2 z}{\partial y^2} = \frac{-y^2-z^2}{z^3}$,

$\frac{\partial^2 z}{\partial x \partial y} = \frac{-xy}{z^3}$

15. (1) $z_{xx}=2, z_{xy}=1, z_{yx}=1, z_{yy}=2$

(3) $z_{xx}=\dfrac{2y^2-2x^2}{(x^2+y^2)^2}, z_{xy}=\dfrac{-4xy}{(x^2+y^2)^2},$

$z_{yx}=\dfrac{2x^2-2y^2}{(x^2+y^2)^2}, z_{yy}=\dfrac{-4xy}{(x^2+y^2)^2}$

(5) $z_{yy}=y^2e^{xy}, z_{xy}=z_{yx}+xye^{xy}, z_{yx}=e^{xy}+xye^{xy},$

$z_{yy}=x^2e^{xy}$

16. 0, 0

17. $-\dfrac{2yz^3+2y^4}{z^5}$

18. (1) $\left(x\dfrac{\partial}{\partial x}+y\dfrac{\partial}{\partial y}\right)^m f(x,y)=\begin{cases}24f(x,y) & (m\le 4)\\ 0 & (m>4)\end{cases}$

연습문제 10.4

1. (1) $1+(x-y)+\dfrac{1}{2}(x-y)^2+\dfrac{1}{6}(x-y)^3$

(2) $1+(x+y)+\dfrac{1}{2}(2x^2-y^2)+\dfrac{1}{6}(6x^3+2y^3)$

2. (1) $1+(x-2)+2(y-1)+(x-2)(y-1)$

$+\dfrac{\pi^2-2}{2}(y-1)^2$

(2) $1-3(x-1)-2(y+1)+6(x-1)^2+6(x-1)(y+1)+(y+1)^2$

3. $10+4(x-1)-4(y+2)+2(x-1)^2-2(x-1)(y+2)$

$-(x-1)^2(x+2)$

4. $f(x,y)=e^x\sin(x+y)$에 대하여 매클로린 정리를 적용할 때 R_2의 값이 0.05 이하임을 보인다.

연습문제 10.5

1. (1) $2\mathbf{i}, \dfrac{6}{5}$ (2) $8\mathbf{i}-4\mathbf{j}, 2\sqrt{2}$

(3) $2\mathbf{j}, \dfrac{4}{\sqrt{5}}$ (4) $2e^2\mathbf{i}+e^2\mathbf{j}, \dfrac{4e^2}{\sqrt{5}}$

(5) $\mathbf{i}+2\mathbf{j}, -\dfrac{1}{\sqrt{3}}$ (6) $-\mathbf{i}-\pi\mathbf{j}+\mathbf{k}, -\dfrac{\pi}{\sqrt{3}}$

(7) $\mathbf{i}+2\mathbf{j}+3\mathbf{k}, \dfrac{8}{\sqrt{6}}$ (8) $\mathbf{i}+\mathbf{j}+\dfrac{2}{5}\mathbf{k}, \dfrac{7}{5\sqrt{2}}$

2. (1) $\mathbf{i}-2\mathbf{j}, -\mathbf{i}+2\mathbf{j}$ (2) $\mathbf{i}+\mathbf{j}, -\mathbf{i}-\mathbf{j}$

(3) $\mathbf{k}, -\mathbf{k}$ (4) $\mathbf{i}+\mathbf{j}-\dfrac{2}{\sqrt{3}}\mathbf{k}, -\mathbf{i}-\mathbf{j}+\dfrac{2}{\sqrt{3}}\mathbf{k}$

3. (1) $\dfrac{2}{\sqrt{5}}\mathbf{i}+\dfrac{1}{\sqrt{5}}\mathbf{j}, -\dfrac{2}{\sqrt{5}}\mathbf{i}-\dfrac{1}{\sqrt{5}}\mathbf{j}$

(2) $\dfrac{1}{\sqrt{2}}\mathbf{i}-\dfrac{1}{\sqrt{2}}\mathbf{j}, -\dfrac{1}{\sqrt{2}}\mathbf{i}+\dfrac{1}{\sqrt{2}}\mathbf{j}$

(3) $a\mathbf{i}+b\mathbf{j}$ (단, a, b는 $a^2+b^2=1$인 실수)

(4) $\left(-a+\dfrac{2}{\sqrt{3}}b\right)\mathbf{i}+a\mathbf{j}+b\mathbf{k},$

단, a, b는 $\left(-a+\dfrac{2}{\sqrt{3}}b\right)^2+a^2+b^2=1$인 실수)

4. (1) $\sqrt{2}$ (2) 1

(3) $\sqrt{5+\dfrac{1}{e^2}}$ (4) $\dfrac{\sqrt{5}}{2}$

연습문제 10.6

1. (1) 임계점 (3, 3), (−1, −1), 극솟값 $f(3,3)=-27$, 안장점 (−1, −1)

(2) 임계점 (0, 0), 극값 없 음

(3) 임계점 (1, −2), 극솟값 $f(1,-2)=-8$

(4) 임계점 (−11, 8), 극솟값 $f(-11,8)=214$

(5) 임계점 (0, 0), (3, 0), (0, 3), (1, 1),

극솟값 $f(1,1)=-1$, 안장점 (0, 0), (3, 0), (0, 3)

(6) 임계점 (0, 0), $(\pm\sqrt{2}, \mp\sqrt{2})$, 극솟값 $f(\pm\sqrt{2},\mp\sqrt{2})=-8$

안장점 (0, 0)

(7) 임계점 $\left(\pm\dfrac{\sqrt{2}}{2}, \pm\dfrac{\sqrt{2}}{2}\right), \left(\pm\dfrac{\sqrt{6}}{6}, \mp\dfrac{\sqrt{6}}{6}\right),$

극댓값 $f\left(\dfrac{\sqrt{6}}{6}, -\dfrac{\sqrt{6}}{6}\right)=\dfrac{2\sqrt{6}}{9},$

극솟값 $f\left(-\dfrac{\sqrt{6}}{6}, \dfrac{\sqrt{6}}{6}\right)=\dfrac{-2\sqrt{6}}{9},$

안장점 $\left(\pm\dfrac{\sqrt{2}}{2}, \pm\dfrac{\sqrt{2}}{2}\right)$

(8) 모든 x, y에 대해 임계점 $(x, 0)$, $(0, y)$, 극솟값 $f(0,0)=0$

(9) 안장점 (0, 0) (10) 없음

(11) 정수 n에 대해 안장점 $(0, n\pi)$

2. (1) 최댓값 $\dfrac{\sqrt{2}}{4}$, 최솟값 $-\dfrac{\sqrt{2}}{4}$

(2) 최댓값 $\sqrt{5}$, 최솟값 $-\sqrt{5}$

(3) 최댓값 0, 최솟값 없음

(4) 없음

(5) 최댓값 $\sqrt{2}$, 최솟값 $-\sqrt{2}$

(6) 최댓값 $\sqrt{30}$, 최솟값 $-\sqrt{30}$

(7) 최댓값 $\dfrac{2}{\sqrt{3}}$, 최솟값 $-\dfrac{2}{\sqrt{3}}$

(8) 최댓값 9, 최솟값 1

3. (1) 최댓값 $\dfrac{3}{2}$, 최솟값 $\dfrac{1}{2}$

(2) 최댓값 $1+2\sqrt{2}$, 최솟값 $1-2\sqrt{2}$

(3) 최댓값 $1+\sqrt{2}$, 최솟값 $1-\sqrt{2}$

4. 1

5. (0, 1, 0), (0, −1, 0)

6. $\dfrac{\sqrt{2}}{4}$

8. $\dfrac{3\sqrt{3}}{4}r^2$

9. $6+\dfrac{2\sqrt{3}}{9}(\text{cm}^3),\ 6-\dfrac{2\sqrt{3}}{9}(\text{cm}^3)$

10. 8

11. (1) $z-2x=-2,\ \dfrac{x-2}{2}=2-z,\ y=0$

(2) $x-2y+2z=9,\ x-1=\dfrac{y+2}{-2}=\dfrac{z-2}{2}$

(3) $z=3$, z축

12. $\dfrac{x-1}{4}=\dfrac{y-2}{-3}=\dfrac{z-2}{-1}$

종합문제 10

1. (1)

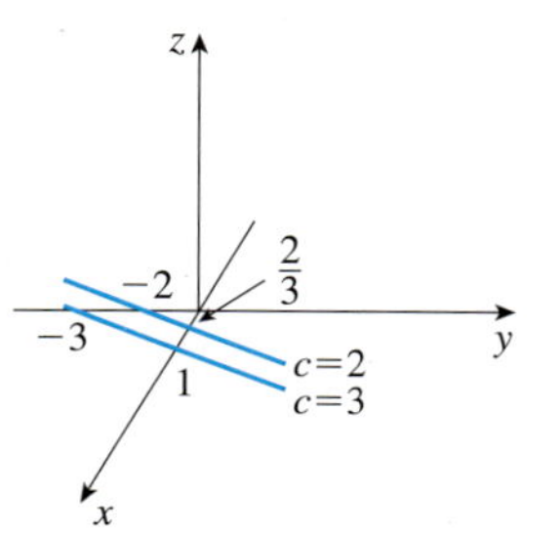

(3)

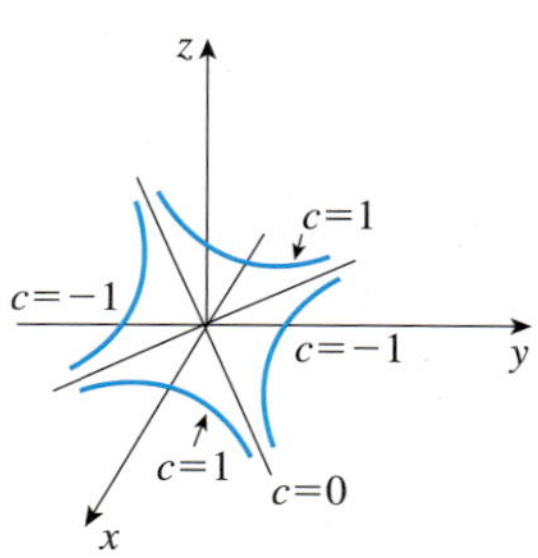

(5)

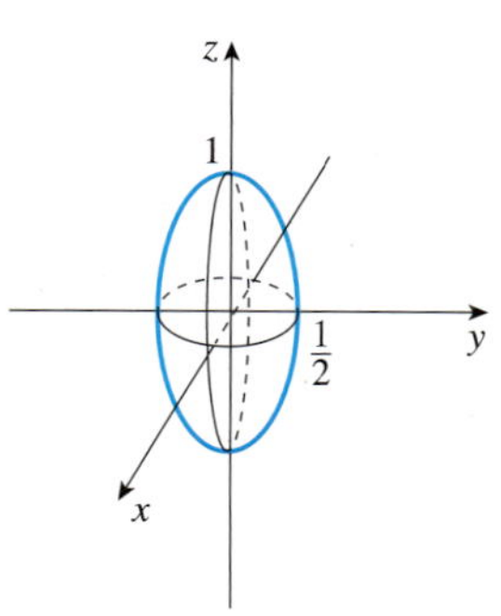

2. (1) ∄ (2) 0 (3) 0 (4) 1

(5) ∄ (6) 1

3. (2), (3), (4), (6)

4. (1) $8\sqrt{2}$ (2) 0 (3) ∄ (4) 0

6. (1) $f_x=2x\ln(1+xy^{-3/5})+\dfrac{x^2y^{-3/5}}{1+xy^{-3/5}}$,

$f_y=\dfrac{-\frac{3}{5}x^3y^{-8/5}}{1+xy^{-3/5}}$

(3) $f_x=y^2e^{xy^2}+3x^2y,\ f_y=2xye^{xy^2}+x^3$

(5) $f_x=4x^3y^2\sin^{-1}\dfrac{y}{x}-\dfrac{x^2y^3}{\sqrt{1-\left(\frac{y}{x}\right)^2}}$,

$f_y=2x^4y\sin^{-1}\dfrac{y}{x}+\dfrac{x^3y^2}{\sqrt{1-\left(\frac{y}{x}\right)^2}}$

10. (3) $1+xy-\dfrac{1}{2}(x^4+x^2y^2+y^4)$

12. (1) 안장점 $(0,0)$, 극솟점 $(-2,0),(1,0)$

(2) 극솟점 $(0,0)$, 극댓점 $(0,1),(0,-1)$,
안장점 $(1,0),(-1,0)$

(3) 극솟점 $(0,0)$ (4) 안장점 $(0,0)$

13. (1) 최댓값 $\dfrac{1}{2}$, 최솟값 $-\dfrac{1}{2}$ (3) 최댓값 $\sqrt{3}$, 최솟값 $-\sqrt{3}$

14. 5

15. $(2,0,2)$

17. (1) $x+2y-3z=6,\ x-1=\dfrac{y-1}{2}=\dfrac{z+1}{-3}$

(2) $x-2y+z=6,\ x-1=\dfrac{y+2}{-2}=z-1$

(3) $z=2y-1,\ \dfrac{y-1}{-2}=z-1,\ x=0$

19. $f(x,y)=2xy^2-x^3y-2y^3+C$

CHAPTER 11 n차원 공간에서의 적분

연습문제 11.1

1. (1) $\displaystyle\int_a^b\int_y^b f(x,y)\,dxdy$

(3) $\displaystyle\int_0^a\int_{\sqrt{a^2-y^2}}^a f(x,y)\,dxdy+\int_{2a}^{3a}\int_{y-2a}^a f(x,y)\,dxdy+\int_a^{2a}\int_0^a f(x,y)\,dxdy$

2. (1) $\dfrac{e-2}{2}$ (3) 0

3. (1) $\frac{a^2}{4}\pi$ (3) $\frac{a^5}{20}$ (5) $\frac{8}{15}$

4. (1) 2 (3) $\frac{972}{5}\pi^5$ (5) $e-1$

5. (1) $\frac{1}{12}$ (3) $\frac{\pi}{4}$ (5) $\frac{14}{3}$

(7) $3\pi(e^5-1)$ (9) $a^3\pi$

6. (1) -5 (3) $-\frac{u}{u^2+v^2}$ (5) 4

(7) $\rho^2\sin\phi$ (9) $-5u^4v^4$

7. $f^{-1}(x, y) = \left(\frac{3x+2y}{5}, \frac{x-y}{5}\right) - \frac{1}{5}$

연습문제 11.2

1. (1) $\frac{76}{3}$ (3) $\frac{\pi}{9}+\frac{\sqrt{3}}{6}$

2. 두 벡터 $\mathbf{u} = x_u\mathbf{i} + y_u\mathbf{j} + z_u\mathbf{k}$, $\mathbf{v} = x_v\mathbf{i} + y_v\mathbf{j} + z_v\mathbf{k}$에 대하여 구하는 곡면의 넓이는 $S = \iint_D |\mathbf{u}\times\mathbf{v}|\,dudv$이고 $|\mathbf{u}\times\mathbf{v}| = \sqrt{\left(\frac{\partial(x, y)}{\partial(u, v)}\right)^2 + \left(\frac{\partial(y, z)}{\partial(u, v)}\right)^2 + \left(\frac{\partial(x, y)}{\partial(u, v)}\right)^2}$임을 보인다.

3. (1) $\sqrt{2}\,\pi$ (3) $\pi\{\sqrt{2}+\ln(1+\sqrt{2})\}$

4. $4a^2(\pi-2)$

5. (1) 5 (3) 4π

(5) $\pi\left(1-\frac{1}{e}\right)$ (7) $\frac{125}{3}(\sqrt{3}-1)\pi$

(9) $\frac{2}{3}$

6. (1) $\frac{\pi}{6}(37\sqrt{37}-1)$ (3) $4a^2\pi$

(5) $4\sqrt{5}$

7. (1) $\frac{\pi}{6}$ (3) $\frac{844}{15}\pi$ (5) $\frac{7\pi}{3}$

8. $\bar{x} = \frac{8}{15}$, $\bar{y} = \frac{13}{30}$, $I_x = \frac{17}{280}$, $I_y = \frac{1}{12}$,

$R_x = \sqrt{\frac{17}{70}}$, $R_y = \sqrt{\frac{1}{3}}$

종합문제 11

1. (1) $\int_{-1/4}^{0}\int_{1/2(-1-\sqrt{1+4y})}^{1/2(-1+\sqrt{1+4y})} f(x, y)\,dxdy$

$+ \int_0^2 \int_{y-1}^{1/2(-1+\sqrt{1+4y})} f(x, y)\,dxdy$

2. (1) $\frac{22}{3}\pi$ (3) $\frac{2}{9}$

3. (1) $2u^2-2v^2$ (3) $2uvw$

4. (1) 2 (3) $\frac{5}{3}\pi$ (5) $\frac{8\pi(2-\sqrt{2})}{3}$

5. (1) 12π

CHAPTER 12 벡터 해석

연습문제 12.1

1. $\boldsymbol{r}(t) = (t, 0, 0)$, $a \le t \le b$

2. $\boldsymbol{r}(t) = (t, 0)$, $a \le t \le b$라 두면,

(1) $\int_C f\,ds = \int_a^b f(\boldsymbol{r}(t))\|\boldsymbol{r}'(t)\|\,dt = \int_a^b t^2\,dt = \left[\frac{t^3}{3}\right]_a^b$

$= \frac{b^3-a^3}{3}$

(3) $\int_C f\,dy = \int_a^b f(\boldsymbol{r}(t))\,y'(t)\,dt = \int_a^b 0\,dt = 0$

3. (1) $\frac{26}{3}\sqrt{13}$ (3) $\frac{17\sqrt{17}-1}{12}$

(5) $\frac{4^6 2}{5}$ (7) $3\sqrt{2}$

(9) $\frac{17}{3}$ (11) $-\frac{\pi}{4}$

연습문제 12.2

1. (1) $\frac{5\sqrt{2}}{2}-\frac{21}{4}$ (3) $-\frac{\pi}{4}-\frac{1}{3}-\frac{\pi^4}{4}$

(5) $-\pi$ (7) $2\pi+4\pi^2$

(9) $\frac{5}{8}-\frac{4}{11}=\frac{23}{88}$

2. (1) $x^2-3xy+y^2$ (3) 없음

(5) x^4y^3+x (7) $\frac{1}{4}x^4y^4$, 4

(9) $x^2z+x\sin y$, 2π

연습문제 12.3

1. (1) $-\frac{4}{3}$ (3) 0

(5) $\frac{1}{6}$ (7) $-\frac{64}{15}$

(9) $\int_C \boldsymbol{F} \cdot d\boldsymbol{r} = \pi$

2. $\bar{x} = \frac{1}{A}\iint_D x\,dxdy$, $\bar{y} = \frac{1}{A}\iint_D y\,dxdy$를 선적분으로 표현한다.

3. $\left(\frac{1}{3}, \frac{1}{3}\right)$

4. 그린 정리를 이용하여 $\partial \boldsymbol{D}$상의 선적분으로 표현하고 $\partial \boldsymbol{R}$상의 선적분으로 변수변환한 후 다시 그린 정리를 이용한다.

연습문제 12.4

1. 원기둥을 감아도는 나선.

2. (1) $\boldsymbol{\sigma}(u, v) = (u, v, -v-1)$

(3) $\boldsymbol{\sigma}(u, v) = (u, v, \sqrt{4-u^2-v^2})$,
$(u, v) \in \boldsymbol{D} = \{(u, v) \mid u^2 + v^2 \le 2\}$

3. (1) $4\sqrt{6}\,\pi$ (3) $\left(2\sqrt{6} - \frac{8}{3}\right)\pi$

(5) $(17\sqrt{17} - 5\sqrt{5})\frac{\pi}{6}$

4. $\frac{x^2}{a^2} + \frac{y^2}{b^2} + \frac{z^2}{c^2} = 1$을 이용한다.

5. (1) $\frac{33\sqrt{33} - 17\sqrt{17}}{6}$ (3) $\frac{\sqrt{2}}{4}\pi$

(5) $\frac{\pi}{40}(37^2\sqrt{37} - 1)$

연습문제 12.5

1. (1) 0 (3) $-\frac{\pi}{2}$ (5) 108π

2. 194400π

3. $-\frac{2\pi}{3}a^3$

4. 1248π

연습문제 12.6

1. (1) 108π (3) 0 (5) $-\frac{81}{2}\pi$

2. $\frac{13\pi}{20}$

3. (1) 0 (3) -4π (5) π

4. (1) $div\,\mathbf{a} = 0$을 이용한다.

(3) $\mathrm{F} = f\,\nabla g$에 발산정리를 이용한다.

종합문제 12

1. (1) $\frac{1 - 10\sqrt{10}}{54}$ (3) $2\pi + \frac{3}{4}\pi^2$

(5) $-\frac{5}{3}$ (7) $\frac{3}{2}$

(9) $e - 1$

2. (1) $\sqrt{2}$ (3) $\frac{15}{4}$

3. (1) 보존장 아님.

4. (1) $x = u,\ y = 6 - 3u^2 - 2v^2,\ z = v;\ 3u^2 + 2v^2 \le 6$

(3) $2a^2(\pi - 2)$ (5) $3\sqrt{14}$

5. (1) $\frac{9}{2}$ (3) 32π

(5) $\frac{12\pi}{5}$ (7) 4π

(9) 24 (11) 0

6. $x_1y_2 - x_2y_1$

7. 선적분을 이용하면

$$\frac{1}{2}[(x_1y_2 - x_2y_1) + (x_2y_3 - x_3y_2) + \cdots + (x_ny_1 - x_1y_n)]$$

8. 그린 정리를 이용한다.

찾아보기

ㅁ

ㅂ

ㅅ

ㅇ

ㅈ

ㅊ

ㅋ

ㅌ

ㅍ

ㅎ

기타

■ **대학교재연구회**

권영수 · 김관수 · 김래영 · 방세정 · 윤영훈 · 이재운 · 황경하
현재 영남대학교 수학과 교수

미분적분학

지은이 대학교재연구회
펴낸이 조경희
펴낸곳 경문사
펴낸날 2020년 3월 2일 1판 1쇄
2023년 9월 1일 1판 3쇄
등 록 1979년 11월 9일 제 1979-000023호
주 소 04057, 서울특별시 마포구 와우산로 174
전 화 (02)332-2004 팩스 (02)336-5193
이메일 kyungmoon@kyungmoon.com

값 35,000원

ISBN 979-11-6073-363-1